Holzbau – Taschenbuch

Herausgegeben von
Stefan Winter und Mandy Peter

Holzbau-Taschenbuch

Grundlagen

10. Auflage

Herausgegeben von Stefan Winter und Mandy Peter

Ernst & Sohn
A Wiley Brand

Herausgegeben von

Univ.-Prof. Dr.-Ing. Stefan Winter
Technische Universität München
Lehrstuhl für Holzbau und Baukonstruktion
Arcisstraße 21
80333 München

Dr.-Ing. Mandy Peter
bauart Konstruktions GmbH & Co. KG
Englschalkingerstraße 14
81925 München

Titelbild
Komplexe, runde Dachkonstruktion für ein Einfamilienhaus in Singen

Foto
Brüninghoff Holz GmbH & Co. KG, Heiden

Fotograf
Florian Fluck, Fluck Holzbau GmbH

Bibliografische Information der Deutschen Nationalbibliothek
Die Deutsche Nationalbibliothek verzeichnet diese Publikation in der Deutschen Nationalbibliografie; detaillierte bibliografische Daten sind im Internet über http://dnb.d-nb.de abrufbar.

Print ISBN 978-3-433-01805-7
ePDF ISBN 978-3-433-60851-7
ePub ISBN 978-3-433-60853-1
Mobi ISBN 978-3-433-60852-4
oBook ISBN 978-3-433-60850-0

Umschlaggestaltung Petra Franke/Ernst & Sohn unter Nutzung eines Entwurfs von Sonja Frank, Berlin.
Satz le-tex publishing services GmbH, Leipzig
Druck und Bindung mediaprint solutions GmbH, Paderborn

Gedruckt auf säurefreiem Papier.

10 9 8 7 6 5 4 3 2 1

Inhaltsverzeichnis

Vorwort zur 10. Auflage

Diese inzwischen 10. Auflage des Holzbau-Taschenbuchs erscheint zu Ehren und im Andenken an die beiden früheren Herausgeber, die Professoren *Robert von Halász* und *Claus Scheer*. Beide haben an exponierter Stelle den Holzbau über Jahrzehnte begleitet und geprägt. In besonderem Maße widmen wir diese Ausgabe dem leider viel zu früh verstorbenen Kollegen *Claus Scheer*. Die Neuauflage hätten wir ihm sehr gern zu einem runden Geburtstag überreicht. Wir danken ihm besonders für die wertvollen inhaltlichen Impulse zu Beginn der Überarbeitung dieser Auflage.

Beide hochverehrten Kollegen wären wohl über die heutige Entwicklung im Bereich des Holzbaus sehr erfreut. Standen die ersten Ausgaben des Holzbau-Taschenbuchs noch unter dem Eindruck der infolge des Zweiten Weltkriegs zerstörten Wälder und einer ausgesprochenen Holzknappheit sowie der damit verbundenen Einschränkung des Holzbaus auf Konstruktionen, für die er aufgrund seines herausragenden Leistungsgewichts besonders geeignet ist – z. B. weit gespannte Dachkonstruktionen –, haben wir es heute aufgrund der hervorragenden Waldwirtschaft der letzten Jahrzehnte eher mit einem Überangebot an Holz auf dem Markt zu tun. Gleichzeitig erlebt der Holzbau weltweit eine Renaissance, da seine positiven umweltrelevanten Eigenschaften sich inzwischen einer hohen gesellschaftlichen Akzeptanz erfreuen, allen voran die durch die Speicherung des Kohlenstoffs erzeugte athmosphärische CO_2-Senkung und der geringe Primärenergieaufwand bei der Herstellung. Dies führt u. a. weltweit zum Bau von ersten Hochhäusern aus Holz und zur vielfältigen Verwendung von Holz in vielgeschossigen Bauwerken aller Art. Der Fortschritt der letzten zwei Jahrzehnte basiert zudem auf einer rasanten Entwicklung von Verbindungsmitteln, Holzbaustoffen und Fertigungstechnologien, die den Holzbau in einigen Bereichen des Bauwesens technologisch weit nach vorn, wenn nicht an die Spitze gebracht haben.

Diese Veränderungen sind hoch dynamisch und werden uns auch in den nächsten Jahren begleiten, u. a. verursacht durch die notwendige Umstellung von der bisherigen Hauptbaumart Fichte auf die zunehmende Verwendung von Laubhölzern im Bauwesen. Denn gerade die Fichte ist derzeit sehr stark von den durch den Klimawandel bedingten Veränderungen der Wuchsbedingungen betroffen.

Mit Blick auf diese Randbedingungen freuen wir uns sehr, Ihnen als neue Herausgeber des Holzbau-Taschenbuchs zusammen mit dem Verlag und allen Co-Autoren diese nun vollständig überarbeitete Neuauflage vorstellen zu können. Wir bedanken uns für die hervorragende Unterstützung durch unsere Co-Autoren, mit deren Hilfe der derzeitige Stand der Technik im Holzbau aus nationalem und internationalem Blickwinkel abgebildet werden konnte.

Da die Entwicklung auch in Zukunft sicher dynamisch bleiben wird, hoffen wir auf eine deutlich kürzere Zeitspanne bis zur nächsten Neuauflage des Holzbau-Taschenbuchs.

Wir wünschen Ihnen viel Freude und Gewinn beim Lesen und freuen uns auf Kritiken und Anregungen.

Mandy Peter und Stefan Winter — München, im September 2020

Autorenverzeichnis

Dr.-Ing. Patrik Aondio
Technische Universität München
Lehrstuhl für Holzbau und
Baukonstruktion
Arcisstraße 21
80333 München

Robert Borsch-Laaks
Sachverständiger für Bauphysik
Drei-Rosen-Straße 32
52066 Aachen

Univ.-Prof. Dr.-Ing. Philipp Dietsch
Universität Innsbruck
Institut für Konstruktion und
Materialwissenschaften
Arbeitsbereich für Holzbau
Technikerstraße 13
6020 Innsbruck
Österreich

Dipl.-Ing. Matthias Gerold
Harrer Ingenieure GmbH
Gesellschaft Beratender Ingenieure
VBI mbH
Reinhold-Frank-Straße 48b
76133 Karlsruhe

Dr. Joachim Hessinger
ift Rosenheim GmbH
Labor Bauakustik
Theodor-Gietl-Straße 7–9
83026 Rosenheim

Prof. Dr.-Ing. Klaus Holschemacher
Hochschule für Technik, Wirtschaft und
Kultur Leipzig
Institut für Betonbau (IfB)
Karl-Liebknecht-Str. 132
04277 Leipzig

Dipl.-Ing. Thorsten Kober
bauart Konstruktions GmbH & Co. KG
Beratende Ingenieure
Käthe-Niederkirchner-Straße 6
10407 Berlin

Univ.-Prof. Dr.-Ing. Heinrich Kreuzinger
Am Stadtpark 45b
81243 München

Dr.-Ing. Peter Mestek
Sailer Stepan und Partner GmbH
Beratende Ingenieure für Bauwesen VBI
Ingolstädter Straße 20
80807 München

Dr.-Ing. Mandy Peter
bauart Konstruktions GmbH & Co. KG
Englschalkingerstraße 14
81925 München

Prof. Dr.-Ing. Andreas Rabold
Technische Hochschule Rosenheim
Fakultät Angewandte Natur- und
Geisteswissenschaften
Hochschulstraße 1
83024 Rosenheim

Univ.-Prof. Dr.-Ing. Stefan Winter
Technische Universität München
Lehrstuhl für Holzbau und
Baukonstruktion
Arcisstraße 21
80333 München

1
Zur Geschichte des Holzbaus

Robert Halász (†), überarbeitet und erweitert von Stefan Winter, München

Die Technik des Bauens geht von sieben Urformen menschlichen Handelns aus:

Graben, Schütten, Schichten, Stellen, Legen, Wölben und Spannen.

Von Anbeginn stehen den Menschen als Baustoffe zur Verfügung: Steine, Lehm und Holz. Höhlen, von Natur gegeben oder durch Graben geschaffen, dienten und dienen heute noch als Wohnungen. Zahlreiche griechische und römische Amphitheater sind durch geschickte Ausnutzung der natürlichen Geländeformen durch Graben als „offene Höhlen" entstanden und eindrucksvolle Leistungen ihrer Zeit. Das einfachste, durch Schütten und Schichten entstandene Bauwerk ist der Erdhügel. Die alten mittelalterlichen amerikanischen Kulturen entwickelten eine großartige Architektur allein mit den Mitteln der Erdbewegung: Die Tzaqualli, von einem Steinmantel gegen Erosion geschützt, sind nichts anderes als geschüttete Erdhügel, die eine Kultstätte tragen. Noch mehr Bewunderung fordern die ägyptischen Pyramiden, über einem Grab geschichtete Steinpackungen. Sowohl die Erdhügelarchitektur Mittelamerikas als auch die Steinpackungen der ägyptischen Pyramiden haben durch mehrere Jahrtausende hindurch Kulturen geprägt und brauchten als Baustoff nur Erde und Steine. Keinesfalls ist also hoch entwickelte Technik notwendige Voraussetzung „großer Architektur".
Das Holz, dem Menschen in den meisten Regionen seines Lebensraums verfügbar, war der einzige Baustoff, der stabförmige Bauelemente lieferte. Es lehrte den Menschen das Bauen mit Stäben, Pfählen, Ständern, Stielen, Pfosten und Stützen, schräg mit Streben oder waagerecht mit Schwellen, Riegeln und Balken. Holz als Holzwerkstoff und damit als Scheibe oder Platte trat erst im 20. Jahrhundert dazu.

Stellen und Legen: Das lernte der Mensch mit dem Baumstamm, er lernte das Gefach, das Fachwerk, das Holzgerippe zu errichten und so konnte er Brücken, Hütten, Zelte, Dächer und Häuser bauen. Stellen und Legen von Stützen und Balken führte den Menschen zu dem, was wir heute „Errichten" oder „Richten" oder unbeseelter oder genauer „Konstruieren" nennen, d. h. ingeniöses Überwinden von Abgründen und Flüssen, Errichten von Räumen oder Erstreben schlanker Höhe durch zusammenschließende Stabwerke.

Mit dem Holz wuchsen der Baumeister und der Ingenieur.

Holzbau-Taschenbuch, Grundlagen. 10. Auflage. Herausgegeben von Stefan Winter und Mandy Peter.

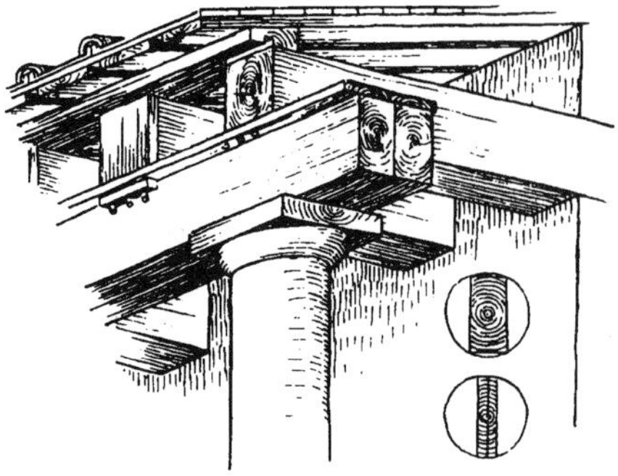

Abb. 1.1 Aus der Abschiedsvorlesung 1948 von *Herrmann Phleps.*

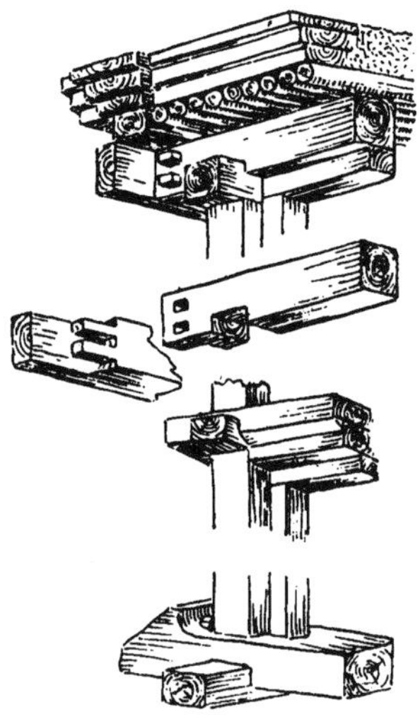

Abb. 1.2 Aus der Abschiedsvorlesung 1948 von *Herrmann Phleps.*

Graben und Schütten war einfach anzuwenden – Balken zum Überwinden von Räumen einzusetzen, erforderte die erste Erfahrung über die Tragfähigkeit der Hölzer und erstes ingeniöses Handeln.

Dass der Holzbau Lehrmeister der späteren Steinbaukunst war, haben Archäologen schon lange bewiesen, wenn sie zeigten, wie Formen des Holzbaus zu Formen des Steinbaus führten, auch wenn sie weiterlebten, wenn sie nur noch formale, aber keine konstruktive Bedeutung mehr hatten (Abb. 1.1 und 1.2).

Das Holz blieb jedoch Baustoff für Decken und Dächer, auch als der Massivbau den Wandbau, vor allem aber den Monumentalbau, für sich beanspruchte.

Wie stark das Empfinden des Menschen vom Holz als dem älteren und ingeniöseren Baustoff geprägt war, kann man tausendfältig nachweisen. Zwei historische Beispiele sollen hier erwähnt werden: In Ägypten ging der Holzbau dem Steinbau voraus. So wurden die Königspaläste noch lange als Zeltpalast hoheitsgebietend errichtet, lange nachdem die Monumentalarchitektur der Tempel zum Steinbau übergegangen war. Und dies, obwohl das Holz von weit her herbeigeschafft werden musste. Dem Stein die Achtung gebietende Monumentalität, dem Holz die hoheitsgebietende Königswürde!

Auch die griechische Steinarchitektur zeigt selbst in ihrer Blütezeit immer noch deutliche Erinnerungen an die Holzbaukunst. *Hermann Phleps*, der große Danziger Holzbauer, zeichnete zu seiner Abschiedsvorlesung 1948 die Abb. 1.1 und 1.2 [1.1]. Der urkretische Holzbau hatte sich über die minoische bis zur griechischen Baukunst durch diese Form in Erinnerung gehalten. Die griechische Steinarchitektur war durch Stellen und Legen gekennzeichnet. Wölben, obwohl bekannt und im Tiefbau angewandt, fand im klassischen Tempelbau keine Anwendung. Erst die Römer als die größeren Ingenieure haben das Wölben nicht nur im Tiefbau bei Viadukten und Aquädukten verwendet, sondern zu einer monumentalen Bauweise entwickelt.

Als sich dann die abendländische Kultur nach Norden ausweitete, in waldreiche Gebiete vorstieß, entwickelte sich der Holzbau zu einer Blüte, wie er sie vorher und dann sehr lange nicht mehr erlebt hat.

Berühmt sind die Holzbrücken, die die Römer über den Tiber in Rom und beim Vordringen nach Gallien in den Raum diesseits der Alpen geschlagen haben. Trajans Donaubrücke bei Drobeta Turnu Severin (heutiges Rumänien) besaß einen von steinernen Pfeilern gestützten hölzernen Überbau. Durch die Darstellungen auf der Trajanssäule in Rom wissen wir über den Brückenbau der Römer ziemlich gut Bescheid. Von Cäsars Brücke über den Rhein, die er im Jahre 55 vor Christus schlagen ließ, wissen wir aus Caesaris Bellum Gallicum. Von ihr ließ Palladio eine genaue Konstruktionszeichnung anfertigen. Die Brücke war 4,0 m breit und 400 m lang!

Das mitteleuropäische Mittelalter und die frühe Neuzeit waren geprägt von den monumentalen Steinbauten der Brücken, Burgen und Schlösser, Kirchen und Klöster, für welche die von den Römern ererbte Wölbkunst die konstruktive Grundlage bildete. Und von seinem stolzen bürgerlichen Holzbau der Wohnhäuser, welche die Städte prägten und auf meisterlicher Zimmermannskunst gegründet waren. Darüber hinaus ermöglichten in vielen Kirchen und Schlössern erst die meisterhaften Sprengwerk- und Hängewerkkonstruktionen der Zimmerleute die weit spannenden Decken zur Errichtung repräsentativer Räume.

Bei aller Würdigung dessen, was unsere Zeit schafft, muss man gestehen, dass nie mehr später mit so wenigen Grundstoffen (Stein und Holz) so einheitliche große Stile (u. a. Romanik und Gotik) so viele Jahrhunderte hindurch bestanden haben wie im Mittelalter, wobei die noch erhaltenen Stadtbilder bis heute unsere Bewunderung erregen. Das mitteleuropäische Mittelalter fand eine Einheit von Form und Geist.

In dem von *C. Schäfer*, Professor an der Königlichen Technischen Hochschule in Berlin, in den Jahren 1883–1888 verfassten Werk „Die Holzarchitektur Deutschlands vom 14. bis 18. Jahrhundert" [1.2] gibt es eine eindrucksvolle Liste der bis zu den beiden Weltkriegen erhaltenen städtischen Holzbauten des ausgehenden Mittelalters. Verwiesen wird u. a. auf das Haus in Bacharach 1568, das Haus im Sack in Braunschweig, das Rathaus in Duderstadt 1528, das Salzhaus in Frankfurt am Main, das Brusttuch in Goslar, das Pfarrhaus in Hersfeld, das Knochenhauer Amtshaus in Hildesheim, das Haus Wedekind in Hildesheim, das Haus Kammerzell in Straßburg (Abb. 1.3) und noch viele andere Beispiele.

Ein Teil dieser herausragenden Beispiele der Zimmermannskunst ging insbesondere im Zweiten Weltkrieg verloren, wurde aber zwischenzeitlich teilweise durch z. B. das Knochenhauer Amtshaus in Hildesheim oder durch die im Jahr 2017 his-

Abb. 1.3 Haus Kammerzell in Straßburg (Quelle: Stefan Winter).

torische und historisierende Wiederbebauung des Frankfurter Dom-Römer-Areals rekonstruiert.

Im 18. Jahrhundert erreichte der handwerkliche Brückenholzbau seine höchste Reife, z. B. bei den 11 ausgeführten Brücken des Baumeisters *Hans Ulrich Grubenmann* aus Teufen (1709–1782). Sensationell war sein allerdings nicht ausgeführter Entwurf von 1755 für eine Brücke über den Rhein bei Schaffhausen [1.3] mit 119 m Stützweite, auf die von *J. Killer* [1.4] mit Recht würdigend hingewiesen worden ist (Abb. 1.4).

Schon in der ersten Hälfte des 19. Jahrhunderts wusste *Emy Bogenbinder* bis zu 100 m Stützweite zu bauen. Die Amerikaner *Long* und *Howe* setzten den bereits im 16. Jahrhundert in Mitteleuropa entstandenen Fachwerkträgerbrückenbau fort. *Howe* entwickelte dazu ein hybrides Fachwerksystem mit Eisenstangen als Zugvertikalen und massiven Holzstreben als Druckdiagonalen für sehr hohe Lasten. Das System wurde sowohl für Landungsbrücken am Hudson River in New York (Abb. 1.5) oder für Eisenbahnbrücken verwendet. Ein eindrucksvolles Beispiel für einen Howe'schen Träger ist die Eisenbahnbrücke über die Iller in Kempten, die

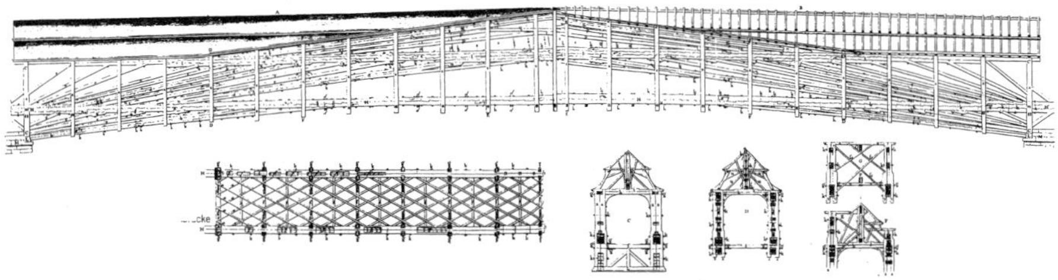

Abb. 1.4 Entwurf einer Brücke über den Rhein bei Schaffhausen, *Grubenmann*, 1755.

Abb. 1.5 Landungsbrücke am Hudson River in New York (Quelle: Stefan Winter).

nach mehr als 150 Jahren immerhin noch mit einem der ehemals beiden Brückenträger erhalten ist. Das Ingenieurdenkmal wurde zwischenzeitlich grundlegend saniert und soll zukünftig weiterhin als Rad- und Fußwegbrücke dienen (Abb. 1.6).

Ein früher Pionier des Ingenieurholzbaus war *Carl Culmann* (1821–1881) [1.5]. Anlässlich seines 100. Todestages hat *Richard Pischl* von der Universität Graz darauf hingewiesen, dass der Ingenieur, Forscher und Lehrer *Culmann* wesentlich dazu beigetragen hat, den Holzbau zu einem Ingenieurholzbau zu entwickeln, als er in Auswertung seiner Amerikareise 1849 die von ihm dort studierten, handwerklich hergestellten Brücken statisch zu analysieren suchte. Unter der Voraussetzung gelenkiger Knotenpunkte entwarf er dabei eine Fachwerktheorie und war damit in der Lage, die Stabkräfte zu berechnen. Es ist interessant, wie *Culmann*, von den nur empirisch, aber theoretisch unklar von durchaus tüchtigen Baumeistern entworfenen Brückensystemen, die Knoten konstruktiv und statisch analysierte. Er führte dabei

Abb. 1.6 Eisenbahnbrücke über die Iller in Kempten (Quelle: Z & M 3D-Welt).

die Bezeichnung „Fachwerk“ ein, die damit in die Fachsprache einging. Er war aber auch ein praktischer Ingenieur und untersuchte z. B. den gusseisernen Schuh, wie er damals zur Ausführung des Knotens üblich war (Abb. 1.7).

Culmann wurde 1855 in das neu gegründete Eidgenössische Polytechnikum in Zürich als Professor für Ingenieurwissenschaften berufen. Hier schrieb er sein Hauptwerk „Die graphische Statik“ 1866 (2. Auflage 1875). Sein Schüler und späterer Nachfolger in Zürich war *Wilhelm Ritter* (1847–1906), der mit den „Anwendungen der graphischen Statik“ in vier Bänden die Arbeit von *Culmann* weiterführte.

Von großer Bedeutung, wenn auch in negativem Sinn für den Holzbau, war die Entwicklung des Eisenbaus in der ersten Hälfte des letzten Jahrhunderts. Mit diesem Eisenbau entstand dem Holz zum ersten Mal in der Geschichte der Baukunst ein gewaltiger Konkurrent, indem er mit stabförmigen Bauelementen arbeitete, die man bisher nur in Holz gekannt hatte. Der Stahl verdrängte das Holz.

Stahl bändigt die größeren Kräfte. Gewiss wurden nach wie vor im aufstrebenden Eisenbahnbau unzählige Güter- und Lokschuppen, Bahnsteigdächer usw. aus wirtschaftlichen Gründen in Holz gebaut. Aber schon *Troche* hat 1951 darauf hingewiesen, dass es neben technischen vor allem starke wirtschaftspolitische Tendenzen waren, die dem Stahl Vorteile in einem Umfang verschafften, die über das durch unleugbare Vorzüge des Stahls berechtigte Ausmaß hinausgingen [1.6]. Fast meint man bei *Troche* in einer Werbeschrift unserer heutigen Generation zu lesen, schrieb der Erstverfasser bereits in der Einführung einer der ersten Auflagen des Holzbau-Taschenbuchs. Aber selbst aus heutiger Sicht, 2021, stimmt das immer noch:

Abb. 1.7 Knoten einer Landungsbrücke am Hudson River, Howe'scher Träger (Quelle: Stefan Winter).

Der Stahl ist kein naturgewachsener stabförmiger Werkstoff, sondern künstlich erzeugt. Den dadurch unleugbaren Vorzügen namentlich statischer Natur, stehen aber auch fühlbare Nachteile entgegen, von denen hier nur auf das große Eigengewicht, ferner auf die hohen Preise und in vielen Fällen im Gegensatz zu dem dauerhaften Holz vorliegende mangelhafte Widerstandsfähigkeit gegenüber chemischen Einflüssen (z. B. Rauchangriffen) hingewiesen sei. Stahl ist eben – wie alle unedlen Metalle – erst künstlich erschmolzen und dadurch aus seinem chemischen Gleichgewicht im Erz herausgerissen worden, dem es nun durch Sauerstoffaufnahme (Rosten) unaufhaltsam wieder zustrebt. Holz dagegen befindet sich mit seiner Umwelt normalerweise im chemischen Gleichgewicht. …

Der neue Stahlbau übernahm sehr bald den Fachwerkträgerbau, entwickelte ihn zielbewusst weiter, schuf planmäßig konstruktive Neuerungen. So gelang es ihm außerordentlich rasch, den sich kaum rührenden Holzbau fast völlig zum Erliegen zu bringen. Diese Abwärtsentwicklung wurde aber auch durch den Umstand begünstigt, dass mit wachsender Verkehrsdichte auch die Brückenbelastungen und damit die Stabkräfte immer mehr zunahmen, so dass ihnen die seinerzeit noch üblichen zimmermannsmäßigen Bauformen technisch nicht mehr gewachsen waren. …

Aber auch der vorübergehend entstandene Verlust an technischem und künstlerischem Wissen und Können in der rechten Behandlung und Konstruktion des Werkstoffes Holz sei hier erwähnt. Weil diese Kenntnisse nicht mehr gepflegt wurden, gerieten sie teilweise in Vergessenheit. Der Tiefstand war um die letzte Jahrhundertwende erreicht (Anm.: Gemeint ist hier 1899/1900). Holzbaumeister von Format gab es überhaupt nicht mehr.

Einen neuen Aufschwung des Holzbaus brachte die Entwicklung vom handwerklichen zum Ingenieurholzbau durch neue Verbindungsmittel, die Erfindung der Holzleimbauweise, erste Fertighausfabriken oder neue Konstruktionsweisen. Sie ist stark von Deutschen gefördert worden. Es sollen die Namen *Stephan, Tuscherer, Kübler, Christoph & Unmack, Cabröl, Greim, Zollinger, Hetzer* und *Meltzer* ehrend genannt werden.
Mit der wissenschaftlichen Forschung ab der ersten Hälfte des letzten Jahrhunderts sind die Namen u. a. von *Stoy, Graf, Fonrobert, Seidel, Gaber, Trysna, Egner, Sinn, Sahlberg, Kolb* und *Möhler* eng verknüpft.

Die eigentliche Entwicklung des modernen Holzbaus setzt jedoch als Nagelbau, Dübelbau und Leimbau etwa gleichzeitig bereits um 1930 ein.

Von einem Ingenieurnagelbau kann man sprechen, seit dem *Stoy* mit seinen Versuchen über die Tragfähigkeit der Nägel (1928) die ersten amtlichen Angaben (1933) und endlich die Anerkennung des Nagels als tragendes Verbindungsmittel in [1.7] erreichte.

Vom Dübelbau kann gesprochen werden, seitdem *Otto Graf* 1930 die ersten Ergebnisse seiner Biegeversuche an verdübelten Holzbalken veröffentlichte und durch Runderlass des Reichsarbeitsministers vom 03.03.1939 bestimmt wurde, dass alle Dübelverbindungen an der Materialprüfungsanstalt Stuttgart nach einheitlichen Gesichtspunkten überprüft werden.

Obwohl das erste Patent zum Holzleimbau von *Otto Hetzer* aus dem Jahre 1906 stammt, kann von einem Ingenieurleimbau erst gesprochen werden, seitdem mit den u. a. von der BASF um 1930 entwickelten wasser- und schimmelfesten Kunststoffleimen wetterfeste Bauausführungen möglich wurden und durch die Einführung der Stoßausbildung der Lamellen als Schäftung 1943 und schließlich Keilzinkung 1959 eine praktisch endlose Fertigung der Lamellen für Brettschichtholz möglich wurde.

Bis in die Nachkriegsjahre hinein spielte der Holznagelbau eine überragende Rolle für die Massenfertigung von Brettbindern, Dachtragwerken, Dreigelenkhallenrahmen und anderem. Er wurde teilweise ergänzt durch den Dübelbau. In Reinform existieren beide Bauweisen heute nur noch sehr selten. Die Nagelbauweise wird manchmal noch in Form von Brettbindern, z. B. im landwirtschaftlichen Eigenbau, verwendet. Sie wurde durch die Nagelplattenbauweise abgelöst, die für Dachträger aller Bauformen (Dreiecksbinder, Pultdachbinder, parallelgurtige Binder) und für Zwei- oder Dreigelenkrahmen als sogenannte „Studiobinder" im Fertigbau eingesetzt wird.

Die großen Ingenieurbauwerke wie Industriehallen, Überdachungen oder Sporthallen werden heute fast ausschließlich aus Brettschichtholz oder Furnierschichtholz errichtet.

Im Zusammenhang mit der Bemessung stabförmiger Verbindungsmittel muss der Däne *K.W. Johansen* besonders erwähnt werden, dessen Theorie zu den unterschiedlichen Tragmechanismen dieser Verbindungsmittel bis heute Gültigkeit besitzt und in der internationalen Normung zur Bemessung verwendet wird.

Aus heutiger Sicht können zur wissenschaftlichen Weiterentwicklung seit etwa den 1970er-Jahren insbesondere folgende Namen mit ihren Arbeitsschwerpunkten genannt werden:

Natterer (Brettstapelbauweise, weit gespannte Tragwerke), *Ehlbeck* (Holzleimbau, Verbindungen) *Brüninghoff* (Holzleimbau, Nagelplatten), *Radovic* (Klebstoffe, Holzwerkstoffe), *Buchanan* (Erdbeben, Brandschutz), *Larsen* (Holzleimbau, Normung), *Blaß* (Schraubenverbindungen), *Kreuzinger* (Mechanik, Schubanalogie) sowie *Scheer* und *Meyer-Ottens* (Brandschutz).

Die Entwicklung des modernen Ingenieurholzbaus wurde zusätzlich von Praktikern beeinflusst. Hier sind z. B. die Unternehmer und Erfinder *Karl Moser* (Brettsperrholz) und *Hermann Blumer* (Ingenieurbauwerke) zu nennen. Eine besondere Erwähnung gebührt einem Maschinenbauer und seinem Unternehmen.

Hans Hundegger begann zu Beginn der 1980er-Jahre die Entwicklung von vollautomatischen Abbundmaschinen. Inzwischen wurden über 5000 Maschinen in 42 Länder geliefert. Die moderne computergestützte Fertigung hat die Entwicklung des Holzbaus besonders unterstützt und führt heute zu einer nie dagewesenen Präzision, die anderen Baustoffen in den bauüblichen Abmessungen deutlich überlegen ist. Darüber hinaus wird dadurch die Herstellung dreidimensionaler, zimmermannsmäßiger Verbindungen kostengünstig ermöglicht.

In den Zeiten nach dem Zweiten Weltkrieg wurde der Holzbau zunächst sehr stark und fast ausschließlich auf die Errichtung von Haus- und Hallendächern reduziert. Lediglich der Holztafelbau, wie er zum Beispiel von der Fertighausindustrie verwendet wurde und wird, bildete in Mitteleuropa, den nordischen Ländern und Nordamerika eine Ausnahme. Seine Anwendung blieb jedoch bis zur letzten Jahrtausendwende meist auf ein- oder zweigeschossige Ein- und Zweifamilienhäuser beschränkt.

Erst heute scheint es so, dass der Holzbau aus vielerlei Gründen eine neue Blütezeit erlebt. Getrieben durch die Nachhaltigkeitsdiskussion, Klimaschutzziele und eine allgemeine, holzbaufreundliche Grundstimmung der Gesellschaft kann das 21. Jahrhundert ein neues Jahrhundert des Holzbaus werden.

Denn es gibt eine Vielzahl von Vorteilen: Haltbarkeit und Lebensdauer von Holzbauten sind bei fachgerechter konstruktiver Ausbildung groß und mit anderen Baustoffen vergleichbar. Jahrhundertealte Brücken- und Dachkonstruktionen zeugen davon. Um- und Anbauten sind ohne Schwierigkeiten ausführbar. Die Unterhaltungskosten von Holz sind gering, die modernen Verbindungsmittel erlauben jeden Zusammenschluss fach- und materialgerecht auszubilden. Die Bearbeitung konnte früher schon in handwerklicher Ausführung leicht und präzise erfolgen. Heutige computergestützte Planungs- und Bearbeitungsmethoden heben den Vorteil der leichten Bearbeitbarkeit des Holzes und seine hohe Maßgenauigkeit hervor.

Grundvoraussetzung für guten und präzisen Holzbau war und ist die Beschränkung der Feuchteschwankungen im Holz. Schon immer hat es sich bewährt, trockenes Holz zu verwenden, also Holz mit einer Holzfeuchte von unter 20 %. Die in Deutschland in den Nachkriegsjahren aus Preisgründen und mangelnden Trocknungskapazitäten weitverbreitete Unsitte, nahezu saftfrisches Holz einzuschneiden und direkt weiter zu verbauen, wurde inzwischen durch die ausreichenden Kapazitäten zur technischen Trocknung von Vollholz, insbesondere repräsentiert durch das Produkt „Konstruktionsvollholz", und durch die verschiedenen geklebten Produkte vom Brettschichtholz über das Brettsperrholz bis hin zu Holzwerkstoffen wie Furnierschichtholz wieder überwunden. Mit den trockenen Holzbaustoffen werden heute hoch präzise und großformatige Elemente hergestellt, die aufgrund der geringen Maßänderungen auch bei Temperaturschwankungen die industrielle Vorfertigung von Holzbauwerken besonders unterstützen.

Das Brandverhalten von Holzbauteilen muss als gutmütig bezeichnet werden, da das Verkohlen zu einer eigenen, thermisch wirksamen Schutzschicht führt. Wegen der auch im Brandfall sehr geringen Maßänderungen bei Temperaturerhöhung treten nur geringe Verformungen der Tragwerke auf. Der Löschvorgang, insbesondere massiver Holzbauteile, ist problemlos.

Und nicht zuletzt: Gegen viele chemische Einwirkungen, besonders gegen Rauch und Säuren, verhält sich das Holz günstig. Bei Brauereien, Salinen, Salzlagerhallen, Salzsilos und selbst bei Einhausungen von Verrottungsanlagen zeigt Holz eine hohe Dauerhaftigkeit.

Aber Bauen mit Holz will gelernt sein! Zwar setzte inzwischen eine deutliche Entwicklung zur Erhöhung der Holzbauvertretung an Technischen Universitäten und Fachhochschulen ein, aber eine Zimmerer-, Meister- und Technikerausbildung wie im deutschsprachigen Raum fehlt in vielen anderen Ländern.

Erfreulich ist die Tatsache, dass inzwischen auch an Architekturfakultäten spezielle Holzbaulehrstühle geschaffen wurden, z. B. von *Kaufmann* (TU München), *Heikinnen* (Aalto Universität, Helsinki) oder im Jahr 2017 ein neuer Stiftungs-Lehrstuhl an der Technischen Universität in Graz (*Kaden*).

Natürlich macht die Globalisierung nicht vor dem Holzbau halt. Zwischenzeitlich hat eine sehr starke Internationalisierung stattgefunden, die einerseits durch die gemeinsame europäische Normung im Rahmen der Erarbeitung der Eurocodes, hier des Eurocode 5 für Holzbau [1.8], andererseits durch den internationalen Austausch auf Konferenzen unterstützt wird. Besonders zu erwähnen sind hier die World Conference on Timber Engineering (WCTE, 2-jährig) und die jährlichen Konferenzen der früheren CIB-W18-Gruppe [1.9], heute eine selbstständige Gruppe, die sich unter der Bezeichnung INTER – International Network on Timber Engineering Research – zusammenfindet. Hier werden vorwiegend die Ergebnisse pränormativer Forschung diskutiert, die Ergebnisse fließen oft in nationale und internationale Normen ein.

Ob das 21. Jahrhundert nun wirklich ein Jahrhundert des Holzbaus wird, bleibt zu beweisen. Es ist durchaus möglich, wenn man die vielen positiven Randbedingungen von den Klimaschutzaspekten über die nachhaltige Erzeugbarkeit des Rohstoffs bis hin zur industriellen Fertigung und der gesellschaftlichen Akzeptanz berücksichtigt. Aber um die immer noch bestehenden Vorurteile zum Holzbau zu überwinden und um die Bedeutung des Holzbaus zu steigern, bedarf es eines weltweiten Ausbaus des Holzbauwissens, der Holzbaukapazitäten und einer exzellenten Qualitätssicherung. Dazu gehören wissenschaftlich basierte Entwicklungen, z. B. im Brandschutz, der Vorspannung im Ingenieurholzbau, des hybriden Bauens oder zur vermehrten konstruktiven Nutzung von Laubholz.

Der Holzbau ist und bleibt ein spannendes Feld mit großen Entwicklungsmöglichkeiten!

Literatur

1.1 Phleps, H. (1950). *Vom Wesen der Architektur*, 1948. Reprint 1950. Karlsruhe: Bruder-Verlag.

1.2 Schäfer, C. (1981). *Die Holzarchitektur Deutschlands vom XIV. bis XVIII. Jahrhundert*. 1883–1888. Reprint 1981 Curt, R. Hannover: Vincentz Verlag.

1.3 von Mechel, C. (1803). *Plan, Durchschnitt und Aufriß der drey merkwürdigsten hölzernen Brücken in der Schweiz*. Basel.

1.4 Killer, J. (1985). *Die Werke der Baumeister Grubenmann*, 3. Aufl. Basel: Birkhäuser.

1.5 Pischl, R. (1981). Ein Pionier des Ingenieurholzbaues, *Bautechnik* 58(11):361.

1.6 Troche, A. (1951). *Grundlagen für den Ingenieurholzbau*. Hannover: Schroedel-Verlag KG.

1.7 DIN 1052:1938-05 (1938). *Bestimmungen für die Ausführung von Bauwerken aus Holz im Hochbau*. Berlin: Beuth.

1.8 DIN EN 1995-1-1:2010-12 (2012). *Eurocode 5: Bemessung und Konstruktion von Holzbauten – Teil 1-1: Allgemeines – Allgemeine Regeln und Regeln für den Hochbau*. Berlin: Beuth.

1.9 International Council for Building research studies and documentation. Working Commission W18 – Timber Structures, siehe www.holz.vaka.kit.edu.

2
Holzbau heute
Stefan Winter, München

2.1 Ressourcenverfügbarkeit und Nachhaltigkeit

Der Holzbau erfährt zu Beginn des 21. Jahrhunderts einen ungeahnten Auftrieb. Basierend auf umfangreichen Forschungen und Entwicklungen auf nationaler und internationaler Ebene – neben den Entwicklungen im Ingenieurholzbau insbesondere in den Bereichen Brandschutz und Bauphysik – und der umfangreichen Adaption von CAD/CAM-basierten Fertigungsmethoden gilt er plötzlich wieder als „modern“. Und nicht nur in Europa, sondern auch in vielen anderen Regionen von Asien über Australien und Neuseeland bis nach Süd- und Nordamerika ist die Anwendung des Holzbaus aus politischen Gründen attraktiv geworden. Die Verpflichtungen aus dem Kyotoprotokoll und dem Pariser Klimaabkommen von 2016 haben in vielen Staaten von China bis Chile die Erkenntnis reifen lassen, dass mit der zunehmenden Verwendung des nachhaltig verfügbaren Baumaterials Holz ein signifikanter Beitrag zur Reduktion der Energieaufwendungen im Bauwesen und gleichzeitig eine Kohlenstoffspeicherung und damit CO_2-Senkenfunktion erreicht werden kann.

Diese Funktionen können nur dann genutzt werden, wenn das Holz für die stoffliche Verwendung aus nachhaltiger Forstwirtschaft stammt. Die Entnahmemenge des Holzes darf die jährlich nachwachsende Menge nicht überschreiten. In der Bundesrepublik Deutschland ist diese Voraussetzung durch das Gesetz zur Erhaltung des Waldes und zur Förderung der Forstwirtschaft (Bundeswaldgesetz) gegeben [2.1]. Diese gesetzliche Regelung fehlt jedoch in vielen Ländern, wird dort aber zunehmend durch die Nachhaltigkeitszertifizierungen des Forest Stuartship Council (FSC) [2.2] oder des Programme for the Endorsement of Forest Certification Schemes (PEFC) [2.3] ersetzt. Diese Nichtregierungsorganisationen sind inzwischen international breit anerkannt. Selbst in europäischen Ländern werden trotz vorliegender gesetzlicher Regeln inzwischen zum Teil diese Zusatzzertifizierungen vorgenommen. Entsprechende Vorgaben zum Nachweis der Herkunft der verwendeten Hölzer sind zudem in Ausschreibungen enthalten, um zu vermeiden, dass der gewünschte Klimaeffekt infolge der Holzverwendung durch Holz aus Raubbau konterkariert wird. Grundsätzlich ist rechtlich die Implementierung von Umweltverträglichkeitsnachweisen in Ausschreibungen möglich. Insbesondere der Bund und einzelne Länder und Kommunen verlangen eine gebührende Berücksichtigung

Holzbau-Taschenbuch, Grundlagen. 10. Auflage. Herausgegeben von Stefan Winter und Mandy Peter.

Abb. 2.1 Zunehmende Mischwälder führen zu verändertem Holzaufkommen – Abnahme des Nadelholzaufkommens (Softwood – SW) und Zunahme des Laubholzaufkommens (Hardwood – HW) (Quelle: Katharina Winter).

entsprechend ihren Vergaberichtlinien. Private Bauherren sind selbstverständlich frei darin, diese Anforderungen ebenfalls zu implementieren oder sogar weitergehend die Verwendung regionaler Holzressourcen zu fordern und damit zu fördern.

Aus Sicht der Nachhaltigkeit ist die Situation der Holzverwendung in Mitteleuropa und insbesondere Deutschland noch weitgehend entspannt. Im Jahr 2015 (EUROSTAT: Forstwirtschaftliche Statistik 2015 [2.4]) überstiegen die Zuwächse an Holzmasse in deutschen Wäldern die Entnahmen um 10 Mio. Festmeter bei einer Erntemenge von ca. 70 Mio. Festmetern.

Allerdings lohnt eine genauere Analyse der Zusammensetzung: Durch den fortschreitenden forstwirtschaftlichen Umbau unserer Wälder steigt das Laubholzaufkommen, während das Nadelholzaufkommen zurückgeht. Im Zeitraum von 2008 bis 2013 erhöhte sich das Laubholzaufkommen in deutschen Wäldern um 13,3 %, während das Nadelholzaufkommen um ca. 13,9 % abnahm [2.4] (Abb. 2.1).

Die Zusammensetzung der Nadelholzbestände selbst verschiebt sich ebenso allmählich, da die Forstwirtschaft eine Anpassung an den Klimawandel vornehmen muss und damit Baumarten wie die Douglasie zunehmend Verwendung finden. Sie sind gegenüber den Auswirkungen des Klimawandels resistenter als beispielsweise der bisherige „Brot-und-Butter"-Baum der Forstwirtschaft, die Fichte.

Die Folgen der Veränderung des Rohholzaufkommens sind bisher noch kaum zu spüren. Aber die zunehmende Verfügbarkeit von Hartholz führt zu einer beginnenden Renaissance der Laubholzverwendung im Holzbau und zur Entwicklung einer Reihe neuer Werkstoffe. Bauhölzer wie die Eiche wurden schon immer dort für konstruktive Zwecke eingesetzt, wo besonders hohe Beanspruchungen aufgenommen werden mussten oder eine erhöhte Dauerhaftigkeit nötig war. Beispiele sind die Fachwerkkonstruktionen von vielgeschossigen Häusern oder Glockentürme. Aber auch punktuell wurde Eiche wegen ihrer hohen Querdruckfestigkeit zur Lastverteilung verwendet, z. B. in dem herausragenden Ingenieurbauwerk der Eisenbahnbrücke über die Iller in Kempten von 1848. In dem Howe'schen Fachwerkträger aus Schweizer Lärchenholz wurde Eiche als Druckknoten der Fachwerkstreben und für die Schirrbalken eingesetzt (Abb. 2.2).

Andere Laubholzarten wie die Buche oder Esche wurden hingegen in historischen Konstruktionen kaum konstruktiv eingesetzt, allenfalls regional, wie z. B. in Oberhessen die Buche als Schindel für Wandbekleidungen. Da jedoch bereits jetzt ein hohes Rundholzaufkommen insbesondere an Buche oder Esche vorhanden

Abb. 2.2 Fachwerkknoten der Eisenbahnbrücke über die Iller von 1848 (Quelle: bauart).

Abb. 2.3 Hybrides Brettschichtholz aus Fichte und Esche (Quelle: HoFo TUM).

ist, setzte eine Entwicklung von Laubholz- und hybriden Holzwerkstoffen ein. Die Holzarten weisen wie die Eiche höhere Festigkeiten und Steifigkeiten auf und sind somit eine hochinteressante Erweiterung der Holz- und Holzwerkstoffsortimente. Beispiele sind Brettschichtholz aus Eiche [2.14], Esche und Buche [2.5], hybrides Brettschichtholz aus Fichte und Esche (Abb. 2.3) [2.5] oder Furnierschichtholz aus Buche (Abb. 2.4) [2.6].

Die Entwicklung steht sicher erst am Anfang. Da sich die Harthölzer ökonomischer schälen und spanen als sägen lassen, ist zu erwarten, dass es insbesondere im Bereich der Sperrhölzer und Furnierschichthölzer, der Spanhölzer wie Oriented Strand Board (OSB) oder Laminated Strand Lumber (LSL) und hybriden Werkstoffe aus Schnittholz und Furnieren zu weiteren Innovationen kommen wird. Auch ein vermehrter Mix aus Nadel- und Laubhölzern in einem Produkt wie in Abb. 2.3 dargestellt, ist zu erwarten.

Abb. 2.4 Furnierschichtholz aus Buche (Quelle: Pollmeier Furnierwerkstoffe GmbH).

Ein zunehmend wichtiger Aspekt bei der planerischen Entscheidung, welcher Werkstoff eingesetzt werden soll, ist die ökologische und ökonomische Bewertung in Lebenszyklusanalysen (Life Cycle Assessment – LCA) und Lebenszykluskostenanalysen (Life Cycle Costs – LCC). Durch diese Berechnungen sollte möglichst objektiv nachgewiesen werden, welche Bauprodukte und Bauarten zu einem möglichst geringen ökologischen Fußabdruck bei gleichzeitig vertretbaren Kosten führen. Wichtigste Kriterien sind der Primärenergieverbrauch aus erneuerbaren und nichterneuerbaren Quellen und die CO_2-äquivalenten Emissionen.

Leider sind zum Zeitpunkt des Erscheinens dieses Buches noch keine werkstoffübergreifenden, einheitlichen Datensätze für alle Bauprodukte und Bauarten verfügbar. Zwar hat es erhebliche Verbesserungen bei den die Berechnungsverfahren und -voraussetzungen beschreibenden Normen gegeben (insbesondere DIN EN 15978 [2.7]), aber noch immer sind am Markt Umweltdeklarationen (Environmental Product Declaration – EPD) kursierend, die auf alten Berechnungen beruhen. Die derzeit insbesondere im Holzbereich wohl zuverlässigste und den aktuellen Berechnungsverfahren entsprechende Baudatenbank ist die Ökobaudat [2.8]. Sie wird in den meisten wissenschaftlichen Vergleichsrechnungen derzeit als Basis herangezogen.

Holzbasierte Bauprodukte und Bauarten weisen prinzipiell drei Vorteile bei der Berechnung der klimarelevanten Umweltwirksamkeit gegenüber anderen Werkstoffen auf und einen zusätzlichen weiteren Vorteil, der den Forstsektor betrifft:

1. Treibhausgas-(THG-)Einsparungen, die entstehen, wenn anstelle eines mineralischen Gebäudes ein funktional äquivalentes Holzgebäude gebaut wird (stoffliches Substitutionspotenzial).
2. Potenzial an THG-Senken durch die temporäre Speicherung von biogenem Kohlenstoff aufgrund der stofflichen Holzverwendung auf nationaler Ebene (Speicherpotenzial Holzprodukte).
3. THG-Einsparungen, die entstehen, wenn anstelle von fossilen Brennstoffen nachwachsende Biomasse verwendet wird (energetisches Substitutionspotenzial).
4. Potenzial an THG-Senken durch die Speicherung von biogenem Kohlenstoff aufgrund der Zunahme an Biomasse in Wäldern auf nationaler Ebene (Speicherpotenzial Wald) → Forstsektor.

Aktuelle Berechnungen für Gebäude im Wohnungsbau weisen ein stoffliches Substitutionspotenzial an THG-Einsparungen von 9 bis 56 % in Bezug auf die Gebäudekonstruktion auf, wenn anstelle eines mineralischen Gebäudes ein funktional äquivalentes Holzgebäude gebaut wird. Die Höhe des Potenzials ist dabei abhängig vom Gebäudetyp, den verwendeten Baumaterialien und der Planung. Auch ein funktional äquivalenter holzbasierter Ausbau anstelle eines mineralischen Ausbaus weist bereits ein stoffliches Substitutionspotenzial von 10 bis 25 % auf [2.9].

Das Potenzial als THG-Senke wird durch die Speicherung des Kohlenstoffs in Holzprodukten beschrieben. Durch eine vermehrte stoffliche Verwendung von Holzprodukten im Bauwesen wird ein Kohlenstoffspeicher angelegt. Dieser Speicher wird bezüglich der THG-Wirkung analog zum Waldspeicher als CO_2-Senke auf nationaler Ebene mit bilanziert. Das wirkt sich auf die Erreichung der Klimaziele positiv aus, wenn mehr Holzprodukte eingesetzt als entsorgt werden [2.9, 2.10].

Der dritte Vorteil beschreibt die energetische Substitution, da die im Holz enthaltene und gespeicherte erneuerbare Energie am Ende des Lebenszyklus zur Energiegewinnung eingesetzt werden kann und damit fossile Energieträger ersetzt werden können. Allerdings muss man beachten, dass häufig bei der Darstellung des Primärenergiebedarfs zur Herstellung eines Bauprodukts bei einer Einzahlangabe der erneuerbaren Primärenergie die im Holzprodukt enthaltene „eingebettete Energie" enthalten ist. Normativ ist eine getrennte Darstellung und Ausweisung der Primärenergie, die für die einzelnen Prozesse benötigt wird (energetische Nutzung), und der Primärenergie, die im Material enthalten ist (stoffliche Nutzung), bereits vorgeschrieben [2.7, 2.11] und sie sollte in allen zukünftigen Untersuchungen konsequent umgesetzt werden. Für den Fall, dass ein Produkt stofflich genutzt wird und Primärenergie im Material enthalten ist, wird diese im Rahmen einer Ökobilanz zu Beginn angerechnet und am Ende des Lebenswegs wieder gutgeschrieben [2.10]. Durch die getrennte Ausweisung wird transparent, welche Primärenergie für Produktionsprozesse aufgewendet wird. Im Vergleich der Werkstoffe und Bauteile können dadurch die Optimierungspotenziale im Sinne der Energie- und Ressourceneffizienz erkannt und nachgewiesen werden.

Abb. 2.5 zeigt die positiven Wirkungen in einer schematischen Darstellung. Der Vorteil 1 wird in einer Nachhaltigkeitsbewertung von Bauwerken nach DIN EN 15978 [2.7] durch eine vergleichende Ökobilanzierung auf Gebäudeebene dargestellt [2.9], der Vorteil 2 wird durch die eingesetzte Menge von Holz und Holzprodukten bestimmt und spiegelt sich im Indikator GWP (engl.: Global Warming Potential, dt.: Treibhausgaspotenzial) [2.12, 2.10] wider und der Vorteil 3 wird durch den Indikator PERM (engl.: Primary Energy Renewable Material, dt.: erneuerbare Primärenergie zur stofflichen Nutzung) im Lebenszyklusmodul A und C sowie im Falle einer energetischen Verwertung im Modul D ausgewiesen. Zu berücksichtigen sind zudem die Interdependenzen und Wechselwirkungen der verschiedenen Vorteile und Themen, z. B. zwischen dem Waldspeicher und Holzproduktspeicher [2.9] oder bezüglich des Primärenergieaufwands und der Menge an Holz in der Konstruktion [2.12].

Ein vereinfachtes Nachweisverfahren im Sinne der wesentlichen Anforderung Nr. 7 (BWR 7) des Anhangs I der Bauproduktenverordnung [2.13] mit entsprechenden Kennwerten zur nachhaltigen Nutzung natürlicher Ressourcen würde dem Holzbau ermöglichen, seine Vorteile entsprechend darzustellen [2.9] und Vergleiche zu ziehen.

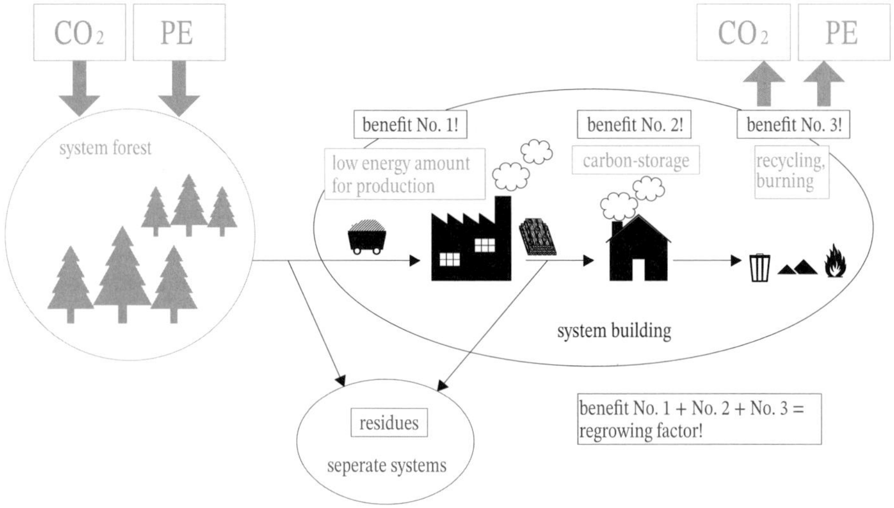

Abb. 2.5 Vorteile von Holzbauprodukten im Lebenszyklus der Bauprodukte (Quelle: Stefan Winter).

Es ist mittelfristig zu erwarten, dass die Bauordnungen der Länder für das Nachhaltigkeitskriterium gleichberechtigt mit den anderen Grundanforderungen an Bauwerke Nachweise fordern werden. Der oben erwähnte politische Wille kann damit objektiviert werden, wenn ein vereinfachtes Verfahren für den Nachweis der nachhaltigen Nutzung natürlicher Ressourcen verfügbar wird. Entsprechende Ansätze, die zunächst Verfahren vergleichbar zu den ersten Wärmeschutzverordnungen verfügbar machen könnten, befinden sich in der Entwicklung, stehen aber noch nicht zur Verfügung. Sie sollten sich zunächst auf die wichtigsten Punkte – Primärenergiebedarf und CO_2-äquivalente Emissionen – beschränken. Damit wird der Entwurfsprozess bezüglich der Materialwahl objektiviert.

Der bestehende Widerspruch zwischen einer auch im Holzbau angestrebten Ressourcen- und damit Materialeffizienz und dem Ziel möglichst langfristig realisierter Kohlenstoffspeicherung in den Gebäuden als klimarelevantem Beitrag zur Senkung des CO_2-Anteils in der Atmosphäre ist dadurch allerdings nicht aufzulösen – wird aber besser bewertbar.

2.2 Entwurfssystematik – vom Stab zur Fläche

Der Holzbau ist aktuell durch zwei wesentliche Neuerungen geprägt – das Brettsperrholz, einschließlich seiner Varianten, das in bisher nicht gekannten Dimensionen flächige Massivholzbauteile möglich macht (vgl. Abschnitt 5.2.2), und die Weiterentwicklung der Voll- und Teilgewindeschrauben, welche einfach herzustellende und gleichzeitig hochfeste, verschiebungsarme Verbindungen ergeben.

In den Zeiten vor der industriellen Nutzung des Stahls war Holz das einzige stabförmige Bauteil und abgesehen von Holzwerkstoffen wurde es als tragendes Bauteil bis in die 1990er-Jahre nur als Stütze, Balken und Träger verwendet – heute

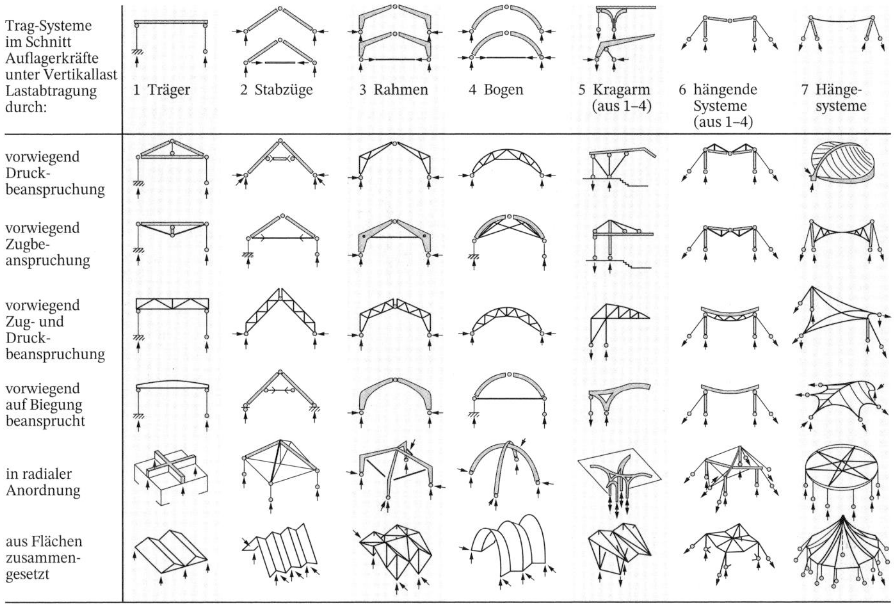

Abb. 2.6 Prinzipielle Übersicht über die mit Holz herstellbaren Tragstrukturen (Quelle: Holzbau-Taschenbuch).

kommt die Fläche neu dazu. Den Weg zur massiven Holzdeckenplatte haben schon die Brettstapelbauweise und die Verwendung liegenden Brettschichtholzes vorgezeichnet. Aber erst durch das kreuzweise Verkleben von Brettware zu Brettsperrholz oder das Blockverkleben von Holzwerkstoffen stehen heute großformatige, massive Holzbauteile zur Verfügung, die als Platte oder Scheibe verwendet werden. Damit folgt der Holzbau als einzige Bauweise dem Stahlbetonbau: Alle Konstruktionselemente vom Stab bis zur Fläche stehen aus einem Material zur Baukonstruktion zur Verfügung.

Da zugleich die Herstellung von Brettschichtholz durch die exakte Darstellung der gewählten Formen in dreidimensionalen CAD-Systemen und die Umsetzung in der Herstellung durch computergestützte Fertigung – z. B. zur Einrichtung der Leimbette – wesentlich kostengünstiger geworden ist, stehen bei den Tragwerken alle üblichen Tragwerksformen vom Bogen über Rahmen bis zu Kuppel und Schalen für den Ingenieurholzbau zur Verfügung. Abb. 2.6 zeigt eine prinzipielle Übersicht über die möglichen Tragstrukturen.

Allerdings – die reine Lehre und damit Gebäude ausschließlich aus Holzkonstruktionselementen sind selten anzutreffen. In vielen Fällen ist es aus konstruktiven und ökonomischen Gründen sinnvoll, hybrid zu bauen, also Gebäude mit Bauteilen aus verschiedenen Werkstoffen zu errichten. Die Mischung kann auf Bauteilebene, auf Bauwerksebene oder auf beiden Ebenen erfolgen (s. Abb. 2.7).

Beispiele für hybride Bauteile sind ein- oder zweiachsig gespannte Holz-Beton-Verbunddecken mit Holzbauteilen aus Balken, Brettstapel oder Brettsperrholz. Als Verbundmittel werden Kerven, Schrauben oder eingeklebte Verbinder verwendet (s. Abschnitt 5.2.3).

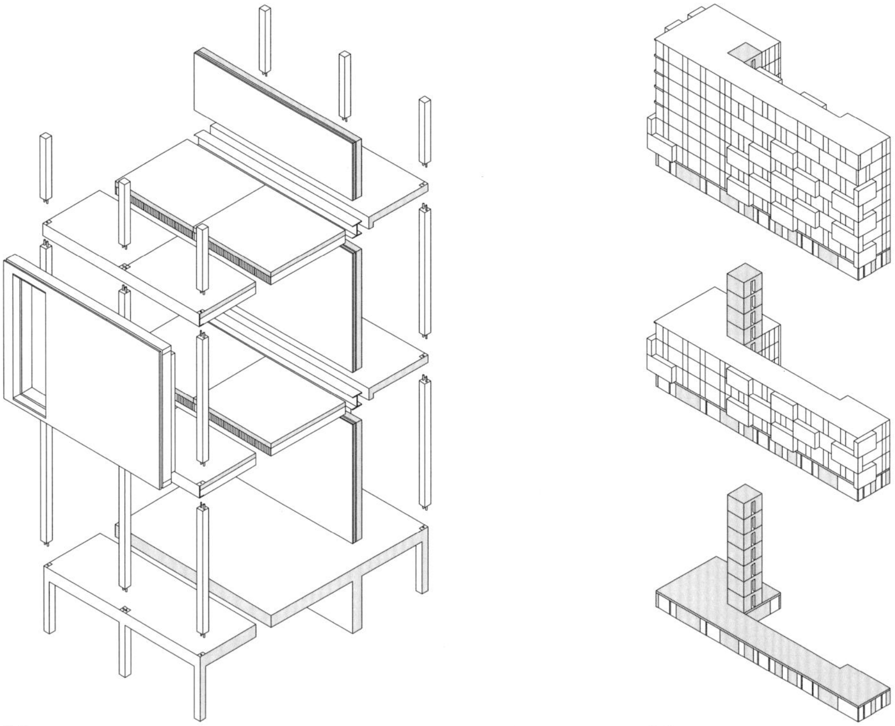

(a) (b)

Abb. 2.7 Typische Gebäudekonstruktion mehrgeschossiger Holzgebäude (Hybridbau) – Mischung auf (a) Bauteil- und (b) Bauwerksebene (Quelle: Hermann Kaufmann ZT).

Abb. 2.8 Beispiel einer hybriden Industriehalle (Quelle: Huber & Sohn, Bachmehring).

Hybride Bauwerke sind beispielsweise weit gespannte Hallentragwerke aus Brettschichtholz mit Betonfertigteilstützen und Kranbahnen aus Stahl (s. Abbildung 2.8) oder mehrgeschossige Holzgebäude mit Tiefgaragen und Erdgeschossen aus Stahlbeton, Holz-Beton-Verbunddecken, Stahlunterzügen, Brettschichtholzstützen und hochgedämmten, nichttragenden Außenwänden in Holztafelbauweise.

Abb. 2.9 Systematik der Verschraubungen (Quelle: bauart).

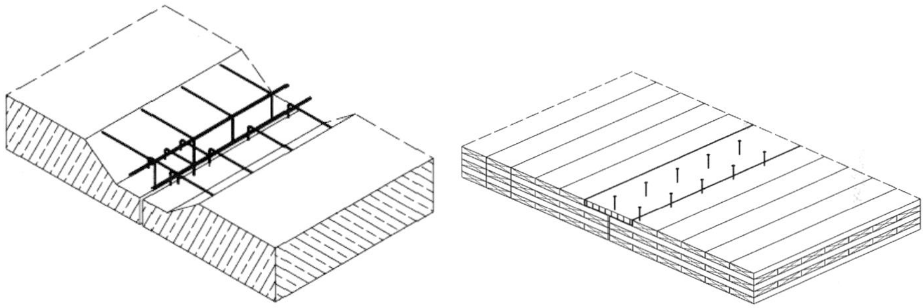

(a) (b)

Abb. 2.10 (a) Verguss einer Fuge bei Betonfertigteilen und (b) Verschraubung eines Längsstoßes von Brettsperrholzplatten zur Herstellung der Scheibenwirkung in einer Geschossdecke (Quelle: bauart).

Vergleicht man die Konstruktion des Stahlbetonfertigteilbaus mit der Konstruktion der stabförmigen und flächigen Massivholzelemente oder mit Holz-Beton-Fertigteilen, sind große Übereinstimmungen feststellbar. Allerdings wird der örtliche Verguss des Stahlbetonfertigteilbaus im Holzbau üblicherweise nicht durch Verkleben ersetzt, sondern durch Verschraubungen mit den bereits erwähnten Voll- und Teilgewindeschrauben (Abb. 2.9–2.11).

Aus der beschriebenen Erweiterung der zur Verfügung stehenden Konstruktionselemente ergibt sich bei den hybriden und den reinen Holzbauweisen eine intensive

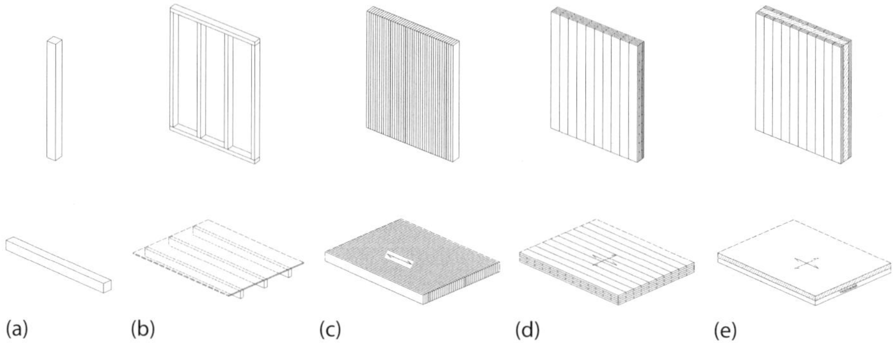

Abb. 2.11 Übersicht über Konstruktionselemente heutigen Holzbaus – vom Stab zur Fläche; (a) Stab, (b) Holztafel, (c) Brettstapel, (d) Brettsperrholz, (e) Verbundbauteile (Quelle: bauart).

Vermischung der nachfolgend beschriebenen Konstruktionsprinzipien. Es entstehen Mischbauweisen, die der früher üblichen Kategorisierung in reine Holzskelett-, Holzfachwerk-, Holztafel-/Holzrahmen- oder Holzmassivbauweise nicht mehr entsprechen.

2.3 Holzbauweisen

Der *Holzskelettbau* ist direkt vergleichbar mit dem Stahlbeton- oder Stahlskelettbau.

Als tragende Bauteile werden ausschließlich lineare Bauteile als Stützen und Träger eingesetzt (Abb. 2.12). Das Konstruktionsraster ist verhältnismäßig groß, die Stützenabstände betragen 3–8 m. Träger und Stützen werden meist als ein- oder zweiteilige Brettschichtholzbauteile ausgebildet. Die tragenden Bauteile sind nicht raumabschließend, sie werden durch nichttragende Innen- und Außenwände und eine tragende, sekundäre Deckenkonstruktion ergänzt. Die Aussteifung erfolgt nicht durch biegesteife Ecken, sondern durch Auskreuzungen mit Stahlstangen oder durch eingesetzte Scheiben aus Mauerwerk, Stahlbeton oder Holztafelelementen (vgl. dazu Abschnitt 5.3).

Der *Holztafelbau* ist die übliche Konstruktionsweise im Holzhausbau, einschließlich der mehrgeschossigen Gebäude der Gebäudeklasse 3 mit bis zu drei Geschossen. Es werden tragende und nichttragende, hochdämmende Außenwände, Innenwände, Decken- und Dachelemente gefertigt. Die Holztafeln werden aus Rippen aus Konstruktionsvollholz, Furnierschichtholz, Brettschichtholz oder Sonderformen wie geklebten Doppel-T-Querschnitten mit Abmessungen bis zu $b \times h = 120\,\text{mm} \times 240\,\text{mm}$ und Beplankungen aus Holzwerkstoffen hergestellt. Als Beplankung werden die üblichen Holzwerkstoffe eingesetzt, also Spanplatten, Oriented Strand Board (OSB) oder Sperrholz. Die Rippen werden üblicherweise durch einachsige Biegung und Normalkraft beansprucht, die Beplankungen weisen Plattenbeanspruchungen (Verkehrslast, Schnee, Wind) und Scheibenbeanspruchungen (Wind, Erdbeben, Schiefstellungen) auf.

Abb. 2.12 Skelettbau – Schmuttertal Gymnasium, Diedorf; Architekten: Florian Nagler, Hermann Kaufmann (Quelle: Florian Nagler).

Die mechanische Verbindung zwischen Beplankung und Rippen erfolgt heute in der Regel durch Klammern und in vielen Fällen bereits durch industrielle oder halbindustrielle Fertigung. Abb. 2.13 zeigt eine heute übliche, halbautomatische Fertigung mit automatischer Verklammerung der Beplankungen.

Geklebte Tafelelemente wurden früher häufiger hergestellt, sind aber heute eine Ausnahme, da die Herstellung der Verbindung mit Klammern preiswerter und produktionstechnisch einfacher ist. Der Vorteil geklebter Elemente sind die größeren lateralen und Biegesteifigkeiten.

Als Beplankungsmaterialien werden zunehmend auch Gipsbauplatten (Gipskarton- oder Gipsfaserplatten) als tragende Beplankung eingesetzt, die Verbindung erfolgt ebenfalls durch Klammern. Holztafeln können ein- oder zweiseitig tragend beplankt sein.

Die Vorfertigungsgrade bei Wänden umfassen neben den einseitig beplankten Tafeln auch zweiseitig und bereits voll gedämmte Holztafeln bis hin zu Holztafelelementen mit malerfertiger innenseitiger Beplankung, Fenstereinbau und vorgefertigter Fassade als Wärmedämmverbundsystem oder mit be- oder hinterlüfteter Bekleidung (Abb. 2.14 und 2.15). Örtliche Ergänzungen, z. B. an den Geschossstößen, werden häufig bereits vorkonfektioniert auf die Baustelle mitgeliefert. Bei den Deckenelementen werden ähnliche Vorfertigungsstufen ausgeführt. Auch hier reicht die Spannweite von der einseitig beplankten Deckentafel bis zur malerfertigen Ausführung der unterseitigen Bekleidung und dem Einbau von Installationselementen. Zunehmend werden auch Dachtafeln vorgefertigt inkl. unterer Bekleidung, Volldämmung, oberer Bekleidung und Notabdichtung, um ein schnelles Schließen der Gebäudehülle zu ermöglichen.

Abb. 2.13 Automatische Verklammerung der Beplankungen (Quelle: Fa. Huber & Sohn).

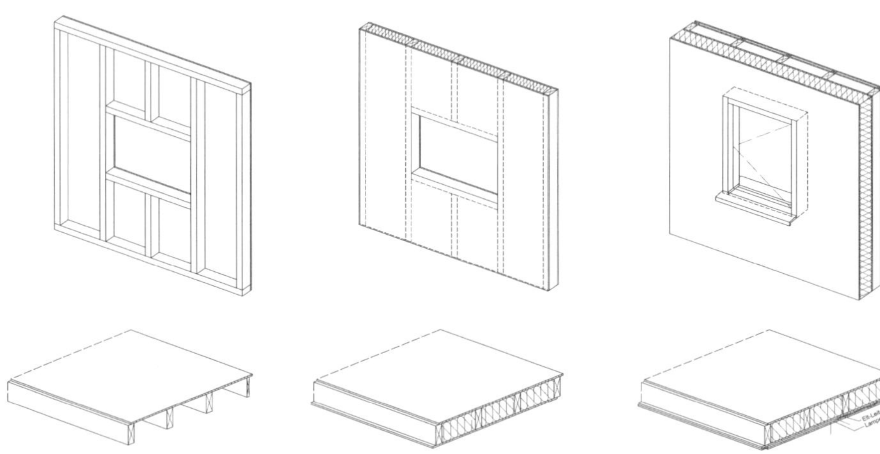

(a) (b) (c)

Abb. 2.14 Vorfertigungsgrade von Holztafeln als Wand- und Deckenelemente (a) einseitig beplankte Holztafel, (b) beidseitig beplankte Holztafel mit Dämmung, (c) geschlossene Holztafel, inkl. Fenster- und Fassadeneinbau mit mineralischen WVDS, und innen malerfertig (Quelle: bauart).

Abb. 2.15 Montage einer vorgefertigten Wandtafel am Gebäude H8, City of Wood, Bad Aibling (Quelle: Fa. Huber & Sohn).

Abb. 2.16 Hoch vorgefertigte, vorinstallierte „Deckensegel" in einem Holzbürogebäude an der Hochhausgrenze – KAMPA K8 (Quelle: Kampa GmbH).

Ein weiterer Schritt besteht in der zunehmenden Integration von Haustechnik in vorgefertigte Elemente. Abb. 2.16 zeigt den Einbau vorgefertigter Deckensegel mit integrierter Lüftungs-, Heiz- und Elektrotechnik mit malerfertiger Untersicht in die Skelettkonstruktion eines siebengeschossigen Bürogebäudes.

Hinweis

Bisher galt in Deutschland:

Einseitig beplankte Dach- und Deckentafeln benötigen in Deutschland zur Sicherstellung der Verwendbarkeit nur eine Herstellererklärung. Ihre Ausführung bezüglich der verwendeten Materialien, Verbindungsmittelabstände etc. ist auf der Baustelle kontrollierbar.

Allseitig geschlossene Holztafeln unterliegen dagegen einer Eigen- und Fremdüberwachung. Sie benötigen einen Verwendbarkeitsnachweis entsprechend der sogenannten „Tafelbaurichtlinie“ [2.15] oder eine CE-Kennzeichnung auf der Grundlage einer Europäischen Technischen Zulassung (ETA). Eine harmonisierte Produktnorm (EN 14732) ist in Bearbeitung, liegt aber noch nicht vor.

Werden zusätzliche Anforderungen an die brandschutztechnischen Eigenschaften der Holztafeln im Sinne der Muster-Richtlinie für hochfeuerhemmende Holzbauteile [2.16] gestellt, ist darüber hinaus eine zusätzliche Überwachung der herstellenden Betriebe zur Sicherstellung der brandschutztechnischen Eigenschaften der Bauteile, z. B. der hochfeuerhemmenden Bekleidung (K_260), der K_260-Bekleidung, und der vorgenommenen Installationen erforderlich.

In den Jahren 2018 und 2019 wurden die bisherige Bauregelliste des DIBt und die Muster-Liste der eingeführten technischen Baubestimmungen zu der Muster-Verwaltungsvorschrift Technische Baubestimmungen (MVV TB) zusammengefasst [2.17]. Ergänzend wurde wegen der Veränderung einiger Landesbauordnungen in den Jahren 2018/2019 mit zunehmender Gestattung hochfeuerhemmender Holzbauteile und von Holzbauteilen, die anstelle von hochfeuerhemmenden und feuerbeständigen Bauteilen verwendet werden dürfen, der Entwurf einer neuen Muster-Richtlinie über brandschutztechnische Anforderungen an Bauteile in Holzbauweise (M-Holzbau-RL) [2.18] veröffentlicht. Mit den neuen Vorschriften wurden auch neue Begrifflichkeiten eingeführt. So gibt es beispielsweise für Bauarten keine „Zustimmung im Einzelfall“ mehr, sie wurde durch eine „vorhabenbezogene Bauartgenehmigung“ ersetzt. Die neuen Vorschriften werden nachfolgend in den Jahren 2020 ff. zu weiteren Veränderungen führen, die insbesondere die Regeln der Produktüberwachung und der Qualitätssicherung betreffen werden. Die bisherige „Tafelbaurichtlinie“ [2.15] und die Überwachungsregeln der M-HFHHolzR [2.16] sollen daher in einem neuen Teil 11 der DIN 1052 zusammengefasst werden. Gleichzeitig wurde deutlich, dass eine CE-Kennzeichnung von Bauprodukten nach harmonisierten europäischen Bauproduktnormen entsprechend der Bauproduktenverordnung [2.13] wegen der fehlenden Vollständigkeit der Produktdeklaration kein Verwendbarkeitszeichen mehr sein kann. Die neue Generation der Eurocodes wird daher an jeweils geeigneter Stelle zukünftig eine Aufzählung der Leistungseigenschaften von Produkten enthalten, die für die Sicherstellung der Übereinstimmung der Produkteigenschaften mit den in der Bemessung angenommenen Werten erforderlich sind.

> Konsequenzen für Holzbauplaner und ausführende Unternehmen
>
> Vermutlich ab dem Jahr 2021 ff. sind für die Ausführung von Holzbauwerken die jeweils aktuelle MVV TB in Verbindung mit der M-Holzbau-RL und die DIN 1052-11 zu beachten. In Ausschreibungen muss zudem auf die nach den Eurocodes anzugebenden Leistungseigenschaften der Bauprodukte hingewiesen werden und diese müssen sich in den Leistungserklärungen der Bauproduktehersteller zusammen mit der CE-Kennzeichnung wiederfinden. Nur so kann sichergestellt werden, dass die Holzbauplanung auch der Ausführung entspricht.

Der häufig zitierte *Holzrahmenbau* ist in der Konstruktionsweise mit dem Holztafelbau völlig identisch. Der Begriff „Holzrahmenbau" wurde im Zuge des zunehmenden Interesses des Zimmererhandwerks in den 70er- und 80er-Jahren des letzten Jahrhunderts am Holzhausbau und nach einigen Exkursionen maßgebender Akteure nach Nordamerika geprägt. Es sollten die Prinzipien des handwerklichen Holzhausbaus, im Amerikanischen „Timber Framing", für den Ein- und Zweifamilienhausbau nach Deutschland übertragen werden. Aus der mehr oder weniger wörtlichen Übersetzung entstand der Begriff „Holzrahmenbau".

Sehr schnell wurde jedoch klar, dass die Qualitätsansprüche hiesiger Bauherren und die bei uns vorherrschenden Witterungsverhältnisse mit einer reinen handwerklichen Baustellenfertigung nicht in Einklang zu bringen sind. Viele der mittelständischen Zimmereiunternehmen haben daher entsprechende Vorfertigungen der Holztafelelemente eingeführt. Da auch in der Normungssprache der DIN 1052 und des Eurocodes 5 durchgängig von Holztafel die Rede ist, hat sich inzwischen der Sprachgebrauch wieder zunehmend vereinheitlicht. Ein konstruktiver Unterschied zwischen Holzrahmenbau und Holztafelbau hat nie bestanden.

Holzfachwerkbau

Der klassische Holzfachwerkbau, wie seit dem frühen Mittelalter bekannt, ist als moderner Holzhausbau so gut wie nicht mehr anzutreffen. Lediglich in einer kleinen Nische ist er im baubiologisch ökologischen Bauen, z. B. kombiniert mit Lehmbauweisen, vorzufinden. Und natürlich im Zuge von Sanierungen und Rekonstruktionsbauten. Abb. 2.17 zeigt ein Beispiel für die Anwendung von Fachwerkbauten bei der Sanierung des Dom-Römer-Areals in Frankfurt.

Holzmassivbau

Die Holzmassivbauweise war jahrhundertelang dem Blockbau vorbehalten. Auch heute noch werden in nicht unerheblichen Mengen, insbesondere im Ein- und Zweifamilienhausbau, hochwertige Blockhäuser hergestellt. Aber sie weisen durch das Aufeinanderstapeln tragender liegender Hölzer verhältnismäßig hohe schwind- und lastbedingte, vertikale Verformungen auf.

Dies erfordert besondere konstruktive Maßnahmen wie nachjustierbare vertikale Tragelemente, z. B. die Stützen von Firstpfetten oder gleitende Tür- und Fensteranschlüsse. In Kombination mit den heutigen Anforderungen an Luftdichtheit und

Abb. 2.17 Dom-Römer-Areal (Quelle: Stefan Winter).

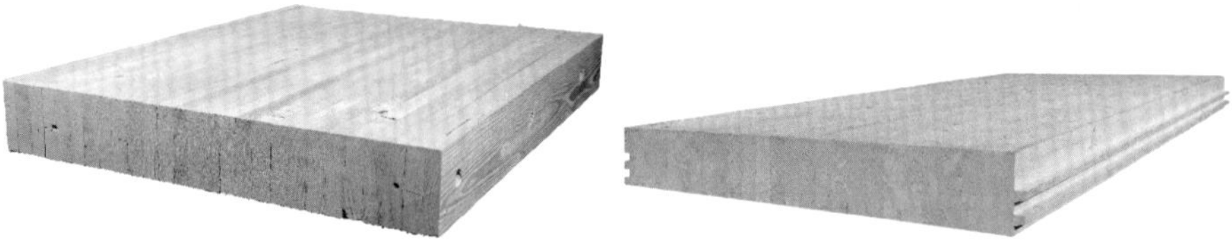

(a) (b)

Abb. 2.18 (a) Gedübeltes Brettstapelelement und (b) geklebtes Brettschichtholzelement – als Platte und Scheibe verwendbar
(Quelle: (a) Kaufmann GmbH, (b) best wood SCHNEIDER GmbH).

Energieeffizienz von Gebäuden erfordert dies höchst sorgfältige Ausführungen und Spezialistenwissen, sodass der hochwertige Blockhausbau eher ein hochpreisiges Nischenprodukt darstellt.

Aber seit der Entwicklung der Brettstapelbauweise und des Brettsperrholzes ist der „Massivholzbau“ neu zu definieren. Abb. 2.18 zeigt ein gedübeltes Brettstapel- und ein übliches, geklebtes Brettsperrholzelement. Beide Bauweisen sind als Platten- und Scheibentragwerke, als Wände, Decken- und Dachtragwerk einsetzbar. Entwickelte sich die Brettstapelbauweise ursprünglich aus der Idee, die beim Sägen anfallenden Seitenbretter auch konstruktiv zu verwenden und sie durch Vernageln oder Verdübeln einer höherwertigen Verwendung zuzuführen, war die Intention beim Brettsperrholz von vornherein die industrielle Herstellung großflächiger Tragelemente, die durch das kreuzweise Verkleben der Bretter oder Holzwerkstoffe besonders formstabil sind. Eine Variante der Brettstapelbauweise ist die Verwendung von liegendem Brettschichtholz als „geklebte Brettstapel“. Während Brettstapelbauteile von den Abmessungen her meist auf Breiten bis zu 1,25 m beschränkt sind, werden Brettsperrholzelemente mit Abmessungen bis zu 3,50 m × 22,00 m angeboten, in Sonderfällen bei einer Herstellung im Vakuumbett auch mit noch größeren, nur durch die Transportmöglichkeiten beschränkten Maßen.

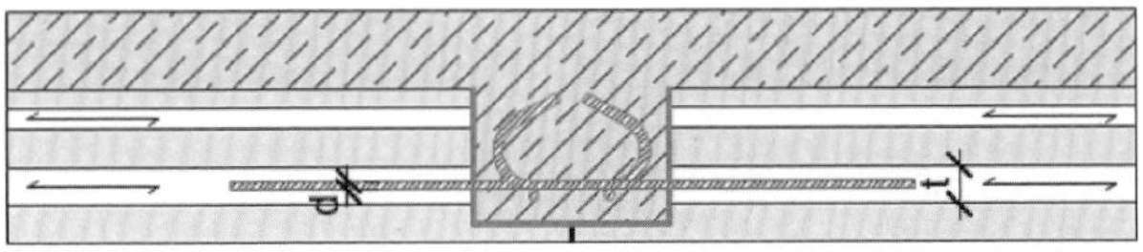

Abb. 2.19 Fugenausbildung einer zweiachsig spannenden Brettsperrholz-Beton-Fertigteildecke. d = Stabdurchmesser, t = Lamellendicke (Quelle: [2.19]).

Holz-Beton-Verbundbau

Der Holz-Beton-Verbundbau ist eine Variante des klassischen Stahlbetonverbundbaus, wie er auch im Stahlbau bekannt ist. Für Deckenbauteile werden Plattenbalken aus Holzbalken und bewehrter Betonplatte hergestellt oder ein Verbund aus flächigen Holzbauteilen (Brettschichtholz, Brettsperrholz, Holzwerkstoffe) und Aufbeton. Die Bauteile bilden flächige Platten- und Scheibentragwerke. Der Verbund wird über Kerven, Schrauben und eingeklebte Verbindungsmittel (Lochbleche, Gewindestangen) oder eine Kombination daraus hergestellt. Meist werden zuerst die Holzdeckenbauteile im Zuge der Errichtung des Holzbaus verbaut, dann die Bewehrung verlegt und Ortbeton ergänzt. Nur in einzelnen Bauwerken wurden die Holz-Beton-Verbunddecken bisher als Fertigteile verwendet. Die Verbindung der Bauteile und der Verguss der Fugen erfolgt dann analog zum Betonfertigteilbau. Die Anwendung von Holz-Beton-Verbunddecken reicht von der Ertüchtigung bestehender Holzbalkendecken bis zum Neubau weit gespannter Decken wie im Schulbau oder im mehrgeschossigen Hochbau. Bisher nur vereinzelt werden auch Holz-Beton-Verbundwände eingesetzt, z. B. als Trennwände oder Fahrschachtwände. Die wachsende Bedeutung des Holz-Beton-Verbundbaus zeigt sich in der Neuerarbeitung eines weiteren Teils zum Eurocode 5 Holzbau, der die Bemessung von Holz-Beton-Verbundbauteilen enthält. Abb. 2.6 zeigt auch Querschnitte typischer Holz-Beton-Verbundbauteile.

Bei der Verwendung von Ortbetonergänzungen können im Holz-Beton-Verbundbau die gleichen Anschlussprinzipien wie im Stahlbetonbau verwendet werden, d. h. die Ausbildung von Ringankern oder der Einbau von Anschlussbauteilen wie Isokörben oder Tronsolen sowie die Ausbildung von Deckenscheiben mit entsprechenden Randbewehrungen. Ebenso sind zweiachsig lastabtragende Bauteile möglich. Abb. 2.19 zeigt den Stoß einer zweiachsig spannenden Holz-Beton-Verbunddecke.

Die Holz-Beton-Verbundbauweisen weisen wie der Stahlbetonbau zusätzlich den Vorteil des brand- und schallschutztechnisch sehr hilfreichen, lückenlosen Vergusses auf. Weitere Hinweise und Bemessungsgrundlagen sind in Abschnitt 5.2.3 enthalten.

Modulbauweisen

Aus der Holztafelbauweise ebenso wie aus der Massivholzbauweise oder einem Mix aus beiden Bauweisen lassen sich komplett vorgefertigte Module herstellen. Die Abmessungen sind im Holzbau im Vergleich zum Betonbau eher von den möglichen Transportabmessungen als von den Transportgewichten abhängig.

Abb. 2.20 Moxy-Hotel München (Quelle: Stefan Winter).

Der Nachteil des Modulbaus ist die teilweise notwendige Doppelung von Konstruktionsbauteilen wie Trennwänden und Decken, wodurch jedoch gleichzeitig eine akustische Trennung der Bauteile und damit ein guter Schallschutz erreicht werden. Mehr Transportvorgängen für die Bauteile auf der Straße stehen weniger Hebevorgänge auf der Baustelle und eine sehr schnelle Montage gegenüber. Die wirtschaftliche Anwendung hängt also von den projektspezifischen Randbedingungen ab. Wie so oft liegt auch hier das Optimum in einer hybriden Lösung: Module für hoch installierte Bereiche, weitere Ergänzungen durch flächige Holztafel- oder Massivholzbauelemente.

Der wesentliche Vorteil des Modulbaus besteht in der weitgehenden Vorfertigung auch des Innen- und technischen Ausbaus. Sehr viele Arbeiten werden von der Baustelle in das Werk verlegt. Das Vorgehen ist bei hohen Wiederholungsraten besonders wirtschaftlich. Abb. 2.20 zeigt ein hybrides Hotelgebäude, das Erdgeschoss und die Untergeschosse wurden in Stahlbeton, alle aufgehenden Geschosse in Modulbauweise errichtet.

2.4 Die Anwendungsbereiche des Holzbaus heute

Die Entwicklung der flächigen Bauteile und der hybriden Bauweisen hat vor allen Dingen den mehrgeschossigen Holzbau beflügelt, der in den letzten Jahren einen kaum zu erwartenden Aufschwung genommen hat. Denn mit der bautechnischen Entwicklung ging auch die brandschutztechnische Weiterentwicklung des Holzbaus selbst und darauf aufbauend der Bauordnungen der Länder einher. Waren noch bis Mitte der 1990er-Jahre in fast ganz Europa nur ein- und zweigeschossige

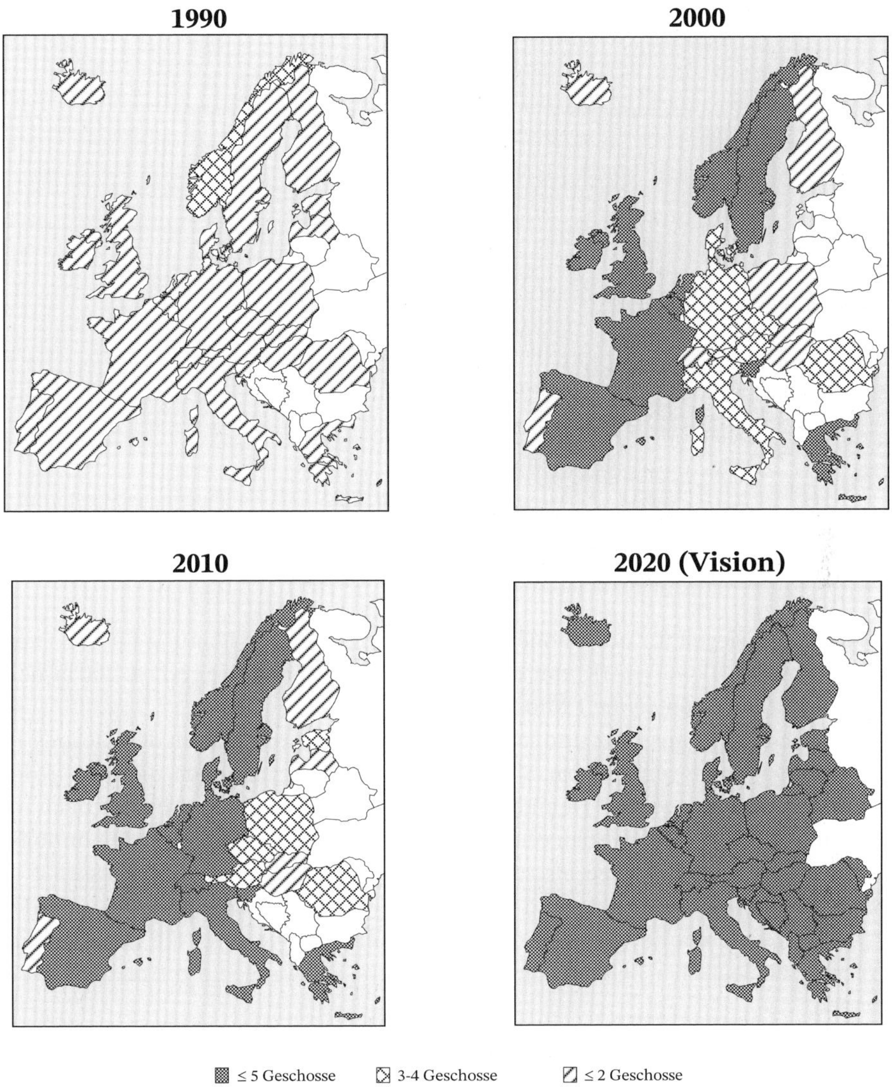

Abb. 2.21 Entwicklung der Zulässigkeit mehrgeschossiger Holzbauten in Europa – Vision bis auf einige Länder Osteuropas erreicht! (Quelle: [2.20]).

Holzgebäude nach den jeweiligen Bauordnungen zulässig, änderte sich das auf Basis intensiver Forschung rasch. Abb. 2.21 zeigt die Entwicklung.

Inzwischen wurde weltweit mehrfach die Hochhausgrenze mit großen Wohn- und Bürobauten überschritten. In den Jahren 2017–2020 entstanden die derzeit höchsten Gebäude in Vancouver, Kanada, das Gebäude Brook Commons, mit 18 Geschossen, in Wien, Österreich, das HoHo mit 23 Geschossen und in Brumunddal bei Lillehammer, Norwegen, ein ebenfalls 18-geschossiges Gebäude (Abb. 2.22). Auch in Deutschland entstand im Jahr 2019 mit dem zehngeschossigen Gebäude J1 (Skaio) in Heilbronn erstmalig ein Holzhaus jenseits der Hochhausgrenze.

Abb. 2.22 Das Holzhochhaus Mjøstårnet in Brumunddal, Norwegen, im Jahr 2018 das höchste Holzgebäude der Welt (Quelle: Stefan Winter).

Planungen liegen für noch höhere Gebäude vor, z. B. eine Planung für den Oakwood Tower in London, UK, mit einer geplanten Gesamthöhe von ca. 300 m und einer Nutzfläche von an die 1 Mio. m^2.

Die Hochhäuser aus Holz sind im mehrgeschossigen Holzbau mit der „Formel 1" des Automobilbaus vergleichbar. Sie beschleunigen Entwicklungen, die dann in der Breite angewendet werden. Denn die Massenanwendungen liegen immer noch im Ein- und Zweifamilienhausbau und zunehmend im mehrgeschossigen Wohnungsbau bis zur Hochhausgrenze, also bei Gebäuden mit maximal acht Geschossen. Neben der hohen Qualität aufgrund der beschriebenen Vorfertigungsgrade und der damit verbundenen Baugeschwindigkeit und Termintreue ist es die zunehmende Wertung ökologischer Belange, die Bauherrenentscheidungen pro Holzbau beeinflussen.

Abb. 2.23 zeigt die Überbauung eines Parkplatzes am Dantebad in München. Es ist ein Beispiel für die sehr häufige Situation, Sondernutzungen im Erdgeschoss anzuordnen – im gezeigten Fall Parken. Andere Sondernutzungen sind Einkaufen, Kinderbetreuung, Gemeinschaftsräume, Gastronomie usw. Die Sondernutzungen führen meist zu anderen Grundriss- und Brandschutzanforderungen. Die Regelgrundrisse der darüberstehenden Geschosse werden verlassen, was teilweise zu einer veränderten Anordnung der lastabtragenden Bauteile führt. Es bietet sich daher die Ausführung des Erdgeschosses in Stahlbetonbauweise an. Eine entsprechend dimensionierte Decke über Erdgeschoss übernimmt die Lastverteilung, darüber werden die Regelgeschosse in Holzbauweise errichtet. Durch die Verwendung einer mineralischen Massivbauweise im Erdgeschoss werden gleichzeitig viele Fragen des konstruktiven baulichen Holzschutzes gelöst, der bei Führung der Holzbauweise bis zum Erdgeschoss eine Reihe von Sondermaßnahmen erfordern würde. Das Bauvorhaben Dantebad hat nachgewiesen, dass gerade durch eine hoch elementierte Holz-

Abb. 2.23 Überbauung Dantebad, München; Florian Nagler Architekten GmbH (Quelle: Florian Nagler).

bauweise vergleichsweise schnell und auch bei schwierigen Grundstückskonstellationen Wohnraum geschaffen werden kann. Das Vorhaben wurde ab Planungsbeginn in einem Jahr komplett abgeschlossen.

Bei vielen der mehrgeschossigen Gebäude zeigt sich inzwischen ein weltweit verfolgtes Konstruktionsprinzip: Die vertikalen Erschließungsbauteile (Treppenhäuser, Aufzugschächte) werden in Stahlbetonbauweise oder in seltenen Fällen aus Brettsperrholzkonstruktionen errichtet. Sie stellen die brandschutztechnisch erforderlichen Flucht- und Angriffswege sicher und werden häufig als Kernelement der Aussteifung verwendet. Die weiteren inneren Trennwände werden meist ebenfalls in Holzmassivbauweise ausgeführt. Nach außen lösen sich die Konstruktionen in einem Übergang zur Skelettbauweise zunehmend auf. Nichttragende Außenwandelemente bilden zusammen mit vorgefertigten Dachelementen die Gebäudehülle. Damit bleibt die Hülle später leicht austauschbar, wenn in 50 oder mehr Jahren möglicherweise wieder neue Anforderungen an die Umfassungsflächen gestellt werden oder schlichtweg Renovierungen anstehen (vgl. auch Abb. 2.7). Abb. 2.24 zeigt ein typisches Projekt mehrgeschossigen Wohnungsbaus in Holz, in diesem

Abb. 2.24 Mehrgeschossiger Wohnungsbau in Holz, München; Projekt PEP WA 16, Architekten: Kaden & Lager, Berlin (Quelle: bauart).

Abb. 2.25 Ein- und zweigeschossige Aufstockungen der Ford-Siedlung, Köln; Architekten: Archplan, Münster (Quelle: Huber & Sohn, Bachmehring).

Fall das Projekt einer Bauherrengemeinschaft im Zuge der Revitalisierung einer ehemals militärischen Fläche in München.

Da gleichzeitig das rasante Wachstum unserer Städte Nachverdichtungen von bestehenden Wohnanlagen hoch attraktiv macht, wird gerade der leichte Holztafelbau für ein- und zweigeschossige Aufstockungen sehr stark nachgefragt. Abb. 2.25 zeigt die Aufstockung der Ford-Siedlung in Köln.

Bisher noch eine Nische besetzt die Verwendung von vorgefertigten Holztafelelementen für die energetische Sanierung von Bestandsbauten. In einer Reihe von Forschungsvorhaben (z. B. TES Energy Facade [2.21], ReBuild [2.22]) wurde untersucht, wie vorgefertigte Holztafelelemente zur Bestandssanierung verwendet werden können. Im Vordergrund der Untersuchungen stand die energetische Sanierung, um eine ökologische Alternative zu den konventionellen Wärmedämmverbundsystemen zu bieten und um Bauzeiten zu verkürzen. Letzteres ist eine wesentliche Anforderung bei der Sanierung von Gebäuden im genutzten Zustand oder bei nur sehr kurzen Zeitfenstern für die Sanierung, wie Ferienzeiten bei Schulbauten. Es hat sich jedoch gezeigt, dass sich durch die Verwendung von vorgefertigten Tafelelementen ein weiterer wesentlicher Vorteil ergibt – eine zweite Chance für die Architektur. Bei Erhalt der Bausubstanz können die Gebäude ein neues, modernes Erscheinungsbild erhalten. Durch das Verschieben der wärme- und schalldämmenden Hülle können gleichzeitig Flächengewinne, beispielsweise durch ergänzendes Einhausen der Balkone, erzielt werden. Die Forschungsvorhaben haben gezeigt, dass die weiterentwickelten Vermessungsmöglichkeiten des 3-D-Laser-Scanning, der Fotogrammmetrie und der Tachymetrie zusammen mit der präzisen Vorfertigung von Holztafelelementen eine ideale Kombination darstellen. Die erforderlichen Toleranzgrenzen können in der Vermessung und der Fertigung erreicht werden. Eine Reihe von erfolgreichen Anwendungen im Wohnungsbau und im Schulbau zeigt die praktische Anwendbarkeit (vgl. Abb. 2.26).

(a)

(b)

Abb. 2.26 Sanierung (a) einer Wohnanlage; Architekten: lattkearchitekten (Quelle: lattke-architekten) und (b) einer Schule mit vorgefertigten Holztafelelementen; Architekten: m2s müllerschurr.architekten (Quelle: CHRISTMANN + PFEIFER/Fritz Schöttner).

Abb. 2.27 München Fernpassstraße; Architekten: KLA Kaufmann/Lichtblau (Quelle: Stefan Müller-Naumann).

Abb. 2.27 zeigt die Anwendung einer Aufstockung in Kombination mit einer energetischen Sanierung durch Holztafelelemente der Bestandsbauten aus dem Jahr 1955 und einem fünfstöckigen Ergänzungsbau mit insgesamt 81 Wohneinheiten in München.

In einem weiteren Forschungsprojekt wird derzeit noch die Ertüchtigung für Erdbebenbeanspruchungen von Mauerwerksbauten durch vorgesetzte Holztafelelemente untersucht, womit die Kombination von energetischer und struktureller Bestandssanierung gegeben wäre [2.23].

2.5 Bauwerke – weitere Beispiele aktueller Anwendungsbereiche

Zusätzlich zu den vielen Wohnungs- und Bürobauten entsteht eine große Vielfalt unterschiedlichster Bauwerke mit nahezu allen denkbaren Tragstrukturen, von

Abb. 2.28 Canary Wharf, London, Überdachung der U-Bahn (Architekt/Quelle: Foster+Partners).

Abb. 2.29 Marktplatzüberdachung in Sevilla, Spanien; Architekt: Jürgen Mayer H. (Quelle: Peter Mestek).

linearen und flächigen Bauteilen bis zu dreidimensionalen Tragstrukturen wie Schalen- oder Membrantragwerken. Die Möglichkeiten, Holzstäbe nicht nur gerade, sondern auch ein- und mehrsinnig gekrümmt herzustellen, erlaubt neben den üblichen Grundformen der Hyperboloiden oder parabolischen Hyperboloiden eine Vielzahl weiterer Sonderformen bis hin zu Freiformtragwerken. Die Abb. 2.28–2.30 zeigen beispielhafte Tragwerke aus den letzten Jahren.

Neben diesen besonderen Tragstrukturen sind sehr viele andere Bauwerke in Holzbauweise ausführbar – ein Spektrum, das von vielen Planern oft nicht erwartet

Abb. 2.30 Dachtragwerk der neuen Sankt Laurentius Kirche in Holzkirchen; Architekt: Eberhard Wimmer (Quelle: Stefan Winter).

Abb. 2.31 Kindertagesstätte der TU München in Garching, Ingeborg-Ortner-Kinderhaus; Architekten: Hermann Kaufmann ZT (Quelle: Henning Koepke Fotografie, München).

wird. Während der Bau von Kindertagesstätten und Schulen in Holzbauweise häufig schon Standard ist (Abb. 2.31 und 2.32), bleibt der Funktionsbau wie Büro- und Industriebau etwas in der Entwicklung zurück. Die Abb. 2.31 und 2.32 zeigen den Neubau des Kinderhauses der TU München und einen typischen Schulneubau in München in privater Trägerschaft.

Dabei gibt es auch im Gewerbebau herausragende Beispiele zur Effizienz des Bauens mit Holz. Eines der größten Bürogebäude in Europa in Holzbauweise ist zurzeit

(a) (b)

Abb. 2.32 Schulneubauten in München; (a) Pater-Rupert-Mayer-Schule, (b) Bayerbrunnerstraße (Quelle: Stefan Winter).

Abb. 2.33 Stadtwerke Lübeck (Quelle: Steffen Spitzner).

das im Jahr 2014 fertiggestellte neue Verwaltungsgebäude der Stadtwerke Lübeck (Abb. 2.33). Das viergeschossige Gebäude weist eine Bruttogeschossfläche von ca. 13 860 m^2 auf bei 51 000 m^3 umbautem Raum. In nur 18 Monaten wurde das Vorhaben schlüsselfertig realisiert. Es liegt auch hier ein klassischer Hybridbau vor: Treppenräume, Aufzugsschächte, Brandabschnittswände und Teile des Erdgeschosses sind in Stahlbetonbauweise errichtet, die Regelgeschosse sind in einer Holzskelettbauweise realisiert.

Der Hallenbau für Industrie, Messen oder Sonderanwendungen wie Verkehrsstationen umfasst ein sehr breites Spektrum von einerseits standardisierten Lösungen – z. B. für Industrie- und Reithallen oder Viehställe – bis hin zur Realisierung von hochkomplexen Einzelentwürfen. Tabelle 2.1 zeigt eine Übersicht über die mit Holzbauweisen gut realisierbaren Spannweiten in Abhängigkeit des Tragwerktyps.

Tab. 2.1 Spannweitenbereiche von Holzbaukonstruktionen.

Bezeichnung	Statisches System	System-Skizze	Spannweite (m)	Binderhöhe	Binderabstand (m)	Dachneigung α (°)
Fachwerkträger	Dreieckförmiger Binder		7,5–30	$h \geq l/10$	4–10	12–30
			7,5–20	$h \geq l/10$	4–10	12–30
	Trapezförmiger Binder	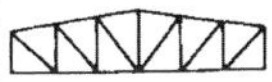	7,5–30	$h \geq l/12$	4–10	3–8
			7,5–30	$h_m \geq l/12$	4–10	3–8
	Parallelbinder		7,5–60	$h \geq l/12$ bis $l/15$	4–10	—
		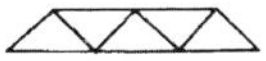	7,5–60	$h \geq l/12$ bis $l/15$	4–10	—
			7,5–60	$h \geq l/12$ bis $l/15$	4–10	—
Fachwerkrahmen	Dreigelenkrahmen	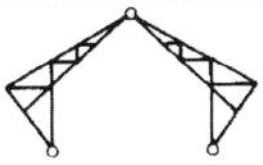	15–30[a)]	$l/12$	$e = 4–6$[a)]	20
		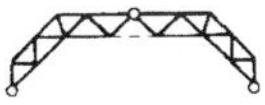	25–50[b)]		$e = 6–10$[c)]	—
	Dreigelenkrahmen einhüftig	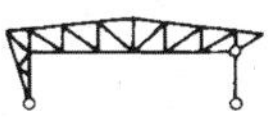	10–20	$l/12$	$e = 4–6$	3–8
	Zweigelenkrahmen		15–40[a)]	$l/12$	$e = 4–6$[a)]	3–8
		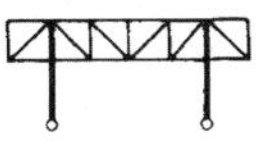	25–60[b)]		$e = 6–10$[c)]	—
Kastenträger	Katenträger mit Plattenträgern (Parallelquerschnitt)	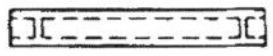	≤ 20[d)] ≤ 40[e)]	$\leq 1{,}5$ m	5–7,5	—
	Katenträger mit Plattenträgern (Satteldachträger mit horizontalem Untergurt)		≤ 20[d)] ≤ 40[e)]	$\leq 1{,}5$ m	5–7,5	3–8
	Katenträger aus Brettschichtholz	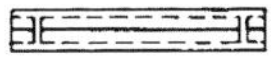	≤ 40	$\leq 1{,}5$ m	5–7,5	—

Tab. 2.1 Spannweitenbereiche von Holzbaukonstruktionen (Fortsetzung).

Bezeichnung	Statisches System	System-Skizze	Spannweite (m)	Binderhöhe	Binderabstand (m)	Dachneigung α (°)
Brettschichtträger	Einfeldträger parallel		10–35	$l/17$	5–7,5	—
	Einfeldträger satteldachförmig		10–35	$l/16$ $l/30$	5–7,5	3–8
	Einfeldträger geknicktes Satteldach		10–35	$l/16$ $l/30$	5–7,5	≤ 12
	Einfeldträger Pultdach		10–35	$l/18$ $l/25$	5–7,5	8–12
	Fischbauchträger	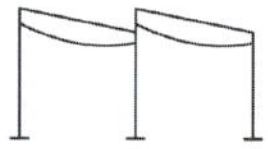	10–35	$h_1 = l/16$ $h_2 = l/32$	5–7	—
Trägerrost in Brettschichtbauweise	Trägerrost in Brettschichtbauweise	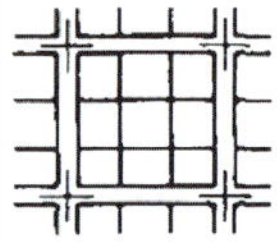	≤ 25	$l/18$ $l/15$[f)]	—	—

a) Kantholzrahmen
b) Rahmen mit Stützen aus Brettschichtholz
c) weitgespannte Rahmen
d) genagelt
e) geleimt
f) der kürzeren Stützweite

Abb. 2.34 Montage der Binder der Messehalle 11 in Frankfurt (Quelle: Messe Frankfurt/Ingo Bach).

In Abb. 2.8 ist bereits eine typische hybride Hallenbauweise dargestellt, mit einer Dachkonstruktion aus Fischbauch-Brettschichtholzbindern. Diese Binderform wird bei einfeldrig gespannten Hallen zunehmend eingesetzt, da sie im Gegensatz zu Bindern mit geneigtem Obergurt und gekrümmtem Untergurt keine planmäßigen Querzugbeanspruchungen aufweisen und daher keine entsprechenden Verstärkungen benötigen.

Abb. 2.34 zeigt die Montage der Fachwerkträger der Messehalle 11 der Frankfurter Messe. Die Binder spannen über 78 m.

Weitere Informationen zu Industriehallen sind z. B. [2.24, 2.25] zu entnehmen. Ein besonderer Hinweis zum Brandschutz: Großflächige Industriedächer waren lange Zeit in Deutschland in der Größe deutlich beschränkt. Auf Grundlage intensiver Forschungen [2.26] wurde jedoch nachgewiesen, dass die Brandausbreitung mit entsprechenden Konstruktionen der Dachelemente ebenso wirksam wie in anderen Bauweisen begrenzt werden kann. Dies führte abschließend zu einer Überarbeitung der Normenreihe DIN 18234, sodass auch sehr großflächige Industriedächer nun geregelt ausgeführt werden können.

Hölzerne Brücken wurden nach durchaus intensiver Verwendung im Eisenbahnbau im vorletzten Jahrhundert lange Zeit nur noch als Fußgänger- und Radwegbrücken sowie als Behelfs- und Baubrücken ausgeführt. Auch hier zeigt sich inzwischen ein gegenläufiger Trend: Auch Schwerlastbrücken (Abb. 2.35) bis 18 t Verkehrslasten werden wieder als Holzbrücken projektiert. Erweiterte Herstellungsverfahren, wie z. B. die Blockverklebung oder die künstliche Erhöhung der Haltbarkeit von Holzbauteilen durch z. B. Acetylierung oder thermische Behandlung, unterstützen diese Entwicklung.

Abb. 2.35 Schwerlastbrücke als Überführung einer Bundesstraße bei Hengersberg (Quelle: Stefan Winter).

Weiterführende Literatur zu Holzbrücken ist in [2.37–2.39] zu finden.

Zählt der Brückenbau noch zu den klassischen Anwendungen des Ingenieurholzbaus, kommen heute immer weitere neue Bereiche hinzu. Kletterhallen sind ein Beispiel für völlig neue Bauwerke, die sich hervorragend in Holzbauweise realisieren lassen. Während die Tragstrukturen aus Brettsperrholzbauweisen in Kombination mit Holztafelbau ausgeführt werden, bestehen die Strukturen der eigentlichen Kletterwände aus dreidimensionalen Stabtragwerken aus Konstruktionsvollholz mit schrägen Verschraubungen und Beplankungen aus Hochleistungssperrholz, welches wiederum die Haltepunkte für die Kletterer aufnimmt (Abb. 2.36).

Abb. 2.36 Kletterhalle in Weyarn, Bayern (Quelle: Kirsten Huber, climbing-solutions GmbH).

Abb. 2.37 Bürobau Euregon AG in Augsburg; Architekten: lattkearchitekten, Augsburg (Quelle: Eckhart Matthäus Fotografie).

Abb. 2.38 Studie Parkhaus mit Tragstruktur aus Baubuche [2.27].

Abb. 2.39 Pilotwindkraftanlage der Firma TimberTower in Hannover (Quelle: Cordes Holzbau).

Der neue Werkstoff Furnierschichtholz aus Buche ermöglicht nicht nur sehr filigrane Ausführungen von Bürobauten (Abb. 2.37), sondern auch die Errichtung von Parkhäusern in einer dem Stahlbau sehr ähnlichen Grundkonzeption, wie in einer Projektstudie der TU München gezeigt wurde [2.27] (Abb. 2.38).

Und selbst das heutige Massenprodukt Brettsperrholz ist in Kombination mit innovativen Verklebungen und Verbindungen für ganz besondere Bauwerke geeignet. Abb. 2.39 zeigt das Pilotprojekt einer 100 m hohen Windkraftanlage aus Holz in Hannover. Bisher leider nur ein Pilotprojekt, zur Serienreife fehlen aber nur wenige Schritte.

Die Übersicht zeigt, dass der Holzbau sehr viele Anwendungsbereiche abdeckt und in Kombination mit oder sogar als Alternative zu den üblichen Stahlbeton-, Stahl- oder Mauerwerksbauweisen eingesetzt werden kann. Der Fantasie sind keine Grenzen gesetzt. Die Bemessung erfolgt wie in allen anderen Bauweisen mit der Normenreihe der Eurocodes (s. Kapitel 5). Die Bemessung und Konstruktion des Holzbaus sind nicht leichter oder schwerer im Vergleich zu allen anderen Bauweisen. Das Vorurteil einer gewissen Kompliziertheit in der Bemessung ist wohl eher auf die geringe Übung der meisten Ingenieure mit dem Material zurückzuführen. Vergleicht man z. B. die Seitenzahlen der jeweiligen Eurocodes zur Bemessung der einzelnen Bauweisen, gehört der Holzbau mit der in Summe aller Teile geringsten Seitenzahl eher zu den übersichtlichen Bauweisen.

2.6 Entwurfssystematik im Holzbau – der wichtige Vorentwurf

Auch wenn man wie oben dargestellt heute im Prinzip im Holzbau die gleiche Entwurfssystematik verwenden kann wie im Stahlbetonbau, empfiehlt es sich dennoch die Entscheidung für die Bauweise möglichst früh zu treffen. Denn selbstverständlich sind für die Bauweisen unterschiedliche Eigenschaften zu berücksichtigen:

- Das unterschiedliche Leistungsgewicht, also das Verhältnis von Festigkeit und Steifigkeit zur Rohdichte, beeinflusst das Gesamtgewicht der Konstruktion und damit die Gründung, aber auch das Schwingungsverhalten von Decken oder Trägern.
- Das unterschiedliche Verhältnis von Steifigkeit und Festigkeit führt bei den meist maßgebenden Nachweisen im Grenzzustand der Gebrauchstauglichkeit (Durchbiegung, Schwingungen) zu anderen Querschnittsmaßen.
- Die differierenden Brandschutz- und Schallschutzeigenschaften insbesondere von Decken- und Trennwandrohkonstruktionen erfordern andere Bauteilaufbauten und beeinflussen ebenfalls die Abmessungen.
- Im Betonbau ist das materialbedingte Kriechen und Schwinden besonders zu berücksichtigen, im Stahlbau temperaturbedingte Dehnungen und im Holzbau feuchtebedingtes Schwinden und Quellen sowie der Holzschutz, was insbesondere den Bauablauf oder den Vorfertigungsgrad und damit die erforderlichen Planungs- und Errichtungszeiträume beeinflusst.
- Aus architektonischer Sicht sind zudem die unterschiedlichen Oberflächenqualitäten, Einflüsse auf Baufeuchte und später Raumklima, der gestalterische Ansatz und nicht zuletzt das Budget des Bauherrn zu beachten.

Regelmäßig entstehen große Schwierigkeiten, wenn die genannten Randbedingungen nicht frühzeitig berücksichtigt werden. Praktisch ist eine Neuplanung erforderlich, wenn beispielsweise ein eigentlich als Stahlbetonbau konzipiertes Neubauvorhaben eines mehrgeschossigen Wohngebäudes später auf „Holzbau" umgestellt werden soll – und umgekehrt. Denn gerade im Wohnungsbau unterliegt der architektonische Entwurf einer Vielzahl von Restriktionen: Architektonischer Anspruch des Bauherrn, Wohnungsmix und -anzahl, förderfähige Flächen im sozialen Wohnungsbau mit ihren klaren Flächenvorgaben, behindertengerechtes Bauen, optimierte Grundstücksausnutzungen, Bebauungspläne oder bei Baulücken Zwänge aus der Nachbarbebauung, die optimale Grundstücksausnutzung, das Budget etc. – die Liste ist lang. Die Summe der Anforderungen führt damit meist zu einem Einzelentwurf (one-design).

Ändert sich nach der Vorplanung die Bauweise – und damit z. B. Wanddicken oder Deckenstärken –, führt das zu Flächenveränderungen oder einer größeren Traufhöhe. Es ist dann nicht mehr nur eine Anpassungs-, sondern eine Neuplanung erforderlich.

Der Phase des Vorentwurfs kommt daher eine besondere Bedeutung zu. Hier ist bereits zu entscheiden, ob eine reine Stahlbetonbauweise oder – wünschenswerter – eine der Hybridbauweisen oder eine reine Holzbauweise verwendet werden soll.

Im Holzbau mit seinen hohen Vorfertigungsgraden ist besonders spürbar, dass sich eigentlich schon länger und in allen Baustoffen eine Verschiebung der Leistungsphasen der Honorarordnung für Architekten und Ingenieure [2.28] andeutet. Im Vorentwurf oder spätestens im Entwurf müssen viele Entscheidungen unter Einbeziehung des Bauherrn getroffen werden. Zu diesem Zeitpunkt sollte bereits ein Bauteam mit Vertretern aller Planungsdisziplinen beauftragt sein, in dem idealerweise die Werkplanung durch die später ausführenden Firmen vertreten ist, um spätere Produktionsprozesse berücksichtigen zu können. Besonders wichtig – auch das gilt wieder für alle Bauweisen – ist die frühzeitige Integration der Planung der technischen Gebäudeausrüstung, da zunehmend komplexere Installationen von Lüftung bis zu Datennetzen erforderlich werden.

Der Lohn einer frühen integrierten Planung ist eine hohe Preis- und Prozesssicherheit. Planen ist die geistige Vorwegnahme zukünftigen Handelns und nur wer erst fertig plant und dann baut, kann mit einer präzisen Ausführung rechnen. Die Vorstellung, man könne während des Bauens noch wesentliche Planungsänderungen vornehmen, ist schlicht überholt, wenn man eine qualitätsgesicherte und preiswerte Realisierung eines Bauvorhabens erwartet.

Die im Holzbau erforderlichen Prozesse haben *Kaufmann* und ein internationales Forschungsteam im Projekt LeanWood evaluiert [2.29] und in einer zusammenfassenden Broschüre dargestellt [2.30].

2.7 Industrielles Bauen – eine Utopie oder eine Chance für den Holzbau?

Echtes industrielles Bauen kann man – auch wenn die Vergleiche immer hinken – zum Beispiel aus der Automobilindustrie ableiten: Produktion einer hohen Anzahl gleicher Elemente auf der Basis einer vollständigen Planung, die neben den gestalterischen und funktionalen Aspekten auch alle zur Produktion erforderlichen Daten enthält. In der Automobilindustrie kann man als Beispiele Getriebeeinheiten, Armaturenbretter, Lichtmaschinen oder Fahrwerkselemente nennen, die in vielen zum Teil unterschiedlichen Typen und sogar Marken verwendet werden. Bei der Konfiguration eines spezifischen Automobils können dann in einem festgelegten, nicht veränderbaren Rahmen Individualisierungen vorgenommen werden.

In einigen Bereichen gab oder gibt es das auch im Bauwesen: Industriehallen aus Stahl oder Holz, Containermodule für temporäre Bauten, Viehställe, Hotels oder Fertighäuser. Hier können beispielsweise die hoch standardisierten Fertighäuser der Firma Okal aus den 60er- und 70er-Jahren des letzten Jahrhunderts genannt werden. Im mehrgeschossigen Wohnungsbau wurden in Ost und West ähnliche Standardisierungen vorgenommen – der Plattenbau. Die weitgehende Standardisierung der Grundrisse und Bauelemente ergab allerdings eine architektonische Monotonie, die heute nicht mehr gewünscht ist und nicht den Prinzipien nachhaltiger Architektur entspricht. Denn zu dieser gehört eine ansprechende Gestaltung, die nicht zu Abrissen von Gebäuden nach 30 Jahren, sondern zu einem langfristigen Erhalt führt.

Eine weitgehende Standardisierung zumindest von Bauelementen ermöglicht aber eine Optimierung der Produktionstechnologie und damit preiswerteres Bauen.

Eine derartige Industrialisierung ist jedoch heute im Bauwesen und im Holzbau in Europa kaum zu finden. Auch die Fertighausindustrie hat sich den individuellen Anforderungen der Kunden an Architektur und Ausstattung weitgehend ergeben und ist sehr nahe am Einzelentwurf (one-design) angekommen. Zudem umfasst sowohl im Ein- und Zweifamilienhausbau wie auch im mehrgeschossigen Holzbau die Vorfertigung meist nur die Herstellung des Rohbaus. Die technische Gebäudeausrüstung, der Trockenbau leichter Trennwände und abgehängter Decken, die Herstellung der Oberflächen usw. erfolgen überwiegend mit entsprechendem Zeitaufwand auf der Baustelle.

Dabei wäre eine echte Industrialisierung dringend erforderlich. Einerseits aus den bereits oben genannten Gründen der vielfältigen Anforderungen, die nicht in jedem Fall zu neuen Lösungen führen sollten. Vor allen Dingen aber, weil weltweit infolge der Migration in die Städte ein enormer Bedarf an bezahlbarem Wohnraum besteht. Die im Jahr 2020 für den Wohnungsbau je Quadratmeter aufzuwendenden Mittel für reine Baukosten (Kostengruppen 300 und 400 nach DIN 276 [2.31]) übersteigen mit ca. 1800–2500 Euro/m^2 vermietbarer Fläche inklusive Mehrwertsteuer jedenfalls die durch die Wohnungswirtschaft allein ökonomisch aufbringbaren Kosten. Der (soziale) Wohnungsbau ist daher auf eine intensive staatliche Förderung angewiesen.

Auf der Seite der Baumaterialien, auch im Holzbau, sind selbst unter Berücksichtigung von Mengeneffekten praktisch keine weiteren Einsparungen möglich. Durch den enormen Baubedarf weltweit sind keine fallenden Preise zu erwarten. Auch Arbeit als Produktionsfaktor wird eher teurer. Es besteht ein ausgesprochener Fachkräftemangel auf allen Ebenen, angefangen von Architekten und Ingenieuren bis zu gut ausgebildeten Facharbeitern, welche die zunehmend komplexen Anforderungen umsetzen können. Die einzigen Möglichkeiten, Wohnungsbau erschwinglicher zu gestalten, liegen daher in der Planungs- und Prozessoptimierung und einer industriellen Fertigung.

Der Holzbau ist dabei im Bereich der Vorfertigung zumindest ein wesentlicher Vorreiter und hat eine Reihe von systemimmanenten Vorteilen wie das leichte Gewicht. Und es gibt eine hinreichende Anzahl von Betrieben, die in der weitgehenden Vorfertigung von Wand-, Dach- und Deckenbauteilen große Erfahrung haben.

Abb. 2.40 Typischer Wohnungsbau im Großraum Shanghai, 2018 (Quelle: Stefan Winter).

Die Vorfertigung umfasst in vielen Fällen neben dem Einbau von Dämmung sowie Innen- und Außenbekleidungen auch den Einbau von Fenstern und teilweise die Installation von technischer Gebäudeausrüstung wie Verkabelungen und Bauteilen der Gebäudelüftung. Allerdings ist heute noch die sogenannte Anpassungsplanung ein deutlicher Kostentreiber. Damit sind die erforderlichen Ergänzungen und Änderungen gemeint, um den planerischen Entwurf des Entwurfsteams (Architekten und Ingenieure) an die Produktionseigenheiten des jeweiligen Auftragnehmers anzupassen und z. B. die erforderlichen Produktionsdaten für die Maschinensteuerungen zu erstellen (Abbund, Elementproduktion, Leitungsführung, Ausstattung etc.)

In anderen Ländern, wie z. B. China, finden sich natürlich auch heute Beispiele zumindest seriellen Bauens. 15 oder 20 baulich identische Hochhäuser mit 30 Geschossen oder mehr aus Stahlbeton sind dort keine Seltenheit – mit der bekannten auch bei uns früher vorherrschenden architektonischen Monotonie (Abb. 2.40). Die Arbeiten finden überwiegend auf der Baustelle statt, bei geringen Arbeitskosten ist dies naheliegend.

Die jeweils individuelle Lösung für jedes einzelne Gebäude ist Verschwendung von Zeit, Kapazität und Geld.

In einem Forschungsprojekt der TU München (Bauen mit Weitblick [2.32]) wurden in den Jahren 2016–2018 die Möglichkeiten untersucht, wie mögliche Schritte zu einem echten industrialisierten Wohnungsbau unter Berücksichtigung heutiger Technologien und der oben genannten Anforderungen aussehen könnten. In Zusammenarbeit mit Unternehmen aus dem Beton- und Holzfertigbau und der Wohnungswirtschaft untersuchte ein interdisziplinäres Team aus Architekten, Bauingenieuren, Haustechnik, Bauinformatik und Design, ob eine Weiterentwicklung zu einem echten industriellen Bauen in diesem Fall speziell im sozialen Wohnungsbau möglich ist.

Aus den oben genannten Gründen muss eine Vereinheitlichung der Bauelemente und Details erfolgen, um eine Reduktion der Prozesskosten und der Anpassungsplanung zu erreichen. Letztere erwies sich mit zum Teil über 25 % der Baukosten als wesentlicher Kostentreiber im vorgefertigten Bauen. Die architektonischen Gestaltungsmöglichkeiten und alle anderen o. a. Vorgaben sowie die Lebenszykluskosten

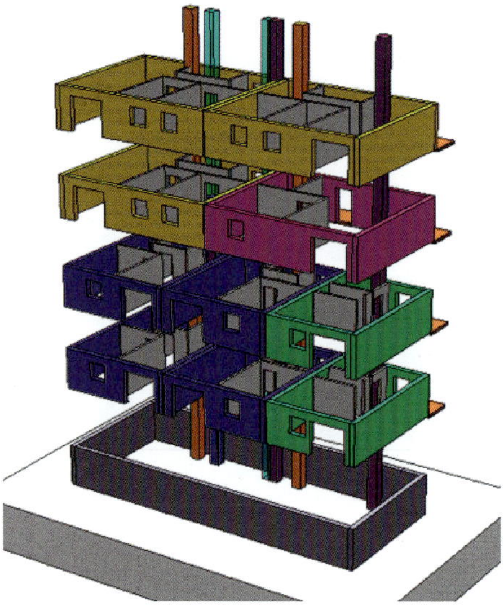

Abb. 2.41 3-D-Baugruppen – vollständig geplant einschließlich aller Details an den Übergängen zu anderen Baugruppen an den Schnittstellen [2.32].

der Gebäude sollten gleichrangig berücksichtigt werden. Hier spielen z. B. die Flexibilität und Erneuerbarkeit der Bäder eine wesentliche Rolle.

Im Vorhaben wurde in Anlehnung an das Vorgehen in anderen Industriezweigen und auf der Grundlage von bewährten Grundrisskonfigurationen eine Systematik für dreidimensionale Baugruppen entwickelt (Abb. 2.41). Diese Baugruppen können aus Raummodulen bestehen, sie können aber auch aus vorgefertigten Tafelelementen für Dach, Wand und Decke oder einer Kombination aus beidem bestehen. Theoretisch könnte auch eine Baustellenfertigung aus vorkonfektionierten Bauteilen auf der Baustelle erfolgen.

Wesentlich ist, dass die jeweiligen Baugruppen vollständig bemessen und konstruiert und in einem 3-D-CAD-System dargestellt sind. Sie sind für fünf- oder achtgeschossige Gebäude bemessen, die hinterlegten Decken- und Trennwandkonstruktionen erfüllen die erforderlichen Brand- und Schallschutzeigenschaften, die wärmetechnischen Eigenschaften sind festgelegt. Damit sind die geometrischen Abmessungen, die Energieverbräuche, vermietbaren Flächen und alle anderen Kennzahlen bekannt ebenso alle erforderlichen Baumaterialien und Produktionsdaten.

Die Baugruppen können wie in Abb. 2.41 dargestellt nur in einer Geschossebene geplant werden, sie können aber auch zwei Geschosse übergreifen, z. B. als Maisonette oder als Gruppe von Wohnungen unterschiedlicher Größe. Wesentlich ist die Definition aller Übergänge zu einer anderen Baugruppe, insbesondere die Kopplung der Schächte. Anbauteile wie Balkone oder Laubengänge mit fest definierten Übergabepunkten können ergänzt werden.

Die Baugruppen werden einschließlich der technischen Gebäudeausrüstung und ihrer Endausstattung in einem geeigneten Planungssystem virtuell abgebildet (Building Information Model – BIM). Für diese Anwendung ist die Verwendung von BIM auch wirklich sinnvoll, da sich in diesem Fall der doch deutlich erhöhte digitale Planungsaufwand lohnt.

Eine besondere Herausforderung stellt die Integration der Haustechnik dar. Sie kann jedoch in vorgefertigte Elemente sehr gut integriert werden, z. B. in „abgehängte" Decken. Abb. 2.16 zeigt ein vorgefertigtes Deckenelement mit integrierter Lüftung, Elektroinstallation, Heizung und Kühlung bei der Montage im Bürogebäude der Firma Kampa.

Der planende Architekt arbeitet zunächst nur mit einem Konfigurator, der die unterschiedlichen 3-D-Baugruppen mit ihren Abmessungen und den erforderlichen brandschutztechnischen und bauphysikalischen Daten und Geometrieangaben enthält. Die zulässigen Kombinationen werden automatisch während der Konfiguration überprüft. Die tatsächliche Ausführung z. B. einer Wohnungstrennwand oder die zugehörige Anschlussdetaillierung muss nicht bearbeitet werden. Eine Individualisierung des Entwurfs kann durch Anbauteile wie Balkone, die Fassadengestaltung (WDVS oder hinterlüftete Plattenfassade), die Veränderung der Fenstergrößen und Anordnung in definiertem Umfang und natürlich die Innenausstattung mit Belägen etc. erfolgen. Je nach Standort des Gebäudes kann die Art der Energieversorgung angepasst und dadurch das jeweils effizienteste Heiz- und Kühlsystem verwendet werden.

Ergänzend ist auf der Grundlage der Datenübergabe aus den Konfiguratoren die Bemessung der Gründung, eventueller Tiefgaragen oder eines zusätzlichen Erdgeschosses mit Sonderfunktionen aus Stahlbeton vorzunehmen.

Dies ist eine andere Art des Entwurfs, aber sie verkürzt wesentlich die Abstimmungsprozesse und erhält die Möglichkeit architektonischer Gestaltung.

Natürlich gibt es eine Reihe von Widerständen gegen ein solches Vorgehen, aber gerade für den dringend notwendigen Bau von Wohngebäuden bietet es sich an, da durch den Wegfall der Anpassungsplanung bei den ausführenden Betrieben wesentliche Einsparungen möglich sind. Die Vielzahl von Kombinationsmöglichkeiten und damit verbundenen Individualisierungen kann am Beispiel eines SOMA®-Würfels gezeigt werden (s. Abb. 2.42).

Bisher liegen nur Konfiguratoren auf der Grundlage firmenspezifischer Angebote vor, was auch eine andere Art der Ausschreibung erfordern würde. Es ist jedoch vorstellbar, dass ein solches Planungssystem auch von einer Gruppe von Architektur- und Ingenieurbüros firmenneutral erarbeitet und genutzt wird, was eine größere Marktfreiheit zur Folge hätte, aber damit den Holzbau insgesamt deutlich stützen würde, da praktisch alle Firmen, die hochwertig vorfertigen können, sich dann allein oder bei entsprechendem Volumen gemeinsam an solchen Projekten beteiligen könnten.

Entsprechende firmenneutrale Beschreibungen von Bausystemen bestehen prinzipiell schon. Das Buch „Holzrahmenbau" [2.33] stellt auch bereits einen Baustandard dar, nur beschränkt auf Bauelemente. Ähnliche „Kataloge" gibt es z. B. in Finnland für Beton- und Holzfertigbauweisen für den mehrgeschossigen Wohnungsbau (BES [2.34] und PES [2.35]). Die Erweiterung auf Baugruppen und die Implementierung in BIM sind nur der nächste Schritt. Damit würde dann ein echter Industriestandard darstellbar sein, was wiederum den ausführenden Firmen die Möglichkeit gibt, sich auf die Optimierung ihrer Prozesse und ihrer „ökologischen Leistungsfähigkeit" (z. B. Minimierung von Primärenergieeinsatz, Abfallreduktion) anstatt auf

Abb. 2.42 SOMA®-Würfel als Beispiel für ein „3-D-Tetris"-System – ermöglicht 240 unterschiedliche Zusammensetzungen des Würfels aus nur sieben unterschiedlichen Teilen (Quelle: Stefan Winter).

Abb. 2.43 mobi:skul am Standort Weiterstadt, Außenansicht (Quelle: werk.um-architekten).

teilweise nicht sinnvolle Diversifizierungen ihrer Konstruktionsaufbauten zu konzentrieren.

Eine realisierte Anwendung des Baugruppensystems stellt das Bausystem mobi:space [2.36] für temporäre Schulersatzbauten dar. Die technisch vollständig geplanten Baugruppen für Klassenräume können mit den Erschließungselementen für den jeweiligen Standort individuell konfiguriert werden. Sie werden aus einem Mix aus Holztafelbau und vorgefertigten Raummodulen hergestellt. Trotz der hohen Vorkonfigurierung weisen sie eine hohe architektonische Qualität auf (siehe Abb. 2.43 und 2.44).

Abb. 2.44 mobi:skul, Innenansicht eines Klassenraums (Quelle: Thomas Ott).

2.8 Ausblick

Was wird die Zukunft für den Holzbau bringen? Wird das 21. Jahrhundert tatsächlich das Jahrhundert des Holzbaus, eine neue „goldene Ära" des Holzbaus? Sicher hat der Holzbau insgesamt mit Blick auf die Nachhaltigkeits- und Klimadiskussionen und nach der Überwindung der zum Teil kriegsbedingten Vorurteile in Sachen Brandschutz und Innenraumklima große Chancen, deutlich mehr an Bedeutung zu gewinnen.

Es sollte jedoch Augenmaß gewahrt bleiben: Nicht für alle Bauaufgaben ist Holz bestens geeignet, für viele Bauaufgaben empfiehlt es sich, auf einen materialgerechten Mix der Baustoffe zurückzugreifen. Und es sind wie bei jedem Material die Besonderheiten des Werkstoffs zu berücksichtigen. Holz und die aus ihm produzierten Werkstoffe sind nun einmal größtenteils feuchteempfindlich und müssen im verbauten Zustand trocken bleiben – dann allerdings sind sie praktisch unbegrenzt haltbar. Holz ist ein biogener Baustoff und brennt, das muss in der Konstruktion berücksichtigt werden. Dafür bietet es aber im Brandfall ein gutmütiges, robustes und gut kalkulierbares Brandverhalten. Holz ist ein anisotroper Werkstoff, seine richtungsabhängigen Eigenschaften sind in der Konstruktion zu berücksichtigen.

Zu einer erfolgreichen Holzverwendung gehören also wie bei allen Werkstoffen gut ausgebildete Planer, Konstrukteure und Ausführende, welche die Besonderheiten des Werkstoffs kennen und beachten.

Um Holz den ihm gebührenden Stellenwert zu verschaffen, wird es daher in Zukunft deutlich erhöhter Kapazitäten in der universitären und praktischen Ausbildung weltweit bedürfen.

Auch in Deutschland ist im Jahr 2020 die Situation diesbezüglich nicht rosig. Zwar ist die duale Ausbildung der Zimmerer ein Erfolgsmodell und weltweites Vorbild. Und dank zunehmend industrieller Arbeitsplätze, die einen hohen Anteil digitalen Wissens erfordern, sind die Arbeitsplätze auch für junge Menschen attraktiv. Aber die universitäre Ausbildungssituation ist in Deutschland wie auch weltweit eher kritisch. An vier der neun großen Technischen Universitäten in Deutschland ist z. B. das Fach Holzbau als eigenständige Professur nicht vertreten. Im Bereich der Architektur gibt es weltweit derzeit nur zwei spezifisch für Holzbau zuständige Professuren (TU München und Aalto Universität, Helsinki). Und selbst im Holzland Finnland gibt es nur eine holzbauspezifische Professur an einer universitären Bauingenieurfakultät. Im Vergleich zum Betonbau ist der Holzbau dramatisch unterrepräsentiert.

Zusätzlich zu einer erweiterten Ausbildung ist eine Qualitätssicherung mit Augenmaß erforderlich. Sie hilft, größere Schäden infolge von Baufehlern zu vermeiden, denn das würde nur zu Imageschäden führen. Hier gilt: So viel wie nötig, so wenig wie möglich. Denn jede Qualitätssicherung kostet Geld und wirkt sich damit auf den Preis einer Bauweise aus. Eine fehlende oder mangelhafte Qualitätssicherung ist jedoch weder aus sicherheitstechnischen Aspekten noch aus Aspekten der Marktsicherung verantwortbar. Dies gilt uneingeschränkt für alle Bauweisen. Sie müssen entsprechend ihrer jeweils besonders kritischen Eigenschaften unterschiedliche Kontrollmechanismen vorhalten: Der Stahlbau erfordert neben intensiver Überwachung der Stahlherstellung eine besondere Qualifikation der Schweißer, im Betonbau sind in Abhängigkeit der Betoneigenschaften besondere Verfahren zur Sicherstellung der Materialeigenschaften erforderlich, im Holzbau unterliegt das Kleben oder die Herstellung vorgefertigter Elemente einer besonderen Eigen- und Fremdkontrolle. Und bei allen anderen Werkstoffen vom Glas über das Aluminium bis zu Membranen sind vergleichbare Verfahren etabliert. Es gilt der Grundsatz: Je weniger von den in der Bemessung vorausgesetzten Eigenschaften auf der Baustelle einfach kontrollierbar sind, umso intensiver muss die Überwachung der Herstellung erfolgen.

Der Holzbau verwendet schon immer hinreichende Qualitätssicherungssysteme und sollte diese insbesondere bei steigender Vorfertigung auch beibehalten.

Eine besondere Herausforderung wird für den Holzbau in den nächsten Jahrzehnten durch die Veränderung der Wälder entstehen. Grundsatz muss natürlich bleiben, wie bisher nur auf nachhaltig bewirtschaftete Wälder zurückzugreifen. Nur dann ist Holzbau nachhaltig!

Durch die klimabedingten Veränderungen der Wälder entsteht jedoch ein neues Holzaufkommen, das zunehmend wie bereits beschrieben Hartholz enthält. Der Holzbau muss für diese Hölzer (wieder) eine Verwendung finden. Neben sortenreinen Werkstoffen werden zunehmend hybride Baustoffe aus Weich- und Hartholz entwickelt werden und auf den Markt kommen, Verarbeitungsverfahren und Anwendungen werden sich ändern und erweitern. Es ist z. B. absehbar, dass Furnierwerkstoffe wieder eine wesentlich größere Bedeutung erlangen werden, da sich Harthölzer deutlich besser schälen als sägen lassen und zudem dünne Furniere eine Vielzahl von Modifikationen bis hinein in die Zellstruktur zulassen. Neben bereits verwendeten, thermisch modifizierten Furnieren (z. B. Thermobuche) sind selbst elektrisch leitende oder magnetisierte Furniere vorstellbar.

Eine interessante Optimierungsfrage im Holzbau ist die Ressourceneffizienz. Wenn immer mehr in Holz gebaut wird, dann sollte automatisch eine Tendenz zu materialeffizienteren Bauweisen entstehen. Das widerspricht aber dem derzeitigen Trend, zunehmend massive Holzbauteile (Brettsperrholz, Brettschichtholz) einzusetzen, die durch die langfristige Einlagerung von Kohlenstoff eine wirksame CO_2-Senkenfunktion aufweisen. Es muss also das richtige Maß zwischen umwelt- und stoffrelevanter Optimierung gefunden werden.

Dazu gehört ergänzend recyclinggerechtes Bauen, um einer späteren Generation bestenfalls die stoffliche Weiterverwertung der Bauteile zu ermöglichen. Das entspricht forstlichem Handeln, denn man muss ebenso wie der Förster im Wald auch im Bauwerk heute in Maßnahmen investieren, die erst der nächsten oder übernächsten Generation nutzen – also Bäume pflanzen oder zum Beispiel lösbare Verbindungen verwenden.

Es besteht noch eine Vielzahl weiterer hochinteressanter Entwicklungen im Holzbau, die alle an dieser Stelle nur erwähnt, aber nicht detailliert besprochen werden können: 3-D-Drucken von Holz oder Holzwerkstoffen oder die Vorspannung von Holzbauwerken (s. a. Kapitel 8) sind zwei Beispiele. Und selbstverständlich wird das Brandverhalten von Holzbauwerken weiterhin intensiv beforscht werden. Wenn man wirklich hoch hinauswill, sollte beispielsweise das Selbstverlöschen der Holzbauteile nachgewiesen werden können.

Ein weites Feld, insbesondere wenn man berücksichtigt, dass der natürliche Werkstoff Holz auch natürlichen Schwankungen und Entwicklungen unterworfen ist – viel Arbeit jedenfalls für junge Forscher und neugierige Menschen. Der Holzbau ist und bleibt weltweit richtig spannend.

Literatur

2.1 Gesetz zur Erhaltung des Waldes und zur Förderung der Forstwirtschaft (Bundeswaldgesetz) (1975). http://www.gesetze-im-internet.de/bwaldg [Zugriff am 7. Juni 2018].

2.2 http://www.fsc-deutschland.de/de-de [Zugriff am 7. Juni 2018].

2.3 https://pefc.de [Zugriff am 7. Juni 2018].

2.4 Forstwirtschaftliche Statistik 2015 Eurostat.

2.5 Z-9.1-679 (2014). *BS-Holz aus Buche und BS-Holz Buche-Hybridträger*, Inhaber: Studiengemeinschaft Holzleimbau, Wuppertal. DIBt, 27.10.2014. Geltungsdauer 10/2019, (Verlängerung erwartet).

2.6 Z-9.1-838 (2016). *Furnierschichtholz aus Buche zur Ausbildung stabförmiger und flächiger Tragwerke „Platte BauBuche S" und „Platte BauBuche Q"*, Inhaber: Pollmeier Furnierwerkstoff GmbH. DIBT, 23.06.2016. Geltungsdauer 09/2018, (Verlängerung erwartet).

2.7 DIN EN 15978:2012-10 (2012). Nachhaltigkeit von Bauwerken – Bewertung der umweltbezogenen Qualität von Gebäuden – Berechnungsmethode. Berlin: Beuth.

2.8 Datenbank Ökobaudat, http://oekobaudat.de/datenbank/browser-oekobaudat.html [Zugriff am 21. Juni 2018].

2.9 Hafner, A., Rüter, S. und Ebert, S. (2017). Treibhausgasbilanzierung von Holzgebäuden. Umsetzung neuer Anforderungen an Ökobilanzen und Ermittlung empirischer Substitutionsfaktoren. Abschlussbericht THG-Holzbau. Unter Mitarbeit von S. Schäfer, H. König, L. Cristofaro, S. Diederichs, M. Kleinhenz und M. Krechel. Bochum.

2.10 Rüter, S. und Diederichs, S. (2012). *Ökobilanz-Basisdaten für Bauprodukte aus Holz*. Abschlussbericht, Bundesforschungsinstitut für Ländliche Räume, Wald und Fischerei, Hamburg (Arbeitsbericht aus dem Institut für Holztechnologie und Holzbiologie, Nr. 2012/1).

2.11 DIN EN 15804:2014-07 (2014). Nachhaltigkeit von Bauwerken – Umweltproduktdeklarationen – Grundregeln für die Produktkategorie Bauprodukte, Berlin: Beuth.

2.12 Ebert, S. und Ott, S. (2018). *Method and assessment decisions in the evaluation of the LCA-results of timber construction components*. Ghent: IALCCE 2018.

2.13 Verordnung (EU) Nr. 305/2011 des Europäischen Parlaments und des Rates vom 09. März 2011 zur Festlegung harmonisierter Bedingungen für die Vermarktung von Bauprodukten, ABI. EU 2011 Nr. L 88 S.5, 2013 Nr. L103 S.10, zuletzt geändert am 21. Februar 2014 (ABI. EU Nr. L159 S.41).

2.14 ETA-13/0642 (2013). *Brettschichtholz aus Laubholz – VIGAM-Brettschichtholz aus Eiche*, OIB Austria.

2.15 Deutsches Institut für Bautechnik (1992). *Richtlinie für die Überwachung von Wand-, Decken- und Dachtafeln für Holzhäuser in Tafelbauart nach DIN 1052 Teil 1 und 3* (umgangssprachlich als „Tafelbaurichtlinie" bezeichnet), Berlin: DIBt.

2.16 Argebau (2004). *Muster-Richtlinie über brandschutztechnische Anforderungen an hochfeuerhemmende Bauteile in Holzbauweise – M-HFHHolzR*, Fassung Juli 2004, www.is-argebau.de.

2.17 Deutsches Institut für Bautechnik (2017). *Muster-Verwaltungsvorschrift Technische Baubestimmungen*, Ausgabe 2017/1, DIBt, Berlin.

2.18 Argebau (2019). *Muster-Richtlinie über brandschutztechnische Anforderungen an Bauteile in Holzbauweise – M-HolzbauRL*, Entwurf, Argebau, 23.05.2019, www.is-argebau.de.

2.19 Loebus, S. (2017). Zweiachsige Tragwirkung bei Holz-Beton-Verbundkonstruktionen –Entwicklung von Bemessungsverfahren und Konstruktionsdetails für zweiachsige Lastabtragung bei der Holz-Beton-Verbundbauweise. Forschungsinitiative Zukunft Bau des Bundesinstitutes für Bau-, Stadt- und Raumforschung gefördert (Aktenzeichen: II 3-F20-12-1-032/SWD – 10.08.18.7.-13.17), TU München.

2.20 Östman, B. et al. (2010). *Fire Safety in Timber Buildings – Technical Guideline for Europe*. Stockholm: SP Trätek.

2.21 Heikkinen, P., Kaufmann, H., Winter, S., Larsen, K. et al. (2009). *TES EnergyFaçade – prefabricated timber based building system for improving the energy efficiency of the building envelope. Research Project from 2008–2009*. https://www.ar.tum.de/fileadmin/w00bfl/holz/04_Forschung/02_Abgeschlossen/TES_EnergyFacade_manual_2009.pdf [abgerufen Januar 2020].

2.22 Claeson Jonson, C. (2014). *E2ReBuild – Industrialised energy efficient retrofitting of residential buildings in cold climates*. 7. EU-Forschungsprogramm EeB.ENERGY.2010.8.1-2 Demonstration of Energy Efficiency through retrofitting of Buildings 2011–2014.

2.23 Pro-GET-onE (2017). *Proactive synergy of inteGrated Efficient Technologies on buildings' Envelopes*. H2020 Innovation Action. GA No. 723747. Project duration 05/2017–04/2021.

2.24 Reichart, J. und Jürges, T. (2008). Industrie- und Gewerbebau in Holz.

Informationsdienst Holz, *holzbau handbuch*, Reihe 1, Teil 3, Folge 11. Holzabsatzfonds. Bonn, 09/2008.

2.25 Jacob-Freitag, S. (2017). *Sternstunden des Ingenieurholzbaus*, Festschrift zum 60. Jubiläum der Studiengemeinschaft Holzleimbau e. V. Wuppertal.

2.26 Hofmann, V. und Werther, N. (2014). *Baulicher Brandschutz großflächiger Dächer in Holzbauweise bei Brandbeanspruchung von der Unterseite*, Forschungsbericht AIF IGF-Vorhaben 17340N, TU München, Lehrstuhl für Holzbau und Baukonstruktion (www.hb.bgu.tum). München.

2.27 Glaser, P. und Winter, S. (2016). Entwicklung einer modularen Systembauweise zur Realisierung von Parkhäusern aus Holz, *Bauingenieur* 91(5):193–199.

2.28 Verordnung über die Honorare von Architekten und Ingenieuren (HOAI) 2013 https://www.gesetze-im-internet.de/hoai_2013 [Zugriff am 21. Juni 2018].

2.29 Kaufmann, H. et al. (2017). *leanWood*. Final report. www.holz.ar.tum.de.

2.30 Kaufmann, H., Huß, W., Schuster, S. und Stiegelmeier, M. (2017). *leanWood – eine neue Planungskultur. Optimierte Planungsprozesse für Gebäude in vorgefertigter Holzbauweise*, Professur für Entwerfen und Holzbau, Fakultät für Architektur, TU München.

2.31 DIN 276:2018-12 (2018). *Kosten im Bauwesen*, Berlin: Beuth.

2.32 Winter, S. et al. (2019). *Bauen mit Weitblick – Systembaukasten für den industrialisierten sozialen Wohnungsbau*, Forschungsinitiative Zukunft Bau, Endbericht F3082. www.bauen-mit-weitblick.tum.de.

2.33 Dederich, L. et al. (2015). Holzrahmenbau, Informationsdienst Holz, *holzbau handbuch*, Reihe 1, Folge 1, Teil 7, ISSN-Nr. 0466-2114.

2.34 Suomen betoniteollisuuden keskusjärjestö (Federation of the Finnish concrete industry) (1979). *BES – järjestelmän rekenteita koskeva suositus.*

2.35 Puuinfo Oy *RunkoPES 2.0*, https://www.puuinfo.fi/suunnitteluohjeet/runkopes-20 [zuletzt abgerufen 1.12.2019].

2.36 Winter, S., Jacob-Freitag, S. und Köhler, C. (2017). Mobi-Space – ein modulares, wiederverwendbares Bausystem aus Holz, *Bautechnik* 94(3): 174–180

2.37 Seidel, A., Miebach, F. und Osterloff, L. (2019). Entwurf von Holzbrücken. Informationsdienst Holz, *holzbau handbuch*, Reihe 1, Teil 9, Folge 1, Qualitätsgemeinschaft Holzbrückenbau e. V., 02/2019.

2.38 Schiermeyer, V. und Kannegießer, T.: Tragwerksplanung von Holzbrücken. Informationsdienst Holz, *holzbau handbuch*, Reihe 1, Teil 9, Folge 2, Qualitätsgemeinschaft Holzbrückenbau e. V., 02/2019.

2.39 Simon, A. et al. (2019). Musterzeichnungen für Holzbrücken, Informationsdienst Holz, *holzbau handbuch*. Reihe 1, Teil 9, Folge 3, Qualitätsgemeinschaft Holzbrückenbau e. V., 02/2019.

3
Holz, Holzwerkstoffe und Klebstoffe im konstruktiven Holzbau

Borimir Radovic (†), durchgesehen von Stefan Winter, München

3.1 Einführung

In den letzten Jahren ist die Palette der Holzprodukte und der Holzwerkstoffe deutlich erweitert und sehr stark optimiert worden, sodass diese Produkte in fast allen Bereichen des Bauwesens anzutreffen sind. Die rasante Entwicklung hat dazu geführt, dass neben den seit Jahrzehnten bewährten Konstruktionen auch Holzbauwerke entstanden sind, die in der Vergangenheit kaum für möglich gehalten wurden, wie z. B. architektonisch ansprechende Gebäuden mit bis zu 18 Etagen, schlanke Türme für Windkraftanlagen mit einer Höhe bis zu rd. 100 m, Straßenbrücken und Sport-, Produktions-, Messe- und Versammlungshallen mit fast unbegrenzter Größe.

3.2 Gesetzliche Voraussetzungen zur Anwendung im Bauwesen

Entsprechend der europäischen Bauproduktenverordnung (EU-BauPVO) muss ein Bauprodukt einer harmonisierten technischen Spezifikation (entweder einer harmonisierten EN-Norm oder einer Europäischen Technischen Bewertung (ETA)) entsprechen, wenn es zu tragenden und aussteifenden Zwecken oder für den Wärme-, Schall- und Brandschutz verwendet werden soll. Ist dies der Fall, erstellt der Hersteller eine Leistungserklärung für das Produkt nach der EU-BauPVO, Artikel 6 und Anhang III, in der die wesentlichen Merkmale dieses Produkts gemäß den harmonisierten technischen Spezifikationen angegeben werden. Mit der anschließenden CE-Kennzeichnung auf dem Produkt oder in den Begleitdokumenten übernimmt der Hersteller die Verantwortung für die Konformität des Bauprodukts mit der erklärten Leistung.

In Abb. 3.1 ist beispielhaft ein CE-Zeichen für nach DIN EN 14081-1 visuell sortiertes Lärchenholz dargestellt.

In Deutschland dürfen auch Bauprodukte nach nationalen Verwendungsnachweisen (allgemeine bauaufsichtliche Zulassung, allgemeine Bauartgenehmigung,

Holzbau-Taschenbuch, Grundlagen. 10. Auflage. Herausgegeben von Stefan Winter und Mandy Peter.

104	
CE	
00413	
Sägewerk Mustermann	
14	
00413 - BauPVO – 3456	
DIN EN 14081-1	
Bauholz für tragende Zwecke	
S10 (C24)	Trocken sortiert
Kurzzeichen für Holzart	LADC (Lärche)
Sortiernorm	DIN EN 14081-1
Brandverhalten	D-s2, d0
Dauerhaftigkeitsklasse	3 – 4

Abb. 3.1 CE-Kennzeichnung für visuell sortiertes Lärchenvollholz nach DIN EN 14081 (Beispiel).

vorhabenbezogene Bauartgenehmigung, allgemeines bauaufsichtliches Prüfzeugnis und Zustimmung im Einzelfall) verwendet werden.

Für diese Produkte wird die Übereinstimmung mit den Anforderungen des jeweiligen Verwendungsnachweises durch Aufbringung eines Übereinstimmungszeichens (Ü-Zeichens) nach der Übereinstimmungsverordnung bestätigt.

Entsprechend den aufgeführten gesetzlichen Voraussetzungen muss die Herstellung von Bauprodukten laufend durch eine Eigen- und ggf. ergänzende Fremdüberwachung kontrolliert werden.

3.3 Physikalische Eigenschaften des Holzes

3.3.1 Rohdichte

Die Rohdichte ρ stellt eine sehr wichtige Kenngröße des Holzes dar, weil sie weitreichende Rückschlüsse auf das Gesamtverhalten des Holzes ermöglicht. Sie ist bei porösen Stoffen, wie z. B. Holz, definiert als Verhältnis der Masse m zu jenem Stoffvolumen V, das die Porenräume einschließt:

$$\rho = m/V \text{ in g/cm}^3 \text{ bzw. in kg/m}^3$$

Üblicherweise wird die Rohdichte angegeben, die sich nach langfristiger Lagerung im Normalklima 20 °C/65 % relative Luftfeuchte einstellt. In diesem normalklimatisierten Zustand besitzen mitteleuropäische Hölzer einen Feuchtegehalt von etwa 12 %.

Die Rohdichten aller vorkommenden Holzarten umfassen einen sehr weiten Bereich, der von etwa 0,1 g/cm^3 (Balsaholz) bis über 1,2 g/cm^3 (Pockholz) reicht.

Da die Dichte der reinen Zellwandsubstanz für alle Holzarten einheitlich etwa 1,5 g/cm^3 beträgt, beruht der große Unterschied zwischen den Rohdichten der einzelnen Hölzer auf dem unterschiedlichen Anteil von Zellwandsubstanz und Porenvolumen im Holzkörper (Abb. 3.2).

ERNE

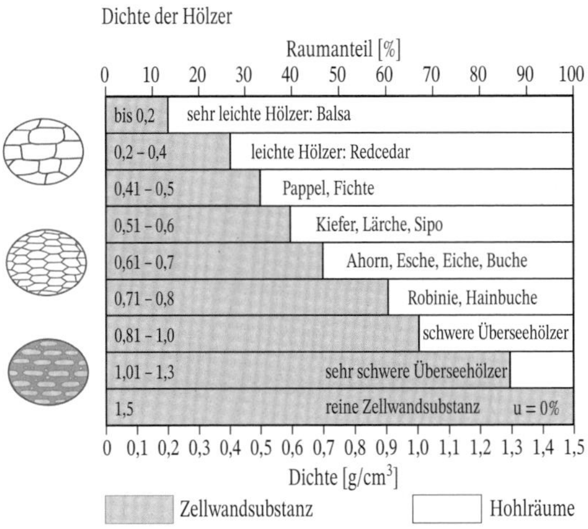

Abb. 3.2 Rohdichte als Kenngröße für die prozentualen Volumenanteile der Zellwand und des Porenvolumens [3.1].

Deshalb liefert die Rohdichte wichtige Hinweise auf diejenigen Holzeigenschaften, die vom Zellwandanteil mitbestimmt werden und auch für Bauhölzer von großer Bedeutung sind. So nehmen mit steigender Rohdichte im Allgemeinen

- die elastischen Eigenschaften und Festigkeiten,
- Härte und Abnutzungswiderstand,
- Wärmeleitfähigkeit sowie
- Quell- und Schwindmaße zu.

3.3.2 Holzfeuchte

Als hygroskopisches Material besitzt das Holz die Eigenschaft, je nach dem Umgebungsklima die Feuchte aufzunehmen bzw. abzugeben. Der Fasersättigungsbereich stellt die Grenze zwischen dem Vorhandensein von gebundenem Wasser einerseits und freiem Wasser anderseits dar (Abb. 3.3). Da diese Grenze in Abhängigkeit von spezifischen Holzeigenschaften, wie z. B. Rohdichte und Harzgehalt, auch bei einer Holzart variieren kann, spricht man hier von einem Fasersättigungsbereich. In der Tab. 3.1 sind Fasersättigungsbereiche einiger europäischer Nadelhölzer aufgeführt.

In der Praxis wird zur Vereinfachung aber ausreichend genau die Fasersättigung bei 30 % Holzfeuchte angenommen.

Wird Holz einem Klima ausgesetzt, ohne direkte Einwirkung vom Wasser (z. B. kein Tauwasser, keine Niederschläge), dann stellt sich unterhalb des Fasersätti-

Tab. 3.1 Fasersättigungsbereiche einiger europäischer Nadelhölzer.

Holzart	u_m **[%]**
Nadelhölzer ohne ausgeprägten Farbkern (z. B. Fichte, Tanne)	30–34
Nadelhölzer mit ausgeprägtem Farbkern und mäßigem Harzgehalt (z. B. gemeine Kiefer)	26–28

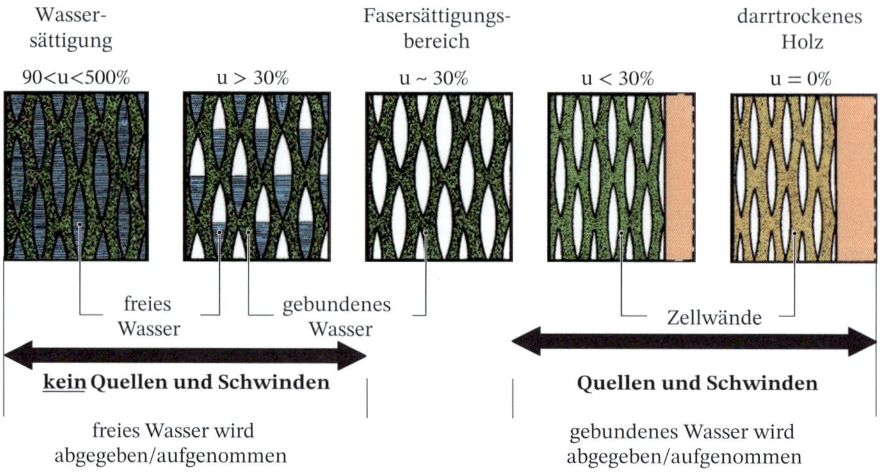

(a)

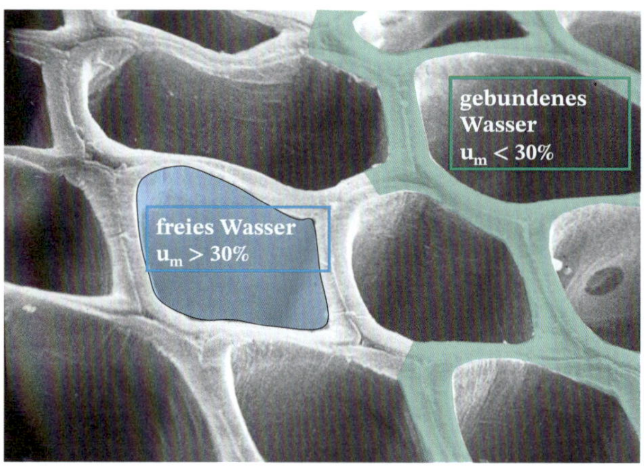

(b)

Abb. 3.3 Holzfeuchte: (a) Holzfeuchtegehalte und Sättigungszustände; (b) Feuchtezustand der Zellwände und Zellhohlräume (Quellen: Holzforschung München, HFM).

gungsbereichs, je nach Holzart und Abmessungen unterschiedlich schnell, ein Gleichgewicht zwischen der Temperatur und der relativen Feuchte der umgebenden Luft einerseits und der Holzfeuchte anderseits ein (hygroskopisches Gleichgewicht; Abb. 3.4).

Kurzfristige Änderungen der relativen Luftfeuchte (Dauer von Minuten oder wenigen Stunden, z. B. in privaten Bädern) haben keinen merklichen Einfluss auf die Holzfeuchte, wohl aber Langzeiteinwirkungen (Dauer Wochen, z. B. unbeheizte Aufenthaltsräume im Sommer, beheizte im Winter).

Wie Vollholz passen sich auch die Holzwerkstoffe bezüglich der Feuchte dem Umgebungsklima an. Bei Sperrholz, Furnierschichtholz und Massivholzplatten kann man annähernd die gleiche Hygroskopizität wie bei Vollholz annehmen, aus dem sie hergestellt sind.

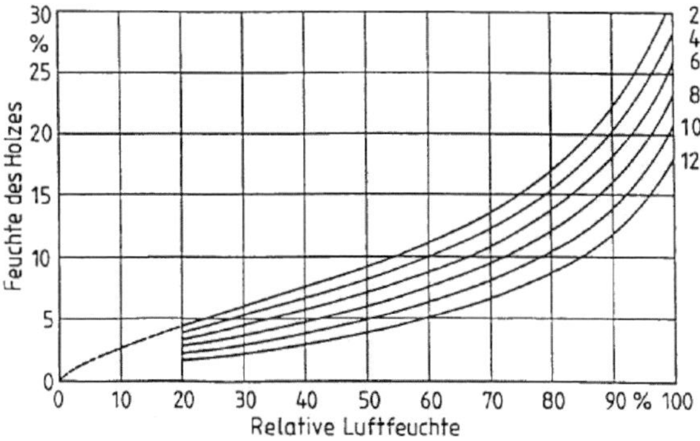

Abb. 3.4 Gleichgewichtsfeuchte des Holzes in Abhängigkeit von der Temperatur und der relativen Luftfeuchte der umgebenden Luft [3.2].

Bei Spanplatten und OSB-Platten dagegen können sich, vor allem je nach Klebstoffart, erhebliche Unterschiede in der Gleichgewichtsfeuchte ergeben. In der Regel liegen diese unterhalb der Gleichgewichtsfeuchte des Vollholzes.

Bei Faserplatten liegt die Gleichgewichtsfeuchte in der Regel um 3 % bis 4 % niedriger als bei Vollholz.

Mit steigender Holzfeuchte unterhalb des Fasersättigungsbereichs ist mit einer Abnahme der Festigkeit und Steifigkeit des Holzes zu rechnen (Abb. 3.5).

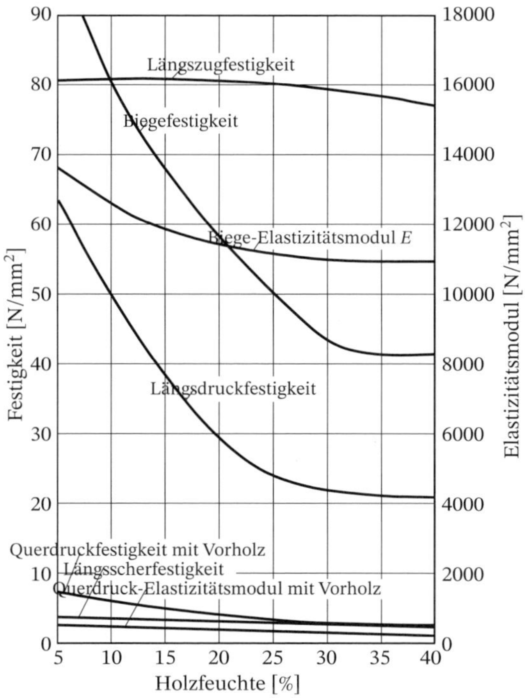

Abb. 3.5 Einfluss der Holzfeuchte auf die Festigkeits- und Steifigkeitseigenschaften des Holzes, dargestellt am Beispiel eines fehlerfreien Fichtenholzes mittlerer Rohdichte.

3.3.3 Quellen und Schwinden

Quellen und Schwinden finden nur unterhalb des Fasersättigungsbereichs statt. Die Größe des Quell- und Schwindmaßes hängt von der anatomischen Richtung des Holzes (Abb. 3.6) ab. So ist das Quellen und Schwinden in tangentialer Richtung am größten, in radialer Richtung halb so groß und in der Längsrichtung derart gering, dass es in den meisten Anwendungsfällen unberücksichtigt bleiben kann.

Obwohl nur im Holzfeuchtebereich zwischen rd. 5 % und rd. 20 % ein linearer Verlauf der Quell- und Schwindmaße in Abhängigkeit von der Holzfeuchte anzunehmen ist, wird für die Praxis ausreichend genau ein linearer Verlauf bis zum Fasersättigungsbereich angenommen. Dabei werden die Rechenwerte für Schwind- und Quellmaße in Prozent der Breite bzw. Dicke der Hölzer für die Änderung der Holzfeuchte um 1 % angegeben. In der Regel sind diese Rechenwerte als Mittel aus den Werten tangential und radial zum Jahrring angegeben, da in der Praxis die Jahrringe der Hölzer meist unter einem Winkel zu den Kanten verlaufen und ihre Lage bei der Tragwerksplanung nicht bekannt ist. In Tab. 3.2 sind die beschriebenen Quell- und Schwindmaße für die in Deutschland am meisten gebrauchten Hölzer aufgeführt.

In der Tab. 3.3 sind die Rechenwerte für Quell- und Schwindmaße bei einem parallelen Verlauf der Jahrringe zu den Querschnittseiten aufgeführt.

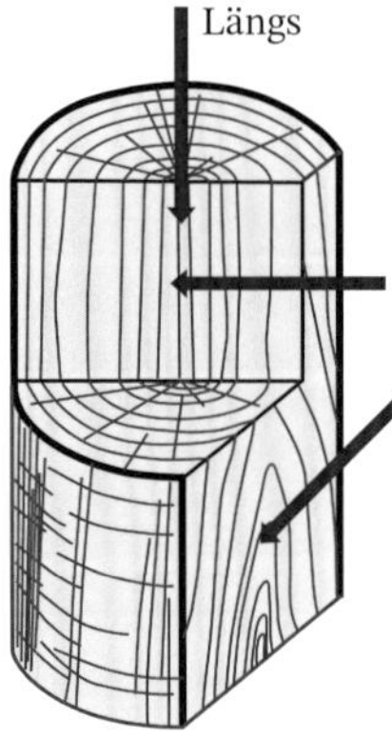

Abb. 3.6 Anatomische Richtungen des Holzes [3.3].

Tab. 3.2 Rechenwerte für Schwind- und Quellmaße rechtwinklig zur Faserrichtung des Holzes.

Holzart	Schwind- und Quellmaß in % für die Änderung der Holzfeuchte um 1 % unterhalb der Fasersättigung[a)]
Fichte, Kiefer, Tanne, Lärche Douglasie, Western Hemlock, Southern Pine, Eiche	0,24
Buche	0,30
Teak	0,20
Azobé (Bongossi)	0,36

a) Mittel aus den Werten tangential und radial zum Jahrring

Tab. 3.3 Rechenwerte für Schwind- und Quellmaße bei parallel zu den Querschnittseiten verlaufenden Jahrringen.

Holzart	**Schwind- und Quellmaß in % für die Änderung der Holzfeuchte um 1 % unterhalb des Fasersättigungsbereichs**	
	tangential zum Jahrring	**radial zum Jahrring**
Fichte, Kiefer, Tanne, Lärche, Douglasie, Western Hemlock, Southern Pine, Eiche	0,32	0,16
Buche	0,4	0,2
Teak	0,25	0,15
Azobé (Bongossi)	0,41	0,31

Die Unterschiede zwischen dem Quell- und Schwindmaß in tangentialer und radialer Richtung führen bei einer Feuchteänderung zu Verformungen der Querschnitte. Bei schneller Austrocknung von Holz können die durch Schwinden bedingten Zugspannungen die Querzugfestigkeit des Holzes überschreiten und dadurch zur Bildung von Schwindrissen führen. Um dies zu vermeiden, sollte das Holz nach Möglichkeit mit dem Feuchtegehalt, der dem über das Jahr zu erwartenden mittleren Feuchtegehalt entspricht, eingebaut werden.

3.3.4 Thermische Ausdehnung

Die thermische Ausdehnung des Holzes kann im Bauwesen unberücksichtigt bleiben, weil sie durch das entgegengesetzt verlaufende, stärkere Schwinden überlagert wird. Deshalb ändern Holzbauteile auch bei extremer Erwärmung, z. B. im Brandfall, ihre Längen kaum.

3.3.5 Wasserdampf-Diffusionswiderstand

Der Feuchtetransport im Holz erfolgt unterhalb der Fasersättigung weitgehend durch Diffusion. Dabei nimmt der Diffusionswiderstand mit abnehmendem Feuchtegehalt außerordentlich zu. So beträgt z. B. beim Fichtenholz die Wasserdampf-Diffusionswiderstandszahl bei einer Holzfeuchte von 8 % 110 und bei einer Holzfeuchte von 20 % 10. Zur Berechnung des Feuchtedurchgangs durch Bauholz nach DIN 4108 dient unabhängig von Holzart und Feuchtegehalt vereinfachend für die Wasserdampf-Diffusionswiderstandszahl ein Richtwert von 40.

3.3.6 Wärmeleitfähigkeit

Die Wärmeleitfähigkeit λ des Holzes hängt von folgenden Einflussgrößen ab:

- Rohdichte: Bei Holzarten mit Rohdichten $< 1\,g/cm^3$ steigt λ mit zunehmender Rohdichte proportional,
- Feuchtegehalt: λ nimmt mit absinkendem Feuchtegehalt im hygroskopischen Bereich ab,

- Temperatur: λ nimmt mit zunehmender Temperatur etwas zu,
- Faserrichtung: λ ist in Faserrichtung etwa 2,2-mal größer als quer zur Faserrichtung.

Unter Berücksichtigung dieser Abhängigkeit sind für den rechnerischen Nachweis der Wärmedämmung von Holzbauteilen nach DIN 4108-4 folgende Rechenwerte einzusetzen:

- für Fichte, Kiefer, Tanne: 0,13 W/(m K),
- für Buche, Eiche: 0,20 W/(m K).

Diese Werte beziehen sich auf eine Holzfeuchte von rd. 16 % (Klima bei der Probenlagerung 23 °C/80 % rel. Holzfeuchte). Neuere Untersuchungen zeigen, dass dieser „normierte" Holzfeuchtegehalt erheblich von den Praxisbedingungen bei fachkundig errichteten Massivholzbauten neuer Bauart mit veredelten und technisch getrockneten Holzprodukten abweicht. In mehreren Feldversuchen wurde z. B. bei einschaligen Blockwänden mit einer Dicke von 200 mm in schichtverklebter Ausführung während der Heizperiode ein mittlerer Holzfeuchtegehalt von etwa 10 % ermittelt. Laboruntersuchungen, bei welchen die Prüfkörper auf eine Ausgleichsfeuchte von 10 % vorkonditioniert wurden, ergaben um 20 % bis 30 % niedrigere Wärmeleitzahlen als normierte Bemessungswerte.

3.4 Tragende Vollholzprodukte

Bei tragenden Vollholzprodukten wird unterschieden zwischen:

- Vollholz,
- Vollholz mit Keilzinkenverbindung,
- Brettschichtholz,
- Balkenschichtholz und
- Brettsperrholz.

3.4.1 Vollholz

Vollholz wird durch Einschneiden oder Profilieren aus Rundholz gewonnen. Dabei werden hauptsächlich europäische Nadelhölzer wie Fichte, Kiefer, Tanne, Lärche und Douglasie (Abb. 3.7) und zu einem deutlich kleineren Teil Laubhölzer wie Eiche und Buche verwendet. Aufgrund von zahlreichen Untersuchungen der letzten Jahre ist damit zu rechnen, dass auch weitere europäische Laubhölzer, wie z. B. Esche und Ahorn, im Bauwesen eingesetzt werden.

Bei den üblicherweise rechteckigen Querschnitten wird je nach Verhältnis von Höhe zu Breite zwischen Latten, Brettern, Bohlen und Kanthölzern unterschieden (s. Tab. 3.4).

Durch Trocknen und Hobeln können die Qualität und Anwendung des Vollholzes deutlich verbessert werden.

Abb. 3.7 Vollholz aus Nadelholz (Quelle: Informationsdienst Holz).

Tab. 3.4 Schnittholzarten beim Nadelholz.

Schnittholzart	Dicke d bzw. Höhe h in mm	Breite b in mm
Latte	$d \leq 40$	$b < 80$
Brett[a)]	$d \leq 40$	$b \geq 80$
Bohle[b)]	$d > 40$	$b > 3d$
Kantholz	$b \leq h \leq 3b$	$b > 40$

a) Vorwiegend hochkant biegebeanspruchte Bretter und Bohlen sind wie Kantholz zu sortieren und entsprechend zu kennzeichnen.

b) Dieser Grenzwert gilt nicht für Bretter für Brettschichtholz.

Vor der Anwendung muss das Vollholz nach der Tragfähigkeit sortiert werden. Allgemeine Anforderungen dafür sind in der DIN EN 14081-1:2016-06 „Nach Festigkeit sortiertes Bauholz für tragende Zwecke mit rechteckigem Querschnitt – Teil 1: Allgemeine Anforderungen" enthalten. Dabei wird unterschieden zwischen einer visuellen und einer maschinellen Sortierung.

Im Anhang A der DIN EN 14081-1:2016-06 sind Anforderungen an festigkeitsverringernde Merkmale bei der visuellen Sortierung allgemein aufgeführt, sodass alle nationalen Sortiernormen, die diese Anforderungen erfüllen, für die visuelle Sortierung des Holzes nach der Festigkeit Anwendung finden dürfen. DIN 4074-1 und -5 erfüllen die Anforderungen, sodass diese Normen für die Sortierung des Holzes nach der Festigkeit angewendet werden dürfen. In der DIN EN 1912:2012-06 sind die nach DIN 4074-1 und -5 visuell nach Kantholzsortierung ermittelten Sortierklassen den Festigkeitsklassen nach DIN EN 338:2016-07 zugeordnet, sodass für die Berechnung der nach DIN 4074-1 und -5 visuell nach Kantholzsortierung ermittelten Sortierklassen die nach DIN EN 1995-1-1 erforderlichen charakteristischen Werte vorhanden sind. In der Tab. 3.5 ist die Zuordnung von in Deutschland verwendeten visuell nach Kantholzsortierung ermittelten Sortierklassen nach DIN 4074-1 und -5 zu den Festigkeitsklassen (C-Klassen für Nadelholz, D-Klassen für Laubholz) nach DIN EN 338 enthalten.

Tab. 3.5 Zuordnung von visuell sortiertem Bauholz nach DIN 4074-1 und -5 zu den Festigkeitsklassen.

Holzart[a)]		**Sortierklasse nach DIN 4074**	**Festigkeitsklasse nach DIN EN 338**
Nadelschnittholz	Douglasie Fichte Kiefer Lärche Tanne	S7	C18
	Douglasie Fichte Kiefer Lärche Tanne	S10	C24
	Douglasie	S13	C35
	Fichte Kiefer Lärche Tanne		C30
Laubschnittholz	Eiche	LS10	D30
	Buche	LS10 und höher	D35
	Buche	LS13	D40

a) Weitere Holzarten und ihre Zuordnung der Sortierklassen zu den Festigkeitsklassen sind DIN EN 1912 zu entnehmen.

Bei Nadelholz wird vorwiegend die Sortierklasse S10 bzw. Festigkeitsklasse C24 verwendet.

Für maschinell sortiertes Holz mit rechteckigem Querschnitt ist DIN EN 14081 „Nach Festigkeit sortiertes Bauholz für tragende Zwecke mit rechteckigem Querschnitt“ maßgebend:

- Teil 1: Allgemeine Anforderungen,
- Teil 2: Maschinelle Sortierung, zusätzliche Anforderungen an die Erstprüfung,
- Teil 3: Maschinelle Sortierung, zusätzliche Anforderungen an die werkseigene Produktionskontrolle.

Die Zuordnung der Sortierklassen zu Festigkeitsklassen beruht auf Sortierberichten. Wenn diese Sortierberichte von CEN/TC124/WG2/TG1 bewertet und genehmigt sind, werden sie zu genehmigten Sortierberichten (Approved Grading Reports, AGR). Unter Zugrundelegung der im Sortierbericht enthaltenen Einstellwerte darf dann das Holz direkt einer Festigkeitsklasse zugeordnet werden.

Die charakteristischen Festigkeits-, Steifigkeits- und Rohdichtekennwerte für die Bemessung nach DIN EN 1995-1-1 sind in der DIN EN 338:2016-07 enthalten. Dabei wird unterschieden zwischen:

C-Klassen für Nadelholz auf der Grundlage von Hochkantbiegeprüfungen,
T-Klassen für Nadelholz auf der Grundlage von Zugprüfungen und
D-Klassen für Laubholz auf der Grundlage von Hochkantbiegeprüfungen.

In den Tab. 3.6–3.8 sind die entsprechenden Werte enthalten.

Für die Anwendung des Vollholzes nach DIN EN 14081-1 ist in Deutschland noch die Anwendungsnorm DIN 20000-5 zu beachten. Hier wird u. a. darauf hingewiesen, dass in Deutschland nur trockenes Holz ($u \leq 20\,\%$) eingebaut werden darf. Hiervon darf nur bei Holz in der Nutzungsklasse 3 abgewichen werden, wenn im Gebrauchszustand dauerhaft mit einer Feuchte über 20 % gerechnet werden kann.

Die T-Klassen (Tab. 3.7) werden hauptsächlich bei Brettern oder Bohlen für Brettschichtholz angewendet.

Tab. 3.6 Festigkeitsklassen für Nadelholz auf der Grundlage von Hochkantbiegeprüfungen – charakteristische Werte für Festigkeit, Steifigkeit und Rohdichte nach Tabelle 1, DIN EN 338:2016-07.

Festigkeitsklasse		**C14**	**C16**	**C18**	**C20**	**C22**	**C24**	**C27**	**C30**	**C35**	**C40**	**C45**	**C50**
Festigkeitseigenschaften, in N/mm²													
Biegung	$f_{m,k}$	14	**16**	**18**	20	22	**24**	27	**30**	35	40	45	50
Zug in Faserrichtung	$f_{t,0,k}$	7,2	**8,5**	**10**	11,5	13	**14,5**	16,5	**19**	22,5	26	30	33,5
Zug rechtwinklig zur Faserrichtung	$f_{t,90,k}$	0,4	**0,4**	**0,4**	0,4	0,4	**0,4**	0,4	**0,4**	0,4	0,4	0,4	0,4
Druck in Faserrichtung	$f_{c,0,k}$	16	**17**	**18**	19	20	**21**	22	**24**	25	27	29	30
Druck rechtwinklig zur Faserrichtung	$f_{c,90,k}$	2,0	**2,2**	**2,2**	2,3	2,4	**2,5**	2,5	**2,7**	2,7	2,8	2,9	3,0
Schub	$f_{v,k}$	3,0	**3,2**	**3,4**	3,6	3,8	**4,0**	4,0	**4,0**	4,0	4,0	4,0	4,0
Steifigkeitseigenschaften, in kN/mm²													
Mittelwert des E-Moduls bei Biegung in Faserrichtung	$E_{m,0,mean}$	7,0	**8,0**	**9,0**	9,5	10,0	**11,0**	11,5	**12,0**	13,0	14,0	15,0	16,0
5%-Quantil des E-Moduls bei Biegung in Faserrichtung	$E_{m,0,k}$	4,7	**5,4**	**6,0**	6,4	6,7	**7,4**	7,7	**8,0**	8,7	9,4	10,1	10,7
Mittelwert des E-Moduls bei Biegung rechtwinklig zur Faserrichtung	$E_{m,90,mean}$	0,23	**0,27**	**0,30**	0,32	0,33	**0,37**	0,38	**0,40**	0,43	0,47	0,50	0,53
Mittelwert des Schubmoduls	G_{mean}	0,44	**0,50**	**0,56**	0,59	0,63	**0,69**	0,72	**0,75**	0,81	0,88	0,94	1,00
Rohdichte, in kg/m³													
5%-Quantil der Rohdichte	ρ_k	290	**310**	**320**	330	340	**350**	360	**380**	390	400	410	430
Mittelwert der Rohdichte	ρ_{mean}	350	**370**	**380**	400	410	**420**	430	**460**	470	480	490	520

Anmerkung 1: Die angegebenen Werte für Zug-, Druck- und Schubfestigkeit, für den charakteristischen E-Modul bei Biegung, den Mittelwert des E-Moduls rechtwinklig zur Faserrichtung und den Mittelwert des Schubmoduls wurden mit den in EN 384 angegebenen Gleichungen berechnet.

Anmerkung 2: Die Zugfestigkeitswerte wurden auf der sicheren Seite geschätzt, da die Sortierung für die Biegefestigkeit erfolgt.

Anmerkung 3: Die tabellarischen Eigenschaften gelten für Holz mit einer bei 20 °C und 65 % rel. Luftfeuchte üblichen Holzfeuchte, die bei den meisten Holzarten einer Holzfeuchte von 12 % entspricht.

Anmerkung 4: Die charakteristischen Werte für die Schubfestigkeit werden entsprechend EN 408 für Holz ohne Risse angegeben.

Anmerkung 5: Diese Klassen dürfen auch für Laubhölzer mit ähnlichen Festigkeits- und Dichteprofilen, wie z. B. Pappel oder Kastanie, verwendet werden.

Anmerkung 6: Die Hochkantbiegefestigkeit darf auch im Falle Flachkantbiegung verwendet werden.

Anmerkung 7: Die fettgedruckten Festigkeitsklassen werden in der Regel in Deutschland angewandt.

Tab. 3.7 Festigkeitsklassen für Nadelholz auf der Grundlage von Zugprüfungen – charakteristische Werte für Festigkeit, Steifigkeit und Rohdichte nach Tabelle 2, DIN EN 338:2016-07.

Festigkeitsklasse		**T8**	**T9**	**T10**	**T11**	**T12**	**T13**	**T14**	**T14,5**	**T15**	**T16**	**T18**	**T21**	**T22**	**T24**	**T26**	**T27**	**T28**	**T30**
Festigkeitseigenschaften, in N/mm²																			
Biegung	$f_{m,k}$	13,5	14,5	16	17	18	19,5	20,5	21	22	23	25,5	29	30,5	33	35	36,5	37,5	40
Zug in Faserrichtung	$f_{t,0,k}$	8	9	10	11	12	13	14	14,5	15	16	18	21	22	24	26	27	28	30
Zug rechtwinklig zur Faserrichtung	$f_{t,90,k}$	0,4	0,4	0,4	0,4	0,4	0,4	0,4	0,4	0,4	0,4	0,4	0,4	0,4	0,4	0,4	0,4	0,4	0,4
Druck in Faserrichtung	$f_{c,0,k}$	16	17	17	18	19	20	21	21	21	22	23	25	26	27	28	29	29	30
Druck rechtwinklig zur Faserrichtung	$f_{c,90,k}$	2,0	2,1	2,2	2,2	2,3	2,4	2,5	2,5	2,5	2,6	2,7	2,7	2,7	2,8	2,9	2,9	2,9	3,0
Schub	$f_{v,k}$	2,8	3,0	3,2	3,4	3,6	3,8	4,0	4,0	4,0	4,0	4,0	4,0	4,0	4,0	4,0	4,0	4,0	4,0
Steifigkeitseigenschaften, in kN/mm²																			
Mittelwert des E-Moduls bei Zug in Faserrichtung	$E_{t,0,mean}$	7,0	7,5	8,0	9,0	9,5	10,0	11,0	11,0	11,5	11,5	12,0	13,0	13,0	13,5	14,0	15,0	15,0	15,5
5%-Quantil des E-Moduls bei Zug in Faserrichtung	$E_{t,0,k}$	4,7	5,0	5,4	6,0	6,4	6,7	7,4	7,4	7,7	7,7	8,0	8,7	8,7	9,0	9,4	10,1	10,1	10,4
Mittelwert des E-Moduls bei Zug rechtwinklig zur Faserrichtung	$E_{t,90,mean}$	0,23	0,25	0,27	0,30	0,32	0,33	0,37	0,37	0,38	0,38	0,40	0,43	0,43	0,45	0,47	0.50	0,50	0,52
Mittelwert des Schubmoduls	G_{mean}	0,44	0,47	0,50	0,56	0,59	0,63	0,69	0,69	0,72	0,72	0,75	0,81	0,81	0,84	0,88	0,94	0,94	0,97
Rohdichte, in kg/m³																			
5%-Quantil der Rohdichte	ρ_k	290	300	310	320	330	340	350	350	360	370	380	390	390	400	410	410	420	430
Mittelwert der Rohdichte	ρ_{mean}	350	360	370	380	400	410	420	420	430	440	460	470	470	480	490	490	500	520

Anmerkung 1: Die angegebenen Werte für Biege-, Druck- und Schubfestigkeit, für den charakteristischen E-Modul bei Zug, den Mittelwert des E-Moduls rechtwinklig zur Faserrichtung und den Mittelwert des Schubmoduls wurden mit den in EN 384 angegebenen Gleichungen berechnet.

Anmerkung 2: Die Biegefestigkeitswerte wurden auf der sicheren Seite geschätzt, da die Sortierung für die Zugfestigkeit erfolgt.

Anmerkung 3: Die tabellarischen Eigenschaften gelten für Holz mit einer bei 20 °C und 65 % rel. Luftfeuchte üblichen Holzfeuchte, die bei den meisten Holzarten einer Holzfeuchte von 12 % entspricht.

Anmerkung 4: Die charakteristischen Werte für die Schubfestigkeit werden entsprechend EN 408 für Holz ohne Risse angegeben.

Anmerkung 5: Diese Klassen dürfen auch für Laubhölzer mit ähnlichen Festigkeits- und Dichteprofilen, wie z. B. Pappel oder Kastanie, verwendet werden.

Anmerkung 6: Die Biegefestigkeit darf im Falle Hochkant- oder Flachkantbiegung verwendet werden.

Tab. 3.8 Festigkeitsklassen für Laubholz auf der Grundlage von Hochkantbiegeprüfungen – charakteristische Werte für Festigkeit, Steifigkeit und Rohdichte nach Tabelle 3, DIN EN 338:2016-07.

Festigkeitsklasse		**D18**	**D24**	**D27**	**D30**	**D35**	**D40**	**D45**	**D50**	**D55**	**D60**	**D65**	**D70**	**D75**	**D80**
Festigkeitseigenschaften, in N/mm²															
Biegung	$f_{m,k}$	18	24	27	30	35	40	45	50	55	60	65	70	75	80
Zug in Faserrichtung	$f_{t,0,k}$	11	14	16	18	21	24	27	30	33	36	39	42	45	48
Zug rechtwinklig zur Faserrichtung	$f_{t,90,k}$	0,6	0,6	0,6	0,6	0,6	0,6	0,6	0,6	0,6	0,6	0,6	0,6	0,6	0,6
Druck in Faserrichtung	$f_{c,0,k}$	18	21	22	24	25	27	29	30	32	33	35	36	37	38
Druck rechtwinklig zur Faserrichtung	$f_{c,90,k}$	4,8	4,9	5,1	5,3	5,4	5,5	5,8	6,2	6,6	10,5	11,3	12,0	12,8	13,5
Schub	$f_{v,k}$	3,5	3,7	3,8	3,9	4,1	4,2	4,4	4,5	4,7	4,8	5,0	5,0	5,0	5,0
Steifigkeitseigenschaften, in kN/mm²															
Mittelwert des E-Moduls bei Biegung in Faserrichtung	$E_{m,0,mean}$	9,5	10,0	10,5	11,0	12,0	13,0	13,5	14,0	15,5	17,0	18,5	20,0	22,0	24,0
5%-Quantil des E-Moduls bei Biegung in Faserrichtung	$E_{m,0,k}$	8,0	8,4	8,8	9,2	10,1	10,9	11,3	11,8	13,0	14,3	15,5	16,8	18,5	20,2
Mittelwert des E-Moduls bei Biegung rechtwinklig zur Faserrichtung	$E_{m,90,mean}$	0,63	0,67	0,70	0,73	0,80	0,87	0,90	0,93	1,03	1,13	1,23	1,33	1,47	1,60
Mittelwert des Schubmoduls	G_{mean}	0,59	0,63	0,66	0,69	0,75	0,81	0,84	0,88	0,97	1,06	1,16	1,25	1,38	1,50
Rohdichte, in kg/m³															
5%-Quantil der Rohdichte	ρ_k	475	485	510	530	540	550	580	620	660	700	750	800	850	900
Mittelwert der Rohdichte	ρ_{mean}	570	580	610	640	650	660	700	740	790	840	900	960	1020	1080

Anmerkung 1: Die angegebenen Werte für Zug-, Druck- und Schubfestigkeit, für den charakteristischen E-Modul bei Biegung, den Mittelwert des E-Moduls rechtwinklig zur Faserrichtung und den Mittelwert des Schubmoduls wurden mit den in EN 384 angegebenen Gleichungen berechnet.

Anmerkung 2: Die tabellarischen Eigenschaften gelten für Holz mit einer bei 20 °C und 65 % rel. Luftfeuchte üblichen Holzfeuchte, die bei den meisten Holzarten einer Holzfeuchte von 12 % entspricht.

Anmerkung 3: Die charakteristischen Werte für die Schubfestigkeit werden entsprechend EN 408 für Holz ohne Risse angegeben.

Anmerkung 4: Die Hochkantbiegefestigkeit darf auch im Falle Flachkantbiegung verwendet werden.

3.4.2 Vollholz mit Keilzinkenstoß

Die uns zur Verfügung stehenden Vollhölzer haben in der Regel eine Länge zwischen rd. 4 und 6 m. Nach Entfernung von deutlich festigkeitsmindernden Bereichen (z. B. große Äste, starke Faserabweichung) fallen diese Längen noch kleiner aus. Um Bauteile mit größeren Längen herstellen zu können, müssen die einzelnen Holzteile in der Länge kraftschlüssig miteinander verbunden werden. Hierfür wird in der Regel eine Keilzinkenverbindung verwendet (Abb. 3.8). Eine Keilzinkenverbindung besteht aus gleichen, in die Stirnenden der zu verbindenden Holzteile eingefrästen, trapezförmigen, ineinandergreifenden Zinken. Die Geometrie der Zinkung ist in Abb. 3.9 dargestellt.

Der heutige Holzbau ist ohne keilgezinktes Vollholz nicht mehr vorstellbar. Ein bedeutender Vorteil des keilgezinkten Holzes ist seine Dimensionsstabilität, da die Holzfeuchte bei der Herstellung unterhalb von 18 % liegen muss. Wenn die keilgezinkten Hölzer weiter verklebt werden sollen, z. B. bei der Herstellung von verklebten Wand-, Decken- und Dachtafeln oder von Balkenschichtholz, muss die Feuchte bei der Herstellung sogar weniger als 15 % betragen.

Für die Herstellung von keilgezinktem Vollholz aus Nadel- und Pappelholz ist die DIN EN 15497 „Keilgezinktes Vollholz für tragende Zwecke – Leistungsanforderungen und Mindestanforderungen an die Herstellung“ maßgebend.

Bei der Herstellung des keilgezinkten Holzes werden folgende Arbeitsgänge unterschieden:

- Holztrocknung,
- Messung der Holzfeuchte,
- Sortieren des Holzes nach der Tragfähigkeit,
- Ausschneiden der Fehler,
- Fräsen der Keilzinken,
- Verklebung der Keilzinken,
- Aufbringung des Längspressdrucks,
- Ablängen des endlos keilgezinkten Holzstrangs,
- Aushärtung der Keilzinkenverbindung,
- Hobeln des keilgezinkten Vollholzes.

Der Feuchteunterschied der miteinander zu verklebenden Hölzer darf 5 % nicht überschreiten.

Die Sortierung des Holzes erfolgt nach DIN 14081-1 (siehe hierzu Abschnitt 3.4.1). Dabei werden die nicht tolerierbaren Holzfehler herausgeschnitten. Zusätzlich sind die Ästigkeit im Bereich der vorgesehenen Keilzinkung (Abstand des Astes von der Keilzinkung $\geq 3 \times$ Astdurchmesser) und die maximale Diagonale der Baumkante zu beachten.

Das Fräsen der Zinken darf nur mit speziellen Werkzeugen erfolgen, welche die vorgeschriebene Keilzinkengeometrie und demnach ein einwandfreies Passen der Zinken gewährleisten.

Der Klebstoffauftrag erfolgt in der Regel zweiseitig entweder durch Gegenprofilwalzen oder spezielle Kämme unmittelbar nach dem Fräsen. Seit einigen Jahren sind auch Verfahren für den einseitigen Klebstoffauftrag bzw. kontaktfreien Kleb-

Abb. 3.8 Keilgezinktes Vollholz (Quelle: Informationsdienst Holz).

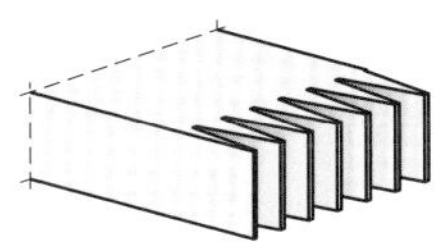

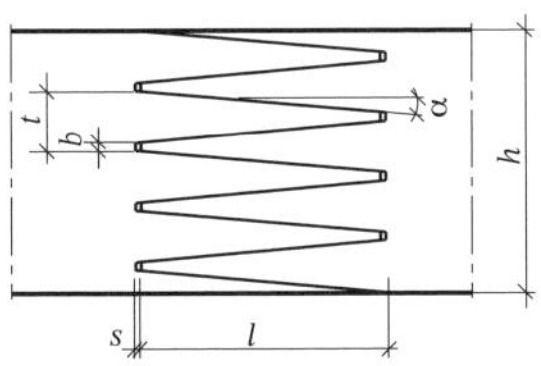

l = Zinkenlänge
t = Zinkenteilung
b = Zinkengrund ⇒ Schwächungsgrad
$v = b/t$ (v = ca. 0,10–0,25)
s = Zinkenspiel
α = Flankenwinkel

Abb. 3.9 Keilzinkengeometrie (Quelle: Informationsdienst Holz).

stoffauftrag zugelassen, wenn durch Überwachung, Dokumentation und zusätzliche Prüfungen bei der werkseigenen Produktionskontrolle sichergestellt ist, dass die Zinkenflanken ausreichend mit dem Klebstoff bedeckt sind.

Für die Herstellung werden folgende Klebstoffe verwendet:

- Phenoplast- und Aminoplastklebstoffe (z. B. MF, MUF, PRF) nach DIN EN 301,
- feuchtevernetzende Einkomponentenklebstoffe auf Polyurethanbasis (PUR) nach DIN EN 15425 und
- Emulsion-Polymer-Isocyanat-Klebstoffe (EPI) nach DIN EN 16254.

Dabei ist darauf zu achten, dass der Klebstoff in der vorgesehenen Nutzungsklasse verwendet werden darf.

Der erforderliche Pressdruck hängt von dem Zinkenprofil, der Holzart, der Holzfeuchte und dem Holzquerschnitt ab. Bezüglich dieser Parameter verfügen die Hersteller über Richtwerte, die von Herstellern der Keilzinkenanlagen zur Verfügung gestellt werden.

Bei der Berechnung nach DIN EN 1995-1-1 dürfen die gleichen Kennwerte wie bei ungezinktem Holz nach DIN EN 14081 angenommen werden (s. Tab. 3.6), wenn im Rahmen der Überwachung nachgewiesen wird, dass die Biegefestigkeit des keilgezinkten Holzes gleich oder größer als die Biegefestigkeit des ungezinkten Holzes ist.

Das keilgezinkte Vollholz darf nur in der Nutzungsklasse 1 und 2 eingesetzt werden, wie z. B. für die Herstellung von Wand-, Decken- und Dachtafeln, Deckenbalken und Sparren.

3.4.3 Brettschichtholz

Die Anforderungen an Brettschichtholz aus Nadel- und Pappelholz sind in der DIN EN 14080 enthalten.

Nach dieser Norm besteht das Brettschichtholz aus mindestens zwei breitseitig faserparallel miteinander verklebten, technisch getrockneten Brettern oder Brettlagen (Abb. 3.10). Durch die Lamellierung wird eine Vergütung erzeugt.

Ausgenommen Pappel gibt es für Brettschichtholz aus Laubholz zurzeit keine harmonisierte EN-Norm, sodass die Verwendung in einem bauaufsichtlichen Verwendungsnachweis (allgemeine bauaufsichtliche Zulassung oder Europäische Technische Bewertung) geregelt werden muss.

Bei der Herstellung des Brettschichtholzes finden folgende Arbeitsgänge statt:

- Holztrocknung,
- Messung der Holzfeuchte,
- Sortieren des Holzes,
- Ausschneiden der Fehler,
- Keilzinkenverbindung der Bretter,
- Ablängen der Lamellen,
- Hobeln der Lamellen,
- Klebstoffauftrag,
- Pressen,
- Aushärtung,
- Hobeln und Abbund des fertigen Brettschichtholzes.

Abb. 3.10 Brettschichtholz (Quelle: Informationsdienst Holz).

Die Dicke der Lamellen hängt von den zu erwartenden Klimabedingungen am Einbauort sowie von der Form des Brettschichtholzträgers ab. Sie darf bei geraden Bauteilen in den Nutzungsklassen 1 und 2 maximal 45 mm und in der Nutzungsklasse 3 maximal 35 mm betragen.

Die Holzfeuchte der Lamellen bei der Herstellung von Brettschichtholz muss zwischen 6 % und 15 % liegen, wobei der Feuchteunterschied zwischen den Lamellen eines Brettschichtholzes maximal 5 % betragen darf.

Bei der Herstellung sollte in etwa die im eingebauten Zustand zu erwartende mittlere Holzfeuchte gewählt werden.

Für die Herstellung werden folgende Klebstoffe verwendet:

- Phenoplast- und Aminoplastklebstoffe (z. B. MF, MUF, PRF) nach DIN EN 301,
- feuchtevernetzende Einkomponentenklebstoffe auf Polyurethanbasis (PUR) nach DIN EN 15425 und
- Emulsion-Polymer-Isocyanat-Klebstoffe (EPI) nach DIN EN 16254.

Dabei ist darauf zu achten, dass der Klebstoff in der vorgesehenen Nutzungsklasse verwendet werden darf.

Der Klebstoff muss gleichmäßig und in ausreichender Menge aufgetragen werden. Die erforderliche Menge hängt vom Klebstofftyp ab und kann aus dem entsprechenden Merkblatt des Klebstoffherstellers entnommen werden.

Beim Auflegen der Lamellen ist darauf zu achten, dass die rechten Seiten (Markröhrenseiten) in die gleiche Richtung zeigen. Nur bei den Decklamellen müssen die rechten Seiten nach außen zeigen. Ausnahme davon ist Brettschichtholz für die Nutzungsklassen 1 und 2, bei dem die rechten Seiten aller Lamellen in die gleiche Richtung zeigen dürfen.

Die maximale Dicke der Klebstofffuge darf in Abhängigkeit vom verwendeten Klebstoff folgende Werte betragen:

- Phenoplast- und Aminoplastklebstoffe: 0,6 mm bzw. nach Angabe des Herstellers bei Verwendung des Klebstoffs im Untermischverfahren, 0,3 mm bei getrenntem Auftrag von Harz und Härter,
- feuchtevernetzende Einkomponentenklebstoffe auf Polyurethanbasis: 0,3 mm,
- Emulsion-Polymer-Isocyanat-Klebstoffe: 0,2 mm.

Einzelne örtliche Abweichungen, z. B. infolge von Hobelschlägen, dürfen dabei außer Acht gelassen werden.

Der empfohlene Pressdruck in N/mm^2 beträgt 0,6–0,8 bei Lamellendicken bis 35 mm und 0,8–1,0 bei Lamellendicken zwischen 35 und 45 mm.

Die einzelnen Lamellen sind vor der Verklebung leicht formbar. Dadurch ist es möglich, sowohl gerade als auch gekrümmte Bauteile aus Brettschichtholz herzustellen.

Die charakteristischen Festigkeits-, Steifigkeits- und Rohdichteeigenschaften von Brettschichtholz können entsprechend DIN EN 14080:2013-09 wie folgt nachgewiesen werden:

- Nachweis auf der Grundlage der Klassifizierung von genormten Brettschichtholzaufbauten und Lamelleneigenschaften oder
- Nachweis durch Berechnungen auf der Basis der Querschnittsaufbauten und der dokumentierten Eigenschaften der Bretter und Keilzinkenverbindungen in den Lamellen oder
- Nachweis durch Bauteilversuche.

In der Regel wird der Nachweis auf der Grundlage der Klassifizierung von genormten Brettschichtholzaufbauten und Lamelleneigenschaften vorgenommen. Grundlage dafür sind die T-Klasse der Bretter und die charakteristische Keilzinkenbiegefestigkeit in den Lamellen. Aus den Tab. 3.9 und 3.10 können diesbezügliche Zusammenhänge entnommen werden.

Je nach Anordnung der Lamellen wird unterschieden zwischen homogenem und kombiniertem Brettschichtholz. Bei homogenem Brettschichtholz gehören alle Lamellen einer Festigkeitsklasse an. Bei kombiniertem Brettschichtholz gehören die inneren und die äußeren Lamellen unterschiedlichen Festigkeitsklassen an.

Die charakteristischen Festigkeits- und Steifigkeitseigenschaften sowie Rohdichten sind für homogenes Brettschichtholz in der Tab. 3.11 und für kombiniertes Brettschichtholz in der Tab. 3.12 enthalten.

Brettschichtholz ist besonders geeignet für hoch belastete und weit gespannte Bauteile mit besonders hohen Anforderungen an Formstabilität und Optik. Es wird daher in allen Bereichen des Holzbaus eingesetzt. Durch variable Formgebung und filigrane Tragkonstruktionen sind mit Brettschichtholz größtmögliche architektonische Gestaltungsmöglichkeiten gegeben.

Tab. 3.9 Aufbau von homogenem Brettschichtholz und Mindestwerte für die Keilzinkenbiegefestigkeit in Lamellen, in N/mm^2, nach DIN EN 14080:2013-09.

Festigkeitsklasse des Brettschichtholzes	Festigkeitsklasse der Lamellen	Keilzinkenbiegefestigkeit in den Lamellen, $f_{m,j,k}$
GL 20h	T10	25
GL 20h	T11	22
GL 22h	T13	25
GL 24h	T14	30
GL 26h	T16	33
GL 28h	T18	36
GL 30h	T21	38
GL 30h	T22	37
GL 32h	T24	41
GL 32h	T26	38

Tab. 3.10 Aufbau von kombiniertem Brettschichtholz und Mindestwerte für die Keilzinkenbiegefestigkeit in Lamellen nach DIN EN 14080:2013-09.

Brettschichtholz	Lamellenrandbereich			Lamellenzwischenbereich			Lamellenkern		
Festigkeitsklasse	Festigkeitsklasse	Anteil [%]	$f_{m,j,k}$ [N/mm²]	Festigkeitsklasse	Anteil [%]	$f_{m,j,k}$ [N/mm²]	Festigkeitsklasse	Anteil [%]	$f_{m,j,k}$ [N/mm²]
GL 20c	T13	2 × 33	21	—	—	—	T8	34	18
GL 22c	T13	2 × 33	26	—	—	—	T8	34	18
GL 24c	T14	2 × 33	31	—	—	—	T9	34	19
GL 26c	T16	2 × 33	34	—	—	—	T11	34	22
GL 28c	T18	2 × 25	37	—	—	—	T14	50	28
GL 28c	T21	2 × 17	36	—	—	—	T14	66	26
GL 28c	T21	2 × 17	38	—	—	—	T13	66	25
GL 28c	T21	2 × 25	35	—	—	—	T11	50	22
GL 28c	T21	2 × 20	35	T14	2 × 20	28	T11	20	22
GL 28c	T22	2 × 20	35	—	—	—	T13	60	25
GL 30c	T22	2 × 17	40	—	—	—	T15	66	27
GL 30c	T22	2 × 17	41	—	—	—	T14	66	28
GL 30c	T22	2 × 20	40	T14	2 × 20	30	T11	20	22
GL 30c	T22	2 × 17	42	T14	2 × 23	31	T11	20	22
GL 32c	T24	2 × 17	44	—	—	—	T18	66	31
GL 32c	T26	2 × 17	45	—	—	—	T14	66	26
GL 32c	T26	2 × 10	48	T18	2 × 20	32	T11	40	22

Technische Trocknung der Lamellen sowie niedrige Baufeuchte erlauben bei Beachtung der vorbeugenden baulichen Maßnahmen nach DIN 68800-2 den Verzicht auf vorbeugenden chemischen Holzschutz.

3.4.4 Balkenschichtholz

Balkenschichtholz wird zurzeit ausschließlich aus Nadelholz hergestellt. Die Anforderungen sind in der DIN EN 14080:2013-09 enthalten. Nach dieser Norm besteht das Balkenschichtholz aus zwei bis fünf faserparallel miteinander verklebten Lamellen gleicher Dicke, die derselben Festigkeitsklasse angehören (Abb. 3.11).

Hinsichtlich des Aufbaus werden folgende Parameter unterschieden:

maximale Querschnittsmaße:	280 mm
Dicke der Lamellen:	45–85 mm
Breite der Lamellen:	bis 280 mm

Bei der Herstellung des Balkenschichtholzes sind in etwa gleiche Arbeitsgänge wie bei Brettschichtholz zu beachten (s. Abschnitt 3.4.3).

Die Sortierung des Holzes erfolgt in Übereinstimmung mit der DIN EN 14081 nach DIN 4074-1. Die ermittelten Sortierklassen sind in der DIN EN 1912 den zugehörigen Festigkeitsklassen (C-Klassen) nach DIN EN 338 zugeordnet.

Tab. 3.11 Charakteristische Festigkeits- und Steifigkeitseigenschaften, in N/mm², sowie Rohdichten, in kg/m³, für homogenes Brettschichtholz nach DIN EN 14080:2013-09.

Eigenschaft	Symbol	GL 20h	GL 22h	GL 24h	GL 26h	GL 28h	GL 30h	GL 32h
Biegefestigkeit	$f_{m,g,k}$	20	22	24	26	28	30	32
Zugfestigkeit	$f_{t,0,g,k}$	16	17,6	19,2	20,8	22,3	24	25,6
	$f_{t,90,g,k}$	0,5						
Druckfestigkeit	$f_{c,0,g,k}$	20	22	24	26	28	30	32
	$f_{c,90,g,k}$	2,5						
Schubfestigkeit (Schub und Torsion)	$f_{v,g,k}$	3,5						
Rollschubfestigkeit	$f_{t,g,k}$	1,2						
Elastizitätsmodul	$E_{0,g,mean}$	8400	10 500	11 500	12 100	12 600	13 600	14 200
	$E_{0,g,05}$	7000	8 800	9 600	10 100	10 500	11 300	11 800
	$E_{90,g,mean}$	300						
	$E_{0,g,05}$	250						
Schubmodul	$G_{g,mean}$	650						
	$G_{g,05}$	540						
Rollschubmodul	$G_{r,g,mean}$	65						
	$G_{r,g,05}$	54						
Rohdichte	$\rho_{g,k}$	340	370	385	405	425	430	440
	$\rho_{g,mean}$	370	410	420	445	460	480	490

Tab. 3.12 Charakteristische Festigkeits- und Steifigkeitseigenschaften, in N/mm², sowie Rohdichten, in kg/m³, für kombiniertes Brettschichtholz nach DIN EN 14080:2013-09.

Eigenschaft	Symbol	GL 20c	GL 22c	GL 24c	GL 26c	GL 28c	GL 30c	GL 32c
Biegefestigkeit	$f_{m,g,k}$	20	22	24	26	28	30	32
Zugfestigkeit	$f_{t,0,g,k}$	15	16	17	19	19,5	19,5	19,5
	$f_{t,90,g,k}$	0,5						
Druckfestigkeit	$f_{c,0,g,k}$	18,5	20	21,5	23,5	24	24,5	24,5
	$f_{c,90,g,k}$	2,5						
Schubfestigkeit (Schub und Torsion)	$f_{v,g,k}$	3,5						
Rollschubfestigkeit	$f_{t,g,k}$	1,2						
Elastizitätsmodul	$E_{0,g,mean}$	10 400	10 400	11 000	12 000	12 500	13 000	13 500
	$E_{0,g,05}$	8 600	8 600	9 100	10 000	10 400	10 800	11 200
	$E_{90,g,mean}$	300						
	$E_{0,g,05}$	250						
Schubmodul	$G_{g,mean}$	650						
	$G_{g,05}$	540						
Rollschubmodul	$G_{r,g,mean}$	65						
	$G_{r,g,05}$	54						
Rohdichte[a)]	$\rho_{g,k}$	355	355	365	385	390	390	400
	$\rho_{g,mean}$	390	390	400	420	420	430	440

a) Berechnet als das gewichtete Mittel der Rohdichten der verschiedenen Lamellenbereiche.

Abb. 3.11 Balkenschichtholz – Triobalken (Quelle: Informationsdienst Holz).

Für die charakteristischen Festigkeits- und Steifigkeitseigenschaften sowie für die Rohdichte des Balkenschichtholzes sind die Eigenschaften der Lamellen anzusetzen.

Die Lamellen des Balkenschichtholzes dürfen keilgezinkt werden. Die charakteristische Biegefestigkeit der Keilzinkenverbindungen darf bei Hochkantprüfung nicht kleiner als die charakteristische Hochkantbiegefestigkeit der Lamellen und bei der Flachkantprüfung nicht kleiner als die mit Faktor 1,2 multiplizierte charakteristische Hochkantbiegefestigkeit der Lamellen sein.

Das Balkenschichtholz darf nur in den Nutzungsklassen 1 und 2 verwendet werden.

Technische Trocknung der Lamellen sowie niedrige Baufeuchte erlauben bei Beachtung der vorbeugenden baulichen Maßnahmen nach DIN 68800-2 den Verzicht auf vorbeugenden chemischen Holzschutz.

Balkenschichtholz wird in der Regel als Ersatz für Vollholz mit größeren Querschnittabmessungen eingesetzt, um die relativ langwierige Trocknung und die dabei vorkommende Verformung der Vollholzteile zu vermeiden.

3.4.5 Brettsperrholz

Für das Brettsperrholz ist auf der europäischen Ebene die Norm EN 16531 fertiggestellt worden. Sie wurde aber noch nicht im Amtsblatt der EU veröffentlicht (keine harmonisierte Norm), sodass die baurechtliche Verwendung von Brettsperrholz zurzeit nur über eine allgemeine bauaufsichtliche Zulassung des Deutschen Instituts für Bautechnik oder über eine Europäische Technische Zulassung möglich ist. Die Zulassungen beinhalten die Mindestanforderungen an die Produktion, die Anforderungen an das Produkt sowie die Qualitätskontrolle und Kennzeichnung. Zudem enthalten sie Bestimmungen zur statischen, brandschutztechnischen und bauphysikalischen Bemessung.

Brettsperrholz besteht aus einer ungeraden Anzahl kreuzweise miteinander verklebter Brettlagen aus Nadelholz, wobei der Querschnitt symmetrisch aufgebaut

Abb. 3.12 5-lagiges Brettsperrholz.

sein muss (Abb. 3.12). Einzelne Lagen dürfen durch bestimmte Holzwerkstoffplatten ersetzt werden, solange ein symmetrischer Aufbau gewährleistet ist.

Zwischen den einzelnen Brettern einer Lage sind in Abhängigkeit vom Herstellungsverfahren Fugen mit einer Breite bis zu 6 mm erlaubt. Die Bretter entsprechen überwiegend der Sortierklasse S10/Festigkeitsklasse C24 und zu einem deutlich kleineren Teil der Sortierklasse S7/Festigkeitsklasse C18. Die Bretter dürfen keilgezinkt werden. Stumpfstöße sind nicht erlaubt. Die Dicke der Bretter bewegt sich zwischen 6 und 45 mm, die Breite der Bretter beträgt 80–240 cm. Die Holzfeuchte der Bretter vor der Verklebung darf 15 % nicht übersteigen. Für die Verklebung werden MUF-Klebstoffe nach DIN EN 301 sowie PUR-Klebstoffe nach DIN EN 15425 verwendet. Diese Klebstoffe ermöglichen schnelle Aushärtezeiten und transparente Klebstofffugen. Die Abmessungen des Brettsperrholzes hängen vom Herstellungsverfahren ab und sind in der jeweiligen allgemeinen bauaufsichtlichen Zulassung bzw. Europäischen Technischen Zulassung aufgeführt. Folgende Abmessungen sind lieferbar:

- Dicke 60–500 mm,
- Breite 3000–4800 mm,
- Länge bis 20 000 mm.

Durch die kreuzweise Anordnung der Bretterlagen und die damit verbundene Absperrwirkung führen Feuchteänderungen in den Platten zu nur geringen Quell- und Schwindverformungen. Die Brettsperrholzbauteile bleiben daher bei üblichen Feuchteänderungen passgenau und dimensionsstabil.

Brettsperrholz lässt sich in sehr großen Abmessungen produzieren und ist daher für die Herstellung tragender und gleichzeitig raumbildender Bauteile wie Wand-, Decken- und Dachtafeln geeignet.

Bei der Herstellung des Brettsperrholzes werden folgende Arbeitsgänge unterschieden:

- Holztrocknung,
- Messung der Holzfeuchte,

- Sortieren des Holzes,
- Ausschneiden der Fehler,
- Keilzinkenverbindung der Bretter,
- Hobeln der Lamellen,
- lagenweises Einlegen der Brettlamellen in ein Pressbett mit anschließendem Klebstoffauftrag,
- Pressen (hydraulisch oder Vakuumverfahren),
- Aushärtung,
- Abbund der fertigen Bauteile.

Das Brettsperrholz darf als Platte zur Abtragung von Lasten senkrecht zur Plattenebene herangezogen werden. Ein großer Vorteil liegt dabei in einer zweiachsigen Lastabtragung, die allseitig gelagerte Deckensysteme, Auskragungen in Eckbereichen oder Punktstützungen ermöglicht.

Bei der Verwendung von mechanischen Verbindungsmitteln sind die in der jeweiligen Zulassung aufgeführten Bedingungen zu beachten, wobei hier die mögliche Fugenbreite zwischen den Einzelbrettern bei der Verwendung von Klammern, Nägeln und Schrauben zu beachten ist.

In Abhängigkeit vom Herstellungsverfahren liegt die Wasserdampf-Diffusionswiderstandszahl μ zwischen 30 und 80. Durch Seitenverklebung der Bretter der Deckschichten bzw. durch Anordnung von Holzwerkstoffplatten lassen sich luftdichte Schichten herstellen.

Für die Wärmeleitfähigkeit kann wie bei Vollholz $\lambda = 0{,}13\ \text{W}/(\text{m K})$ angenommen werden.

Brettsperrholz entspricht der Baustoffklasse B2 nach DIN 4102-1 bzw. Brandverhaltensklasse D-s2, d0 nach DIN EN 13501-1. Bezüglich der Feuerwiderstandsdauer sind experimentelle Brandschutzprüfungen oder Nachweise in Anlehnung an DIN 4102-4 bzw. EN 1995-1-2 anhand ermittelter Abbrandraten der Bauteilquerschnitte erforderlich. Weitere Hinweise zur Brandschutzbemessung siehe Kapitel 6.

Brettsperrholz darf nur in der Nutzungsklasse 1 und 2 eingesetzt werden. Aufgrund der zu erwartenden Holzfeuchte ($\leq 20\,\%$) in diesen Nutzungsklassen sowie der Tatsache, dass für die Herstellung des Brettsperrholzes technisch getrocknetes Holz Verwendung findet, ist die Gefahr eines Bauschadens durch holzzerstörende Pilze und Insekten nicht gegeben, sodass das Brettsperrholz keiner Behandlung mit chemischen Holzschutzmitteln bedarf und demnach der Gebrauchsklasse GK0 nach DIN 68800-1 zugeordnet werden kann.

Die industrielle Produktion von Brettsperrholz ermöglicht einen sehr hohen Vorfertigungsgrad, der bis zum Abbund mit eingefrästen Fenster- und Türöffnungen, vorinstallierten Leitungen und endbehandelten Oberflächen reichen kann. Mit ihm lassen sich relativ einfach sowohl großformatige Wand-, Decken- und Dachbauteile als auch lastabtragende Bauteile wie Stützen, Stürze und Unterzüge realisieren.

Die Verwendung von Brettsperrholz reicht von Einfamilienhäusern über Doppelhäuser, Reihenhäuser, Kindergärten, Schulen, Ausstellungsgebäude, Kauf-, Auto- und Bürohäuser, Mehrzweck- und Sporthallen bis zu Aussichtstürmen und Brücken. Versuche haben gezeigt, dass sich das Brettsperrholz aufgrund seiner hohen Steifigkeit sehr gut für das Bauen in Erdbebengebieten eignet.

3.5 Holzwerkstoffe

Holzwerkstoffe werden durch Verpressen von unterschiedlich großen Holzteilen wie Brettern, Stäben, Furnieren, Furnierstreifen, Spänen und Fasern mit Klebstoffen oder mineralischen Bindemitteln, Holzfaserplatten nach dem Nassverfahren auch ohne Zugabe von Klebstoffen hergestellt. Dabei werden auch Holzreste und unbelastete Gebrauchthölzer benutzt. Herstellungsbedingt wird das Ausgangsmaterial vergütet und homogenisiert. Festigkeitsmindernde Holzfehler, wie z. B. Äste, Risse und Drehwuchs, die bei naturgewachsenem Holz unvermeidbar sind, haben daher bei den Holzwerkstoffen keine bzw. nur eine untergeordnete Bedeutung. Die große Homogenität führt zudem zu geringen Streuungen bei den Platteneigenschaften und damit zu günstigeren, für die Feststellung von charakteristischen Festigkeits- und Steifigkeitswerten maßgebenden 5%-Fraktilen.

Während die aus Spänen und Fasern hergestellten Holzwerkstoffe in der Regel niedrigere Festigkeiten als Massivholz aufweisen, können bei den aus Furnieren oder Brettern hergestellten Holzwerkstoffen deutlich höhere Festigkeiten als beim ursprünglichen Massivholz erreicht werden. Durch gezielte Anordnung der einzelnen Holzbestandteile kann die Tragfähigkeit in einer bestimmten Richtung beeinflusst werden. Das Quellen und Schwinden der Holzwerkstoffe ist in der Regel deutlich kleiner als bei Massivholz.

Ein weiterer Vorteil plattenförmiger Holzwerkstoffe ist ihre Großflächigkeit, stabförmige Holzwerkstoffe können in großen Längen und Querschnitten hergestellt werden. Holzwerkstoffe werden in Standardabmessungen gefertigt bzw. angeboten, was sich sehr günstig auf Planung, Vorratshaltung und Montagezeiten auswirkt.

Die Holzwerkstoffe lassen sich leicht mit allen konventionellen Werkzeugen bearbeiten. Mit Klebstoffen oder mechanischen Verbindungsmitteln können Holzwerkstoffe problemlos miteinander oder mit Vollholzprodukten verbunden werden.

Die Herstellung von Dach-, Wand- und Deckentafeln sowie von zahlreichen Sonderbauteilen, wie z. B. Doppel-T-Trägern und Kastenträgern, wurde erst durch Holzwerkstoffe ermöglicht.

Die ersten Holzwerkstoffe in Form von Holzspan- und Holzfaserplatten sind schon seit über 70 Jahren im Einsatz. Obwohl seit dieser Zeit eine große Anzahl weiterer Holzwerkstoffe entwickelt wurde, ist die Entwicklung auf diesem Gebiet noch lange nicht abgeschlossen. Schon in naher Zukunft ist mit neuen, hoch beanspruchbaren Holzwerkstoffen zu rechnen.

Im Folgenden werden nur tragende und aussteifende Holzwerkstoffe besprochen.

Die meisten im Bauwesen eingesetzten Holzwerkstoffe sind über die europäisch harmonisierte Norm DIN EN 13986:2015-06 bauaufsichtlich geregelt. Dazu gehören:

- Massivholzplatten nach DIN EN 13353,
- Sperrholz nach DIN EN 636-1–3,
- Furnierschichtholz nach DIN EN 14374,
- OSB-Platten nach DIN EN 300,
- Spanplatten nach DIN EN 312,

- zementgebundene Spanplatten nach DIN EN 634-2,
- harte Holzfaserplatten nach DIN EN 622-2,
- mittelharte Holzfaserplatten nach DIN EN 622-3,
- poröse Holzfaserplatten nach DIN EN 622-4,
- MDF-Platten nach DIN EN 622-5.

Außerhalb der DIN EN 13896 dürfen noch folgende Holzwerkstoffe über die eigenen harmonisierten DIN-EN-Normen verwendet werden:

- Furnierschichtholz nach DIN EN 14374,
- Gipsfaserplatten nach DIN EN 15283,
- Gipskartonplatten nach DIN EN 520 und DIN 18180.

Hinsichtlich der Klimabedingungen am Einsatzort wird nach DIN EN 13986 unterschieden zwischen Holzwerkstoffen zur Verwendung im

- Trockenbereich (Klimabedingungen entsprechend Nutzungsklasse 1 nach DIN EN 1995-1-1),
- Feuchtbereich (Klimabedingungen entsprechend Nutzungsklasse 2 nach DIN EN 1995-1-1) und
- Außenbereich (Klimabedingungen entsprechend Nutzungsklasse 3 nach DIN EN 1995-1-1).

Im Anhang A der DIN EN 13986 sind technische Klassen für Holzwerkstoffe enthalten. Dies sind Produktleistungsklassen, die ein normgerechtes Zuordnen von Produktleistung und Verwendungszweck erleichtern sollen. Diesbezüglich wird darauf hingewiesen, dass die für die Verwendung im Außenbereich (Nutzungsklasse 3) erlaubten Holzwerkstoffe entsprechend DIN 68800-2 im eingebauten Zustand keine Feuchte oberhalb von 21 % aufweisen dürfen.

Nach der Anwendungsnorm DIN 20000-1 zu DIN EN 13986 dürfen im Bauwesen nur Holzwerkstoffe der Emissionsklasse E1 verwendet werden.

3.5.1 Massivholzplatten

Massivholzplatten (SWP) bestehen aus Nadelholzbrettern, die an ihren Schmalseiten oder falls mehrlagig auch an ihren Breitseiten miteinander verklebt sind. Die Dicke beträgt 20–30 mm bei einlagigen Platten und 12–80 mm bei drei- und fünflagigen Platten. In Deutschland werden zu tragenden Zwecken ausschließlich drei- und fünflagige Platten verwendet (Abb. 3.13).

Die benachbarten Lagen verlaufen unter einem Winkel von 90° zueinander. Für die Verklebung werden modifizierte Melaminharz- und Phenolharzklebstoffe verwendet. Durch die Wahl der Holzart, der Holzqualität und der Dicke der einzelnen Lagen können die Festigkeits- und Steifigkeitseigenschaften auch bei Platten gleicher Dicke stark unterschiedlich sein.

Abb. 3.13 Dreischichtige Massivholzplatte (Quelle: Informationsdienst Holz).

Technische Regeln:	DIN EN 13986 in Verbindung mit den Produktnormen DIN EN 13353 und DIN 20000-1
Technische Klassen und die Verwendung in Nutzungsklassen:	
– SWP/1 tragend:	Nutzungsklasse 1
– SWP/2 tragend:	Nutzungsklasse 1 und 2
– SWP/3 tragend:	Nutzungsklasse 1, 2 und 3
Rohdichte in kg/m^3:	400–500
Schwind- und Quellmaß in % für die Änderung der Holzfeuchte um 1 %:	0,02
Wärmeleitfähigkeit W/(m K):	0,13 bei einer Rohdichte von 500 kg/m^3
Wasserdampf-Diffusionswiderstandszahl μ feucht/trocken:	70/200 bei einer Rohdichte von 500 kg/m^3
Abmessungen in mm:	Dicke 12–80, Breite bis 3000, Länge bis 6000
charakteristische Festigkeits- und Steifigkeitswerte:	DIN EN 12369-3, Tabelle 3, oder bauaufsichtlicher Verwendungsnachweis (ETA oder allgemeine bauaufsichtliche Zulassung)
Brandverhaltensklasse (Euroklasse nach DIN EN 13051-1):	D-s2, d0 (Mindestdicke 12 mm)
Anwendung (Beispiele):	mittragende und aussteifende Beplankung für Wand-, Decken- und Dachtafeln

3.5.2 Sperrholz

Sperrholz entsteht durch kreuzweises Anordnen und Verkleben von Furnieren, wobei die Verklebung unter hohem Druck und Wärmeeinwirkung erfolgt. Die Furniere müssen symmetrisch zur Mittelachse angeordnet sein. Die Wahl der Holzart ist dem Hersteller überlassen, sofern die Anforderungen der DIN EN 636 erfüllt sind. Sperrholz muss, sofern es nur Aussteifungszwecken dient, aus mindestens 3 Lagen, für alle sonstigen Bauteile aus mindestens 5 Lagen bestehen (Abb. 3.14).

Abb. 3.14 Sperrholz
(Quelle: Informationsdienst Holz).

Zum Verkleben werden Harnstoffharz- (nur für den Trockenbereich), alkalisch härtende Phenolharz- und Phenol-Resorcinharz-Klebstoffe verwendet.

Technische Regeln:	DIN EN 13986 in Verbindung mit den Produktnormen DIN EN 636 und DIN 20000-1
Technische Klassen und die Verwendung in Nutzungsklassen:	
– trocken (EN 636-1):	Nutzungsklasse 1
– feucht (EN 636-2):	Nutzungsklasse 1 und 2
– außen (EN 636-3):	Nutzungsklasse 1, 2 und 3
Rohdichte in kg/m^3:	450–800
Schwind- und Quellmaß in % für die Änderung der Holzfeuchte um 1 %:	0,02
Wärmeleitfähigkeit W/(m K):	0,13 (Rohdichte 500 kg/m^3) bzw. 0,17 (Rohdichte 700 kg/m^3)
Wasserdampf-Diffusionswiderstandszahl μ feucht/trocken:	70/200 (Rohdichte 500 kg/m^3) bzw. 90/220 (Rohdichte 700 kg/m^3)
Abmessungen in mm:	Dicke 8–25, Breite bis 1500, Länge bis 3050
charakteristische Festigkeits- und Steifigkeitswerte:	DIN EN 12369-2, DIN 20000-1, Tabelle 1 und 2 oder bauaufsichtlicher Verwendungsnachweis (ETA oder allgemeine bauaufsichtliche Zulassung)
Brandverhaltensklasse (Euroklasse nach DIN EN 13051-1):	D-s2, d0 (Mindestdicke 9 mm)
Anwendung (Beispiele):	mittragende und aussteifende Beplankung für Wand-, Decken- und Dachtafeln, Verstärkung von Durchbrüchen und Ausklinkungen bei Brettschichtholzträgern

3.5.3 Furnierschichtholz

Furnierschichtholz (LVL) wird hauptsächlich aus rd. 3 mm dicken miteinander verklebten Schälfurnieren aus Nadelholz hergestellt (Abb. 3.15). Von einem Hersteller wird auch Furnierschichtholz aus Bucheschälfurnieren produziert.

Zum Verkleben wird ein Phenolharzklebstoff verwendet. Bei der Verklebung von Deckfurnieren werden auch modifizierte Melaminharzklebstoffe eingesetzt. Die Verklebung erfolgt unter hohem Druck und Wärmeeinwirkung.

Der Faserverlauf der Furniere ist generell parallel zur Längsrichtung des Furnierschichtholzes (LVL-P) oder zum größten Teil parallel und zu einem kleinen Teil (wenige Furnierlagen) senkrecht zur Längsrichtung des Furnierschichtholzes (LVL-C). Die Furniere einer Lage werden durch eine Schäftung oder eine Überlappung miteinander verbunden.

Zurzeit gibt es zwei harmonisierte EN-Normen für das Furnierschichtholz:

- DIN EN 14279, Furnierschichtholz (LVL) – Definition, Klassifizierung und Spezifikationen und
- DIN EN 14374, Furnierschichtholz für tragende Zwecke – Anforderungen.

Das Furnierschichtholz nach beiden Normen darf zu tragenden Zwecken verwendet werden, wobei bei dem Furnierschichtholz nach DIN EN 14279 hauptsächlich an plattenförmige und bei dem Furnierschichtholz nach DIN EN 14374 überwiegend an stabförmige Bauteile gedacht wurde. Langfristig sollen die beiden Normen zusammengeführt werden. Zum Zeitpunkt der Drucklegung liegt ein Entwurf für eine neue, einheitliche Norm DIN EN 14374:2016-07 vor. Die neue Normfassung enthält auch Festigkeitsklassen.

Abb. 3.15 Furnierschichtholz (Quelle: Informationsdienst Holz).

Technische Regeln:	DIN EN 13986 in Verbindung mit den Produktnormen DIN EN 14279 und DIN 20000-1, DIN 14374

Technische Klassen und die Verwendung in Nutzungsklassen für Furnierschichtholz nach DIN EN 14279:

- LVL/1	Nutzungsklasse 1
- LVL/2	Nutzungsklasse 1 und 2
- LVL/3	Nutzungsklasse 1, 2 und 3

Das Furnierschichtholz nach DIN EN 14374 darf bisher nur in den Nutzungsklassen 1 und 2 verwendet werden. Nach neuer Normfassung darf LVL in allen Nutzungsklassen Verwendung finden.

Rohdichte in kg/m^3:	480–580 (LVL aus Nadelholz), 680–750 (LVL aus Buchenholz)
Schwind- und Quellmaß in % für die Änderung der Holzfeuchte um 1 %:	LVL-P: längs 0,01, quer 0,32, Buchenholz 0,40 LVL-C: längs 0,01, quer 0,03
Wärmeleitfähigkeit W/(m K):	0,13 (LVL aus Nadelholz), 0,17 (LVL aus Buchenholz)
Wasserdampf-Diffusionswiderstandszahl μ feucht/trocken:	70/200 (LVL aus Nadelholz), 90/220 (LVL aus Buchenholz)
Abmessungen in mm:	LVL aus Nadelholz: Dicke 21–89, Breite bis 2500, Länge bis 23 000 LVL aus Buchenholz: Dicke 20–120, Breite 1850, Länge 35 000
charakteristische Festigkeits- und Steifigkeitswerte:	bauaufsichtlicher Verwendungsnachweis (ETA oder allgemeine bauaufsichtliche Zulassung) oder nach neuer Normfassung.
Brandverhaltensklasse (Euroklasse nach DIN EN 13051-1):	D-s2, d0 (Mindestdicke 9 mm)
Anwendung (Beispiele):	tragende Dach-, Decken- und Bodenelemente, Dachträger, Balken, Stützen

3.5.4 OSB-Platten

OSB-Platten bestehen aus großflächigen vorzugweise parallel zur Plattenoberfläche liegenden unter hohem Druck und hohen Temperaturen miteinander verklebten Langspänen (Strands, ca. 0,6–1,0 mm dick, 100–200 mm lang und 10–40 mm breit). Für die Verklebung werden Phenolharz- und polymere Diphenylmethan-Diisocyanate-(PMDI-)Klebstoffe verwendet. Die Langspäne verlaufen in den Deckschichten überwiegend parallel und in der Mittelschicht quer zur Fertigungsrichtung (Abb. 3.16). Dadurch weisen die OSB-Platten in Längs- und Querrichtung unterschiedliche Eigenschaften auf. Die Biegefestigkeit in Längsrichtung der Platten liegt deutlich höher als in der Querrichtung.

Technische Regeln:	DIN EN 13986 in Verbindung mit den Produktnormen DIN EN 300 und DIN 20000-1
Technische Klassen und die Verwendung in Nutzungsklassen:	
– OSB/2	Nutzungsklasse 1
– OSB/3	Nutzungsklasse 1 und 2
– OSB/4	Nutzungsklasse 1 und 2
Rohdichte in kg/m^3:	600–680
Schwind- und Quellmaß in % für die Änderung der Holzfeuchte um 1 %:	OSB/2 und OSB/3 : 0,03, OSB/4 : 0,015
Wärmeleitfähigkeit W/(m K):	0,13
Wasserdampf-Diffusionswiderstandszahl μ feucht/trocken:	30/50 (untere Grenzwerte) bzw. 700/760 (obere Grenzwerte), bei der Bemessung ist der ungünstigere Wert zu berücksichtigen
Abmessungen in mm:	Dicke 6–40, Breite bis 2800, Länge bis 14 000
charakteristische Festigkeits- und Steifigkeitswerte:	DIN EN 12369-1, Tabellen 2 und 3
Brandverhaltensklasse (Euroklasse nach DIN EN 13051-1):	D-s2, d0 (Mindestdicke 9 mm)
Anwendung (Beispiele):	mittragende und aussteifende Beplankung für Wand-, Decken- und Dachtafeln

Abb. 3.16 OSB-Platte (Quelle: Informationsdienst Holz).

3.5.5 Spanplatten

Spanplatten werden durch Verpressen von relativ kleinen Holzspänen mit Klebstoffen unter hohem Druck und hohen Temperaturen hergestellt, wobei die Späne vorzugsweise parallel zur Plattenebene liegen (Abb. 3.17). Sie werden in der Regel mehrschichtig, teilweise auch mit stetigem Übergang in der Struktur ausgebildet. Für die Verklebung werden Harnstoffharze (nur zur Verwendung im Trockenbereich), modifizierte Melaminharze und alkalisch härtende Phenolharze sowie polymere Diphenylmethandiisocyanate (PMDI) verwendet.

Technische Regeln:	DIN EN 13986 in Verbindung mit den Produktnormen DIN EN 312 und DIN 20000-1
Technische Klassen und die Verwendung in Nutzungsklassen:	
– P4 und P6	Nutzungsklasse 1
– P5 und P7	Nutzungsklasse 1 und 2
Rohdichte in kg/m^3:	600–700
Schwind- und Quellmaß in % für die Änderung der Holzfeuchte um 1 %:	0,035
Wärmeleitfähigkeit W/(m K):	0,12
Wasserdampf-Diffusionswiderstandszahl μ feucht/trocken:	15/50
Abmessungen in mm:	Dicke 6–40, Breite bis 2800, Länge bis 14 000
charakteristische Festigkeits- und Steifigkeitswerte:	DIN EN 12369-1, Tabellen 4–7
Brandverhaltensklasse (Euroklasse nach DIN EN 13051-1):	D-s2, d0 (Mindestdicke 9 mm)
Anwendung (Beispiele):	mittragende und aussteifende Beplankung für Wand-, Decken- und Dachtafeln

Abb. 3.17 Spanplatte (Quelle: Informationsdienst Holz).

3.5.6 Harte Faserplatten

Harte Faserplatten werden aus Lignozellulosefasern, die im Stadium der Plattenformung eine Holzfeuchte von mehr als 20 % aufweisen (Nassverfahren), ohne zusätzlichen Klebstoff unter Anwendung von hohem Druck und Hitze hergestellt, wobei die Bindung auf der Verfilzung der Faser sowie deren eigener Verklebungsfähigkeit beruht (Abb. 3.18).

Technische Regeln:	DIN EN 13986 in Verbindung mit den Produktnormen DIN EN 622-2 und DIN 20000-1
Technische Klassen und die Verwendung in Nutzungsklassen:	
– HB.HLA2	Nutzungsklasse 1 und 2
Rohdichte in kg/m^3:	900–1100
Schwind- und Quellmaß in % für die Änderung der Holzfeuchte um 1 %:	0,035
Wärmeleitfähigkeit W/(m K):	0,14
Wasserdampf-Diffusionswiderstandszahl μ feucht/trocken:	20/30
Abmessungen in mm:	Dicke 4–8, Breite bis 2500, Länge bis 4000
charakteristische Festigkeits- und Steifigkeitswerte:	DIN EN 1995-1-1/NA:2013-08, Tabelle NA 9
Brandverhaltensklasse (Euroklassen nach DIN EN 13051-1):	D-s2, d0 (Mindestdicke 6 mm)
Anwendung (Beispiele):	mittragende und aussteifende Beplankung für Wand-, Decken- und Dachtafeln, Stege bei Doppel-T-Trägern

Abb. 3.18 Harte Faserplatte (Quelle: Informationsdienst Holz).

3.5.7 Mittelharte Faserplatten

Mittelharte Faserplatten werden aus Lignozellulosefasern, die im Stadium der Plattenformung eine Holzfeuchte von mehr als 20 % aufweisen (Nassverfahren), ohne zusätzlichen Klebstoff unter Anwendung von Druck und Hitze hergestellt, wobei die Bindung auf der Verfilzung der Faser sowie deren eigener Verklebungsfähigkeit beruht (Abb. 3.19).

Technische Regeln:	DIN EN 13986 in Verbindung mit den Produktnormen DIN EN 622-3 und DIN 20000-1
Technische Klassen und die Verwendung in Nutzungsklassen:	
– MBH.LA2	Nutzungsklasse 1
Rohdichte in kg/m^3:	600–800
Schwind- und Quellmaß [%/%]:	0,035
Wärmeleitfähigkeit W/(m K):	0,10
Wasserdampf-Diffusionswiderstandszahl μ feucht/trocken:	12/20
Abmessungen in mm:	Dicke 6–40, Breite bis 2070, Länge bis 14 000
charakteristische Festigkeits- und Steifigkeitswerte:	DIN EN 1995-1-1/NA:2013-08, Tabelle NA 9
Brandverhaltensklasse (Euroklassen nach DIN EN 13051-1):	D-s2, d0 (Mindestdicke 9 mm)
Anwendung (Beispiele):	mittragende und aussteifende Beplankung für Wand-, Decken- und Dachtafeln

Abb. 3.19 Mittelharte Faserplatte (Quelle: Informationsdienst Holz).

3.5.8 MDF-Platten (Faserplatten nach dem Trockenverfahren)

MDF-Platten werden aus Lignozellulosefasern, die im Stadium der Plattenformung eine Holzfeuchte von weniger als 20 % aufweisen (Trockenverfahren), unter Zugabe eines Klebstoffs und Anwendung von Druck und Hitze hergestellt (Abb. 3.20).

Technische Regeln:	DIN EN 13986 in Verbindung mit den Produktnormen DIN EN 622-5 und DIN 20000-1
Technische Klassen und die Verwendung in Nutzungsklassen:	
– MDF.LA	Nutzungsklasse 1
– MDF.HLS	Nutzungsklasse 1 und 2
Rohdichte in kg/m^3:	500–650
Schwind- und Quellmaß [%/%]:	0,035
Wärmeleitfähigkeit W/(m K):	0,10
Wasserdampf-Diffusionswiderstandszahl μ feucht/trocken:	12/20
Abmessungen in mm:	Dicke 6–40, Breite bis 2070, Länge bis 4000
charakteristische Festigkeits- und Steifigkeitswerte:	DIN EN 12369-1, Tabellen 10 und 11
Brandverhaltensklasse (Euroklassen nach DIN EN 13051-1):	D-s2, d0 (Mindestdicke 9 mm)
Anwendung (Beispiele):	mittragende und aussteifende Beplankung für Wand-, Decken- und Dachtafeln

Abb. 3.20 MDF-Platte (Quelle: Informationsdienst Holz).

3.5.9 Zementgebundene Spanplatte

Zementgebundene Spanplatten werden durch Verpressen von chemisch behandelten Holzspänen der Holzarten Fichte und Tanne mit einem hydraulischen Zement und möglichen Zusätzen hergestellt, wobei die in der Zementmasse eingebundenen Holzspäne als Armierung dienen (Abb. 3.21).

Technische Regeln:	DIN EN 13986 in Verbindung mit den Produktnormen DIN EN 634-2 und DIN 20000-1
Technische Klassen und die Verwendung in Nutzungsklassen:	
– Klasse 1	Nutzungsklasse 1–3
– Klasse 2	Nutzungsklasse 1–3
Rohdichte in kg/m³:	1150–1500
Schwind- und Quellmaß in % für die Änderung der Holzfeuchte um 1 %:	0,03
Wärmeleitfähigkeit W/(m K):	0,23
Wasserdampf-Diffusionswiderstandszahl μ feucht/trocken:	30/50
Abmessungen in mm:	Dicke 8–40, Breite bis 3000, Länge bis 6500
charakteristische Festigkeits- und Steifigkeitswerte:	DIN EN 1995-1-1/NA:2013-08, Tabelle NA 8
Brandverhaltensklasse (Euroklassen nach DIN EN 13051-1):	B-s1, d0 (Mindestdicke 10 mm)
Anwendung (Beispiele):	mittragende und aussteifende Beplankung für Wand-, Decken- und Dachtafeln, Brand- und Schallschutzelemente

Abb. 3.21 Zementgebundene Spanplatte (Quelle: Informationsdienst Holz).

3.5.10 Faserverstärkte Gipsplatten (früher Gipsfaserplatten)

Faserverstärkte Gipsplatten bestehen aus Gips und Papierfasern, die in einem Recyclingverfahren aus Altpapier gewonnen werden und als Armierung dienen (Abb. 3.22).

Abb. 3.22 Faserverstärkte Gipsplatte (Quelle: Informationsdienst Holz).

Technische Regeln:	DIN EN 15283-2 und bauaufsichtlicher Verwendungsnachweis (ETA oder allgemeine bauaufsichtliche Zulassung des DIBt)
Verwendung in:	Nutzungsklasse 1 und 2
Rohdichte in kg/m^3:	1150–1250
Schwind- und Quellmaß [%/%]:	—
Wärmeleitfähigkeit W/(m K):	0,32
Wasserdampf-Diffusionswiderstandszahl μ feucht/trocken:	4/10
Abmessungen in mm:	Dicke 10–18, Breite bis 1250, Länge bis 3000
charakteristische Festigkeits- und Steifigkeitswerte:	bauaufsichtlicher Verwendungsnachweis
Brandverhaltensklasse (Euroklassen nach DIN EN 13051-1):	A2-s1, d0
Anwendung (Beispiele):	mittragende und aussteifende Beplankung für Wand-, Decken- und Dachtafeln, Brand- und Schallschutzelemente

3.5.11 Gipsplatten (früher Gipskartonplatten)

Gipsplatten bestehen aus einem Gipskern, der mit einem fest haftenden, dem Verwendungszweck entsprechenden Karton ummantelt ist (Abb. 3.23). Der kartonummantelte Gipskern kann aufgeport sein und Zusätze zur Erzielung bestimmter Eigenschaften enthalten. Wesentliche Platteneigenschaften resultieren aus der Verbundwirkung von Gipskern und Kartonummantelung, wobei der Karton als

Armierung der Zugzone wirkt und in Verbindung mit dem Gipskern den Gipskartonplatten die erforderliche Festigkeit verleiht.

Technische Regeln: DIN EN 520 und DIN 18180.

Kurzbezeichnung	Gips-Bauplatte		Gips-Feuerschutzplatte	
nach DIN 18180	GKB	GKBI[a)]	GKF	GKFI[a)]
nach DIN EN 520	Typ A	Typ H	Typ DF	Typ DFH2

a) Reduzierung der Wasseraufnahmefähigkeit durch Imprägnierungsmittel

Plattentypen und dazugehörige Nutzungsklasse:

- GKB und GKF	Nutzungsklasse 1
- GKBI und GKFI	Nutzungsklasse 1 und 2
Rohdichte in kg/m^3:	680–900 (GKB und GKBI) 800–1100 (GKF und GKFI)
Schwind- und Quellmaß [%/%]:	—
Wärmeleitfähigkeit W/(m K):	0,23
Wasserdampf-Diffusionswiderstandszahl μ feucht/trocken:	4/10
Abmessungen in mm:	Dicke 9,5–25, Breite bis 1250, Länge bis 4000
charakteristische Festigkeits- und Steifigkeitswerte:	DIN EN 1995-1-1/ NA:2013-8, Tabelle NA 10
Brandverhaltensklasse (Euroklassen nach DIN EN 13051-1):	A2-s1, d0
Anwendung (Beispiele):	mittragende und aussteifende Beplankung für Wand-, Decken- und Dachtafeln, Brand- und Schallschutzelemente

Abb. 3.23 Gipsplatte (Quelle: Informationsdienst Holz).

3.6 Klebstoffe im Konstruktiven Holzbau

Im Konstruktiven Holzbau werden heute ausschließlich härtbare Kunstharzklebstoffe verwendet.

Dabei wird zwischen folgenden drei Klebstofffamilien für die Flächenverklebung und Keilzinkungen unterschieden:

- Phenoplast- und Aminoplastklebstoffe nach DIN EN 301:2013-12,
- feuchtevernetzende Einkomponentenklebstoffe auf Polyurethanbasis nach DIN EN 15425:2017-05,
- Emulsion-Polymer-Isocyanat-Klebstoffe nach DIN EN 16254:2016-12.

3.6.1 Phenoplast- und Aminoplastklebstoffe

Zu dieser Klebstofffamilie gehören

- Phenol-Resorcin-Formaldehyd-Klebstoffe (PRF),
- Melamin-Formaldehyd-Klebstoffe (MF),
- Harnstoff-Formaldehyd-Klebstoffe (UF).

3.6.1.1 Phenol-Resorcin-Formaldehyd-Klebstoffe (PRF)

PRF-Klebstoffe sind Kondensationsprodukte aus Phenol, Resorcin und Formaldehyd. In der Regel wird dem Resorcinharz ein bestimmter Anteil an Phenolharz, ohne Einfluss auf die Eigenschaften, beigefügt.

Dem flüssigen Klebstoff wird ein Härter, der Formaldehyd enthält, zur Beschleunigung des Abbindeprozesses zugesetzt. Die Klebstoffe binden sowohl im Kaltverfahren (etwa 20 °C) als auch bei höheren Temperaturen ab. Die Verbindung ist völlig wasser-, koch- und wetterbeständig. Die Klebstofffugendicke darf 0,6 mm nicht überschreiten. Bei einigen speziell eingestellten Klebstoffen darf unter bestimmten Bedingungen die Fugendicke bis zu 1,5 mm betragen. Die Farbe des Klebstoffs und damit der Klebstofffugen ist dunkelbraun. Die Klebstoffe sind chemisch neutral und greifen deshalb Holz und Metalle nicht an. Wird der Klebstoff angeritzt, ist ein charakteristischer, stechender Geruch wahrnehmbar. Die Klebstoffe werden nur noch selten, i. d. R. für Bauteile mit besonderen Anforderungen eingesetzt, z. B. Brückenträger oder Pylone.

3.6.1.2 Melamin-Formaldehyd-Klebstoffe (MF)

MF-Klebstoffe sind Kondensationsprodukte aus Melamin und Formaldehyd. Im Holzleimbau kommen auch Mischungen mit Harnstoffharzen, Phenolharzen und Resorcinharzen zum Einsatz, die unter Zugabe von Härter kalt aushärten können. Mit entsprechend modifizierten Klebstoffen können wasser- und wetterbeständige Verbindungen erzeugt werden. Die Klebstofffugendicke darf 0,6 mm nicht überschreiten. Bei einigen speziell eingestellten Klebstoffen darf unter bestimmten Bedingungen die Fugendicke bis zu 1,5 mm betragen. Die Klebstoffe haben eine helle Farbe und werden sowohl für Flächenverklebung als auch für Keilzinkenverklebung von tragenden Holzbauteilen verwendet. Bei einigen Klebstoffen darf die Herstellung von Keilzinkenverbindungen mit getrenntem Auftrag von Klebstoff und Härter erfolgen. In solchen Fällen darf die Klebstofffugendicke 0,1 mm nicht übersteigen.

3.6.1.3 Harnstoff-Formaldehyd-Klebstoffe (HF)

HF-Klebstoffe entstehen durch Kondensation von synthetischem Harnstoff bzw. Thioharnstoff mit Formaldehyd. Der synthetische Harnstoff ist ein Abfallprodukt, das bei der Gewinnung von Ammoniak aus der Luft in Verbindung mit Kohlensäure entsteht. Da die ausgehärteten Harnstoffharze sehr spröde sind, werden diesen geeignete Füllmittel beigemischt. Durch Zugabe geeigneter Füllmittel (Industriemehl, ausgehärtetes Kunststoffpulver) bekommen auch sie fugenfüllende Eigenschaften. Sie haben eine helle, zum Holz passende Farbe. Diese Klebstoffe haben nur eine begrenzte Hitze- und Wasserbeständigkeit und dürfen nicht immer wiederkehrenden starken Klimaschwankungen und Befeuchtung ausgesetzt werden. Die Nichtbeachtung dieser Bedingungen kann zu einem deutlichen Festigkeitsabbau des Klebstoffs führen, wobei der Wassereinfluss einen vollständigen hydrolytischen Abbau des Klebstoffs verursachen kann. Aus diesem Grund dürfen diese Klebstoffe seit einigen Jahren in Deutschland zur Herstellung von tragenden Bauteilen nicht mehr verwendet werden.

Es wird aber darauf hingewiesen, dass sich die ordnungsgemäß mit diesen Klebstoffen hergestellten Konstruktionen, bei welchen die aufgeführten Bedingungen beachtet wurden, in der Vergangenheit gut bewährt haben. Dies wurde an zahlreichen bis zu rd. 60 Jahre alten Konstruktionen nachgewiesen.

3.6.1.4 Eignungsprüfung

Für die Eignungsprüfung sind folgende Normen und diesbezügliche Ergänzungen zu beachten:

DIN EN 301 Klebstoffe für tragende Holzbauteile, Phenoplaste und Aminoplaste, Klassifizierung und Leistungsanforderungen

Die Leistungsanforderungen beziehen sich auf die nach den Normen DIN EN 302-1 bis DIN EN 302-4 ermittelten Eigenschaften:

DIN EN 302-1 Klebstoffe für tragende Holzbauteile – Prüfverfahren – Teil 1: Bestimmung der Längszugscherfestigkeit

DIN EN 302-2 Klebstoffe für tragende Holzbauteile – Prüfverfahren – Teil 2: Bestimmung der Delaminierungsbeständigkeit

DIN EN 302-3 Klebstoffe für tragende Holzbauteile – Prüfverfahren – Teil 3: Bestimmung des Einflusses von Säureschädigung der Holzfaser durch Temperatur- und Feuchtezyklen auf die Querzugfestigkeit

DIN EN 302-4 Klebstoffe für tragende Holzbauteile – Prüfverfahren – Teil 4: Bestimmung des Einflusses von Holzschwindung auf die Scherfestigkeit

Bei Aminoplasten (in Deutschland nur Melamin-Formaldehyd-Klebstoffe) ist ergänzend zu beachten:

DIN EN 302-8	Klebstoffe für tragende Holzbauteile – Prüfverfahren – Teil 8: Statische Belastungsprüfung an Prüfkörpern mit mehreren Klebstofffugen bei Druck-Scherbeanspruchung

Bemerkung: In der DIN EN 301:2013-12 ist für diese Prüfung noch die EN 15416-2:2007 aufgeführt. In der Zwischenzeit ist diese Norm durch die DIN EN 302-8:2017-05 ersetzt worden. Diese Prüfung ist nur bei Melamin-Formaldehyd-Klebstoffen erforderlich. Bei Phenoplastklebstoffen ist diese Prüfung aufgrund langjähriger Praxiserfahrungen nicht erforderlich.

Für die Gebrauchseigenschaften der Klebstoffe sind folgende Normen zu beachten:

DIN EN 302-6	Klebstoffe für tragende Holzbauteile – Prüfverfahren – Teil 6: Bestimmung der Mindestpresszeit
DIN EN 302-7	Klebstoffe für tragende Holzbauteile – Prüfverfahren – Teil 7: Bestimmung der Gebrauchsdauer
DIN 68141	Holzklebstoffe – Bestimmung der offenen Antrockenzeit und Beurteilung der Benetzung und Streichbarkeit

3.6.1.5 Klassifizierung

Im Hinblick auf ihre Eignung zur Verwendung unter unterschiedlichen Klimabedingungen wird zwischen zwei Klebstofftypen unterschieden:

- Typ I, zur Verwendung in allen Nutzungsklassen (Nutzungsklassen 1, 2 und 3 nach EN 1995-1) und
- Typ II, zur Verwendung nur in Nutzungsklasse 1.

Entsprechend ihrer Endverwendung werden bei beiden Klebstofftypen drei Unterklassen unterschieden:

- Klebstoff für allgemeine Zwecke (GP) zur Verwendung für Klebstofffugen bei Flächenverklebungen, für Keilzinkenverklebungen in Brettschichtholzlamellen und in Bauholz sowie für Universalkeilzinkenverbindungen,
- Klebstoff für Keilzinkenverbindungen (FJ) zur Verwendung nur für Keilzinkenverbindungen in Brettschichtholzlamellen und Bauholz,
- fugenfüllender Klebstoff (GF) zur Verwendung bei Verklebungen parallel zur Faserrichtung, z. B. für Klebstofffugen zwischen Brettschichtholzbauteilen bei Blockverklebung.

Entsprechend diesen Unterklassen beträgt die maximale Klebstofffugendicke bei der Prüfung bzw. bei der Anwendung:

Klebstoffunterklasse	Maximale Klebstofffugendicke in mm bei		
	Prüfung	Anwendung im Untermischverfahren	Anwendung mit getrenntem Auftrag von Harz und Härter
Klebstoff für allgemeine Zwecke (GP)	1,0	0,6	0,3
Klebstoff nur für Keilzinkenverbindungen (FJ)	0,3	0,1	0,1
fugenfüllender Klebstoff (GF)	2,0	1,5	—

Bezüglich der Einsatztemperaturen wird bei den Klebstoffen des Typs I unterschieden zwischen den Prüfungen bei 70 °C und Prüfungen bei 90 °C.

Hinsichtlich der Art des Klebstoffauftrags wird unterschieden zwischen

- gemischter Anwendung (Großbuchstabe M) und
- getrenntem Auftrag von Harz und Härter (Großbuchstabe S).

Bei getrenntem Auftrag von Harz und Härter sind entsprechend DIN EN 301 zusätzliche Prüfungen erforderlich, und zwar

- bei Keilzinkenverbindungen Biegeversuche an keilgezinkten Probekörpern und Delaminierungsversuche nach Anhang A der DIN EN 301,
- bei Flächenverklebung Delaminierungsversuche nach DIN EN 302-2 und Prüfung auf Faserschädigung nach EN 302-3.

Bei der Bezeichnung des Klebstoffs müssen jeder Verwendungszweck und jede Anwendung angegeben werden.

Beispiel:
EN 301 I 90 GP 0,6M: Klebstoff für allgemeine Zwecke zur Verwendung in allen Nutzungsklassen, geprüft bei 90 °C, maximale Klebstofffugendicke 0,6 mm, Anwendung im Untermischverfahren.
Hinweis: In Deutschland sind für tragende Bauteile nur Klebstoffe des Klebstofftyps I zulässig.

3.6.2 Einkomponentenklebstoffe auf Polyurethanbasis (PUR)

PUR-Klebstoffe sind Kondensationsprodukte aus Isocyanaten (meist Diisocyanat) mit mehrwertigen Alkoholen. Die Aushärtung wird durch Feuchte aus der Luft bzw. aus dem Holz bewirkt. Die Klebstoffe besitzen in dünnen Fugen hohe Trocken- und Nassbindefestigkeiten, die jedoch mit zunehmender Klebstofffugendicke stark abnehmen. Aus diesem Grund ist die maximale Klebstofffugendicke bei der allgemeinen Anwendung auf 0,3 mm begrenzt. Die Klebstoffe haben eine helle Farbe und werden sowohl für Flächenverklebung als auch für Keilzinkenverklebung von tragenden Holzbauteilen verwendet.

3.6.2.1 Eignungsprüfung

Die Eignungsprüfung erfolgt nach DIN EN 15425. Dabei sind Prüfungen nach folgenden Normen zu beachten:

DIN EN 302-1 Klebstoffe für tragende Holzbauteile – Prüfverfahren – Teil 1: Bestimmung der Längszugscherfestigkeit

Entsprechend dem Verwendungsbereich beträgt die maximale Klebstofffugendicke bei der Prüfung bzw. bei der Anwendung abweichend von der DIN EN 302-1:

Verwendungsbereich	Maximale Klebstofffugendicke in mm bei	
	Prüfung	Anwendung
allgemeine Zwecke	0,5	0,3
Keilzinkenverbindung	0,3	0,1
spezielle Zwecke	1,0	0,5

Gegenüber DIN EN 302-1 sind bezüglich der beantragten Temperaturbeständigkeit zusätzlich Prüfungen nach folgenden Lagerungen erforderlich:

A6 Lagerung der in Aluminium eingepackten Proben über 24 h bei 50 °C für Klebstofftyp II,
A7 Lagerung der in Aluminium eingepackten Proben über 24 h bei 70 °C oder
A8 Lagerung der in Aluminium eingepackten Proben über 24 h bei 90 °C für Klebstofftyp I.

Die Anforderungen an die Scherfestigkeit sind in der Tabelle 3 der DIN EN 15425 enthalten.

DIN EN 302-2 Klebstoffe für tragende Holzbauteile – Prüfverfahren – Teil 2: Bestimmung der Delaminierungsbeständigkeit

Die Anforderungen an die Delaminierungsbeständigkeit sind in der Tabelle 4 der DIN EN 15425 enthalten.

DIN EN 302-3 Klebstoffe für tragende Holzbauteile – Prüfverfahren – Teil 3: Bestimmung des Einflusses von Säureschädigung der Holzfaser durch Temperatur und Feuchtezyklen auf die Querzugfestigkeit

Die Klebstofffugendicke bei der Prüfung beträgt 0,5 mm, für den Verwendungsbereich „Keilzinkenverbindung“ 0,1 mm (dünne Fuge).

Die mittlere Querzugfestigkeit nach zyklischer Behandlung muss mindestens 80 % der mittleren Querzugfestigkeit der unbehandelten Proben ($\geq$ 2,0 N/mm^2) betragen.

DIN EN 302-4 Klebstoffe für tragende Holzbauteile – Prüfverfahren – Teil 4: Bestimmung des Einflusses von Holzschwindung auf die Scherfestigkeit

Die Prüfungen sind nur mit den Klebstoffen für allgemeine Zwecke und spezielle Zwecke durchzuführen.

Die mittlere Scherfestigkeit nach der Klimatisierung muss mindestens 1,5 N/mm^2 betragen.

DIN EN 302-8 Klebstoffe für tragende Holzbauteile – Prüfverfahren – Teil 8: Statische Belastungsprüfung an Prüfkörpern mit mehreren Klebstofffugen bei Druck-Scherbeanspruchung

Die Anforderungen sind in der DIN EN 15425, Punkt 5.6, enthalten.

DIN EN 15416-1 Klebstoffe für tragende Holzbauteile ausgenommen Phenolharzklebstoff und Aminoplaste – Prüfverfahren – Teil 1: Langzeit-Zugprüfung senkrecht zur Klebefuge bei verschiedenen Klimabedingungen mit Prüfkörpern senkrecht zur Klebstofffuge (Glashaus-Prüfung)

Die Klebstofffugendicke bei der Prüfung beträgt 0,5 mm, für den Verwendungsbereich „Keilzinkenverbindung“ 0,1 mm (dünne Fuge).

Die Anforderungen sind in der DIN EN 15425, Punkt 5.8, enthalten.

DIN EN 15416-3 Klebstoffe für tragende Holzbauteile ausgenommen Phenolharzklebstoff und Aminoplaste – Prüfverfahren – Teil 3: Prüfung der Kriechverformung unter zyklischen Klimabedingungen an Prüfkörpern bei Biege-Scherbeanspruchung

Entsprechend dem Verwendungsbereich beträgt die Klebstofffugendicke bei der Prüfung:

Verwendungsbereich	Maximale Klebstofffugendicke bei der Prüfung in mm
allgemeine Zwecke	0,3
Keilzinkenverbindung	0,1
spezielle Zwecke	0,5

Die Anforderungen an die Kriechverformung sind in der Tabelle 5 der DIN EN 15425 enthalten.

Bezüglich der Gebrauchseigenschaften sind zu beachten:

DIN EN 302-7 Klebstoffe für tragende Holzbauteile – Prüfverfahren – Teil 7: Bestimmung der Gebrauchsdauer

DIN EN 15416-4 Klebstoffe für tragende Holzbauteile ausgenommen Phenolharzklebstoff und Aminoplaste – Prüfverfahren – Teil 4: Bestimmung der offenen Wartezeit bei Referenzbedingungen

DIN EN 15416-5 Klebstoffe für tragende Holzbauteile ausgenommen Phenolharzklebstoff und Aminoplaste – Prüfverfahren – Teil 5: Bestimmung der Mindestpresszeit bei Referenzbedingungen

3.6.2.2 Klassifizierung

Die PUR-Klebstoffe werden eingeteilt nach:

- Typ (Klimabedingungen im Gebrauch),
- maximaler Prüftemperatur und
- maximaler Klebstofffugendicke im Gebrauch.

Hinsichtlich der Klimabedingungen im Gebrauch wird zwischen zwei Klebstofftypen unterschieden:

- Typ I, zur Verwendung in allen Nutzungsklassen (Nutzungsklassen 1, 2 und 3 nach EN 1995-1),
- Typ II, zur Verwendung nur in Nutzungsklasse 1.

Bei der maximalen Prüftemperatur wird unterschieden zwischen 50, 70 und 90 °C.

Hinsichtlich der maximalen Klebstofffugendicke im Gebrauch wird zwischen folgenden Klebstoffen unterschieden:

Klebstoffe	Maximale Klebstofffugendicke im Gebrauch in mm
für allgemeine Zwecke (GP)	0,3
nur für Keilzinkenverbindungen (FJ)	0,1
für spezielle Zwecke (SP)	0,5

Bei der Bezeichnung des Klebstoffs müssen jeder Verwendungszweck und jede Anwendung angegeben werden.
Beispiel:
EN 15425 I 70 FJ 0,1: Klebstoff für die Verwendung in allen Nutzungsklassen, geprüft bei 70 °C, nur für Keilzinkenverbindung, maximale Klebstofffugendicke 0,1 mm.

3.6.3 Emulsion-Polymer-Isocyanat-Klebstoffe (EPI)

EPI-Klebstoffe bestehen aus zwei Flüssigkomponenten: Leim und Härter. Der Leim besteht aus verschiedenen Harzen, die im Wasser in Kombination mit Füllstoffen dispergiert sind. Der Härter ist ein Isocyanat, z. B. Methyl-Di-Isocyanat. Nach der Vermischung der Komponenten reagiert der Härter mit den aktiven Gruppen des Leims und macht die Klebstofffuge wasserfest und temperaturbeständig. Die Klebstoffe besitzen in dünnen Fugen hohe Trocken- und Nassbindefestigkeiten, die jedoch mit zunehmender Klebstofffugendicke stark abnehmen. Aus diesem Grund ist die maximale Klebstofffugendicke bei der Anwendung auf 0,2 mm (Klebstoffe für kleine Dimensionen) und 0,3 mm (Klebstoffe für Lamellenverklebung) begrenzt. Die Klebstoffe haben eine helle Farbe und werden sowohl für Flächenverklebung als auch für Keilzinkenverklebung von tragenden Holzbauteilen verwendet. In der Regel werden Bauteile mit kleinen Querschnitten hergestellt.

3.6.3.1 Eignungsprüfung

Die Eignungsprüfung erfolgt nach DIN EN 16254. Dabei sind die Prüfungen nach folgenden Normen zu beachten:

DIN EN 302-1 Klebstoffe für tragende Holzbauteile – Prüfverfahren – Teil 1: Bestimmung der Längszugscherfestigkeit

Entsprechend dem Verwendungsbereich beträgt die maximale Klebstofffugendicke bei der Prüfung bzw. bei der Anwendung abweichend von der DIN EN 302-1:

Verwendungsbereich	Maximale Klebstofffugendicke in mm bei Prüfung	Anwendung
allgemeine Zwecke	0,5	0,3
kleine Dimensionen	0,3	0,2
Keilzinkenverbindung	0,3	0,1

Gegenüber DIN EN 302-1 sind bezüglich der beantragten Temperaturbeständigkeit zusätzlich Prüfungen nach folgenden Lagerungen erforderlich:

A6 Lagerung der in Aluminium eingepackten Proben über 72 h bei 50 °C für Klebstofftyp II
A7 Lagerung der in Aluminium eingepackten Proben über 72 h bei 70 °C für Klebstofftyp I
A8 Lagerung der in Aluminium eingepackten Proben über 72 h bei 90 °C für Klebstofftyp I

Die Anforderungen an die Scherfestigkeit sind in der Tabelle 3 der DIN EN 16254 enthalten.

DIN EN 302-2 Klebstoffe für tragende Holzbauteile – Prüfverfahren – Teil 2: Bestimmung der Delaminierungsbeständigkeit

Die Anforderungen an die Delaminierungsbeständigkeit sind in der Tabelle 4 der DIN EN 16254 enthalten.

DIN EN 302-3 Klebstoffe für tragende Holzbauteile – Prüfverfahren – Teil 3: Bestimmung des Einflusses von Säureschädigung der Holzfaser durch Temperatur- und Feuchtezyklen auf die Querzugfestigkeit

Entsprechend dem Verwendungsbereich beträgt die maximale Klebstofffugendicke bei der Prüfung abweichend von der DIN EN 302-3:

Verwendungsbereich	Maximale Klebstofffugendicke bei der Prüfung in mm
allgemeine Zwecke	0,5
kleine Dimensionen	0,3
Keilzinkenverbindung	0,1

Die mittlere Querzugfestigkeit nach zyklischer Behandlung muss mindestens 80 % der mittleren Querzugfestigkeit der unbehandelten Referenzproben ($\geq 2{,}0\,\mathrm{N/mm^2}$) betragen.

DIN EN 302-4 Klebstoffe für tragende Holzbauteile – Prüfverfahren – Teil 4: Bestimmung des Einflusses von Holzschwindung auf die Scherfestigkeit

Entsprechend dem Verwendungsbereich beträgt die maximale Klebstofffugendicke bei der Prüfung abweichend von der DIN EN 302-4:

Verwendungsbereich	Maximale Klebstofffugendicke bei der Prüfung in mm
allgemeine Zwecke	0,5
kleine Dimensionen	0,3

Die mittlere Scherfestigkeit nach der Klimatisierung muss mindestens $1{,}5\,\mathrm{N/mm^2}$ betragen.

DIN EN 302-8 Klebstoffe für tragende Holzbauteile – Prüfverfahren – Teil 8: Statische Belastungsprüfung an Prüfkörpern mit mehreren Klebstofffugen bei Druck-Scherbeanspruchung

Bemerkung: In der DIN EN 16254:2016-12 ist für diese Prüfung noch die EN 15416-2:2007 aufgeführt. In der Zwischenzeit ist diese Norm durch die DIN EN 302-8:2017-05 ersetzt worden.
Die Anforderungen sind in der DIN EN 16254, Punkt 5.6, enthalten.

DIN EN 15416-1 Klebstoffe für tragende Holzbauteile ausgenommen Phenolharzklebstoff und Aminoplaste – Prüfverfahren – Teil 1: Langzeit-Zugprüfung senkrecht zur Klebefuge bei verschiedenen Klimabedingungen mit Prüfkörpern senkrecht zur Klebstofffuge (Glashaus-Prüfung)

Bemerkung: Die Glashaus-Prüfung ist auch im Anhang B der DIN EN 16254:2016-12 enthalten.

In Abhängigkeit vom Anwendungsbereich beträgt die Klebstofffugendicke bei der Prüfung:

Verwendungsbereich	Maximale Klebstofffugendicke bei der Prüfung in mm
allgemeine Zwecke	0,1 und 0,5
kleine Dimensionen	0,1 und 0,3
Keilzinkenverbindung	0,1

Die Anforderungen sind in der DIN EN 16254, Punkt 5.8, enthalten.

DIN EN 15416-3 Klebstoffe für tragende Holzbauteile ausgenommen Phenolharzklebstoff und Aminoplaste – Prüfverfahren – Teil 3: Prüfung der Kriechverformung unter zyklischen Klimabedingungen an Prüfkörpern bei Biege-Scherbeanspruchung

Entsprechend dem Verwendungsbereich beträgt die maximale Klebstofffugendicke bei der Prüfung:

Verwendungsbereich	Maximale Klebstofffugendicke bei der Prüfung in mm
allgemeine Zwecke	0,3
kleine Dimensionen	0,2
Keilzinkenverbindung	0,1

Die Anforderungen an die Kriechverformung sind im Punkt 5.7 der DIN EN 16254 enthalten.

Bezüglich der Gebrauchseigenschaften sind folgende Normen zu beachten:

DIN EN 302-7 Klebstoffe für tragende Holzbauteile – Prüfverfahren – Teil 7: Bestimmung der Gebrauchsdauer

DIN EN 15416-4 Klebstoffe für tragende Holzbauteile ausgenommen Phenolharzklebstoff und Aminoplaste – Prüfverfahren – Teil 4: Bestimmung der offenen Wartezeit bei Referenzbedingungen

DIN EN 15416-5 Klebstoffe für tragende Holzbauteile ausgenommen Phenolharzklebstoff und Aminoplaste – Prüfverfahren – Teil 5: Bestimmung der Mindestpresszeit bei Referenzbedingungen

3.6.3.2 Klassifizierung

Die EPI-Klebstoffe werden eingeteilt nach:

- Typ (Klimabedingungen im Gebrauch),
- maximaler Prüftemperatur und
- maximaler Klebstofffugendicke im Gebrauch.

Hinsichtlich der Klimabedingungen im Gebrauch wird zwischen zwei Klebstofftypen unterschieden:

- Typ I, zur Verwendung in Nutzungsklassen 1 und 2 nach EN 1995-1,
- Typ II, zur Verwendung nur in Nutzungsklasse 1.

Bei der maximalen Prüftemperatur wird unterschieden zwischen 50, 70 und 90 °C.

Hinsichtlich der maximalen Klebstofffugendicke im Gebrauch wird zwischen folgenden Klebstoffen unterschieden:

Klebstoffe	Maximale Klebstofffugendicke im Gebrauch in mm
für allgemeine Zwecke	0,3
für kleine Dimensionen	0,2
für Keilzinkenverbindung	0,1

Bei der Bezeichnung des Klebstoffs müssen jeder Verwendungszweck und jede Anwendung angegeben werden.
Beispiel:
EN 16254 I 90 0,3: Klebstoff für allgemeine Zwecke zur Verwendung in den Nutzungsklassen 1 und 2, geprüft bei 90 °C, maximale Klebstofffugendicke im Gebrauch 0,3 mm

Literatur

3.1 Nutsch, W. (2007). *Fachkunde Holztechnik* (21. Aufl.). Europa Lehrmittel.

3.2 Felkel, A., Hemmer, K., Kuhlenkamp, D., Lißner, K., Radovic, B., Rug, W. und Steinmetz, D. (2010). *DIN 1052 Praxishandbuch Holzbau* (Hrsg. Fördergesellschaft Holzbau und Ausbau mbH), DIN Deutsches Institut für Normung, Berlin: Beuth Verlag.

3.3 Colling, F. (2007). *Vorlesung Holzbau, 2. Baustoffeigenschaften*, Vorträge AK Meisterschulen 2007, geförderte Reihe durch Holzabsatzfonds.

3.4 DIN 4074-1:2012-06 (2012). *Sortierung von Holz nach der Tragfähigkeit – Teil 1: Nadelschnittholz*, Berlin: Beuth.

3.5 DIN 4074-5:2008-12 (2008). *Sortierung von Holz nach der Tragfähigkeit – Teil 5: Laubschnittholz*, Berlin: Beuth.

3.6 DIN 18180:2014-09 (2014). *Gipsplatten – Arten und Anforderungen*, Berlin: Beuth.

3.7 DIN 20000-1:2017-06 (2017). *Anwendung von Bauprodukten in Bauwerken – Teil 1: Holzwerkstoffe*, Berlin: Beuth.

3.8 DIN 20000-5:2016-06 (2016). *Anwendung von Bauprodukten in Bauwerken – Teil 5: Nach Festigkeit sortiertes Bauholz für tragende Zwecke mit rechteckigem Querschnitt*, Berlin: Beuth.

3.9 DIN 68800-2:2012-02 (2012). *Holzschutz – Teil 2: Vorbeugende bauliche Maßnahmen im Hochbau*, Berlin: Beuth.

3.10 DIN EN 300:2006-09 (2006). *Platten aus langen, flachen, ausgerichteten Spänen (OSB) – Definitionen, Klassifizierung und Anforderungen; Deutsche Fassung EN 300:2006*, Berlin: Beuth.

3.11 DIN EN 301:2018-01 (2018). *Klebstoffe, Phenoplaste und Aminoplaste, für tragende Holzbauteile – Klassifizierung und Leistungsanforderungen; Deutsche Fassung EN 301:2017*, Berlin: Beuth.

3.12 DIN EN 302-1:2013-06 (2013). *Klebstoffe für tragende Holzbauteile – Prüfverfahren – Teil 1: Bestimmung der Längszugscherfestigkeit; Deutsche Fassung EN 302-1:2013*, Berlin: Beuth.

3.13 DIN EN 302-2:2017-11 (2017). *Klebstoffe für tragende Holzbauteile – Prüfverfahren – Teil 2: Bestimmung der Delaminierungsbeständigkeit; Deutsche Fassung EN 302-2:2017*, Berlin: Beuth.

3.14 DIN EN 302-3:2017-11 (2017). *Klebstoffe für tragende Holzbauteile – Prüfverfahren – Teil 3: Bestimmung des Einflusses von Säureschädigung der Holzfasern durch Temperatur- und Feuchtezyklen auf die Querzugfestigkeit; Deutsche Fassung EN 302-3:2017*, Berlin: Beuth.

3.15 DIN EN 302-4:2013-06 (2013). *Klebstoffe für tragende Holzbauteile – Prüfverfahren – Teil 4: Bestimmung des Einflusses von Holzschwindung auf die Scherfestigkeit; Deutsche Fassung EN 302-4:2013*, Berlin: Beuth.

3.16 DIN EN 302-7:2013-06 (2014). *Klebstoffe für tragende Holzbauteile – Prüfverfahren – Teil 7: Bestimmung der Gebrauchsdauer bei Referenzbedingungen; Deutsche Fassung EN 302-7:2013*, Berlin: Beuth.

3.17 DIN EN 302-8:2017-05 (2015). *Klebstoffe für tragende Holzbauteile – Prüfverfahren – Teil 8: Statische Belastungsprüfung an Prüfkörpern mit mehreren Klebfugen bei Druck-Scherbeanspruchung; Deutsche Fassung EN 302-8:2017*, Berlin: Beuth.

3.18 DIN EN 312:2010-12 (2010). *Spanplatten – Anforderungen; Deutsche Fassung EN 312:2010*, Berlin: Beuth.

3.19 DIN EN 338:2016-07 (2010). *Bauholz für tragende Zwecke – Festigkeitsklassen; Deutsche Fassung EN 338:2016*, Berlin: Beuth.

3.20 DIN EN 520:2009-12 (2009). *Gipsplatten – Begriffe, Anforderungen und Prüfverfahren; Deutsche Fassung EN 520:2004+A1:2009*, Berlin: Beuth.

3.21 DIN EN 622-2:2004-7 (2004). *Faserplatten – Anforderungen – Teil 2: Anforderungen an harte Platten; Deutsche Fassung EN 622-2:2004*, Berlin: Beuth.

3.22 DIN EN 622-3:2004-07 (2004). *Faserplatten – Anforderungen – Teil 3: Anforderungen an mittelharte Platten; Deutsche Fassung EN 622-3:2004*, Berlin: Beuth.

3.23 DIN EN 622-4:2019-08 (2019). *Faserplatten – Anforderungen – Teil 4: Anforderungen an poröse Platten; Deutsche Fassung EN 622-4:2019*, Berlin: Beuth.

3.24 DIN EN 622-5:2010-03 (2010). *Faserplatten – Anforderungen – Teil 5: Anforderungen an Platten nach dem Trockenverfahren (MDF); Deutsche Fassung EN 622-5:2009*, Berlin: Beuth.

3.25 DIN EN 634-2:2007-05 (2007). *Zementgebundene Spanplatten – Anforderungen – Teil 2: Anforderungen an Portlandzement (PZ) gebundene Spanplatten zur Verwendung im Trocken-, Feucht- und Außenbereich; Deutsche Fassung EN 634-2:2007*, Berlin: Beuth.

3.26 DIN EN 636-1:1997-02 (1997). *Norm Zugrückgezogen Sperrholz – Anforderungen – Teil 1: Anforderungen an Sperrholz zur Verwendung im Trockenbereich; Deutsche Fassung EN 636-1:1996 [zurückgezogen]*, Berlin: Beuth.

3.27 DIN EN 636-2:1997-02 (1997). *Sperrholz - Anforderungen – Teil 2: Anforderungen an Sperrholz zur Verwendung im Feuchtbereich; Deutsche Fassung EN 636-2:1996 [zurückgezogen]*, Berlin: Beuth.

3.28 DIN EN 636-3:1997-02 (1997). *Sperrholz – Anforderungen – Teil 3: Anfor-*

derungen an Sperrholz zur Verwendung im Außenbereich; Deutsche Fassung EN 636-3:1996 [zurückgezogen], Berlin: Beuth.

3.29 DIN EN 1912:2013-10 (2013). *Bauholz für tragende Zwecke – Festigkeitsklassen – Zuordnung von visuellen Sortierklassen und Holzarten; Deutsche Fassung EN 1912:2012 + AC:2013*, Berlin: Beuth.

3.30 DIN EN 1995-1-1:2010-12 (2020). *Eurocode 5: Bemessung und Konstruktion von Holzbauten – Teil 1-1: Allgemeines – Allgemeine Regeln und Regeln für den Hochbau; Deutsche Fassung EN 1995-1-1:2004 + AC:2006 + A1:2008*, Berlin: Beuth.

3.31 DIN EN 12369-1:2001-04 (2001). *Holzwerkstoffe – Charakteristische Werte für die Berechnung und Bemessung von Holzbauwerken – Teil 1: OSB, Spanplatten und Faserplatten; Deutsche Fassung EN 12369-1:2001*, Berlin: Beuth.

3.32 DIN EN 12369-2:2011-09 (2011). *Holzwerkstoffe – Charakteristische Werte für die Berechnung und Bemessung von Holzbauwerken – Teil 2: Sperrholz; Deutsche Fassung EN 12369-2:2011*, Berlin: Beuth.

3.33 DIN EN 12369-3:2009-02 (2009). *Holzwerkstoffe – Charakteristische Werte für die Berechnung und Bemessung von Holzbauwerken – Teil 3: Massivholzplatten; Deutsche Fassung EN 12369-3:2008*, Berlin: Beuth.

3.34 DIN EN 13353:2011-07 (2011). *Massivholzplatten (SWP) – Anforderungen; Deutsche Fassung EN 13353:2008+A1:2011*, Berlin: Beuth.

3.35 DIN EN 13986:2015-06 (2015). *Holzwerkstoffe zur Verwendung im Bauwesen – Eigenschaften, Bewertung der Konformität und Kennzeichnung; Deutsche Fassung EN 13986:2004+A1:2015*, Berlin: Beuth.

3.36 DIN EN 14080:2013-09 (2013). *Holzbauwerke – Brettschichtholz und Balkenschichtholz – Anforderungen; Deutsche Fassung EN 14080:2013*, Berlin: Beuth.

3.37 DIN EN 14081-1:2019-10 (2019). *Holzbauwerke – Nach Festigkeit sortiertes Bauholz für tragende Zwecke mit rechteckigem Querschnitt – Teil 1: Allgemeine Anforderungen; Deutsche Fassung EN 14081-1:2016+A1:2019*, Berlin: Beuth.

3.38 DIN EN 14279:2009-07 (2009). *Furnierschichtholz (LVL) – Definitionen, Klassifizierung und Spezifikationen; Deutsche Fassung EN 14279:2004+A1:2009*, Berlin: Beuth.

3.39 DIN EN 14374:2016-07 (2016). *(Entwurf) Holzbauwerke – Furnierschichtholz (LVL) – Anforderungen; Deutsche und Englische Fassung prEN 14374:2016*, Berlin: Beuth.

3.40 DIN EN 15283-1:2009-12 (2009). *Faserverstärkte Gipsplatten – Begriffe, Anforderungen und Prüfverfahren – Teil 1: Gipsplatten mit Vliesarmierung; Deutsche Fassung EN 15283-1:2008+A1:2009*, Berlin: Beuth.

3.41 DIN EN 15416-1:2017-05 (2017). *Klebstoffe für tragende Holzbauteile ausgenommen Phenolharzklebstoffe und Aminoplaste – Prüfverfahren – Teil 1: Langzeit-Zugprüfung senkrecht zur Klebfuge bei verschiedenen Klimabedingungen mit Prüfkörpern senkrecht zur Klebstofffuge (Glashaus-Prüfung); Deutsche Fassung EN 15416-1:2017*, Berlin: Beuth.

3.42 DIN EN 15416-2:2008-03 (2008). *Klebstoffe für tragende Holzbauteile ausgenommen Phenolharzklebstoffe und Aminoplaste – Prüfverfahren – Teil 2: Statische Belastungsprüfung an Prüfkörpern mit mehreren Klebstofffugen bei Druck-Scherbeanspruchung; Deut-*

sche Fassung EN 15416-2:2007 [zurückgezogen], Berlin: Beuth.

3.43 DIN EN 15416-3:2019-06 (2019). *Klebstoffe für tragende Holzbauteile ausgenommen Phenolharzklebstoffe und Aminoplaste – Prüfverfahren – Teil 3: Prüfung der Kriechverformung unter zyklischen Klimabedingungen an Prüfkörpern bei Biege-Scherbeanspruchung; Deutsche Fassung EN 15416-3:2017+A1:2019*, Berlin: Beuth.

3.44 DIN EN 15416-4:2017-05 (2017). *Klebstoffe für tragende Holzbauteile ausgenommen Phenolharzklebstoffe und Aminoplaste – Prüfverfahren – Teil 4: Bestimmung der offenen Wartezeit bei Referenzbedingungen; Deutsche Fassung EN 15416-4:2017*, Berlin: Beuth.

3.45 DIN EN 15416-5:2017-05 (2017). *Klebstoffe für tragende Holzbauteile ausgenommen Phenolharzklebstoffe und Aminoplaste – Prüfverfahren – Teil 5: Bestimmung der Mindestpresszeit bei Referenzbedingungen; Deutsche Fassung EN 15416-5:2017*, Berlin: Beuth.

3.46 DIN EN 15425:2017-05 (2017). *Klebstoffe – Einkomponenten-Klebstoffe auf Polyurethanbasis (PUR) für tragende Holzbauteile – Klassifizierung und Leistungsanforderungen; Deutsche Fassung EN 15425:2017*, Berlin: Beuth.

3.47 DIN EN 15497:2014-07 (2017). *Keilgezinktes Vollholz für tragende Zwecke – Leistungsanforderungen und Mindestanforderungen an die Herstellung; Deutsche Fassung EN 15497:2014*, Berlin: Beuth.

3.48 DIN EN 16254:2016-12 (2016). *Klebstoffe – Emulsionspolymerisiertes Isocyanat (EPI) für tragende Holzbauteile – Klassifizierung und Leistungsanforderungen; Deutsche Fassung EN 16254:2013+A1:2016*, Berlin: Beuth.

3.49 DIN EN 16351:2015-12 (2015). *Holzbauwerke – Brettsperrholz - Anforderungen; Deutsche Fassung EN 16351:2015*, Berlin: Beuth.

4
Holzschutz

Thorsten Kober, Berlin

4.1 Holzschutz = intelligentes Bauen

Als natürlich gewachsener Baustoff geht Holz aus dem Vergleich zu anderen Baustoffen in puncto Ökobilanz und Klimaschonung stets als „Testsieger“ hervor. Neben den zahlreichen Vorteilen der Verwendung von Holz als konstruktiver Baustoff ist eine wesentliche Stärke des Holzes gleichzeitig auch eine seiner größten Schwächen. 100 % biologisch abbaubar ist Holz sowohl im Wald als auch im eingebauten Zustand als Tragglied einer Konstruktion. Diese Konstruktion soll möglichst dauerhaft und robust sein, wird in Deutschland doch von modernen Gebäuden eine Nutzungsdauer ab 60 Jahren aufwärts erwartet.

In den 1950er-Jahren entwickelte eine ideenreiche chemische Industrie zahlreiche Mittel, um Holz im verbauten Zustand vor pflanzlichen und/oder tierischen Schädlingen zu schützen. In diesen Zeiten war es sogar baurechtlich vorgeschrieben, Holz zu konstruktiven Zwecken mit entsprechenden Holzschutzmitteln zu behandeln. Es hat reichlich Zeit gebraucht, um die allgemeine Erkenntnis zu etablieren, dass auch die besten Holzschutzmittel konstruktive Unzulänglichkeiten eines Tragwerks nicht dauerhaft kompensieren können. Schädigungen des Holzes durch falsche Anwendung oder Anordnung in einer Konstruktion können durch den Einsatz von Holzschutzmitteln bestenfalls verzögert werden. Hinzu kommt die damit verbundene „Verwandlung“ eines vormals vollständig recycelbaren Produkts in ein entsorgungstechnisch problematisches Stoffgemenge.

Holz im Bauwesen braucht einen dauerhaften und umweltverträglichen Schutz. Die aktuellen Regelungen werden den Ansprüchen des modernen Holzbaus gerecht und setzen dabei vorrangig auf bauliche bzw. konstruktive Holzschutzmaßnahmen. Diese stellen sicher, dass für die Dauer der Nutzung eine Rückführung in den Stoffkreislauf durch Holz zerstörende Organismen ausgeschlossen werden kann. Das Bauen mit Holz erfordert somit einen intelligenten Umgang mit einem besonders ökologischen Material. Es brauchte mehrere Jahrzehnte, um die Einsicht durchzusetzen, dass der Einsatz von Holzschutzmitteln auf einige wenige Anwendungsbereiche beschränkt werden kann. Wurde bisher gefordert nachzuweisen, dass der Einsatz von vorbeugenden chemischen Holzschutzmaßnahmen nicht erforderlich

Holzbau-Taschenbuch, Grundlagen. 10. Auflage. Herausgegeben von Stefan Winter und Mandy Peter.

ist, muss nach den Regelungen der neuen Normenreihe DIN 68800 die Notwendigkeit der Verwendung von chemischen Holzschutzmitteln sachlich belegt werden.

Holzbau ohne Chemie ist nicht nur möglich, sondern spätestens seit Einführung der neuesten Generation der Holzschutznormen auch obligatorische Pflicht für Planer und Ausführende. Es entspricht den allgemein anerkannten Regeln der Technik.

4.2 Holzschutznormung aktuell

Die vierteilige Normenreihe DIN 68800 Holzschutz ist für das Bauwesen von zentraler Bedeutung. Zahlreiche Vertreter der Bauaufsicht, des Holzbaugewerbes, der Holz- und Sägeindustrie, der Holzschutzmittelindustrie sowie Akteure der Wissenschaft, Umwelt- und Verbraucherschutzverbände, Schädlingsbekämpfer und Bauplaner haben in einem langen Prozess zur Novellierung der Normenreihe DIN 68800 über eine zentrale Fragestellung diskutiert: In welchen Fällen und in welchem Umfang ist ein vorbeugender Schutz von Holz mit Holzschutzmitteln überhaupt noch erforderlich? Fazit: In den üblichen Anwendungsfällen des modernen Holzbaus können die Holzbauteile der Gebrauchsklasse 0 (GK 0, früher Gefährdungsklasse) nach DIN 68800-1 zugeordnet werden. Damit können die Anforderungen an dauerhaftes und ökologisches Bauen in Einklang gebracht werden.

Engagierten Holzbauakteuren sowie umfangreichen wissenschaftlichen Arbeiten ist es zu verdanken, dass insbesondere die Vertreter der Bauaufsicht sowie öffentliche und private Auftraggeber von der dauerhaften Funktionstüchtigkeit von Holzbauwerken ohne chemische Schutzmaßnahmen überzeugt werden konnten. Eine der wichtigsten Grundlagen stellt dabei der seit Mitte der 1980er-Jahre beginnende und heute obligatorische Einsatz technisch getrockneter Vollholzprodukte für Holzbauwerke dar. Über weitere wesentliche Grundsätze des Holzschutzes konnte ebenfalls breite Übereinkunft erzielt werden:

- Ausführungen mit besonderen baulichen Holzschutzmaßnahmen nach DIN 68800-2 sollten gegenüber Ausführungen bevorzugt werden, bei denen vorbeugende Schutzmaßnahmen mit Holzschutzmitteln nach DIN 68800-3 erforderlich sind.
- Holzschutzmittel dürfen in Aufenthaltsräumen nicht mehr angewendet werden.
- Holz darf nur noch mit einer Holzfeuchte unter 20 % eingebaut werden.
- Die Gefahr eines Bauschadens durch Holz zerstörende Insekten wird bei technisch getrocknetem Holz als vernachlässigbar eingestuft. Somit ist bei sichtbar bleibenden Bauteilen in Innenräumen der Gebrauchsklasse 1 (GK 1) aus technisch getrockneten Hölzern keine Behandlung mit einem Biozid gegen Insekten erforderlich.
- Dach- und Konterlatten werden der Gebrauchsklasse 0 (GK 0) zugeordnet. Dies bedeutet, dass Dach- und Konterlatten nur noch in begründeten Ausnahmefällen mit Holzschutzmitteln eingebaut werden dürfen.

Weitere wesentliche Voraussetzung für dauerhafte und robuste Holzkonstruktionen ist die strikte Einhaltung bzw. Umsetzung der in Teil 1 und Teil 2 der DIN 68800 festgelegten baulichen Maßnahmen zum Schutz von Holzbauteilen.

4.2.1 Holzschutz europäisch

Das Bauen in Europa wurde bis weit in die zweite Hälfte des 19. Jahrhunderts hinein weder durch ungeschriebene noch durch geschriebene nationale bautechnische Regeln begleitet. Ausnahmen stellten hier Brandschutzvorschriften dar, die bereits damals schon regional auch im Detail deutliche Unterschiede aufwiesen.

Die Weiterentwicklung der Bautechnik ab Ende des 19. Jahrhunderts bewirkte eine zunehmende schriftliche Fixierung von Regeln der Technik, jedoch auch eine immer ausgeprägtere nationale Differenzierung des Bauens. Der Vertrag zur Gründung der Europäischen Wirtschaftsgemeinschaft (EWG) vom 25. März 1957 verpflichtete die damaligen Mitgliedstaaten u. a. dazu, alle wie mengenmäßige Ausfuhrbeschränkungen wirkenden Maßnahmen zu unterlassen und schließlich auch zu einer europäischen Harmonisierung der national unterschiedlichen bautechnischen Vorschriften zu gelangen. Aus anfänglich eher freiwilligen Initiativen zur Entwicklung überregionaler technischer Regeln entstand 1964 auch das für den Holzschutz zuständige Technische Komitee – TC – (TC 38) bei der Europäischen Normungsorganisation CEN. Nach eher behäbigem Start beschleunigte sich der Harmonisierungsprozess und konkretisierte sich im Bauwesen mit der Richtlinie des Rates vom 21. Dezember 1988 zur Angleichung der Rechts- und Verwaltungsvorschriften der Mitgliedstaaten über Bauprodukte, der sog. Bauproduktenrichtlinie – BauPR. Damit wurde das Ziel für diesen Prozess eindeutig vorgegeben: Sicherstellung des Inverkehrbringens, des freien Warenverkehrs und der Verwendung auf dem europäischen Binnenmarkt nur für Bauprodukte, die im Sinne der BauPR brauchbar sind und demgemäß die CE-Kennzeichnung tragen. Als Verifizierungsgrundlage dafür ist der Nachweis der Übereinstimmung (die Konformität) mit europäisch harmonisierten Normen festgelegt worden. Zum 01.07.2013 löste die neue Bauproduktenverordnung (BauPVO) Nr. 305/2011 die Bauproduktenrichtlinie ab. Ziel der neuen Verordnung ist unter anderem eine einheitliche Regelung für das Inverkehrbringen von Bauprodukten, ihr freier Warenverkehr und der Abbau technischer Handelshemmnisse im EU-Wirtschaftsraum. Bauprodukte, die nach dem 01.07.2013 in Verkehr gebracht wurden und werden, müssen der BauPVO entsprechen. Die BauPVO unterscheidet sich von der bisherigen BauPR insbesondere durch die CE-Kennzeichnung und die damit verbundene Leistungserklärung sowie durch die Bewertung und Überprüfung der Leistungsbeständigkeit.

Es sind nicht alle europäischen Normen, die von CEN erarbeitet werden, auch harmonisierte Normen im Sinne der BauPVO. Harmonisierte Europäische Normen sind jene Normen, die von der Europäischen Kommission bei CEN mit detaillierten Vorgaben in Auftrag (Mandat) gegeben werden. Nach ihrer mandatsgemäßen Fertigstellung werden harmonisierte Normen im Europäischen Amtsblatt unter Benennung der Fundstelle veröffentlicht. Mit dieser Veröffentlichung bestimmt die

Europäische Kommission auch zwei wichtige Termine, nämlich das Datum der Anwendbarkeit der Norm – DOA – (der CE-Kennzeichnungsfähigkeit der Norm) und das Datum der Zurückziehung der entgegenstehenden nationalen Normen – DOW. Aus einem freiwillig nutzbaren Normenangebot von CEN wird damit eine zwingende Anwendungspflicht. In einer sog. Koexistenzphase zwischen diesen beiden Terminen – in der Regel ein Jahr – darf das betreffende Bauprodukt noch wahlweise nach nationaler oder europäischer Norm hergestellt werden. Danach gilt nur noch die europäisch harmonisierte Produktnorm.

Harmonisierte Normen für Holzschutzmittel sind in absehbarer Zeit nicht zu erwarten, jedoch bestehen bereits mandatierte und harmonisierte Normen für mit einem chemischen Holzschutz versehene Holzprodukte und Holzwerkstoffe. Ein Beispiel dafür ist DIN EN 351 „Dauerhaftigkeit von Holz und Holzprodukten – Mit Holzschutzmitteln behandeltes Vollholz“ in den Teilen 1 und 2.

Des Weiteren sind harmonisierte europäische Normen für den Holzschutz national verpflichtend wirksam, die z. B. Bestimmungs- und Klassifizierungsverfahren europaweit einheitlich regeln. Ein Beispiel ist die DIN EN 350 „Dauerhaftigkeit von Holz und Holzprodukten – Natürliche Dauerhaftigkeit von Vollholz“ in ihren Teilen 1 und 2.

4.2.2 Beziehungen zwischen europäischer und nationaler Holzschutznormung

Die nationale deutsche Normenreihe DIN 68800 steht in unmittelbarer Beziehung zu einer Reihe europäischer Normen zum Themenbereich des Holzschutzes, die seit 1992 erschienen sind. Zuständig für die Er- und Bearbeitung der europäischen Holzschutznormung ist das CEN/TC 38. Der Zuständigkeitsbereich dieses Normungsgremiums beläuft sich auf die Normung der natürlichen oder durch Behandlung herbeigeführten Dauerhaftigkeit von Holz und Holzwerkstoffen gegenüber Organismen und deren Eigenschaften mit der entsprechenden Exposition. Ferner haben weitere EN-Normen aus anderen CEN/TC Bezug zu einzelnen Teilen von DIN 68800.

In der aktuellen Fassung der DIN 68800 Teil 1 bis Teil 4 werden die relevanten europäischen Normen bzw. deren Regelungen berücksichtigt. Mit der Fassung von 2011/2012 der DIN 68800 wird das zuvor sehr unübersichtliche Geflecht von europäischer und nationaler Holzschutznormung zumindest etwas entwirrt und die Zusammenhänge werden deutlicher.

Es gilt der allgemeine Grundsatz der Normung, dass in dem Zusammenspiel zwischen nationaler und europäischer Normung weder widersprüchliche noch doppelte Regelungen vorhanden sein dürfen. In DIN 68000 sind somit jene Aspekte weiterhin national geregelt, die nicht in europäischen Normen behandelt werden. Das betrifft insbesondere den baulichen Holzschutz nach DIN 68800-2, der aufgrund der unterschiedlichen und gewachsenen Bautraditionen in den Mitgliedsstaaten Europas in europäischen Normen nicht behandelt wird.

In der nachfolgenden Tab. 4.1 werden die Beziehungen zwischen der europäischen Holzschutznormung und der nationalen DIN 68800 dargestellt.

Tab. 4.1 Beziehungen zwischen europäischen Holzschutznormen und DIN 68800-1, -3, -4.

Europäische Holzschutznormen	**DIN 68800 -1, -3, -4**	**Bezug zwischen EN und DIN 68800-1, -3 und -4**
EN 335-1 Dauerhaftigkeit von Holz und Holzprodukten, Gebrauchsklassen	DIN 68800-1	Berücksichtigung der in DIN EN 335-1 festgelegten Gebrauchsklassen (mit Ausnahme der GK 0)
	DIN 68800-3	–/–
	DIN 68800-4	–/–
EN 350-2 Dauerhaftigkeit von Holz und Holzprodukten – Natürliche Dauerhaftigkeit von Vollholz: Leitfaden für die natürliche Dauerhaftigkeit und Tränkbarkeit von ausgewählten Holzarten von besonderer Bedeutung in Europa	DIN 68800-1	Übernahme der Angaben zur Dauerhaftigkeit von Holz
	DIN 68800-3	Übernahme von Angaben zur Tränkbarkeit von Holz
	DIN 68800-4	–/–
EN 1001-2 Dauerhaftigkeit von Holz und Holzprodukten – Terminologie: Liste äquivalenter Fachausdrücke	DIN 68800-1	Übernahme der Definitionen und Begriffe in Bezug auf die Dauerhaftigkeit von Holz
	DIN 68800-3	
	DIN 68800-4	
EN 351-1 Dauerhaftigkeit von Holz und Holzprodukten – Mit Holzschutzmitteln behandeltes Vollholz: Klassifizierung der Schutzmitteleindringung und -aufnahme	DIN 68800-1	–/–
	DIN 68800-3	Übernahme der Klassifikation zu Eindringtiefen von Holzschutzmitteln in zu behandelnden Hölzern und der Anleitung zur Klassifikation der Aufnahme Grundlage zur Festlegung von Schutzbehandlungen für spezielle Produkte
	DIN 68800-4	–/–
DIN EN 351-2 Dauerhaftigkeit von Holz und Holzprodukten – Mit Holzschutzmitteln behandeltes Vollholz: Leitfaden zur Probenentnahme für die Untersuchung des mit Holzschutzmitteln behandelten Holzes	DIN 68800-1	–/–
	DIN 68800-3	Übernahme der Eindringtiefeklassen mit Eindringtiefeanforderungen und zugehörigen Analysezonen für die Aufnahmebestimmung; Verweise hinsichtlich Probenentnahme für die Untersuchung des mit Holzschutzmitteln behandelten Holzes
	DIN 68800-4	–/–
DIN EN 460 Dauerhaftigkeit von Holz und Holzprodukten – Natürliche Dauerhaftigkeit von Vollholz – Leitfaden für die Anforderungen an die Dauerhaftigkeit von Holz für die Anwendung in den Gefährdungsklassen	DIN 68800-1	–/–
	DIN 68800-3	–/–
	DIN 68800-4	–/–

Tab. 4.1 Beziehungen zwischen europäischen Holzschutznormen und DIN 68800-1, -3, -4 (Fortsetzung).

Europäische Holzschutznormen	**DIN 68800 -1, -3, -4**	**Bezug zwischen EN und DIN 68800-1, -3 und -4**
DIN EN 599-1 Dauerhaftigkeit von Holz und Holzprodukten – Wirksamkeit von Holzschutzmitteln wie sie durch biologische Prüfungen ermittelt wird: Spezifikation entsprechend der Gebrauchsklasse	DIN 68800-1	–/–
	DIN 68800-3	Verweis auf Leistungsanforderungen in den zur Anwendung von Holzschutzmitteln vorgesehenen Gebrauchsklassen, einschl. Wirksamkeitsnachweise gegen Bläuepilze
	DIN 68800-4	–/–
EN 14128 Dauerhaftigkeit von Holz und Holzprodukten – Anforderungen an bekämpfend wirkende Holzschutzmittel, wie sie durch biologische Prüfungen ermittelt werden	DIN 68800-1	–/–
	DIN 68800-3	–/–
	DIN 68800-4	Verweis hinsichtlich Gruppeneinteilung für Bekämpfungsmittel
DIN CEN/TS 15003 Dauerhaftigkeit von Holz und Holzprodukten – Kriterien für Heißluftverfahren zur Bekämpfung von Holz zerstörenden Organismen	DIN 68800-1	–/–
	DIN 68800-3	–/–
	DIN 68800-4	Grundlage der beschriebenen Heißluftverfahren

Da zu baulichen Maßnahmen keine europäischen Normen bestehen, ist DIN 68800-2 hier nicht aufgeführt. Beziehungen zu europäischen Normen bestehen somit nur für die Teile 1, 3 und 4 der DIN 68800.

4.3 Bauaufsichtlicher Status und Aufbau der DIN 68800

Das Normenwerk zum Holzschutz umfasst folgende Teile:

- DIN 68800-1: Holzschutz – Teil 1: Allgemeines,
- DIN 68800-2: Holzschutz – Teil 2: Vorbeugende bauliche Maßnahmen im Hochbau,
- DIN 68800-3: Holzschutz – Teil 3: Vorbeugender Schutz von Holz mit Holzschutzmitteln,
- DIN 68800-4: Holzschutz – Teil 4: Bekämpfungs- und Sanierungsmaßnahmen gegen Holz zerstörende Pilze und Insekten.

Es sind jedoch nicht alle Teile der Norm bauaufsichtlich eingeführt.

4.3.1 Bauaufsichtlich eingeführte Teile der DIN 68800

Die Teile 1 und 2 der DIN 68800 sind als technische Baubestimmungen bauaufsichtlich eingeführt. Damit erhalten diese Teile den Status, dass sie zur Erfüllung der

Anforderungen der Bauordnungen an bauliche Anlagen, Bauprodukte und andere Anlagen und Einrichtungen unerlässlich sind. Dies gilt zum Verfassungszeitpunkt dieses Beitrags nicht für die Teile 3 und 4 der Norm. Es besteht jedoch eine enge Verzahnung der Teile 3 und 4 mit dem Teil 1 der Norm durch gegenseitige Verweise. Daher bieten auch die nicht eingeführten Teile 3 und 4 verlässliche technische Regeln, die auch ohne separate bauaufsichtliche Zulassungen in der Praxis angewendet werden können. Hierzu ist jedoch eine vertragliche Vereinbarung erforderlich.

Für Holzschutzmittel und deren Anwendbarkeit ist zum Zeitpunkt der Erstellung dieses Beitrags eine allgemeine bauaufsichtliche Zulassung erforderlich. Zukünftig sollen Holzschutzmittel auf Grundlage von Zulassungen nach dem Chemikaliengesetz (Biozid-Zulassungen) anwendbar gemacht werden.

4.3.2 Struktur der Normenreihe DIN 68800

Die DIN 68800 erschien erstmalig 1956 und regelt seither in Verbindung mit der 1954 erschienenen DIN 52175 den Gesamtbereich des Holzschutzes im Hochbau. Nach mehreren zeitversetzten Überarbeitungen der einzelnen Teile war die Normenreihe in sich nicht mehr konsistent und teilweise sogar widersprüchlich geworden. Dies wurde durch eine zusammenfassende Überarbeitung der Normenreihe und deren Neuveröffentlichung im Jahr 2011/2012 behoben.

Durch den nun eindeutig festgelegten Vorrang des Holzschutzes ohne Anwendung von Holzschutzmitteln werden mit der Neufassung der Norm einem breiten gesellschaftlichen Bedürfnis Rechnung getragen und eindeutige Prioritäten gesetzt.

4.3.2.1 DIN 68800 Teil 1

Im Rahmen der aktuellen Konzeption enthält Teil 1 der Normenreihe DIN 68800 alle allgemeinen Regelungen zum Schutz des Holzes. Auf diese allgemeinen Regelungen wird in dem jeweiligen Anwendungsbereich der Teile 2, 3 und 4 der Normenreihe ausdrücklich verwiesen. Teil 1 ist somit als Steuerungsnorm zu betrachten und maßgebend, welche Maßnahmen unter den jeweiligen Gebrauchsbedingungen notwendig, möglich und auch zweckmäßig sind.

Die grundlegenden Entscheidungshilfen, unter welchen Bedingungen die Anwendung von Holzschutzmitteln erforderlich ist, sind im Teil 1 zusammengefasst. Hier wird dem baulichen Holzschutz der Vorrang eingeräumt. Dies bedeutet, dass erst dann, wenn alle konstruktiven Möglichkeiten zur Vermeidung von Schäden durch Organismen ausgeschöpft wurden, die Anwendung von Holzschutzmitteln erforderlich wird. Im Einzelfall sind hier jedoch auch die wirtschaftlichen und technischen Verhältnismäßigkeiten in Betracht zu ziehen und abzuwägen.

4.3.2.2 DIN 68800 Teil 2

Teil 2 der Norm regelt die vorbeugenden baulichen Maßnahmen zum Erhalt der Dauerhaftigkeit von Bauteilen aus Holz oder Holzwerkstoffen. Die Regelungen gelten gleichermaßen für die Errichtung von Neubauten sowie für die Modernisierung, Renovierung oder Instandsetzung von Bauwerken. Die Norm gilt für tragende Bauteile aus Holz und Holzwerkstoffen. Für nichttragende Bauteile wird die Anwendung dieser Norm empfohlen, ist jedoch gesondert zu vereinbaren.

Bezüglich des Umfangs der baulichen Maßnahmen unterscheidet die Norm zwischen

- grundsätzlichen baulichen Maßnahmen, die stets zu beachten sind, und
- besonderen baulichen Maßnahmen, die jeweils konstruktionsspezifisch definiert und umzusetzen sind.

Die Norm gilt für den gesamten Hochbau, legt jedoch die Schwerpunkte auf Neubauten in Holztafel-, Rahmen- und Skelettbauarten sowie auf die Massivholzbauarten, z. B. aus Brettsperrholz- oder Brettstapelelementen.

Klassisch ausgemauerte Fachwerkwände sowie Bauteile mit ständigem Erd- oder Wasserkontakt sind nicht Bestandteil dieser Norm.

4.3.2.3 DIN 68800 Teil 3

Teil 3 der Normenreihe legt Maßnahmen zum vorbeugenden Schutz von Holz und Holzwerkstoffen mit Holzschutzmitteln fest. Die Norm regelt sowohl besondere Anforderungen an den Schutz von tragenden Holzbauteilen als auch Anforderungen an den Schutz von nichttragenden Hölzern. Es wird zum einen die Verwendung von Holz, das zum vorbeugenden Schutz gegen Schadorganismen mit Holzschutzmitteln behandelt wurde, geregelt. Zum anderen werden ausführliche Anweisungen gegeben, wie diese Schutzmaßnahmen durchzuführen sind.

4.3.2.4 DIN 68800 Teil 4

Teil 4 der Normenreihe legt Maßnahmen zur Bekämpfung eines Befalls durch Holz zerstörende Pilze und Insekten bei verbautem Holz und Holzwerkstoffen fest. Dabei werden unter verbautem Holz sowohl tragende als auch nichttragende Bauteile verstanden.

Für alle Bekämpfungs- und Sanierungsmaßnahmen sind auch die Festlegungen der Teile 1 und 3 dieser Normreihe zu berücksichtigen. Eventuell notwendige bauliche Maßnahmen zur Erhaltung oder Wiederherstellung der Standsicherheit im Zusammenhang mit Bekämpfungsmaßnahmen sind nicht Bestandteil der Norm.

Termiten und Ameisen sind als Holzschädlinge in Deutschland natürlicherweise nicht von Bedeutung, sodass Bekämpfungsmaßnahmen gegen diese Insektenarten in dieser Norm ebenfalls nicht behandelt werden.

4.4 Die wesentlichen Holzschädlinge

Bauliche Holzschutzmaßnahmen dienen der Vermeidung oder zumindest der Erschwerung einer Besiedlung von Holz durch Holz zerstörende Organismen. Dabei lässt sich von allen Faktoren, die Holz zerstörende Pilze zum Wachstum benötigen, allein die Feuchtezufuhr mit praktischen Maßnahmen beeinflussen. Die weiteren Wachstumsbedingungen wie Sauerstoff, weitgehend ausgeglichene Temperaturen sind dagegen kaum oder nur schwer zu regulieren. Daher beruhen bauliche

Holzschutzmaßnahmen im Wesentlichen auf dem Prinzip der Fernhaltung bzw. Beschränkung der Befeuchtung von Holz und Holzprodukten. Ferner gilt es, den Befall durch tierische Holzschädlinge zu vermeiden. Dies erfolgt entweder durch Sicherstellung der Unzugänglichkeit (z. B. Bekleidungen), der ständigen aufwandsarmen Kontrollierbarkeit oder durch die technische Trocknung des Holzes.

In diesem Abschnitt soll nur auf die wesentlichen pflanzlichen und tierischen Holzschädlinge eingegangen werden. Für weitere Informationen wird auf die umfassend vorhandene Literatur zu diesem Themenkomplex verwiesen.

4.4.1 Pflanzliche Holzschädlinge

Für Holz und Vollholzprodukte sind die wesentlichen pflanzlichen Schädlinge die Fäulepilze. Nur wenige Pilze, z. B. Seitlinge, zerstören klebstoffhaltige Holzwerkstoffe. Es werden vier relevante Pilztypen unterschieden. Allen gemein ist, dass feuchtes Holz durch einen als Nährstoff genutzten Substanzabbau von Fäulepilzen bzw. Bakterien zerstört wird. Wassergelöste Enzyme werden von den Fäulepilzen abgegeben, die durch Herauslösen der Zuckerelemente das Holz zersetzen und zum Festigkeitsverlust führen.

In Abhängigkeit von den aus dem Holz gelösten Bestandteilen werden dem Erscheinungsbild des Holzes der Besiedlung und Zersetzung entsprechend vier wesentliche Fäuletypen unterschieden:

- Braunfäule,
- Weißfäule,
- Moderfäule,
- Bakterienfäule.

Im Holzbau sind die Braunfäule und die Weißfäule von vorrangiger Bedeutung.

Für ihre Entwicklung benötigen pflanzliche Holzschädlinge eine lokale Holzfeuchte etwa ab Fasersättigung. Dabei kann ein Pilzbefall auch in kleinen, lokal begrenzten Bereichen mit einer während weniger Monate über Fasersättigung liegenden Holzfeuchte auftreten. Angaben zur Fasersättigungsfeuchte für die gebräuchlichsten Holzarten enthält Tab. 4.2.

Wird die Holzfeuchte langfristig unter die Werte der jeweiligen Fasersättigung gesenkt bzw. unter diesen Werten gehalten, stellen Holz zerstörende Pilze ihr Wachstum ein. Allerdings können Myzelreste über Jahre hinweg in einer sogenannten Trockenstarre lebensfähig bleiben. Stellen sich dann wieder günstigere Lebensbedingungen in Form von erhöhter Holzfeuchte und entsprechenden Temperaturen ein, können Myzelreste erneut auswachsen.

Braunfäule Die häufigsten Braunfäuleerreger sind der Echte Hausschwamm, der Braune Kellerschwamm, die Braunfäuletrameten (Porenschwämme) und verschiedene Arten von Blättlingen und Gallerttränen. Diesen Pilzen dient der Abbau von Cellulose, Hemicellulose (Kohlenhydrate des Holzes) und Pektin als Nahrungsgrundlage. Befallenes Holz schwindet beim Trocknen in Richtung der Faser, was zu Rissen quer zur Faser führt (Abb. 4.1). Der daraus folgende sogenannte Würfel-

Tab. 4.2 Fasersättigungsfeuchte gebräuchlicher einheimischer (Bau-)Holzarten.

<table>
<tr><th>Holzart</th><th colspan="2">Spezifizierung des Holztyps</th><th>Fasersättigungsfeuchte (in M.-%)</th></tr>
<tr><td>Fichte, Tanne</td><td colspan="2">Nadelhölzer ohne Farbkern</td><td>30–34</td></tr>
<tr><td rowspan="2">Kiefer, Lärche</td><td colspan="2">Nadelhölzer mit Farbkern und mäßigem Harzgehalt</td><td>26–28</td></tr>
<tr><td colspan="2">Splintholz von Nadelhölzern mit Farbkern</td><td>30–34</td></tr>
<tr><td>Douglasie</td><td colspan="2">Nadelhölzer mit Farbkern und mäßigem Harzgehalt</td><td>26–28</td></tr>
<tr><td>Buche, Birke, Pappel</td><td colspan="2">zerstreutporige Laubhölzer ohne Farbkern</td><td>32–36</td></tr>
<tr><td rowspan="2">Eiche, Esche, Edelkastanie, Robinie</td><td>Kernholz …</td><td rowspan="2">von ringporigen und halbringporigen Laubhölzern mit ausgeprägtem Farbkern</td><td>22–24</td></tr>
<tr><td>Splintholz …</td><td>32–36</td></tr>
</table>

Abb. 4.1 Schadensbild Braunfäule [4.8].

bruch kann verschiedene Größen annehmen, in Abhängigkeit vom Abbauverlauf. Mit dem Abbau verliert das Holz schnell seine mechanischen Eigenschaften, noch bevor ein intensiverer Masseverlust einsetzt.

Weißfäule Weißfäulepilze treten besonders an bewittertem Holz auf (Abb. 4.2). Sie bauen neben Cellulose, Hemicellulose und Pektinen auch Lignin ab. Im Verlauf des Abbauprozesses wird das Holz faserig, weich und nimmt meist eine weißliche Färbung an. Die wesentlichen Arten sind die Sternsetenpilze, der Grauende Porling und die Feuerschwämme, die alle auch an Holzwerkstoffen vorkommen.

Abb. 4.2 Schadensbild Weißfäule [4.8].

Abb. 4.3 Schadensbild Moderfäule [4.8].

Abb. 4.4 Schadensbild Bakterienfäule [4.8].

Moderfäule Die Moderfäule tritt an nass lagerndem und verbautem Holz mit lang anhaltender, hoher Befeuchtung auf (Abb. 4.3). Die weich und oft feucht-schmierig werdende Oberfläche des faulenden Holzes gibt der Moderfäule ihre Bezeichnung. Es werden auch hier bevorzugt Cellulose und Hemicellulose abgebaut. Trockenes moderfaules Holz weist ebenfalls einen Würfelbruch auf, jedoch ist dieser in der Regel feiner als bei den anderen Würfelbruchverursachern.

Bakterienfäule Holz zerstörende Bakterien zersetzen nasses bis gesättigt nasses Holz, wie z. B. stehende Baumstämme, Holz im Erdkontakt und wassergelagertes Holz (Abb. 4.4). Sie bauen Cellulose und Hemicellulose, aber auch lignifizierte Zellwände ab, jedoch ist der Abbauprozess gegenüber den Pilzen deutlich verlangsamt. Daher treten Schäden durch Holz zerstörende Bakterien oft erst nach Jahrzehnten bis Jahrhunderten auf (z. B. Gründungspfähle oder Schiffwracks).

4.4.2 Tierische Holzschädlinge

4.4.2.1 Allgemeine Einführung

Je nach Lebensraum werden die Holz zerstörenden Insekten übergreifend in zwei Gruppen aufgeteilt:

- Trockenholzinsekten am lagernden und/oder am verbauten Holz,
- Frischholzinsekten am lebenden oder frisch gefällten Baum.

Die DIN 68800 regelt gemäß ihrem Anwendungsbereich die allgemeinen Voraussetzungen für den Schutz von verbautem Holz und Holzwerkstoffen gegen eine Wertminderung oder Zerstörung durch Organismen. Frischholzinsekten verursachen im Unterschied zu den Trockenholzinsekten keine nennenswerten Bauschäden. Demnach sind Frischholzinsekten, der Schutz gegen solche und deren Bekämpfung nicht Gegenstand dieser Norm. Aus diesem Grunde soll hier im Wesentlichen auf die am häufigsten auftretenden Trockenholzinsekten kurz eingegangen werden.

4.4.2.2 Trockenholzinsekten

Nach DIN 68800-1 sind Holzbauteile, die der Gebrauchsklasse 1 (GK 1) nach Tabelle 1 der Norm zuzuordnen sind, nicht durch Feuchte, sondern durch Holz zerstörende Insekten gefährdet. Dabei stellen bei verbautem Holz ausschließlich Trockenholzinsekten wie der Hausbock oder diverse Nagekäferarten eine mögliche Gefährdung dar. Diese Insektengruppe zeichnet sich dadurch aus, dass sich ihre Larven je nach Art bereits bei einer Holzfeuchte von 7 bis 16 % entwickeln können. Dadurch ist es ihnen möglich, über mehrere Insektengenerationen trockenes Holz zu befallen und zu schädigen. Dagegen verursachen die Käfer des Hausbocks und der Anobien selbst keine Schäden. Dieses Entwicklungsstadium der Tiere dient durch das Ausfliegen der Erhaltung und Verbreitung ihrer Art.

In beheizten und trockenen Wohnräumen besteht ein sehr geringes Befallsrisiko durch Insekten. Befallsereignisse in solchen Umgebungen lassen sich in der Regel auf einen bereits beim Einbau der Bauteile vorhandenen Befall zurückführen, die sogenannte Einschleppung von Schädlingen. Bereits seit geraumer Zeit wird im Wesentlichen nur noch Holz verbaut, welches bei Temperaturen von mindestens 55 °C über mindestens 48 h technisch getrocknet wird. Es kann davon ausgegangen werden, dass tierische Holzschädlinge bei diesem Prozess abgetötet werden, sodass die Einschleppung von lebenden Holzinsekten insbesondere in Neubauten mittlerweile sehr unwahrscheinlich geworden ist.

Die wesentlichen Trockenholzinsekten werden nachfolgend aufgeführt und kurz beschrieben. Für weitere Erläuterungen wird auf die umfassend vorhandene Fachliteratur verwiesen.

Hausbock (*Hylotrupes bajulus*) Die Weibchen des Hausbocks sind 8–24 mm lang, dunkelbraun bis schwarz gefärbt und weisen weiß behaarte Winkel auf den Flügeldecken sowie zwei glänzende Warzen auf dem weißlich behaarten Halsschild auf (Abb. 4.5). Sie legen ihre Eier in Risse und Ritzen von Nadelholz ab. Von dort bohren sich die gelblich-weißen, beinlosen Larven in das Holz (Abb. 4.6).

Während ihrer Entwicklungszeit, die je nach Bedingungen ca. 3–15 Jahre umfassen kann, wächst die Larve bis zu einer Länge von max. 30 mm heran. Sie frisst vorwiegend nahe der Holzoberfläche das Splintholz. Die ovalen Fraßgänge werden dabei dicht mit Bohrmehl und walzenförmigem Kot verstopft.

Zum Abschluss der Entwicklung legt die Larve einen ca. 3 cm langen, bohrmehlfreien Gang an, in dem die Verpuppung und schließlich Entwicklung zum Käfer erfolgt. Dieser verlässt das Holz durch ein ovales Ausflugloch von 4 bis 5 mm × 7 bis 10 mm und lebt ca. 4–6 Wochen im Freien.

Beim Öffnen der Fraßgänge tritt das Bohrmehl zutage. Die Aktivität des Hausbocks kann nur an frischen Ausfluglöchern, freigelegten Larven und an Fraßge-

Abb. 4.5 Hausbockweibchen [4.9].

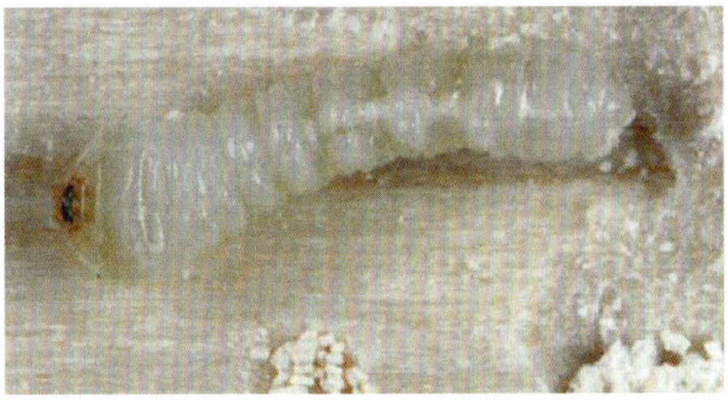

Abb. 4.6 Hausbocklarve [4.9].

räuschen (die bei Stille tatsächlich zu hören sind) ermittelt werden. Ein Auswurf von Bohrmehl aus Fluglöchern erfolgt nicht durch den Hausbock selbst, sondern ist meist auf andere, das Holz nicht gefährdende Insekten zurückzuführen.

Ähnlich wie der Hausbock im Nadelholz lebt vorwiegend im Kastanienholz (Laubholz) der Bockkäfer *Hesperophanes cinereus*. Dessen Larven und Käfer sind dem Hausbock sehr ähnlich, wobei die Färbung des Käfers eine Art grauen Schleier aufweist (daher Aschgrauer Abendbock).

Die Lebensbedingungen des Hausbocks sind folgende:

Temperatur [°C] normal/optimal	Holzfeuchte [%] normal/optimal
12–38/28–30	8–65/28–30

Gemeiner Nagekäfer (*Anobium punctatum*) Der Nagekäfer ist 3–5 mm lang, weist einen gedrungenen, meist dunkelbraunen bis schwarzen Körper auf, dessen Halsschild bis über den Kopf vorgezogen ist (Abb. 4.7). Die Fühler sind gestreckt und weisen kein knopfförmiges Ende auf. Die Eier werden in Risse, Ritzen und in alte Fraßgänge von Laub- und Nadelhölzern abgelegt, vorzugsweise in alten, von Schimmelpilzen befallenen Hölzern. Die Larven sind cremefarbig mit gekrümmtem Körper und haben 6 Beine. Die Entwicklungsdauer erstreckt sich je nach Bedingungen auf 2–5 Jahre (unter ungünstigen Bedingungen auch wesentlich länger). Die nach

Abb. 4.7 Gemeiner Nagekäfer [4.9].

der Verpuppung entstandenen Käfer fliegen durch kreisrunde Ausfluglöcher von 1 bis 3 mm Durchmesser aus. Die Larvengänge weisen einen kreisrunden Querschnitt auf und sind mit eiförmigem Kot und feinem Bohrmehl locker angefüllt. Die Aktivität dieser Insekten kann oft durch den Auswurf von Bohrmehl aus den Fluglöchern erkannt werden. Für eine optimale Entwicklung des Nagekäfers ist eine Holzfeuchte von 27 bis 30 % erforderlich. Unter 11 % ist eine Entwicklung ausgeschlossen.

Die Lebensbedingungen des Gemeinen Nagekäfers sind folgende:

Temperatur [°C] normal/optimal	Holzfeuchte [%] normal/optimal
15–28/22–24	12–48/27–30

Brauner Splintholzkäfer (*Lyctus brunneus*) Der braune Splintholzkäfer ist hellrot bis schwarzbraun gefärbt, 3–7 mm lang und weist lange, schmale Flügeldecken auf (Abb. 4.8). Er ähnelt anderen Splintholzkäferarten sehr, sodass eine Unterscheidung tiefere Sachkenntnis erfordert. Das Käferweibchen legt die Eier in Risse und angeschnittene Holzgefäße (Poren) und in bereits vorhandene Larvengänge stärkereicher Laubhölzer ab. Dies trifft insbesondere auf tropische Arten wie Limba und Abachi zu. Die weiße bis cremefarbene Larve weist einen stark aufgewölbten Brustteil mit 3 Beinpaaren sowie eine große Atemöffnung auf dem hinteren Körperabschnitt auf.

Abb. 4.8 Brauner Splintholzkäfer [4.9].

Je nach Bedingungen beträgt die Entwicklungsdauer der Larven zwischen 3 Monaten und 3 Jahren. Die Larven hinterlassen in den Gängen ein feines, puderförmiges Fraßmehl, welches häufig aus offenen Holzgefäßen (Poren) und Fluglöchern austritt. Die runden Fluglöcher der Käfer weisen einen Durchmesser von 0,9–1,7 mm auf. Ein Befall und entsprechende Schäden treten besonders an tropischen Hölzern und an Inneneinrichtungen aus entsprechenden Hölzern sowie an tropischen Souvenirs (Holzmasken, Bastartikeln u. a.) auf.

Weitere Splintholzkäferarten wie *Lyctus linearis*, *Lyctus africanus*, *Trogoxylon aequale*, *Trogoxylon impressum* kommen ebenfalls im Bundesgebiet vor, wobei eine Unterscheidung ausschließlich an den Käfern möglich ist.

Die Lebensbedingungen des Braunen Splintholzkäfers sind folgende:

Temperatur [°C] normal/optimal	Holzfeuchte [%] normal/optimal
7–30/26–27	7–30/15

4.4.2.3 Frischholzinsekten

Holzschädlinge, die den lebenden Baum befallen und in seiner Gesundheit gefährden, gelten als Forstschädlinge. Holzschädlinge, die das Holz stehender oder frisch gefällter Bäume dagegen nur entwerten, werden in der Forstwirtschaft als technische Schädlinge bezeichnet. Zu den Frischholzinsekten gehören unter anderen Holzwespen, Scheibenböcke, Fichtensplintböcke, holzbrütende Borkenkäfer und Kernholzkäfer.

Typisch für diese Insektengruppe ist, dass sie ihre Eier an geschwächten stehenden Bäumen mit Rinde oder mindestens mit Bastresten gelagertes, feuchtes Rundholz und auf Schwartenbretter ablegen. Die Entwicklung einer weiteren Generation ist am bast- und rindenfreien Holz nicht mehr möglich. Zwischen Rinde und Splint leben die rindenbrütenden Borkenkäfer und verschiedene Bockkäferarten (z. B. Scheibenböcke, Fichtenbock), die in der Regel nur einen kurzen, bohrmehlfreien Gang für die Verpuppung im Splintholz anlegen.

An verbauten Holzbauteilen und am Brennholz müssen Frischholzinsekten nicht chemisch bekämpft werden. Bei der Holzsortierung nach DIN 4074-1 stellt Insektenfraß jedoch eines der Sortierkriterien dar. Danach sind bei der visuellen Sortierung von Kanthölzern und vorwiegend hochkant biegebeanspruchten Brettern und Bohlen Fraßgänge bis 2 mm Durchmesser zulässig. Bohrlöcher mit einem Durchmesser bis 2 mm sind in der Regel auf den holzbrütenden Borkenkäfer (*Trypodendron lineatum*; Synonym: *Xyloterus lineatus*) zurückzuführen. Größere Durchmesser, in der Regel bis 5 mm, lassen hauptsächlich auf Befall durch Holzwespen, teilweise Scheibenböcke schließen. Bohrlöcher dieser Größe kommen in der Regel nur vereinzelt vor. Nur dann haben sie keinen Einfluss auf die Festigkeitseigenschaften, im Gegensatz zu gehäufter Anordnung.

Hölzer mit größeren Fraß- und Ausflugslöchern bzw. größeren Ansammlungen solcher Löcher sind demnach auszusortieren. Dadurch sollen neben Festigkeitseinbußen des Holzquerschnitts auch die spätere Schädigung von Luftdichtheitsbahnen durch Insekten vermieden werden, die nach dem Einbau befallener Hölzer eingesperrt wurden. Eine Ausdehnung des Befalls durch Frischholzinsekten in trockenem Holz wird weitgehend ausgeschlossen.

Der Befall von Hölzern mit der Holzwespe kann äußerlich zunächst nicht erkannt werden, da die Eiablage über einen Bohrstachel mit einem Durchmesser von 1/10 mm erfolgt. Erst durch die Schlupflöcher beim Ausflug des Insekts wird der Befall sichtbar. In der Vergangenheit kam es hier zu Schädigungen von Abdichtungen bzw. Unterspannbahnen, durch die sich die Insekten den Weg ins Freie gearbeitet hatten. Dies wird heute durch die weitverbreitete Verwendung von oberseitigen Schalungen und Unterdeckplatten zur Ausbildung geschlossener Bauteilgefache unterbunden. Des Weiteren bewirkt die heute übliche technische Trocknung des Bauholzes bei Temperaturen von mindestens 55 °C ein weitgehend zuverlässiges Absterben der Larven.

4.5 Kernaspekte des Holzschutzes nach DIN 68800

4.5.1 Klasseneinteilung nach DIN 68800

Die Gebrauchsklassen (GK – früher Gefährdungsklassen) sind eine Klassifikation zur Einbausituation von Holz in Abhängigkeit von den Umgebungsbedingungen. Die Gebrauchsklassen treffen jedoch weder eine konkrete Aussage über die Wahrscheinlichkeit, dass ein Befall durch Holzschädlinge auch tatsächlich eintritt, noch über mögliche Schadensfolgen. Eine Gefährdung durch Termiten ist nicht Gegenstand der Gebrauchsklassen, da diese in Deutschland keine Bedeutung hat. Schimmelpilze und Holz verfärbende Pilze (z. B. Bläuepilz, Rotstreifigkeit) sind nicht Gegenstand des Bewertungssystems der DIN 68800, da sie nur optische und zunächst keine festigkeitsbeeinflussende Auswirkung haben. Diese Klasseneinteilung darf jedoch nicht als übereinstimmend bzw. gleichbedeutend mit den Nutzungsklassen 1–3 nach DIN EN 1995-1-1 (Eurocode 5 – EC 5) betrachtet werden (s. Abschnitt 4.5.2).

In Tab. 4.3 werden die Gebrauchsklassen den jeweiligen Gebrauchsbedingungen sowie entsprechende Beispiele für übliche Einbausituationen zugeordnet.

4.5.2 Zuordnung der Nutzungsklassen (NKL) nach DIN EN 1995-1-1 zu den Gebrauchsklassen (GK) nach DIN 68800

Die Gebrauchsklassen der DIN 68800-1 sind nicht identisch mit den Nutzungsklassen nach DIN EN 1995-1-1 (EC 5). Der Hintergrund der Klasseneinteilung nach EC 5 beschränkt sich im Wesentlichen auf den Einfluss der Umgebungsbedingungen auf die Festigkeits- und Elastizitätseigenschaften des Materials. Dies wiederum blendet die Klasseneinteilung der DIN 68800 bzw. EN 335-1 mit den Gebrauchsklassen 1–5 weitgehend aus und dient der allgemeinen Einstufung des Einsatzbereichs von Holz im Hinblick auf die Bemessung.

Tab. 4.3 Gebrauchsklassen nach DIN 68800-1, Definition/Beispiele für Gebrauchsbedingungen/Gefährdung/Hinweise.

GK	Definition/Beispiele für Gebrauchsbedingungen/Gefährdung/Hinweise
GK 0	**Definition** – trocken (ständig $u_m \leq 20\,\%$), mittlere relative Luftfeuchte bis 85 % – Holz oder Holzprodukt unter Dach, nicht der Bewitterung und keiner Befeuchtung ausgesetzt, die Gefahr von Bauschäden durch Insekten kann entsprechend 5.2.1 ausgeschlossen werden
	Beispiele für Gebrauchsbedingungen, Gefährdung – sichtbar bleibende Hölzer in Wohnräumen – allseitig insektendicht abgedeckte Holzbauteile nach Teil 2 – keine Gefährdung durch Holz zerstörende Pilze und Insekten
	Hinweise – GK 0 ist ein Sonderfall der GK 1 (nicht in der europäischen Normung berücksichtigt) – Kontrollierbarkeit muss gegeben sein, d. h., ohne bauliche Veränderungen muss das Bauteil so einsehbar sein, dass es auf das Vorkommen von Insekten überprüft werden kann
GK 1	**Definition** – trocken (ständig $u_m \leq 20\,\%$), mittlere relative Luftfeuchte bis 85 % – Holz oder Holzprodukte unter Dach, nicht der Bewitterung und keiner Befeuchtung ausgesetzt
	Beispiele für Gebrauchsbedingungen, Gefährdung – nicht insektendicht bekleidete Balken – Sparren/Pfetten in unbeheizten Dachstühlen – Gefährdung durch Insekten
	Hinweise – Kontrollierbarkeit ist nicht gegeben, sonst GK 0
GK 2	**Definition** – gelegentlich feucht ($u_m > 20\,\%$), mittlere relative Luftfeuchte über 85 % oder zeitweise Befeuchtung durch Kondensation – Holz oder Holzprodukt unter Dach, nicht der Bewitterung ausgesetzt, eine hohe Umgebungsfeuchte kann zu gelegentlicher, aber nicht dauernder Befeuchtung führen
	Beispiele für Gebrauchsbedingungen, Gefährdung – unzureichend wärmegedämmte Balkenköpfe in Altbauten – Brückenträger überdachter Brücken – Gefährdung durch Insekten und Pilze
	Hinweise – GK 2 ist umstritten, da sie in Neubauten eigentlich nicht vorkommen sollte – relative Luftfeuchte über 85 % ist nur in gewerblich oder industriell speziell genutzten Räumen zu erwarten. Kritisch ist weniger die mittlere relative Luftfeuchte als vielmehr tropfendes Wasser infolge Tauwasserbildung. – bei gelegentlicher Befeuchtung, z. B. durch Kondensation ist NKL 2 (nach EC 5) bei der Bemessung anzusetzen

Tab. 4.3 Gebrauchsklassen nach DIN 68800-1, Definition/Beispiele für Gebrauchsbedingungen/Gefährdung/Hinweise (Fortsetzung).

GK	Definition/Beispiele für Gebrauchsbedingungen/Gefährdung/Hinweise
GK 3	**Definition** – gelegentlich bis häufig feucht (u_m > 20 %), Möglichkeit der Anreicherung von Wasser je nach Anordnung des Bauteils → siehe GK 3.1 und GK 3.2 – Holz oder Holzprodukt nicht unter Dach, mit Bewitterung, aber ohne ständigen Erd- oder Wasserkontakt
	Beispiele für Gebrauchsbedingungen, Gefährdung – Beispiele siehe GK 3.1/GK 3.2 – Gefährdung durch Insekten, Pilze und Auswaschung
	Hinweise Wichtige Einflussfaktoren für Hölzer in GK 3 – Faserrichtung: erhöhte Durchlässigkeit von Holz über die Stirnfläche gegenüber den Längsseiten – erhöhte Wasseraufnahme über die Stirnflächen – Hirnholzabdeckung empfohlen – Oberflächenbeschaffenheit: gehobelte oder gespaltene Oberflächen (z. B. Schindeln) führen Wasser schneller ab als sägeraues oder gatterraues Holz – Bodenabstand: Spritzwasserbelastung bei zu geringem Bodenabstand – erhebliche Erhöhung der Holzfeuchte – glatte Bodenoberflächen sind ungünstiger als Kiesbett oder Gitterrost – Süd-West-Ausrichtung = stärkste Wechselbeanspruchung durch Schlagregen und Sonneneinstrahlung – Nord-Ost-Ausrichtung = Gefahr der Auffeuchtung durch geringe Sonneinstrahlung (evtl. Vermoosung möglich) – Beschattung durch benachbarte Objekte = verringerte Abtrocknung von Niederschlägen – oberflächliche Abtrocknung erzeugt feine Risse im Holz, die eine Wasseraufnahme begünstigen; diese Wechselwirkung kann sich „hochschaukeln" – Verbindungen im Außenbereich: potenzielle Stellen für Wasseranreicherungen auf und im Holz – zu enger Kontakt zwischen den Bauteilen verhindert rasche Wiederaustrocknung nach Wassereintritt – Kapillarfugen an Fügeteilen und Bohrungen für Verbindungsmittel ermöglichen Feuchteanreicherungen → kleine Distanzstücke zwischen Fügeteilen anordnen – Abdeckungen der Anschlüsse oder Stöße empfohlen – Querschnittsgröße: Feuchteanreicherungen sind bei großen Querschnitten schädlicher, da sie langsamer wieder austrocknen

Tab. 4.3 Gebrauchsklassen nach DIN 68800-1, Definition/Beispiele für Gebrauchsbedingungen/Gefährdung/Hinweise (Fortsetzung).

GK	Definition/Beispiele für Gebrauchsbedingungen/Gefährdung/Hinweise
GK 3.1	**Definition** – gelegentlich feucht (u_m > 20 %), Anreicherung von Wasser im Holz, auch räumlich begrenzt, nicht zu erwarten – Holz oder Holzprodukt nicht unter Dach, mit Bewitterung, aber ohne ständigen Erd- oder Wasserkontakt, Anreicherung von Wasser im Holz,- auch räumlich begrenzt, ist aufgrund von rascher Rücktrocknung nicht zu erwarten
	Beispiele für Gebrauchsbedingungen, Gefährdung – bewitterte Stützen mit ausreichendem Bodenabstand – Träger mit dreiseitiger Bewitterung – vertikale Brüstungshölzer, Zaunlatten
	Hinweise – eingeschränkt feuchte Bedingungen – Wasseranreicherung muss ausgeschlossen sein, Bauteile müssen z. B. nach Beregnung wieder rasch abtrocknen können – Ableitung von Niederschlägen wichtig, durch geeignete Ausrichtung der Bauteile – waagerechte Oberflächen sind abzuschrägen oder abzudecken – Konstruktionsfugen und Verbindungsstellen sind „luftoffen" zu gestalten, um rasche Austrocknung zu gewährleisten – der GK 3.1 sind auch nichttragende Holzbauteile mit dauerhaft intakter Beschichtung zuzuordnen
GK 3.2	**Definition** – häufig feucht (u_m > 20 %), Anreicherung von Wasser im Holz, auch räumlich begrenzt, zu erwarten – Holz oder Holzprodukt nicht unter Dach, mit Bewitterung, aber ohne ständigen Erd- oder Wasserkontakt, Anreicherung von Wasser im Holz, auch räumlich begrenzt, zu erwarten
	Beispiele für Gebrauchsbedingungen, Gefährdung – bewitterte Balkonbalken – bewitterte horizontale Handläufe
	Hinweise – anhaltend feuchte Bedingungen – Wasseranreicherung ist zu erwarten – Holzbauteile sind weder dafür ausgeführt noch ausgerichtet, Wasser abzuleiten oder schnell zu trocknen, Einschränkung: Dauer der Einwirkung von Wasser kann verlängert, darf aber nicht andauernd sein (andauernde Wassereinwirkung kann bereits GK 4 bedeuten, Fußnote e, Tab. 1, DIN 68800-1) – längere Perioden erhöhter Holzfeuchte infolge wiederholter starker Niederschläge sind hier nicht gemeint

Tab. 4.3 Gebrauchsklassen nach DIN 68800-1, Definition/Beispiele für Gebrauchsbedingungen/Gefährdung/Hinweise (Fortsetzung).

GK	Definition/Beispiele für Gebrauchsbedingungen/Gefährdung/Hinweise
GK 4	**Definition** – vorwiegend bis ständig feucht ($u_m > 20\,\%$) – Holz oder Holzprodukt in Kontakt mit Erde oder Süßwasser und so bei mäßiger bis starker Beanspruchung vorwiegend bis ständig einer Befeuchtung ausgesetzt
	Beispiele für Gebrauchsbedingungen, Gefährdung – Palisaden – Hölzer für Uferbefestigungen, Anlegestellen – Unterkonstruktionen von Bootshäusern – Lärmschutzwände – schlecht gewartete/wartbare Brückenbeläge – Kompostieranlagen – ständig unter Wasser oder unterhalb des Grundwasserspiegels befindliche Pfahl- gründungen (jedoch Gefahr bei Absenkung des Grundwasserspiegels) – Gefährdung durch Insekten, Pilze, Auswaschung und Moderfäule
	Hinweise – ständiger Kontakt mit Erde oder Süßwasser (z. B. Masten) – auch Hölzer mit Beton ummantelt sind GK 4, ggf. auch bei zusätzlicher Sperrschicht – nur kurzfristiger Kontakt z. B. durch vorübergehende Lagerung auf der Erde oder kurzzeitiges Eintauchen in Wasser ist hier nicht gemeint
GK 5	**Definition** – ständig feucht ($u_m > 20\,\%$) – Holz oder Holzprodukt, ständig Meerwasser ausgesetzt
	Beispiele für Gebrauchsbedingungen, Gefährdung – Kai- und Steganlagen – Dalben – Gefährdung durch Pilze, Auswaschung, Moderfäule und Meeresschädlinge
	Hinweise – oberhalb der Wasseroberfläche befindliche Holzbauteile können in gleicher Weise von Organismen befallen werden wie bei Erdkontakt → GK 4 – bei ausreichender Entfernung vom Wasserspiegel → GK 3 (z. B. Seebrückengeländer), Befall durch Holz zerstörende Insekten ist jedoch nicht zu erwarten

Es gilt also

- GK = allgemeine Einstufung des Einsatzbereichs von Holz im Hinblick auf einen erforderlichen Schutz gegen Holzschädlinge,
- NKL = Umgebungsbedingungen als eigenschaftsbeeinflussender Faktor für die Bemessung von Holzbauteilen.

Im Zuge der Überarbeitung der DIN 68800 wurden jedoch einzelne Parameter, wie z. B. die relative Luftfeuchte oder auch die zu erwartenden Ausgleichsfeuchten unter bestimmten Bedingungen, so angepasst, dass eine annähernde Zuordnung der Gebrauchsklasse (GK) zu den Nutzungsklassen (NKL) nach DIN EN 1995-1-1 möglich ist. Die in Tab. 4.4 aufgeführte Zuordnung der Nutzungsklassen (NKL) nach DIN EN 1995-1-1 zu den Gebrauchsklassen (GK) nach DIN 68800 stellt eine annähernde bzw. „wahrscheinlichste Entsprechung“ dar.

Tab. 4.4 Zuordnung NKL zu den „am wahrscheinlichsten entsprechenden" GK.

Nutzungsklasse nach EN 1995-1-1	Wahrscheinlichste entsprechende Gebrauchsklasse nach DIN 68800-1	Anzunehmende mittlere Gleichgewichtsfeuchte nach DIN EN 1995-1-1/NA
NKL 1	GK 0 GK 1, wenn Insektengefährdung vorh.	$u_m \leq 12\,\%$ $\approx 5–15\,\%$
NKL 2	GK 0 oder GK 1 GK 2, wenn gelegentliche Befeuchtung, z. B. durch Kondensation, zu erwarten	$u_m \leq 20\,\%$ $\approx 10–20\,\%$
NKL 3	GK 2 oder GK 3 GK 4 oder GK 5 je nach Exposition im Außenbereich	$u_m > 20\,\%$ $\approx 12–24\,\%$

4.5.3 Verantwortlichkeiten für den Holzschutz

Die Einordnung eines Holzbauteils oder einer Konstruktion in eine der Gebrauchsklassen ist eine zentrale Aufgabe des Planers bzw. Entwurfsverfassers. Dieser muss in Abstimmung mit den fachlich an der Planung Beteiligten (im Wesentlichen Tragwerksplaner und Bauphysiker) die Gebrauchsklasse der jeweiligen Bauteile oder der Konstruktion festlegen. Diese Festlegung muss frühzeitig als Grundlage für die Ausführungsplanung erfolgen. Unter Betrachtung der Leistungsbilder nach HOAI ist diese Leistung des Planers bereits in der LP-2-Vorplanung zu erbringen, da hier die wesentlichen Entscheidungen über Art, Gestaltung und bauliche Konzeption einer Konstruktion gefällt werden. In Anlage 10, HOAI 2013, (zu § 34 Absatz 1, § 35 Absatz 6) „Grundleistungen im Leistungsbild Gebäude", wird unter Punkt d) der LP 2 die dahingehend zu erbringende Leistung wie folgt beschrieben:

> d) Klären und Erläutern der wesentlichen Zusammenhänge, Vorgaben und Bedingungen (zum Beispiel städtebauliche, gestalterische, funktionale, *technische, wirtschaftliche, ökologische, bauphysikalische*, energiewirtschaftliche, soziale, öffentlich-rechtliche)

Hierunter ist auch die Planung von Holzschutzmaßnahmen zu subsumieren, auf die in Abschnitt 9 der DIN 68800-1, wenn auch recht oberflächlich, hingewiesen wird.

Die durch den Entwurfsverfasser in Abstimmung mit den beteiligten Fachplanern vorgenommenen Entscheidungen zur Einstufung von Holzbauteilen in bestimmte Gebrauchsklassen sind für die anderen am Bauprojekt Beteiligten nachvollziehbar zu dokumentieren. Diese Dokumentation dient insbesondere auch den Planern einerseits zur rechtzeitigen Erkennung und Behebung von Mängeln in der Planung. Zum anderen wird sichergestellt, dass die Planer nur für Mängel zur Verantwortung gezogen werden können, die nachweislich durch eine fehlerhafte Planung und nicht etwa in der Ausführung der Arbeiten durch Dritte verursacht werden.

Für eine solche Dokumentation der Holzschutzplanung macht die DIN 68800-1 zwar keine obligatorischen Vorgaben, jedoch bietet Anhang D, DIN 68800-1, zumindest Beispiele für die Zuordnung von Holzbauteilen zu einer Gebrauchsklasse. Zudem wird hier eine vereinfachte Entscheidungsabfolge zur Zuordnung von Holzbauteilen zu einer Gebrauchsklasse in Form eines sogenannten dichotomen Bestimmungsschlüssels bereitgestellt. Ausgehend von dem zu beurteilenden Holzbauteil, wird der Anwender stufenweise durch „Ja-/Nein"-Antworten zur jeweils zutreffenden Gebrauchsklasse geführt. Vereinfachend ist diese Abfolge dahingehend, dass sie das Prinzip der Holzschutzplanung lediglich schematisch wiedergibt. In Tabelle 4.5 ist das schematische Prinzip der Holzschutzplanung dargestellt. In der Praxis und für den Einzelfall sind zahlreiche Gesichtspunkte zu beachten, deren detaillierte Aufnahme in den Bestimmungsschlüssel dessen Rahmen sprengen würde.

Wie in vielen Bereichen klafft zwischen Theorie und Praxis in Bezug auf eine spezifische Dokumentation der Holzschutzplanung jedoch eine große Lücke. Hier besteht somit durchaus Handlungsbedarf, z. B. hinsichtlich der Entwicklung von Vorlagen und ggf. eines Leitfadens zur Planung und Dokumentation des Holzschutzes, inkl. einer Überwachung der idealerweise fachgerechten Ausführung.

Die Dokumentation sollte zumindest stichwortartig die Grundlagen für die Einstufung in eine bestimmte Gebrauchsklasse aufzeigen, wie Bauteil, ggf. Konstruktionsdetails/Bauteilaufbau, Exposition und Besonderheiten (z. B. vor unmittelbarem Witterungseinfluss durch Vorhangschale geschützt). Dabei können die Beispielkonstruktionen nach Anhang A, DIN 68800-2, unmittelbar übernommen werden, sodass ein Verweis, „GK 0 gemäß Bild A.XY, DIN 68800-2:2012-02", bereits ausreicht.

4.6 Wesentliche Regeln des baulichen Holzschutzes für Holz und Holzprodukte

4.6.1 Grundsätzliche und besondere bauliche Maßnahmen

In DIN 68800 wird eine konsequente Differenzierung zwischen *grundsätzlichen* baulichen Maßnahmen und *besonderen* baulichen Maßnahmen vorgenommen. *Grundsätzliche* bauliche Maßnahmen sind stets zu beachten und somit zunächst unabhängig von der Einbausituation des Holzes vorzunehmen. Vorrangiges Ziel dieser Maßnahmen ist die Vermeidung oder Minimierung der Befeuchtung von Holz und Holzwerkstoffen. *Besondere* bauliche Maßnahmen sind bezogen auf die jeweilige Konstruktion und ermöglichen die Einstufung von Bauteilen aus Holz und Holzwerkstoffen in die Gebrauchsklasse GK 0, wenn die grundsätzlichen baulichen Maßnahmen dafür allein nicht ausreichen.

Zusammenfassend gilt somit folgende Unterscheidung der baulichen Holzschutzmaßnahmen:

1. „grundsätzliche bauliche Maßnahmen"
   = Vermeidung einer unzuträglichen Befeuchtung des Holzes während Einbau- und Nutzungszeit
   → Beachtung und Anwendung der Prinzipien nach Abschnitt 5, DIN 68800-2,

Tab. 4.5 Prinzipien zur Planung von Holzschutzmaßnahmen.

Bedingungen		**Maßnahmen**		
Tragende Bauteile	nein →	Ausdrücklicher Hinweis im Vertrag, dass der Einsatz von Holzschutzmitteln in Innenräumen nur in besonderen Fällen zulässig ist. Solche Bedingungen liegen in üblichen Wohn- und Bürobauten nicht vor!		
↓ ja				
Sind die grundsätzlichen baulichen Holzschutzmaßnahmen nach DIN 68800-2 eingehalten?	nein →	Anmeldung von Bedenken mit Bezug auf die Abschnitte 4 und 5, DIN 68800-2, oder Änderung der geplanten Konstruktion zur Herstellung der Konformität mit den Grundregeln nach DIN 68800-2		
↓ ja				
Sind die besonderen baulichen Holzschutzmaßnahmen nach DIN 68800-2 eingehalten?	nein →	Hinweis, dass die besonderen baulichen Maßnahmen nach den Abschnitten 6–9, DIN 68800-2, eingehalten werden sollten, um die Bauteile der GK 0 zuordnen zu können. Wird dies seitens der Bauherrschaft nicht gewünscht, sollte sich der Planer dies ausdrücklich und schriftlich bestätigen lassen. Sind die besonderen baulichen Maßnahmen gewünscht, ist die geplante Konstruktion nach den Regeln der Abschnitte 6–9, DIN 68800-2, zu ändern.		
↓ ja				
Es ist kein chemischer Holzschutz erforderlich				
Bauteile, bei denen die besonderen baulichen Maßnahmen nicht angewendet werden können (Bauteile in GK 3.1 bis GK 4)				
Auswahl von für die jeweilige GK nach DIN 68800-1 zulässigen Farbkernhölzern oder modifizierten Hölzern geplant?	nein →	Anmeldung von Bedenken: Derzeit ist eine Behandlung von Hölzern mit Holzschutzmitteln nach den geltenden Vorschriften im Hinblick auf die normalerweise geforderte Dauerhaftigkeit von Konstruktionen aus praktischer Sicht nicht sinnvoll möglich.		
↓ ja		↓ oder	↓ oder	↓ oder
Keine Behandlung mit chemischen Holzschutzmitteln erforderlich		Verweigerung der Ausführung	Änderung der Konstruktion zur Erreichung der GK 0	Vereinbarung einer konkreten Nutzungsdauer (z. B. nach Tab. E.1, DIN 68800-1)

2. „besondere bauliche Maßnahmen“
   = GK 0 soll ohne Holzschutzmittel erreicht werden, jedoch reichen die grundsätzlichen Maßnahmen dafür nicht aus
   → Beachtung und Anwendung der Prinzipien nach Abschnitten 7 bis 9, DIN 68800-2.

Im Weiteren werden folgende Abkürzungen verwendet:

NKL Nutzungsklassen nach DIN EN 1995-1-1
GK Gebrauchsklassen nach DIN 68800-1
DK Dauerhaftigkeitsklassen nach DIN EN 350-2 (keine offizielle Abkürzung)
KZS Keilzinkenstoß (keine offizielle Abkürzung)
HSM Holzschutzmittel

4.6.2 Die „Vorzugsregel“ für bauliche Maßnahmen (DIN 68800-1, 8.1.3)

Einer der zentralen Sätze der aktuellen Holzschutznormung findet sich relativ versteckt im 2. Absatz, Abschnitt 8.1.3, DIN 68800-1.

> *Ausführungen mit besonderen baulichen Holzschutzmaßnahmen nach DIN 68800-2 sollten gegenüber Ausführungen bevorzugt werden, bei denen vorbeugende Schutzmaßnahmen mit Holzschutzmitteln nach DIN 68800-3 erforderlich sind.*

Diese Bestimmung ist eine der wichtigsten Errungenschaften im Rahmen der Entwicklung der aktuellen Normenreihe der DIN 68800. Sie ist das Ergebnis eines längeren Prozesses, bei dem die Interessen und Standpunkte der vielen verschiedenen Interessengruppen, die an der Erarbeitung der neuen Normenreihe beteiligt waren, berücksichtigt werden mussten.
Die gewählte „Sollte“-Formulierung stellt eine strenge Empfehlung dar. Sie ist zwar kein „Muss“, bedingt jedoch, dass Abweichungen schlüssig zu begründen sind.

Daraus folgt, dass bei tragenden Holzbauteilen nur dann zusätzliche vorbeugende Holzschutzmaßnahmen mit Holzschutzmitteln nach DIN 68800-3 vorzunehmen sind, wenn der Schutzerfolg allein durch bauliche Maßnahmen nach DIN 68800-2 und die natürliche Dauerhaftigkeit der Holzarten nicht sichergestellt werden kann.

Bei nichttragenden Bauteilen gilt dies als „Kann“-Bestimmung, muss jedoch gesondert vertraglich vereinbart werden.

4.6.3 Die „Trockenholzregel“ – Ausnahmen für technisch getrocknete Hölzer (DIN 68800-1, 4.1.3)

Für Bauteile aus technisch getrockneten Hölzern geht man in den Gebrauchsklassen 1 und 2 erfahrungsgemäß davon aus, dass die Gefahr eines Bauschadens durch Holz zerstörende Insekten nicht zu erwarten ist. Technisch getrocknetes Holz in diesem Sinne ist Holz, das in einer dafür geeigneten technischen Anlage prozessgesteuert bei einer Temperatur $T \geq 55\,°C$ mindestens 48 h auf eine Holzfeuchte $u \leq 20\,\%$ getrocknet wurde.

Dies gilt generell für Brettschichtholz, Brettsperrholz, Balkenschichtholz und alle Holzwerkstoffe. Bei Vollholz bzw. Konstruktionsvollholz muss das o. g. Trocknungsverfahren durch den Hersteller in einer entsprechenden Deklaration bestätigt werden. Brettschichtholz und Brettsperrholz gelten ohne weiteren Nachweis als technisch getrocknet. Für andere geklebte Vollholzprodukte, wie z. B. Balkenschichtholz, gilt dies derzeit noch nicht, sodass auch hier eine zusätzliche Deklaration erforderlich ist.

Die langjährigen praktischen Erfahrungen wiesen bereits auf eine offensichtliche Unempfindlichkeit von technisch getrocknetem Holz gegenüber Insektenbefall hin. Im Zuge des Normungsverfahrens zur Neufassung der DIN 68800 wurde diese Erkenntnis durch eine breit angelegte Feldstudie (s. [4.11]) wissenschaftlich unterlegt. 2008 legte *B. Radovic* die Ergebnisse dieser Studie vor, in der insgesamt 101 Objekte, davon 95 in Deutschland und sechs in Österreich, begutachtet wurden. Die Objekte bzw. die Holzkonstruktionen waren zwischen 8 und 20 Jahre alt. In ihrer Nähe befanden sich mitunter auch ältere Gebäude mit ausgewiesenem Hausbockbefall, sodass teilweise durchaus ein Befallsdruck auf die untersuchten Holzkonstruktionen anzunehmen war. Im Ergebnis wurden bei keinem der untersuchten Objekte Anzeichen eines Insektenbefalls festgestellt. Dies betraf sowohl verbaute Hölzer im Innenraumbereich (z. B. unausgebautes Dachgeschoss) als auch die durch Überdachungen vor Niederschlägen geschützten Hölzer (nicht direkt bewitterte Außenbereiche, wie z. B. Sparrenteile im Traufbereich, Carports). Die im Innenraum ermittelten Holzfeuchten lagen in der Regel zwischen 9 und 13 % und bei den im Außenbereich befindlichen, durch Überdachung geschützten Hölzern wurden Feuchten zwischen 12 und 16 % ermittelt. Die gemessenen Holzfeuchten liegen somit an bzw. deutlich unterhalb der Mindestgrenze, die eine Entwicklung von Hausbocklarven zulässt. Für die Entwicklung des gewöhnlichen Nagekäfers, der neben dem Hausbock in Europa von Bedeutung ist, liegt die Mindestholzfeuchte noch über der des Hausbocks. Somit kann die Befallsgefährdung durch den Nagekäfer als nicht gegeben betrachtet werden.

In Fachkreisen werden die Schutzwirkung des Trocknungsprozesses und die dadurch veränderte Holzchemie durchaus kontrovers diskutiert. Vielmehr wird von Gegnern dieser These dargelegt, dass der deutliche Rückgang des Hausbockvorkommens ein wesentlicher Aspekt der stark reduzierten Befallshäufigkeit ist.

Als mögliche bzw. wahrscheinliche Ursachen der rückläufigen Häufigkeitsentwicklung werden dabei Faktoren angeführt, die für Holz allgemein gelten und somit auch bei technisch getrockneten Hölzern wirksam sind.

1. Seit den 1950er-Jahren erfolgte eine flächendeckend vorbeugende chemische Behandlung von Bauholz. Die DIN 68800 in der Fassung von 1956 schrieb in Befallsgebieten des Hausbocks einen vorbeugenden chemischen Holzschutz vor. In den Fassungen von 1974 und 1981 forderte die Norm sogar unabhängig von Befallsgebieten einen vorbeugenden chemischen Schutz aller tragenden Hölzer. Mit der Einführung der Gebrauchsklasse 0 (damals noch Gefährdungsklasse 0) in der DIN 68800-3, Fassung 1990, wurden erstmals Alternativen zur chemischen Behandlung definiert. Entweder aus Unwissenheit oder aufgrund eines

vorherrschenden Sicherheitsverlangens blieb die vorbeugende Behandlung von Bauschnittholz mit Holzschutzmitteln jedoch die Regel. Die somit über Jahrzehnte während Praxis der Schutzmittelausbringung könnte den tierischen Trockenholzschädlingen kaum noch Verbreitungschancen geboten haben und reduzierte die Populationen auf einen heute verschwindend geringen Befallsdruck auf verbautes Holz. Als Gegenargument zu dieser Schlussfolgerung ist klarzustellen, dass die tatsächlich ausgeführte Holzschutzmittelbehandlung in der Regel weder eine ausreichende Einbringmenge noch die erforderliche Eindringtiefe für einen wirksamen Holzschutz aufgewiesen hat. Zudem wurden bis in die 1990er-Jahre keine technisch getrockneten Hölzer eingesetzt. Die weitreichende Rissbildung der verbauten Hölzer hätte eine Besiedlung durch den Hausbock eigentlich befördern müssen.

2. Gegenüber den ursprünglich ungenutzten Dachgeschossen mit grundsätzlich insektenzugänglichen Holzkonstruktionen werden Dachgeschosse heutzutage in Neubauten in der Regel sofort ausgebaut, in bestehenden Gebäuden werden sie in großem Umfang nachträglich als Wohnraum erschlossen. Bekleidungen, Folien und Dämmungen sowie luftdichte Anschlüsse bilden für Insekten unüberwindbare Barrieren.
   Selbst mit dem Einbau eingebrachte Tiere sind zwar grundsätzlich lebensfähig, jedoch in der Konstruktion gefangen und somit an der Vermehrung und Ausbreitung gehindert.
3. Die Qualität des Bauholzes hat sich in den vergangenen Jahrzehnten auch dahingehend verändert, dass die Hölzer deutlich verminderte bis keine Baumkanten aufweisen. Wurden Dachstühle lange Zeit mit einstielig eingeschnittenem Bauholz mit hohem Baumkantenanteil errichtet, sind die Bauteile moderner Bauten fast ausschließlich mehrstielig, mit wenig Baumkante sowie geringem Splintholzanteil eingeschnitten. Dies auch aufgrund der entsprechenden Anforderungen der DIN 4074. Damit weisen die Hölzer einen verminderten Eiweißgehalt auf, was die Entwicklung von eventuell eingebrachten Hausbocklarven zwar nicht gänzlich stoppt, jedoch deutlich hemmt.
4. Die Wahrscheinlichkeit einer Einschleppung von Hausbocklarven ist heutzutage deutlich geringer als noch vor einigen Jahren. Zum einen ist Holz heute kein übliches Verpackungsmaterial mehr und zum anderen sind Verpackungs- und Palettenhölzer heute durch Hitzebehandlung sterilisiert. Ferner werden die früher beim Holzeinschnitt anfallenden Schwarten oft direkt zur Holzwerkstoffproduktion zerspant und unter hoher Hitze getrocknet.
5. Noch kontroverser wird die Auffassung diskutiert, dass das Wirkprinzip und die Schutzfunktion der technischen Trocknung auf einer Veränderung der Holzchemie unter dem Temperatureinfluss beruhen. Dabei geht man von einer Verringerung der Lockstoffe für die Hausbockweibchen sowie einer Reduzierung von Nährstoffen für die Larven aus. Die jeweils eher interessengeleiteten Auslegungen von Ergebnissen dahingehender Studien und Untersuchungen lässt hier keinen eindeutigen Schluss zu. Zumal technisch getrocknete Vollholzprodukte in der Regel gehobelte Oberflächen aufweisen und Hausbockweibchen zur Eiablage sägeraue Oberflächen gegenüber gehobelten Flächen vorziehen.

Schließlich bleibt die Feststellung, dass insgesamt ein deutlicher Rückgang des Insektenbefalls von verbautem Holz zu verzeichnen ist. Inwiefern hierbei Wirkmechanismen der technischen Trocknung einen Beitrag leisten, lässt sich auf der derzeit verfügbaren Daten- und Informationsgrundlage nicht eindeutig klären. Wahrscheinlich ist jedoch, dass die Kombination mehrerer Faktoren, die bei technisch getrockneten Vollholzprodukten zusammenwirken, sowie der insgesamt verminderte Befallsdruck eine deutliche Schutzwirkung herbeiführen.

4.6.4 Die „20%-Regel"

Holz zerstörende Pilze verursachen eine Fäulnis und Beeinträchtigung der Festigkeits- und Steifigkeitseigenschaften des Holzes bis hin zur völligen Zerstörung. Für ihre Entwicklung benötigen sie eine lokale Holzfeuchte etwa ab Fasersättigung.

Bei der Zuordnung von verbautem Holz in eine der Gebrauchsklassen ist eines der wesentlichen Zuordnungskriterien die zu erwartende Holzfeuchte. Dabei stellt der Wert von 20 % Holzfeuchte eine maßgebende Größe dar. Diese Grenzwertfestlegung erweckt zunächst den Anschein eines Schwellenwerts, ab dem das Risiko eines Befalls des Holzes durch Holzschädlinge rapide ansteigt.

In Abschnitt 4.2.2 der DIN 68800-1 heißt es dazu wie folgt:

> *Holz zerstörende Pilze verursachen eine Fäulnis und beeinträchtigen die Festigkeits- und Steifigkeitseigenschaften des Holzes bis zu seiner völligen Zerstörung. Für ihre Entwicklung benötigen sie eine lokale Holzfeuchte etwa ab Fasersättigung. […]*
> *ANMERKUNG 1 Unabhängig von dem tatsächlichen Feuchteanspruch Holz zerstörender Pilze sowie der Fasersättigungsfeuchte der verschiedenen Holzarten wird in Tabelle 1 [der DIN 68800-1] für die Zuordnung zu den Gebrauchsklassen im Sinne einer ausreichenden Sicherheit ein Wert von 20 % Holzfeuchte als Obergrenze für das Vermeiden eines Pilzbefalls angesetzt.*

Die 20%-Grenze bei der Zuordnung zu den Gebrauchsklassen sorgt somit für einen ausreichenden Sicherheitsabstand zur tatsächlichen Gefährdungsgrenze im Sinne einer sicheren Vermeidung eines Pilzbefalls. Dies ist insbesondere bei der nachträglichen Beurteilung einer vorliegenden Gefährdung von verbautem Holz bedeutsam, wenn das Risiko eines Bauschadens zu bewerten ist. Dabei heißt „$u > 20\,\%$" nicht zwingend, dass ein Bauschaden zu erwarten ist, wohl aber bei Holzfeuchten im Fasersättigungsbereich der jeweiligen Holzart.
Der Feuchtegehalt bei Fasersättigung beträgt bei den gebräuchlichen Nadelholzarten der gemäßigten Klimazone etwa 30 %. Die Fasersättigungsfeuchte ist jedoch keine feststehende Größe, sondern weist sowohl zwischen den Holzarten als auch innerhalb derselben Holzart erhebliche Unterschiede auf. In Tab. 4.2 sind die Fasersättigungsbereiche gebräuchlicher Nutzholzarten aufgeführt.

Eine Pilzentwicklung ist auch in überwiegend trockenen Holzbauteilen möglich, wenn an begrenzten Stellen eine Befeuchtung erfolgt, z. B. durch Konvektionsströme an Leckagen in Außenbauteilen. Kurzzeitige Befeuchtungen stellen in der Regel kein Schadensrisiko dar, wenn eine Pilzentwicklung durch rasche Rücktrocknung vermieden werden kann. Der Zeitraum, über den eine erhöhte Holzfeuchte toleriert werden kann, ist aufgrund der Einflussfaktoren und deren komplexen Zusammenspiels nicht genau bestimmbar. Die Norm nennt hier den Begriff „wenige Monate". Erfahrungsgemäß treten in einem Zeitraum von bis zu 4 Monaten auch an Holz mit erhöhtem Feuchtegehalt noch keine Bauschäden auf.

In Abschnitt 5.1.2.6 der DIN 68800-2 wird ein Zeitraum von 3 Monaten angegeben, welcher sich im Sinne der Norm jedoch nur auf eine Rücktrocknung von Hölzern bezieht, die während der Bauphase kurzfristig aufgefeuchtet wurden. Dieses Zugeständnis darf somit nicht missverstanden werden, dass eine zyklische Auffeuchtung auf mehr als 20 % Holzfeuchte und die anschließende Rücktrocknung in der Nutzungsphase als grundsätzlich tolerierbar gilt. Dazu wird in Abschnitt 5.1.2, DIN 68800-1, klar festgelegt, dass für die Zuordnung zu einer Gebrauchsklasse die Holzfeuchte im Gebrauchszustand und die allgemeinen Gebrauchsbedingungen entscheidend sind. Dabei wird auf Tabelle 1 dieses Normteils verwiesen, in der die Gebrauchsklassen GK 0 und GK 1 im Wesentlichen dadurch geprägt werden, dass das Holz im Gebrauchszustand trocken und die Holzfeuchte *ständig weniger als 20 % beträgt*.

Aus diesen Grenzwertregelungen ist auch erkennbar, dass die Normenreihe DIN 68800 im Wesentlichen auf die Tafel-, Rahmen- und Skelettbauarten sowie die flächigen Massivholzbauarten, wie z. B. Bauten und Bauteile aus Brettsperrholz- und Brettstapelelementen, ausgerichtet ist. Klassische ausgemauerte Fachwerkwände sowie Bauteile in der sogenannten Blockbauart (Blockhäuser) sind nicht Bestandteil des Teils 2 dieser Norm. Insbesondere wenn diese Bauweisen aus Nadelhölzern unter Verzicht auf einen vorbeugenden chemischen Holzschutz hergestellt werden sollen, weichen sie von den in dieser Norm (DIN 68800-2) beschriebenen Konstruktionsprinzipien erheblich ab. Auch im Falle großzügiger Dachüberstände kann eine direkte Beanspruchung der tragenden Holzkonstruktion durch Niederschläge nicht ausgeschlossen werden. Im Kommentar zur DIN 68800-2 werden jedoch zumindest für den Blockhausbau Maßnahmen aufgezeigt, bei deren Einhaltung ein Holzfeuchtegehalt von maximal 20 % auf Dauer sichergestellt werden kann. Eine kurzfristige Erhöhung der Holzfeuchte im Oberflächenbereich gilt als unkritisch.

Klassische Fachwerkkonstruktionen sollten demnach grundsätzlich aus ausreichend dauerhaften Holzarten der Dauerhaftigkeitsklasse 2 (z. B. Eichenkernholz) hergestellt werden.

Hinsichtlich des Grenzwerts von 20 % Holzfeuchte bestehen auch Zusammenhänge zu anderen Normen des Holzbaus. So wird eine Obergrenze von $u_{\mathrm{m}} \leq 20\,\%$ bis zur Nutzungsklasse 2 nach DIN EN 1995-1-1 festgelegt. Des Weiteren werden die Sortierkriterien zur Bestimmung der Sortierklassen S 7, S 10, S 13 nach DIN 4047-1 und LS 7, LS 10, LS 13 nach DIN 4047-5 auf eine Holzfeuchte von 20 % bezogen (Messbezugsfeuchte). Auf diese Weise korrespondieren die verschiedenen technischen Regeln für Bauholz und Holzprodukte hinsichtlich einer generellen 20%-Grenze.

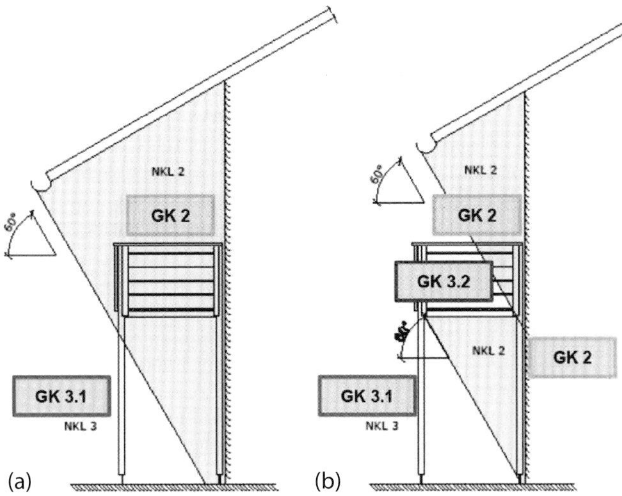

Abb. 4.9 Darstellung der „60°-Regel", Zuordnung von Außenbauteilen in Gebrauchsklassen nach der Position in a) geschützten und b) ungeschützten Bereichen.

4.6.5 Die „60°-Regel"

Die allgemeinen Gebrauchsbedingungen für die Gebrauchsklassen GK 0 bis GK 2 nach Tabelle 1, DIN 68800-1, werden durch den Begriff „unter Dach, nicht der Bewitterung ausgesetzt" definiert. Diese Beschreibung der Bedingungen bedeutet nicht zwangsläufig eine vollständige Abdeckung des Holzes. Es reicht auch ein ausreichender Dachüberstand. Dabei gilt Holz als geschützt, welches sich im Bereich innerhalb einer gedachten Linie unter 60° von der Kante eines (Dach-)Überstands zu dem Holzbauteil befindet (s. Abb. 4.9). Umgekehrt sind alle Hölzer, die sich außerhalb eines solchen geschützten Bereichs befinden, je nachdem, ob eine individuelle Abdeckung vorhanden ist oder nicht, der Gebrauchsklasse 3.1 oder 3.2 zuzuordnen.

Hinsichtlich der Einordnung von Bauteilen in die Gebrauchsklasse 2 (GK 2) sei an dieser Stelle auf die Ausführungen in Abschnitt 4.9.6.6 verwiesen.

4.7 Verwendbarkeit von Holz und Holzprodukten in den Gebrauchsklassen ohne Behandlung mit Holzschutzmitteln

Ein Kernelement der bauaufsichtlich eingeführten Teile 1 und 2 der DIN 68800 ist die Verwendung von Holz und Holzprodukten unter weitestgehendem Verzicht auf eine Behandlung mit Holzschutzmitteln. Dazu werden im Teil 2 der Norm die Möglichkeiten und Bedingungen sowie die erforderlichen Maßnahmen umfassend beschrieben, um mit rein baulichen Mitteln die Dauerhaftigkeit von Holzkonstruktionen zu gewährleisten.

Tab. 4.6 Vollholz (VH) ohne Behandlung mit HSM – Anwendungsbereiche nach DIN 68800-1.

Produkt	KZS	DK	Verwendbar in NKL	Verwendbar in GK	Hinweise
Vollholz aus Fichte/Tanne (Fi/Ta)	mit und ohne KZS	4	1, 2	0, 1	GK 1 nur für techn. getr. Holz (Trocknung bei $T > 55\,°C$ über 48 h)
Vollholz aus Kiefer (Ki)	ohne KZS	3–4	1, 2, (3)	0, 1, 2, (3.1)	Für Ki-Kernholz kann DK 3 angenommen werden → in GK 3.1 verwendbar.
	mit KZS	3–4	1, 2	0, 1, 2	Einschränkung der Verwendbarkeit durch KZS-Verklebung
Vollholz aus Lärche (Lä)	ohne KZS	3–4	1, 2, 3	0, 1, 2, 3.1 (3.2)	Farbkernholz Lä kann DK 3 zugeordnet werden → in GK 3.1 verwendbar Sibir. Lä mit $\rho > 700\,kg/m^3$ → in GK 3.2 verwendbar
	mit KZS	3–4	1, 2	0, 1, 2	Einschränkung der Verwendbarkeit durch KZS-Verklebung
Vollholz aus Douglasie (Dou)	ohne KZS	Nordam.: 3, kultiviert in EU: 3–4	1, 2, 3	0, 1, 2, 3.1	Für Dou-Kernholz kann DK 3 angenommen werden → in GK 3.1 verwendbar
	mit KZS		1, 2	0, 1, 2	Einschränkung der Verwendbarkeit durch KZS-Verklebung

Die Tab. 4.6–4.9 stellen die möglichen Anwendungsbereiche von Holz und Holzprodukten zusammen, in denen diese ohne Behandlung mit Holzschutzmitteln eingesetzt werden können. Dabei sind jeweils die grundsätzlichen baulichen Maßnahmen nach Abschnitt 5, DIN 68800-2, stets zu beachten.

4.8 Robustheit von Holzbaukonstruktionen

Der Begriff der Robustheit stammt vom lateinischen „robustus“ ab, dessen Ursprung wiederum das Wort „robur“ ist. Bezeichnenderweise wird dieses Wort neben dem Begriff „Kraft“ oder „Stärke“ auch mit dem Wort „Hart- oder Eichenholz“ übersetzt. Somit gilt zumindest Hart- oder Eichenholz grundsätzlich als Inbegriff der Robustheit. Gemeint ist damit die Fähigkeit eines Systems oder eines Materials, Veränderungen ohne Anpassung seiner anfänglich stabilen Struktur standzuhalten. Im Sinne von Konstruktionen in Holzbauweise bedeutet Robustheit im Wesentlichen

Tab. 4.7 Balkenschichtholz (BaSH, z. B. Duobalken/Triobalken) ohne Behandlung mit HSM – Anwendungsbereiche nach DIN 68800-1.

Produkt	DK	Verwendbar in		Hinweise
		NKL	GK	Lamellendicke grundsätzlich 45–85 mm
Balkenschichtholz aus Fichte/Tanne	4	1, 2	0, 1	Einschränkung der Verwendbarkeit durch Verklebung gem. DIN EN 14080
Balkenschichtholz aus Kiefer	3–4	1, 2	0, 1, 2	Für Ki-Farbkernholz kann DK 3 angenommen werden → in GK 3.1 verwendbar
Balkenschichtholz aus Lärche	3–4	1, 2	0, 1, 2	Einschränkung der Verwendbarkeit durch Verklebung gem. DIN EN 14080
Balkenschichtholz aus Douglasie	3–4	1, 2	0, 1, 2	

Tab. 4.8 Brettschichtholz (BSH) ohne Behandlung mit HSM – Anwendungsbereiche nach DIN 68800-1.

Produkt (Brettschichtholzart)	DK	Verwendbar in		Hinweise
		NKL	GK	
Brettschichtholz aus Fichte/Tanne (Fi/Ta)	4	1, 2	0, 1	Lamellendicke bis 45 mm, alle Klebstoffe Typ I einsetzbar
Brettschichtholz aus Kiefer (Ki)	3–4	1, 2	0, 1, 2, (3.1)	Lamellendicke bis 45 mm; nur Klebstoffe Typ I einsetzbar; Für Ki-Farbkernholz kann DK 3 angenommen werden → in GK 3.1 verwendbar
Brettschichtholz aus Lärche (Lä)	3–4	1, 2, 3	0, 1, 2, 3.1	Lamellendicke bis 35 mm; nur Klebstoffe Typ I einsetzbar
Brettschichtholz aus Douglasie (Dou)	3–4	1, 2, 3	0, 1, 2, 3.1	
Brettschichtholz aus Buche (Bu)	4	2	0, 1	nach abZ

die Kompensation von möglicherweise ungeplanten Feuchtebeanspruchungen, die durch eine zeitliche Begrenzung nicht zu Schädigungen des Bauteils bzw. der Konstruktion führen. Dabei lassen sich allgemein zwei Gruppen von Bauteilen und Konstruktionen bilden:

- geschlossene oder überdachte Bauteile und Konstruktionen der Gebrauchsklassen 0, 1 und 2,
- offene Bauteile und Konstruktionen mit direkter Bewitterung der Gebrauchsklassen 3.1 und 3.2.

Bauteile und Konstruktionen der Gebrauchsklassen 4 und 5 sind per Definition ohnehin einer vorwiegenden oder ständigen Befeuchtung ausgesetzt und müssen somit für diese Belastungen ausgelegt sein.

Tab. 4.9 Holzwerkstoffe (HWSt) für tragende Zwecke im Bauwesen – Anwendungsbereiche nach DIN EN 13986.

Holzwerkstoff	**Klasse**	**Verwendbar in**		
		NKL	**HWSt-Klasse nach DIN EN 13986**[a), b)]	**GK**
Massivholzplatten	SWP/1 tragend	1	Trockenbereich	0, 1
	SWP/2 tragend	2	Feuchtbereich	2
	SWP/3 tragend	3	Außenbereich	3.1, 3.2
Sperrholz	EN 636-1 „S"	1	Trockenbereich	0, 1
	EN 636-2 „S"	2	Feuchtbereich	2
	EN 636-3 „S"	3	Außenbereich	3.1, 3.2
Furnierschichtholz	LVL/1	1	Trockenbereich	0, 1
	LVL/2	2	Feuchtbereich	2
	LVL/3	3	Außenbereich	3.1, 3.2
OSB-Platten	OSB/2	1	Trockenbereich	0, 1
	OSB/3	2	Feuchtbereich	2
	OSB/4	2	Feuchtbereich	2
kunstharzgebundene Spanplatte	P4	1	Trockenbereich	0, 1
	P5	2	Feuchtbereich	2
	P6	2	Feuchtbereich	2
	P7	2	Feuchtbereich	2
zementgebundene Spanplatte	Klasse 1	3	Außenbereich	3.1, 3.2
	Klasse 2	3	Außenbereich	3.1, 3.2
harte Faserplatte	HB.LA	1	Trockenbereich	0, 1
	HB.HL.A1	2	Feuchtbereich	2
	HB.HL.A2	2	Feuchtbereich	2
mittelharte Faserplatte	MBH.LA1	1	Trockenbereich	0, 1
	MBH.LA2	1	Trockenbereich	0, 1
	MBH.HLS1	2	Feuchtbereich	2
	MBH.HLS2	2	Feuchtbereich	2
poröse Faserplatte	SB.LS	1	Trockenbereich	0, 1
	SB.HLS	2	Feuchtbereich	2
MDF-Platten	MDF.LA	1	Trockenbereich	0, 1
	MDF.HLS	2	Feuchtbereich	2

a) Feuchtbereich bezieht sich auf die Nutzungsklassen nach DIN EN 1995-1-1 und nicht auf die Gebrauchsklassen nach DIN 68800.

b) Verwendung im Außenbereich nur bei Erfüllung der Kriterien für tragende Bauteile und nur mit bauaufsichtlichem Verwendbarkeitsnachweis für den vorgesehenen Verwendungszweck.

Unter den geschlossenen oder überdachten Konstruktionen können folgende Arten subsumiert werden:

- allseitig abgedeckte bzw. bekleidete Holzbauteile,
- sichtbar und kontrollierbar bleibende Hölzer in Wohnräumen und klimatisch wohnraumähnlichen Umgebungen sowie in unbeheizten Dachräumen,
- Außenbauteile unter ausreichend wirksamen Überdachungen und Abdeckungen.

Als offene Bauteile und Konstruktionen mit direkter Bewitterung lassen sich die folgenden Arten definieren:

- Balkonkonstruktionen sowie Brücken und Stege ohne Überdachung oder Abdeckungen,
- Stützen und Riegel im Außenbereich, die sich nicht im Bereich von schützenden Überdachungen bzw. Dachüberständen befinden.

Die wesentlichen Voraussetzungen für eine ausreichende Robustheit von Bauteilen und Konstruktionen in Holzbauweise sind im Rahmen der grundsätzlichen baulichen Maßnahmen nach Abschnitt 8.1.3, DIN 68800-2, formuliert. Dies sind zusammengefasst die

- Vermeidung von Tauwasser aus Wasserdampfdiffusion und Konvektionsprozessen,
- Fernhaltung oder schnelle Ableitung von Niederschlagswasser.

4.9 Robustheit von geschlossenen Bauteilen und Konstruktionen

Die vorherige Fassung der DIN 68800 ließ für bestimmte Konstruktionen eine Einbaufeuchte bis zu 35 % zu, sodass in der Vergangenheit besondere Maßnahmen beachtet werden mussten, um die Abgabe dieser überschüssigen Feuchte aus der Konstruktion zu ermöglichen. Dies war z. B. die außenseitige Anordnung von diffusionsoffenen Abdeckungen mit einem Diffusionswiderstand von $s_d \leq 0{,}2$ m. Gemäß der aktuellen Fassung der Norm darf in den Gebrauchsklassen GK 0, 1, 2 und 3.1 die Einbaufeuchte maximal 20 % betragen. Dies begünstigt die Robustheit von Holzkonstruktionen erheblich. So ist es z. B. nicht mehr erforderlich, dass bei neuen Konstruktionen eine hohe Anfangsfeuchte nach dem Einbau abgebaut werden muss. Unabhängig davon hat sich in den vergangenen 20 Jahren für den Tauwasserschutz bei Konstruktionen in Holzbauart eine möglichst diffusionsoffene Konstruktionsweise von Wänden und Dächern weitgehend durchgesetzt. Dabei steht eine möglichst hohe Trocknungsreserve gegenüber unplanmäßigen Befeuchtungen – insbesondere solche durch Wasserdampfkonvektion – im Vordergrund, um die Robustheit dieser Bauweise zu gewährleisten.

Im aktuellen Baugeschehen sind unbelüftete und voll gedämmte Außenbauteile in Holzbauweise zur Normalität geworden. Insbesondere bei Flachdächern, die außenseitig dampfdichte Abdichtungen oder Verblechungen aufweisen, waren nach den Erkenntnissen aus Wissenschaft und Praxis alte bauphysikalische Regeln dringend zu hinterfragen. Bis zur Neuerscheinung der DIN 68800 im Jahr 2011/2012 und der DIN 4108-3 im Jahr 2014 galt zumindest normativ die Regel:

außen dicht = innen noch dichter .

Insbesondere hier waren Wissenschaft und Praxis den geltenden Regelungen deutlich voraus und folgten den Erkenntnissen, dass solchen Bauteilen eine sommerliche Rücktrocknung zur Raumseite hin ermöglicht werden muss. Dies ist nun wesentlicher Bestandteil der Regelungen in den aktuellen Fassungen der genannten Normen.

4.9.1 Die „Dichtheitsregeln" – Diffusionswiderstände der Bauteilschichten in mehrschichtigen Konstruktionen in Holzbauweise

Grundsätzlich ist nach Abschnitt 5.2.4, DIN 68800-2, eine unzuträgliche Veränderung des Feuchtegehalts durch Tauwasser aus Wasserdampfdiffusion oder Wasserdampfkonvektion zu verhindern. Direkte Konvektion von feuchtehaltiger Luft in die Hohlräume von Bauteilen in Holztafelbauweise wird durch Einhaltung der Regeln nach DIN 4108-7 (Luftdichtheit von Gebäuden) ausreichend eingeschränkt. Die Tauwasserfreiheit durch Wasserdampfdiffusion ist durch einen Nachweis nach DIN 4108-3 (Glaser-Verfahren) oder durch eine hygrothermische Berechnung nach DIN 15026 sicherzustellen.

Beim Nachweis nach dem Glaser-Verfahren ist bei der Berechnung zur Berücksichtigung eines konvektiven Feuchteeintrags aus praxisüblichen Leckagen der Luftdichtheitsschicht und von Anfangsfeuchten der Materialien eine zusätzliche rechnerische Trocknungsreserve (TR) einzubeziehen. Diese beträgt $250\,\mathrm{g/(m^2\,a)}$ bei Dächern und $100\,\mathrm{g/(m^2\,a)}$ bei Wänden und Decken. Damit müssen sich bei der Subtraktion der nach dem Glaser-Verfahren rechnerisch ermittelten, jährlichen Tauwassermenge von der rechnerischen Verdunstungsmenge je Jahr mindestens die vorgenannten Werte für Dächer und Wände ergeben.

Beim Nachweis mit numerischen Simulationsverfahren nach DIN EN 15026 (hygrothermische Berechnung) ist der konvektive Feuchteeintrag entsprechend der geplanten Luftdurchlässigkeit mit dem q_{50}-Wert nach DIN 4108-7 (max. $3{,}0\,\mathrm{m^3/(h\,m^2)}$) in Rechnung zu stellen.

Die vorgenannten Nachweise (Tauwassernachweis, Nachweis der Trocknungsreserve) sind für die Konstruktionen nach Anhang A der DIN 68800-2 nicht erforderlich bzw. gelten durch entsprechende Untersuchungen und Erfahrungen als bereits erbracht. Eine Ausnahme bilden Balkone/Terrassen nach Bild A.23. Für diese Konstruktion muss aufgrund der besonderen Bedingungen hinsichtlich der Planung und Ausführung als einziges im Anhang A aufgeführtes Bauteil ein Nachweis des Tauwasserschutzes nach DIN 4108-3 geführt werden.

Grundlage für die Nachweisfreiheit dieser Konstruktionen ist die Einhaltung der wasserdampfdiffusionsäquivalenten Luftschichtdicken (s_d-Wert) der inneren und äußeren Bauteilschichten nach Tab. 4.10.

Tab. 4.10 Anforderungen an wasserdampfdiffusionsäquivalente Luftschichtdicken (Tabelle 1, DIN 68800-2).

s_d-Wert außen ($s_{d,e}$)	s_d-Wert innen ($s_{d,i}$)
$\leq 0{,}1$ m	$\geq 1{,}0$ m
$\leq 0{,}3$ m	$\geq 2{,}0$ m
$0{,}3$ m[a)] $\leq s_{d,e} \leq 4{,}0$ m[a)]	$\geq 6 \cdot s_{d,e}$ [a)]

Zusätzliche Dämmschichten auf der Raumseite dürfen maximal 20 % des Gesamtwärmedurchlasswiderstands aufweisen.

a) Nur bei werksseitiger Vorfertigung nach Richtlinie für die Überwachung von Wand-, Decken- und Dachtafeln für Holzhäuser in Tafelbauart nach DIN 1052 Teil 1 bis Teil 3:1992-06 (sog. Holztafelbaurichtlinie) in Verbindung mit DIN 1052:2008-12 und DIN 1052/Berichtigung 1:2010-05.

In diesem Zusammenhang bestehen oftmals Unklarheiten über die Definition von diffusionsoffenen, diffusionshemmenden und diffusionsdichten Schichten und deren Abgrenzung voneinander. In DIN 4108-3 werden bislang folgende Grenzen zum Diffusionsverhalten von Bauteilschichten definiert:

$s_d \leq 0{,}5$ m = diffusionsoffen
$s_d > 0{,}5$ m$/s_d < 1500$ m = diffusionshemmend (Dampfbremse)
$s_d \geq 1500$ m = diffusionsdicht (Dampfsperre)

Diese Einteilung ist für die praktische Anwendung im Holzbau oftmals zu ungenau, was insbesondere für die große Bandbreite der diffusionshemmenden Schichten gilt. Im WTA-Merkblatt E-6-8 „Feuchtetechnische Bewertung von Holzbauteilen – Vereinfachte Nachweise und Simulation" wurde daher eine weitergehende Unterteilung und Definition dieser Wertebereiche vorgenommen, wie in Tabelle 4.11 aufgeführt.

Die Erkenntnisse aus jahrzehntelanger Forschung und Praxis mündeten in einer einfachen Grundregel der Bauphysik: „Konstruktionen, die auf der Außenseite dampfdiffusionstechnisch offene Schichten haben, sollten bevorzugt werden." Dies kann ergänzt werden durch den Grundsatz: „Bauteile sollten innen so diffusionshemmend wie nötig und außen so diffusionsoffen wie möglich aufgebaut sein."

Tab. 4.11 Definition von Begriffen zur Wasserdampfdurchlässigkeit und der Zuordnung eines Bereichs der s_d-Werte nach WTA [4.10].

Begriff	s_d-Wert [m][a)]
diffusionsoffen	$s_d \leq 0{,}5$
moderat dampfbremsend	$2 < s_d \leq 5$
stark dampfbremsend	$10 < s_d \leq 100$
dampfsperrend	$100 < s_d \leq 400$
dampfdicht	$s_d \geq 1500$

a) Den nicht definierten Zwischenbereichen ist entweder keine eindeutige hygrothermische Funktion oder kein relevanter Einfluss auf das Bauteilverhalten zuzuordnen.

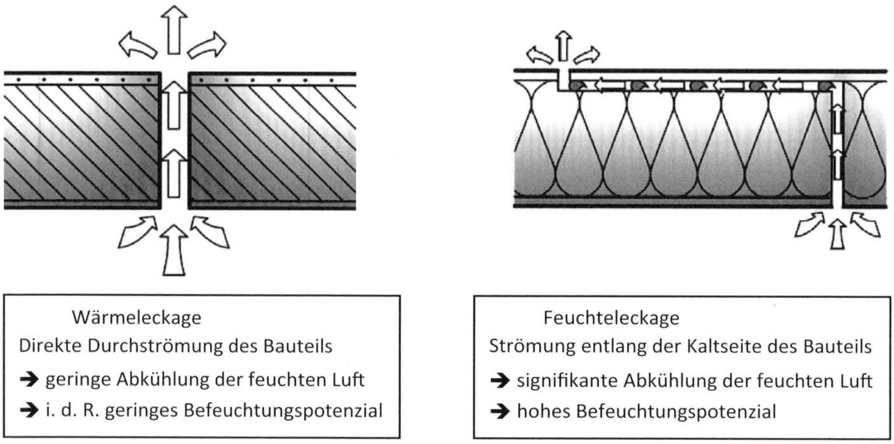

Abb. 4.10 Prinzipien der Leckagearten und deren Befeuchtungspotenzial (Quelle: H.M. Künzel).

Bezüglich der Dampfkonvektion, also des strömungsgeführten Eintrags von Raumluftfeuchte durch Leckagen in einem Holzbauteil, sind grundsätzlich zwei wirkungsdifferente Arten zu unterscheiden. Diese unterscheiden sich hinsichtlich des Strömungswegs durch das Bauteil und des daraus folgenden Befeuchtungspotenzials. Befeuchtungswirksame Leckagen bestehen stets aus einer Leckage in der raumseitigen Luftdichtheitsebene (Warmseite) und einer weiteren Leckage in der äußeren Abschlussebene (Kaltseite). Nur durch die Verbindung der beiden Leckagen kann es zu einer wirksamen Durchströmung des Bauteils durch die thermisch bedingten Luftdruckdifferenzen zwischen Raum- und Außenluft kommen. Das Befeuchtungspotenzial von derartigen Leckagen ist im Wesentlichen durch den Weg bestimmt, den die feuchteangereicherte Luft durch das Bauteil nimmt.

Die sogenannte „Wärmeleckage“ besteht aus annähernd gegenüberliegenden Leckagen auf der Raum- und Außenseite des Bauteils. Der Luftstrom durchläuft das Bauteil somit auf nahezu direktem Weg, sodass die warme Luft ohne signifikante Abkühlung das Bauteil wieder verlässt. Damit findet nur eine marginale Kondensatbildung innerhalb des Bauteils statt.

Demgegenüber steht die sogenannte „Feuchteleckage“, bei der die innere und äußere Leckage gegeneinander versetzt angeordnet sind. Dabei streicht die feuchteangereicherte Luft eine gewisse Strecke an der Kaltseite des Bauteils entlang, bis es zum Austritt an der Leckage in der äußeren Abschlussebene kommt. Dies ermöglicht eine deutliche Abkühlung der Luft an der Kaltseite des Bauteils, sodass es zu einem signifikanten Kondensatausfall kommen kann.

In Abb. 4.10 sind die Prinzipien der „Wärmeleckage“ und der „Feuchteleckage“ und deren Wirkungsunterschied schematisch dargestellt.

Nachfolgend werden die wesentlichen bauphysikalischen Grundregeln für geschlossene Bauteile und Konstruktionen in Holzbauweise aufgezeigt und kritisch betrachtet. Die hier enthaltenen Empfehlungen für den praktischen Umgang mit den Regelungen der Norm sollen eine ausreichende Feuchterobustheit der Bauteile und Konstruktionen sicherstellen.

4.9.2 Die „Verhältnisregel": außen diffusionsoffen – innen moderat dampfbremsend

Bei einem inneren Mindestwert von $s_{d,i} = 2{,}0$ m wird der raumseitige Diffusionsstrom im „Normwinter" derart eingeschränkt, dass auch bei hohen Dämmdicken die Kondensatbildung im Bauteil sicher unter 500 g/(m² a) gehalten werden kann. Die Begrenzung des äußeren Diffusionswiderstands auf $s_{d,e} \leq 0{,}3$ m sorgt bereits bei geringem Verdunstungspotenzial für die nötigen Sicherheiten. $s_{d,e} \leq 0{,}3$ m lässt sich auch hinsichtlich der verfügbaren Materialien praktisch gut umsetzen. Die Kombination in Zeile 2 der Tab. 4.10 hat sich in der Praxis bewährt und sollte für moderne Konstruktionen stets angewendet bzw. angestrebt werden.

4.9.3 Die „eher überholte Regel": Werte nach Zeile 1 der Tabelle

Die Werte in Zeile 1 der Tab. 4.10 wurden aus der alten DIN 68800-2:1996 übernommen. Ansatz war, dass damals noch vielfach mit halbtrockenem Holz (u_m bis 25 %) gebaut wurde.

Um die eingeschlossene Feuchte schnell genug austrocknen zu können, wurden diese extrem diffusionsoffenen Aufbauten über die Nachweisbefreiung quasi empfohlen. Raumseitige Sperrwerte von nur 1,0 m lassen im Normwinter einen Diffusionsstrom zu, der zu einer Kondensatbildung im Bauteil von rund 800 g/(m² a) führt. Außenseitig dauerhaft einen $s_{d,e}$-Wert von $\leq 0{,}1$ m realisieren zu können, ist aus technischer Sicht zweifelhaft. Bahnen und Platten können durch Alterungsprozesse und Mikroporenverschluss mit der Zeit ihren Diffusionswiderstand ändern bzw. erhöhen. Ein bereits knapp bemessenes Feuchtegleichgewicht des Bauteils ist so nicht dauerhaft sicherzustellen.

Da heute mit technisch getrocknetem Holz gebaut wird, sollte auf Kombinationen nach Zeile 1 der Tab. 4.10 eher verzichtet werden.

4.9.4 Die „kritische Regel": außen dichter – innen noch dichter

Mit steigender äußerer Dichtheit sinkt das jährliche Trocknungspotenzial eines Bauteils schnell ab, da gemäß der Gleichung in Zeile 3 der Tab. 4.10 auch der innere Widerstandswert drastisch ansteigen muss. Durch hygrothermische Simulationen kann ermittelt werden, dass bei $s_{d,e} = 2{,}5$ m (und damit $s_{d,i} = 6$ m, $s_{d,e} = 15$ m) die rechnerische Grenze für Dachbauteile überschritten und die Trocknungsreserve von 250 g/(m² a) nicht mehr sicher realisiert wird. Die Anhebung der Grenze für die äußere Dampfdichtheit auf $s_{d,e} \leq 4{,}0$ m bedeutet implizit, dass die erforderliche Trocknungsreserve rechnerisch auf 150 g/(m² a) abgesenkt wird.

Die Anwendung der Regel nach Zeile 3 der Tab. 4.10 wird auf die werkseitige Vorfertigung nach „Holztafelbaurichtlinie" beschränkt. Dabei geht man von einer akkurateren Ausführung der Konstruktion insbesondere im Hinblick auf die Luftdichtheit der Konstruktion und somit von einer Fehlstellenminimierung aus. Bei „klassisch" zimmermannsmäßig hergestellten oder nur teilweise vorgefertigten Holztafelelementen darf die Kombination der Zeile 3 nicht angewendet werden. Die Angemessenheit dieser Differenzierung darf mit Blick auf die Entwicklungen in der

Praxis angezweifelt werden. Die erforderlichen Ausführungsqualitäten im Hinblick auf die Einhaltung der Luftdichtheitsgrenzwerte sowie die Verwendung von trockenen Materialien werden sowohl in der industriellen als auch in der handwerklichen Herstellung von Holzhäusern gleichermaßen umgesetzt.

Die Anwendung dieser Regel kann im Hinblick auf die o. g. reduzierte Robustheit der Konstruktion nur bedingt empfohlen werden. Es bedarf dann zumindest eines garantierten bzw. nachgewiesenen Wertes der Gebäudehüllendichtheit von $q_{50} \leq 3{,}0\,\mathrm{m^3/(m^2\,h)}$.

4.9.5 Differenzierte Trocknungsreserven für Wände, Decken und Dächer – die Lage im Bauwerk ist entscheidend

Luftdicht zu bauen, ist eine grundsätzliche Pflicht, jedoch ist keine Ausführung perfekt. Absolut durchströmungsdichte Konstruktionen gibt es in der Realität nicht. Für die unvermeidlichen Restleckagen benötigen Holzbaukonstruktionen daher ein ausreichendes Rücktrocknungspotenzial. Die in Abschnitt 5.2.4 der DIN 68800-2 definierte Trocknungsreserve (TR) beträgt $250\,\mathrm{g/(m^2\,a)}$ bei Dächern und $100\,\mathrm{g/(m^2\,a)}$ bei Wänden und Decken. Lange Zeit galt hier die allgemeine Forderung des Fraunhofer-Instituts für Bauphysik (IBP) mit $250\,\mathrm{g/(m^2\,a)}$ für alle Bauteile. Maßgebend ist die Lage des Bauteils im Gebäude bzw. in der zusammenhängenden Luftsäule. Insbesondere bei mehrgeschossigen Gebäuden liegen Wände in den Obergeschossen und Decken gegen unbeheizte Dachböden in der durch Thermik induzierten Überdruckzone (s. Abb. 4.11). Diese Bauteile sind in Anbetracht der Druckverhältnisse und der dadurch verstärkten konvektiven Befeuchtungsrisiken in etwa so intensiv beansprucht wie Dachbauteile.

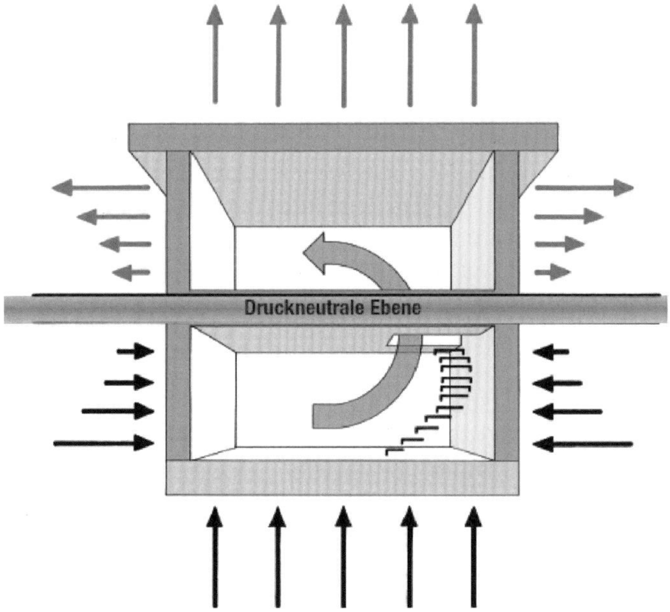

Abb. 4.11 Druckzonen in einem Gebäude [4.15].

Beim genauen Nachweis mit hygrothermischen Berechnungen wird der q_{50}-Wert in Verbindung mit der Höhe der zusammenhängenden Luftsäule einbezogen, sodass hier eine realitätsnahe Kopplung der Druckverhältnisse und der Bauteildichtheit berücksichtigt wird. Damit wird die gemäß DIN 68800-2 vereinfachte Differenzierung der Trocknungsreserve nach Bauteiltypen durch spezifische und realitätsnähere Ansätze nach der Lage des Bauteils im Gebäude ersetzt.

Dagegen wird beim Glaser-Verfahren nach DIN 4108-3 mit der Differenzierung der Trocknungsreserve für Wände, Decken und Dächer eine Erleichterung für Wände und Decken erzeugt. Diese führt gegebenenfalls zu positiven Nachweisergebnissen, die eine deutlich ungünstigere Realität nicht widerspiegeln. Insbesondere bei der Verwendung von Wärmedämmverbundsystemen auf Basis von EPS-Dämmstoffen ergeben sich aufgrund des hohen Diffusionswiderstands der Dämmstoffe bereits bei geringen Dämmdicken Schwierigkeiten, die geforderte Trocknungsreserve tatsächlich zu erreichen.

Daher besteht auch in diesem Zusammenhang die Empfehlung zur Verwendung von diffusionsoffenen Dämmsystemen auf der Außenseite. Zur weiteren Sicherheit sollte eine generelle Trocknungsreserve von 250 g/(m^2 a) auch für Wände und Decken zugrunde gelegt werden.

4.9.6 Hinweise zu den Konstruktionen im Anhang A der DIN 68800-2

4.9.6.1 Wandbauteile nach Bildern A.1–3, A.8 und A.9

Die feuchtetechnische Robustheit der in Anhang A der DIN 68800-2 aufgeführten Konstruktionen wird als ausreichend gegeben erachtet, sodass kein vorbeugender chemischer Holzschutz erforderlich ist. Sofern Bauteile unter Einhaltung der dort aufgeführten Konstruktionsprinzipien ausgeführt werden, können diese ohne besonderen feuchtetechnischen Nachweis in die Gebrauchsklasse 0 (GK 0) eingestuft werden.

Holzbauwände lassen sich aus bauphysikalischer Sicht in zwei gängige Typen unterscheiden:

a) innenliegende Aussteifung durch Holzwerkstoffplatten (meist OSB oder FPY) und diffusionsoffene äußere Bekleidung (s_d < 0,2–0,3 m), oft auch als diffusionsoffenes Holzfaser-WDVS ausgeführt,
b) außenliegende Aussteifung durch Plattenwerkstoffe, relativ diffusionsdicht (s_d meist > 2 m), vielfach mit EPS-WDVS (s_d oft > 6 m) und innere Dampfbremse, meist Folien (s_d > 20 m).

Zu den Außenwandbauteilen nach den Bildern A.1–3, A.8 und A.9 heißt es hinsichtlich der inneren und äußeren Schicht wie folgt:

> *Bei beidseitig bekleideten oder beplankten, werkseitig hergestellten Elementen auch zulässige Kombinationen:*
> *Legende: 2 Dampfbremsschicht* 20 m $\leq s_d \leq$ 50 m *in Verbindung mit Schicht 1*
> *5 äußere Bekleidung oder Beplankung* $s_d \leq$ 4 m

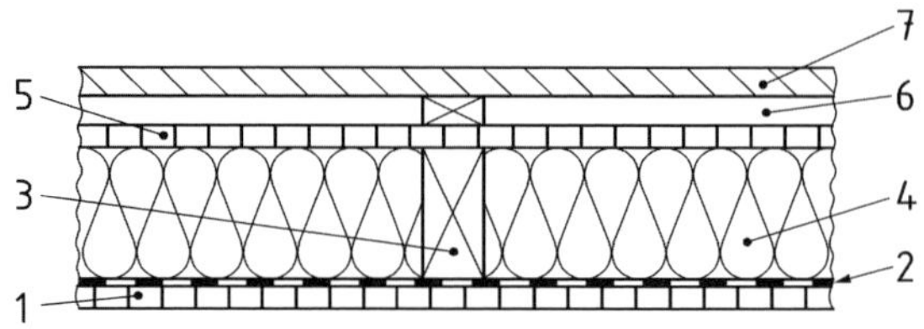

Legende

1 ein- oder mehrlagige raumseitige Bekleidung oder Beplankung
2 Dampfbremsschicht $s_d \geq 2$ m in Verbindung mit Schicht 1
3 trockenes Holzprodukt
4 mineralischer Faserdämmstoff nach DIN EN 13162, Holzfaserdämmplatten nach DIN EN 13171 oder Dämmstoff, dessen Verwendbarkeit für diesen Anwendungsfall durch einen bauaufsichtlichen Verwendbarkeitsnachweis nachgewiesen ist.
5 äußere Bekleidung oder Beplankung $s_d \leq 0{,}3$ m oder Holzfaserdämmplatte nach DIN EN 13171
6 belüfteter oder hinterlüfteter Hohlraum mit einer Dicke ≥ 2 cm
7 dauerhaft wirksamer Wetterschutz, Bekleidung auf lotrechter Lattung (Lattung kann GK 0 zugeordnet werden)

Abb. 4.12 Außenwand, belüftet oder hinterlüftet, ohne Installationsebene (Bild A.1 aus [4.2]).

Diese Sonderregel beruht auf der in Abschnitt 4.9.5 dieses Beitrags beschriebenen Absenkung der Mindestanforderung an die Trocknungsreserve von 250 auf 100 g/m^2 für Wände und Decken beim Feuchteschutznachweis nach dem Glaser-Verfahren.
Außenwandkonstruktionen mit Vorhangfassaden erweisen sich bei näherer Prüfung der vorbeschriebenen Bauteile mittels einer hygrothermischen Berechnung nach DIN EN 15026 grundsätzlich als ausreichend feuchterobust. Die geringste, aber noch ausreichende Trocknungsreserve ergibt sich beim Vergleich der Bauteile in den Bildern A.1 bis A.3 für Wände nach Bild A.3 der Norm (Abb. 4.12–4.14).

Für die Konstruktion in Bild A.5 (hier Abb. 4.15) mit WDVS aus EPS kann eine rechnerische Trocknungsreserve von mehr als 100 g/m^2 jedoch nur erreicht werden, wenn die Außendämmung nicht dicker als 30 mm ausgeführt wird. Nur beim Einsatz von diffusionsoffenen WDVS (z. B. Holzfaser oder Mineralfaser) sind größere Dämmdicken rechnerisch unschädlich.

Es empfiehlt sich somit, insbesondere für Außenwandbauteile mit WDVS auf EPS-Basis ab einer Dämmdicke von 30 mm einen Feuchteschutznachweis durch eine hygrothermische Berechnung nach DIN EN 15026 zu erbringen. Dies gilt im Besonderen, wenn das Gebäude in einer Region mit anspruchsvollen Klimabedingungen errichtet werden soll.

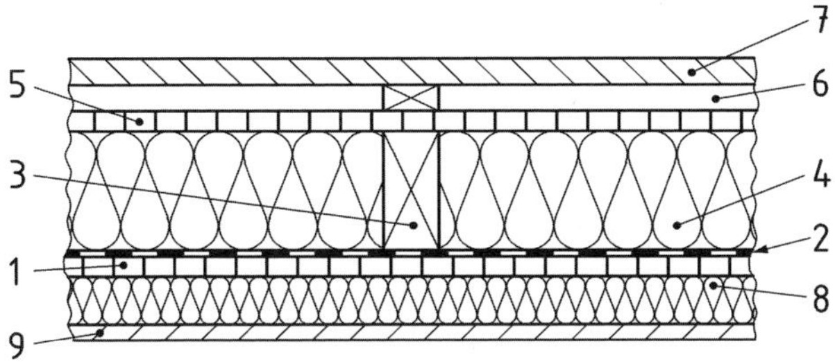

Legende

1 Bekleidung oder Beplankung, luftdicht ausgebildet
2 Dampfbremsschicht $s_d \geq 2$ m in Verbindung mit Schicht 1
3 trockenes Holzprodukt
4 mineralischer Faserdämmstoff nach DIN EN 13162, Holzfaserdämmplatten nach DIN EN 13171 oder Dämmstoff, dessen Verwendbarkeit für diesen Anwendungsfall durch einen bauaufsichtlichen Verwendbarkeitsnachweis nachgewiesen ist
5 äußere Bekleidung oder Beplankung $s_d \leq 0{,}3$ m oder Holzfaserdämmplatte nach DIN EN 13171
6 belüfteter oder hinterlüfteter Hohlraum mit einer Dicke ≥ 2 cm
7 dauerhaft wirksamer Wetterschutz, Bekleidung auf lotrechter Lattung (Lattung kann GK 0 zugeordnet werden)
8 Installationsebene mit oder ohne Dämmschicht
9 ein- oder mehrlagige raumseitige Bekleidung

Abb. 4.13 Außenwand, belüftet oder hinterlüftet, mit Installationsebene (Bild A.2 aus [4.2]).

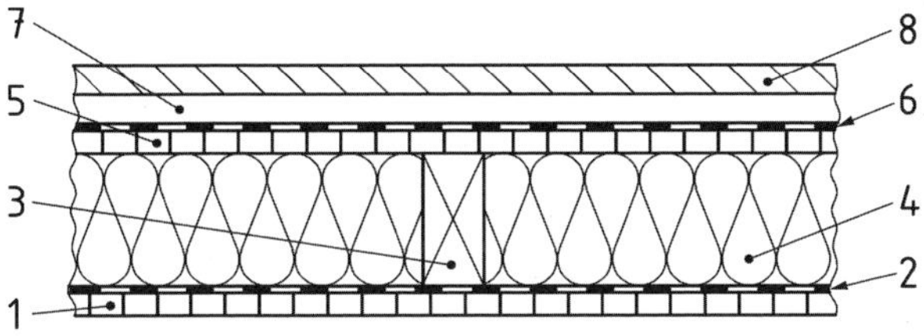

Legende

1 ein- oder mehrlagige raumseitige Bekleidung oder Beplankung
2 Dampfbremsschicht $s_d \geq 2$ m in Verbindung mit Schicht 1
3 trockenes Holzprodukt
4 mineralischer Faserdämmstoff nach DIN EN 13162, Holzfaserdämmplatten nach DIN EN 13171 oder Dämmstoff, dessen Verwendbarkeit für diesen Anwendungsfall durch einen bauaufsichtlichen Verwendbarkeitsnachweis nachgewiesen ist
5 äußere Bekleidung oder Beplankung $s_d \leq 0{,}3$ m oder Holzfaserdämmplatte nach DIN EN 13171
6 wasserableitende Schicht mit $s_d \leq 0{,}3$ m
7 nicht belüfteter Hohlraum
8 dauerhaft wirksamer Wetterschutz durch kleinformatige Fassadenbauteile (z. B. Brettschalung, Schindeln, Schiefer) auf Lattung (Lattung kann GK 0 zugeordnet werden)

Abb. 4.14 Außenwand, nicht belüftet (Bild A.3 aus [4.2]).

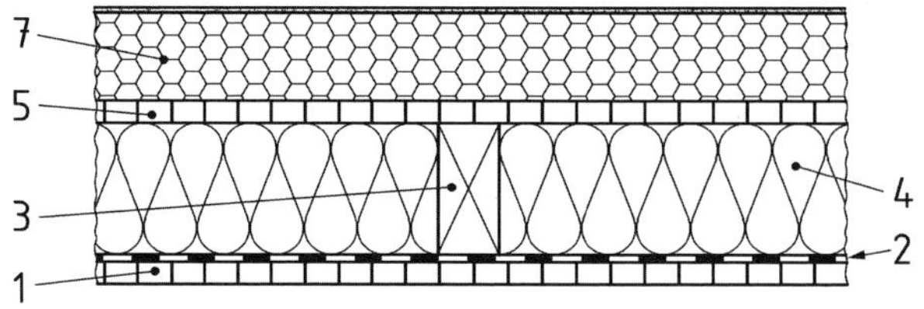

Legende

1 ein- oder mehrlagige raumseitige Bekleidung oder Beplankung
2 Dampfbremsschicht $s_d \geq 20$ m in Verbindung mit Schicht 1
3 trockenes Holzprodukt
4 mineralischer Faserdämmstoff nach DIN EN 13162, Holzfaserdämmplatten nach DIN EN 13171 oder Dämmstoff, dessen Verwendbarkeit für diesen Anwendungsfall durch einen bauaufsichtlichen Verwendbarkeitsnachweis nachgewiesen ist
5 äußere Bekleidung oder Beplankung
7 Wärmedämmverbundsystem mit Hartschaumplatten Mineralfaserplatten oder Holzfaserdämmplatten, bauaufsichtlicher Verwendbarkeitsnachweis erforderlich

Abb. 4.15 Außenwand in Holztafelbauart, auf äußerer Beplankung Wärmedämmverbundsystem mit Hartschaumplatten, Mineralfaserplatten oder Holzfaserdämmplatten (Bild A.5 aus [4.2]).

4.9.6.2 Der „tiefgelegte Wandsockel", Bild A.13

Die generell empfohlene Ausbildung des Sockeldetails im Holzhausbau zeigen die Bilder A.10 und A.11, Anhang A, DIN 68800-2 (s. Abb. 4.16 und 4.17). Darüber hinaus werden nachweisfreie Konstruktionsdetails angeboten, die eine Reduzierung des Abstands zwischen Holzbauschwelle und der Geländeoberkante erlauben.

Das Regeldetail Bild A.12 (s. Abb. 4.18) erlaubt eine Minimierung des Abstands auf 50 mm und fordert dafür ein Kiesbett (Legende, Nr. 13). Des Weiteren wird das Hochziehen der äußeren Abdichtung auf eine Höhe von mindestens 150 mm von der Vorderkante der Bodenplatte auf der außenliegenden Beplankung bzw. Bekleidung der Holzbauwand (Legende, Nr. 9) vorgeschrieben.

Labor- und Freilanduntersuchungen sowie hygrothermische Simulationen bestätigen die Funktionstauglichkeit dieser Ausführung.

Die Ausführung nach Bild A.13, DIN 68800-2 (s. Abb. 4.19), wurde auf Wunsch der ausführenden Praxis aufgenommen, da diese Situation infolge der heutigen Außenraumgestaltung häufig auftritt.

Hier wird bei gleicher Abdichtungshöhe auch ein Gehbelag auf der Außenseite als wasserführende Schicht freigegeben. Über ein Fugendichtband (Legende, Nr. 8) zwischen Sockelschiene und Perimeterdämmung soll die Spritzwasserdichtheit gewährleistet werden. Hierfür sind Produkte zu verwenden, „deren Eignung für diesen Anwendungsbereich ausdrücklich deklariert ist". Bei dieser Ausführung darf keinesfalls nach dem Prinzip „viel hilft viel" vorgegangen werden. Die äußere Abdichtung soll hier nur soweit wie notwendig hochgeführt werden, also mit Oberkante Abdichtung im Endzustand min. 15 cm, jedoch maximal 20 cm über GOK. Den Regeln der DIN 68800-2 folgend (s. Tab. 4.10) ist die raumseitige Dampfbremsschicht mit einem sechsmal größeren s_d-Wert um 10 cm höher als die äußere Abdichtung anzuordnen. Das womöglich sicherheitsorientierte, weitere Hochziehen

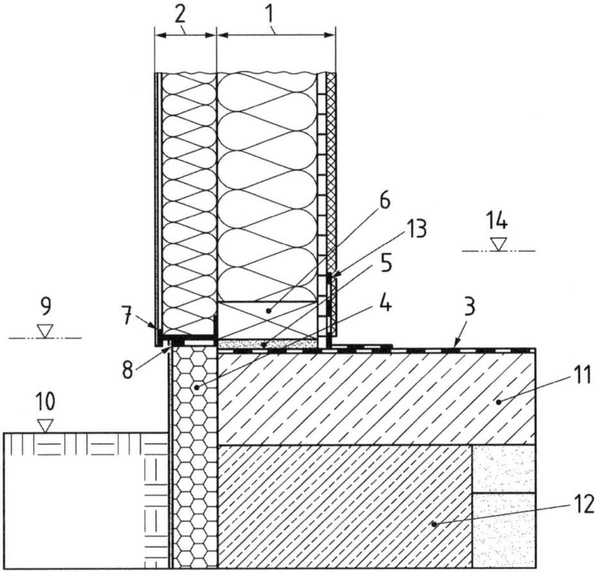

Legende

1 Wandkonstruktion variabel (Holztafelbau, Holzskelettbau, Massivholzbau etc.) äußere Beplankung je nach verwendetem Wärmedämmverbundsystem optional
2 Wärmedämmverbundsystem Wandbetonbauteil mit bauaufsichtlichem Verwendbarkeitsnachweis
3 Abdichtung nach DIN 18195-4
4 Perimeterdämmung mit Sockelputz
5 Untermörtelung
6 Holzschwelle (Gebrauchsklasse GK 0)
7 Sockelschiene
8 Fugenabdichtung, z. B. Fugendichtband
9 Unterkante Schwelle im Endzustand min. 15 cm über GOK
10 Gelände Oberkante (GOK)
11 Bodenplatte
12 Fundament
13 luftdichter Anschluss Wand-Betonbauteil (Bodenplatte/Keller)
14 Oberkante fertiger Fußboden (OFF)

Abb. 4.16 Außenwandfußpunkt mit Schwelle außerhalb des Spritzwasserbereichs mit Wärmedämmverbundsystem (Bild A.10 aus [4.2]).

der äußeren Abdichtung sowie der raumseitigen Dampfbremsschicht erzeugt den sogenannten „Gummistiefeleffekt".

Dieser sorgt bereits bei kleinsten Fehlstellen für das Einsperren von außerplanmäßig eindringender Feuchte, was der erforderlichen Feuchterobustheit dieses Bauteilbereichs erheblich entgegenwirkt.

Zusätzlich zu den Konstruktionsprinzipien des Bild A.13 der Norm sind folgende Grundsätze ratsam:

- Äußere Abdichtung nicht deutlich höher als 150 mm über die Kiesschicht hochführen, um den „Gummistiefeleffekt" einzuschränken.
- Dampfdiffusionswiderstand auf der Raumseite auf das für den Aufbau absolut notwendige Minimum beschränken, um außerplanmäßige Feuchte zur Raumseite hin ausdiffundieren zu lassen.

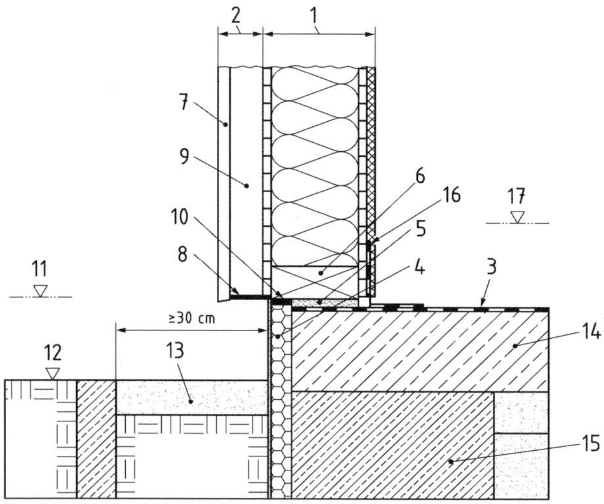

Legende

1 Wandkonstruktion variabel (Holztafelbau, Holzskelettbau, Massivholzbau ... etc.)
2 vorgehängte belüftetete oder hinterlüftete Fassade
3 Abdichtung nach DIN 18195-4
4 Perimeterdämmung mit Sockelputz
5 Untermörtelung
6 Holzschwelle (Gebrauchsklasse GK 0)
7 Fassade
8 Kleintierschutz
9 Luftraum
10 Fugenabdichtung, z. B. Fugendichtband
11 Unterkante Schwelle im Endzustand min. 15 cm über GOK
12 Geländeoberkante (GOK)
13 Kiesbett
14 Bodenplatte
15 Fundament
16 luftdichter Anschluss Wandbetonbauteil (Bodenplatte/Keller)
17 Oberkante fertiger Fußboden (OFF)

Abb. 4.17 Außenwandfußpunkt mit Schwelle außerhalb des Spritzwasserbereichs mit vorgehängter belüfteter oder hinterlüfteter Fassade (Bild A.11 aus [4.2]).

4.9.6.3 Flachdächer in Holzbauweise

Beim Feuchteschutznachweis für flach geneigte Dächer nach dem Glaser-Verfahren darf nach DIN 4108-3 in der Verdunstungsperiode die Oberflächentemperatur des Dachs um 8 °C gegenüber dem Außenklima erhöht werden. Damit soll die sommerliche Erwärmung durch die Sonneneinstrahlung berücksichtigt werden. Diese führt zu einer verstärkten Rückdiffusion von winterlichem Tauwasser in den äußeren Bereichen des Bauteils von außen nach innen. Bauliche und architektonische Zwänge erlauben heutzutage nur noch in seltenen Fällen die Ausführung von flach geneigten Dächern mit ausreichender Belüftungsebene oder raumseitig frei liegender Tragkonstruktion gemäß den Bildern A.17 bis A.19 im Anhang A der DIN 68800-2.

Üblich sind somit die Aufbauten nach dem Prinzip in Bild A.20 der Norm (s. Abb. 4.20), also voll gedämmte, nicht belüftete Flachdächer mit Schalung oder Beplankung (dauerhaft ohne Verschattung).

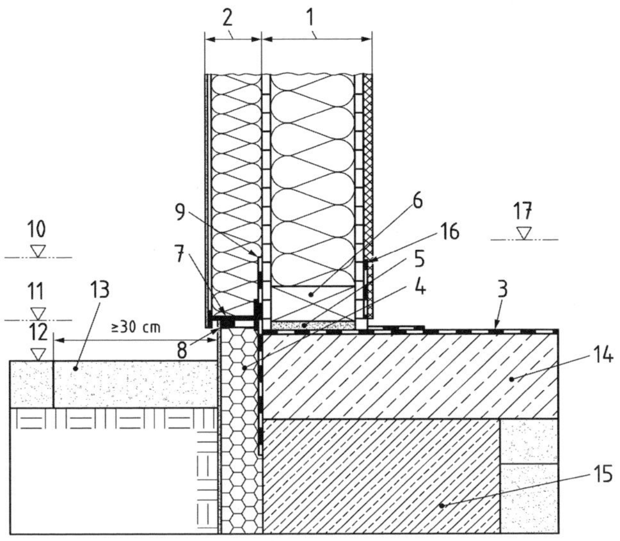

Legende

1 Wandkonstruktion variabel (Holztafelbau, Holzskelettbau, Massivholzbau etc.)
2 Wärmedämmverbundsystem mit bauaufsichtlichem Verwendbarkeitsnachweis
3 Abdichtung nach DIN 18195-4
4 Perimeterdämmung mit Sockelputz
5 Untermörtelung
6 Holzschwelle (Gebrauchsklasse GK 0)
7 Sockelschiene
8 Fugenabdichtung, z. B. Fugendichtband
9 Abdichtung nach DIN 18195-4
10 Oberkante Abdichtung im Endzustand min. 15 cm über GOK
11 Unterkante Schwelle im Endzustand min. 5 cm über GOK
12 Geländeoberkante (GOK)
13 Kiesbett
14 Bodenplatte
15 Fundament
16 luftdichter Anschluss Wandbetonbauteil (Bodenplatte/Keller)
17 Oberkante fertiger Fußboden (OFF)

Abb. 4.18 Außenwandfußpunkt mit Schwelle im Spritzwasserbereich mit Kiesbett an der Außenwand (Bild A.12 aus [4.2]).

Die Nachweisfreiheit solcher Aufbauten ist mit einer Reihe sinnvoller Randbedingungen verbunden, die in der Praxis unbedingt zu berücksichtigen sind.

Immer noch weitverbreitet ist die Ansicht, dass aufgrund der oberseitig dampfdichten Abdichtung auf der Raumseite eine noch dichtere Dampfsperre mit einem s_d-Wert von mehr als 100 m anzuordnen sei. Zumal dieser Ansatz bis zur Neufassung der DIN 4108-3 im Jahr 2014 in dieser Norm noch verankert war. Solche Bauteile bieten bei der Feuchteschutzberechnung lediglich eine Trocknungsreserve von 20 bis 60 g/(m^2 a).

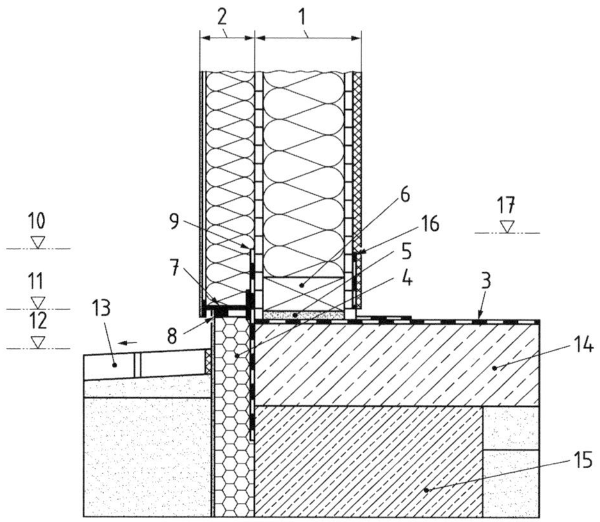

Legende

1 Wandkonstruktion variabel (Holztafelbau, Holzskelettbau, Massivholzbau etc.)
2 Wärmedämmverbundsystem mit bauaufsichtlichem Verwendbarkeitsnachweis
3 Abdichtung nach DIN 18195-4
4 Perimeterdämmung mit Sockelputz
5 Untermörtelung
6 Holzschwelle (Gebrauchsklasse GK 0)
7 Sockelschiene
8 Fugenabdichtung, z.B. Fugendichtband
9 Abdichtung nach DIN 18195-4
10 Oberkante Abdichtung im Endzustand min. 15 cm über GOK
11 Unterkante Schwelle im Endzustand min. 5 cm über GOK
12 Geländeoberkante (GOK)
13 Gehbelag (Terrasse oder Balkon) (= wasserführende Schicht) min. 2 % Gefälle
14 Bodenplatte
15 Fundament
16 Dampfbremsschicht 10 cm höher als äußere Abdichtung nach DIN 18195-4 (s_d-Wert innen viermal höher als außen)
17 Oberkante fertiger Fußboden (OFF)

Abb. 4.19 Außenwandfußpunkt mit Schwelle im Spritzwasserbereich mit festem Belag und Gefälle an der Außenwand (Bild A.13 aus [4.2]).

Bei der Ermittlung der Trocknungsreserve solcher Bauteile sollte der innere s_d-Wert ($s_{d,i}$) auf 4–5 m beschränkt werden, um ein ausreichendes sommerliches Verdunstungspotenzial gewährleisten zu können. Hier gibt die Norm auf Grundlage der Erkenntnisse aus jahrelanger Forschung und Praxis Folgendes vor:

> *Raumseitig ist eine feuchtevariable diffusionshemmende Schicht ($s_d \geq 3$ m bei $\leq 45\,\%$ relativer Luftfeuchte und 1,5 m $\leq s_d \leq$ 2,5 m bei 70 % relativer Luftfeuchte) anzuordnen.*

Die Wirkung der feuchtevariablen Dampfbremsen lässt sich in diesem Zusammenhang wie folgt zusammenfassen:

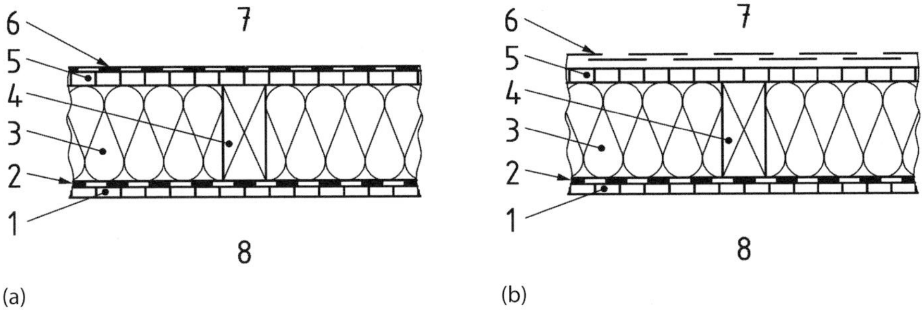

Legende

1 raumseitige Bekleidung ohne oder mit Lattung oder Beplankung $s_d \leq 0{,}5$ m
2 feuchtevariable diffusionshemmende Schicht ($s_d \geq 3$ m bei ≤ 45 % relative Luftfeuchte und $1{,}5 \text{ m} \leq s_d \leq 2{,}5$ m bei 70 % relative Luftfeuchte)
3 mineralischer Faserdämmstoff nach DIN EN 13162, Holzfaserdämmplatten nach DIN EN 13171 oder Dämmstoff, dessen Verwendbarkeit für diesen Anwendungsfall durch einen bauaufsichtlichen Verwendbarkeitsnachweis nachgewiesen ist
4 technisch getrocknetes Holzprodukt (u $\leq$ 15 %)
5 oberseitige Schalung aus trockenem Holz oder Holzwerkstoffen
6 a) dunkle Dachabdichtung (schwarz bzw. Strahlungsabsorption $\geq$ 80 %)
b) Metalleindeckung auf strukturierter Trennlage
7 Außenseite
8 Innenseite

Abb. 4.20 Voll gedämmtes, nicht belüftetes Flachdach auf Schalung oder Beplankung, dauerhaft ohne Verschattung; (a) mit Dachabdichtung, (b) mit Metalleindeckung und strukturierter Trennlage (Bild A.20 aus [4.2]).

Bei der sommerlichen Rückdiffusion erhöht sich die relative Feuchte an der raumseitigen Dampfbremse. Feuchteadaptive Dampfbremsen können ihren Dampfdiffusionswiderstand abhängig von der Umgebungsfeuchte anpassen. Im Winter ist raumseitig ein erhöhter Sperrwert erforderlich. Infolge der im Winter üblicherweise niedrigen relativen Raumluftfeuchte (beheiztes Raumklima) weist das Material einen hohen s_d-Wert auf. Der Eintrag von Diffusionsfeuchte wird auf einem unkritischen Niveau gehalten. Kehren sich die Verhältnisse im Sommer um, sinkt der s_d-Wert auf rund ein Zehntel des Winterniveaus. Winterliches Tauwasser in den äußeren Bauteilschichten kann dann aus dem Bauteil zum Raum hin ausdiffundieren. Die Wirkung dieser Bahnen lässt sich mit der statischen Berechnungsmethode des Glaser-Verfahrens nicht abbilden. Durch Anwendung dynamischer Berechnungsverfahren (hygrothermische Simulation nach DIN EN 15026) können die Effekte dieser Materialien deutlich dargestellt werden.

Nach wie vor gelten hoch gedämmte, nicht belüftete, flach geneigte Dachkonstruktionen als sensible Bauteile, deren dauerhafte Funktionstauglichkeit von der Beachtung mehrerer grundsätzlicher Bedingungen abhängt. Aus intensiven Fachdiskussionen ging schließlich im Jahr 2011 ein Konsenspapier hervor, welches die sogenannten „sieben goldenen Regeln für ein nachweisfreies Flachdach“ proklamiert. Über diesen Regeln steht der generelle Grundsatz:

„Der Einbau von Dampfsperren in außenseitig dampfdichten Holzkonstruktionen entspricht nicht (mehr) den Regeln der Technik.“

Des Weiteren gilt: Ein Flachdach ist nachweisfrei, wenn…

- es ein Gefälle ≥ 3 bzw. ≥ 2 % nach Verformungen aufweist,
- es eine dunkle Oberfläche mit hoher Strahlungsabsorption $\alpha \geq 80\,\%$ hat und unverschattet ist,
- es keine Deckschichten (Bekiesung, Dachbegrünung, Terrassenbeläge) hat,
- es eine raumseitige feuchtevariable Dampfbremse aufweist,
- es frei von unkontrollierbaren Hohlräumen auf der kalten Seite der Dämmschicht ist,
- es hinsichtlich der Luftdichtheit geprüft wurde,
- vor Schließen des Aufbaus die Holzfeuchte von Tragwerk und Schalung ($u = 15 \pm 3$ M.-%) bzw. Holzwerkstoffbeplankung ($u = 12 \pm 3$ M.-%) dokumentiert wurde.

In den meisten Punkten entsprechen die Randbedingungen, die in DIN 68800-2 für den als nachweisfrei geltenden Flachdachaufbau in Bild A.20 definiert werden, den „sieben goldenen Regeln“.

Schadensfälle an nicht belüfteten Flachdächern in Holzbauweise liegen somit nicht an unzureichenden bzw. praxisfernen Regelungen, sondern in den meisten Fällen an deren Nichtbeachtung. An derart sensiblen Bauteilen zeigt sich, dass deren Feuchterobustheit nur mit Sachkenntnis und Sorgfalt bei der Ausführung gewährleistet werden kann. Dies ist am besten durch eine möglichst weitreichende werkseitige Vorfertigung der Bauteile unter kontrollierten Herstellungsbedingungen zu realisieren.

4.9.6.4 Oberste Geschossdecken unter unbeheizten Dachräumen, Bild A.21

Die Konstruktion in Bild A.21 der DIN 68800-2 (s. Abb. 4.21) kommt in jedem Haus mit Spitzboden vor. Die Ausführung kann sehr verschieden sein. Entscheidend für die hier erreichbare Trocknungsreserve ist der Dampfdiffusionswiderstand der oberen Beplankung. Bei einer Holzdielung ($s_d \approx 0{,}8$–$1{,}0$ m) bestehen Trocknungsreser-

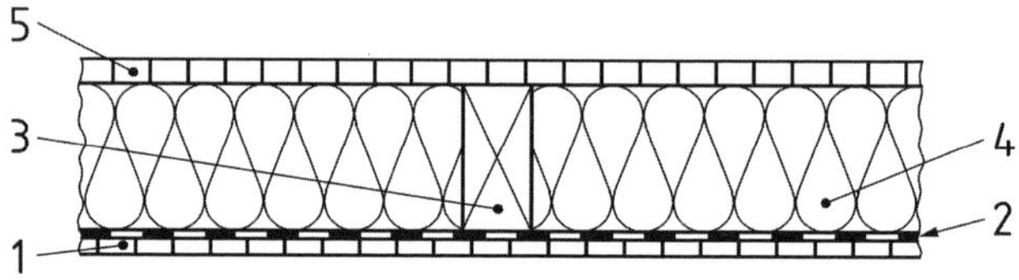

Legende

1 unterseitige Bekleidung ohne oder mit Lattung oder Beplankung
2 Dampfbremsschicht, $s_d \geq 2$ m in Verbindung mit Schicht 1
3 trockenes Holzprodukt
4 mineralischer Faserdämmstoff nach DIN EN 13162, Holzfaserdämmstoff nach DIN EN 13171 oder Dämmstoff, dessen Verwendbarkeit für diesen Anwendungsfall durch einen bauaufsichtlichen Verwendbarkeitsnachweis nachgewiesen ist
5 obere Schalung oder Beplankung mit einem s_d-Wert ≤ 2 m, z. B. Vollholzdielung oder Spanplatten

Abb. 4.21 Decke unter nichtausgebauten Dachräumen, im Gefach nicht belüftet (Bild A.21 aus [4.2]).

ven aus dem Doppelten bis Dreifachen der Anforderung für Dächer (250 g/(m^2 a)). Gemäß Punkt 5 der Legende ist ein $s_{d,e} \leq 2{,}0$ m, z. B. 20 mm Spanplatte ($\mu = 100$) erlaubt. Damit wird die rechnerische Trocknungsreserve von 100 g/(m^2 a) bereits knapp unterschritten, was jedoch durch die gegenüber dem Außenklima vergleichsweise moderaten Klimabedingungen im Dachraum vertretbar erscheint.

Aber auch hier gilt die Sonderregelung für Bauteile, die in Form einer weitreichenden Vorfertigung nach Holztafelbaurichtlinie hergestellt werden, wie folgt:

> *Bei beidseitig bekleideten oder beplankten, werkseitig hergestellten Elementen auch zulässige Kombinationen:*
> *Legende: 2 Dampfbremsschicht* 20 m $\leq s_d \leq$ 50 m *in Verbindung mit Schicht 1*
> *5 äußere Bekleidung oder Beplankung* $s_d \leq$ 4 m

In der Praxis werden auch bei weitgehend vorgefertigten Holztafelbauten gerade diese Bauteile nicht oder nur teilweise vorgefertigt geliefert, insbesondere um Installationsdurchdringungen z. B. für Fallrohrbelüftungen, Lüftungs- und Solartechnik, Satellitenanlagen beim weiteren Ausbau einfach an die Dichtungsfolie anschließen zu können.

Ein sinnvolles Vorgehen ist, dass beim Einsatz von oberseitig angeordneten Holzwerkstoffplatten mit höherem Dampfdiffusionswiderstand (2,0 m $< s_{d,e} \leq$ 4 m) ein Nachweis der Luftdichtheit der Gebäudehülle erfolgt. Dieser Aufbau kann dann ohne rechnerischen Nachweis ausgeführt werden.

4.9.6.5 Sonderbehandlung von „kleinen Balkonen/Terrassen“

Konstruktionen nach Bild A.23 (Abb. 4.22) sind mit zwei wesentlichen Einschränkungen versehen.

1. Es ist ein Nachweis des Tauwasserschutzes nach DIN 4108-3 gefordert.
2. Die Herstellung darf ausschließlich aus werkseitig vorgefertigten Elementen erfolgen.

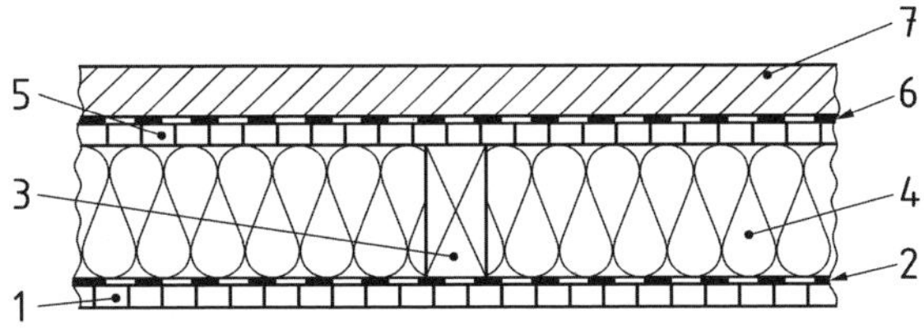

Legende

1 Bekleidung ohne oder mit Lattung oder Beplankung
2 Dampfbremsschicht 50 m $\leq s_d \leq$ 100 m
3 technisch getrocknetes Holzprodukt (u $\leq$ 15 %)
4 mineralischer Faserdämmstoff nach DIN EN 13162
5 Beplankung (Dachneigung $\geq 0°$)
6 Abdichtung
7 Balkonbelag

Abb. 4.22 Kleinflächige (max. 10 m^2) Balkone/Terrassen über Wohnraum in Holztafelbauart aus werkseitig vorgefertigten Elementen (Bild A.23 aus [4.2]).

Zu 1.: Für außenseitig dampfdichte Konstruktionen mit einer inneren stark dampfbremsenden Schicht ($s_{d,i} \leq 100$ m) gelingt der Nachweis einer hinreichenden Feuchtebilanz mit normalem Glaser-Blockklima nur sehr knapp. Im Regelfall (z. B. $s_{d,e} = 200$ m und $s_{d,i} = 100$ m) beträgt die Trocknungsreserve lediglich 20 g/m^2. Es handelt sich hier im Prinzip um ein Flachdach, für das eigentlich eine Trocknungsreserve von 250 g/m^2 nachzuweisen wäre.

Balkone sind in der Regel durch Brüstungen, Geländer, Dächer oder angrenzende Wände zumindest teilweise verschattet. Der übliche Balkonbelag sorgt für eine zusätzliche Behinderung der sommerlichen Rücktrocknung des Bauteils. Die Anwendung des Glaser-Verfahrens für diesen Fall entspricht nicht den Regeln der Technik und liefert irreführende Ergebnisse.

Zu 2.: Auch bei ansonsten in werkseitiger Vorfertigung hergestellten Gebäuden erfolgt die Ausführung solcher Bauteile in der Regel in handwerklicher Baustellenmontage. Bisher ist es nicht zu weitreichenderen Schäden bei solchen Konstruktionen gekommen, was im Wesentlichen dadurch zu begründen ist, dass solche Decken üblicherweise bei maximal zweigeschossigen Häusern zum Einsatz kommen. Hier liegt das Bauteil in der Regel im Bereich der druckneutralen Ebene des Gebäudes (vgl. Abb. 4.11), wo keine oder nur geringe Antriebskräfte für die Dampfkonvektion vorliegen. Der mehrgeschossige Holzbau ist seit einigen Jahren im Wachstum begriffen. Mit steigender Gebäudehöhe erhöht sich auch der thermisch druckinduzierte Konvektionseintrag in das Bauteil durch praxisübliche Fehlstellen. Die generelle Freigabe auch auf Loggien und Balkone oberhalb des ersten Obergeschosses ist eher kritisch zu sehen.

Für solche Bauteile wird somit grundsätzlich empfohlen, die erforderliche Feuchterobustheit durch eine hygrothermische Berechnung nach DIN EN 15026 unter Einbeziehung der individuellen Randbedingungen nachzuweisen.

4.9.6.6 Gebrauchsklasse 2 – eine Klasse für sich

Die Gebrauchsklasse 2 (GK 2) ist nach Tabelle 1, DIN 68800-1, durch folgende Bedingungen definiert:

- gelegentlich feucht (> 20 %), mittlere relative Luftfeuchte über 85 % oder zeitweise Befeuchtung durch Kondensation,
- Holz oder Holzprodukt unter Dach, nicht der Bewitterung ausgesetzt, eine hohe Umgebungsfeuchte kann zu gelegentlicher, aber nicht dauernder Befeuchtung führen.

Grundsätzlich folgt es einer gewissen Logik, dass Bauteile, die sich im Freien, jedoch unter Dach befinden, gelegentlich höheren Umgebungsfeuchten ausgesetzt sind, als solche in Innenräumen (GK 0 oder GK 1). Zu erhöhten Holzfeuchten können auch besondere Witterungsbedingungen in Gebieten mit häufigem Vorkommen hoher Luftfeuchten führen, z. B. durch lange Morgentauphasen und häufigen Nebel, wie Talregionen oder gewässernahe Standorte. Dies ist im Einzelfall zu berücksichtigen. Bauteile unter solchen Bedingungen werden jedoch im Sinne der DIN 68800-1 generell der Gebrauchsklasse 3.1 (GK 3.1) zugeordnet.

Der Begriff „gelegentlich" ist wie die weiteren in der Norm verwendeten Zeitbegriffe wie „häufig", „vorwiegend" und „ständig" lediglich eine relative Angabe der zunehmenden Beanspruchung, hier insbesondere Befeuchtungen betreffend. Wegen der sehr unterschiedlichen Einflussgrößen für eine Feuchteerhöhung im Holz sind genaue Zahlenangaben nicht möglich.

Geschlossene Holzbauteile sollen nach den Regeln der Norm so konstruiert sein, dass eine unzuträgliche Feuchteerhöhung der Hölzer und der Holzwerkstoffe des Bauteils vermieden wird. Eine planmäßige Feuchteerhöhung der Hölzer auf mehr als 20 % bzw. der Holzwerkstoffe auf mehr als 18 % im Gebrauchszustand ist für Bauteile in Holzrahmenbauweise nicht zulässig. Lediglich während der Bauphase wird für Holz in den Nutzungsklassen 1 und 2 nach DIN EN 1995-1-1 eine Auffeuchtung auf eine Holzfeuchte $u > 20\,\%$ toleriert, wenn nachgewiesen werden kann, dass die Holzfeuchte $u \leq 20\,\%$ innerhalb einer Zeitspanne von höchstens 3 Monaten ohne Beeinträchtigung der gesamten Konstruktion erreicht wird. Dies wird gleichlautend auch nach Abschnitt 5.1.2.6 der DIN 68800-2 zugelassen.

Die Bedingungen der Gebrauchsklasse 2 (GK 2) sind demnach planmäßig bzw. in der Praxis nicht zu erwarten. Sowohl bei Bauteilen unter Dach als auch bei geschlossenen Konstruktionen wird grundsätzlich eine Holzfeuchte von $u \leq 20\,\%$ unterstellt, sodass von den Bedingungen der GK 0 oder 1 ausgegangen werden kann.

4.10 Robustheit von offenen und frei bewitterten Bauteilen und Konstruktionen

Offene oder frei bewitterte Bauteile und Konstruktionen werden je nach Einbausituation der Gebrauchsklasse 3.1 oder 3.2 nach DIN 68800-1 zugeordnet. Die GK 3 wurde bei der Erarbeitung der aktuellen Fassung der DIN 68800 wegen der vielfältigen Gebrauchsbedingungen in zwei Unterklassen aufgeteilt, was dem System der entsprechenden europäischen Normen entspricht (DIN EN 335-1). Maßgebend ist die im Gebrauch zu erwartende Holzfeuchte. Die Norm unterscheidet hierzu, ob eine Wasseranreicherung zu erwarten ist, und bezieht gleichzeitig eine mögliche Rücktrocknung ein.

Es wird unterschieden, ob ein Bauteil nur gelegentlich feucht (GK 3.1) oder häufig feucht (GK 3.2) ist, wobei in GK 3.2 mit einer Anreicherung von Wasser im Holz gerechnet wird. Allgemein sind in der GK 3 Holzfeuchten von $u > 20\,\%$ zu erwarten.

Bei diesen Gebrauchsklassen kommt es im Wesentlichen darauf an, dass das unvermeidlich anfallende Wasser möglichst schnell abgeführt und/oder das Material eine ausreichende natürliche Widerstandsfähigkeit aufweist.

4.10.1 Natürliche Dauerhaftigkeit von Hölzern = Widerstand gegen Schädlingsbefall

Die natürliche Dauerhaftigkeit ist die mehr oder minder ausgeprägte Eigenschaft einer Holzart, ohne zusätzliche Maßnahmen einem Befall durch Holzschädlinge zu

Tab. 4.12 Zuordnung von im Bauwesen üblichen Holzarten zu Dauerhaftigkeitsklassen.

Dauerhaftigkeitsklassen (DK) nach DIN EN 350-2				
DK 1 sehr dauerhaft	**DK 2** dauerhaft	**DK 3** mäßig dauerhaft	**DK 4** wenig dauerhaft	**DK 5** nicht dauerhaft
Anwendbarkeit ohne Holzschutzmittelbehandlung in Gebrauchsklasse				
2/3.1/3.2/4	2/3.1/3.2	2/3.1	2	/
Afzelia Makoré Massaranduba Moabi Mukulungu Padouk Tali asiat. Teak Tatajuba	Bongossi Edelkastanie Jatoba Mahagoni West. Red Cedar	Pech-Kiefer Sibirische Lärche (ab 700 kg/m^3)	Fichte Okumé Tanne Ulme Roteiche Yellow Meranti	Ahorn Birke Buche Erle Esche Linde Rosskastanie White Meranti
Cumaru Garapa Ipé Itauba Merbau Robinie		Douglasie Kiefer Lärche		
	Bangkirai (Yellow Balau, Shorea) Stiel- oder Traubeneiche Amerikanische Weiß-Eiche Nootka-Scheinzypresse (Yellow Cedar)			

widerstehen. Die Dauerhaftigkeit gegen Pilzbefall wird durch 5 Klassen, die Dauerhaftigkeitsklassen gekennzeichnet. Diese reichen von 1 (sehr dauerhaft) bis 5 (nicht dauerhaft). Zu beachten ist, dass ausschließlich das Kernholz einer Holzart eine erhöhte Dauerhaftigkeit besitzt, wobei für die im Bereich der DIN 68800 üblichen Holzarten stets von Farbkernholz ausgegangen wird.

In Tab. 4.12 sind die im Bauwesen gebräuchlichsten Holzarten aufgeführt und deren ausreichende natürliche Dauerhaftigkeit gegen den Befall durch Holz zerstörende Pilze durch Einteilung in die jeweilige Dauerhaftigkeitsklasse kategorisiert. Die Tab. 4.12 bezieht sich ausschließlich auf die Dauerhaftigkeit gegen Pilzbefall, sodass weder GK 1 (nur Insektenbefall möglich) noch GK 5 (primär für Holzschädlinge im Meerwasser) berücksichtigt sind. Soll in den Gebrauchsklassen GK 3.1 oder GK 3.2 auf die Behandlung des Holzes mit Holzschutzmitteln verzichtet werden, muss das Holz grundsätzlich den Dauerhaftigkeitsklassen 1 oder 2 zugewiesen sein.

Die Dauerhaftigkeit einer Holzart gegen die verschiedenen Schädlingsarten wird im Wesentlichen durch die Holzinhaltsstoffe und die Umgebungsbedingungen, jedoch nur in Einzelfällen auch durch die Rohdichte (z. B. bei Sibirischer Lärche) beeinflusst. Sie ist zwischen den Holzarten sehr unterschiedlich und kann auch innerhalb einer Holzart schwanken.

4.10.2 Bauliche Maßnahmen zum Schutz von Holz in GK 3.1

Für Bauteile und Konstruktionen der Gebrauchsklasse 3.1 (GK 3.1) muss eine dauerhafte Feuchteanreicherung ausgeschlossen sein. Somit müssen die Bauteile z. B. nach einer Beregnung oder einer zeitweiligen Schneeablagerung wieder rasch abtrocknen können. Es wird hier von einem begrenzten Risiko ausgegangen, dass Holzbauteile nass werden und bleiben, bzw. wird die GK 3.1 mit „eingeschränkt feuchten Bedingungen“ umschrieben.

Der wichtigste Faktor zur Wahrung solcher Bedingungen ist eine dauerhafte und funktionierende Ableitung von Niederschlägen. Dies wird konkret durch folgende Maßnahmen erreicht:

- senkrecht ausgerichtete Oberflächen der Bauteile und Konstruktionen,
- Abschrägung von horizontalen Oberflächen,
- Vermeidung von vorhandenen oder zu erwartenden Rissen, die nach oben offen sind (= keine Bildung von Wassernestern),
- Gestaltung von Konstruktionsfugen und Verbindungsstellen, sodass durch eine Luftumspülung der Einzelteile eine rasche Austrocknung gewährleistet ist (Vermeidung von Stauwasser in den Anschlüssen).

Durch besondere bauliche Maßnahmen lassen sich mit relativ einfachen Mitteln Bedingungen schaffen, wodurch sich Bauteile der GK 3.1 dann in die Gebrauchsklasse 0 einstufen lassen. Es muss sichergestellt sein, dass die Holzfeuchte 20 % nicht übersteigt. Eine kurzfristige Erhöhung der Holzfeuchte im Bereich der Oberfläche ist dabei als unkritisch zu betrachten.

Über die vorgenannten grundsätzlichen Maßnahmen hinaus führen die nachfolgenden besonderen Maßnahmen zu der erforderlichen Holzfeuchtebegrenzung und zur Einstufung in die GK 0:

- Begrenzung der Rissbildung durch Beschränkung der Querschnittsmaße und durch kerngetrennten Einschnitt sowie technische Trocknung,
- Vollholz mit Abmessungen $\leq$ 16 cm $\times$ 16 cm ($\leq$ 256 cm^2),
- Verwendung von Brettschichtholz mit Abmessungen $\leq$ 20 cm $\times$ 20 cm,
- nur gehobelte Oberflächen,
- Hirnholz wird abgedeckt,
- nicht vertikal stehende Bauteile sind oberseitig abgedeckt, wobei die Abdeckung einen ausreichenden Überstand gegenüber den jeweils seitlichen Flanken des Bauteils aufweist.

Konkrete Maßnahmen zur Erfüllung der vorgenannten Anforderungen sind die nachfolgenden Beispiele, die sinngemäß auf alle offenen oder frei bewitterten Holzkonstruktionen übertragbar sind.

4.10.2.1 Abdeckung horizontaler Bauteile

Ein direktes Abführen von Niederschlagswasser erfolgt durch Vermeidung direkter Witterungsbeanspruchung von Horizontalflächen sowie eine fachgerechte Ausbildung von Anschlüssen (Fugenausbildung). Horizontale Flächen von Holzbauteilen

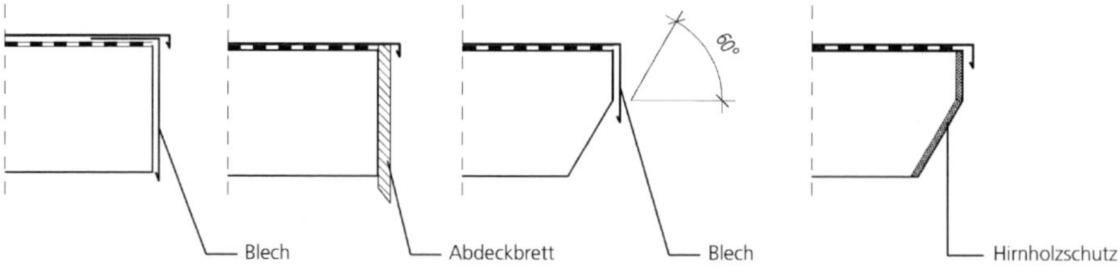

Abb. 4.23 Abdeckung von Holzbauteilen zur Einstufung in GK 3.1 [4.13].

im bewitterten Außenbereich müssen zur Einstufung in GK 3.1 durch eine oberseitige Abdeckung mit ausreichendem seitlichen Überstand geschützt werden. Hierfür eignen sich beispielsweise gekantete Bleche, bei denen eine vollflächige Auflage auf dem Holz durch strukturierte Trennlagen (sog. Wirrfaserbahn) oder andere Maßnahmen zu vermeiden ist (s. Abb. 4.23).

4.10.2.2 Stützen und bodennahe Holzbauteile

Stützen müssen durch die Verwendung geeigneter Stützenfüße die Mindestanforderungen an den Abstand zur Geländeoberkante (GOK) erfüllen, um in die Gebrauchsklasse 3.1 (GK 3.1) eingestuft werden zu können. Dabei gilt, wie in Abb. 4.24 Mitte und rechts dargestellt,

$\geq$ 300 mm bei befestigter GOK,
$\geq$ 150 mm bei wasserabsorbierender bzw. wasserablenkender Oberfläche (z. B. Kiesschüttung).

Werden diese Bedingungen nicht eingehalten, wie beispielsweise in Abb. 4.24 links dargestellt, ist für die Stütze die Gebrauchsklasse 3.2 (GK 3.2) anzunehmen.

4.10.2.3 Verbindungen und Anschlüsse

Stauwasser in Anschlussbereichen kann verhindert werden, wenn an den Fügestellen der Bauteile mindestens 6 mm Abstand verbleiben, um Wasser und Schmutzeinlagerung zu verhindern. Zudem muss sichergestellt sein, dass in Schlitze und

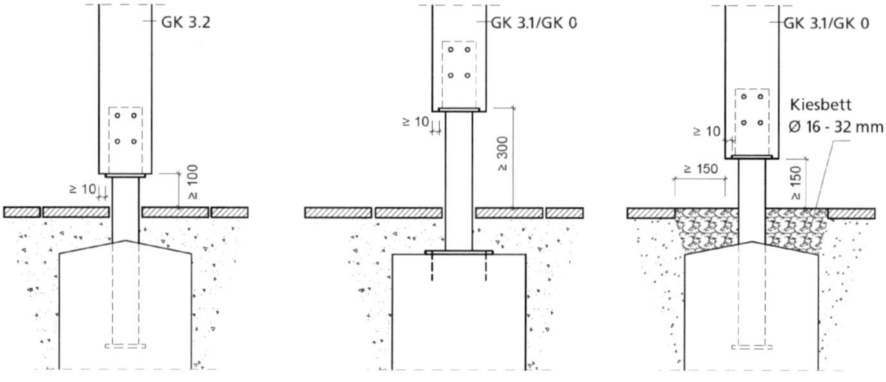

Abb. 4.24 Ausführung des Stützenfußes zur Einstufung in GK 3.1 [4.13].

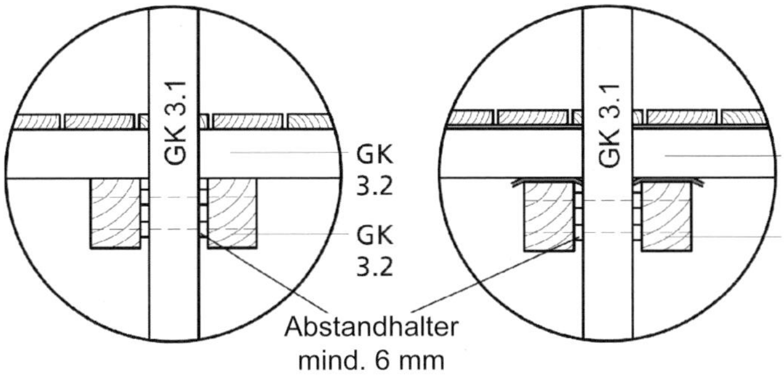

Abb. 4.25 Ausbildung von Anschlüssen zur Einstufung in GK 3.1 [4.13].

Bohrungen für Verbindungsmittel durch Abdichtungsmaßnahmen kein Wasser eindringen kann (Abb. 4.25).

4.11 Hinweise zu nachträglicher Behandlung von Holz mit Holzschutzmitteln

In der Praxis besteht häufig der Sachverhalt, dass die tatsächliche Gebrauchsklasse von Hölzern falsch eingeschätzt wurde und dieses erst nach dem Einbau bzw. nach Fertigstellung der Konstruktion festgestellt wird. Dies betrifft im Wesentlichen Holzbauteile, die aufgrund der Einbausituation in die GK 3.1 einzustufen sind, also frei bewittert ohne Wasseranreicherungen und Erdkontakt. Ein Beispiel sind Stützen oder Balken im Außenbereich außerhalb des Schutzbereichs von Dachüberständen (s. a. Abb. 4.9).

Ein nachträglicher wirksamer Schutz von tragenden Hölzern in GK 3 durch (An-) Streichen mit HSM ist nach den derzeit geltenden Regeln nicht möglich. Grund hierfür ist, dass zum Erreichen der eigentlich erforderlichen Eindringtiefen (i. d. R. NP 3 = New Penetration Class 3, mindestens 6 mm) durch diese Applikationsmethode derzeit keine geeigneten Holzschutzmittel verfügbar sind.

Nach DIN 68800-3, Abschnitte 8.2.4.4 und 8.2.4.5, reicht unter nachfolgenden Bedingungen eine Behandlung von tragenden Hölzern in der GK 3.1 mit für diese GK geeigneten Holzschutzmitteln (Prädikat Iv, P, W) im Streich- oder Spritzverfahren aus:

- Brettschichtholz mit
  - Breite $\leq$ 20 cm, Höhe $\leq$ 50 cm,
  - Lamellendicke $\leq$ 35 mm,
- kerngetrenntes Bauschnittholz mit einer Querschnittsfläche $\leq 256\ cm^2$ (z. B. 16 cm × 16 cm).

Dieses Vorgehen ist auf Bauwerke der Gebäudeklassen 1, 2 und 3 nach MBO beschränkt, um eine einfache bzw. aufwandsarme Kontrolle der Holzkonstruktion zu ermöglichen.

Bei Vereinbarung dieses Sonderwegs (NP 1 für GK 3.1) sollte eine schriftliche Bestätigung ausgestellt werden, dass die Anforderungen nach DIN 68800-3 hinsichtlich des ausreichenden Holzschutzes erfüllt wurden. Die regelmäßigen Kontrollen und eventuell notwendige Nachbehandlungen sind durch den Bauherrn/Betreiber sicherzustellen.

Maßnahmen zum Schutz des Holzes in GK 3.2 In GK 3.2 ist im Gegensatz zu GK 3.1 mit einer Wasseranreicherung zu rechnen. Die betreffenden Holzbauteile sind also weder dafür ausgeführt noch ausgerichtet, Wasser abzuleiten oder eine schnelle Rücktrocknung zu gewährleisten. Es herrschen somit anhaltend feuchte Bedingungen. „Anhaltend" heißt hierbei jedoch nur, dass die Dauer der Einwirkung von Wasser verlängert, jedoch nicht andauernd sein darf. Diese Einschränkung ist von großer praktischer Bedeutung, denn bei andauernder Einwirkung von Wasser sind oftmals bereits die Bedingungen einer GK 4 gegeben. Bauteile, bei denen über mehrere Monate Ablagerungen von Schmutz, Erde, Laub u. Ä. zu erwarten sind, sowie Bauteile mit besonderer Beanspruchung, z. B. durch häufiges Spritzwasser, sind in GK 4 einzustufen. Längere Perioden erhöhter Holzfeuchte als Folge wiederholter starker Niederschläge sind jedoch kein alleiniger Grund zur Einstufung von Bauteilen in die GK 4. Hier gilt zunächst GK 3 und je nach Orientierung, Schutz und Fügung der Bauteile die GK 3.1 oder GK 3.2.

Allgemein gilt, dass Maßnahmen zum Schutz des Holzes so auszuwählen sind, dass das Holz der Gefährdung in der gegebenen Gebrauchsklasse über die vorgesehene Nutzungsdauer standhält. Zusätzlich zu den grundsätzlichen baulichen Holzschutzmaßnahmen nach Abschnitt 5, DIN 68800-2, sind für Bauteile, die in die GK 3.2 einzuordnen sind, alternativ folgende Maßnahmen möglich:

- bauliche Maßnahmen zur Vermeidung eines Bauschadens durch Insekten oder eines Befalls durch Pilze nach DIN 68800-2;
- Einsatz von Farbkernholz natürlich dauerhafter Holzarten der Dauerhaftigkeitsklassen 1 oder 2 und natürlicher Dauerhaftigkeit gegen Insekten (Berücksichtigung von 6.8, DIN 68800-1);
- Verwendung von Holzprodukten mit CE-Kennzeichnung und ausgewiesener natürlicher Dauerhaftigkeit gegen Holz zerstörende Pilze (Dauerhaftigkeitsklassen 1 oder 2) und ausgewiesener natürlicher Dauerhaftigkeit gegen Insekten nach DIN EN 350-2;
- Anwendung von Holzschutzmitteln nach DIN 68800-3, die für die Verwendung in GK 3 vorgesehen und in der erforderlichen Menge und Eindringtiefe eingebracht sind;
- Verwendung von vorbeugend geschützten Holz- und Holzwerkstoffprodukten mit CE-Kennzeichnung, für die die Verwendbarkeit in GK 3.2 nach DIN 68800-3 nachgewiesen ist. Im Falle von tragenden Bauteilen aus Holzwerkstoffprodukten ist ein bauaufsichtlicher Verwendbarkeitsnachweis nach Tabelle C.1, Fußnote b, DIN 68800-1, für das Konstruktionssystem gefordert.

Die Abdeckung von Hirnholz ist von besonderer Bedeutung, da die Feuchteaufnahme über die Hirnholzfläche besonders schnell erfolgt. Abschrägungen oder Versiegelungen sind nur für nichttragende Bauteile mit kleinen Querschnitten und geringen Anforderungen an das Aussehen akzeptabel, z. B. bei Zaunpfosten.

Im Allgemeinen herrscht die Erwartung einer möglichst langen Nutzungs- und Lebensdauer sowie einer dauerhaften Standsicherheit von Konstruktionen vor. In Anbetracht dessen wird erkennbar, dass die Herstellung von Konstruktionen, die in die Gebrauchsklasse 3.2 einzustufen sind, in der Regel nicht erstrebenswert bzw. nicht gewünscht erscheinen. Daher ist grundsätzlich zu empfehlen, bei jeder Planung von Holzkonstruktionen stets darauf zu achten, dass die Konstruktion und ihre Bauteile nach Möglichkeit in die Gebrauchsklasse 0 (GK 0) oder maximal in die Gebrauchsklasse 3.1 (GK 1) eingestuft werden können.

Literatur

4.1 DIN 68800-1:2011-10 (2011). *Holzschutz – Teil 1: Allgemeines*, Berlin: DIN Deutsches Institut für Normung e. V.

4.2 DIN 68800-2:2012-02 (2012). *Holzschutz – Teil 2: Vorbeugende bauliche Maßnahmen im Hochbau*, Berlin: DIN Deutsches Institut für Normung e. V.

4.3 DIN 68800-3:2012-02 (2012). *Holzschutz – Teil 3: Vorbeugender Schutz von Holz mit Holzschutzmitteln*, Berlin: DIN Deutsches Institut für Normung e. V.

4.4 DIN 4108-3:2014-11 (2014). Wärmeschutz und Energie-Einsparung in Gebäuden – Teil 3: Klimabedingter Feuchteschutz – Anforderungen, Berechnungsverfahren und Hinweise für Planung und Ausführung, Berlin: DIN Deutsches Institut für Normung e. V.

4.5 DIN EN 1995-1-1:2010-12 (2010). *Eurocode 5: Bemessung und Konstruktion von Holzbauten – Teil 1-1: Allgemeines – Allgemeine Regeln und Regeln für den Hochbau*; Deutsche Fassung EN 1995-1-1:2004 + AC:2006 + A1:2008, Berlin: DIN Deutsches Institut für Normung e. V.

4.6 Willeitner, H. et al. (2013). *Kommentar zu DIN 68800-1:2011-10, Holzschutz Teil 1: Allgemeines*, DIN Deutsches Institut für Normung e. V., Internationaler Verein für Technische Holzfragen e. V., Berlin, Wien, Zürich: Beuth Verlag GmbH.

4.7 Radovic, B. et al. (2013). *Kommentar zu DIN 68800-2:2012-02, Holzschutz – Teil 2: Vorbeugende bauliche Maßnahmen im Hochbau*, DIN Deutsches Institut für Normung e. V., Internationaler Verein für Technische Holzfragen e. V., Berlin, Wien, Zürich: Beuth Verlag GmbH.

4.8 Huckfeldt, T. (2017). Fäulepilze und baulicher Holzschutz – Teil 1, *HOLZBAU – Die neue Quadriga*, 01-2017, S. 21–26, Kastner AG, Wolnzach.

4.9 Huckfeldt, T. (2017). Fäulepilze und baulicher Holzschutz – Teil 2, *HOLZBAU – Die neue Quadriga*, 02-2017, S. 50–54, Kastner AG, Wolnzach.

4.10 Wissenschaftlich-Technische Arbeitsgemeinschaft für Bauwerkserhaltung und Denkmalpflege e. V. (2015). *Merkblatt E-6-8 – Feuchtetechnische Bewertung von Holzbauteilen – Vereinfachte Nachweise und Simulation*, München: WTA Publications.

4.11 Radovic, B. (2008). *Unempfindlichkeit von technisch getrocknetem Holz gegen Insekten, Holzabsatzfonds*, Bonn: Informationsdienst Holz spezial.

4.12 Schmidt, D. (2015). *holzbau handbuch* Reihe 5, Teil 2, Folge 2, Holzschutz – Bauliche Maßnahmen, Informationsdienst Holz, Berlin: Holzbau Deutschland-Institut e. V.

4.13 Informationsdienst Holz/Fachregeln des Zimmererhandwerks (2015). *Balkone und Terrassen*, Holzbau Deutschland – Bund Deutscher Zimmermeister im Zentralverband des Deutschen Baugewerbes e. V.

4.14 Winter, S., Fülle, C. und Werther, N. (2009). Experimentelle und numerische Untersuchung des hygrothermischen Verhaltens von flach geneigten Dächern in Holzbauweise mit oberer dampfdichter Abdichtung unter Einsatz ökologischer Bauprodukte zum Erreichen schadensfreier, markt- und zukunftsgerechter Konstruktionen, Abschlussbericht 05/2009, Fraunhofer IRB Verlag 2009.

4.15 Borsch-Laaks, R. (2014). Die DIN 68800 Teil 2 und die Bauphysik, Kritische Fragen und Anmerkungen zu den besonderen Maßnahmen für den baulichen Holzschutz, holzbauphysik.de, Daniel Kehl, Büro für Holzbau und Bauphysik, Leipzig.

5
Entwurf und Bemessung

Mandy Peter, München, (5.1.1, 5.2.1)
Philipp Dietsch, München, (5.1.2)
Peter Mestek, München, (5.2.2)
Klaus Holschemacher, Leipzig, (5.2.3)
Stefan Winter, München, (5.3)
Matthias Gerold, Karlsruhe, (5.4)
Patrik Aondio, München, (5.5)
Heinrich Kreuzinger, München, (5.5)

5.1 Stabtragwerke

5.1.1 Stäbe

5.1.1.1 Grundlagen der Bemessung

Bei der Bemessung nach Eurocode wird zwischen dem Grenzzustand der Tragfähigkeit und dem Grenzzustand der Gebrauchstauglichkeit unterschieden. Der Grenzzustand der Tragfähigkeit gewährleistet die Sicherheit von Personen durch Verhinderung eines Versagens der Gesamtkonstruktion oder einzelner seiner Teile. Das Versagen kann hierbei durch Bruch, Stabilitätsverlust oder übermäßige Verformung hervorgerufen werden. Der Grenzzustand der Gebrauchstauglichkeit definiert einen Zustand, der z. B. das Erscheinungsbild einer Konstruktion durch Verformungen oder Durchbiegungen beeinträchtigen kann, nicht jedoch die Sicherheit von Lebewesen gefährdet oder zum Versagen führt. Weitere Beeinträchtigungen im Grenzzustand der Gebrauchstauglichkeit können Schwingungen sein, die Unbehagen bei Nutzern hervorrufen oder die Funktionsfähigkeit einschränken.

Bei den Nachweisen im Grenzzustand der Tragfähigkeit und im Grenzzustand der Gebrauchstauglichkeit werden den jeweiligen Grenzzuständen die bemessungsmaßgebenden Beanspruchungen, die aus den zugehörigen Einwirkungen E resultieren, gegenübergestellt. Sowohl die Auswirkungen der Einwirkungen als auch die Widerstände sind Zufallsvariablen, die aufgrund der Eigenschaften zwischen Stichproben streuen. Um das Ziel einer geringen Versagenswahrscheinlichkeit in der Bemessung umzusetzen, werden für die Auswirkungen der Einwirkungen E_k obere Quantilwerte verwendet (s. Abb. 5.1). Es wird in der Regel der 98%-Quantilwert zugrunde gelegt. Hierbei handelt es sich um den Wert, für den gilt, dass 98 % aller

Holzbau-Taschenbuch, Grundlagen. 10. Auflage. Herausgegeben von Stefan Winter und Mandy Peter.

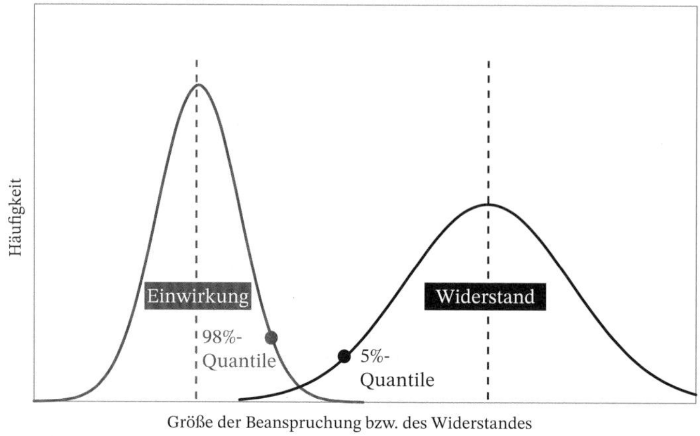

Abb. 5.1 Häufigkeitsverteilungen für Einwirkungen und Widerstände.

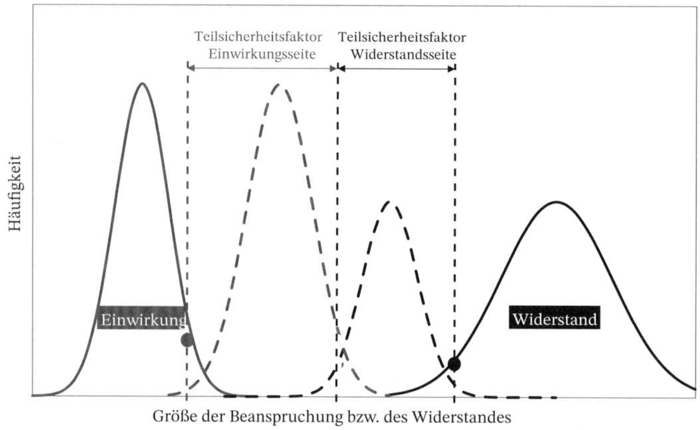

Abb. 5.2 Darstellung des semiprobabilistischen Sicherheitskonzepts.

tatsächlichen Werte kleiner sind und nur 2 % diesen Wert überschreiten. Die Beanspruchbarkeiten für den Nachweis der Tragfähigkeit werden hingegen als charakteristischer Wert des Widerstands R_k aus dem 5%-Quantilwert (unterer Quantilwert) der Baustoffeigenschaft gebildet. Dies bedeutet, dass mindestens 95 % der Gesamtheit diesen Eigenschaftswert erreichen und nur 5 % schlechter sein dürfen. Für den Nachweis der Gebrauchstauglichkeit werden die Mittelwerte der Baustoffeigenschaften herangezogen.

Charakteristische Werte sind somit dadurch gekennzeichnet, dass sie einzelne mögliche Extremwerte nicht erfassen. Zur Erfüllung der angestrebten Sicherheit des Bemessungskonzepts unter Einbeziehung dieser Maxima sind die charakteristischen Werte der Einwirkungen daher mit Teilsicherheitsbeiwerten zu versehen. Dieses Verfahren wird auch als semiprobabilistisches Sicherheitskonzept bezeichnet (Abb. 5.2).

$$F_d = \gamma_F \cdot F_k \tag{5.1}$$

mit

F_d Bemessungswert einer Einwirkung
F_k charakteristischer Wert einer Einwirkung
γ_F Teilsicherheitsbeiwert für Einwirkungen

Hier bietet der Eurocode die Möglichkeit, unabhängig von der Größe der jeweiligen charakteristischen Einwirkung, die Sicherheit entsprechend der Art der Einwirkung sowie der Auswirkung auf das Tragwerk zu differenzieren. Für übliche Bemessungssituationen mit ungünstig wirkenden Lasten sind ständige Einwirkungen g_k mit dem Faktor 1,35 und veränderliche Einwirkungen q_k mit 1,5 zu multiplizieren. Der günstigere Teilsicherheitsbeiwert für die ständigen Lasten ist dadurch begründet, dass sich die Größe von Eigenlasten mit höherer Genauigkeit im Vergleich zu den deutlicher streuenden Werten der veränderlichen Einwirkungen, wie beispielsweise Schnee und Wind, bestimmen lässt. Für ständige und veränderliche Einwirkungen sind die Teilsicherheitsbeiwerte für das Nachweiskriterium des Tragwerksversagens in Tab. 5.1 zusammengestellt.

Im Gegensatz zu den ständigen Einwirkungen belasten die veränderlichen Einwirkungen ein Tragwerk nur vorübergehend. Das gleichzeitige Auftreten aller veränderlichen Einwirkungen mit der Größe ihres charakteristischen Werts, wie beispielsweise die maximale Windlast mit der maximalen Schneelast, ist unwahrscheinlich und kann im Rahmen der Sicherheitsanforderungen ausgeschlossen werden. Daher ist eine vollständige Überlagerung aller charakteristischen Einwirkungen nicht erforderlich. Es werden repräsentative Einwirkungskombinationen gebildet, die die Wahrscheinlichkeit des Zusammenwirkens von ständigen und veränderlichen Lasten berücksichtigen. Die veränderliche charakteristische Einwirkung mit der größten Auswirkung auf die Tragfähigkeit ist dabei als $Q_{k,1}$ mit ihrem vollen Betrag anzusetzen. Sie wird als ungünstigste veränderliche Einwirkung bezeichnet. Alle weiteren Einwirkungen sind mit einem geringeren prozentualen Anteil durch Multiplikation mit einem ψ_0-Wert, der < 1 ist, zu berücksichtigen. Es ist jeweils der niedrigere Wert zu reduzieren. Eine Überlagerung von Nutzlasten für Dächer (Personenlasten) mit Schneelasten ist nach DIN EN 1991-1-1/NA NDP Zu 6.3.4.2 Tab. 6.10 nicht erforderlich.

Allgemeingültige Kombinationsregeln für Einwirkungen für die Nachweise im Grenzzustand der Tragfähigkeit und im Grenzzustand der Gebrauchstauglichkeit können DIN EN 1990 entnommen werden. Die im Holzbau üblicherweise zu verwendende Einwirkungskombination ist für ständige und vorübergehende Bemessungssituationen zu ermitteln. Aus dieser Kombinationsregel ist der Bemessungs-

Tab. 5.1 Teilsicherheitsbeiwerte γ_F für die Bemessung im Grenzzustand der Tragfähigkeit.

Einwirkung	ständig γ_G	veränderlich γ_Q
günstig	1,0	0
ungünstig	1,35	1,5

wert der Beanspruchungen E_d für den Nachweis im Grenzzustand der Tragfähigkeit wie folgt zu berechnen:

$$E_d = E\left\{\sum_{j\geq 1} \gamma_{G,j} \cdot G_{k,j} \oplus \gamma_{Q,1} \cdot Q_{k,1} \oplus \sum_{i>1} \gamma_{Q,i} \cdot \psi_{0,i} \cdot Q_{k,i}\right\} \tag{5.2}$$

mit

G_k charakteristischer Wert der ständigen Einwirkung
$Q_{k,1}$ charakteristischer Wert der vorherrschenden unabhängigen veränderlichen Einwirkung
$Q_{k,i}$ charakteristische Werte weiterer unabhängiger veränderlicher Einwirkungen
γ_G Teilsicherheitsbeiwert der ständigen Einwirkungen nach DIN EN 1990/NA Tab. NA.A.1.2(A)
γ_Q Teilsicherheitsbeiwert der veränderlichen Einwirkungen nach DIN EN 1990/NA Tab. NA.A.1.2(A)
$\psi_{0,i}$ Kombinationsbeiwert der veränderlichen Einwirkungen nach DIN EN 1990/NA Tab. NA.A.1.1

Das mit der Umkreisung versehene Additionszeichen $\oplus$ sagt aus, dass die Einwirkungen für die Tragfähigkeit ungünstigst miteinander zu kombinieren, dabei jedoch nicht alle veränderlichen Einwirkungen zwingend aufzuaddieren sind. Die Größe des Tragwiderstands ist beispielsweise von der Art der veränderlichen Einwirkungen abhängig, sodass ein geringerer Bemessungswert der Einwirkungen, der nicht alle veränderlichen Lasten berücksichtigt, bemessungsmaßgebend werden kann. Auf diese Zusammenhänge wird im weiteren Verlauf bei der Erläuterung der Tragwiderstände genauer eingegangen.

Für die Nachweise im Grenzzustand der Gebrauchstauglichkeit werden keine Teilsicherheitsbeiwerte angesetzt.

$$E_d = E\left\{\sum_{j\geq 1} G_{k,j} \oplus Q_{k,1} \oplus \sum_{i>1} \psi_{2,i} \cdot Q_{k,i}\right\} \tag{5.3}$$

mit

$\psi_{2,i}$ Kombinationsbeiwert der veränderlichen Einwirkungen nach DIN EN 1990/NA Tab. NA.A.1.1

Für den Nachweis von Holzbauteilen im Grenzzustand der Tragfähigkeit sind die Bemessungswerte der Beanspruchungen als Spannungen aus den Schnittgrößen dividiert durch die jeweiligen Querschnittswerte zu ermitteln.

$$\sigma_d = \frac{S_d}{\text{Querschnittswert}} \tag{5.4}$$

mit

σ_d Bemessungswert der Beanspruchung (Spannung)
S_d Bemessungswert der Schnittgröße

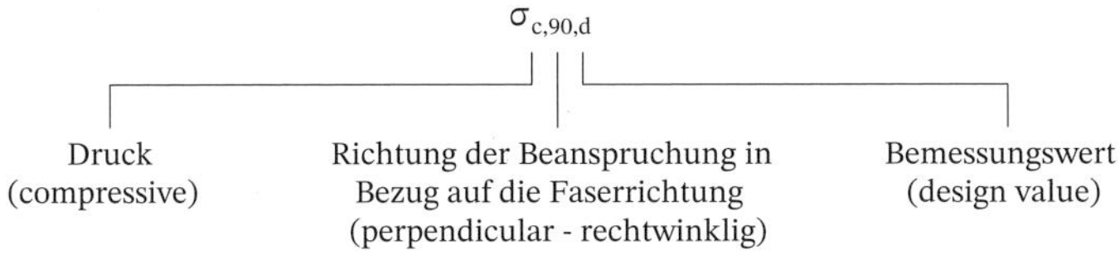

Abb. 5.3 Definition der Formelzeichen nach DIN EN 1995-1-1.

Allgemein sind die Formelzeichen der Norm in Haupt- und Fußzeiger untergliedert. Beide Bezeichnungen sind zum überwiegenden Teil von den englischen Begriffen abgeleitet. So steht beispielsweise der Hauptzeiger „F“ für force – Kraft – und der Fußzeiger „t“ für tension – Zug. Um die Vielfalt der Hauptzeiger möglichst gering zu halten, bekommen diese erst durch das Hinzufügen der Fußzeiger ihre spezielle Bedeutung. So werden Spannungen allgemein mit σ und Festigkeiten mit f bezeichnet. Beispielsweise wird durch das Angeben des Index „c“ aus der allgemeinen Spannung eine Druckspannung, die durch ein weiteres Hinzufügen einer Winkelangabe die Richtung der Spannung zur Faserrichtung des Holzes definiert. Bei allen mit dem Fußzeiger „d“ gekennzeichneten Werten handelt es sich um Bemessungswerte (Designwerte).

Die Definition zu den Formelzeichen wird in Abb. 5.3 für den Bemessungswert der Druckspannung senkrecht zur Faserrichtung des Holzes gezeigt.

Die Ermittlung der Bemessungswerte der Beanspruchungen hat nach DIN EN 1995-1-1 Abschnitt 5.2 unter Verwendung der wirksamen Querschnittswerte und unter Berücksichtigung eventuell vorhandener Querschnittsschwächungen zu erfolgen. Bei stiftförmigen Verbindungsmitteln ist bei vorgebohrten Hölzern der Bohrlochdurchmesser und bei nicht vorgebohrten der Stiftdurchmesser vom Ausgangsquerschnitt zu subtrahieren. Bei Nägeln in nicht vorgebohrten Hölzern mit einem Durchmesser bis 6 mm kann die Querschnittsschwächung unberücksichtigt bleiben. Dies gilt ebenso für Holzschrauben mit einem Durchmesser bis 8 mm. Löcher und Aussparungen in der Druckzone von Holzbauteilen bei Ausfüllung mit einem Baustoff gleicher oder höherer Steifigkeit stellen derzeit ebenfalls keine Querschnittsschwächung dar. Hierzu liegen jedoch bereits neuere Erkenntnisse vor, sodass diese Regelung in der nächsten Generation der Eurocodes nicht mehr enthalten sein wird. Für alle anderen Fälle sind die Angaben für die Ermittlung der effektiven Querschnittswerte zu berücksichtigen.

Wie bereits zuvor beschrieben, werden die Tragwiderstände von Bauteilen als charakteristische Werte der Baustoffeigenschaften mit dem 5%-Quantilwert angegeben. Dieser Wert ist dadurch gekennzeichnet, dass er aus einer Grundgesamtheit diejenige Größe der Tragfähigkeit angibt, die mindestens 95 % aller Proben erreichen. Dies bedeutet jedoch gleichzeitig, dass 5 % der Bauteile diese Festigkeit nicht erreichen. Daher sind die charakteristischen Festigkeitskennwerte mit einem Teilsicherheitsbeiwert γ_M zu multiplizieren. Er wird als Teilsicherheitsbeiwert des Materials bezeichnet. Die Größe von γ_M hängt dabei von der Streuung der Versuchsergebnisse ab. Bei homogenen Werkstoffen, wie beispielsweise Stahl, liegen die einzelnen gemessenen Festigkeiten vergleichsweise dicht beieinander. Daher ist für Stahl, bei üblicherweise auf Biegung beanspruchten stiftförmigen Verbin-

Tab. 5.2 Modifikationsbeiwerte k_{mod} für ausgewählte Holzbaustoffe.

Baustoffe	Klasse der Lasteinwirkungsdauer	Nutzungsklasse 1	2	3
Vollholz, Brettschichtholz, Balkenschichtholz, Furnierschichtholz, Brettsperrholz und Baufurniersperrholz	ständig	0,60	0,60	0,50
	lang	0,70	0,70	0,55
	mittel	0,80	0,80	0,65
	kurz	0,90	0,90	0,70
	sehr kurz	1,10	1,10	0,90

dungsmitteln, ein Teilsicherheitsfaktor von 1,1 ausreichend. Holz ist dagegen ein gewachsener Baustoff. Die Inhomogenität dieses Werkstoffs, insbesondere örtliche Fehlstellen, können Ursachen für ein vorzeitiges Versagen des Bauteils sein. Demzufolge ist die Streuung zwischen den einzelnen Versuchsergebnissen größer. Um für diesen Baustoff mit ausreichender Sicherheit die Festigkeitskennwerte zu erfassen, wurde der Teilsicherheitsbeiwert γ_M des Materials mit einem Faktor von 1,3 festgelegt. Er gilt sowohl für Voll-, Balkenschicht- und Brettschichtholz als auch für alle Holzwerkstoffe. Der Beiwert γ_M ist dabei unabhängig von der jeweiligen Beanspruchungs-/Versagensart (Biegung, Zug, Druck) definiert. Die Teilsicherheitsbeiwerte für die Festigkeitseigenschaften in ständigen und vorübergehenden Bemessungssituationen können DIN EN 1995-1-1/NA Tab. NA.2 und Tab. NA.3 entnommen werden. Für außergewöhnliche Bemessungssituationen sind alle Teilsicherheitsbeiwerte auf 1,0 zu reduzieren.

Die mechanischen Eigenschaften des Holzes werden entscheidend vom Umgebungsklima und der Dauer der Beanspruchung beeinflusst. Mit zunehmender Holzfeuchte nehmen die Festigkeiten ab und die Kriechverformungen unter Last zu. Beide Einflüsse werden bei der Ermittlung der Bemessungswerte der Tragwiderstände durch den Modifikationsbeiwert k_{mod} nach DIN EN 1995-1-1 Tab. 3.1 und DIN EN 1995-1-1/NA Tab. NA.4 berücksichtigt. Durch Multiplikation mit diesem Wert wird der charakteristische Wert der Tragfähigkeit abgemindert. Die Größe des k_{mod}-Werts hängt von der Nutzungsklasse (NKL) und der Klasse der Lasteinwirkungsdauer (KLED) ab (Tab. 5.2).

Unter Berücksichtigung des Modifikationsbeiwerts k_{mod} sowie des Teilsicherheitsbeiwerts γ_M des Materials ergibt sich der Bemessungswert der Beanspruchbarkeit (Tragwiderstand) zu:

$$R_d = \frac{k_{mod} \cdot R_k}{\gamma_M} \tag{5.5}$$

mit

X_d Bemessungswert der Beanspruchbarkeit

k_{mod} Modifikationsbeiwert nach DIN EN 1995-1-1 Tab. 3.1 bzw. DIN EN 1995-1-1/NA Tab. NA.4

X_k charakteristischer Wert der Beanspruchbarkeit

γ_M Teilsicherheitsbeiwert der Festigkeitseigenschaft nach DIN EN 1995-1-1/NA Tab. NA.2 bzw. Tab. NA.3

Zur Berücksichtigung der aus der Einbausituation resultierenden Einflüsse auf die Holzfeuchte werden in DIN EN 1995-1-1 Abschnitt 2.3.1.3 drei Nutzungsklassen unterschieden. Die Nutzungsklasse 1 ist durch ein Klima gekennzeichnet, dessen Temperatur ca. 20 °C beträgt und bei dem die relative Luftfeuchte mit Ausnahme weniger Wochen im Jahr 65 % nicht übersteigt. Unter diesen Bedingungen stellt sich in den meisten Nadelhölzern eine mittlere Ausgleichsfeuchte von maximal 12 % ein. In dieser Einbausituation liegen die Holzfeuchten üblicherweise unter 10 % und betragen teilweise bis zu 6 %. In die Nutzungsklasse 1 werden beispielsweise Bauteile in allseitig geschlossenen und beheizbaren Räumen eingeordnet. Zur Nutzungsklasse 2 gehören alle Bauteile in offenen, überdachten Konstruktionen, die nicht direkt der Witterung ausgesetzt sind. Diese Bauteile erreichen eine mittlere Ausgleichsfeuchte von 20 %. Sie stellt sich bei einem Umgebungsklima von 20 °C und einer relativen Luftfeuchte von überwiegend 85 % ein. Der Nutzungsklasse 3 werden alle frei der Witterung ausgesetzten Bauteile, für die sich infolge der Einbausituation eine mittlere Ausgleichsfeuchte von mehr als 20 % einstellt, zugeordnet. Hierzu zählen beispielsweise Brücken, Masten und ähnliche Bauwerke.

Prinzipiell ist für alle Bauteile neben der in Tab. 5.3 empfohlenen Zuweisung anhand der Einbausituation das jeweilige Umgebungsklima zu beachten. So können sich beispielsweise bei tragenden Bauteilen im Innern von Reithallen, teiloffenen Eishallen, Lagerhallen für z. B. Kartoffeln oder Tomaten, obwohl es sich um eine geschlossene und z. T. beheizte Konstruktion handelt, aufgrund der hohen Luftfeuchte mittlere Ausgleichsfeuchten einstellen, die oberhalb von 12 % liegen und somit nicht der Nutzungsklasse 1 entsprechen. Bei der Einstufung der Bauteile in Nutzungsklassen ist grundsätzlich sicherzustellen, dass die vorhandene Einbausituation über die gesamte Nutzungsdauer des Tragwerks gewährleistet wird. Ist dies nicht der Fall, sollte der Ermittlung der Festigkeiten eine höhere Nutzungsklasse zugrunde gelegt werden.

Weiterhin gilt es zu beachten, dass die Einbaufeuchte des Holzes zur Vermeidung von Schäden möglichst nahe an der Ausgleichsfeuchte liegen soll. Insbesondere sollten Bauteile, die für eine spätere Verwendung in der Nutzungsklasse 1 vorgesehen

Tab. 5.3 Zuordnung von Nutzungsklassen.

Nutzungsklasse	Einbausituation	Klimabedingungen	Ausgleichsfeuchte
1	Bauteile in geschlossenen, beheizbaren Bereichen	Temperatur 20 °C und relative Luftfeuchte 65 %, mit Ausnahme weniger Wochen im Jahr	≤ 12 % (5–15 %)
2	Bauteile in offenen, überdachten Konstruktionen	Temperatur 20 °C und relative Luftfeuchte 85 %, mit Ausnahme weniger Wochen im Jahr	≤ 20 % (10–20 %)
3	Bauteile in offenen, frei der Witterung ausgesetzten Konstruktionen	Klimabedingungen, die zu höheren Feuchtegehalten führen	> 20 % (12–24 %)

Tab. 5.4 Verwendbarkeit von Holz und Holzwerkstoffen in den Nutzungsklassen (NKL).

Holz/Holzwerkstoff		NKL 1	NKL 2	NKL 3
Vollholz		×	×	×
Keilgezinktes Vollholz		×	×	
Brettschichtholz		×	×	×
Balkenschichtholz		×	×	
Brettsperrholz		nach aBG (zumeist NKL 1 und 2)		
Furnierschichtholz	LVL	×	×	×[a)]
Sperrholz	„trocken“	×		
	„feucht“	×	×	
	„außen“	×	×	×
OSB-Platten	OSB/2	×		
	OSB/3, OSB/4	×	×	
Kunstharzgebundene Spanplatten	P4, P6	×		
	P5, P7	×	×	
Zementgebundene Spanplatten		×	×	×
Faserplatten	MHB.LA2	×		
	HB.HLA2	×	×	
Gipskartonplatten	GKB, GKF	×		
	GKBI, GKFI	×	×	

a) kesseldruckimprägniert

sind, während des Transports und der Montage vor großer Feuchtigkeitsaufnahme geschützt werden. Eine rasche Trocknung nach Nutzungsbeginn des Bauwerks durch eine Beheizung kann zu erheblichen Schädigungen und Tragfähigkeitsverlusten infolge starker Rissbildungen führen. Tabelle 5.4 gibt einen Überblick über die Verwendbarkeit von Holz und Holzwerkstoffen in den verschiedenen Nutzungsklassen.

Neben der Holzfeuchte wird die Festigkeit, wie eingangs beschrieben, durch die Dauer der Beanspruchungen beeinflusst. Im Gegensatz zu den ständigen Einwirkungen belasten die veränderlichen Einwirkungen ein Tragwerk nur vorübergehend. Ihre Größe schwankt während der Nutzungsdauer und erreicht, gemessen an dieser, nur für eine geringe Zeitspanne ihren charakteristischen Wert. Diese Zeitspanne fasst alle Zeiten während der Nutzungsdauer zusammen, an denen die jeweilige Einwirkung mit ihrem charakteristischen Wert auftritt. Sie wird als akkumulierte Dauer bezeichnet. Da die Festigkeit unter Dauerlast ca. 40 % geringer ist als die Kurzzeitfestigkeit, ist dieser Einfluss bei der Bemessung von Holzkonstruktionen zu berücksichtigen. Nach DIN EN 1995-1-1 Abschnitt 2.3.1.2 werden vereinfacht fünf Klassen der Lasteinwirkungsdauern in Abhängigkeit der akkumulierten Dauer der charakteristischen Lasteinwirkung unterschieden.

Die zuvor beschriebenen Zusammenhänge sollen an folgendem Beispiel verdeutlicht werden. Die Schneelast für Geländehöhen des Bauwerksstandorts bis maximal 1000 m ist nach DIN EN 1995-1-1/NA Tabelle NA.1 in die Klasse der Lasteinwirkungsdauer „kurz“ einzustufen. Gemäß DIN EN 1995-1-1 Tab. 2.1 beträgt die akkumulierte Dauer für diese Klasse der Lasteinwirkungsdauer weniger als eine Woche.

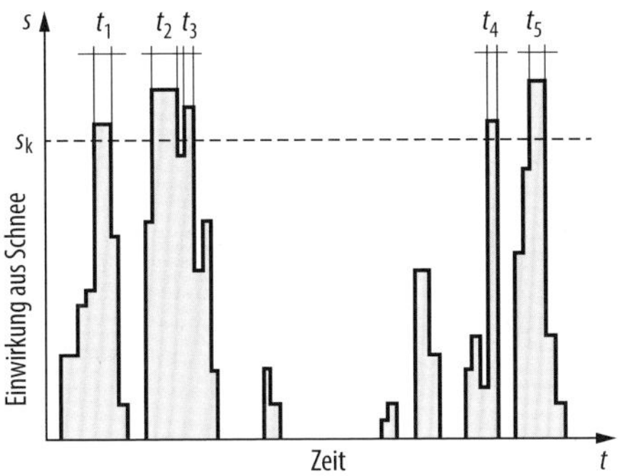

Lasteinwirkungsdauer = Σt_i
s_k – charakteristische Größe der Schneeeinwirkung

Abb. 5.4 Lasteinwirkungsdauer.

Das bedeutet, dass der Schnee zwar in vielen Gegenden über einen längeren Zeitraum liegen bleibt, aber nur maximal eine Woche mit einer Größe vorhanden ist, die mindestens der charakteristischen Größe der Bemessung entspricht (Abb. 5.4).

Der Bemessungswert E_d einer Einwirkung, ermittelt aus den Einwirkungskombinationen, ist nur so lange mit seinem vollen Wert als Belastung vorhanden, wie die kürzeste Einwirkung aus der jeweiligen Kombination auftritt. Daher ist bei Kombinationen aus Einwirkungen, die zu unterschiedlichen Klassen der Lasteinwirkungsdauer gehören, die Einwirkung mit der kürzesten Dauer für die Ermittlung der Festigkeitseigenschaften maßgebend. Zu beachten ist, dass mit zunehmender Dauer der Lasteinwirkungen der Bemessungswert R_d der Festigkeit abnimmt. Daher ist es möglich, dass eine Einwirkungskombination bemessungsmaßgebend wird, die nicht den maximalen Bemessungswert der Beanspruchung liefert. Dies soll an folgendem Beispiel verdeutlicht werden:

Gegeben ist ein Holzbalken aus Nadelholz der Festigkeitsklasse C24. Der charakteristische Wert der Biegefestigkeit beträgt nach DIN EN 338 Tab. 1:

$$f_{m,k} = 24\,\mathrm{N/mm^2}$$

Das Bauteil ist mit ständigen und veränderlichen Einwirkungen unterschiedlicher Klassen der Lasteinwirkungsdauern wie folgt belastet:

$q_{G,k}$ ständig
$q_{Q,1,k}$ veränderlich – kurz
$q_{Q,2,k}$ veränderlich – mittel

Der maximale Bemessungswert der Einwirkungen ergibt sich aus der Kombination nach DIN EN 1990 Gl. (6.9b) i. V. m. Gl. (6.10) für:

$$q_{d,1} = 1{,}35 \cdot g_k + 1{,}5 \cdot q_{Q,2,k} + 1{,}5 \cdot \psi_{0,2} \cdot q_{Q,1,k} \tag{5.6}$$

Diesem Bemessungswert der Einwirkungen ist aufgrund der maßgebenden Klasse der Lasteinwirkungsdauer „kurz“ folgende Festigkeit zugeordnet:

$$f_{\mathrm{m,d,1}} = \frac{k_{\mathrm{mod,1}} \cdot f_{\mathrm{m,k}}}{\gamma_{\mathrm{M}}} \tag{5.7}$$

$k_{\mathrm{mod,1}} = 0{,}9$ DIN EN 1995-1-1 Tab. 3.1
$\gamma_{\mathrm{M}} = 1{,}3$ DIN EN 1995-1-1/NA Tab. NA.2

$$f_{\mathrm{m,d,1}} = \frac{0{,}9 \cdot 24}{1{,}3} = 16{,}6\,\mathrm{N/mm^2} \tag{5.8}$$

Der veränderlichen Last der Klasse der Lasteinwirkungsdauer „mittel“ ist ein geringerer k_{mod}-Wert von 0,8 zugeordnet. Somit ergibt sich für eine Kombination, in der nur die mittlere veränderliche Einwirkung $q_{\mathrm{Q,2,k}}$ berücksichtigt wird, ein geringerer Tragwiderstand. Diese Kombination ist daher zusätzlich wie folgt zu berücksichtigen:

$$q_{\mathrm{d,2}} = 1{,}35 \cdot g_{\mathrm{k}} + 1{,}5 \cdot q_{\mathrm{Q,2,k}} \tag{5.9}$$

Diesem Bemessungswert der Einwirkungen ist aufgrund der maßgebenden Klasse der Lasteinwirkungsdauer „mittel“ folgende Festigkeit mit einem Modifikationsbeiwert von 0,8 zugeordnet:

$$f_{\mathrm{m,d,2}} = \frac{k_{\mathrm{mod,2}} \cdot f_{\mathrm{m,k}}}{\gamma_{\mathrm{M}}} \tag{5.10}$$

$k_{\mathrm{mod,2}} = 0{,}8$ DIN EN 1995-1-1 Tab. 3.1
$\gamma_{\mathrm{M}} = 1{,}3$ DIN EN 1995-1-1/NA Tab. NA.2

$$f_{\mathrm{m,d,1}} = \frac{0{,}8 \cdot 24}{1{,}3} = 14{,}8\,\mathrm{N/mm^2} \tag{5.11}$$

Das Verhältnis beider Bemessungswerte der Festigkeiten beträgt somit:

$$\frac{f_{\mathrm{m,d,1}}}{f_{\mathrm{m,d,2}}} = \frac{16{,}6}{14{,}8} = 1{,}12 \tag{5.12}$$

Dies bedeutet, dass bei einem Verhältnis von $q_{\mathrm{d,1}}/q_{\mathrm{d,2}}$ kleiner als 1,12 der Nachweis für $q_{\mathrm{d,2}}$ trotz des geringeren Bemessungswerts der Einwirkungen aufgrund der geringeren Festigkeit bemessungsmaßgebend ist. Daher sind nach DIN EN 1995-1-1 Abs. 3.1.3 (2) stets alle möglichen Einwirkungskombinationen zu überprüfen.

Dem Lastfall Eigenlasten ist aufgrund der ständigen Einwirkung die geringste Festigkeit verglichen mit den anderen Klassen der Lasteinwirkungsdauern zugeordnet. Demgegenüber steht jedoch bei dem Baustoff Holz auch ein geringer Anteil der Eigenlast an der Gesamtsumme der möglichen Einwirkungen, sodass dieser Lastfall selten maßgebend wird. Eine Ausnahme hiervon stellt das Gründach dar. Der Bemessungswert der Einwirkungen aus der Eigenlast müsste einen Anteil am Gesamtbemessungswert unter Berücksichtigung aller weiteren Einwirkungen von ca. 60 % übersteigen.

Bei der Bemessung von Holzbauteilen im Grenzzustand der Tragfähigkeit sind nach Abschnitt 6 in DIN EN 1995-1-1 der Nachweis der Querschnittstragfähigkeit sowie bei stabilitätsgefährdeten Bauteilen ein Stabilitätsnachweis nach dem Ersatzstabverfahren oder alternativ nach Theorie II. Ordnung zu führen. Die allgemeine Vorgehensweise der Nachweisführung kann Abb. 5.5 entnommen werden. Dabei sind die Bemessungswerte der Beanspruchungen als Spannungen σ_{d} den Bemessungswerten des Tragwiderstands f_{d} gegenüberzustellen. Je nach Beanspruchungsart sind Nachweise für Zug, Druck, Biegung, kombinierte Beanspruchung aus Normalkraft und Biegung sowie Schub und Torsion zu führen.

Die Nachweise in den Grenzzuständen der Gebrauchstauglichkeit erfassen die Begrenzung der Verformungen und Schwingungen eines Tragwerks. Die Vorgehensweise zur Durchführung der Nachweise in den Grenzzuständen der Gebrauchstauglichkeit kann Abb. 5.6 entnommen werden.

5.1.1.2 Nachweise im Grenzzustand der Tragfähigkeit

Zug Die Grundform des Nachweises für mittig beanspruchte Zugstäbe ohne Querschnittsschwächungen wird üblicherweise nicht maßgebend, da diese Stäbe zur Einleitung und Übertragung der Kräfte an ihren Enden angeschlossen werden müssen und in diesen Anschlussbereichen durch Bohrungen oder Ähnliches Querschnittsschwächungen auftreten. Die Nachweise sind unter Berücksichtigung dieser Querschnittsschwächungen für den Nettoquerschnitt zu führen. Für Bauteile, die aufgrund exzentrischer Krafteinleitungen Zusatzmomente erhalten, sind diese für den Nachweis ebenfalls zu berücksichtigen. Diese Beanspruchungen treten beispielsweise in den Laschen eines Zugstoßes auf. Nach DIN EN 1995-1-1/NA NCI NA.8.1.6 (NA.1) dürfen diese Zusatzmomente bei symmetrisch ausgeführten Anschlüssen mit Schrauben, Bolzen, Passbolzen und Nägeln in nicht vorgebohrten Löchern vereinfacht durch eine Abminderung des Bemessungswerts der Zugfestigkeit auf 2/3 der Ausgangsfestigkeit berücksichtigt werden.

$$f_{\mathrm{t,0,d,red}} = \frac{2}{3} \cdot f_{\mathrm{t,0,d}} \tag{5.13}$$

mit

$f_{\mathrm{t,0,d}}$ Bemessungswert der Zugfestigkeit nach DIN EN 338 bzw. DIN EN 14080

Bei allen anderen Verbindungsmitteln darf dieser vereinfachte Nachweis bei Anordnung zusätzlicher ausziehfester Verbindungsmittel entsprechend den vorgegebenen Anforderungen ebenfalls angewendet werden.

Für Zugbeanspruchungen, die unter einem Winkel α zur Faserrichtung auftreten, sind bei Holzwerkstoffen wie OSB-Platten, Sperrholz, Brettsperrholz und Furnierschichtholz mit Querlagen Interaktionen aus Spannungen parallel und senkrecht zur Faser sowie Schubspannungen zu berücksichtigen. Diese Spannungskombinationen werden für den Nachweis nach DIN EN 1995-1-1/NA NCI NA.6.2.5 über den Abminderungsfaktor k_{α} erfasst, mit dem die Zugfestigkeit parallel zur Faserrichtung des Holzes zu multiplizieren ist.

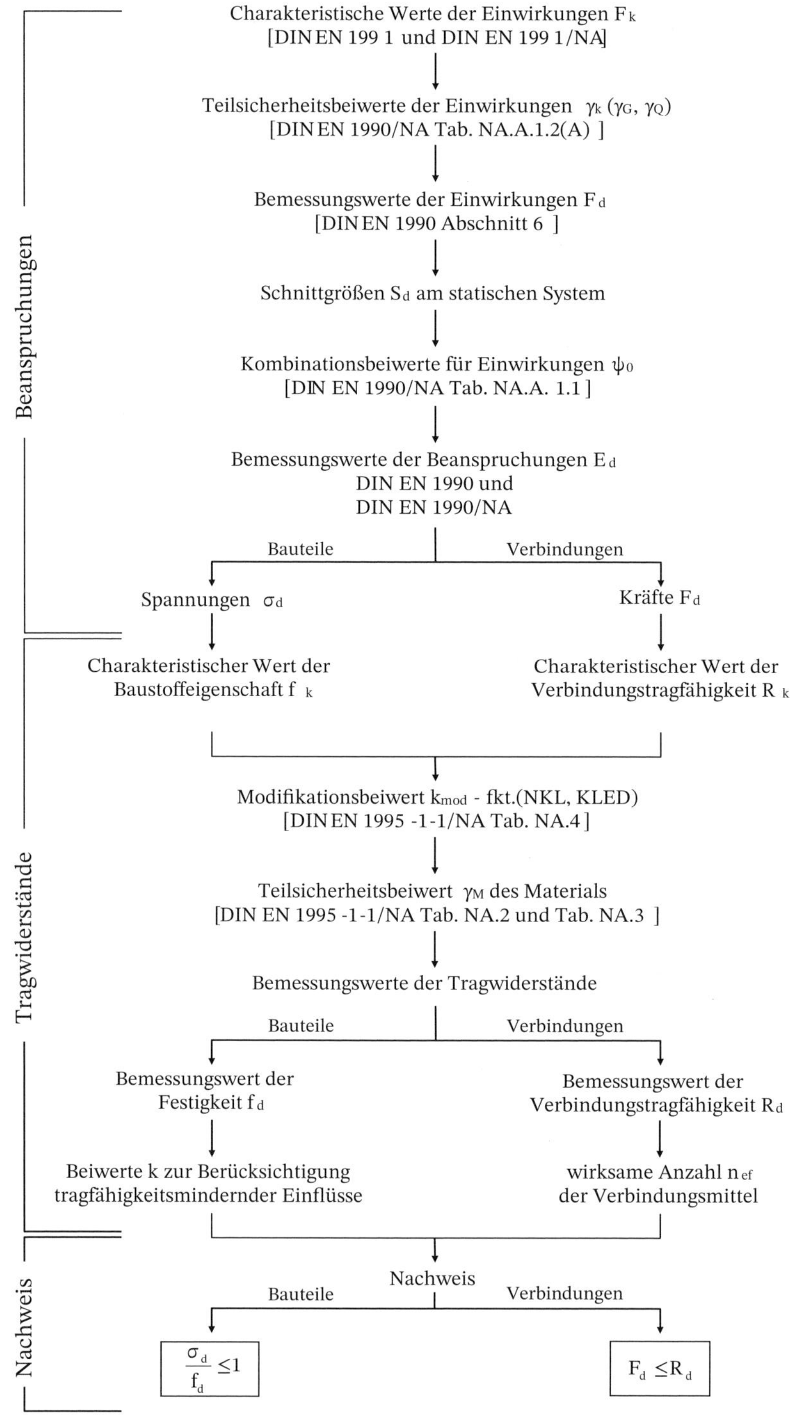

Abb. 5.5 Nachweis im Grenzzustand der Tragfähigkeit für Holzbauteile und Verbindungen.

Charakteristische Werte der Einwirkungen F_k
[DIN EN 1991 und DIN EN 1991/NA]

↓

Kombinationsbeiwerte für Einwirkungen ψ_0, ψ_2
[DIN EN 1990/NA Tab. NA.A.1.1]

↓

Elastische Anfangsverformungen
$w_{G,inst}$ infolge ständiger Lasten und
$w_{Q,inst}$ infolge veränderlicher Lasten

↓

Verformungsbeiwerte k_{def} fkt.(Holzart, KLED)
[DINEN 1995-1-1 Tab. 3.2 und NA Tab. NA.5]

↓

Endverformungen
$w_{G,fin}$ infolge ständiger Lasten und
$w_{Q,fin}$ infolge veränderlicher Lasten

↓

Endverformungen w_{fin} ($w_{G,fin}$, $w_{Q,fin}$, w_0)
[DINEN 1995-1-1 Abschnitt 2.2.3 und Abschnitt 7]

↓

Empfohlene Grenzwerte der Verformungen
[DIN EN 1995-1-1/NA Tab. NA.13]

↓

Nachweis

Verformungen ≤ empfohlene Grenzwerte

Abb. 5.6 Nachweis im Grenzzustand der Gebrauchstauglichkeit.

Darüber hinaus können Zugbeanspruchungen senkrecht zur Faserrichtung auftreten, die sogenannte Querzugbeanspruchung. Hinsichtlich dieser Beanspruchungsart und der hierfür notwendigen Nachweisverfahren wird auf den Abschnitt 5.1.2 verwiesen.

Druck Für druckbeanspruchte Bauteile sind je nach Richtung der Beanspruchung zur Faserrichtung des Holzes Nachweise für Druck parallel, senkrecht oder unter einem Winkel α zur Faserrichtung zu führen. Dabei sind Querschnittsschwächungen, bis auf wenige Ausnahmen, zu berücksichtigen. Unsymmetrisch angeordnete Querschnittsschwächungen können zudem zu zusätzlichen Beanspruchungen infolge exzentrischer Kraftübertragung führen (Abb. 5.7). Diese sind bei der Bemessung ebenfalls zu berücksichtigen (siehe Gl. (5.14)).

$$\left(\frac{\dfrac{F_{c,0,d}}{b\cdot(h-t)}}{f_{c,0,d}}\right)^2+\frac{\dfrac{F_{c,0,d}\cdot e}{b\cdot(h-t)^2/6}}{f_{m,d}}\leq 1 \tag{5.14}$$

Die reine Querdruckfestigkeit des Holzes ist sehr gering (Abb. 5.13). Ihre Größe wird anhand von Versuchen bestimmt, die an würfelförmigen Proben durchgeführt werden. Dabei zeichnet sich ein sehr unterschiedliches Verhalten von Voll- und Brett-

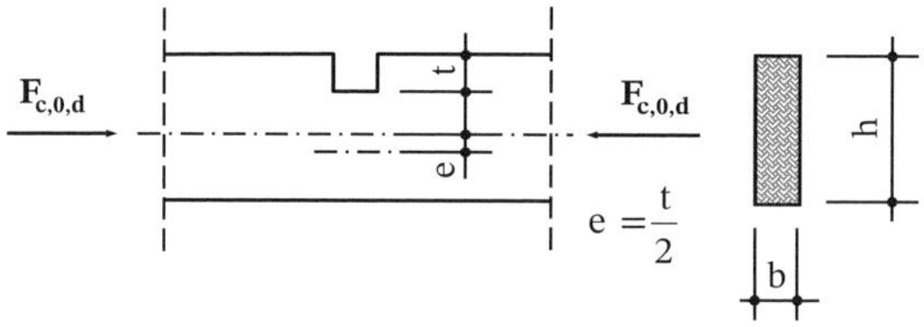

Abb. 5.7 Druckbeanspruchung mit unsymmetrischer Querschnittsschwächung.

schichtholzbauteilen ab. Während das Versagen bei Bauteilen aus Brettschichtholz eher als Querzugversagen der Lamellen auftritt, zeigt sich beim Vollholz hingegen ein Abrollen oder Abrutschen der Lamellen entlang der Jahrringe (Abb. 5.9). Ursächlich für dieses Verhalten ist die Lage der Jahrringe. Liegende oder stehende Jahrringe können Druckbeanspruchungen besser standhalten als geneigte Jahrringe. Brettschichtholz besteht überwiegend aus Lamellen mit vorwiegend liegenden oder stehenden Jahrringen, während Vollholzquerschnitte aufgrund ihrer Abmessungen einen hohen Anteil an geneigten Jahrringen aufweisen können (Abb. 5.8).

Der Querdrucknachweis für Beanspruchungen senkrecht zur Faserrichtung berücksichtigt kein Tragwerksversagen, sondern im Wesentlichen die Begrenzung der Eindrückungen in das Holz. Forschungsergebnisse haben gezeigt, dass sich Teilflächenbelastungen rechtwinklig zur Faserrichtung des Holzes günstig auf das Tragverhalten im Vergleich zu vollflächigen Beanspruchungen auswirken, da das Holz seitlich der Aufstandsfläche bis zu einem gewissen Anteil mit für die Kraftübertragung aktiviert werden kann. Dieser ist als Beitrag des Flächenrands in Abb. 5.10 dargestellt. Daher darf bei der Ermittlung der wirksamen Querdruckfläche A_{ef} die tatsächliche Aufstandslänge auf jeder Seite um bis zu 30 mm erhöht werden (Abb. 5.11). Die Erhöhung darf jedoch nicht mehr als die tatsächliche Aufstandslänge sowie das Maß des vorhandenen Überstands betragen.

Durch das konstante Maß von 30 mm wird neben der günstig wirkenden Teilflächenbelastung gleichzeitig der positive Einfluss kurzer Druckflächen auf die Tragfähigkeit rechtwinklig zur Faserrichtung des Holzes berücksichtigt. Je kürzer die vorhandene Aufstandslänge ist, desto deutlicher wirkt sich die Erhöhung der tatsächlichen Druckfläche auf die wirksame Querdruckfläche aus. Dieser Zusammenhang wird an nachfolgendem Beispiel an einer Verdopplung der vorhandenen Aufstandslänge bei gleicher Schwellen- bzw. Balkenbreite b verdeutlicht. Es zeigt sich, dass eine Verdopplung der Aufstandslänge nur zu einer Erhöhung der effektiven Aufstandslänge auf das 1,63-Fache führt. Bei konstanter Breite gilt dieses Verhältnis auch für die wirksamen Querdruckflächen.

ℓ_1	$= 100\,\text{mm}$		Aufstandslänge 1
ℓ_2	$= 200\,\text{mm}$		Aufstandslänge 2
$\ell_{ef,1}$	$= \ell_1 + 2 \cdot 30\,\text{mm}$		
	$= 100\,\text{mm} + 2 \cdot 30\,\text{mm}$	$= 160\,\text{mm}$	
$\ell_{ef,2}$	$= \ell_2 + 2 \cdot 30\,\text{mm}$		
	$= 200\,\text{mm} + 2 \cdot 30\,\text{mm}$	$= 260\,\text{mm}$	
$\ell_2 = 2 \cdot \ell_1$	aber		$\ell_{ef,2} = 1{,}63 \cdot \ell_{ef,1}$

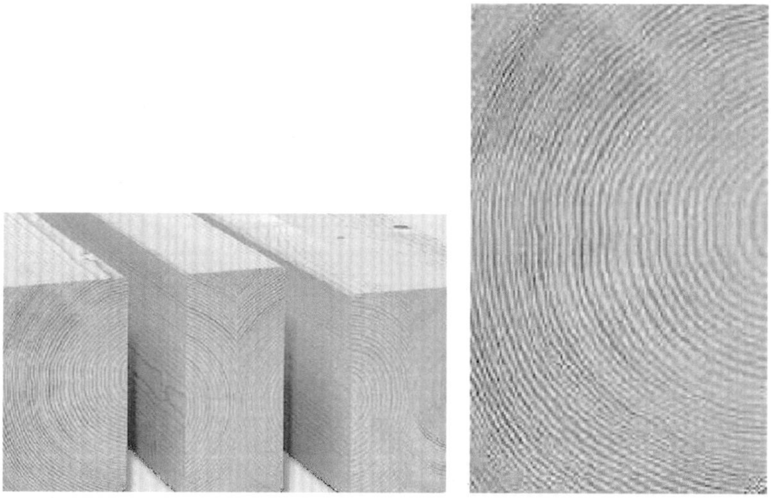

(a) (b)

Abb. 5.8 Darstellung des Jahrringverlaufs; (a) Brettschichtholz mit einem hohen Anteil liegender Jahrringe, (b) Vollholz mit einem hohen Anteil geneigter Jahrringe.

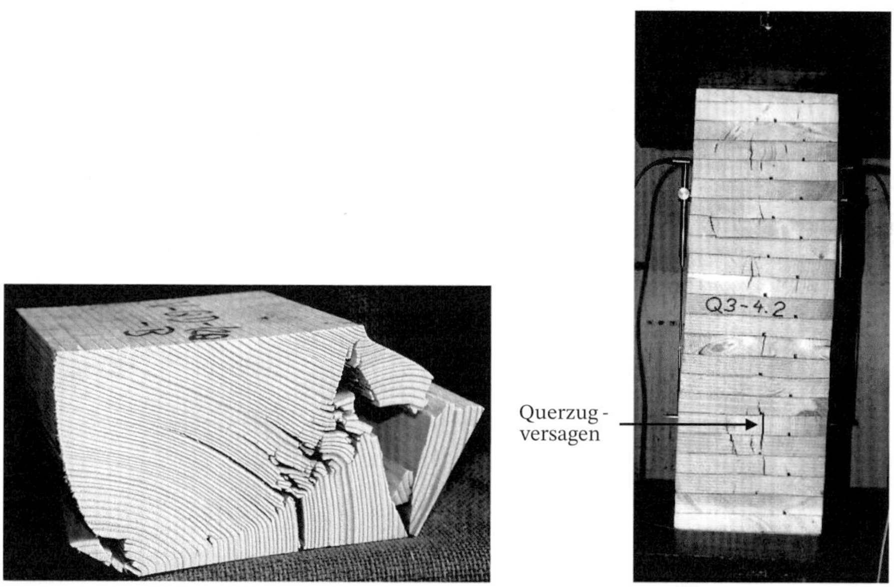

(a) (b)

Abb. 5.9 Querdruckversagen (a) beim Vollholzquerschnitt mit überwiegend geneigten Jahrringen und (b) beim Brettschichtholz mit überwiegend liegenden Jahrringen (Quelle: Versuchsanstalt für Stahl, Holz und Steine, Karlsruhe, Lehrstuhl für Ingenieurholzbau und Baukonstruktionen).

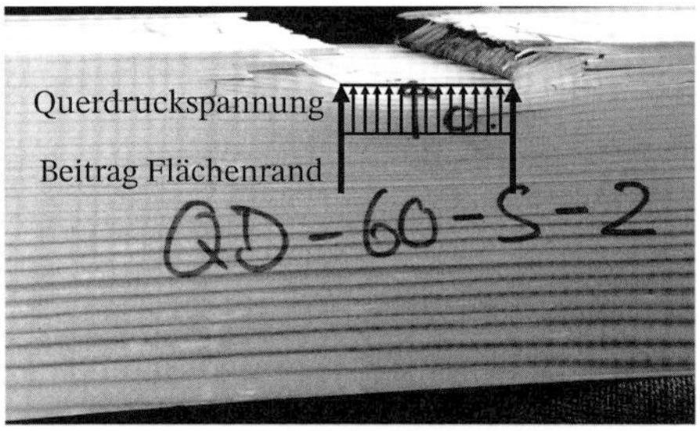

Abb. 5.10 Beitrag des Flächenrands zur Querdruckbeanspruchbarkeit am Vollholzbalken (Quelle: Versuchsanstalt für Stahl, Holz und Steine, Karlsruhe, Lehrstuhl für Ingenieurholzbau und Baukonstruktionen).

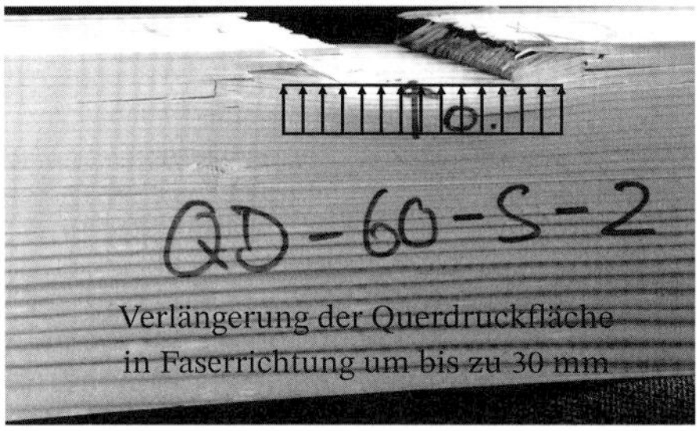

Abb. 5.11 Vergrößerung der Querdruckfläche zur Berücksichtigung des Beitrags des Flächenrands (Quelle: Versuchsanstalt für Stahl, Holz und Steine, Karlsruhe, Lehrstuhl für Ingenieurholzbau und Baukonstruktionen).

Das Beispiel zeigt, dass die mögliche Erhöhung der Querdruckflächen mit zunehmender Aufstandslänge abnimmt und somit bei großen Teilflächenbelastungen von untergeordneter Bedeutung bleibt. Das nachfolgende Beispiel zeigt, dass sich bei einer Verdopplung der Fläche aufgrund des Einflusses der seitlichen Lastausbreitung lediglich eine Steigerung der Beanspruchbarkeit auf das 1,57-Fache ergibt.

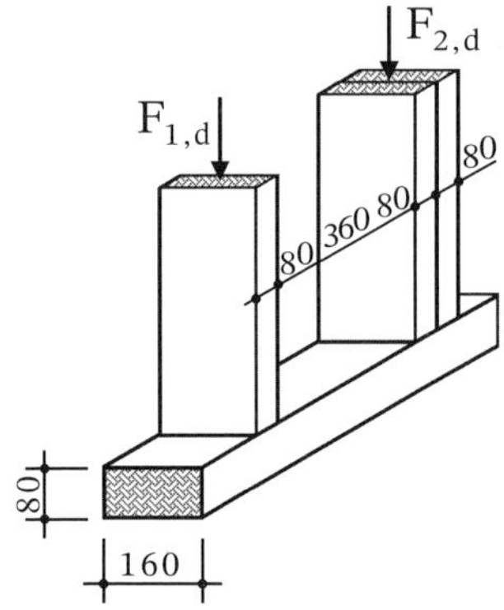

NKL: 1
KLED: kurz } $k_{mod} = 0{,}9$

Stützen: C24
Schwelle: C24

$f_{c,90,k} = 2{,}5\ \text{N/mm}^2$

Bemessungswert der Querdruckfestigkeit:

$$f_{c,90,d} = k_{mod} \cdot \frac{f_{c,90,k}}{\gamma_M} = 0{,}9 \cdot \frac{2{,}5}{1{,}3} = 1{,}73\,\text{N/mm}^2 \tag{5.15}$$

Maximal aufnehmbare Schwellenbeanspruchungen:

$$F_{1,d} \leq 1{,}25 \cdot 1{,}73 \cdot 160 \cdot (80 + 2 \cdot 30) \cdot 10^{-3} = 48{,}4\,\text{kN} \tag{5.16}$$

$$F_{2,d} \leq 1{,}25 \cdot 1{,}73 \cdot 160 \cdot (2 \cdot 80 + 2 \cdot 30) \cdot 10^{-3} = 76{,}1\,\text{kN} = 1{,}57 F_{1,d} \tag{5.17}$$

Die Tragfähigkeit von Holz bei Druckbeanspruchungen rechtwinklig zur Faserrichtung wird zusätzlich durch den Abstand der Teilflächenbelastungen zueinander

Tab. 5.5 Druckbeiwerte $k_{c,90}$.

<table>
<tr><th rowspan="2">Baustoff</th><th>$l_1 < 2\,h$</th><th colspan="2">$l \geq 2\,h$</th></tr>
<tr><th></th><th>Schwellendruck</th><th>Auflagerdruck $l < 400$ mm</th></tr>
<tr><td>BSH aus NH</td><td>1,0</td><td>1,5</td><td>1,75</td></tr>
<tr><td>VH aus NH</td><td rowspan="2">1,0</td><td>1,25</td><td>1,5</td></tr>
<tr><td>VH aus LH</td><td colspan="2">1,0</td></tr>
</table>

Anmerkung:

(1) Bei Brettschichtholz aus Nadelholz mit verteilten Lasten und/oder Einzellasten, die weiter als $l_1 = 2$ h von der Abstützung entfernt sind, darf für Kontaktlängen größer als 400 mm gemäß DIN EN 1995-1-1/A2 ebenfalls ein Beiwert $k_{c,90}$ von 1,75 verwendet werden.

(2) Eine Reihe von Einzellasten, die nahe beieinander wirken (z. B. Rippen oder Querhölzer mit einem Abstand < 610 mm), darf gemäß DIN EN 1995-1-1/A2 als verteilte Last betrachtet werden.

beeinflusst. Je größer der Abstand der Aufstandsflächen zueinander ist, desto weniger beeinflussen sich Querdruckbeanspruchungen infolge der Lastausbreitung. Dieser Effekt darf bei der Bemessung durch eine Erhöhung der Querdruckfestigkeit $f_{c,90,d}$ mit dem Querdruckbeiwert $k_{c,90}$ zwischen 1,0 und 1,75 berücksichtigt werden (Tab. 5.5). Hierbei wird zwischen Schwellendruck und Auflagerdruck unterschieden. Der Auflagerdruck zeigt im Vergleich zum Schwellendruck eine nochmals günstigere Auswirkung aufgrund der Lastanordnung und der damit verbundenen Lastausbreitung (Abb. 5.12). Daher sind bei gleichen Abständen ℓ_1 der Teilflächenbelastungen die Querdruckbeiwerte für den Auflagerdruck stets größer.

Beim Druck unter einem Winkel α handelt es sich um eine Spannungsinteraktion, die sich aus Druckanteilen parallel und senkrecht zur Faserrichtung des Holzes sowie aus Schubspannungen zusammensetzt (siehe Gln. (5.18)–(5.20)). Daher gehen in die Bedingungsgleichung zur Ermittlung der Druckfestigkeit unter einem Winkel α sowohl die Druckfestigkeit parallel als auch senkrecht zur Faserrichtung des Holzes und die Schubspannung ein. Ebenso wie für den Nachweis einer Druckbeanspruchung rechtwinklig zur Faserrichtung des Holzes darf bei einer Beanspruchung unter einem Winkel α der Nachweis unter Verwendung einer wirksamen

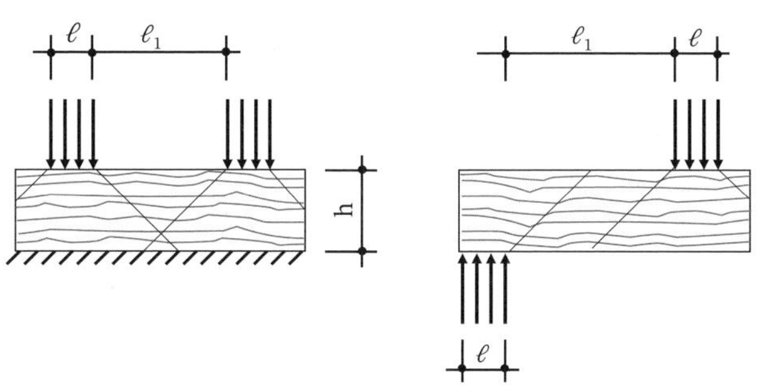

(a) (b)

Abb. 5.12 Zusammenhang der Lastausbreitung bei (a) Schwellen- und (b) Auflagerdruck.

Querdruckfläche geführt werden.

Parallel	$\sigma_{c,0,d} = \sigma_{c,\alpha,d} \cdot \cos^2 \alpha$	(5.18)
Senkrecht	$\sigma_{c,90,d} = \sigma_{c,\alpha,d} \cdot \sin^2 \alpha$	(5.19)
Schubspannungen	$\tau_d = \sigma_{c,\alpha,d} \cdot \sin \alpha \cdot \cos \alpha$	(5.20)

Es wäre somit folgende Interaktionsgleichung zu berücksichtigen:

$$\left(\frac{\sigma_{c,0,d}}{f_{c,0,d}}\right)^2 + \left(\frac{\sigma_{c,90,d}}{f_{c,90,d}}\right)^2 + \left(\frac{\tau_d}{1{,}5 \cdot f_{v,d}}\right)^2 \leq 1 \tag{5.21}$$

In die Interaktionsgleichung eingesetzt ergibt sich folgende Bemessungsgleichung für eine Druckspannung unter einem Winkel α zur Faserrichtung des Holzes:

$$\frac{\dfrac{\sigma_{c,\alpha,d}}{f_{c,0,d}}}{\dfrac{f_{c,0,d}}{k_{c,90} \cdot f_{c,90,d}} \cdot \sin^2 \alpha + \cos^2 \alpha} \leq 1 \tag{5.22}$$

mit

$k_{c,90}$ Beiwert zur Berücksichtigung der Art der Einwirkung, der Spaltgefahr und des Grades der Druckverformung
$\sigma_{c,\alpha,d}$ Druckspannung unter einem Winkel α zur Faserrichtung
$f_{c,0,d}$ Bemessungswert der Druckfestigkeit in Faserrichtung
$f_{c,90,d}$ Bemessungswert der Druckfestigkeit rechtwinklig zur Faserrichtung

Mit Zunahme des Winkels zwischen Kraft- und Faserrichtung nimmt die Druckfestigkeit deutlich ab. Sie beträgt für einen Winkel von 45° nur 20 % der Tragfähigkeit in Faserrichtung und für einen Winkel von 90° nur 12 %. Dieser Zusammenhang ist für Vollholz der Festigkeitsklasse C24 bei einer Verwendung in den Nutzungsklassen 1 und 2 bei einer maßgebenden Klasse der Lasteinwirkungsdauer mittel in Abb. 5.13 dargestellt.

$f_{c,0,d} = 12{,}92\,\text{N/mm}^2$	100 %
$f_{c,45,d} = 2{,}60\,\text{N/mm}^2$	20 %
$f_{c,90,d} = 1{,}54\,\text{N/mm}^2$	12 %

Biegung Für eine einachsige Biegung um die starke oder schwache Achse des Trägers wird der Biegespannungsnachweis als Normalspannungsnachweis wie folgt geführt:

$$\frac{\sigma_{m,d}}{f_{m,d}} \leq 1 \tag{5.23}$$

Neben der Nutzungsklasse und der Klasse der Lasteinwirkungsdauer, die über den Beiwert k_{mod} berücksichtigt werden, spielt bei der Festlegung der bemessungsrelevanten Biegefestigkeiten ein sogenannter „Volumen- oder Höheneffekt" eine Rolle.

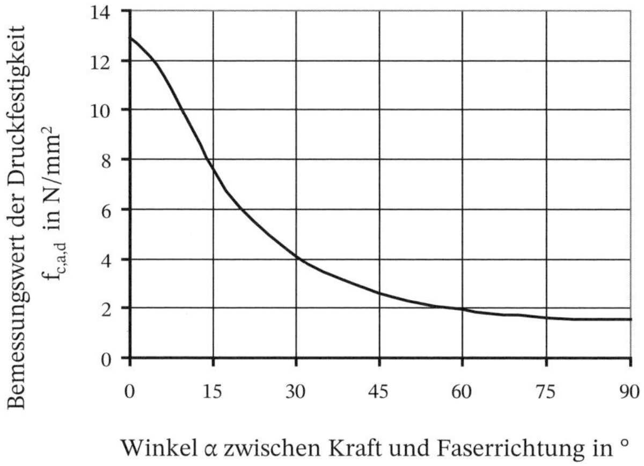

Abb. 5.13 Bemessungswert der Druckfestigkeit von Vollholz der Festigkeitsklasse C24 in Abhängigkeit der Kraft- zur Faserrichtung (NKL 1 und 2, KLED mittel).

Er berücksichtigt, dass die Biegefestigkeit mit zunehmender Bauteilhöhe abnimmt. Ursächlich hierfür sind Schwachstellen in der Zugzone, die die Tragfähigkeit maßgeblich beeinflussen. Bei Biegeträgern mit großem Volumen oder großer Höhe ist die Wahrscheinlichkeit des Vorhandenseins derartiger Fehlstellen in den Lamellen der Zugzone höher als bei kleinen Querschnitten. Diese größere Anzahl kann somit kleinere Festigkeiten bedingen. Die charakteristischen Biegefestigkeiten $f_{m,k}$ für Brettschichtholz mit liegenden Lamellen gelten für eine Bezugshöhe h_0 von 600 mm. Für Querschnitte, die kleiner sind, darf der Bemessungswert der Biegefestigkeit um einen Beiwert k_h erhöht werden.

$$230\,\text{mm} < h < 600\,\text{mm}: \; k_h = \left(\frac{600}{h}\right)^{0,1}$$

$$h \leq 230\,\text{mm}: \; k_h = 1{,}1$$

Bei Brettschichtholz mit stehenden Lamellen liegt der Biegefestigkeit bereits eine Bezugshöhe von 150 mm zugrunde. Daher darf für diese Art der Beanspruchung kein Höheneffekt berücksichtigt werden.

Bei Vollholz liegt der Festlegung der charakteristischen Biegefestigkeiten eine Bezugshöhe von 150 mm zugrunde. Daher darf hier nur für Querschnitte, deren Höhe geringer als die genannte Bezugshöhe ist, eine Erhöhung der Biegefestigkeit um k_h erfolgen:

$$40\,\text{mm} < h < 150\,\text{mm}: \; k_h = \left(\frac{150}{h}\right)^{0,2}$$

$$h \leq 40\,\text{mm}: \; k_h = 1{,}3$$

Aufgrund der unterschiedlichen Erhöhungsbeiwerte für Voll- und Brettschichtholz ergeben sich für Trägerhöhen zwischen 150 und 600 mm unterschiedlich hohe Bemessungswerte der Biegefestigkeiten bei gleichen charakteristischen Ausgangswerten. So ist beispielsweise für einen Träger mit einer Höhe von 300 mm bei Brett-

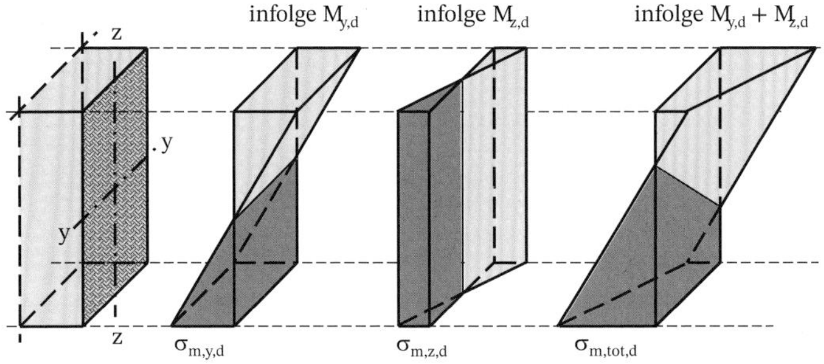

Abb. 5.14 Spannungsinteraktion für zweiachsige Biegebeanspruchung.

schichtholz eine Biegefestigkeit von 25,7 N/mm^2 zu berücksichtigen, während für einen Vollholzquerschnitt keine Erhöhung möglich ist und somit der charakteristische Wert mit 24 N/mm^2 zugrunde zu legen ist. Der Unterschied beträgt somit 7 %.

Der Nachweis der Querschnittstragfähigkeit zweiachsig auf Biegung beanspruchter Holzbauteile ist über eine lineare Interaktionsgleichung beider Spannungsanteile geregelt (Gl. (5.24)). Die maximale Biegedruckspannung wird bei einem Rechteckquerschnitt nur in der äußersten Faser einer Querschnittsecke erreicht, in der sich die maximalen Biegedruckanteile beider Biegeanteile addieren (Abb. 5.14). Die größte Biegezugspannung stellt sich demzufolge in der diagonal gegenüberliegenden äußeren Querschnittsfaser ein. Die Spannungen der benachbarten Fasern sind geringer. Durch dieses nur punktförmige Auftreten der maximalen Biegespannung ist insgesamt die Wahrscheinlichkeit geringer, dass an der Stelle des Maximalwerts eine Fehlstelle, wie beispielsweise ein Ast, vorhanden ist. Bei einachsiger Biegung treten die maximalen Biegespannungsanteile entlang der gesamten gegenüberliegenden Querschnittsränder auf. Daher darf im Falle zweiachsiger Biegung auf eine vollständige Interaktion der Spannungsanteile für Rechteckquerschnitte aus Voll-, Brett- und Balkenschichtholz mit einem Seitenverhältnis $h/b \leq 4$ verzichtet werden. Es darf daher jeweils ein Spannungsanteil mit einem k_m-Faktor von 0,7 abgemindert werden. Für Kreisquerschnitte sind keine Abminderungen zulässig.

$$\frac{\sigma_{m,y,d}}{f_{m,y,d}} + k_m \cdot \frac{\sigma_{m,z,d}}{f_{m,z,d}} \leq 1 \quad \text{oder} \quad k_m \cdot \frac{\sigma_{m,y,d}}{f_{m,y,d}} + \frac{\sigma_{m,z,d}}{f_{m,z,d}} \leq 1 \tag{5.24}$$

Für Rechteckquerschnitte aus Voll-, Brettschicht- und Furnierschichtholz: $k_m = 0{,}7$
Für alle anderen tragenden Holzwerkstoffe und Querschnittsformen: $k_m = 1{,}0$

Für eine Spannungskombination aus Biegung und Zug erfolgt eine lineare Überlagerung, während bei einer Kombination aus Biegung und Druck der Spannungsanteil aus der Druckbeanspruchung quadratisch und somit vermindert berücksichtigt werden darf. Ursächlich hierfür ist das positive plastische Verhalten von Holz unter Druckbeanspruchungen. Aufgrund dieser Eigenschaft ist das Holz in der Lage, Spannungsspitzen in weniger beanspruchte Bereiche umzulagern. Darüber hinaus stellt sich ein weiterer, die Tragfähigkeit steigernder Effekt dadurch ein, dass die maximale Biegezugspannung durch den Druckanteil vermindert wird. Der Quer-

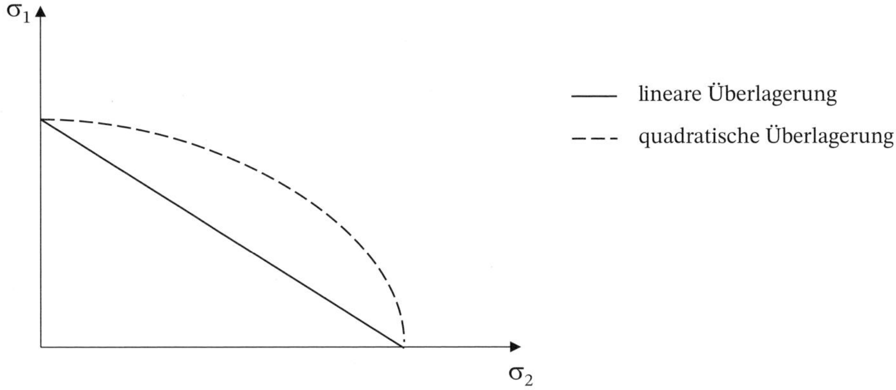

Abb. 5.15 Vergleich linearer und quadratischer Spannungsüberlagerung.

schnitt erreicht durch dieses Überdrücken erst bei größeren Biegemomenten seine Biegefestigkeit (Abb. 5.15).

Druck und Biegung:

$$\left(\frac{\sigma_{c,0,d}}{f_{c,0,d}}\right)^2 + \frac{\sigma_{m,y,d}}{f_{m,y,d}} + k_m \cdot \frac{\sigma_{m,z,d}}{f_{m,z,d}} \leq 1 \quad \text{oder} \quad \left(\frac{\sigma_{c,0,d}}{f_{c,0,d}}\right)^2 + k_m \cdot \frac{\sigma_{m,y,d}}{f_{m,y,d}} + \frac{\sigma_{m,z,d}}{f_{m,z,d}} \leq 1 \tag{5.25}$$

Zug und Biegung:

$$\frac{\sigma_{t,0,d}}{f_{t,0,d}} + \frac{\sigma_{m,y,d}}{f_{m,y,d}} + k_m \cdot \frac{\sigma_{m,z,d}}{f_{m,z,d}} \leq 1 \quad \text{oder} \quad \frac{\sigma_{t,0,d}}{f_{t,0,d}} + k_m \cdot \frac{\sigma_{m,y,d}}{f_{m,y,d}} + \frac{\sigma_{m,z,d}}{f_{m,z,d}} \leq 1 \tag{5.26}$$

Sowohl für Biegung und Druck als auch für Biegung und Zug sind gegebenenfalls Querschnittsschwächungen zu berücksichtigen (s. Abschnitt Druck).

Schub Eine gleichmäßig verteilte Lasteinleitung auf einen Träger mit gegenüberliegendem direkten Auflager (Abb. 5.16) bewirkt gleichzeitig eine Querdruckspannung. Diese wirkt sich positiv auf das Tragverhalten bei Schubbeanspruchungen

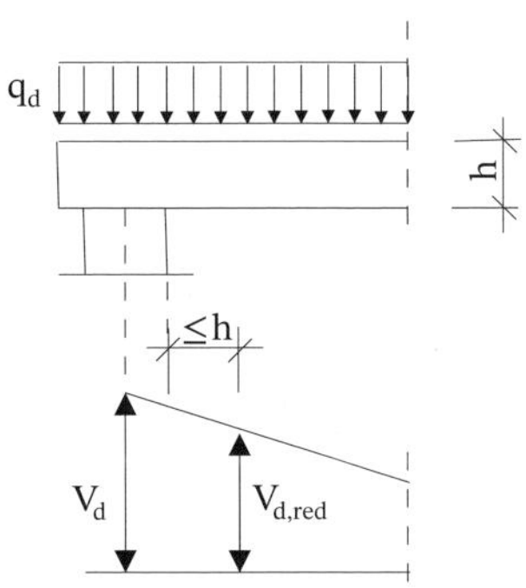

Abb. 5.16 Abminderung der Querkraft bei gleichmäßig verteilter Last.

aus. Durch Einleitung der Druckspannungstrajektorien in das direkte Auflager entsteht die maximale Schubspannung erst in einem Abstand h vom Auflagerrand. Zur Berücksichtigung dieses Effekts darf für den Nachweis der Schubspannung bei Trägern mit einer unterseitigen Auflagerung und oberseitiger Belastung als maßgebende Querkraft V_d der abgeminderte Wert im Abstand der Trägerhöhe h vom Auflagerrand angesetzt werden.

Für biegebeanspruchte Bauteile ist beim Schubnachweis der Einfluss von Rissbildungen zu berücksichtigen. Dies erfolgt durch den Ansatz einer effektiven Querschnittsbreite b_{ef}. Hierdurch soll der Unterschied der Tragfähigkeit der Bauteile nach längerer Standdauer zu Bauteilen bei Auslieferung, z. B. infolge Rissbildung, unter Berücksichtigung der statistischen Verteilung über die Bauteiloberfläche berücksichtigt werden. Der Faktor k_{cr} kann jedoch nicht mit einer zulässigen Risstiefe im Endzustand gleichgesetzt werden. Da Brettschichtholz aufgrund der Verklebung kleinerer Lamellen weniger zur Rissbildung neigt als Vollholz, darf für diese Bauteile mit geringeren Abminderungen gerechnet werden.

$$b_{ef} = k_{cr} \cdot b \tag{5.27}$$

$k_{cr} = \dfrac{2{,}0}{f_{v,k}}$ für Vollholz

$k_{cr} = \dfrac{2{,}5}{f_{v,k}}$ für Brettschichtholz

$k_{cr} = 1{,}0$ für Holzwerkstoffe nach EN 13986 und EN 14374, für Vollholz aus Laubholz und für Brettsperrholz

Zu beachten ist, dass bei Stäben aus Nadelschnittholz die Werte für k_{cr} in Bereichen, die mindestens 1,50 m vom Hirnholzende des Holzes entfernt liegen, um 30 % erhöht werden dürfen.

Beim gleichzeitigen Auftreten von zweiachsiger Biegung und gegebenenfalls Torsionsanteilen ist eine Interaktion aller Spannungsanteile durchzuführen. Der Beiwert k_{shape} berücksichtigt die Form des Querschnitts, rund oder rechteckig.

$$\frac{\tau_{tor,d}}{k_{shape} \cdot f_{v,d}} + \left(\frac{\tau_{y,d}}{f_{v,d}}\right)^2 + \left(\frac{\tau_{z,d}}{f_{v,d}}\right)^2 \leq 1 \tag{5.28}$$

Nachweis für Stäbe nach dem Ersatzstabverfahren Die Tragfähigkeit druckbeanspruchter Bauteile nimmt mit Zunahme der bezogenen Knickschlankheit $\lambda_{rel,c}$ ab. Beim Nachweis knickgefährdeter Stäbe nach dem Ersatzstabverfahren wird diesem Tragverhalten durch eine Abminderung der Druckfestigkeit durch Multiplikation mit dem Knickbeiwert k_c Rechnung getragen.

Mit Zunahme des bezogenen Kippschlankheitsgrads $\lambda_{rel,m}$ nimmt die Biegetragfähigkeit ab. Dieser Einfluss wird durch eine Verminderung des Bemessungswerts der Biegefestigkeit durch Multiplikation mit dem Kippbeiwert k_m berücksichtigt.

Bei Biegestäben ist zusätzlich die Auflagerverdrehung zu verhindern. Dies kann durch einen Aussteifungsverband bzw. eine Gabellagerung erfolgen.

5.1.1.3 Nachweise im Grenzzustand der Gebrauchstauglichkeit

Für den Nachweis im Grenzzustand der Gebrauchstauglichkeit sind in DIN 1990 und DIN EN 1995-1-1 Einwirkungskombinationen geregelt. Im Vergleich zum Nachweis im Grenzzustand der Tragfähigkeit ist der Nachweis der Gebrauchstauglichkeit ohne Teilsicherheitsbeiwerte für die Einwirkungen und das Material zu führen.

Im Hinblick auf die mögliche Auswirkung einer Verformung auf angrenzende Bauteile wird zwischen zwei Einwirkungskombinationen, der charakteristischen (seltenen) und der quasiständigen Einwirkungskombination, unterschieden. Die Einwirkungskombination für die charakteristische (seltene) Bemessungssituation ist immer dann anzuwenden, wenn Schäden an angrenzenden, häufig darunter befindlichen Bauteilen infolge von zu großen Verformungen oder Lasteinleitungen in nichttragende Bauteile vermieden werden sollen. Dies ist häufig der Fall bei Decken über leichten Trennwänden oder darunter befindlichen großen Öffnungen mit Verglasungen, aber auch bei direkt am Bauteil befestigten Installationsleitungen. Für diese Einwirkungskombination ist neben dem Kombinationsbeiwert $\psi_{2,i}$ auch der höhere Kombinationsbeiwert $\psi_{0,i}$ zu berücksichtigen (Tab. 5.6).

Der Nachweis der Verformungen für die quasiständige Bemessungssituation ist immer dann zu führen, wenn Schäden an Einbauten nicht zu erwarten sind und ausschließlich Anforderungen an das Erscheinungsbild und die Benutzbarkeit gestellt werden. Für diese Einwirkungskombination ist ausschließlich der kleinere Kombinationsbeiwert $\psi_{2,i}$ zu verwenden, sodass diese zu deutlich geringeren Verformungen führt. Häufig vorkommende veränderliche Einwirkungen wie Windlasten, Schneelasten für Orte bis 1000 m über NN und Personenlasten auf Dächern sind für die Ermittlung der Verformungen in dieser Einwirkungskombination nicht zu berücksichtigen ($\psi_{2,i} = 0$).

Bei den in DIN EN 1995-1-1/NA Tabelle NA.13 angegebenen Grenzwerten der Verformungen handelt es sich um empfohlene Werte. Die vertretbaren Verformun-

Tab. 5.6 Kombinationsbeiwerte $\psi_{0,i}$ und $\psi_{2,i}$ für im Holzbau häufig vorkommende Einwirkungen.

Einwirkung		$\psi_{0,i}$	$\psi_{2,i}$
Nutzlasten	Wohn- und Aufenthaltsräume	0,7	0,3
	Büroräume	0,7	0,3
	Versammlungsräume	0,7	0,6
	Verkaufsräume	0,7	0,6
	Lagerräume	1,0	0,8
Verkehrslasten	Dächer	0	0
Schnee- und Eislasten	Orte bis 1000 m über NN	0,5	0
	Orte über 1000 m über NN	0,7	0,2
Windlasten	0,6	0	

gen sind in der Regel von der Nutzung eines Bauwerks abhängig und daher zwischen dem Bauherrn und dem Tragwerksplaner im Einzelfall abzustimmen.

5.1.2 Binder mit geometrischen Besonderheiten

5.1.2.1 Pultdachträger, gekrümmte Träger und Satteldachträger

5.1.2.1.1 Hintergrund und Besonderheiten

Der historische Holzbau ist dadurch gekennzeichnet, dass Holzbauteile sowohl in ihren Querschnittsabmessungen als auch in ihren Längen auf die Abmessungen des in der näheren Umgebung vorhandenen Baumbestands begrenzt waren. Dementsprechend wurde eine Vielzahl von Tragsystemen entwickelt, welche es durch das Zusammensetzen mehrerer, zumeist druck- oder zugbeanspruchter Stäbe aus Holz ermöglichten, auch größere Spannweiten zu überbrücken. Die einzelnen Elemente wurden hierbei über zimmermannsmäßige Verbindungen oder mechanische Verbindungsmittel miteinander verbunden.

Mit den Entwicklungen und dem ersten Patent von *Hetzer* [5.1] begann der Durchbruch der Holzleimbauweise. Durch das Verleimen von einzelnen Brettern zu Endloslamellen und anschließender Verleimung übereinander zu Lamellenpaketen konnte sich der Holzbau sowohl von der Wuchsrichtung als auch von der Größe der aus dem Stamm gewinnbaren Querschnitte lösen. Resultat waren freiere (z. B. gekrümmte) Bauteilgeometrien unter Einsatz höherwertiger Holzquerschnitte durch gezielte Festigkeitssortierung und planmäßige Anordnung von Lamellen unterschiedlicher Festigkeiten. Zu den mit Brettschichtholz hergestellten Bauteilformen gehören Pultdachträger, gekrümmte Träger und Satteldachträger. Diese lassen sich fast beliebig an gewünschte Dachformen anpassen und ermöglichen große Spannweiten und hohe Innenräume. Zudem ermöglichen manche Trägerformen, Sekundärbauteile oder Dachscheiben direkt aufzubringen und auf Futterhölzer zu verzichten. Die Verwendung von Brettschichtholzträgern mit über die Länge veränderlicher Höhe eröffnet zudem die Möglichkeit, dem in Trägerlängsrichtung veränderlichen Biegemoment ein in Trägerlängsrichtung veränderliches Widerstandsmoment gegenüberzustellen. Im Vergleich zum geraden Vollwandträger können Träger veränderlicher Höhe demnach über größere Bereiche der Trägerlänge hoch auf Biegung ausgenutzt werden. Für den Einfeldträger unter Gleichlast führt dies im Fall der Schubspannungen zu einem gegenteiligen Effekt, da der Verlauf der Querschnittshöhe gegenläufig zum Verlauf der Querkraft ist. Resultat sind hohe Schubspannungen im Bereich der Auflager (s. Abb. 5.17). Häufig werden derartige Querschnitte satteldachförmig ausgebildet, was im Bereich des Firstes zu geometriebedingten Querzugspannungen aus Umlenkkräften führt. Diese erhöhen sich, wenn durch Anheben und Krümmen des unteren Trägerrands im Firstbereich eine steilere Satteldachform realisiert wird. Derartige Träger weisen neben einer hohen Ausnutzung auf Biegung Bereiche hoher Schubbeanspruchungen und hoher Querzugbeanspruchungen auf. Gegenüber diesen zwei Beanspruchungen weist Holz geringe Beanspruchbarkeiten sowie spröde Versagensformen auf. Bereichsweise stellt sich eine Kombination dieser beiden Spannungen ein.

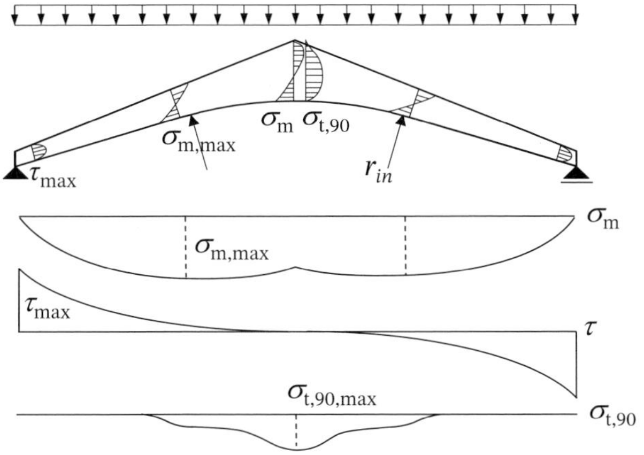

Abb. 5.17 Satteldachträger mit gekrümmtem unteren Rand: Verläufe der Biege-, Schub- und Querzugspannungen.

Pultdachträger In Bereichen veränderlicher Trägerhöhe liegt eine nichtlineare Verteilung der Biegespannungen über den Querschnitt vor. Am geneigten, angeschnittenen Rand entstehen zusätzliche Schubspannungen und Querspannungen, welche die Biegespannungen am geraden, faserparallelen Rand erhöhen (s. Abb. 5.18). Der in früheren Bemessungsnormen DIN 1052 [5.2] verankerte Ansatz zur Bestimmung der Längsspannungen in Pultdachträgern aus Brettschichtholz beruht auf [5.5] mit [5.6]. Bei kleinen Faseranschnittwinkeln α bis ungefähr 10° ist diese Nichtlinearität jedoch vergleichsweise klein, sodass vereinfacht die nach der klassischen Biegetheorie (Bernoulli-Balken) ermittelten Biegerandspannungen in Ansatz gebracht werden dürfen [5.3]. Baupraktisch üblich sind Faseranschnittwinkel bis maximal 5°. Eine weitere, im vorliegenden Fall kleiner Faseranschnittwinkel zulässige Vereinfachung ist, dass die Spannungen nicht an einem Schnitt rechtwinklig zur Stabachse, sondern an einem Schnitt rechtwinklig zum faserparallelen Rand ermittelt werden. Die am angeschnittenen Trägerrand auftretende Kombination aus Längs-, Quer- und Schubspannungen (s. Abb. 5.18) ist unter Berücksichtigung der orthotropen Eigenschaften des Baustoffs Holz (geringe Steifigkeiten quer zur Faserrichtung) nachzuweisen. An einem angeschnittenen Biegezugrand entstehen Querzugspannungen, an einem angeschnittenen Biegedruckrand Querdruckspannungen. Querdruckspannungen erhöhen die Schubbeanspruchbarkeit,

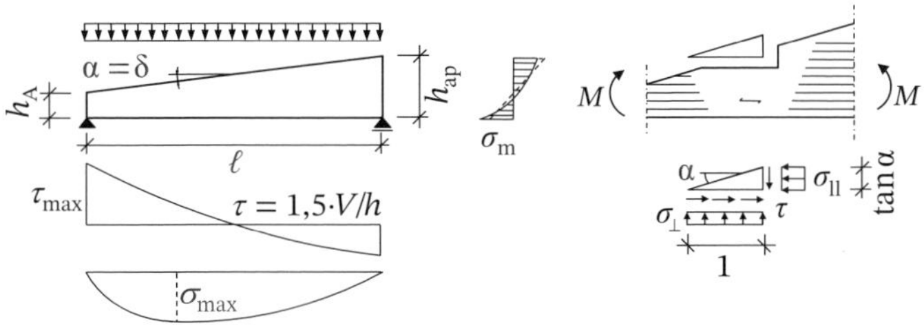

Abb. 5.18 Pultdachträger: Spannungsverläufe und Spannungskombination.

Querzugspannungen reduzieren diese. Dementsprechend werden angeschnittene Holzfasern grundsätzlich besser im Druckbereich der Biegeträger angeordnet, auch damit die Lamellen im Zugbereich parallel zum Trägerrand verlaufen. Der Einfluss des angeschnittenen Rands auf die Schubspannungen wird vereinfachend nur am angeschnittenen Rand berücksichtigt, ihr Verlauf über die Trägerhöhe wird vernachlässigt. Bei der Bemessung wird die Spannungskombination durch eine Reduzierung des Bemessungswerts der Biegefestigkeit mit einem Abminderungsbeiwert berücksichtigt [5.7]. Bei Trägern mit über die Trägerlänge veränderlichem Flächenträgheitsmoment tritt die maximale Biegespannung nicht am Ort des maximalen Biegemoments auf (s. Abb. 5.18). Infolgedessen muss der maßgebende Querschnitt identifiziert werden, indem die Biegespannungen maximal werden.

Satteldachträger mit geradem unteren Rand Satteldachträger (SDT) mit geradem unteren Rand stellen in vielfacher Hinsicht eine Erweiterung der Pultdachträger dar. Auch hier liegt eine über die Trägerhöhe nichtlineare Verteilung der Biegespannungen sowie am angeschnittenen Rand eine Kombination aus Längs-, Quer- und Schubspannungen vor. Bei Satteldachträgern mit geradem unteren Rand muss ebenfalls der maßgebende Querschnitt identifiziert werden, indem die Biegespannungen maximal werden. Der Firstpunkt (Schnittpunkt der beiden Dachhälften) stellt eine Unstetigkeitsstelle dar. An dieser müssen die Längsspannungen zu null werden, was wiederum einen Einfluss auf die Größe und Verteilung der Biegespannungen über die Trägerhöhe im Firstquerschnitt hat (s. Abb. 5.19). Die Umlenkung der Längsspannungen im First führt zu Querzugspannungen (s. Abb. 5.19 und Erläuterung im folgenden Abschnitt *Gekrümmte Träger*). Die Verteilung der Biege-, Schub- und Querspannungen in Brettschichtholzträgern mit veränderlicher Trägerhöhe und/oder Firstbereichen ist abhängig vom Faseranschnittwinkel α (baupraktisch üblich für SDT mit geradem unteren Rand $\alpha \leq 10°$). Auf Grundlage der anisotropen Scheibentheorie lässt sich dieser unter Berücksichtigung der Steifigkeitsverhältnisse E_0/E_{90} und E_0/G sowie der Querdehnzahl berechnen. Unter Anwendung dieser Methode wurden in [5.8] Bestimmungsgleichungen zur Ermittlung der Biege- und Querzugspannungen in Firstbereichen von Satteldachträgern und gekrümmten Trägern ermittelt (siehe Abschnitt 5.1.2.1.2). Für eine ausführliche Beschreibung der Entwicklung der Spannungsberechnung in gekrümmten Trägern und Satteldachträgern aus Brettschichtholz wird auf [5.9] verwiesen.

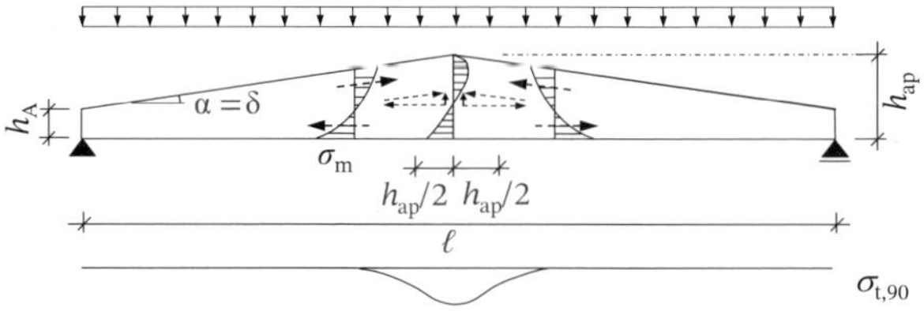

Abb. 5.19 Satteldachträger mit geradem unteren Rand: Spannungsverläufe.

Alle heute normativ verankerten Ansätze zur Bestimmung der Querzugbeanspruchbarkeit von gekrümmten Trägern und Satteldachträgern aus Brettschichtholz basieren auf der Feststellung, dass diese von der Größe des beanspruchten Volumens abhängig ist [5.10, 5.11]. Für eine ausführliche Beschreibung der Entwicklung der sog. „Theorie des schwächsten Gliedes" und ihrer Anwendung auf Holz wird auf [5.12] verwiesen. Die in EN 1995-1-1 [5.3] verankerten Volumenfaktoren und die aufgrund der ungleichförmigen Spannungsverteilung im querzugbeanspruchten Volumen notwendigen Verteilungsfaktoren basieren auf experimentellen und rechnerischen Untersuchungen [5.9]. In DIN 1052 [5.2] (und folgend in DIN EN 1995-1-1/NA [5.3, 5.4]) wird die Bestimmung der Querzugbeanspruchbarkeit von einem Volumeneffekt auf einen Höheneffekt reduziert. Dies basiert auf der Feststellung, dass die Querzugfestigkeit von Holzquerschnitten nicht nur über ein Volumenmodell, sondern auch über ein Seil-Ketten-Modell beschrieben werden kann [5.13].

Gekrümmte Träger Auch in gekrümmten Trägern liegt – unabhängig davon, ob diese zusätzlich eine veränderliche Trägerhöhe aufweisen oder nicht – eine nichtlineare Verteilung der Biegespannungen vor. Dies lässt sich unter der Voraussetzung der Hypothese von *Bernoulli* (Ebenbleiben der Querschnitte; [5.14]) bei Betrachtung der unterschiedlichen Längen der Fasern an beiden Rändern erklären (s. Abb. 5.20):

$$\varepsilon_\mathrm{i} = \frac{\Delta l_\mathrm{i}}{l_\mathrm{i}} > \frac{\Delta l_\mathrm{a}}{l_\mathrm{a}} = \varepsilon_\mathrm{a} \tag{5.29}$$

In Verbindung mit dem Gesetz von *Hooke* (Spannungen proportional den Dehnungen; [5.15]) folgt, dass die inneren Biegerandspannungen $\sigma_{\mathrm{m,i}}$ größer sind als die äußeren $\sigma_{\mathrm{m,a}}$. Der resultierende Verlauf der Biegespannungen über die Querschnittshöhe ist dabei hyperbolisch. Damit das Gleichgewicht im Querschnitt erfüllt bleibt, verschiebt sich die Lage der Spannungsnulllinie von der Schwerlinie zum Innenrand, d. h. dem Rand mit den höheren Biegerandspannungen $\sigma_{\mathrm{m,i}}$. Biegemomente in gekrümmten Bereichen verursachen zudem Spannungen quer zur Faserrichtung. Schneidet man den Träger entlang der Nulllinie und bildet das Gleichgewicht der Zug- bzw. Druckresultierenden der Biegespannungen, zeigt sich, dass Umlenkkräfte in radialer Richtung zum Schließen der Kraftecke notwendig sind (s. Abb. 5.20). Wenn das Biegemoment den Krümmungsradius vergrößert, entstehen Querzugspannungen, andernfalls Querdruckspannungen. Aus experimentellen Untersuchungen [5.9] ist bekannt, dass sich die Querzugspannungen in Trägerlängsrichtung über das Ende des gekrümmten Bereichs hinaus ausdehnen.

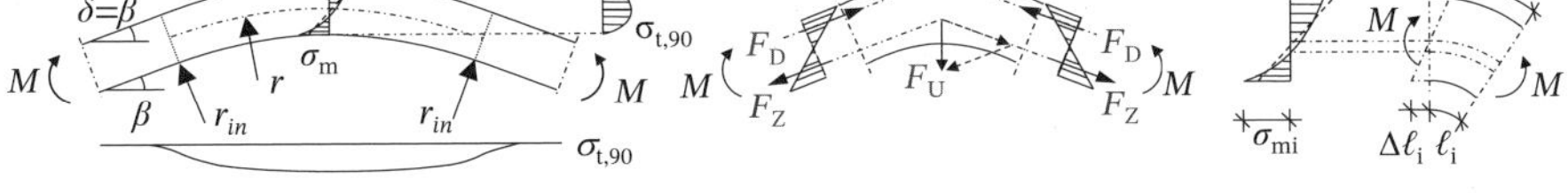

Abb. 5.20 Gekrümmter Träger: Spannungsverläufe.

Das Ausmaß des Einflusses des Übergangsbereichs auf den Verlauf der Querzugspannungen wird in beide Richtungen mit der Trägerhöhe h abgeschätzt.

Satteldachträger mit gekrümmtem unteren Rand Diese Trägerform wird in der Praxis häufig verwendet, da mit ihr durch das Anheben und Krümmen des unteren Trägerrands im Firstbereich eine steilere Satteldachform und größere Innenräume ermöglicht werden. Mechanisch sind in Satteldachträgern mit gekrümmtem unteren Rand alle in den vorherigen Abschnitten erläuterten Besonderheiten kombiniert. Im Bereich der geraden, aber nicht parallelen Trägerränder liegen eine nichtlineare Verteilung der Biegespannung sowie am angeschnittenen Rand eine Kombination aus Längs-, Quer- und Schubspannungen, vergleichbar dem Pultdachträger, vor. Im gekrümmten Bereich entstehen Querspannungen aus Umlenkkräften, vergleichbar dem gekrümmten Träger. Die Krümmung resultiert in einer nichtlinearen Verteilung der Biegespannungen. Diese verstärkt sich im First, da im Firstpunkt die Längsspannungen, entsprechend dem Satteldachträger mit geradem unteren Rand, zu null werden müssen (vgl. Abb. 5.19 mit Abb. 5.17). In Kombination führt dies zu einer deutlichen Erhöhung der inneren Biegerandspannungen $\sigma_{m,i}$.

Satteldachträger mit nachgiebig verbundener Firstspitze Obwohl nicht normativ geregelt, stellt diese Trägerform die am häufigsten ausgeführte Variante von Satteldachträgern (SDT) dar. Sie kann sowohl als *gekrümmter Träger mit nachgiebig verbundenem Firstkeil (Trockenfuge*; Abb. 5.21b) als auch als *Satteldachträger mit hochgesetzter Trockenfuge* (Abb. 5.21a) ausgeführt werden. Die Firstspitze wird nachträglich durch mechanische Verbindungsmittel (z. B. selbstbohrende Schrauben) mit dem Träger verbunden. Diese Verbindung ist auf auftretende Aussteifungskräfte auszulegen (Kräfte aus Gurt und abknickendem Aussteifungsverband) oder aber der Aussteifungsverband wird entlang der Trockenfuge geführt.

Die Gründe für die häufige Wahl dieser Trägerform sind architektonischer (große Dachneigungen), produktionstechnischer (u. a. Breite der Hobelmaschine), aber auch mechanischer Natur. Zum einen kann durch das Hochsetzen der Trockenfuge der Verlauf des Widerstandsmoments gut dem Verlauf des Biegemoments angepasst werden. Zum anderen sind die Querzugspannungen in gekrümmten Trägern geringer als die Querzugspannungen in Satteldachträgern. Es liegt also einer der sehr seltenen Fälle im Ingenieurwesen vor, bei dem das Hinzufügen von Mate-

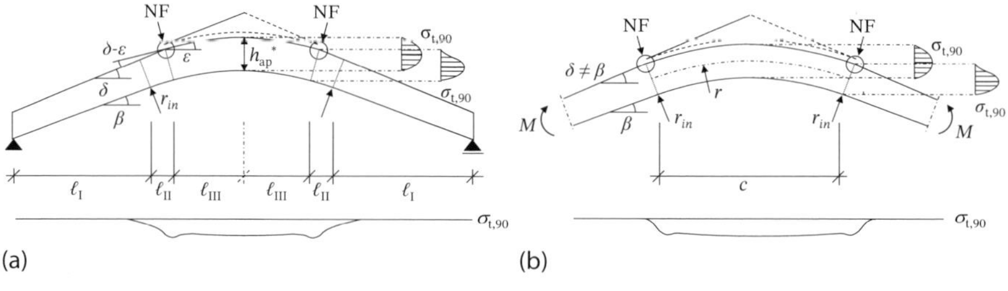

Abb. 5.21 Satteldachträger mit nachgiebig verbundener Firstspitze und Nebenfirsten (NF): Spannungsverläufe.

rial (hier in Form einer fest verbundenen Firstspitze) eine negative Auswirkung auf die Größe von Spannungen hat. Grund ist der deutlich inhomogenere Verlauf der Biegespannungen bei Satteldachträgern (mit Unstetigkeitsstelle in Form der Firstspitze) im Vergleich zu gekrümmten Trägern. Dieser wiederum beeinflusst direkt den Verlauf und die Größe der Querzugspannungen. Wird die Trockenfuge des Satteldachträgers hochgesetzt (oder weist der gekrümmte Träger einen angeschnittenen Rand im nicht gekrümmten Bereich auf), so tritt am Übergang vom geraden zum gekrümmten Bereich ein Nebenfirst auf (s. Abb. 5.21). In diesem nähern sich die Spannungsverläufe bereichsweise den Spannungsverläufen im Firstbereich von Satteldachträgern an. Laut [5.16, 5.17] dürfen Nebenfirste näherungsweise wie Firstquerschnitte eines Satteldachträgers nachgewiesen werden, wobei hierfür die Hälfte des Differenzenwinkels am oberen Rand ($\delta - \varepsilon$, s. Abbildung 5.21a, bzw. $\delta - \beta$, s. Abbildung 5.21b) angesetzt werden darf. Der Abstand der Nebenfirste vom First muss mindestens der Trägerhöhe im First, h_{ap}, entsprechen.

5.1.2.1.2 Berechnung und Nachweisführung

Für die vom geraden, parallelgurtigen Biegeträger abweichenden Spannungsverteilungen entlang der Trägerschwerachse und über die Trägerhöhe sind folgende zusätzliche Spannungsnachweise zu führen:

Nachweis der Biegespannungen im maßgebenden Schnitt Der Nachweis der Biegespannungen im maßgebenden Schnitt unter Berücksichtigung der Spannungsinteraktion am angeschnittenen Rand ist bei Pultdachträgern und Satteldachträgern zu führen. Die maximale Spannung liegt an der Stelle x_m vor, an der $\delta\sigma_m/\delta_x = 0$ gilt. Für Träger unter konstanter Linienlast können die Lage des maßgebenden Schnitts x_m und die zugehörige Bauteilhöhe h_{xm} mittels der in Tab. 5.7 angegebenen Gleichungen ermittelt werden. Bei unsymmetrischen Trägern unter Linienlast müssen die maßgebenden Stellen auf beiden Seiten untersucht werden.

Die Biegespannungen dürfen vereinfachend nach der klassischen Biegetheorie ermittelt werden. Der Nachweis der Spannungskombination am angeschnittenen Rand kann für Faseranschnittwinkel $\alpha \leq 10°$ (größere Winkel sind zudem baupraktisch unüblich) vereinfachend als Biegespannungsnachweis mit abgeminderten Biegefestigkeiten $f_{m,\alpha,d}$ geführt werden.

Tab. 5.7 Angaben zu Nachweisen am Ort der größten Biegespannungen.

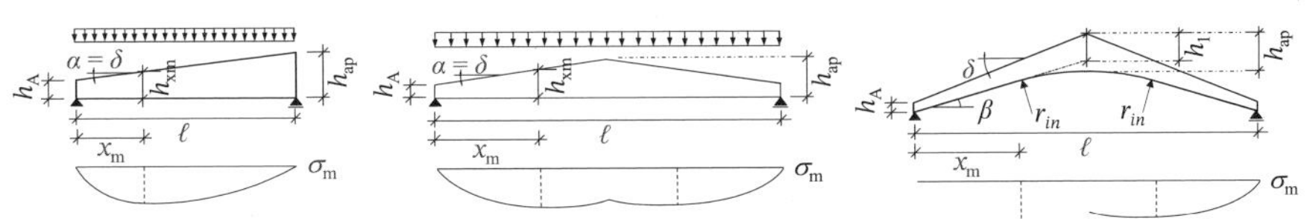

$x_m = \frac{h_A}{h_A + h_{ap}} \cdot \ell$	$x_m = \frac{h_A}{2 \cdot h_{ap}} \cdot \ell$	$x_m = \frac{h_A}{2 \cdot h_1} \cdot \ell$
$h_{xm} = \frac{2 \cdot h_{ap}}{1 + h_{ap}/h_A}$	$h_{xm} = h_A \cdot (2 - h_A/h_{ap})$	$h_{xm} = h_A \cdot (2 - h_A/h_1)$

Tab. 5.8 Beiwerte $k_{m,\alpha,c/t}$ für die Nachweise der Spannungskombination.

α	GL 24c/h		GL 28c/h	
	$k_{m,\alpha,c}$	$k_{m,\alpha,t}$	$k_{m,\alpha,c}$	$k_{m,\alpha,t}$
1°	0,997	0,987	0,996	0,983
3°	0,972	0,896	0,963	0,865
5°	0,926	0,751	0,903	0,698

$$\frac{\sigma_{m,d}(x_m)}{f_{m,\alpha,d}} = \frac{\frac{M(x_m)}{b \cdot h_{x_m}^{\;2}}}{k_{m,\alpha,c/t} \cdot f_{m,d}} \leq 1 \tag{5.30}$$

mit

$$k_{m,\alpha,c/t} = \frac{1}{\sqrt{1 + \left(\frac{f_{m,d}}{k_\tau^{\;*} \cdot f_{v,d}} \cdot \tan\alpha\right)^2 + \left(\frac{f_{m,d}}{f_{c/t,90,d}^{\;\;**}} \cdot \tan^2\alpha\right)^2}} \tag{5.31}$$

*/** am biegedruckbeanspruchten Rand: $k_\tau = 1{,}5$ und $f_{c,90,d}$
am biegezugbeanspruchten Rand: $k_\tau = 0{,}75$ und $f_{t,90,d}$

Die Abminderung ist deutlich größer für den Fall, dass der angeschnittene Rand im Bereich von Biegezugspannungen liegt. Dies liegt an der im Vergleich zur Querdruckfestigkeit deutlich geringeren Querzugfestigkeit und am abmindernden Einfluss von Querzugspannungen auf die Schubbeanspruchbarkeit (Querdruckspannungen erhöhen die Schubbeanspruchbarkeit, siehe k_τ; [5.18, 5.19]). Dementsprechend sollte der angeschnittene Rand im Bereich der Biegedruckspannungen angeordnet werden. Tabelle 5.8 enthält Werte $k_{m,\alpha,c/t}$ für baupraktisch übliche Fälle, für umfangreichere Wertetabellen wird auf [5.20, 5.21] verwiesen.

Nachweis der erhöhten Biegespannungen im Firstquerschnitt Der Nachweis der erhöhten Biegerandspannungen im Firstquerschnitt ist bei gekrümmten Trägern und Satteldachträgern zu führen. Weisen diese Träger einen angeschnittenen Rand auf, so ist zusätzlich der Nachweis der Biegespannungen im maßgebenden Schnitt zu führen (siehe vorheriger Abschnitt). Normativ [5.3] dürfen die erhöhten Biegerandspannungen, ausgehend von linear verteilten Biegespannungen, über einen Erhöhungsfaktor k_ℓ berücksichtigt werden. Dieser ist abhängig vom Verhältnis der Firsthöhe h_{ap} zum Radius r und zusätzlich vom Neigungswinkel δ_{ap} der Trägeroberseite am First. Bei der Ermittlung des Widerstandsmoments W_{netto} sind etwaige Querzugverstärkungen (vorgebohrter Querschnitt) abzuziehen. Zusätzlich sind bei Trägern mit Krümmungsradien $r_{in}/t < 240$ (t = Lamellendicke) die bleibenden Eigenspannungen aus dem Krümmen der Lamellen über einen Abminderungsfaktor k_r zu berücksichtigen:

$$\frac{\sigma_{m,d}}{k_r \cdot f_{m,d}} = \frac{k_\ell \cdot \frac{6 \cdot M_{ap,d}}{(b - d_1) \cdot h_{ap}^2}}{k_r \cdot f_{m,d}} \leq 1 \tag{5.32}$$

mit

$$k_\ell = k_1 + k_2 \cdot \left(\frac{h_{ap}}{r}\right) + k_3 \cdot \left(\frac{h_{ap}}{r}\right)^2 + k_4 \cdot \left(\frac{h_{ap}}{r}\right)^3 \tag{5.33}$$

mit

$k_1 \quad = 1 + 1{,}4 \cdot \tan \delta_{ap} + 5{,}4 \cdot \tan^2 \delta_{ap}$
$k_2 \quad = 0{,}35 - 8 \cdot \tan \delta_{ap}$
$k_3 \quad = 0{,}6 + 8{,}3 \cdot \tan \delta_{ap} - 7{,}8 \cdot \tan^2 \delta_{ap}$
$k_4 \quad = 6 \cdot \tan^2 \delta_{ap}$
$r \quad = r_{in} + 0{,}5 \cdot h_{ap}$
$d_1 \quad$ = Innendurchmesser des stiftförmigen Verstärkungselements

Für gekrümmte Träger und Satteldachträger mit gekrümmtem unteren Rand und $r_{in}/t < 240$ (t = Lamellendicke) gilt:

$$k_r = 0{,}76 + 0{,}001 \cdot r_{in}/t \tag{5.34}$$

Für Satteldachträger mit geradem unteren Rand sowie Satteldachträger mit gekrümmten unteren Rand und Verhältnissen $r_{in}/t \geq 240$ darf $k_r = 1{,}0$ gesetzt werden.

Für Satteldachträger (SDT) mit geradem unteren Rand (kein Krümmungsradius, d. h. $h_{ap/r} = 0$) reduziert sich der Beiwert k_ℓ auf den Faktor k_1. Für gekrümmte Träger ($\delta_{ap} = 0°$) reduziert sich der Beiwert auf $k_\ell = 1 + 0{,}35 \cdot h_{ap}/r + 0{,}6 \cdot (h_{ap}/r)^2$. Wird das Bauteil als Satteldachträger mit hochgesetzter Trockenfuge ausgeführt, so darf die Biegespannung in den Nebenfirsten näherungsweise mit dem Neigungswinkel $\delta_{ap} = (\delta - \varepsilon)/2$ ermittelt werden [5.16]. ε ist hierbei der Neigungswinkel der Trockenfuge am Nebenfirst. Diese Näherung ist nur gültig, wenn der Abstand des Nebenfirstes vom First mindestens der Trägerhöhe im First h_{ap} entspricht. Tabelle 5.9 enthält Werte k_ℓ für baupraktisch übliche Fälle. Für umfangreichere Wertetabellen wird auf [5.20, 5.21] verwiesen.

Nachweis der Querzugspannungen im Firstquerschnitt Zusätzlich zum Nachweis der erhöhten Biegespannungen ist bei gekrümmten Trägern und Satteldachträgern der Nachweis der Querzugspannungen im Firstquerschnitt zu führen. Die Größe und Verteilung der Querzugspannungen im Firstquerschnitt sind abhängig von den Umlenkkräften aus den Biegespannungen. Dementsprechend dürfen die Querzugspannungen normativ [5.3] über das nach klassischer Biegetheorie ermittelte Biegemoment, multipliziert mit einem Abminderungsfaktor k_p, berechnet werden:

$$\frac{\sigma_{t,90,d}}{k_{dis} \cdot k_{vol} \cdot f_{t,90,d}} = \frac{k_p \cdot \frac{6 \cdot M_{ap,d}}{b \cdot h_{ap}^2}}{k_{dis} \cdot k_{vol} \cdot f_{t,90,d}} \leq 1 \tag{5.35}$$

Tab. 5.9 Beiwert k_ℓ für den Nachweis der Biegespannungen im Firstquerschnitt.

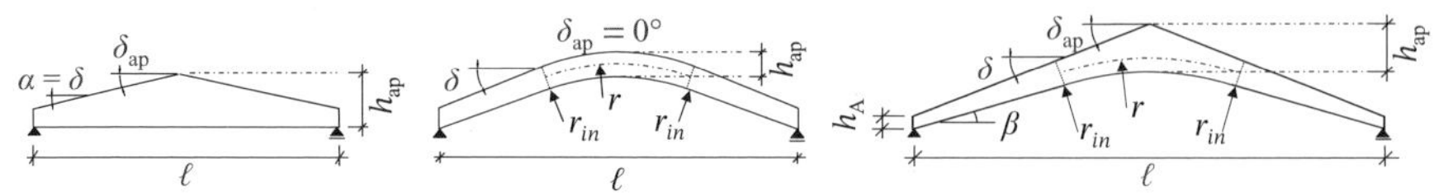

	h_{ap}/r										
δ_{ap}	0	0,02	0,04	0,06	0,08	0,10	0,12	0,14	0,16	0,18	0,20
0°	1,00	1,01	1,01	1,02	1,03	1,04	1,05	1,06	1,07	1,08	1,09
2°	1,06	1,06	1,06	1,06	1,07	1,07	1,08	1,08	1,09	1,10	1,10
4°	1,12	1,12	1,12	1,12	1,11	1,11	1,12	1,12	1,12	1,12	1,13
6°	1,21	1,20	1,19	1,18	1,18	1,17	1,17	1,17	1,16	1,16	1,16
8°	1,30	1,29	1,28	1,26	1,25	1,24	1,23	1,23	1,22	1,22	1,21
12°	1,54	1,52	1,49	1,47	1,45	1,43	1,41	1,39	1,38	1,37	1,35
16°	1,85	1,81	1,77	1,74	1,71	1,67	1,65	1,62	1,60	1,57	1,55
20°	2,22	2,17	2,13	2,08	2,04	2,00	1,96	1,92	1,88	1,85	1,82

mit

$$k_p = k_5 + k_6 \cdot \left(\frac{h_{ap}}{r}\right) + k_7 \cdot \left(\frac{h_{ap}}{r}\right)^2 \tag{5.36}$$

mit

$k_5 = 0{,}2 \cdot \tan \delta_{ap}$
$k_6 = 0{,}25 - 1{,}5 \cdot \tan \delta_{ap} + 2{,}6 \cdot \tan^2 \delta_{ap}$
$k_7 = 2{,}1 \cdot \tan \delta_{ap} - 4 \cdot \tan^2 \delta_{ap}$

Für Satteldachträger (SDT) mit geradem unteren Rand ($h_{ap/r} = 0$) reduziert sich der Beiwert k_p auf den Faktor k_5. Für gekrümmte Träger ($\delta_{ap} = 0°$) reduziert sich der Beiwert auf $k_p = 0{,}25 \cdot h_{ap}/r$. Wird das Bauteil als Satteldachträger mit hochgesetzter Trockenfuge ausgeführt, so darf die Querzugspannung in den Nebenfirsten näherungsweise mit dem Neigungswinkel $\delta_{ap} = (\delta - \varepsilon)/2$ ermittelt werden [5.16]. ε ist hierbei der Neigungswinkel der Trockenfuge am Nebenfirst. Tabelle 5.10 enthält Werte k_p für baupraktisch übliche Fälle. Für umfangreichere Wertetabellen wird auf [5.20, 5.21] verwiesen.

Der Beiwert k_{vol} berücksichtigt die Abhängigkeit der Querzugbeanspruchbarkeit vom beanspruchten Volumen. Der Beiwert k_{dis} berücksichtigt die ungleichförmige Verteilung der Querzugspannungen im beanspruchten Volumen. Normativ wird der Volumeneffekt unterschiedlich behandelt. Der Eurocode 5 (EC 5; [5.3]) behandelt nur unverstärkte Träger. Im Nachweis der Querzugspannungen ist das tatsächlich querzugbeanspruchte Volumen zu berücksichtigen. Querzugverstärkte Träger werden im deutschen Nationalen Anhang (NA) zum Eurocode 5 behandelt [5.4]. In diesem wird der Volumeneffekt auf einen Höheneffekt reduziert [5.13]. Aufgrund der sehr geringen Querzugfestigkeit von Holz und der zusätzlichen Reduktion der

Tab. 5.10 Beiwert k_p für den Nachweis der Querzugspannungen im Firstquerschnitt.

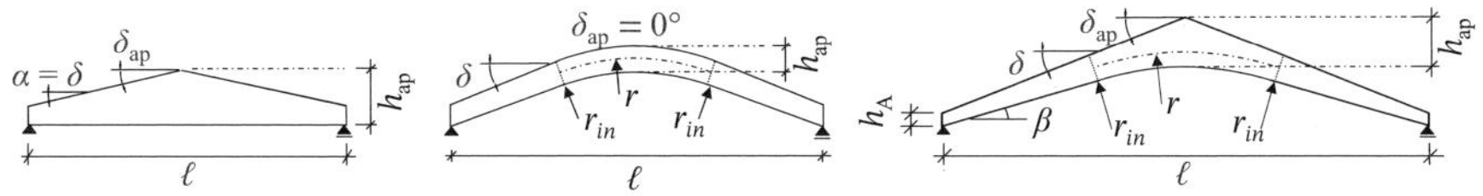

	h_{ap}/r										
δ_{ap}	**0**	**0,02**	**0,04**	**0,06**	**0,08**	**0,10**	**0,12**	**0,14**	**0,16**	**0,18**	**0,20**
0°	0,000	0,005	0,010	0,015	0,020	0,025	0,030	0,035	0,040	0,045	0,050
2°	0,007	0,011	0,015	0,019	0,023	0,028	0,032	0,036	0,041	0,045	0,050
4°	0,014	0,017	0,021	0,024	0,027	0,031	0,035	0,039	0,042	0,047	0,051
6°	0,021	0,024	0,026	0,029	0,032	0,035	0,038	0,041	0,045	0,049	0,052
8°	0,028	0,030	0,032	0,034	0,037	0,039	0,042	0,045	0,048	0,051	0,055
12°	0,043	0,044	0,045	0,046	0,048	0,050	0,052	0,055	0,057	0,060	0,063
16°	0,057	0,058	0,059	0,060	0,062	0,063	0,065	0,067	0,070	0,072	0,075
20°	0,073	0,074	0,075	0,077	0,078	0,080	0,082	0,084	0,087	0,089	0,092

Tab. 5.11 Beiwerte k_{vol} und k_{dis} für den Nachweis der Querzugspannungen im Firstquerschnitt.

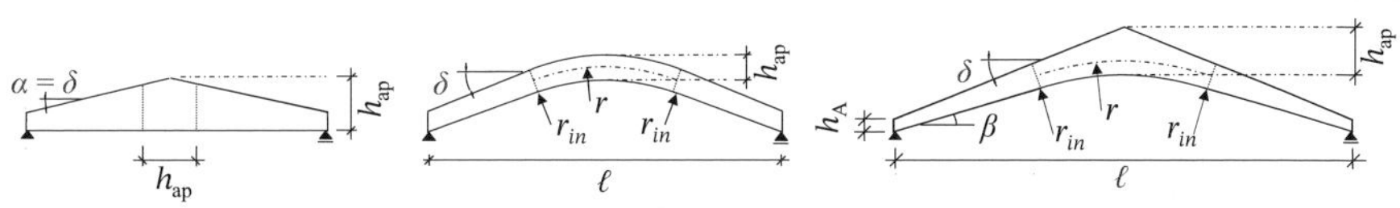

	SDT mit geradem u. R.		**Gekrümmter Träger**		**SDT mit gekrümmtem u. R.**		**SDT mit hochgesetzter Trockenfuge**	
	k_{vol}	k_{dis}	k_{vol}	k_{dis}	k_{vol}	k_{dis}	k_{vol}	k_{dis}
EC 5 [5.3] $k_{vol} = \left(\frac{V_0}{V}\right)^{0,2}$ $V_0 = 0{,}01\,\text{m}^3$	$V = \pm 0{,}5 \cdot h_{ap}$ vom First	1,4	$V =$ gekrümmter Bereich	1,4	$V =$ gekrümmter Bereich	1,7	$V =$ gekrümmter Bereich	1,4 (First) 1,7 (NF)
EC 5-NA [5.4] $k_{vol} = \left(\frac{h_0}{h_{ap}}\right)^{0,3}$ $h_0 = 600\,\text{mm}$	h_{ap}	1,3	h_{ap}	1,15	h_{ap}	1,3	h_{ap}	1,15 (First) 1,3 (NF)

Querzugbeanspruchbarkeit durch klimatisch bedingte Querzugspannungen wird grundsätzlich empfohlen, immer Querzugverstärkungen anzuordnen (siehe folgender Abschnitt). Tabelle 5.11 enthält Angaben zur Bestimmung der Beiwerte k_{vol} und k_{dis}. Eine vereinfachte Berechnung des querzugbeanspruchten Volumens (z. B. Quadrat beim Satteldachträger mit geradem unteren Rand (u. R.) oder konzentrisch gekrümmter Träger mit gemittelten Bauteilhöhen beim Satteldachträger mit gekrümmtem unteren Rand (u. R.)) führt aufgrund des Exponenten von 0,2 nur zu geringen Abweichungen der Beiwerte k_{vol} ($\leq 2\,\%$). Für umfangreichere Wertetabellen und Gleichungen zur Ermittlung von k_{vol} nach Eurocode 5 [5.3] wird auf [5.21] verwiesen.

Für Satteldachträger (SDT) mit hochgesetzter Trockenfuge sind die Nachweise sowohl im First als auch im (zumeist höher beanspruchten) Nebenfirst zu führen. Die Angaben zu den dabei einzusetzenden Verteilungsfaktoren k_{dis} basieren auf [5.16] und [5.22]. Die Anwendung des höheren Verteilungsfaktors k_{dis} für den Nachweis im Nebenfirst wird als vertretbar angesehen, da die höheren Querzugspannungen im Nebenfirst lokal begrenzt sind und sich über vergleichsweise kurze Längen wieder abbauen (0,5–1,5 h; [5.22]). Im Fall kurzer gekrümmter Bereiche ($c < 3 \cdot h$, s. Abb. 5.21), in denen sich im First eine Überlagerung mit den Querzugspannungen der (nahen) Nebenfirste einstellt, sollte auch für den Nachweis im Nebenfirst ein Verteilungsfaktor $k_{dis} = 1{,}4$ angesetzt werden. In Ermangelung genauerer Kenntnisse und experimenteller Untersuchungen sollte bei der Ermittlung des Volumenfaktors k_{vol} nach Eurocode 5 [5.3] für beide Nachweise weiterhin der gesamte, querzugbeanspruchte Bereich herangezogen werden.

Treten im gekrümmten Bereich Schubspannungen auf, z. B. an Nebenfirsten, bei unsymmetrischen Trägern oder wenn größere Querkräfte eingeleitet werden, so sind diese mit den Querzugspannungen nach [5.3] wie folgt zu überlagern:

$$\frac{\tau_d}{f_{v,d}} + \frac{\sigma_{t,90,d}}{k_{dis} \cdot k_{vol} \cdot f_{t,90,d}} \leq 1 \tag{5.37}$$

Weitere Nachweise Für Biegeträger mit über die Trägerlänge veränderlicher Trägerhöhe ist die Lokalisierung der für den Nachweis der Kippstabilität relevanten Stelle der maximalen kritischen Biegespannung nicht mehr trivial, da die größte Biegespannung nicht an der Stelle der größten Trägerhöhe auftritt. Dementsprechend muss die Kippstabilität näherungsweise in mehreren Schritten untersucht werden. In Anlehnung an [5.2] wird empfohlen, sowohl für das Kippfeld im Bereich der maximalen Biegespannung als auch für das Kippfeld im Bereich der maximalen Trägerhöhe den Kippnachweis wie folgt zu führen (für eine ausführliche Darstellung wird auf [5.23] verwiesen).

- Kippbeiwert k_{crit}, ermittelt mit den Querschnittsmaßen an der Stelle $0{,}65 \cdot \ell_i$, gemessen vom Stabende mit dem kleineren Stabquerschnitt und ℓ_i als Länge des betrachteten Kippfelds,
- Nachweis unter Verwendung der maximalen Biegespannung im betrachteten Kippfeld.

Im Grenzzustand der Tragfähigkeit sind des Weiteren die Schubspannungen am Auflager sowie die Auflagerpressung nachzuweisen. Bei den Nachweisen im Grenzzustand der Gebrauchstauglichkeit (Durchbiegungsnachweise) ist zu berücksichtigen, dass das Flächenträgheitsmoment I über die Trägerlänge veränderlich ist. Näherungsweise darf hierbei mit einem Ersatzflächenträgheitsmoment $I^* = k_I \cdot I_{ap}$ gerechnet werden. Für Gleichungen zur Bestimmung des Abminderungsbeiwerts k_I wird auf [5.20, 5.21] verwiesen. Bei Trägern mit gekrümmten Bereichen tritt am horizontal verschieblichen Auflager eine Horizontalverschiebung ein. Diese kann näherungsweise aus der Vertikalverformung im First w_{ap} berechnet werden zu [5.23]:

$$w_{\mathrm{H}} \approx w_{\mathrm{ap}} \cdot \left[3{,}2 \cdot \frac{h_{\mathrm{A}}}{\ell} + 2 \cdot \tan\left(\frac{\delta + \beta}{2}\right)\right] \tag{5.38}$$

5.1.2.2 Ausklinkungen

Ausklinkungen werden aus gestalterischen oder konstruktiven Gründen vorgenommen, zumeist um eine Verringerung der Konstruktionshöhe zu erreichen oder um zwischen Bauteilen eine Passung herzustellen. Auch mehrere im zimmermannsmäßigen Holzbau verwendete Verbindungen, z. B. bestimmte Typen von Blatt-, Zapfen- oder Schwalbenschwanz-Zapfen-Verbindungen, stellen aus mechanischer Sicht Ausklinkungen dar. Bei Ausklinkungen auf der Auflagerseite muss der Schubfluss unterhalb der Ausklinkung hochgehängt werden, die Zugkraft entspricht der Fläche des Schubflusses unterhalb der Ausklinkung (s. Abb. 5.22a). Dies führt zu einer Interaktion aus Längsspannungen, Schub- und Querzugspannungen im Bereich der Ausklinkungsecke. Das zugehörige Rissversagen tritt bei ausgeklinkten Trägern aus isotropen Baustoffen (z. B. näherungsweise Beton) rechtwinklig zur Richtung der Zugspannungstrajektorien auf (ca. 20° bis 45°, ermittelbar über den Mohr'schen Spannungskreis [5.24]). Aufgrund der stark anisotropen Festigkeitseigenschaften von Holz tritt ein Rissversagen an Ausklinkungen als Querzugversagen parallel zur Faserrichtung, ausgehend von der Ausklinkungsecke (Unstetigkeitsstelle), ein (s. Abb. 5.22b/c). Wegen der daraus resultierenden starken Reduktion der Tragfähigkeit in Kombination mit der spröden Versagensform sollten Ausklinkungen aus tragwerksplanerischer Sicht vermieden werden. Ausgerundete ($r \geq 15$ mm) oder schräge Ausklinkungen (s. Abb. 5.22d) vermindern die Größe der Spannungsspitzen, gleichzusetzen mit einer Erhöhung der Tragfähigkeit. Normativ [5.4] sind unverstärkte Ausklinkungen nur in Nutzungsklassen 1 und 2 zulässig. Im Sinne einer holzgerechten Konstruktion wird empfohlen, Ausklinkungen grundsätzlich zu verstärken. Unterstützt wird diese Forderung durch das Auftreten zusätzlicher klimabedingter Querzugspannungen aus ungleichmäßiger Feuchteverteilung im Querschnitt, verstärkt durch einen schnelleren Feuchtetransport über die Hirnholzflächen. Die dabei auftretenden Schwindrisse führen zu einer zusätzlichen Reduktion der Tragfähigkeit unverstärkter Ausklinkungen.

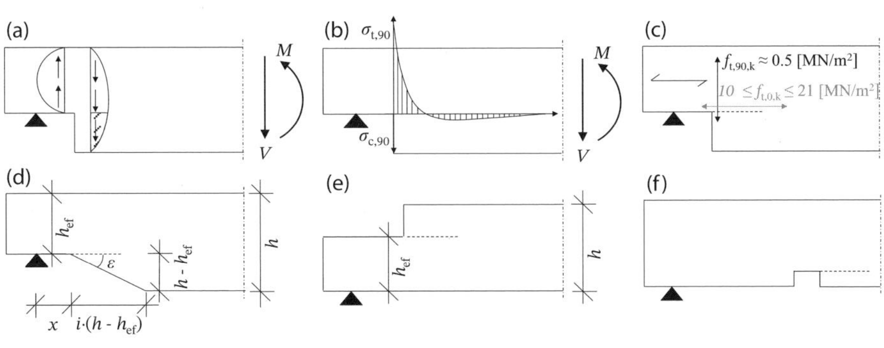

Abb. 5.22 Ausklinkungen: Geometrien und Spannungsverläufe.

Die in [5.3] gegebenen Nachweisgleichungen für unverstärkte Ausklinkungen gelten für Träger mit Rechteckquerschnitt. Sie basieren auf einer bruchmechanischen Lösung in [5.25]. In [5.26] wurde diese vereinfacht auf einen Schubspannungsnachweis mit abgeminderter Schubfestigkeit ($k_v \cdot f_{v,d}$). Die Erweiterung um schräge Ausklinkungen basiert auf [5.27].

$$\frac{\tau_d}{k_v \cdot f_{v,d}} = \frac{\frac{1{,}5 \cdot V_d}{k_{cr} \cdot b \cdot h_{ef}}}{k_v \cdot f_{v,d}} \leq 1 \tag{5.39}$$

mit

V_d Bemessungswert der Querkraft am Auflager

$$k_v = \min \left\{ \begin{matrix} 1{,}0 \\ \dfrac{k_n \cdot \left(1 + \frac{1{,}1 \cdot i^{1{,}5}}{\sqrt{h}}\right)}{\sqrt{h} \cdot \left(\sqrt{\alpha \cdot (1-\alpha)} + 0{,}8 \cdot \frac{x}{h} \cdot \sqrt{\frac{1}{\alpha} - \alpha^2}\right)} \end{matrix} \right\} \tag{5.40}$$

$\alpha = h_{ef}/h$

h, h_{ef}, x, i siehe Abb. 5.22d, h ist in [mm] einzusetzen

$k_n = 5{,}0$ für Vollholz (VH) und Balkenschichtholz (BASH)

$= 6{,}5$ für Brettschichtholz (BSH)

$= 4{,}5$ für Furnierschichtholz (LVL)

Mit abnehmendem Verhältnis $\alpha = h_{ef}/h$ und zunehmendem Abstand x nimmt die übertragbare Querkraft erheblich ab. In Anlehnung an DIN 1052 [5.2] werden folgende geometrische Grenzen empfohlen: $\alpha \geq 0{,}5$ und $x \leq 0{,}4 \cdot h$. Diese Einschränkungen gelten nicht für Ausklinkungen auf der Druckseite des Trägers (s. Abb. 5.22e). Bei diesen liegt eine Interaktion von Schub- und Querdruckspannungen vor, sodass $k_v = 1{,}0$ verwendet werden darf.

5.1.2.3 Durchbrüche

Durchbrüche im Sinne der DIN EN 1995-1-1/NA [5.4] sind Öffnungen mit $d \geq 50\,\text{mm}$. Öffnungen mit $d < 50\,\text{mm}$ müssen nicht im Sinne eines Durchbruchs nachgewiesen werden, jedoch ist die zugehörige Querschnittsschwächung bei Querschnittsnachweisen zu berücksichtigen. Im deutschsprachigen Raum werden Durchbrüche vorwiegend in größeren Trägern aus Brettschichtholz angeordnet, um Öffnungen für z. B. Versorgungsleitungen quer zur Trägerachse zu ermöglichen. In anderen Ländern werden Durchbrüche auch häufig in kleineren Bauteilen im Holzhausbau eingesetzt, wenn die Ebene zur Leitungsführung in die Bauteilebene gelegt wird.

Ähnlich wie bei Ausklinkungen treten auch an den Ecken bzw. Rändern von Durchbrüchen aufgrund von Kraftumlagerungen lokal sehr hohe Querzug-, Schub- und Längsspannungen auf. Der Ort der Spannungsspitzen ist abhängig von den im Bereich des Durchbruchs umzulagernden Anteilen der Schub- und Längsspannungen und damit von der Lage des Durchbruchs im Träger in Kombination mit der

Last auf dem Träger. Sie kann über die Betrachtung der Auswirkung von Schnittgrößen bzw. über Verformungsbetrachtungen (Öffnen oder Schließen eines gedanklich eingeschriebenen Winkels) abgeschätzt werden (s. Abb. 5.23).

Die in einschlägiger Literatur vorgeschlagenen Bemessungsformate variieren erheblich. Während das in einer Entwurfsfassung [5.28] enthaltene, aus der endgültigen Version des Eurocodes 5 [5.3] jedoch gelöschte Nachweisverfahren auf einem bruchmechanischen Ansatz beruht, basiert das aktuell einzige normativ eingeführte Verfahren [5.4] auf der Spannungstheorie, erweitert um den Volumeneinfluss. Grundlage dieses Ansatzes bildet [5.29]. Dort konnte gezeigt werden, dass sich die zu berücksichtigende Zugkraft aus einem Querkraft- und einem Momentenanteil berechnen lässt. Der Querkraftanteil ermittelt sich aus dem Schubfluss zwischen der Symmetrieachse des Durchbruchs und der gefährdeten Fuge (s. Abb. 5.23). Bei kreisförmigen Durchbrüchen liegt die gefährdete Fuge in etwa an der Stelle, an der ein um 45° geneigter Kreisdurchmesser den Durchbruchsrand schneidet. Dies reduziert die zu übertragenden Schubspannungen. In den Bemessungsgleichungen wird anstelle der Durchbruchshöhe h_d der Wert $0{,}7 \cdot h_d$ eingesetzt. Der Momentenanteil ermittelt sich aus dem Biegemoment an der maßgebenden Stelle und dem Randabstand der gefährdeten Fuge, multipliziert mit einem empirisch aus Versuchen und numerischen Berechnungen ermittelten Vorwert. Diese Ansätze sind nur für annähernd in der Symmetrieachse angeordnete Durchbrüche gültig.

Bei Einhaltung bestimmter geometrischer Randbedingungen (s. Tab. 5.12 und Abb. 5.24) dürfen Durchbrüche in Biegeträgern mit Rechteckquerschnitt in Brettschichtholz (BSH) oder Furnierschichtholz (LVL) als unverstärkte Durchbrüche ausgeführt werden, sofern diese in den Nutzungsklassen 1 oder 2 verwendet werden. Im Sinne einer holzgerechten Konstruktion wird jedoch empfohlen, Durchbrüche grundsätzlich zu verstärken (siehe Begründung in Abschnitt 5.1.2.2). Die Notwendigkeit einer Verstärkung ergibt sich zumeist schon aus der geringen zulässigen Höhe unverstärkter Durchbrüche ($h_d \leq 0{,}15 \cdot h$). Diese im Vergleich zu Vorgängernormen [5.2] deutlich reduzierte Grenze [5.4] basiert auf [5.30] und [5.31].

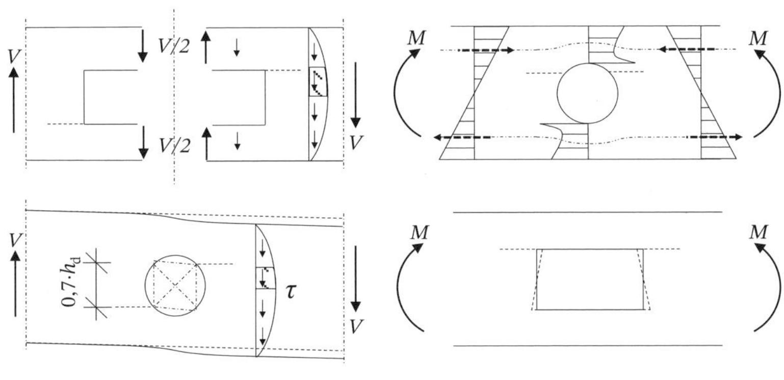

Abb. 5.23 Durchbrüche: Verformungen und Spannungsverläufe.

Tab. 5.12 Geometrische Randbedingungen für unverstärkte und verstärkte Durchbrüche nach [5.4].

Unverstärkt	$\ell_v \geq h$	$\ell_z \geq 1{,}5 \cdot h$ ($\geq$ 300 mm)	$\ell_A \geq h/2$	$h_{ro(ru)} \geq 0{,}35 \cdot h$	$a \leq 0{,}4 \cdot h$	$h_d \leq 0{,}15 \cdot h$
Verstärkt	$\ell_v \geq h$	$\ell_z \geq h$ ($\geq$ 300 mm)	$\ell_A \geq h/2$	$h_{ro(ru)} \geq 0{,}25 \cdot h$	$a \leq h$ $a/h_d \leq 2{,}5$	$h_d \leq 0{,}3 \cdot h$ (stiftförmig, innenliegend) $h_d \leq 0{,}4 \cdot h$ (flächig, außenliegend)

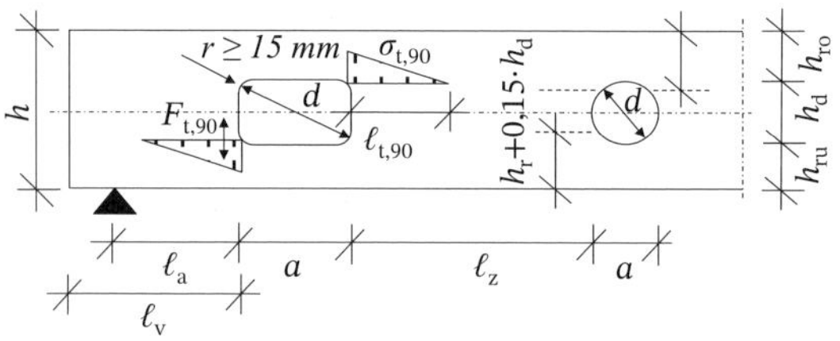

Abb. 5.24 Durchbrüche: Geometrieangaben.

Die folgend gegebenen Nachweise sind sowohl am linken wie auch am rechten Rand des Durchbruchs zu führen:

$$\frac{F_{t,90,d}}{0{,}5 \cdot \ell_{t,90} \cdot b \cdot k_{t,90} \cdot f_{t,90,d}} \leq 1 \tag{5.41}$$

mit

$$F_{t,90,d} = F_{t,V,d} + F_{t,M,d} = \frac{V_d \cdot h_d}{4 \cdot h} \cdot \left[3 - \frac{h_d^{\,2}}{h^2}\right] + 0{,}008 \cdot \frac{M_d}{h_r} \tag{5.42}$$

V_d, M_d Bemessungswerte der Querkraft und des Biegemoments am betrachteten Durchbruchsrand

$$h_r = \begin{cases} \min\{h_{ro}; h_{ru}\} & \text{für rechteckige Durchbrüche} \\ \min\{h_{ro} + 0{,}15 \cdot h_d; h_{ru} + 0{,}15 \cdot h_d\} & \text{für kreisförmige Durchbrüche} \end{cases} \tag{5.43}$$

$$\ell_{t,90} = \begin{cases} 0{,}5 \cdot (h_d + h) & \text{für rechteckige Durchbrüche} \\ 0{,}353 \cdot h_d + 0{,}5 \cdot h & \text{für kreisförmige Durchbrüche} \end{cases} \tag{5.44}$$

$$k_{t,90} = \min\left\{1;\ (450/h)^{0{,}5}\right\}\ ;\ \text{mit } h \text{ in mm} \tag{5.45}$$

Im Fall von kreisförmigen Durchbrüchen darf in Gl. (5.42) h_d durch $0{,}7 \cdot h_d$ ersetzt werden.

Der Term $\ell_{t,90} \cdot b$ entspricht der für den Spannungsnachweis angesetzten Fläche. Wie bei Ausklinkungen nehmen die Querzugspannungen in dieser Fläche, ausgehend von einer Spannungsspitze am Durchbruchsrand, schnell ab. Dies wird über die Annahme einer dreiecksförmigen Spannungsverteilung (Vorwert 0,5) angenähert (s. Abb. 5.24). Der Beiwert $k_{t,90}$ berücksichtigt den Einfluss des beanspruchten Volumens auf die Festigkeit. Zur Reduzierung der Spannungsspitzen sind rechteckige Durchbrüche auszurunden (Ausrundungsradius $r \geq 15\,\text{mm}$).

Der Nachweis der Biegerandspannungen darf bei kreisförmigen Durchbrüchen mit dem Nettowiderstandsmoment des Gesamtquerschnitts im Durchbruch geführt werden. Bei rechteckigen Durchbrüchen ist gemäß [5.32] die Rahmenwirkung des Durchbruchs zu berücksichtigen. Für Durchbrüche in der Symmetrieebene des Trägers darf Gl. (5.46) verwendet werden. Für außerhalb der Symmetrieebene angeordnete Durchbrüche ist der Nachweis für den Querschnitt oberhalb und unterhalb des Durchbruchs unter Verwendung einer entsprechend den zugehörigen Querschnittshöhen aufgeteilten Querkraft zu führen:

$$\frac{\sigma_{m,d}}{f_{m,d}} \leq 1 \quad \text{mit} \quad \sigma_{m,d} = \frac{M_d}{W_{\text{netto}}} + \frac{\frac{V_d}{2} \cdot \frac{a}{2}}{\frac{b \cdot h_{\text{ro/ru}}^{\;2}}{6}} \tag{5.46}$$

V_d, M_d Bemessungswerte der Querkraft und des Biegemoments in der Durchbruchsmitte
W_{netto} Nettowiderstandsmoment des Gesamtquerschnitts im Durchbruch
a, $h_{\text{ro}}/h_{\text{ru}}$ siehe Abb. 5.24

Neuere Untersuchungen behandeln exzentrisch positionierte und in Gruppen angeordnete Durchbrüche [5.33]. Entsprechend den zugehörigen Spannungsverläufen nehmen mit zunehmender Exzentrizität die umzulagernden Spannungsanteile aus Querkraft leicht ab, wohingegen die Anteile aus Biegespannungen deutlich zunehmen. Versuche an mittels Vollgewindeschrauben bzw. eingedrehter Gewindestangen verstärkten Bauteilen mit exzentrischen Durchbrüchen ergaben größere Tragfähigkeiten bei Anordnung der Durchbrüche in der Biegedruckzone im Vergleich zur Biegezugzone. Die geneigte Anordnung von Verstärkungselementen im auflagernahen Bereich (Biegedruckzone 60°, Biegezugzone 45°) führt zu einer deutlichen Steigerung der Tragfähigkeit im Vergleich zur senkrechten Anordnung. Exzentrische Anordnungen im hoch biegebeanspruchten Bereich werden nicht empfohlen, da die dabei auftretenden Biegespannungen am äußeren Durchbruchsrand ein Vielfaches der Werte am Bauteilrand erreichen. Der Einfluss einer horizontalen Anordnung von Durchbrüchen in Gruppen ist nicht nur abhängig vom lichten Abstand, sondern auch von der Beanspruchungssituation. Während ein zunehmender Momenteneinfluss einen eher positiven Einfluss hat, tritt der größte tragfähigkeitsmindernde Einfluss im auflagernahen, vorwiegend schubbeanspruchten Bereich auf. Eine vertikale Gruppenanordnung resultierte dagegen in einer vergleichsweise geringen gegenseitigen Beeinflussung. [5.33] enthält – neben einer Angabe von Abminderungsbeiwerten für Gruppenanordnungen – einen Bemessungsvorschlag für exzentrische Anordnungen von Durchbrüchen im unverstärkten Zustand sowie vereinfachte Betrachtungen zur Bestimmung der Kräfte in den geneigten Verstärkungselementen.

5.1.2.4 Verstärkungen

5.1.2.4.1 Allgemeines

Da die Eigenschaften des Werkstoffs Holz stark von seinen anatomischen Richtungen (Wuchsrichtung) abhängig sind, bietet es sich an, diesen natürlichen, anisotropen Baustoff in Richtung der Beanspruchungen zu verstärken, gegenüber denen er nur geringe Festigkeitseigenschaften und spröde Versagensmechanismen aufweist. So ist die Verstärkung querzugbeanspruchter Bereiche seit Langem anerkannter Stand der Technik. Auch die Querdruckverstärkung von Auflagern mit Vollgewindeschrauben findet mehr und mehr Anwendung. Diese wird in Abschnitt 5.1.2.5 behandelt. Querzugverstärkungen können in Form von innenliegenden stiftförmigen oder außenliegenden flächenförmigen Verstärkungselementen ausgeführt werden.

Innenliegende stiftförmige Verstärkungselemente sind

- Vollgewindeschrauben,
- vorgebohrte, eingedrehte Gewindestangen mit Holzschraubengewinde,
- eingeklebte Gewindebolzen oder Betonrippenstähle.

Außenliegende flächenförmige Verstärkungselemente sind

- aufgeklebtes Sperrholz oder Furnierschichtholz,
- aufgeklebte Bretter,
- eingepresste Nagelplatten.

Grundvoraussetzungen für Verstärkungselemente sind zum einen ein kontinuierlicher Verbund zwischen Verstärkungselement und Holz, zum anderen eine ausreichende Steifigkeit des Verstärkungselements, um große Rissbildungen zu vermeiden. Aus letztgenanntem Grund sind aufgenagelte Lochbleche oder aufgenagelte Holzwerkstoffplatten nicht als Verstärkung geeignet [5.32]. Auch Schraubbolzen sind keine geeigneten stiftförmigen Verstärkungselemente, da die anfänglich fest angezogenen Bolzen aufgrund von Schwind- und/oder Kriecherscheinungen ihre Wirkung verlieren und ein Nachziehen der Bolzen während der Nutzungszeit keine praxistaugliche Maßnahme darstellt. Die Verwendung von Verstärkungselementen setzt voraus, dass für diese eine Produktnorm oder Europäische Technische Bewertung vorliegt.

Querzugverstärkungen in Holz sind vergleichbar mit einer schlaffen Bewehrung bei Betonbauteilen. Da Holz auf Zug quer zur Faser geringe Beanspruchbarkeiten wie auch spröde Versagensformen aufweist, wird die Zugfestigkeit des Holzes in der Bemessung nicht berücksichtigt, d. h., es wird mit gerissener Querzugzone gerechnet. Ein weiterer Grund ist die Superposition von last- und geometriebedingten Querzugspannungen mit schwer zu quantifizierenden Querzugspannungen durch Klimaänderungen (Quell- und Schwindvorgänge), welche die bereits geringe Querzugbeanspruchbarkeit von Holz weiter herabsetzen. Dementsprechend enthalten alle jüngeren Bemessungsnormen [5.2, 5.4] die Empfehlung, querzugbeanspruchte Bauteile oder Bauteilbereiche (Ausklinkungen, Durchbrüche, Queranschlüsse) grundsätzlich zu verstärken. Im Fall gekrümmter Träger oder Satteldachträger wird dabei zwischen einer vollen und einer konstruktiven Verstärkung unterschieden (siehe Abschnitt 5.1.2.4.2). Es wird auf die Hinweise im Abschnitt 5.1.2.4.6 verwiesen.

Für alle Querzugverstärkungen gilt, dass diese so nah wie möglich an den Ort der Querzugspannungen, d. h. unter Verwendung der minimal möglichen Abstände, angeordnet werden sollten. Aufgrund des beschränkten Einflussbereichs von Verstärkungselementen sollte in blockverklebten Querschnitten jedes Element des Blocks für sich verstärkt werden. Querschnittsschwächungen durch innenliegende Verstärkungselemente (wenn vorgebohrt, aber auch falls nicht vorgebohrt, sofern $d > 8$ mm) oder flächenförmige, in blockverklebte Querschnitte eingeklebte Verstärkungselemente sind in den Querschnittsnachweisen zu berücksichtigen.

Im Folgenden wird die Verstärkung querzugbeanspruchter Bauteile (gekrümmte Träger und Satteldachträger) und Bauteilbereiche (Ausklinkungen, Durchbrüche) behandelt. Angaben zur Nachweisführung der Verstärkungselemente werden im darauffolgenden Abschnitt gegeben.

5.1.2.4.2 Verstärkung von gekrümmten Trägern und Satteldachträgern

In gekrümmten Trägern und Satteldachträgern treten lastbedingte Querzugspannungen aus Umlenkkräften auf, die nachzuweisen sind (s. Abschnitt 5.1.2.1.2). Kann der Nachweis nicht erbracht werden, sind Verstärkungen zur vollständigen Aufnahme der Querzugspannungen anzuordnen. Normativ werden jedoch auch für den Fall eingehaltener Querzugnachweise konstruktive Verstärkungen für die Aufnahme zusätzlicher klimabedingter Querzugspannungen empfohlen [5.4]. Zur Abgrenzung, ob eine vollständige oder nur eine konstruktive Verstärkung notwendig ist, wird in [5.4] folgende Gleichung gegeben:

$$\eta = \left(\frac{\tau_\text{d}}{f_\text{v,d}}\right)^2 + \frac{\sigma_\text{t,90,d}}{k_\text{dis} \cdot k_\text{vol} \cdot f_\text{t,90,d}} \leq 1 \qquad (5.47)$$

$\eta > 1{,}0 \rightarrow$ Verstärkung zur vollständigen Aufnahme der Querzugspannungen erforderlich

$\eta \leq 1{,}0 \rightarrow$ konstruktive Verstärkung empfohlen

Die Eingangswerte k_dis und k_vol können Tab. 5.11 entnommen werden. Im deutschen NA zum Eurocode 5 [5.4] wird die Bestimmung der Querzugbeanspruchbarkeit von einem Volumeneffekt auf einen Höheneffekt $k_\text{vol} = (h_0/h_\text{ap})^{0,3}$ reduziert (s. Tab. 5.11). Bei gekrümmten Trägern und Satteldachträgern in Nutzungsklasse 3 sind die Querzugspannungen grundsätzlich vollständig durch Verstärkungselemente aufzunehmen.

Die von der Verstärkung zur vollständigen Aufnahme der Querzugkräfte aufzunehmende Beanspruchung ergibt sich aus der Integration der Querzugspannungen in der Spannungsnullebene der Normalspannungen. Der in Abhängigkeit von Belastung und Geometrie mit zunehmendem Abstand vom First abnehmende Verlauf der Querzugspannungen entlang der Trägerlängsachse wird vereinfachend treppenförmig berücksichtigt. Hierbei darf die Querzugspannung zur Bestimmung der Kräfte in der Verstärkung in den äußeren Vierteln des querzugbeanspruchten Bereichs zu 2/3 des Größtwerts der Spannungen angenommen werden (s. Abb. 5.25). Dem-

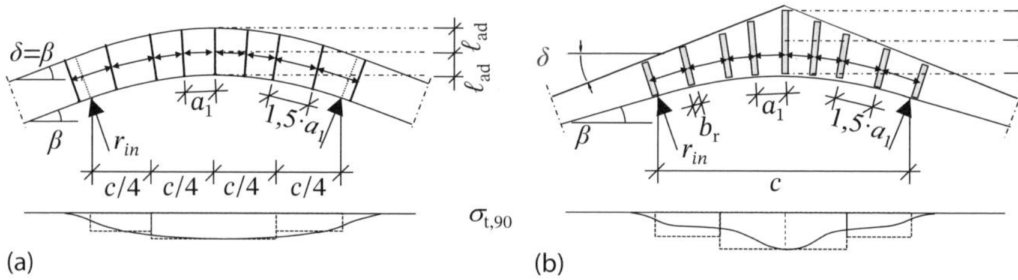

Abb. 5.25 Gekrümmte Träger (a) und Satteldachträger (b): Spannungsverläufe, Anordnung und Geometrie der Querzugverstärkungen.

entsprechend lauten die Gleichungen zur Bestimmung der Querzugkraft in den Verstärkungen:

$$F_{t,90,d} = \frac{\sigma_{t,90,d} \cdot b \cdot a_1}{n} \quad \text{für die beiden inneren Viertel} \tag{5.48}$$

$$F_{t,90,d} = \frac{2}{3} \cdot \frac{\sigma_{t,90,d} \cdot b \cdot a_1}{n} \quad \text{für die beiden äußeren Viertel} \tag{5.49}$$

mit

$\sigma_{t,90,d}$ entsprechend Gln. (5.35) und (5.36)
a_1 Abstand der Verstärkungselemente in Höhe der Trägerachse (s. Abb. 5.25)
n Anzahl der Verstärkungselemente innerhalb der Länge a_1 (zumeist $n = 1$)

Für Satteldachträger (SDT) mit nachgiebig verbundener Firstspitze und hochgesetzter Trockenfuge ist die Abstufung der Querzugverstärkung vom First nach außen hin abnehmend nicht mehr zutreffend. Vielmehr sollte eine Verteilung der Querzugverstärkung in Abhängigkeit der Querzugspannungen im gekrümmten Bereich und in den Nebenfirsten angestrebt werden [5.22]. Es wird empfohlen, die für den Nebenfirst ermittelte Verstärkung zum First hin über eine Länge von mindestens $2 \cdot h_{ap}$, vom Nebenfirst in Richtung Auflager über eine Länge von mindestens h_{ap} anzuordnen. Folgend sollten die für den gekrümmten Bereich ermittelten Querzugverstärkungen über den verbleibenden gekrümmten Bereich zwischen den Nebenfirsten sowie ggf. über die verbleibenden gekrümmten Bereiche außerhalb der Nebenfirste angeordnet werden. Von einer Verstärkung nur im Bereich der Nebenfirste, d. h. einem kompletten Verzicht auf eine Verstärkung im gekrümmten Bereich, wird aufgrund des spröden Versagensmechanismus von Holz auf Querzug abgeraten.

Dem Grundsatz folgend, die Querzugverstärkungen so nah wie möglich an dem Ort der maximalen Querzugspannungen anzuordnen, wird empfohlen, ein Verstärkungselement direkt im First bzw. Nebenfirst zu platzieren. Um über den gesamten querzugbeanspruchten Bereich einen Verstärkungseffekt zu erzielen, ist der maximale Abstand a_1 der Verstärkungselemente untereinander auf 75 % der Trägerhöhe im First h_{ap} beschränkt. Der minimale Abstand beträgt (aus konstruktiven Gründen) $a_1 = 250$ mm. Die Verstärkungen sollten mit Ausnahme der Randlamellen die gesamte Trägerhöhe abdecken.

Die Bestimmung der Kräfte in den konstruktiven Verstärkungen für die Aufnahme zusätzlicher klimabedingter Querzugspannungen beruht auf der Annahme, dass bei gleicher Dehnung in Holz und Verstärkungselement ungefähr ein Viertel der rechnerischen Querzugspannungen aus äußeren Lasten durch die Verstärkungselemente aufzunehmen sind [5.34]. Zudem wird ein Breiteneffekt eingeführt, der auf der Annahme beruht, dass klimatisch bedingte Querzugspannungen in breiten Bauteilen aufgrund der verlagsamten Anpassung der Holzfeuchte an die Umgebungsbedingungen stärker ausgeprägt sind als in schmalen Bauteilen.

$$F_{t,90,d} = \frac{\sigma_{t,90,d} \cdot b^2 \cdot a_1}{640 \cdot n} \tag{5.50}$$

mit

$\sigma_{t,90,d}$ entsprechend Gln. (5.35) und (5.36)
a_1, n siehe Gln. (5.48) und (5.49)
b Trägerbreite in mm

Verstärkungen für die Aufnahme zusätzlicher klimabedingter Querzugspannungen sind gleichmäßig über den querzugbeanspruchten Bereich anzuordnen. Es wird empfohlen, den Abstand der Verstärkungselemente auf das Maß der Trägerhöhe zu begrenzen [5.32]. Es wird auf die Hinweise im Abschnitt 5.1.2.4.6 verwiesen.

Neuere Untersuchungen behandeln Schubverstärkungen von Brettschichtholzträgern [5.35]. Es wird ein Verfahren zur Berechnung von schubverstärkten Brettschichtholzbauteilen im ungerissenen Zustand vorgestellt (vereinfacht u. a. in [5.36]). Der Anteil stiftförmiger Verstärkungselemente an der Abtragung der Schubbeanspruchung im ungerissenen Zustand ist mit baupraktisch maximal 20 % jedoch vergleichsweise gering. Alternativ kann auf außen aufgeklebte flächenförmige Verstärkungselemente zurückgegriffen werden. Eine Bemessung der Verstärkungen auf die nach einem potenziellen Schubbruch des Holzbauteils angreifenden Kräfte kann u. a. unter Anwendung des γ-Verfahrens [5.3, 5.37] oder der Schubanalogie [5.4, 5.38] erfolgen. Im Hinblick auf die Erhöhung der Biegebeanspruchungen im Fall des Schubbruchs eines mit stiftförmigen Verstärkungselementen verstärkten Trägers wird empfohlen, diese mit größerem Abstand, dafür aber über größere Bereiche der Trägerlänge anzuordnen (maximale Erhöhung der Biegespannungen nach Schubbruch $\leq$ 30 %).

5.1.2.4.3 Verstärkte Ausklinkungen

Der Empfehlung, ausgeklinkte Träger zu verstärken, kann sowohl mit stiftförmigen Verstärkungselementen als auch mit aufgeklebten flächenförmigen Verstärkungselementen nachgekommen werden (s. Abb. 5.26). In der Praxis werden zumeist selbstbohrende Vollgewindeschrauben eingesetzt. Der genormte Bemessungsansatz [5.4] geht von einer gerissenen Querzugzone im Holzquerschnitt aus, d. h., die komplette Querzugkraft, resultierend aus der Fläche des Schubflusses unterhalb der Ausklinkung, wird den Verstärkungselementen zugewiesen (s. Abb. 5.26a; [5.39]). Die Exzentrizität zwischen dem Auflager und der Ausklinkungsecke führt zu einer weiteren Erhöhung dieser Kräfte. Für Verhältnisse $x \leq h_{ef}/3$ wird diese mit einem Erhöhungsfaktor von 1,3 ausreichend angenähert [5.40].

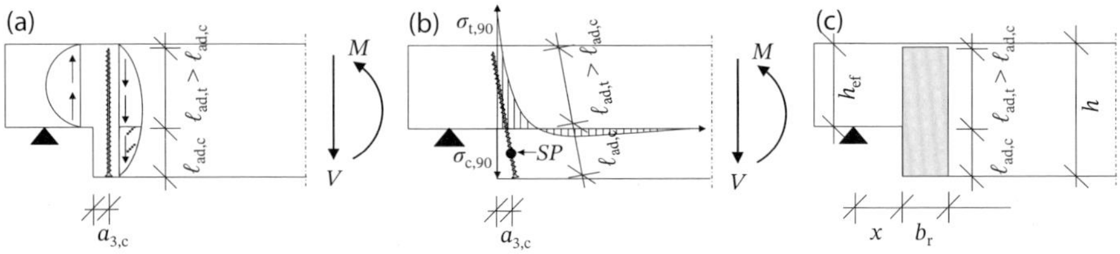

Abb. 5.26 Verstärkte Ausklinkungen: Geometrien und Anordnungen.

Die von den Verstärkungselementen aufzunehmende Bemessungslast kann wie folgt bestimmt werden:

$$F_{t,90,d} = 1{,}3 \cdot V_d \cdot \left[3 \cdot (1-\alpha)^2 - 2 \cdot (1-\alpha)^3\right] \tag{5.51}$$

mit

$\alpha = h_{ef}/h$ siehe Abb. 5.26

Da die Querzugspannungen von der Ausklinkungsecke (Unstetigkeitsstelle) aus schnell abklingen, sollten die Verstärkungselemente so nah wie möglich, d. h. unter Verwendung der Mindestabstände, an dieser angeordnet werden. Aus diesem Grund darf auch nur eine Reihe stiftförmiger Verbindungsmittel als Verstärkungselemente in Rechnung gestellt werden. Mit einer leicht geneigten Anordnung kann der Abstand zur Spannungsspitze weiter reduziert werden. Die Abstandsbedingungen gelten hierbei für den Schwerpunkt der Verstärkungselemente im betrachteten Holzquerschnitt (s. Abb. 5.26b). In blockverklebten Querschnitten sollte jedes Bauteil innerhalb des Blocks verstärkt werden. Die normativ geforderte Mindestlänge stiftförmiger Verstärkungselemente beträgt $2 \cdot \ell_{ad,c}$. Die Länge der Verstärkungselemente oberhalb der Ausklinkungsecke sollte ausreichend sein, um eine adäquate Lastweiterleitung in das Auflager zu gewährleisten (Empfehlung: $\ell_{ad,t} \geq 1{,}5 \cdot x$).

Die Aktivierung stiftförmiger Verstärkungselemente erfolgt über Verformungen. Die Verformungsfähigkeit von Holz quer zur Faserrichtung bis zum Querzugversagen ist sehr gering, d. h., es kann ein Querzugriss auftreten, welcher sich etwas über den Ort der Verstärkung hinaus ausdehnt. Aufgrund der vorliegenden Verstärkung ist dieser jedoch unkritisch.

Aufgeklebte, flächenförmige Verstärkungselemente sollten bis an die Ausklinkungsecke geführt werden. Die wirksame Fläche der Verstärkungsplatten ist beschränkt [5.4]:

$$0{,}25 \leq \frac{b_r}{h - h_{ef}} \leq 0{,}5 \tag{5.52}$$

mit

b_r, h, h_{ef} siehe Abb. 5.26

Die untere Grenze in Gl. (5.52) führt implizit zu einer Verstärkungsplatte mit ausreichender Dicke t_r, sie dient also der Vermeidung einer Rissentwicklung an der

Ausklinkungsecke. Die obere Grenze soll sicherstellen, dass nur Bereiche der Verstärkungsplatten in Ansatz gebracht werden, die sich im querzugbeanspruchten Bereich der Ausklinkung befinden.

Steife Verstärkungselemente verhindern das Schwinden des Holzes in ihrem Wirkungsbereich (s. Abschnitt 5.1.2.5). Mit seitlich aufgeklebten, flächenförmigen Verstärkungselementen verstärkte Träger weisen in diesem Zusammenhang ein gutmütigeres Verhalten auf.

Die Tragfähigkeit der verstärkten Ausklinkung (Gl. (5.39)) darf mit dem Beiwert $k_V = 1{,}0$ ermittelt werden [5.39], d. h., es ist ein Schubspannungsnachweis für den Restquerschnitt mit der Höhe h_{ef} zu führen. Neuere Untersuchungen deuten an, dass die Tragfähigkeit von Ausklinkungen mit senkrecht zur Faserrichtung angeordneten stiftförmigen Verstärkungselementen auf das Doppelte der Tragfähigkeit der unverstärkten Ausklinkung begrenzt werden sollte. Begründet wird dies mit der Feststellung, dass derartig angeordnete Verstärkungen zwar die Querzugkraft, nicht jedoch den ebenso wirkenden Schub aufnehmen. Die Schlussfolgerung ist, dass die Anordnung geneigter stiftförmiger Verstärkungselemente zur Aufnahme von sowohl Querzug- als auch Schubspannungen einen positiven Einfluss auf das Tragverhalten ausgeklinkter Träger hat [5.41].

Neuere Entwicklungen beinhalten Vollgewindeschrauben mit veränderlicher Gewindeneigung. Mittels dieser können Querdruckspannungen in das verstärkte Holzbauteil induziert werden, welche eine Rissbildung aufgrund von last- oder feuchteinduzierten Querzugspannungen vermeiden oder verzögern könnten [5.42]. Die möglichen Relativverschiebungen zwischen Holz und Schraubengewinde sind begrenzt. Dies bedeutet, dass derartige Verstärkungselemente vor allem für Bereiche mit hohen, aber lokal begrenzten Querzugspannungen (Spannungsspitzen) wie Ausklinkungen geeignet sein könnten. Der Einfluss der Relaxation auf die Größe der dauerhaft in das Bauteil induzierten Querdruckspannungen wird momentan noch untersucht.

5.1.2.4.4 *Verstärkte Durchbrüche*

Die für die Verstärkung von Durchbrüchen anwendbaren Verstärkungselemente entsprechen denen von Ausklinkungen. In der Praxis werden zumeist selbstbohrende Vollgewindeschrauben oder aufgeklebte Verstärkungsplatten eingesetzt. Für verstärkte Durchbrüche sind größere Abmessungen zugelassen (vgl. Tab. 5.12 mit Abb. 5.24 und 5.27).

Da die Querzugspannungen vom Ort der Spannungsspitze aus schnell abklingen, sollten die Verstärkungselemente so nah wie möglich, d. h. unter Verwendung der

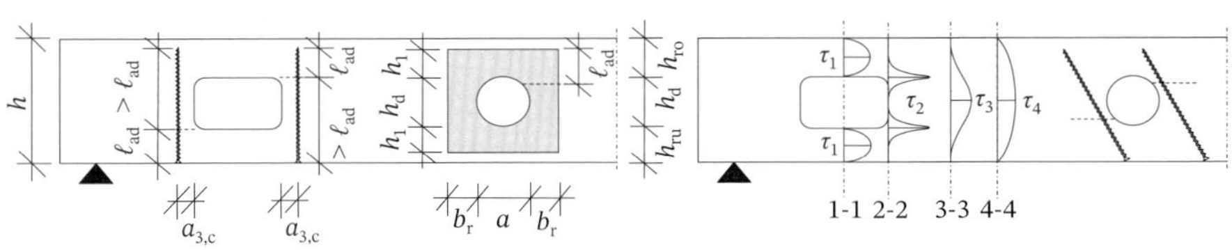

Abb. 5.27 Verstärkte Durchbrüche: Anordnungen, Geometrien und Schubspannungen.

Mindestabstände, an diese angeordnet werden (s. Abschnitt 5.1.2.4.3). Für mit senkrecht zur Faserrichtung eingebrachten stiftförmigen Verbindungsmitteln verstärkte kreisförmige Durchbrüche ist dies nur eingeschränkt erreichbar. Abhilfe kann eine geneigte Anordnung bringen, welche zugleich die Übertragung eines Anteils der Schubspannungen ermöglicht. Wie bei Ausklinkungen darf nur eine Reihe stiftförmiger Verbindungsmittel als Verstärkungselemente in Rechnung gestellt werden. In blockverklebten Querschnitten sollte jedes Bauteil innerhalb des Blocks verstärkt werden.

Die Nachweise bzw. Anforderungen an stiftförmige bzw. flächenförmige Verstärkungselemente entsprechen sinngemäß den für verstärkte Ausklinkungen gemachten Angaben. Die von den Verstärkungselementen aufzunehmenden Zugkräfte dürfen gemäß Gl. (5.42) bestimmt werden, d. h., die Querzugfestigkeit von Holz wird nicht angesetzt. Beim Nachweis von Vollgewindeschrauben bzw. eingeklebten Stahlstäben ändert sich nur die Verankerungslänge ℓ_{ad} (s. Abb. 5.27):

$$l_{ad} = \begin{cases} \min\{h_{ro}; h_{ru}\} & \text{bei rechteckigen Durchbrüchen} \\ \min\{h_{ro} + 0{,}15 \cdot h_d; h_{ru} + 0{,}15 \cdot h_d\} & \text{bei kreisförmigen Durchbrüchen} \end{cases} \tag{5.53}$$

Decken die Verstärkungselemente nicht die gesamte Trägerhöhe ab (z. B. h_1 anstelle von h_{ro}), so sind die reduzierten Längen entsprechend zu berücksichtigen (s. Abb. 5.27).

Aufgeklebte, flächenförmige Verstärkungselemente sollten bis an die Durchbruchsränder geführt werden, kreisförmige Durchbrüche sollten mit kreisförmig ausgeschnittenen Verstärkungsplatten verstärkt werden. Die wirksame Fläche der Verstärkungsplatten ist wie folgt beschränkt:

$$0{,}25 \cdot a \leq b_r \leq 0{,}6 \cdot l_{t,90} \text{ und } h_1 \geq 0{,}25 \cdot a \tag{5.54}$$

mit

a, b_r, h_1, h_d siehe Abb. 5.27
$l_{t,90} = 0{,}5 \cdot (h_d + h)$

Beim Nachweis der Biegerandspannungen (siehe Abschnitt 5.1.2.3) sind Querschnittsschwächungen durch Bohrlöcher in der Zugzone zu berücksichtigen. Bei rechteckigen Durchbrüchen können die Schubspannungen an den Durchbruchsecken infolge der Umleitung der Schubkräfte ein Mehrfaches der Schubspannungen in den Regelquerschnitten betragen (s. Abb. 5.27 und [5.43]). Normativ wird der Nachweis der erhöhten Schubspannungen für mit stiftförmigen Verbindungsmitteln verstärkte rechteckige Durchbrüche gefordert [5.4]. In [5.32] wird empfohlen, diesen Nachweis auch für runde Durchbrüche zu führen. Gleichung (5.55) mit Gleichung (5.56) ist für Durchbrüche innerhalb der folgenden Geometriegrenzen anwendbar: $0{,}1 \leq a/h \leq 1{,}0$ und $0{,}1 \leq h_d/h \leq 0{,}4$.

$$\tau_{max} = \kappa_{max} \cdot \frac{1{,}5 \cdot V_d}{k_{cr} \cdot b \cdot (h - h_d)} \tag{5.55}$$

mit

V_d Bemessungswert der Querkraft am maßgebenden Durchbruchsrand

$$\kappa_{max} = 1{,}84 \cdot \left[1 + \frac{a}{h}\right] \cdot \left(\frac{h_d}{h}\right)^{0.2} \tag{5.56}$$

a, h, h_d siehe Abb. 5.27

Im Fall von kreisförmigen Durchbrüchen darf h_d durch $0{,}7 \cdot h_d$ ersetzt werden.

Kann der Nachweis nach Gl. (5.55) nicht erbracht werden, so ist der Durchbruch mit aufgeklebten, flächenförmigen Verstärkungselementen zu verstärken.

Steife Verstärkungselemente verhindern das Schwinden des Holzes in ihrem Wirkungsbereich (s. Abschnitt 5.1.2.5). Schräg angeordnete stiftförmige Verstärkungselemente behindern das Schwinden des Holzes in ihrem Wirkungsbereich geringer als senkrecht zur Faserrichtung eingebrachte stiftförmige Verstärkungselemente (s. Abschnitt 5.1.2.4.6; [5.45]). Es wird empfohlen, Durchbrüche in Trägerbereichen mit hohen Schubspannungen mittels seitlich aufgeklebter, flächenförmiger Verstärkungsplatten zu verstärken (siehe Gl. (5.55)).

5.1.2.4.5 Nachweis von Querzugverstärkungen

Die für die verschiedenen Verstärkungen zu führenden Spannungsnachweise sind vergleichsweise unabhängig vom gewählten Einsatz (gekrümmte Träger, Satteldachträger, Ausklinkungen, Durchbrüche). Dementsprechend werden diese im Folgenden zusammenfassend dargestellt und erläutert. Zum Zwecke der zusammenfassenden Darstellung werden die Nachweisformate und verwendeten Bezeichnungen in ein einheitliches Format gebracht, sodass beide von den Angaben des deutschen Nationalen Anhangs (NA) zum Eurocode 5 (EC 5; [5.4]) abweichen können. Die Ermittlung der Kräfte in den Verstärkungselementen sowie konstruktive Regelungen zu Größe und Anordnung dieser sind eng mit dem jeweiligen Einsatz verknüpft. Diese Angaben sind dementsprechend direkt im Abschnitt zu dem zu verstärkenden Bauteil oder Bauteilbereich gegeben.

Für stiftförmige Verstärkungselemente ist nachzuweisen, dass diese die ihnen zugewiesene Zugkraft aufnehmen können und der Verbund zwischen Verstärkungselement und Holz gewährleistet ist.

Vollgewindeschrauben/eingedrehte Gewindestangen mit Holzschraubengewinde

Bei Vollgewindeschrauben ist nachzuweisen, dass die aufzunehmende Querzugkraft $F_{t,90,d}$ kleiner ist als die Beanspruchbarkeit in Richtung der Schraubenachse (Zugtragfähigkeit $F_{t,Rd}$ und Ausziehwiderstand $F_{ax,90,Rd} = f_{ax,d} \cdot d \cdot \ell_{ad}$, s. Abschnitt 5.4.3.8). Festigkeitskennwerte, $F_{t,Rk}$ und $f_{ax,k}$, sind den bauaufsichtlichen Zulassungen zu entnehmen. Gleiches gilt für zulässige Minimalabstände ($a_{3,c}$ zumeist $5 \cdot d$; $a_{4,c}$ zumeist $2{,}5 \cdot d$).

Eingeklebte Stahlstäbe Bei eingeklebten Stahlstäben ist neben dem Nachweis der Zugtragfähigkeit, $F_{t,Rd}$, im Spannungsquerschnitt der Nachweis der Klebfugenspannungen $\tau_{ef,d}$ in der Mantelfläche zwischen Stahlstab und Holz zu führen [5.4]. Die Klebfugenspannungen ermitteln sich aus der Zugkraft $F_{t,90,d}$ geteilt durch die wirksame Verankerungslänge ℓ_{ad}, dem Stabaußendurchmesser d_r und der Anzahl n_r der im betrachteten Bereich eingesetzten (d. h. nebeneinanderliegenden) Stahlstäbe. Der Verlauf der Klebfugenspannungen entlang der Fuge wird entweder direkt aus dem der wirksamen Einklebelänge entsprechenden Festigkeitskennwert $f_{k1,k}$ abgeleitet (s. Tab. 5.13) oder aber (bei langen Verstärkungselementen in gekrümmten Trägern und Satteldachträgern) über einen Erhöhungsfaktor von 2,0 (Annahme einer dreieckförmigen Schubspannungsverteilung oberhalb und unterhalb der Trägerachse) angenähert:

$$\frac{\tau_{ef,d}}{f_{k1,d}} \leq 1 \quad \text{mit:} \quad \tau_{ef,d} = \frac{k_S \cdot F_{t,90,d}}{n_r \cdot d_r \cdot \pi \cdot l_{ad}} \tag{5.57}$$

mit

k_S Faktor zur Berücksichtigung der Spannungsverteilung entlang der Fuge

$$k_S = \begin{cases} 2{,}0 & \text{für gekrümmte Träger und Satteldachträger} \\ 1{,}0 & \text{für Ausklinkungen, Durchbrüche, Queranschlüsse} \end{cases}$$

$F_{t,90,d}$ siehe Gln. (5.48) bis (5.51) bzw. (5.42)

n_r Anzahl der Stahlstäbe nebeneinander
Bei Ausklinkungen und Durchbrüchen darf in Trägerlängsrichtung nur ein Stahlstab angesetzt werden. Bei gekrümmten Trägern und Satteldachträgern wird der Nachweis zumeist für ein Verstärkungselement geführt.

d_r Stabaußendurchmesser ($d_r \leq 20$ mm)

ℓ_{ad} wirksame Verankerungslänge

$\ell_{ad} = \min\{\ell_{ad,i}\}$ siehe Abb. 5.25, Abb. 5.26 bzw. Abb. 5.27 mit Gl. (5.53)

$f_{k1,k}$ charakteristische Klebfugenfestigkeit (s. Tab. 5.13)
Für gekrümmte Träger und SDT darf angesetzt werden: $f_{k1,k}$ für $\ell_{ad} \leq 250$ mm

Bei eingeklebten Stahlstäben sind folgende Mindestabstände einzuhalten: Endabstand $a_{3,c} = 2{,}5 \cdot d_r$; Abstände untereinander $a_2 = 3 \cdot d_r$; Randabstände $a_{4,c} = 2{,}5 \cdot d_r$. Die Endabstände sind geringer als z. B. bei Stabdübeln, da planmäßig nur Axialbelastung vorliegt und ein Aufspalten durch den kontinuierlichen Verbund verhindert wird. Sie sind auch geringer als die Endabstände von Vollgewindeschrauben, da durch das Vorbohren die Spaltwirkung durch das Eindrehen entfällt. Für geneigt angeordnete, stiftförmige Verstärkungselemente darf der Mindestabstand basierend auf der Lage des Schwerpunkts der Verstärkungselemente im betrachteten Holzquerschnitt beurteilt werden (s. Abb. 5.26).

Tab. 5.13 Charakteristische Klebfugenfestigkeiten bei Verstärkungen nach [5.4].

	Charakt. Festigkeitskennwert [N/mm^2]	Wirksame Einklebelänge ℓ_{ad} des Stahlstabs [mm]		
		≤ 250	$250 < \ell_{ad} \leq 500$	$500 < \ell_{ad} \leq 1000$
Klebefuge zwischen Stahlstab und Bohrlochwandung	$f_{k1,k}$	4,0	$5{,}25 - 0{,}005 \cdot \ell_{ad}$	$3{,}5 - 0{,}0015 \cdot \ell_{ad}$
Klebefuge zwischen Trägeroberfläche und Verstärkungsplatte	$f_{k2,k}$	0,75		
Klebefuge zwischen Trägeroberfläche und Verstärkungsplatte bei gleichmäßiger Einleitung der Schubspannung	$f_{k3,k}$	1,50		

Aufgeklebte Verstärkungselemente Aufgeklebte, flächenförmige Verstärkungselemente sind sinngemäß nachzuweisen. Entsprechend dem Vorgehen bei eingeklebten Stahlstäben wird für den Nachweis der Klebefugenfläche von Verstärkungsplatten die wirksame Fläche oberhalb bzw. unterhalb der gefährdeten Fuge angesetzt [5.4]:

$$\frac{\tau_{ef,d}}{f_{k2,d}} \leq 1 \quad \text{mit:} \quad \tau_{ef,d} = \frac{F_{t,90,d}}{n_r \cdot l_{ad} \cdot b_r} \tag{5.58}$$

mit

$F_{t,90,d}$ siehe Gln. (5.48) bis (5.51) bzw. (5.42)
n_r Anzahl der Verstärkungsplatten (zumeist 2, wenn beidseitig verstärkt)
ℓ_{ad} wirksame Verankerungslänge ober- bzw. unterhalb der gefährdeten Fuge
$\ell_{ad} = \min\{\ell_{ad,i}\}$ siehe Abb. 5.25, Abb. 5.26 bzw. Abb. 5.27 mit Gl. (5.53)
b_r Breite der Verstärkungsplatte, siehe Abb. 5.25, Abb. 5.26 bzw. Abb. 5.27
$f_{k,2,k}$ charakteristische Klebfugenfestigkeit, siehe Tab. 5.13.

Der Wert der Klebfugenfestigkeit $f_{k2,k}$ entspricht in etwa der Rollschubfestigkeit des zu verstärkenden Bauteils. Zusätzlich berücksichtigt er eine ungleichmäßige Schubspannungsverteilung in der Klebefugenfläche. In [5.4] (früher [5.2]) wird für den Nachweis der Klebefugenfläche von Verstärkungsplatten auf gekrümmten Trägern und Satteldachträgern ein Festigkeitskennwert $f_{k3,d}$ verwendet, der dem Doppelten des Festigkeitskennwerts $f_{k2,d}$ entspricht (s. Tab. 5.13). Dieser erhöhte Wert wird jedoch durch eine Verdoppelung der rechnerisch anzusetzenden Querzuglast, zur Berücksichtigung einer ungleichmäßigen Spannungsverteilung, wieder aufgehoben. In Gl. (5.58) wurde dieser Zwischenschritt vereinfachend vernachlässigt.

Beim Nachweis der Zugtragfähigkeit der Verstärkungsplatten wird mittels eines Erhöhungsfaktors k_k berücksichtigt, dass die Spannung in flächenförmigen Verstärkungen von Ausklinkungen und Durchbrüchen von einer Spannungsspitze (an der

Unstetigkeitsstelle) aus abnehmend und dementsprechend ungleichmäßig ist. Bei gekrümmten Trägern und Satteldachträgern wird $F_{t,90,d}$ für das spezifische Verstärkungselement bestimmt, hier darf mit einer gleichmäßigen Spannungsverteilung über die Breite der Verstärkungsplatte gerechnet werden:

$$\frac{\sigma_{t,d}}{f_{t,d}} \leq 1 \quad \text{mit} \quad \sigma_{t,d} = k_k \cdot \frac{F_{t,90,d}}{n_r \cdot t_r \cdot b_r} \tag{5.59}$$

mit

k_k	Beiwert zur Berücksichtigung der ungleichmäßigen Spannungsverteilung
$k_k = 2{,}0$	ohne weiteren Nachweis bei Ausklinkungen und Durchbrüchen
$k_k = 1{,}0$	bei gekrümmten Trägern und Satteldachträgern
$F_{t,90,d}$	siehe Gln. (5.48) bis (5.51) bzw. (5.42)
n_r	Anzahl der Verstärkungsplatten (zumeist 2, wenn beidseitig verstärkt)
t_r	Dicke der Verstärkungsplatte
b_r	Breite der Verstärkungsplatte, siehe Abb. 5.25, 5.26 bzw. 5.27
$f_{t,d}$	Bemessungswert der Zugfestigkeit der Verstärkungsplatte in Richtung der Zugkraft $F_{t,90}$

5.1.2.4.6 *Verstärkte Bauteile unter Holzfeuchteänderungen*

Holz ist ein hygroskopisches Material, d. h., es passt seine Materialfeuchte den klimatischen Umgebungsbedingungen (Temperatur und relative Luftfeuchte) an. So wie Stahl auf Temperaturänderungen mit Temperaturdehnungen reagiert, reagiert Holz auf Holzfeuchteänderungen mit Schwind- bzw. Quelldehnungen. Die zugehörigen Schwind- und Quellmaße von Holz sind groß. Im Vergleich zu den Temperaturdehnungskoeffizienten von Stahl ($1{,}2 \cdot 10^{-5}$/K) liegen die Koeffizienten der Schwind- und Quelldehnungen von Holz rechtwinklig zur Faser (im Mittel 0,25 %/%Δu) um den Faktor 200 höher. Unter Berücksichtigung baupraktisch üblicher Änderungen von Temperatur und Holzfeuchte ergibt sich ein Faktor von ca. 30 zwischen den zugehörigen Dehnungen von Holz infolge von Schwinden und Stahl infolge von Temperaturänderung. Beispielsweise führt eine nicht unübliche Holzfeuchteänderung von 6 % in einem Brettschichtholzbauteil (BSH) von 60 cm Höhe zu einer Schwind- bzw. Quellverformung von ca. 1 cm. Da die Aufnahme und Abgabe von Feuchte über die Oberflächen der Holzbauteile erfolgt, passen sich die äußeren Schichten schneller an die klimatischen Bedingungen an als innenliegende Bereiche. Das daraus resultierende Holzfeuchtegefälle (Feuchtegradiente) und die zugehörigen Schwind- bzw. Quellerscheinungen führen zu inneren Spannungen im Querschnitt. Diese Spannungen werden zwar durch Relaxationsvorgänge abgemindert, beim Erreichen der sehr geringen Querzugfestigkeit von Holz erfolgt jedoch ein Spannungsabbau in Form von meist gleichmäßig verteilten Schwindrissen (s. Abb. 5.28a). Das Auftreten, die Anzahl sowie die Tiefe derartiger Schwindrisse sind vor allem abhängig von der Stärke und Geschwindigkeit des Austrocknungsprozesses. Eine rechnerische oder numerische Prognose ist aktuell nur sehr eingeschränkt möglich.

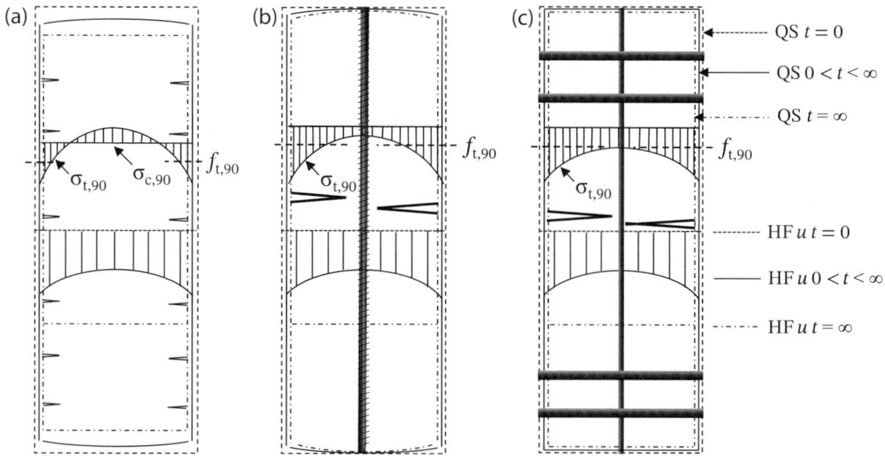

Abb. 5.28 Holzfeuchtegradiente (HF), resultierende Querspannungen (σ_{90}) und Verformungsfigur (a) bei freien Schwinddehnungen und (b) gesperrten Schwinddehnungen aufgrund Verstärkungselement bzw. (c) Schlitzblechverbindung.

Wird die freie Schwind- bzw. Quellverformung des Querschnitts durch Haltekräfte verhindert, so ist die Größe der entstehenden Spannungen aus Holzfeuchteänderungen von der Differenz zwischen den Dehnungen des Holzquerschnitts und der sperrenden Elemente abhängig. Ein Ausgleich der feuchteinduzierten Spannungen über die Querschnittsbreite wird durch die Haltekräfte unterbunden. Ein Beispiel sind Verbindungen mit weit auseinander liegenden Verbindungsmitteln (s. Abb. 5.28c). Resultat sind wenige Schwindrisse großer Tiefe, die z. T. über die gesamte Bauteilbreite verlaufen. Auch bei Verstärkungselementen wird der umliegende Holzquerschnitt durch die mechanische Verzahnung bzw. die Klebefuge zwischen Holz und Verstärkungselement an einer freien Verformung in Richtung des Verstärkungselements gehindert (s. Abb. 5.28b). Experimentelle Untersuchungen an mittels stiftförmiger Verstärkungselemente senkrecht zur Faser verstärkten Brettschichtholzbauteilen [5.44] zeigen, dass diese zu wenigen, aber tiefen Rissen führen. In [5.35] durchgeführte Versuche mit anschließenden Vergleichsrechnungen auf Basis der Finite-Elemente-Methode deuten an, dass im Fall von Brettschichtholzbauteilen mit senkrecht zur Faser angeordneten Gewindestangen eine Abnahme der Holzfeuchte von 3 bis 4 % am Ort der Verstärkungen zu kritischen Spannungszuständen hinsichtlich feuchteinduzierter Risse führen kann. Bereits eine Abnahme der Holzfeuchte von 1 % im Umfeld der Verstärkung kann zur Neutralisierung des Verstärkungseffekts, d. h. der anteiligen Abtragung der geometrie-/lastbedingten Querzugspannungen durch das Verstärkungselement im ungerissenen Holzbauteil, führen [5.45]. Im Fall von um 45° geneigten Verstärkungselementen reduziert sich die Größe der aus dem Sperreffekt resultierenden Querzugspannungen in etwa um die Hälfte. Noch deutlicher reduziert sich das Ausmaß des hoch auf Querzug beanspruchten Volumens. Daraus lässt sich ableiten, dass im Hinblick auf Holzfeuchteänderungen eine geneigte Anordnung von stiftförmigen Verstärkungselementen einer senkrechten Anordnung vorzuziehen ist.

Für beide Anordnungsvarianten ist eine deutliche gegenseitige Beeinflussung mehrerer nebeneinander angeordneter Verstärkungselemente zu erkennen. Demnach sollten größere Abstände der Verstärkungselemente untereinander angestrebt werden. Aufgrund der gedämpften Anpassung der Holzfeuchte und der überwiegend höheren, lokal vorliegenden Quersteifigkeiten der Lamellen sollten stiftförmige Verstärkungselemente in Querschnittsmitte angeordnet werden. Ist eine zweireihige Anordnung notwendig, sollte ein ausreichender Abstand der Verstärkungselemente zu den Seitenflächen des Querschnitts (Vorschlag 70 mm) eingehalten werden.

Zur Beantwortung der Frage, warum sich in verstärkten Holzbauteilen keine (wie aus dem Stahlbetonbau bekannte) Rissverteilung, sondern einzelne tiefe Risse einstellen, sind hauptsächlich zwei Faktoren zu berücksichtigen. Zuerst ist – neben einer hohen Verbundsteifigkeit – ein möglichst hohes Verhältnis zwischen Steifigkeit und Festigkeit des zu verstärkenden Materials notwendig, um eine schnelle Lasteinleitung nach dem Riss bei geringer Verformung zu erreichen. Dies ist bei Beton gegeben, bei Holz ist dieses Verhältnis jedoch näherungsweise um das ca. 27-Fache geringer:

$$\frac{E_{\mathrm{cm,C30/37}}/f_{\mathrm{ctk;0.05,C30/37}}}{E_{\mathrm{90,mean,GL}}/f_{\mathrm{t,90,k,GL}}} = \frac{33000/2{,}0}{300/0{,}5} = \frac{27{,}5}{1} \tag{5.60}$$

Des Weiteren ist der Umstand zu berücksichtigen, dass mittig ins Holzbauteil eingebrachte Verstärkungselemente einen Randabstand zur Oberfläche haben, der dem 2- bis 5-Fachen der im Stahlbetonbau üblichen Betondeckungen entspricht. In Summe kann dies erklären, dass die durch den Schwindvorgang induzierten Haltekräfte der Verstärkungselemente im Holzbauteil zu wenigen tiefen anstelle vielen verteilten Entlastungsrissen führt.

Entsprechend dieser Feststellungen sollte bei verstärkten Brettschichtholzbauteilen umso mehr darauf geachtet werden, diese mit einer Holzfeuchte herzustellen und einzubauen, die der Gleichgewichtsfeuchte im fertiggestellten Bauwerk entspricht. Mit Blick auf baupraktisch realistische Umgebungsbedingungen für verstärkte Brettschichtholzbauteile können zwei typische, aber unterschiedliche klimatische Szenarien abgegrenzt werden [5.46]:

1. Umgebungsbedingungen mit jahreszeitlich schwankendem Klima in teiloffenen, ungedämmten Gebäuden (z. B. Landwirtschaft, Lager, Reithallen). Die resultierenden Holzfeuchten bewegen sich in Regelbereichen meist zwischen 12 und 16 % bei jährlichen Amplituden von ca. 4 %.
2. Konstante, aber trockene Umgebungsbedingungen in geschlossenen, gedämmten und beheizten Gebäuden (z. B. Wohnen, Büro, Produktion, Verkauf, Sport). Die resultierenden Ausgleichsfeuchten liegen in Regelbereichen meist zwischen 6 und 10 % bei jährlichen Amplituden von meist unter 2 %.

Kritischer im Hinblick auf oben beschriebene Phänomene sind die gedämmten und beheizten Gebäude aufgrund des einmaligen Austrocknens der Holzbauteile von der Herstellfeuchte (ca. 12 %) auf die Ausgleichsfeuchte von 6 bis 10 %. Bei derartigen Gebäuden sollte schon bei Produktion, Transport, Einbau und Baustellenbetrieb darauf geachtet werden, dass die Holzfeuchte der Holzbauteile nur um wenige

Prozent von der späteren Ausgleichsfeuchte abweicht. Eine weitere mögliche Maßnahme ist ein abgestimmtes Baustellenregime (u. a. Verhindern einer Befeuchtung bei längerer Lagerung, Reduktion unnötiger Baufeuchte). Holzbauteilen, die aufgrund lokaler Gegebenheiten wie Oberlichtern oder Lüftungsauslässen besonders trockenen Umgebungsbedingungen oder verstärkten Änderungen des Umgebungsklimas ausgesetzt sind, sollte erhöhte Aufmerksamkeit geschenkt werden. Stiftförmige Querzugverstärkungen in Holzbauteilen in trockenen Umgebungsbedingungen sollten auf die volle Querzugkraft bemessen werden. Die Anwendung einer rein konstruktiven Querzugverstärkung von gekrümmten Trägern oder Satteldachträgern (s. Abschnitt 5.1.2.4.2) wird in trockenen Umgebungsbedingungen nicht empfohlen. Eine robuste Alternative für diesen Fall stellen vollflächig über den gesamten querzugbeanspruchten Bereich aufgeklebte Verstärkungselemente dar. Diese dämpfen zum einen die Austrocknung des Holzquerschnitts, zum anderen resultiert das kleinere Steifigkeitsverhältnis zwischen Verstärkungselement und Holzbauteil in geringeren feuchteinduzierten Querzugspannungen.

5.1.2.5 Verstärkte Auflagerungen

Holzbauteile, die quer zur Faserrichtung beansprucht werden, müssen aufgrund der in dieser Beanspruchungsrichtung geringen Festigkeiten und Steifigkeiten häufig verstärkt werden. Dies gilt nicht nur für querzugbeanspruchte Bauteile, sondern häufig auch für Bereiche konzentrierter Querdruckbeanspruchung, z. B. Auflagerbereiche.

Die Idee, Auflagerbereiche zu verstärken, um der geringen Querdruckbeanspruchbarkeit von Holz entgegenzuwirken, ist alt [5.47]. Eine breite praktische Anwendung blieb, vor allem wegen der aufwendigen Herstellung eingeklebter Verstärkungselemente, jedoch aus. Die Entwicklung selbstbohrender Vollgewindeschrauben eröffnete eine leistungsfähige und einfach herzustellende Variante, die in der Praxis mittlerweile häufig angewendet wird (s. Abb. 5.29). Normativ sind die Querdruckverstärkungen bislang nicht geregelt. Bemessungs- und Konstruktionsregeln müssen aktuell noch bauaufsichtlichen Zulassungen (abZ, ETA) entnommen werden. Da diese allesamt auf einer Forschungsarbeit [5.48] beruhen, variieren die Regeln nur geringfügig.

Im Unterschied zum Nachweis von Querzugverstärkungen darf der Nachweis von Querdruckverstärkungen unter der Annahme eines additiven Zusammenwir-

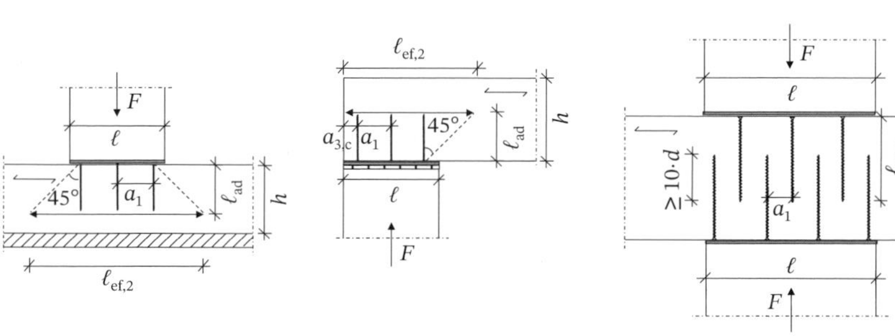

Abb. 5.29 Schwellen- und Trägerauflager mit Querdruckverstärkung: Geometrieangaben.

kens zwischen dem querdruckbeanspruchten Holzquerschnitt und den druckbeanspruchten Vollgewindeschrauben geführt werden. Diese Annahme trifft zu, wenn eine gewisse plastische Verformung des Holzquerschnitts unter Querdruck akzeptiert wird. Der Nachweis der Vollgewindeschrauben auf Druck ergibt sich aus dem Kleinstwert der Beanspruchbarkeit auf Hineindrücken und gegen Knicken der Schraube. Laut Zulassungen entspricht die Tragfähigkeit auf Hineindrücken der Tragfähigkeit auf Herausziehen, d. h., diese darf mit dem Ausziehparameter $f_{\text{ax,k}}$ ermittelt werden. Der Knicknachweis wird entsprechend den Stahlbaunachweisen geführt, der hierbei notwendige bezogene Schlankheitsgrad wird unter Berücksichtigung einer elastischen Bettung der Schraube im Holz bestimmt [5.48]. Die im Folgenden angegebenen Gleichungen stellen eine Vereinfachung des in den bauaufsichtlichen Zulassungen enthalten Formelapparats dar und liegen auf der sicheren Seite [5.49].

Des Weiteren ist nachzuweisen, dass die Querdruckbeanspruchbarkeit des unverstärkten Holzes im Bereich der Schraubenspitze ausreichend ist. Für diesen Nachweis ist die aufgrund der Wirkungsweise der Vollgewindeschrauben erweiterte wirksame querdruckbeanspruchte Fläche zu ermitteln. Diese ist von der Art der Belastung (direkt oder indirekt), der Art der Lasteinleitung (einseitig oder beidseitig) und der daraus folgenden Lastausbreitung abhängig (s. Abb. 5.29). Für Trägerauflager wird in [5.48] gezeigt, dass die Annahme einer Lastausbreitung unter 45° nicht wirklich zutrifft, sondern sich ein – von den Auflagerrändern ausgehend – exponentieller Verlauf ergibt. Grund ist, dass – im Unterschied zu Schwellenlagern – die Auflagerkraft bei Trägerauflagern nicht durch den Träger hindurchgeleitet, sondern in Querkräfte „übersetzt“ wird. Die in den bauaufsichtlichen Zulassungen enthaltene Annahme einer Lastausbreitung unter 45° liegt jedoch auf der sicheren Seite. Aufgrund des im Vergleich zum Holzquerschnitt in der Auflagerfläche unterschiedlichen Versagens in Form einer seitlichen Ausdehnung des Holzes quer zur Faserrichtung (über die Bauteilbreite) darf beim Nachweis im Bereich der Schraubenspitzen der Erhöhungsbeiwert $k_{\text{c,90}}$ nicht in Ansatz gebracht werden.

Die Tragfähigkeit einer verstärkten Auflagerung kann wie folgt berechnet werden:

$$F_{\text{c,90,Rk}} = \min \begin{cases} k_{\text{c,90}} \cdot b \cdot l_{\text{ef,1}} \cdot f_{\text{c,90,k}} + n \cdot \min\{F_{\text{ax},\alpha,\text{Rk}}; F_{ki,Rk}\} \\ b \cdot l_{\text{ef,2}} \cdot f_{\text{c,90,k}} \end{cases} \tag{5.61}$$

mit

$k_{\text{c,90}}$, $\ell_{\text{ef,1}}$, $f_{\text{c,90,k}}$	siehe Abschnitt 5.1.1.2 (Querdrucknachweise)
$n = n_0 \cdot n_{90}$	Anzahl der Vollgewindeschrauben für die betrachtete Kontaktfläche
n_0	Anzahl der in Faserrichtung hintereinander angeordneten Vollgewindeschrauben
n_{90}	Anzahl der rechtwinklig zur Faserrichtung hintereinander angeordneten Vollgewindeschrauben
$F_{\text{ax},\alpha,\text{Rk}}$	Tragfähigkeit einer Vollgewindeschraube auf Herausziehen, siehe Abschnitt 5.4.3.8

$F_{\text{ki,Rk}}$ Tragfähigkeit einer Vollgewindeschraube gegen Knicken, siehe unten
$\ell_{\text{ef,2}}$, ℓ_{ad} siehe Abb. 5.29

$$l_{\text{ef,2}} = l_{\text{ad}} + (n_0 - 1) \cdot a_1 + \min\{l_{\text{ad}};\ a_{3,\text{c}}\} \quad \text{für Endauflager, Abb. 5.29} \tag{5.62}$$

$$l_{\text{ef,2}} = 2 \cdot l_{\text{ad}} + (n_0 - 1) \cdot a_1 \quad \text{für Mittelauflager, Abb. 5.29} \tag{5.63}$$

a_1, $a_{3,\text{c}}$ siehe Abb. 5.29 und Abschnitt 5.4.4.1

Die Tragfähigkeit einer Vollgewindeschraube gegenüber Knicken, $F_{\text{ki,Rk}}$, kann wie folgt bestimmt werden:

$$F_{\text{ki,Rk}} = 1.18 \cdot k_\text{c} \cdot N_{\text{pl,k}} \tag{5.64}$$

mit

$$N_{\text{pl,k}} = \pi \cdot \frac{{d_1}^2}{4} \cdot f_{y,\text{k}} \tag{5.65}$$

d_1 Kerndurchmesser
k_c Abminderungsbeiwert entsprechend Tab. 5.14

Die Vollgewindeschrauben sind senkrecht zur Kontaktfläche einzubringen, es sind Winkel zwischen Schraubenachse und Faserrichtung $45° \leq \alpha \leq 90°$ erlaubt. Um das Zusammenwirken der Vollgewindeschrauben und des Holzes sicherzustellen, muss gewährleistet sein, dass die Druckkraft gleichmäßig auf alle Vollgewindeschrauben verteilt wird und die sich aus den Schraubenköpfen ergebende Pressung vom Auflagermaterial aufgenommen werden kann. Diese beiden Anforderungen können nur durch ein steifes, hartes Auflagermaterial erfüllt werden, zumeist realisiert über eine Stahlplatte mit ausreichender Dicke. Bei Trägerauflagern wird zudem oft ein Elastomer unter der Stahlplatte angeordnet, um die Verdrehbarkeit des Auflagers und damit die gleichmäßige Lasteinleitung zu gewährleisten.

Die Vollgewindeschrauben müssen gleichmäßig über die Auflagerfläche verteilt sein. Die Schraubenköpfe sind so einzudrehen, dass die Oberkante der Schraubenköpfe bündig mit der Holzoberfläche ist. Die Abstandsregelungen entsprechen denen für zugbeanspruchte Vollgewindeschrauben (s. Abschnitt 5.4.4.1). Der Abminderungsbeiwert n_{ef} muss nicht in Ansatz gebracht werden. Einzelne überarbeitete bauaufsichtliche Zulassungen enthalten Angaben zu einer beidseitigen Verstärkung zum Zwecke der Lastdurchleitung [5.50]. Hierbei müssen sich

Tab. 5.14 Abminderungsbeiwert zur Bestimmung der Tragfähigkeit auf Knicken [5.49].

Charakteristische Streckgrenze des Stahls $f_{y,k}$	**$f_{y,k} = 1000\ \text{N/mm}^2$**	**$f_{y,k} = 800\ \text{N/mm}^2$ (z. B. feuerverzinkter Stahl)**	**$f_{y,k} = 500\ \text{N/mm}^2$ (z. B. nichtrostender Stahl)**
k_c für $\alpha = 90°$	$k_\text{c} = 0{,}6$	$k_\text{c} = 0{,}65$	$k_\text{c} = 0{,}75$

die Vollgewindeschrauben um mindestens 10 · d überlappen. Zwischen den gegenüberliegenden Vollgewindeschrauben sind die Mindestabstände einzuhalten. Auf beiden Seiten sind die Vollgewindeschrauben symmetrisch zur Lasteinleitung einzubringen (s. Abb. 5.29). Im Nachweis darf die zweite Zeile in Gl. (5.61) unberücksichtigt bleiben. Die Beanspruchbarkeit der Vollgewindeschrauben gegenüber Knicken kann mittels in die Stahlplatte eingespannter Schraubenköpfe erhöht werden [5.48]. Jedoch stellt die Vielfalt an Kopfformen der auf dem Markt erhältlichen Vollgewindeschrauben eine Herausforderung für die praktische Umsetzung dar. [5.48] enthält auch einen Vorschlag zur Bestimmung der Steifigkeit verstärkter Trägerauflager.

5.2 Flächentragwerke

5.2.1 Tafelbauweise

5.2.1.1 Allgemeines

Während man in früheren technischen Regelwerken sowohl die Bezeichnung „Holzrahmenbau“ als auch „Holztafelbau“ fand, spricht die aktuelle Generation der Eurocodes nunmehr ausschließlich von Holztafeln. Diese setzen sich zusammen aus Rippen in Form von Ständern, Schwelle und Rähm (sogenannte Randrippen) und einer ein- oder beidseitigen Beplankung (Abb. 5.30). Im Gegensatz zu einer Bekleidung wirken Beplankungen statisch mit. Bekleidungen werden z. B. bei Ständer- und Fachwerkwänden oder Holzbalkendecken verwendet.

Die Rippen bestehen üblicherweise aus Vollholz der Festigkeitsklasse C24. Bei hohen vertikalen Beanspruchungen, die ab einer Errichtung von ca. vier Obergeschossen auftreten können, kann zur Weiterleitung dieser Beanspruchungen eine Verwendung von Furnierschichtholz sinnvoll sein. Übliche Rippenabstände betragen 625 bzw. 835 mm.

Als Verbindungsmittel werden üblicherweise Klammern eingesetzt. Es können darüber hinaus Nägel und Schrauben verwendet werden.

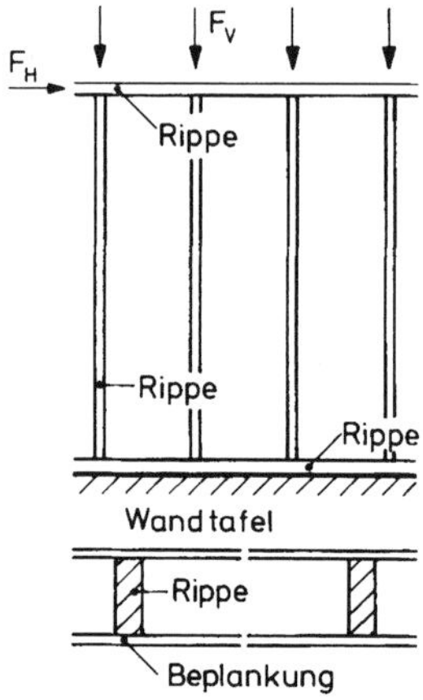

Abb. 5.30 Aufbau einer Holztafel.

5.2.1.2 Tragverhalten

Die bisherigen Bemessungsansätze nach DIN 1052 gingen von einem Modell der Ausbildung einer Zugdiagonale aus (Abb. 5.31). Dieser Ansatz ist jedoch nach aktuellen Erkenntnissen nicht zutreffend, da sich eine Zugdiagonale nur bei einer Ausbeulung der Beplankung einstellen kann. Einer derartigen Ausbeulung wird jedoch durch die Vorgabe von Mindestbeplankungsdicken entgegengewirkt. Die aktuelle Bemessungsnorm DIN EN 1995-1-1 geht daher von einer Schubfeldtheorie für ideelle Scheiben aus (Abb. 5.32). Eine ideelle Scheibe kann sich unter folgenden Bedingungen ausbilden:

- Alle Ränder werden durch Rippen (Randrippen) kontinuierlich unterstützt.
- Es erfolgt eine kontinuierliche Krafteinleitung der in Tafelebene wirkenden Beanspruchungen über die Rippen in die Beplankung.
- Es ist eine kontinuierliche Verbindung von Rippen und Beplankung sichergestellt, sodass der Verbund Rippe-Beplankung durch einen umlaufenden Schubfluss beansprucht wird.
- Ein Ausbeulen der Beplankung muss durch konstruktive Maßnahmen verhindert werden.
- Die Tragfähigkeit der Tafel wird über die Tragfähigkeit der Verbindungen bestimmt.

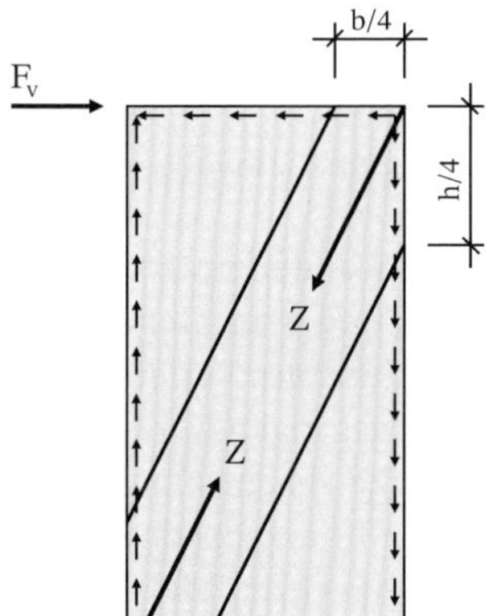

Abb. 5.31 Veraltetes Strebenmodell.

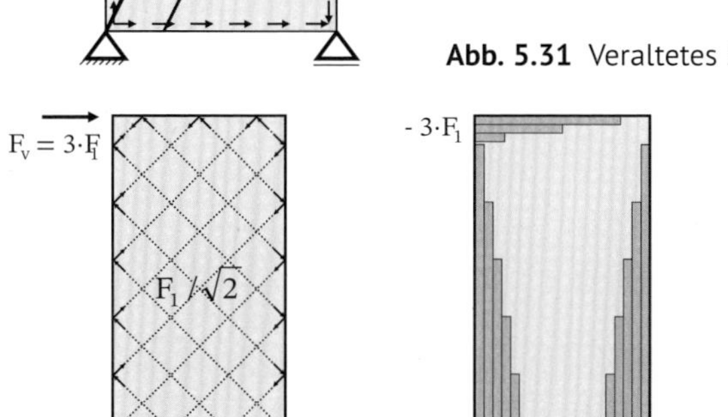

Abb. 5.32 Schubfeldmodell nach DIN EN 1995-1-1 [5.51, 5.3].

Die Schubfeldtheorie beruht somit auf der Annahme einer kontinuierlichen Beanspruchung des Verbunds zwischen Rippen und Beplankung. Punktuelle bzw. konzentrierte Lasteinleitungen werden demnach nicht erfasst.

Die DIN EN 1995-1-1 [5.51, 5.3] unterscheidet konsequent zwischen einer Bemessung von Wandscheiben sowie von Dach- und Deckenscheiben. Beide Verfahren werden im folgenden Abschnitt näher erläutert.

5.2.1.3 Wandscheiben unter horizontaler Scheibenbeanspruchung

Eine Wandtafel kann in ihrer Ebene horizontal z. B. durch eine Beanspruchung aus Wind und vertikal durch Gleichstrecken- oder Einzellasten beansprucht werden. Bei Einleitung einer Horizontalkraft F_v in die obere Wandrippe (Kopfrippe) verhält sich die Wand wie eine ideelle Scheibe, sofern am unteren Stielende eine ausreichende Verankerung gegen die abhebende Kraft F_t vorhanden ist (Abb. 5.33). Die Horizontalkraft F_v, die in die Kopfrippe eingeleitet wird, verteilt sich durch die Verbindungsmittel kontinuierlich in die Beplankung, sodass ein Schubfluss $s_{v,0}$ entsteht.

$$s_{v,0} = \frac{F_v}{\ell} \tag{5.66}$$

Durch die Horizontalkraft F_v wird ein Versatzmoment erzeugt, welches durch das Kräftepaar F_t und F_c aufgenommen werden muss.

$$F_c = F_t = F_v \cdot \frac{h}{\ell} \tag{5.67}$$

ℓ Tafelbreite
h Tafelhöhe zwischen Lasteinleitungspunkt und unterer Rippe (Schwelle)

Für die Bemessung von ein- und beidseitig beplankten Wandtafeln bietet die DIN EN 1995-1-1 grundsätzlich zwei Näherungsverfahren A und B an. Gemäß Nationalem Anhang ist jedoch in Deutschland nur die Anwendung des Verfahrens A zulässig, sodass im Folgenden auf dieses Verfahren näher eingegangen werden soll.

Für Wandscheiben mit Öffnungen sind ungestörte Bereiche als einzelne Tafeln zu bemessen (Abb. 5.34). Wandbereiche mit Tür- und Fensteröffnungen können dabei nicht in Ansatz gebracht werden. Zu berücksichtigen ist, dass jede Tafel für sich

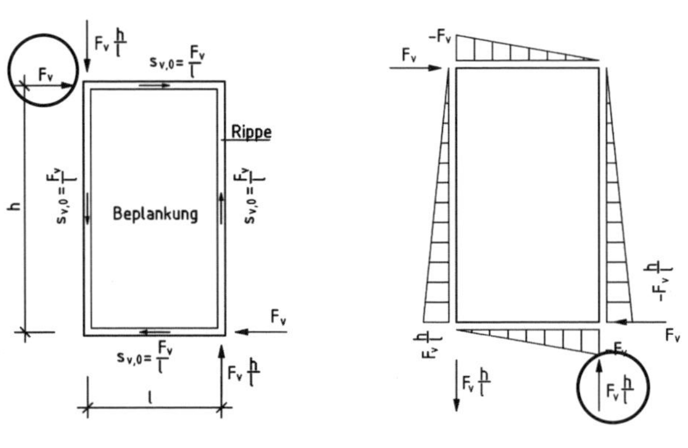

Abb. 5.33 Kräfteausbildung bei horizontaler Wandscheibenbeanspruchung.

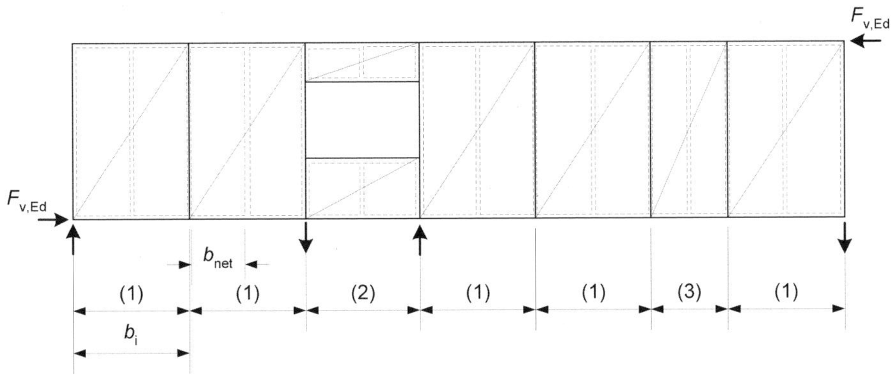

Abb. 5.34 Zusammensetzung unterschiedlicher Wandscheiben (Bild 9.6 aus DIN EN 1995-1-1) (1) Wandscheibe mit normaler Breite (2) Wandscheibe mit Fensteröffnung (3) Wandscheibe mit kleinerer Breite.

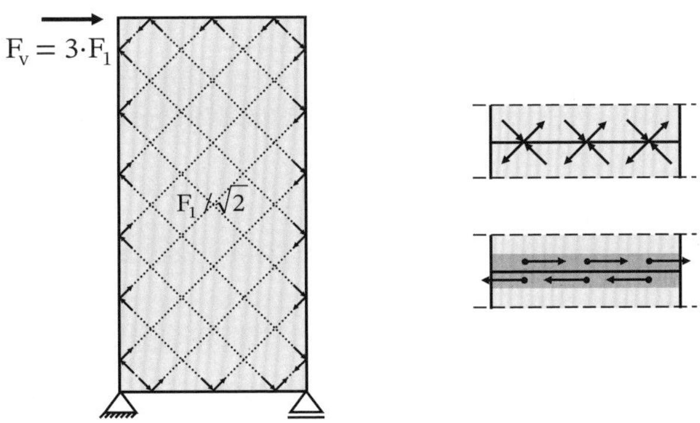

Abb. 5.35 Zulässige Größen von vernachlässigbaren Öffnungen.

verankert sein muss. An jedem Scheibenende muss ein vertikales Bauteil unmittelbar mit der Unterkonstruktion verankert sein. Einzelne Öffnungen, die kleiner als 200 mm × 200 mm sind, dürfen bei der Berechnung der Beanspruchungen vernachlässigt werden (Abb. 5.35). Bei mehreren Öffnungen müssen die Summe der Längen kleiner als 10 % der Tafellänge und die Summe der Höhen kleiner als 10 % der Tafelhöhe sein.

Für die Beplankung kann vereinfacht ein Schubspannungsnachweis geführt werden. Da die Tragfähigkeit der Verbindung zwischen Rippe und Beplankung das maßgebende Versagenskriterium darstellen soll, ergibt sich die maximale Beanspruchung der Beplankung aus dem Schubfluss, der der Tragfähigkeit der Verbindung zwischen Rippen und Beplankung entspricht. Es ist somit folgender Nachweis zu führen:

$$\frac{\tau_d}{f_{v,d}} = \frac{F_{f,Rd}/(t \cdot s)}{f_{v,d}} \leq 1 \tag{5.68}$$

τ_d	Bemessungswert der Schubspannung in der Beplankung
$f_{v,d}$	Bemessungswert der Schubfestigkeit der Beplankung bei Scheibenbeanspruchung
$F_{f,Rd}$	Bemessungswert der Beanspruchbarkeit auf Abscheren eines einzelnen Verbindungsmittels
s	Verbindungsmittelabstand
t	Beplankungsdicke

Bei der Ermittlung des Bemessungswerts der Schubfestigkeit der Beplankung ist bei Plattendicken kleiner als 1/35 des Rippenabstands das Beulen der Beplankung durch eine Verminderung der Schubtragfähigkeit mit dem Faktor $35\,t/b_{net}$ zu berücksichtigen. Dies bedeutet, dass bei Beplankungsdicken, die mindestens 1/35 des Achsabstands der Rippen betragen, auf eine Berücksichtigung des Beulens der Beplankung verzichtet werden kann. Für einen Achsabstand von 625 mm muss demnach die Beplankungsdicke zur Vernachlässigung des Beulens mindestens 18 mm, bei einem Achsabstand von 835 mm mindestens 24 mm betragen.

Um eine kontinuierliche Krafteinleitung und einen kontinuierlichen Schubfluss gewährleisten zu können, müssen zur Anwendung des Verfahrens folgende Bedingungen erfüllt sein:

- Auf allen Rippen sind Verbindungsmittel anzuordnen.
- Der Abstand der Verbindungsmittel entlang des Umfangs jeder Tafel muss konstant sein.
- Die Breite der Tafel muss mindestens einem Viertel der Tafelhöhe entsprechen ($b \geq h/4$).

Aus dem Abstand von Rippenachsen und Beplankungsmittelflächen sowie aus diskontinuierlichen und rechtwinklig zu den Rippenachsen gerichteten Kräften resultieren zusätzliche Beanspruchungen der Beplankung. Sie dürfen vereinfacht durch eine Abminderung der Schubtragfähigkeit der Platten mit dem Faktor 0,5 bei beidseitiger und 0,33 bei einseitiger Beplankung berücksichtigt werden.

Der Rechenwert der Schubfestigkeit des Beplankungsmaterials darf nicht höher sein als die niedrigste Zugfestigkeit für die Scheibenbeanspruchung.

Bei Wandscheiben, die nach dem vereinfachten Verfahren gemäß DIN EN 1995-1-1 nachgewiesen werden, darf die Beplankung einmal horizontal gestoßen sein, sofern die Plattenränder schubsteif miteinander verbunden sind. Sofern kein genauerer Nachweis der Verformungen geführt werden soll, darf bei Scheiben mit horizontalem Stoß und Plattenbreiten kleiner als die halbe Plattenhöhe vereinfacht der Bemessungswert der Tragfähigkeit unter Horizontallast um 1/6 abgemindert werden. Auf diese Anforderung ist bei der Herstellung von Wandtafeln besonderes Augenmerk zu legen. Da die Wandhöhen häufig größer als 2,50 m sind, treten bereits bei vertikaler Anordnung der Beplankung Horizontalstöße auf. Diese sind wie beschrieben nur einmal je Wandelement zulässig und schubsteif zu hinterlegen (Abb. 5.36). In der Praxis wird diese Regel jedoch häufig missachtet.

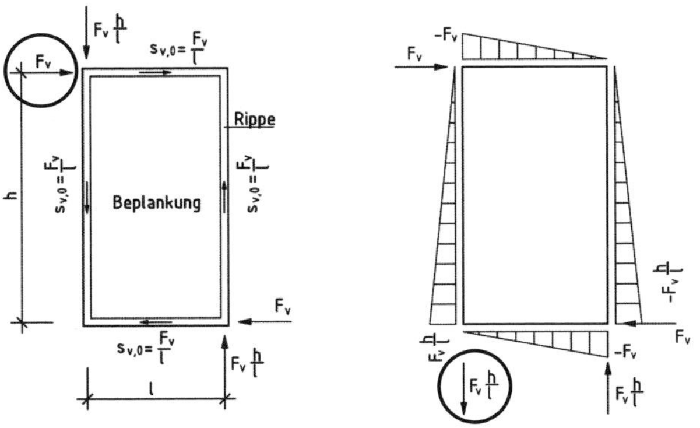

Abb. 5.36 Schubsteife Unterlegung eines horizontalen Plattenstoßes.

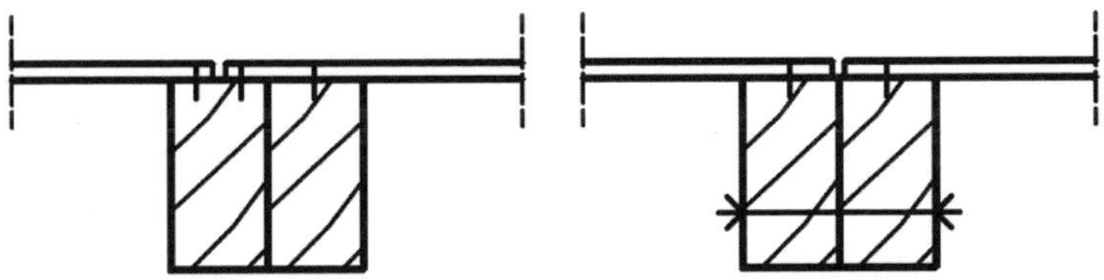

Abb. 5.37 Prinzip einer zug- und drucksteifen Verbindung an Elementrändern einer Tafelgruppe.

Für Wandscheiben mit allseitig schubsteif verbundenen Plattenrändern darf als Randabstand der Verbindungsmittel für Platten und Rippen das Maß $a_{4,c}$ in Ansatz gebracht werden.

Bei Tafeln aus mehreren Elementen muss der Schubfluss an den Elementrändern übertragen werden können. Hierzu muss eine zug- und drucksteife Verbindung der Randrippen einer Tafelgruppe ausgeführt werden (Abb. 5.37).

Für Wandtafeln unter horizontaler und vertikaler Scheibenbeanspruchung sind nach dem Verfahren A der DIN EN 1995-1-1 folgende Nachweise zu führen, die im Folgenden näher erläutert werden:

- Nachweis zugbeanspruchter Randrippen,
- Nachweis druckbeanspruchter Rand- und Mittelrippen,
- Nachweis der Schwellenpressung für Rand- und Mittelrippen (Querdrucknachweis),
- Nachweis der Verankerung,
- Nachweis des Verbunds von Beplankung und Rippen.

Nachweis druckbeanspruchter Randrippen Die Randrippen können durch eine Druckkraft resultierend aus Horizontallasten sowie aus vertikalen Lasten beansprucht werden (Abb. 5.38). Druckbeanspruchungen in Mittelrippen resultieren hingegen ausschließlich aus vertikalen Lasten. Zu beachten ist daher, dass ein Nachweis der Mittelrippe bei kleinerem Bemessungswert der Beanspruchung maßgebend werden kann, da aufgrund der unterschiedlichen Beanspruchungsarten

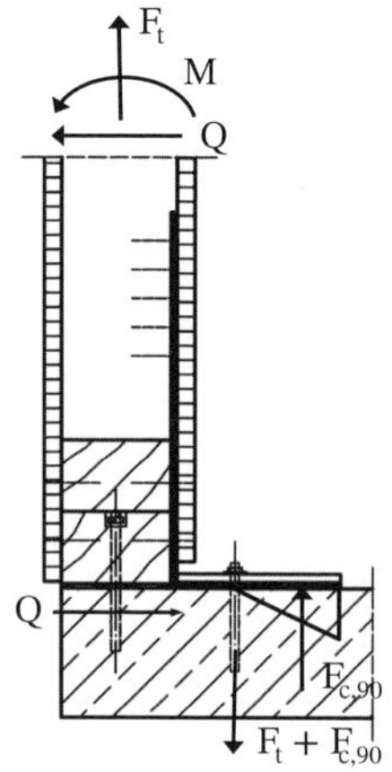

Abb. 5.38 Nachzuweisende Druckkraft der Randrippe für horizontale Scheibenbeanspruchung.

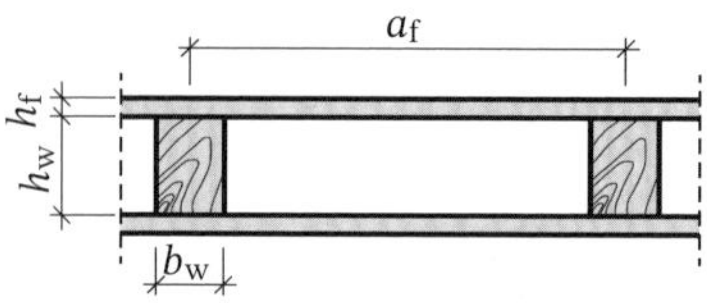

Abb. 5.39 Knicken in Scheibenebene.

gegebenenfalls andere Klassen der Lasteinwirkungsdauern und damit andere Bemessungswerte der Festigkeiten zugrunde zu legen sind.

Druckbeanspruchte Randrippen gelten gemäß DIN EN 1995-1-1/NA [5.4], NCI Zu 6.3.1 als in Scheibenebene ausreichend gegen Knicken gesichert, wenn sie mit aussteifenden Beplankungen kontinuierlich verbunden sind und folgende Bedingungen gelten:

bei beidseitiger Beplankung: $a_r/h_f \leq 50$,
bei einseitiger Beplankung: $a_r/h_f \leq 50$ und $h_w/b_w \leq 4$.

Für das Knicken aus der Scheibenebene (Abb. 5.39) ist folgender Nachweis zu führen:

$$\frac{\sigma_{c,0,d}}{k_{c,y} \cdot f_{c,0,d}} \leq 1 \tag{5.69}$$

$\sigma_{c,0,d}$ Bemessungswert der Druckspannung in der Rippe parallel zur Faserrichtung
$k_{c,y}$ Knickbeiwert rechtwinklig zur Scheibenebene
$f_{c,0,d}$ Bemessungswert der Druckfestigkeit parallel zur Faserrichtung

Nachweis zugbeanspruchter Randrippen Die Zugkraft der Randrippe entspricht betragsmäßig der Druckkraft der zugehörigen Randrippe. Aufgrund der geringen Querdruckfestigkeit der Schwellen wird daher der Nachweis der zugbeanspruchten Randrippe nur in Sonderfällen, z. B. bei starker Querschnittsschwächung oder Einzellasten aus Ein- und Aufbauten maßgebend (Abb. 5.40). Es ist folgender Nachweis

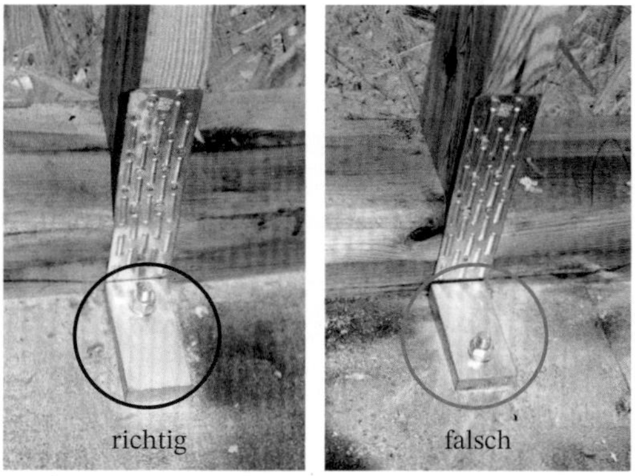

Abb. 5.40 Nachzuweisende Zugkraft der Randrippe für horizontale Scheibenbeanspruchung.

zu führen:

$$\frac{\sigma_{t,0,d}}{f_{t,0,d}} \leq 1 \tag{5.70}$$

$\sigma_{c,0,d}$ Bemessungswert der Druckspannung in der Rippe parallel zur Faserrichtung

$$\sigma_{t,0,d} = \frac{F_{t,d}}{A_{r,n}} \leq 1 \tag{5.71}$$

$F_{t,d}$ Bemessungswert der Zugkraft in der Randrippe
$A_{r,n}$ Nettoquerschnittsfläche der Randrippe unter Berücksichtigung von Querschnittsschwächungen im Anschlussbereich
$f_{c,0,d}$ Bemessungswert der Druckfestigkeit parallel zur Faserrichtung

Nachweis der Verankerung Die Übertragung der Zugkraft am Fußpunkt erfolgt in der Regel durch eine Befestigung mittels Winkel. Aufgrund der Exzentrizität dieses Anschlusses treten an der unteren Übertragungsfläche zusätzliche Zug- und Druckkräfte auf, die bei der Bemessung der Verbindungsmittel berücksichtigt werden müssen (Abb. 5.41).

Um eine ausreichende Übertragungsfläche für den Druckanteil sicherzustellen, sollte das Verbindungsmittel der Zugverankerung möglichst nahe an der Wand angeordnet werden (Abb. 5.42).

$$F_{t,d,dst} - F_{c,d,stb} \leq R_d \tag{5.72}$$

$F_{t,d,dst}$ abhebende Beanspruchung aus destabilisierenden Einwirkungen
$F_{c,d,stb}$ Bemessungswert der Druckkraft aus stabilisierenden Einwirkungen
$F_{t,d,dst}$ Bemessungswert der Tragfähigkeit der Verankerung

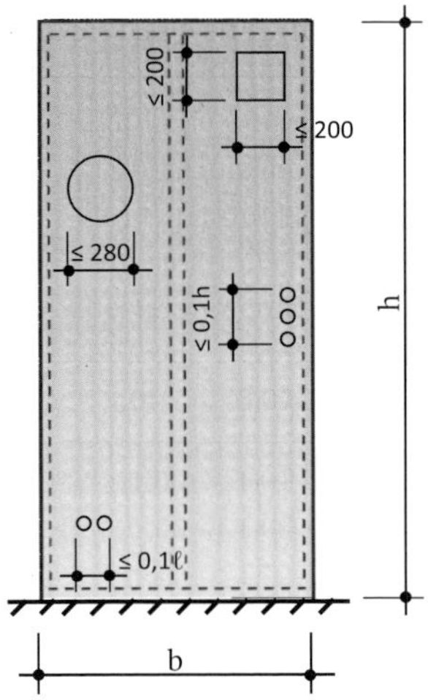

Abb. 5.41 Zugverankerung einer Wandscheibe.

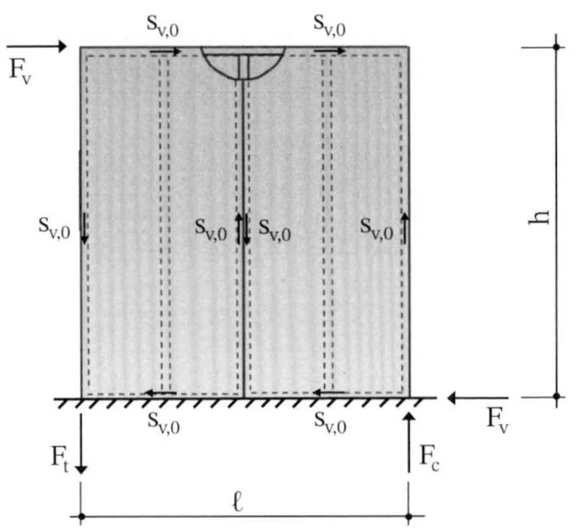

Abb. 5.42 Verankerung der Wandscheibe mit der Unterkonstruktion aus Stahlbeton.

Da die Horizontalbeanspruchung aus Wind aus unterschiedlichen Richtungen auftreten kann, ist an jedem Wandende eine ausreichend dimensionierte Zugverankerung vorzusehen.

Zusätzliche Auflasten können die Zugkraft in der Randrippe infolge der horizontalen Windlast abmindern. Dieser Einfluss darf bei der Bemessung berücksichtigt werden. Es ist jedoch zu beachten, dass es sich hierbei um günstig wirkende Einwirkungen handelt, für die ein Teilsicherheitsbeiwert γ_F von 0,9 anzusetzen ist.

Nachweis der Schwellenpressung an der Fußrippe Sofern vorwiegend vertikale Beanspruchungen auf eine Wandscheibe einwirken, wird der Nachweis der Schwellenpressung unterhalb der Mittelrippe aufgrund der größeren Lasteinflussbreite gegenüber dem Nachweis unter der Randrippe maßgebend.

Beim Nachweis der Durchleitung von Rippendruckkräften durch quer verlaufende Rippen (Schwellen) darf die charakteristische Tragfähigkeit um 20 % erhöht werden, da die Beplankung hier mitwirkt.

Nachweis des Verbunds zwischen Rippen und Beplankung Für horizontal beanspruchte Wandscheiben ist ein Nachweis des Schubflusses parallel zu den Rippen für $s_{v,0,d}$ zu führen. Eine Bemessung für den Schubfluss $s_{v,90,d}$ rechtwinklig zu den Rippen ist nach DIN EN 1995-1-1 nicht gefordert. Die Nachweisführung ist weder in der Norm noch im Nationalen Anhang in Form von Bemessungsformeln angegeben. Es erfolgt lediglich eine textliche Beschreibung der erforderlichen Nachweisführung unter Angabe der jeweiligen Randbedingungen. Diese werden nachfolgend in Anlehnung an die bisherigen nationalen Regelungen in Formeln übersetzt. Es ist folgender Nachweis zu führen:

$$\frac{s_{v,0,d}}{f_{v,0,d}} \leq 1 \tag{5.73}$$

$$f_{v,0,d} = \min \begin{cases} k_{v1} \cdot F_{f,Rd} \cdot c/s & \text{Tragfähigkeit der Verbindung} \\ k_{v1} \cdot k_{v2} \cdot f_{v,d} \cdot t & \text{Schubfestigkeit der Platten} \\ k_{v1} \cdot k_{v2} \cdot f_{v,d} \cdot 35 \cdot t^2/a_r & \text{Beulen der Beplankung} \end{cases} \tag{5.74}$$

$s_{v,0,d}$	Bemessungswert des Schubflusses der Beplankung
$f_{v,0,d}$	Bemessungswert der längenbezogenen Schubfestigkeit der Beplankung unter Berücksichtigung der Tragfähigkeit der Verbindung, der Platten sowie des Beulens
$F_{f,Rd}$	Bemessungswert der Tragfähigkeit eines Verbindungsmittels auf Abscheren
$f_{v,d}$	Bemessungswert der Schubfestigkeit der Platten
k_{v1}	Beiwert zur Berücksichtigung der Anordnung und Verbindungsart der Platten
$k_{v1} = 1{,}0$	für Tafeln mit allseitig schubsteif verbundenen Plattenrändern
$k_{v1} = 0{,}66$	für Tafeln mit nicht allseitig schubsteif verbundenen Plattenrändern *Anmerkung:* Für Wandscheiben sind freie und somit nicht allseitig schubsteif verbundene Plattenränder nicht zulässig, sodass der Beiwert $k_{v,1}$ stets mit dem Wert 1,0 zu berücksichtigen ist.
k_{v2}	Beiwert zur Berücksichtigung von Zusatzbeanspruchungen rechtwinklig zu den vertikalen Rippen
$k_{v2} = 0{,}33$	bei einseitiger Beplankung
$k_{v1} = 0{,}5$	bei beidseitiger Beplankung
c	Faktor zur Berücksichtigung schlanker Wandscheiben
$c = 1{,}0$	für $b \geq h/2$
$c = \frac{b}{h/2}$	für $b < h/2$
	h Wandscheibenhöhe
	b Wandscheibenbreite
s	Abstand der Verbindungsmittel untereinander
t	Dicke der Platten
a_r	Abstand der Rippen

5.2.1.4 Wandscheiben unter vertikaler Scheibenbeanspruchung

Für eine vertikal beanspruchte Wandscheibe kann die Auswirkung von Imperfektionen in Form einer Schrägstellung durch den vereinfachten Ansatz einer horizontalen Ersatzlast F_{Ed} berücksichtigt werden. Sie ist am oberen und unteren Rand der Wand als Kräftepaar auf die aussteifenden Bauteile anzusetzen. Die unter der Ersatzlast und anderen äußeren Einwirkungen ermittelte horizontale Verformung der Bauteile darf $h/100$ nicht überschreiten.

$$F_{\mathrm{Ed}} = \frac{q_{\mathrm{Ed}} \cdot \ell}{70} \tag{5.75}$$

ℓ Länge der Wand, die durch die vertikale Linienlast beansprucht wird
q_{Ed} vertikale Linienlast

Der Nationale Anhang zur DIN EN 1995-1-1 [5.4] regelt darüber hinaus konstruktive Randbedingungen, bei deren Einhaltung eine Berücksichtigung der Auswirkungen von Imperfektionen in Form einer Schrägstellung und ein Nachweis der horizontalen Verformung nicht erforderlich sind:

- Tafellänge $\geq h/3$,
- Breite der Platten $\geq h/4$,
- Lagerung der Tafel direkt in einer steifen Unterkonstruktion,
- kein Ansatz der möglichen Erhöhung der charakteristischen Werte der Tragfähigkeit der Verbindungsmittel nach DIN EN 1995-1-1 Abschnitt 9.2.4.2 (5).

5.2.1.5 Dach- und Deckenscheiben

Dach- und Deckenscheiben können mit ein- oder beidseitiger Beplankung ausgeführt werden (Abb. 5.43). Bei der Errichtung von Dachtafeln können die Rippen sowohl die Funktion der Sparren (Abb. 5.44) als auch der Pfetten (Abb. 5.45) übernehmen.

Ebenso wie Wandtafeln müssen auch Deckentafeln mit umlaufenden Rippen ausgeführt werden, um den Schubfluss aus der Beplankung aufnehmen zu können. Im Gegensatz zu Wandscheiben sind bei Deckenscheiben jedoch freie Stöße ohne eine schubsteife Verbindung zulässig, wenn folgende Randbedingungen eingehalten sind:

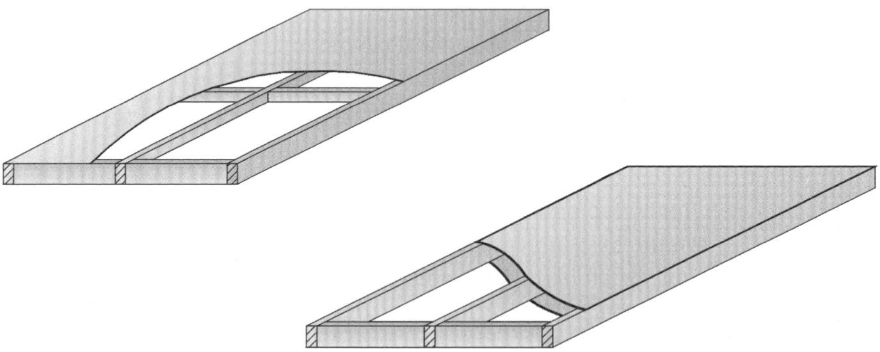

Abb. 5.43 Deckentafeln mit ein- und beidseitiger Beplankung.

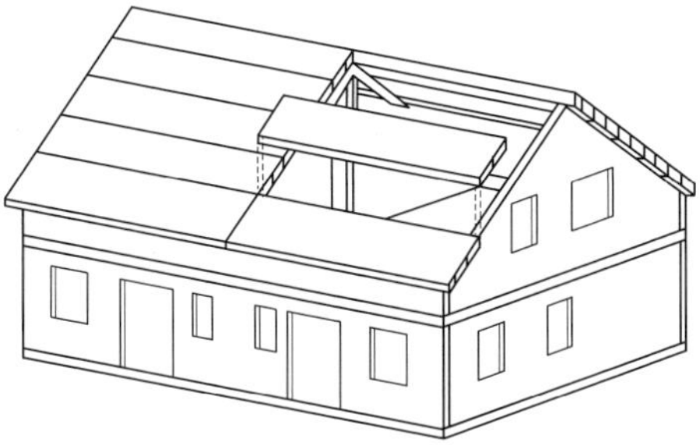

Abb. 5.44 Dachtafeln mit Rippen als Sparren.

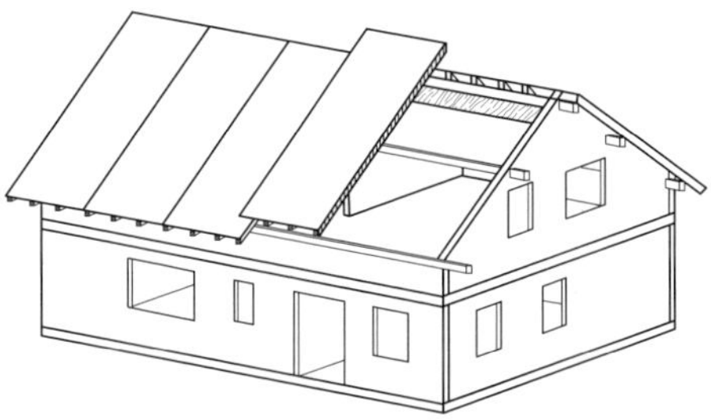

Abb. 5.45 Dachtafeln mit Rippen als Pfetten.

- Anordnung von maximal zwei freien Plattenstößen übereinander;
- die Stützweite der Deckenscheibe darf maximal 12,5 m betragen;
- Anschluss der Platten auch an die Rippen, auf denen sie nicht gestoßen sind, mit Nägeln im Abstand a_1;
- maximaler Rippenabstand von 0,75 der Seitenlänge der Platten in Rippenrichtung;
- versetzte Plattenanordnung um mindestens einen Rippenabstand a_r;
- die Tafelhöhe b in Lastrichtung beträgt mindestens $\ell/4$;
- der Bemessungswert der Einwirkungen beträgt maximal 5,0 kN/m;
- Verminderung der Schubtragfähigkeit der Tafel um 2/3.

Für Tafeln mit allseitig schubsteif verbundenen Plattenrändern darf als Randabstand der Verbindungsmittel von Rippen und Beplankung das Maß $a_{4,c}$ zugrunde gelegt werden. Zu beachten ist, dass in Randbereichen, in denen die Rippen rechtwinklig zu ihrer Stabachse beansprucht werden, andere Randabstände erforderlich sein können. Bei Tafeln mit freien Plattenrändern muss für den Randabstand der Verbindungsmittel das Maß $a_{4,t}$ für einen Winkel α von 90° verwendet werden, um den Schubfluss $s_{v,90,d}$ senkrecht zu den Rippen übertragen zu können.

Zur Bemessung von Dach- und Deckenscheiben stellt die DIN EN 1995-1-1 ein vereinfachtes Nachweisverfahren zur Verfügung, wenn folgende Voraussetzungen erfüllt sind:

- Die Dach- und Deckenscheiben sind durch eine Gleichstreckenlast beansprucht.
- Die Spannweite der Dach- oder Deckenscheibe liegt zwischen 2b und 6b. Der Faktor b bezeichnet die Wandhöhe. Auch Scheiben mit einer Spannweite ℓ kleiner als 2b dürfen nach dem vereinfachten Verfahren bemessen werden, sofern in Lastrichtung über die Scheibenhöhe durchgehende Rippen die Last gleichmäßig in die Scheiben einleiten oder die Scheibenhöhe rechnerisch nur zur halben Spannweite der Tafel angenommen wird.

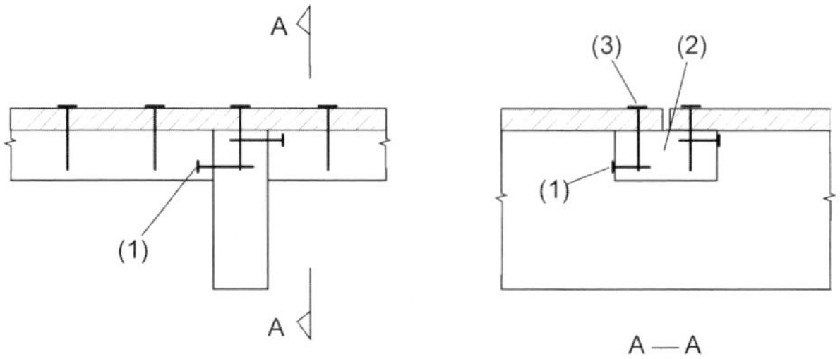

Abb. 5.46 Verbindung einer Beplankung, die nicht auf einer Rippe oder einem Querholz gestoßen ist (Bild 10.1 aus DIN EN 1995-1-1) (1) Rahmenholz durch Schrägnagelung an Rippen oder Querhölzer angeschlossen (2) Rahmenholz (3) Beplankung auf Rahmenholz genagelt.

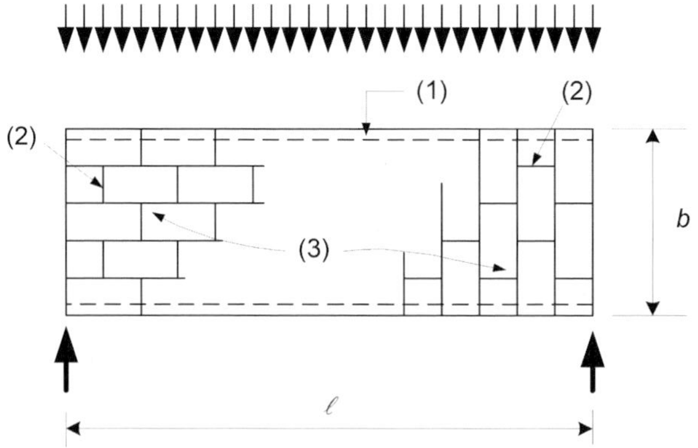

Abb. 5.47 Scheibenbeanspruchung und versetzte Plattenanordnungen (Bild 9.4 aus DIN EN 1995-1-1) (1) Randbalken (2) nicht durchgehende Stöße (3) Plattenanordnungen.

- Für die Bemessung im Grenzzustand der Tragfähigkeit ist das Versagen der Verbindungsmittel und nicht das der Beplankungen maßgebend.
- Beplankungen, die nicht auf Rippen oder Querhölzern gestoßen sind, müssen miteinander z. B. durch Rahmenhölzer verbunden sein (Abb. 5.46). Es sollten andere als glattschaftige Nägel oder aber Schrauben verwendet werden. Der Größtabstand entlang der Ränder der Beplankung sollte maximal 150 mm betragen. In anderen Bereichen sollte der Größtabstand maximal 300 mm betragen.

Die Randrippen sollten, sofern kein genauerer Nachweis geführt wird, für das größte Biegemoment in der Scheibe nachgewiesen werden.

Die Randrippen von Scheiben dürfen nicht gestoßen sein. Lässt sich ein Stoß nicht vermeiden, ist dieser verformungsarm auszubilden. Diese Anforderung kann als erfüllt betrachtet werden, sofern der Bemessungswert der Tragfähigkeit des Stoßes größer als der 1,5-fache Bemessungswert der Beanspruchung ist.

Bei versetzter Anordnung der Holzwerkstoffplatten (Abb. 5.47) darf der Nagelabstand entlang den nicht durchlaufenden Plattenstößen mit dem Faktor 1,5 bis zu einem Größtwert von 150 mm erhöht werden. Eine Reduzierung der Tragfähigkeit ist hierbei nicht erforderlich.

Sofern Tafeln über mehrere Felder durchlaufen, dürfen die Stützkräfte und Beanspruchungen näherungsweise ohne die Berücksichtigung einer Durchlaufwirkung ermittelt werden.

Grundsätzlich ist eine Lasteinleitung in die Scheiben nachzuweisen. Auf diesen Nachweis kann jedoch bei Einhaltung der folgenden Bedingungen verzichtet werden:

- alle Druckkräfte werden über Rippen in Lastrichtung eingeleitet;
- bei einer Scheibenhöhe b kleiner als $\ell/4$ oder sofern der Nachweis bei größerer Scheibenhöhe mit einer rechnerischen Scheibenhöhe von $\ell/4$ geführt wird;
- wenn bei einer Scheibenhöhe kleiner $\ell/2$ die Last am oberen und unteren Rand gleich verteilt eingeleitet wird oder bei größerer Scheibenhöhe eine rechnerische Scheibenhöhe von $\ell/2$ in Ansatz gebracht wird.

Nachweis scheibenartig beanspruchter Dach- und Deckentafeln Für eine Beanspruchung in Tafelebene müssen die Randrippen für die Aufnahme des größten Biegemoments in der Scheibe bemessen werden.

In Analogie zu den Wandscheiben ist auch für horizontal beanspruchte Dach- und Deckenscheiben ein Nachweis des Schubflusses parallel zu den Rippen für $s_{v,0,d}$ zu führen. Die Schubkräfte in der Scheibe sollten als gleichmäßig über die Scheibenhöhe verteilt angenommen werden.

$$\frac{s_{v,0,d}}{f_{v,0,d}} \leq 1 \tag{5.76}$$

$$f_{v,0,d} = \min \begin{cases} k_{v1} \cdot F_{f,Rd} \cdot c/s & \text{Tragfähigkeit der Verbindung} \\ k_{v1} \cdot k_{v2} \cdot f_{v,d} \cdot t & \text{Schubfestigkeit der Platten} \\ k_{v1} \cdot k_{v2} \cdot f_{v,d} \cdot 35 \cdot t^2/a_r & \text{Beulen der Beplankung} \end{cases} \tag{5.77}$$

Hinsichtlich der Formelzeichen wird auf Gl. (5.73) verwiesen.

In Dach- und Deckenscheiben ist eine Anordnung von Öffnungen häufig unvermeidlich. Sie sind erforderlich, um beispielsweise Geschosse miteinander zu verbinden, Treppen einzubauen oder Dachflächenfenster anzuordnen. Bei der Bemessung ist zu beachten, dass diese Öffnungen erhöhte Schubspannungen in den angrenzenden Bereichen hervorrufen, da diese den Schubfluss der Öffnung mit übertragen müssen. Der Schubfluss muss über Wechsel in die benachbarten Bereiche übertragen werden. Je größer die Schubbeanspruchung ist, desto größer ist die über die Wechsel zu übertragende Kraft. Grundsätzlich gilt, dass sich Öffnungen in Bereichen geringerer planmäßiger Schubbeanspruchungen günstiger auswirken (Abb. 5.48).

Nachweis plattenartig beanspruchter Dach- und Deckentafeln Es ist ein Nachweis der Tragfähigkeit in Plattenrichtung zu führen. Hierbei darf der Verbund von Rippen und Beplankung über den Ansatz mitwirkender Plattenbreiten berücksichtigt werden (Abb. 5.49).

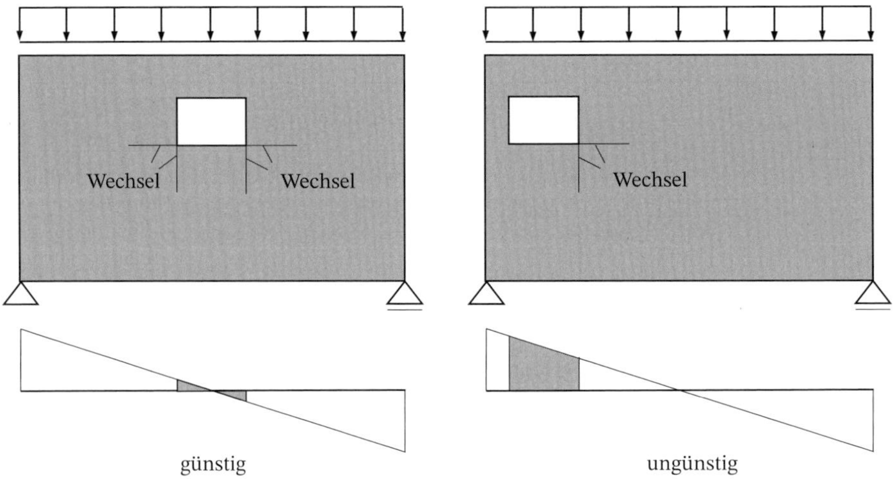

Abb. 5.48 Öffnungsanordnungen im Bereich von Querkräften.

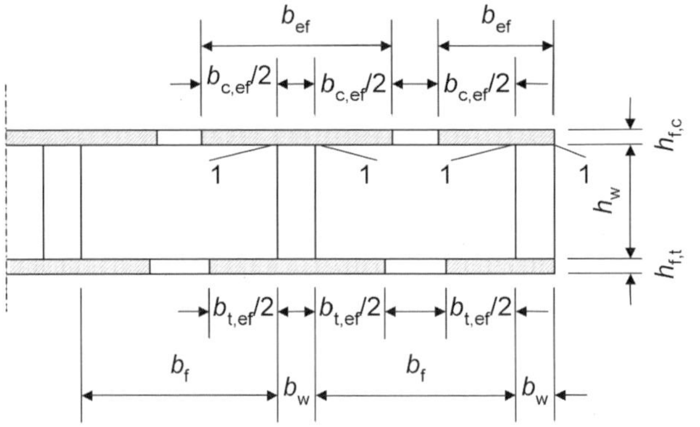

Abb. 5.49 Tafelelement mit mitwirkenden Beplankungsbreiten (Bild 9.2 aus DIN EN 1995-1-1).

Auf einen Nachweis der Tafeldurchbiegung von Dach- und Deckentafeln kann verzichtet werden, wenn folgende Bedingungen erfüllt sind:

- Die Tafelhöhe beträgt mindestens $\ell/4$.
- Die Seitenlänge der Platten beträgt mindestens 1,0 m.
- Der Verbindungsmittelabstand a_1 wird an allen nicht freien Plattenrändern der Tafel eingehalten.
- Auf eine Erhöhung der charakteristischen Werte der Tragfähigkeit der Verbindungsmittel nach DIN EN 1995-1-1 Abschnitt 9.2.3.1 (2) wird verzichtet.

Aussparungen in mittragenden Beplankungen dürfen beim Nachweis der Spannungen vernachlässigt werden, wenn auf einer Fläche von 2,5 m^2 einer Tafel die Gesamtfläche aller Aussparungen höchstens 300 cm^2 beträgt. Dabei darf die größte Ausdehnung der einzelnen Öffnung 200 mm nicht überschreiten; dieser Höchstwert gilt auch für die Summe aller Aussparungsbreiten innerhalb des Querschnitts einer Tafel. Bei nicht vernachlässigbaren Aussparungen oder anderen Unterbrechungen der Beplankung rechtwinklig zur Spannrichtung der Tafel (z. B. Beplankungsstöße) dürfen höchstens die durch die Unterbrechung begrenzten Teilfeldlängen eingesetzt werden.

5.2.2 Platten und Scheiben aus Massivholz/Bemessung von Brettsperrholz

5.2.2.1 Allgemeines

5.2.2.1.1 Hintergrund und Anwendungsmöglichkeiten

Brettsperrholzelemente zählen zu den Massivholzbauweisen (Abk.: BSP, engl.: „Cross Laminated Timber – CLT“ oder „X-Lam“). Erste Erfahrungen mit großflächigen Elementen aus über Kreuz verklebten Brettlamellen wurden seit Mitte der 1990er-Jahre gesammelt. Nach der erfolgreichen Durchführung von Pilotprojekten wurde die geregelte Anwendung von Brettsperrholz für tragende Konstruktionen mit der ersten allgemeinen bauaufsichtlichen Zulassung des Deutschen Instituts für Bautechnik (DIBt) im Dezember 1998 möglich. Weitere Zulassungen europäischer Hersteller folgten in den nächsten Jahren. Die kontinuierlich wachsende Anzahl von Produktionsstätten und bauaufsichtlichen Zulassungen belegt deutlich die zunehmende Akzeptanz und Attraktivität dieser mittlerweile etablierten Bauweise (s. Abb. 5.50).

Brettsperrholzelemente werden überwiegend für tragende und aussteifende Dach-, Decken- und Wandbauteile beim Bau von Ein- und Zweifamilienhäusern, im mehrgeschossigen Wohnungsbau, bei Schul-, Gewerbe- und Sakralbauten und vergleichbaren Bauvorhaben sowie teilweise auch im Industriebau eingesetzt. In der Regel liegt die Nutzungsklasse 1 bzw. 2 und überwiegend ruhende Belastung vor. Es wurden aber auch schon Erfahrungen für veränderliche Belastungen im Bereich des Brückenbaus bzw. bei Türmen für Windkraftanlagen gesammelt. Abb. 5.51 zeigt eine Auswahl an typischen Tragfunktionen von Brettsperrholzelementen.

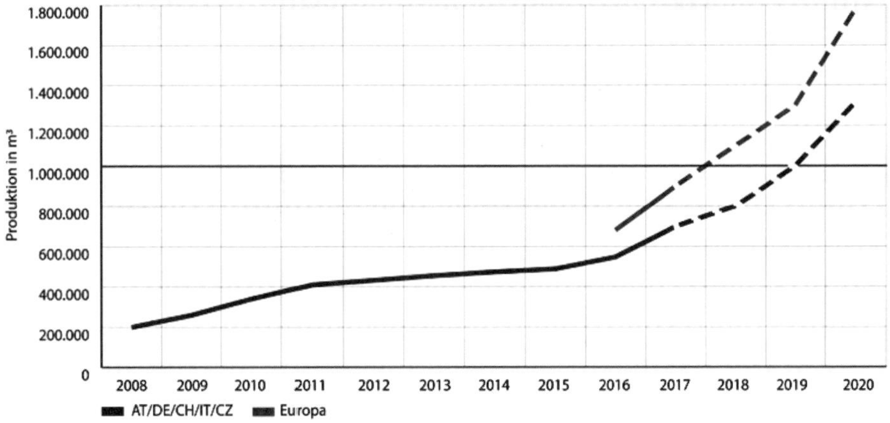

Abb. 5.50 Laufendes und geplantes Produktionsvolumen (G. Jauk, Holzkurier).

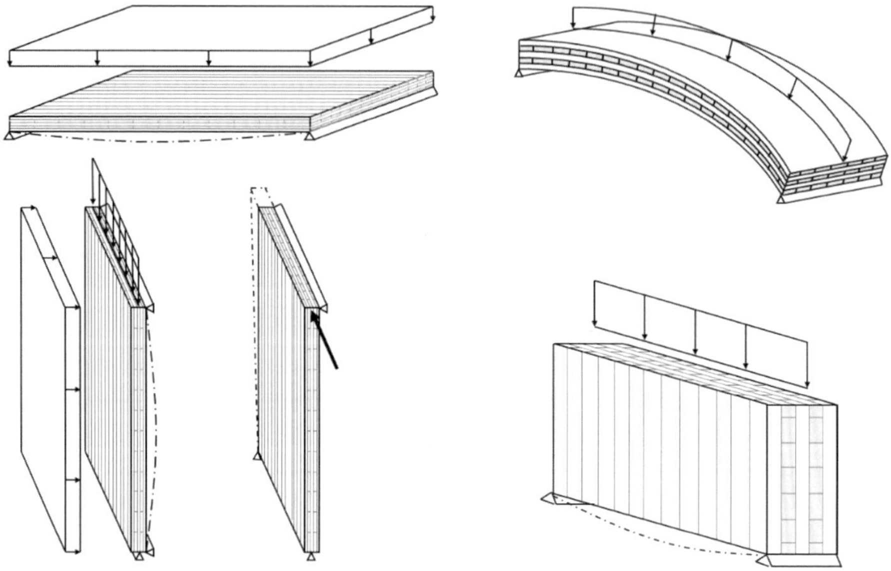

Abb. 5.51 Anwendungsmöglichkeiten.

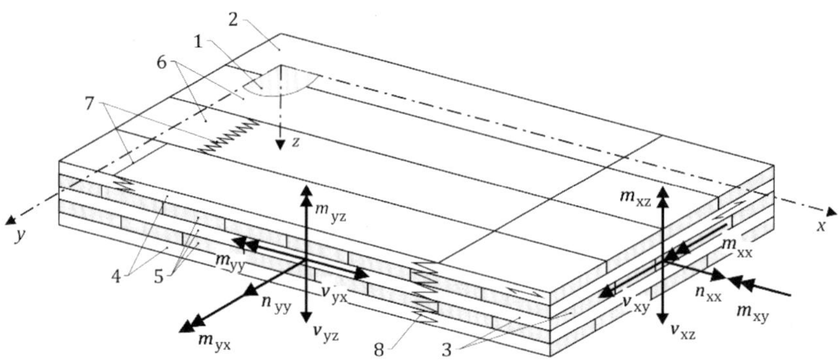

1) Elementebene	*3) Schmalseiten*	*5) Mittellagen*	*7) Keilzinkung (Lamelle)*
2) Seitenfläche	*4) Decklagen*	*6) Brettlamellen*	*8) Generalkeilzinkung*

Abb. 5.52 Querschnittsaufbau Begriffsdefinitionen (CEN TC250 SC5 WG1/PT1).

Üblicherweise besteht der Aufbau aus mindestens drei kreuzweise angeordneten Brettlagen und einem zur Schwerachse des Systems symmetrischen Aufbau der tragenden Lagen (Abb. 5.52). Bei besonders hohen statischen Anforderungen in Haupttragrichtung bieten viele Hersteller Aufbauten an, bei denen mehrere parallele Lagen in Haupttragrichtung übereinander angeordnet sind. Die Plattenabmessungen variieren je nach Herstellungsverfahren. Üblich sind Elementbreiten bis 2,95 m und Elementlängen bis 16,00 m bei einer Gesamtdicke der Elemente von bis zu 300 mm. Auf Anfrage und abhängig vom Hersteller sind Breiten bis zu 4,80 m und Längen bis zu 20,00 m möglich.

5.2.2.1.2 Baurechtliche Grundlagen

Die baurechtlichen Grundlagen für die Verwendbarkeit der verschiedenen Brettsperrholzprodukte sind derzeit noch nationale „allgemeine bauaufsichtliche Zulassungen" (z. B. abZ des Deutschen Instituts für Bautechnik) bzw. auf der europäischen Ebene europäisch technische Zulassungen (ETA). Die Vergabe der europäischen technischen Zulassungen erfolgt über die Mitgliedsvereinigungen der European Organization for Technical Approvals (EOTA). Sowohl die nationalen als auch die europäischen technischen Zulassungen regeln im Wesentlichen folgende Themenbereiche:

- Zulassungsgegenstand und Anwendungsbereich,
- Eigenschaften, Zusammensetzung, Material,
- Herstellung und Kennzeichnung, Übereinstimmungsnachweis,
- Bestimmungen für Entwurf und Bemessung (u. a. statische, bauphysikalische und brandschutztechnische Anforderungen).

Die in den Teilbereichen der Zulassungen festgelegten Bestimmungen gelten dabei jeweils in Verbindung mit nationalen bzw. europäischen Normen. Die statische Bemessung der Brettsperrholzelemente erfolgt auf der Grundlage des Eurocodes 5 [5.3] in Verbindung mit den nationalen Anwendungsdokumenten.

Um den planenden Architekten und Ingenieuren die Anwendung von Brettsperrholz zu erleichtern, wurde die europäische harmonisierte Produktnorm DIN EN 16351 [5.52] für geklebtes Brettsperrholz erarbeitet. Diese Norm ist zum Zeitpunkt der Drucklegung zwar erschienen, aber noch nicht ins offizielle Amtsblatt der EU aufgenommen worden. Brettsperrholz bedarf daher derzeit weiterhin noch der zuvor beschriebenen bauaufsichtlichen Verwendbarkeitsnachweise.

Aktuell erarbeitet eine europäische Arbeitsgruppe (CEN TC250 SC5 WG1/PT1) die wesentlichen Bemessungsgrundlagen für Brettsperrholz. Bemessungsansätze, die in der aktuellen Fassung des Eurocodes 5 und teilweise auch in den Zulassungen noch nicht enthalten sind, sollen im Zuge der Neufassung des Eurocodes 5 aufgenommen werden [5.53]. Diese Bemessungsansätze werden im Rahmen des vorliegenden Beitrags vorgestellt, auch wenn sie in den aktuellen Bemessungsnormen und Zulassungen noch nicht enthalten sind. Aufgrund der Veröffentlichung in Fachzeitschriften und der konsensualen Diskussionen in Forschungsgremien können sie jedoch als Stand der Technik angesehen werden.

5.2.2.2 Berechnungsgrundlagen

Definition von Schnittgrößen und Spannungen Das Tragverhalten der Flächenelemente ist durch stoffliche und, bedingt durch die orthogonale Anordnung der einzelnen Lagen, durch konstruktive Anisotropie geprägt. Folglich ist es für die Spannungs- und Verformungsberechnung von entscheidender Bedeutung, die korrekten Querschnitts- und Steifigkeitswerte anzusetzen. Da es sich bei Brettsperrholz um Flächenelemente handelt, werden diese Werte im weiteren Verlauf für einen Plattenstreifen mit einer Breite von einem Meter angegeben. Die Abb. 5.53 und 5.54 zeigen die wesentlichen Schnittgrößen und die für Brettsperrholz charakteristischen Spannungsverläufe an den flächigen Brettsperrholzelementen.

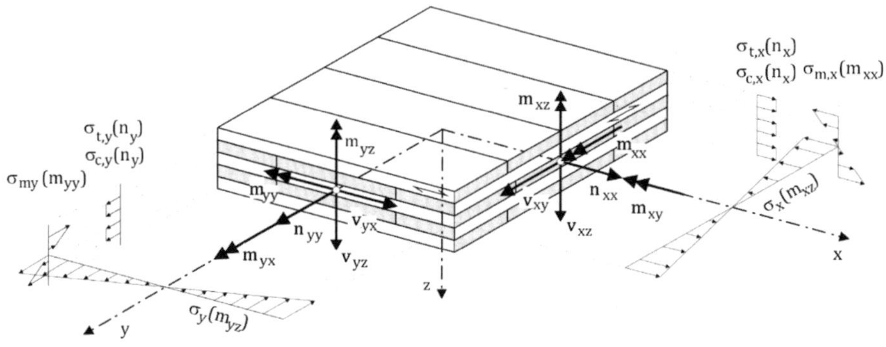

Abb. 5.53 Schnittgrößen und charakteristische Längsspannungsverläufe (CEN TC250 SC5 WG1/PT1).

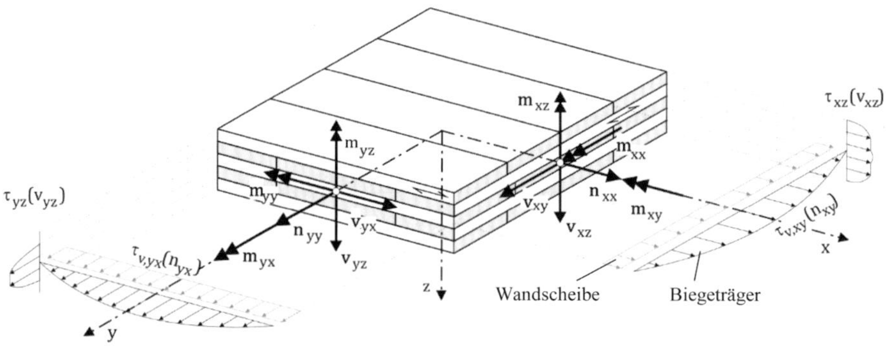

Abb. 5.54 Schnittgrößen und charakteristische Schubspannungsverläufe (CEN TC250 SC5 WG1/PT1).

Steifigkeitskennwerte Im deutschen Nationalen Anhang (NA) [5.4] zum Eurocode 5 [5.3] sind allgemeine Gleichungen für die Ermittlung der Steifigkeitskennwerte von Brettsperrholz angegeben. Die Vorgehensweise bei der Ermittlung der Steifigkeiten ist in der Regel für Haupt- und Nebentragrichtung gleich. Vereinfachend wird im Folgenden nur die Haupttragrichtung (x-Richtung, parallel zu den Decklagen) betrachtet.

Üblicherweise liegen symmetrische Querschnitte mit gleicher Materialgüte in den einzelnen Lagen vor, sodass die Schwerachse mit der Symmetrieachse des Querschnitts übereinstimmt. Liegen unsymmetrische Querschnitte vor, beispielsweise im Brandfall oder durch zusätzliche Deckschichten aus besonderen Qualitätsanforderungen, so ist die Schwerachse unter Berücksichtigung der Materialparameter zu ermitteln (z. B. [5.54] oder [5.55]).

Biegesteifigkeit

Die Biegesteifigkeit setzt sich zusammen aus den Eigenanteilen und den Steineranteilen der einzelnen Flächen bezogen auf die Schwerachse. Die Variable $z_{s,i}$ beschreibt den Abstand des Teilschwerpunkts der betrachteten Lamelle zur Schwer-

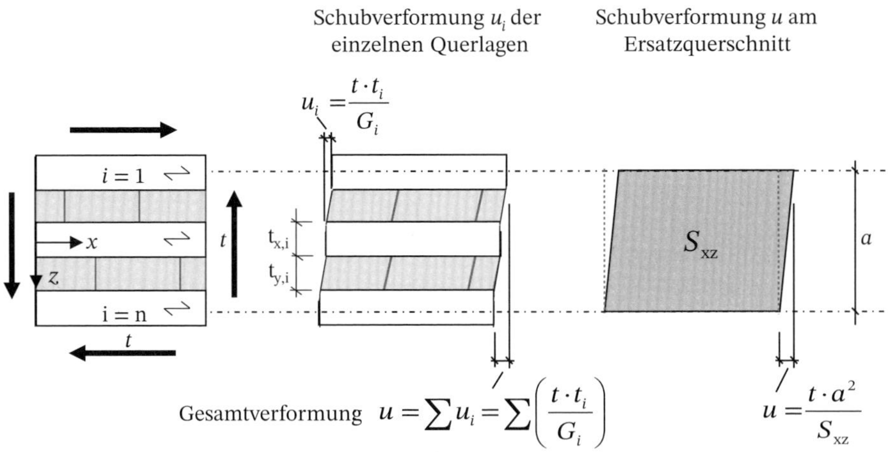

Abb. 5.55 Ermittlung der Ersatzschubsteifigkeit S_{xz}.

achse des Gesamtquerschnitts (s. a. Abb. 5.57):

$$B_x = \sum E_{x,i} \cdot t_i \cdot z_{s,i}^2 + \sum E_{x,i} \cdot \frac{t_i^3}{12} \tag{5.78}$$

Schubsteifigkeit
Die Schubverformung stellt aufgrund der kreuzweisen Anordnung der Brettlagen und der damit verbundenen unterschiedlichen Schubmodule in den einzelnen Schichten einen komplexen Zusammenhang dar. Im Nationalen Anhang (NA) [5.4] zum Eurocode 5 [5.3] wird die Schubverformung durch eine Ersatzschubsteifigkeit berücksichtigt. Diese wird an einem Ersatzquerschnitt ermittelt, der die gleiche Schubverformung aufweist wie der tatsächliche Verbundquerschnitt (Abb. 5.55). Der Schubfluss t wird dabei über die Elementhöhe als konstant angenommen.

Durch Gleichsetzen der Gesamtverformung u ergibt sich folgender Term zur Ermittlung der Ersatzschubsteifigkeit S_{xz}.

$$\frac{1}{S_{xz}} = \frac{1}{a^2}\left\{\frac{t_1}{2 \cdot G_{xz,1}} + \sum_{i=2}^{n-1} \frac{t_i}{G_{xz,i}} + \frac{t_n}{2 \cdot G_{xz,n}}\right\} \tag{5.79}$$

Für Elemente mit ungerader Schichtanzahl n und symmetrischem Querschnitt, deren Einzelschichten aus Brettware gleicher Dicke und Materialgüte bestehen, kann die Berechnung weiter vereinfacht werden. Da der Rollschubmodul der Querlagen nur ca. 10 % des Schubmoduls der Längslagen beträgt, resultiert das Verformungsbild unter Schubbeanspruchung im Wesentlichen aus der Verformung der Querlagen. Näherungsweise können die Verformungsanteile der Längslagen vernachlässigt werden und die Ersatzschubsteifigkeit des Querschnitts berechnet sich wie folgt:

$$S_{xz} = 2 \cdot (n-1) \cdot t_{y,i} \cdot G_R \tag{5.80}$$

Alternativ kann aus dem Arbeitssatz ein Schubkorrekturbeiwert $\varkappa_n$ in Abhängigkeit der Anzahl der Schichten n ermittelt und daraus die Schubsteifigkeit der Elemente bestimmt werden [5.56].

Drillsteifigkeit
Berechnet man Systeme wie allseitig gelagerte oder punktgestützte großformatige Plattenelemente, so wird dabei das Tragverhalten neben der zweiachsigen Lastabtragung durch die Drillsteifigkeit der Elemente beeinflusst. Ist keine Verklebung an den Schmalseiten der Brettlagen vorhanden, so wird die Drillsteifigkeit geringer und darf näherungsweise zu null gesetzt werden. Dies ist eine Vereinfachung, spiegelt jedoch nicht das tatsächliche Tragverhalten wider. Experimentelle Untersuchungen [5.54] zeigen, dass die Brettfugen nur sehr geringe Auswirkungen auf das Drillverhalten der Elemente besitzen. Wird in allen Lagen Brettware der gleichen Festigkeitsklasse verwendet, so kann die Drillsteifigkeit, unabhängig von einer möglichen Schmalseitenverklebung, wie folgt ermittelt werden:

$$B_{xy} = G_{xy} \cdot \frac{t_{CL}^3}{6} \tag{5.81}$$

mit

t_{CL} Elementdicke

Dies entspricht der Ermittlung der Drillsteifigkeit einer homogenen Platte. Der ermittelte Wert B_{xy} eines Plattenstreifens ist dabei halb so groß wie die Drillsteifigkeit eines Stabs gleicher Breite. Dies liegt daran, dass bei flächigen Elementen sowohl Plattenstreifen in x- als auch in y-Richtung aktiviert werden. In der Summe stimmen die Drillsteifigkeiten somit wiederum überein.

Dehnsteifigkeit
Wandelemente unter vertikaler Belastung sowie aussteifende Deckenscheiben erfahren Beanspruchungen in Elementebene. Für die Ermittlung der daraus resultierenden Normalspannungen in den einzelnen Lagen ist die Dehnsteifigkeit D_x erforderlich. Die Dehnsteifigkeit D_x beträgt:

$$D_x = \sum \left(E_{x,i} \cdot t_i\right) \tag{5.82}$$

Scheibenschubsteifigkeit
Für aussteifende Wandscheiben sind die Gleitung in xy-Ebene und die damit verbundene Scheibenschubsteifigkeit D_{xy} von Bedeutung. Sind die einzelnen Bretter an den Schmalseiten miteinander verklebt, so kann die Gesamtquerschnittsdicke t_{CL} und der Schubmodul G_{xy} der verwendeten Brettware zur Ermittlung der Scheibenschubsteifigkeit angesetzt werden:

$$D_{xy} = G_{xy} \cdot t_{CL} \tag{5.83}$$

In [5.4] werden Fugen bzw. Entlastungsnuten durch eine pauschale Abminderung des Schubmoduls und damit auch der Scheibenschubsteifigkeit auf 25 % berücksichtigt. Aktuelle Untersuchungen zeigen, dass für Brettsperrholz ohne Schmalseitenverklebung bzw. mit Entlastungsnuten mindestens ein Schubmodul G_{xy} von 450 N/mm^2 angesetzt werden darf. Bei genauer Kenntnis des Querschnittsaufbaus und der verwendeten Brettabmessungen sind auch höhere Werte möglich [5.57].

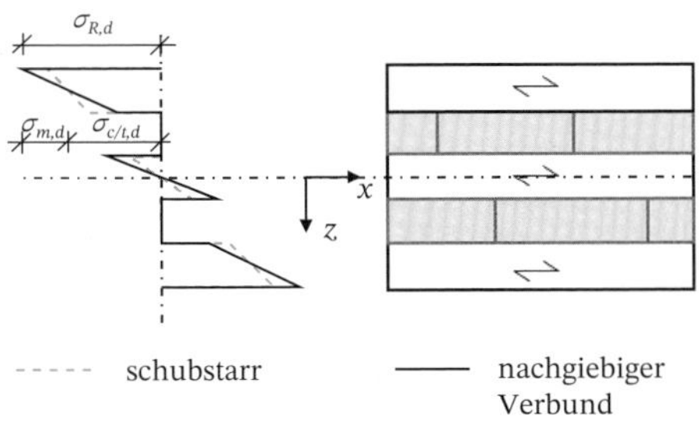

Abb. 5.56 Einfluss des nachgiebigen Verbunds auf die Längsspannungen.

5.2.2.3 Plattenbeanspruchungen

Einfluss der Schubverformungen auf die Spannungsverteilung Der geringe Rollschubmodul der Querlagen bewirkt, dass bei gedrungenen Elementabmessungen oder Beanspruchungen durch Einzellasten die relativ großen Schubverformungen der Querlagen quasi zu einem nachgiebigen Verbund der zur Haupttragrichtung parallel verlaufenden Lagen führen. Durch die Berücksichtigung des nachgiebigen Verbunds nimmt die Schwerpunktsspannung $\sigma_{c/t,0,d}$ in den einzelnen Lagen ab, während der Anteil der Biegespannungen $\sigma_{m,d}$ zunimmt (Abb. 5.56). Somit entstehen größere, für die Bemessung maßgebende Randspannungen $\sigma_{R,d}$. In den Querlagen ergeben sich keine Längsspannungen, da aufgrund der großen Steifigkeitsunterschiede der E-Modul der Querlagen gleich null gesetzt werden darf.

Der Einfluss der Schubverformung auf die Spannungsverteilung ist stark abhängig von den vorhandenen Randbedingungen wie der Belastungsart und der Lagerung. Bei geklebtem BSP liefert die Spannungsermittlung nach der starren Verbundtheorie ausreichend genaue Ergebnisse, sofern eine Beanspruchung unter Gleichlast und ein Verhältnis aus Spannweite l zu Elementdicke t_{CL} von $l/t_{CL} > 20$ vorliegt. Auch bei Mehrfeldsystemen können die Spannungen in den Feldern ausreichend genau nach der starren Verbundtheorie ermittelt werden. Im Bereich der Stützmomente tritt aufgrund der gleichzeitig wirkenden hohen Schubkräfte jedoch eine deutliche Zunahme der Biegerandspannungen auf. Hier sollten die nach der starren Verbundtheorie ermittelten Biegerandspannungen pauschal um 25 % erhöht bei der Nachweisführung angesetzt werden, sofern keine genaueren Berechnungen erfolgen.

Davon abweichende Systeme sind unter Berücksichtigung der Schubverformung zu berechnen (siehe u. a. [5.58–5.60]).

Berechnung von Plattenstreifen nach der starren Verbundtheorie Lasten senkrecht zur Elementebene erzeugen Biegebeanspruchungen, die bei Deckensystemen in erster Linie über die parallel zur Spannrichtung verlaufenden Brettlagen abgetragen werden. Der Brettsperrholzbalken kann dabei als einachsig gespannter Plattenstreifen betrachtet werden. Bei symmetrischen Querschnitten mit gleicher Materialgüte in den einzelnen Lagen stimmt die Schwerachse mit der Symmetrieachse des Querschnitts überein. Die geometrischen Zusammenhänge sind in Abb. 5.57 dargestellt.

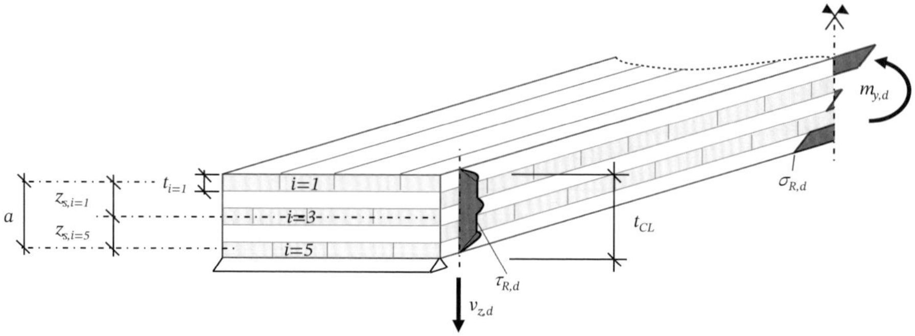

Abb. 5.57 Plattenstreifen einer Brettsperrholzdecke.

Aufgrund der großen Unterschiede in den Elastizitätsmodulen der einzelnen Lagen können bei der Ermittlung der Querschnittswerte die Querlagen vernachlässigt werden. Bestehen die Längslagen aus Brettlamellen der gleichen Festigkeitsklasse, so gelten für einen Plattenstreifen von einem Meter Breite nachfolgende Zusammenhänge.

Für das effektive Trägheitsmoment $I_{\text{ef,x}}$ gilt:

$$I_{\text{ef,x}} = \sum t_{\text{x},i}{}^3/12 + \sum t_{\text{x},i} \cdot z_{\text{s},i}^2 \tag{5.84}$$

Für die Schubspannungsberechnung muss zusätzlich das statische Moment ermittelt werden:

$$S_{\text{ef,x}} = \sum_{i=1}^{(n-1)/2} t_{\text{x},i} \cdot z_{\text{s},i} \tag{5.85}$$

Die Biegerandspannung $\sigma_{\text{R,d}}$ der Decklagen beträgt somit:

$$\sigma_{\text{R,d}} = \frac{m_{\text{x,d}}}{I_{\text{ef,x}}} \cdot t_{\text{CL}}/2 \tag{5.86}$$

Unter der Annahme eines konstanten Schubflusses lässt sich die für die Schubbemessung maßgebende Rollschubspannung aus der vorherrschenden Querkraft $v_{\text{xz,d}}$ sowie dem Schwerpunktabstand a der Decklagen abschätzen:

$$\tau_{\text{R,d}} = \frac{v_{\text{xz,d}}}{a} \tag{5.87}$$

Für drei- und fünfschichtige Elemente stimmt die Rollschubspannung nach Gl. (5.87) annähernd mit der exakten Lösung überein. Doch bereits bei einem siebenschichtigen Element liegt die maßgebende Rollschubspannung ca. 20 % über dem Wert dieser Abschätzung. Mit zunehmender Anzahl von Schichten nimmt die Abweichung weiter zu und konvergiert gegen den Grenzwert von 50 %. Für Elemente mit mehr als fünf Schichten empfiehlt es sich daher, die Rollschubspannung nach folgender Gleichung zu bestimmen:

$$\tau_{\text{R,d}} = \frac{v_{\text{xz,d}} \cdot S_{\text{ef,x}}}{I_{\text{ef,x}}} \tag{5.88}$$

Allgemeine Spannungsnachweise im Grenzzustand der Tragfähigkeit Entsprechend den aktuell erteilten bauaufsichtlichen Zulassungen für geklebtes Brettsperrholz ist es unter reiner Biegebeanspruchung ausreichend, die Biegerandspannungen nachzuweisen. Auf den kombinierten Nachweis der Schwerpunkts- und Biegespannungen in den einzelnen Lagen wird verzichtet. Dabei darf der Bemessungswert der Biegefestigkeit mit dem Systembeiwert k_l multipliziert werden:

$$k_l = \min \begin{cases} 1 + n \cdot 0{,}025 \\ 1{,}1 \end{cases} \tag{5.89}$$

mit

n Anzahl der nebeneinander liegenden Bretter in den Decklagen

Folgende Spannungsnachweise sind zu führen:

$$\text{Biegerandspannung:} \quad \frac{\sigma_{R,d}}{k_l \cdot f_{m,d}} \leq 1 \tag{5.90}$$

$$\text{Rollschubspannung:} \quad \frac{\tau_{R,d}}{f_{R,d}} \leq 1 \tag{5.91}$$

Die Bemessungswerte der Zug- bzw. Druck- und Biegefestigkeiten sind von der Festigkeitsklasse der verwendeten Brettlamellen abhängig. Für den charakteristischen Wert der Rollschubfestigkeit gelten die in den Zulassungen der jeweiligen Produkte angegebenen Werte. Diese variieren zwischen 0,75 und 1,25 N/mm^2 für Fichtenholz. Der Unterschied resultiert aus dem jeweiligen Herstellungsverfahren. Elemente, die mittels Vakuumverklebung hergestellt werden, besitzen Entlastungsnuten in den einzelnen Lamellen, um auch bei dem relativ geringen Pressdruck eine ordnungsgemäße Verklebung erreichen zu können. Da mit sinkendem Verhältnis von Brettbreite bzw. Fugenabstand zu Brettdicke auch die Rollschubfestigkeit abnimmt, sind bei den Herstellern, die mit Vakuumverklebung arbeiten, geringere Rollschubfestigkeitswerte in den Zulassungen enthalten.

Zukünftig soll im Eurocode 5 [5.3] für Brettsperrholz gemäß EN 16351 [5.52] aus Lamellen der Festigkeitsklasse C24 die Biegefestigkeit $f_{m,k} = 26{,}4\,\text{N/mm}^2$ und in Abhängigkeit der Lamellenabmessungen die Rollschubfestigkeit $f_{r,k}$ von 0,70 N/mm^2 bis hin zu 1,40 N/mm^2 gelten.

Querdruck Verschiedene Untersuchungen zeigen, dass die Querdruckfestigkeit von Brettsperrholz aus Lamellen der Festigkeitsklasse C24 mit $f_{c,z,k} = 3{,}0\,\text{N/mm}^2$ angesetzt werden kann ([5.64] und [5.62]). Auch bei Lamellen aus anderen Festigkeitsklassen sind keine wesentlichen Abweichungen zu erwarten. Ein ausführliches Nachweisverfahren ist in [5.62] beschrieben. Vereinfacht darf der Nachweis der Querdruckspannung wie folgt geführt werden:

$$\sigma_{c,z,d} \leq k_{c,90,CL} \cdot f_{c,z,d} \tag{5.92}$$

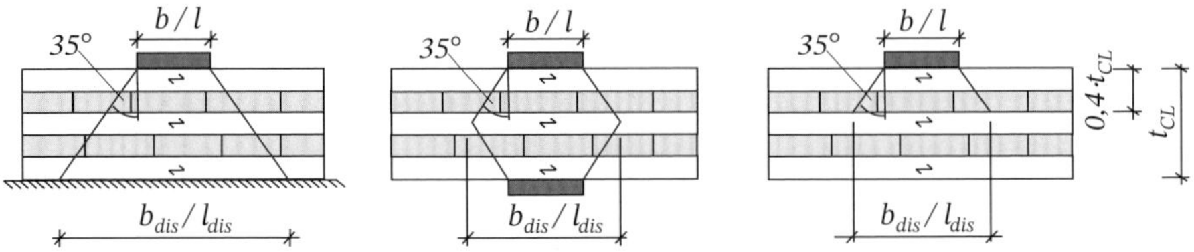

Abb. 5.58 Einflussbreite b_{dis} und Einflusslänge l_{dis}.

mit

$\sigma_{c,z,d}$ Bemessungswert der Querdruckspannung senkrecht zur Faser in der Kontaktfläche in N/mm²

$f_{c,z,d}$ Bemessungswert der Druckfestigkeit senkrecht zur Faser in N/mm² (in der Regel gilt $f_{c,z,k} = 3{,}0\,\text{N/mm}^2$)

$k_{c,90,CL}$ Querdruckbeiwert zur Berücksichtigung der Art und Lage der Einwirkung sowie der geometrischen Randbedingungen

Für Brettsperrholz mit einem Verhältnis $t_{i,\max}/t_{i,\min}$ von $0{,}5 \leq t_{i,\max}/t_{i,\min} \leq 2$ dürfen für die Ermittlung des Querdruckbeiwerts $k_{c,90,CL}$ nach Gl. (5.93) die Einflussbreite b_{dis} und Einflusslänge l_{dis} auf Grundlage einer mittleren Lastausbreitung unter einem Winkel von 35° gemäß Abb. 5.58 verwendet werden.

$$k_{c,90,CL} = \sqrt{\frac{b_{\text{dis}} \cdot l_{\text{dis}}}{b \cdot l}} \leq 4 \tag{5.93}$$

Konzentrierte Lasteinleitung In der Regel werden die Platten zweiseitig linienförmig gelagert und nur eine einachsige Lastabtragung unter Gleichlast wird berücksichtigt. Durch die Verwendung der großformatigen Elemente und unter Berücksichtigung der zweiachsigen Lastabtragung bieten sich mehrseitige und für anspruchsvolle Konstruktionen auch punktuelle Lagerungen an. Werden die Punktstützungen im Randbereich der Elemente angeordnet, so liegen dort in der Regel keine oder nur geringe Biegespannungen vor. Folglich werden in diesem Bereich die Schubbemessung und speziell die Rollschubfestigkeit der Querlagen maßgebend. Verschiedene Untersuchungen in [5.63] und [5.64] haben gezeigt, dass bei Versuchen an Brettsperrholzelementen unter punktuellen Belastungen und zweiachsiger Lastabtragung deutlich höhere Rollschubfestigkeiten erzielt werden als bei vergleichbaren Elementen unter einachsiger Lastabtragung. Gemäß [5.64] werden ca. 60 % höhere Rollschubfestigkeiten erreicht, ermittelt für Brettsperrholzelemente mit einem Verhältnis von Brettbreite zu Lamellendicke von 4,0. Zurückzuführen ist dies auf den positiven Einfluss der Spannungsinteraktion aus gleichzeitig wirkendem Querdruck im Lasteinleitungsbereich sowie nichtlinearen Effekten im Bereich der hohen Lastkonzentrationen.

Die Rollschubspannungen im Bereich lokaler Einzellasten können unter Ansatz von mitwirkenden Breiten ermittelt werden. Hierfür darf eine Lastausbreitung von 35° bis zur Schwerachse der Elemente angesetzt werden (Abb. 5.59). Der Nachweis

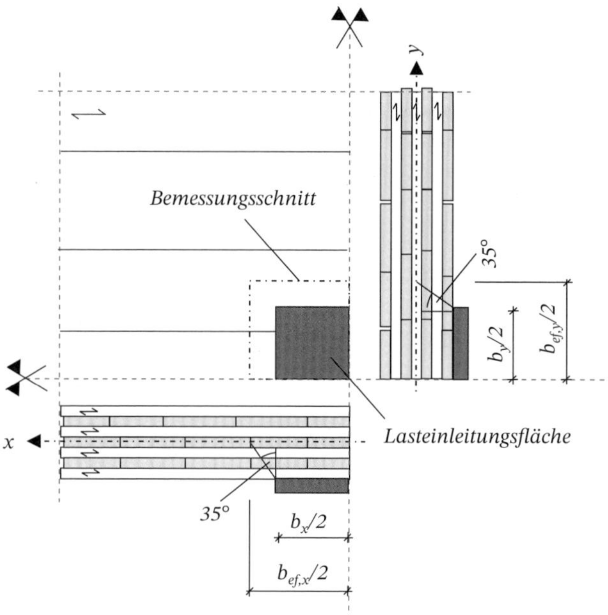

Abb. 5.59 Konzentrierte Lasteinleitung in ein Brettsperrholzelement.

der Rollschubfestigkeit kann wie folgt geführt werden:

$$\tau_{r,d} \leq \overline{f}_{r,d} = k_{r,pu} \cdot f_{r,d} \tag{5.94}$$

mit

$\overline{f}_{r,d}$ Rollschubfestigkeit für lokale Lasteinleitung, in N/mm²
$f_{r,d}$ Bemessungswert der Rollschubfestigkeit, in N/mm²
$k_{r,pu}$ Faktor zur Berücksichtigung der Spannungsinteraktion und nichtlinearer Effekte; im Bereich konzentrierter Lasteinleitungen darf für den Faktor $k_{r,pu}$ der Wert $k_{r,pu} = 1{,}60$ verwendet werden

Konzentrierte Lasteinleitung unter Berücksichtigung von Schubverstärkungen Treten aufgrund von konzentrierten Belastungen Rollschubspannungen auf, die nach dem zuvor dargestellten Bemessungskonzept nicht nachgewiesen werden können, bieten sich diagonal geneigte Vollgewindeschrauben als Verstärkungselemente an. Untersuchungen [5.63] haben gezeigt, dass sich dadurch die Schubtragfähigkeit der Elemente deutlich erhöhen lässt. Demnach besteht die Schubtragfähigkeit eines verstärkten Brettsperrholzelements aus der Rollschubfestigkeit der Querlage und der anteiligen Schubtragfähigkeit der Schrauben gemäß dem in Abb. 5.60 dargestellten Fachwerkmodell. Die Annahme ihrer gleichzeitigen Tragwirkung ist gerechtfertigt, da die Untersuchungen zeigen, dass aufgrund der Schubverformung der vergleichsweise weichen Querlagen die Zugkräfte in den Schrauben aktiviert werden. Außerdem erzeugen die auf Zug beanspruchten Schrauben Querdruckspannungen, die

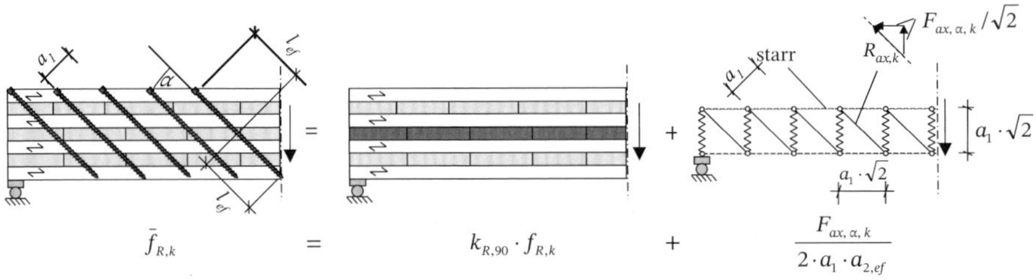

Abb. 5.60 Fachwerkmodell zur Ermittlung der Tragfähigkeit verstärkter Elemente.

sich positiv auf die Rollschubfestigkeit der Querlagen auswirken. Dieser Einfluss wird durch die Erhöhung der Rollschubfestigkeit mittels des Beiwerts $k_{r,pu}$ berücksichtigt.

Für Brettsperrholz aus Vollholzlamellen mit Schubverstärkungen aus Vollgewindeschrauben, welche die in Abb. 5.61 dargestellten Randbedingungen erfüllen, ist der Nachweis am inneren Bemessungsschnitt nach Gl. (5.95) zu führen. Bei konzentrierten Lasteinleitungen sind die Rollschubspannungen unter Ansatz eines Lastausbreitungswinkels von 35° bis zur Schwerachse der Elemente zu ermitteln. Dabei kann die einwirkende Kraft nicht gleichmäßig auf den Bemessungsschnitt aufgeteilt werden, sondern es sind für die einzelnen Schnittufer der Haupt- und Nebentragrichtung jeweils die auftretenden Querkräfte anhand geeigneter Berechnungsmodelle zu bestimmen. Der Verstärkungsbereich ist so zu wählen, dass zudem die Rollschubspannungen am äußeren Bemessungsschnitt, also außerhalb des verstärkten Bereichs, nach Gl. (5.96) nachgewiesen werden können.

Innerer Bemessungsschnitt:

$$\tau_{r,d} \le \overline{f}_{reinf,d} = \left(k_{r,pu} \cdot f_{r,k} + \frac{F_{ax,\alpha,k}}{2 \cdot a_1 \cdot a_{2,ef}}\right) \cdot \frac{k_{mod}}{\gamma_M} \tag{5.95}$$

Äußerer Bemessungsschnitt:

$$\tau_{r,d} \le f_{r,d} \tag{5.96}$$

mit

$\overline{f}_{reinf,d}$	Bemessungsschubfestigkeit für verstärkte Brettsperrholzelemente, in N/mm^2
$f_{r,k}$, $f_{r,d}$	Rollschubfestigkeit, in N/mm^2
$k_{r,pu}$	Faktor zur Berücksichtigung der Spannungsinteraktion und nichtlinearer Effekte; im Bereich konzentrierter Lasteinleitungen darf für den Faktor $k_{r,pu}$ der Wert $k_{r,pu} = 1{,}60$ verwendet werden
$F_{ax,\alpha,k}$	axiale Schraubenfestigkeit, in N
a_1	Schraubenabstand parallel zur Kraftrichtung gemäß Abb. 5.61, in mm
$a_{2,ef}$	effektiver Schraubenabstand quer zur Kraftrichtung gemäß Gl. (5.97), in mm
k_{mod}	Modifikationsbeiwert k_{mod}
γ_M	Teilsicherheitsbeiwert $\gamma_M = 1{,}3$

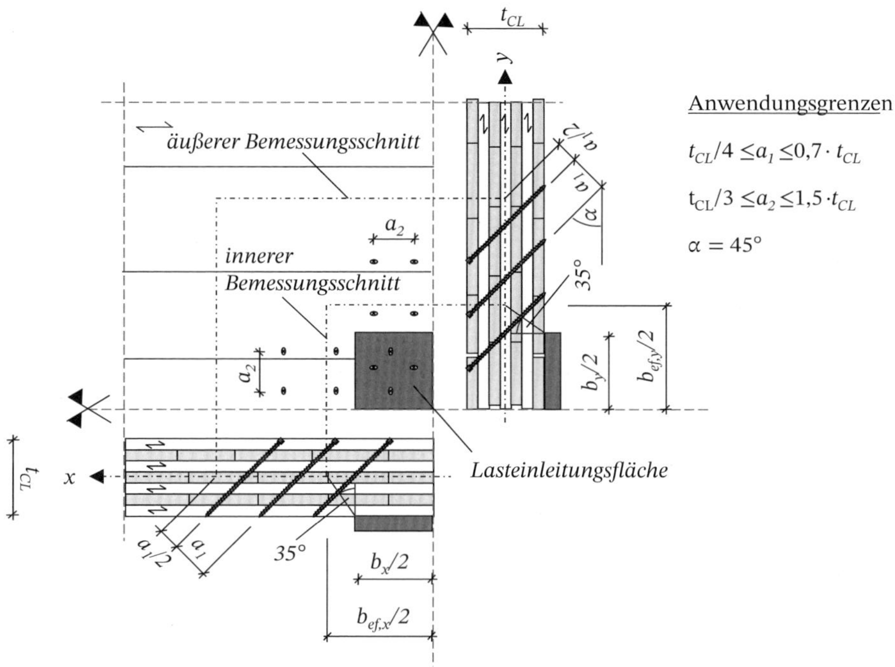

Abb. 5.61 Verstärktes Brettsperrholzelement.

Für den effektiven Schraubenabstand quer zur Kraftrichtung gilt:

$$a_{2,\mathrm{ef}} = \min \begin{cases} a_2 \\ \frac{b_{\mathrm{ef,x/y}}}{n_{\mathrm{perp}}} \end{cases} \tag{5.97}$$

mit

a_2 Schraubenabstand quer zur Kraftrichtung gemäß Abb. 5.61, in mm
n_{perp} Anzahl der Schrauben quer zur betrachteten Kraftrichtung

Bei der Ermittlung der axialen Schraubenfestigkeit ist die effektive Einbindelänge l_{ef} der Vollgewindeschraube abhängig von der Lage der zu bemessenden Schicht nach Gl. (5.98) zu berechnen. Sie ergibt sich aus der minimalen Verankerungslänge der Schraube, ausgehend von der Schwerachse der maßgebenden Querlage. Exemplarisch gelten die in Abb. 5.62 dargestellten Zusammenhänge.

$$l_{\mathrm{ef}} = \min \begin{cases} l_1 \\ l_2 \end{cases} \tag{5.98}$$

Das zuvor beschriebene Bemessungskonzept für schubverstärktes Brettsperrholz kann auch bei einachsiger Lastabtragung für einen Plattenstreifen der Breite b verwendet werden. In diesem Fall sind der Beiwert $k_{\mathrm{r,pu}}$ und der effektive Verbindungsmittelabstand quer zur Tragrichtung nach den Gln. (5.99) und (5.100) zu ermitteln

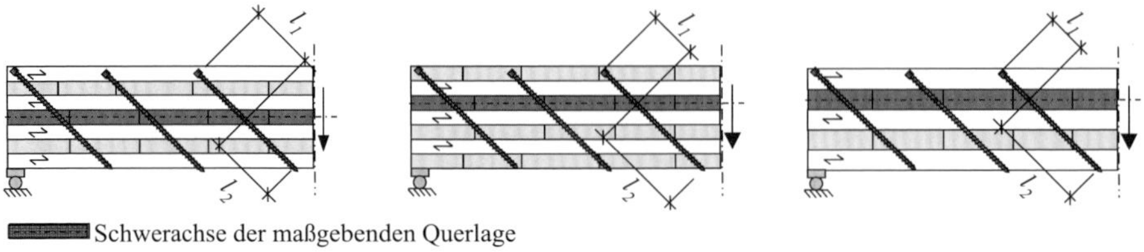

Abb. 5.62 Ermittlung der effektiven Einbindelänge l_{ef}.

($F_{ax,\alpha,k}$ in N, a_1 und $a_{2,ef}$ in mm).

$$k_{r,pu} = \min \begin{cases} 1 + 0{,}25 \cdot \frac{F_{ax,\alpha,k}}{2 \cdot a_1 \cdot a_{2,ef}} \\ 1{,}20 \end{cases} \tag{5.99}$$

$$a_{2,ef} = \min \begin{cases} a_2 \\ \frac{b}{n_{perp}} \end{cases} \tag{5.100}$$

Nachweise im Grenzzustand der Gebrauchstauglichkeit Im Grenzzustand der Gebrauchstauglichkeit sind die Verformungsnachweise nach Abs. 7.2 des Eurocodes 5 [5.3] zu führen. Bei Verformungsberechnungen sollte der Anteil der Schubverformung berücksichtigt werden. Die Verformung kann allgemein anhand des Arbeitssatzes bestimmt werden:

$$w = w_m + w_v = \frac{1}{E_{x,mean} \cdot I_{ef,x}} \cdot \int m_x \cdot \overline{m}_x \cdot dx + \frac{1}{S_{xz}} \cdot \int v_{xz} \cdot \overline{v}_{xz} \cdot dx \tag{5.101}$$

Bei einem Einfeldträger unter der charakteristischen Gleichlast q_k beträgt die Durchbiegung:

$$w = w_m + w_v = \frac{5 \cdot q_k \cdot l^4}{384 \cdot E_{x,mean} \cdot I_{ef,x}} + \frac{q_k \cdot l^2}{8 \cdot S_{xz}} \tag{5.102}$$

Für einen Einfeldträger mit einer charakteristischen Einzellast in Feldmitte gilt:

$$w = w_m + w_v = \frac{F_k \cdot l^3}{48 \cdot E_{x,mean} \cdot I_{ef,x}} + \frac{F_k \cdot l}{4 \cdot S_{xz}} \tag{5.103}$$

Der Anteil der Schubverformung w_v an der Gesamtverformung w ist abhängig vom Lagenaufbau und den Systemabmessungen. Bei schlanken Biegebauteilen mit einem Verhältnis von Spannweite l zu Elementdicke t_{CL} von $l/t_{CL} \geq 20$ und unter Berücksichtigung der gängigen Querschnittsaufbauten liegt der Anteil der Schubverformung in der Regel unter 15 %. Bei noch schlankeren Konstruktionen mit $l/t_{CL} \geq 30$ sinkt der Anteil der Schubverformung unter 10 %.

Im Grenzzustand der Gebrauchstauglichkeit sind die im Eurocode 5 [5.3] und den nationalen Anwendungsdokumenten festgelegten Grenzwerte einzuhalten. Um bei Decken unter Wohn- und Aufenthaltsräumen Unbehagen verursachende Schwingungen zu vermeiden, ist zusätzlich ein Schwingungsnachweis zu erbringen. Nähere Angaben hierfür sind unter anderem in [5.65] enthalten.

5.2.2.4 Scheibenbeanspruchungen

Überwiegend normalkraftbeanspruchte Wandscheiben Für die Abtragung der vertikalen Lasten aus Geschossdecken sind die Decklagen der Wandelemente vertikal anzuordnen. Bei der Bemessung von Wandscheiben im Wohnhaus-, Schul- und Gewerbebau ist es in der Regel ausreichend, die Wandscheiben näherungsweise unter Berücksichtigung von effektiven Steifigkeiten zu bemessen. Für die überwiegend normalkraftbeanspruchten Bauteile kann der Stabilitätsnachweis wahlweise nach dem Ersatzstabverfahren oder nach Theorie II. Ordnung geführt werden. Ausführliche Angaben für den Nachweis nach Theorie II. Ordnung sind in [5.54] und [5.59] enthalten. Nachfolgend werden die Spannungsermittlung und die Nachweisführung für Wandelemente unter verschiedenen Beanspruchungsarten beschrieben.

Aus den vertikalen Lasten resultieren über die Einzelschichtdicke konstante Normalspannungen, während aus den horizontalen Windlasten senkrecht zur Elementfläche Biegebeanspruchungen wie bei Deckenelementen unter Plattenbeanspruchung entstehen. In beiden Fällen erfolgt die Lastabtragung ausschließlich über die vertikal angeordneten Brettlagen. Die resultierenden Spannungszustände sind in Abb. 5.63 schematisch dargestellt.

Für den Stabilitätsnachweis kann das Ersatzstabverfahren nach Abschnitt 6.3.2 des Eurocodes 5 [5.3] verwendet werden. Da dieses Verfahren die Schubverformung der Querlagen und den dadurch gegebenenfalls vorliegenden nachgiebigen Verbund der lastabtragenden Lagen nicht berücksichtigt, ist es nur bedingt für Brettsperrholzkonstruktionen geeignet. Allerdings zeigen Untersuchungen am Einfeldträger, dass der Einfluss der Schubverformung der Querlagen auf die Normalspannungsverteilungen von geklebtem Brettsperrholz vernachlässigbar gering ist, sofern ein Verhältnis der Spannweite l zur Elementdicke t_{CL} von $l/t_{\mathrm{CL}} \geq 20$ vorliegt [5.54]. Dies kann auf vertikal und horizontal beanspruchte Wandscheiben übertragen werden. Folglich empfiehlt es sich, das Ersatzstabverfahren nur für

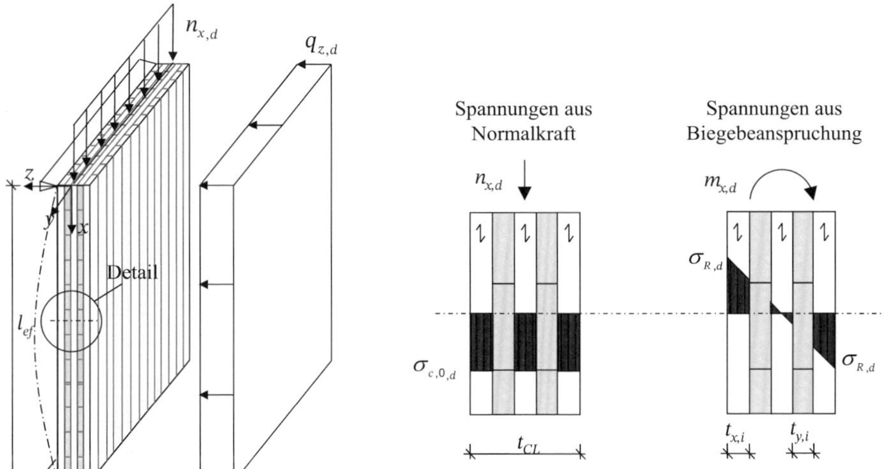

Abb. 5.63 Wandscheibe unter Normalkraft- und Biegebeanspruchung.

Brettsperrholzelemente zu verwenden, wenn das Verhältnis der Knicklänge l_{ef} zur Elementdicke t_{CL} die zuvor beschriebene Grenzbedingung einhält.

Zusätzlich sollte das folgende in Abschnitt 10.7.3 der DIN 1052 [5.2] aufgeführte Kriterium erfüllt sein, da sonst die Schnittgrößen ebener Flächen mit Druckkräften aus Scheibenbeanspruchung nach Theorie II. Ordnung zu berechnen sind:

$$l_{ef} \cdot \sqrt{\frac{n_{x,d} \cdot \gamma_M}{E_{x,mean} \cdot I_{ef,x}}} \leq 1{,}0 \tag{5.104}$$

Dabei sind die Druckkraft $n_{x,d}$ sowie das effektive Trägheitsmoment $I_{ef,x}$ für einen Plattenstreifen mit einer Breite von einem Meter und der mittlere Elastizitätsmodul $E_{x,mean}$ der parallel zur Normalkraft verlaufenden Lagen einzusetzen. Der Nachweis nach dem Ersatzstabverfahren für normalkraftbeanspruchte Elemente lautet:

$$\frac{\sigma_{c,0,d}}{k_c \cdot f_{c,0,d}} \leq 1 \tag{5.105}$$

Die Druckspannungen in den parallel zur Normalkraft verlaufenden Lagen berechnen sich aus der Normalkraft $n_{x,d}$ und dem effektiv vorhandenen Nettoquerschnitt:

$$\sigma_{c,0,d} = \frac{n_{x,d}}{A_{ef,x}} \tag{5.106}$$

Zur Bestimmung des Knickbeiwerts k_c ist der Trägheitsradius i zu ermitteln. Dieser berechnet sich unter Berücksichtigung des speziellen Querschnittsaufbaus nach Gl. (5.107).

$$i = \sqrt{\frac{I_{ef,x}}{A_{ef,x}}} \tag{5.107}$$

Analog zu Vollholz- oder Brettschichtholzbauteilen wird der Schlankheitsgrad der Brettsperrholzelemente aus dem Trägheitsradius und der Knicklänge l_{ef} ermittelt:

$$\lambda = l_{ef}/i \tag{5.108}$$

Anhand des Schlankheitsgrads und der in Abschnitt 6.3.2 des Eurocodes 5 [5.3] angegebenen Gleichungen kann anschließend der Knickbeiwert k_c berechnet werden. Dabei ist der für Brettschichtholz bzw. Holzwerkstoffe angegebene Beiwert $\beta_c = 0{,}1$ zu verwenden. Alternativ lässt sich der Knickbeiwert für Brettsperrholz aus Brettern der Güteklasse C24 der Tab. 5.15 entnehmen.

Tab. 5.15 Knickbeiwert k_c [a)].

λ	20	30	40	50	60	70	80	90	100	110	120	130	140	150	160	170	180
k_c	1,00	0,98	0,95	0,91	0,83	0,71	0,59	0,48	0,40	0,33	0,28	0,24	0,21	0,18	0,16	0,14	0,13

a) Ermittelt für C24 mit: $E_{0,05} = 5/6 \cdot 11\,000\,\text{N/mm}^2$, $f_{c,0,k} = 21\,\text{N/mm}^2$, $\beta_c = 0{,}1$

Neben der Abtragung der vertikalen Lasten aus den einzelnen Geschossen können zusätzlich Biegebeanspruchungen aus Windlasten oder exzentrischen Lasteinleitungen auftreten. In diesem Fall ist der kombinierte Nachweis für „Stäbe mit Biegung und Druck“ nach dem Ersatzstabverfahren zu führen:

$$\frac{\sigma_{c,0,d}}{k_c \cdot f_{c,0,d}} + \frac{\sigma_{R,d}}{k_{crit} \cdot f_{m,d}} \leq 1 \tag{5.109}$$

Die Biegerandspannung $\sigma_{R,d}$ der Decklage ist wie bei den Deckenelementen zu berechnen:

$$\sigma_{R,d} = \frac{m_{x,d}}{I_{ef,x}} \cdot \frac{t_{CL}}{2} \tag{5.110}$$

Der Kippbeiwert k_{crit} in Gl. (5.109) darf auf 1,0 gesetzt werden, da bei den üblichen Abmessungen von Brettsperrholzbauteilen kein Kippen des Druckgurts zu erwarten ist.

Bei der Ermittlung des Biegemoments $m_{x,d}$ senkrecht zur Plattenebene ist zu berücksichtigen, dass aus exzentrischen Anschlüssen von Deckenelementen zusätzliche Biegemomentanteile entstehen können.

Für komplizierte, gekrümmte Tragstrukturen, die überwiegend durch Normalkräfte beansprucht sind, empfiehlt sich eine Berechnung nach dem Verfahren der Schubanalogie unter Verwendung des kombinierten Fachwerkmodells. *Scholz* beschreibt in [5.58] und [5.59] ausführlich diese Vorgehensweise.

Konzentrierte Lasten in Wandscheiben Bei der Auflagerung von Unterzügen oder auch Pfetten auf Wänden werden lokal hohe Lasten in Brettsperrholzwände eingetragen. Neben dem Nachweis der Kontaktfläche im Brettsperrholz müssen Stabilitätsnachweise und gegebenenfalls am Fußpunkt der Wand auch Querdrucknachweise bei einer Auflagerung der Wand auf einer Brettsperrholzdecke geführt werden. Für diese Nachweise ist die Ermittlung der mitwirkenden Wandbreite erforderlich. In [5.66] und [5.67] wird die mitwirkende Breite analytisch bestimmt und ein vereinfachtes, allgemeingültiges Berechnungsverfahren vorgestellt. Die Untersuchungen zeigen, dass die Lastausbreitung stark von den geometrischen Randbedingungen und den Elementaufbauten abhängig ist.

Erfolgt eine baupraktische Eingrenzung der Randbedingungen, lassen sich konservative Ansätze für den Lastausbreitungswinkel aus dem genaueren Verfahren bestimmen. Vorausgesetzt, die Decklagen der Elemente verlaufen in Kraftrichtung und für das Verhältnis aus Auflagerbreite b zur Wandhöhe h gilt $0{,}05 \leq b/h \leq 0{,}1$, lassen sich folgende untere Grenzwerte für den Lastausbreitungswinkel in Abhängigkeit des Anteils der Längslagen am Gesamtquerschnitt (entspricht Summe der Dicken der Längslagen t_x zu Dicke t_{CL} des Gesamtquerschnitts) ableiten:

- $\sum t_x/t_{CL} \geq 40\,\%$ Lastausbreitungswinkel $\alpha = 15°$ bis zur halben Wandhöhe
- $\sum t_x/t_{CL} \geq 60\,\%$ Lastausbreitungswinkel $\alpha = 20°$ bis zur halben Wandhöhe

Gemäß den Erläuterungen zur DIN 1052:2004 [5.32] darf bei Stäben mit linear veränderlichem Querschnitt ersatzweise der Knickspannungsnachweis an einem Stab

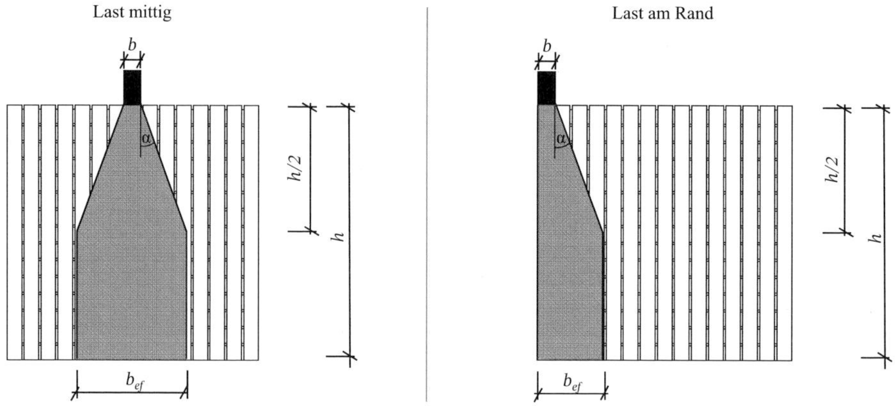

Abb. 5.64 Lastausbreitungswinkel α und mitwirkende Breite b_{ef}.

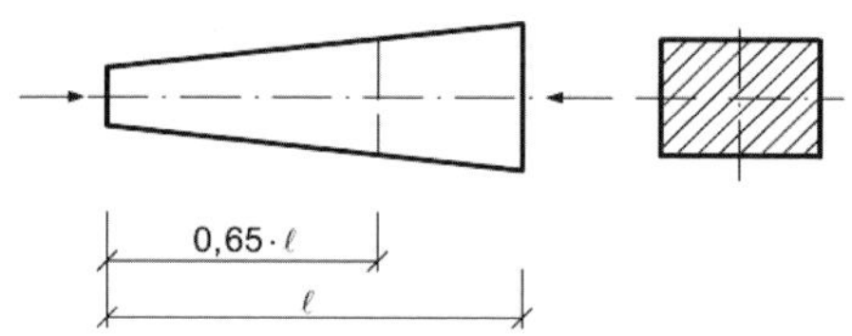

Abb. 5.65 Stab mit veränderlichem Querschnitt (aus [5.32]).

mit konstantem Querschnitt entsprechend den Abmessungen an der Stelle gemäß Abb. 5.65 erfolgen. Übertragen auf die Brettsperrholzwände mit konzentrierten Lasten bedeutet dies, dass die effektive Breite gemäß Abb. 5.64 auch für den Stabilitätsnachweis herangezogen werden kann.

Aussteifende Wandscheiben Die gekreuzte Anordnung der Brettlagen ermöglicht den Einsatz der Brettsperrholzelemente für aussteifende Zwecke (Abb. 5.66). Der aus einer horizontalen Kopflast resultierende Schubfluss erzeugt Schubbeanspruchungen in den einzelnen Brettlagen. Die horizontalen und vertikalen Schichten müssen getrennt voneinander betrachtet werden. Der Schubfluss in Elementebene aus einer horizontalen Kopflast F_{d} darf näherungsweise als konstant betrachtet werden und beträgt:

$$v_{\text{xy,d}} = F_{\text{d}}/l \tag{5.111}$$

Aus dem Schubfluss resultieren unter Berücksichtigung der Nettoschubflächen in den einzelnen Richtungen folgende Schubspannungen.

- vertikale Lagen (x-Richtung):

$$\tau_{\text{xy,d}} = \frac{v_{\text{xy,d}}}{\sum t_{\text{x},i}} \tag{5.112}$$

- horizontale Lagen (y-Richtung):

$$\tau_{\text{yx,d}} = \frac{v_{\text{yx,d}}}{\sum t_{\text{y},i}} \tag{5.113}$$

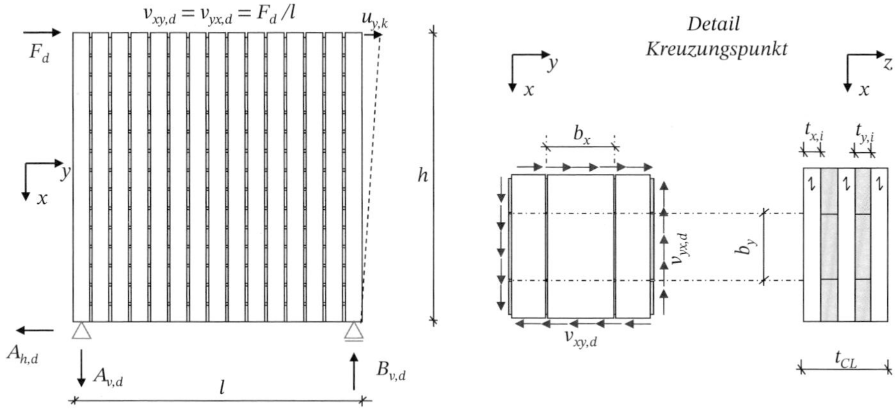

Abb. 5.66 Wandscheibe unter horizontaler Scheibenbeanspruchung.

Die zu führenden Schubspannungsnachweise lauten:

$$\tau_{\mathrm{xy,d}} \leq f_{\mathrm{v,d}} \quad \text{bzw.} \quad \tau_{\mathrm{yx,d}} \leq f_{\mathrm{v,d}} \tag{5.114}$$

Als charakteristische Schubfestigkeit $f_{\mathrm{v,k}}$ ist in den herstellerspezifischen Zulassungen für Brettsperrholz aus Brettern der Güteklasse C24 üblicherweise der Wert 2,5 N/mm^2 angegeben. Allerdings zeigen Untersuchungen, dass aufgrund der kreuzweise verklebten Brettlagen für Brettsperrholzelemente unter Scheibenschubbeanspruchung deutlich höhere Schubfestigkeitswerte vorliegen [5.68]. In [5.57] wird für Brettsperrholz mit Lamellendicken $t_{\mathrm{lam}} \leq 40$ mm und einem Verhältnis von $\sum t_{\mathrm{y},i} / \sum t_{\mathrm{x},i} \leq 0{,}8$ eine Schubfestigkeit von $f_{\mathrm{v,k}} = 5{,}5\,\mathrm{N/mm^2}$ angegeben (x-Richtung entspricht Richtung der Decklagen). Dies gilt für Brettsperrholz ohne Schmalseitenverklebung und mit Fugen oder Entlastungsnuten mit Breiten bis einschließlich 6,0 mm. Bei einem Verhältnis von $\sum t_{\mathrm{y},i} / \sum t_{\mathrm{x},i} > 0{,}8$ dürfen aufgrund des nur einseitig wirkenden Sperreffekts die Decklagen bei der Ermittlung der Schubspannungen nach Gl. (5.112) nur zu 80 % angesetzt werden.

Bei Brettsperrholzelementen mit Schmalseitenverklebung kann für die Ermittlung der Schubspannungen die Bruttoquerschnittsfläche verwendet werden. Allerdings sind dabei die Decklagen aufgrund von klimabedingten Rissen ebenfalls nur zu 50 % zu berücksichtigen. Die zugehörige Schubfestigkeit wird in [5.57] mit $f_{\mathrm{v,k,brutto}} = 3{,}5\,\mathrm{N/mm^2}$ angegeben.

Liegt keine Schmalseitenverklebung der Brettlagen vor, so entstehen zusätzliche Torsionsmomente und damit Torsionsschubspannungen in den Kreuzungspunkten (Abb. 5.67). Die Untersuchungen in [5.57] zeigen, dass auf einen Nachweis der Torsionsschubspannungen verzichtet werden kann, wenn ein Verhältnis von Brettbreite b (bzw. Abstand der Entlastungsnuten) zu Brettdicke t von $b/t \geq 4$ vorliegt.

Ist ein Nachweis erforderlich, so kann bei einem symmetrisch aufgebauten Element mit annähernd gleichen Einzelschichtdicken die maximale Torsionsschubspannung in der Klebefuge eines Kreuzungspunkts zweier Brettlamellen unter An-

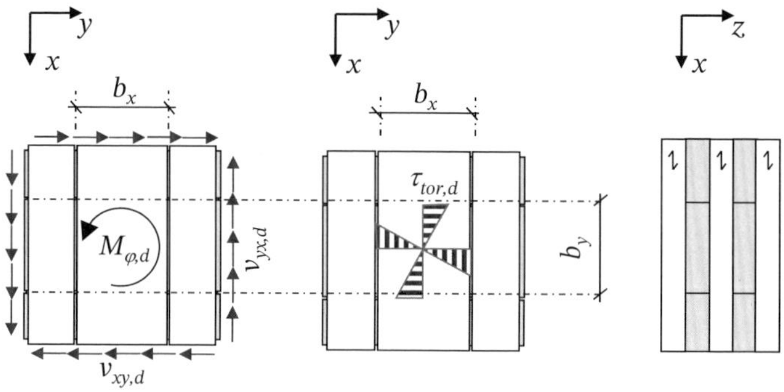

Abb. 5.67 Torsionsschubspannung im Kreuzungspunkt.

nahme einer linearen Verteilung nachgewiesen werden:

$$\tau_{\text{tor,d}} = \frac{M_{\phi,\text{d}}}{I_\text{P}} \cdot \frac{a}{2} \cdot \frac{1}{n-1} \leq f_{\text{v,tor,d}} \tag{5.115}$$

mit

$$M_{\phi,\text{d}} = v_{\text{xy,d}} \cdot e_\text{x} \cdot e_\text{y} = F_\text{d}/l \cdot e_\text{x} \cdot e_\text{y} \tag{5.116}$$

$$a = \max \begin{cases} b_\text{x} \\ b_\text{y} \end{cases} \tag{5.117}$$

$$I_\text{P} = \frac{b_\text{x} \cdot b_\text{y}^3}{12} + \frac{b_\text{x}^3 \cdot b_\text{y}}{12} \tag{5.118}$$

n Anzahl der Brettlagen

Für die charakteristische Torsionsschubfestigkeit $f_{\text{tor,k}}$ ist in den allgemeinen bauaufsichtlichen Zulassungen der Wert 2,50 N/mm^2 angegeben. Liegt Brettsperrholz mit deutlich unterschiedlichen Einzellagendicken vor, sollte die Torsionsschubspannung nach [5.68] ermittelt werden.

Die Ermittlung der horizontalen Verschiebung $u_{\text{y,k}}$ am Wandkopf (s. Abb. 5.66) infolge einer horizontalen Kopflast in Scheibenebene ergibt sich aus dem Gleitwinkel in xy-Ebene und der damit verbundenen Scheibenschubsteifigkeit D_{xy} nach Gl. (5.119). Die Scheibenschubsteifigkeit kann gemäß Gl. (5.83) ermittelt werden. Dabei handelt es sich jedoch ausschließlich um den Verformungsanteil der Brettsperrholzelemente. Für den Nachweis von Verformungen ist zu beachten, dass die Gesamtverformung im Wesentlichen aus der Nachgiebigkeit der Verbindungsmittel der Verankerungselemente bzw. der Ausführung der Stoßfugen erzeugt wird.

$$u_{\text{y,k}} = \gamma \cdot h = \frac{v_{\text{xy,k}}}{D_{\text{xy}}} \cdot h \tag{5.119}$$

Bestehen die Wandscheiben aus mehreren Elementen, so sind die einzelnen Elemente schubsteif miteinander zu verbinden. Mögliche Ausführungsvarianten sind

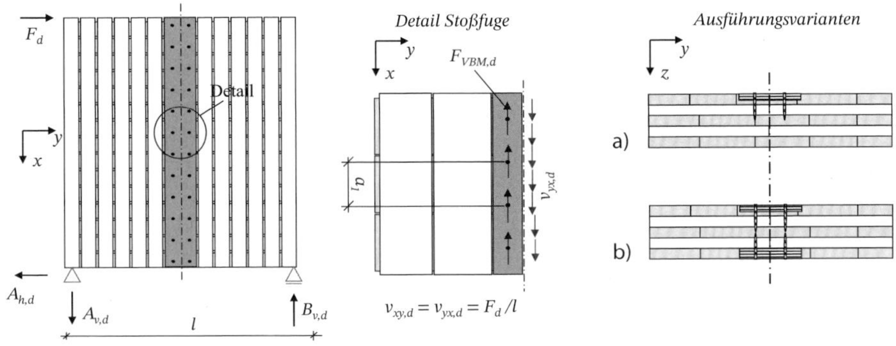

Abb. 5.68 Wandscheibe unter horizontaler Scheibenbeanspruchung – Stoßfuge.

in Abb. 5.68 enthalten. Die Stoßausbildung muss den Schubfluss $v_{\text{xy,d}}$ nach Gl. (5.111) in der Elementebene übertragen können. Bei einer Ausführung mit einseitiger Lasche (s. Variante a) in Abb. 5.68) beträgt die resultierende Kraft N_{VBM} je Verbindungsmittel aus dem in der Stoßfuge wirkenden Schubfluss $v_{\text{xy,d}}$:

$$F_{\text{VBM,d}} = v_{\text{xy,d}} \cdot a_1 = \frac{F_\text{d}}{l} \cdot a_1 \tag{5.120}$$

Ist die Lasche beidseitig angeordnet (s. Variante b) in Abb. 5.68), so halbiert sich die in Gl. (5.120) angegebene Beanspruchung je Verbindungsmittel. Die Verbindungsmittel und die Stoßlasche sind nach den allgemeinen Bemessungsregeln gemäß bauaufsichtlicher Zulassung bzw. Eurocode 5 [5.3] nachzuweisen.

Biegeträger mit Biegung in Elementebene Brettsperrholz wird zwar überwiegend als flächiges Bauteil für Decken- und Wandelemente verwendet, allerdings eignet es sich ebenso für die Anwendung als Biegeträger in Elementebene. Der Anwendungsbereich erstreckt sich über Fensterstürze in Wandelementen, wandartige Träger zur Abfangung hoher Lasten bis hin zu klassischen weitgespannten Biegeträgern. Gerade bei weit gespannten Biegeträgern wurde bislang Brettschichtholz verwendet. Allerdings besitzt Brettsperrholz gegenüber Brettschichtholz den Vorteil, dass die Querlagen die Aufnahme von Querzugspannungen ermöglichen, die aus klimatischen Veränderungen oder speziellen geometrischen Trägerformen resultieren, wie beispielsweise bei Satteldachträgern oder auch bei Rahmenecken. Gerade durch Querzugspannungen hervorgerufene Rissbildungen sind in Brettschichtholzbauteilen eines der häufigsten Schadensbilder. Ausführliche Untersuchungen sind in [5.69] und [5.70] enthalten.

Bei der Ermittlung der Längsspannungen bzw. der Biegerandspannungen ist zu berücksichtigen, dass das Verhältnis von Spannweite l zur Elementhöhe h wesentlichen Einfluss auf die Spannungsverteilung besitzt. Bei einem schlanken Biegeträger kann von einem Ebenbleiben des Querschnitts und somit von einer linearen Spannungsverteilung ausgegangen werden. Bei gedrungenen Elementabmessungen stellen sich die aus der Scheibentheorie bekannten Längsspannungsverteilungen ein. Es kommt im Vergleich zur Balkentheorie zu einer deutlichen Zunahme der Druck-

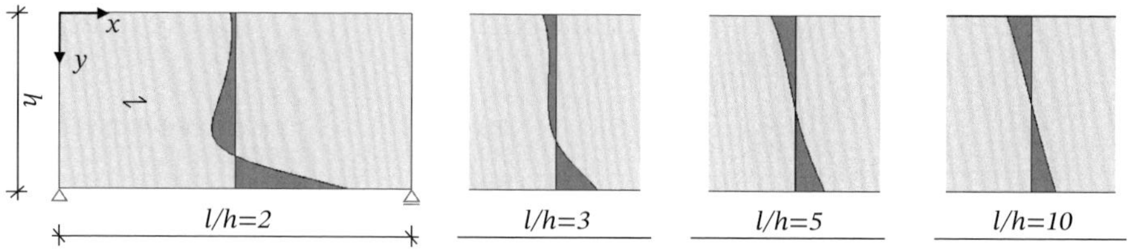

Abb. 5.69 Qualitative Längsspannungsverläufe σ_x bei Biegeträgern.

zone über die Trägerhöhe verbunden mit einem Anstieg der Biegezugspannung. In Abb. 5.69 sind die qualitativen Längsspannungen für verschiedene Spannweitenverhältnisse l/h dargestellt, ermittelt anhand einer linearelastischen Berechnung mit orthotropen Scheibenelementen. Die Belastung wurde so gewählt, dass in Feldmitte immer das gleiche Moment vorlag. Es handelt sich um ein fünflagiges Brettsperrholzelement, bei dem die Decklagen parallel zur Spannrichtung verlaufen und die Einzelschichten eine konstante Dicke aufweisen.

Die in Abb. 5.69 gezeigte Spannungsverteilung ist natürlich nicht nur vom Verhältnis l/h, sondern auch vom Querschnittsaufbau, dem Material der Einzellagen und einer möglichen Schmalseitenverklebung der Brettlagen abhängig. Vergleichsrechnungen zeigen jedoch, dass bei den gängigen Querschnittsaufbauten und einer Belastung durch eine Gleichlast ab einem Verhältnis von $l/h \geq 5$ bis $l/h \geq 6$ die Spannungen nach der Balkentheorie mit den Nettoquerschnittswerten, also unter Berücksichtigung der Brettlagen parallel zur Tragrichtung, berechnet werden können. Bei davon abweichenden Systemen sollten die Biegerandspannungen anhand einer orthotropen Scheibenberechnung bestimmt werden.

Die Ergebnisse in [5.69] und [5.71] belegen, dass für die Hochkantbiegefestigkeit $f_{m,l,k}$ der Brettsperrholzelemente die Hochkantbiegefestigkeit eines einzelnen Bretts nach DIN EN 338 [5.72] angesetzt werden kann. Für Brettersperrholz aus Lamellen der Festigkeitsklasse C24 nach DIN EN 338 [5.72] ergibt sich somit eine Hochkantbiegefestigkeit von $f_{m,l,k} = 24{,}0\,\mathrm{N/mm^2}$. Aus den Untersuchungen [5.69] geht jedoch auch hervor, dass sich die Anzahl der Lagen parallel zur Spannrichtung sowie die Trägerhöhe positiv auf die Festigkeiten auswirken. In Abhängigkeit des Querschnittsaufbaus sollen daher zukünftig die nachfolgend beschriebenen Systembeiwerte in den Eurocode 5 aufgenommen werden. Es handelt sich im Vergleich zu den Ergebnissen in [5.69] um konservativ gewählte Ansätze.

Liegt mehr als eine Brettlage parallel zur Spannrichtung vor, so darf die Hochkantbiegefestigkeit mit folgendem Systembeiwert erhöht werden:

$$k_{sys,x} = \min \begin{cases} 0{,}975 + 0{,}025 \cdot n_{lay,x} \\ 1{,}1 \end{cases} \tag{5.121}$$

mit

$n_{lay,x}$ Anzahl der Lagen parallel zur Spannrichtung

Zudem darf die Hochkantbiegefestigkeit für Brettsperrholz mit einer Trägerhöhe $h_{\mathrm{CL}} \geq 150$ mm bis zu einer Trägerhöhe von 600 mm mit folgendem Systembeiwert multipliziert werden:

$$k_{\mathrm{sys,y}} = \min \begin{cases} \left(\frac{4350 + h_{\mathrm{CL}}}{4500}\right) \\ 1{,}1 \end{cases} \tag{5.122}$$

mit

h_{CL} Trägerhöhe in mm

Es sei darauf hingewiesen, dass sich die hier aufgeführten Biegefestigkeiten nicht auf angeschnittene Brettlamellen übertragen lassen. Wird beispielsweise bei einem Fenstersturz die unterste Lamelle teilweise herausgeschnitten, so sind die Sortierkriterien nicht mehr eingehalten und die Brettlamelle kann nicht mehr in die entsprechende Festigkeitsklasse eingestuft werden. Es muss also entweder produktionstechnisch sichergestellt sein, dass die unterste Brettlamelle nicht angeschnitten wird, oder aber die unterste Lamelle sollte bei der Ermittlung der Nettoquerschnittswerte abgezogen werden.

Beim Schubnachweis werden drei wesentliche Versagensmechanismen unterschieden [5.69]. Neben dem Schubversagen im Bruttoquerschnitt kann es zu einem Schubversagen in den Nettoquerschnittsflächen sowie zu einem Schubversagen der Kreuzungsflächen kommen. Die jeweils geringste Festigkeit aus den drei genannten Versagensmechanismen ist maßgebend. Um die Versagensformen direkt miteinander vergleichen zu können, wird in [5.73] ein Nachweiskonzept vorgestellt, bei dem jeweils auf die Bruttoquerschnittsfläche bezogene Schubfestigkeiten berechnet werden.

$$f_{\mathrm{v,CL,k}} = \min \begin{cases} f_{\mathrm{v,k,brutto}} \\ f_{\mathrm{v,k,90}} \cdot \frac{t_{\mathrm{net}}}{t_{\mathrm{CL}}} \\ \frac{b \cdot n_{\mathrm{CA}}}{2 \cdot t_{\mathrm{CL}}} \cdot \frac{1}{\frac{1}{f_{\mathrm{tor,k}}} \cdot \left(1 - \frac{1}{m^2}\right) + \frac{2}{f_{\mathrm{R}}} \cdot \left(\frac{1}{m} - \frac{1}{m^2}\right)} \end{cases} \tag{5.123}$$

mit

$f_{\mathrm{v,k,brutto}}$	Bruttoschubfestigkeit, $f_{\mathrm{v,k,brutto}} = 4{,}0\,\mathrm{N/mm^2}$ nach [5.73]
$f_{\mathrm{v,k,90}}$	Schubfestigkeit rechtwinklig zur Faserrichtung, $f_{\mathrm{v,k,90}} = 10{,}3\,\mathrm{N/mm^2}$ nach [5.73]
t_{net}	Summe der Nettoquerschnittsfläche der Lagen quer zur Tragrichtung
t_{CL}	Bruttoquerschnittsdicke
n_{CA}	Anzahl der Kreuzungsflächen in Dickenrichtung
b	Brettbreite
$f_{\mathrm{tor,k}}$	Torsionsschubfestigkeit, $f_{\mathrm{tor,k}} = 2{,}75\,\mathrm{N/mm^2}$ nach [5.73]
m	Anzahl der Bretter über die Trägerhöhe h_{CL}

5.2.2.5 Verbindungstechnik

Aufgrund der großformatigen Elementabmessung treten Fügungspunkte wie Stoßfugen oder Bauteilanschlüsse in begrenztem Maße auf. Dennoch ist deren fachgerechte Ausführung bedeutend für die statische und bauphysikalische Funktionalität der Gebäude. Während aus statischen Gesichtspunkten eine kraftschlüssige Verbindung zur Weiterleitung von Beanspruchungen zwischen den einzelnen Bauteilen erforderlich ist, muss gleichzeitig sichergestellt sein, dass die Dichtheit der Anschlüsse für den Schallschutz, den Brandschutz und die Luftdichtigkeit der Gebäudehülle gewährleistet ist.

Die statischen Anforderungen werden üblicherweise durch konventionelle stiftförmige Verbindungsmittel erreicht. Hier sind vor allem selbstbohrende Voll- bzw. Teilgewindeschrauben zu nennen, die aufgrund ihrer leichten Handhabung eine einfache Montage garantieren und dabei leistungsfähige Anschlüsse erzeugen. Häufig werden die selbstbohrenden Schrauben auch in Verbindung mit Stahlteilen verwendet. Ihre größte Leistungsfähigkeit erreichen sie, wenn sie in Richtung der Schraubenachse beansprucht werden, aber auch Beanspruchungen rechtwinklig zur Stabachse übertragen werden können. Darüber hinaus sind Stabdübel- bzw. Bolzen- und Passbolzenverbindungen sowie in seltenen Fällen Anschlüsse mittels Dübel besonderer Bauart möglich. Ausführliche Informationen zur Verbindungstechnik sind in [5.74] enthalten.

5.2.3 Holz-Beton-Verbund

5.2.3.1 Einleitung

Der vorliegende Abschnitt „Holz-Beton-Verbund" basiert auf einer gekürzten und aktualisierten Fassung des im Beton-Kalender 2021 erschienenen gleichnamigen Beitrags [5.75].

Die Anwendung von Verbundbauteilen, bei denen mehrere Teilquerschnitte aus unterschiedlichen Baustoffen innerhalb einer Tragkonstruktion an der Lastabtragung beteiligt sind, gewinnt im Bauwesen zunehmend an Bedeutung. Der Grund für die Verwendung verschiedener Baustoffe innerhalb einer Tragkonstruktion kann dabei recht unterschiedlicher Natur sein, wobei neben technologischen Überlegungen in der Regel die Forderung nach optimierter und damit wirtschaftlicher Ausnutzung der spezifischen Baustoffeigenschaften im Vordergrund steht.

Zu den ältesten bekannten Verbundbauweisen gehört der Holz-Beton-Verbund (HBV). Diese Bauweise hat sich insbesondere für Biegeträger, die aus einer Betonplatte bestehen, welche durch geeignete Verbindungsmittel schubsteif mit Holzbalken verbunden ist (vgl. Abb. 5.70), seit etwa 100 Jahren bewährt. Die im Verbundquerschnitt auftretenden Druckspannungen werden in günstigen Situationen im Wesentlichen durch den Beton, die Zugspannungen dagegen durch das Holz aufgenommen. Durch den Verbund wird die Biegesteifigkeit des Gesamtquerschnitts gegenüber der Summe der Biegesteifigkeiten der einzelnen Querschnittsteile deutlich erhöht und gleichzeitig die Schwingungsanfälligkeit reduziert. Darüber hinaus sind viele bauphysikalische Eigenschaften von HBV-Bauteilen wesentlich günstiger als diejenigen von vergleichbaren Holzkonstruktionen [5.76].

Die HBV-Bauweise hat in den letzten Jahren, auch im internationalen Maßstab betrachtet einen erheblichen Aufschwung erfahren. Neben dem traditionellen Anwendungsgebiet der Ertüchtigung vorhandener Holzbalkendecken werden ver-

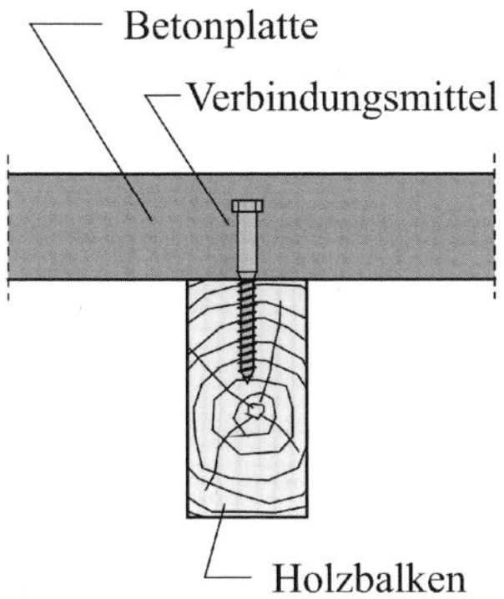

Abb. 5.70 Prinzipdarstellung eines HBV-Querschnitts.

mehrt innovative Ansätze zum Einsatz von HBV-Konstruktionen bei Neubauvorhaben entwickelt. In den nachfolgenden Abschnitten wird daher ein kurzer Überblick zum erreichten Entwicklungsstand gegeben. Neben Fragen des Tragverhaltens und der rechnerischen Nachweisführung werden auch baurechtliche, bauphysikalische und konstruktive Aspekte angesprochen.

5.2.3.2 Baurechtliche Einordnung

Die HBV-Bauweise ist aus baurechtlicher Sicht als nicht geregelte Bauweise zu betrachten. Es existieren zwar für die in den Teilquerschnitten verwendeten Baustoffe Holz und Beton mit Eurocode 5 [5.77–5.79] und Eurocode 2 [5.80–5.83] entsprechende Normen, die mechanischen Eigenschaften und Einsatzbedingungen der Verbindungsmittel sind allerdings in einer *allgemeinen bauaufsichtlichen Zulassung (abZ)* oder einem *European Technical Assessment (ETA)* zu regeln. Alternativ kann die Anwendung der HBV-Bauweise im Rahmen einer bauaufsichtlichen Zustimmung im Einzelfall erfolgen.

Eine Übersicht zu den vom Deutschen Institut für Bautechnik (DIBt) und vom Österreichischen Institut für Bautechnik (OIB) in diesem Zusammenhang herausgegebenen allgemeinen bauaufsichtlichen Zulassungen (Stand 02.2020) wird in Tab. 5.16 gegeben. In Tab. 5.18 werden diese durch eine Auswahl von European Technical Assessments ergänzt.

Diese Situation wird sich mit der nächsten Generation des Eurocode 5 ändern, da in dieser Norm dann in einem gesonderten Teil auf die Belange des HBV eingegangen werden soll. Derzeit wird dazu eine Technical Specification vorbereitet, welche die Grundlagen für die zukünftige Normung darstellt [5.83–5.85].

5.2.3.3 Anwendungsmöglichkeiten

5.2.3.3.1 Verstärkung von Holzbalkendecken

Holzbalkendecken haben sich über viele Jahrhunderte hinweg als wirtschaftliche Konstruktionsform bewährt. Allerdings sind die Holzbalkendecken bis in das 20. Jahrhundert hinein nicht rechnerisch nachgewiesen, sondern auf der Grundlage von Erfahrungswerten dimensioniert worden. In nicht wenigen Fällen (besonders in Krisenzeiten) wurde dabei am Material gespart, was Durchbiegungen und Schwin-

Tab. 5.16 Allgemeine bauaufsichtliche Zulassungen des Deutschen Instituts für Bautechnik [5.87] und Bautechnische Zulassungen des Österreichischen Instituts für Bautechnik [5.88] zum Holz-Beton-Verbund.

Zulassung Nr.	Gegenstand	gültig bis	Antragsteller
Z-9.1-342	SFS VB Schrauben als Verbindungsmittel in Holz-Beton-Verbundkonstruktionen	23.10.20	SFS intec AG
Z-9.1-445	Timco II und III Schrauben als Verbindungsmittel für das Timco Holz-Beton-Verbundsystem	22.11.22	Timco Schweiz GmbH/ Sieglinde Amrath
Z-9.1-474[a)]	Dennert Holz-Beton Verbundelement	03.09.21	VEIT DENNERT KG
Z-9.1-557	Holz-Beton-Verbundsystem mit eingeklebten HBV-Schubverbindern	25.06.20	TiComTec GmbH
Z-9.1-603	TCC Schrauben als Verbindungsmittel für das TCC Holz-Beton-Verbundsystem	02.08.20	Com-Ing AG
Z-9.1-851	BiFRi Verbund-Anker als Verbindungsmittel für das FRIEDRICH Holz-Beton-Verbundsystem	24.03.20	FRIEDRICH UG Verbundsysteme
Z-9.1-857	SFix-3 Schubfix-Schrauben als Verbindungsmittel für das Elascon Holz-Beton-Verbund-System	28.10.20	Elascon GmbH
Z-9.1-861	Hobet Schrauben als Verbindungsmittel für Holz-Beton-Verbundsysteme	23.05.21	SIHGA® GmbH
Z-9.1-862	PMJ-6090 Schrauben als Verbindungsmittel in Holz-Beton-Verbundsystemen	16.06.21	PMJ-tec AG
BTZ-0019	Schmid System HBV-FT Deckenelement	20.12.20	SCHMID HOLZBAU GmbH

a) Das System nach Dennert ist in dieser Tabelle aus Gründen der Vollständigkeit aufgeführt. Es handelt sich jedoch nicht um ein HBV-System im originären Sinn. Der Beton dient nicht der Aufnahme von Druckspannungen, sondern ist als Stahlbetonquerschnitt Teil der Zugzone.

gungen zur Folge hatte, die entsprechend den heutigen Anforderungen nicht mehr tolcricrbar sind.

Eine wirtschaftlich und konstruktiv sinnvolle Möglichkeit der Verstärkung von vorhandenen Holzbalkendecken stellt die Herstellung einer HBV-Decke dar. Insbesondere dann, wenn die vorhandene Dielung und Schüttung nicht vollständig entfernt werden müssen, ist diese Form der Tragwerksverstärkung von Vorteil. Unter der zu überprüfenden Voraussetzung, dass die Holzbalken keine Schädigungen aufweisen, werden geeignete Verbindungsmittel durch die Dielung hindurchgeführt und in den Holzbalken befestigt. Daran anschließend wird die Betonplatte aufbetoniert. Falls erforderlich, sind die Holzbalken während des Betonierens und

Tab. 5.17 Auswahl von European Technical Assessments (ETA) [5.87, 5.88].

Zulassung Nr.	Gegenstand	gültig seit	Antragsteller
ETA-12/0196	SWG Timtec plus VG screw	29.01.13	Schraubenwerk Gaisbach GmbH
ETA-13/0029	Würth ASSY plus VG -Schrauben	29.01.13	Adolf Würth GmbH & Co. KG
ETA-13/0699	SFS VB Schrauben als Verbindungsmittel in Holz-Beton-Verbundkonstruktionen	13.06.13	SFS intec AG FasteningSystems
ETA-16/0864	T II 7,3x150 screw	29.11.16	E.u.r.o. Tec GmbH
ETA-17/0353	Solaio Compound	07.07.17	Coperlegno s.r.l.
ETA-18/0264	Elascon SFix HBV-System	10.09.18	Elascon GmbH
ETA-18/0649	Tecnaria CTL BASE, CTL MAXI and CVT 40 OMEGA connectors	18.09.18	TECNARIA SpA
ETA-18/0829	Schmid Schrauben RAPID® T-Con	15.02.19	Schmid Schrauben Hainfeld GmbH
ETA-18/0852	Tecnaria CCS Legno connectors	06.11.18	TECNARIA SpA
ETA-18/1144	ANCON Composite Connector	28.02.19	Ancon Building Products GesmbH
ETA-19/0114	LIGNOTON® Hybriddecken	19.08.19	Hasslacher Holding GmbH
ETA-19/0244	Rotho Blaas CTC screw	20.05.19	Rotho Blaas s.r.l
ETA-19/0297	LATERLITE CONNETORE CENTROSO-RICO LEGNO	07.05.19	Laterlite S.p.A

des Erhärtens des Betons zu unterstützen, gegebenenfalls können bereits vorhandene Durchbiegungen durch Unterkeilen reduziert werden. Der nach dem Erhärten des Betons wirksame Verbundquerschnitt weist eine deutlich erhöhte Tragfähigkeit und Biegesteifigkeit auf, was mit geringeren Durchbiegungen und einem günstigeren Schwingungsverhalten verbunden ist. Darüber hinaus werden die bauphysikalischen Eigenschaften verbessert.

Einen Nachteil stellt das infolge der zusätzlich eingebrachten Betonplatte erhöhte Konstruktionseigengewicht dar, was zur Vergrößerung der Beanspruchungen in den im Lastfluss nachfolgenden Bauteilen führt. Weiterhin sind die Folgen der veränderten Deckenoberkante auf Türöffnungen, Brüstungshöhen, Anschlüsse zu Treppenräumen u. Ä. zu prüfen.

5.2.3.3.2 Neubau

Im Vergleich zur Altbausanierung kommt der Einsatz von HBV-Decken bei Neubauvorhaben bisher seltener vor. Hier schlägt offensichtlich der Nachteil durch, dass es sich bei der HBV-Bauweise nicht um eine geregelte Bauweise handelt (s. Abschnitt 5.2.3.2). Dennoch hat die HBV-Bauweise gerade in den letzten Jahren ihr großes Potenzial im Geschossbau, aber auch im Brückenbau nachweisen können, was durch die Entwicklung geeigneter Systembauweisen [5.89, 5.90] und die gute Nachhaltigkeitsbewertung von HBV-Decken im Vergleich mit Stahlbetondecken begünstigt wurde [5.91].

Eine besondere Variante von HBV-Decken stellt die Anwendung der Brettstapelbauweise dar. Brettstapelelemente entstehen, indem Bretter hochkant aneinandergereiht und miteinander verbunden werden. Die Brettstapelelemente müssen dann ihrerseits mit der Betonplatte zum HBV-Querschnitt verbunden werden, was z. B. durch Schrauben, eingeklebte Flachstahlschlösser, eingeklebte Lochbleche oder auf der Oberseite des Brettstapelelements eingeschnittene Kerven erfolgen kann [5.92, 5.93]. Ebenso finden zunehmend Brettsperrholzelemente Verwendung im Holz-Beton-Verbundbau. Forschungsergebnisse zeigen, dass im Gegensatz zur vorwiegend einachsigen Tragwirkung von Holzbalken- und Brettstapelverbunddecken bei Brettstapel-Beton-Verbunddecken auch eine zweiachsige Tragwirkung realisiert werden kann [5.94].

Grundsätzlich können auch Wände und Dächer in der HBV-Bauweise hergestellt werden. Hier spielen bauphysikalische und konstruktive Aspekte wie Wärmedämmung, Luftdichtigkeit, Schallschutz und ggf. Wärmespeicherung eine besondere Rolle (siehe z. B. [5.95]).

5.2.3.4 Konstruktive Hinweise

5.2.3.4.1 Holzbalken

In HBV-Bauteilen kommen in der Regel Vollholz- oder Brettschichtholzquerschnitte aus üblichen Nadelhölzern zur Anwendung. In besonderen Fällen wird wegen der höheren Festigkeiten und besseren Steifigkeitseigenschaften auch auf andere Holzarten zurückgegriffen, z. B. Buche [5.96].

Beim Neubau von HBV-Decken bestehen an die Qualität der Holzbalken prinzipiell die gleichen Anforderungen wie im normalen Holzbau. Bei der Verstärkung von Holzbalkendecken sind die vorhandenen Holzbalken auf mögliche Vorschädigungen zu prüfen und bei Erfordernis zu sanieren.

Eine häufig diskutierte Fragestellung besteht darin, ob bei der Herstellung von HBV-Bauteilen in unzulässigem Maß Feuchte durch den Frischbeton in das Holz eingetragen wird. Um dies zu verhindern, werden in der Regel PE-Folien zwischen den Holzbalken und dem Frischbeton angeordnet. Bei einigen Verbindungsarten (z. B. Kerven) lässt sich ein direkter Kontakt zwischen Holz und Frischbeton jedoch nicht vermeiden. Untersuchungen zeigen, dass die in das Holz eingetragene Wassermenge als unkritisch bewertet werden kann, sofern die Ausgangsfeuchte entsprechend den üblichen Anforderungen nicht über 15 % liegt [5.75].

5.2.3.4.2 Verbindungsmittel

Für die Gewährleistung des Verbunds zwischen Betonplatte und Holzbalken ist eine Vielzahl von verschiedenartigen Verbindungsmitteln entwickelt worden, die sich in ihrem Lastverformungsverhalten deutlich unterscheiden. Durch die mechanischen

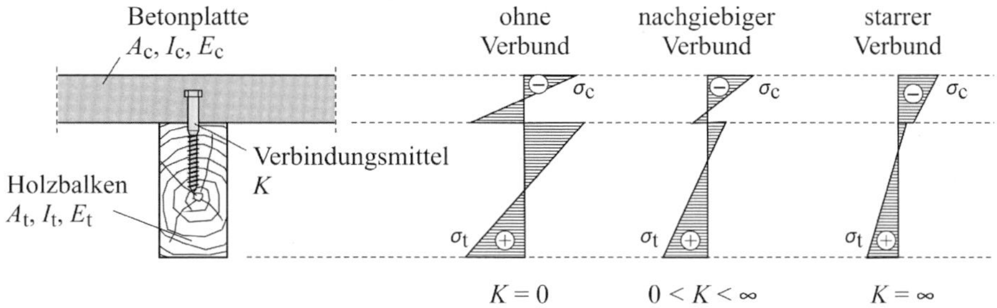

Abb. 5.71 Einfluss der Verbindungsmittelsteifigkeit K auf das Tragverhalten eines HBV-Querschnitts.

Eigenschaften der Verbindungsmittel wird das Tragverhalten von HBV-Bauteilen maßgeblich beeinflusst. Grundsätzlich ist dabei zwischen starrem und nachgiebigem Verbund zu unterscheiden (Abb. 5.71). Ein steiferer Verbund führt zu einer höheren Biegesteifigkeit und gleichzeitig geringeren Randspannungen der Teilquerschnitte des Verbundquerschnitts.

Folgende prinzipielle Möglichkeiten stehen für die Herstellung des Verbunds zwischen Beton und Holz zur Verfügung:

- Klebeverbindung,
- Herstellung eines mechanischen Verbunds durch den Einsatz von in der Regel metallischen Verbindungsmitteln,
- Verbindung durch Formschluss, z. B. durch die Ausbildung von Nocken oder Kerven auf der Oberseite der Holzbalken (häufig in Kombination mit mechanischem Verbund durch metallische Verbindungsmittel zur Aufnahme von Zugkräften).

Ein starrer Verbund kann ausschließlich mit einer Klebeverbindung erreicht werden. Mechanischer Verbund und Formschluss führen zu einem nachgiebigen Verbund. Wird bei der Verstärkung von Holzbalkendecken die vorhandene, nichttragende Dielung nicht entfernt, muss das Verbindungsmittel dazu in der Lage sein, die zwischen den Teilquerschnitten (Holzbalken und Betonplatte) wirkenden Schubkräfte über die schubweiche Dielung hinweg zu übertragen.

Die Auswahl eines optimalen Verbindungsmittels muss unter Berücksichtigung

- der Einsatzbedingungen (Neubau, Verstärkungsmaßnahme),
- der erforderlichen mechanischen Eigenschaften (Verbundsteifigkeit und Tragfähigkeit der Verbindung),
- des entstehenden Arbeitsaufwands im Vergleich mit dem erzielten Nutzen

erfolgen. Eine Übersicht zur Vielzahl der bisher zur Anwendung gekommenen Verbindungsmittel wird in [5.75] gegeben.

5.2.3.4.3 Beton

Die Anforderungen an die Betoneigenschaften lassen sich wie folgt zusammenfassen [5.97]:

- Gewährleistung der erforderlichen Festbetoneigenschaften
  Im Rahmen der Verstärkung von Holzbalkendecken ist in der Regel die Wahl einer geringen Betonfestigkeitsklasse ab C20/25 ausreichend, da die Beanspruchungen im Beton eher gering sind und die Tragfähigkeit und Steifigkeit des Verbundquerschnitts weit mehr von den Eigenschaften der Verbindung beeinflusst werden. Bei Neubauvorhaben mit großen Spannweiten, z. B. bei HBV-Brücken, können höhere Betonfestigkeiten bis hin zum Einsatz von hochfestem Beton notwendig werden.
- Bewehrung
  Im Betonteil des HBV-Verbundquerschnitts treten in der Regel Zugbeanspruchungen auf, die durch eine geeignete Bewehrung aufzunehmen sind. Die Ursachen dieser Zugbeanspruchungen können sehr verschiedenartig sein, z. B. Querzug im Bereich der einbetonierten Verbindungsmittel, Biegebeanspruchung in der Betonplatte rechtwinklig zur Spannrichtung der Holzbalken. Als Bewehrung stehen Betonstahlmatten und Stabstahl zur Verfügung. Bei Verstärkungsmaßnahmen an Holzbalkendecken kann der Einsatz von Stahlfaserbeton vorteilhaft sein [5.98]. Zum einen wird dann der teilweise aufwendige Transport von Bewehrungselementen (z. B. durch die Treppenräume von Wohnhäusern) vermieden. Zum anderen kann die Plattendicke auf das statisch und konstruktiv erforderliche Maß von häufig nur wenigen Zentimetern reduziert werden. Bei einer Bewehrung mit Betonstahlmatten oder Stabstahl ist an der Plattenoberseite die jeweils erforderliche Betondeckung einzuhalten, was in der Regel zu größeren Plattendicken führt (Abb. 5.72).
- gute Verarbeitbarkeit des Betons
  Dieser Aspekt spielt insbesondere bei der Verstärkung von Holzbalkendecken eine wichtige Rolle. Der Beton sollte wegen der häufig schlechten Zugänglichkeit des Orts der Betonage pumpbar sein. Ein anderes Problem stellt die Verdichtung des Frischbetons dar, die wegen der geringen Dicke der Betonschicht und der Nachgiebigkeit der als Schalung bzw. Unterstützung dienenden Holzbalkendecke generell problematisch ist. Daher ist der Einsatz von leicht verarbeitbarem oder selbstverdichtendem Beton von Vorteil.
- geringe Wichte des Betons
  Bei der Verstärkung von Holzbalkendecken mittels HBV wird durch die zusätzliche Betontragschicht das Konstruktionseigengewicht erhöht. Um diese zusätzlichen Lasten gering und die Auswirkungen auf andere Bauteile (Wände, Abfangungen, Fundamente) in den erforderlichen Grenzen zu halten, ist die Verwendung von Leichtbeton günstig.

Als Alternative zu üblichen Betonen ist Anhydritestrich in der HBV-Bauweise vorgeschlagen und auch mit Erfolg zum Einsatz gebracht worden [5.99].

5.2.3.5 Rechnerische Nachweisführung

Für die rechnerische Nachweisführung von HBV-Biegebauteilen parallel zur Spannrichtung der Holzbalken stehen mehrere Möglichkeiten zur Verfügung [5.100]:

- γ-Verfahren für nachgiebig miteinander verbundene, mehrteilige Querschnitte nach DIN EN 1995-1-1, Anhang B

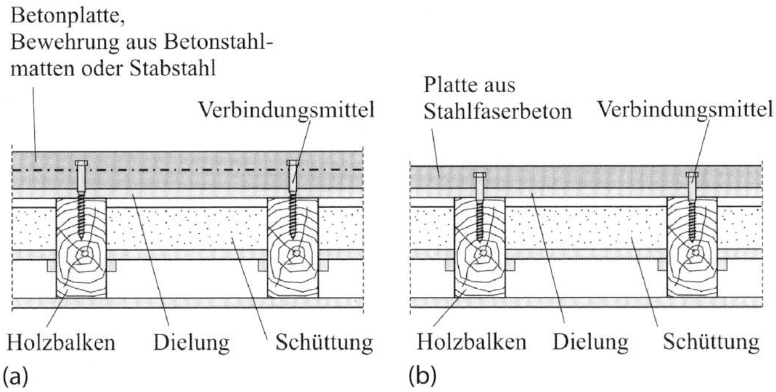

Abb. 5.72 HBV zur Verstärkung von Holzbalkendecken; (a) Anordnung einer Stahlbetonplatte, (b) Anordnung einer Platte aus Stahlfaserbeton.

Voraussetzung für die Anwendung des γ-Verfahrens ist ein geringer Verbindungsmittelabstand, da eine über die Bauteillänge gleichmäßig verteilte („verschmierte") Verbundwirkung angesetzt wird.

- Stabwerkmodelle
  Mit Stabwerkmodellen lassen sich auch diskrete Verbundkräfte (z. B. bei stabförmigen Verbindungsmitteln) berücksichtigen. Damit ist auch der Ansatz größerer oder von über die Bauteillänge nicht konstanten Verbindungsmittelabständen möglich.
- Methode der finiten Elemente und Differenzenverfahren
  Mit diesen Methoden lassen sich auch unregelmäßige Systeme sicher nachweisen. Dabei ist eine grundsätzliche Entscheidung zum Ansatz der Verbundwirkung zu treffen: Entweder wird die Verbundwirkung an den Stellen, an denen tatsächlich Verbindungsmittel angeordnet sind, diskret modelliert oder es wird mit einer „verschmierten" Verbundwirkung in der Verbundfuge gerechnet.

Unabhängig von der gewählten Berechnungsmöglichkeit sind in den Grenzzuständen der Tragfähigkeit Spannungsnachweise für die Randfasern des Beton- und des Holzteilquerschnitts zu führen. Darüber hinaus ist eine ausreichende Tragfähigkeit des Verbindungsmittels nachzuweisen. In den Grenzzuständen der Gebrauchstauglichkeit sind Nachweise zur Durchbiegungsbegrenzung und zum Schwingungsverhalten zu erbringen.

Zur Berücksichtigung der zeitabhängigen Verformungen von Holz und Beton (Kriechen und Schwinden) sind die Nachweise zumindest zu den Zeitpunkten $t = 0$ (Aufbringen der Erstbelastung) und $t = \infty$ zu führen. Nach [5.100] ist darüber hinaus zu prüfen, ob wegen des anfangs schnelleren Kriechens des Betons im Vergleich zu demjenigen des Holzes Lastumlagerungen möglich sind, die im Zeitraum von 3 bis 7 Jahren nach Herstellung des Verbundquerschnitts zu maßgebenden Bemessungssituationen führen. Für geklebte Verbindungen tritt dieser Zustand nach etwa einem Jahr ein [5.101].

Bei der Verstärkung von Holzbalkendecken durch HBV ist gegebenenfalls eine in den Holzbalken bereits vor Herstellung der Verbundwirkung vorhandene Beanspruchung zu berücksichtigen.

Neben den Nachweisen parallel zur Spannrichtung der Holzbalken ist die Tragfähigkeit der Betonplatte in Querrichtung nachzuweisen. Dabei ist besonders auf mögliche Einzellasten zu achten, die zwischen den Holzbalken wirken und damit eine Biege- und Querkraftbeanspruchung in der Betonplatte hervorrufen. Durch die Steifigkeit der Betonplatte in Querrichtung werden darüber hinaus auch Lastumlagerungen zwischen benachbarten Holzbalken ermöglicht. Dieser Effekt tritt zwangsläufig bei Einzellasten über einem Holzbalken oder unterschiedlichen Spannweiten benachbarter Holzbalken auf. In der Folge wird der direkt unter den Einzellasten befindliche Holzbalken entlastet, während die benachbarten Holzbalken eine zusätzliche Beanspruchung erfahren. Allerdings entsteht durch diese Querverteilung der Belastung auch eine Beanspruchung in der Betonplatte, die nachzuweisen ist [5.102, 5.103].

Die nach DIN EN 1991-1-1/NA [5.104] für Wohn- und Aufenthaltsräume anzusetzenden Nutzlasten betragen 1,5 kN/m^2 bei ausreichender Querverteilung der Lasten (z. B. Stahlbetondeckenplatten) und 2,0 kN/m^2 bei nicht ausreichender Querverteilung (z. B. Holzbalkendecken). HBV-Decken liegen hinsichtlich ihrer Biegesteifigkeit zwischen den Stahlbetondeckenplatten und den Holzbalkendecken. Da in DIN EN 1991-1-1/NA kein Kriterium für eine Zuordnung zu den Eigenschaften „ausreichende Querverteilung“ bzw. „ohne ausreichende Querverteilung“ gegeben wird, werden HBV-Decken in diesen Fällen i. d. R. für eine Nutzlast von 2,0 kN/m^2 nachgewiesen. Vorschläge zu einer möglichen Reduzierung der Nutzlast auf einen Wert von 1,7 kN/m^2 werden in [5.75] und [5.105] angegeben.

Auf weitere Details der Nachweisführung wird an dieser Stelle verzichtet und auf [5.75] verwiesen, wo sich auch ein ausführliches Berechnungsbeispiel findet.

5.2.3.6 Bauphysikalische Eigenschaften

5.2.3.6.1 Brandschutz

Im Rahmen von experimentell durchgeführten Untersuchungen konnte festgestellt werden, dass bereits HBV-Decken mit unterseitig unbekleideten Holzbalken eine hohe Feuerwiderstandsfähigkeit bis zu REI 60 aufweisen. Bei Brandeinwirkung wirken Beton und Holz effektiv zusammen – durch die Betonplatte wird die Brandausbreitung verhindert, der Holzbalken dient als Schutz des Verbindungsmittels [5.106, 5.107].

HBV-Decken liegen hinsichtlich ihrer Brandschutzeigenschaften zwischen den in dieser Hinsicht ungünstigeren Holzbalkendecken und den Stahlbetondecken. Durch die Betonplatte wird konstruktionsbedingt eine raumabschließende Wirkung und Rauchdichtigkeit bis zum Versagen erzielt, wobei die Fuge zwischen HBV-Decke und Wand besonders zu betrachten ist.

Der Nachweis der zu erbringenden Feuerwiderstandsfähigkeit kann im Rahmen einer Heißbemessung erfolgen. Dabei wird von einem dreiseitigen Abbrand der Holzbalken mit in der Folge reduzierten Querschnittsabmessungen ausgegangen. Die bei der Heißbemessung anzusetzende Schubtragfähigkeit und Steifigkeit der Verbindungsmittel hängen von der seitlichen Holzüberdeckung ab und sind den Allgemeinen bauaufsichtlichen Zulassungen bzw. dem European Technical Assessment zu entnehmen.

5.2.3.6.2 Schallschutz

Grundsätzlich ordnen sich HBV-Decken hinsichtlich ihres bauakustischen Verhaltens wie auch schon bei ihrer Feuerwiderstandsfähigkeit zwischen Holzbalkendecken und Stahlbetondecken ein [5.90, 5.108]. HBV-Decken weisen wegen ihrer relativ hohen Masse eine verhältnismäßig gute Trittschalldämmung in den tiefen Frequenzbereichen auf. Nach [5.108] sind auf den HBV-Decken schwimmend verlegte Estriche dazu geeignet, die Anforderungen an den Trittschallschutz zu erfüllen. Durch zusätzlich an der Unterseite der HBV-Decke angebrachte entkoppelte Schalen können auch erhöhte Schallschutzanforderungen erfüllt werden [5.90].

5.3 Räumliches Zusammenwirken

5.3.1 Grundsätze der Aussteifung

Die flächige, zweidimensionale Tragwirkung von Holztafel-, Massivholz- und Holz-Beton-Verbundbauteilen ist in Abschnitt 5.2 beschrieben. Die räumliche Aussteifung von Gebäuden stellt jedoch immer ein dreidimensionales Problem dar. Das Zusammenwirken von Wand-, Decken- und Dachbauteilen und ggf. gesonderten Aussteifungselementen in Form von Streben, Auskreuzungen oder Verbänden ist gesondert zu untersuchen.

Die von der Gebäudestruktur aufzunehmenden Beanspruchungen sind:

- Windlasten,
- Beanspruchungen aus geometrischen und strukturellen Imperfektionen (Aussteifung gegen Knicken, Biegedrillknicken (Kippen), Schiefstellungen),
- Erdbebenlasten,
- Lasten aus Anprall, Explosion oder anderen außergewöhnlichen Einwirkungen.

Die allgemein als laterale Einwirkungen bezeichneten Kräfte müssen von der Gesamtstruktur aufgenommen werden und führen in den Bauteilen zu horizontalen, aber auch zu resultierenden vertikalen Beanspruchungen und bei unsymmetrischen Lastfällen oder Aussteifungskonstruktionen zu Torsionsbeanspruchungen der Gesamtstruktur.

Die räumliche Beanspruchbarkeit der Tragstrukturen muss, wie in allen anderen Lastfällen auch, sowohl für den Grenzzustand der Tragfähigkeit (GZT) wie auch für den Grenzzustand der Gebrauchstauglichkeit (GZG) nachgewiesen werden. Insbesondere Erdbeben- und Windlasten erzeugen zudem Schwingungsbeanspruchungen, die unter Berücksichtigung von Nutzungskomfort und insbesondere unter Berücksichtigung der daraus resultierenden Lasterhöhungsfaktoren besonders zu berücksichtigen sind.

In diesem Abschnitt werden Erdbebenbeanspruchungen und Schwingungsbeanspruchungen (s. Kapitel 8) nicht besonders berücksichtigt. Die Darstellungen in diesem Abschnitt beschränken sich auf die üblichen Nachweisführungen für die beiden Grenzzustände, wie sie auch in den Abb. 5.5 und 5.6 dargestellt sind.

Da nachfolgend auf schubbeanspruchbare Decken verwiesen wird, sind die Möglichkeiten im Holzbau vorangestellt. Die drei möglichen und heute verwendeten Arten von Deckenscheiben im Holzbau sind:

- Holztafeln – geklebt oder genagelt. Geklebte Holztafeln sind heute relativ selten, da sie vom Herstellungsaufwand deutlich aufwendiger sind. Sie bieten aber durch die Verklebung eine deutlich erhöhte Scheibenschubsteifigkeit. In Sonderfällen kann zur Steifigkeitserhöhung auch eine Schraub- oder Nagelpressklebung verwendet werden.
- Massivholzdeckenscheiben aus genageltem bzw. geklebtem Brettsperrholz oder genagelten bzw. geklebten Brettstapelelementen. Da die Herstellbreiten der Bauteile zwischen 1,00 und 2,50 m liegen, benötigen sie zur Herstellung der Deckenscheibe eine effektive Verbindung an den Längsseiten der Elemente durch Verschraubungen oder durch zusätzliche verschraubte oder vernagelte Streifen aus Holzwerkstoffplatten (vergleiche Kapitel 2, Abb. 2.9 und 2.10). Im Vergleich zu den Verbindungen an den Rändern sind geklebte Elemente als schubstarr anzusehen.
- Holz-Beton-Verbunddecken. Bei diesen Konstruktionen wird die Scheibenwirkung im Regelfall durch den Aufbeton entsprechend den Regeln des Stahlbetonbaus hergestellt.

Alle Decken benötigen für eine hinreichende Scheibenwirkung also effektive Verbindungen der Längsstöße und ergänzend Zug- und Druckbänder zur Aufnahme der Randspannungen. Die erforderlichen durchlaufenden Zugbänder an den Scheibenrändern können entweder durch gesonderte Metallbänder, Verschraubungen der Bauteile untereinander oder durch die durchlaufenden Wandrähme der darunter liegenden Wände hergestellt werden. Diese Verbindungen sind zwingend in der statischen Berechnung nachzuweisen. Weitere Angaben sind in Abschnitt 8.5 enthalten.

Kriterien für die räumliche Aussteifung Die Minimalkriterien für eine räumliche Aussteifung von Gebäudestrukturen sind:

- Bei einer schubbeanspruchbaren Deckenscheibe müssen mindestens drei Wandscheiben vorhanden sein, die sich nicht in einem Punkt schneiden und die nicht alle parallel zueinander sind.
- Ohne eine schubbeanspruchbare Deckenscheibe müssen mindestens vier Wandscheiben vorhanden sein, von denen sich nicht mehr als jeweils zwei Scheiben in einem Punkt schneiden und die nicht alle parallel zueinander sind.

Die genannten Kriterien können durch flächige Bauteile, stabförmige Bauteile wie Streben oder Zugseile oder durch eingespannte Stützen realisiert werden.

Bei einem Gebäude ohne Deckenscheibe genügen beispielsweise zwei eingespannte Stützen in zwei diagonal gegenüberliegenden Ecken, da diese durch ihre Einspannung in beide Achsrichtungen zwei Wände aussteifen können (vgl. Abb. 5.73).

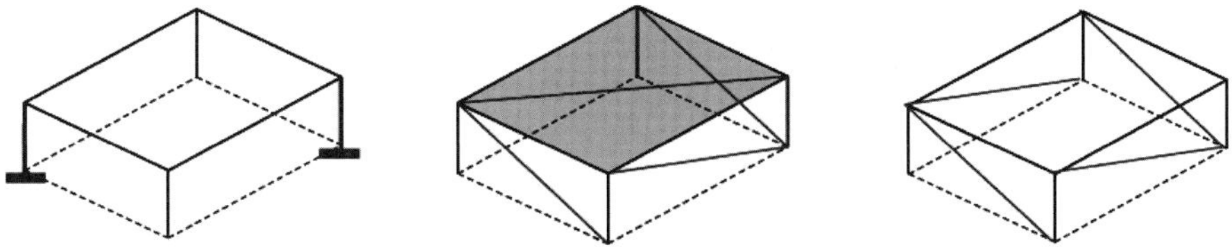

Abb. 5.73 Grundprinzipien der Aussteifung.

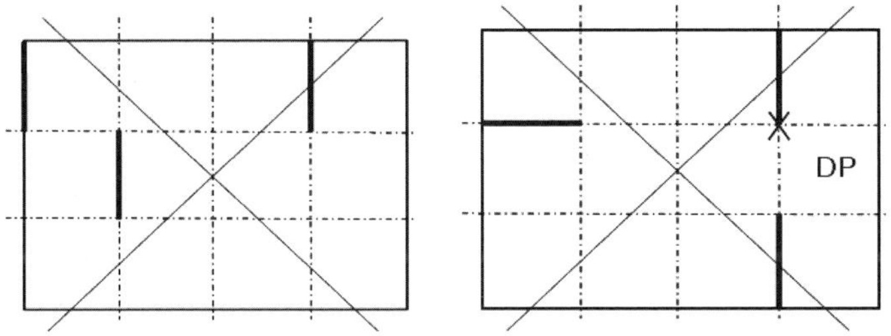

Abb. 5.74 Unzulässige Anordnung von Aussteifungselementen.

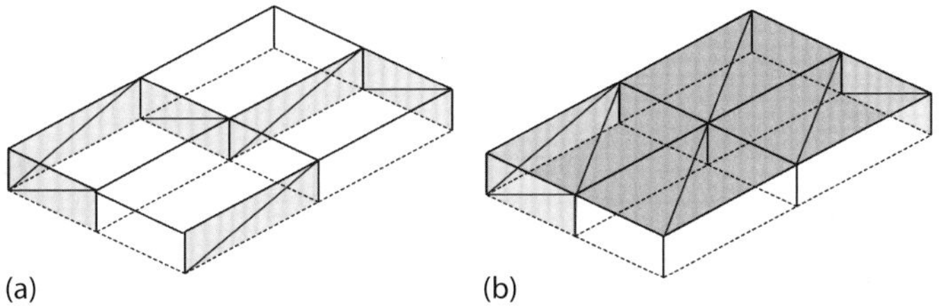

Abb. 5.75 Aussteifung erweiterter Strukturen (a) ohne und (b) mit Deckenscheiben.

Schneiden sich alle aussteifenden Wandscheiben in einem Punkt, entsteht ein gemeinsamer Drehpunkt. Keine der durch die Wandscheiben aufnehmbaren, horizontalen Reaktionskräfte weist im Gegensatz zu den Einwirkungen einen Hebelarm zum Drehpunkt auf, es kann kein Momentengleichgewicht erreicht werden. Stehen alle Wände parallel, fehlt eine Reaktionskraft in Richtung der angreifenden Einwirkungen (Abb. 5.74).

Zu den Grundeinheiten sind weitere Gebäude- oder Tragwerksteile addierbar, die jeweils mindestens so auszusteifen sind, dass die auf sie einwirkenden horizontalen Einwirkungen bis in die Fundamente ableitbar sind. Abb. 5.75 zeigt die notwendigen Anordnungen von Aussteifungselementen mit und ohne Deckenscheiben, Abb. 5.76 das Prinzip der stockwerksweisen Aussteifung.

Aussteifende Elemente innerhalb eines Tragwerks sollten so angeordnet werden, dass eine symmetrische Lastabtragung ermöglicht wird. Andernfalls müssen die aus der Exzentrizität zwischen Lastschwerpunkt und Schwerpunkt der Aussteifung resultierenden Zusatzkräfte berücksichtigt werden. Die Stützkräfte dürfen bei durchlaufenden Deckenscheiben näherungsweise wie für einen Balken ermittelt werden, der über den Innenstützen gelenkig gelagert ist. Die verwendeten Aussteifungsele-

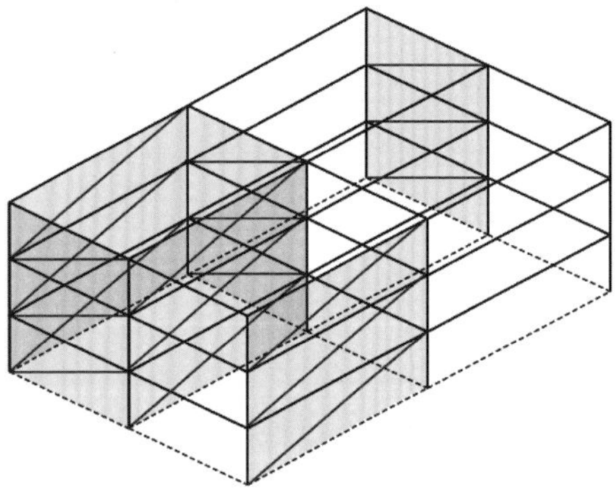

Abb. 5.76 Stockwerksweise Aussteifung.

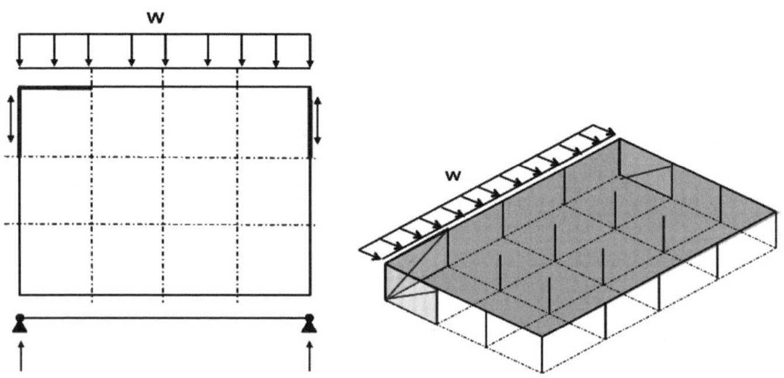

Abb. 5.77 Statisches System bei symmetrischer Anordnung von Aussteifungselementen.

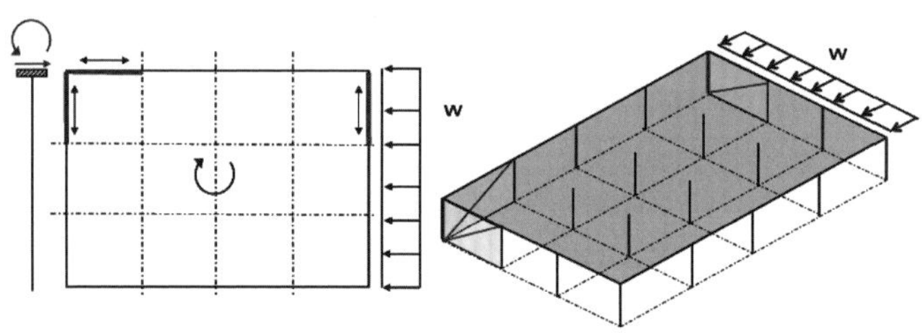

Abb. 5.78 Statisches System bei unsymmetrischer Anordnung von Aussteifungselementen.

mente sollten je Lastrichtung gleiche Steifigkeiten aufweisen, da andernfalls ebenfalls Zusatzkräfte infolge Exzentrizität entstehen. Bei Windeinwirkungen sind allerdings auch bei geometrisch symmetrischer Anordnung von aussteifenden Bauteilen Exzentrizitäten zu berücksichtigen. Die Beanspruchungen sind entsprechend DIN EN 1991-1-4:2010-12; Abs. 7.1.2 durch unsymmetrische Lastfälle zu berücksichtigen. Die frühere Näherung entsprechend DIN 1055-4:1986, dazu jeweils eine Ausmitte des 0,1-fachen der jeweiligen Gebäudebreite anzunehmen, stellt sicher immer noch eine gute Näherung zur ersten Abschätzung dar.

Die in den Abb. 5.77 und 5.78 gezeigten Grundsätze lassen sich ebenfalls auf die Anordnung von aussteifenden Kernen anwenden, Abb. 5.79 zeigt eine unsymmetrische Anordnung und die daraus entstehenden Beanspruchungen.

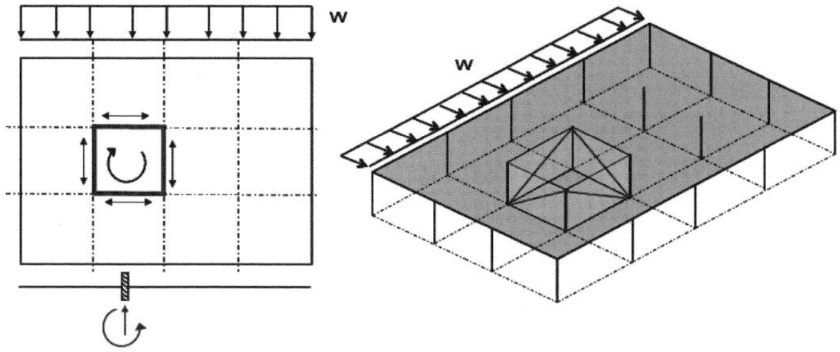

Abb. 5.79 Unsymmetrische Anordnung eines aussteifenden Kernbauwerks.

Neben der räumlichen Stabilität des Gesamtbauwerks müssen durch die aussteifenden horizontalen und vertikalen Bauteile die Kopfverformungen und damit die Schiefstellungen von vertikal beanspruchten Wänden oder Stützen begrenzt werden, um die Größe abtreibender Kräfte zu beschränken. Die horizontale Verformung von Deckenscheiben ist daher beispielsweise bei einem Einfelddeckensystem wie in Abb. 5.77 dargestellt auf $w_{\text{inst}} \leq l/1000$ der Stützweite l zu begrenzen.

Diese Begrenzung der Durchbiegung und ebenso die zulässigen Bautoleranzen zur Schiefstellung nach DIN 18202 korrespondieren mit der Festlegung aus DIN EN 1995-1-1/NA:2010-12, NCI zu 9.2.4.2 (NA.17) zur zulässigen Kopfverformung von aussteifenden Wänden, die andere Bauteile stabilisieren.

Diese ist zu begrenzen, wenn die ausgesteiften Bauteile vertikal beansprucht werden und durch Schiefstellungen zusätzliche abtreibende Kräfte auftreten. Sofern kein genauerer Nachweis nach Theorie II. Ordnung des Gesamtsystems erfolgt, ist nach Abschnitt (NA.17) die maximale horizontale Kopfverformung aus äußeren Einwirkungen (z. B. Wind) und der Ersatzlast nach Gl. (5.125) entsprechend Gl. (5.124) zu begrenzen.

$$u_{\text{d+w}} \leq h/100 \tag{5.124}$$

$$F_{\text{d}} = \frac{q_{\text{d}} \cdot l}{70} \tag{5.125}$$

mit

F_{d} Ersatzbemessungslast als horizontale Kopfbeanspruchung der aussteifenden Wand

q_{d} vertikale Bemessungslast, mit der die auszusteifende Wand beansprucht wird

l Länge der auszusteifenden Wand = Einzugsbreite der aussteifenden Wand

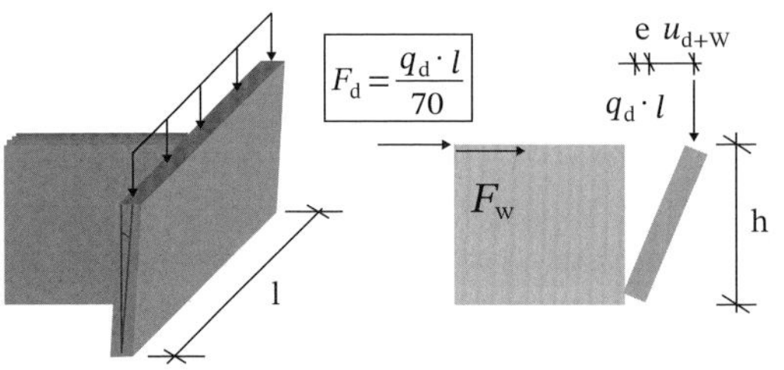

Abb. 5.80 Queraussteifung einer vertikal beanspruchten Wand: F_w Bemessungslast aus äußeren Beanspruchungen, F_d abtreibende Bemessungslast nach Gl. (5.125), *e* Anfangsauslenkung, u_{d+w} zulässige Gesamtverformung aus F_d und F_w.

Abb. 5.80 zeigt schematisch die beschriebene Situation.

Auf den ersten Blick erscheint es nicht sinnvoll, die Gesamtkopfverformung der Wände auf $h/100$ zu begrenzen und zur Ermittlung der Ersatzlast $l/70$ als Multiplikator zu verwenden. Die erforderliche Ersatzlast ergibt sich jedoch aus der horizontalen Gesamtverformung u_{gesamt} der Wandköpfe. Sie setzt sich zusammen aus der Anfangsausmitte und der lastbedingten Verformung (Gl. (5.126))

$$u_{Gesamt} = e + u_d = h/200 + h/100 = 0{,}015 \cdot h \tag{5.126}$$

Eine mögliche, anzunehmende Anfangsausmitte ist $e = h/200$, welche der nach DIN EN 1995-1-1:2010-12, Abs. 5.4.4 (2) anzunehmenden spannungslosen Vorverdrehung eines Stabs zur Berücksichtigung von strukturellen und geometrischen Imperfektionen entspricht.

Aus Momentengleichgewicht ergibt sich damit

$$q_d \cdot l \cdot u_{Gesamt} = q_d \cdot l \cdot 0{,}015 \cdot h = F_d \cdot h \tag{5.127}$$

und durch Umformung

$$F_d = \frac{q_d \cdot l}{66{,}6} \approx \frac{q_d \cdot l}{70} \tag{5.128}$$

Nimmt man als Anfangsausmitte nur die nach DIN 18202:1997, Tab. 4 zulässige Bautoleranz für eine ca. 3 m hohe Wand an, dann entspricht diese mit 12 mm zulässiger Anfangsauslenkung *h/250*.

Die zulässige horizontale Gesamtverformung der Wandköpfe ergibt sich damit zu

$$u_{gesamt} = h/250 + h/100 = 0{,}014 \approx h/70 = 0{,}0143 \tag{5.129}$$

Die anzusetzende horizontale Ersatzlast korrespondiert also näherungsweise mit den üblichen, praxisnahen Ansätzen der Imperfektionen und der damit zu erwartenden Gesamtauslenkung des Wandkopfes.

Es wird empfohlen, bei Berechnungen der Aussteifungssysteme diese Ersatzlasten auch anzusetzen. Trotz erhöhter Fertigungspräzision im Holzbau können sich derart kleine Abweichungen jederzeit durch Fertigung, Transport und Montage und die sich daraus ergebenden Winkelverzerrungen der Wandbauteile und Abweichungen von der horizontalen Lagerung der aussteifenden Wand ergeben.

5.3.2 Steifigkeit und Schwerpunktbestimmung von Aussteifungssystemen

Das nachfolgende, näherungsweise Berechnungsverfahren (Abb. 5.81 und 5.82) gilt nur unter der Voraussetzung gleicher Steifigkeiten von Wandscheiben im Holztafelbau. Sofern eine genauere Berücksichtigung der Steifigkeit der Wandtafeln erfolgen soll, müssen nach *Steinmetz* [5.109] die Biegeverformung, die Schubverformung und die Nachgiebigkeit aller Verbindungsmittel berücksichtigt werden.

Auf eine genauere Berechnung – wie nachfolgend dargestellt – kann, obwohl es in den heutigen Normen nicht mehr eindeutig geregelt ist, aus Sicht der Autoren immer noch dann verzichtet werden, wenn die von DIN 1052-3:1988-04, Abs. 5.1.1 genannten Randbedingungen eingehalten werden. Danach sind Exzentrizitäten aus ausmittigem Lastangriff bei bis zu zweigeschossigen Gebäuden in Holztafelbauweise nicht zu berücksichtigen, wenn in allen vier umlaufenden Wänden aussteifende Wandtafeln angeordnet werden. Die Windkräfte können bei diesen im Regelfall Einfamilienhäusern auf die jeweiligen Außenwände aufgeteilt werden. Die Einzelbeanspruchung der Wandscheiben ergibt sich dann aus der jeweiligen Wandscheibenlänge.

Diese Aufteilung der Kräfte entsprechend der Wandscheibenlänge stellt eine Besonderheit des Holztafelbaus dar. Sie ist auch die Voraussetzung für die nachfolgend beschriebenen Berechnungsverfahren und resultiert aus der Bauart der

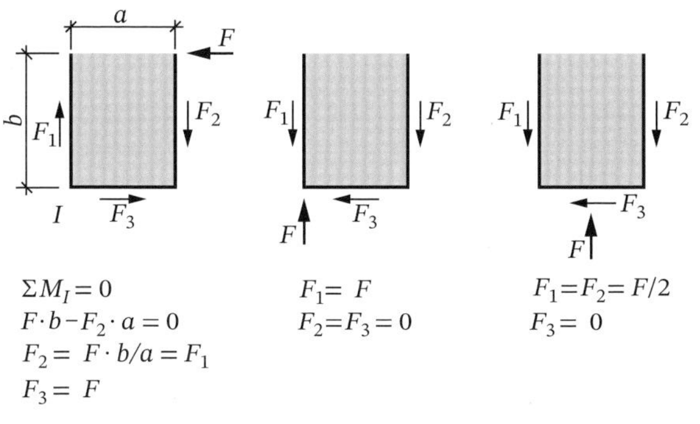

Abb. 5.81 Statisch bestimmtes System dreier Wandscheiben mit starrer Deckenscheibe.

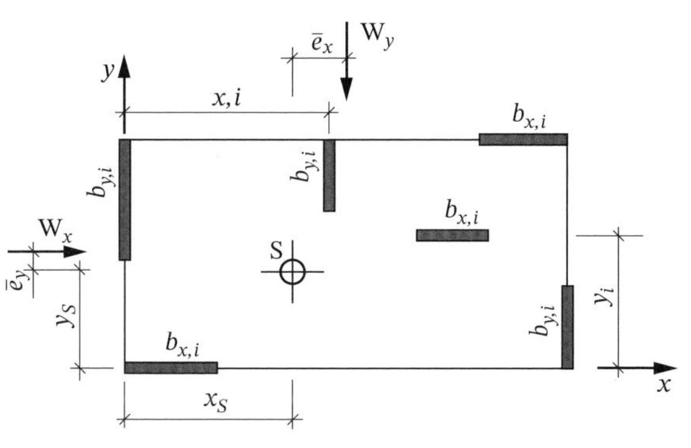

Abb. 5.82 Statisch unbestimmtes System von Wandscheiben mit starrer Deckenscheibe.

Holztafeln. Die horizontale Tragfähigkeit wird durch die Beplankung der gelenkig miteinander verbundenen Rippen hergestellt. Dabei sind die Beplankungen aus Holzwerkstoff- oder Gipsbauplatten im Verhältnis zu der Verschiebungssteifigkeit der Verbindungsmittel (Klammer oder dünne Nägel) praktisch als schubstarr anzusehen. Der Verschiebungsmodul K_{ser} der Verbindung zwischen Beplankung und Rippen ist somit ausschlaggebend für die Verformungsfigur einer horizontal beanspruchten Wandtafel. Sie stellt sich in Form eines verschobenen Parallelogramms ein, wobei die Beplankung bei entsprechender Dicke eine Starrkörperverdrehung aufweist.

Setzt man also gleiche Beplankungen und gleiche Verbindungsmittel und Verbindungsmittelabstände voraus, wird die Verteilung der horizontalen Beanspruchung der Wandscheiben nur von der Länge der Wandtafeln beeinflusst. Abb. 5.81 zeigt den einfachen Fall eines statisch bestimmten Systems dreier Wandscheiben mit einer starren Deckenscheibe und unterschiedlichen Belastungsfällen.

Abb. 5.82 zeigt ein statisch unbestimmtes System. Unter der Voraussetzung einer starren Deckenscheibe und Wandscheiben aus Holztafeln mit identischen Beplankungen, Verbindungsmitteln und Verbindungsmittelabständen können die Kräfte im System entsprechend den Gln. (5.130) bis (5.137) berechnet werden.

$$x_{\mathrm{s}} = \frac{\sum b_{\mathrm{y}i} x_{\mathrm{i}}}{\sum b_{\mathrm{y}i}} \tag{5.130}$$

$$y_{\mathrm{s}} = \frac{\sum b_{\mathrm{x}i} x_{\mathrm{t}}}{\sum b_{\mathrm{x}i}} \tag{5.131}$$

$$s_{\mathrm{x}i} = (x_{\mathrm{i}} - x_{\mathrm{s}}) \tag{5.132}$$

$$s_{\mathrm{y}i} = (y_{\mathrm{i}} - y_{\mathrm{s}}) \tag{5.133}$$

Windrichtung W.

$$H_{\mathrm{x}i} = \frac{b_{\mathrm{x}i}}{\sum b_{\mathrm{x}i}} W_{\mathrm{x}} + \frac{W_{\mathrm{x}} e_{\mathrm{y}} s_{\mathrm{y}i} b_{\mathrm{x}i}}{\sum b_{\mathrm{x}i} s_{\mathrm{y}i}^2 + \sum b_{\mathrm{y}i} s_{\mathrm{x}i}^2} \tag{5.134}$$

$$H_{\mathrm{y}i} = \frac{W_{\mathrm{x}} e_{\mathrm{y}} s_{\mathrm{x}i} b_{\mathrm{y}i}}{\sum b_{\mathrm{x}i} s_{\mathrm{y}i}^2 + \sum b_{\mathrm{y}i} s_{\mathrm{x}i}^2} \tag{5.135}$$

Windrichtung W.

$$H_{\mathrm{x}i} = \frac{W_{\mathrm{y}} e_{\mathrm{x}} s_{\mathrm{y}i} b_{\mathrm{x}i}}{\sum b_{\mathrm{x}i} s_{\mathrm{y}i}^2 + \sum b_{\mathrm{y}i} s_{\mathrm{x}i}^2} \tag{5.136}$$

$$H_{\mathrm{y}i} = \frac{b_{\mathrm{y}i}}{\sum b_{\mathrm{y}i}} W_{\mathrm{y}} + \frac{W_{\mathrm{y}} e_{\mathrm{x}} s_{\mathrm{x}i} b_{\mathrm{y}i}}{\sum b_{\mathrm{x}i} s_{\mathrm{y}i}^2 + \sum b_{\mathrm{y}i} s_{\mathrm{x}i}^2} \tag{5.137}$$

Die etwas aufwendigeren Berechnungen lohnen sich im Regelfall, da in vielen Fällen bei den weniger beanspruchten Wandtafeln die vertikalen Auflasten ausreichen, um die abhebenden Kräfte an den Enden der Wandtafeln zu überdrücken. Bei letztgenanntem Nachweis ist zu beachten, dass als vertikale Druckbeanspruchung auf den zugbeanspruchten Enden der Wandtafeln nur das Eigengewicht und die Regeln für entlastend wirkende Einwirkungen nach DIN EN 1990 [5.114] zu beachten sind. Im Regelfall darf nur das 0,9-fache Eigengewicht für den Endzustand angesetzt werden, ggf. sind zusätzlich Bauzustände zu berücksichtigen. Letzteres trifft im Holzbau häufig zu, da die vorgefertigten Bauweisen zu einer schnellen Errichtung der Gesamtstruktur führen, in die aber noch nicht alle Ausbaulasten eingebracht sind (z. B. Estriche). Die Struktur muss aber ab Errichtung selbstständig standsicher sein. Überschlägig – z. B. im Rahmen einer Vorbemessung – sollten daher bei den Nachweisen der Verankerungen nur 2/3 des Eigengewichts der Konstruktion angesetzt werden.

Zu beachten ist, dass sich im Stahlbetonbau eine Verteilung der horizontalen Einwirkungen auf die aussteifenden Wände nicht nach der Länge der Wände richtet, sondern nach der Biegesteifigkeit (EI). Die für die Bemessung der räumlichen Gesamtstabilität von Betonbauwerken verwendeten Bemessungsprogramme sind daher für die Anwendung auf Holztafelbauten nicht geeignet.

Werden Brettsperrholzwände für die Aufnahme der horizontalen Beanspruchungen verwendet, so ist deren Verhalten ähnlich wie das von Stahlbetonscheiben zu bewerten. Für eine genaue Berechnung ist die Schubsteifigkeit einer Brettsperrholzplatte durch Berücksichtigung der Torsionssteifigkeit der einzelnen verklebten Kreuzungspunkte der Bretter zu berücksichtigen. Sofern in den Erklärungen der Leistungseigenschaften der Hersteller die Schubsteifigkeit in Plattenebene $(GA)_{\text{yx,xlam}}$ bzw. $(GA)_{\text{xy,xlam}}$ nach DIN EN 16351 [5.116] angegeben wird, kann dieser Wert eingesetzt werden. Im Gegensatz zu Holztafeln ist jedenfalls die Biegesteifigkeit der Wandbauteile in den Bemessungsprogrammen zu berücksichtigen. Eine Sonderstellung nehmen gedübelte oder genagelte Brettsperrholzelemente ein. Durch die ausschließliche mechanische Verbindung der Brettlagen untereinander entstehen im Vergleich zu geklebten Konstruktionen relativ schubweiche Bauteile. In den Zulassungen sind daher häufig vereinfachend Zahlenwerte für die charakteristische Tragfähigkeit $R_{\text{v,k}}$ je laufenden Meter für Scheibenbeanspruchungen angegeben (z. B. in [5.110]), die Ermittlung der Steifigkeiten und Beanspruchbarkeiten darf grundsätzlich nach DIN EN 1995-1-1/NA, NCI NA.5.6 erfolgen.

Baupraktisch werden bei geklebten Brettsperrholzbauteilen die Verschiebungssteifigkeiten der Anschlüsse maßgebend, die je nach Wahl und Anzahl der Verbindungsmittel eine Größenordnung unterhalb der Biege- und Schubsteifigkeit der Brettsperrholzelemente liegt (s. dazu Angaben in Abschnitt 8.5).

Sofern die Verbindung von Decken- und Wandscheiben durch mechanische Verbindungsmittel (Nägel, Schrauben) erfolgt oder wenn genagelte, schubweiche Massivholzelemente verwendet werden, kann näherungsweise wie bei Holztafeln von einer längenbezogenen Verteilung der Kräfte ausgegangen werden.

Für alle Wandsysteme in Holzbauweise gilt, dass in der Praxis nur die geschlossenen Wandscheiben für die Aussteifung herangezogen werden. Fensterbrüstungen und Stürze werden vernachlässigt, obwohl sie theoretisch insbesondere bei Brettsperrholzbauteilen mit ausgeschnittenen Öffnungen berücksichtigt werden könnten. Im Holztafelbau sind die entsprechenden Wandbereiche ausdrücklich ausgeschlossen (vergleiche DIN EN 1995-1-1:2010-12, Abs. 9.2.4.2). Da die Fensteröffnungen häufig aus architektonischen Gründen im Regelfall sehr großzügig bemessen sind, gilt die Festlegung, aussteifende Wände mit hinreichender Länge an den notwendigen Positionen bereits im Vorentwurf intensiv im Planungsteam zu diskutieren, um spätere meist teure Sonderlösungen zu vermeiden.

Die nicht zu berücksichtigenden Öffnungsgrößen in Holztafelbauwänden sind in DIN EN 1995-1-1/NA:2010-12, NCI zu 9.2.4.2 angegeben. Einzelne Öffnungen in der Beplankung dürfen bei der Berechnung der Beanspruchungen dann vernachlässigt werden, wenn sie kleiner als 200 mm × 200 mm sind. Bei mehreren Öffnungen muss die Summe der Längen kleiner als 10 % der Tafellänge und die Summe der Höhen kleiner als 10 % der Tafelhöhe sein. Die Begriffe Tafellänge und Tafelhöhe beziehen sich jeweils auf das gesamte Wandbauteil, dass zur Aussteifung herangezogen wird.

5.3.3 Hinweise zur Aussteifung von Dächern

Bei der räumlichen Aussteifung von Dächern sind die beiden Lastfälle „Wind auf Giebel" und „Wind auf Traufe" zu unterscheiden. Sie führen zur Anwendung unterschiedlicher Modelle für die aussteifenden Dachelemente oder – falls keine flächigen Elemente zur Lastabtragung vorhanden sind – für die linearen Bauteile, die zur Aussteifung dienen. Abb. 5.83 zeigt den Lastfall „Wind auf Giebel" bei Verwendung von linearen Bauteilen (Sparrendach).

Bei dieser Beanspruchung und Verwendung von z. B. Windrispen aus Metalllochband ist ein stabiles statisches System erzeugbar. Allerdings sind diese einfachen Dachformen heute sehr selten geworden, da im Regelfall keine ungenutzten Dachräume mehr entstehen und die Dächer aus Gründen des Schall- und Wärmeschutzes vollgedämmt und beplankt werden.

Falls auf die Aussteifung des Dachtragwerks durch Windrispen zurückgegriffen wird, ist unbedingt auf die fachgerechte Verankerung dieser Bauteile zu achten. Abb. 5.84 zeigt eine mögliche Einbausituation. Zum Ausgleich von thermisch bedingten Längenänderungen – unter einer Dachdeckung ist ein Temperaturbereich von −20 °C bis +60 °C nicht ungewöhnlich – sind metallische Windrispen unbedingt hinreichend vorzuspannen. Ohne hinreichende Vorspannung werden die Windrispen schlaff und benötigen erhebliche Verformungen, bis sie überhaupt Last aufnehmen können.

Für die Aufnahme von „Wind auf Traufe" ist die Anordnung von Windrispen nicht geeignet. Die Windlast auf Traufe muss über die Fußpfette durch die darunterliegende Deckenscheibe oder – falls vorhanden – durch im Dachraum quer ver-

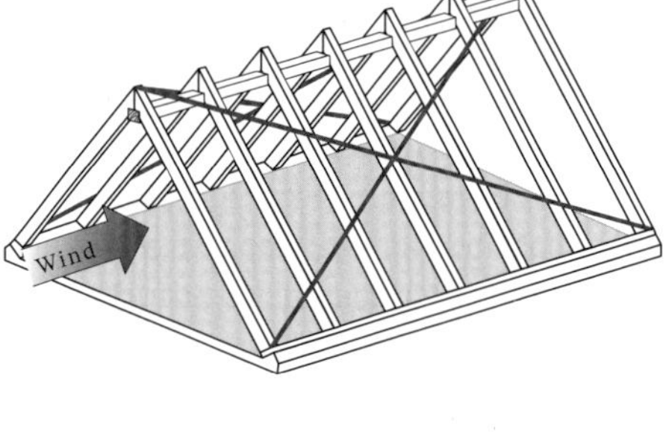

Abb. 5.83 Wind auf Giebel – Aussteifung mit Windrispen.

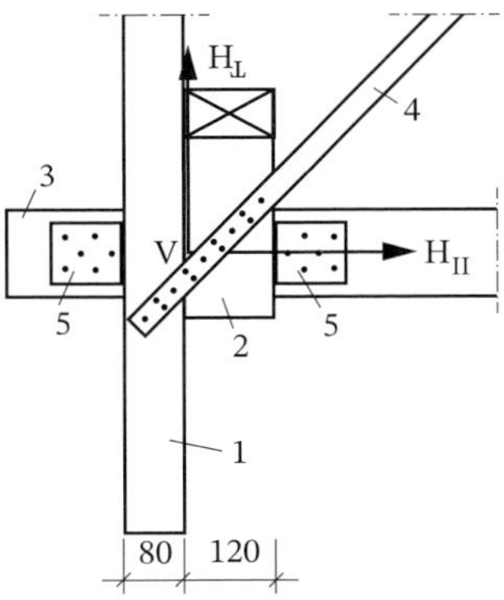

Abb. 5.84 Verankerungspunkt einer metallischen Windrispe: 1 Sparren, 2 Beilageholz, 3 Fußpfette, 4 Windrispe, 5 Metallwinkel.

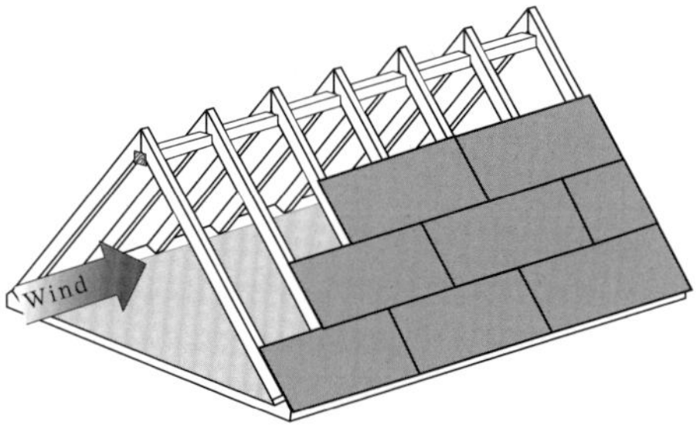

Abb. 5.85 Wind auf Giebel – Aussteifung durch Plattenbeplankung so nicht möglich.

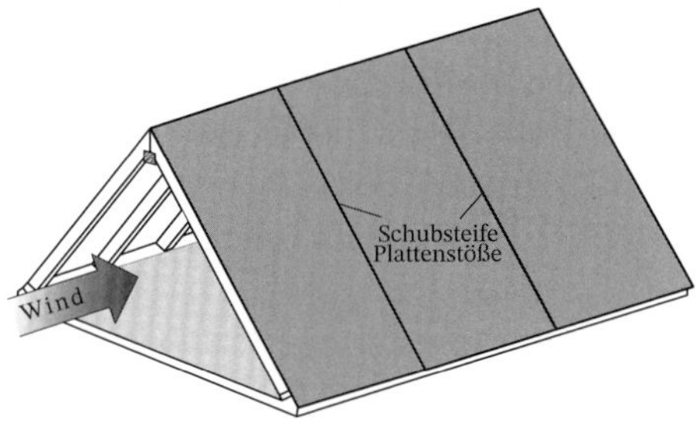

Abb. 5.86 Wind auf Giebel – Aussteifung durch großformatige Holztafelbauteile mit schubsteifen Plattenstößen.

laufende Bauteile erfolgen. In historischen Dächern wurden dafür quer stehende Hänge- oder Sprengwerke herangezogen.

Wenn aus den o. a. Gründen tragende Beplankungen innen oder außen auf die Sparren aufgebracht werden, ergibt sich für den Lastfall „Wind auf Giebel" eine weitere Besonderheit. Abb. 5.85 zeigt die entsprechende Situation.

Die Dachscheibe kann hier als eine in Neigung gebrachte Wandscheibe aufgefasst werden. Bei der Anordnung von mehr als einem horizontalen Stoß entstehen selbst bei kraftschlüssiger Hinterlegung der Stöße zu große Verschiebungen. Eine Schiefstellung des Giebels ist zu erwarten. Abgesehen von der umständlichen praktischen Ausführung, sind auch keine gesicherten rechnerischen Nachweise möglich, bei den Wandscheiben ist das Berechnungsmodell ohnehin nur für maximal einen hinterlegten Stoß gültig. Sofern allerdings die heute verfügbaren sehr großformatigen Holzwerkstoffplatten in Verbindung mit vorgefertigten Holztafeln verwendet werden, ist eine Berechnung in Anlehnung an die Regeln für Wände möglich (vgl. Abb. 5.86).

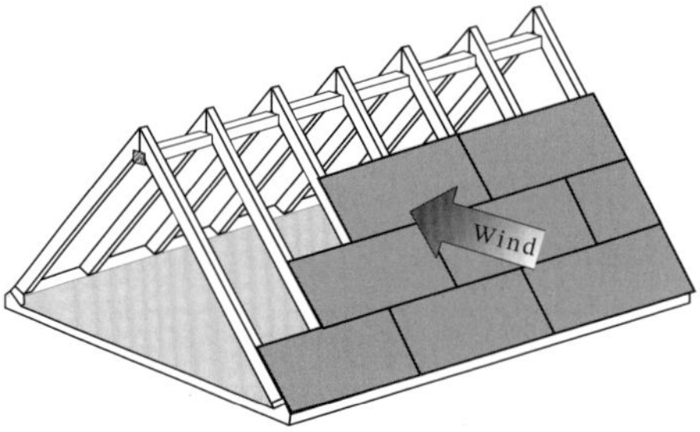

Abb. 5.87 Wind auf Traufe – Aussteifung durch Beplankungen entsprechend der Regeln für Deckenscheiben möglich.

Dachscheiben für Wind auf Traufe (Abb. 5.87) sind hingegen wie in die in Neigung gelegte Deckenscheibe zu betrachten und können entsprechend mit mehr horizontalen Stößen ausgeführt werden. Die Regeln dazu sind in Abschnitt 5.2.1 angegeben.

Bevor ein unverhältnismäßiger Aufwand für die Bemessung und Konstruktion einer Dachscheibe erforderlich wird, sollte bei der Aussteifung von Dächern zunächst sorgfältig geprüft werden, ob überhaupt die Ausbildung einer Dachscheibe in beide Richtungen erforderlich ist.

Bei den meisten Schrägdächern werden heute Pfettendächer mit ein- bis dreifach stehenden Stühlen ausgebildet. Stehen unter den Pfetten Wände, sind diese häufig für die Aufnahme der Beanspruchungen für „Wind auf Giebel" geeignet. Gleiches gilt für rechtwinklig zur Traufe angeordnete Querwände im Dachraum, die im Zusammenwirken mit den Pfetten für eine ausreichende Windbeanspruchbarkeit sorgen. Die Pfetten sind dann auf Doppelbiegung zu bemessen.

Eine weitere Möglichkeit besteht in der Ausbildung von Deckenscheiben nach DIN EN 1995-1-1 [5.51, 5.3] in Verbindung mit DIN EN 1995-1-1/NA [5.4], wenn eine unverschiebliche Lagerung der First- oder Mittelpfetten auf Wänden vorhanden ist. Die Dachscheibe kann dann wie eine Deckenscheibe mit quer zur Lastrichtung verlaufenden Rippen bemessen werden.

Bei Dächern mit geringer Spannweite ist zu überprüfen, ob eine Scheibenausbildung überhaupt erforderlich ist, z. B. wenn die Firstpfette ohnehin parallel zu ihrer Spannrichtung horizontal fest gelagert wird. Die bei normalen Dachgeometrien des Wohnhausbaus im Regelfall niedrigen horizontalen Kräfte können dann durch das obere Wandrähm der davorstehenden Giebelwand in Verbindung mit Querbiegung der Sparren aufgenommen werden. Die Kopplung von Giebelrähm und Sparren kann über die Dachlattung erfolgen.

Und gern darf man auch heute noch gelegentlich im Dach einfach eine Strebe einbauen.

5.3.4 Aussteifungssysteme in Hallentragwerken

Im Grundsatz gelten für die Aussteifung von Hallen im Industriebau die gleichen Regeln wie zuvor beschrieben. Allerdings sind bei weit gespannten Konstruktionen zusätzlich Stabilisierungslasten (Kippsicherung) zu berücksichtigen.

Auf die Besonderheiten von Nagelplattenbinderkonstruktionen wird in diesem Buch nicht eingegangen, auf die besondere Sensibilität dieser Konstruktionen bezüglich der erforderlichen Aussteifungskonstruktionen wird aber ausdrücklich hin-

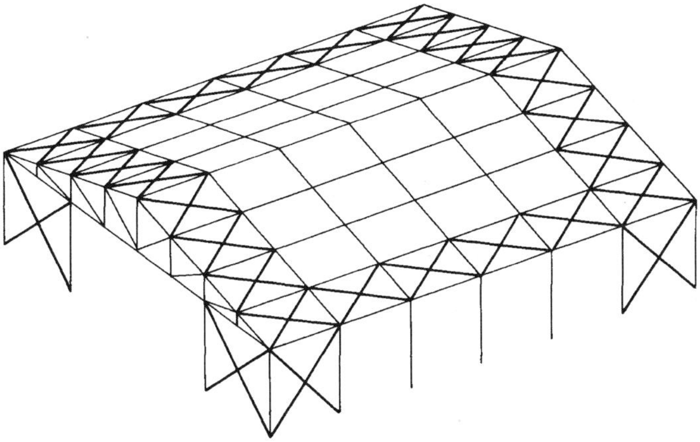

Abb. 5.88 Aussteifung einer Halle durch horizontale und vertikale Verbände in Längs- und Querrichtung.

gewiesen. Die hoch optimierten Strukturen sind häufig stabilitätsgefährdet und erfordern daher Erfahrung und Sorgfalt bei der Planung und Ausführung. Hinweise finden sich z. B. in [5.111].

Abb. 5.88 zeigt stilisiert ein typisches Hallentragwerk mit Dachverbänden und vertikalen Verbänden.

Die horizontalen, giebelparallelen Verbände werden zweckmäßigerweise in der Ebene der Druckgurte der Hallenbinder angeordnet, um gleichzeitig zur Aufnahme der Stabilisierungskräfte und der giebelseitigen Windbeanspruchungen herangezogen zu werden. Im Regelfall werden die Verbände als liegende Fachwerkträger ausgeführt. Die Pfettenlage des Dachtragwerks bildet die Stiele, die Diagonalen werden meist durch gekreuzte Stahlrundstabsysteme gebildet. Die Stahlstäbe müssen vorgespannt werden, um thermisch bedingte Längenänderungen auszugleichen und ohne wesentliche horizontale Verformungen der liegenden Verbände kraftschlüssig zu sein. Mit druck- und zugfest angeschlossenen Holzstäben sind beliebige liegende Fachwerkformen möglich. Bei der Verwendung von Koppelpfetten sollten die Verbandsfelder von Stößen der Koppelpfetten freigehalten werden.

In Abb. 5.88 sind die horizontalen Verbände direkt an den Giebeln angeordnet, im Abb. 5.89 ein Feld nach innen gerückt. Die Anordnung direkt außen hat den Vorteil der direkten Windlastaufnahme, das Einrücken der Verbände den Vorteil, dass an den Giebeln der seitliche Eingang an der Traufe frei bleibt, was manchmal aus Nutzungsgründen zur Anordnung von Seitentoren oder -türen gewünscht wird.

Bei kleineren Hallentragwerken können die horizontalen Verbände durch die Ausbildung einer Dachscheibe ersetzt werden. Dazu können sowohl Holztafeln, Brettsperrholz, liegendes Brettschichtholz oder Trapezbleche herangezogen werden. Für die Ausbildung derartiger Dachscheiben gelten die o. a. Ausführungen zur Ausbildung von Dach- und Deckenscheiben sinngemäß. Für die jeweiligen Bauarten sind die bauaufsichtlichen Verwendbarkeitsnachweise zu berücksichtigen, sofern die Ausführungen nicht normativ geregelt sind.

Die Stabilisierungslasten aus druckbeanspruchten Obergurten (q_d-Lasten) müssen für alle angeschlossenen Binder zu dem jeweiligen horizontalen Verband durch

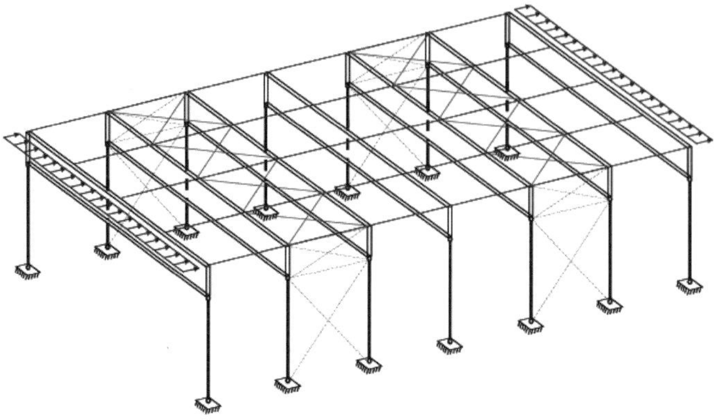

Abb. 5.89 Darstellung der Wechselbeanspruchungen in den horizontalen Verbänden (Quelle: TUM-HBB).

die Pfetten- oder Scheibenbauteile übertragen werden. Für den Nachweis des Bauteils selbst ist jeweils von einer Druckbeanspruchung auszugehen. Die Anschlüsse der Bauteile müssen jedoch für Druck- und Zugbeanspruchung nachgewiesen werden, denn die Richtung der Stabilisierungslasten aus Imperfektionen ist nicht vorhersagbar und es sind auf der Luv- und Leeseite der Halle Druck- und Sogkräfte aufzunehmen (Abb. 5.89). Zusätzlich sind soweit vorhanden Bremslasten aus Kranbahnen zu berücksichtigen.

Die horizontalen Auflagerkräfte der horizontalen Verbände aus Windlasten müssen über die vertikalen Verbände in beiden Hallenrichtungen bis in den Baugrund abgeleitet werden. Das gilt jedoch nicht für die Anteile der Stabilisierungslasten. Diese werden im Regelfall in der Dachebene durch Gabellagerung der Binder auf den Stützen oder vertikale, traufparallele Verbände kurz geschlossen und stehen insgesamt im horizontalen Gleichgewicht (vgl. Abb. 5.90). Das in der Gabellagerung aufzunehmende Bemessungstorsionsmoment T_d ist zu bemessen mit

$$T_\mathrm{d} = M_\mathrm{d}/80 \qquad (5.138)$$

mit

M_d Bemessungswert des Biegemoments im Hallenträger

Sofern die horizontalen, giebelparallelen Verbände jedoch geknickt sind, z. B. bei Dreieckfachwerkbindern, entstehen aus der räumlichen Lage der Verbände vertikale Zusatzlasten, die durch die Hallenbinder aufzunehmen und bis in die Fundamente abzuleiten sind (Abb. 5.91).

Für die Beanspruchungen aus „Wind auf Traufe" können alternativ zu den in Abb. 5.88 dargestellten vertikalen Verbänden in den Giebelwänden auch im Holzbau Rahmentragwerke verwendet werden (Abb. 5.92). Weitere Informationen zu Rahmentragwerken im Holzbau können [5.113] entnommen werden.

Bei Rahmentragwerken ist zusätzlich zu beachten, dass die druckbeanspruchte Binderseite durch den Momentenverlauf in der Nähe der Rahmenecke unten liegt. Dementsprechend sind Kopfbänder zur seitlichen Halterung der Untergurte in diesen Bereichen vorzusehen (Abb. 5.93).

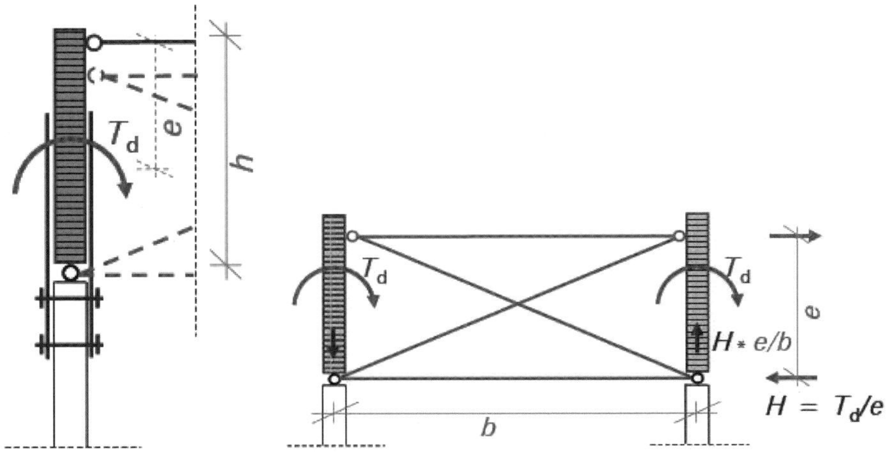

(a) (b)

Abb. 5.90 Auflagersystematik für Stabilisierungslasten; (a) Gabellagerung, (b) durch Verbände mit einer Höhe entsprechend der Binderhöhe am Auflager (Quelle: TUM-HBB).

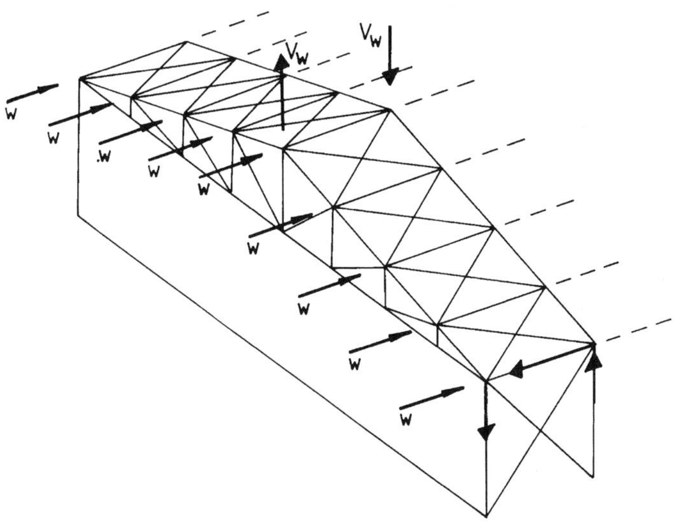

Abb. 5.91 Vertikale Zusatzkräfte infolge räumlicher Verbandslage.

Die möglichen Kombinationen von Aussteifungselementen in Hallentragwerken zeigt Abb. 5.94. Die Verbände in den Wänden können natürlich je nach Bauart durch Stahlbeton-, Mauerwerk-, Holztafel- oder Brettsperrholzscheiben ersetzt werden. In der Praxis werden die vertikalen Verbände beider Richtungen insbesondere in hybriden Bauweisen und bei langen Hallenbauwerken mit daraus resultierenden sehr großen Stützweiten der traufparallelen Verbände durch eingespannte Stahlbetonstützen ersetzt. Gelegentlich werden bei moderaten Traufhöhen die Einzelfundamente im fertigen Verbund mit den Stützen im Fertigteilwerk komplett gefertigt und auf der Baustelle in einem Stück mit schweren Autokränen versetzt. Entsprechende

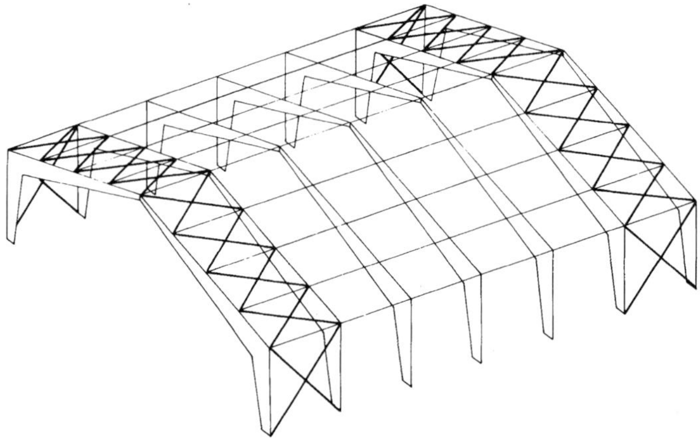

Abb. 5.92 Aussteifung einer Halle mit Rahmenbindern durch horizontale und vertikale Verbände.

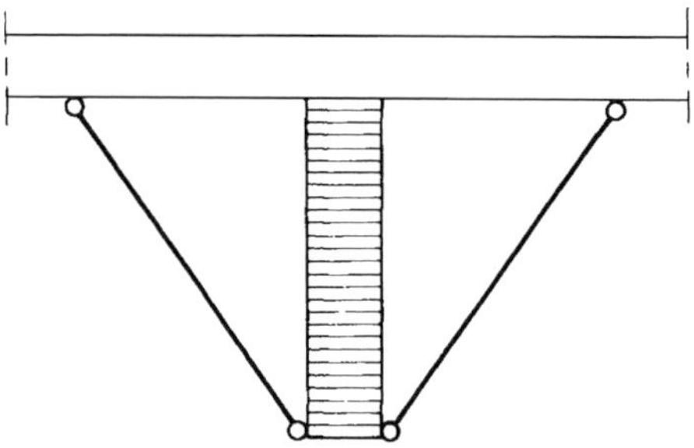

Abb. 5.93 Kopfbänder zur Stabilisierung druckbeanspruchter Bereiche bei Rahmen- und Bogenkonstruktionen.

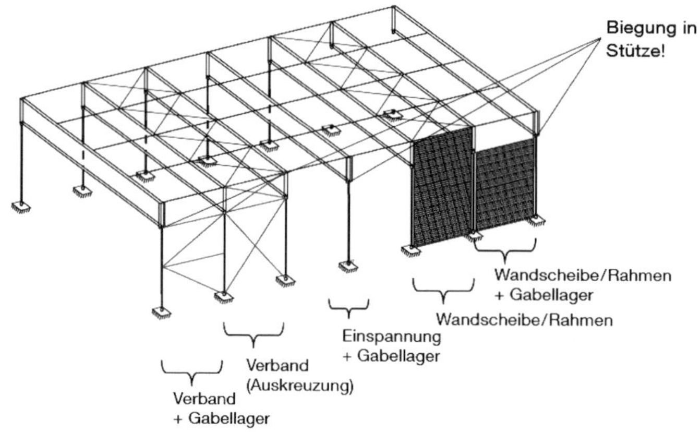

Abb. 5.94 Systematik der Kombinationsmöglichkeiten einer Hallenaussteifung (Quelle: TUM-HBB).

(a) (b)

Abb. 5.95 Eingespannte Brettschichtholzstütze in einem Stahlbetonfundament (Quelle: Fa. Schaffitzel).

Abb. 5.96 Holztragwerk der Fertigungshalle eines Zimmereibetriebs. Gabelgelagerte Fachwerkbinder auf Doppelstützen mit Kranbahnkonsole (Quelle: Stefan Winter).

Konstruktionen mit einer Gabellagerung der Brettschichtholzbinder in den eingespannten Stahlbetonstützen werden sehr wirtschaftlich für Industrie- und Sporthallen eingesetzt (vgl. auch Abb. 2.8).

Eine besondere, elegante Möglichkeit stellt die Einspannung von Brettschichtholzstützen in Stahlbetonfundamenten dar. Die Bauweise ist durch eine Zulassung geregelt [5.113]. Die Brettschichtholzstützen werden im Einspannbereich mit einer Epoxidharzummantelung versehen. Sie dürfen in den Nutzungsklassen 1 und 2 verwendet werden, allerdings nur in Bereichen, die nicht einer direkten Wasserbeanspruchung ausgesetzt sind (Abb. 5.95)

In Abb. 5.96 ist ein Beispiel einer weitgehenden Ausführung von Industriehallen in nahezu reiner Holzbauweise zu sehen. Durch die großen, sichtbaren Holzmassen entsteht ein angenehmes Raumklima bei ansprechender Gestaltung. Und eine weitere gute Möglichkeit ist, durch die stoffliche Verwendung des Holzes einen nachhaltigen Kohlenstoffspeicher und die damit verbundene CO_2-Senke zur Verfügung zu stellen.

5.4 Verbindungen

5.4.1 Einleitung und Überblick

Die Verbindungstechnik hat im Ingenieurholzbau eine große Bedeutung, da sie oft maßgebend für die Bauteildimensionierung ist.

Für eine Bemessung von Verbindungen ist es zunächst erforderlich, die charakteristischen Eigenschaften der Verbindungsmittel sowie diejenigen der zu verbindenden Baustoffe (Holz, Metall, Beton) zu kennen. Eine Zusammenstellung dieser Eigenschaften erfolgt im Abschnitt 5.4.2 exemplarisch für die stiftförmigen Verbindungsmittel. Auch in der nächsten Eurocode-Generation werden zunächst die Materialien und Eigenschaften der Bauteile beschrieben, dann die Tragfähigkeit eines einzelnen Verbindungsmittels angegeben, um anschließend auf die Tragfähigkeit einer Verbindung, bestehend aus mehreren Verbindungsmitteln, zu schließen.

Als stiftförmige Verbindungsmittel gelten Stabdübel, Passbolzen, Bolzen, Gewindestangen, Nägel, Schrauben und Klammern (vgl. Abb. 5.97). Im Abschnitt 5.4.3 wird auf die Regelungen der (DIN) EN 1995-1-1:2010-12 – Eurocode 5 – sowie der bauaufsichtlichen Verwendbarkeitsnachweise sowohl für einzeln beanspruchte stiftförmige Verbindungsmittel als auch auf die Tragfähigkeit einer Verbindung aus mehreren Verbindungsmitteln eingegangen. Dabei ist zu beachten, dass neben den vorgestellten Versagensmechanismen die Tragfähigkeit von Holzverbindungen durch Scherversagen des Holzes in den äußeren Verbindungsmittelreihen oder durch Zugversagen (→ Nachweis des Restquerschnitts) begrenzt sein kann (vgl. Bauteilnachweise Abschnitt 5.4.4).

Die Regelungen im Abschnitt 5.4.4.2 zum Blockscheren sollen in der nächsten Eurocode-Generation aus dem zurzeit informativen Anhang A in den Hauptteil der Norm, Abschnitt 9, verschoben und damit normativ werden.

Neben den stiftförmigen Verbindungsmitteln haben sich im Konstruktiven Ingenieurbau sowohl Dübel besonderer Bauart als auch Nagelplatten (vgl. Abb. 5.98) etabliert; allgemeine Hinweise zu einzelnen Dübeln besonderer Bauart erfolgen im Abschnitt 5.4.5, zu den zimmermannsmäßigen Verbindungen im Abschnitt 5.4.6 und zum Zusammenwirken verschiedener Verbindungsmittel im Abschnitt 5.4.7.

Bei der Anwendung sowohl stiftförmiger als auch nicht stiftförmiger Verbindungsmittel sind die Regelungen der DIN 20000-6:2015-02 zu beachten.

Verbindungen mit in die Seitenflächen der zu verbindenden Hölzer eingepressten Nagelplatten werden von auf diese Bauweise spezialisierten Nagelplattenverwendern hergestellt. Die Verbindungstechnik der Nagelplatten wird in diesem Holzbau-Taschenbuch daher nicht näher erläutert; diesbezüglich wird auf DIN EN 1995-1-1:2010-12 mit dem deutschen Nationalen Anhang DIN EN 1995-1-1/

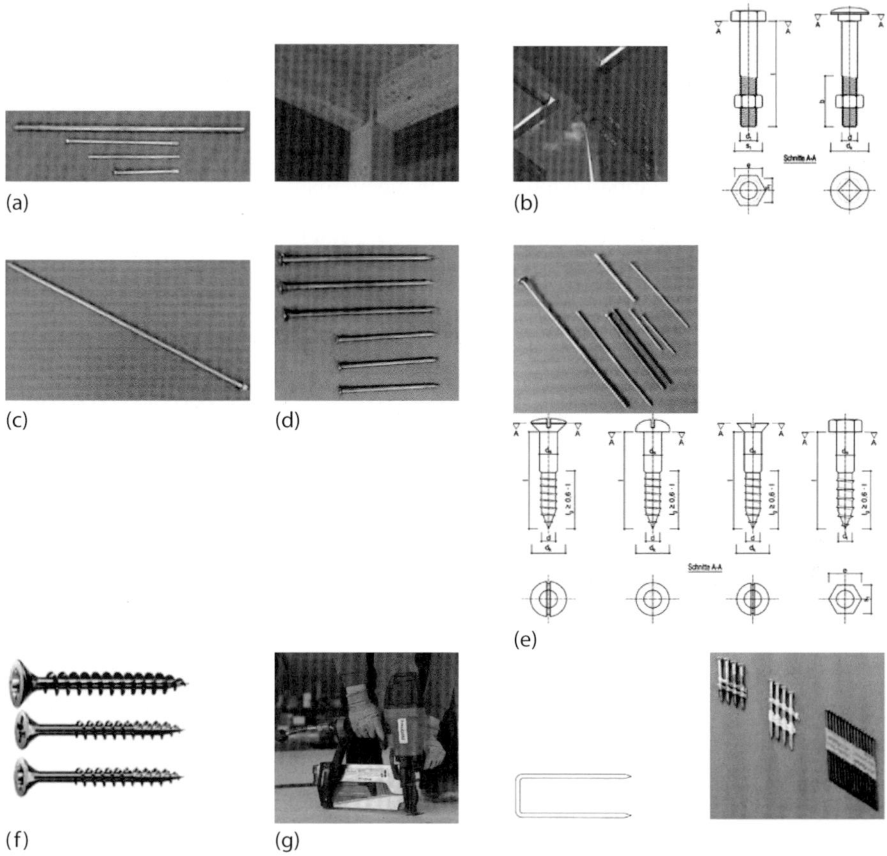

Abb. 5.97 Stiftförmige Verbindungsmittel (aus [5.132], Bildarchive Harrer Ingenieure, ITW und Adolf Würth GmbH & Co. KG); (a) Stabdübel, (b) Passbolzen und Bolzen, (c) Gewindestangen, (d) Nägel, (e) Holzschrauben, (d) selbstbohrende Schrauben, (g) Klammern.

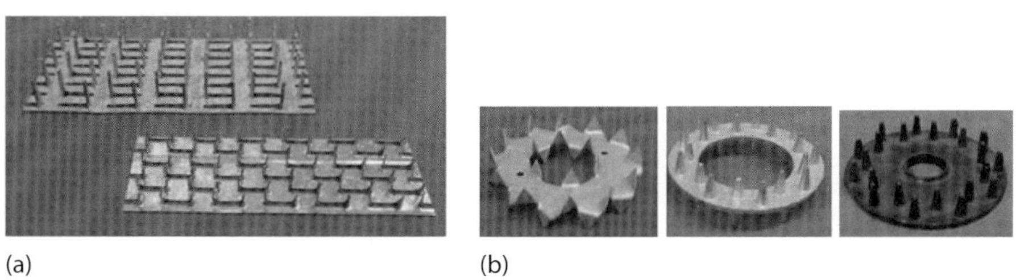

Abb. 5.98 In Eurocode 5 geregelte Verbindungsmittel (aus [5.132]); Beispiele: (a) Nagelplatte, (b) Dübel besonderer Bauart.

NA:2013-08, auf die allgemeinen bauaufsichtlichen Zulassungen (abZ) sowie auf die einschlägige Literatur verwiesen.

Nachfolgend wird ein Überblick über die wichtigsten Versagensmechanismen in Verbindungen zwischen zumeist hölzernen Bauteilen gegeben. Die Bestimmung der Tragfähigkeit einer Verbindung erfolgt durch Berücksichtigung der möglichen, i. d. R. voneinander unabhängigen Versagensmechanismen:

- Lochleibungsversagen – eine spezielle Form der Nachgiebigkeit: hier dargestellt am Beispiel einer Stabdübelverbindung

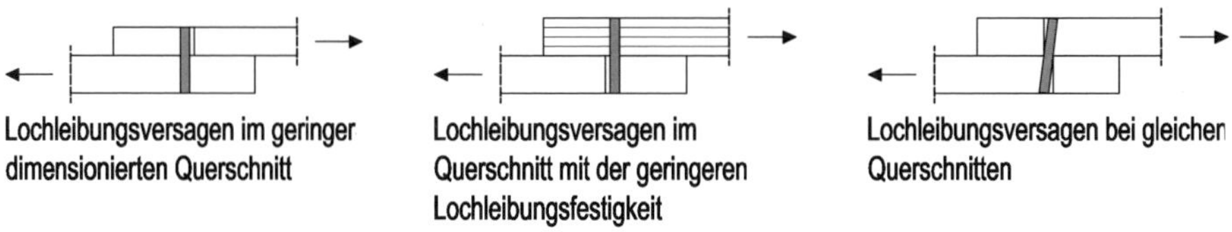

- Spalten des Holzes: Durch die lokale Lasteinleitung kann das Holz aufspalten. Um dies zu verhindern, werden Mindestachs- und -randabstände sowie die effektiv wirksame Anzahl der Verbindungsmittel hintereinander festgelegt.

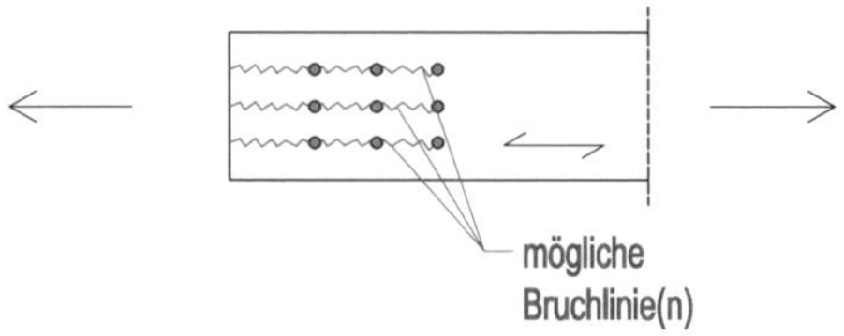

- Nachweis des (Netto-)Restquerschnitts: Hier wird sichergestellt, dass der durch den Einbau stählerner Verbindungsmittel, eines Zapfens oder einer Kerve geschwächte Querschnitt nicht versagen kann.

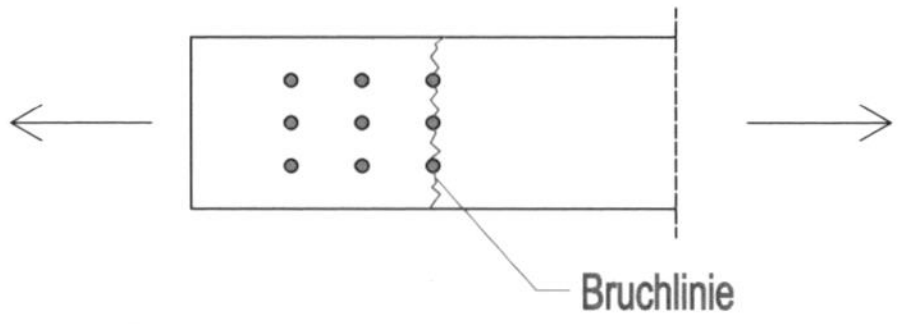

- Blockscheren: Bei diesem reinen Holzversagen wird der ganze Verbindungsmittelblock herausgezogen.

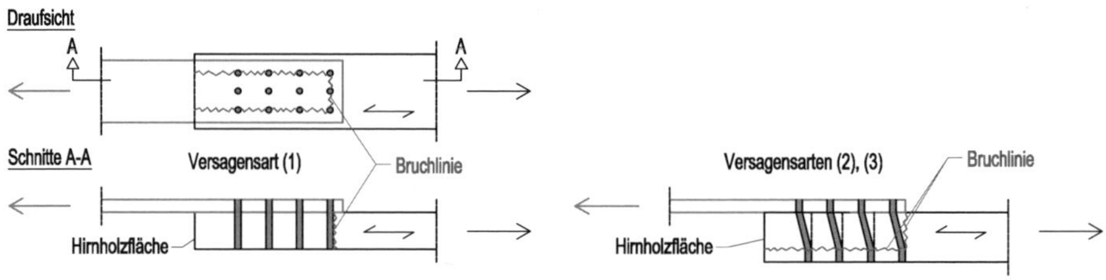

Die geringste Tragfähigkeit dieser einzelnen Versagensmechanismen bestimmt die maßgebende Beanspruchbarkeit der Verbindung. Ist die Beanspruchung kleiner als diese geringste Tragfähigkeit, ist der Nachweis einer ausreichenden Sicherheit erbracht. Bei Einsatz stählerner Verbindungsmittel ist ferner deren mögliches Biegeversagen zu berücksichtigen – hier dargestellt am Beispiel einer Stabdübelverbindung:

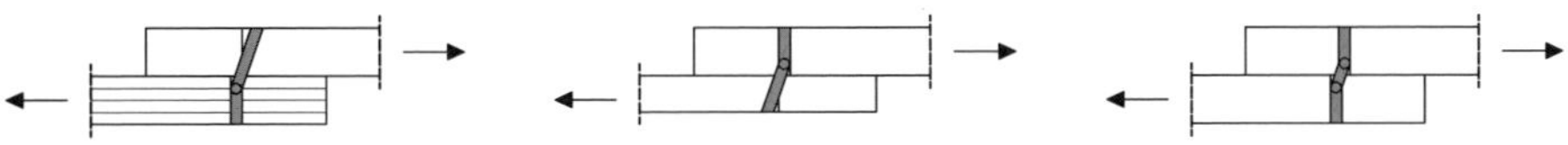

Hinsichtlich der Bemessung stählerner stiftförmiger Verbindungsmittel, wie z. B. den selbstbohrenden Schrauben oder Gewindestangen, ist zu unterscheiden zwischen einer Bemessung auf Herausziehen und/oder Abscheren.

5.4.2 Eigenschaften von Verbindungen

5.4.2.1 Nachgiebigkeit von Verbindungen – Allgemeines zur Lochleibungsfestigkeit

Bei Holzkonstruktionen kommt – im Unterschied zum Stahl- und Stahlbetonbau – der Nachgiebigkeit von Verbindungen eine besondere Bedeutung zu. Hierzu sind die Angaben der Holzbaunormen zu beachten. Nachfolgend werden allgemeine Hinweise zum Grundverständnis von Verbindungen mit stiftförmigen Verbindungsmitteln gegeben.

Die Tragfähigkeit von Verbindungen mit stiftförmigen Verbindungsmitteln auf Abscheren kann mithilfe der Plastizitätstheorie berechnet werden. Die Anwendung dieser Theorie für (runde) stiftförmige Verbindungsmittel wurde von *Johansen* [5.133] entwickelt und von *Moeller* [5.134], *Meyer* [5.135] und *Werner* [5.136] erweitert. Das Berechnungsmodell geht davon aus, dass sich sowohl der Stahl unter der Biegebeanspruchung als auch das Holz unter der Lochleibungsbeanspruchung idealplastisch verhalten (vgl. Abb. 5.99b).

Die Lochleibungsfestigkeit f_{h} des Holzes bzw. Holzwerkstoffs ist definiert als die größte auftretende rechnerische Spannung in einem Lochleibungsversuch nach DIN EN 383:2007-03. Die Lochleibungsfestigkeit ist keine Baustoff-, sondern eine Systemeigenschaft, die durch das Zusammenwirken von Stift und Holz bestimmt wird.

Um die Lochleibungsfestigkeit zu bestimmen bzw. eine möglichst gleichmäßige Eindrückung im Holz bzw. Holzwerkstoff zu erhalten, muss eine Verformung des Stiftes weitestgehend vermieden werden. Die Eindrückung w ist die Relativverformung zwischen Stift und Prüfkörper, d. h. zwischen den unteren Enden B der seitlichen Stahlplatten der Prüfeinrichtung und dem oberen Ende A des Prüfkörpers in Abb. 5.100.

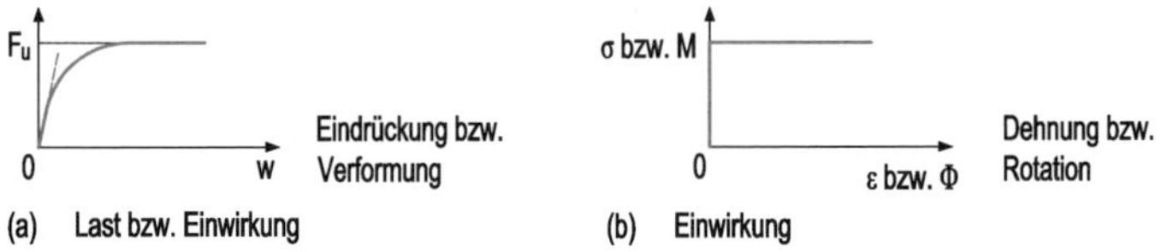

Abb. 5.99 (a) Typische Last-Eindrückungs-Beziehung, (b) angenommene Momenten-Rotations- bzw. Spannungs-Dehnungs-Beziehung.

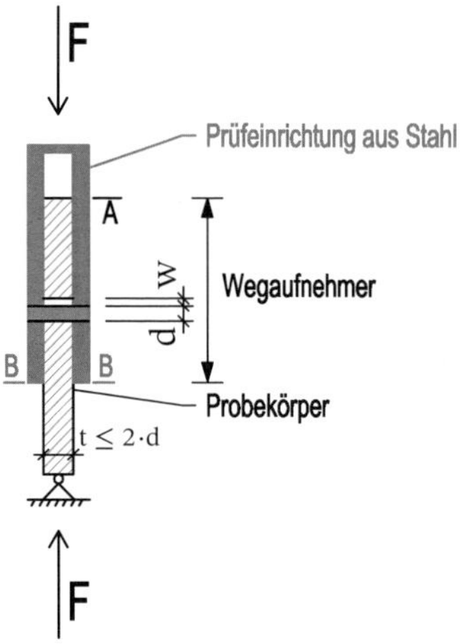

Abb. 5.100 Versuchsanordnung für Lochleibungsversuche (vgl. [5.130]).

Eine typische Last-Eindrückungs-Beziehung ist in Abb. 5.99a dargestellt. Die Lochleibungsfestigkeit f_h ist gemäß DIN EN 383:2007-03 definiert als die im Versuch erreichte Höchstlast F bzw. die im Versuch bis zu einer Relativverformung von $w = 5\,\mathrm{mm}$ erreichte Last F dividiert durch die projizierte Kontaktfläche $t \cdot d$ des Stiftes im Prüfkörper:

$$f_\mathrm{h} = \frac{F}{d \cdot t} \tag{5.139}$$

mit

f_h Lochleibungsfestigkeit des (hölzernen) Querschnitts
t Dicke des (Holz-)Querschnitts
d Durchmesser des Stifts/Verbindungsmittels

5.4.2.2 Bestimmung der Rechenwerte der Baustoffeigenschaften

Für die Berechnung der Tragfähigkeit sind neben den geometrischen Größen sowohl das plastische Moment des stiftförmigen Verbindungsmittels als auch die Lochleibungsfestigkeit des das Verbindungsmittel umgebenden Materials von Bedeutung. Durch die unterschiedliche Herstellung der Verbindungen und die unterschiedlichen Geometrien der einzelnen Verbindungsmittel treten insbesondere bei der Lochleibungsfestigkeit deutliche Unterschiede zwischen den verschiedenen Verbindungsmitteln auf. Daher werden für jeden Typ von stiftförmigem Verbindungsmittel sowohl eigene Lochleibungsfestigkeiten in Abhängigkeit des Materials bestimmt als auch das plastische Widerstandsmoment des Verbindungsmittels angegeben.

Lochleibungsfestigkeit Für die Lochleibungsfestigkeit werden folgende Werte angegeben:

Nägel mit Durchmessern bis einschließlich 8 mm, Klammern
Bei Nägeln und Klammern lässt sich die Lochleibungsfestigkeit in Abhängigkeit der Einbausituationen und des Werkstoffs durch die im oberen Teil von Tab. 5.18 gegebenen Werte bestimmen, wobei generell der Einfluss des Kraft-Faser-Winkels nicht berücksichtigt wird.

Bei Nageldurchmessern über 8 mm gelten die nachfolgend für Bolzen genannten charakteristischen Werte.

Stabdübel, Passbolzen, Bolzen und Gewindestangen bis zu einem Durchmesser von 30 mm
Bei dickeren Stiften lässt sich die Lochleibungsfestigkeit in Abhängigkeit des Werkstoffs durch die im unteren Teil der Tab. 5.18 gegebenen Werte bestimmen, wobei hier der Einfluss des Kraft-Faser-Winkels zu berücksichtigen ist.

Holzschrauben nach Eurocode 5
Wenn für die Bestimmung der Tragfähigkeit das Fließmoment und die Lochleibungsfestigkeit des Schraubengewindes ermittelt werden, ist der Einfluss des Schraubengewindes durch Verwendung eines wirksamen Durchmessers d_{ef} zu berücksichtigen. Dieser beträgt i. d. R. das 1,1-Fache des Gewindekerndurchmessers; für Schrauben mit teilweise glattem Schaft, bei denen der Außendurchmesser des Gewindeteils gleich dem Schaftdurchmesser ist, darf d_{ef} gleich dem Durchmesser des glatten Schaftteils gesetzt werden.

Die Bestimmung der Tragfähigkeit erfolgt für Schrauben mit einem wirksamen Durchmesser $d_{ef} > 6$ mm nach den Regelungen für Bolzen bzw. des Eurocodes 5, Abs. 8.5.1; für Schrauben mit einem wirksamen Durchmesser $d_{ef} \leq 6$ mm gelten die Regelungen für Nägel bzw. des Eurocodes 5, Abs. 8.3.1.

Bei der Bestimmung der Rand- und Achsabstände sowie der wirksamen Anzahl der Schrauben ist der Außendurchmesser d_r zu verwenden.

Widerstandsmomente Für das plastische Widerstandsmoment der stiftförmigen Verbindungsmittel werden Werte angegeben für

stiftförmige Verbindungsmittel aus Stahl mit rundem Querschnitt wie Stabdübel, Bolzen, Nägel

$$M_{y,Rk} = 0{,}3 \cdot f_{u,k} \cdot \mathrm{d}^{2,6} \tag{5.140}$$

mit

$M_{y,Rk}$ charakteristischer Wert des Fließmoments des Verbindungsmittels, in [Nmm]
$f_{u,k}$ charakteristische Zugfestigkeit des Stahls, in [N/mm^2]
d Durchmesser des Verbindungsmittels, in [mm]
Bei Gewindestangen ist als effektiver Durchmesser d_{ef} der Mittelwert von Kerndurchmesser und Gewindeaußendurchmesser anzusetzen.

Tab. 5.18 Lochleibungsfestigkeiten bei Verbindungen mit Nägeln, Klammern, Stabdübeln, Passbolzen, Bolzen und Gewindestangen.

Nägel mit Durchmessern bis einschließlich 8 mm, Klammern

Werkstoff	Lochleibungsfestigkeit	
	nicht vorgebohrt	vorgebohrt
Holz, Furnierschichtholz	$f_{h,k} = 0{,}082 \cdot \rho_k \cdot d^{-0{,}3}$	$f_{h,k} = 0{,}082 \cdot (1 - 0{,}01 \cdot d) \cdot \rho_k$
Sperrhölzer[a)]	$f_{h,k} = 0{,}11 \cdot \rho_k \cdot d^{-0{,}3}$	$f_{h,k} = 0{,}11 \cdot (1 - 0{,}01 \cdot d) \cdot \rho_k$
OSB-Platten[a)]	$f_{h,k} = 65 \cdot d^{-0{,}7} \cdot t^{0{,}1}$	$f_{h,k} = 50 \cdot d^{-0{,}6} \cdot t^{0{,}2}$

Stabdübel, Passbolzen, Bolzen und Gewindestangen bis zu einem Durchmesser von 30 mm

Werkstoff	Lochleibungsfestigkeit	Anmerkungen
Vollholz und Brettschichtholz sowie Furnierschichtholz	• unter einem Winkel zur Faserrichtung: $f_{h,\alpha,k} = \dfrac{f_{h,0,k}}{k_{90} \cdot \sin^2 \alpha + \cos^2 \alpha}$ • parallel zur Faserrichtung: $f_{h,k} = 0{,}082 \cdot (1 - 0{,}01 \cdot d) \cdot \rho_k$	Bestimmung des Beiwerts k_{90}[b)]: • $k_{90} = 1{,}35 + 0{,}015 \cdot d$ für Nadelholz • $k_{90} = 1{,}30 + 0{,}015 \cdot d$ für Furnierschichtholz LVL • $k_{90} = 0{,}90 + 0{,}015 \cdot d$ für Laubholz
Sperrholz[c)]	$f_{h,k} = 0{,}11 \cdot (1 - 0{,}01 \cdot d) \cdot \rho_k$	Der Kraft-Faser-Winkel spielt hier, durch den Einbau der Lagen jeweils um 90° gedreht, nur eine untergeordnete Rolle und geht nicht in die Bestimmung der Lochleibungsfestigkeit mit ein.
OSB-Platten	$f_{h,k} = 50 \cdot d^{-0{,}6} \cdot t^{0{,}2}$	—
Holzwerkstoffplatten mit bauaufsichtlichem Verwendbarkeitsnachweis	nach Europäisch Technischer Bewertung (ETA) bzw. national allgemeiner bauaufsichtlicher Zulassung (abZ)	—

a) Gleichungen gelten nur bei einem Kopfdurchmesser von mindestens $2 \cdot d$ (siehe DIN EN 1995-1-1, 8.3.1.3(3))

b) Der Beiwert k_{90} beschreibt den Einfluss der reduzierten Tragfähigkeit bei einer Beanspruchung unter einem Winkel α von 90°

c) Sperrholz nach DIN EN 13986 in Verbindung mit DIN EN 636 und DIN 20000-1 mit

$f_{h,k}$ charakteristischer Wert der Lochleibungsfestigkeit, in [N/mm²]

$f_{h,0,k}$ charakteristischer Wert der Lochleibungsfestigkeit, in [N/mm²] (Beanspruchung in Holzfaserrichtung)

d Durchmesser des Nagels bzw. Stabdübels/Passbolzens, in [mm]

ρ_k charakteristischer Wert der Rohdichte des Holzes, in [kg/m³]

t Dicke der Holzwerkstoffplatte, in [mm]

stiftförmige Verbindungsmittel mit rechteckigem oder quadratischem Querschnitt

$$M_{y,Rk} = 0{,}45 \cdot f_{u,k} \cdot d^{2,6} \tag{5.141}$$

mit

d kleinste Seitenlänge des Verbindungsmittels, in [mm]

Klammern aus einem Draht mit einer Mindestzugfestigkeit von 800 N/mm²

$$M_{y,Rk} = 150 \cdot d^3 \quad \text{charakteristisches Fließmoment je Klammerschaft} \tag{5.142}$$

Holzschrauben
Die Regelungen des Eurocodes 5 zu Verbindungen mit Holzschrauben sind unübersichtlich und zum Teil veraltet. Die grundsätzlichen Regelungen für auf Abscheren beanspruchte Holzschrauben stammen z. B. noch aus der Zeit vor der Entwicklung moderner selbstbohrender Vollgewindeschrauben und gelten nur für Teilgewindeschrauben – also Schrauben mit teilweise glattem Schaft, deren Gewindeaußendurchmesser gleich dem Durchmesser des glatten Schafts ist. Daher sollten die für diese Tragfähigkeitsmodelle notwendigen Parameter wie Fließmoment, Lochleibungsfestigkeit oder Ausziehwiderstand direkt aus den Europäischen Technischen Bewertungen (ETAs) bzw. den Leistungserklärungen der verwendeten Schrauben entnommen werden.

5.4.2.3 Allgemeines zu Holzschrauben mit Teilgewinde und Vollgewindeschrauben

Die Entwicklung von Holzschrauben hat in den letzten Jahrzehnten große Fortschritte gemacht. Inzwischen werden im Holzbau überwiegend selbstbohrende Holzschrauben bis zu einem Durchmesser von 14 mm ohne Vorbohren eingesetzt. Selbstbohrende Holzschrauben weisen unterschiedliche Durchmesser auf, wobei der Schaftdurchmesser meist kleiner als der Gewindeaußendurchmesser und größer als der Gewindeinnendurchmesser (= Kerndurchmesser) ist. Der Nenndurchmesser einer selbstbohrenden Holzschraube ist in der Regel der Gewindeaußendurchmesser. Falls vorgebohrt wird, entspricht der Bohrdurchmesser im Holz etwa dem Kerndurchmesser der Schraube. Selbstbohrende Holzschrauben sind in außerordentlich großer Vielfalt erhältlich: Teilgewindeschrauben (vgl. Abb. 5.97f) oder Doppelgewindeschrauben mit glattem Schaftbereich sowie Vollgewindeschrauben; mit unterschiedlichen Schraubenköpfen, Gewinde- und Spitzenformen und/oder Stahlsorten.

Die harmonisierte Produktnorm DIN EN 14592:2012-07 „Holzbauwerke – Stiftförmige Verbindungsmittel – Anforderungen" deckt auch selbstbohrende Holzschrauben ab. Die charakteristischen Werte der Ausziehparameter $f_{ax,k}$ und Kopfdurchziehparameter $f_{head,k}$ sind in der jeweiligen Leistungserklärung enthalten. Wegen der Schraubenvielfalt und der damit verbundenen unterschiedlichen Stahleigenschaften, Durchmesser und Gewinde sind die Leistungseigenschaften der Schrauben anhand einer Prüfung über ein notifiziertes Prüflabor zu bestimmen. Die Ergebnisse werden dann vom Hersteller als charakteristische Werte des Fließmoments, der Zugtragfähigkeit, des Auszieh- und des Kopfdurchziehparameters

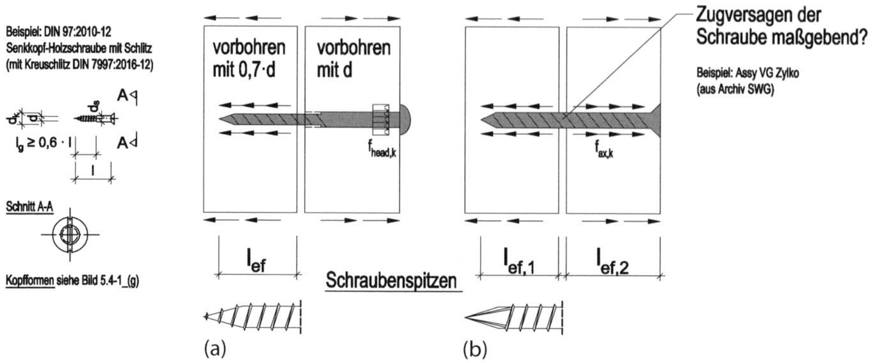

Abb. 5.101 Beanspruchung von Schrauben auf Herausziehen – Schraubenspitzen (vgl. [5.131]); (a) genormte Holzschraube (nur noch selten eingesetzt), (b) Vollgewindeschraube.

deklariert (Leistungserklärung). Die charakteristischen Werte zur Berechnung der Tragfähigkeit von Schraubenverbindungen können auch in einer Europäischen Technischen Bewertung (ETA) angegeben werden.

Schrauben mit Teilgewinde nach DIN EN 14592:2012-07, auf die sich der Eurocode 5 bezieht, weisen gegenüber Vollgewindeschrauben und Teilgewindeschrauben, welche nach einer abZ oder ETA geregelt sind, einige Nachteile in der praktischen Anwendbarkeit auf. So ist nach DIN EN 1995-1-1, Abs. 10.4.4 (1), bei Schrauben mit $d > 6$ mm ein doppeltes Vorbohren erforderlich (vgl. Abb. 5.101a):

- Vorbohren des Gewindebereichs mit $0{,}7 \cdot d$,
- Vorbohren des zu verbindenden Teils mit dem Schaftdurchmesser d.

Außerdem wird bei auf Herausziehen beanspruchten Schrauben meist der Kopfdurchziehwiderstand maßgebend (vgl. Abb. 5.101a: $f_{\text{head,k}}$); dadurch kann die Gewindetragfähigkeit (vgl. Abb. 5.101b: $f_{\text{ax,k}}$) nicht ausgenutzt werden. Bezogen auf die Abschertragfähigkeit von Schrauben ist diese aufgrund des kleinen Kerndurchmessers im Vergleich zu Nägeln – trotz des ansetzbaren Seileffekts – zumeist geringer.

Der Seileffekt kann nur bei Verbindungsmitteln auftreten, die bei kleinen Verformungen eine Ausziehfestigkeit besitzen. Näheres hierzu wird später insbesondere im Abschnitt 5.4.3.1 im Zusammenhang mit dem Versagensmechanismus (1f) erläutert.

Abb. 5.101 zeigt auch, warum sich mit Teilgewindeschrauben Klemmeffekte erzielen lassen – mit dem Nachteil des Quietschens/Knarrens der Verbindung bei einem Schwinden der Bauteile.

Ein anderes Tragverhalten zeigen Vollgewindeschrauben sowie Teilgewindeschrauben, die durch eine abZ bzw. ETA geregelt sind: Diese werden generell ohne Vorbohren eingeschraubt; dadurch wird hier der Kopfdurchziehparameter meist nicht maßgebend und es kann auch im anzuschließenden Bereich die Tragfähigkeit des Gewindes genutzt werden (Abb. 5.101b). Durch die stark erhöhte Ausziehtragfähigkeit ist zusätzlich zu überprüfen, ob die Zugtragfähigkeit der Schraube selbst nicht überschritten wird. Bei einer Abscherbeanspruchung wird, aufgrund der besseren Ausziehtragfähigkeit und des damit verbundenen höheren Seileffektanteils, ebenfalls eine Traglaststeigerung erreicht. *Colling* [5.131] gibt einen guten Überblick über die zurzeit auf dem Markt befindlichen Vollgewindeschrauben und deren Tragfähigkeiten gemäß ETA.

Aufgrund der vielen verschiedenen Regelungen zu Schrauben eines jeden Herstellers unterscheiden sich vor allem folgende Punkte im Hinblick auf die Bemessung:

- einzuhaltende Mindestabstände und -holzdicken,
- mögliche (Einschraub-)Winkel zwischen Schraubenachse und Faserrichtung,
- Holzart,
- Zug- und Knicktragfähigkeiten der Schrauben (M_{yk}),
- Ausziehtragfähigkeit,
- Verschiebungsmodul (K_{ser}),
- u. U. Steifigkeitskennwerte ($G_{0,5}$).

Auf Abscheren beanspruchte Holzschrauben Abb. 5.102 zeigt eine einschnittige Holz-Holz-Verbindung mit Holzschrauben. Bei selbstbohrenden Schrauben beträgt die Mindesteinbindetiefe des Gewindes auf der Seite der Schraubenspitze i. d. R. $4 \cdot d$ – bei einer Vorplanung sollte diese mindestens zu $6 \cdot d$ und der Einschraubwinkel α zwischen Schraubenachse (Kraft) und Faserrichtung mit mindestens 30° angenommen werden. Es gibt aber auch ETAs, die α-Winkel zwischen 0° und 90° ermöglichen.

Selbstbohrende Schrauben, im Besonderen Vollgewindeschrauben, eignen sich hervorragend für die Aufnahme großer Ausziehkräfte. Deshalb werden Holzschrauben in Verbindungen häufig mit einer geneigten oder gekreuzten Anordnung der Verbindungsmittel eingesetzt. Durch den Einbau unter einem Winkel werden die Holzschrauben zweiachsig beansprucht: in der Schraubenlängsachse (auf Herausziehen) und quer dazu auf Abscheren (Johansen-Theorie) – oder es erfolgt eine Kraftzerlegung in Richtung der Schraubenachse auf Zug und rechtwinklig zur Holzoberfläche auf Querdruck (vgl. Abb. 5.103a). In beiden Fällen wird der weit überwiegende Lastanteil in Schraubenlängsrichtung übertragen, da hier die Steifigkeit

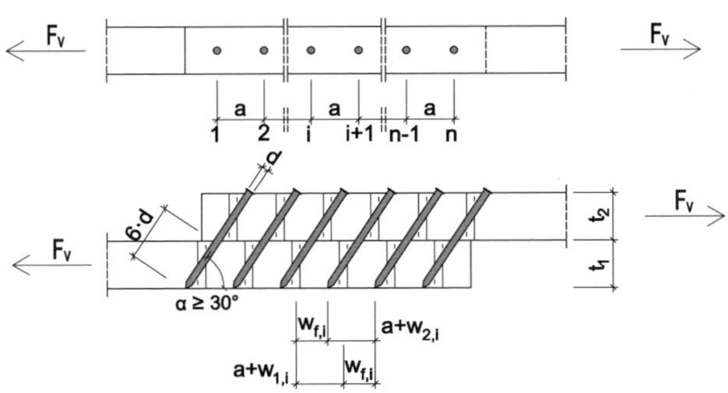

Abb. 5.102 Draufsicht auf den unverformten (oben) und Längsschnitt durch den verformten (unten) Anschlussbereich.

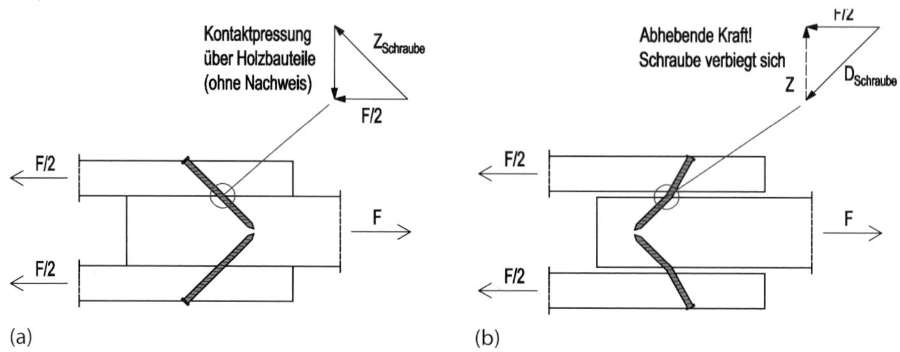

Abb. 5.103 Mögliche Schraubenanordnungen (vgl. [5.131]); (a) hohe Tragfähigkeit durch Zugkräfte in den Schrauben, (b) „falsche" Schraubenanordnung mit Öffnen der Verbindung.

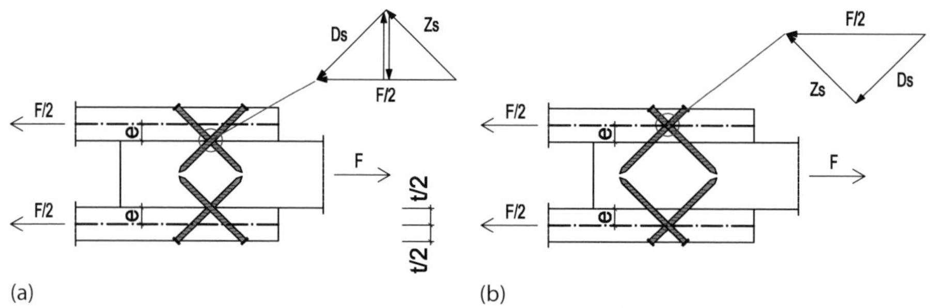

Abb. 5.104 Prinzip der Kraftzerlegung bei gekreuzter Schraubenanordnung (vgl. [5.131]).

deutlich größer ist als bei einer Beanspruchung der Schraube auf Abscheren bzw. des Holzes auf Querdruck. Rechnerisch wird die Tragfähigkeit auf Abscheren bei geneigt angeordneten Schrauben meist auf der sicheren Seite liegend vernachlässigt.

Es ist jedoch darauf zu achten, die Schrauben so einzudrehen, dass sie auf Zug und nicht auf Druck beansprucht werden (vgl. Abb. 5.103): Unter Druckbeanspruchung treten nämlich Kräfte auf, welche die Schraube verformen und zum Abheben der Seitenhölzer (Abb. 5.103b) bzw. Bauteile führen.

Alternativ können die Umlenkkräfte durch zusätzlich angeordnete Verbindungsmittel aufgenommen werden (s. Schraubenkreuz Abb. 5.104). Bei gekreuzter Anordnung der Schrauben wird i. d. R. der Kreuzungspunkt als der Gelenkpunkt der Verbindung angesehen; die Exzentrizitäten e aus den zu übertragenden Kräften werden dann auf den Kreuzungspunkt bezogen. In beiden Fällen (Abb. 5.104a und b) treten Zug- und Druckkräfte in den Schrauben auf.

In Tab. 5.19 sind diese und einige weitere Anwendungsbeispiele für unter einem Winkel zur Faser eingebrachte Schrauben exemplarisch zusammengestellt.

Tab. 5.19 Verbindungen: Beispielhafte Anwendungen für geneigt angeordnete Holzschrauben (vgl. [5.131]).

(a) Zugstöße	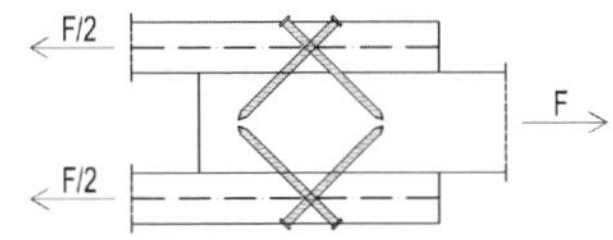	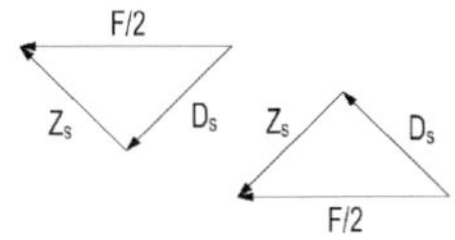
(b) Haupt-Nebenträger-Anschlüsse Der Nebenträger kann auch als Montagehilfe mittels Zapfen oder Schwalbenschwanz angeschlossen sein	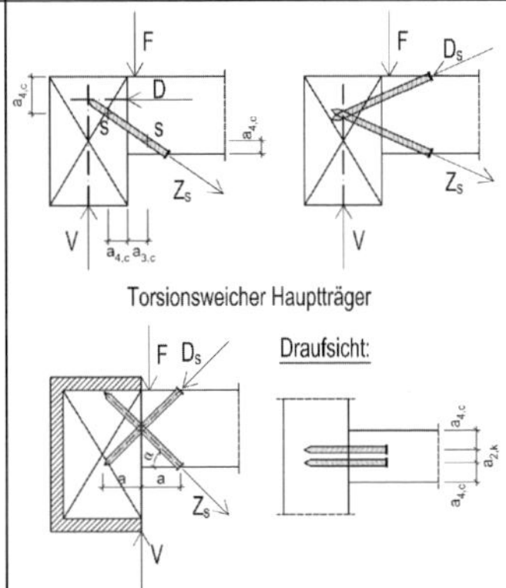 Torsionsweicher Hauptträger Draufsicht: Torsionssteifer Hauptträger	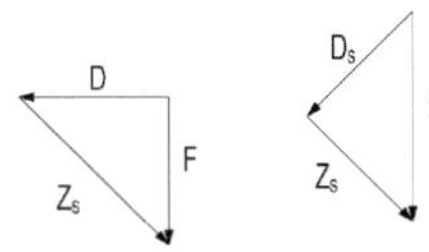 S Schwerpunkt lastübertragende Schraubenlänge 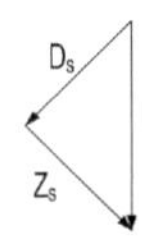
(c) Anschlüsse Pfosten - Riegel bzw. Sparren - Kehlriegel	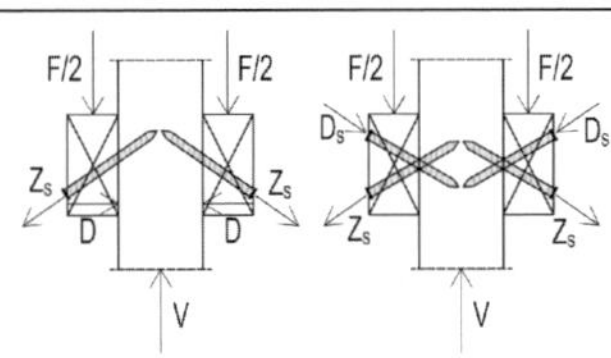	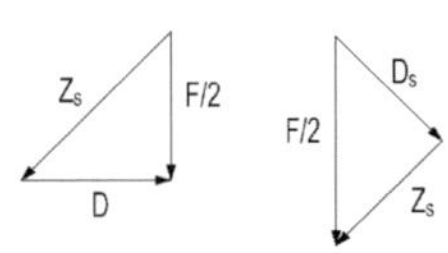
(d) Anschlüsse Riegel - Stütze	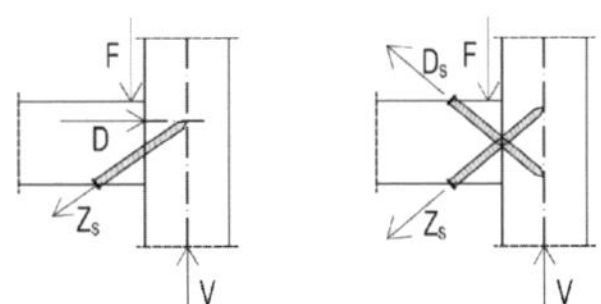	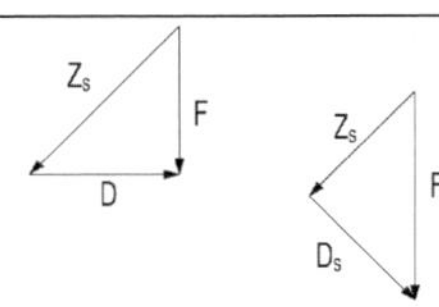
(e) Schwerpunkt lastübertragende Schraubenlänge Kontinuierlich, nachgiebig verbundene Träger	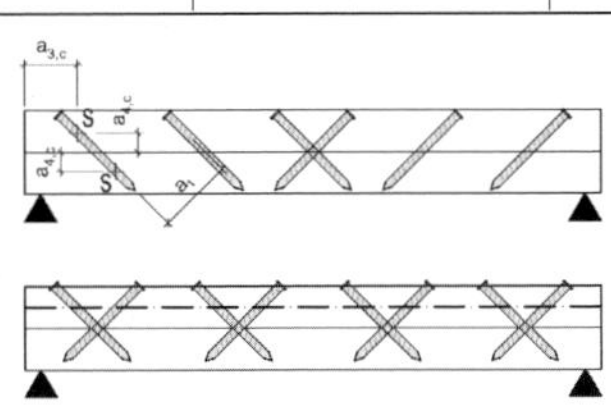	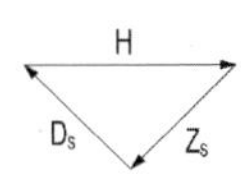
(f) Koppelpfettenanschlüsse	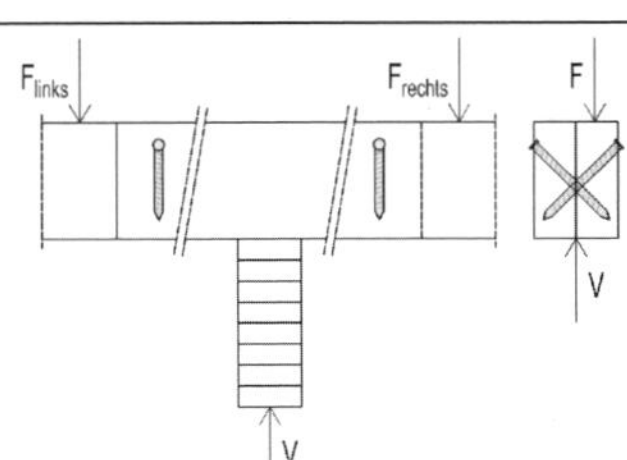	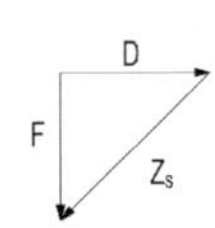

5.4.2.4 Voraussetzungen zur (Bau-)Ausführung

Hölzer und Holzwerkstoffe Vollholz aus Nadel- bzw. Laubhölzern muss bereits bei der Herstellung, Holzwerkstoffe auch nach Transport und Lagerung auf der Baustelle eine Feuchte von unter 20 % besitzen; d. h., es ist grundsätzlich trockenes Holz einzubauen (s. a. VOB-C).

Stabdübel und Passbolzen Die Löcher für Stabdübel und Passbolzen müssen mit dem Nenndurchmesser des Verbindungsmittels hergestellt werden, sodass im Holz kein Lochspiel auftritt. Im Stahlteil darf ein Lochspiel von max. 1 mm vorhanden sein.

Um ein Abstreifen bzw. Schüsseln außenliegender Stahlbleche zu verhindern, sind zumindest einige Passbolzen statt Stabdübel anzuordnen. Bei Passbolzen muss im Holz der Schaftdurchmesser, d. h. der Vollquerschnitt, vorhanden sein. Oder anders ausgedrückt: In der Scherfuge darf kein Gewindeteil vorhanden sein.

Unter dem Kopf und der Mutter muss jeweils eine Unterlegscheibe angebracht werden, deren Mindestdurchmesser dem 3-fachen Durchmesser des (Pass-)Bolzens bzw. der Gewindestange entspricht und eine minimale Dicke von $0{,}3 \cdot d$ aufweisen muss.

Darüber hinaus soll eine Verbindung aus mindestens vier Scherflächen und mindestens zwei stiftförmigen Verbindungen bestehen. Verbindungen mit nur einem Stift sind dann zulässig, wenn die Tragfähigkeit nur zur Hälfte angesetzt wird.

Bolzen und Gewindestangen Bei Bolzen darf das Lochspiel im Holz 1 mm (bei Langlochverbindungen auch mehr) betragen; in Stahlblechen dürfen die Bolzenlöcher einen Durchmesser von i. d. R. nicht mehr als 2 mm Übermaß haben. Bolzen sind daher – im Unterschied zu eingeklebten Gewindestangen – weder zur Querzugsicherung noch für die hier beschriebenen planmäßig auf Abscheren beanspruchten stiftförmigen Verbindungen einsetzbar, sondern i. d. R. nur zur Lagesicherung.

Hinsichtlich der Unterlegscheiben für Bolzen und Gewindestangen nach DIN 976-1 gelten die zu den Passbolzen genannten Regelungen.

Nägel (und Klammern) Bei den in diesem Absatz beschriebenen stiftförmigen Verbindungen wird stillschweigend vorausgesetzt, dass das Verbindungsmittel auch über die volle Holzbreite t gemäß Abb. 5.102 eingebaut wird. Dies ist bei Nägeln und Klammern häufig nicht der Fall, da in der Regel versucht wird, die Nagelspitze am anderen Ende nicht herausschauen zu lassen (vgl. Abb. 5.105). Aus diesem Grund ist bei der Bestimmung der Tragfähigkeit anstatt t_i immer die wirksame Anschluss- bzw. Einschlagtiefe t_{ef} in dem jeweiligen Querschnitt anzunehmen. Bei mehrschnittigen Verbindungen ist immer der kleinere Wert von Seitenholz und Anschlusstiefe anzunehmen.

Bei Anschluss-/Einschlagtiefen t_{ef} kleiner als $4 \cdot d$ darf die der Nagelspitze nächstliegende Scherfuge nicht als tragend in Rechnung gestellt werden. Bei einer beidseitigen Nagelung ist darauf zu achten, dass aus Gründen der Spaltgefahr die Spitze des von der einen Seite eingeschlagenen Nagels mindestens $4 \cdot d$ vor dem anderen Rand des Mittelholzes endet (vgl. Abb. 5.106).

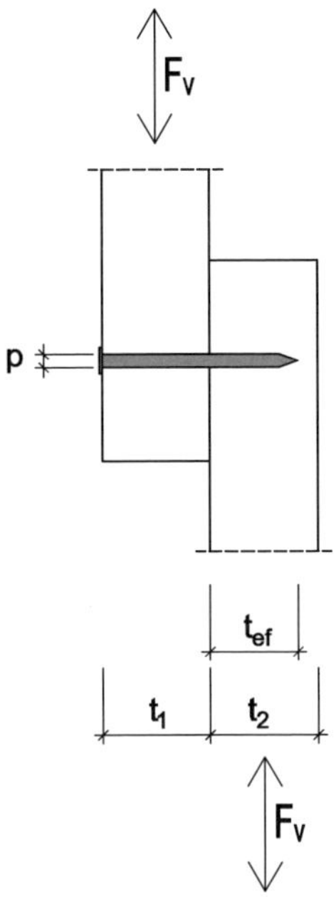

Abb. 5.105 Anschluss- bzw. Einschlagtiefe; Stift tragend bei $t_{ef} \geq 4 \cdot d$.

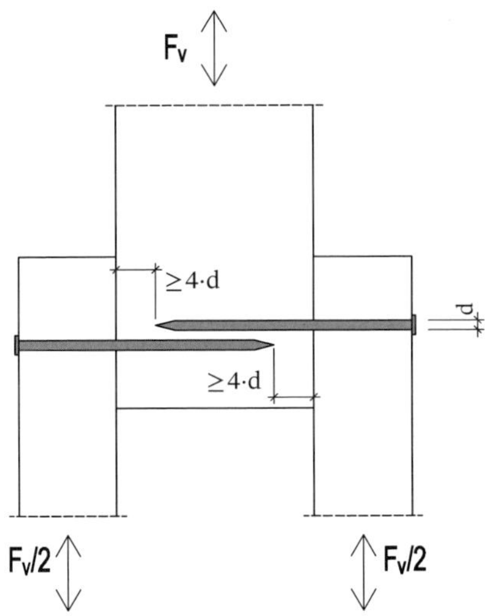

Abb. 5.106 Beidseitige Nagelung.

Für glattschaftige und profilierte Nägel der Tragfähigkeitsklasse 1 in Koppelpfettenanschlüssen, die infolge einer Dachneigung von höchstens 30° dauernd auf Herausziehen beansprucht werden, ist gemäß DIN EN 1995-1-1/NA:2013-08 der charakteristische Wert der Ausziehfestigkeit $f_{ax,k}$ nur mit 60 % in Rechnung zu stellen.

Glattschaftige Nägel in vorgebohrten Nagellöchern dürfen nicht auf Herausziehen beansprucht werden.

Werden Nägel nach DIN EN 14592:2012-07 verwendet, die nach DIN 20000-6 einer Tragfähigkeitsklasse zugeordnet wurden, so dürfen die charakteristischen Werte für die Auszieh- und Kopfdurchziehparameter nach Tab. 5.20 angesetzt werden.

Tab. 5.20 Charakteristische Werte für die Ausziehparameter $f_{ax,k}$ und die Kopfdurchziehparameter $f_{head,k}$, in [N/mm²] für Nägel.

	1 **Nageltyp**	2 $f_{ax,k}$	3 **Nageltyp**	4 $f_{head,k}$
2	profilierte Nägel der Tragfähigkeitsklasse		profilierte Nägel der Tragfähigkeitsklasse	
3	1	$30 \cdot 10^{-6} \cdot \rho_k^2$	A	$60 \cdot 10^{-6} \cdot \rho_k^2$
4	2	$40 \cdot 10^{-6} \cdot \rho_k^2$	B	$80 \cdot 10^{-6} \cdot \rho_k^2$
5	3	$50 \cdot 10^{-6} \cdot \rho_k^2$	C	$100 \cdot 10^{-6} \cdot \rho_k^2$
6	—	—	D	$120 \cdot 10^{-6} \cdot \rho_k^2$
7	—	—	E	$140 \cdot 10^{-6} \cdot \rho_k^2$
8	—	—	F	$160 \cdot 10^{-6} \cdot \rho_k^2$

ρ_k: charakteristischer Wert der Rohdichte in [kg/m³], jedoch höchstens 500 kg/m³

Nach Eurocode 5 darf eine Nagelverbindung dann als tragend angerechnet werden, wenn mindestens zwei Nägel vorhanden sind. Dies gilt gemäß DIN EN 1995-1-1/NA:2013-08 nicht bei der Befestigung von Schalungen, Trag- oder Konterlattungen und bei Zwischenanschlüssen von Windrispen, wenn diese Bauteile insgesamt mit mindestens zwei Nägeln angeschlossen sind sowie jeder Kreuzungspunkt mit einem Nagel. Darüber hinaus darf diese Regelung auch für die Befestigung von Sparren und Pfetten auf Bindern und Rähme sowie von Querriegeln auf Rahmenhölzern angewendet werden, wenn auch diese Bauteile insgesamt mit mindestens zwei Nägeln angeschlossen sind.

Bei Verbindungen von Holzwerkstoffen mit Holz durch Nägel oder Verbindungen von Stahlblechen mit Holz sind die weitergehenden Regelungen des Eurocodes 5 zu beachten.

Um ein Spalten des Holzes bei nicht vorgebohrten Hölzern zu verhindern, sind Mindestdicken des Holzes nach Eurocode 5 einzuhalten. Werden Nägel vorgebohrt, ist das Bohrloch mit $0{,}8 \cdot d$ zu bohren. Bei Hölzern mit einer charakteristischen Rohdichte ρ_k von mehr als 500 kg/m³ ist stets vorzubohren.

In Stahlteilen darf ein Lochspiel von maximal 1 mm genutzt werden.

Nägel sollten rechtwinklig zur Faser eingeschlagen werden. Eine Nagelung parallel zur Faser darf rechnerisch nicht als tragend angesetzt werden.

Selbstbohrende Holzschrauben Der deutsche Nationale Anhang (NA) legt fest, dass eine Schraubenverbindung aus mindestens zwei Schrauben bestehen muss – außer bei der Befestigung von Schalungen, Latten, Windrispen, Sparren, Pfetten und dergleichen (vgl. gleichlautende Regelung zu Nägeln); weitere Sonderregelungen finden sich in ETAs.

Bei benachbarter, paralleler wie gekreuzter Anordnung von Holzschrauben ist auch darauf zu achten, dass sich die Schrauben beim Eindrehen nicht berühren, um eine Schädigung der Gewinde zu vermeiden.

Weitere Ausführungen zu Schrauben mit Teilgewinde und Vollgewindeschrauben finden sich in den Abschnitten 5.4.2.2 und 5.4.3.

Korrosionsschutz von Verbindungsmitteln Bezüglich des erforderlichen Korrosionsschutzes von Verbindungsmitteln wird auf DIN EN 1995-1-1/NA:2013-08 in Verbindung mit DIN SPEC 1052-100:2013-08 [5.122] verwiesen. Tabelle 1 von DIN SPEC 1052-100:2013-08 (s. Tab. 5.21) beinhaltet – in Übereinstimmung mit DIN EN 1995-1-1:2010-12 – Beispiele für Mindestanforderungen; auch wurde versucht, die Umgebungsbedingungen nach DIN EN ISO 2081 in die Tab. 1 einzuarbeiten – in Abhängigkeit der Anforderungen der DIN EN 1995-1-1:2010-12 bezogen auf die Nutzungsklassen.

5.4.3 Stiftförmige Verbindungsmittel

5.4.3.1 Tragfähigkeit hinsichtlich Abscheren

Wie die Untersuchungen von *Johansen* [5.133] unter Zugrundelegung einer vereinfachten Last-Eindrückungs-Beziehung gemäß Abb. 5.99b) zeigen, treten bei Holz-Holz-Verbindungen mit stiftförmigen, auf Abscheren beanspruchten stählernen Verbindungsmitteln im Wesentlichen folgende Versagenszustände auf (vgl. Abb. 5.107):

- reines Lochleibungsversagen (Versagensmechanismen (1a) und (1b) bzw. (2g) und (2h)),
- Lochleibungsversagen infolge Verdrehung des stiftförmigen Verbindungsmittels in einer einschnittigen Verbindung (Versagensmechanismus (1c)),

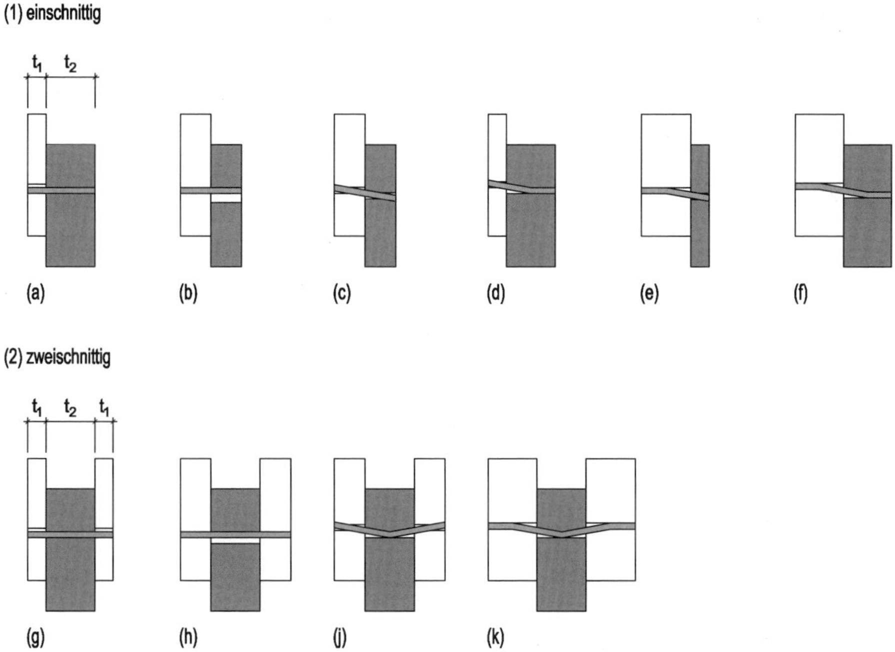

Abb. 5.107 Versagensmechanismen stiftförmiger, ein- und zweischnittiger Holz- und Holzwerkstoffverbindungen (vgl. DIN EN 1995-1-1 Abb. 8.2).

Tab. 5.21 Beispiele für Mindestanforderungen an die Baustoffe oder den Korrosionsschutz von Verbindungsmitteln für mäßige, starke oder sehr starke Korrosionsbelastungen (Tab. 1 aus DIN SPEC 1052-100:2013-08 [5.122]).

Baustoffe, Verbindungsmittel	**Korrosionsschutz in Anlehnung an DIN EN ISO 2081 bzw. mittlere Zinkschichtdicke in [μm] und/oder andere Schutzmaßnahmen bei**			
	mäßiger Korrosionsbelastung (Umgebungsbedingung C3[a])		**starker und sehr starker Korrosionsbelastung (Umgebungsbedingungen C4 und C5[a])**	
	Nutzungsklasse 1	**Nutzungsklasse 2**	**Nutzungsklassen 1, 2 und 3 bei C4**	**Nutzungsklasse 3 bei C5**
1 Nägel und Schrauben $d \leq 4$ mm	keine[d]	Fe/Zn 12c[b]	55	geeigneter nichtrostender Stahl[f]
2 Nägel $d > 4$ mm, Schrauben $d > 4$ mm, Dübel, Bolzen, Scheiben, Muttern, Stabdübel	keine[c)d)]	keine[c)d)]	55	geeigneter nichtrostender Stahl[e)f)]
	Nutzungsklassen 1 und 2		**Nutzungsklassen 1, 2 und 3 für C4 und Nutzungsklasse 3 für C5**	
3 Klammern	geeigneter nichtrostender Stahl[f]		geeigneter nichtrostender Stahl[f]	
4 Nagelplatten[g] und Stahlbleche[g)h)] mit einer Dicke bis zu 3 mm	Fe/Zn 12c[b]		geeigneter nichtrostender Stahl[f] oder Korrosionsschutz nach DIN 55634	
5 Stahlbleche mit einer Dicke zwischen 3 und 5 mm	30[i]		geeigneter nichtrostender Stahl[f] oder Korrosionsschutz nach DIN EN ISO 12944-5	
6 Stahlblech mit einer Dicke über 5 mm	Korrosionsschutz nach DIN EN 1090-2			

a) Nach DIN EN ISO 12944-2.
b) Bei Feuerverzinkungen ist in der Regel Fe/Zn 12c durch Z275 nach DIN EN 10346 zu ersetzen.
c) Bei einseitigen Dübeln aus Stahlblech muss eine mittlere Zinkschichtdicke von mindestens 55 μm aufgebracht werden.
d) Bei Stahlblech-Holz-Verbindungen mit außenliegenden Blechen müssen Nägel und Schrauben eine mittlere Zinkschichtdicke von mindestens 7 μm aufweisen.
e) Bei Verbindungsmitteln, die in ihrem für die Tragfähigkeit relevanten Bereich von Holz oder Holzwerkstoffen vollständig umschlossen sind (z. B. Stabdübel, Vollgewindeschrauben), ist eine mittlere Zinkschichtdicke von mindestens 55 μm ausreichend.
f) Z. B. nichtrostende Stähle für die entsprechenden Korrosionswiderstandsklassen nach allgemeiner bauaufsichtlicher Zulassung Z-30.3-6.
g) Statt feuerverzinktem Blech darf auch Blech mit Zink-Aluminium-Überzügen gleicher Schichtdicke verwendet werden.
h) Stahlbleche mit einer Dicke bis zu 3 mm dürfen auch mit geschnittenen, unverzinkten Kanten eingesetzt werden.
i) Die übliche Mindestschichtdicke beim Stückverzinken beträgt 50 μm.

- lokale Biegeverformung (Fließgelenk) des stiftförmigen Verbindungsmittels in einem Bauteil; Lochleibungsversagen in allen Querschnittsteilen (Versagensmechanismen (1d) und (1e) bzw. (2j)),
- Bildung von zwei Fließgelenken im stiftförmigen Verbindungsmittel; Lochleibungsversagen in beiden Querschnittsteilen (Versagensmechanismus (1f)),
- Bildung von drei Fließgelenken im stiftförmigen Verbindungsmittel bei einer zweischnittigen Verbindung; Lochleibungsversagen in allen Querschnittsteilen (Versagensmechanismus (2k)).

In Holz-Holz-Verbindungen treten die Maxima des Biegemoments und der Scherkraft in der Schraube an unterschiedlichen Stellen auf.

Zeitlich später wurde das Johansen-Modell noch ergänzt um die Traglaststeigerung durch den Seileffekt.

Im Folgenden wird die Herleitung der Bemessungsgleichungen anhand der beiden Versagensmechanismen einschnittiger Verbindungen (1a)/(1b) sowie (1f) grundsätzlich angegeben.

Versagensmechanismen (1a) und (1b): reines Lochleibungsversagen in einem der beiden Bauteile Beim reinen Lochleibungsversagen wird das stiftförmige Verbindungsmittel in das Holz eingedrückt, ohne dass es sich verformt (vgl. Abb. 5.108). Dies ist dann der Fall, wenn ein Querschnittsteil sehr viel dicker ist oder/und eine sehr viel höhere Festigkeit bzw. Steiffigkeit besitzt und die Schlankheit des Verbindungsmittels entsprechend gering ist.

Die Tragfähigkeit der Versagensmechanismen (1a) und (1b) bestimmt sich aus dem Kräftegleichgewicht im Bauteil i (d. h. Bauteil 1 oder 2) mit der Dicke t_i, indem die Lochleibungsfestigkeit $f_{h,i,k}$ dieses Holzes mit der projizierten Kontaktfläche $t_i \cdot d$ des stiftförmigen Verbindungsmittels multipliziert wird:

$$F_{v,Rk,i} = f_{h,i,k} \cdot t_i \cdot d \tag{5.143}$$

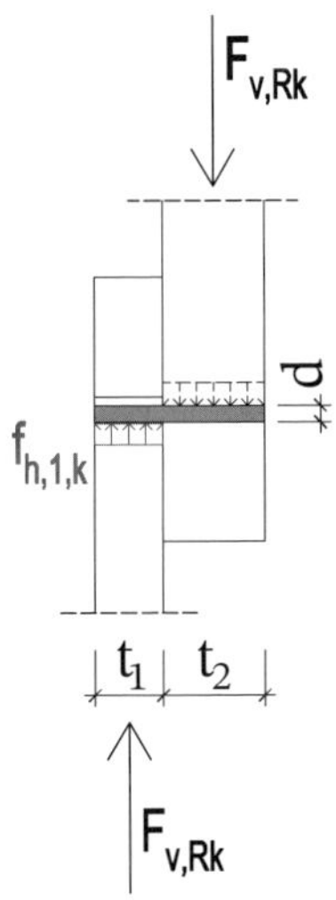

Abb. 5.108 Versagensmechanismus (1a): reines Lochleibungsversagen der Verbindung im Querschnitt 1.

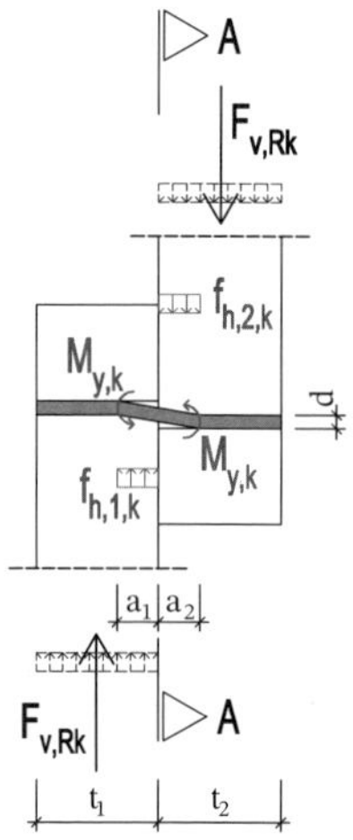

Abb. 5.109 Versagensmechanismus (1f): Bildung zweier Fließgelenke im stiftförmigen Verbindungsmittel.

mit

$f_{\text{h,i,k}}$ charakteristische Lochleibungsfestigkeit des Querschnitts i
t_{i} Dicke des Querschnitts i
d Durchmesser des stiftförmigen Verbindungsmittels

Versagensmechanismus (1f): Bildung von zwei Fließgelenken im stiftförmigen Verbindungsmittel Bei diesem Versagensmechanismus ist das Verbindungsmittel durch beide Querschnittsteile eingespannt, sodass es nur lokal zu einer Verdrehung im Querschnitt kommt (s. Abb. 5.109). Dies bedeutet, dass entgegen der Versagensmechanismen (1a) oder (1b) der Stabdübel zu fließen beginnt und die Verbindung versagt. Die Tragfähigkeit für diesen Versagensmechanismus ergibt sich – wie auch bei der Bestimmung der Versagensmechanismen (1d) und (1e) gemäß Abb. 5.107 – aus dem minimalen Wert der Gln. (5.144) und (5.145).

$$F_{\text{v,Rk,1}} = f_{\text{h,1,k}} \cdot d \cdot a_1 \tag{5.144}$$

$$F_{\text{v,Rk,2}} = f_{\text{h,2,k}} \cdot d \cdot a_2 \tag{5.145}$$

mit

a_1, a_2 Abstand der Stellen der Fließmomente von der Kontaktfuge A-A der Bauteilquerschnitte 1 bzw. 2

Da die Größen a_1 und a_2 unbekannt sind, wird das Biegemoment in der Kontaktfuge zwischen den Bauteilen (Schnitt A-A) aus dem Momentengleichgewicht $\Sigma MA - A = 0$ bestimmt zu:

$$-2 \cdot M_{\text{y,Rk}} + f_{\text{h,1,k}} \cdot d \cdot \frac{a_1^2}{2} + f_{\text{h,2,k}} \cdot d \cdot \frac{a_2^2}{2} = 0 \tag{5.146}$$

mit

$M_{\text{y,Rk}}$ charakteristischer Wert des plastischen Widerstandsmoments des stiftförmigen Verbindungsmittels sowie das Kräftegleichgewicht zu:

$$f_{h,1,k} \cdot a_1 = f_{h,2,k} \cdot a_2 \tag{5.147}$$

Durch Einführen der Größe β als Verhältnis der Festigkeiten der beiden Querschnitte zu

$$\beta = f_{h,2,k}/f_{h,1,k}(= a_1/a_2) \tag{5.148}$$

Durch Einsetzen und Umformen erhält man für die Tragfähigkeit dieses Versagensmechanismus (1f) folgende Bestimmungsgleichung:

$$F_{v,Rk} = \sqrt{\frac{2 \cdot \beta}{1+\beta}}\sqrt{2 \cdot M_{y,Rk} \cdot f_{h,1,k} \cdot \mathrm{d}} \tag{5.149}$$

Beim Versagensmechanismus (1f) wird – wie im Übrigen auch bei den Versagensmechanismen (1d) und (1e) sowie (2j) und (2k) – die charakteristische Tragfähigkeit bei einer Berechnung nach Eurocode 5 an zwei Stellen modifiziert:

1. *Stahlversagen maßgebend:*
   Die Abschertragfähigkeit ohne Seilwirkung wird um den Faktor 1,15 (wie auch im Versagensmechanismus (2k); Faktor 1,05 in den Versagensmechanismen (1d), (1e) und (2j)) erhöht, da bei diesen Versagensmechanismen das Stahlversagen maßgebend ist – somit wäre ein Teilsicherheitsbeiwert $\gamma_M = 1{,}1$ ausreichend. Um einen einheitlichen Teilsicherheitsbeiwert auf der Materialseite für alle Versagensmechanismen anwenden zu können – und zwar den für Holz –, wird daher die Tragfähigkeit erhöht um das Verhältnis der Materialteilsicherheitsbeiwerte $\gamma_{M,Holz}/\gamma_{M,Stahl} = 1{,}3/1{,}1 = 1{,}18 \approx 1{,}15$.
2. *Ausziehwiderstand oder Einhänge- bzw. Seileffekt infolge Reibung:*
   Die Tragfähigkeit darf infolge des Seileffekts aus der Reibung zwischen den Bauteilen erhöht werden, sofern zwischen den Bauteilen keine Zwischenschicht eingebaut ist. Diese Reibkraft entsteht jedoch nur bei Verbindungen mit Verbindungsmitteln, die planmäßig auf Zug beansprucht werden können. In solchen Versagensfällen, die eine Schrägstellung des Verbindungsmittels beinhalten, treten in den Verbindungsmitteln Zugkräfte auf. Durch Zerlegung dieser Zugkraft parallel und rechtwinklig zur Scherfuge erhält man eine Druckkomponente rechtwinklig zu den Seitenflächen der Bauteile, welche Reibung erzeugt und für die Erhöhung der Tragfähigkeit verantwortlich ist.

Dieser Erhöhungsanteil $\Delta F_{ax,Rk}$ infolge Seilwirkung darf jedoch den kleineren der beiden folgenden Werte nicht überschreiten:

- $\frac{1}{4}$ des charakteristischen Ausziehwiderstands $F_{ax,Rk}$ des Verbindungsmittels,
- den in Tab. 5.22 angegebenen Wert der Abschertragfähigkeit der Verbindung nach *Johansen* ohne Seilwirkung.

Tab. 5.22 Maximal anrechenbarer Anteil der Seilwirkung an der Tragfähigkeit auf Prozente des Anteils nach der Johansen-Theorie.

runde Nägel	15 %
Nägel mit annähernd quadratischem Querschnitt	25 %
andere Nägel	50 %
Schrauben	100 %
Bolzen	25 %
Stabdübel	0 %

Die Tragfähigkeit der Verbindung im Versagensmechanismus (1f) ergibt sich damit zu

$$F_{\text{v,Rk}} = 1{,}15\sqrt{\frac{2\cdot\beta}{1+\beta}}\sqrt{2\cdot M_{\text{y,k}}\cdot f_{\text{h,1,k}}\cdot \text{d}} + \cdot F_{\text{ax,Rk}} \qquad (5.150)$$

mit

$\Delta F_{\text{ax,Rk}}$ anrechenbarer Teil des charakteristischen Werts der Tragfähigkeit auf Herausziehen des Verbindungsmittels

Tragfähigkeit von stiftförmigen Verbindungsmitteln bei einer Zwischenschicht Bei der Verwendung von Holzwerkstoffplatten als weiche Zwischenschicht müssen die Stifte durch die Holzwerkstoffplatte an die tragenden Bauteile befestigt werden; d. h., das stiftförmige Verbindungsmittel wird in einer verschieblichen bzw. wenig tragfähigen Schicht eingebaut (Abb. 5.110b).

Die Herleitung der Gleichungen für die Tragfähigkeit von stiftförmigen Verbindungsmitteln bei zwischen zwei Bauteilen angeordneter Zwischenschicht erfolgt gemäß den bisherigen Ausführungen, indem die plastischen Spannungen in den einzelnen Zuständen dargestellt werden und anhand dieser Spannungen das Gleichgewicht an der Fuge unter Berücksichtigung von geometrischen Randbedingungen ermittelt wird (s. [5.130] bzw. [5.132]).

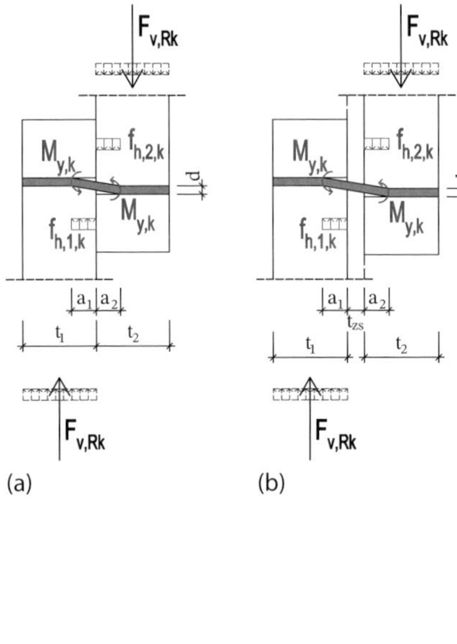

Abb. 5.110 Vergleich der Spannungen und Schnittgrößen, (a) Versagensmechanismus (1f) (Abb. 5.109) ohne Zwischenschicht, (b) in Abhängigkeit mit der Zwischenschicht.

Versagensmechanismen (1c) bis (1e) sowie (2) Die Herleitung der Gleichungen für die Tragfähigkeiten findet sich z. B. in [5.130].

5.4.3.2 Mehrschnittige Verbindungen sowie Stahlblech-Holz-Verbindungen

Mehrschnittige Verbindungen Mehrschnittige Verbindungen (vgl. Abb. 5.111, Versagensmechanismen (2)) können basierend auf den Bestimmungsgleichungen für einschnittige Verbindungen berechnet werden. Für die Herleitung der Bemessungsgleichungen kommen nur Versagensmechanismen infrage, die symmetrische Randbedingungen besitzen. So lässt sich ein mehrschnittiges System reduzieren, indem dieses aus einschnittigen Systemen zusammengesetzt wird.

Stahlblech-Holz-Verbindungen Die Tragfähigkeit von Stahlblech-Holz-Verbindungen (vgl. Abb. 5.111) lässt sich analog den bereits vorgestellten Berechnungsgleichungen bestimmen; wenngleich im Unterschied zu Holz-Holz-Verbindungen hier die Maxima des Biegemoments und der Scherkraft an derselben Stelle, nämlich in der Scherfuge, auftreten. Da ein Lochleibungsversagen des Stahlteils ausgeschlossen ist, darf vereinfachend die Lochleibungsfestigkeit des Stahlquerschnitts zu unendlich und als Modifikationsfaktor derjenige des Holzes angenommen werden.

Um die Berechnung dieser häufig vorkommenden Verbindungsart zu vereinfachen, werden Stahlblech-Holz-Verbindungen in zwei Kategorien eingeteilt:

Dünnes Stahlblech $t_s \leq 0{,}5 \cdot d$:
Bei einem dünnen Stahlblech wird davon ausgegangen, dass keine Einspannung des Stifts durch das Stahlblech erfolgen kann (vgl. Abb. 5.112).

Dickes Stahlblech $t_s \geq d$:
Bei einem dicken Stahlblech wird hingegen davon ausgegangen, dass das stiftförmige Verbindungsmittel im Stahlblech eingespannt ist (vgl. Abb. 5.113). Dadurch können hier die Versagensmechanismen (c) bis (j/l) und (m) nach Abb. 5.112 auftreten.

Mittig angeordnete Stahlbleche (Versagensmechanismen (f), (g) und (h) nach Abb. 5.111) – gleich welcher Dicke – werden rechnerisch wie dicke Bleche be-

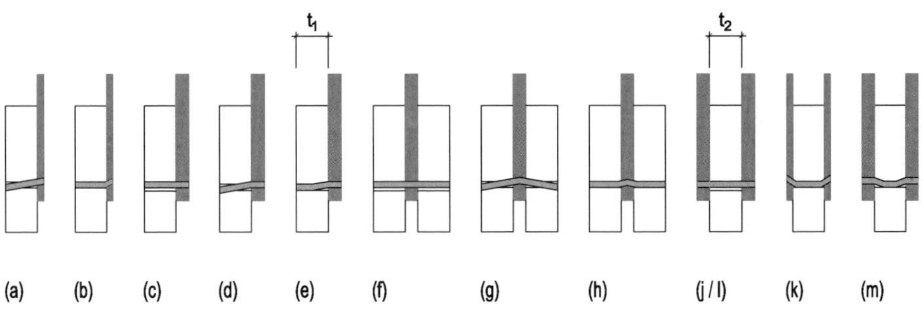

Abb. 5.111 Versagensmechanismen stiftförmiger, ein- und zweischnittiger Stahlblech-Holz-Verbindungen (vgl. DIN EN 1995-1-1 Bild 8.3).

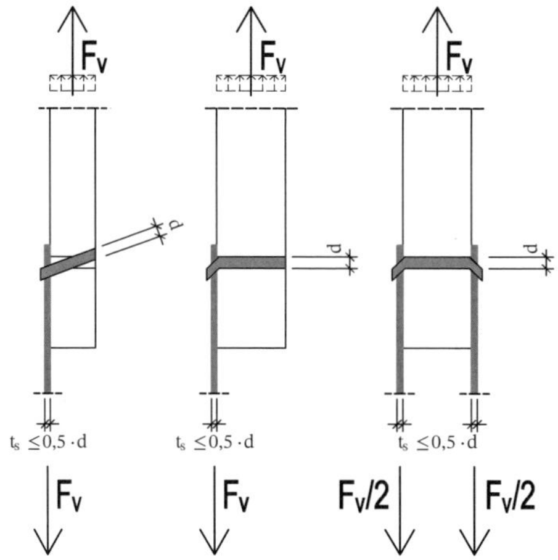

Abb. 5.112 Versagensmechanismen (a), (b) und (k) (vgl. Abb. 5.111) für dünne Stahlbleche bei einschnittigen Verbindungen.

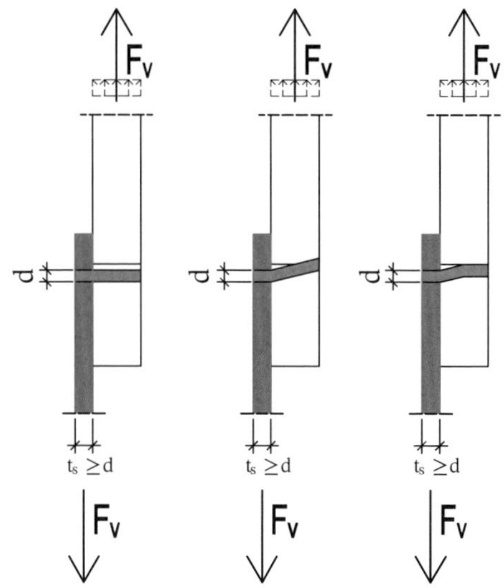

Abb. 5.113 Versagensmechanismen (c), (d) und (e) (vgl. Abb. 5.111) für dicke Stahlbleche bei einschnittigen Verbindungen.

handelt, da aufgrund der Verbindungsgeometrie im Bereich des Stahlblechs ein plastisches Moment im Stift gebildet werden kann (Abb. 5.114).

Stahlbleche $0{,}5 \cdot d < t_s < d$
Zwischen den beiden vorgenannten Kategorien darf linear interpoliert werden.

Für die Herleitung der Bemessungsgleichungen für Stahlblech-Holz-Verbindungen wird neben der „unendlich" großen Festigkeit des Stahlblechs davon ausgegangen, dass die Bauteildicke des Stahlblechs $t_S = 0$ ist.

Bei der Bestimmung der Tragfähigkeit dieser Stahlblech-Holz-Verbindungen sind die nachfolgenden Vereinfachungen nach dem deutschen Nationalen Anhang zum Eurocode 5 ebenfalls zulässig.

5.4.3.3 Vereinfachungen für eine Bemessung nach DIN EN 1995-1-1/NA

Für eine Bemessung von Holz-Holz-, Holz-Holzwerkstoff- sowie Stahlblech-Holz-Verbindungen in der Praxis sind die Gleichungen nach der Johansen-Theorie teil-

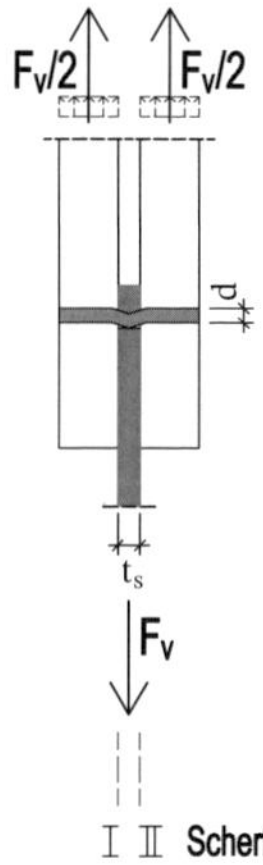

Abb. 5.114 Versagensmechanismus (h) gemäß Abb. 5.111.

weise aufwendig. So müssten alle Versagensmechanismen für sämtliche auftretenden Lasteinwirkungsdauern und Nutzungsklassen bestimmt werden.

Um die Bemessung zu erleichtern, wird in DIN EN 1995-1-1/NA:2013-08 eine Vereinfachung zur Bestimmung der Tragfähigkeit von stiftförmigen Verbindungsmitteln vorgestellt. Dabei wird angestrebt, dass immer der Versagensmechanismus (1f), also ein plastisches Versagen des Verbindungsmittels, maßgebend werden soll. Derart duktile Verbindungen sind insbesondere bei Bauwerken in Erdbebengebieten oder unter anderen dynamischen Beanspruchungen erforderlich. Bei der vereinfachten Bemessung sind dann erforderliche Mindestdicken $t_{i,\mathrm{req}}$ einzuhalten (Aus-

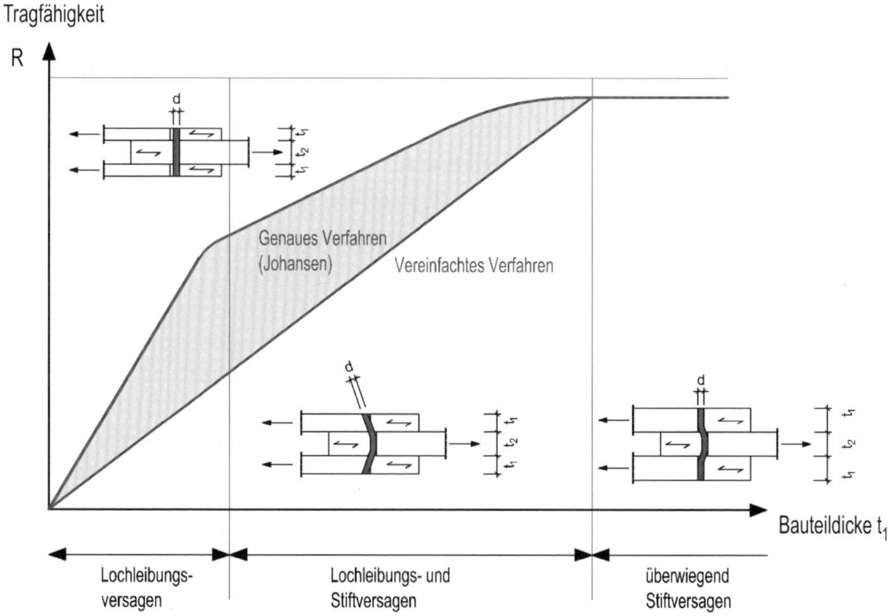

Abb. 5.115 Auswirkung der Vereinfachungen für eine Bemessung.

wirkungen siehe Abb. 5.115) mit

$$t_{i,\mathrm{req}} = t_\mathrm{i} \tag{5.151}$$

$t_{i,\mathrm{req}}$ erforderliche Mindestbezugsdicke bzw. Mindesteindringtiefe des Verbindungsmittels für das Seitenholz i

t_i vorhandene Werkstoffdicke bzw. Eindringtiefe des Verbindungsmittels

Tabelle 5.23 zeigt das Ergebnis dieser Vereinfachung in tabellarischer Form. Die ansetzbare charakteristische Tragfähigkeit je Scherfuge und je stiftförmigen Verbindungsmittel ergibt sich danach allgemein zu

$$F_{\mathrm{v,Rk}} = \mathrm{A} \cdot \sqrt{2 \cdot M_{\mathrm{y,k}} \cdot f_{\mathrm{h,1,k}} \cdot \mathrm{d}} + \Delta F_{\mathrm{ax,Rk}} \tag{5.152}$$

Der Faktor A ergibt sich gemäß Tab. 5.23; der zusätzlich anrechenbare Seileffekt nach Tab. 5.24.

Sind die Holzdicken t_1 oder t_2 geringer als die Mindestdicken $t_{1,\mathrm{req}}$ bzw. $t_{2,\mathrm{req}}$, ist der charakteristische Wert der Tragfähigkeit $F_{\mathrm{v,Rk}}$ nach Gl. (5.153) mit dem kleineren der Verhältniswerte $t_1/t_{1,\mathrm{req}}$ und $t_2/t_{2,\mathrm{req}}$ zu multiplizieren.

Für eine vierschnittige Verbindung, z. B. zwei in ein Holzbauteil eingeschlitzte dünne Stahlbleche (wie bei der seinerzeitigen GREIM-Bauweise oder bei einer BSB-Verbindung),

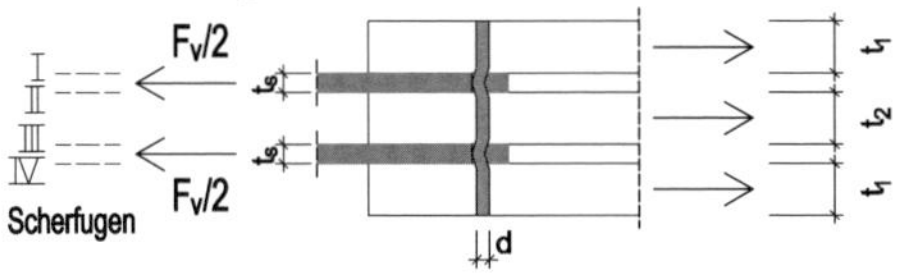

ergibt sich dann die charakteristische Tragfähigkeit zu

$$F_{\mathrm{v,Rk}} = 4 \cdot A \cdot \sqrt{2 \cdot M_{\mathrm{y,k}} \cdot f_{\mathrm{h,1,k}} \cdot \mathrm{d}} + \Delta F_{\mathrm{ax,Rk}} \tag{5.153}$$

je stiftförmigen Verbindungsmittel (vgl. hierzu auch [5.131]).

Der Bemessungswert der Tragfähigkeit $F_{\mathrm{v,Rd}}$ je Scherfuge und je Verbindungsmittel ergibt sich dann zu

$$F_{\mathrm{v,Rd}} = \frac{k_{\mathrm{mod}} \cdot F_{\mathrm{v.Rk}}}{\gamma_\mathrm{M}} \tag{5.154}$$

mit

$F_{\mathrm{v,Rd}}$ Bemessungswert der Tragfähigkeit

$\gamma_\mathrm{M} = 1{,}1$ Teilsicherheitsbeiwert auf der Materialseite für Stahl

gemäß Abschnitt 5.4.3.1, Absatz Versagensmechanismus (1f), hier: 1. Modifizierung.

Unterscheiden sich bei Holzwerkstoff-Holz-Verbindungen die Modifikationsbeiwerte k_{mod} der beiden miteinander verbunden Bauteile ($k_{\mathrm{mod,1}}$ und $k_{\mathrm{mod,2}}$), dann darf für k_{mod} folgender Wert angenommen werden:

$$k_{\mathrm{mod}} = \sqrt{k_{\mathrm{mod,1}} \cdot k_{\mathrm{mod,2}}} \tag{5.155}$$

Tab. 5.23 Mindestholzdicken und Faktor A für eine vereinfachte Bemessung der Tragfähigkeit von Lochleibungsverbindungen.

Verbindungsart	Faktor A	Mindestholzdicken t_{req}	
a) Allgemein			
Verbindungen aus Holz und Holzwerkstoffen	$\sqrt{\frac{2\cdot\beta}{1+\beta}}$	Seitenholz 1	$t_{1,req} = 1{,}15 \cdot \left(2 \cdot \sqrt{\frac{\beta}{1+\beta}} + 2\right) \cdot \sqrt{\frac{M_{y,Rk}}{f_{h,1,k} \cdot d}}$
		Seitenholz 2 in zweischnittigen Verbindungen	$t_{2,req} = 1{,}15 \cdot \left(2 \cdot \frac{1}{\sqrt{1+\beta}} + 2\right) \cdot \sqrt{\frac{M_{y,Rk}}{f_{h,2,k} \cdot d}}$
		Mittelholz in zweischnittigen Verbindungen	$t_{2,req} = 1{,}15 \cdot \left(\frac{4}{\sqrt{1+\beta}}\right) \cdot \sqrt{\frac{M_{y,Rk}}{f_{h,2,k} \cdot d}}$
Stahlblech-Holz-Verbindungen (innenliegende und außenliegende dicke Stahlbleche)	$\sqrt{2}$		$t_{req} = 1{,}15 \cdot 4 \cdot \sqrt{\frac{M_{y,Rk}}{f_{h,k} \cdot d}}$
Stahlblech-Holz-Verbindungen (außenliegende dünne Stahlbleche)	1	Mittelhölzer in zweischnittigen Verbindungen	$t_{req} = 1{,}15 \cdot \left(2 \cdot \sqrt{2}\right) \cdot \sqrt{\frac{M_{y,Rk}}{f_{h,k} \cdot d}}$
		in allen anderen Fällen	$t_{req} = 1{,}15 \cdot \left(2 + \sqrt{2}\right) \cdot \sqrt{\frac{M_{y,Rk}}{f_{h,k} \cdot d}}$
Holzverbindungen mit Nägeln, Klammern und Schrauben mit $d \leq 6$ mm in Nadelholz	1		$t_{req} = 9 \cdot d$

Verbindungsart	Faktor A	Mindestholzdicken t_{req}	
b) Holz-Holzwerkstoff-Verbindungen mit Nägeln, Klammern und Schrauben mit $d \leq 6$ mm			
Sperrholz (F20/10 E40/20 und F20/15 E30/25) mit einer charakteristischen Rohdichte von mindestens 350 kg/m³	0,9	außenliegende Holzwerkstoff- oder Gipswerkstoffplatten (einschnittige Verbindungen) innenliegende Holzwerkstoff- oder Gipswerkstoffplatten (zweischnittige Verbindungen)	$7 \cdot d$ $6 \cdot d$
Sperrholz (F40/30 E60/40, F50/25 E70/25 und F60/10 E90/10) mit einer charakteristischen Rohdichte von mindestens 600 kg/m³	0,8	außenliegende Holzwerkstoff- oder Gipswerkstoffplatten (einschnittige Verbindungen) innenliegende Holzwerkstoff- oder Gipswerkstoffplatten (zweischnittige Verbindungen)	$6 \cdot d$ $4 \cdot d$
OSB-Platten (OSB/2, OSB/3 und OSB/4) sowie kunstharzgebundene Spanplatten (technische Klassen P4, P5, P6 und P7)	0,8	außenliegende Holzwerkstoff- oder Gipswerkstoffplatten (einschnittige Verbindungen) innenliegende Holzwerkstoff- oder Gipswerkstoffplatten (zweischnittige Verbindungen)	$7 \cdot d$ $6 \cdot d$
zementgebundene Spanplatten (technische Klassen 1 und 2)	0,9		$4 \cdot d$
Faserplatten (technische Klassen B.HLA2)	0,7	außenliegende Holzwerkstoff- oder Gipswerkstoffplatten (einschnittige Verbindungen) innenliegende Holzwerkstoff- oder Gipswerkstoffplatten (zweischnittige Verbindungen)	$6 \cdot d$ $4 \cdot d$
Gipsfaserplatten	1,1	außenliegende Holzwerkstoff- oder Gipswerkstoffplatten (einschnittige Verbindungen)	$10 \cdot d$
c) Stahlblech-Holz-Verbindungen mit Nägeln, Klammern und Schrauben mit $d \leq 6$ mm			
innenliegende Stahlbleche (vorgebohrt) oder außenliegende dicke Stahlbleche (vorgebohrt)	1,4		$10 \cdot d$
außenliegende dünne Stahlbleche (vorgebohrt)	1,0	zweischnittige Verbindungen in allen anderen Fällen	$7 \cdot d$ $9 \cdot d$

Tab. 5.24 Berücksichtigung Seileffekt bei einer vereinfachten Bemessung der Tragfähigkeit von Lochleibungsverbindungen.

Verbindungsart	$\Delta F_{v,Rk}$	**Bemerkungen**
Einschnittige Holz-Holzwerkstoff-Nagel-Verbindungen mit profilierten Nägeln, nicht jedoch bei Gipsplatten-Holz-Verbindungen Einschnittige Stahlblech-Holz-Nagel-Verbindungen mit profilierten Nägeln	$\Delta F_{v,Rk} = \min\{0{,}5F_{v,Rk}; 0{,}25F_{ax,Rk}\}$	runde Nägel $\Delta F_{v,Rk} = \min\{0{,}15F_{v,Rk}; 0{,}25F_{ax}$
Verbindungen mit Bolzen und Passbolzen	$\Delta F_{v,Rk} = \min\{0{,}25F_{v,Rk}; 0{,}25F_{ax,Rk}\}$	
Einschnittige Verbindungen mit Holzschrauben	$\Delta F_{v,Rk} = \min\{F_{v,Rk}; 0{,}25F_{ax,Rk}\}$	Bei Stahlblech-Holz-Verbindungen darf der Fall des Kopfdurchziehens unbeachtet bleiben

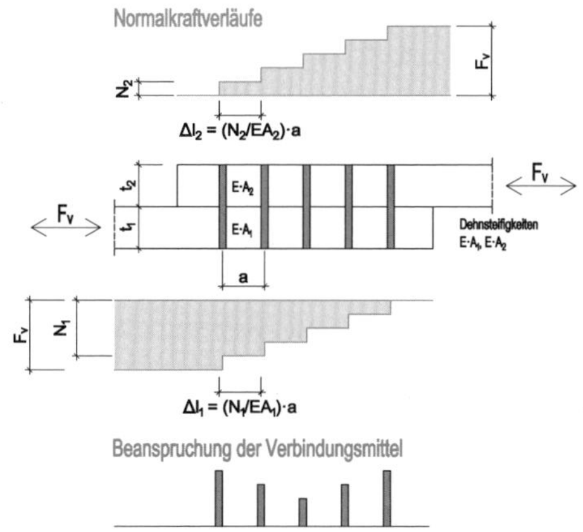

Abb. 5.116 Spannungen bei mehreren Verbindungsmitteln hintereinander.

5.4.3.4 Effektive Anzahl der Verbindungsmittel hintereinander

Durch die Anordnung von Verbindungsmitteln hintereinander nimmt die Normalkraft des einen Querschnittsteils kontinuierlich ab, während die Normalkraft im anderen Querschnittsteil zunimmt (Abb. 5.116). Hierbei kann nicht von einer gleichmäßigen Lasteinleitung ausgegangen werden. Insbesondere die Spannungskonzentration an den äußeren Verbindungsmitteln kann zu vorzeitigem Spaltversagen führen. Um ein Spalten des Holzes und damit dieses Versagen zu verhindern, wird die Ausnutzung der Verbindungsmittel begrenzt, indem nicht die wirkliche Anzahl n, sondern nur eine effektive Verbindungsmittelanzahl n_{ef} in Rechnung gestellt werden darf mit

$$n_{ef} \leq n \qquad (5.156)$$

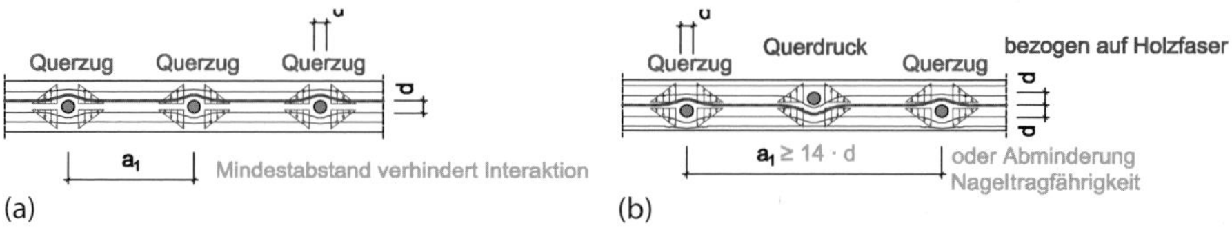

Abb. 5.117 Wirksame Nagelanzahl; (a) bei faserparalleler Anordnung der stiftförmigen Verbindungsmittel, (b) bei um das Maß d gegenüber der Holzfaser versetzter Anordnung der Stifte.

Tab. 5.25 Werte für k_{ef} nach DIN EN 1995-1-1:2010-12, Tab. 8.1.

Nagelabstand[a)]	k_{ef}	
	nicht vorgebohrt	**vorgebohrt**
$a_1 \geq 14 \cdot d$	1,00	1,00
$a_1 = 10 \cdot d$	0,85	0,85
$a_1 = 7 \cdot d$	0,70	0,70
$a_1 = 4 \cdot d$	—	0,50

a) Für Zwischenwerte der Nagelabstände ist lineare Interpolation für k_{ef} zulässig.

Die maximal rechnerisch ansetzbare Anzahl n_{ef} ist bedingt durch die unterschiedliche lokale Lasteinleitung abhängig vom Typ des Verbindungsmittels.

Reihe mit n Nägeln

Bei einer Reihe mit n Nägeln in Faserrichtung des Holzes sollte nach DIN EN 1995-1-1:2010-12 die Tragfähigkeit in Faserrichtung mit einer wirksamen Nagelanzahl n_{ef} berechnet werden, wenn die Nägel in dieser Reihe rechtwinklig zur Faserrichtung nicht um mindestens $1 \cdot d$ versetzt angeordnet sind (vgl. Abb. 5.117):

$$n_{ef} = n^{kef} \tag{5.157}$$

mit

n Anzahl Nägel in der Reihe
k_{ef} nach Tab. 5.25

Biegesteife Rahmenecken

Weiterhin schlägt der Eurocode 5 für biegesteife Rahmenecken mit mehreren Stabdübelkreisen (hier treten unterschiedliche Dehnungen auf) vor, die effektive Anzahl durch folgende Beziehung zu bestimmen:

$$n_{ef} = 0{,}85 \cdot n \tag{5.158}$$

mit

n gesamte Anzahl der Stabdübel in allen Stabdübelkreisen

Verbindungen mit einer Schraubengruppe

Bei Verbindungen mit einer Schraubengruppe, die durch eine Kraftkomponente in Schaftrichtung beansprucht wird, ist (sofern es in den ETAs nicht anders angegeben ist) ebenfalls eine wirksame Schraubenanzahl n_{ef} zu berücksichtigen. Diese berücksichtigt die Tatsache, dass aufgrund eines möglichen spröden Versagens die Tragfähigkeit einer Gruppe von n Schrauben niedriger als die Summe der einzelnen Schraubentragfähigkeiten ist, wie folgt:

$$n_{ef} = n^{0,9} \tag{5.159}$$

n_{ef} ist anzusetzen bei Schraubengruppen, die durch eine planmäßige Kraft in Schaftrichtung beansprucht sind – nicht jedoch in Bezug auf die Ermittlung von $\Delta F_{ax,Rk}$ (Seileffekt), da hier die Abminderung der Anzahl der Verbindungsmittel in Bezug auf die Gesamttragwirkung $F_{v,Rk}$ erfolgt.

Keine rechnerische Abminderung

Keine rechnerische Abminderung der Anzahl der vorhandenen, in Beanspruchungsrichtung hintereinander liegenden Verbindungsmittel ist erforderlich bei

- Klammern, wenn diese in einer Reihe in Faserrichtung angeordnet sind.
- Anordnung von Verstärkungen:
  Wird das Aufspalten durch eine Verstärkung rechtwinklig zur Faserrichtung verhindert, kann die plastische Reserve im Holz unter Druck genutzt werden, sodass sich Spannungsspitzen ausgleichen können. Dies gilt auch bei Anordnung mehrerer umeinander liegender Stabdübelkreise, bei denen ein Spalten des Holzes durch Verstärkungen rechtwinklig zur Faser verhindert wird.
- Kontinuierlicher Lasteinleitung,
  wie z. B. bei Verbundträgern mit nachgiebig angeschlossenen Teilquerschnitten, Verbindungen zwischen Rippen und Beplankungen oder bei einem Stabdübelkreis.
- Versetzen der Verbindungsmittel entlang „einer" Längsfaser bzw. entlang der Risslinie:
  Werden Nägel um mindestens den 1-fachen Nageldurchmesser d rechtwinklig zur Faserrichtung versetzt, wird die Gefahr des Aufspaltens nebeneinander liegender Längsfasern gemäß Abb. 5.117b deutlich verringert.

Für diese Fälle darf dann die effektive Anzahl n_{ef} gesetzt werden zu

$$n_{ef} = n \tag{5.160}$$

5.4.3.5 Verbindungsmittelgruppen

Sind mehrere Verbindungsmittelgruppen nebeneinander angeordnet, darf der Bemessungswert der Tragfähigkeit $F_{90,Rd}$ für eine Verbindungsmittelgruppe nach DIN EN 1995-1-1/NA:2013-08 NCI Zu 8.1.4 analog zu Gl. (5.154) ermittelt werden, wenn der lichte Abstand in Faserrichtung zwischen den Verbindungsmittelgruppen mindestens $2 \cdot h$ beträgt.

Beträgt der lichte Abstand in Faserrichtung a_g zwischen mehreren nebeneinander angeordneten Verbindungsmittelgruppen nicht mehr als $0{,}5 \cdot h$, sind die Verbindungsmittel dieser Gruppen als eine Verbindungsmittelgruppe zu betrachten.

Beträgt der lichte Abstand in Faserrichtung von zwei nebeneinander angeordneten Verbindungsmittelgruppen mindestens $0{,}5 \cdot h$ und weniger als $2 \cdot h$, ist der Bemessungswert der Tragfähigkeit $F_{\mathrm{t,90,Rd}}$ nach Gl. (5.161)

$$F_{\mathrm{t,90,Rd}} = k_{\mathrm{s}} \cdot k_{\mathrm{r}} \cdot \left(6{,}5 + \frac{18 \cdot h_{\mathrm{e}}^{2}}{h^2}\right) \cdot (t_{\mathrm{ef}} \cdot h)^{0{,}8} \cdot f_{\mathrm{t,90,d}} \tag{5.161}$$

je Verbindungsmittelgruppe mit dem Beiwert k_{g} zu reduzieren:

$$k_{\mathrm{g}} = \frac{a_{\mathrm{g}}}{4 \cdot h} + 0{,}5 \tag{5.162}$$

mit

a_{g} lichter Abstand zwischen den Verbindungsmittelgruppen – im Eurocode 5 mit l_{g} bezeichnet (vgl. Abb. 5.118)

$F_{\mathrm{t,90,Rd}}$ Bemessungswert der Querzugtragfähigkeit des Bauteils, in [N] – im Eurocode 5 mit $F_{90,\mathrm{Rd}}$ bezeichnet; ermittelt aus der charakteristischen Querzugtragfähigkeit $F_{\mathrm{t,90,Rk}}$

k_{s} Beiwert zur Berücksichtigung mehrerer nebeneinander angeordneter Verbindungsmittel

$$k_{\mathrm{s}} = \max \begin{cases} 1 \\ 0{,}7 + \frac{1{,}4 \cdot a_{\mathrm{r}}}{h} \end{cases} \tag{5.163}$$

a_{r} Abstand der beiden äußersten Verbindungsmittel, in [mm] (s. Abb. 5.118). Der Abstand der Verbindungsmittel untereinander in Faserrichtung des querzuggefährdeten Holzes darf $0{,}5 \cdot h$ nicht überschreiten.

h Höhe des Bauteils, in [mm] (s. Abb. 5.118)

k_{r} Beiwert zur Berücksichtigung mehrerer übereinander angeordneter Verbindungsmittel (für eingeklebte Stahlstäbe siehe NCI NA.11.2.3 (NA.7); gilt sinngemäß auch für profilierte Stahlstäbe)

$$k_{\mathrm{r}} = \frac{n}{\sum_{i=1}^{n} \left(\frac{h_1}{h_{\mathrm{i}}}\right)^2} \tag{5.164}$$

h_{e} Anschlusshöhe des vom beanspruchten Holzrand am weitesten entfernt angeordneten Verbindungsmittels oder Nagelplattenrands, in [mm] (s. Abb. 5.118)

h_{i} Bauteilhöhe der jeweiligen Verbindungsmittelreihe vom unbeanspruchten Bauteilrand, in [mm] (s. Abb. 5.118)

n Anzahl der Verbindungsmittelreihen

t_{ef} wirksame Anschlusstiefe nach (NA.8) bzw. (NA.9), in [mm]; ermittelt aus b, d und t_{pen}

t_{pen} Eindringtiefe der Verbindungsmittel, in [mm] (s. Abb. 5.118)

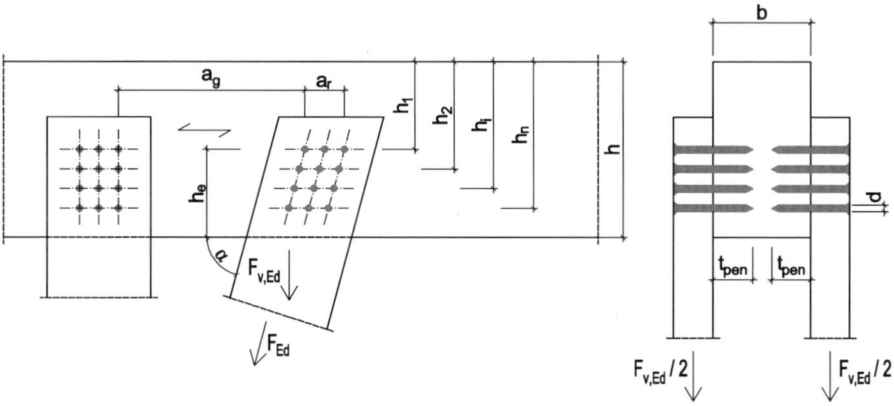

Abb. 5.118 Beispiel zweier Queranschlüsse (s. DIN EN 1995-1-1/NA:2013-08, Bild NA.13); bestehend aus jeweils einer Verbindungsmittelgruppe mit 4 Verbindungsmittelreihen.

Sind mehr als zwei Verbindungsmittelgruppen mit $a_g < 2 \cdot h$ nebeneinander angeordnet, bei denen der Bemessungswert der Kraftkomponente rechtwinklig zur Faserrichtung $F_{v,Ed}$ größer als die Hälfte des mit dem Beiwert k_g reduzierten Bemessungswerts der Tragfähigkeit $F_{t,90,Rd}$ ist, sind die Querzugkräfte durch Verstärkungen (s. Abschnitt 5.1.2.4.4; vgl. Abb. 5.119) aufzunehmen.

5.4.3.6 Verbindungsmittelkräfte unter einem Winkel zur Faserrichtung

Werden Bauteile mit Rechteckquerschnitt durch eine Krafteinleitung unter einem Winkel zur Holzfaserrichtung beansprucht (siehe z. B. Abb. 5.118), dürfen nach DIN EN 1995-1-1/NA:2013-08 die durch eine Querzugkraft $F_{v,Ed} = F_{Ed} \cdot \sin \alpha$ verursachten Querzugspannungen wie folgt berücksichtigt werden:

Für Queranschlüsse mit $h_e/h > 0{,}7$ ist ein Nachweis nicht erforderlich; d. h., die Querzugbeanspruchungen verteilen sich über mindestens 70 % der Trägerhöhe.

Queranschlüsse mit $h_e/h < 0{,}2$ dürfen nur durch kurze Lasteinwirkungen (z. B. Windsogkräfte) beansprucht werden.

Queranschlüsse mit $a_r/h > 1$ (Bezeichnungen siehe Abb. 5.118) und $F_{v,Ed} > 0{,}5 \cdot F_{t,90,Rd}$ sind zu verstärken.

Für Queranschlüsse mit $h_e/h \leq 0{,}7$ ist folgende Bedingung einzuhalten:

$$\frac{F_{v,Ed}}{F_{t,90,Rd}} \leq 1{,}0 \tag{5.165}$$

mit

$F_{v,Ed}$ Bemessungswert der Einwirkung mit Kraftkomponente rechtwinklig zur Faserrichtung, in [N]

5.4.3.7 Verstärkungen für Querzug oder Querdruck

Neben den im Abschnitt 5.4.3.1 behandelten stiftförmigen Lochleibungsverbindungen stellen Verstärkungen einen weiteren wichtigen Einsatzbereich für selbstbohrende Schrauben dar, z. B. als Querzugverstärkungen in Queranschlüssen, Trägern mit Ausklinkungen, mit Durchbrüchen und in gekrümmten Trägern oder als Querdruckverstärkungen (s. Abschnitte 5.1.2.4.4 und 5.1.2.5). Bei Verstärkungen werden fast ausschließlich Vollgewindeschrauben verwendet, deren Verwendung in DIN EN 1995-1-/NA:2013-08 geregelt ist; nach allgemeinen bauaufsichtlichen Zulassungen (abZ) können sogar Schrauben mit Längen bis zu 3 m eingesetzt werden.

Bei axial beanspruchten Schrauben darf nur die Einschraubtiefe des Gewindeteils in Rechnung gestellt werden. Es müssen die folgenden Versagensarten überprüft werden:

- Ausziehversagen des Gewindeteils im Bauteil mit der Schraubenspitze (Parameter f_{ax}),
- Durchziehversagen des Schraubenkopfes oder Ausziehversagen des Gewindeteils im Bauteil mit dem Schraubenkopf (Parameter f_{head} bzw. f_{ax}),
- Zugversagen der Schraube (Zugfestigkeit f_{tens}),
- Knickversagen der Schraube bei Druckbelastung,
- Blockscherversagen (s. Abschnitt 5.4.4.2).

Querzugverstärkungen in Queranschlüssen sowie bei geometrischen Unstetigkeiten des Bauteils Abb. 5.119 zeigt eines der im Eurocode 5 bzw. in dessen Nationalem Anhang enthaltenen Beispiele für Querzugverstärkungen, weitere Beispiele siehe Abschnitt 5.1.2.4.4. Die Verstärkung kann sowohl mit stiftförmigen Verbindungsmitteln als auch mittels aufgeklebten Holzwerkstoffplatten, als auch gemäß DIN 1052-10:2012-05, 6.3 (2) mittels Vollholz erfolgen und bezieht sich auf Bauteile, deren Tragfähigkeit durch eine oder mehrere Verstärkungen rechtwinklig zur Faserrichtung des Holzes zur Aufnahme von Querzugbeanspruchungen erhöht wird. Die Zugfestigkeit des Holzes rechtwinklig zur Faserrichtung wird bei der Ermittlung der Beanspruchung der Verstärkungen nur in einigen Fällen berücksichtigt.

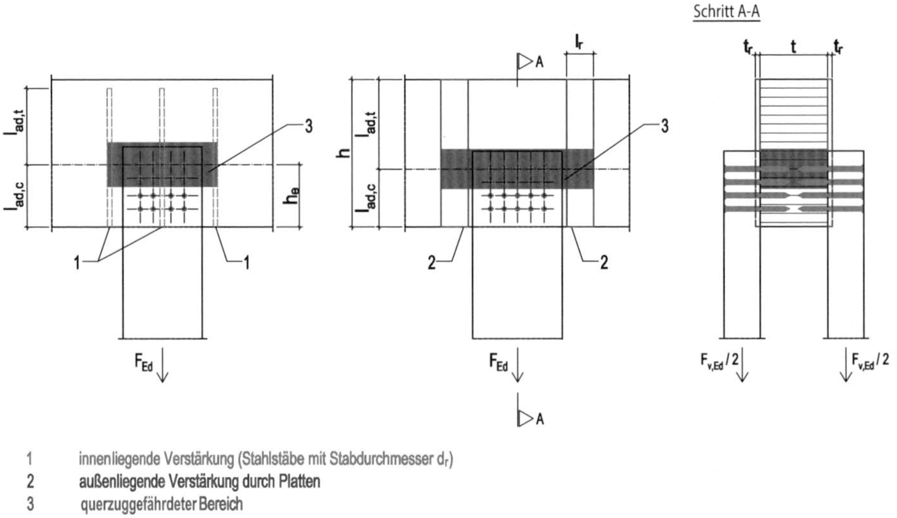

Abb. 5.119 Beispiel für Querzugverstärkungen bei angehängten Lasten.

Als Verstärkungen kommen hier zurzeit – geometrisch bedingt sowie aufgrund der Regelungen im Eurocode 5 – im Wesentlichen eingeklebte Stahlstäbe zum Einsatz. Abschnitt 5.1.2.4.4 enthält Hinweise zur Bemessung sowie zu den charakteristischen Klebfugenfestigkeiten.

Auf die Besonderheiten bei Verklebungen wird im Holzbau-Taschenbuch nicht eingegangen; hier wird auf die Regelungen nach DIN EN 1995-1-1/NA:2013-08, insbesondere die Anforderungen nach Abs. NCI NA.11 (mit Festlegungen zu geometrischen Verhältnissen und zur Bemessung bzw. zum Nachweis der Tragfähigkeit), sowie auf DIN 1052-10:2012-05 (mit dem Nachweis der Eignung zum Kleben von tragenden Holzbauteilen samt zugehöriger Bescheinigung B und den Anforderungen an geklebte Verbindungen und Verstärkungen) verwiesen.

Als innenliegende Verstärkungen dürfen gemäß Abschnitt 5.1.2.4.4 folgende Stahlstäbe verwendet werden:

- Holzschrauben mit einem Gewinde über die gesamte Schaftlänge,
- eingeklebte Gewindebolzen oder -stangen,
- eingeklebte gerippte Betonstabstähle.

Bei der Verwendung dieser Stahlstäbe ist DIN 1052-10:2012-05 zu berücksichtigen. Die Zugbeanspruchung der Stahlstäbe ist mit den Spannungsquerschnitten nachzuweisen.

Die Abstände a_2 der Stahlstäbe untereinander müssen mindestens $3 \cdot d_r$ betragen. Die Endabstände $a_{1,c}$ (sofern in der Norm nicht anders angegeben) und die Randabstände $a_{2,c}$ der Stahlstäbe müssen mindestens $2{,}5 \cdot d_r$ betragen.

Als außenliegende Verstärkung dürfen unter anderem eingepresste Nagelplatten oder aufgeklebte Holzwerkstoffplatten verwendet werden.

Ausknicken der Stahlstäbe bei Druckbelastung Der Nachweis einer Schraubenverbindung bei Beanspruchung auf Druck wird aus dem Kleinstwert des Widerstands gegen Eindrücken und gegen Knicken bestimmt. Dieser Nachweis wird z. B. beim Einsatz von Vollgewindeschrauben als Querdruckverstärkung geführt, wenn die Querdrucktragfähigkeit eines Auflagers erhöht werden soll (Abb. 5.120).

Ebenso ist bei gekreuzt angeordneten Schrauben ein Knicknachweis für die Druckschraube zu führen. Der Widerstand gegen Eindrücken kann mit dem Ausziehparameter $f_{ax,k}$ ermittelt werden, während der Knicknachweis in Anlehnung an DIN EN 1993-1-1 (Eurocode 3) geführt wird. Der bezogene Schlankheitsgrad wird unter Berücksichtigung einer elastischen Bettung der Schraube im Holz bestimmt.

Bemessungsregeln hierzu sind im Abschnitt 5.1.2.5 sowie in den abZ enthalten.

Querzugverstärkung gegen Aufspalten infolge Lochleibung Die Spaltkräfte treten dort auf, wo auch die Lochleibungskräfte wirken. Daher sind die als Verstärkung einzusetzenden Vollgewindeschrauben in äußerer Kraftrichtung betrachtet unmittelbar hinter dem Verbindungsmittel anzuordnen (vgl. Abb. 5.121). Da die größten Spaltkräfte direkt beim Verbindungsmittel auftreten, sind keine Mindestabstände erforderlich und die Vollgewindeschraube ist – unter Beachtung baupraktischer Toleranzen – so nah wie möglich an das verwendete Verbindungsmittel einzubringen.

Bei mehrschnittigen Verbindungen treten die größten Spaltkräfte in der Nähe der Kontaktfuge auf; daher sollte der Abstand der Vollgewindeschraube zur Kontaktfuge so gering wie möglich gehalten werden (vgl. Abb. 5.121: $a_{4,c} = \min a_{4,c}$).

Bei mehreren hintereinander liegenden Verbindungsmitteln ist pro Verbindungsmittel eine Querzugverstärkung anzubringen (Abb. 5.122a). Die Schraubenlänge ist so zu wählen, dass die Enden der Verbindungsmittel ausreichend verankert sind (Abb. 5.122: l_{ef}).

Bei mehrreihiger Anordnung der Verbindungsmittel braucht die Schraube jedoch nur für die Spaltkraft eines Verbindungsmittels und nicht für die Summe aller auftretenden Spaltkräfte bemessen zu werden.

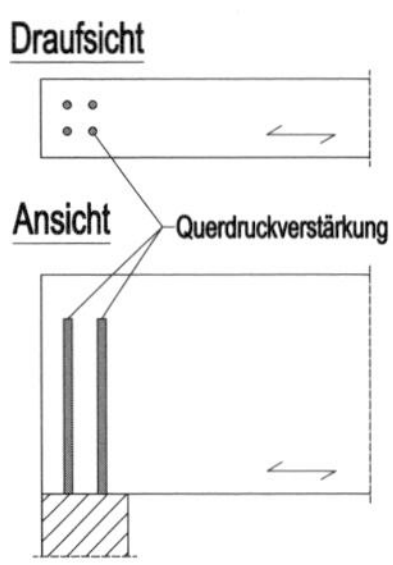

Abb. 5.120 Beispiel einer Querdruckverstärkung, weitere Beispiele siehe Abschnitt 5.1.2.4.4.

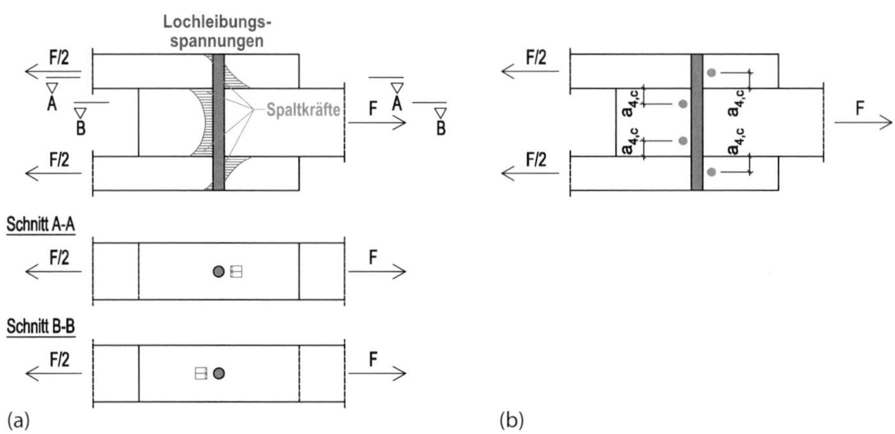

Abb. 5.121 Anordnung der Vollgewindeschrauben in der Nähe der Kontaktfuge (vgl. [5.131]).

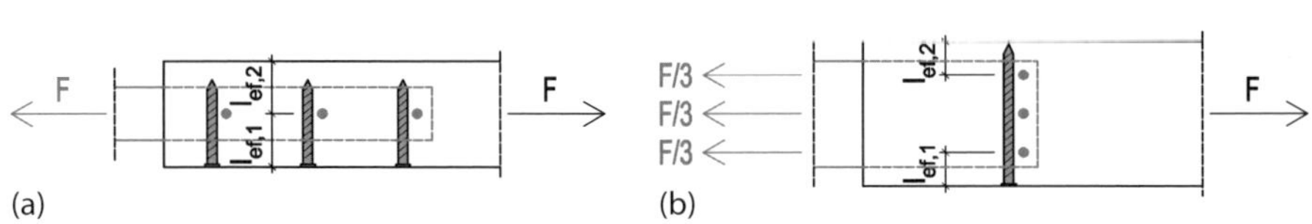

Abb. 5.122 Anordnung von Querzugverstärkungen (vgl. [5.131]); (a) pro Verbindungsmittel, (b) bei mehrreihiger Anordnung von Verbindungsmitteln.

5.4.3.8 Bemessung auf Herausziehen beanspruchter Holzschrauben

Die Beanspruchbarkeit einer Schraube in Schaftrichtung wird nach DIN EN 1995-1-1:2010-12 als Minimum der Ausziehtragfähigkeit, des Kopfdurchziehparameters im betrachteten Bauteil und der Zugtragfähigkeit der Schraube ermittelt.

Ausziehtragfähigkeit

Für Verbindungen mit Schrauben nach DIN EN 14592:2012-07 mit
$6\,\text{mm} \leq d_r \leq 12\,\text{mm}$ und $0{,}6 \leq d_1/d_r \leq 0{,}75$
mit

d_r Außendurchmesser des Stahlstabs bzw. Gewindes
d_1 Innendurchmesser (Kerndurchmesser) des Gewindes

sollte der charakteristische Ausziehwiderstand angenommen werden zu

$$F_{ax,\alpha,Rk} = \frac{n_{ef} \cdot f_{ax,k} \cdot d \cdot l_{ef} \cdot k_d}{1{,}2 \cdot \cos^2\alpha + \sin^2\alpha} \tag{5.166}$$

mit

$$f_{ax,k} = 0{,}52 \cdot d^{-0,5} \cdot l_{ef}^{-0,1} \cdot \rho_k^{0,8} \tag{5.167}$$

$$k_d = \min\begin{cases} d/8 \\ 1 \end{cases} \tag{5.168}$$

$F_{ax,\alpha,Rk}$ charakteristischer Wert des Ausziehwiderstands der Verbindung unter einem Winkel α zur Faserrichtung, in [N]
$f_{ax,k}$ charakteristischer Wert der Ausziehfestigkeit rechtwinklig zur Faserrichtung, in [N/mm²]
n_{ef} wirksame Anzahl von Schrauben
d Schraubendurchmesser, in [mm]
l_{ef} wirksame Eindringtiefe des Gewindeteils, in [mm]
ρ_k charakteristischer Wert der Rohdichte, in [kg/m³]
$\alpha \geq 30°$ Winkel zwischen der Schraubenachse und der Faserrichtung

Anmerkung:
Versagensmechanismen im Stahl oder im Holz um die Schraube (Schubversagen) sind spröde, d. h., es liegen nur kleinere Bruchverformungen vor. Daher ist die Möglichkeit einer Spannungsumlagerung begrenzt.

Sind die Anforderungen in Bezug auf die gegebenen Außen- und Innendurchmesser des Gewindes nicht erfüllt, sollte der charakteristische Wert des Ausziehwiderstands $F_{ax,\alpha,Rk}$ Gl. (5.166) angenommen werden zu:

$$F_{ax,\alpha,Rk} = \frac{n_{ef} \cdot f_{ax,k} \cdot d \cdot l_{ef} \cdot k_d}{1{,}2 \cdot \cos^2\alpha + \sin^2\alpha} \cdot \left(\frac{\rho_k}{\rho_a}\right)^{0,8} \tag{5.169}$$

mit

$f_{ax,k}$ charakteristischer Ausziehparameter rechtwinklig zur Faserrichtung, bestimmt nach DIN EN 14592:2012-07, für die zugehörige Rohdichte ρ_a

ρ_a zugehörige Rohdichte für $f_{ax,k}$, in [kg/m³]

Gleichung (5.169) gilt u. U. nicht für Schrauben, die nach einer ETA geregelt sind: Für einzelne dieser Schrauben werden hier andere Formeln angegeben bzw. weitere Bedingungen für ergänzende Anwendungsmöglichkeiten.

Tragfähigkeit infolge Kopfdurchziehen

Der charakteristische Durchziehwiderstand von Verbindungen mit in Richtung der Schraubenachse beanspruchten Schrauben sollte angenommen werden zu

$$F_{ax,\alpha,Rk} = n_{ef} \cdot f_{head,k} \cdot d_h^2 \cdot \left(\frac{\rho_k}{\rho_a}\right)^{0,8} \tag{5.170}$$

mit

$F_{ax,,,Rk}$ charakteristischer Wert des Durchziehwiderstands der Verbindung unter einem Winkel α zur Faserrichtung, in [N], mit $\alpha \geq 30°$ (sofern in der ETA für die verwendete Schraube nicht anders angegeben)

$f_{head,k}$ charakteristischer Durchziehparameter, bestimmt nach DIN EN 14592:2012-07, für die zugehörige Rohdichte ρ_a

d_h Kopfdurchmesser des Schraubenkopfs, in [mm]

Zugtragfähigkeit

Der charakteristische Zugwiderstand der Verbindung (Abreißwiderstand des Schraubenkopfes oder Zugwiderstand des Schaftes) $F_{t,Rk}$ sollte angenommen werden zu

$$F_{t,Rk} = n_{ef} \cdot F_{tens,k} \tag{5.171}$$

mit

$F_{tens,k}$ charakteristischer Zugwiderstand der Schraube, bestimmt nach DIN EN 14592:2012-07 (dort bezeichnet mit $f_{tens,k}$)

5.4.3.9 Tragfähigkeit kombiniert beanspruchter Nägel, Klammern und Holzschrauben

Bei Verbindungen, die sowohl durch eine Einwirkung in Richtung der Stiftachse mit F_{ax} als auch rechtwinklig dazu mit F_V beansprucht werden, muss die folgende Bedingung erfüllt sein:

$$\left(\frac{F_{ax,d}}{R_{ax,d}}\right)^m + \left(\frac{F_{v,Ed}}{R_{v,Rd}}\right)^m \leq 1,0 \tag{5.172}$$

mit

$R_{ax,d}$	Bemessungswert der Tragfähigkeit einer in Achsrichtung/Stiftachse belasteten Verbindung auf Herausziehen
$R_{v,Rd}$	Bemessungswert der Tragfähigkeit bei Beanspruchung rechtwinklig zur Stiftachse (Abscheren)
$m = 1$	für glattschaftige Nägel und Klammern
$m = 1{,}5$	für glattschaftige Nägel bei Koppelpfettenanschlüssen gemäß DIN EN 1995-1-1/NA:2013-08
$m = 2$	für profilierte Nägel (Sondernägel) im Sinne von DIN EN 14592:2012-07 und für Holzschrauben

5.4.3.10 Wechselnde Belastungen – Baudynamik

Bei Bauteilen und ihren Verbindungen ist zu unterscheiden, ob sie durch schwellende Zug- oder Druckkräfte sowie Biegemomente beansprucht werden oder durch das Vorzeichen wechselnde Beanspruchungen (vgl. Abb. 5.123). Bei solchen inneren Kräften wechselnder Richtung mit langer oder mittlerer Einwirkungsdauer ist die Tragfähigkeit einer Verbindung abzumindern. Nach DIN EN 1995-1-1:2010-12, Abs. 8.1.5 (2), kann dies vereinfacht rechnerisch berücksichtigt werden, indem die Verbindung statisch für $(F_{t,Ed} + 0{,}5F_{c,Ed})$ und $(F_{c,Ed} + 0{,}5F_{t,Ed})$ bemessen wird. Bei Wechselbeanspruchungen tritt nämlich insbesondere im Bereich der Verbindungsmittel eine fortschreitende Schädigung (Ermüdung, engl. fatigue) auch unterhalb der Bemessungstraglast auf.

Für aus dynamischen Einwirkungen schwell- oder wechselbeanspruchte Verbindungen und Bauteile werden die statischen Ersatznachweise aufwendiger – es sind sog. Ermüdungsnachweise zu führen (vgl. [5.138, 5.139] sowie DIN EN 1995-2 [5.119]).

In der praktischen Baudynamik bestehen oft große Unsicherheiten über die dabei für die verschiedenen Probleme zu treffenden Annahmen. Die daraus resultierenden Entscheidungen sind jedoch von weitreichender Bedeutung, da sie sich am ausgeführten Bauwerk meist kurzfristig bewähren müssen. Eine Schlüsselfunktion spielt die Kenntnis des zeitlichen Verlaufs, der Auftretenshäufigkeit der

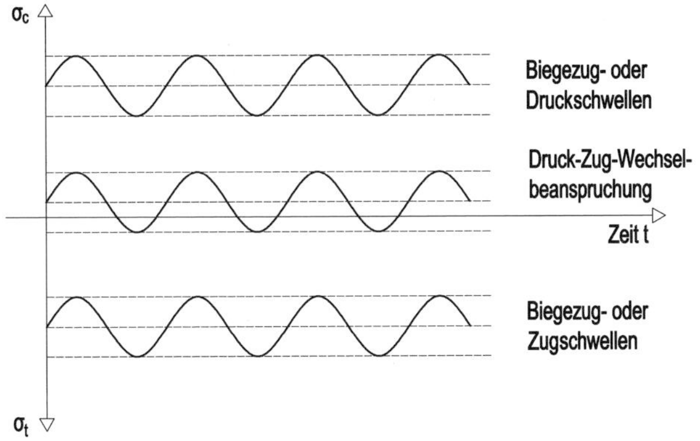

Abb. 5.123 Schwellbeanspruchungen – Wechselbeanspruchung.

dynamischen Einwirkung (verkehrs-, maschinen-, menschen- und naturinduzierte Schwingungen), die Ursachen dieser harmonischen, periodischen, transienten und impulsartigen Lasten sowie deren Auswirkungen auf die Standsicherheit und Gebrauchsfähigkeit von Baukonstruktionen. Oft sind allerdings Grenzwertbetrachtungen unumgänglich – auch bei Reduzierung der Schwingungsanfälligkeit dynamischer Systeme und Kenntnis der voraussichtlich vorhandenen Dämpfungen.

Anhang A der DIN EN 1995-2:2010-12 enthält den vereinfachten Ermüdungsnachweis Gl. (5.173). Die gegenüber der Kurzzeitfestigkeit f_d geringere Dauerstandfestigkeit $f_{fat,d}$ wird dabei über eine Abminderung der Festigkeiten mit k_{fat} in Abhängigkeit von der auftretenden Anzahl der Lastzyklen N berücksichtigt.

$$\sigma_{d,max} \leq f_{fat,d} = k_{fat} \cdot \frac{f_k}{\gamma_{M,fat}} \tag{5.173}$$

wobei

$$k_{fat} = \frac{1-(1-R)}{a\,(b-R)} \log(\beta \cdot N_{obs} \cdot t_L) \geq 0 \tag{5.174}$$

mit

$$R = \frac{\sigma_{d,min}}{\sigma_{d,max}} \quad \text{und} \quad -1 \leq R \leq 1 \tag{5.175}$$

Dabei sind

$\sigma_{d,max}$	maximale Bemessungsspannung infolge ermüdungsrelevanter Einwirkungen
$f_{fat,d}$	Bemessungsbeiwert der Ermüdungsfestigkeit
k_{fat}	Beiwert für die Festigkeitsminderung infolge der Anzahl der Belastungszyklen
f_k	charakteristische Festigkeit unter statischer Beanspruchung
$\gamma_{m,fat} = 1{,}0$	empfohlener Teilsicherheitswert für den Ermüdungsnachweis
R	Verhältnis zwischen minimaler und maximaler Bemessungsspannung
$\sigma_{d,min}$	minimale Bemessungsspannung infolge ermüdungsrelevanter Einwirkungen
$\sigma_{d,max}$	maximale Bemessungsspannung infolge ermüdungsrelevanter Einwirkungen
a, b	Beiwerte zur Berücksichtigung der Art der Ermüdungseinwirkung
N_{obs}	Anzahl der jährlichen Spannungsspiele mit konstanter Amplitude
t_L	Bemessungsbeiwert der Lebensdauer des Tragwerks in Jahren, entsprechend EN 1990:2002 ($t_L = 50$ Jahre im Hochbau und z. B. 100 Jahre im Brückenbau)
$N = N_{obs} \cdot t_L$	Anzahl der Belastungszyklen (sog. Schwingspiele) mit konstanter Amplitude
β	Beiwert zur Berücksichtigung der Auswirkungen eines Schadens des betrachteten Tragwerkselements; $\beta = 1$ ohne beträchtliche Konsequenzen oder $\beta = 3$ bei beträchtlichen Konsequenzen

Dynamisch beanspruchte Konstruktionen stellen hochinteressante Ingenieurbauwerke dar. Dabei ist festzuhalten, dass bei den i. d. R. komplexen Bauvorhaben der frühzeitigen und ständigen Kommunikation aller Beteiligten – insbesondere der gemeinsamen Festlegung von Anforderungen in Abstimmung mit Architekten, Anlagenplanern, Bauingenieuren, Geologen und nicht zuletzt dem Bauherrn selbst – eine große Bedeutung zukommt.

5.4.4 Bauteilnachweise

Für den Nachweis der Bauteile sind im Wesentlichen folgende Versagensmechanismen einzuhalten:

- Spalten des Holzes
  → Mindestabstände und effektive Anzahl der Verbindungsmittel hintereinander (s. Abschnitt 5.4.4.1),
- Nachweis des (Netto-)Restquerschnitts (s. Abschnitt 5.1),
- Blockscheren der ganzen Verbindungsmittelgruppe (s. Abschnitt 5.4.4.2),
- Lastweiterleitung im Bauteil (s. Abschnitt 5.4.4.2),
- Verformungsnachweise.

5.4.4.1 Mindest- und Maximalabstände

Mindestabstände Da jedes Verbindungsmittel unterschiedliche Durchmesser hat und unterschiedlich eingebracht wird, treten unterschiedliche Querzugbeanspruchungen (vgl. Abb. 5.124a) infolge der spaltenden Wirkung bei Lasteinleitung in Faserrichtung im Holz auf. Um das daraus resultierende Aufspalten des Holzes zu verhindern, werden in Eurocode 5 Mindestabstände definiert (Auszug unter Beachtung DIN EN 1995-1-1/A2:2014-07, Tab. 8.5; s. Tab. 5.26). Diese Mindestabstände sind somit abhängig vom Verbindungsmittel und dem Kraft-Faser-Winkel.

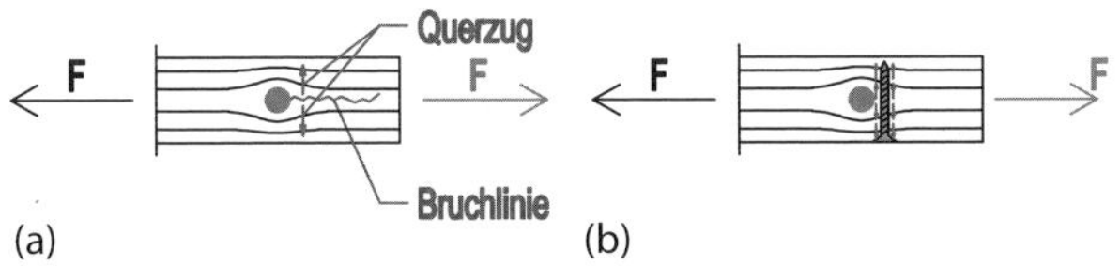

Abb. 5.124 (a) Querzug infolge lokaler Lasteinleitung, (b) Verstärkung durch eine Vollgewindeschraube.

Tab. 5.26 Mindestabstände von stiftförmigen Verbindungsmitteln bei Beanspruchung in Faserrichtung ($\alpha = 0°$).

Verbindungsmittel	a_1 **parallel zur Faserrichtung**	a_2 **rechtwinklig zur Faserrichtung**	$a_{3,t}$ **beanspruchtes Hirnholzende**	$a_{3,c}$ **unbeanspruchtes Hirnholzende**	$a_{4,t}$ **und** $a_{4,c}$ **beanspruchter und unbeanspruchter Rand**
Stabdübel und Passbolzen	$5 \cdot d$	$3 \cdot d$	$\max(7 \cdot d, 80\,\text{mm})$	$\max(3{,}5 \cdot d, 40\,\text{mm})$	$3 \cdot d$
Bolzen, Gewindestangen und Schrauben $d_{ef} > 6\,\text{mm}$[a)]	$5 \cdot d$	$4 \cdot d$	$\max(7 \cdot d, 80\,\text{mm})$	$4 \cdot d$	$3 \cdot d$
Nägel[b)] und Schrauben $d_{ef} \leq 6\,\text{mm}$[a)]	$10 \cdot d$	$5 \cdot d$	$15 \cdot d$	$10 \cdot d$	$5 \cdot d$
Nägel[c)]	$15 \cdot d$	$7 \cdot d$	$20 \cdot d$	$15 \cdot d$	$7 \cdot d$
Nägel, vb[d)]	$4 \cdot d$	$3 \cdot d$	$12 \cdot d$	$7 \cdot d$	$3 \cdot d$

Definition der Achs- und Randabstände siehe Abb. 5.125

a) Für in Richtung der Schraubenachse beanspruchte Schrauben ist ferner Tab. 5.27 zu beachten.

b) nicht vorgebohrt, $\rho_k \leq 420\,\text{kg/m}^3$ (gilt auch für Brettschichtholz aus Nadelholz)

c) nicht vorgebohrt, $420\,\text{kg/m}^3 \leq \rho_k \leq 500\,\text{kg/m}^3$

d) vorgebohrt

Tab. 5.27 Mindestabstände untereinander sowie von Hirnholzenden und Rändern bei in Richtung der Schraubenachse beanspruchten und bei unbeanspruchten Schrauben (sofern in ETA nicht anders angegeben).

Schrauben in einer parallel zur Faserrichtung und Schraubenachse liegenden Ebene a_1	Abstand rechtwinklig zu einer parallel zur Faserrichtung und Schraubenachse liegenden Ebene a_2	Abstand der Hirnholzenden zum Schwerpunkt des Schraubengewindes im Bauteil $a_{1,CG}$	Randabstand des Schwerpunkts des Schraubengewindes im Bauteil $a_{2,CG}$
$7 \cdot d$	$5 \cdot d$	$10 \cdot d$	$4 \cdot d$

Tab. 5.28 Maximalabstände untereinander von Nägeln.

Maximalabstände Nägel	parallel zur Faser	senkrecht zur Faser
bei Holz-Holz-Verbindungen	$40 \cdot d$	$20 \cdot d$
bei Holz-Holzwerkstoff-Verbindungen (Holzwerkstoffplatten nur aussteifend) sowie	$40 \cdot d$	
Anschluss mittragender Beplankungen an Mittelrippen von Wandscheiben	$80 \cdot d$	

Maximalabstände Neben den Regeln für den Mindestabstand sind in der Norm auch Regelungen für den maximalen Abstand innerhalb einer Verbindungsmittelgruppe angegeben. Hintergrund ist hier, dass durch einen zu großen Abstand die Last nicht mehr gleichmäßig auf die einzelnen Verbindungsmittel aufgeteilt wird, sondern die äußeren Verbindungsmittel einer Anschlussgruppe maximal beansprucht, während die inneren weniger belastet werden. Von einer gleichmäßigen Lasteinleitung kann dann ausgegangen werden, wenn die Maximalabstände in Tab. 5.28 eingehalten sind (s. DIN EN 1995-1-1/NA:2013-08, NCI zu 8.3.1.2 (NA.12)).

Für Stabdübel, Bolzen, Gewindestangen und Holzschrauben sind keine Maximalabstände bekannt.

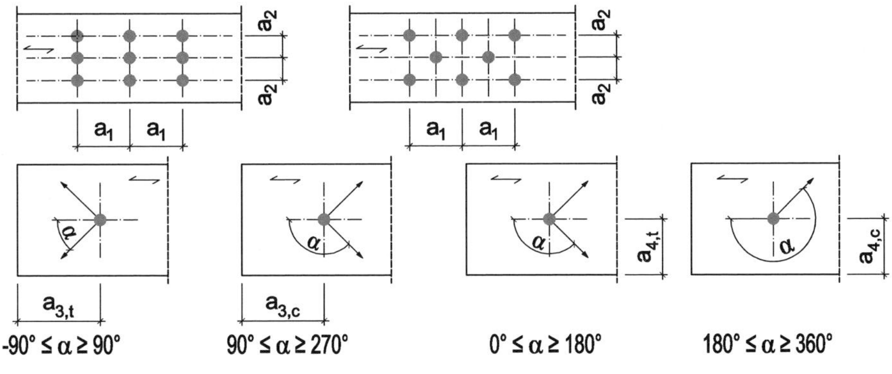

Abb. 5.125 Definition der Achs- und Randabstände stiftförmiger Verbindungsmittel (s. DIN EN 1995-1-1:2010-12, Abb. 8.7).

5.4.4.2 Blockscheren

Als Blockscheren bezeichnet man das Versagen, bei dem die ganze Verbindungsmittelgruppe aus dem Bauteil herausgezogen wird, da das Holz weder über Zug am Hirnholzende noch durch Schubkräfte in der Lage ist, die Kraft F_{bs} in den Querschnitt zu übertragen (vgl. Abb. 5.126).

Beim Nachweis des Blockscherens nach DIN EN 1995-1-1:2010-12 Anhang A werden prinzipiell zwei Versagensarten betrachtet, wobei der wesentliche Unterschied ist, welche lastabtragenden Flächen für $A_{net,v}$ aktiviert werden können:

- Herausziehen des Anschlussbereichs über die komplette Bauteildicke, d. h., nur die Seiten des Blocks können aktiviert werden (vgl. Abb. 5.126 Versagensart (1)),
- Loslösen des Bereichs des Holzes, in dem die Kraft im Verbindungsmittel übertragen wird, d. h., sowohl die Seiten als auch der „Boden" des Blocks können aktiviert werden (vgl. Abb. 5.126 Versagensart (3)).

Zur Bestimmung der Tragfähigkeit der Anschlussgruppe wird die jeweilige Festigkeit f mit der jeweiligen Anschlussfläche A multipliziert, sodass die maximale Kraft F erzielt wird. Aufgrund der unterschiedlichen Verschiebungssteifigkeiten dürfen die Zug- und die Schubtragfähigkeit nicht gleichzeitig angesetzt werden; der Maximalwert wird maßgebend.

Im Fall des Blockscherens ergibt sich die charakteristische Tragfähigkeit infolge Scherversagen entlang der äußeren Verbindungsmittelreihen aus dem Maximalwert nach Gl. (5.176) mit dem Vorfaktor 1,5 für ein lokales Zugversagen (kein Längeneffekt) sowie Gl. (5.177) mit dem Vorfaktor 0,7 für ein Spaltzugversagen (Reduktion Schubbeanspruchbarkeit) zu

$$F_{bs,Rk} = \max \begin{cases} 1{,}5 \cdot A_{net,t} \cdot f_{t,0,k} & (5.176) \\ 0{,}7 \cdot A_{net,v} \cdot f_{v,k} & (5.177) \end{cases}$$

mit

$F_{bs,Rk}$ charakteristischer Wert der Blockschertragfähigkeit

$f_{t,0,k}$ charakteristischer Wert der Zugfestigkeit in Faserrichtung des Holzbauteils

$A_{net,v}$ Nettoscher(bruch)fläche in Faserrichtung des Holzes, die für die Schubbeanspruchung zur Verfügung steht

$f_{v,k}$ charakteristischer Wert der Schubfestigkeit des Holzbauteils

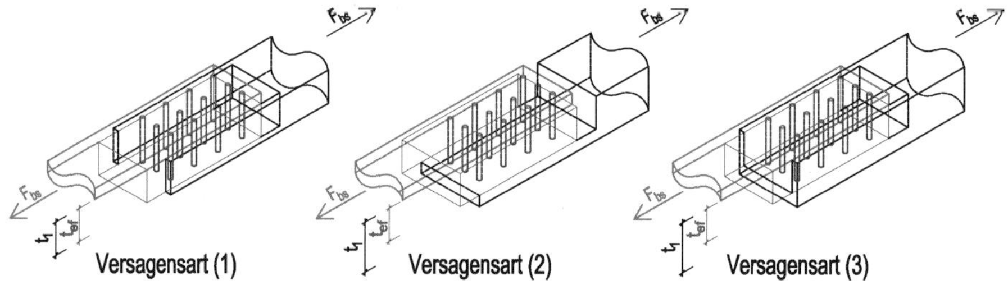

Abb. 5.126 Mögliche Blockscherversagen.

Blockscheren infolge Schubversagen: Nachweis einer ausreichenden Tragfähigkeit
Bei den zugehörigen Versagensarten müssen je nach Tragfähigkeit des Verbindungsmittels verschiedene Flächen angesetzt werden. Beim Nachweis der Verbindungsmittel basierend auf der Theorie nach *Johansen* [5.133] bilden sich – je nach Versagensmechanismus – kein, ein oder zwei Fließgelenke im stiftförmigen Verbindungsmittel. Für den Fall, dass sich zwei Fließgelenke bilden können, wird die Abscherkraft nur in diesem Bereich eingeleitet. Dadurch darf in diesen Fällen auch nur diese „aktive“ Zone angesetzt werden.

Versagensart (1): Herausziehen des gesamten Blocks nach Abb. 5.126 *(1)*
In diesem Versagen wird davon ausgegangen, dass der komplette Block herausgerissen wird. Damit können auch nur die Seitenwangen des Blocks als Restquerschnitt angesetzt werden. Die Nettoscherfläche in Holzfaserrichtung $A_{\mathrm{net,v}}$ ergibt sich nach Abb. 5.127 zu

$$A_{\mathrm{net,v}} = l_{\mathrm{net,v}} \cdot t_1 = \sum_{\mathrm{i}} a_{\mathrm{v},i} \cdot t_1 \tag{5.178}$$

mit

t_1 Bauteildicke

$l_{\mathrm{net,v}}$ Nettolänge der gesamten Scherbruchfläche parallel zur Faser gemäß Abb. 5.127 (dort „Bruchlinien Schub“; in DIN EN 1995-1-1:2010-12 Anhang A mit $L_{\mathrm{net,v}}$ bezeichnet) für die Versagensmechanismen (c), (f), (j/l), (k) und (m) nach Abb. 5.111

$a_{\mathrm{v},i}$ lichte Abstände zwischen den Verbindungsmitteln im kritischen Schnitt in Faserrichtung (in DIN EN 1995-1-1:2010-12 Anhang A mit $l_{\mathrm{v,i}}$ bezeichnet)

Versagensart (3): Herausziehen eines Teils des Blocks nach Abb. 5.126 *(3)*
Dieses Versagen tritt insbesondere dann auf, wenn die stiftförmigen Verbindungsmittel kurz sind oder sich Fließgelenke im stiftförmigen Verbindungsmittel bilden (Abb. 5.128), da in diesem Fall die Kraft lokal eingeleitet wird. Dadurch tritt die höchste Beanspruchung in der oberen, der Fuge zugewandten Schicht des Bauteils auf, sodass das Bauteil nur teilweise auseinandergerissen werden kann.

Die für die Versagensart (3) ansetzbare Fläche bestimmt sich nach Abb. 5.129 und DIN EN 1995-1-1/A2:2014-07 durch

$$A_{\mathrm{net,v}} = \underbrace{2 \cdot (l_{\mathrm{net,v}}/2) \cdot t_{\mathrm{ef}}}_{\text{Abscheren der Wangen}} + \underbrace{\frac{l_{\mathrm{net,v}}}{2} \cdot l_{\mathrm{net,v}}}_{\text{Grundfläche der Verbindungsmittelgruppe}} \tag{5.179}$$

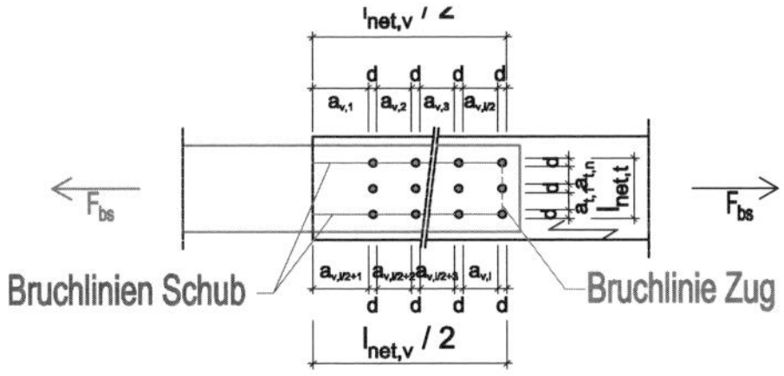

Abb. 5.127 Blockscheren (Draufsicht) mit Definition der Nettoquerschnittslängen l sowie Nettoabstände $a_{\mathrm{v,i}}$ längs und $a_{\mathrm{t,i}}$ quer.

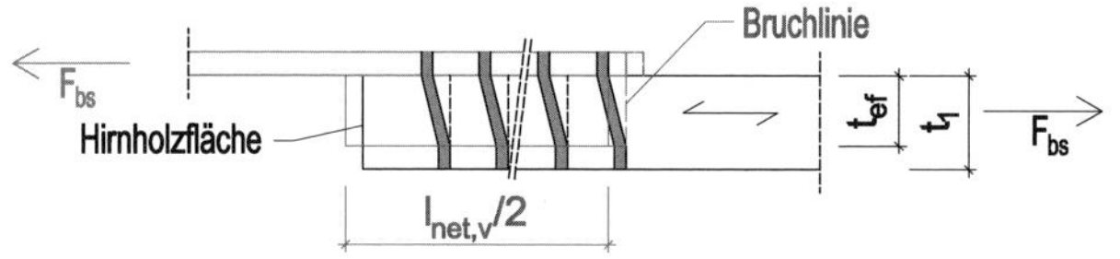

Abb. 5.128 Kritischer Schnitt im Anschlussblock bei einem Herausziehen des Blocks über einen Teil der Bauteildicke t_1.

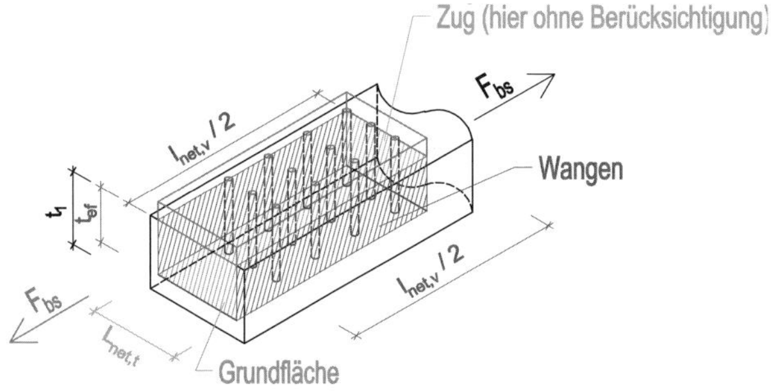

Abb. 5.129 Aktivierbare Flächen beim Blockscheren infolge Schubversagen.

mit

l_{net} Nettolänge je nach Richtung der Beanspruchung
t_{ef} wirksame Anschlusstiefe, in [mm], hier: wirksame Tiefe der Bruchfläche

Die Längen $l_{\text{net,v}}$ bzw. $l_{\text{net,t}}$ bestimmen sich durch

$$l_{\text{net,v}} = \sum a_{\text{v},i} \tag{5.180}$$

$$l_{\text{net,t}} = \sum a_{\text{t},i} \tag{5.181}$$

mit

$a_{\text{t},i}$ lichte Abstände zwischen den Verbindungsmitteln im kritischen Schnitt rechtwinklig zur Faser (in DIN EN 1995-1-1:2010-12 Anhang A mit $l_{\text{t},i}$ bezeichnet)

Die wirksame Tiefe t_{ef} stellt die Tiefe dar, über die die Abscherkraft eingeleitet werden kann. Allgemein kann diese Tiefe basierend auf der Theorie nach *Johansen* durch folgende Beziehung bestimmt werden:

$$t_{\text{ef}} = \frac{R_{\text{k}}}{f_{\text{h},i,\text{k}} \cdot \text{d}} \tag{5.182}$$

Da das Blockscheren häufig im Zusammenhang mit Stahlblech-Holz-Verbindungen eintritt, gab DIN 1052:2008-12 die effektiven Tiefen für Stahlblech-Holz-Verbindungen wie folgt an:

dünnes Stahlblech ($t_s < 0{,}5 \cdot d$):

- Schiefstellen des Verbindungsmittels (Abb. 5.111, Versagensmechanismus (a))

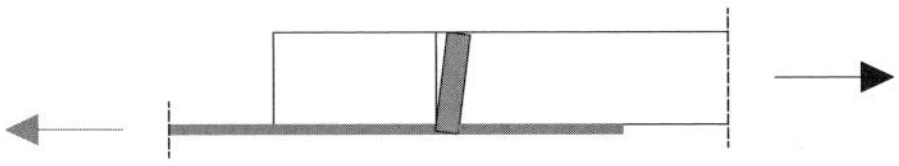

$$t_{ef} = 0{,}4 \cdot t_1 \tag{5.183}$$

- einseitiges Fließgelenk (Abb. 5.111, Versagensmechanismus (b))

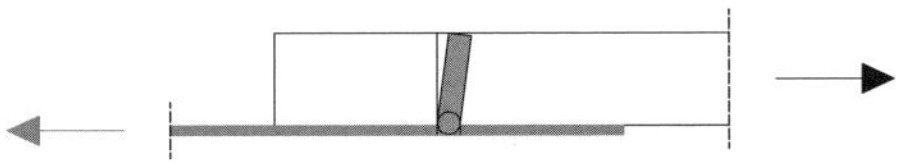

$$t_{ef} = 1{,}4 \cdot \sqrt{\frac{M_{y,Rk}}{f_{h,1,k} \cdot d}} \tag{5.184}$$

Diese Dicke ist geringer als das zugehörige t_{req} dieses Versagensmechanismus für eine zweischnittige Verbindung:

$$t_{req} = \underbrace{1{,}15 \cdot \sqrt{2}}_{\text{„Sicherheitsfaktor"}} \cdot \sqrt{\frac{M_{y,Rk}}{f_{h,k} \cdot d}} \cdot \underbrace{2}_{\text{Anzahl Schnitte}} \tag{5.185}$$

Wird jedoch der Sicherheitsfaktor vernachlässigt, ergibt sich für eine einschnittige Verbindung ein Vorfaktor von $\sqrt{2} = 1{,}41$, der im Wesentlichen dem Vorfaktor von t_{ef} zum Nachweis des Blockscherens (Gl. (5.184)) entspricht.

dickes Stahlblech $t_s > d$ und innenliegende Stahlbleche:
Bei einem dicken Stahlblech können neben dem reinen Lochleibungsversagen nur Versagensmechanismen mit mindestens einem Fließgelenk auftreten. Ein Schiefstellen des ganzen Verbindungsmittels ist nicht möglich. Auch bei dieser Ausführung müssen zwei verschiedene Versagensmechanismen untersucht werden:

- Bildung von 2 Fließgelenken im stiftförmigen Verbindungsmittel

$$t_{ef} = 2 \cdot \sqrt{\frac{M_{y,Rk}}{f_{h,k} \cdot d}} \tag{5.186}$$

- Bildung von nur einem Fließgelenk (beachte DIN EN 1995-1-1/A2:2014-07)

$$t_{ef} = t_1 \cdot \left(\sqrt{2 + \frac{4 \cdot M_{y,Rk}}{f_{h,i,k} \cdot d \cdot t_1^2}} - 1 \right) \tag{5.187}$$

Versagen der rückwärtigen Zugfläche:
Nachweis einer ausreichenden Tragfähigkeit des Nettoquerschnitts Bei den hier zugehörigen Versagensarten (u. a. Versagensart (2) nach Abb. 5.126) darf die gesamte Bauteildicke angesetzt werden, da ein nur teilweises Herauslösen des Blocks nicht

möglich ist – zumal ansonsten die Tragfähigkeit der Schubspannungen der kritischen Fuge erreicht werden müsste. Da aber Holz unter einer Zugbeanspruchung wesentlich steifer ist als unter einer Schubbeanspruchung, kann die Schubtragfähigkeit bei diesem Versagensmechanismus nicht erreicht werden. Somit lässt sich der Anschlussblock nicht teilen – auch wenn der eigentliche Versagensmechanismus der Verbindungsmittel zwei Fließgelenke aufweist.

Die ansetzbare Fläche bestimmt sich somit bei diesen Versagensarten durch

$$A_{\text{net,t}} = l_{\text{net,t}} \cdot t_1 \qquad (5.188)$$

mit

$A_{\text{net,t}}$ Nettoquerschnittsfläche rechtwinklig zur Faserrichtung des Holzes, die für die Zugbeanspruchung zur Verfügung steht

$l_{\text{net,t}}$ Summe der Längen der lichten Abstände der Verbindungsmittel am kritischen Schnitt rechtwinklig zur Faser

t_1 gesamte Bauteildicke, da ein teilweises Herauslösen des Blockes nicht möglich ist

5.4.4.3 Lastweiterleitung in den Einzelbauteilen

Für die Holzbauteile muss sichergestellt werden, dass die Kräfte unter Berücksichtigung der Lochschwächung und der exzentrischen Lasteinleitung abgetragen werden können (vgl. Abb. 5.130). Öffnet sich eine Verbindung, kann nicht mehr von einer gleichmäßigen Kraftübertragung ausgegangen werden.

Auch in den Seitenhölzern symmetrischer Zuganschlüsse mit nicht vorgebohrten Stiftlöchern für Schrauben, Bolzen, Passbolzen oder Nägel wäre daher grundsätzlich Normalkraft mit Biegung zu überlagern.

Sind Zugverbindungen mit Schrauben, Bolzen, Passbolzen oder profilierten Nägeln (Abb. 5.131 (1)) in nicht vorgebohrten Stiftlöchern symmetrisch ausgeführt, darf beim Tragfähigkeitsnachweis der einseitig beanspruchten Bauteile nach DIN EN 1995-1-1/NA:2013-08 NCI NA.8.1.6 das Zusatzmoment vereinfacht durch eine Verminderung des Bemessungswerts der Zugtragfähigkeit um 1/3 berücksichtigt werden. Oder anders ausgedrückt: Der Bemessungswert der einwirkenden Normalkraft der Seitenhölzer ist rechnerisch um 50 % zu erhöhen (vereinfachter statischer Nachweis).

Bei Zuganschlüssen mit anderen Verbindungsmitteln darf ebenso verfahren werden, wenn die Verkrümmung der einseitig beanspruchten Bauteile durch auf Herausziehen beanspruchte Verbindungsmittel verhindert wird. Hierfür sind letzte bzw. erste ausziehfeste Verbindungsmittel (vgl. Abb. 5.131 (2)) für folgende in Rich-

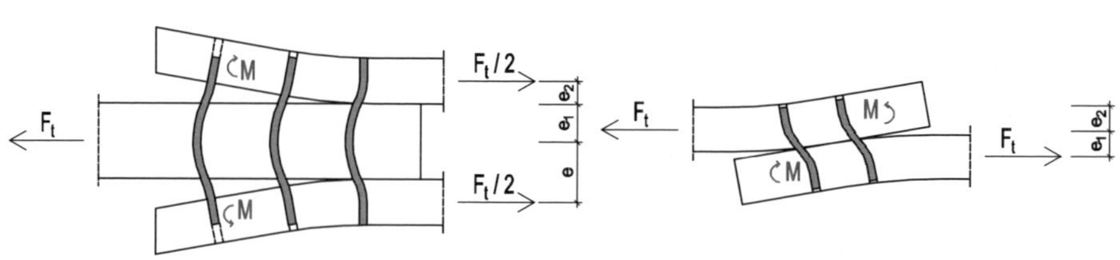

Abb. 5.130 Momentenbeanspruchungen infolge Exzentrizitäten *e*.

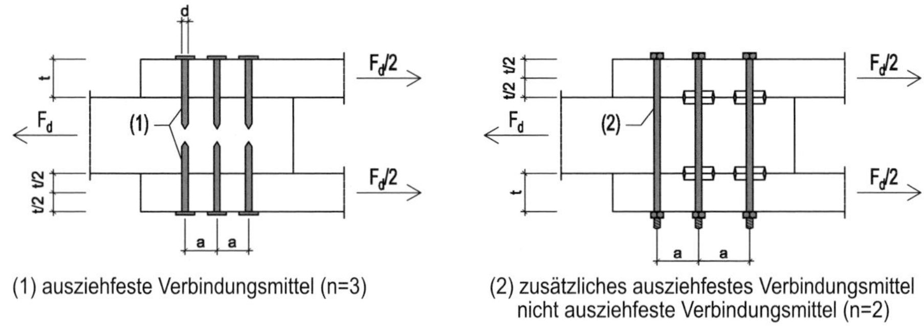

Abb. 5.131 Maßnahmen zur Vermeidung der Verkrümmung einseitig beanspruchter Bauteile in Zuganschlüssen.

tung der Stiftachse wirkende Zugkraft $F_{\mathrm{t,d}}$ zu bemessen:

$$F_{\mathrm{t,d}} = \frac{F_{\mathrm{d}} \cdot t/2}{n \cdot a} \tag{5.189}$$

mit

F_{d} Bemessungswert der einwirkenden Normalkraft in der einseitig beanspruchten Lasche
n Anzahl der hintereinander angeordneten Verbindungsmittel – ohne die zusätzlichen ausziehfesten Verbindungsmittel
t Dicke der Lasche(n)
a Abstand der auf Herausziehen beanspruchten Verbindungsmittel von der nächsten Verbindungsmittelreihe

Bei Zuganschlüssen ohne Maßnahmen zur Verhinderung der Verkrümmung muss die Tragfähigkeit des Anschlusses um 60 % abgemindert werden.

Die Interaktion zwischen Herausziehen und Abscheren ist in allen Fällen zu beachten.

Der Einfluss des Stoßes auf das Trag- und Verformungsverhalten muss sowohl bei einer Druck- als auch bei einer Zugbeanspruchung berücksichtigt werden. Als Ausnahmen gelten:

- Kontaktstoß:
  Bei einem Kontaktstoß, der im äußeren Viertel eines Druckglieds eingebaut ist, darf der Einfluss dieses Stoßes auf die Knicklänge vernachlässigt werden, wenn dieser Stoß durch seitliche Laschen verstärkt wird. Diese Laschenverbindung ist für 50 % der durch Kontakt übertragenen Kraft zu bemessen.
- Stoß eines Vollwandbiegeträgers:
  Bei Stößen von Vollwandbiegeträgern im Bereich zwischen zwei Abstützungen darf der Druckgurt wie ein Druckstab mit einer Knicklänge gleich dem Abstand der Abstützungen behandelt werden.

Durch Beanspruchungen rechtwinklig zur Faser entsteht Querzug (s. Abb. 5.124), der für die Bemessung maßgebend werden kann.

5.4.4.4 Nachweise der Gebrauchstauglichkeit

Die Dimensionen der Holzquerschnitte von Biegeträgern werden häufig durch die Einhaltung vereinbarter Verformungs- oder Durchbiegungsbegrenzungen oder zur Vermeidung eines als unangenehm empfundenen Schwingungsverhaltens bestimmt.

Für die Ermittlung der Schnittgrößen am Gesamtsystem sind ferner häufig die Nachgiebigkeiten und damit die Verschiebungsmodule der Verbindungen zu berücksichtigen, da diese zu Lastumlagerungen und damit zu neuen, in Teilbereichen höheren Beanspruchungen führen.

Bei zusammengesetzten, z. B. nachträglich verstärkten Trägern wird der Verschiebungsmodul K_{ser} benötigt, um das Zusammenwirken der beiden Querschnitte mithilfe des γ-Verfahrens berechnen zu können.

Versuche zur Bestimmung des Verschiebungsmoduls axial beanspruchter Vollgewindeschrauben zeigen große Streuungen in den Werten. Auf der sicheren Seite liegend wird nachfolgend die Gl. (5.190) angegeben, die in allgemeinen bauaufsichtlichen Zulassungen zu finden ist. Danach darf der Verschiebungsmodul K_{ser} für Nachweise der Gebrauchstauglichkeit konservativ (wird zurzeit überarbeitet) berechnet werden zu

$$K_{ser,ax} = 780 \cdot d^{0,2} \cdot l_{ef}^{0,4} \tag{5.190}$$

mit

$K_{ser,ax}$ Verschiebungsmodul für Nachweise der Gebrauchstauglichkeit einer axial beanspruchten Schraube unabhängig vom Einschraubwinkel α

l_{ef} wirksame Verankerungslänge

Wird der Verbund mittels gekreuzter Schrauben hergestellt, darf die doppelte Fugensteifigkeit angesetzt werden.

Für Nachweise der Tragfähigkeit ist der K_{ser}-Wert wie folgt abzumindern:

$$K_u = \frac{2}{3} \cdot K_{ser} \tag{5.191}$$

mit

K_u Anfangsverschiebungsmodul im Grenzzustand der Tragfähigkeit

K_{ser} Verschiebungsmodul für Nachweise der Gebrauchstauglichkeit

5.4.5 Dübel besonderer Bauart

Im Folgenden wird nur auf die Bemessungsregeln für Dübel besonderer Bauart (siehe Abb. 5.98b) nach Eurocode 5 eingegangen. Im Unterschied zu den stiftförmigen Verbindungsmitteln stellt sich hier kein Stahlversagen ein, sondern die Kräfte werden über Lochleibung durch Vergrößerung der Kontaktfläche übertagen. Die Dübel besonderer Bauart sind in DIN EN 14545 [5.127] in Verbindung mit DIN EN 912 [5.125] geregelt und werden in folgende Dübeltypen eingeteilt (vgl. Abb. 5.132 und Tab. 5.29):

- Typ A: geschlossener, offener (d. h. nicht einseitiger) Ring (Einlassdübel),
- Typ B: einseitige Dübel Typ A mit einem Ring auf einer Seite, der auf einen Flansch aufgebracht ist,
- Typ C: Scheibendübel mit dreieckförmigen Zähnen oder dornenförmigen Stiften (Einpressdübel).

Diese Dübel dürfen nur in Verbindung mit Vollholz, Brettschichtholz, Balkenschichtholz und Furnierschichtholz ohne Querlagen und einer charakteristischen Rohdichte von weniger als 500 kg/m^3 eingesetzt werden. Die charakteristischen Rohdichten der Hölzer sollten mindestens 350 kg/m^3 betragen.

Bei einem Einbau zweiseitiger Dübel ist darauf zu achten, dass die Dübel gleichmäßig in beide Hölzer eingelassen bzw. eingepresst werden.

Generell gilt, dass jeder Dübel mit einem nachziehbaren Bolzen gesichert werden muss (Abb. 5.131 (2), Abb. 5.133). Die Forderung, dass die Bolzen nachziehbar sind, ist dadurch bedingt, dass Holz schwindet. Durch das Schwinden verkleinert sich die Querschnittsfläche, sodass sich der ursprünglich angezogene Bolzen lösen kann. In diesem Fall sollten dann die Bolzen nachgespannt werden, damit eine ausreichende Tragfähigkeit gewährleistet ist.

Um die Auswirkungen der exzentrischen Lasteinleitung (s. [5.140] Abschnitt 5.4.4.3) zu verringern, müssen zusätzlich zu der Sicherung der Dübel besonderer

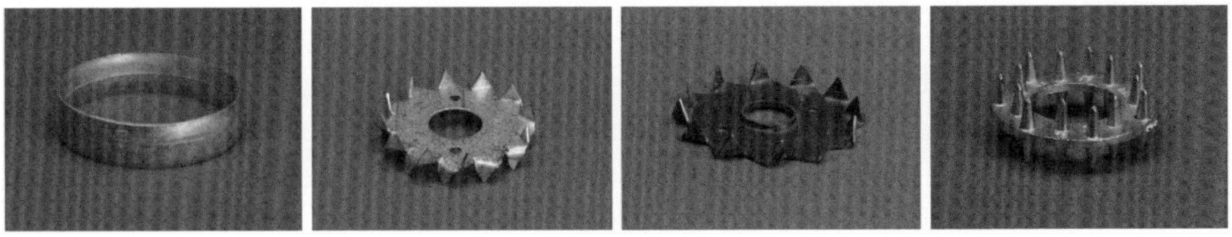

(a) (b) (c) (d)

Abb. 5.132 Häufig angewandte Dübel besonderer Bauart (aus [5.132]); (a) Typ A, (b) Typ C1, (c) Typ C10, (d) Typ C11.

Tab. 5.29 Abmessungen von Ring- und Scheibendübeln (Dübel besonderer Bauart Typ A und B).

Dübeltyp	Dübeldurchmesser d_c [mm]	Rechenwert der Dübelfehlfläche ΔA [mm^2]
A1 und B1	65	980
A1 und B1	80	1200
A1 und B1	95	1430
A1	126	1890
A1 und B1	128	2880
A1 und B1	160	3600
A1 und B1	190	4280

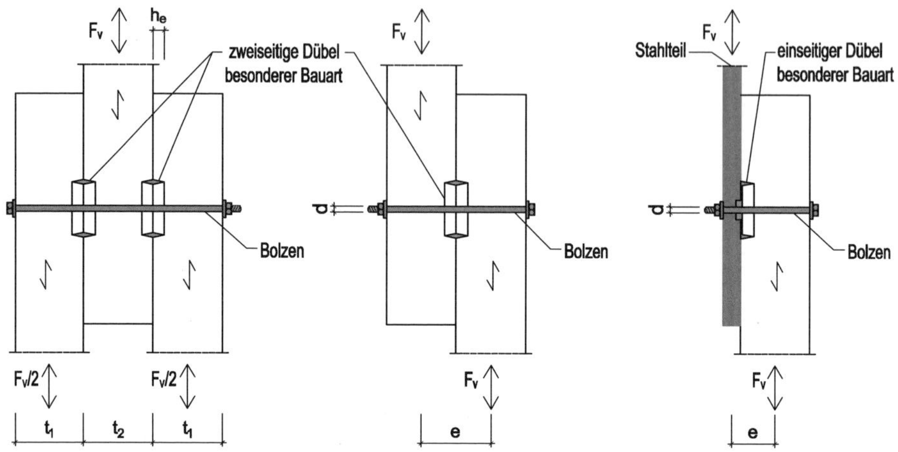

Abb. 5.133 Verbindungsmitteleinheiten – Bolzen zur Sicherung der Dübel und Aufnahme Exzentrizitätsmoment $F_v \cdot e$.

Bauart z. B. Bolzen an den Enden angeordnet werden (vgl. Abb. 5.131b). Dies gilt insbesondere dann, wenn

- Dübeldurchmesser bzw. -seitenlänge größer als 130 mm und
- mehrere Dübel in Kraftrichtung hintereinander angeordnet sind,

da gerade große und hintereinander angeordnete Dübel ein großes Exzentrizitätsmoment und damit ein Öffnen der Verbindung mit sich bringen können.

Nachfolgend wird die grundsätzliche Vorgehensweise zur Bestimmung der Tragfähigkeit exemplarisch an den Dübeln Typ C erläutert.

5.4.5.1 Verbindungen mit Scheibendübeln mit Zähnen oder Dornen (Typ C)

Geometrische Randbedingungen Um die Kraftübertragung der Dübel besonderer Bauart des Typs C anrechnen zu dürfen, müssen die Mindestabstände der Dübel untereinander, zu den Hirnholzenden und den Rändern eingehalten sein (vgl. Tab. 5.30 und 5.31):

- Endabstand $a_{3,t}$ des Dübels vom belasteten Holzende in Faserrichtung mindestens $1{,}5 \cdot d_c$ gemäß EN 1995-1-1/A2:2014-07,
- Randabstand $a_{4,c}$ des Dübels rechtwinklig zur Faser mindestens $0{,}6 \cdot d_c$,
- Dicke des Seitenholzes mindestens $2{,}25 \cdot h_c$, mit h_c = Einlasstiefe des Dübels,
- Dicke des Mittelholzes mindestens $3{,}75 \cdot h_c$.

Tab. 5.30 Mindestabstände von Ring- und Scheibendübeln besonderer Bauart (Typ C1 bis C9) unter Beachtung DIN EN 1995-1-1/A2:2014-07, Tab. 8.8 und EN 1995-1-1/A2:2014-07.

Abstand		Winkel	Mindestabstand
a_1	in Faserrichtung	$0° \leq \alpha \leq 360°$	$(1{,}2 + 0{,}3 \cdot \lvert\cos\alpha\rvert) \cdot d_c$
a_2	rechtwinklig zur Faser	$0° \leq \alpha \leq 360°$	$1{,}2 \cdot d_c$
$a_{3,t}$	beanspruchtes Hirnholzende	$-90° \leq \alpha \leq 90°$	$1{,}5 \cdot d_c$
$a_{3,c}$	unbeanspruchtes Hirnholzende	$90° \leq \alpha \leq 150°$	$(0{,}9 + 0{,}6 \cdot \lvert\sin\alpha\rvert) \cdot d_c$
		$150° \leq \alpha \leq 210°$	$1{,}2 \cdot d_c$
		$210° \leq \alpha \leq 270°$	$(0{,}9 + 0{,}6 \cdot \lvert\sin\alpha\rvert) \cdot d_c$
$a_{4,t}$	beanspruchter Rand	$0° \leq \alpha \leq 180°$	$(0{,}6 + 0{,}2 \cdot \lvert\sin\alpha\rvert) \cdot d_c$
$a_{4,c}$	unbeanspruchter Rand	$180° \leq \alpha \leq 360°$	$0{,}6 \cdot d_c$

Tab. 5.31 Mindestabstände von Ring- und Scheibendübeln besonderer Bauart (Typ C10 und C11); s. DIN EN 1995-1-1/A2:2014-07, Tab. 8.9.

Abstand		Winkel	Mindestabstand
a_1	in Faserrichtung	$0° \leq \alpha \leq 360°$	$(1{,}2 + 0{,}8 \cdot \lvert\cos\alpha\rvert) \cdot d_c$
a_2	rechtwinklig zur Faser	$0° \leq \alpha \leq 360°$	$1{,}2 \cdot d_c$
$a_{3,t}$	beanspruchtes Hirnholzende	$-90° \leq \alpha \leq 90°$	$2{,}0 \cdot d_c$
$a_{3,c}$	unbeanspruchtes Hirnholzende	$90° \leq \alpha \leq 150°$	$(0{,}4 + 1{,}6 \cdot \lvert\sin\alpha\rvert) \cdot d_c$
		$150° \leq \alpha \leq 210°$	$1{,}2 \cdot d_c$
		$210° \leq \alpha \leq 270°$	$(0{,}4 + 1{,}6 \cdot \lvert\sin\alpha\rvert) \cdot d_c$
$a_{4,t}$	beanspruchter Rand	$0° \leq \alpha \leq 180°$	$(0{,}6 + 0{,}2 \cdot \lvert\sin\alpha\rvert) \cdot d_c$
$a_{4,c}$	unbeanspruchter Rand	$180° \leq \alpha \leq 360°$	$0{,}6 \cdot d_c$

Tragfähigkeit von Dübeln besonderer Bauart Typ C Sind die vorgenannten Bedingungen erfüllt, darf die Tragfähigkeit des Dübels besonderer Bauart mit Zähnen als die Summe der charakteristischen Tragfähigkeit der Scheibendübel mit Zähnen und der charakteristischen Tragfähigkeit der zugehörigen Bolzen angenommen werden.

Der charakteristische Bemessungswert der Tragfähigkeit des Scheibendübels Typ C mit Zähnen nach DIN EN 912 [5.125] und DIN EN 14545 [5.127] ergibt sich zu

$$F_{v,Rk} = \begin{cases} 18 \cdot k_1 \cdot k_2 \cdot k_3 \cdot d_c^{1,5} & \text{für Typen C1 bis C9} \quad (5.192) \\ 25 \cdot k_1 \cdot k_2 \cdot k_3 \cdot d_c^{1,5} & \text{für Typen C10 bis C11} \quad (5.193) \end{cases}$$

mit

$F_{v,Rk}$ charakteristischer Wert der Tragfähigkeit pro Scheibendübel mit Zähnen, in [N]

d_c Durchmesser der Scheibendübel mit Zähnen der Typen C1, C2, C6, C7, C10 und C11, in [mm]
Seitenlänge der Scheibendübel mit Zähnen der Typen C5, C8 und C 9, in [mm]
Wurzel aus dem Produkt der Seitenlänge der Scheibendübel mit Zähnen der Typen C3 und C4, in [mm]

$$k_1 = \min \begin{cases} 1 \\ \dfrac{t_1}{3 \cdot h_e} \\ \dfrac{t_2}{5 \cdot h_e} \end{cases} \quad \text{Einfluss der Mindestholzdicke}$$

$$k_2 = \min \begin{cases} 1 \\ \dfrac{a_{3,t}}{1{,}5 \cdot d_c} \end{cases} \quad \text{Einfluss der Mindestabstände für Typen C1 bis C9,}$$

mit

$$a_{3,t} = \max \begin{cases} 1{,}1 \cdot d_c \\ 7 \cdot d \\ 80\,\text{mm} \end{cases} \quad d = \text{Bolzendurchmesser}$$

$$k_2 = \min \begin{cases} 1 \\ \dfrac{a_{3,t}}{2{,}0 \cdot d_c} \end{cases} \quad \text{Einfluss der Mindestabstände für Typen C10 bis C11}$$

mit

$$a_{3,t} = \max \begin{cases} 1{,}5 \cdot d_c \\ 7 \cdot d \\ 80\,\text{mm} \end{cases}$$

$$k_3 = \min \begin{cases} 1{,}5 \\ \dfrac{\rho_k}{350} \end{cases} \quad \text{Einfluss der Lochleibung bzw. Rohdichte; mit } \rho_k \text{ in [kg/m}^3\text{]}$$

mit

t_1, t_2, h_e und d siehe Abb. 5.133

Tab. 5.32 Anforderungen an den Bolzen bei Dübeln besonderer Bauart.

Dübeltyp nach DIN EN 912	d_c [mm]	min. d_b [mm]	max. d_b [mm]
A1	≤ 130	12	24
	> 130	16	24
B1	—	$d_m - 1$	d_m
C1	≤ 75	10	d_m
	≥ 95		30
C10	—	10	30

d_c Dübeldurchmesser, in mm
d_b Bolzendurchmesser, in mm
d_m Durchmesser des Mittellochs, in mm

Die Faktoren k_1 bis k_3 zeigen, dass an die Bestimmungsgleichungen (5.192) und (5.193) der Tragfähigkeit gewisse Anforderungen an das Material, insbesondere die charakteristische Rohdichte, als auch an die Geometrie gestellt werden. Hierzu nachfolgende Erläuterungen:

- Charakteristische Rohdichte der Hölzer (Faktor k_3):
  Bei einer geringeren charakteristischen Rohdichte als 350 kg/m^3 ist die Anzahl der tragenden Zellwände im Holzquerschnitt geringer als die Anzahl der Zellwände, für die die Bestimmungsgleichungen entwickelt wurden. Dadurch sinkt die Tragfähigkeit der Verbindung. Demgegenüber steht der Fall mit einer höheren Rohdichte. Hier kann von einer höheren Tragfähigkeit ausgegangen werden; diese wurde nach oben mit dem Faktor 1,5 begrenzt – dies entspricht $\rho_k = 525\,\text{kg/m}^3$. Werden zwei Werkstoffe mit unterschiedlichen charakteristischen Rohdichten miteinander verbunden, ist die kleinere charakteristische Rohdichte der beiden Werkstoffe maßgebend.
- Abstand zum Hirnholzende (Faktor k_2):
  Die Dübeltragfähigkeit ist abhängig von der Anzahl der Verbindungsmittel je Scherfuge und dem Abstand vom beanspruchten Hirnholzende $a_{3,t}$. Für einen Kraft-Faser-Winkel $\alpha \leq 30°$ muss die Tragfähigkeit dieser Verbindungseinheit mit dem Faktor k_2 multipliziert werden.
  Für $\alpha > 30°$ beträgt $k_2 = 1{,}0$.
- Mehrere in Kraftrichtung hintereinander angeordnete Dübel:
  Bei Ring- oder Scheibendübeln (Typ C) darf ferner nach DIN EN 1995-1-1, 8.10 (12), nur eine effektive Anzahl n_{ef} in Rechnung gestellt werden mit

$$n_{ef} = 2 + (1 - n/20) \cdot (n - 2) \tag{5.194}$$

Für den Bolzen in Ring- oder Scheibendübeln gelten die in Tab. 5.32 dargestellten Grenzen. Damit ist sichergestellt, dass der Bolzen eine ausreichende Festigkeit und Steifigkeit zur Aufnahme des Exzentrizitätsmoments besitzt.

Zur Sicherung der Bolzen müssen Unterlegscheiben gemäß Abschnitt 5.4.2.4 angeordnet werden. Diese Unterlegscheiben müssen flächig auf dem Holz aufliegen.

5.4.5.2 Ring- oder Scheibendübel (Typ A und Typ B)

Für diese Dübel besonderer Bauart gelten ähnliche Regelungen wie bei Typ C. Hinsichtlich der Mindestabstände ist DIN EN 1995-1-1/A2:2014-07 Tab. 8.7 zu beachten.

Die Tragfähigkeit des Dübels ist hier abhängig von der Kraft-Faser-Richtung; daher muss für Winkel $\alpha \neq 0$ der Bemessungswert der Tragfähigkeit entsprechend vermindert werden und die im Abschnitt 5.4.5.1 angegebenen Gleichungen werden etwas komplizierter (vgl. DIN EN 1995-1-1/NA:2013-08).

5.4.5.3 Verbindungen mit Dübeln besonderer Bauart in Hirnholzflächen

Querträgeranschlüsse werden im Holzbau – neben Schwalbenschwanzverbindungen – mit Ring- und Scheibendübeln im Hirnholz ausgeführt und dienen der Übertragung von Auflagerkräften. Hirnholzanschlüsse mit Dübeln besonderer Bauart sind in DIN EN 1995-1-1/NA:2013-08 geregelt. Danach dürfen Ringdübel des Typs A1, Scheibendübel mit Zähnen des Typs C1 und Scheibendübel des Typs C10 in rechtwinklig (vgl. Abb. 5.134) oder schräg zur Faserrichtung verlaufende Hirnholzflächen von Vollholz, Brettschichtholz oder Balkenschichtholz eingebaut werden.

Um das Zusammenhalten der Verbindung und damit den Kraftschluss zu sichern, werden Bolzen mit zugehöriger Unterlegscheibe unter dem Bolzenkopf verwendet, die am Bolzenende in einen Rundstahl mit Querbohrung und Innengewinde, ein entsprechendes Formstück oder eine Mutter mit zugehöriger Unterlegscheibe geschraubt werden. Dadurch wird eine Klemmwirkung erzeugt, die ein Zusammenhalten der beiden Querschnitte bewirkt und den Kraftschluss herstellt.

Darüber hinaus werden Randbedingungen an die Breiten der anzuschließenden Träger gestellt, welche die im NA angegebenen Mindestmaße nicht unterschreiten dürfen. Ferner sind die Dübel besonderer Bauart grundsätzlich mittig in die Hirnholzflächen der anzuschließenden Träger unter Beachtung der im NA angegebenen Mindestwerte für die Randabstände und die Abstände untereinander einzubauen.

Der charakteristische Wert einer Verbindungseinheit, bestehend aus einem Dübel besonderer Bauart und zugehörigem Bolzen, ist abhängig vom Dübeltyp und von der charakteristischen Rohdichte der miteinander verbundenen Bauteile und ist in DIN EN 1995-1-1/NA:2013-08 angegeben.

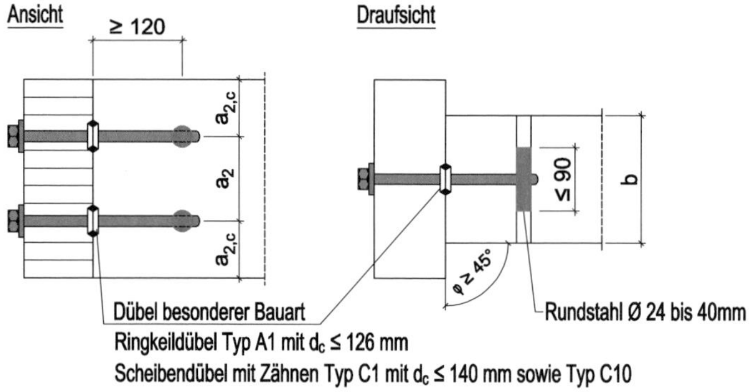

Abb. 5.134 Ausbildung eines Hirnholzanschlusses mit Dübeln besonderer Bauart (s. DIN EN 1995-1-1/NA: 2013-08, Bild NA.18).

5.4.6 Zimmermannsmäßige Verbindungen

Mit zimmermannsmäßigen Verbindungen werden Holzstäbe, wie z. B. Deckenbalken, Sparren, Pfetten und Schwellen, durch geometrische Verbindungen zu einem Tragwerk zusammengefügt. Die an den Verbindungsstellen weiterzuleitenden Kräfte werden dabei im Allgemeinen durch Druckkontakt und Reibung zwischen den Holzflächen übertragen.

Im Laufe der Jahrhunderte haben sich fünf Grundtypen als zweckmäßige handwerkliche Holzverbindungen erwiesen (vgl. Abb. 5.135):

- die Verblattung
- die Verkämmung
- der Versatz
- die Verzapfung – die Aufklauung.

Mit diesen Grundformen lassen sich vorwiegend ruhend belastete Längs- und Queranschlüsse handwerklich ausbilden. Aufgrund hochmoderner CNC-gesteuerter Abbundmaschinen kommen derartige Anschlüsse wieder häufiger zum Einsatz als in den vergangenen Jahrzehnten, in denen sie zeitaufwendig handwerklich hergestellt wurden.

Die traditionellen Zimmermannsverbindungen sind im Eurocode 5 nicht geregelt; die Regelungen der DIN 1052:2008-12 wurden daher auf nationaler Ebene als NCIs in DIN EN 1995-1-1/NA:2013-08 aufgenommen. Nachfolgend werden einige Hinweise zum Versatz und zu Zapfenverbindungen gegeben.

Zimmermannsmäßige Verbindungen dürfen nur in Bauwerken der Nutzungsklassen 1 und 2 nach DIN EN 1995-1-1:2010-12 verwendet werden.

Bei der Bemessung sind die Querschnittsschwächungen in den Bauteilen zu berücksichtigen. Die Fuge zwischen dem Stirnende eines z. B. Nebenträgers oder einer Strebe und dem Hauptträger oder Kehlbalken darf maximal 1 mm breit sein. Zwischenhölzer dürfen nicht verwendet werden.

Die Holzfeuchte der Bauteile sollte (bei Schwalbenschwanzverbindungen muss) daher bei der Herstellung und beim Einbau maximal 15 % betragen.

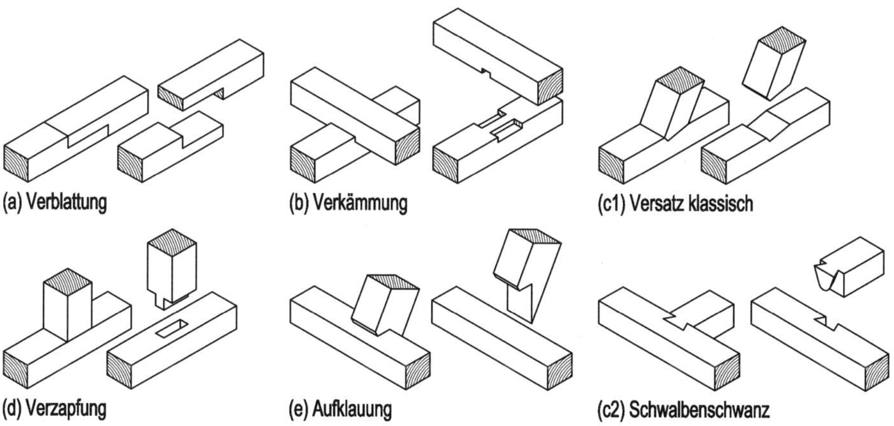

Abb. 5.135 Handwerkliche Verbindungen (s. [5.140]).

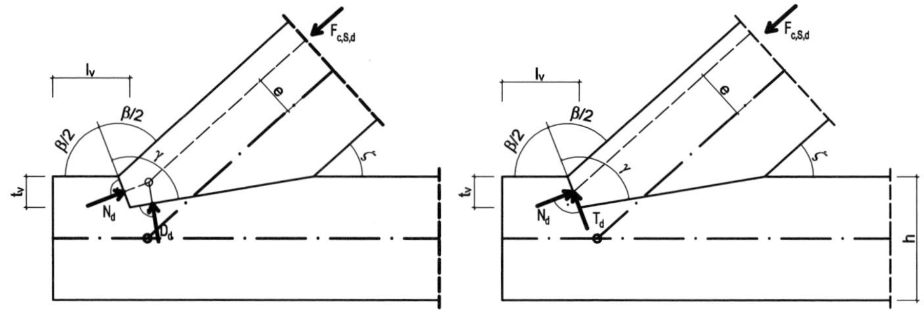

Abb. 5.136 Kräftegleichgewicht in einem Stirnversatz mittels (a) Querpressung und (b) Reibung.

5.4.6.1 Versätze

Versätze sind „alte" zimmermannsmäßige Holzverbindungen, die nur Druckkräfte übertragen können. Von der Vielzahl der ursprünglich verwendeten Versätze werden derzeit im Ingenieurholzbau vorwiegend noch der Stirnversatz sowie der Fersenversatz als einfache Versätze eingesetzt, von den doppelten Versätzen der Stirn-Fersen-Versatz.

Versätze werden zum Anschluss von schrägen Druckstäben unter einem spitzen Winkel ϑ an einen zweiten Stab verwendet – zum Beispiel bei Fachwerkträgern zum Anschluss von Füllstäben an Gurthölzer, bei Kopfbändern und bei Streben. Die Kraftübertragung erfolgt über Pressung (Kontakt) in die Stirnfläche des Versatzes (s. Abb. 5.136).

Die dort auftretenden Druckspannungen sind dem Bemessungswert der Druckfestigkeit in der Stirnfläche des Versatzes gegenüberzustellen. Da die Strebenkraft $F_{\mathrm{c,S,d}}$ in der Regel nicht rechtwinklig auf die Stirnfläche des Versatzes wirkt, wird die Strebenkraft $F_{\mathrm{c,S,d}}$ in eine Komponente N_{d} rechtwinklig zur Stirnfläche und in eine Komponente D_{d} zerlegt, die rechtwinklig auf die Rückenfläche des Versatzes wirkt. Der Neigungswinkel der Stirnfläche wird konstruktiv so gewählt, dass der stumpfe Anschlusswinkel $\zeta = (180° - \vartheta)$ halbiert wird.

Hieraus resultiert unter gegebener Strebenkraft die geringste Einschnitttiefe t_{v} und somit die geringste Schwächung des Gurtstabs. Bei Versätzen sollte nach DIN EN 1995-1-1/NA:2013-08 die Einschnitttiefe t_{v} die folgenden Bedingungen erfüllen:

$$t_{\mathrm{v}} = \begin{cases} h/4 & \text{für} \quad \vartheta \leq 50° \\ h/6 & \text{für} \quad \vartheta > 60° \end{cases} \tag{5.195}$$

mit

h Höhe des eingeschnittenen Holzes
ζ Anschlusswinkel

Wird ein zweiseitiger Versatzeinschnitt (Abb. 5.137) ausgeführt, darf jeder Einschnitt t_{v} – unabhängig vom Anschlusswinkel – höchstens 1/6 der Höhe h des eingeschnittenen Holzes betragen.

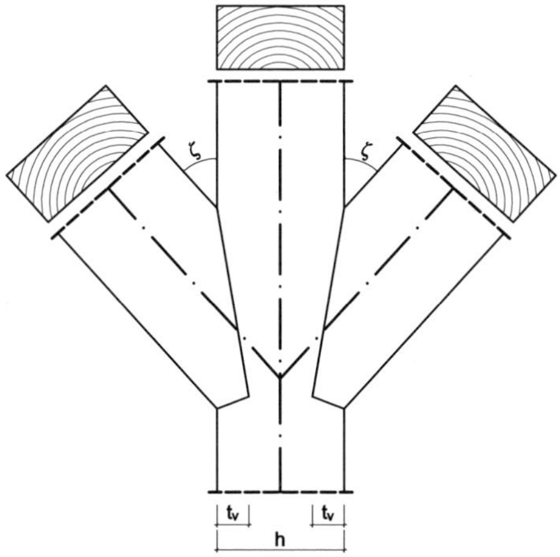

Abb. 5.137 Zweiseitiger Versatz-einschnitt.

Generell sollte der Grundwinkel γ nach Abb. 5.136 nicht kleiner als 90° sein, da sonst eine Keilwirkung zu einem frühzeitigen Aufspalten des Holzes in der Spitze des Versatzeinschnitts führen kann.

In Abb. 5.136b sind die Komponenten der Kräfte in der Stirnfläche dargestellt. Gegenüber dem Ansatz mit Berücksichtigung der Rückenfläche (Abb. 5.136a) vergrößert sich die Ausmittigkeit des Anschlusses.

Abweichend vom Nachweis für Druck unter einem Winkel zur Faserrichtung nach der sog. Hankinson-Formel darf der Nachweis für die Druckspannungen in der Stirnfläche des Versatzes nach DIN EN 1995-1-1:2013-08/NA gemäß dem mechanischen Ansatz der DIN 1052:2008-12 mit nachfolgender Gleichung geführt werden:

$$\sigma_{c,\alpha,d} = \frac{N_d}{A} \leq f_{c,\alpha,d} = \frac{f_{c,0,d}}{\sqrt{\left(\frac{f_{c,0,d}}{2 \cdot f_{c,90,d}} \cdot \sin^2 \alpha\right)^2 + \left(\frac{f_{c,0,d}}{2 \cdot f_{v,d}} \cdot \sin \alpha \cdot \cos \alpha\right)^2 + \cos^4 \alpha}} \tag{5.196}$$

mit

$\sigma_{c,\alpha,d} = \frac{N_d}{A}$ Druckspannung in der Stirnfläche des Versatzes
N_d Bemessungswert der mittleren Druckkraft auf die Stirnfläche
A Stirnfläche des Versatzes
α Winkel zwischen Beanspruchungsrichtung und Faserrichtung des Holzes

Über die Stirnfläche wird die Druckkraft an den lastaufnehmenden Gurt weitergegeben und über die Scherfläche des Vorholzes in den Gurtstab eingeleitet. Die Vorholzlänge wird auf Schub beansprucht; die Spannungsspitze (s. Abb. 5.138) liegt dabei im Bereich der Stirnfläche und nimmt mit zunehmender Entfernung von der Stirnfläche ab. Um für die praktische Berechnung von einer gleichverteilten Schubspannung ausgehen zu können, wird die anzusetzende Vorholzlänge rechnerisch

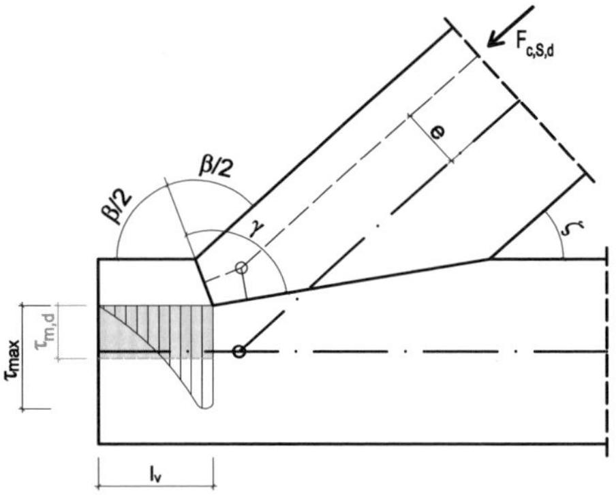

Abb. 5.138 Schubspannungsverteilung in der Vorholzlänge eines Stirnversatzes mit idealisierter Schubspannungsverteilung (grau schraffiert).

auf $l_\text{v} \leq 8 \cdot t_\text{v}$ begrenzt. Nach *Heimeshoff* [5.137] sollte die Mindestvorholzlänge bei allen Versätzen $l_\text{v} = 200\,\text{mm}$ betragen aufgrund möglicher vom Hirnholz her auftretender Schwindrisse. Daraus folgt:

$$200\,\text{mm} \leq l_\text{v} \leq 8 \cdot t_\text{v} \tag{5.197}$$

Bei der Berechnung der Querschnittsfläche für den Scherspannungsnachweis ist die wirksame Breite b_ef

$$b_\text{ef} = k_\text{cr} \cdot b \tag{5.198}$$

anzusetzen mit einem „crack"-Faktor k_cr

$k_\text{cr} = 0{,}67$	für Vollholz aus Laubholz
$k_\text{cr} = \frac{2{,}0}{f_\text{v,k}}$	für Vollholz aus Nadelholz
$k_\text{cr} = \frac{2{,}5}{f_\text{v,k}}$	für Brettschichtholz
$k_\text{cr} = 1{,}0$	für Brettsperrholz
$k_\text{cr} = 1{,}0$	für andere holzbasierte Produkte, z. B. nach DIN EN 14374 oder DIN EN 13986 in Verbindung mit DIN EN 14279 oder mit einem bauaufsichtlichen Verwendbarkeitsnachweis

Neben dem in diesem Abschnitt ausführlich beschriebenen Stirnversatz werden der Brustversatz, der Fersenversatz und der Stirn-Fersen-Versatz als doppelter Versatz (s. Abb. 5.139) noch häufig eingesetzt. Die Regelungen zu den Versätzen aus DIN EN 1995-1-1/NA:2013-08 sind in gleicher Weise auf diese Versätze anzuwenden. Dabei sind die unterschiedlichen geometrischen Randbedingungen der einzelnen Versätze zu berücksichtigen.

Ausmittigkeit des Anschlusses bei Versätzen
Infolge der Ausmitte e der angeschlossenen Druckkraft entstehen im Druckstab beim Stirn- und Fersenversatz zusätzliche Biegemomente, die in der Bemessung berücksichtigt werden müssen. Beim Stirn-Fersen- und beim Brustversatz ist die Ausmitte praktisch gleich null. Durch die Querschnittsschwächung in den lastaufnehmenden Stäben entsteht ebenfalls eine Ausmittigkeit, die zu einer zusätzlichen

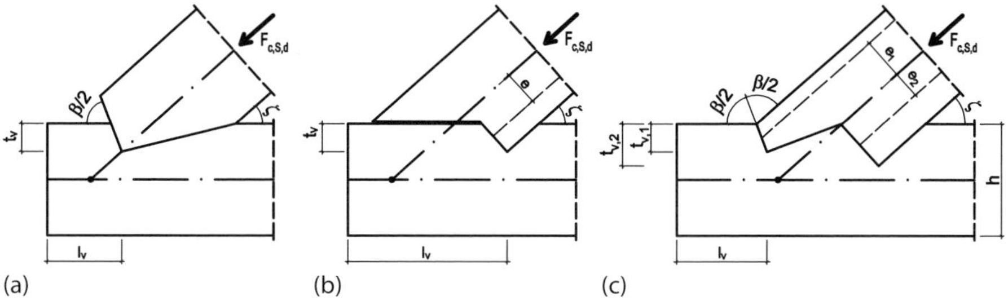

Abb. 5.139 Verschiedene Arten von Versätzen – Stirnversatz siehe Abb. 5.138; (a) Brustversatz, (b) Fersenversatz, (c) Stirn-Fersen-Versatz.

Biegebeanspruchung im Stab führt. Demzufolge ist der lastaufnehmende Stab an der Stelle der größten Querschnittsschwächung unter Berücksichtigung des Biegemoments infolge der Ausmittigkeit nachzuweisen.

Lagesicherung von Versätzen
Versätze sind stets in ihrer Lage zu sichern, z. B. durch selbstbohrende Schrauben, Heftbolzen oder beidseitig genagelte Laschen. Die Lagesicherung darf nicht zur planmäßigen Kraftübertragung herangezogen werden. Die Anbringung der Lagesicherung mit selbstbohrenden Schrauben, Heftbolzen oder profilierten Nägeln (Sondernägeln) erfolgt in der Regel rechtwinklig zur Rückenfläche.

Herstellung von Versätzen
Bei Versätzen ist eine hohe Passgenauigkeit der Kontaktflächen sicherzustellen, um klaffende Fugen und damit nicht planmäßige örtliche Überbeanspruchungen möglichst auszuschließen; deshalb sollte trockenes Holz ($u < 20\,\%$) eingesetzt werden, um das nachträgliche Schwinden gering zu halten.

Beim Fersenversatz Abb. 5.139b sollte zwischen vorspringendem Zahn und Gurtholz eine ausreichend offene Fuge angeordnet werden, um Rissbildungen in der einspringenden Ecke zum Beispiel beim Verdrehen des Stabs auszuschließen; der vorspringende Zahn könnte ganz abgeschnitten werden, da er keine Kraft überträgt.

Die aufnehmbaren Schnittgrößen eines Versatzes können durch Verstärkungen und mechanische Verbindungsmittel erhöht werden.

5.4.6.2 Zapfenverbindungen

Gezapfte Verbindungen sind Konstruktionselemente, die in alten, zimmermannsmäßigen Bauwerken sehr häufig angewendet worden sind (s. a. Abschnitt 5.1.2.2).

Zapfenverbindungen nach Abb. 5.140 werden eingesetzt, um Querkräfte in Holzbauteilen in Decken-, Dach- und Wandkonstruktionen zu übertragen. Im modernen Holzbau erlebt die gezapfte Verbindung seit einiger Zeit nicht nur aufgrund ihres ästhetischen Erscheinungsbilds eine Renaissance, sondern auch weil diese Verbindung auf modernen Abbundmaschinen mit hoher Genauigkeit und im Vergleich zur lohnkostenintensiven handwerklichen Herstellung kostengünstig hergestellt werden kann. Die Tragfähigkeit der Verbindung wird jedoch durch die Querschnittsschwächungen und die dadurch auftretenden Querzugspannungen begrenzt. Die Tragfähigkeit der Verbindung ist daher deutlich geringer als diejenige der zu verbindenden Bauteile.

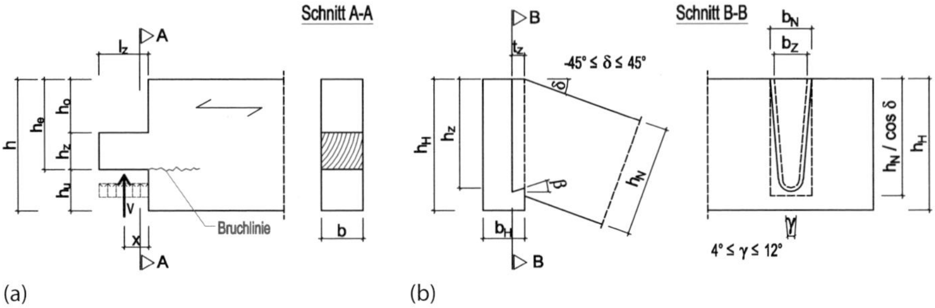

Abb. 5.140 (a) Klassische Zapfenverbindung, (b) neue Schwalbenschwanzverbindung, geneigter Anschluss.

Klassische Zapfenverbindung Die Bemessung einer klassischen Zapfenverbindung (Abb. 5.140a) ist in DIN EN 1995-1-1/NA:2013-08 auf der Grundlage umfangreicher Untersuchungen von *Heimeshoff* [5.137] zum Tragverhalten der Verbindungen geregelt. Danach dürfen Zapfenverbindungen nur bei Trägern mit einer Höhe $h \leq 300$ mm ausgeführt werden. Der charakteristische Wert der Zapfentragfähigkeit bestimmt sich dann entsprechend den Regeln für die Ausklinkungen (Abschnitt 5.1.2.2) zu:

$$F_{\mathrm{Rk}} = \min \begin{cases} \frac{2}{3} \cdot b \cdot k_{\mathrm{cr}} \cdot h_{\mathrm{e}} \cdot k_{\mathrm{z}} \cdot k_{\mathrm{v}} \cdot f_{\mathrm{v,k}} & (5.199) \\ 1{,}7 \cdot b \cdot l_{\mathrm{z,ef}} \cdot f_{\mathrm{c,90,k}} & (5.200) \end{cases}$$

mit

$b, h_{\mathrm{e}}, h_{\mathrm{z}}, h, l_{\mathrm{z}}$ siehe Abb. 5.140 sowie k_{cr} im Zusammenhang mit Gl. (5.198)

Weitere Angaben hierzu enthält der deutsche NA zur DIN EN 1995-1-1.

Der Zapfen muss über die ganze Länge l_{z} im Zapfenloch aufliegen. Für den Nachweis des Zapfenlochs bei Queranschlüssen sind die Regelungen für Queranschlüsse zu beachten.

Werden Zapfenverbindungen auch auf Zug beansprucht, sind diese zu sichern. Bei denkmalgeschützten Bauwerken erfolgt dies häufig durch Eichenholznägel mit Durchmessern von um die 30 mm (vgl. Abb. 5.141).

Nach DIN EN 1995-1-1/NA:2013-08 beträgt der charakteristische Wert der Tragfähigkeit eines Eichenholznagels (Queranschluss) mit konstantem Querschnitt (rund oder achteckig) auf Abscheren in einer ein- oder zweischnittigen Holz-Holz-Verbindung je Scherfuge

$$F_{\mathrm{Rk}} = 9{,}5 \cdot \mathrm{d}^2 \quad \text{in [N]} \tag{5.201}$$

mit $20\,\mathrm{mm} \leq \mathrm{d} \leq 30\,\mathrm{mm}$.

Die Gl. (5.201) ist für Bauteile aus Holz mit $\rho_{\mathrm{k}} \geq 350\,\mathrm{kg/m^3}$ unabhängig vom Winkel ϑ zwischen Kraft- und Faserrichtung gültig; die erforderliche Mindestholzdicke beträgt $2 \cdot d$. Als Mindestabstände untereinander und von den Holzrändern sind – unabhängig von der Holzfaserrichtung – $2 \cdot d$ einzuhalten.

(a)

(b)

Abb. 5.141 (a) Zapfenanschluss mit Eichenholznagel im sanierten Kopfband, (b) weitere Zapfenverbindungen mit Eichenholznägeln.

Schwalbenschwanzverbindung Schwalbenschwanzverbindungen werden in den in Abb. 5.140b und Abb. 5.142 dargestellten Formen und Maßen hergestellt. Zur Herstellung der Verbindung wird der Schwalbenschwanzzapfen am Hirnholzende des Nebenträgers NT in eine entsprechende Vertiefung in der Seitenholzfläche des Hauptträgers HT eingetrieben und darf nur in Einschubrichtung belastet werden. Zusätzliche mechanische Verbindungsmittel werden daher i. d. R. nicht verwendet.

Schwalbenschwanzverbindungen zur Verbindung von Holzbauteilen dürfen aus

- Brettschichtholz nach DIN EN 14080:2013-09,
- Balkenschichtholz aus Nadelholz nach allgemeiner bauaufsichtlicher Zulassung (abZ),
- Vollholz aus Nadelholz mindestens der Sortierklasse S 10 nach DIN EN 14081-1 in Verbindung mit DIN 20000-5:2016-06

verwendet werden.

Es dürfen entweder im Aufriss geneigte (s. Abb. 5.140b) oder im Grundriss schräge (Abb. 5.142b) Anschlüsse ausgeführt werden:

- die Haupt- und Nebenträger sind Oberkante bündig einzubauen,
- die Breite des Zapfens b_z muss gemäß abZ mindestens 80 % der Nebenträgerbreite b_N betragen,
- die Schwalbenschwanzzapfen sind am Nebenträger mittig auszufräsen.

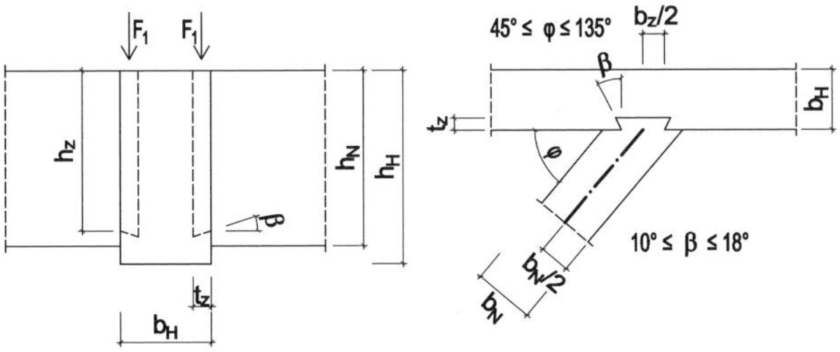

Abb. 5.142 Schwalbenschwanzverbindungen; Anschluss (a) beidseitig und (b) schräg.

Weitere geometrische Angaben enthält die allgemeine bauaufsichtliche Zulassung.

Schwalbenschwanzverbindungen dürfen nur für Anschlüsse an verdrehungssteife oder gegen Verdrehen ausreichend gesicherte Hauptträger (vgl. Tab. 5.19b) verwendet werden.

Die Herstellung von Schwalbenschwanzzapfen und -vertiefungen darf nur im Werk erfolgen. Nach dem Fräsen der Verbindung ist der Anschlussbereich hinsichtlich vorhandener Fehlstellen zu kontrollieren. Sind Fehlstellen, wie zum Beispiel lose Äste, im Anschlussbereich vorhanden, sind die Bauteile auszusortieren.

Die Tragfähigkeit nebeneinander liegender Schwalbenschwanzverbindungen ist in Anlehnung an DIN 1052:2008-12, 11.1.5, (7) und (8), zu ermitteln.

Der Bemessungswert der Tragfähigkeit $R_{90,d}$ einer auf Querkraft in Einschubrichtung beanspruchten Schwalbenschwanzverbindung beträgt gemäß abZ je Anschluss

$$R_{90,d} = \min \begin{cases} k_{ab} \cdot \dfrac{h_z}{h_z - r}\left(6{,}5 + \dfrac{18 \cdot (h_H - h_z + r)^2}{h_H^2}\right) \cdot (t_{ef} \cdot h_H)^{0,8} \cdot f_{t,90,d} & (5.202) \\ \dfrac{k_v \cdot b_N \cdot (h_z - r)}{1{,}5} \cdot f_{v,d} & (5.203) \end{cases}$$

mit

$R_{90,d}$	Bemessungswert der Tragfähigkeit einer auf Querkraft beanspruchten Verbindung, in [N]
$h_H \geq 140\,\text{mm}$	Höhe des Hauptträgers, in [mm]
$b_H \geq 60\,\text{mm}$	Breite des Hauptträgers, in [mm]
h_z	Zapfenhöhe parallel zur Seitenfläche der Hauptträger (s. Abb. 5.140), in [mm]
r	Zapfenlochradius parallel zur Seitenfläche der Hauptträger (s. Abb. 5.140b), in [mm], Ausrundung mit $15\,\text{mm} \leq r \leq 60\,\text{mm}$
t_{ef}	wirksame Anschlusstiefe, in [mm] $t_{ef} = \min(b_H, 100\,\text{mm})$ für ein- und beidseitige Anschlüsse
$f_{t,90,d}$	Bemessungswert der Querzugfestigkeit, mit $f_{t,90,d} = f_{t,90,k} \cdot k_{mod}/\gamma_M$ und $f_{t,90,k} = 0{,}5\,\text{N/mm}^2$
k_{mod}	Beiwert zur Berücksichtigung der Lasteinwirkungsdauer und der Holzfeuchte
$\gamma_M = 1{,}3$	Teilsicherheitsbeiwert für die Festigkeitseigenschaften nach DIN EN 1995-1-1/NA:2013-08
k_{ab}	Beiwert zur Berücksichtigung ein- oder beidseitiger Anschlüsse $k_{ab} = 1$ bei einseitigen Anschlüssen $k_{ab} = \min \begin{cases} 1 \\ b_H/200 \end{cases}$ bei beidseitigen Anschlüssen

$$k_v = \min \begin{cases} 1 \\ \dfrac{k_n}{\sqrt{h_N} \cdot \left(\sqrt{\alpha \cdot (1-\alpha)} + 0{,}4 \cdot \frac{l_Z}{h_N} \cdot \sqrt{\frac{1}{\alpha} - \alpha^2} \right)} \end{cases} \tag{5.204}$$

h_N	Höhe des Nebenträgers, in [mm], mit $140\,\text{mm} \leq h_N \leq 280\,\text{mm}$
$b_N \geq 60\,\text{mm}$	Breite des Nebenträgers, in [mm]
l_z	Zapfenlänge, in [mm], mit $25\,\text{mm} \leq l_z \leq 30\,\text{mm}$
$\alpha = \cos\delta \cdot (h_Z - r)/h_N \geq 0{,}4$	Ausklinkungsverhältnis
δ	Neigung des Nebenträgers in °
$k_n = 5$	für Vollholz und Balkenschichtholz aus Nadelholz
$k_n = 6{,}5$	für Brettschichtholz
$f_{v,d}$	Bemessungswert der Schubfestigkeit, mit $f_{v,d} = f_{v,k} \cdot k_{mod}/\gamma_M$ und $f_{v,k} = 2{,}5\,\text{N/mm}^2$

Der Rechenwert des Verschiebungsmoduls einer Schwalbenschwanzverbindung darf zu $K_{ser} = 7\,\text{kN/mm}$ angenommen werden.

5.4.6.3 Kerve

Die Holz-Beton-Verbundbauweise stellt eine interessante Bauweise im Hoch- und Brückenbau dar (vgl. Abschnitt 5.2.3). Der Verbund zwischen Holz und Beton kann auch durch die zimmermannsmäßige Kerve mit mittig eingedrehten Schrauben sichergestellt werden (s. Abb. 5.143).

Die Steifigkeit der Kerve wurde in Langzeitmessungen ermittelt. Um die Holz-Beton-Verbundbauweise als anerkannte Bauweise zu etablieren, wird zurzeit eine Technical Specification erstellt, die als Grundlage einer späteren Norm bzw. eines Teils 3 der EN 1995-1 dienen kann. Dennoch ist die Weiterentwicklung der Holz-Beton-Verbundbauweise noch nicht abgeschlossen, sodass auch zukünftig neue Fragestellungen und interessante Herausforderungen auf dem Weg zum Durchbruch der Holz-Beton-Verbundbauweise als herkömmliche Bauweise zu erwarten sind.

Abb. 5.143 Kerve mit Zementschlempe zum Schutz des Holzes.

5.4.7 Zusammenwirkung mehrerer verschiedener Verbindungsmittel

Die Last-Verformungs-Beziehungen der einzelnen Verbindungsmittel können sehr unterschiedlich sein (vgl. Abb. 5.144, Kurven $F_{max,1}$ und $F_{max,2}$). Daher dürfen die Tragfähigkeiten bei der Verwendung verschiedener Verbindungsmitteltypen in einem Anschluss nicht einfach addiert werden ($F_{max,1} + F_{ef,2}$ statt $F_{max,1} + F_{max,2}$). Da eine Kombination von Verbindungsmitteln jedoch relativ häufig im Auflagerbereich vorkommt, schlugen bereits früher die Normen DIN 1052:2004-08 sowie heute DIN EN 1995-1-1/NA:2013-08 hilfsweise vor, die unterschiedlichen Last-Verformungs-Kurven von duktilen Verbindungsmitteln dadurch zu berücksichtigen, indem die Tragfähigkeit des schwächeren Verbindungsmittels nur zu 2/3 in Rechnung gestellt bzw. dieses um 50 % überbemessen wird (vgl. Abb. 5.144, gestrichelte Kurve $1{,}5 \cdot F_{max,2}$).

Als duktil in diesem Sinn gelten folgende Verbindungsmittel:

- auf Abscheren beanspruchte schlanke stiftförmige Verbindungsmittel mit einem Verhältnis $t/d \geq 6$ bzw. die nach den vereinfachten Regeln bemessen wurden,
- Kontaktanschlüsse,
- Einpressdübel Typ B und Typ C,
- Verbindungsmittel in Verbindungen, bei denen das Spalten des Holzes im Verbindungsbereich durch Querzugverstärkungen ausgeschlossen ist.

Als nicht duktil gilt die Verklebung. Daher dürfen mechanische Verbindungsmittel aufgrund des sehr unterschiedlichen Last-Verformungs-Verhaltens nicht gemeinsam mit einem Klebstoff wirkend in Rechnung gestellt werden.

Bei einer Schraub-Press-Klebung dienen die Schrauben „lediglich“ dazu, den für die Aushärtung der Klebung erforderlichen Anpressdruck aufzubringen.

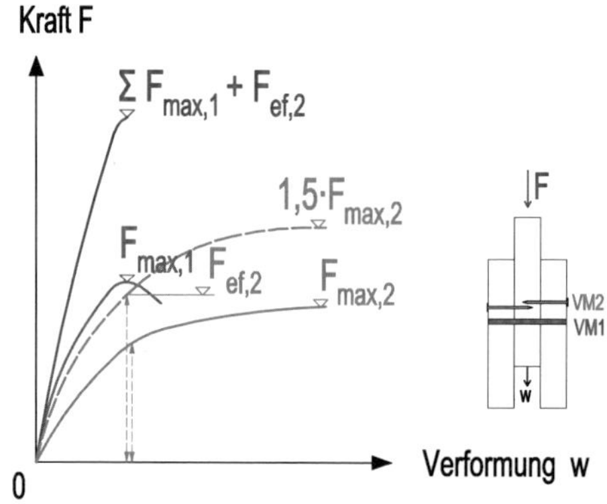

Abb. 5.144 Beispiel für zwei Last-Verformungs-Beziehungen (Kurven $F_{max,1}$ und $F_{max,2}$) verschiedener Verbindungsmittel.

5.5 Berechnung von Holztragwerken mit Computerprogrammen – Beispiele zur Überprüfung der Anwendbarkeit der verwendeten Programme

5.5.1 Einleitung

Der Gebrauch von Computersystemen ist in den letzten Jahren zum Standard in alltäglichen ingenieursmäßigen Arbeitsabläufen geworden. Dadurch hat sich eine Vielzahl von unterschiedlichen Computerprogrammen zur Lösung von statischen und dynamischen Fragestellungen auf dem Markt etabliert. Es gibt FE-Programme für allgemeine Anwendungen, die nahezu jede Aufgabe lösen können, verschiedene Programmsysteme, die Holz behandeln, und viele kleinere Programme für Detailprobleme. Nicht jedes Computerprogramm ist in der Lage, die komplexen Problemstellungen, welche sich in der Berechnung von Holztragwerken ergeben, zu lösen.

Um die Eignung des verwendeten Computerprogramms zur Lösung von holzspezifischen statischen Fragestellungen zu prüfen, sollen in diesem Beitrag Kontrollstrategien aufgezeigt und Ergebnisse geschlossener analytischer Beispiele zum Vergleich wiedergegeben werden. Zudem werden Grundlagen und Eingangswerte zur Berechnung von Holztragwerken angegeben.

5.5.2 Materialparameter und Materialbeschreibung

Holz zählt zu den anisotropen Werkstoffen und besitzt unterschiedliche Materialeigenschaften in Längs- bzw. Faserrichtung, radialer und tangentialer Richtung. Sollen diese Eigenschaften wiedergegeben werden, so bedarf es eines entsprechenden Koordinatensystems. Zur Beschreibung der Eigenschaften eines Baumstamms würde sich ein zylindrisches Koordinatensystem mit den Parametern x, r und φ anbieten (s. Abb. 5.145). Dieses Koordinatensystem ist für baupraktische Anwendungen nicht geeignet, da in vielen Fällen mit Brettquerschnitten gearbeitet wird und die Lage des Bretts im Baumquerschnitt und dementsprechend der Koordinatenursprung nicht eindeutig festgelegt werden können. Aus diesem Grund hat sich das kartesische Ko-

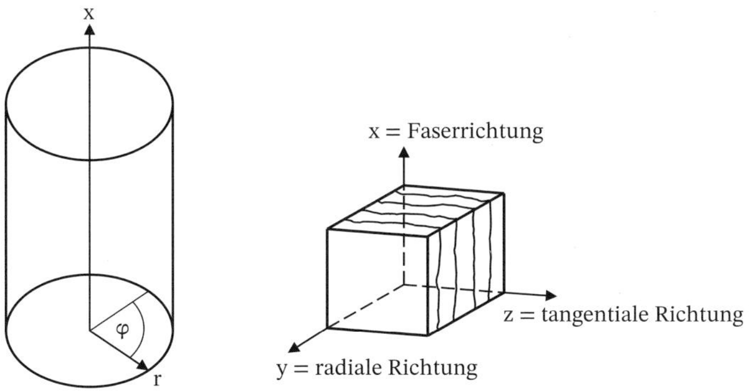

Abb. 5.145 Koordinatensysteme für Holz.

Tab. 5.33 Nachgiebigkeitsmatrix $\underline{\underline{S}}$ [m²/MN] nach [5.142].

$\frac{1}{E_{xx}}$	$-\frac{\mu_{xy}}{E_{yy}}$	$-\frac{\mu_{xz}}{E_{zz}}$	0	0	0
$-\frac{\mu_{yx}}{E_{xx}}$	$\frac{1}{E_{yy}}$	$-\frac{\mu_{yz}}{E_{zz}}$	0	0	0
$-\frac{\mu_{zx}}{E_{xx}}$	$-\frac{\mu_{zy}}{E_{yy}}$	$\frac{1}{E_{zz}}$	0	0	0
0	0	0	$\frac{1}{G_{xy}}$	0	0
0	0	0	0	$\frac{1}{G_{yz}}$	0
0	0	0	0	0	$\frac{1}{G_{zx}}$

Tab. 5.34 Steifigkeitsmatrix $\underline{\underline{C}}$ von Fichtenholz am Volumen nach [5.141] in MN/m².

16 497	448	325	0	0	0
448	789	195	0	0	0
325	195	451	0	0	0
0	0	0	629	0	0
0	0	0	0	37	0
0	0	0	0	0	780

ordinatensystem mit den Parametern x, y, z etabliert (x = Faserrichtung, y = radiale Richtung, z = tangentiale Richtung).

Die Anisotropie des Werkstoffs Holz spiegelt sich in der Beschreibung der Materialkennwerte (Elastizitätsmodul und Schubmodul) wider (s. [5.141] und [5.142]). Im Allgemeinen ist der Zusammenhang zwischen Dehnung und Spannung bzw. zwischen Spannung und Dehnung durch die Beziehungen $\underline{\varepsilon} = \underline{\underline{S}} \cdot \underline{\sigma}$ und $\underline{\sigma} = \underline{\underline{C}} \cdot \underline{\varepsilon}$ gegeben. Tabelle 5.33 zeigt die Nachgiebigkeitsmatrix in allgemeiner Form.

Tabelle 5.34 gibt die Steifigkeitsmatrix $\underline{\underline{C}}$ als Inverse von $\underline{\underline{S}}$ für Fichtenholz nach [5.141] wieder.

Hinweis: Werden die Querdehnzahlen in Tab. 5.33 gleich null gesetzt, so entsprechen die Diagonaleinträge in Tab. 5.34 den Elastizitäts- bzw. Schubmodulen. In den folgenden Abschnitten werden die Querdehnzahlen des Holzes zu null gesetzt, da die in diversen Literaturquellen veröffentlichten Werte stark streuen. Es gilt zu beachten, dass die Materialkennwerte des Holzes von der Holzfeuchte und der Temperatur abhängig sind.

Da die meisten Probleme der alltäglichen Ingenieursarbeit am ebenen System gelöst werden, kann die erforderliche Informationsmenge von Materialkennwerten in der Regel auf ein System in einer Ebene reduziert werden (siehe z. B. Abb. 5.146). Dabei stellt sich die Frage, welche Materialkennwerte vernachlässigt bzw. zu einem Wert zusammengefasst werden können. Vielfach findet keine Unterscheidung zwischen Materialkennwerten in radialer und tangentialer Richtung statt. Dies ist insofern sinnvoll, da in der Praxis keine Informationen vorliegen, wie ein Brett aus

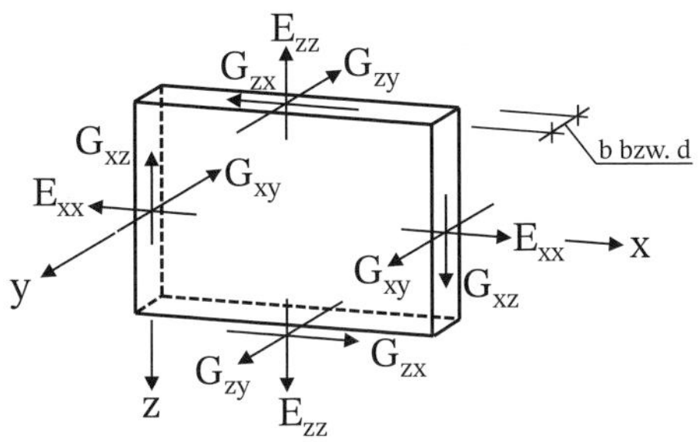

Abb. 5.146 Elastizitäts- und Schubmodul am Brettschichtholzträger.

Tab. 5.35 Materialkennwerte für Brettschichtholz GL 28h nach DIN EN 14080:2013-09 in MN/m^2.

$E_{xx} = 12\,600$	0	0	0	0	0
0	$E_{yy} = 300$	0	0	0	0
0	0	$E_{zz} = 300$	0	0	0
0	0	0	$G_{xy} = 650$	0	0
0	0	0	0	$G_{yz} = 65$	0
0	0	0	0	0	$G_{zx} = 650$

Hinweis: Für die Indizes gilt allgemein: xy = yx; yz = zy; zx = xz.

Tab. 5.36 Materialkennwerte für Brettschichtholz GL 28h nach DIN EN 14080:2013-09 in MN/m^2.

$E_{xx} = 12\,600$	0	0
0	$E_{zz} = 300$	0
0	0	$G_{xz} = 650$

einem Baumstamm geschnitten wird. Auch in DIN EN 338:2016-07 bzw. DIN EN 14080:2013-09 werden Materialkennwerte in radialer und tangentialer Richtung nicht unterschieden. Exemplarisch sind in Tab. 5.35 Mittelwerte der Materialkennwerte für Brettschichtholz GL 28h nach DIN EN 14080:2013-09 angegeben.

Zur Berechnung von Stabtragwerken kann die erforderliche Anzahl von Materialkennwerten nochmals reduziert werden. So wird im Allgemeinen mit einem einheitlichen Schubmodul $G = G_{xy} = G_{zx}$, einem Elastizitätsmodul in Richtung der Stabachse E_{xx} und einem Elastizitätsmodul senkrecht zur Stabachse E_{zz} gerechnet. Dies spiegelt die erhältliche Informationsmenge aus DIN EN 338:2016-07 bzw. DIN EN 14080:2013-09 wider. Exemplarisch sind Materialkennwerte für einen Brettschichtholzträger GL 28h nach DIN EN 14080:2013-09 in Tab. 5.36 gegeben. Die Betrachtung erfolgt in der xz-Ebene.

Für manche Untersuchungen können temperatur- bzw. feuchteabhängige Volumenänderungen von Interesse sein. Aus diesem Grund sind in Tab. 5.37 Quell- bzw. Schwindmaße und Temperaturdehnungskoeffizienten in Abhängigkeit der unterschiedlichen Richtungen ($x =$ längs, $y =$ radial, $z =$ tangential) angegeben. In der Praxis werden die Werte der y- und z-Richtung häufig gemittelt.

Tab. 5.37 Quell-, Schwindmaß und Temperaturdehnungskoeffizienten von Holz nach [5.143] und [5.144].

Richtung	x = längs	y = radial	z = tangential
Quell-/Schwindmaß: %/%	0,01	0,16	0,32
Temperaturdehnungskoeffizient: ε/Grad	$(2{,}5–5) \cdot 10^{-6}$	$(15–45) \cdot 10^{-6}$	$(30–60) \cdot 10^{-6}$

5.5.3 Steifigkeiten

5.5.3.1 Steifigkeiten zur Stabberechnung

Ein wichtiger Aspekt in der Berechnung von Verformungen und Spannungen ist die korrekte Erfassung von Steifigkeiten. Gegenüber der Plattenberechnung ist bei der Berechnung am Stab eine geringere Anzahl von Steifigkeiten notwendig. Es müssen jedoch zusätzliche Effekte wie Torsion und unter Umständen die Verwölbung berücksichtigt werden. Dazu werden die nachfolgenden Steifigkeitsbezeichnungen für einen Stab in x-Richtung eingeführt:

B_y Biegesteifigkeit um die y-Achse
B_z Biegesteifigkeit um die z-Achse
S_{xy} Schubsteifigkeit in y-Richtung
S_{xz} Schubsteifigkeit in z-Richtung
D_x Dehnsteifigkeit in x-Richtung
T St. Venant'sche Torsionssteifigkeit
u Verschiebung in x-Richtung
v Verschiebung in y-Richtung
w Verschiebung in z-Richtung
φ_x Verdrehung um die x-Achse
φ_y Verdrehung um die y-Achse
φ_z Verdrehung um die z-Achse

Da im Holzbau vielfach mit Rechteckquerschnitten gearbeitet wird, soll eine Übersicht der wichtigsten Steifigkeiten gegeben werden. Wie in Abb. 5.147 dargestellt, verläuft die x-Koordinate des betrachteten Stabs entlang der Stabachse.

$$B_y = E_{xx} \cdot I_y = E_{xx} \cdot \frac{b \cdot h^3}{12} \tag{5.205}$$

$$B_z = E_{xx} \cdot I_z = E_{xx} \cdot \frac{h \cdot b^3}{12} \tag{5.206}$$

$$S_{xy} = G_{xy} \cdot A_s = G_{xy} \cdot \frac{b \cdot h}{1{,}2} \tag{5.207}$$

$$S_{xz} = G_{xz} \cdot A_s = G_{xz} \cdot \frac{b \cdot h}{1{,}2} \tag{5.208}$$

$$D_x = E_{xx} \cdot A = E_{xx} \cdot b \cdot h \tag{5.209}$$

$$T = G_{xy} \cdot I_T = G_{xz} \cdot I_T \tag{5.210}$$

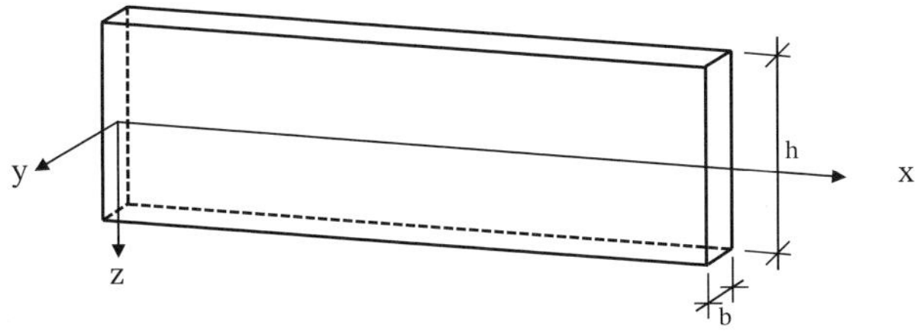

Abb. 5.147 Stabtragwerk.

5.5.3.2 Steifigkeiten zur Flächenberechnung

Wird eine Platte bzw. eine Scheibe mit konstanter Dicke d zum Beispiel in der xz-Ebene betrachtet (vgl. Abb. 5.146), kann in Abhängigkeit der Beanspruchungsart und Berechnungsmethode die in Tab. 5.38 gegebene Steifigkeitsmatrix ermittelt werden. Diese Steifigkeitsmatrix kann auch zur Berechnung hoher, schlanker Brettschichtholzträger verwendet werden (s. Abb. 5.147). Es wird davon ausgegangen, dass die Querdehnzahlen des Werkstoffs zu null gesetzt werden, weshalb nur Einträge auf der Hauptdiagonalen erfolgen.

An dieser Stelle erfolgt der Hinweis, dass bei der Berechnung von Flächentragwerken Steifigkeiten und Biegemomente abweichend zum Stab bezeichnet werden. Es werden die in der Literatur [5.145] für Flächentragwerke üblichen Bezeichnungen gewählt: Der Index der Steifigkeit bzw. des Moments gibt an, in welcher Richtung Spannungen hervorgerufen werden. So erzeugt ein Moment der Bezeichnung m_x Spannungen in x-Richtung, die Biegesteifigkeit um die z-Achse wird mit B_x bezeichnet.

Im Falle der Plattenbeanspruchung können Schubverformungen berücksichtigt oder vernachlässigt werden. Unter Vernachlässigung der Schubverformungen (Berechnung nach *Kirchhoff*) genügen die Steifigkeitseinträge B_x, B_z und B_{xz}. Werden zusätzlich Schubverformungen in der Plattenebene berücksichtigt (Berechnung nach *Reissner-Mindlin*), wird die Steifigkeitsmatrix um die Einträge S_{xy} und S_{zy} ergänzt. Wird zusätzlich eine Belastung in Scheibenebene erfasst, müssen Einträge für D_x, D_z und D_{xz} erfolgen.

Tab. 5.38 Steifigkeitsmatrix für Platten- und Scheibenbeanspruchung in der xz-Ebene.

Kombinierte Platten- und Scheibenberechnung							
Reissner-Mindlin-Berechnung							
Kirchhoff-Berechnung							
B_x	0	0	0	0	0	0	0
0	B_z	0	0	0	0	0	0
0	0	B_{xz}	0	0	0	0	0
0	0	0	S_{xy}	0	0	0	0
0	0	0	0	S_{zy}	0	0	0
0	0	0	0	0	D_x	0	0
0	0	0	0	0	0	D_z	0
0	0	0	0	0	0	0	D_{xz}

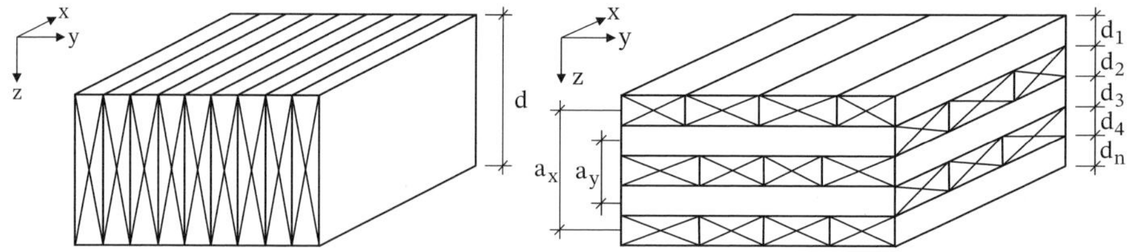

Abb. 5.148 (a) Brettstapelplatte und (b) Brettsperrholzplatte in der *xy*-Ebene.

Zur näheren Erläuterung werden Formeln zur Ermittlung der Steifigkeiten einer geklebten Brettstapelplatte (= flachkant liegendes Brettschichtholz) und einer geklebten mehrlagigen Brettsperrholzplatte in der xy-Ebene gegeben (Abb. 5.148). Im Unterschied zum vorherigen Beispiel wird hier die xy-Ebene betrachtet.

Für die Brettstapelplatte gelten folgende Steifigkeiten je Breiteneinheit:

- Biegesteifigkeit um die y-Achse

$$B_{\mathrm{x}} = \frac{E_{\mathrm{xx}} \cdot d^3}{12} \tag{5.211}$$

- Biegesteifigkeit um die x-Achse

$$B_{\mathrm{y}} = \frac{E_{\mathrm{yy}} \cdot d^3}{12} \tag{5.212}$$

- Drillsteifigkeit in der xy-Ebene
  Anmerkung zur Drillsteifigkeit: Wird die Drillsteifigkeit nach Gl. (5.213) gewählt, so kann diese zur Plattenberechnung mithilfe eines Trägerrostes verwendet werden. Dazu muss der in Gl. (5.213) erhaltene Wert mit der mitwirkenden Breite des Trägerroststabs multipliziert werden. Es ist darauf zu achten, dass für einige Programme in Abhängigkeit der hinterlegten Berechnungsgrundlage die Drillsteifigkeit nach Gl. (5.214) ermittelt werden muss. Zur Überprüfung der zu verwendenden Drillsteifigkeit ist in Abschnitt 5.5.5.3 ein entsprechendes Beispiel gegeben. Zusätzliche Informationen zur Drillsteifigkeit können [5.146] entnommen werden.

$$B_{\mathrm{xy}} = \frac{G_{\mathrm{xy}} \cdot d^3}{6} \tag{5.213}$$

oder

$$B_{\mathrm{xy}} = \frac{G_{\mathrm{xy}} \cdot d^3}{12} \tag{5.214}$$

- Schubsteifigkeit in der xz-Ebene

$$S_{\mathrm{xz}} = \frac{G_{\mathrm{xz}} \cdot d}{1{,}2} \tag{5.215}$$

- Schubsteifigkeit in der yz-Ebene

$$S_{\mathrm{yz}} = \frac{G_{\mathrm{yz}} \cdot d}{1{,}2} \tag{5.216}$$

- Dehnsteifigkeit in x-Richtung

$$D_{\mathrm{x}} = E_{\mathrm{xx}} \cdot d \tag{5.217}$$

- Dehnsteifigkeit in y-Richtung

$$D_{\mathrm{y}} = E_{\mathrm{yy}} \cdot d \tag{5.218}$$

- Schubsteifigkeit in der xy-Ebene

$$D_{\mathrm{xy}} = G_{\mathrm{xy}} \cdot d \tag{5.219}$$

Für die geklebte Brettsperrholzplatte können Steifigkeiten in Anlehnung an DIN 1052:2008-12, Anhang D, ermittelt werden. Es wird vom Ebenbleiben der Querschnitte ausgegangen. Die Nachgiebigkeit der Verbindung der Brettlagen über die Querlagen und damit die Abweichung vom Ebenbleiben des Querschnitts wird nicht berücksichtigt. Die Variable z_{i} entspricht dem Abstand des Teilschwerpunkts der betrachteten Lamelle zum Gesamtschwerpunkt des Querschnitts. Die geometrische Größe a bezeichnet den Abstand zwischen den Schwerpunkten der beiden äußeren Lamellenlagen in Tragrichtung. Quer zur Tragrichtung liegende äußere Lamellen entfallen sobald der E-Modul in Tragrichtung mit Null angesetzt wird. In diesem Fall werden zwei geometrischen Größen a_{x} und a_{y} ermittelt.

- Biegesteifigkeit um die y-Achse

$$B_{\mathrm{x}} = \sum E_{\mathrm{xx},i} \cdot d_i \cdot z_i^2 + \sum E_{\mathrm{xx},i} \cdot \frac{d_i^3}{12} \tag{5.220}$$

- Biegesteifigkeit um die x-Achse

$$B_{\mathrm{y}} = \sum E_{\mathrm{yy},i} \cdot d_i \cdot z_i^2 + \sum E_{\mathrm{yy},i} \cdot \frac{d_i^3}{12} \tag{5.221}$$

- Drillsteifigkeit in der xy-Ebene mit Schmalseitenverklebung der Lamellen

$$B_{\mathrm{xy}} = \sum 2 \cdot G_{\mathrm{xy},i} \cdot d_i \cdot z_i^2 + \sum G_{\mathrm{xy},i} \cdot \frac{d_i^3}{6} \tag{5.222}$$

- Drillsteifigkeit in der xy-Ebene ohne Schmalseitenverklebung der Lamellen

$$B_{\mathrm{xy}} = 0 \tag{5.223}$$

- Schubsteifigkeit in der xz-Ebene

$$\frac{1}{S_{\mathrm{xz}}} = \frac{1}{a_{\mathrm{x}}^2} \cdot \left(\frac{d_1}{2 \cdot G_{\mathrm{xz},1}} + \sum_{2}^{n-1} \frac{d_i}{G_{\mathrm{xz},i}} + \frac{d_n}{2 \cdot G_{\mathrm{xz},n}} \right) \tag{5.224}$$

- Schubsteifigkeit in der yz-Ebene

$$\frac{1}{S_{\text{yz}}} = \frac{1}{a_{\text{y}}^2} \cdot \left(\frac{d_2}{2 \cdot G_{\text{yz},2}} + \sum_3^{n-2} \frac{d_i}{G_{\text{yz},i}} + \frac{d_{n-1}}{2 \cdot G_{\text{yz},n-1}} \right) \tag{5.225}$$

- Dehnsteifigkeit in x-Richtung

$$D_{\text{x}} = \sum E_{\text{xx},i} \cdot d \tag{5.226}$$

- Dehnsteifigkeit in y-Richtung

$$D_{\text{y}} = \sum E_{\text{yy},i} \cdot d_i \tag{5.227}$$

- Schubsteifigkeit in der xy-Ebene mit Schmalseitenverklebung der Lamellen

$$D_{\text{xy}} = \sum G_{\text{xy},i} \cdot d_i \tag{5.228}$$

- Schubsteifigkeit in der xy-Ebene ohne Schmalseitenverklebung der Lamellen

$$D_{\text{xy}} = \frac{1}{4} \cdot \sum G_{\text{xy},i} \cdot d_i \tag{5.229}$$

Aktuelle Ergebnisse zur Schubsteifigkeit D_{xy} können in [5.147] gefunden werden.

5.5.4 Steifigkeitsüberprüfung bei Stabberechnungen

5.5.4.1 Allgemeines zur Steifigkeitsüberprüfung

Eine der wichtigsten Fragestellungen bei der Berechnung von Holztragwerken mit Computerprogrammen lautet: Kann das verwendete Computerprogramm die Steifigkeitsverhältnisse von Holz korrekt verarbeiten?

In diesem Zusammenhang spielt die Erfassung des anisotropen Materialverhaltens eine wesentliche Rolle. Da viele Computerprogramme für die Berechnung von isotropen Materialien entwickelt wurden, kann es sein, dass materialspezifische Zusammenhänge fest hinterlegt sind und nicht abgeändert werden können. Für isotrope Materialien gilt zwischen Schubmodul G und Elastizitätsmodul E unter Berücksichtigung der Querdehnzahl υ der Zusammenhang:

$$G = \frac{E}{2 \cdot (1 + \nu)} \tag{5.230}$$

Wird von einem Elastizitätsmodul des Holzes $E_{\text{Holz}} \approx 10\,000\,\text{MN/m}^2$ und einer Querdehnzahl $\upsilon_{\text{Holz}} \approx 0$ ausgegangen, müsste der Schubmodul des Holzes nach Gl. (5.230) $5000\,\text{MN/m}^2$ betragen. Dies trifft aufgrund des anisotropen Verhaltens und eines real vorkommenden Schubmoduls $G_{\text{Holz}} \approx 500\,\text{MN/m}^2$ nicht zu.

Um die Verarbeitung anisotroper Eigenschaften durch Computerprogramme zu prüfen, ist es sinnvoll, einfache Beispiele zu berechnen. Die Ergebnisse sollen mit analytischen Lösungen übereinstimmen. Aus diesem Grund werden nachfolgend geschlossene Lösungen für ausgewählte Problemstellungen gezeigt.

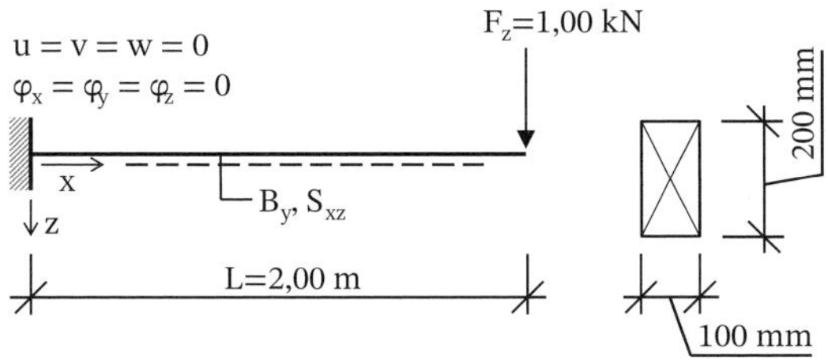

Abb. 5.149 Kragarm mit lotrechter Belastung.

5.5.4.2 Biegesteifigkeit und Schubsteifigkeit

Anhand des nachfolgenden Beispiels kann überprüft werden, ob ein Computerprogramm in der Lage ist, Biege- und Schubsteifigkeiten korrekt zu verarbeiten. Dazu wird der in Abb. 5.149 gegebene Kragarm betrachtet, welcher an der Kragarmspitze durch eine lotrechte Last F_z beansprucht wird. In den meisten Computerprogrammen reicht dazu eine Betrachtung in der zweidimensionalen Arbeitsebene (xz-Ebene). Für den Elastizitätsmodul und den Schubmodul werden folgende Werte angenommen: $E_{xx} = 10\,000\,\text{MN/m}^2$ und $G_{xz} = 500\,\text{MN/m}^2$.

Die Gesamtverformung an der Kragarmspitze unter Berücksichtigung von Biege- und Schubverformungen lässt sich wie folgt berechnen.

$$w = w_{\text{Biegung}} + w_{\text{Schub}} = \frac{F_z \cdot L^3}{3 \cdot B_y} + \frac{F_z \cdot L}{S_{xz}} \tag{5.231}$$

$$B_y = E_{xx} \cdot I_y = 10\,000\,\frac{\text{MN}}{\text{m}^2} \cdot \frac{0{,}1 \cdot 0{,}2^3}{12}\,\text{m}^4 = 666{,}67 \cdot 10^{-3}\,\text{MN}\,\text{m}^2 \tag{5.232}$$

$$S_{xz} = G_{xz} \cdot A_s = 500\,\frac{\text{MN}}{\text{m}^2} \cdot \frac{0{,}1 \cdot 0{,}2}{1{,}2}\,\text{m}^2 = 8{,}33\,\text{MN} \tag{5.233}$$

$$w = 4{,}00 \cdot 10^{-3}\,\text{m} + 0{,}24 \cdot 10^{-3}\,\text{m} = 4{,}24\,\text{mm} \tag{5.234}$$

5.5.4.3 Torsionssteifigkeit

Zur Überprüfung der St. Venant'schen Torsionssteifigkeit soll wiederum der einseitig eingespannte Kragarm betrachtet werden (Abb. 5.150). Da es sich hierbei um ein Problem im dreidimensionalen Raum handelt, muss abhängig vom verwendeten Computerprogramm eine Betrachtung im dreidimensionalen Raum stattfinden. An der Kragarmspitze wird ein Torsionsmoment $M_T = 1{,}00\,\text{kNm}$ aufgebracht und der Schubmodul mit $G_{xy} = 500\,\text{MN/m}^2$ festgelegt.

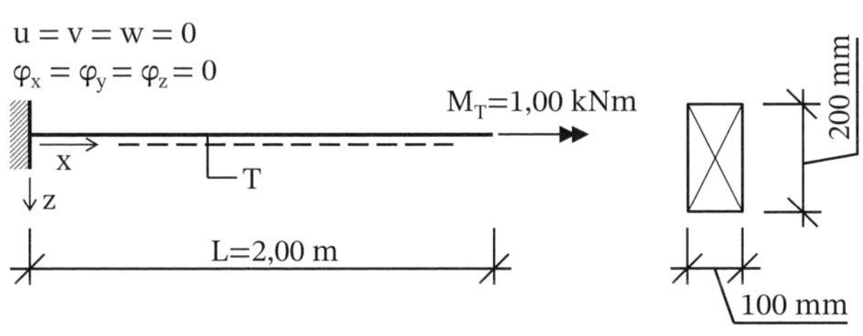

Abb. 5.150 Kragarm mit Torsionsbeanspruchung.

Die Verdrehung an der Kragarmspitze berechnet sich unter Berücksichtigung der St. Venant'schen Torsion und Wölbkrafttorsion wie folgt:

$$\phi = \frac{M_T \cdot L}{T} \cdot \left(1 - \frac{1}{\lambda \cdot L} \cdot \tan\mathrm{h}\,(\lambda \cdot L)\right)$$
$$\text{mit} \quad \lambda = \sqrt{\frac{GI_T}{EI_\omega}} \tag{5.235}$$

Am Rechteckquerschnitt hat die Wölbkrafttorsion nahezu keinen Einfluss, weshalb Gl. (5.235) um den Klammerausdruck reduziert wird.

$$\phi = \frac{M_T \cdot L}{T} \tag{5.236}$$

$$T = G_{xy} \cdot I_T = G_{xy} \cdot \alpha \cdot h \cdot b^3 \tag{5.237}$$

$$\text{für} \quad \frac{h}{b} = 2{,}0 \quad \text{gilt} \quad \alpha = 0{,}229$$

$$T = 500\,\frac{\mathrm{MN}}{\mathrm{m}^2} \cdot 0{,}229 \cdot 0{,}2 \cdot 0{,}1^3\,\mathrm{m}^4 = 22{,}9 \cdot 10^{-3}\,\mathrm{MN\,m}^2 \tag{5.238}$$

$$\phi = \frac{1{,}0 \cdot 10^{-3}\,\mathrm{MNm} \cdot 2{,}0\,\mathrm{m}}{22{,}9 \cdot 10^{-3}\,\mathrm{MN\,m}^2} = 87{,}33 \cdot 10^{-3}\,\mathrm{rad} \tag{5.239}$$

5.5.4.4 Knicklasten

Eine häufig auftretende Fragestellung ist die Berechnung von Knicklasten druckbeanspruchter Bauteile. Besonders bei schubweichen Bauteilen, wie z. B. genageltem Brettsperrholz, ist es wichtig, Schubsteifigkeiten korrekt zu erfassen. Da viele Computerprogramme die Möglichkeit der Stabilitätsanalyse bieten, soll folgendes Beispiel zur Überprüfung gegeben werden (Abb. 5.151).

Wird davon ausgegangen, dass der betrachtete Stab in der xy-Ebene ausknickt, so kann die Knicklast unter Berücksichtigung von Biege- und Schubsteifigkeiten wie folgt ermittelt werden:

$$F_{x,ki} = \frac{\pi^2}{4L^2} \cdot B_z \cdot \frac{1}{1 + \frac{\pi^2}{4L^2}\frac{B_z}{S_{xy}}} \tag{5.240}$$

Für den Elastizitätsmodul wird $E_{xx} = 10\,000\,\mathrm{MN/m}^2$ verwendet. Um einen klaren Einfluss der Schubverformungen auf das Berechnungsergebnis zu erhalten, wird

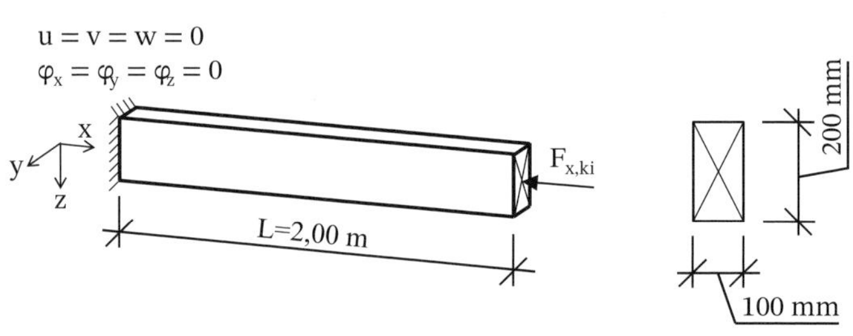

Abb. 5.151 Knicklast Druckstab.

ein sehr geringer Schubmodul von $G_{xz} = 10\,\text{MN/m}^2$ gewählt. Daraus können entsprechende Steifigkeiten ermittelt werden:

$$B_z = E_{xx} \cdot I_z = 10\,000\,\frac{\text{MN}}{\text{m}^2} \cdot \frac{0{,}2 \cdot 0{,}1^3}{12}\,\text{m}^4 = 166{,}67 \cdot 10^{-3}\,\text{MN}\,\text{m}^2 \qquad (5.241)$$

$$S_{xy} = G_{xy} \cdot A_s = 10\,\frac{\text{MN}}{\text{m}^2} \cdot \frac{0{,}1 \cdot 0{,}2}{1{,}2}\,\text{m}^2 = 166{,}67 \cdot 10^{-3}\,\text{MN} \qquad (5.242)$$

Unter Berücksichtigung von Biege- und Schubsteifigkeit ergibt sich eine kritische Knicklast von:

$$F_{x,ki} = \frac{\pi^2}{4 \cdot 2{,}0^2} \cdot 166{,}67 \cdot 10^{-3} \cdot 10^3 \cdot \frac{1}{1 + \frac{\pi^2}{4 \cdot 2{,}0^2}\frac{166{,}67 \cdot 10^{-3}}{166{,}67 \cdot 10^{-3}}}$$
$$= 102{,}81 \cdot 0{,}618 = 63{,}64\,\text{kN} \qquad (5.243)$$

Ohne Berücksichtigung der Schubsteifigkeit beträgt die Knicklast $F_{x,ki} = 102{,}81$ kN.

5.5.4.5 Theorie II. Ordnung

Um Berechnungen nach Theorie II. Ordnung zu prüfen, soll das nachfolgende Beispiel betrachtet werden. Es wird davon ausgegangen, dass der in Abb. 5.152 dargestellte Träger in der xy-Ebene gehalten wird. Als Vergleichswert soll das Biegemoment in Feldmitte herangezogen werden.

Für den Elastizitätsmodul wird der Wert $E_{xx} = 10\,000\,\text{MN/m}^2$ angesetzt. Um einen klaren Einfluss der Schubverformungen auf das Berechnungsergebnis zu erhalten, wird ein sehr geringer Schubmodul von $G_{xz} = 10\,\text{MN/m}^2$ gewählt.

$$B_y = E_{xx} \cdot I_y = 10\,000\,\frac{\text{MN}}{\text{m}^2} \cdot \frac{0{,}1 \cdot 0{,}2^3}{12}\,\text{m}^4 = 666{,}67 \cdot 10^{-3}\,\text{MN}\,\text{m}^2 \qquad (5.244)$$

$$S_{xz} = G_{xz} \cdot A_s = 10\,\frac{\text{MN}}{\text{m}^2} \cdot \frac{0{,}1 \cdot 0{,}2}{1{,}2}\,\text{m}^2 = 166{,}67 \cdot 10^{-3}\,\text{MN} \qquad (5.245)$$

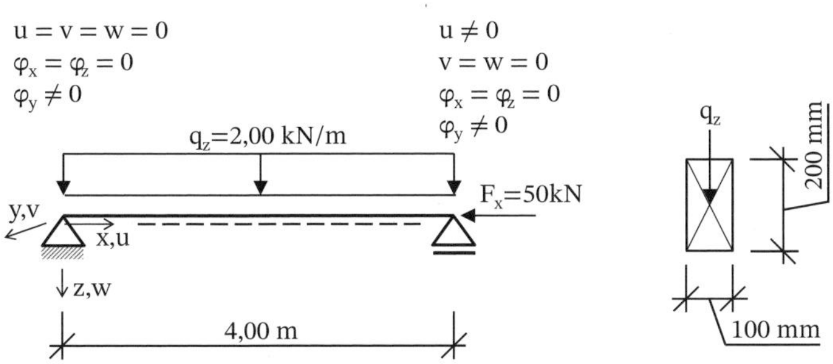

Abb. 5.152 Theorie II. Ordnung.

Die kritische Knicklast des betrachteten Trägers beträgt:

$$\begin{aligned} F_{x,ki} &= \frac{\pi^2 \cdot B_y}{L^2} \cdot \frac{1}{1 + \frac{\pi^2 \cdot B_y}{L^2 \cdot S_{xz}}} \\ &= \frac{\pi^2 \cdot 666{,}67 \cdot 10^{-3}}{4{,}0^2} \cdot \frac{1}{1 + \frac{\pi^2 \cdot 666{,}67 \cdot 10^{-3}}{4{,}0^2 \cdot 166{,}67 \cdot 10^{-3}}} \\ &= 411{,}23 \cdot 10^{-3} \cdot 288{,}40 \cdot 10^{-3} = 118{,}60 \cdot 10^{-3}\,\text{MN} \end{aligned} \tag{5.246}$$

Damit wird das Moment nach Theorie II. Ordnung in Feldmitte näherungsweise ermittelt.

$$\begin{aligned} M^{\text{II}} &\cong M^{\text{I}} \cdot \frac{1}{1 - \frac{F_x}{F_{x,ki}}} \\ &\cong \frac{2{,}0 \frac{\text{kN}}{\text{m}} \cdot 4{,}0^2\,\text{m}^2}{8} \cdot \frac{1}{1 - \frac{50{,}00\,\text{kN}}{118{,}60\,\text{kN}}} \\ &= 4{,}0 \cdot 1{,}73 = 6{,}92\,\text{kNm} \end{aligned} \tag{5.247}$$

Unter Berücksichtigung eines Schubmoduls von $G_{xz} = 500\,\text{MN/m}^2$ betragen die kritische Knicklast $F_{x,ki} = 391{,}88\,\text{kN}$ und das Biegemoment nach Theorie II. Ordnung $M^{\text{II}} = 4{,}58\,\text{kNm}$. Werden keine Schubsteifigkeiten in der Berechnung berücksichtigt, so betragen die kritische Knicklast $F_{x,ki} = 411{,}23\,\text{kN}$ und das Biegemoment nach Theorie II. Ordnung $M^{\text{II}} = 4{,}55\,\text{kNm}$.

Die für die Berechnung von Holzbauten nach Theorie II. Ordnung anzusetzenden Vorverformungen, Einwirkungen und Steifigkeiten können den gültigen Bemessungsvorschriften bzw. Normen entnommen werden.

5.5.5 Steifigkeitsüberprüfung bei Flächenberechnungen

5.5.5.1 Allgemeines zur Steifigkeitsüberprüfung

Viele Bauvorhaben werden mit flächenförmigen Holzwerkstoffen realisiert. Dazu zählen beispielsweise Brettsperrholz-, Furnierschichtholz- und Brettstapelplatten. Die Schnittgrößen können mit Computerprogrammen für Platten oder Trägerroste ermittelt werden. Auch für Stabilitätsuntersuchungen hoher Brettschichtholzträger eignen sich entsprechende Plattenprogramme.

5.5.5.2 Geklebte Brettstapelplatte

Betrachtet wird eine geklebte Brettstapelplatte der Dicke $d = 120\,\text{mm}$, welche aus Holzbohlen der Festigkeitsklasse C24 zusammengesetzt ist. Die Mittelwerte der Materialkennwerte (Elastizitätsmodul, Schubmodul) in der xy-Ebene können auf Grundlage von DIN EN 338:2016-07 in Tab. 5.39 angegeben werden.

Tab. 5.39 Materialkennwerte für Vollholz C24 nach DIN EN 338:2016-07 in MN/m^2.

$E_{xx} = 11\,000$	0	0	0	0
0	$E_{yy} = 370$	0	0	0
0	0	$G_{xy} = 690$	0	0
0	0	0	$G_{yz} = 69$	0
0	0	0	0	$G_{xz} = 690$

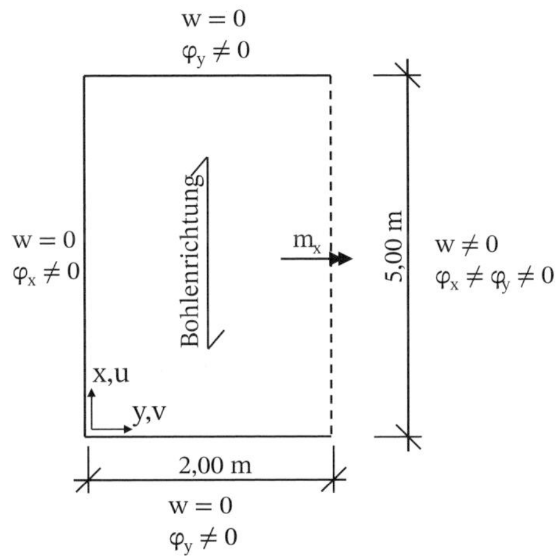

Abb. 5.153 Dimensionen und Lagerungsbedingungen Brettstapelplatte.

Das entsprechende statische System einer dreiseitig, gelenkig gelagerten Platte ist in Abb. 5.153 gegeben. Als Belastung wird eine konstante Flächenlast $q = 2{,}00\,kN/m^2$ in z-Richtung angenommen.

Die der Berechnung zugrunde liegenden Steifigkeiten können wie folgt angegeben werden:

- Biegesteifigkeit um die y-Achse

$$B_x = \frac{E_{xx} \cdot d^3}{12} = \frac{11\,000 \cdot 0{,}12^3}{12} = 1.584{,}00 \cdot 10^{-3} \frac{MN\,m^2}{m} \tag{5.248}$$

- Biegesteifigkeit um die x-Achse

$$B_y = \frac{E_{yy} \cdot d^3}{12} = \frac{370 \cdot 0{,}12^3}{12} = 53{,}28 \cdot 10^{-3} \frac{MN\,m^2}{m} \tag{5.249}$$

- Drillsteifigkeit in der xy-Ebene

$$B_{xy} = \frac{G_{xy} \cdot d^3}{6} = \frac{690 \cdot 0{,}12^3}{6} = 198{,}72 \cdot 10^{-3} \frac{MN\,m^2}{m} \tag{5.250}$$

Abhängig vom verwendeten Computerprogramm kann der in Gl. (5.251) ermittelte Wert für die Drillsteifigkeit erforderlich sein.

$$B_{xy} = \frac{G_{xy} \cdot d^3}{12} = \frac{690 \cdot 0{,}12^3}{12} = 99{,}36 \cdot 10^{-3} \frac{MN\,m^2}{m} \tag{5.251}$$

- Schubsteifigkeit in der xz-Ebene

$$S_{xz} = \frac{G_{xz} \cdot d}{1,2} = \frac{690 \cdot 0,12}{1,2} = 69,00\,\frac{\text{MN}}{\text{m}} \qquad (5.252)$$

- Schubsteifigkeit in der yz-Ebene

$$S_{yz} = \frac{G_{yz} \cdot d}{1,2} = \frac{69 \cdot 0,12}{1,2} = 6,90\,\frac{\text{MN}}{\text{m}} \qquad (5.253)$$

Scheibensteifigkeiten werden für die Plattenbeanspruchung nicht benötigt, sind hier aber der Vollständigkeit halber angegeben.

- Dehnsteifigkeit in x-Richtung

$$D_x = E_{xx} \cdot d = 11\,000 \cdot 0,12 = 1.320,00\,\frac{\text{MN}}{\text{m}} \qquad (5.254)$$

- Dehnsteifigkeit in y-Richtung

$$D_y = E_{yy} \cdot d = 370 \cdot 0,12 = 44,40\,\frac{\text{MN}}{\text{m}} \qquad (5.255)$$

- Schubsteifigkeit in der xy-Ebene

$$D_{xy} = G_{xy} \cdot d = 690 \cdot 0,12 = 82,80\,\frac{\text{MN}}{\text{m}} \qquad (5.256)$$

Als Ergebnis der computerbasierten statischen Berechnung nach *Reissner-Mindlin* können das Moment, welches Spannungen in x-Richtung erzeugt, und die Verschiebung in z-Richtung an der Stelle $x = 2,5$ m; $y = 2,0$ m wiedergegeben werden.

$$m_x(x = 2,5\,\text{m}; y = 2,0\,\text{m}) = 5,39\,\text{kNm/m}$$
$$w(x = 2,5\,\text{m}; y = 2,0\,\text{m}) = 9,50\,\text{mm}$$

Unter Vernachlässigung der Schubverformungen werden folgende Ergebnisse ermittelt:

$$m_x(x = 2,5\,\text{m}; y = 2,0\,\text{m}) = 5,33\,\text{kNm/m}$$
$$w(x = 2,5\,\text{m}; y = 2,0\,\text{m}) = 9,30\,\text{mm}$$

5.5.5.3 Drillsteifigkeit

Wie in Abschnitt 5.5.3.2 erwähnt, werden von Computerprogrammen mitunter unterschiedliche Definitionen der Drillsteifigkeit verwendet (siehe Gln. (5.213) und (5.214)). Um zu prüfen, welcher Wert der Drillsteifigkeit für das verwendete Computerprogramm maßgebend ist, soll das in Abb. 5.154 gegebene Plattensystem der übereck auf Torsion beanspruchten Platte betrachtet werden. Als Material wird die in Abschnitt 5.5.5.2 betrachtete Brettstapelplatte verwendet.

Als Kontrolle wird die Verformung w des Eckpunkts der Platte an den Koordinatenpunkten $x = 2,0$ m und $y = 2,0$ m gegeben. Unter Vernachlässigung der

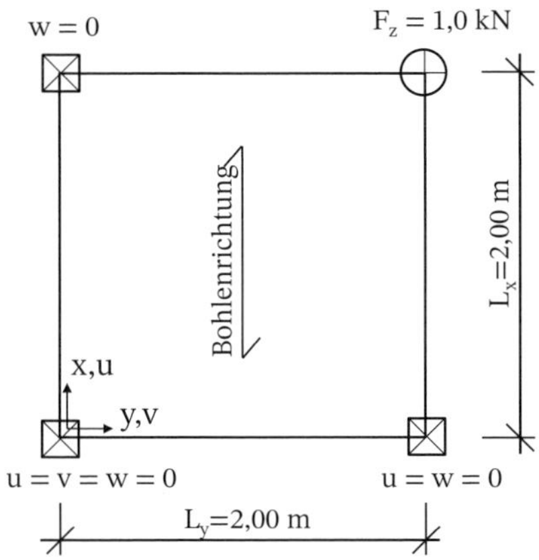

Abb. 5.154 Torsionsbeanspruchte Platte.

Schubverformung (Berechnung nach *Kirchhoff*) berechnet sich die Durchbiegung des Eckpunkts auf analytischem Weg wie folgt:

$$w = \frac{F_z \cdot L_x \cdot L_y}{2 \cdot B_{xy}} = \frac{10^{-3}\,\text{MN} \cdot 2{,}0\,\text{m} \cdot 2{,}0\,\text{m}}{2 \cdot 198{,}72 \cdot 10^{-3}\,\frac{\text{MN}\,\text{m}^2}{\text{m}}} = 10{,}06 \cdot 10^{-3}\,\text{m} \tag{5.257}$$

Wird mithilfe des verwendeten Computerprogramms nur die halbe Durchbiegung ermittelt, so muss die nach Gl. (5.251) gegebene Drillsteifigkeit von $B_{xy} = 99{,}36 \cdot 10^{-3}\,\text{MN}\,\text{m}^2/\text{m}$ verwendet werden.

5.5.5.4 Geklebte Brettsperrholzplatte

Brettsperrholzelemente eignen sich besonders zur Realisierung von komplexen Plattengeometrien. In diesem Zusammenhang soll die in Abb. 5.155 gegebene, geklebte 5-lagige Brettsperrholzplatte betrachtet werden. Es wird davon ausgegangen, dass die Brettlagen nicht schmalseitenverklebt sind. Jede Brettsperrholzlage besteht aus

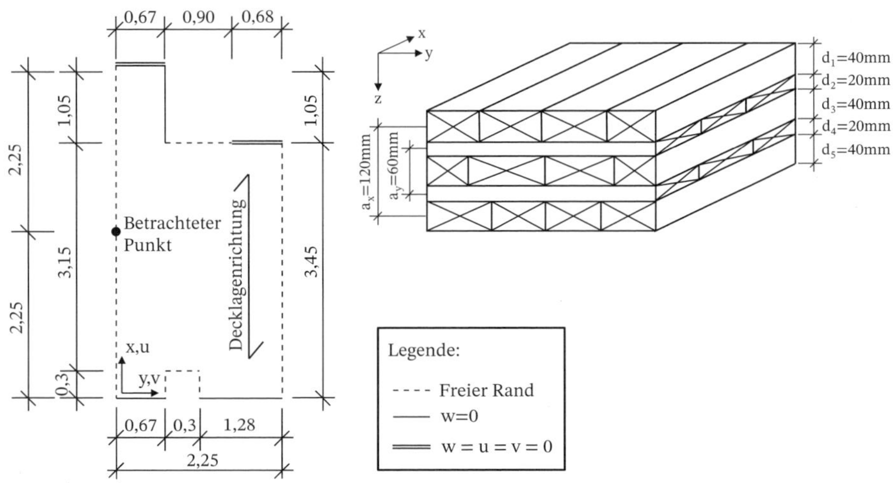

Abb. 5.155 Brettsperrholzplatte im Grundriss und Querschnitt.

Brettern der Festigkeitsklasse C24, weshalb die in Tab. 5.39 angegebenen Materialkennwerte je Brettlage verwendet werden.

Die Steifigkeiten der Brettsperrholzplatte können wie folgt berechnet werden:

- Biegesteifigkeit um die y-Achse

$$\begin{aligned} B_\mathrm{x} &= \sum E_{\mathrm{xx},i} \cdot d_\mathrm{i} \cdot z_\mathrm{i}^2 + \sum E_{\mathrm{xx},i} \cdot \frac{d_\mathrm{i}^3}{12} \\ B_\mathrm{x} &= 2 \cdot 11\,000\,\frac{\mathrm{MN}}{\mathrm{m}^2} \cdot 40 \cdot 10^{-3}\,\mathrm{m} \cdot \left(60 \cdot 10^{-3}\,\mathrm{m}\right)^2 + 3 \cdot 11\,000\,\frac{\mathrm{MN}}{\mathrm{m}^2} \cdot \frac{\left(40 \cdot 10^{-3}\,\mathrm{m}\right)^3}{12} \\ B_\mathrm{x} &= 3344{,}00 \cdot 10^{-3}\,\frac{\mathrm{MN\,m}^2}{\mathrm{m}} \end{aligned} \tag{5.258}$$

- Biegesteifigkeit um die x-Achse

$$\begin{aligned} B_\mathrm{y} &= \sum E_{\mathrm{yy},i} \cdot d_\mathrm{i} \cdot z_\mathrm{i}^2 + \sum E_{\mathrm{yy},i} \cdot \frac{d_\mathrm{i}^3}{12} \\ B_\mathrm{y} &= 2 \cdot 11\,000\,\frac{\mathrm{MN}}{\mathrm{m}^2} \cdot 20 \cdot 10^{-3}\,\mathrm{m} \cdot \left(30 \cdot 10^{-3}\,\mathrm{m}\right)^2 + 2 \cdot 11\,000\,\frac{\mathrm{MN}}{\mathrm{m}^2} \cdot \frac{\left(20 \cdot 10^{-3}\,\mathrm{m}\right)^3}{12} \\ B_\mathrm{y} &= 410{,}67 \cdot 10^{-3}\,\frac{\mathrm{MN\,m}^2}{\mathrm{m}} \end{aligned} \tag{5.259}$$

- Drillsteifigkeit in der xy-Ebene

$$B_\mathrm{xy} = 0 \tag{5.260}$$

- Schubsteifigkeit in der xz-Ebene

$$\begin{aligned} \frac{1}{S_\mathrm{xz}} &= \frac{1}{a_\mathrm{x}^2} \cdot \left(\frac{d_1}{2 \cdot G_{\mathrm{xz},1}} + \sum_2^{n-1} \frac{d_\mathrm{i}}{G_{\mathrm{xz},i}} + \frac{d_\mathrm{n}}{2 \cdot G_{\mathrm{xz},n}}\right) \\ \frac{1}{S_\mathrm{xz}} &= \frac{1}{\left(120 \cdot 10^{-3}\,\mathrm{m}\right)^2} \cdot \left(2 \cdot \frac{40 \cdot 10^{-3}\,\mathrm{m}}{690\,\frac{\mathrm{MN}}{\mathrm{m}^2}} + 2 \cdot \frac{20 \cdot 10^{-3}\,\mathrm{m}}{69\,\frac{\mathrm{MN}}{\mathrm{m}^2}}\right) \\ S_\mathrm{xz} &= 20{,}70\,\frac{\mathrm{MN}}{\mathrm{m}} \end{aligned} \tag{5.261}$$

- Schubsteifigkeit in der yz-Ebene

$$\begin{aligned} \frac{1}{S_\mathrm{yz}} &= \frac{1}{a_\mathrm{y}^2} \cdot \left(\frac{d_2}{2 \cdot G_{\mathrm{yz},2}} + \sum_3^{n-2} \frac{d_\mathrm{i}}{G_{\mathrm{yz},i}} + \frac{d_{n-1}}{2 \cdot G_{\mathrm{yz},n-1}}\right) \\ \frac{1}{S_\mathrm{yz}} &= \frac{1}{\left(60 \cdot 10^{-3}\,\mathrm{m}\right)^2} \cdot \left(\frac{40 \cdot 10^{-3}\,\mathrm{m}}{69\,\frac{\mathrm{MN}}{\mathrm{m}^2}} + \frac{20 \cdot 10^{-3}\,\mathrm{m}}{690\,\frac{\mathrm{MN}}{\mathrm{m}^2}}\right) \\ S_\mathrm{yz} &= 5{,}91\,\frac{\mathrm{MN}}{\mathrm{m}} \end{aligned} \tag{5.262}$$

Die Scheibensteifigkeiten werden für die Plattenbeanspruchung nicht benötigt, sind aber der Vollständigkeit halber angegeben.

- Dehnsteifigkeit in x-Richtung

$$\begin{aligned} D_\mathrm{x} &= \sum E_{\mathrm{xx},i} \cdot d \\ D_\mathrm{x} &= 3 \cdot 11\,000\,\frac{\mathrm{MN}}{\mathrm{m}^2} \cdot 40 \cdot 10^{-3}\,\mathrm{m} = 1.320{,}00\,\frac{\mathrm{MN}}{m} \end{aligned} \tag{5.263}$$

- Dehnsteifigkeit in y-Richtung

$$D_\text{y} = \sum E_{\text{yy},i} \cdot d_\text{i}$$
$$D_\text{y} = 2 \cdot 11\,000\,\frac{\text{MN}}{\text{m}^2} \cdot 20 \cdot 10^{-3}\,\text{m} = 440{,}00\,\frac{\text{MN}}{\text{m}} \tag{5.264}$$

- Schubsteifigkeit in der xy-Ebene ohne Schmalseitenverklebung der Lamellen

$$D_\text{xy} = \frac{1}{4} \cdot \sum G_{\text{xy},i} \cdot d_\text{i}$$

$$D_\text{xy} = \frac{1}{4} \cdot \left(3 \cdot 690\,\frac{\text{MN}}{\text{m}^2} \cdot 40 \cdot 10^{-3}\,\text{m} + 2 \cdot 690\,\frac{\text{MN}}{\text{m}^2} \cdot 20 \cdot 10^{-3}\,\text{m}\right) = 27{,}60\,\frac{\text{MN}}{\text{m}^2} \tag{5.265}$$

Als Belastung wird eine über die gesamte Fläche konstant verteilte Kraft von $q = 8{,}50\,\text{kN/m}^2$ in z-Richtung angesetzt. Als Ergebnis der computerbasierten Berechnung unter Berücksichtigung der Schubverformungen können im Punkt $x = 2{,}25\,\text{m}$; $y = 0{,}00\,\text{m}$ folgende Werte angegeben werden:

$$m_\text{x}(x = 2{,}25\,\text{m}; y = 0{,}00\,\text{m}) = 10{,}22\,\text{kNm/m}$$
$$v_\text{x}(x = 2{,}25\,\text{m}; y = 0{,}00\,\text{m}) = -3{,}73\,\text{kN/m}$$
$$w(x = 2{,}25\,\text{m}; y = 0{,}00\,\text{m}) = 8{,}08\,\text{mm}$$

Hinweis: Die Berechnungsergebnisse sind geringfügig von der gewählten Elementgröße und dem Elementtyp abhängig.
Unter Vernachlässigung der Schubverformungen werden folgende Ergebnisse ermittelt:

$$m_\text{x}(x = 2{,}25\,\text{m}; y = 0{,}00\,\text{m}) = 3{,}82\,\text{kNm/m}$$
$$v_\text{x}(x = 2{,}25\,\text{m}; y = 0{,}00\,\text{m}) = -4{,}33\,\text{kN/m}$$
$$w(x = 2{,}25\,\text{m}; y = 0{,}00\,\text{m}) = 4{,}04\,\text{mm}$$

5.5.5.5 Kipplast von Brettschichtholzträgern

Für sehr schlanke Biegeträger kann es wichtig sein, die kritische Kipplast zu ermitteln. Dies kann in einigen Computerprogrammen durch Betrachtungen am Stab erfolgen, in anderen Computerprogrammen durch Betrachtungen an der Fläche. Zur Überprüfung der Berechnungsergebnisse wird das in Abb. 5.156 gegebene System betrachtet. Es handelt sich dabei um einen Brettschichtholzträger der Festigkeitsklasse GL 28h, dessen Materialkennwerte in Tab. 5.35 angegeben sind. Der Lastangriff erfolgt in der Schwerachse.

Eine Näherungslösung für die kritische Kipplast unter Berücksichtigung der Biegesteifigkeit um die schwache Achse und der Torsionssteifigkeit kann wie folgt angegeben werden:

$$F_{\text{z},ki} = \frac{4 \cdot 1{,}35 \cdot \pi}{L^2} \cdot \frac{b^3 \cdot h}{6} \cdot \sqrt{E_\text{xx} \cdot G_\text{xy}} \tag{5.266}$$

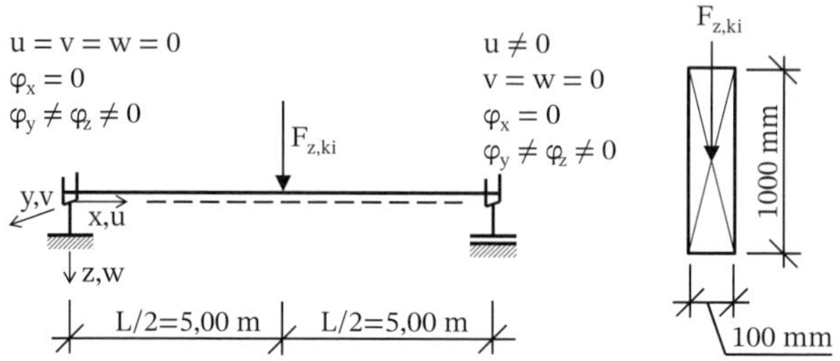

Abb. 5.156 Kipplast am Brettschichtholzträger.

Somit ermittelt sich eine kritische Kipplast von:

$$F_{z,ki} = \frac{4 \cdot 1{,}35 \cdot \pi}{10{,}0^2\,\text{m}^2} \cdot \frac{0{,}1^3\,\text{m}^3 \cdot 1{,}0\,\text{m}}{6} \cdot \sqrt{12\,600\,\frac{\text{MN}}{\text{m}^2} \cdot 650\,\frac{\text{MN}}{\text{m}^2}} \cdot 10^3$$
$$F_{z,ki} = 80{,}91\,\text{kN} \qquad (5.267)$$

Hinweis: Das Ergebnis von Stabilitätsuntersuchungen ist in vielen Computerprogrammen von der Größe der finiten Elemente abhängig. Aus diesem Grund sollten diese bei allen Stabilitätsbetrachtungen kritisch hinterfragt bzw. überprüft werden.

5.6 Zusammenfassung

Rechenprogramme zur statischen Berechnung von Tragwerken sind ein verbreitetes und sinnvolles Hilfsmittel in der Berechnung von komplexen Strukturen. Die zu berechnende Struktur muss entsprechend den Vorgaben des Programms abgebildet werden. Dabei ist darauf zu achten, dass Steifigkeiten und Randbedingungen korrekt eingegeben werden. Es empfiehlt sich, die am Rechner erhaltenen Ergebnisse durch einfache Handrechnungen zu kontrollieren. Zudem sollten komplexe Strukturen schrittweise aufgebaut und mit entsprechenden Plausibilitätskontrollen zwischen den Schritten geprüft werden. Die Beurteilbarkeit der Ergebnisse hängt entscheidend von der Ergebnisdarstellung ab.

Werden Berechnungen an Flächen durchgeführt, ist vielfach das Raster des Finite-Elemente-Netzes von Bedeutung. Besonders Unstetigkeiten der Geometrie oder von Einwirkungen erfordern angepasste Elementeinteilungen. Welche Elementeinteilung sinnvoll ist, muss im Einzelfall und in Abhängigkeit von den Möglichkeiten des verwendeten Programms entschieden werden.

Literatur

5.1 Kaiserliches Patentamt, *Deutsches Reichspatent Nr. 197773 für gebogene, verleimte Brettschichtträger*, 22. Juni 1906.

5.2 DIN 1052:2004-08 (2004). *Entwurf, Berechnung und Bemessung von Holzbauwerken – Allgemeine Bemessungsregeln und Bemessungsregeln für den Hochbau*, Beuth: Berlin.

5.3 EN 1995-1-1:2004 (2014). *Eurocode 5: Bemessung und Konstruktion von Holzbauten – Teil 1-1: Allgemeines – Allgemeine Regeln und Regeln für den Hochbau*, + AC:2006 + A1:2008 + A2:2014, CEN, Brüssel.

5.4 DIN EN 1995-1-1/NA:2013-08 (2013). *Nationaler Anhang – National festgelegte Parameter – Eurocode 5: Bemessung und Konstruktion von Holzbauten – Teil 1-1: Allgemeines – Allgemeine Regeln und Regeln für den Hochbau*, Beuth: Berlin.

5.5 Riberholt, H. (1979). *Tapered timber beams, CIB-W18/11-10-1,* Proceedings of the international council for research and innovation in building and construction, Working commission W18 – timber structures, Meeting 11, Vienna, Austria.

5.6 Lekhnitskii, S.G. (1968). *Anisotropic Plates* (übersetzt aus dem Russischen von Tsai, S.W., Cheron, T.G.), Gordon and Breach Science Publishers, New York London Paris.

5.7 Möhler, K. und Hemmer, K. (1978). *Zusammenwirken von Längs-, Quer- und Schubspannungen bei Brettschicht- und Vollholzbauteilen*, Forschungsbericht des Lehrstuhls für Ingenieurholzbau und Baukonstruktionen, Universität Karlsruhe.

5.8 Blumer, H. (1972/1979) *Spannungsberechnungen an anisotropen Kreisbogenscheiben und Satteltträgern konstanter Dicke*, Lehrstuhl für Ingenieurholzbau und Baukonstruktionen, Universität Karlsruhe.

5.9 Ehlbeck, J. und Kürth, J. (1990). *Einfluß des querzugbeanspruchten Volumens auf die Tragfähigkeit gekrümmter Träger konstanter Höhe und gekrümmter Satteldachträger aus Brettschichtholz*, Forschungsbericht der Versuchsanstalt für Stahl, Holz und Steine, Abt. Ingenieurholzbau, Universität Karlsruhe.

5.10 Weibull, W. (1939). *A Statistical Theory of the Strength of Materials*, Royal Swedish Institute for Engineering Research, Proceedings No. 151.

5.11 Barrett, J.D. (1974). *Effect of size on tension perpendicular to grain strength of Douglas Fir*, Wood and Fiber 6(2):126–143.

5.12 Rouger, F. und Barrett, J.D. (1995). *Size effects in timber*, in: Blaß, H.-J., Görlacher, R., Steck, G. (Hrsg.), Holzbauwerke nach Eurocode 5: Grundlagen, Entwicklungen, Ergänzungen (STEP 3), Arbeitsgemeinschaft Holz e. V, Fachverlag Holz, Düsseldorf, S. 3/1–3/24.

5.13 Mistler, H.-L. (1998). *Querzugbemessung von BSH-Trägern nach EC 5: Ein Vergleich mit Forschungsergebnissen*, Holz als Roh- und Werkstoff, Band **56**, Ausgabe 1, S. 51–59.

5.14 Bernoulli, J. (1697). *Hypothese vom Ebenbleiben der Querschnitte*, Handschriftliche Aufzeichnungen, Basel.

5.15 Hooke, R. (1678). *Lectures de potentia restitutiva, or, of Spring: explaining the power of springing bodies: to which are added some collections*, printed for John Martyn, London.

5.16 BVPI (2010). *Spannungsnachweise bei Satteldachträgern aus Brettschichtholz*, Technische Mitteilung 06/011 der Bundesvereinigung der Prüfingenieure für Bautechnik e. V., Berlin.

5.17 Roth, v.W. und Butenschön, B. (1990). *Rechnerische Querzugspannungen von gekrümmten Brettschichtholzträgern, deren geometrische Form nicht den Voraussetzungen der Berechnungsformeln nach DIN 1052 entspricht*, Bauen mit Holz, Band **92**, Ausgabe 8, S. 581–584.

5.18 Spengler, R. (1982). *Festigkeitsverhalten von Brettschichtholz unter zweiachsiger Beanspruchung, Teil 1 – Ermittlung des Festigkeitsverhaltens von Brettelementen aus Fichte durch Versuche*, Berichte zur Zuverlässigkeitstheorie der Bauwerke, Heft **62**, Laboratorium für den konstruktiven Ingenieurbau der TU München.

5.19 Hemmer, K. (1984). *Versagensarten des Holzes der Weißtanne (Abies Alba) unter mehrachsiger Beanspruchung*, Dissertation, Universität Karlsruhe.

5.20 Albert, A. (Hrsg.), (2016). *Schneider Bautabellen*, 22. Auflage, Bundesanzeiger Verlag.

5.21 Studiengemeinschaft Holzleimbau e. V. (2016). *Bemessung von BS-Bauteilen nach EN 1995-1-1 (EC 5)*, Holzbau Handbuch, Reihe 2, Teil 1, Folge 2, 3. Auflage.

5.22 Dietsch, P. und Winter, S. (2015). *Untersuchung von nicht im Eurocode 5 geregelten Formen von Satteldachträgern im Hinblick auf den Nachweis der Querzugspannungen*, Forschungsbericht, Lehrstuhl für Holzbau und Baukonstruktion, TU München.

5.23 Colling, F. (2004). *Holzbau – Grundlagen, Bemessungshilfen*, Vieweg, 1. Auflage.

5.24 Mohr, O. (1882). *Über die Darstellung des Spannungszustandes und Deformationszustandes eines Körperelementes und über die Anwendung derselben in der Festigkeitslehre*, Der Civilingenieur **28**, 113–156.

5.25 Gustafsson P.J. (1988). *A study of strength of notched beams*, CIB-W18/21-10-1, Proceedings of the international council for research and innovation in building and construction, Working commission W18 – timber structures, Meeting 21, Parksville, Canada.

5.26 Larsen, H.J. (1988). *Latest development of EC 5*, CIB-W18/25-102-1, Proceedings of the international council for research and innovation in building and construction, Working commission W18 – timber structures, Meeting 25, Åhus, Denmark.

5.27 Riberholt, H., Enquist, B., Gustafsson, P.J. und Jensen, R.B. (1991). *Timber beams notched at the support*, Report TVSM-7071, Lund University.

5.28 prEN 1995-1-1 (2002). *Eurocode 5: Design of Timber Structures – Part 1-1: General rules and rules for buildings*, Final Draft 2002-10-09, CEN, Brüssel, 2002.

5.29 Kolb, H. und Epple, A. (1985). *Verstärkungen von durchbrochenen Brettschichtholzbindern*, Schlussbericht zum Forschungsvorhaben I.4–34810, Forschungs- und Materialprüfungsanstalt Baden-Württemberg, Stuttgart.

5.30 Höfflin, L. (2005). *Runde Durchbrüche in Brettschichtholzträgern – Experimentelle und theoretische Untersuchungen*, Dissertation, Schriftenreihe Otto-Graf-Institut, Forschungs- und Materialprüfungsanstalt Stuttgart.

5.31 Aicher, S., Höfflin, L. und Reinhardt, H.-W. (2007). *Runde Durchbrüche in Biegeträgern aus Brettschichtholz, Teil 2: Tragfähigkeit und Bemessung*, Bautechnik 84(12):867–880.

5.32 Blaß, H.-J., Ehlbeck, J., Kreuzinger, H. und Steck, G. (2004). *Erläuterungen* *zu DIN 1052: 2004-08*, Bruderverlag, Karlsruhe.

5.33 Danzer, M., Dietsch, P. und Winter, S. (2017). *Einfluss exzentrisch positionierter runder Einzeldurchbrüche und Gruppen von Durchbrüchen auf die Tragfähigkeit von Brettschichtholzträgern – Entwicklung von Bemessungsverfahren und Konstruktionsregeln für Verstärkungsmaßnahmen*, Forschungsbericht, Lehrstuhl für Holzbau und Baukonstruktion, Technische Universität München.

5.34 Brüninghoff, H., Schmidt, C. und Wiegand, T. (1993). *Praxisnahe Empfehlungen zur Reduzierung von Querzugrissen bei geleimten Satteldachbindern aus Brettschichtholz*, Bauen mit Holz 95(11):928–937.

5.35 Dietsch, P. (2012). *Einsatz und Berechnung von Schubverstärkungen für Brettschichtholzbauteile*, Dissertation, Technische Universität München.

5.36 ETA-11/0112 (2012). SPAX International GmbH & Co. KG: *Self-tapping screws for use in timber constructions*, European Technical Approval, ETA Denmark.

5.37 Möhler, K. (1956). *Über das Tragverhalten von Biegeträgern und Druckstäben mit zusammengesetzten Querschnitten und nachgiebigen Verbindungsmitteln*, Habilitation, Universität Karlsruhe.

5.38 Kreuzinger, H. (1999). *Platten, Scheiben, Schalen – Ein Berechnungsmodell für gängige Statikprogramme*, Bauen mit Holz 101(1):34–39.

5.39 Blaß, H.-J. und Steck, G. (1999). *Querzugverstärkungen von Holzbauteilen: Teil 1 – Teil 3*, Bauen mit Holz 101(3):42–46, (4), 44–49, (5), 46–50.

5.40 Henrici, D. (1990). *Beitrag zur Bemessung ausgeklinkter Brettschichtholzträger*, Bauen mit Holz 92(11):806–811.

5.41 Jockwer, R. (2014). *Structural behaviour of glued laminated timber beams with unreinforced and reinforced notches*, Dissertation, IBK Bericht Nr. 365, ETH Zürich.

5.42 Steilner, M. und Blaß, H.-J. (2011). *Vorspannen von Holz mit Vollgewindeschrauben*, Tagungsband 17. Internationales Holzbau-Forum, Garmisch-Partenkirchen.

5.43 Blaß, H.-J. und Bejtka, I. (2003). *Querzugverstärkungen in gefährdeten Bereichen mit selbstbohrenden Holzschrauben*, Lehrstuhl für Ingenieurholzbau und Baukonstruktionen, Universität Karlsruhe.

5.44 Wallner, B. (2012). *Versuchstechnische Evaluierung feuchteinduzierter Kräfte in Brettschichtholz verursacht durch das Einbringen von Schraubstangen*, Master Thesis, Institut für Holzbau und Holztechnologie, TU Graz.

5.45 Dietsch, P. (2017). *Effect of reinforcement on shrinkage stresses in timber members*, Construction and Building Materials (150), 903–915.

5.46 Gamper, A., Dietsch, P., Merk, M. und Winter, S. (2015). *Gebäudeklima – Langzeitmessung zur Bestimmung der Auswirkungen auf Feuchtegradienten in Holzbauteilen*, Forschungsbericht, Lehrstuhl für Holzbau und Baukonstruktion, Fraunhofer IRB Verlag, ISBN 978-3-8167-9518-6.

5.47 Ehlbeck, J. (1985). *Möglichkeiten zur Erhöhung der Querdruck- und Querzugbelastbarkeit von Holz*, Holz als Roh- und Werkstoff 43(3):105–109.

5.48 Bejtka, I. (2005). *Verstärkung von Bauteilen aus Holz mit Vollgewindeschrauben*, Dissertation, Karlsruher Berichte zum Ingenieurholzbau, Band 2, Universitätsverlag Karlsruhe, Karlsruhe.

5.49 Jockwer, R. (2016). *Simplification of the design approach for buckling fail-*

ure of reinforcement in compression, Kurzbericht, ETH Zürich, Zürich.

5.50 Dietsch, P., Rodemeier, S. und Blaß, H.J. (2019). *Transmission of Perpendicular to Grain Forces Using Self-tapping Screws*, INTER/52-7-10, International Network on Timber Engineering Research INTER, Meeting 6, Tacoma, USA.

5.51 DIN EN 1995-1-1:2010-12 (2010). *Eurocode 5: Bemessung und Konstruktion von Holzbauten – Teil 1-1: Allgemeines – Allgemeine Regeln und Regeln für den Hochbau*, Beuth: Berlin.

5.52 DIN EN 16351:2015-12 (2015). *Holzbauwerke – Brettsperrholz – Anforderungen*; Deutsche Fassung EN 16351:2015, Beuth: Berlin.

5.53 Kleinhenz, M., Winter, S. und Dietsch, P. (2016). *Eurocode 5 – A halftime summary of the revision process*, WCTE, Wien, Österreich.

5.54 Winter, S., Kreuzinger, H. und Mestek, P. (2010). *Brettstapel, Brettsperrholz und Verbundkonstruktionen*, Teilprojekt 15 des HTO-Verbundforschungsvorhabens „Holzbau der Zukunft", TU München, München.

5.55 Wallner-Novak, M., Koppelhuber, J. und Pock, K. (2013). *Brettsperrholz Bemessung – Grundlagen für Statik und Konstruktion nach Eurocode*, Wien, proHolz Austria.

5.56 Jöbstl, R.A. (2007). *Praxisgerechte Bemessung von Brettsperrholz*, Ingenieurholzbau, Karlsruher Tage, Bruderverlag, Universität Karlsruhe.

5.57 Brandner, R., Dietsch, P., Dröscher, J., Schulte-Wrede, M., Kreuzinger, H. und Sieder, M. (2017). Cross laminated timber (CLT) diaphragms under shear: Testconfiguration, properties and design, *Construction and Building Materials* (147), 312–327.

5.58 Kreuzinger, H. und Scholz, A. (2003). *Flächentragwerke – Berechnung und Konstruktion*, AiF Forschungsvorhaben – Schlussbericht, TU München.

5.59 Scholz, A. (2004). *Ein Beitrag zur Berechnung von Flächentragwerken aus Holz*, Dissertation, TU München.

5.60 Bogensperger, T., Silly, G. und Schickhofer, G. (2012). *Comparison of methods of approximative verification procedures for cross laminated timber*, Research report TU Graz.

5.61 Bogensperger, T., Augustin, M. und Schickhofer, G. (2011). *Properties of CLT-panels exposed to compression perpendicular to their plane*, 44th CIB-W18 Meeting, Alghero, Italy.

5.62 Brandner, R. und Schickhofer, G. (2014). *Properties of cross laminated timber (CLT) in compression perpendicular to the grain*, Proceedings of INTER, Paper INTER/47-12-5, Bath/UK.

5.63 Mestek, P. (2011). *Punktgestützte Flächentragwerke aus Brettsperrholz (BSP) – Schubmessung unter Berücksichtigung von Schubverstärkungen*, Dissertation, Technische Universität München, München.

5.64 Bogensperger, T. und Jöbstl, R. (2015). *Concentrated load introductions in CLT*, Proceedings of INTER, Paper 48-12-1, 2nd INTER Meeting, Sibenik, Croatia.

5.65 Hamm, P. und Richter, A. (2009). *Bemessungs- und Konstruktionsregeln zum Schwingungsnachweis von Holzdecken*; Fachtagungen Holzbau, Leinfelden-Echterdingen, Hrsg.: Landesbeirat Holz Baden-Württemberg e. V., Stuttgart.

5.66 Bogensperger, T. (2014). *Lasteinleitung in Wandscheiben aus Brettsperrholz*, Forschungsbericht, holz.bau forschungs gmbh.

5.67 Augustin, M., Bogensperger, T., Schickhofer, G. und Thiel, A. (2017). *Lasteinleitung in Wandscheiben aus BSP – Bestimmung der wirksamen Lastverteilbreite – Kurzfassung und Anwendungsbeispiel*, Report holz.bau forschungs gmbh and TU Graz, Graz.

5.68 Bogensperger, T., Moosbrugger, T. und Silly, G. (2010). *Verification of CLT-plates under loads in plane*, WCTE, Riva del Garda, Italy.

5.69 Flaig, M. (2013). *Tragfähigkeit und Steifigkeit von Biegeträgern aus Brettsperrholz bei Beanspruchung in Plattenebene*, Dissertation, Fakultät für Bauingenieur, Geo- und Umweltwissenschaften, Karlsruher Institut für Technologie, Karlsruher Berichte zum Ingenieurholzbau, Bd. 26, KIT Scientific Publishing, Karlsruhe, Germany.

5.70 Flaig, M. (2015). *Keilgezinkte Rahmenecken und Satteldachträger aus Brettsperrholz*, Karlsruher Berichte zum Ingenieurholzbau, Bd. 29, KIT Scientific Publishing, Karlsruhe, Germany.

5.71 Flaig, M. und Blaß, H. (2014). *Bending strength of cross laminated timber beams loaded in plane*, WCTE, Quebec City, Canada.

5.72 DIN EN 338:2016-04 (2016). *Bauholz für tragende Zwecke – Festigkeitsklassen*, Beuth: Berlin, 2016.

5.73 Flaig, M. (2015). In Plattenebene beanspruchte Biegeträger aus Brettsperrholz, *Bautechnik* 92(11):750–758.

5.74 Blaß, H.J. und Uibel, T. (2007). *Tragfähigkeit von stiftförmigen Verbindungsmitteln in Brettsperrholz*, Karlsruher Bericht zum Ingenieurholzbau 8, Universitätsverlag Karlsruhe.

5.75 Holschemacher, K., Kieslich, H. (2021). Holz-Beton-Verbund, in *Beton-Kalender 2021* (Hrsg. Bergmeister, K., Fingerloos, F., Wörner, J.-D.), Ernst & Sohn, Berlin, S. 357–419.

5.76 König, G., Holschemacher, K. und Dehn, F. (2004). *Innovationen im Bauwesen, Holz-Beton-Verbund*, Bauwerk Verlag, Berlin.

5.77 DIN EN 1995-1-1:2010-12 (2010). *Eurocode 5: Bemessung und Konstruktion von Holzbauten – Teil 1-1: Allgemeines – Allgemeine Regeln und Regeln für den Hochbau*; Deutsche Fassung EN 1995-1-1:2004 + AC:2006 + A1:2008, Beuth: Berlin.

5.78 DIN EN 1995-1-1/A2:2014-07 (2014). *Eurocode 5: Bemessung und Konstruktion von Holzbauten – Teil 1-1: Allgemeines – Allgemeine Regeln und Regeln für den Hochbau*; Deutsche Fassung EN 1995-1-1:2004/A2:2014, Beuth: Berlin.

5.79 DIN EN 1995-1-1/NA:2013-08 (2013). *Nationaler Anhang – National festgelegte Parameter – Eurocode 5: Bemessung und Konstruktion von Holzbauten – Teil 1-1: Allgemeines – Allgemeine Regeln und Regeln für den Hochbau*, Beuth: Berlin.

5.80 DIN EN 1992-1-1:2011-01 (2011). *Eurocode 2: Bemessung und Konstruktion von Stahlbeton- und Spannbetontragwerken – Teil 1-1: Allgemeine Bemessungsregeln und Regeln für den Hochbau*; Deutsche Fassung EN 1992-1-1:2004 + AC:2010, Beuth: Berlin.

5.81 DIN EN 1992-1-1/A1:2015-03 (2015). *Eurocode 2: Bemessung und Konstruktion von Stahlbeton- und Spannbetontragwerken – Teil 1-1: Allgemeine Bemessungsregeln und Regeln für den Hochbau*; Deutsche Fassung EN 1992-1-1:2004/A1:2014, Beuth: Berlin.

5.82 DIN EN 1992-1-1/NA:2013-04 (2013). *Nationaler Anhang – National festgelegte Parameter – Eurocode 2:*

Bemessung und Konstruktion von Stahlbeton- und Spannbetontragwerken – Teil 1-1: Allgemeine Bemessungsregeln und Regeln für den Hochbau, Beuth: Berlin.

5.83 DIN EN 1992-1-1/NA/A1:2015-12 (2015). *Nationaler Anhang – National festgelegte Parameter – Eurocode 2: Bemessung und Konstruktion von Stahlbeton- und Spannbetontragwerken – Teil 1-1: Allgemeine Bemessungsregeln und Regeln für den Hochbau*; Änderung A1, Beuth: Berlin.

5.84 Schänzlin, J. (2018). Eurocode 5: 2022 – Zur Bemessung von Holz-Beton-Verbunddecken. in: *Karlsruher Tage 2018 – Holzbau, Forschung für die Praxis* (Hrsg. Görlacher, R., Sandhaas, C.), KIT Scientific Publishing, Karlsruhe.

5.85 Dias, A., Schänzlin, J., Dietsch, P. (2018). *Design of timber-concrete composite structures, A state-of-the-art report by COST Action FP1402/WG 4.* Shaker Verlag GmbH, Aachen.

5.86 Sieder, M., Gerold, M. (2020). Die neue Generation des Eurocode 5 – Holzbau. *Konstruktiver Ingenieurbau* 5(1): 21–27.

5.87 www.dibt.de, abgerufen am 01.02.2020.

5.88 www.oib.or.at, abgerufen am 01.02.2020.

5.89 Scheu, M. und Scheffler, J., Jahreis, M., Oppel, M., Rautenstrauch, K. (2016). Ingenieurholzbau für mehrgeschossige Industriebauten – Konzept und Detaillösungen, *Bautechnik* 93(11):828–833, 10.1002/bate201600063.

5.90 Selle, R. (2015). *Entwurf eines HBV-Deckensystems für Anwendungen im Hochbau*, Dissertation, Universität Leipzig.

5.91 Hoffmann, L., Heiden, B., Holschemacher, K. (2021). Zum ökobilanziellen Vergleich auf Bauteilebene. *Bautechnik* 98(3). 10.1002/bate.202000087.

5.92 Lehmann, S., Grosse, M. und Rautenstrauch, K. (2003). Neuartige Schubverbindung für Brettstapel-Beton-Verbunddeckenplatten, *Bautechnik* 80(6):385–392.

5.93 Braun, H.-J., Schaal, W. und Schneck, F. (1998). Der Brettstapel als Verbundelement – Vorschlag für einen Berechnungsansatz, *Bautechnik* 75(8):539–547.

5.94 Loebus, S. und Winter, S. (2017). *Zweiachsige Tragwirkung bei Holz-Beton-Verbundkonstruktionen – Entwicklung von Bemessungsverfahren und Konstruktionsdetails für zweiachsige Lastabtragung bei der Holz-Beton-Verbundbauweise*, Fraunhofer IRB Verlag, Stuttgart.

5.95 Bathon, L. und Bletz, O. (2009). Holz-Beton-Verbund bei Wänden und Dächern – eine aktuelle Übersicht zum Stand der Technik, *Holzbau die neue Quadriga* (6), 51–55.

5.96 Boccadoro, L. und Frangi, A. (2015). Experimentelle Untersuchungen zum Tragverhalten von Holz-Beton-Verbunddecken aus Buche, *Bautechnik* 92(11):783–789, 10.1002/bate201400078.

5.97 Holschemacher, K. und Dehn, F. (2004). Innovative Betone für Holz-Beton-Verbundkonstruktionen, *Bautechnik* 81(11):874–879, 10.1002/bate.200490206.

5.98 Holschemacher, K., Dehn, F., Müller, T. und Lobisch, F. (2017). Grundlagen des Faserbetons, in *Beton-Kalender 2017* (Hrsg. Bergmeister, K., Fingerloos, F., Wörner, J.-D.), Ernst & Sohn, Berlin, S. 381–472.

5.99 Schmidt, J. (2003). *Holz/Calciumsulfatestrich-Verbunddecken*, Dissertation, Universität Leipzig.

5.100 Kuhlmann, U., Schänzlin, J. und Michelfelder, B. (2004). Berechnung von Holz-Beton-Verbunddecken, *Beton- und Stahlbetonbau* 99(4):262–271.

5.101 Eisenhut, L. und Seim, W. (2016). Langzeitverhalten geklebter Bauteile aus Holz und hochfestem Beton bei natürlichem Klima, *Bautechnik* 93(11):807–816, 10.1002/bate201500087.

5.102 Holschemacher, K. und Kieslich, H. (2017). *Recent developments in timber-concrete composite*, CLEM+CIMAD 2017, Junin, Argentina, 1–10.

5.103 Kieslich, H. und Holschemacher, K. (2016). *Transversal load sharing in timber-concrete floors – experimental and numerical investigations*, World Conference on Timber Engineering, WCTE 2016, Vienna, Austria, 2355–2364.

5.104 DIN EN 1991-1-1/NA:2010-12 (2010). *Nationaler Anhang – National festgelegte Parameter – Eurocode 1: Einwirkungen auf Tragwerke – Wichten, Eigengewicht und Nutzlasten im Hochbau*, Beuth: Berlin.

5.105 Resch, E., Schmidt, J., Kaliske, M. und Schneider, W. (2004). Betrachtungen zur Verkehrslastannahme bei Holzbalken/Beton-Verbunddecken, *Beton- und Stahlbetonbau* 99(10):790–793.

5.106 Frangi, A., Knobloch, M. und Fontana, M. (2010). Fire Design of Timber-Concrete Composite Slabs with Screwed Connections, *Journal of Structural Engineering* 136(2):219–228.

5.107 Klingsch, E., Klippel, M., Boccadero, L., Frangi, A. und Fontana, M. (2015). Brandverhalten von Holz-Beton-Verbunddecken aus Buchenholz, *Bautechnik* 92(5):323–329.

5.108 Teichert, H.-J., Schmidt, J. und Thiele, R. (2004). Zum Schallschutz von Holzbalken- und Verbunddecken, in *Holz-Beton-Verbund* (Hrsg. König, G., Holschemacher, K., Dehn, F.), Bauwerk, Berlin, S. 123–132.

5.109 Steinmetz, E. (1992). Die Aussteifung von Holzhäusern am Beispiel des Holzrahmenbaues, *holzbau statik aktuell* (1) Juli 1992, Arbeitsgemeinschaft Holz e. V., Düsseldorf, Deutschland.

5.110 ETA 15/0760 (2016). *MHM-Wandelemente*, Europäisch Technische Bewertung, Österreichisches Institut für Bautechnik, Wien.

5.111 Hartmann, H. et al. (2018). Industrie- und Gewerbebau in Holz. Informationsdienst Holz, *holzbau handbuch*, Reihe 1, Teil 3, Folge 1. Holzabsatzfonds, Bonn, 09/2018. ISSN-Nr.0466-2114.

5.112 Reichart, J. und Jürges, T. (2017). Nagelplattenkonstruktionen nach Eurocode. Informationsdienst Holz, *holzbau handbuch*, Reihe 2, Teil 1, Folge 3. GIN – Qualitätsgemeinschaft Nagelplattenprodukte e. V., 09/2017.

5.113 Z-9.1-136 (2011). *Allgemeine bauaufsichtliche Zulassung: Stützen aus Brettschichtholz zur Einspannung durch Verguss in Stahlbetonfundamente* Deutsches Institut für Bautechnik, Berlin.

5.114 DIN EN 1990:2010-12 (2010). *Eurocode: Grundlagen der Tragwerksplanung* mit DIN EN 1990/NA:2010-12 *Nationaler Anhang – National festgelegte Parameter – Eurocode: Grundlagen der Tragwerksplanung*, Beuth: Berlin.

5.115 DIN EN 1991-1-4:2010-12 (2010). *Eurocode 1: Einwirkungen auf Tragwerke – Teil 1-4: Allgemeine Einwirkungen – Windlasten* mit DIN EN 1991-1-4/NA:2010-12 *Nationaler Anhang – National fest-*

gelegte Parameter – Eurocode 1: Einwirkungen auf Tragwerke – Teil 1-4: Allgemeine Einwirkungen – Windlasten, Beuth: Berlin.

5.116 DIN EN 16351:2015-12 (2015). *Holzbauwerke – Brettsperrholz – Anforderungen*, Beuth: Berlin.

5.117 DIN 1052-3:1988-04 (1988). *Holzbauwerke – Holzhäuser in Tafelbauart – Berechnung und Ausführung*, Beuth: Berlin.

5.118 DIN 1055-4:1986-08 (1986). *Lastannahmen für Bauten – Verkehrslasten, Windlasten bei nicht schwingungsanfälligen Bauwerken*, Beuth: Berlin.

5.119 DIN EN 1995-2:2010-12 *Eurocode 5: Bemessung und Konstruktion von Holzbauten – Teil 2: Brücken*, Beuth: Berlin.

5.120 DIN EN 1052:2008-12 (2008). *Entwurf, Berechnung und Bemessung von Holzbauwerken; Allgemeine Bemessungsregeln und Bemessungsregeln für den Hochbau*, Beuth: Berlin.

5.121 DIN 1052-10:2012-05 (2012). *Herstellung und Ausführung von Holbauwerken – Ergänzende Bestimmungen*, Beuth: Berlin.

5.122 DIN SPEC 1052-100:2013-08 (2013). *Holzbauwerke – Bemessung und Konstruktion von Holzbauten-Mindestanforderungen an die Baustoffe oder den Korrosionsschutz von Verbindungsmitteln*, Beuth: Berlin.

5.123 DIN 4074-1:2003-06 (2003). *Sortierung von Holz nach der Tragfähigkeit – Teil 1: Nadelschnittholz*, Beuth: Berlin.

5.124 DIN EN 1993-1-1:2010-12 (2010). *Eurocode 3: Bemessung und Konstruktion von Stahlbauten – Teil 1-1: Allgemeine Bemessungsregeln und Regeln für den Hochbau*; Deutsche Fassung EN 1993-1-1:2005 + AC:2009, Beuth: Berlin.

5.125 DIN EN 912:2011-09 (2011). *Holzverbindungsmittel – Spezifikationen für Dübel besonderer Bauart für Holz*, Beuth: Berlin.

5.126 DIN EN 14081-1:2011-05 (2011). *Holzbauwerke – Nach Festigkeit sortiertes Bauholz für tragende Zwecke mit rechteckigem Querschnitt – Teil 1 Allgemeine Anforderungen*, Beuth: Berlin.

5.127 DIN EN 14545:2009-02 (2009). *Holzbauwerke – Nicht stiftförmige Verbindungselemente – Anforderungen*; Deutsche Fassung EN 14545:2008, Beuth: Berlin.

5.128 DIN EN 14592:2012-07 (2012). *Holzbauwerke – Stiftförmige Verbindungsmittel – Anforderungen*, Beuth: Berlin.

5.129 DIN EN 20000-5:2012-03 (2012). *Anwendung von Bauprodukten in Bauwerken – Teil 5: Nach Festigkeit sortiertes Bauholz für tragende Zwecke mit rechteckigem Querschnitt*, Beuth: Berlin.

5.130 Blaß, H.J. und Sandhaas, C. (2016). *Ingenieurholzbau – Grundlagen der Bemessung*, Kapitel E5 Verbindungen mit selbstbohrenden Schrauben, Karlsruher Institut für Technologie (KIT) – Lehrstuhl für Ingenieurholzbau, KIT Scientific Publishing, Karlsruhe (Vertrieb), Dezember 2016.

5.131 Colling, F. (2016). *Holzbau: Grundlagen und Bemessung nach EC 5*, Verlag Springer Vieweg, Wiesbaden, 5. Auflage.

5.132 Schänzlin, J. (2017). Umdrucke zu Vorlesungen Hochschule Biberach – Institut für Holzbau, und Universität Stuttgart – Lehrstuhl für Konstruktion und Entwurf.

5.133 Johansen, K.W. (1949). *Theorie of Timber Connections*, in: IVBH (1949), Heft 9, S. 249–262, IABSE (Hrsg.) c/o ETH Zürich.

5.134 Moeller, T (1950). *En ny metod för beräkning av spikförband*, Chalmers Tekniska Hoegskola Handlinger, No. 117, Goeteborg, Schweden.

5.135 Meyer, A. (1957). Die Tragfähigkeit von Nagelverbindungen bei statischer Belastung, *Holz als Roh- und Werkstoff* (15), 96–109.

5.136 Werner, H. (1993). *Tragfähigkeit von Holz-Verbindungen mit stiftförmigen Verbindungsmitteln unter Berücksichtigung streuender Einflußgrößen*, Dissertation, Universität Karlsruhe.

5.137 Heimeshoff, B. (1988). Versätze, in *Zimmermannsmäßige Verbindungen*, Infodienst Holz – Arbeitsgemeinschaft Holz, Düsseldorf (Hrsg.).

5.138 Gerold, M. (1989). Zur Berechnung und Konstruktion von Glockenstühlen. *Bauen mit Holz* 91(4):232–234.

5.139 Gerold, M. (1998). Dynamisch beanspruchte Holzkonstruktionen – Schwingungsberechnungen und Konstruktionshinweise, *Bautechnik* 75(8):509–529.

5.140 Mönch, W. und Rug, W. (1998). *Holzbau*, Band 13, VEB Verlag für Bauwesen, Berlin.

5.141 Keylwerth, R. (1951). *Die anisotrope Elastizität des Holzes und der Lagenhölzer*, Deutscher Ingenieur-Verlag GmbH, Düsseldorf.

5.142 Eberhardsteiner, J. (2002). *Mechanisches Verhalten von Fichtenholz*, Springer-Verlag, Wien New York.

5.143 Niemz, P. (1993). *Physik des Holzes und der Holzwerkstoffe*, DRW-Verlag, Leinfelden-Echterdingen.

5.144 v. Halàsz, R., Scheer,C. (1996). *Holzbau-Taschenbuch*, Ernst & Sohn, Berlin.

5.145 Girkmann, K. (1959). *Flächentragwerke: Einführung in die Elastostatik der Scheiben, Platten, Schalen und Faltwerke*, Springer-Verlag, Berlin Heidelberg.

5.146 Mestek, P. et al. (2008). *Brettstapel, Brettsperrholz und Verbundkonstruktionen*, Teilprojekt 15 des HTO-Verbundforschungsvorhabens „Holzbau der Zukunft“, TU München.

5.147 Brandner, R. und Dietsch, P. et al. (2017). Cross laminated timber (CLT) diaphragms under shear: Test configuration, properties and design, *Construction and Building Materials* (147), 312–327.

6
Brandschutz von Holzbauteilen und Verbindungen

Mandy Peter, München

6.1 Grundsätze

In Zeiten, in denen das Sicherheitsbedürfnis der Bevölkerung zunehmend steigt, wird auch dem Brandschutz mehr und mehr Bedeutung zugewiesen. Dies betrifft sowohl den baulichen, anlagentechnischen und organisatorischen Brandschutz als auch die Nachweise des konstruktiven Brandschutzes im Hinblick auf die erforderlichen Feuerwiderstandsdauern.

6.2 Brandschutznachweise und Brandschutzkonzepte

Gemäß den Bauvorlagenverordnungen der meisten Bundesländer ist für alle Bauwerke ein Brandschutznachweis zu führen. Hierfür stellen die Bauordnungen der Länder ein sogenanntes „Standardbrandschutzkonzept" dar. Ein Brandschutznachweis muss Aussagen enthalten zum

- baulichen Brandschutz,
- anlagentechnischen Brandschutz,
- organisatorischen Brandschutz.

Beim baulichen Brandschutz sollten Aussagen zu den folgenden wesentlichen Punkten getroffen werden:

- brandschutztechnische Erschließung mit Abstandsflächen, Zugänglichkeit für die Feuerwehr, Flächen für die Feuerwehr und Löschwasserversorgung,
- Rettungskonzept und Rettungswege,
- bautechnische Brandschutzmaßnahmen (Bauteile, Durchbrüche etc.).

In der Gebäudeklasse 5, mit Ausnahme der Bundesländer Baden-Württemberg, Hamburg und Hessen, sowie in den meisten Sonderbauten ist eine Verwendung des Baustoffs Holz durch das Bauordnungsrecht zunächst nicht vorgesehen. Dennoch wird genau in diesen Anwendungsbereichen durch Politik und Gesellschaft zunehmend eine vermehrte Anwendung dieses nachwachsenden, ökologischen Rohstoffs gefordert. Entsprechend den Bauordnungen der Länder sind Abweichungen ein In-

Holzbau-Taschenbuch, Grundlagen. 10. Auflage. Herausgegeben von Stefan Winter und Mandy Peter.

strument, um den Einsatz des Baustoffs Holz auch in diesen Gebäuden zu ermöglichen. Voraussetzung für die Genehmigung von Abweichungen ist der Nachweis, dass auch im Holzbau die Schutzziele des Brandschutzes erfüllt werden. Dies bedeutet im Einzelnen, dass der Entstehung eines Brands und der Ausbreitung von Feuer und Rauch (Brandausbreitung) vorgebeugt wird und bei einem Brand die Rettung von Menschen und Tieren sowie wirksame Löscharbeiten möglich sind. Der Nachweis zur Erfüllung dieser Schutzziele erfolgt in der Regel über ein ganzheitliches Brandschutzkonzept. Einzelheiten hierzu werden in Kapitel 8 erläutert.

6.3 Bemessung

6.3.1 Holzbauteile

6.3.1.1 Allgemeines

Neben der Bemessung von Holzbauteilen für Normaltemperatur ist in den meisten Anwendungsfällen ebenfalls ein Nachweis für den Brandfall zu führen.

Für Holzbauteile, die unter Normaltemperaturen nach der europäisch harmonisierten Norm DIN EN 1995-1-1 [6.4] bemessen werden, erfolgen, soweit erforderlich, die Nachweise für den Brandschutz nach DIN EN 1995-1-2 [6.7]. Hierzu bietet die Norm zwei Verfahren an (s. Abb. 6.1):

- Methode mit reduzierten Querschnitten (reduced cross-section method RCSM),
- Methode mit abgeminderten Werkstoffeigenschaften (reduced properties method RPM).

Im Folgenden sollen die wesentlichen Grundzüge beider Verfahren und deren Hintergründe näher erläutert werden.

Abbrandtiefen Die DIN EN 1995-1-2 definiert Abbrandgeschwindigkeiten für ungeschützte sowie für anfänglich geschützte Bauteile. Es werden jeweils Werte für einen eindimensionalen Abbrand β_0 sowie ideelle Abbrandraten β_n unter Berücksichtigung der Effekte von Eckausrundungen und Rissen angegeben. Für die Bemessung von Holzbauteilen ist in der Regel die ideelle Abbrandrate β_n zur Ermittlung der Abbrandtiefe in Abhängigkeit der Branddauer zu verwenden.

$$d_{\mathrm{char,n}} = \beta_\mathrm{n} \cdot t \tag{6.1}$$

$d_{\mathrm{char,n}}$ rechnerische Abbrandtiefe in mm nach DIN EN 1995-1-2 [6.7] Gl. (3.2)
β_n nominelle Abbrandrate in mm/min
t Zeitdauer der Brandbeanspruchung in min

Festigkeiten und Steifigkeiten im Brandfall Die Methode mit reduziertem Querschnitt als das vereinfachte Verfahren sieht eine Berücksichtigung des Temperatureinflusses auf die Festigkeiten und Steifigkeiten über den Ansatz einer Vergrößerung der Abbrandtiefe um 7 mm vor. Die genauere Methode nach DIN EN 1995-1-2 [6.7] Abschnitt 4.2.3 regelt den Nachweis unter Verwendung reduzierter Eigenschaften. Das Bemessungsschema ist für beide Verfahren in Abb. 6.1 gegenübergestellt.

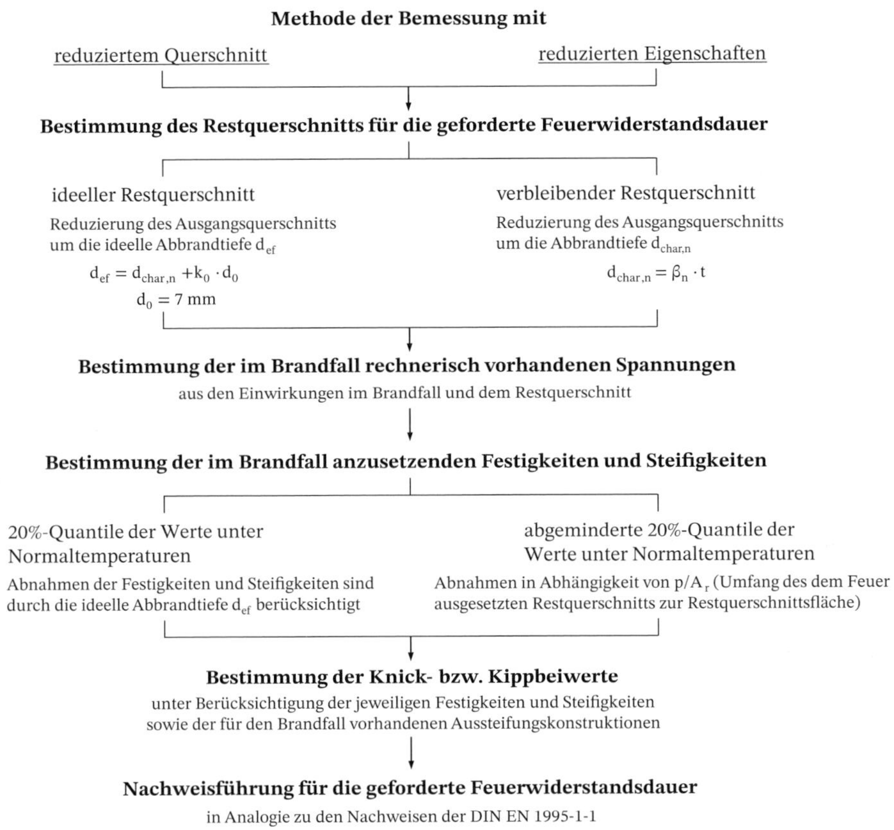

Abb. 6.1 Ablaufschema für eine Brandschutzbemessung von Holzbauteilen nach DIN EN 1995-1-2 [6.7].

Der Temperatureinfluss auf die Festigkeits- und Steifigkeitseigenschaften wird über den Faktor $k_{mod,fi}$ in Abhängigkeit des Verhältnisses von Umfang des dem Feuer ausgesetzten Restquerschnitts zur Restquerschnittsfläche und der Art der Beanspruchung berücksichtigt. Es gilt:

- für die Biegefestigkeit:

$$k_{mod,f} = 1 - \frac{1}{200} \cdot \frac{p}{A_r} \tag{6.2}$$

- für die Druckfestigkeit parallel zur Faser:

$$k_{mod,f} = 1 - \frac{1}{125} \cdot \frac{p}{A_r} \tag{6.3}$$

- für die Zugfestigkeit parallel zur Faser, den E-Modul und den Schubmodul:

$$k_{mod,f} = 1 - \frac{1}{330} \cdot \frac{p}{A_r} \tag{6.4}$$

$k_{mod,fi}$ Modifikationsbeiwert zur Berücksichtigung des Temperatureinflusses
p Restquerschnittsumfang der beflammten Seiten in m
A_r Fläche des verbleibenden Restquerschnitts in m^2

Zu beachten ist, dass diese Regelungen nur für drei- und vierseitig brandbeanspruchte Rechteckquerschnitte aus Nadelholz sowie für Rundhölzer aus Nadelholz gelten, deren ganzer Umfang dem Feuer ausgesetzt ist. Eine Bemessung von Querschnitten aus Laubholz nach der genaueren Methode ist demzufolge nicht möglich. Für diese ist das Verfahren mit reduziertem Querschnitt nach DIN EN 1995-1-2 [6.7] Abschnitt 4.2.2 anzuwenden.

6.3.1.2 Träger und Stützen mit konstantem Querschnitt

Bei der Bemessung ist zu berücksichtigen, dass die genauere Methode mit reduzierten Eigenschaften nach Abschnitt 4.2.3 der Norm nicht für ein- und zweiseitig brandbeanspruchte Rechteckquerschnitte aus Nadelholz sowie für Querschnitte aus Laubholz anwendbar ist. Für diese ist ein Nachweis nach der Methode mit reduziertem Querschnitt nach DIN EN 1995-1-2 [6.7] Abschnitt 4.2.2 zu führen.

Bei der Bemessung von Stützen im Brandfall können gegebenenfalls günstigere Lagerungsbedingungen im Vergleich zur Bemessung unter Normaltemperaturen angenommen werden. Sofern es sich um durchlaufende Stützen handelt, deren horizontale Lagerung als unverschieblich angenommen werden kann, dürfen diese in Zwischengeschossen an beiden Enden und im obersten Stockwerk am unteren Ende als voll eingespannt angenommen werden.

Druckbeanspruchungen rechtwinklig zur Faserrichtung des Holzes (Querdruck) dürfen nach DIN EN 1995-1-2 [6.7] Abschnitt 4.3.1. (1) vernachlässigt werden.

Die Möglichkeit eines Schubversagens von Biegeträgern im Brandfall vor dem Erreichen der Biegetragfähigkeit ist derzeit in den europäischen Regelungen zur Bemessung für den Brandfall nicht berücksichtigt. Die europäische Norm DIN EN 1995-1-2 [6.7] regelt in Abschnitt 4.3.1 (2): „Eine Schubbeanspruchung darf in rechtwinkligen und runden Querschnitten vernachlässigt werden." In einem am Holzbau Deutschland Institut durchgeführten Forschungsvorhaben wurde anhand von Brandprüfungen biegebeanspruchter Voll- und Brettschichtholzbauteile festgestellt, dass für bestimmte Geometrien, insbesondere bei hohen Trägern, bei denen auch unter Normaltemperaturen eine hohe Schubbeanspruchung auftritt, ein Schubversagen vor dem Erreichen der Biegetragfähigkeit erfolgen kann [6.13]. Dies bedeutet, dass selbst bei Einhaltung aller derzeit in den Normen festgelegten Nachweise sowohl unter Normaltemperaturen als auch im Brandfall das Schubversagen die angestrebte und für die Biegebeanspruchung nachgewiesene Feuerwiderstandsdauer herabsetzen kann. Ein solches Tragverhalten hätte gravierende sicherheitsrelevante Auswirkungen zur Folge.

Im Gegensatz zu allen derzeit gültigen Normen schrieb die bisherige nationale Norm DIN 4102-4:1994-03 [6.1] vor, dass bei Biegeträgern, bei denen unter Normaltemperaturen der Schubnachweis gegenüber dem Nachweis auf Biegung oder Biegung mit Längskraft maßgebend wird, ein mögliches Schubversagen für den Brandfall zu untersuchen ist. Diese Form der Nachweisführung, auch wenn sie normativ nach den europäischen Vorschriften nicht gefordert ist, sollte zunächst beibehalten werden. Da derzeit keine Erkenntnisse zur Abhängigkeit der charakteristischen Schubfestigkeit von der Temperatur vorliegen, wird empfohlen, den Nachweis in Anlehnung an die Methode mit reduziertem Querschnitt nach DIN EN 1995-1-2 [6.7] Abschnitt 4.2.2 zu führen.

6.3.1.3 Querschnitte aus kombiniertem Brettschichtholz

Für eine Brandschutzbemessung von Holzbauteilen aus kombiniertem Brettschichtholz werden in DIN EN 1995-1-2 [6.7] ebenso wie in den nationalen Vorschriften keine Regelungen getroffen. Ein Verfahren zum Nachweis dieser Bauteile ist im Holz-Brandschutz-Handbuch [6.14] enthalten.

6.3.1.4 Stabilitätsbetrachtungen für den Brandfall

Bei der Berücksichtigung von seitlichen Aussteifungen druck- und biegebeanspruchter Bauteile ist sicherzustellen, dass diese während der maßgebenden Brandbeanspruchungsdauer uneingeschränkt funktionsfähig sind. Diese Forderung gilt prinzipiell für aussteifende Bauteile aus Holz und Holzwerkstoffen als erfüllt, wenn 60 % der bei einer Bemessung unter Normaltemperaturen erforderlichen Dicke bzw. Querschnittsfläche verbleiben und das Bauteil mit Nägeln, Schrauben, Dübeln oder Bolzen befestigt ist. Hierbei ist sicherzustellen, dass der Anschluss für die angestrebte Feuerwiderstandsdauer funktionsfähig ist (s. Abschnitt 6.3.2).

6.3.1.5 Gekrümmte Träger und Träger veränderlicher Höhe

Die europäischen Regelungen nach DIN EN 1995-1-2 [6.7] sehen keinen Nachweis von gekrümmten Trägern oder Trägern veränderlicher Höhe für den Brandfall vor. Für diese Bauteile wird in [6.14] vorgeschlagen, die Nachweise nach der Methode mit reduzierten Querschnitten unter Anwendung der Nachweisbedingungen unter Normaltemperatur zu führen.

6.3.1.6 Verbundbauteile aus nachgiebig miteinander verbundenen Querschnittsteilen

Die DIN EN 1995-1-2 [6.7] regelt darüber hinaus den Nachweis von Verbundbauteilen aus nachgiebig miteinander verbundenen Querschnittsteilen für den Brandfall. Für diese ist zu berücksichtigen, dass der Verschiebungsmodul durch die Temperatureinwirkungen beeinflusst wird. Dieser Einfluss ist für Nägel und Schrauben mit einer Reduzierung auf 20 % der Ausgangssteifigkeit am größten. Für alle anderen mechanischen Verbindungsmittel ist eine Verminderung auf 67 % des Ausgangsverschiebungsmoduls vorzunehmen.

$$K_{\mathrm{fi}} = K_{\mathrm{u}} \cdot \eta_{\mathrm{fi}} \tag{6.5}$$

K_{fi} Verschiebungsmodul im Brandfall in N/mm

K_{u} Verschiebungsmodul im Grenzzustand der Tragfähigkeit unter Normaltemperatur in N/mm

η_{fi} Umrechnungsfaktor
0,2 für Nägel und Schrauben
0,67 für alle übrigen Verbindungsmittel

6.3.2 Verbindungen

6.3.2.1 Allgemeines

Für eine Konstruktion kann ein bestimmter Feuerwiderstand nur ausgewiesen werden, wenn alle maßgebenden Einzelbauteile einschließlich ihrer Anschlüsse diesen Feuerwiderstand erfüllen. Untersuchungen belegen eindeutig, dass die Verbindungen in der Regel das schwächste Glied in der brandschutztechnischen Beurteilungskette darstellen. Daher sind bei der Bemessung von Holzkonstruktionen für den Brandfall neben den Bauteilen stets die Verbindungen nachzuweisen. Dabei sind sowohl für das Bauteil als auch für den Anschluss geometrische Mindestanforderungen einzuhalten. Eine brandschutztechnische Bemessung verlangt somit

- die Einhaltung der Mindestanforderungen an das Bauteil und
- eine ausreichende Dimensionierung der Verbindung.

Der Nachweis von Verbindungen nach europäischen Vorschriften erfolgt nach DIN EN 1995-1-2 [6.7] Kapitel 6. Sowohl die nationalen als auch die europäischen Regelungen gelten derzeit ausschließlich für symmetrische, zweischnittige Verbindungen mit auf Abscheren beanspruchten Verbindungsmitteln. Eine Anwendung auf einschnittige Verbindungen ist nicht zulässig. Sollen asymmetrische Verbindungen ausgeführt werden, an die Brandschutzanforderungen gestellt werden, kann der Nachweis beispielsweise auf dem Wege eines Gutachtens erbracht werden. Die DIN EN 1995-1-2 [6.7] behandelt zusätzlich in Kapitel 6.4 auf Herausziehen beanspruchte Verbindungen mit Schrauben.

Für den Nachweis von Verbindungen im Brandfall werden charakteristische Tragfähigkeiten ermittelt, die für stiftförmige Verbindungsmittel beispielsweise folgende Kriterien berücksichtigen:

- Abbrand und Temperaturerhöhung innerhalb der Verbindung,
- Versagen des Holzes infolge Lochleibung,
- Versagensform des Verbindungsmittels über die Einhaltung von Mindestwerten d/t_1.

6.3.2.2 Verbindungen mit stiftförmigen metallischen Verbindungsmitteln

Die Regelungen zum Nachweis von Holzverbindungen für den Brandfall nach DIN EN 1995-1-2 [6.7] gelten für symmetrische zweischnittige Holz-Holz- und Holz-Stahl-Verbindungen mit metallischen Verbindungsmitteln.

Ähnlich wie bei der Bemessung von Holzbauteilen bietet die europäisch harmonisierte Norm für den Nachweis von Verbindungen für den Brandfall ein vereinfachtes und ein genaueres Verfahren an. Die Regelungen gelten jeweils für geschützte und ungeschützte Verbindungen.

6.3.2.2.1 Ungeschützte Verbindungen

Anhand eines vereinfachten Verfahrens können Feuerwiderstandsdauern von maximal 30 min durch konstruktive Maßnahmen, wie die Erhöhung der Seitenholzabmessungen bzw. der End- und Randabstände der Verbindungsmittel, erreicht werden.

Durch die Anwendung einer genaueren Methode mit reduzierten Beanspruchungen lassen sich, mit Ausnahme von Verbindungen mit Nägeln oder Schrauben, Feuerwiderstandsdauern von maximal 30 min sowie für Stabdübelverbindungen von 40 min ohne weitere konstruktive Maßnahmen nachweisen.

Vereinfachte Methode Ungeschützte Verbindungen, die unter Normaltemperaturen nach DIN EN 1995-1-1 [6.4] bemessen wurden, erreichen ohne weiteren Nachweis bei Einhaltung vorgegebener Verbindungsmitteldurchmesser und Seitenholzdicken einen Feuerwiderstand von mindestens 15 min, bei Stabdübelverbindungen von 20 min.

Durch Erhöhung der Seitenholzabmessungen bzw. der End- und Randabstände der Verbindungsmittel können für Verbindungen mit Stabdübeln, Nägeln oder Schrauben die Feuerwiderstandsdauern erhöht werden. Es ist eine maximale Erhöhung bis 30 min zulässig. Hierfür sind sowohl die unter Normaltemperaturen erforderlichen End- und Randabstände der Verbindungsmittel a_3 und a_4 als auch die vorhandene Dicke des Seitenholzes t_1 um einen Wert a_{fi} zu erhöhen (Tab. 6.2). Da die Angaben der Tab. 6.1 auch für Verbindungen gelten, die mit den Mindestanforderungen an End- und Randabstände nach DIN EN 1995-1-1 [6.4] ausgeführt werden, bezieht sich das Maß der Erhöhung auf die erforderlichen und nicht auf die tatsächlich vorhandenen Abstände. Entspricht das vorhandene Maß bereits mindestens der Summe aus dem erforderlichen Abstand unter Normaltemperaturen und dem Erhöhungswert a_{fi}, ist keine weitere Veränderung der Verbindungsgeometrie erforderlich. Folgende Bedingungen sind einzuhalten:

$$a_{3(4)} \geq a_{3(4),\mathrm{req}} + a_{\mathrm{fi}} \tag{6.6}$$

$a_{3(4),\mathrm{req}}$ erforderliche Abstände nach DIN EN 1995-1-1 [6.4] Abs. 8
a_{fi} Maß der Erhöhung nach DIN EN 1995-1-2 [6.7] Gl. (6.1)

Mit zunehmender Seitenholzdicke nimmt die Tragfähigkeit einer Verbindung in den Versagensfällen 1–3 (Bereich I) der Johansen-Beziehungen aufgrund des Einflusses der Lochleibungsfestigkeit zu (Abb. 6.2).

Tab. 6.1 Feuerwiderstandsdauer ungeschützter Verbindungen mit Seitenteilen aus Holz nach DIN EN 1995-1-2 [6.7].

Verbindungsmittel	**Feuerwiderstandsdauer $t_{\mathrm{d,fi}}$ in min**	**Mindestabmessungen d und t_1 in mm**
Nägel	15	$d \geq 2{,}8$
Schrauben	15	$d \geq 2{,}8$
Stabdübel	20	$t_1 \geq 45$
Bolzen	15	$t_1 \geq 45$
Ring- und Scheibendübel	15	$t_1 \geq 45$

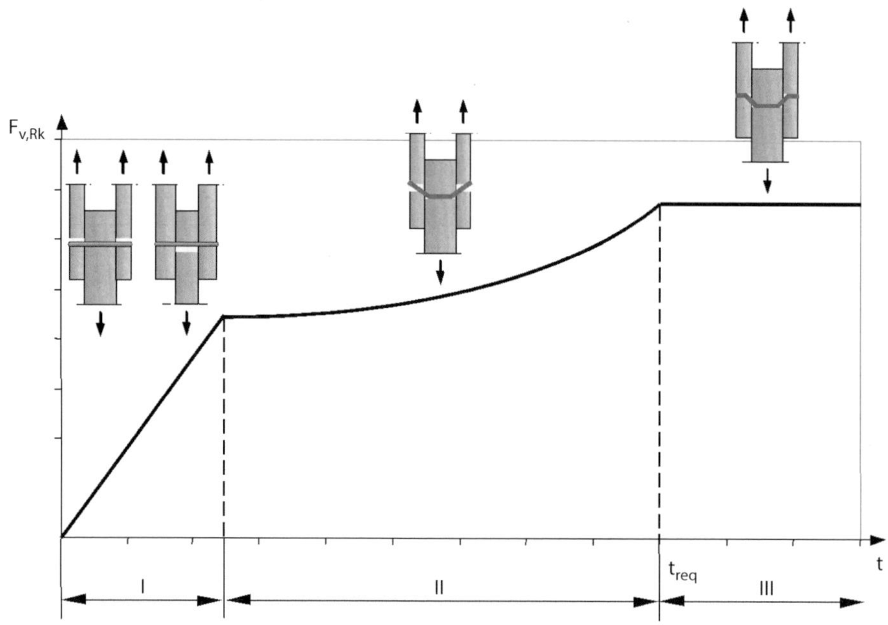

Abb. 6.2 Versagensfälle von Holzverbindungen mit stiftförmigen Verbindungsmitteln nach DIN EN 1995-1-1: I Lochleibungsversagen der Seitenhölzer bzw. des Mittelholzes, II Lochleibungsversagen in Kombination mit einer Fließgelenkausbildung im Bereich des Mittelholzes, III Lochleibungsversagen in Kombination mit einer Fließgelenkausbildung im Bereich der Seitenhölzer sowie des Mittelholzes.

Ab dem Versagensfall 4 ist das Erreichen der Traglast durch die Fließgelenkausbildung des Stahlstifts gekennzeichnet (Bereiche II und III). Die Versagensfälle sind somit unabhängig von der Dicke der Seitenholzbauteile, die Verbindungsmittelschlankheit wird maßgebend. Eine Vergrößerung der Dicke der Seitenhölzer führt zu keiner Erhöhung der Tragfähigkeit der Verbindung. Daher ist für den Brandfall ab einer vorhandenen Seitenholzdicke t_1, die der Summe aus der erforderlichen Dicke t_{req} nach Abb. 6.2 für das Erreichen des Versagensfalls 4 für Normaltemperatur nach DIN EN 1995-1-1 [6.4] und dem Wert der Erhöhung a_{fi} entspricht, keine weitere Vergrößerung der Dicke des Seitenholzes zum Erreichen einer Feuerwiderstandsdauer von 30 min erforderlich. In allen übrigen Fällen ist die vorhandene Seitenholzdicke t_1 um den Wert a_{fi} nach Gleichung (6.1) der DIN EN 1995-1-2 [6.7] zu erhöhen.

Verbindungen mit Bolzen oder Dübeln besonderer Bauart sind zum Erreichen einer Feuerwiderstandsdauer von 30 min entweder geschützt auszuführen oder nach dem genaueren Verfahren der Methode mit reduzierten Beanspruchungen nachzuweisen. Es ist zu beachten, dass durch die Erhöhungen der Bauteilabmessungen sowie der Rand- und Endabstände der Verbindungsmittel eine maximale Feuerwiderstandsdauer von 30 min erreicht werden kann (Tab. 6.2). Für größere Widerstandsdauern ist der Nachweis mit der Methode der reduzierten Beanspruchungen zu führen.

Tab. 6.2 Erhöhung a_{fi} zum Erreichen einer Feuerwiderstandsdauer von 30 min nach DIN EN 1995-1-2 [6.7] Gl. (6.1).

Verbindungsmittel	Erhöhungsfaktor a_{fi} in mm	
	Vollholz aus Nadelholz	Brettschichtholz
Nägel	18	16
Schrauben	18	16
Stabdübel	12	11

Methode mit reduzierten Beanspruchungen Die Methode der Bemessung mit reduzierten Beanspruchungen bietet für ungeschützte Verbindungen die Möglichkeit, höhere Feuerwiderstandsdauern als nach dem vereinfachten Verfahren nach DIN EN 1995-1-2 [6.7] Tab. 6.1 zu erreichen, ohne die Geometrie der Verbindung gegenüber der Bemessung unter Normaltemperaturen ändern zu müssen. Mit Ausnahme von Verbindungen mit Nägeln und Schrauben lassen sich nach DIN EN 1995-1-2 [6.7] Abschnitt 6.2.2.1 (3) Feuerwiderstandsdauern von maximal 30 min und für Stabdübelverbindungen von 40 min erzielen. Ungeschützte Verbindungen mit Nägeln und Schrauben können ohne weitere Maßnahmen Feuerwiderstandsdauern von maximal 20 min erreichen (Tab. 6.3). Für höhere Feuerwiderstandsdauern sind die Verbindungen entweder geschützt auszuführen oder alternativ die Abmessungen der Seitenhölzer sowie der End- und Randabstände der Verbindungsmittel zu erhöhen. Insgesamt können durch Anwendung dieser Methode Feuerwiderstandsdauern bis zu 60 min nachgewiesen werden. Bis zu einer Feuerwiderstandsdauer von 30 min gelten für die Erhöhungen die Regelungen der vereinfachten Methode nach Gleichung (6.1) der DIN EN 1995-1-2 [6.7]. Für Feuerwiderstandsdauern größer als 30 min sind die Endabstände der Verbindungsmittel um das doppelte Maß zu vergrößern. Dies gilt ebenso für Mittelholzbauteile einer Verbindung, wie beispielsweise beim Zugstoß.

Die Methode mit reduzierten Beanspruchungen bietet zwei alternative Verfahren für den Nachweis einer ausreichenden Tragfähigkeit von Verbindungen für eine angestrebte Feuerwiderstandsdauer. Das eine Verfahren sieht den Nachweis der

Tab. 6.3 Maximale Feuerwiderstandsdauer ungeschützter Verbindungen nach DIN EN 1995-1-2 [6.7] Abs. 6.2.2.1 (3).

Verbindung	Maximale Feuerwiderstandsdauer ungeschützter Verbindungen in min
Nägel und Schrauben	20
Bolzen, Holz-Holz mit $d \geq 12$ mm	30
Bolzen, Stahl-Holz mit $d \geq 12$ mm	30
Stabdübel, Holz-Holz[a)] mit $d \geq 12$ mm	40
Stabdübel, Stahl-Holz[a)] mit $d \geq 12$ mm	30
Dübel besonderer Bauart nach DIN EN 912 [6.2]	30

a) Werte gelten für Verbindungen mit einem Bolzen je vier Stabdübel

Tab. 6.4 Abminderungsfaktoren η zum Erreichen einer Feuerwiderstandsdauer von 30 min.

Verbindung	**Abminderungsfaktor η nach DIN EN 1995-1-2 [6.7] Gl. (6.6)**
Nägel und Schrauben	—
Bolzen, Holz-Holz mit $d \geq 12$ mm	0,14
Bolzen, Stahl-Holz mit $d \geq 12$ mm	0,08
Stabdübel, Holz-Holz[a)] mit $d \geq 12$ mm	0,30
Stabdübel, Stahl-Holz[a)] mit $d \geq 12$ mm	0,08
Dübel besonderer Bauart nach DIN EN 912 [6.2]	0,14

a) Werte gelten für Verbindungen mit einem Bolzen je vier Stabdübel

Tragfähigkeit für eine angestrebte Feuerwiderstandsdauer vor und das andere die Ermittlung der vorhandenen Feuerwiderstandsdauer für eine vorgegebene Verbindung in Abhängigkeit ihres Ausnutzungsgrads unter Normaltemperaturen.

Durch Anwendung der Gln. (6.5) und (6.6) kann für eine erforderliche Feuerwiderstandsdauer die korrespondierende Tragfähigkeit für den Brandfall aus der Tragfähigkeit unter Normaltemperaturen ermittelt werden. In Abhängigkeit der Art der Verbindung sowie der angestrebten Feuerwiderstandsdauer ergibt sich aus Gl. (6.6) die Abminderung der Beanspruchbarkeit für den Brandfall. Dabei ist zu beachten, dass die Ausgangsfestigkeit für den Brandfall im Gegensatz zu einer Bemessung unter Normaltemperaturen mit dem 20%-Quantilwert der Festigkeit anzusetzen ist. Gemäß dieser Regelung fehlt in der Gl. (6.5) der Faktor k_{fi} nach Tab. 2.1 der Norm. Die Gleichung zur Ermittlung des charakteristischen mechanischen Widerstands eines Verbindungsmittels auf Abscheren für den Brandfall müsste somit eigentlich lauten:

$$F_{\text{v,Rk,fi}} = \eta \cdot k_{\text{fi}} \cdot F_{\text{v,Rk}} \tag{6.7}$$

η Abminderungsfaktor $\eta = \text{e}^{-\text{k} \cdot t_{\text{d,fi}}}$
k Parameter zur Berücksichtigung der Art der Verbindung nach DIN EN 1995-1-2 [6.7] Tab. 6.3
$t_{\text{d,fi}}$ Feuerwiderstandsdauer in min
k_{fi} Koeffizient zur Ermittlung des 20%-Quantilwerts des Widerstands nach DIN EN 1995-1-2 [6.7] Tab. 2.1
$F_{\text{v,Rk}}$ charakteristische Beanspruchbarkeit der Verbindung unter Normaltemperatur nach DIN EN 1995-1-1 [6.4]
$F_{\text{v,Rk,fi}}$ charakteristische Beanspruchbarkeit der Verbindung im Brandfall

Tabelle 6.4 zeigt, dass sich für Holz-Holz-Verbindungen mit Stabdübeln unter Berücksichtigung des 20%-Quantilwerts der Festigkeit unter Normaltemperaturen eine charakteristische mechanische Beanspruchbarkeit für den Brandfall ergibt, die 35 % der Tragfähigkeit unter Normaltemperaturen beträgt.

$$\eta \cdot k_{\text{fi}} = 0{,}30 \cdot 1{,}15 = 0{,}35 \tag{6.8}$$

Diese Tragfähigkeit wird einer deutlich reduzierten Beanspruchung im Brandfall gegenübergestellt, sodass übliche Verbindungsausführungen, die unter Normaltemperaturen nachgewiesen wurden, eine Feuerwiderstandsdauer von 30 min erreichen. Für Verbindungen mit Stahlteilen sowie mit Bolzen ergeben sich jedoch entsprechend ihrem Tragverhalten unter Brandbeanspruchung deutlich reduzierte Tragfähigkeiten. Diese Verbindungen unterliegen durch die Stahlbauteile einer stärkeren Erwärmung, sowohl in den Stahl- als auch in den Holzbauteilen. Die Festigkeit des Werkstoffs Stahl nimmt ab ca. 400 °C deutlich ab, sodass das Erwärmungsverhalten dieser Verbindungen einen hohen Einfluss auf ihre Tragfähigkeit hat. Dies betrifft ebenso Verbindungen mit Stabdübeln, bei denen die Stabdübel um mehr als 5 mm überstehen. Sie sind nach DIN EN 1995-1-2 [6.7] Abschnitt 6.2.2.1 (4) wie Bolzen zu behandeln.

Weiterhin ist zu beachten, dass der mechanische Widerstand der Verbindung nach Gl. (6.5) für den aus der maßgebenden Beanspruchung unter Normaltemperaturen resultierenden Winkel der Beanspruchung zur Faserrichtung des Holzes gilt. Die Einwirkungskombinationen im Brandfall unterscheiden sich üblicherweise erheblich von denen unter Normaltemperaturen. Veränderliche Einwirkungen sind in der Regel nur mit einem geringen Anteil zu berücksichtigen oder gänzlich zu vernachlässigen. Für komplexe Verbindungen, die neben Normalkraftbeanspruchungen auch Querkräfte und Biegemomente erhalten, ändert sich durch die Verschiebung der Lastanteile der Winkel zwischen Beanspruchungsrichtung und Faserrichtung des Holzes im Vergleich zu einer Bemessung unter Normaltemperaturen. Demzufolge gilt die angegebene Gl. (6.5) in ihrer derzeitigen Form nur für reine Zug- und Druckanschlüsse, bei denen sowohl unter Normaltemperaturen als auch im Brandfall die Beanspruchung stets in Faserrichtung zeigt. Es bestehen zwei Möglichkeiten, die Gleichung dennoch für komplexe Verbindungen mit Momenten- und Querkraftbeanspruchungen und einer Veränderung des Beanspruchungswinkels zur Faserrichtung anzuwenden.

1. Es kann eine vereinfachte Bemessung erfolgen, bei der die Tragfähigkeit unter Normaltemperaturen mit dem ungünstigsten Winkel von 90° zwischen der Beanspruchungs- und Faserrichtung des Holzes ermittelt wird. Dieses Verfahren liegt auf der sicheren Seite und kann demzufolge zu unwirtschaftlichen Ergebnissen führen. Hier ist die Größe der Beanspruchung für den Brandfall von entscheidender Bedeutung.
2. Es ist die maßgebende Beanspruchung aller Verbindungsmittel für den Brandfall zu ermitteln. Für die zugehörigen Kraft-Faser-Winkel sind die Beanspruchbarkeiten unter Normaltemperaturen zu berechnen und in Gl. (6.5) einzusetzen.

Bei der zweiten Methode kann für eine unter Normaltemperaturen nachgewiesene Verbindung die erreichbare Feuerwiderstandsdauer direkt ermittelt werden. Die vorhandene Feuerwiderstandsdauer wird anhand der Gl. (6.7) in Abhängigkeit der Verbindungsart, der Beanspruchung im Brandfall sowie der Ausnutzung der Verbindung unter Normaltemperaturen bestimmt. Diese Gleichung wurde aus den Gln. (6.5) und (6.6) unter der Bedingung abgeleitet, dass für die maximale Feuerwiderstandsdauer die Auslastung des Nachweises für den Brandfall 100 % beträgt.

$$t_{d,fi} = -\frac{1}{k} \cdot \ln \frac{\eta_{fi} \cdot \alpha \cdot k_{mod} \cdot \gamma_{M,fi}}{\gamma_M \cdot k_{fi}} \tag{6.9}$$

k Parameter zur Berücksichtigung der Art der Verbindung nach DIN EN 1995-1-2 [6.7] Tab. 6.3

η_{fi} Abminderungsfaktor zur Ermittlung der Beanspruchung im Brandfall nach DIN EN 1995-1-2 [6.7] Gl. (2.8)

k_{mod} Modifikationsbeiwert nach DIN EN 1995-1-1 [6.4] Tab. 3.1

α Ausnutzungsgrad der Bemessung unter Normaltemperaturen

$\gamma_{M,fi}$ Teilsicherheitsbeiwert für Holz für den Brandfall $\gamma_{M,fi} = 1{,}0$

γ_M Teilsicherheitsbeiwert für die Verbindung unter Normaltemperatur nach DIN EN 1995-1-1 [6.4] Abs. 2.4.1

k_{fi} Faktor zur Ermittlung des 20%-Quantilwerts der Festigkeit nach DIN EN 1995-1-2 [6.7] Tab. 2.1

Die Gl. (6.7) zur Ermittlung der vorhandenen Feuerwiderstandsdauer lässt sich aus den Gln. (6.5) und (6.6) wie folgt herleiten.
Die korrigierte Gleichung (6.5) aus DIN EN 1995-1-2 [6.7] muss lauten:

$$F_{v,Rk,f} = \eta \cdot k_{fi} \cdot F_{v,Rk} \tag{6.10}$$

$$\eta = \frac{F_{v,Rk,fi}}{k_{fi} \cdot F_{v,Rk}} \tag{6.11}$$

Aus DIN EN 1995-1-2 [6.7] Gl. (6.6) folgt:

$$t_{d,fi} = -\frac{1}{k} \cdot \ln \eta = -\frac{1}{k} \cdot \ln \frac{F_{v,Rk,fi}}{k_{fi} \cdot F_{v,Rk}} \tag{6.12}$$

Nachweisbedingung unter Normaltemperatur:

$$\frac{E_d}{F_{v,Rd}} = \frac{E_d}{\frac{k_{mod} \cdot F_{v,Rk}}{\gamma_M}} = \alpha \tag{6.13}$$

$$E_d = \frac{k_{mod} \cdot F_{v,Rk} \cdot \alpha}{\gamma_M} \tag{6.14}$$

Nachweisbedingung für den Brandfall:
Die maximale Feuerwiderstandsdauer ergibt sich für eine 100%ige Auslastung der Tragfähigkeit der Verbindung im Brandfall.

$$\frac{E_{d,fi}}{F_{v,Rd,fi}} = \frac{E_{d,fi} \cdot \gamma_{M,f}}{F_{v,Rk,f}} = 1{,}0 \tag{6.15}$$

$$F_{v,Rk,f} = E_{d,fi} \cdot \gamma_{M,fi} \tag{6.16}$$

DIN EN 1995-1-2 [6.7] Gl. (2.8):

$$E_{d,fi} = \eta_{fi} \cdot E_d \tag{6.17}$$

Mit Gl. (6.14) folgt:

$$E_{\mathrm{d,fi}} = \eta_{\mathrm{fi}} \cdot \frac{k_{\mathrm{mod}} \cdot F_{\mathrm{v,Rk}} \cdot \alpha}{\gamma_{\mathrm{M}}} \tag{6.18}$$

Mit Gl. (6.16) folgt:

$$F_{\mathrm{v,Rk,fi}} = \eta_{\mathrm{fi}} \cdot \frac{k_{\mathrm{mod}} \cdot F_{\mathrm{v,Rk}} \cdot \alpha}{\gamma_{\mathrm{M}}} \cdot \gamma_{\mathrm{M,fi}} \tag{6.19}$$

Mit Gl. (6.12) folgt:

$$t_{\mathrm{d,fi}} = -\frac{1}{k} \cdot \ln \frac{\eta_{\mathrm{fi}} \cdot \gamma_{\mathrm{M,fi}} \cdot k_{\mathrm{mod}} \cdot \alpha}{\gamma_{\mathrm{M}} \cdot k_{\mathrm{fi}}} \tag{6.20}$$

Es ist jedoch zu beachten, dass die maximal erzielbare Feuerwiderstandsdauer durch die in Tab. 6.3 der Norm angegebene maximale Gültigkeitsdauer für ungeschützte Verbindungen begrenzt ist. Gemäß der Tabelle können ungeschützte Verbindungen mit Nägeln und Schrauben ohne weitere Maßnahmen eine Feuerwiderstandsdauer von maximal 20 min erreichen, Verbindungen mit Stabdübeln von 40 min und alle anderen von 30 min. Für Verbindungen mit Nägeln und Schrauben ohne überstehende Köpfe lässt sich die Feuerwiderstandsdauer durch eine Vergrößerung der Rand- und Endabstände der Verbindungsmittel auf bis zu 30 min erhöhen. Rechnerisch können sich unter Anwendung der Gl. (6.20) größere Feuerwiderstandsdauern ergeben. Diese dürfen für den Nachweis nicht angesetzt werden.

In Abhängigkeit der Beanspruchung der Verbindung kann Gl. (6.7) zu Feuerwiderstandsdauern führen, die oberhalb der Angaben der Tab. 6.3 liegen. Die vorhandene Feuerwiderstandsdauer ergibt sich als der Minimalwert aus:

$$t_{\mathrm{d,fi}} = \min \begin{cases} t_{\mathrm{d,fi}} & \text{Gl. (6.7)} \\ t_{\mathrm{d,fi}} & \text{Tab. 6.3} \end{cases} \tag{6.21}$$

Insgesamt ist festzustellen, dass das Einparametermodell nach Gl. (6.6) sehr gut für Seitenhölzer mit vergleichsweise geringer Dicke gilt. Bei breiteren Laschen muss zunächst eine Schwächung der Holzbauteile eintreten, ehe die Verbindung insgesamt beeinflusst wird. Dieses Tragverhalten ließe sich durch ein Zweiparametermodell wesentlich genauer erfassen. Auch Nagel- und Schraubenverbindungen mit entsprechend dimensionierten Seitenholzbauteilen oder einer größeren Anzahl von Verbindungsmitteln können ungeschützt praktisch durchaus Feuerwiderstandsdauern von 30 min erreichen. Derzeit liegen jedoch nicht genügend abgesicherte Daten vor, um ein solches Verfahren in zusätzlicher Abhängigkeit der Geometrie der Verbindung abzuleiten.

6.3.2.2.2 *Geschützte Verbindungen*

Alternativ zur Ausführung ungeschützter Verbindungen besteht die Möglichkeit, die Verbindungsmittel durch Holzdübel oder zusätzliche Bekleidungen zu schützen und somit die Feuerwiderstandsdauer der Verbindung zu erhöhen. Die Bekleidungen können in Holz, Holzwerkstoffen oder Gipsplatten ausgeführt werden. Sie

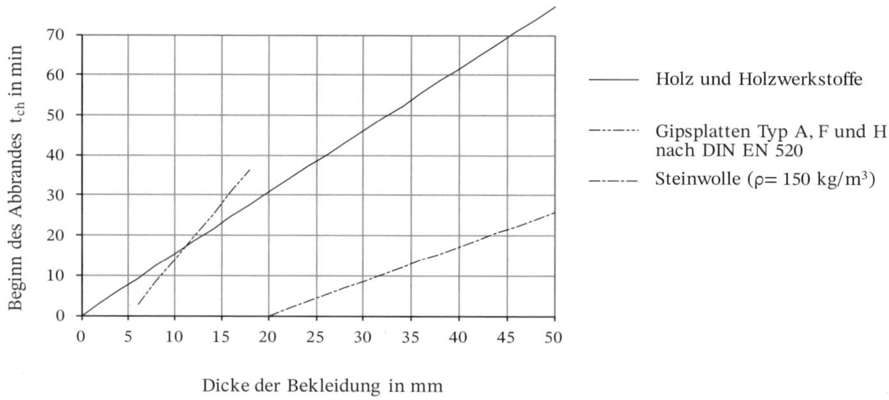

Abb. 6.3 Beginn des Abbrands der Seitenteile einer Verbindung in Abhängigkeit von der Bekleidungsart und -dicke nach DIN EN 1995-1-2 [6.7] Abschnitt 3.4.3.3.

verzögern den Beginn des Abbrands der Holzbauteile der Verbindung (Abb. 6.3). Die Bekleidungen verhindern jedoch nicht, dass vor dem Beginn des Abbrands bereits eine Erwärmung des Anschlussbereichs stattfindet. Daher ist die Summe aus der Feuerwiderstandsdauer der ungeschützten Verbindung nach DIN EN 1995-1-2 [6.7] Tab. 6.1 und der geforderten Zeitdauer bis zum Beginn des Abbrands nach DIN EN 1995-1-2 [6.7] Abschnitt 6.2.1.2 stets größer als die geforderte Feuerwiderstandsdauer. Anhand der erforderlichen Zeitdauer kann die Dicke der Bekleidung in Abhängigkeit des Bekleidungsmaterials und der Verbindungsart bestimmt werden. Bei einem Nachweis der Verbindung nach dem vereinfachten Verfahren ist für die Feuerwiderstandsdauer der ungeschützten Verbindung der Wert nach Tab. 6.1 der DIN EN 1995-1-2 [6.7] einzusetzen. Erfolgt die Bemessung der Verbindung nach der Methode mit reduzierten Beanspruchungen ist die Feuerwiderstandsdauer nach Gl. (6.7) zu ermitteln.

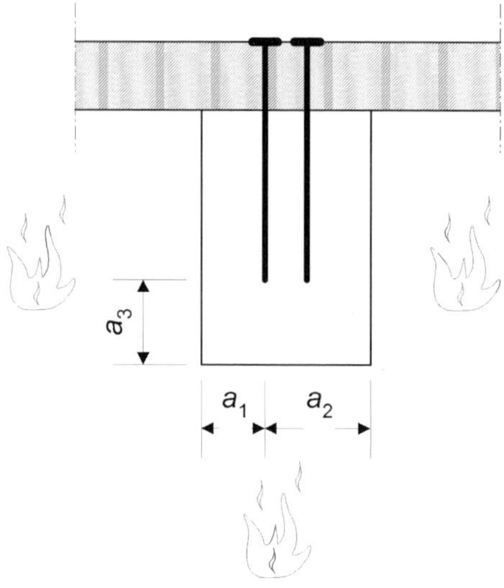

Abb. 6.4 Definition der Randabstände von Verbindungen mit axial beanspruchten Schrauben nach DIN EN 1995-1-2 [6.7] Abs. 6.4.

Auf Herausziehen beanspruchte Schrauben Die Regelungen für Verbindungen mit Schrauben, die in axialer Richtung auf Herausziehen beansprucht werden, gelten für Anschlüsse, bei denen die Verbindungsmittel vor direkter Brandbeanspruchung geschützt sind. Der Nachweis der Schrauben ist durch eine Abminderung der Tragfähigkeit unter Normaltemperaturen zu führen. Die Abminderung ist in Abhängigkeit der seitlichen Überdeckung in Korrelation zur Brandbeanspruchungsdauer angegeben. Mit steigender Temperatur nimmt der Ausziehwiderstand von Schrauben ab. Dieser Zusammenhang wird anhand der Gleichung (6.11) der DIN EN 1995-1-2 [6.7] durch geometrische Bedingungen berücksichtigt. Sie stellen in Abhängigkeit der Ausbildung einer Verbindung eine Resttragfähigkeit für den Brandfall sicher.

$$\eta = \begin{cases} 0 & \text{für} \quad a_1 \leq 0{,}6 \cdot t_{\text{d,fi}} \\ \dfrac{0{,}44 \cdot a_1 - 0{,}264 \cdot t_{\text{d,fi}}}{0{,}2 \cdot t_{\text{d,fi}} + 5} & \text{für} \quad 0{,}6 \cdot t_{\text{d,fi}} \leq a_1 \leq 0{,}8 \cdot t_{\text{d,fi}} + 5 \\ \dfrac{0{,}56 \cdot a_1 - 0{,}36 \cdot t_{\text{d,fi}} + 7{,}32}{0{,}2 \cdot t_{\text{d,fi}} + 23} & \text{für} \quad 0{,}8 \cdot t_{\text{d,fi}} + 5 \leq a_1 \leq t_{\text{d,fi}} + 28 \\ 1{,}0 & \text{für} \quad a_1 \geq t_{\text{d,fi}} + 28 \end{cases} \tag{6.22}$$

a_1 seitliche Überdeckung in mm nach Abb. 6.4
$t_{\text{d,fi}}$ erforderliche Feuerwiderstandsdauer in min

Bei der Anwendung der Gleichung (6.11) ist jedoch zu beachten, dass auch für Schrauben, die innerhalb des rechnerischen Abbrandbereichs angeordnet sind, Tragfähigkeiten angesetzt werden können. Bei einer Feuerwiderstandsdauer von 30 min wird bereits ab einer seitlichen Überdeckung des Schraubenschafts größer als 18 mm eine Tragfähigkeit ausgewiesen. Die rechnerische Abbrandgrenze liegt für Vollholz aus Nadelholz für eine Feuerwiderstandsdauer von 30 min bei 24 mm. Innerhalb des rechnerischen Abbrandbereichs wird davon ausgegangen, dass das Holz keine Tragfähigkeit besitzt. Somit ist davon auszugehen, dass die Holzkohleschicht keinen hinreichenden Ausziehwiderstand der Schrauben gewährleistet. Die Gleichungen (6.11) in DIN EN 1995-1-2 [6.7] führen jedoch auf Tragfähigkeiten von maximal 24 % der Tragfähigkeit unter Normaltemperaturen für Schrauben innerhalb des Abbrandbereichs von 24 mm.

Aus den genannten Gründen wird empfohlen, die seitliche Überdeckung nach DIN EN 1995-1-2 [6.7] (Abb. 6.5) für eine Feuerwiderstandsdauer von 30 min auf mindestens 30 mm und von 60 min auf mindestens 55 mm festzulegen, um eine ausreichende Tragfähigkeit für den Brandfall zu gewährleisten. In diesen Tiefen herrscht nach Abschluss der Brandbeanspruchungen mit einer Dauer von 30 bzw. 60 min eine Temperatur von ca. 100 °C [6.11]. Die Abminderung nach Gleichung (6.11) beträgt für diesen Fall 0,46. Untersuchungen zum Tragverhalten von Schrauben auf Herausziehen in Abhängigkeit der Temperatur innerhalb der Verbindung haben ergeben, dass diese Abminderung ausreichend ist [6.12].

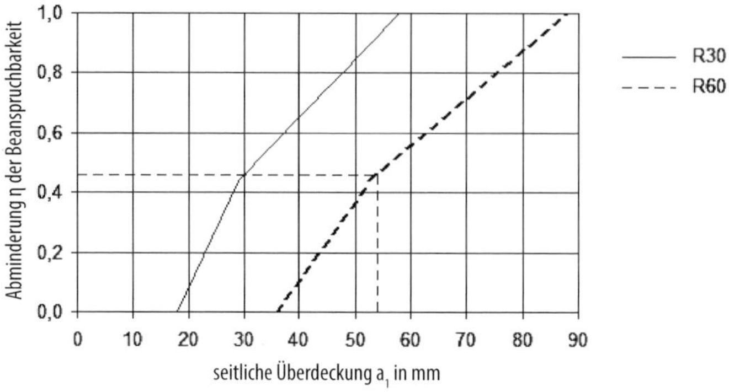

Abb. 6.5 Abminderungsfaktoren η nach DIN EN 1995-1-2 [6.7] Gleichung (6.11).

Literatur

6.1 DIN 4102-4:1994-03 (1994). *Brandverhalten von Baustoffen und Bauteilen – Teil 4: Zusammenstellung und Anwendung klassifizierter Baustoffe, Bauteile und Sonderbauteile*, Berlin: Beuth.

6.2 DIN EN 912:2011-09 (2011). *Holzverbindungsmittel – Spezifikationen für Dübel besonderer Bauart für Holz*, Berlin: Beuth.

6.3 DIN EN 1993-1-2:2010-12 (2010). *Bemessung und Konstruktion von Stahlbauten – Teil 1-2: Allgemeine Regeln – Tragwerksbemessung für den Brandfall*, Berlin: Beuth.

6.4 DIN EN 1995-1-1:2010-12 (2010). *Eurocode 5: Bemessung und Konstruktion von Holzbauten – Teil 1-1: Allgemeines – Allgemeine Regeln und Regeln für den Hochbau*, Berlin: Beuth.

6.5 DIN EN 1995-1-1/A2:2014-07 (2014). *Eurocode 5: Bemessung und Konstruktion von Holzbauten – Teil 1-1: Allgemeines – Allgemeine Regeln und Regeln für den Hochbau*, Berlin: Beuth.

6.6 DIN EN 1995-1-1/NA:2013-08 (2013). *Nationaler Anhang – National festgelegte Parameter – Eurocode 5: Bemessung und Konstruktion von Holzbauten – Teil 1-1: Allgemeines – Allgemeine Regeln und Regeln für den Hochbau*, Berlin: Beuth.

6.7 DIN EN 1995-1-2:2010-12 (2010). *Bemessung und Konstruktion von Holzbauten – Teil 1-2: Allgemeine Regeln – Tragwerksbemessung für den Brandfall*, Berlin: Beuth.

6.8 DIN EN 1995-1-2/NA:2010-12 (2010). *Nationaler Anhang – National festgelegte Parameter – Eurocode 5: Bemessung und Konstruktion von Holzbauten – Teil 1-2: Allgemeine Regeln – Tragwerksbemessung für den Brandfall*, Berlin: Beuth.

6.9 Prüfungszeugnis Nr.: 78 1690 – Mo/Schr – (1978). *Anschlüsse mit Balkenschuhen mit eingebogenen Schenkeln zur Verbindung von Vollholzbalken mit brettschichtverleimten Trägern*, MPA Braunschweig.

6.10 Prüfungszeugnis Nr.: 80 1284 (1980). *Prüfung der Feuerwiderstandsdauer von Stirnversätzen und Vorholz-Knaggen*, MPA Braunschweig.

6.11 Peter, M. (2003). *Numerische Tragfähigkeitsermittlung von Holzbauteilen im Brandfall unter Berücksichtigung des nichtlinearen Materialverhaltens*, Dissertation, TU Berlin.

6.12 Scheer, C. und Peter, M. (2004). *Untersuchungen zum Tragverhalten von Haupt-/Nebenträger-Anschlüssen mit BMF Passverbindern ET und BMF*

Topverbindern EL im Brandfall, Forschungsbericht (unveröffentlicht).

6.13 Peter, M. und Göckel, T. (2006). *Bemessung von Voll- und Brettschichtholzbauteilen aus maschinell sortiertem Schnittholz für den Brandfall, Teil 2: Brandversuche zur Bestätigung der theoretischen Erkenntnisse*, Forschungsbericht, Berlin: Institut des Zimmerer- und Holzbaugewerbes.

6.14 Peter, M. und Scheer, C. et al. (2009). *Holz Brandschutz Handbuch*, 3. Aufl., Berlin: Verlag Ernst & Sohn.

7
Bauphysik

Robert Borsch-Laaks, Aachen, (7.1, 7.2)
Joachim Hessinger, Rosenheim, (7.3)
Andreas Rabold, Rosenheim, (7.3)

7.1 Wärmeschutz

7.1.1 Beste Lösungen für den Wärmeschutz

Holzbauweisen sind prädestiniert für die Errichtung energieeffizienter Neubauten. Auch in der Bestandssanierung kann der Holzbau seine Vorteile ausspielen – trockene und schnelle Bauweise, geringe statische Lasten und hoher Wärmeschutz.

Aber auch Holzbauteile haben Wärmebrücken, die vor allem durch die Tragwerkshölzer und die kritischen Anschlusssituationen bestimmt sind. Optimierte Konstruktionen und Anschlüsse bilden die Grundlage für wirtschaftliche Gesamtlösungen.

7.1.1.1 Wie viel Dämmdicke für welchen Zweck

Im digitalen Zeitalter wird der U-Wert gern bis auf die dritte Stelle hinter dem Komma berechnet. Ob dies immer sinnvoll ist, darf hinterfragt werden. In der Praxis benötigt man oftmals zügig eine Antwort auf die Frage: Welche Dämmdicke ist erforderlich, um einen bestimmten U-Wert zu erreichen?

In erster Näherung besteht ein einfacher Zusammenhang zwischen dem U-Wert, der Dicke der Dämmung und ihrer Wärmeleitfähigkeit. Nimmt man als Bezugsdämmstoff ein Material mit $\lambda = 0{,}040\,\mathrm{W/(m\,K)}$, gelangt man zu der Faustformel in Abb. 7.1.

Mit dieser Faustformel kann man die Größenordnungen der erforderlichen Dämmdicken je nach angestrebtem Energiestandard leicht erkennen (Abb. 7.2).

Der Holzbau der 1990er-Jahre war mit Dämmdicken um $d = 200\,\mathrm{mm}$ Vorreiter beim Bau von Niedrigenergiehäusern. In der Zwischenzeit wurde das Dämmniveau sukzessive angehoben, sodass heute der Wärmeschutz von „Dreiliterhäusern" (Heizwärmebedarf $30\,\mathrm{kWh/(m^2\,a)}$) als Standard bei Holzhäusern angesehen werden kann. Hierfür sind Dämmdicken von 260 mm im Mittel erforderlich. Passivhäuser (Heizwärmebedarf $15\,\mathrm{kWh/(m^2\,a)}$) erfordern einen weiteren Sprung in der Dämmdicke. Auch hier ist der Holzbau überproportional stark am Markt vertreten,

Holzbau-Taschenbuch, Grundlagen. 10. Auflage. Herausgegeben von Stefan Winter und Mandy Peter.

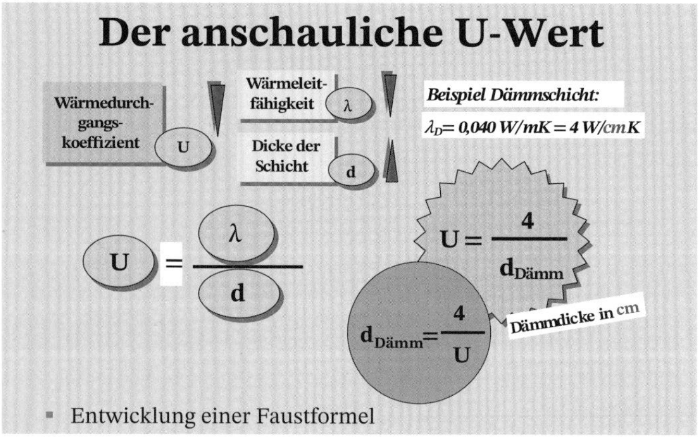

Abb. 7.1 Der anschauliche *U*-Wert: Entwicklung einer Faustformel für das Verhältnis von Dämmdicke und *U*-Wert.

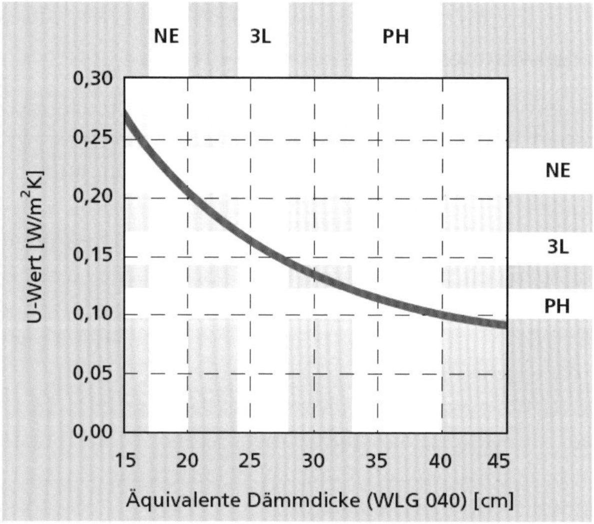

Abb. 7.2 Erforderliche *U*-Werte und äquivalente Dämmdicken bei verschiedenen Energiestandards. Heizwärmebedarf (inkl. Lüftung): Niedrigenergie (NE): 55 kWh/(m^2 a), Dreiliterhaus (3l): 30 kWh/(m^2 a), Passivhaus (PH): 15 kWh/(m^2 a).

da er als einzige Bauweise die Dämmung (zumindest teilweise) platzsparend in der Tragwerksebene unterbringen kann.

Die Spannweiten der möglichen und nötigen Dämmstoffdicken in Abb. 7.2 haben mehrere Ursachen. Zum einen ist es die Größe der Gebäude und damit der Anteil der Wärme abgebenden Hüllfläche relativ zum beheizten Raumvolumen bzw. zur Nutzfläche, welche die Höhe des Dämmniveaus bestimmen. Natürlich hängt die erforderliche Dämmstoffdicke auch von den sonstigen Qualitäten des Gebäudes ab (Luftdichtheit der Gebäudehülle, Fenster und ihre Orientierung, Lüftungs- und Heiztechnik). Die Konstrukteure können den Einflussfaktor von Wärmebrücken minimieren, der bei hohen Dämmdicken an Bedeutung gewinnt.

7.1.1.2 Dämmdicke und Kompaktheit

Die Entwurfsplanung legt allerdings das grundlegende Niveau fest, auf dem alles andere aufbaut.

Die bekannteste und gebräuchlichste Kenngröße, um die Kompaktheit der Bauform zu beschreiben, ist das A/V-Verhältnis. Dieses gibt an, wie viel Wärme abgebende Hüllfläche bei der geplanten Kubatur des Gebäudes erforderlich ist.

Der Dämmaufwand, der für einen niedrigen Energiebedarf betrieben werden muss, ist bei einem MFH ($A/V = 0{,}55\,1/\mathrm{m}$) nur etwa halb so hoch wie bei einem kleinen EFH ($A/V = 0{,}85\,1/\mathrm{m}$; s. Abbildung 7.3). Für ein Drei-Liter-EFH beträgt die absolute Höhe des Mehrbedarfs an Dämmdicke 160 mm. Beim Passivhausstandard steigt der Dämmaufwand sogar um 230 mm. Die U-Wert-Dämmdicke-Funktion folgt der Funktion einer Hyperbel.

Wichtig für den Entwurfsprozess ist die Erkenntnis, dass innerhalb der jeweiligen Haustypgruppe (EFH, DH, RH, MFH) die Spannweite beim A/V-Verhältnis erfahrungsgemäß ca. 0,1 1/m beträgt. Dies bedeutet bei kleinen Gebäuden einen Mehr- oder Minderbedarf von 80 bis 100(!) mm an Dämm- und damit Konstruktionsdicke – wohlgemerkt für den gleichen Haustyp und das gleiche Angebot an Raumvolumen.

Ein Beispiel soll die Spannweiten für die Entwurfsplanung verdeutlichen: Die ideale Grundrissform, um ein Gebäude mit möglichst wenig Wärme abgebender Oberfläche zu konstruieren, wäre ein Kreis oder ein Vieleck. Bei diesen Sonderformen steigen allerdings durch komplizierte Details meist die Baukosten. Von den rechteckigen Grundrissen ist eine möglichst quadratische Form am günstigsten

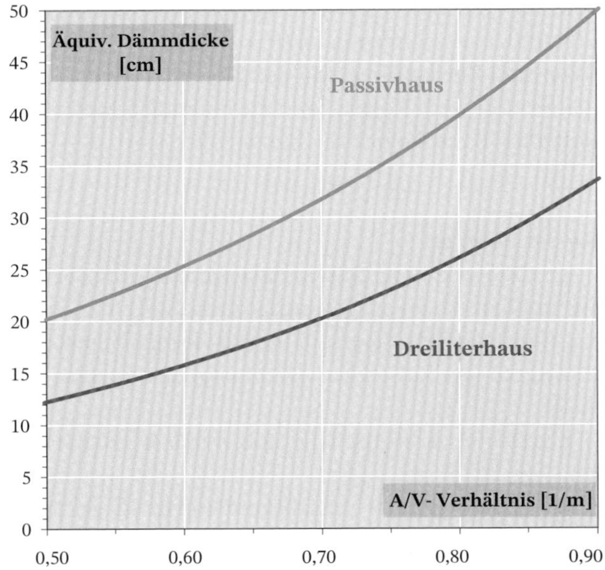

Abb. 7.3 Erforderliche Dämmdicke der nichttransparenten Gebäudehülle in Abhängigkeit vom A/V-Verhältnis (Gebäude mit Vollgeschossen) für zwei verschiedene Baustandards. Randbedingungen: Anteil Fensterfläche 15 % der Hüllfläche, $U_{\mathrm{W,eq}} = 0{,}0/0{,}2\,\mathrm{W/(m^2\,K)}$ (PH/3LH). Lüftung: 85 % WRG (3LH & PH).

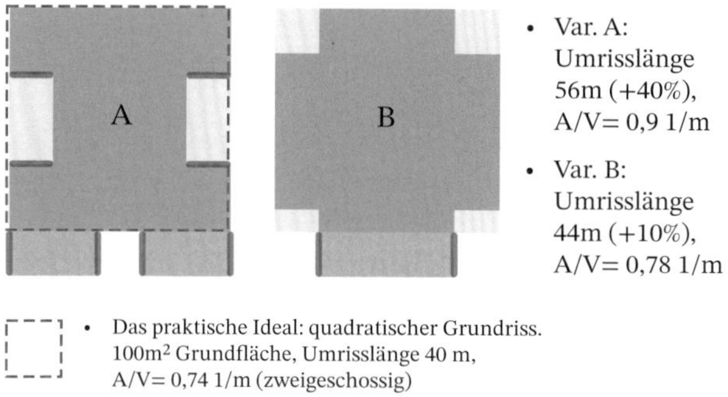

Abb. 7.4 Stark gegliederte Fassadenlinien mit Einschnitten und Anbauten bei zwei Grundrissbeispielen. Es entstehen stark unterschiedliche Umrisslängen bei gleicher Grundfläche (100 m^2); links: Umrisslänge 56 m (140 %), rechts: Umrisslänge 44 m (110 %). Prozentangaben bezogen auf die Umrisslänge des Ursprungsquadrats (40 m).

(z. B. $A/V = 0{,}74\,1/\text{m}$ bei einem zweigeschossigen Gebäude mit 100 m^2 Bruttogrundfläche, s. Abbildung 7.4).

Vor- und Rücksprünge in der Fassade können sich doppelt ungünstig auswirken – müssen es aber nicht, wie Abb. 7.4 zeigt. Werden Einschnitte an den Seiten des Baukörpers vorgenommen (z. B. für Loggien, einspringende Eingänge oder Freisitze), dann kann sich die Umrisslänge drastisch erhöhen. Da zu jedem laufendem Meter Umriss im Beispiel 6 m^2 Hüllfläche gehören, steigt bei gleicher Grundfläche A/V auf 0,9 1/m! Wenn Einschnitte an den Gebäudeecken vorgenommen werden und die dabei verlorene Wohnfläche an den Seiten geschickt angesetzt wird, hält sich die Vergrößerung der Gebäudehüllfläche in Grenzen ($A/V = 0{,}78\,1/\text{m}$).

Gebäudehüllen mit wenig Vor- und Rücksprüngen in den Fassaden (und analog bei den Dachlandschaften) sparen zusätzlich Kosten, weil die laufenden Meter Anschlüsse, die an jeder Kante mit allen Bauteilschichten herzustellen sind, stets kostentreibend sind.

7.1.1.3 Die Regelwärmebrücke des Holzbaus

Die bisherigen Angaben zu den (äquivalenten) Dämmdicken dienten der ersten Grobeinschätzung. Dabei wird implizit davon ausgegangen, dass die Dämmebene absolut wärmebrückenfrei ausgeführt wird. Andererseits wurde die mögliche Reduzierung der realen Schichtdicke durch den Einsatz von Dämmstoffen mit besserem λ-Wert noch nicht berücksichtigt.

Zunächst soll die Reduktion des Dämmwerts durch die Holzanteile in der thermischen Hülle betrachtet werden.

Der Holzanteil einer Konstruktion kann je nach Achsabstand und Breite der Sparren/Ständer sehr unterschiedlich sein. Um den prozentualen Holzanteil (f_{H}) zu ermitteln, ist die Ansichtsbreite der Hölzer (b) durch den Achsabstand (a) zu teilen (Abb. 7.5). Der Holzanteil liegt i. d. R. zwischen 6 und 20 %.

Im modernen Holztafelbau beträgt der Holzanteil im Regelquerschnitt meist weniger als 10 % (z. B. 60 mm breite Stiele oder Sparren bei einem Achsmaß von 625 mm oder mehr). Hierbei wird allerdings oft vergessen, dass vielfach zusätzliche

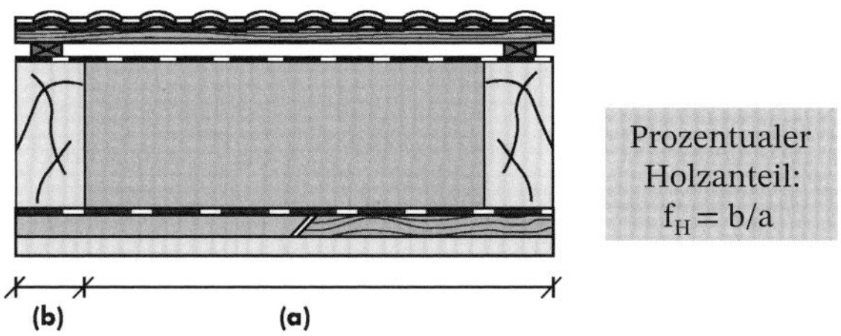

1. Typische Holzanteile in der Tragwerksebene:

Achsmaß (a) [cm]	Breite Sparren/Ständer (b) [cm] 6	8	10	12
60	10%	13%	17%	20%
80	8%	10%	13%	15%
100	6%	8%	10%	12%

2. Plus Holzanteile, die nicht im Raster liegen

Abb. 7.5 Typische Holzanteile des Tragwerks in Dach-/Wand-/Deckenquerschnitten.

Hölzer eingebaut werden, zum Beispiel für Fenster, die nicht im Raster liegen, für Innenwandanschlüsse und Elementstöße, für Auswechslungen an Durchdringungen und für Grate und Kehlen in gegliederten Dachlandschaften. Ebenfalls von der am Raster orientierten Ermittlung der Holzanteile nicht erfasst werden alle horizontalen Tragwerksbestandteile der Wände (Schwellen, Rähme, Riegel und durchstoßende Beplankungen der aussteifenden Holzwerkstoffplatten).

Je höher der Holzanteil, desto schlechter der U-Wert. Das ist bekannt. Nicht so trivial ist die Antwort auf die Frage:

Um wie viel muss zur Kompensation der Wärmebrücken durch das Holztragwerk die reale Dämmdicke erhöht werden, damit am Ende ein *mittlerer* U-Wert erreicht wird, der den vorbestimmten Anforderungen genügt?

Dazu hat *Kehl* ein grafisches Verfahren entwickelt (Abb. 7.6), das schnelle Antworten liefert (vgl. [7.1]):

Als Beispiel dient ein Dach mit Zwischensparrendämmung, das die Vorgabe des Referenzgebäudes nach EnEV – $U_{\text{m,Ziel}} \leq 0{,}24\,\text{W}/(\text{m}^2\,\text{K})$ – erreichen soll. Nach der Faustformel aus Abb. 7.1 ergibt sich eine Dämmdicke von $4/0{,}24 = 17\,\text{cm}$. Aber Sparren oder Ständer sind materialbedingte Wärmebrücken und müssen durch zusätzliche Dämmung kompensiert werden. Außerdem wird ein Dämmstoff mit $0{,}035\,\text{W}/(\text{m K})$ in Erwägung gezogen.

Bei einem 100 mm breiten Sparren ergibt sich bei 800 mm Achsabstand $f_{\text{H}} = 10/80 = 12{,}5\,\%$. Dem durchgezogenen Pfeil in Abb. 7.6 folgend können an der y-Achse rund 4 cm mehr Dämmung abgelesen werden. So steigt die erforderliche Gesamtdämmdicke des Bauteils auf 21 cm.

Die gleiche Grafik kann man für die Veränderung der Wärmeleitfähigkeit verwenden. Interessanterweise haben beide Effekte im gewählten Grafikraster (Änderung des Holzanteils um 5 % und des λ-Werts um $0{,}005\,\text{W}/(\text{m K})$) den gleichen Einfluss auf die Änderung der Dämmdicke. In unserem Beispiel ($0{,}040$ auf $0{,}035\,\text{W}/(\text{m K})$) können also 1,5 cm abgezogen werden (gestrichelter Pfeil in Abb. 7.6). Damit sinkt die erforderliche Gesamtdämmdicke des Bauteils auf 19,5 cm. Gerundet wird später.

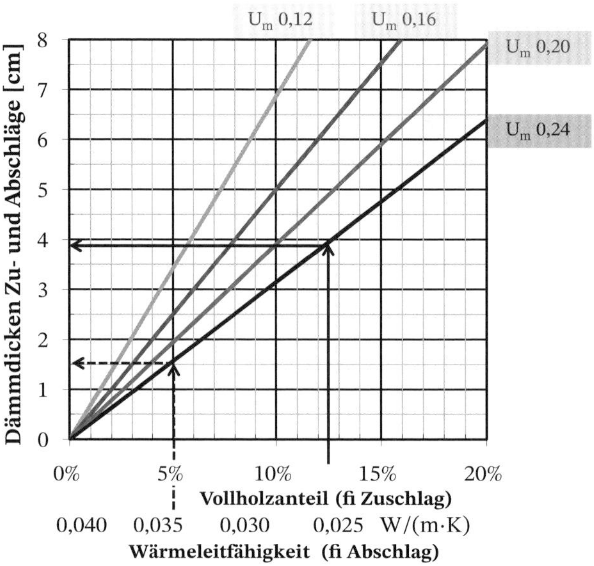

Abb. 7.6 Ein Diagramm für zwei Effekte: Ermittlung der zusätzlichen Dämmstoffdicke in einschaligen Holzbauteilen [7.1]. a) bei verschiedenen Holzanteilen in der Tragwerksebene. Bsp.: 13 % Holzanteil: zusätzlich 40 mm, b) bei geänderten Wärmeleitfähigkeiten. Bsp.: Wechsel von 0,040 auf 0,035 W/(m K): abzüglich 15 mm.

7.1.1.4 Wie viel bringt die Überdämmung des Tragwerks?

Es gehört mittlerweile zum wärmetechnischen Allgemeinwissen, dass die Wärmebrückeneffekte der Tragwerkshölzer durch Überdämmungen vermindert werden können. Nachfolgend soll der Einfluss der zweiten Dämmlage untersucht werden.

Abb. 7.7 zeigt, dass zum Erreichen sehr niedriger *U*-Werte der Bedarf zur Kompensation der Wärmebrückeneffekte bei einschaligen Bauweisen drastisch ansteigt (bis zu 80 mm bei Passivhausanforderungen).

Wird die Dämmebene in zwei Schichten im Verhältnis 1 : 2 aufgeteilt und ist die überdämmende (dünnere) Lage wärmebrückenfrei (z. B. WDV-System oder Auf-

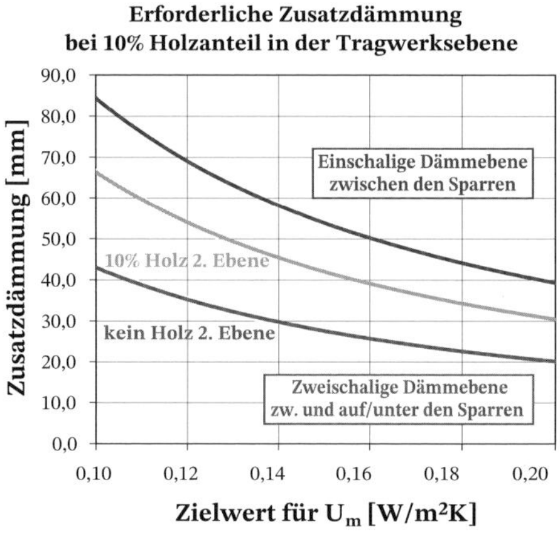

Abb. 7.7 Erforderliche Mehrdämmung zur Kompensation der WB-Effekte in Abhängigkeit vom Ziel-*U*-Wert.

dachdämmung), so halbiert sich der Bedarf an Zusatzdämmung. Hat die zweite Ebene allerdings ebenfalls einen Holzanteil von 10 %, z. B. durch die Lattungen einer Installationsebene, ist der Spareffekt nur halb so groß. Wenn die Dicke der Überdämmung weniger als 1/3 der Gesamtdämmdicke beträgt, fällt die Abminderung des Wärmebrückeneffekts geringer aus.

Tragende Massivwände, z. B. aus KS-Steinen, können ihren Flächenverbrauch nur in einem geringen Maß durch ihren Dämmwert ausgleichen. Ihre äquivalente Dämmdicke beträgt meist deutlich weniger als 10 mm. Bei Massivholzwänden, die im urbanen Holzbau immer beliebter werden, ist dies grundsätzlich anders. Da die Wärmeleitfähigkeit von Nadelholz ($\lambda = 0{,}13\,\mathrm{W/(m\,K)}$) weniger als 1/5 der gängigen Mauerwerkswände und nur ein 1/20 von Beton beträgt, ergibt sich z. B. bei einer 100 mm dicken Brettsperrholzwand eine äquivalente Dämmfähigkeit von immerhin gut 30 mm ($d_{eq} = 0{,}04/0{,}13 \cdot 100\,\mathrm{mm}$).

Wenn die Massivholztragstruktur außenseitig eine wärmebrückenfreie Dämmung, z. B. durch ein WDVS erhält, so ist der Mehrverbrauch an Konstruktionsfläche im Vergleich zu Holzrahmenbauelementen überschaubar (meist nur wenige cm).

7.1.1.5 Zweidimensionale Wärmebrücken vermeiden

Die gesonderte Betrachtung der zweidimensionalen Wärmebrückeneffekte an Bauteilanschlüssen ist für Häuser, deren Funktionstüchtigkeit wesentlich von der Genauigkeit der wärmetechnischen Planung abhängt, also für Passiv- und andere Niedrigstenergiehäuser, heute selbstverständlich geworden. Die nach EnEV schon seit 2002 geltenden Wärmebrückenzuschläge (ΔU_{WB}) können das Gesamtergebnis der Transmissionswärmeverluste bei hoch wärmegedämmten Wänden drastisch erhöhen.

Die grundlegende Untersuchung von Prof. *Hauser*, die zur Einführung der Zuschläge führte, zeigte allerdings schon 1994, dass die Wärmebrückeneffekte bei Holzbaukonstruktionen auch ohne besondere Optimierung weit geringer ausfallen als bei Massivbauweisen [7.2]. Aus diesem Grund ist es für die Holzbauplanung sehr empfehlenswert, von der Möglichkeit der EnEV Gebrauch zu machen, einen detaillierten Wärmebrückennachweis zu führen. Hierbei sind Wärmebrückenkoeffizienten (Ψ-Werte in W/(m K)) aller Anschlüsse mit deren Längen [m] zu multiplizieren. Diese Leitwerte ergeben aufsummiert und durch die gesamte äußere Hüllfläche geteilt den objektspezifischen ΔU_{WB}-Wert in $\mathrm{W/(m^2\,K)}$.

Schon mit der Wärmeschutzverordnung 1984 wurde zur (äußert groben) Berücksichtigung von Wärmebrücken festgelegt, dass die thermische Hülle mit Außenmaßen zu kalkulieren ist. Diese geometrische Wärmebrückenkorrektur schießt allerdings bei manchen Anschlüssen über das Ziel hinaus, z. B. an Außenkanten des Gebäudes, an denen nur geometrische Wärmebrückeneffekte eine Rolle spielen (vgl. [7.3]). Da der Außenmaßbezug aber weiterhin die Basis aller Energiebilanzberechnungen ist, kann es durchaus lokal negative Ψ-Werte geben. Dies zeigen auch die beiden folgenden Optimierungsbeispiele.

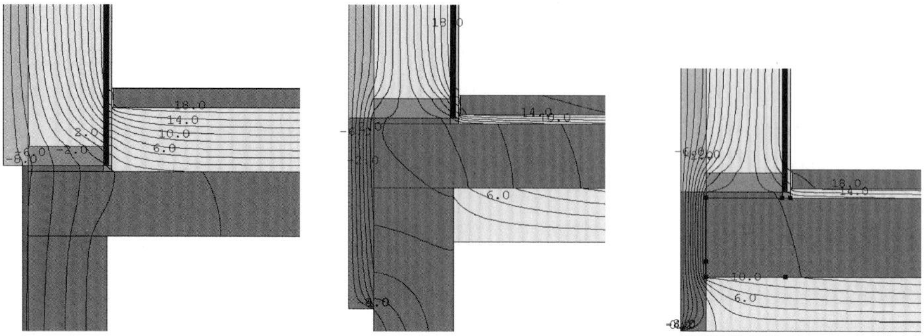

(a) (b) (c)

Abb. 7.8 Ψ_e-Werte am Sockelpunkt in Abhängigkeit von der Lage der Dämmebene(n) der Kellerdecke oder Bodenplatte. (a) Dämmung nur oberhalb −0,030 W/m K, (b) Dämmung oberhalb und unterhalb, Bodenplatte mit Frostschürze 0,211 W/m K, (c) Dämmung oberhalb und unterhalb, Flachgründung 0,071 W/m K.

7.1.1.6 Fehlerträchtig: der Sockelpunkt

Es ist eine wesentliche Grundregel zur Vermeidung von Wärmebrücken, dass die Dämmebene nicht durch gute Wärmeleiter (z. B. Betondecke oder Kellermauerwerk) durchbrochen werden sollte. Deshalb ist der Regelaufbau am Holzbausockel, bei dem die Dämmung auf der Kellerdecke oder Bodenplatte lückenlos in die Gefachdämmung der Holzrahmenbauwand übergeht, das Ideal zur Konstruktion dieses Anschlussdetails (Abb. 7.8a). Auf die sonst übliche Perimeterdämmung vor Kopf von Betonplatte und Frostschürze bzw. Kellermauerwerk kann aus wärmetechnischen Gründen verzichtet werden (vgl. auch [7.4]).

Liegt die horizontale Dämmung teilweise (85 % im Beispiel Abb. 7.8b) unterhalb von Bodenplatte oder Kellerdecke, so entsteht durch die Frostschürze bzw. Kellerwand eine Schwachstelle, die auch durch eine Perimeterdämmung nicht wirklich beseitigt wird.

Bei Passivbauweisen wird vielfach über eine Verlagerung der kompletten Dämmschicht unter die Bodenplatte nachgedacht (Abb. 7.8c). Für Massivbauweisen mit ihrer starken Wärmebrücke durch die aufgehenden Mauerwerkswände (am Sockel und auch bei allen Innenwänden) mag dies eine Berechtigung haben. Für den Holzbau bringt dies eine deutliche Verschlechterung gegenüber dem Optimum der „klassischen“ Lösung. Der große Kostenaufwand für druckbelastete Dämmungen und Fragen der Frostsicherheit bei Flachgründungen ohne Keller können vermieden werden.

7.1.1.7 Worauf es bei den Fensteranschlüssen ankommt

Bei der Positionierung der Fenster im Wandquerschnitt hat der Holzbau von Natur aus geringe Wärmebrückeneffekte und demzufolge größere gestalterische Freiheiten. Weit nach außen gerückte Fenster, die in der heutigen Architektursprache sehr beliebt sind, erzeugen entweder bei monolithischen Massivwänden starke Wärmebrückeneffekte oder führen zu aufwendigen Sonderkonstruktionen zur Lastabtragung in außen gedämmten Wänden.

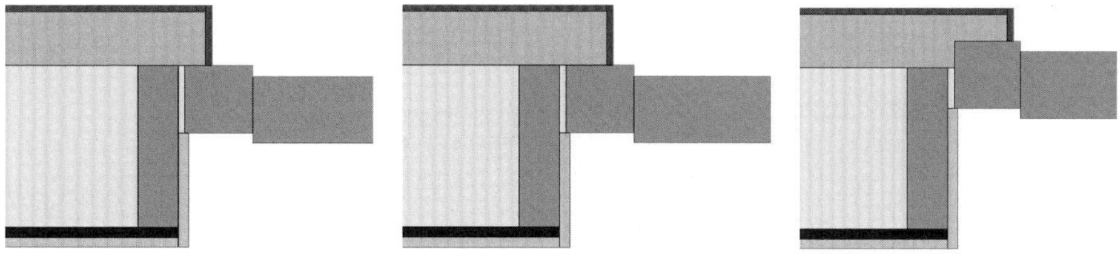

Abb. 7.9 Wärmebrückeneffekt am Fensteranschluss im Holzbau in Abhängigkeit von Fensterposition und Überdämmung. Fenster an Außenkante Ständerwerk (a) 30 mm Überdämmung 0,016 W/m K, (b) 60 mm Überdämmung 0,001 W/m K, (c) Fenster 40 mm nach außen gerückt, 80 mm Überdämmung 0,001 W/m K.

Im Holztafelbau bietet sich die Montage der Fenster an der Außenkante des Tragwerks an. Dies erlaubt maximalen Lichteinfall und die großen dynamischen Lasten von dreifach verglasten Fensterflügeln können ohne Weiteres vom Tragwerk aufgenommen werden. Aber auch im Holzbau gilt, dass die entscheidende Schwachstelle, der Fensterblendrahmen, der Überdämmung bedarf. Dabei kommt es weniger darauf an, wie dick die Dämmung ist, die auf den Blendrahmen gezogen wird, sondern wie weit diese den Rahmen warm einpackt (Abb. 7.9).

Es ist auch ohne Sonderkonstruktionen möglich, die Fenster in die äußere Dämmebene zu schieben, ohne die Wärmebrückeneffekte zu vergrößern. Damit ist zwar keine komplett außenbündige Fenstermontage möglich, aber der Versprung zwischen Glasfläche und nichttransparenten Fassaden wird minimiert und damit der Solargewinn vergrößert. Im Falle von Pfosten-Riegel-Konstruktionen ist es zwingend, mit gedämmten, PHI-zertifizierten Verglasungssystemen zu arbeiten.

Die Minimierung der Wärmebrückeneffekte mit Maximierung der Solargewinne zu verbinden, ist bei Massivholzbauweisen in besonderer Weise möglich. Abb. 7.10 zeigt die Wärmebrückenanalyse für die Montage der Fenster außenseitig auf dem Massivholzelement. Dadurch kann der Blendrahmen vollständig in die Dämmebene (160 mm) integriert werden und die Fensteröffnung nahezu vollständig zur energiegewinnenden Glasfläche werden. Der auf die Rohbauöffnung bezogene ψ-Wert ist deutlich negativ, da der Wärmeschutz des Vollholzblendrahmens durch die nahezu vollständige wärmedämmende Überdeckung um 56 % verbessert wird. Darüber

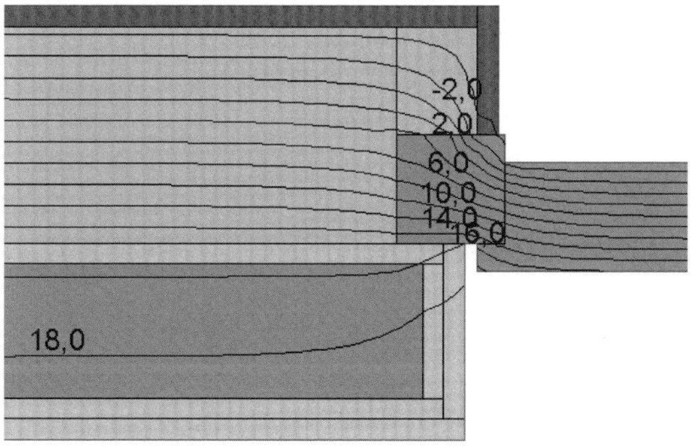

Abb. 7.10 Fenstereinbau in brandschutztechnisch gekapselte Massivholzwand. Die vollständige dämmende Integration des Blendrahmens ergibt einen negativen Wärmebrückenkoeffizienten ($\psi = -0{,}024\,\text{W/(m K)}$).

hinaus erübrigt sich bei dieser Konstruktionsweise ein Ausdämmen der Einbaufuge und die Luftdichtheit des Anschlusses kann einfach und sicher durch Einlegen und Verpressen eines Kompribands hergestellt werden.

In Summe können im Holzbau bei guter Detailplanung die heute meist verwendeten pauschalen Wärmebrückenzuschläge durchaus entfallen oder zumindest um die Hälfte reduziert werden. Dazu bedarf es allerdings eines detaillierten Nachweises. Moderne Holzbauweisen sind in aller Regel Systembauweisen, d. h., ihre Entwickler haben gute Chancen, die Investition in eine Wärmebrückenanalyse ihrer Anschlusssituationen durch Wiederholung bei vielen Bauobjekten zu amortisieren.

7.1.2 Sommerlicher Wärmeschutz von Holzbauweisen

7.1.2.1 Einleitung

Um ein komfortables Sommerklima im Haus zu erhalten, ist es erforderlich, die „Wärmelasten“ heißer Sommertage, welche durch offen stehende Türen und Fenster und direkte Sonneneinstrahlung in den Raum gelangen, möglichst so lange zu speichern, bis in den kühleren Nachtstunden die Wärme wieder abgeführt werden kann. Dass hierbei die innere Wärmespeicherfähigkeit des Gebäudes eine Rolle spielt, liegt auf der Hand (Abb. 7.11). Ob jedoch Holzbauten im Vergleich zu modernen Massivbauweisen schlechter oder besser abschneiden, ist im Folgenden genauer zu betrachten. Wie so oft sind (vermeintlich) plausible Werbeaussagen und die naturwissenschaftliche Wahrheit nicht unbedingt deckungsgleich.

(a)

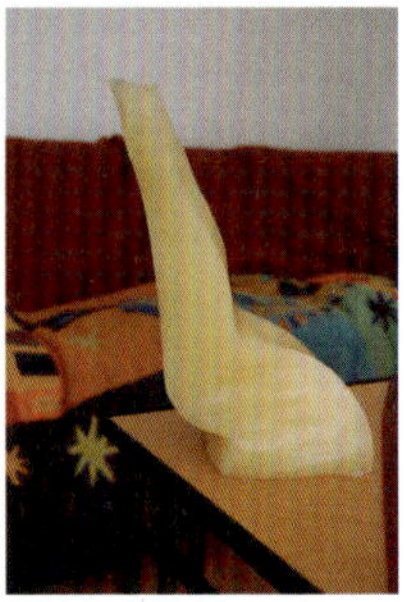

(b)

Abb. 7.11 (a) Holzrahmenbau mit großzügiger Südverglasung ohne Verschattungseinrichtungen; (b) durch die Sommerhitze deformierte Pyramidenkerze aus dem Wohnzimmer der berufstätigen Nutzer. Hätte mehr „Speichermasse“ die Überhitzung verhindert?

7.1.2.2 Welche Masse ist wie wirksam?

Die Fähigkeit eines Baustoffs, Wärme aufzunehmen, hängt von drei Faktoren ab:

- der spezifischen Wärmekapazität des Materials (c_{spez} in [J/(kg K)]),
- seiner Rohdichte (ρ in [kg/m^3])
- und der Wärmeleitfähigkeit des Baustoffs (λ [W/(m K)]).

Die Bauphysik hat für die Beschreibung des Zusammenspiels dieser drei Faktoren den Begriff des „Wärmeeindring-Koeffizienten" definiert. Dieser ist als Wurzel aus dem Produkt der drei genannten Größen berechenbar.

$$b = \sqrt{c \cdot \rho \cdot \lambda}$$

In puncto der massebezogenen Wärmespeicherfähigkeit hat Holz im Vergleich zu mineralischen Baustoffen durchaus Vorteile (s. Tab. 7.1, Sp. 1). Pro Masseeinheit können Holz und Holzwerkstoffe – und ebenso holzbasierte Dämmstoffe – zwei- bis dreimal mehr Wärme aufnehmen als mineralische Baustoffe. Dies beruht im Wesentlichen darauf, dass Holz infolge seiner Sorptionsfähigkeit einen relativ hohen Anteil von gebundenem Wasser enthält, welches bekanntlich der Stoff ist, der die größte Wärmespeicherfähigkeit besitzt ($c = 4190\,\text{J/(kg K)}$).

Allerdings ist zusätzlich die Rohdichte der jeweiligen Stoffe zu berücksichtigen (Tab. 7.1, Spalte 2), wodurch sich die materialbedingten Speicherfähigkeiten relativieren. Schwere mineralische Baustoffe wie Beton, Vollziegel oder Kalksandsteine gleichen die geringere spezifische Wärmekapazität durch ihre hohe Masse aus. Moderne mineralische „Massiv"-Baustoffe, wie sie heute in einschaligen Außenwänden verwendet werden (z. B. Porenbeton oder Porenziegel), haben allerdings eine deutlich geringere Speicherfähigkeit als Holz, da ihre Rohdichte in der gleichen Größenordnung liegt. Eigentlich ist der Begriff „massiv" für diese modernen Steine eher irreführend.

Tab. 7.1 Wärmeeindring-Koeffizienten verschiedener Baustoffe.

Baustoffe	**Spezif. Wärmespeicherkapazität** c_p a) [J/kg K]	**Rohdichte** ρ a) [kg/m³]	**Wärmeleitfähigkeit** λ a) [W/m K]	**Wärmeeindring-Koeffizient** b [W$\sqrt{h}$/m² K]
Wasser	4190	1000	0,60	—
Normalbeton, 1 % Stahl	1000	2400	2,30	**39,2**
Zementestrich	1000	2000	1,60	**29,8**
Kalksandstein	1000	1800	0,99	**22,2**
Vollziegelmauerwerk	940	1800	0,81	**19,5**
Kalkputz	1000	1600	0,80	**18,9**
Hochlochziegel	940	1400	0,58	**14,6**
Bimsstein VBL 1000	1000	1000	0,42	**10,8**
Gipskartonplatte	1000	900	0,25	**7,9**
Nadelholz	1600	500	0,13	**5,4**
Porenziegel, PWDz	940	550	0,20	**5,4**
Porenbeton	1000	400	0,13	**3,8**
Holzfaserdämmstoff	1400	80	0,040	**1,1**
Zellulosefaserdämmstoff	1600	50	0,040	**0,9**
Mineralfaserdämmstoff	1030	20	0,035	**0,4**

a) Werte gemäß DIN EN 12524. Die Rohdichte von Nutzholz und Holzfaserplattenprodukten ist die Gleichgewichtsdichte bei 20 °C und 65 % relativer Luftfeuchte.

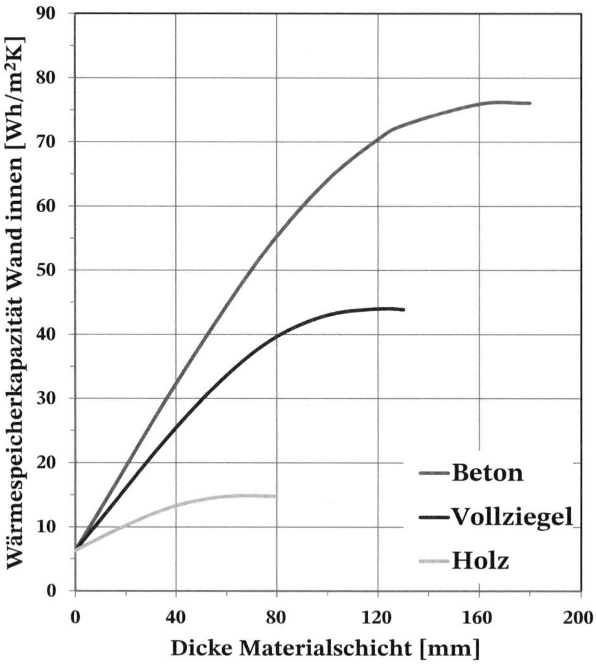

Abb. 7.12 Wirksame Wärmekapazität von außen gedämmter Wände aus drei verschiedenen Materialien mit (180 mm WDVS) nach EN ISO 13786 (24-h-Periode; ohne Wärmeübergangswiderstände). Die Grundkapazität bei 0 mm Dicke des Wandbildners entstammt der Speicherung durch den Innenputz.

Wegen ihrer naturgemäß sehr geringen Rohdichte sind Dämmstoffe, auch wenn sie aus Materialien mit hohem c_{spez} bestehen, kaum in der Lage, nennenswerte Wärmemengen zu speichern.

Ob die anfallende Wärme im Tageszyklus überhaupt von den Baustoffschichten aufgenommen werden kann, ist von deren Wärmeleitfähigkeit abhängig. Wie die Tab. 7.1 (Spalten 3 und 4) zeigt, ist das Wärmeeindringvermögen dann besonders groß, wenn die Rohdichte und der λ-Wert maximal sind. Deshalb weisen Beton und schwere Wandbaustoffe die mit Abstand größte Aufnahmefähigkeit für die einwirkende Wärme auf. Bei Massivholz ist die durchaus nennenswerte Speicherfähigkeit infolge des gleichzeitig guten Dämmwerts nur in begrenztem Maße aktivierbar.

Soll berücksichtigt werden, wie groß der Anteil des Bauteilquerschnitts ist, der am täglichen Speicher- und Entladezyklus beteiligt ist, so ist das Bewertungsverfahren nach EN ISO 13786 eine anschauliche Hilfe.

Dazu wird der Baukonstruktion eine Temperaturwelle mit Tages- und Nachtzyklus aufgeprägt. Abb. 7.12 zeigt, welche wirksame Wärmekapazität eine innere massive Wandschale mit außenliegender Dämmung unter diesen Randbedingungen erreichen kann.

Bei einer Betonwand steigt deren flächenbezogene Speicherkapazität bis zu einer Schichtstärke von ca. 100 mm nahezu linear auf ca. 50 Wh/(m^2 K) an. Eine weitere Vergrößerung der Schichtdicke bis zum Maximum bei 180 mm bringt allerdings nur noch eine Erhöhung von ca. 25 Wh/(m^2 K).

Bei Vollziegel, der zwar auch eine hohe Masse, aber eine deutlich geringere Wärmeleitfähigkeit als Beton hat, ist das Maximum der Wärmespeicherfähigkeit (44 Wh/(m^2 K)) schon bei einer Materialdicke von 120 mm erreicht. Noch dickere Ziegelwände können die eindringende Wärme im Tageszyklus nicht mehr verarbeiten.

Eine Massivholzwand kann nur bis zu einer Eindringtiefe von etwa 60 mm Materialdicke aktiviert werden. Die niedrige Wärmeleitfähigkeit des Materials begrenzt das Eindringen der Wärme und damit die Wärmekapazität auf weniger als ein Drittel (15 Wh/(m^2 K)) der schweren Massivbaustoffe.

7.1.2.3 Wärmespeicherfähigkeit von Holz- und Massivbauteilen

Nun bestehen Bauteilquerschnitte – gerade bei Holzbaukonstruktionen – oft aus vielen Baustoffschichten. Es stellt sich die Frage, ob und wie weit diese am Speichergeschehen beteiligt sind. Grundsätzlich gilt, wie auch schon im vereinfachten Verfahren der DIN 4108-2:2001 seit Langem festgelegt:

- Nur Bauteilschichten, die *innerhalb* von Dämmschichten angebracht sind, können zur Bemessung der sommerlichen Speicherfähigkeit herangezogen werden (max. Dicke 100 mm).

Für Holztafelbaukonstruktionen stehen damit meist nur die raumseitigen Bekleidungen als Speicherpotenzial zur Verfügung. Aussteifende Holzwerkstoffplatten hinter einer Installationsebene können nur einbezogen werden, wenn der Installationsraum nicht gedämmt ist. Von daher ist es naheliegend, dass solche „Leichtbauteile“ mit 6–8 Wh/(m^2 K) das geringste Speichervermögen in Tab. 7.2 aufweisen. Durch Anbringen einer zweiten Beplankung lässt sich der Speichereffekt zwar etwas verbessern. Es ist allerdings fraglich, ob dieser Aufwand gerechtfertigt ist, sofern nicht andere Gründe dies ratsam erscheinen lassen (z. B. Schallschutz bzw. Brandschutz).

Durch den Einsatz von Massivholzelementen für Wände bzw. bei Decken und Dächern aus Kastenelementen kann die Wärmespeicherkapazität der meisten Bauteile gegenüber dem einfach beplankten Holztafelbau zwischen 45 und 90 % erhöht werden. Dies ist jedoch keine entscheidende Stellschraube, um aus dem Gesamtgebäude eine „mittelschwere Bauart“ zu machen.

In der Vergleichstabelle zeigen Betondecken und Zementestriche das größte Speichervermögen. Die Gründe hierfür liegen in dem oben beschriebenen günstigen Wärmeeindringverhalten.

Was nicht bedeutet, dass sich diese Bauteile automatisch positiv auf den sommerlichen Wärmeschutz auswirken. Diese Fähigkeit ist stark davon abhängig, ob die Speicherschichten direkt mit dem Raum in Kontakt stehen (vgl. Infokasten 1). Schon ein Teppich oder ein Fertigparkett auf dem Estrich oder eine Schrankwand vor der Vollziegelwand kann deren Speicherkapazität um 30–50 % reduzieren. Auch Deckenabhängungen oder Profilholzschalungen vor massiven Wänden beeinflussen das Eindringvermögen sehr stark (vgl. Infokasten 1). Bei einer Holzvertäfelung unter der Betondecke reduziert sich deren Speichervermögen um mehr als 70 %!

Tab. 7.2 Flächenbezogene Wärmespeicherkapazitäten verschiedener Bauteiltypen.

		Außenwand Wh/(m² K)	Innenwand Wh/(m² K)	Dach Wh/(m² K)	Fußboden Wh/(m² K)	Decke Wh/(m² K)	Wohnflächenbezogene Wärmespeicherkapazität Referenzgebäude Wh/(m² K)
Holzbau	geringe Wärmespeicherkapazität	**7,5 ± 0,6** einfache Beplankung	**6,6 ± 0,7** einfache Beplankung	**5,9 ± 0,3** innere Holzschalung	**7,6** **(10,7 ± 0,6 ± 0,9)** Holzdielen (Trockenestrich)	**7,5 ± 0,4** einfache Beplankung	30 (27)
	mittlere Wärmespeicherkapazität	**10,3 ± 0,1** doppelte Beplankung	**11 ± 0,5** doppelte Beplankung	**7,8 ± 0,4** einfache Beplankung	**32,2 ± 1,0** 50 mm Zementestrich	**11 ± 0,2** Lignatur/ Massivholz	66 (49)
	hohe Wärmespeicherkapazität	**12,6 ± 1,8** Massivholz	**12,9** Massivholz	**10,6 ± 1,0** Lignatur/ Massivholz	**43,2 ± 0,7** 70 mm Zementestrich	**14,8 ± 0,2** Lignatur inkl. Schüttung	66 (49)
Massivbau	hohe Wärmespeicherkapazität	**8,5** Porenbeton mit WDVS	**9,1** Porenbeton	**7,8** einfache Beplankung	**32,3** 50 mm Zementestrich	**72,7** Beton	105 53
	sehr hohe Wärmespeicherkapazität	**22,2** Vollziegel mit WDVS	**28,5** Vollziegel	**72** Beton + Aufdachdämmung	**32,3** 50 mm Zementestrich	**72,7** Beton	172 79

Infokasten 1: Wie kommt die Wärme in das Bauteil?

Da für den sommerlichen Wärmeschutz die Kurzzeiteffekte im Tageszyklus bedeutsam sind, reagieren die Speicherkapazitäten sehr empfindlich auf alles, was das Eindringen der Wärme verhindert. Die größten Wärmelasten werden durch Sonneneinstrahlung erzeugt, die über Fenster auf die Innenbauteile treffen. Deshalb ist der Strahlungsaustausch zwischen den Innenoberflächen eines Raums (Absorption und Reflexion) die wichtigste Stellgröße für den Wärmeübergang.

Die üblichen Wärmeübergangswiderstände, wie sie aus der U-Wert-Berechnung bekannt sind, beinhalten immer eine Mischung aus Strahlungs- und Konvektionsübergang. Da aber die Konvektion bei der sommerlichen Aufladung des Wärmespeichers eine untergeordnete Rolle spielt, ist es zweckmäßig, zur Bauteilbewertung bei den Speicherkapazitäten *keine* Übergangswiderstände anzusetzen. Die Übergänge durch Strahlung und Konvektion werden in physikalisch optimalen thermischen Simulationen getrennt erfasst.

Dies ist jedoch in der Literatur zum sommerlichen Wärmeschutz nicht einheitlich der Fall und oft auch nicht dokumentiert. Zum Vergleich sind in Tab. 7.3, letzte Spalte, die Wärmekapazitäten, die sich mit Berücksichtigung der normalen Übergangswiderstände ergeben, in Klammern hinzugefügt. Sie vermitteln einen Eindruck davon, wie sensibel insbesondere die hoch wärmeleitfähigen Massivbauteile in ihrem Speichervermögen auf Oberflächenbekleidungen reagieren.

Ein Übergangswiderstand von $R_s = 0{,}17\,\mathrm{m^2\,K/W}$ an einer Decke entspricht einer äquivalenten Dämmdicke von ca. 7 mm. Dies ist vergleichbar mit dem Dämmwert einer Profilholzschalung oder eines Parkettfußbodens.

Überraschen mag, dass die aktivierbaren Speicherkapazitäten von modernen porosierten Wandbaustoffen sich kaum von denen einer Holztafelbauwand mit einfacher Beplankung unterscheiden. Schon eine Doppelbeplankung bringt bessere Werte als eine Porenbetonwand.

7.1.2.4 Wärmespeicherung des gesamten Gebäudes

Aus der Vielzahl der Bauteiltypen in Tab. 7.2 sind in Tab. 7.3 fünf verschiedene Bauweisen zusammengestellt.

Das Referenzgebäude ist in Abb. 7.13 dargestellt und ist dem Forschungsbericht des schweizerischen Bundesamtes für Energie [7.5] entnommen. Jede andere Kombination ist möglich und kann mithilfe einer flächenmäßigen Gewichtung eine objektspezifische Wärmespeicherkapazität ergeben.

Bei den drei verschiedenen Arten von Holzbauweisen ist erwartungsgemäß der reine „Leichtbau“ derjenige mit der geringsten Speicherkapazität, da nur die inneren Bekleidungen der Wände, Decken und Dächer Wärme speichern können. Um die Grenze zur „mittelschweren Bauart“ (50 Wh/(m² K)) nach DIN 4108-2 (vgl.

Tab. 7.3 Wohnflächenbezogene Wärmespeicherfähigkeit eines Gesamtgebäudes (Bauteile aus Tab. 7.2 zusammengesetzt), Zahlen in Klammern: Wärmekapazität inkl. Übergangswiderstände berechnet.

		Außenwand Wh/(m² K)	**Innenwand** Wh/(m² K)	**Dach** Wh/(m² K)	**Fußboden** Wh/(m² K)	**Decke** Wh/(m² K)	**Wohnflächenbezogene Wärmespeicherkapazität C_{Geb} Referenzgebäude**[a)]
		Anteil Bauteilfläche (Referenzgebäude)					
		24 %	**26 %**	**13 %**	**25 %**	**12 %**	**Wh/(m² K)**
Holzbau	Holzrahmenbau einfache Beplankung (alle Bauteile) Holzfußboden	7,5	6,6	5,9	7,6	7,5	**29** (25)
Holzbau	Holzrahmenbau einfache Beplankung 50 mm Zementestrich	7,5	6,6	5,9	32,2	7,5	**53** (39)
Holzbau	Holzmassivbau Holzmassiv (alle Bauteile) 50 mm Zementestrich	12,6	12,9	10,6	32,2	11,0	**69** (51)
Massivbau	Porenbetonwände Betondecke/ Holzdach 50 mm Zementestrich	8,5	9,1	7,8	32,3	72,7	**90** (49)
Massivbau	Vollziegelwände Betondach und -decke 50 mm Zementestrich	22,2	28,5	72,0	32,3	72,7	**157** (74)

a) Wirksame C_{Geb}-Werte ohne Wärmeübergangswiderstände. In Klammern mit Übergangswiderständen

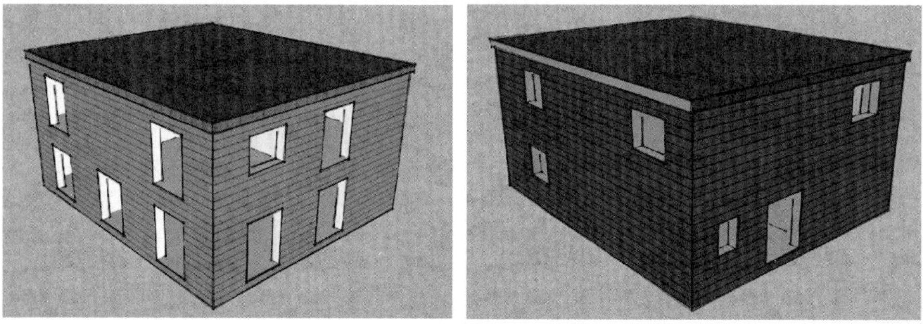

(a) (b)

Abb. 7.13 Das Referenzgebäude aus dem Forschungsbericht des Bundesamtes für Energie aus der Schweiz [7.5] mit (a) Süd-West- und (b) Nord-Ost-Ansicht.

Infokasten 2) zu überschreiten, reicht allerdings je nach Gebäudegeometrie unter Umständen schon der Ersatz des Holzfußbodens der Zwischendecke durch einen 50 mm Zementestrich. Hierbei sind übliche Dicken von 50 mm völlig ausreichend. Es sollten allerdings keine Bodenbeläge verwendet werden, die auf dämmenden Unterlagen (Filze und Schaumstoffe) verarbeitet werden. Auch Teppichböden sind kontraproduktiv.

Mit doppelter Beplankung an den Wänden oder einem konsequenten Einsatz von Massivholzelementen kann die gesamte Speicherkapazität um 20–30 % erhöht werden, mehr nicht.

Die beiden mineralischen Massivbauvarianten unterscheiden sich voneinander und den Holzbauweisen teils drastisch. Wenn die Wärmekapazitäten direkt erreichbar sind (keine inneren Übergangswiderstände), so hat der Vollziegelaltbau (oder auch ein Neubau aus Kalksandsteinen) z. B. die zweieinhalbfache Speicherkapazität der Massivholzvariante. Dieser Vorsprung schrumpft aber auf nur noch ein Drittel mehr Speicherfähigkeit, wenn das Wärmeeindringvermögen durch innere Übergangswiderstände behindert wird (Zahlen in Klammern).

Weniger günstig ist die Bewertung des modernen, mineralischen Massivbaus. Die monolithischen Wände aus porosierten Steinen können wegen ihrer geringen Rohdichte und Wärmeleitfähigkeit kaum mehr Wärme speichern als die Innenbekleidungen aus Gipsplatten beim Holzrahmenbau.

Die Wärmekapazität der modernen „Massivbau"-Variante rührt im Wesentlichen aus der Betondecke und dem Zementestrich. Wird hier der Wärmezutritt durch Übergangswiderstände erschwert, so wirkt sich dies überproportional stark aus (Halbierung der Gesamtkapazität!). Setzt man in gleicher Weise Übergangswiderstände beim Massivholzbau an, so sind die Effekte der Abschirmung so gering, dass im direkten Vergleich keine Unterschiede in der Einstufung von modernen Massivbauweisen mehr erkennbar sind – ganz gleich, ob sie „hölzern" und „mineralisch" sind.

7.1.2.5 Kriterien zur Bewertung der Sommerbehaglichkeit

Die eingangs gestellte Frage, was die jeweilige Bauweise zu einem komfortablen Sommerklima beitragen kann, ist mit der bisherigen Analyse des Speichervermögens noch nicht beantwortet. Die anschaulichste Form, die Behaglichkeit zu bemessen, ist die Ermittlung der Stunden im Jahr, in denen eine bestimmte Temperaturkomfortgrenze überschritten wird. Wie schon in früheren Untersuchungen sind die nachfolgenden Ausführungen an den Empfehlungen des Passivhausinstitutes orientiert (vgl. [7.6] und [7.7]).

Hiernach soll eine Raumtemperatur von 25 °C an weniger als 10 % der Jahresstunden überschritten werden. Ein sehr hoher sommerlicher Komfort ist zu erwarten, wenn die Überschreitungshäufigkeit auf 5 % begrenzt wird. In diesem Fall ist davon auszugehen, dass auch die Spitzenwerte an sehr heißen Tagen im Wohnraum kaum über 26 °C steigen werden.

Das vereinfachte Nachweisverfahren der DIN 4108-2 geht implizit auch von einer 10%-Grenze bei der Überschreitungshäufigkeit aus. Die Bezugstemperatur von 25 °C wird allerdings nur in der Klimaregion A (Sommer kühl) zugrunde gelegt.

Für die Klimaregion B (gemäßigt) bzw. C (Sommer heiß) wird den Bewohnern eine Grenztemperatur von 26 bzw. 27 °C zugemutet (siehe Infokasten 2).

Infokasten 2: Klassifizierung von Bauart und Standorten nach DIN 4108-2:2013 [7.8]

Zum Vergleich des ermittelten Speichervermögens des Referenzgebäudes werden an dieser Stelle die Einstufungen der Norm zum vereinfachten sommerlichen Wärmeschutznachweis in Deutschland [DIN 4108-2:2013] dokumentiert.

Leichte Bauart:	$C_{\mathrm{wirk}}/A_{\mathrm{G}}$ 50 Wh/(K m^2)
Mittelschwere Bauart:	50 Wh/(K m^2) $\leq C_{\mathrm{wirk}}/A_{\mathrm{G}} \leq$ 130 Wh/(K m^2)
Schwere Bauart:	$C_{\mathrm{wirk}}/A_{\mathrm{G}} >$ 130 Wh/(K m^2)

C_{wirk} wirksame Wärmespeicherkapazität des Raums bzw. des Raumbereichs nach DIN EN ISO 13786
A_{G} Nettogrundfläche

Die Wärmekapazitäten beziehen sich auf Bauteile *ohne* Übergangswiderstände. In gleicher Weise werden in der Sommerfallanalyse des PHPP Speicherkapazitäten für die Raumumschließungsflächen behandelt.

Die drei Klimaregionen für den sommerlichen Wärmeschutz definiert die Norm folgendermaßen:

Klimazone A: sommerkühl (Mittelgebirgsregionen, Nord- und Ostseeküste),
Klimazone B: moderate Sommertemperaturen (der größte Teil Deutschlands bis ca. 400 m ü. NN),
Klimazone C: sommerheiß (Rhein-/Main-/Mosel-Täler. Regionen um Halle/ Leipzig und Dresden).

Welche Innentemperaturen als angenehm (oder noch erträglich) empfunden werden, hängt entscheidend von den persönlichen Vorlieben der Nutzer ab – von ihrer Bekleidung, ihrer Tätigkeit und ihrem individuellen Wärmeempfinden. Normative Grenzen sind letzten Endes nur geeignet, relative Vergleiche zwischen der Bedeutung der verschiedenen Einflussfaktoren zu ermöglichen. Vor diesem Hintergrund sind die folgenden Bewertungen des Sommerklimas zu interpretieren. Dabei sollte auch nicht vergessen werden, dass 10 % der Jahresstunden bei Wohngebäuden bedeutet: An 876 h (= 36,5 Tagen!) wird die Grenztemperatur überschritten.

7.1.2.6 Bedeutung der Fensterflächen, der Verschattung und der Sommerlüftung

Im Rahmen des erwähnten schweizerischen Forschungsvorhabens [7.5] wurde der Zusammenhang von der Wärmespeicherkapazität der Baustoffe, dem Fensterflächenanteil, dem Nutzerverhalten und der Überschreitungshäufigkeit (bezogen auf 25 °C) mithilfe von dynamischen thermischen Simulationen mit dem Programm

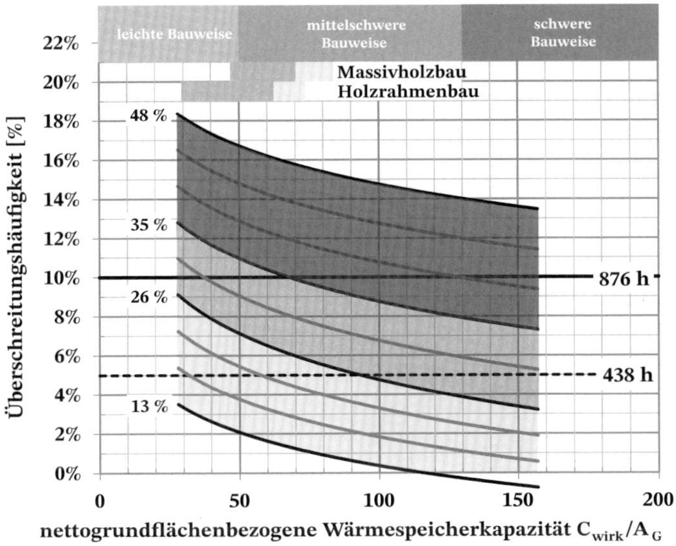

Abb. 7.14 Zusammenhang zwischen Wärmespeicherkapazität des Gebäudes, dem wohnflächenbezogenen Fensterflächenanteil und der Überschreitungshäufigkeit über 25 °C; Normallüfter – wenig genutzte außenliegende Verschattung (Daten aus [7.5]).

IDA ICE detailliert untersucht (vgl. [7.9]). Als Standort wurde Zürich gewählt – vergleichbar mit Frankfurt/Main (Klimaregion C nach DIN 4108-2:2013 [7.8]). Für den Fokus dieses Beitrags wurden die Ergebnisse an die deutsche Normung angepasst (wohnflächenbezogene Fensteranteile statt hüllflächenbezogene Glasfläche; Wärmespeicherkapazitäten ohne Wärmeübergangswiderstände).

Die erforderlichen Speichereigenschaften des Gebäudes zur Dämpfung von Temperaturspitzen hängen in erster Linie von der Wärmelast ab, die durch die Sonne per Fenster eingestrahlt wird. Die Kurven in den Abb. 7.14 und 7.15 zeigen die Spannweite von der Mindestgröße zur Wohnraumbelichtung ($A_W/A_{NGF} = 12{,}5\,\%$) über heute im Neubau übliche Fenstergrößen (25 %) bis hin zu üppiger Befensterung (35 % und mehr), die in modernen Wohnhäusern zumindest im Hauptwohnraum keine Seltenheit ist. Heutige Bürogebäude fallen zumeist auch in die letztgenannte Kategorie.

Ob und wann dies raumklimatisch ein Problem werden kann, hängt wesentlich davon ab, ob effiziente, d. h. außenliegende Verschattungsmöglichkeiten – zumindest an den von Ost über Süd bis West orientierten Fenstern – vorhanden sind und ob diese von den Bewohnern genutzt werden. Abb. 7.14 bildet ein Verhalten ab, das nur die Hälfte des möglichen Sonnenschutzes erzielt. Dies ist aber immer noch deutlich effizienter als eine innenliegende Verschattung (geplant und fest montiert!), die konsequent genutzt wird. Abb. 7.15 geht von einer guten, wetterangepassten Nutzung der Außenverschattung aus.

Natürlich hat neben dem Sonneneintrag auch das angepasste Lüftungsverhalten der Bewohner einen bedeutsamen Einfluss auf die Sommerbehaglichkeit. Um die Variablen für die Bewertung des Speicherverhaltens überschaubar zu halten, wurde

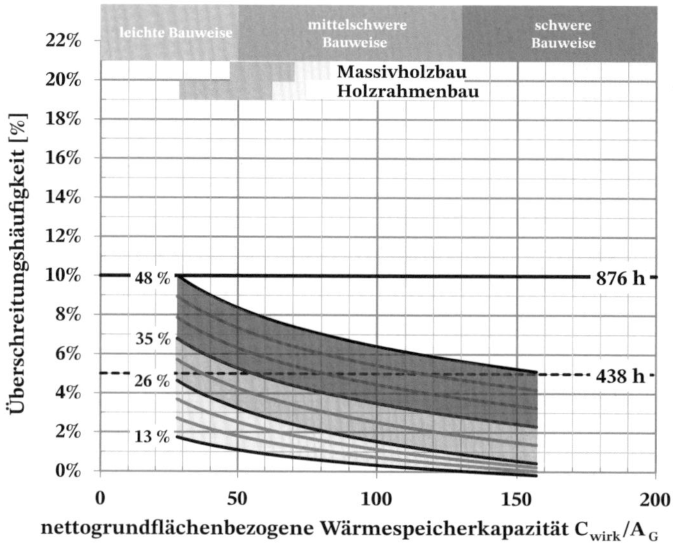

Abb. 7.15 Zusammenhang zwischen Wärmespeicherkapazität des Gebäudes, dem wohnflächenbezogenen Fensterflächenanteil und der Überschreitungshäufigkeit über 25 °C; Normallüfter – gut genutzte außenliegende Verschattung (Daten aus [7.5]).

die Auswertung der Schweizer Untersuchung auf den „Normallüfter“ (Luftwechselrate 0,8–1,6 1/h im Sommerhalbjahr, im Mittel 1,3 1/h) beschränkt.

Damit insbesondere in den Nachtstunden und auch bei Abwesenheit der Bewohner eine wirksame Lüftung gewährleistet werden kann, hat sich der Einbau spezieller Lüftungsflügel bewährt (vgl. Abb. 7.16). Für deren planerische Bemessung ist die Sommerfallanalyse des Passivhausprojektierungspakets (PHPP) ein einfaches und zuverlässiges Tool (Anwendungsbeispiel in [7.7]).

7.1.2.7 Was kann die Speicherung ausgleichen?

Ist die Verschattung mäßig, also nur zur Hälfte der Zeit genutzt (Abb. 7.14), so kann es bei allen Bauweisen – zumindest in Räumen mit hohem Fensteranteil – zur Überschreitung der 10%-Grenze kommen. Zwischen den Extremen (einfach beplankter Holzrahmenbau und einem Massivbau mit schwerem Mauerwerk) liegen 5 bis 6%-Punkte in der Überschreitungshäufigkeit, immerhin rund 500 h bzw. 3 Wochen.

Die Spielräume werden wesentlich kleiner, wenn man Holztafel- und Massivholzbau vergleicht (die Bereiche der möglichen Gesamtkapazitäten sind in der Grafik als graue Balken markiert). Wenn beide Holzbauweisen gleiche Fußbodenaufbauten aufweisen, beträgt der Unterschied bei der Überschreitungshäufigkeit lediglich 1 %. Nur dann, wenn man einen extremen Leichtbau (einfach beplankt mit Holzboden) mit einem Massivholzbau mit dickem Zementestrich vergleicht, kann die Differenz auf etwa 3 % wachsen.

Bei geringer Verschattung haben die realistischen Möglichkeiten zur Temperaturabsenkung durch „Masse“ einen wesentlich geringeren Einfluss, als z. B. durch eine moderate Änderung der Fensterfläche zu bewerkstelligen ist.

Abb. 7.16 Einbruchssicherer Lüftungsflügel mit außenseitigem Edelstahllochblech in Kippstellung in einem Gruppenraum einer Kindertagesstätte (Planer: Hahn-Helten Architekten, Aachen. Foto: Robert Borsch-Laaks).

Bei effektiver Verschattung ist selbst ein Fensteranteil unkritisch, der beim Doppelten der Mindestöffnung zur Wohnraumbelichtung liegt (26 %). Wie Abb. 7.15 zeigt, bleibt auch die Holzbauvariante mit der niedrigsten Wärmekapazität mit 9 % Überschreitungshäufigkeit unter der empfohlenen Grenze des Passivhausinstituts.

Bei einer planerisch voraussetzbaren, bestimmungsgemäßen Nutzung der Außenverschattung verbessert sich der sommerliche Wärmeschutz wesentlich. In einem Messprojekt des Passivhausinstituts wurde gezeigt [7.11], dass dieses Verhalten als durchschnittlich gelten kann, wenn den Nutzern diese Option angeboten wird. Abb. 7.15 zeigt, dass dann alle Kurven unter der 10%-Grenze verlaufen. Das heißt, auch in Räumen mit sehr großen Fensterflächen ist, unabhängig von der Speicherkapazität, ein Sommerklima mit vertretbaren Temperaturspitzen realisierbar.

In einem Holztafelbau mit Zementestrich wird selbst bei üppigen 35 % Fensterfläche die Komfortgrenze von nur 5 % Überschreitungsdauer erreicht. Demgegenüber bietet ein vergleichbarer Holzmassivbau nur zwei Tage weniger mit Übertemperaturen. Neue Massivbauten aus porosiertem Mauerwerk bringen es trotz Betondecke nur auf eine weitere Verringerung der Überschreitung um 0,4%-Punkte.

Mineralisch massive Bauweisen mit hohen Steinrohdichten und Außendämmung bieten jedoch ein nennenswertes Potenzial zur weiteren Unterschreitung der Komfortgrenze um 2,5%- bis 3,0%-Punkte.

7.1.2.8 Fazit: Wege zum Holzbau ohne Speichermassenprobleme

Der Begriff der Speicher„masse" sollte aus der Diskussion um den sommerlichen Wärmeschutz verbannt werden. Es geht vielmehr um die wirksame Wärmespeicherkapazität. Ob diese aktivierbar ist, hängt wesentlich von der Wärmeleitfähigkeit der oberflächennahen Schichten der Innenbauteile und den durch Beläge und Bekleidungen bedingten Übergangswiderständen ab. Dies lässt die vermeintlichen Unterschiede, die manche Marktteilnehmer nur aus der Baustoffmasse ableiten, stark zusammenschrumpfen.

In einem gemeinsamen Forschungsvorhaben der TU Kaiserslautern und der TU München [7.10] wurden der Einfluss der Wärmespeicherfähigkeit unterschiedlicher Bauweisen auf den Heizenergiebedarf und die sommerliche Überhitzung untersucht. Es wurden unbewohnte Testkuben aus Hochlochziegel, Porenbeton, Kalksandstein und aus Brettsperrholz gebaut und in ihrer Fähigkeit, Wärme einzuspeichern, verglichen. Parallel wurden simulationsgestützte Parameterstudien durchgeführt. Als Ergebnis wurden sogenannte Wärmespeicherfähigkeitsindizes zur Bewertung der oben genannten Zusammenhänge formuliert. Angewendet auf einen Vergleich von unterschiedlich „schweren" Bauweisen kam heraus, dass eine signifikante Reduzierung von Übertemperaturgradstunden durch den Einfluss der wirksamen Speicherfähigkeit der Umschließungsflächen nur dann erzielt wird, wenn keine wirksamen Maßnahmen des sommerlichen Wärmeschutzes getroffen werden. Ein effektiver Sonnenschutz am Gebäude hat einen erheblich größeren Einfluss auf die sommerliche Überhitzung als die Wärmespeicherfähigkeit unterschiedlicher Bauweisen. Auch die schweizerische Studie, deren Datenmaterial für diese Untersuchung ausgewertet wurde, belegt eindeutig die geringen Auswirkungen, die von der (richtig berechneten) Wärmekapazität beim Kappen von Übertemperaturen zu erwarten sind. Eine Prioritätenliste der planerisch sinnvollen Maßnahmen für ein komfortables Sommerklima könnte daher so aussehen:

- Vorbemessung der wohnflächenbezogenen Fenstergröße raumweise nach [7.8] schon in der Entwurfsphase,
- Planung von Außenverschattungen bei der Überschreitung des O-S-W-Fensteranteils von etwa 25 % der Grundfläche eines Raums,
- Planung einer sinnvollen (Nacht-)Lüftung, welche dem Nutzer eine natürliche Kühlung durch Thermik bei Aufrechterhaltung des Einbruchs- und Insektenschutzes ermöglicht (vgl. [7.7]).

Nach diesen A-Prioritäten folgt die wichtigste Maßnahme zur Verbesserung der Wärmekapazität jeglicher Holzbauweisen, der Einbau eines Zementestrichs auf allen Decken.

Der Einfluss aller weiteren viel diskutierten und häufig beworbenen Maßnahmen zur verbesserten Wärmespeicherung von Holzbauten verblasst vor den oben genannten drei A-Prioritäten. Diese bieten dem Nutzer die Chance, sein gewünschtes Sommerklima zu schaffen. Um ihm Spielräume beim „Sich-kümmern-Müssen" zu lassen, sollten Varianten geplant werden, die sich an der Komfortgrenze orientieren (max. 5 % Dauer der Überschreitung der 25 °C-Grenze). Ein geeignetes, einfaches Planungsinstrument ist hierfür die Sommerfallanalyse des Passivhausprojektierungspakets (PHPP).

7.2 Feuchteschutz – Tauwasserschutz bei Holzbauteilen

In puncto Tauwasserschutz hat sich die diffusionsoffene Konstruktionsweise für Holzbauquerschnitte in den letzten 25 Jahren zumindest im handwerklichen Holzrahmenbau weitgehend durchgesetzt. Ihre großen Trocknungsreserven für außerplanmäßige Befeuchtungen (insbesondere die schwer kalkulierbare Wasserdampfkonvektion) sind ein Garant für die Robustheit dieser Konstruktionsweise.

Gleichwohl werden vom industriellen Holzfertigbau nach wie vor Konstruktionen realisiert, die außenseitig durch eine Beplankung und/oder ein Dämmsystem aus Schaumkunststoffplatten eine relativ hohe Dampfdichtheit besitzen. Eine innere, starke Dampfbremse reduziert zwar die Belastung aus der Dampfdiffusion, begrenzt aber auch das Trocknungspotenzial dieser Wandbauweise z. B. für Feuchtebelastungen aus Dampfkonvektion.

Zunehmend werden unbelüftete und voll gedämmte Flachdächer in Holzbauweise erstellt. Durch ihre außenseitig dampfdichte Abdichtung oder Verblechung müssen nach dem heutigen Stand der Erkenntnisse alte bauphysikalische Regeln hinterfragt werden. Es gilt, Konstruktionsweisen zu entwickeln und ihre Funktionstüchtigkeit ggf. durch objektspezifische hygrothermische Simulation bauphysikalisch nachzuweisen, die ein ausreichendes Rücktrocknungspotenzial durch sommerliche Umkehrdiffusion bieten können.

7.2.1 Dampfdurchgang sperren, bremsen oder managen?

Der Tauwasserschutz von Holzbaukonstruktionen kann in vielen Fällen mit dem einfachen, statischen Glaser-Verfahren, wie es in der DIN 4108-3 seit 1981 genormt ist, rechnerisch nachgewiesen werden. Dabei werden Tauwassermengen und das Trocknungspotenzial mit statischen Klimarandbedingungen für „Winter" und „Sommer" berechnet.

Bei diesem Nachweisverfahren zum „klimabedingten Feuchteschutz" kommt der „wasserdampfdiffusionsäquivalenten Luftschichtdicke" (s_d-Wert, im Folgenden kurz „Diffusionssperrwert" genannt) der einzelnen Bauteilschichten eine zentrale Bedeutung zu. Die Norm kennt allerdings in ihrer Begriffsdefinition nur eine grobe Klassifizierung der diffusionstechnischen Eigenschaften von Baustoffschichten.

Auf der einen Seite werden Schichten als „diffusionsoffen" tituliert, wenn $s_d \leq 0{,}5$ m ist. Am anderen Ende der Skala bezeichnet die Norm diffusionsdichte Schichten als solche, wenn $s_d \geq 1500$ m ist. Der große Bereich zwischen beiden Extremen wird pauschal als „diffusionshemmend" bezeichnet.

Diese sehr grobe Einteilung ist für die sehr vielfältigen Formen von Holzbauteilen wenig hilfreich. Darüber hinaus wird in Fachpublikationen und im allgemeinen Sprachgebrauch von Baufachleuten mal von Dampfbremsen und mal von Dampfsperren gesprochen, obwohl die gleichen Produkte und Funktionen gemeint sind.

Um diese babylonische Sprachverwirrung durch eine bauphysikalisch differenzierte Begriffswahl aufzulösen, bietet das WTA-Merkblatt 6-8 „Feuchtetechnische Bewertung von Holzbauteilen" eine genauer abgestufte Klassifizierung (vgl. [7.28], Tab. 7.4). Insbesondere ist der Bereich der „moderat dampfbremsenden Schichten"

Tab. 7.4 Definition von Begriffen zur Wasserdampfdurchlässigkeit von Bauteilschichten und der Zuordnung eines Bereichs der diffusionsäquivalenten Luftschichtdicken (s_d-Werte) [7.28].

Begriff	s_d-Wert-Bereich[a)]
Diffusionsoffen	$s_d \leq 0{,}5$ m
Moderat dampfbremsend	$2{,}0$ m $< s_d \leq 5{,}0$ m
Stark dampfbremsend	10 m $< s_d < 100$ m
Dampfsperrend	100 m $\leq s_d < 400$ m
Dampfdicht	$s_d \geq 1500$ m

a) Nicht definierte Zwischenbereiche sind in ihrer Wirkung nicht eindeutig zuzuordnen.

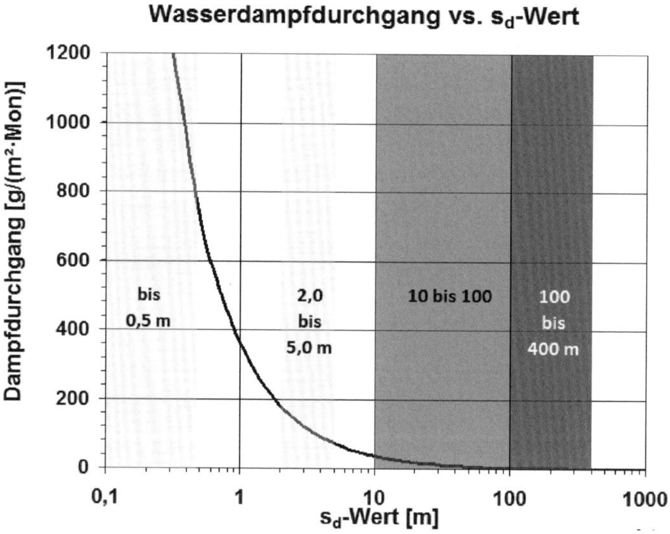

Abb. 7.17 Wasserdampfdurchgang in Abhängigkeit vom s_d-Wert einer Bauteilschicht. Randbedingungen: 20 °C – 50 % r. F./–5 °C – 80 % r. F. [7.28].

für die bauphysikalische Planung von besonderer Bedeutung, da sie zum einen den winterlichen Dampftransport i. d. R. ausreichend begrenzen, aber noch eine gewisse sommerliche Umkehrdiffusion ermöglichen, die für die von der Holzschutznorm DIN 68800-2:2012 geforderten Trocknungsreserven von großer Bedeutung ist.

Abb. 7.17 zeigt dies grafisch am Beispiel des Außen- und Innenklimas gemäß einem Wintermonat der DIN 4108-3:2014. Es hat nur einen geringen Einfluss auf den Dampfeintrag durch Diffusion, ob die s_d-Werte im zwei-, drei- oder auch vierstelligen Bereich liegen. Dies gilt analog für den Prozess der „Umkehrdiffusion" in der sommerlichen Verdunstungsperiode.

Qualifiziertes Tauwassermanagement muss stets beide Klimaperioden im Blick behalten und dabei Feuchterisiken beachten, die nicht von der Diffusion verursacht werden, aber nur von ihr entschärft werden können.

7.2.1.1 Trocknungsreserven – warum?

Berechnungen zur Diffusionsbilanz erfassen den Dampftransport höchst unvollständig. Schon in den 1980er-Jahren zeigten Laboruntersuchungen des Fraunhofer-Instituts für Bauphysik (IBP) in Stuttgart, dass der Dampftransport per Luftströmung (Konvektion) um ein Vielfaches stärker sein kann als die Dampfwanderung per Diffusion.

Ein Quadratmeter Dampfbremse lässt bei Normklimabedingungen täglich eine Dampfmenge passieren, die – abhängig vom s_d-Wert der Dampfbremse – einer Wassermenge entspricht, die in ein Schnapsglas oder einen Fingerhut passt (Abb. 7.18). Hat diese Fläche eine Fuge von wenigen Millimetern Breite und einem Meter Länge, so erhöht sich der Dampftransport um mehrere Zehnerpotenzen. Zusätzliche Diffusion durch die Fehlstelle ist vernachlässigbar, aber der „Mitnahmeeffekt" durch Konvektion ist gewaltig. Das gilt schon bei geringen Druckdifferenzen von ca. 5 Pascal, wie sie in beheizten Gebäuden bei Frostwetter allein durch die Thermik ausgelöst werden.

Aber: Keine Ausführung ist perfekt und hundertprozentig durchströmungsdichte Häuser gibt es nicht. Für die verbleibenden Restleckagen brauchen Holzbaukonstruktionen daher ein ausreichendes Rücktrocknungspotenzial. Hierfür hatte das Fraunhofer IBP in Holzkirchen Ende der 1990er-Jahre vorgeschlagen, Konstruktionen so zu bemessen, dass die per Glaser-Verfahren ermittelte Diffusionsbilanz (Differenz von Tau- und Verdunstungsperiode) eine Trocknungsreserve von 250 g/m² ergibt [7.13].

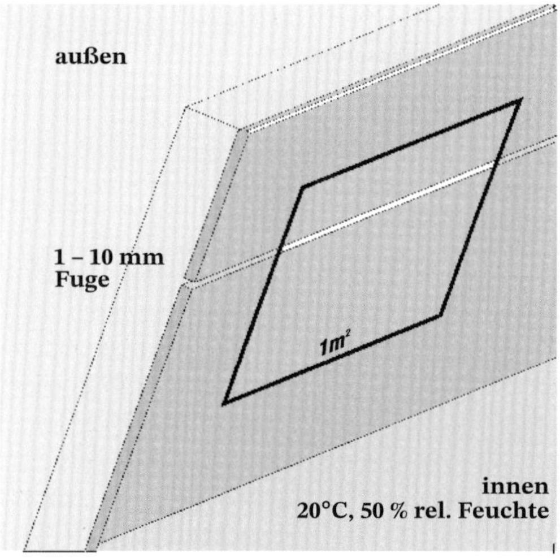

	Diffusionssperrwert (s_d)		
Außenklima: -10°C, 80% rel.F.	100 m	20 m	2 m
Täglicher **Diffusion**sstrom [g/m²]	0,15	0,7	7
Innenklima: 20°C, 50% rel.F.	Fugenbreite		
Druckdifferenz: 5 Pascal	1 mm	3 mm	10 mm
Täglicher **Konvektions**strom [g/m²]	200	400	600

Abb. 7.18 Täglicher Dampftransport durch Diffusion (pro m²) und durch Konvektion (pro lfm Fuge) Quelle: [7.12] und Berechnung nach DIN 4108-3:2001.

Diese Empfehlung hat sich bewährt und ist mittlerweile nicht nur Bestandteil der Holzschutznorm DIN 68800-2:2012, sondern hat auch zu wesentlichen Änderungen in der DIN 4108-3 seit Ende 2014 geführt.

7.2.1.2 Tauwassernachweis vereinfacht berechnet

Die einfachste Form, Holzbauteile als feuchtetechnisch zulässig zu bewerten, bieten Tabellen, in denen lediglich Anforderungen an die s_d-Werte innen- und außenseitig von Dämmschichten gestellt werden.

Schon die Glaser-Norm von 2001 beschrieb auf diese Weise das diffusionstechnische Grundprinzip der diffusionsoffenen Holzbauweise.

- Wenn außen diffusionsoffen konstruiert wird ($s_{d,e} \leq 0{,}3$ m), dann reicht eine moderate Dampfbremse ($s_{d,i} \geq 2{,}0$ m), um die Tauwassermengen im zulässigen Bereich zu halten *und* eine ausreichende Verdunstung zu gewährleisten.

Dies ist unumstritten – auch unter dem mittlerweile erweiterten Fokus der ausreichenden Trocknungsreserve. Das Verdunstungspotenzial liegt bei mehreren Tausend g/m^2 – mit größtmöglicher Sicherheit für die Abtrocknung des konvektiven Dampftransports.

Die andere, ebenfalls altbekannte Diffusionsregel (innen mindestens 6-mal dichter als außen) erfuhr allerdings auf Initiative des Autors eine einschränkende Differenzierung. Abb. 7.19 zeigt, dass bei Anwendung dieser Formel die Marke von 250 g/m^2 Trocknungsreserve unterschritten wird, sobald der äußere s_d-Wert über 2,5 m steigt.

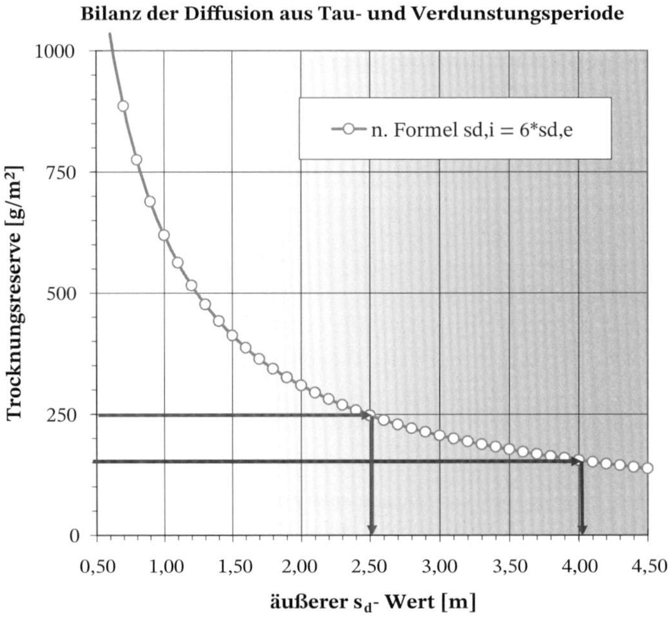

Abb. 7.19 Die Trocknungsreserve in Abhängigkeit vom *äußeren* s_d-Wert nach der Formel in DIN 4108-3:2001, Tab. 1, Zeile 3: $s_{d,i} = 6 \cdot s_{d,e}$ – Regelquerschnitt mit 240 mm Faserdämmstoff ($\mu = 1$).

7.2.1.3 Wie dampfdicht darf es außen sein?

In der Neufassung der DIN 4108-3 aus dem Jahre 2014 wird die Anwendbarkeit der Formel auf äußere s_d-Werte zwischen 0,3 und 2,0 m begrenzt. Hiernach können z. B. Holzbauteile mit äußerer Schalung und diffusionsoffener Vordeckung ohne ausführliche Berechnung freigegeben werden. Auch die Beplankung von obersten Geschossdecken mit Spanplatten fällt i. d. R. hierunter.

Für diesen vereinfachten Nachweis dürfen sich – wenn der s_d-Wert der Außenseite höher als 2,0 m ist – keine Hölzer oder Holzwerkstoffe zwischen den diffusionstechnisch klassifizierten Schichten befinden. Dies gilt sowohl für moderat dampfbremsende Außenschichten (z. B. die meisten OSB-Platten) als auch erst recht dann, wenn außenseitig noch höhere Sperrwerte vorliegen (z. B. bei Holzflachdächern mit einer stark diffusionsbremsenden Abdichtung).

Die grundlegende Norm zum konstruktiven Holzschutz, DIN 68800-2, hatte 2012 hierzu einen etwas anderen Gültigkeitsbereich für die moderat dampfbremsenden Außenschichten definiert. Hiernach kann die Konstruktion in die Gebrauchsklasse 0 (früher Gefährdungsklasse 0) eingestuft werden, wenn die Außenseite keinen höheren s_d-Wert als 4,0 m aufweist und auf der Innenseite Dampfbremsen entsprechend der „6-mal-dichter-Formel" eingebaut werden. Diese Erweiterung des Geltungsbereichs wurde allerdings auf die Fertigung von Holzbauteilen begrenzt, die nach Holztafelbaurichtlinie, also in werkseitiger Vorfertigung, umgesetzt werden. Die hieraus folgende Benachteiligung des handwerklichen Holzhausbaus ist bauphysikalisch nicht begründbar, sondern nur der geschickten Lobbyarbeit der Fertigbauverbände geschuldet.

Einfach und doch abgesichert Eine ähnlich strukturierte Tabelle zum vereinfachten Nachweis enthält auch das neue *WTA-Merkblatt 6-8 „Feuchtetechnische Bewertung von Holzbauteilen – Vereinfachte Nachweise und Simulation"*. Im Gegensatz zu den Tabellen von Glaser- und Holzschutznorm enthält diese auch feuchtevariable Dampfbremsen.

Dies wurde möglich, da die Grenzziehungen der Tabelle für das WTA-Merkblatt aufgrund von Parameterstudien mittels hygrothermischer Simulation und nicht durch vereinfachte Glaser-Bilanzen erfolgten. Hierbei konnte der Geltungsbereich gemäß Tab. 7.5 (Zeile 3) ebenfalls auf äußere s_d-Werte bis zu 4,0 m ausgeweitet werden, sofern eine Begrenzung der Luftdurchlässigkeit der Gebäudehülle nachgewiesen wird (Blower-Door-Messung vor Ort). Die hierbei ermittelte Luftdurchlässigkeit (q_{50}-Wert $\leq 5{,}0\,\mathrm{m}^3/(\mathrm{m}^2\,\mathrm{h})$) verhindert in Verbindung mit der dabei stattfindenden Leckageortung, dass unzulässige Feuchteerhöhungen durch Wasserdampfkonvektion stattfinden können. Damit werden bei geeigneter Qualitätssicherung vor Ort auch äußere Beplankungen aus OSB-Platten eingeschlossen und der Geltungsbereich auch auf den handwerklichen Holzbau ohne werkseitige Vorfertigung der betreffenden Bauteile erweitert.

Tab. 7.5 Holzbauteile ohne rechnerischen Nachweis (Dächer mit Dachdeckungen, oberste Geschossdecken und Wände mit belüfteter Vorhangfassade) [7.28].

Zeile	$s_{d,e}$-Wert (außen)	$s_{d,i}$-Wert (innen)
1	$\leq 0{,}3\,\text{m}$	$\geq 2{,}0\,\text{m}$ oder feuchtevariable DB
2	$0{,}3\,\text{m} < s_{d,e} \leq 2{,}0\,\text{m}$	$\geq 6 \cdot s_{d,e}$ oder feuchtevariable DB
3[a)]	$2{,}0\,\text{m} < s_{d,e} \leq 4{,}0\,\text{m}$	$\geq 6 \cdot s_{d,e}$ oder feuchtevariable DB

a) Nur anwendbar bei geprüfter Luftdurchlässigkeit der Gebäudehülle $q_{50} \leq 3{,}0\,\text{m}^3/(\text{h}\,\text{m}^2)$.

7.2.2 Holzbauwände und ihre bauphysikalische Konstruktionsphilosophie

Auf die Konstruktion von Holzbauwänden bezogen, lassen sich aus bauphysikalischer Sicht zwei gängige Typen unterscheiden:

- Holzrahmenbauwände mit innenliegender Aussteifung durch Holzwerkstoffplatten (meist OSB) und diffusionsoffener äußerer Bekleidung ($s_d < 0{,}2\,\text{m}$), oft auch als diffusionsoffenes Holzfaser-WDVS ausgeführt,
- Holztafelbauwände mit außenliegender, aussteifender Beplankung (relativ diffusionsdicht, s_d meist > 2 m), vielfach mit EPS-WDVS (s_d oft > 6 m) und einer inneren Dampfbremse ($s_d > 20\,\text{m}$).

Beide Typen können lt. Anhang A der Norm zum konstruktiven Holzschutz DIN 68800-2:2012 ohne besonderen feuchtetechnischen Nachweis in die Gebrauchsklasse 0 (früher: Gefährdungsklasse 0) eingestuft werden. Ihre feuchtetechnische Robustheit wird als so sicher erachtet, dass kein chemischer Holzschutz oder Hölzer mit hoher Resistenzklasse erforderlich sind.

Führt man jene Tauwasserberechnungen nach *Glaser* durch, auf denen diese Bewertung vorgeblich beruhen soll, so kommen deutliche Unterschiede zwischen den Varianten zum Vorschein. Tabelle 7.6 zeigt die Trocknungsreserven, die bei ausgewählten Varianten gemäß dem normativen Anhang der DIN 68800-2 erzielt werden, in Abhängigkeit von deren Diffusionsfähigkeit.

Im ungünstigsten Fall einer üblichen Vorhangfassade in mehr oder weniger diffusionsoffener Ausführung (Typ A.3 in Abb. 7.20a) steht der Tauwassermenge aus dem Normwinter ($275\,\text{g/m}^2$) ein Trocknungspotenzial in der Verdunstungsperiode von fast $1300\,\text{g/m}^2$ gegenüber (Tab. 7.6, Zeile A.3). Es verbleibt also eine Trocknungsreserve in Höhe von insgesamt ca. $1000\,\text{g/m}^2$, was beim Vierfachen dessen liegt, was von der Bauphysik gefordert wird.

Bei vergleichbar konstruierten Wänden, die außenseitig ein WDVS aus Holzfaserplatten haben (unmittelbar auf dem Ständerwerk montiert, Typ A.6 in Abb. 7.20c), sind die Trocknungspotenziale sogar nochmals zwei- bis dreifach höher.

Aber auch Konstruktionen, deren Aussteifung auf der Außenseite des Tragwerks liegt, können ähnlich robuste Bilanzen aufweisen. Ein Beispiel hierfür sind Holzrahmenbauwände, die durch Beplankungen mit Gipsfaserplatten außenseitig beplankt werden (Typ A.5 in Abb. 7.20b). Diese diffusionsoffenen Plattenwerkstoffe erreichen in Verbindung mit einem Mineralfaser-WDVS ebenfalls Trocknungsreserven (TR) über $2000\,\text{g/m}^2$.

Tab. 7.6 Trocknungsreserven berechnet nach DIN 4108-3:2001 für verschiedene Wandkonstruktionen gem. Anhang zur DIN 68800-2:2012, Bauteilaufbauten (s. Abb. 7.20).

Nr. Anhang DIN 68800-2	Wetterschutz	Dämmdicke		Diffusionskennwerte				Feuchtebilanz		
		Tragwerksebene	außen	$s_{d,i}$	μ_{WDVS}	$s_{d,eBepl.}$	$s_{d,eRest}$	Tauwasser	Verdunstung	Trocknungsreserve
		[mm]	[mm]	[m]	[–]	[m]	[m]	[g/m^2]	[g/m^2]	[g/m^2]
A.3	Vorhangfassade vor diffusionsoffener Bekleidung	240	0	2,0	—	0,3	0,3	275	1281	**1006**
A.5	WDVS, Mineralfaser auf Gipsfaserbeplankung	240	60	20,0	1	0,2	0,1	0	2123	**2123**
A.6	WDVS, Holzfaserdämmplatten direkt auf Tragwerk	240	60	2,0	5	—	0,1	0	2911	**2911**
A.3 S	Vorhangfassade vor diffusionsdichter Holzwerkstoffbeplankung	240	0	50,0	—	4,0	—	1	164	**163**

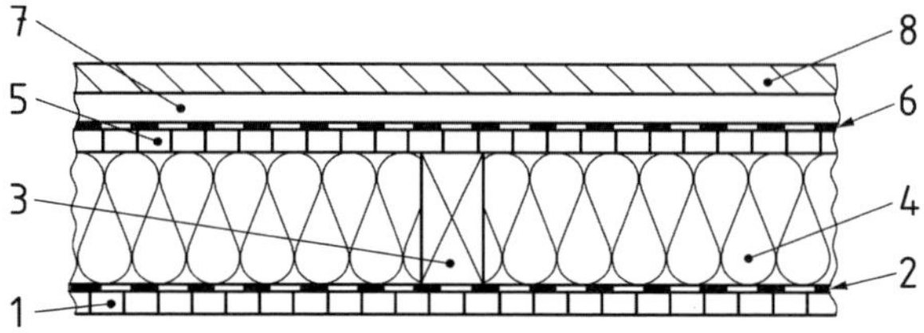

Legende

1 ein- oder mehrlagige raumseitige Bekleidung oder Beplankung
2 Dampfbremsschicht $s_d \geq 2$ m in Verbindung mit Schicht 1
3 trockenes Holzprodukt
4 mineralischer Faserdämmstoff nach DIN EN 13162, Holzfaserdämmplatten nach DIN EN 13171 oder Dämmstoff, dessen Verwendbarkeit für diesen Anwendungsfall durch einen bauaufsichtlichen Verwendbarkeitsnachweis nachgewiesen ist
5 äußere Bekleidung oder Beplankung $s_d \leq 0{,}3$ m oder Holzfaserdämmplatte nach DIN EN 13171
6 wasserableitende Schicht mit $s_d \leq 0{,}3$ m
7 nicht belüfteter Hohlraum
8 dauerhaft wirksamer Wetterschutz durch kleinformatige Fassadenbauteile (z. B. Brettschalung, Schindeln, Schiefer) auf Lattung (Lattung kann GK 0 zugeordnet werden)

(a)

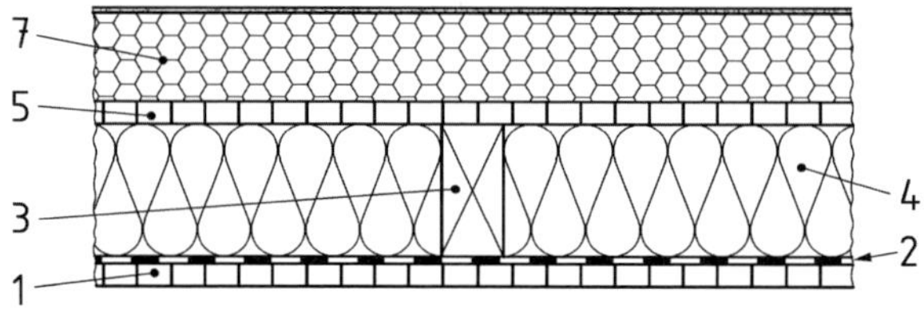

Legende

1 ein- oder mehrlagige raumseitige Bekleidung oder Beplankung
2 Dampfbremsschicht $s_d \geq 20$ m in Verbindung mit Schicht 1
3 trockenes Holzprodukt
4 mineralischer Faserdämmstoff nach DIN EN 13162, Holzfaserdämmplatten nach DIN EN 13171 oder Dämmstoff, dessen Verwendbarkeit für diesen Anwendungsfall durch einen bauaufsichtlichen Verwendbarkeitsnachweis nachgewiesen ist
5 äußere Bekleidung oder Beplankung
7 Wärmedämmverbundsystem mit Hartschaumplatten Mineralfaserplatten oder Holzfaserdämmplatten, bauaufsichtlicher Verwendbarkeitsnachweis erforderlich

(b)

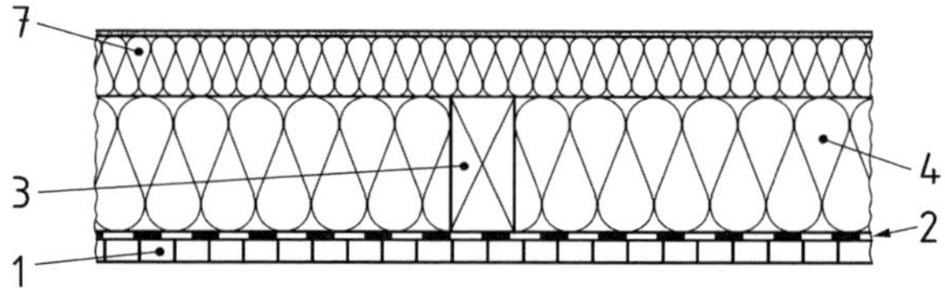

Legende

1 ein- oder mehrlagige raumseitige Bekleidung oder Beplankung
2 Dampfbremsschicht $s_d \geq 2$ m in Verbindung mit Schicht 1
3 trockenes Holzprodukt
4 mineralischer Faserdämmstoff nach DIN EN 13162, Holzfaserdämmplatten nach DIN EN 13171 oder Dämmstoff, dessen Verwendbarkeit für diesen Anwendungsfall durch einen bauaufsichtlichen Verwendbarkeitsnachweis nachgewiesen ist
7 Wärmedämmverbundsystem mit Holzfaserdämmplatten, bauaufsichtlicher Verwendbarkeitsnachweis erforderlich

(c)

Abb. 7.20 Regelquerschnitte für Holzbauwände gem. Anhang der DIN 68800-2:2012. (a) Typ A.3: Wetterschale, unbelüftete Vorhangfassade, (b) Typ A.5: WDVS auf äußerer Beplankung, (c) Typ A.6: WDVS aus Holzfaser direkt auf dem Ständerwerk.

Holztafelbau an der Grenze des Machbaren Bei mehreren der neun verschiedenen Wandtypen, die im Anhang A der Norm aufgeführt sind, findet sich am Ende der Legende eine Sonderregelung für Konstruktionen, die gemäß der Holztafelbaurichtlinie gefertigt werden. Dort heißt es:

> *Bei beidseitig bekleideten oder beplankten, werkseitig hergestellten Elementen auch zulässige Kombinationen: … Dampfbremsschicht* $20\,\mathrm{m} \le s_\mathrm{d} \le 50\,\mathrm{m}$ *in Verbindung mit … äußerer Bekleidung oder Beplankung* $s_\mathrm{d} \le 4\,\mathrm{m}$.

Diese Sonderregel, die seitens der Fertighausindustrie im Rahmen der Einspruchssitzung zum Normentwurf eingebracht und durchgesetzt wurde, korrespondiert mit einer Aufweichung der oben angeführten Anforderungen an die mindestens erforderliche Trocknungsreserve. In Absatz 5.2.4 der Norm wird für Holzbau*wände* eine Reduzierung der Trocknungsreserve auf $100\,\mathrm{g/m^2}$ zugelassen. Dies soll die besondere Sicherheit beim Konstruieren von luftdichten Holzbaugefachen durch werkseitige, güteüberwachte Vorfertigung abbilden. Leider hat man es bei dieser Festlegung versäumt, dies an den bautechnischen Nachweis zu binden, z. B. durch eine Blower-Door-Prüfung.

Im Fall der Konstruktion A.3 S (nicht belüftete Vorhangfassade) reduziert der Einsatz von Bekleidungen mit den o. g. Diffusionssperrwerten die Trocknungsreserve auf ca. $160\,\mathrm{g/m^2}$ (Tab. 7.6 Zeile A.3 S). Dies bleibt noch im Rahmen der reduzierten Anforderung, ist aber auch nur ein kleiner Bruchteil dessen, was die außenseitig diffusionsoffene Lösung einer gleichartigen Wand bereitstellen kann.

Außendämmung macht's nicht besser, wenn sie zu dampfdicht ist Auch scheinen selbst die Befürworter dieser Sonderregelung deren Konsequenzen nicht zu Ende gedacht und berechnet zu haben. Für die häufigste Bauweise im industriellen Holzfertigbau (Konstruktion A.5 mit einem WDVS aus EPS) sind die Ergebnisse der Tauwasserberechnung in vielen Fällen deutlich ungünstiger. Abb. 7.21 zeigt, dass der hohe Diffusionswiderstand der Außendämmung ($\mu_\mathrm{EPS} = 100$) nur dann eine Trocknungsreserve oberhalb der $100\,\mathrm{g/m^2}$-Grenze zulässt, wenn die Dämmschichten nicht dicker als 30 mm werden.

Obwohl höhere Dämmdicken die Temperatur an der kritischen Grenze zwischen Dämmung und Beplankung anheben und damit die Tauwasserbildung erhöhen, sinken die Trocknungspotenziale weiter ab, da der Dampfsperrwert des WDVS die Austrocknung nach außen stark behindert. Eine Rücktrocknung nach innen beträgt bei dieser Konstruktionsweise sowieso nur wenige $\mathrm{g/m^2}$, weil die starke Dampfbremse eine Umkehrdiffusion in diese Richtung weitgehend ausschließt.

Insofern stehen die Befreiungsregelungen für diese Gruppe von Holzbausystemen im Widerspruch zu dem, was sich mit der Glaser-Berechnung ermitteln lässt. Einzig die Variante von Konstruktion A.5, die mit einer Holzfaserdämmung auf der Holzwerkstoffplatte konstruiert wird, erreicht eine Trocknungsreserve oberhalb von $100\,\mathrm{g/m^2}$.

Es ist bedauerlich, dass durch die unausgegorenen durchgesetzten Sonderregelungen für bestimmte vorgefertigte Holztafelbauwände die Bestimmungen der Norm bauphysikalisch in sich widersprüchlich geworden sind und ihre Akzeptanz als allgemein anerkannte Regel der Technik infrage gestellt werden.

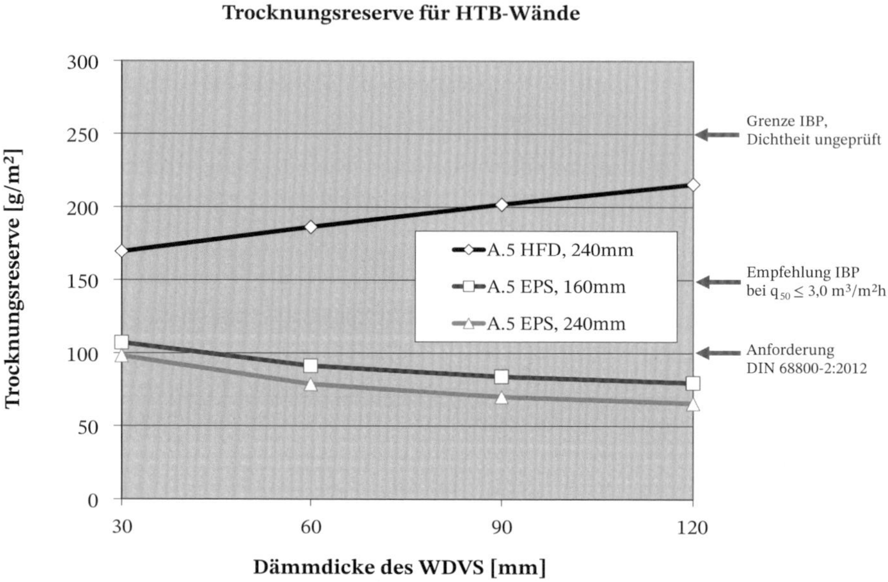

Abb. 7.21 Vergleich der Trocknungsreserven von vorgefertigten Holztafelbauwänden mit einer dampfbremsenden, äußeren Beplankung ($s_{d,e} = 4$ m) und einer inneren Dampfsperre mit $s_{d,i} = 50$ m. Dämmung in der Tragwerksebene: 160 bzw. 240 mm Faserdämmstoff ($\mu = 1$, $\lambda = 0{,}04$ W/(m K)). Daten des WDVS: $\lambda_D = 0{,}04$ W/(m K), $\mu_{EPS} = 100$, $\mu_{HFD} = 5$, $s_{d,Putz} = 0{,}10$ m.

7.2.3 Nachweisfreie Flachdächer – Gibt es das?

Für vollgedämmte Flachdächer mit Abdichtung machten über viele Jahre Planer von einer (oft falsch verstandenen) Nachweisbefreiung der alten DIN 4108-3:2001 Gebrauch. Hiernach sollte es ausreichen, innenseitig der Dämmung eine Dampfsperre ($s_d \leq 100$ m) einzubauen. Dies geschah auch noch, als aus Sicht des Holzschutzes diese Bauweise nicht nur von Bauphysikern mit Holzbauerfahrung, sondern auch von Sachverständigen als besonders schadensträchtig identifiziert war (vgl. [7.16] und [7.26]). Die breit geführte Fachdiskussion hat nun in der Neufassung der Norm Früchte getragen:

- Der alte „Reflex" (bei äußerer Dampfdichtheit innen eine Dampfsperre mit $s_d \geq 100$ m anzubringen) ist für Holzbauteile nicht mehr zulässig.

Dieser Automatismus gilt nur noch, „*wenn sich weder Holz noch Holzwerkstoffe zwischen Dachabdichtung und $s_{d,i}$ befinden.*" Damit sind die „Dicht-dicht-Bauteile" jetzt explizit begrenzt auf den Anwendungsbereich, der immer schon unproblematisch war: Dämmungen und Abdichtungen oberhalb von Betondecken oder Trapezblechprofilen als Tragschale.

Die zwei Jahre zuvor erschienene Holzschutz-Norm DIN 6880-2:2012 bietet zwar in ihrem normativen Anhang ein Konstruktionsbeispiel an, bei dem ein rechnerischer Feuchteschutznachweis unterbleiben darf (A.20). Dem wird aber eine sehr enge Grenze gesetzt:

Insbesondere die geforderte baurechtliche Sicherstellung der Verschattungsfreiheit wird diese Vereinfachung in der Regel aushebeln. Außerdem werden aus Gründen der Qualitätssicherung eine komplette werkseitige Vorfertigung und der Verzicht auf Installationen im Bauteil verlangt.

Damit die innenseitig anzubringende feuchtevariable Bahn ihren Zweck erfüllen kann, darf überdies durch die raumseitige Beplankung oder Bekleidung nur ein zusätzlicher s_d-Wert von max. 0,5 m aufgebracht werden. Dies schließt aber die bei Vorfertigung übliche beidseitige Verwendung von OSB-Platten praktisch aus.

Auch das geforderte Gefälle von mind. 3 % (nach Durchbiegung) ist in der Praxis in der Regel nur einzuhalten, wenn dies in einem frühen Planungsstand bedacht wird.

Kurzum: Für die kritischsten der üblichen Holzbauteile wird man in aller Regel nicht um einen rechnerischen Nachweis umhinkommen.

7.2.3.1 Ohne Simulation geht es nicht mehr!

Wie ist dieser zu führen? Für die außenseitig dampfdichten Dächer hat die DIN 68800-2:2012 eine klare Regelung geschaffen, die bislang in der Fachdiskussion eher stiefmütterlich behandelt wurde. Deshalb seien die zentralen Aussagen des Abschnitts 7.5 der Norm im Infokasten 3 zitiert.

Dort heißt es klipp und klar, dass diese Bauteile nur dann in die Gebrauchsklasse 0 eingestuft werden können, wenn ein Nachweis nach DIN EN 15026:2007, also mittels hygrothermischer Simulation, erfolgt! Das gebräuchlichste Werkzeug hierfür ist das WUFI®-Programm des Fraunhofer-Instituts für Bauphysik, Holzkirchen.

Dass dies bislang seitens der Planer noch vielfach ignoriert wird, ändert nichts an der Gültigkeit dieser zentralen Bestimmung der bauaufsichtlich eingeführten Holzschutz-Norm. Es braucht erfahrungsgemäß immer seine Zeit, bis der „Diffusionswiderstand“ gegenüber neuen Regeln der Technik überwunden ist.

Im Folgenden wird an Fallbeispielen erläutert, welche Parameter besonders bedeutsam sind und bei einer hygrothermischen Simulation planerisch für den feuchtetechnischen Nachweis zu bearbeiten sind. Die führende Fachregelkommission für die fortgeschrittene feuchtetechnische Bauteilsimulation ist im deutschsprachigen Raum die WTA. Ihre grundlegenden Merkblätter 6.1 und 6.2, die schon aus dem Jahr 2001 stammen, waren Grundlage für die Euronorm DIN EN 15026:2007.

Das Merkblatt 6.2 zur Anwendung des Verfahrens wurde 2014 aktualisiert und durch ein holzbauspezifisches Merkblatt 6-8 im Jahr 2016 ergänzt.

Infokasten 3: Holzschutz fordert Simulation

Auszug aus der Holzschutznorm DIN 68800-2:2012, Abschnitt 7.5:

„Flach geneigte oder geneigte, voll gedämmte, nicht belüftete Dachkonstruktionen mit Metalleindeckung oder Abdichtung auf Schalung oder Beplankung“:

Diese Dachkonstruktionen *„sind zulässig, sofern der Tauwasserschutz nach* ***DIN EN 15026*** *nachgewiesen wird …*

Individuelle Gegebenheiten, wie Standort, Farbe der Eindeckung und Verschattung sind im Nachweis zu berücksichtigen. Raumseitig dürfen feuchtevariable, diffusionshemmende Schichten verwendet werden, sofern sie einen bauaufsichtlichen Verwendbarkeitsnachweis besitzen.

Sofern Verschattungsfreiheit vorausgesetzt wird, muss diese baurechtlich auf Dauer gesichert werden. …

Bei bauseitiger Fertigung ist ein Witterungsschutz für die Montagezeitspanne sicherzustellen.

Zusätzliche äußere Deckschichten (Bekiesung oder Begrünung), Dämmschichten oberhalb der Beplankung oder Schalung sowie raumseitige Bekleidungen sind zulässig, sofern sie im Einzelnachweis auf Basis von DIN EN 15026 mit berücksichtigt werden. …"

Abb. 7.22 zeigt über mehrere Jahreszyklen den Einfluss verschiedener Dampfbremsen auf den Wassergehalt der Dachschalung unter einer Flachdachabdichtung bei hoch gedämmten Gefachen[1)].

Während die Dampfsperre ($s_d = 100$ m) zu einer kontinuierlichen Auffeuchtung infolge der konvektiven Belastung führt, strebt der Wassergehalt bei $s_{d,i} = 5$ m einem Niveau zu, bei dem auch die winterlichen Spitzenwerte nicht mehr die Holzschutzgrenze von 20 M.-% überschreiten.

Feuchteadaptive Dampfbremsen, die ihren Diffusionswiderstand abhängig von der Umgebungsfeuchte anpassen können, haben sich für den Feuchtehaushalt außen dampfdichter Holzbauteile seit über 20 Jahren bewährt.

Wenn es auf einen hohen Sperrwert ankommt (im Winter), haben sie infolge der anliegenden niedrigen relativen Feuchte (beheiztes Raumklima) einen hohen s_d-Wert. Wenn sich die Verhältnisse im Sommer umkehren, sinkt ihr s_d-Wert auf rund ein Zehntel des Winterniveaus und lässt angesammelte Feuchte *nach innen* ausdiffundieren.

Mit variablen Bahnen liegt der Wassergehalt bei den Randbedingungen von Abb. 7.22 im Mittel 4–5 M.-% niedriger, d. h., sie bieten zusätzliche Reserven für „außerplanmäßige Befeuchtungen".

Selbst die hier zugrunde gelegte mäßige Luftdichtheit (LDK C) vermag das Bauteil zu verkraften. Aber Achtung! Eine entscheidende Randbedingung für die Höhe der Umkehrdiffusion nach innen hin ist in der Simulation als optimal angenommen worden: eine dunkle Abdichtungsbahn ohne jegliche Verschattung.

1) Alle hygrothermischen Berechnungen wurden vom Autor mit dem Simulationsprogramm WUFI® (Wärme- und Feuchtetransport instationär) des Fraunhofer Instituts für Bauphysik durchgeführt.

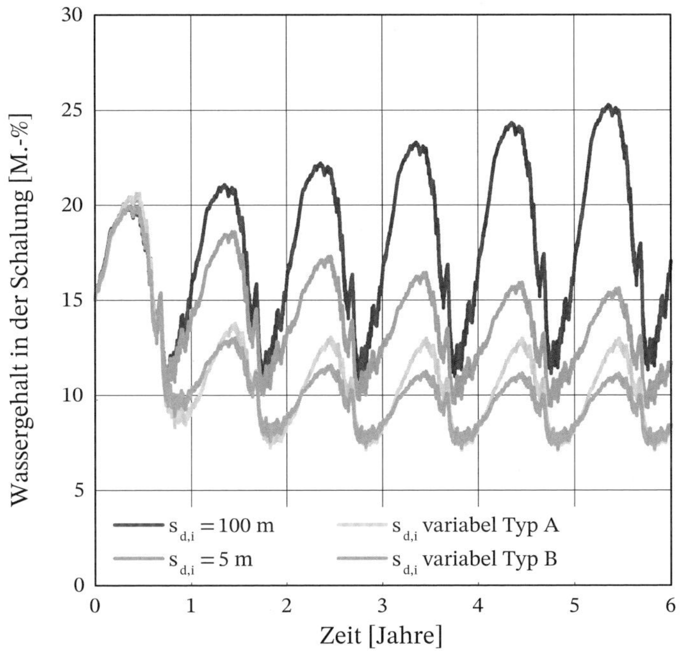

Abb. 7.22 Hygrothermische Simulation mit WUFI zum Wassergehalt (in M.-%) einer Dachschalung (24 mm) unter einer Abdichtung ($s_d = 200$ m) in Abhängigkeit von der Wahl der Dampfbremse. Randbedingungen: Zwischen den Sparren: 300 mm Mineralfaserdämmung, $\lambda = 0{,}035$ W/(m K), innen: 12,5 mm Gipskarton. Klima: Holzkirchen (außen), normale Feuchtelast nach DIN EN 15026 (innen), Strahlungsabsorption: $a = 80\,\%$, unverschattet, Luftdichtheitsklasse C: $q_{50} = 5\,m^3/(h\,m^2)$, thermische Höhe 5 m. Berechnungsstart: 1.10. Anfangsfeuchte entspr. 80 % rel. F.

7.2.3.2 Wenn die Sonne ausfällt

Oft wird beim Standardtauwassernachweis nach DIN 4108-3 vergessen, dass auch dieser – gerade für Flachdächer – begrenzende Randbedingungen setzt. Der bereits erwähnte Ansatz einer erhöhten Oberflächentemperatur für die Trocknungsperiode in der Berechnung ist nur dann zulässig, wenn *Verschattungsfreiheit* und hohe Solarabsorption gewährleistet sind (s. a. [7.13]).

Explizit verweist die DIN 4108-3 in Abschnitt A.2.1 auch darauf, dass *Dachbegrünungen* u. Ä. nicht zum Anwendungsbereich der Norm gehören. Sinngemäß gilt dies auch für alle anderen Deckschichten, die die sommerliche Erwärmung reduzieren (Kies, Terrassenbeläge u. Ä.).

Die Strahlungsbilanz auf der Außenoberfläche wird im Wesentlichen durch zwei Parameter bestimmt:

- Der *Absorptionskoeffizient (a)* beschreibt denjenigen Anteil des auftreffenden kurzwelligen (sichtbaren) Lichts, der in Materialerwärmung umgesetzt wird.
- Der *Emissionskoeffizient* (*ε*) beschreibt den Anteil der langwelligen (Wärme-)Abstrahlung der Oberfläche gegenüber der Umgebung und beim Flachdach insbesondere gegenüber dem Himmel.

Bezüglich ihrer Wirkung auf den Wärme- und damit den Feuchtehaushalt des Bauteils sind im Prinzip zwei verschiedene Formen der Verschattung zu unterscheiden:

- *Vertikale Verschattung* (z. B. durch den Schattenwurf von Nebengebäuden, Brüstungen an Terrassen, Dachaufbauten bei Staffelgeschossen). Auch die Horizontverschattung bei Häusern in engen Tälern oder an Nordhängen gehört in diese Gruppe.
  Diese Verschattungsform beeinflusst die Absorption negativ. Die langwellige Abstrahlung bleibt weitgehend erhalten, solange der kritische Punkt noch immer „den Himmel sieht".
- *Horizontale Verschattung*. Hierzu zählen z. B. Terrassenbeläge durch Holzroste oberhalb der Abdichtung oder aufgeständerte Solaranlagen.
  Bei dieser Verschattungsform wird einerseits die Absorption reduziert (ungünstig), aber auch die Abstrahlung an den Himmel vermindert (eher günstig für die Wärmebilanz).

Besondere Planungssorgfalt kann und sollte hierbei den Strahlungseinflüssen gewidmet werden. Verschattungen der Dachflächen durch Gelände, Bebauung oder auch Aufbauten (z. B. Sonnenkollektoren) können mit geeigneten Berechnungstools erfasst werden (vgl. [7.21] und [7.22]).

Beispielhaft zeigt Abb. 7.23, wie sich die resultierende Solarabsorption und die Lage der Dämmebenen auf das feuchtetechnische Verhalten des Holzbauteils auswirken.

Bei einer dunklen und unverschatteten Abdichtung ($a = 0{,}8$) überwiegt die sommerliche Rückdiffusion gegenüber der winterlichen Tauwasserbildung. Daher führt eine Verlagerung eines Teils der Gesamtdämmung auf die Oberseite der Schalung in diesem Fall zu einer etwas ungünstigeren Jahresfeuchtebilanz (Abb. 7.23, untere Kurven).

Dies kehrt sich jedoch um, wenn die Strahlungsgewinne durch Deckschichten oder Verschattungen stark vermindert werden (im Beispiel: $a = 0,3$). In diesen Fällen ist es günstiger, einen Teil der Dämmung oberhalb der Schalung und Abdichtung anzuordnen (Richtwert: 20–30 % der Gesamtdämmstärke; Abb. 7.24). Mit einer solchen Konstruktion können nach den Schweizer Erfahrungen (vgl. [7.20]) auch Dachbegrünungen nicht nur als feuchtetechnisch funktionstüchtig nachgewiesen werden, sondern auch in der Praxis bestehen.

Doppelt gedichtet hält besser Abgesehen von den Simulationsergebnissen gibt es einen weiteren Grund, der unbedingt dafür spricht, Flachdächer wie in Abb. 7.24 dargestellt, mit einer Zusatzdämmung oberhalb der Schalung zu versehen: Auf zwei Dämmebenen lassen sich auch zwei Abdichtungsebenen anbringen.

Insbesondere bei vor Ort geschweißten, einlagigen Kunststoffabdichtungen ist das Risiko immens, durch Fehlstellen der Schweißnähte gravierende Fäulnisschäden in der darunter liegenden Beplankung und dem Holztragwerk zu provozieren (vgl. [7.17]). Die Kombination einer ersten Dichtungsebene unmittelbar auf der Schalung (die gleichzeitig als Abdichtung während der Bauzeit dient) mit einer be-

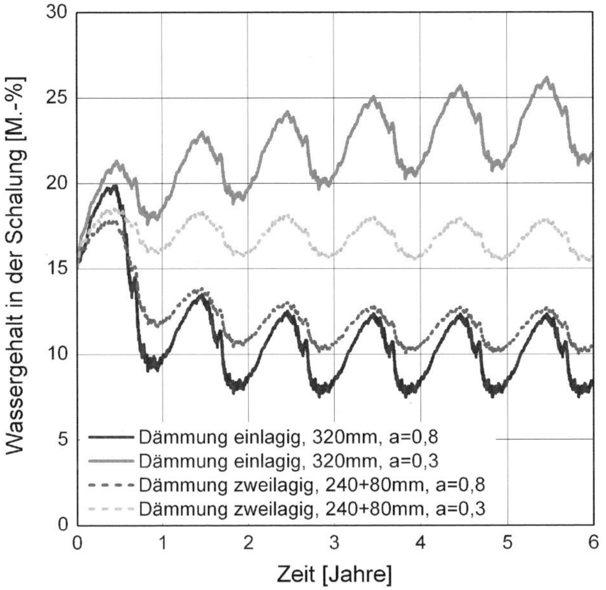

Abb. 7.23 Feuchteverlauf in der Dachschalung bei einem Flachdach in Abhängigkeit von Strahlungsabsorption (a) und Anordnung der Dämmschichten. Randbedingungen: Dämmung mit 320 mm Mineralfaser, $\lambda = 040\,\mathrm{W/(m\,K)}$. Aufteilung bei zweilagiger Dämmung: 240 + 80 mm. Klima: Holzkirchen (außen, normale Feuchtelast (innen). $q_{50} = 3{,}0\,\mathrm{m^3/(h\,m^2)}$, Höhe des Luftverbunds: 7 m. Variable Dampfbremse: Vario KM Duplex. Hinweis: Nach Informationsdienst Holz [7.15] ist es tolerabel, wenn es aufgrund der Startbedingungen (Rechnungsbeginn 1. Okt. mit Ausgleichsfeuchte bei 80 % rel. F.) zu einer Überschreitung der Holzschutzgrenze von 20 M.-% im ersten Winter kommt.

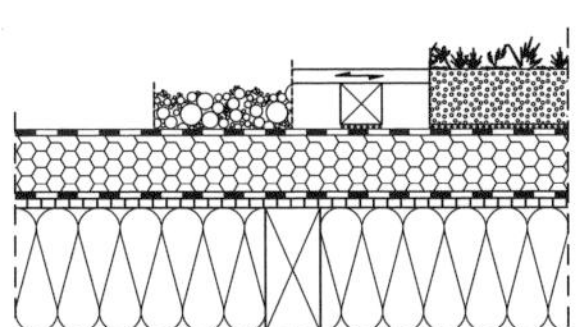

Abb. 7.24 Mehr Sicherheit bei vollgedämmten Flachdächern mit Deckschichten (z. B. Bekiesung oder Begrünung sowie Terrassenbeläge): Zusatzdämmung oberhalb der Beplankung und eine zweite Abdichtungsebene auf der Tragkonstruktion [7.29].

witterten Abdichtung (z. B. auf einer Gefälledämmung) schafft beides: eine sicher beherrschbare Dampfbilanz und den Schutz vor Holzschädigung durch Eintritt von Flüssigwasser (vgl. [7.24]).

Diese innere Abdichtung kann und sollte einen hohen Dampfsperrwert aufweisen (z. B. Bitumenkaltklebebahnen), um alle Feuchteansammlungen, die in der Aufdachdämmung entstehen können, sicher von der Tragwerksebene fernzuhalten – auch die Dampfwanderung durch Diffusion aus der Überdämmungsebene (vgl. [7.25]). Den Wasserdampfaustausch zwischen Beplankung und Raum regelt die Umkehrdiffusion nach innen – unterstützt durch eine variable Dampfbremse.

7.2.3.3 Rechnung und Wirklichkeit

Die mögliche Realitätsnähe einer Nachweisrechnung hängt ganz praktisch von zwei Fragen ab:

- Wurden Risiken durch Nebenwirkungen ausgeschlossen?

Feuchteeinträge in die Gefache, die durch einbindende Massivbauteile erfolgen können (Stichwort: Flankendiffusion und/oder Flankenkonvektion), lassen sich durch eine eindimensionale Bauteilsimulation nicht erfassen. Dies ist auch nicht unbedingt notwendig, wenn der Warnhinweis des WTA-Merkblatts beachtet und diese Feuchtequellen durch einfache konstruktive Maßnahmen baupraktisch ausgeschlossen werden (s. Infokasten 4).

- Stimmen die Berechnungsansätze zu den Einbaufeuchten der Materialien und die geplante Luftdichtheit mit der Wirklichkeit überein?

In diesem Punkt fordert das Merkblatt für die besonders sensiblen, außen stark dampfbremsenden Bauteile eine Qualitätssicherung am Bau, sprich: *Prüfung der Holzfeuchten* (vor dem innenseitigen Schließen der Bauteile) *und der Luftdurchlässigkeit* (nach Fertigstellung der noch zugänglichen luftdichten Ebene; s. Infokasten 5).

Oder positiv ausgedrückt: Wenn die Vorgaben des bauphysikalischen Nachweises auch im realen Bauprozess mit all seinen z. B. wetterbedingten Unwägbarkeiten am Ende eingehalten wurden, wird das Ergebnis der Nachweisrechnung mit den darin ingenieurmäßig eingeplanten Sicherheiten in der Nutzungswirklichkeit Bestand haben.

Infokasten 4: Ein Warnhinweis für Mischbauweisen

Auszug aus Kapitel 6.2.2 des WTA-Merkblatts 6-8:

„Holzbauteile können durch einbindende Massivbauteile erheblich mit Feuchte belastet werden. Beispiele: Neubaufeuchte von Wandköpfen aus Mauerwerk/Beton, feuchtebelastete Luftschichten, die mit den Gefachen der Holzbauteile in Verbindung stehen (Hinterlüftung von Vormauerschalen, Hohlräume hinter WDV-Systemen, Trennfugen in Gebäudeabschlusswänden u. Ä.).

Deshalb sind solche Feuchtebelastungen durch geeignete Maßnahmen zu verhindern, bspw. durch eine dampfbremsende und ggf. auch strömungsdichtende Trennung (der Holzbaugefache) von den Massivbauteilen."

Infokasten 5: Qualitätssicherung bei außen dampfdichten Bauteilen

Auszug aus Kapitel 8 des WTA-Merkblatts 6-8:

„Holzbauteile, bei denen mehr als 1/3 des Wärmedurchlasswiderstands in der Tragwerksebene angeordnet wird und die außerhalb hiervon stark dampfbremsende Schichten aufweisen ($s_d \geq 10$ m), besitzen aufgrund ihrer geringen äußeren Diffusionsfähigkeit sehr geringe Reserven für außerplanmäßige Befeuchtungen aus Dampfkonvektion und Baufeuchte. Deshalb sind folgende Maßnahmen zur Qualitätssicherung zwingend erforderlich:

- *Alle hölzernen Bestandteile des Konstruktionsquerschnitts weisen zum Zeitpunkt des Schließens den Feuchtegehalt auf, der Grundlage der Nachweisführung war (Prüfung und Dokumentation durch elektrische Holzfeuchtemessung vor Ort).*
- *Die Luftdichtheit der Konstruktion wird zu einem Zeitpunkt geprüft, bei dem eine Leckageortung und eine Nachbesserung der Luftdichtheitsebene noch möglich sind. … Die gemessene Luftdurchlässigkeit der Gebäudehülle darf die Vorgaben (q_{50}-Wert) der Nachweisführung nicht überschreiten.*
- *Es ist zu prüfen, ob alle Randbedingungen und Bauteilbestandteile auch vor Ort mit den Vorgaben der Nachweisführung übereinstimmen.*
- *Der Bauherr muss über die dauerhafte Einhaltung der Nachweisrandbedingungen während der Nutzung und über seine diesbezügliche Verantwortung aufgeklärt werden.*

Sofern es sich bei den betreffenden Bauteilen um Flachdächer in Holzbauweise mit Abdichtung handelt, wird zum Schutz des Tragwerks vor Schäden in Folge von Alterung der Bahnen eine zweite Abdichtungsebene dringend empfohlen. Diese kann auch die Funktion des temporären Schutzes während des Bauprozesses übernehmen (Bauzeitabdichtung). Eine Zusatzdämmung zwischen den beiden Abdichtungen (z. B. als Gefälledämmung) ist zweckmäßig.“

7.2.4 Fazit zum Feuchteschutz

Außenseitig diffusionsoffene Dach- und Wandbauteile garantieren die höchste feuchtetechnische Robustheit und Fehlertoleranz. Holztafelbauwände mit dampfbremsender Außenseite und innen noch größerer Diffusionsdichtheit, haben nur geringe Reserven für „außerplanmäßige Befeuchtungen“ (*Schulze* [7.30]) und können daher aus bauphysikalischer Sicht nur unter der Auflage der Vor-Ort-Prüfung der Leckagedichtheit als ausreichend sicher gegenüber Belastungen aus Wasserdampfkonvektion freigegeben werden.

Vollgedämmte und unbelüftete Flachdächer in Holzbauweise können unter bestimmten Voraussetzungen mit geeigneten Werkzeugen bauphysikalisch bemessen werden. Das Glaser-Verfahren ist hierfür nur eingeschränkt anwendbar – und dann auch nur, wenn ausreichende Trocknungsreserven für konvektive Tauwasserrisiken nachgewiesen werden. Feuchtevariable Dampfbremsen, helle Dachbahnen,

Verschattungen und Deckschichten lassen sich nur mittels hygrothermischer Simulation angemessen in einer dynamischen rechnerischen Diffusionsbilanz berücksichtigen. Wenn die Antriebskräfte für die strahlungsbedingte Umkehrdiffusion reduziert sind, ist die Verlagerung eines Teils der Dämmdicke auf die Seite oberhalb des Tragwerks vorteilhaft.

Aber auch bei gewissenhafter Planung haben außen dampfdichte Holzbaukonstruktionen mit Volldämmung der Gefache nur eine eingeschränkte Fehlertoleranz. Deshalb ist nach fortgeschrittenen Fachregeln die Vor-Ort-Prüfung der Luftdichtheit und der Trockenheit der Hölzer und Holzwerkstoffe (unmittelbar vor dem Schließen der Konstruktion) erforderlich, auch um im Streitfall den Nachweis der Ausführungsqualität erbringen zu können.

7.3 Schallschutz im Holzbau

7.3.1 Einführung

In Deutschland nimmt auch bei Bauten in Holzbauweise der Schallschutz eine immer größere Bedeutung ein, die sowohl den Schutz gegen Luftschall- als auch den gegen Trittschallübertragung betrifft. Die Besonderheiten des Schallschutzes im Holzbau werden hier beschrieben. In diese Bauweise fallen Holzständerkonstruktionen und Massivholzbauweisen, die teilweise auch gemischt mit Massivbau aus Mauerwerk oder Beton kombiniert werden.

Der Schwerpunkt liegt hierbei auf der Beschreibung der Schalldämmung der Bauteile Decke, Innen- und Außenwand und Dach. Um die Schalldämmung von Holzbauten im Voraus zu prognostizieren, ist es wichtig, die Schalldämmung der einzelnen Bauteile und deren Zusammenwirken zu kennen. Diese Kenngrößen werden üblicherweise über Schalldämmprüfungen im Labor bestimmt. Für gut bekannte und bewährte Konstruktionen liegen diese Schalldämmwerte in Form von Tabellenwerten vor, die zum Nachweis des Schallschutzes für Gebäude herangezogen werden können.

7.3.1.1 Schalldämmprüfungen, Begriffsdefinitionen

Für die Ermittlung der Schalldämmwerte im Labor sowie für die Prüfung des Schallschutzes im ausgeführten Objekt sind im Wesentlichen die international eingeführten Normen der Normenreihen DIN EN ISO 10140 [7.31], DIN EN ISO 10848 [7.33] und DIN EN ISO 16283 [7.32] maßgebend. Die Laborprüfung der Schalldämmung von Holzbauteilen erfolgt in nebenwegfreien Prüfständen. Die für die Prognose des Schallschutzes im ausgeführten Bau wichtige Größe der Flankenschalldämmung wird im Laborprüfstand nach DIN EN ISO 10848 gemessen. Für die praktische Anwendung, z. B. für den Abgleich und Nachweis von Anforderungen, bedient man sich der Einzahlangaben, die aus den frequenzabhängigen Schalldämmwerten zwischen 100 und 3150 Hz nach den international einheitlichen Bewertungsnormen DIN EN ISO 717-1 und -2 [7.35] ermittelt werden. Neben dem bewerteten Schalldämm-Maß R_{w}, dem bewerteten Norm-Trittschallpegel $L_{\mathrm{n,w}}$ und der bewerteten Norm-Flankenschallpegeldifferenz $D_{\mathrm{n,f,w}}$ werden auch die Spektrum-Anpassungswerte C, C_{tr} bzw. C_I angegeben. Die Spektrum-Anpassungswerte gestatten es, die Eignung von Bauteilen gegenüber besonderen Lärmsituationen zu beurteilen. Da die Spektrum-Anpassungswerte auch für den erweiterten Frequenzbereich ausgewertet werden können, bieten sie die Möglichkeit, den im Holzbau sensiblen Schallschutz bei tiefen Frequenzen unterhalb von 100 Hz zu quantifizieren.

7.3.1.2 Schalldämmung zwischen Räumen in Gebäuden

Für die Prognose des Schallschutzes zwischen Räumen in Gebäuden müssen die Schalltransmissionsgrade für sämtliche Schallübertragungswege bestimmt werden, um daraus die resultierende Schalldämmung zwischen zwei Räumen zu ermitteln. Diese Schallübertragungswege beinhalten den direkt und den über flankierende Bauteile übertragenen Schall[2)]. Die Rechenregeln sind für die Luftschalldämmung normativ in DIN EN ISO 12354-1 [7.36] festgelegt (Abb. 7.25).

7.3.1.2.1 Luftschalldämmung

Nach den Rechenregeln für Schalldämm-Maße erhält man aus den „reinen" Dämmwerten (d. h. ohne Nebenwege) und den Dämmwerten der Flankenübertragung das gesuchte Ergebnis. Die Schalldämmung der Trennwand inklusive der Nebenwege wird mit R'[3)] bezeichnet. Bau-Schalldämm-Maße inklusive Nebenwegübertragung werden mit einem Hochstrich gekennzeichnet. Aus dem Schalldämm-Maß der Trennwand ohne Nebenwege R und den Flankendämm-Maßen R_{ij} für die verschiedenen Wege Ff, Df und Fd kann das Schalldämm-Maß R' der Trennwand inkl. aller Nebenwege berechnet werden. Im Allgemeinen müssen für eine Trennwand insgesamt 13 Übertragungswege summiert werden. Für die Holzständerbauweise konnte gezeigt werden, dass auch ohne die Berücksichtigung der gemischten Flankenübertragungswege Fd und Df für viele Anwendungsbereiche bereits eine zufriedenstellende Genauigkeit bei der Berechnung erzielt werden kann [7.37]. Es ergibt sich dann der Nachweis nach Gl. (7.1).

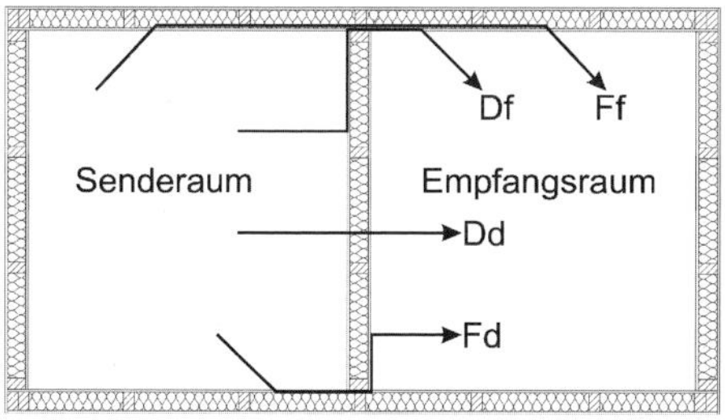

Abb. 7.25 Schalldämmung einer Trennwand, Darstellung der Schallübertragungswege, direkt Dd und über flankierende Bauteile Df, Fd und Ff bei Luftschall-Anregung.

2) In besonderen Fällen können auch noch weitere Nebenwegübertragungen auftreten, z. B. über Korridore oder Lüftungsleitungen und Installationskanäle. Diese Nebenwegübertragungen werden hier nicht behandelt.

3) Die Betrachtungen in diesem Abschnitt „Luftschalldämmung" beziehen sich auf eine Wand als Trennbauteil. Sie können sinngemäß auf die Situation für eine Decke als Trennbauteil übertragen werden.

Prognoseberechnung für das Bau-Schalldämm-Maß R'_w bei Einsatz im Holzständerbau:

$$R'_\mathrm{w} = -10 \cdot \mathrm{Log}\left(10^{-0,1 \cdot R_\mathrm{w}} + \sum_{F=f=1}^{n} 10^{-0,1 \cdot R_{\mathrm{Ff,w}}}\right) \tag{7.1}$$

mit

R'_w bewertetes Schalldämm-Maß der Trennwand inklusive Nebenwege Ff
R_w bewertetes Schalldämm-Maß der Trennwand ohne Nebenwege
$R_{\mathrm{Ff,w}}$ bewertetes Flankendämm-Maß für Übertragungsweg Ff

Die Eingangsgrößen sind die bewerteten Flankendämm-Maße $R_{\mathrm{Ff,w}}$ sowie die Schalldämmung des trennenden Bauteils ohne Nebenwege R_w. Aus den Messungen der bewerteten Norm-Flankenschallpegeldifferenz $D_{\mathrm{n,f,w}}$ über den Flankenübertragungsweg Ff kann mittels Gl. (7.2) auf das bewertete Flankendämm-Maß $R_{\mathrm{Ff,w}}$ umgerechnet werden.

$$R_{\mathrm{Ff,w}} = D_{\mathrm{n,f,w}} + 10 \cdot \mathrm{Log}\left(\frac{l_0}{l}\right) + 10 \cdot \mathrm{Log}\left(\frac{S_\mathrm{s}}{A_0}\right) \tag{7.2}$$

mit

$R_{\mathrm{Ff,w}}$ bewertetes Flankendämm-Maß unter Berücksichtigung von Kantenlänge l zwischen Trennwand und flankierendem Bauteil sowie der Fläche der Trennwand
$l_0 = 4{,}5\,\mathrm{m}$ bei Dach und Decke als flankierendes Bauteil
$l_0 = 2{,}8\,\mathrm{m}$ bei einer Wand als flankierendes Bauteil
S_s Trennwandfläche
A_0 Bezugsabsorptionsfläche $10\,\mathrm{m}^2$

Die Bezugskantenlängen wurden den Vorgaben von DIN 4109-2 entnommen. Werden Prüfergebnisse zur Berechnung herangezogen, können die Bezugskantenlängen je nach Prüfelement variieren.

Die in den Gln. (7.1) und (7.2) dargestellten Rechenoperationen wurden mit den Einzahlangaben R'_w, R_w, $D_{\mathrm{n,f,w}}$ und $R_{\mathrm{Ff,w}}$ formuliert. Für detailliertere Analysen können die Rechenoperationen auch mit den frequenzabhängigen Schalldämmwerten durchgeführt werden, dies ist in [7.36] beschrieben.

Stoßstellendämm-Maß
Nach der europäisch harmonisierten Normung DIN EN ISO 12354-1 und -2 [7.36] können die Flankendämm-Maße auch aus Bauteileigenschaften der Stoßstelle zwischen trennendem Bauteil und flankierendem Bauteil berechnet werden. Als Eingangsgrößen dienen hier neben den geometrischen Daten das Stoßstellendämm-Maß K_{ij} und die bewerteten Schalldämm-Maße von trennenden und flankierenden Bauteilen. In Gl. (7.3) wird allgemein das Flankendämm-Maß für die Schallübertragung auf dem Weg ij dargestellt. Die Indizes ij kennzeichnen dabei die an der Schallübertragung beteiligten Bauteile und können $i = D$ oder F und $j = d$ oder f

sein (das Einrechnen einer zusätzlichen Vorsatzschale auf trennendem und flankierendem Bauteil wurde hier nicht dargestellt). Gleichung (7.3) kann dann verwendet werden, um die bewerteten Flankendämm-Maße $R_{\mathrm{Ff,w}}$, $R_{\mathrm{Df,w}}$ oder $R_{\mathrm{Fd,w}}$ zu berechnen.

$$R_{ij,\mathrm{w}} = \frac{R_{i,\mathrm{w}} + R_{j,\mathrm{w}}}{2} + K_{ij} + 10 \cdot \mathrm{Log}\left(\frac{S_\mathrm{s}}{l_0 \cdot l_\mathrm{f}}\right) \tag{7.3}$$

mit

$R_{ij,\mathrm{w}}$	bewertetes Flankendämm-Maß auf Weg ij (ohne Einrechnen einer zusätzlichen Vorsatzschale auf trennendem und flankierendem Bauteil)
l_f	gemeinsame Kopplungslänge zwischen flankierenden Bauteilen i und j
l_0	Bezugskopplungslänge = 1 m
K_{ij}	Stoßstellendämm-Maß für Übertragungsweg ij
$R_{i,\mathrm{w}}$, $R_{j,\mathrm{w}}$	bewertete Schalldämm-Maße von Bauteil i und j
S_s	Trennbauteilfläche

Für die Anwendung im Holzbau spielen die Stoßstellendämm-Maße nur bei Massivholzbauteilen eine Rolle. Hierzu wurden erst in letzter Zeit Untersuchungen durchgeführt, die auszugsweise in den Abschnitten 7.3.1.2.3 und 7.3.2.3.1 dargestellt werden. Weitere Informationen können auch der Literatur entnommen werden [7.38, 7.43, 7.81].

7.3.1.2.2 Trittschalldämmung

Auch bei der Prognose der Trittschalldämmung von Holzdecken ist neben dem direkt übertragenen Trittschall die Flankenschallübertragung zu berücksichtigen. Der direkt übertragene Trittschall kann durch den im Laborversuch in einem Prüfstand ohne Flankenübertragungswege gemessenen Norm-Trittschallpegel L_n beschrieben werden. Zusätzlich treten hier zwei getrennte und unabhängige Flankenschallübertragungswege auf, die in einem Prognosemodell mitberücksichtigt werden können. Detaillierte Informationen zu dieser Flankenübertragung sowie zum Verfahren zur Ermittlung der Beiträge werden im Abschnitt 7.3.2.3.2 dargestellt. Zur Genauigkeit des Prognoseverfahrens im Zusammenhang mit der Verwendung von Eingangsdaten aus dem aktuellen Bauteilkatalog siehe Abschnitt 7.3.2.4.

7.3.1.2.3 Stoßstellendämmung

Das Stoßstellendämm-Maß K_{ij} ist eine bauakustische Eigenschaft, welche die Dämmung von Körperschallübertragungen in Massivholzbauteilen beschreiben kann und damit zur Berechnung der Flankenschalldämmung nach Gl. (7.3) verwendet wird. Die Messmethoden unterscheiden sich von denen des Schalldämm-Maßes oder der Norm-Flankenschallpegeldifferenz und sind in der Prüfnorm EN ISO 10848 dargelegt.

Tabelle 7.7 zeigt als Auswertung der gesammelten Daten die Mittelwerte der Stoßstellendämm-Maße für verschiedene Decken-Wand-Stöße.

Tab. 7.7 Stoßstellendämm-Maße K_{ij} für den Bauteilstoß Decke/Wand von Massivholzelementen (t = 80–200 mm), Stoß verschraubt oder mit Winkeln montiert [7.81]. Die Ergebnisse sind mit Ausnahme der horizontalen Übertragung über ein getrenntes Deckenelement (Zeile 3) unabhängig von den Elementdicken und flächenbezogenen Massen.

Stoßstellentyp	Übertragungsrichtung	Stoßstellendämm-Maß
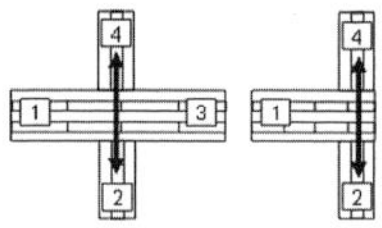	„vertikale Übertragung" Weg Ff Wand durch Decke unterbrochen	$K_{\mathrm{Ff}} = 21\,\mathrm{dB}$
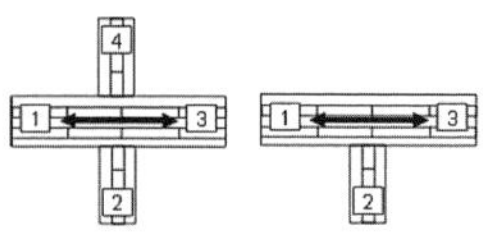	„horizontale Übertragung" Weg Ff Decke durchlaufend	$K_{\mathrm{Ff}} = 3\,\mathrm{dB}$
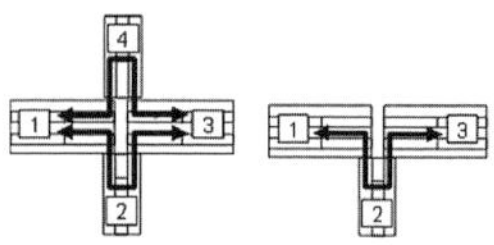	„horizontale Übertragung" Weg Ff Decke getrennt	$K_{\mathrm{Ff}} = 12 + 10\,\lg(m'_2/m'_1)$
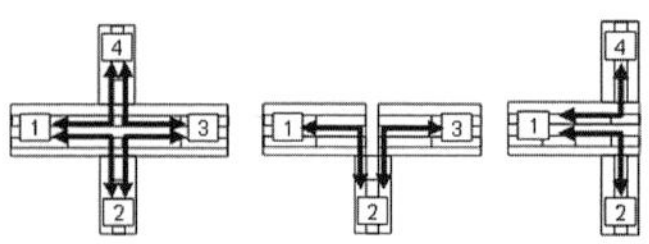	„gemischte Übertragung" Weg Df und Fd	$K_{\mathrm{Fd}} = 14\,\mathrm{dB}$ $K_{\mathrm{Df}} = 14\,\mathrm{dB}$

Tab. 7.8 Verbesserung der Stoßstellendämm-Maße ΔK_{ij} durch elastische Entkopplungen, bei Schallübertragungsrichtung von oben nach unten wirkt sich auf den Übertragungsweg Fd nur das obere Elastomer aus, auf Weg DF nur das untere Elastomer. Die Wege Ff und DFf werden von beiden Elastomeren beeinflusst.

Anordnung der Elastomere		Entkoppelte Befestigungsmittel, Quellenangaben siehe [7.81]	
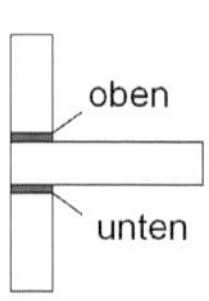	oben oder unten	$\Delta K_{ij} = 7–10\,\mathrm{dB}$	$\Delta K_{ij} = 4–10\,\mathrm{dB}$
	oben und unten	$\Delta K_{ij} = 8–19\,\mathrm{dB}$	$\Delta K_{ij} = 13–15\,\mathrm{dB}$

Werden Bauteilstöße durch Elastomere (wirksam) entkoppelt, so kann das inklusive der Elastomere gemessene Stoßstellendämm-Maß für die Berechnung verwendet oder eine Verbesserung des Stoßstellendämm-Maßes ΔK_{ij} angegeben werden. Ergebnisse zur Verbesserung durch elastisch entkoppelte Bauteilstöße werden in Tab. 7.8 gezeigt.

7.3.1.3 Nationale Anforderungen, DIN 4109

Die Anforderung an die Schalldämmung von Bauteilen und deren Nachweisverfahren wird in Deutschland über die DIN 4109 [7.34] geregelt. Diese Norm ist bauaufsichtlich eingeführt, ihr Anforderungsniveau muss daher auch ohne explizite vertragliche Vereinbarung eingehalten werden. Die Anforderungen sind unabhängig

Tab. 7.9 Anforderungen nach DIN 4109 (neue und alte Fassung der Norm) und Vorschläge für erhöhten Schallschutz nach VDI 4100, Schallschutzstufe 1 und 2.

Haustyp/Bauteil	**Anforderungen nach DIN 4109: 1989-11**	**Anforderungen nach DIN 4109-1:2018-01**	**Schallschutz nach VDI 4100:2012 Schallschutzstufe** 1	2
Mehrfamilienhaus				
Luftschall Trennwand	$R'_w = 53\,dB$	$R'_w = 53\,dB$	$D_{nT,w} \geq 56\,dB$	$D_{nT,w} \geq 59\,dB$
Luftschall Trenndecke	$R'_w = 54\,dB$	$R'_w = 54\,dB$	$D_{nT,w} \geq 56\,dB$	$D_{nT,w} \geq 59\,dB$
Trittschall Trenndecke	$L'_{n,w} = 53\,dB$	$L'_{n,w} = 50\,dB$ ($L'_{n,w} = 53\,dB^{b)}$)	$L'_{nT,w} \leq 51\,dB$	$L'_{nT,w} \leq 44\,dB$
Trittschall Treppe in benachbarter Wohnung	$L'_{n,w} = 53\,dB$	$L'_{n,w} = 50\,dB$	$L'_{nT,w} \leq 51\,dB$	$L'_{nT,w} \leq 44\,dB$
Doppel- oder Reihenhaus				
Luftschall Trennwand	$R'_w = 57\,dB$	$R'_w = 59\,dB$ bzw. $R'_w = 62\,dB$	$D_{nT,w} \geq 65\,dB$	$D_{nT,w} \geq 69\,dB$
Trittschall Treppe[a)]	$L'_{n,w} = 53\,dB$	$L'_{n,w} = 46\,dB$	$L'_{nT,w} \leq 46\,dB$	$L'_{nT,w} \leq 39\,dB$

Anmerkungen:
a) diagonal und/oder horizontal von Haus 1 zu Haus 2
b) Sonderregel für Deckenkonstruktionen, die der DIN 4109-33 [7.34] zuzuordnen sind, und Sanierung

von der Bauweise einzuhalten und werden an das bewertete Bau-Schalldämm-Maß R'_w und den bewerteten Norm-Trittschallpegel $L'_{n,w}$ gestellt[4)]. Exemplarische Anforderungswerte sind in Tab. 7.9 zusammengetragen. Beide Anforderungen gelten für das Bauteil im ausgeführten Bau. Die Spektrum-Anpassungswerte nach DIN EN ISO 717-1 und -2 werden im bauaufsichtlichen Nachweisverfahren nicht berücksichtigt. Auch die Schalldämmung in einem erweiterten Frequenzbereich von 50 bis 5000 Hz spielt in den Anforderungen nach DIN 4109 keine Rolle. Die derzeit gültige Fassung der Schallschutznorm DIN 4109 wurde aktuell mit Datum Januar 2018 überarbeitet. Im Vergleich zur Vorgängerfassung aus dem Jahr 1989 haben sich beim Anforderungsniveau Änderungen z. B. bei der Trittschalldämmung von Decken sowie beim Schallschutz in Doppel- und Reihenhäusern ergeben [7.45].

Im privatrechtlichen Vertragsverhältnis können auch Schalldämmanforderungen vereinbart werden, die über den in DIN 4109 geforderten Schallschutz hinausgehen. Richtwerte für solche erhöhten Anforderungen können für den Wohnungsbau der VDI 4100 [7.46] entnommen werden. Für eine Planung des erhöhten Schallschutzes nach VDI 4100 ist allerdings zu beachten, dass die Planungswerte in der

4) Auf andere bauaufsichtlich relevante akustische Anforderungsgrößen, wie z. B. den Installationsschallpegel von haustechnischen Anlagen, wird in diesem Abschnitt nicht eingegangen.

aktuellen Fassung dieser Richtlinie auf die nachhallzeitbezogenen Kenngrößen $D_{nT,w}$ (Standard-Schallpegeldifferenz) und $L'_{nT,w}$ (Standard-Trittschallpegel) umgestellt wurden, was einen direkten Abgleich erschwert, da die vor Ort vorliegenden geometrischen Randbedingungen (Raumvolumina, Trennbauteilfläche, Prüfrichtung) mit in die Betrachtung einfließen.

Für den rechnerischen Nachweis der Schalldämmung gibt die DIN 4109-2 Rechenregeln vor. Die Eingangsdaten für diese Berechnungen stammen entweder aus dem Bauteilkatalog der Norm (DIN 4109-31 bis -36) oder beruhen auf Messungen der Luft- und Trittschalldämmung in nebenwegfreien Prüfständen. Für den Bereich Holz- und Skelettbau stammen die Daten aus einem Forschungsprojekt, in dem unter Federführung der PTB [7.37] ein neuer Bauteilkatalog erarbeitet wurde, der den aktuellen Stand des Schallschutzes von Holzkonstruktionen widerspiegelt. Für diese Arbeiten wurden in Deutschland vorliegende Ergebnisse von Schalldämmprüfungen aus Forschungsarbeiten und Industrieprüfungen zusammengetragen, geordnet und analysiert. Für die Analyse wurde eine statistische Auswertung durchgeführt, die den Mittelwert der Schalldämmung (Schalldämm-Maß, Norm-Flankenschallpegeldifferenz) sowie einen Schwankungsbereich in Form einer Standardabweichung angibt. In den Abschnitten zu den verschiedenen Bauteilen wird auf die Ergebnisse dieser Arbeiten genauer eingegangen.

7.3.1.4 Physikalische Effekte

Um die Besonderheiten bei der Schalldämmung von Holzbauteilen zu verstehen, müssen die Konstruktionsdetails betrachtet werden. Der Holzbau zeichnet sich durch eine große Vielfalt von Konstruktionen und eingesetzten Baustoffen aus. Allen diesen Konstruktionen ist jedoch gemein, dass die tragenden Komponenten der Bauteile aus Holz oder Holzwerkstoffen gebildet werden. Der größte Teil der derzeit in Deutschland eingesetzten Holzbauteile wird konstruktiv in Holztafel- oder Holzrahmenbauweise erstellt. Hierzu zählen z. B. Holzständerwände und Holzbalkendecken, aber auch Bauteile mit Stegträgern als Ständerwerk oder Balken. Im Gegensatz hierzu sind Holzbauteile zu betrachten, deren statisches Grundgerüst aus Massivholzelementen besteht. Hierunter fallen Brettstapelwände und Decken, aber auch Brettschichtholz-, Brettsperrholz- und Hohlkastenelemente (siehe z. B. Abb. 7.30, 7.36, 7.47). Es ist daher nicht verwunderlich, dass viele unterschiedliche physikalische Effekte die Schalldämmung von Holzbauteilen beeinflussen. Die wichtigsten und für die Schalldämmung entscheidenden Effekte werden nachfolgend in Bezug auf ihre Wirksamkeit bei Holzbauteilen beschrieben.

7.3.1.4.1 Massegesetz

Je größer die flächenbezogene Masse m' eines Bauteils, desto höher ist ihre Schalldämmung (Abb. 7.26). Bei massiven einschaligen Decken lässt sich aus der flächenbezogenen Masse m' die Schalldämmung bestimmen. Hierzu dient ein Massediagramm, das empirisch aus vielen Messdaten gewonnen wurde. Bei der Bestimmung der Luftschalldämmung muss zwischen den unterschiedlichen Werkstoffen, wie z. B. Beton, Mauerwerk, Glas sowie Holz- und Holzwerkstoffen oder Blechen, differenziert werden. Die entsprechende Kurve für Wände aus Holz und Holzwerkstoffen hat sich in der Praxis bewährt.

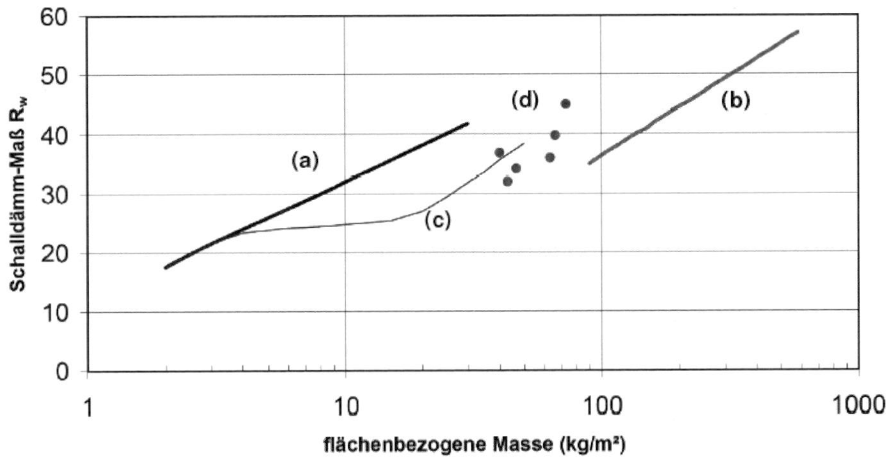

Abb. 7.26 Massegesetz für einschalige Wände: (a) ideal biegeweiche Wand, (b) Mauerwerks- und Betonwände nach DIN 4109/Bbl. 1 [7.45], (c) Holzbauteile nach *Gösele* [7.47], (d) Messungen an Massivholzwänden [7.48].

7.3.1.4.2 Biegewellenresonanz

Die Schalleinleitung bzw. -abstrahlung bei einschaligen Bauteilen ist besonders groß, wenn die Wellenlänge des Luftschalls (exakt: die Projektion oder die Spur der schräg auf die Platte auftreffenden Luftschallwelle) mit der Wellenlänge einer Biegeschwingung in der Plattenebene übereinstimmt. Diese Bedingung ist erfüllt für alle Frequenzen, die größer sind als die Koinzidenzgrenzfrequenz f_g. Die Koinzidenzgrenzfrequenz f_g in Hz erhält man mit Gl. (7.4):

$$f_g = \frac{60}{d}\sqrt{\frac{\rho}{E}} \qquad (7.4)$$

mit

f_g Koinzidenzgrenzfrequenz (in Hz)
E Elastizitätsmodul der Platte (in MN/m^2)
ρ Rohdichte der Platte (in kg/m^3)
d Dicke der Platten (in m)

Man bezeichnet die Platte als

- biegeweich, wenn $f_g \geq 2000$ Hz, und als
- biegesteif, wenn $f_g \leq 2000$ Hz.

Die meisten im Holzbau gebräuchlichen Beplankungen, wie z. B. Spanplatten bis 22 mm, Gipskartonplatten oder Gipsfaserplatten bis 13 mm, besitzen eine Grenzfrequenz $f_g \geq 2000$ Hz, d. h., sie sind biegeweich. Biegesteife Konstruktionen im Holzbau werden bei Massivholzkonstruktionen, wie z. B. Brettstapel- oder Brettsperrholzelementen, angetroffen. Hier sorgt die Biegesteifigkeit dafür, dass die Schalldämmung dieser Bauteile von dem idealen Verhalten abweicht.

7.3.1.4.3 Schalldämmung mehrschaliger Bauteile

Im Holzbau setzen sich die Bauteile in aller Regel aus mehreren Schichten zusammen. Während die Schalldämmung einschaliger Bauteile nur auf ihrer Masse und Biegesteifigkeit beruht, können wie im Holzbau durch mehrschalige Konstruktionen mit Beplankungen und Hohlraumdämmstoffen gleiche Schalldämmwerte bei wesentlich geringeren Massen erreicht werden. Zwischen den Schalen gibt es jedoch aus konstruktiven und physikalischen Gründen immer Kopplungsmechanismen, die Schallenergie übertragen und damit die schalltechnische Wirksamkeit solcher mehrschaligen Systeme reduzieren. Im Holzbau treten unterschiedliche Kopplungen auf. So gibt es konstruktive Kopplungen der Schalen, z. B. bei einer Holzständerwand über deren Ständerwerk und Rähm. Diese Kopplung der Schalen ist sehr oft aus Gründen der Statik erforderlich, da die Beplankungen auf dem Ständerwerk zur statischen Aussteifung der Konstruktion und des Gebäudes dienen. Obwohl Entkopplungsprofile (z. B. Federbügel oder Federschiene) oder Dämmstreifen die Schallübertragung des Ständerwerks auf die Beplankungen reduzieren können, dürfen sie in diesen Fällen nicht verwendet werden. Eine Entkopplung von Schalen wird jedoch mit Erfolg im Bereich von Vorsatzschalen wie bei abgehängten Unterdecken von Holzdecken eingesetzt. Hier kommen kommerzielle Entkopplungsprofile (Federbügel, Federschiene, Systemabhänger) zum Einsatz. Auch wenn keine Kopplungen über Ständerwerk, Holzbalken oder andere konstruktiv wirksame Tragkonstruktionen vorhanden sind, gibt es eine Kopplung der Schalen über die zwischengelagerten Luft- oder Dämmschichten. Physikalisch verhält sich dieser Aufbau als Masse-Feder-Masse-System (Abb. 7.27). Zwei Schalen mit den flächenbezogenen Massen m_1' und m_2' sind über eine Feder mit einer dynamischen Steifigkeit s' miteinander gekoppelt. Dieses zweischalige System wird als Doppelwand bezeichnet. Durch Luft- oder Trittschallanregung kann diese Doppelwand zu Schwingungen angeregt werden, die bei der Resonanzfrequenz f_0 besonders groß sind (entsprechend klein ist dort die Schalldämmung). Oberhalb der Resonanzfrequenz f_0 erzielt man eine deutliche Erhöhung der Schalldämmung. Um die Schalldämmung in Form des bewerteten Schalldämm-Maßes bzw. des bewerteten Norm-Trittschallpegels zu verbessern, wird deshalb versucht, die Resonanzfrequenz dieses Doppelwandsystems unter 100 Hz zu halten. Es sollte bei der Planung der Bauteile jedoch berücksichtigt werden, dass auch die tieffrequenten Schallübertragungen zwischen 50 und 100 Hz – das sog. „Dröhnen“ – von den Bewohnern subjektiv

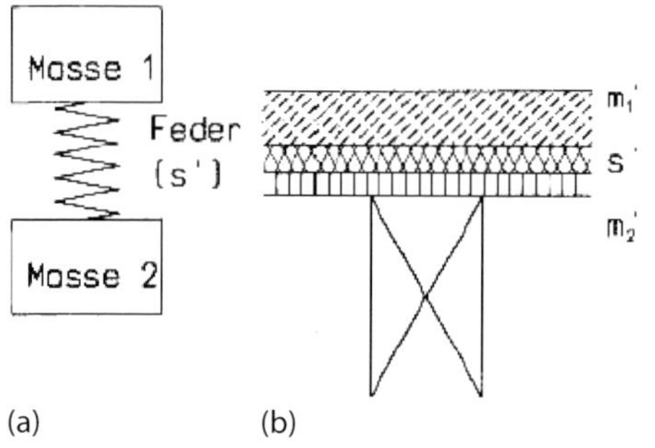

Abb. 7.27 (a) Masse-Feder-Masse-Modell eines schwingungsfähigen Systems sowie (b) die Anwendung des Modells auf einen Deckenaufbau. Zwei Massen m_1' und m_2' sind über eine Feder mit der dynamischen Steifigkeit s' miteinander verbunden.

wahrgenommen werden und zu Störungen und Belästigungen führen können. Dieser Effekt ist besonders bei der Auslegung der Trittschalldämmung von Decken und Treppen zu beachten, da diese durch das Begehen besonders gut zu tieffrequenten Schallübertragungen angeregt werden können. Den klassischen Fall eines Masse-Feder-Masse-Systems stellt der schwimmende Estrich dar, wobei als flächenbezogene Massen m_1' und m_2' die Massen der Estrichplatte bzw. der Rohdecke einzusetzen sind. Die dynamische Steifigkeit s' der Trittschalldämmplatte ist eine physikalische Eigenschaft, die die Federkonstante unter wechselnder (dynamischer) Beanspruchung beschreibt. Der jeweilige Wert ist dem Datenblatt des Herstellers zu entnehmen. Die Resonanzfrequenz kann in diesem Fall mithilfe der Gl. (7.5) berechnet werden.

$$f_0 = 160 \cdot \sqrt{s' \cdot \left(\frac{1}{m_1'} + \frac{1}{m_2'}\right)} \tag{7.5}$$

mit

f_0	Resonanzfrequenz für ein Masse-Feder-Masse-System (in Hz)
s'	dynamische Steifigkeit der Feder (in MN/m^3)
m_1', m_2'	flächenbezogene Massen der beiden Schalen (in kg/m^2)

Der schwimmende Estrich bringt eine Verbesserung der Trittschalldämmung bei allen Frequenzen oberhalb der Resonanzfrequenz f_0. Diese Eigenschaft wird durch die Trittschallminderung ΔL des Estrichs ausgedrückt (Abb. 7.28).

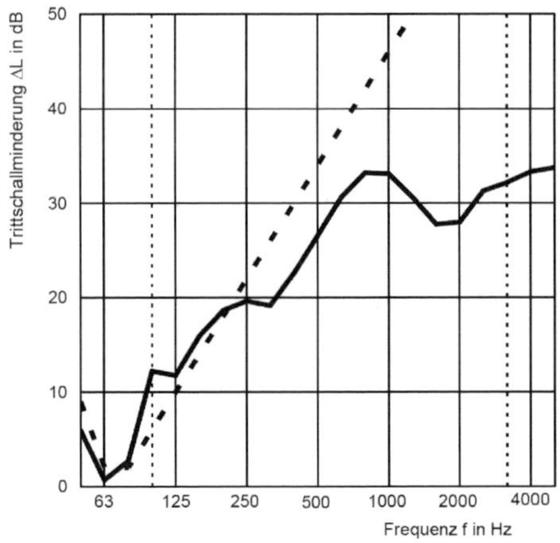

Abb. 7.28 Verbesserung der Trittschalldämmung durch einen schwimmenden Estrich; gestrichelte Linie: qualitativer Kurvenverlauf mit einer Resonanzfrequenz $f_0 = 70$ Hz, durchgezogene Linie: reale Messkurve einer Trittschallminderung auf einer Holzdecke.

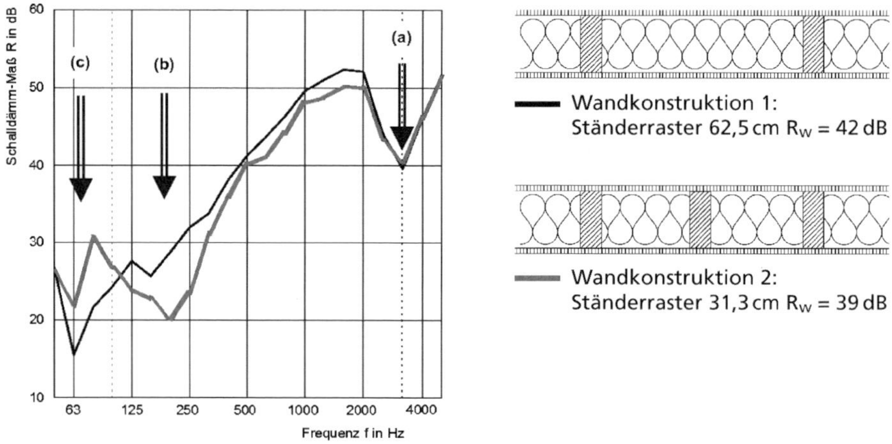

Abb. 7.29 Schalldämmung einer Holzständerwand mit folgendem Aufbau: 12,5 Gipsfaserplatte – 60/120 Holzständer gefüllt mit 100 mm Mineralwolle – 15 mm Gipsfaserplatte. Zusätzlich oben und unten ein Rähm 60/120 aus Holz. Plattenbreite 1,25 m, Gesamthöhe 2,65 m, Gesamtbreite 3,387 m. Die Beplankungen waren mit dem Ständerwerk verschraubt. Wandkonstruktion 1: Ständerraster 62,5 cm $R_w = 42$ dB (schwarze Kurve). Wandkonstruktion 2: Ständerraster 31,3 cm $R_w = 39$ dB (graue Kurve). Die Frequenzeinbrüche bei (a), (b) und (c) korrelieren mit: (a) Koinzidenzgrenzfrequenz für Wandkonstruktion 1 und 2, (b) Plattenschwingung für Wandkonstruktion 1 und 2, (c) Doppelschalenresonanz für Wandkonstruktion 1 und 2, Plattenschwingung für Wandkonstruktion 1.

7.3.1.4.4 Plattenschwingung

Betrachtet man typische Schalldämmkurven von Holzständerwänden, so fällt auf, dass dem kontinuierlichen Anstieg des Schalldämm-Maßes charakteristische Einbrüche überlagert sind, die auf Resonanzphänomene zurückgeführt werden können. Der Einbruch bei hohen Frequenzen ist klar auf die Biegewellenresonanz rückführbar. Der Einbruch bei tiefen Frequenzen koinzidiert mit Resonanzfrequenzen von der Doppelschalenschwingung und von Plattenschwingungen, die aufgrund der geometrischen Daten (Höhe, Ständerraster) und der Materialeigenschaften der Beplankungen berechnet werden können (Abb. 7.29). Auch der Einbruch in der Schalldämmkurve bei mittleren Frequenzen fällt mit einer Oberschwingung dieser Plattenschwingung zusammen. Die Resonanzfrequenz dieser Plattenschwingungen variiert in Abhängigkeit der eingesetzten Beplankungsmaterialien (elastische Eigenschaften, Dicke), ist aber auch abhängig von deren Höhe und dem Ständerraster. Die Analyse zeigt, dass sich damit auch die Schalldämmung der Holzbauteile stark ändern kann [7.49, 7.50].

7.3.2 Holzdecken

In diesem Abschnitt wird der Schallschutz von Holzdecken beschrieben und diskutiert. Eine typische Konstruktionsweise solcher Decken ist in Abb. 7.30 dargestellt. Die Decke wird hier in einzelne Bauteilschichten unterteilt. Eine Übersicht der Ausführungs- und Konstruktionsvarianten von Holzdecken aus dem aktuellen Bau-

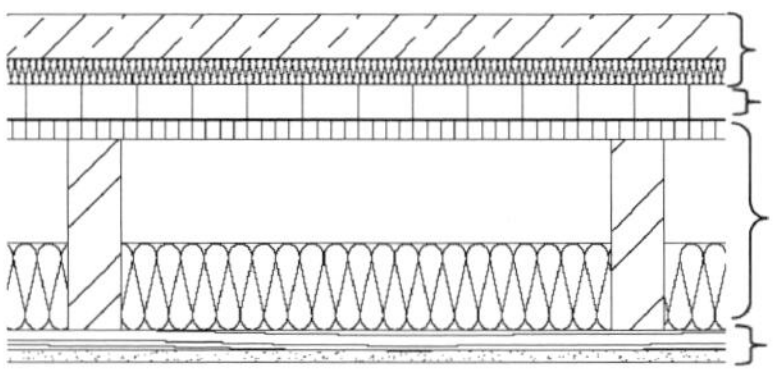

Abb. 7.30 Bauteilschichten einer Holzdecke.

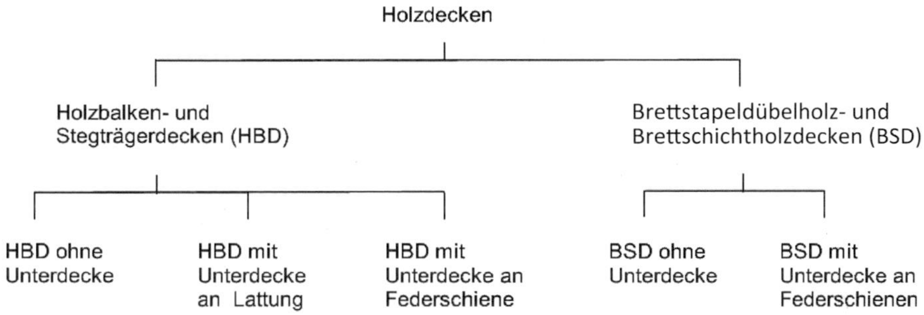

Abb. 7.31 Unterteilung der Holzdecken im Bauteilkatalog der DIN 4109-33.

teilkatalog DIN 4109 zeigt Abb. 7.31. Darüber hinaus werden von der Holzindustrie noch weitere Deckenkonstruktionen, wie z. B. Hohlkastendecken oder Brettsperrholzdecken, angeboten, die im aktuellen Bauteilkatalog der DIN 4109 und in dieser Grafik keine Berücksichtigung fanden, zu diesen Konstruktionen siehe Tab. 7.12.

7.3.2.1 Konstruktionsregeln

Die Wirkweise der einzelnen Bauteilschichten hängt von den spezifischen Materialparametern ab (detaillierte Planungshilfen s. [7.37, 7.51]). Nachfolgend werden Hinweise für die Planung und Ausführung der Deckenaufbauten gegeben, die für optimale Luft- und Trittschalldämmwerte erforderlich sind.

7.3.2.1.1 Ausführung des Estrichs

In Deckenaufbauten können Trockenestriche auf Basis von Holzwerkstoffplatten oder Gipsbauplatten eingesetzt werden. Alternativ kommen Zement-, Magnesia- oder Anhydritestriche mit der angegebenen Mindestdicke gemäß den Vorgaben der DIN 18560 [7.52] und DIN EN 13318 [7.53] zum Einsatz. Um eine Erhöhung der Schall-Längsleitung im Estrich zu reduzieren, muss dieser im Türbereich getrennt werden. Eine vollständig schallbrückenfreie Verlegung des Estrichs wird vorausgesetzt. Besondere Sorgfalt ist bei der Durchführung von Installationsleitungen im Estrich erforderlich, beispielsweise bei Heizkörpern oder im Schwellenbereich der Tür. Auch bei der Ausführung von Randdämmstreifen und Randfliesen sowie bei der Abdichtung des Randanschlusses kann es zu Baufehlern kommen. Hinweise hierzu siehe auch Abschnitt 7.3.2.7.

Bei Holzdecken wird zur Verbesserung der Trittschalldämmung, genau wie bei Massivdecken, auf der Oberseite der Rohdecke ein schwimmender Estrich verlegt.

Tab. 7.10 In Deutschland im Holzbau eingesetzte Estrichaufbauten.

Schwimmender Estrichaufbau			
Konstruktionsdetails	**Einsatz**	**Vorteile**	**Nachteile**
Zement- und Anhydritestrich auf Trittschalldämmplatte	Neubau von Fertighäusern	hohe Trittschallminderung möglich, kostengünstig	Baufeuchte durch Zementestrich, benötigt Zeit zum Abbinden
Trockenestrich[a)] auf Trittschalldämmplatte	Selbstausbau, Altbausanierung	geringe Aufbauhöhen, keine Baufeuchte, Einbau durch Bauherrn möglich	relativ geringe Trittschallminderungen
Gussasphaltestrich auf Trittschalldämmplatte	Neubau, Altbausanierung	keine Baufeuchte, sehr kurze „Abbindezeit“, geringere Aufbauhöhen als beim Zementestrich möglich	teuer, Gussasphalt neigt zu kaltem Fluss, daher nur relativ steife Trittschallplatten mit geringer Trittschallminderung einsetzbar

a) Gipsbauplatten, Spanplatte, OSB und zementgebundene Verlegespanplatte

Die akustische Wirksamkeit eines schwimmenden Estrichs auf einer Holzdecke ist jedoch bei Weitem nicht so effektiv wie bei Massivdecken.

Die schalltechnische Wirkung eines schwimmenden Estrichs auf einer Holzdecke wird durch die bewertete Trittschallminderung $\Delta L_{w,t}$ beschrieben (früher auch als Trittschallverbesserungsmaß bekannt und für die Anwendung im Holzbau mit $\Delta L_{w,H}$ bezeichnet). Die bewertete Trittschallminderung $\Delta L_{w,t}$ zum Einsatz im Holzbau erhält man durch Messung nach DIN EN ISO 10140-1 auf genormten Holzdecken und Berechnung nach DIN EN ISO 717-2. Die bewertete Trittschallminderung $\Delta L_{w,t}$ zum Einsatz im Holzbau ist zu unterscheiden von der bewerteten Trittschallminderung ΔL_w, die aus Messungen auf schweren Massivdecken nach DIN EN ISO 10140-1 gewonnen wird. Für ein und denselben schwimmenden Estrichaufbau werden bei Messung auf schweren Massivdecken nach DIN EN ISO 10140-1 bessere Zahlenwerte ΔL_w erreicht als bei Ermittlung von $\Delta L_{w,t}$ auf einer Holzdecke. Die Trittschallminderung hängt von verschiedenen Faktoren ab, im Besonderen sind hier zu nennen:

- flächenbezogene Masse der Estrichplatte,
- Weichheit der Trittschalldämmplatte, beschrieben durch die dynamische Steifigkeit s',
- Schwingungsdämpfung in der Estrichplatte,
- Aufbau der Rohdecke.

Die Einsatzgebiete sowie die Vor- und Nachteile der in Deutschland gebräuchlichsten Estrichsysteme sind in Tab. 7.10 aufgelistet.

7.3.2.1.2 Verwendbare Trittschalldämmplatten

In der Praxis werden Trittschalldämmplatten aus unterschiedlichen Materialien verwendet. Die jeweiligen Normen und Zulassungen sind hierbei zu beachten. Die im Bauteilkatalog angegebenen Dicken sind als Mindestdicken der Trittschalldämmplatten unter Belastung, die angegebenen dynamischen Steifigkeiten sind als Maximalwerte zu verstehen. Die Abhängigkeit des Norm-Trittschallpegels von der dynamischen Steifigkeit des eingesetzten Dämmstoffs findet sich in [7.51, 7.54]. Beim Verlegen der Trittschalldämmplatten ist auf eine lückenlose Verlegung zu achten. Vor dem Einbringen eines Nassestrichs ist eine Feuchtigkeitssperre (Folie) einzubringen, um die Trittschalldämmplatte zu schützen und Schallbrücken in der Fläche zu vermeiden.

7.3.2.1.3 Ausführung der Rohdeckenbeschwerung

Zwar sind Holzdecken als typische Leichtbauelemente zu betrachten, es ist in einigen Fällen (z. B. bei offenen Holzbalkendecken oder bei erhöhten Trittschallanforderungen) allerdings zur Erhöhung der Trittschalldämmung notwendig, diese Deckensysteme zu beschweren (s. Beispiele aus dem Bauteilkatalog in Tab. 7.11). Zur Beschwerung der Rohdecke können Plattenmaterialien (z. B. Betonplatten) oder Schüttungen verwendet werden. Die Angaben im Bauteilkatalog (Tab. 7.11) zur flächenbezogenen Masse sind Mindestmaße. Plattenbeschwerungen können mit Fliesenkleber (o. Ä.) auf der Rohdecke verklebt oder in einem Sandbett (ca. 5 mm) gelagert werden. Bei einer losen Verlegung der Platten auf der Rohdecke oder auf einer dünnen Dämmschicht werden die Tabellenwerte des Bauteilkatalogs nicht erreicht. Die Plattenbeschwerung sollte nicht zu großformatig sein, ein Format von maximal 30 cm · 30 cm hat sich als guter Kompromiss herausgestellt. Bei Schüttungen sind geeignete Maßnahmen gegen ein Wandern der Schüttung (Bildung von Mulden) vorzunehmen, zur praktischen Anwendung siehe [7.51]. Die erreichbare Verbesserung der Trittschalldämmung hängt von der Art und dem Flächengewicht der eingebrachten Beschwerung, aber auch vom Deckentyp (offene oder geschlossene Holzbalkendecke, Brettstapeldecke) ab.

7.3.2.2 Bauteilsammlung für Holzdecken

Mit der aktuellen Bauteilsammlung der DIN 4109-31 bis -36:2016-07 erfolgte eine komplette Überarbeitung der Ausführungsbeispiele. Im Bauteilkatalog wird zwischen der direkten Übertragung des Trennbauteils ohne Flankenübertragung und der Übertragung der flankierenden Bauteile unterschieden. In den folgenden Abschnitten wird auf die Holzdecke als Trennbauteil und auf die Flankenübertragung bei Holzdecken eingegangen. Der neu überarbeitete Bauteilkatalog umfasst nun verschiedene Holzbalken-, Stegträger-, Brettstapel-, Dübelholzdecken und Decken aus horizontal verlegtem Brettschichtholz. Aus Platzgründen werden in Tab. 7.11 nur exemplarische Konstruktionen dargestellt. Für die vollständige Tabelle wird auf die entsprechende Norm DIN 4109-33 verwiesen.

Tab. 7.11 Ausführungsbeispiele Holzdecken aus DIN 4109-33, die angegebenen Schalldämmwerte $L_{n,w}$ und R_w sind Laborprüfwerte.

Zeile	Schnittzeichnung	Konstruktionsdetails		$L_{n,w}(C_I)$ in dB	$R_w(C; C_{tr})$ in dB
Holzbalkendecken mit Unterdecken an Lattung					
Aufbauten mit mineralisch gebundenen Estrichen:					
	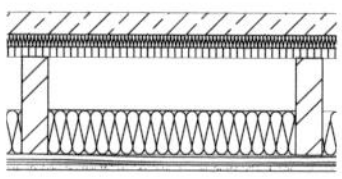	≥ 50 mm	Estrich[a]	54 (2)	63 (−5; −11)
		≥ 40 mm	Mineralwolledämmplatte ($s' \leq 6\,\mathrm{MN/m^3}$; Anwendungstyp DES-sh)[b]		
		22 mm	Holzwerkstoffplatte[d]		
		220 mm	Balken oder Stegträger[e]		
		100 mm	Hohlraumdämpfung[b]		
		24 mm	Lattung[g]		
		12,5 mm	Gipsplatte[i]		
Aufbauten mit Trockenestrich und Rohdeckenbeschwerung:					
	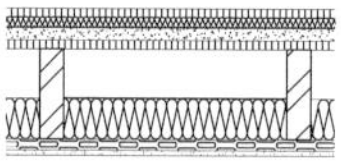	≥ 22 mm	GF oder zementgebundene Spanplatte[g]	41 (2)	69 (−4; −11)
		≥ 20 mm	Mineralwolledämmplatte ($s' \leq 30\,\mathrm{MN/m^3}$; Anwendungstyp DES-sm)[b]		
		≥ 30 mm	Schüttung[f] ($m' \geq 45\,\mathrm{kg/m^2}$) Rieselschutz		
		22 mm	Holzwerkstoffplatte[d]		
		220 mm	Balken oder Stegträger[e]		
		100 mm	Hohlraumdämpfung[b]		
		27 mm	Federschiene[j]		
		12,5 mm	Gipsplatte[i]		
Brettstapeldecken ohne Unterdecken					
Aufbauten mit mineralisch gebundenen Estrichen und Rohdeckenbeschwerung:					
	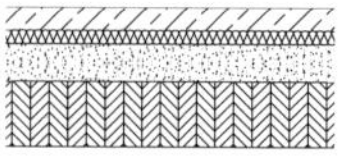	≥ 50 mm	Estrich[a]	41 (−1)	70 (−4; −10)
		≥ 40 mm	Mineralwolledämmplatte ($s' \leq 6\,\mathrm{MN/m^3}$; Anwendungstyp DES-sh)[b]		
		≥ 80 mm	Schüttung[f] ($m' \geq 120\,\mathrm{kg/m^2}$) Rieselschutz		
		140 mm	Brettstapeldecke, genagelt oder aus flachkant verlegtem Brettschichtholz[e]		

a) Zement-, Magnesia- oder Anhydritestrich mit flächenbezogener Masse $m' \geq 120\,\mathrm{kg/m^2}$.

b) Faserdämmstoff je nach Verwendungszweck:

- Mineralwolledämmplatte nach DIN EN 13162:2013-03 [7.55] mit der angegebenen dynamischen Steifigkeit s' und Anwendungstyp nach Einsatzbereich: DES-sh für Estrich mit mineralischen Bindemitteln; DES-sm für Trockenestrich und Gussasphalt
- Hohlraumdämmstoff aus Mineralfaser oder Holzfaser mit einem längenbezogenen Strömungswiderstand von $r \geq 5\,\mathrm{kN\,s/m^4}$.

d) Verlegespanplatte nach DIN EN 312:2003-11 [7.56], OSB-Verlegeplatten nach DIN EN 300:2004-07 [7.57] oder BFU-Platten. DIN EN 315 und DIN EN 13986:2005-03 [7.58] der Dicken 18–25 mm, bei offener Holzbalkendecke alternativ 28 mm Sichtschalung + 12 mm BFU.
e) Tragkonstruktion nach Statik je nach Deckentyp:
   - Balken aus Vollholz oder Brettschichtholz; Mindestabmessungen 60 mm · 180 mm alternativ auch Stegträger der Höhe 240–406 mm; Achsabstand $e \geq 625$ mm
   - Brettstapelelemente, je nach Konstruktion auch Elemente aus Dübelholz oder aus flachkant verlegtem Brettschichtholz; Mindestdicke 120 mm; Breite der Einzellamellen 30–60 mm
   - Brettsperrholzdecke; Breite der Einzellamellen 30–60 mm
   - Hohlkastenelement System „Lignatur Silence 12 (LFE240)"
   - Hohlkastenelement System „Lignotrend Decke Q3".
f) Trockenes Schüttgut mit einer Schüttdichte $\rho \geq 1500\,\text{kg/m}^3$; Restfeuchte $\leq 1{,}8\,\%$; gegen Verrutschen gesichert mittels Pappwaben, Sandmatten, Lattengitter (Feldgröße ca. 80 cm · 80 cm) o. Ä.
g) Trockenestrichelement aus Gipsfaserplatten oder zementgebundenen Spanplatten, $m' \geq 29\,\text{kg/m}^2$.
h) Lattung 24 mm · 48 mm; Achsabstand $e \geq 415$ mm.
i) Gipsplatte nach DIN 18180 [7.60]/DIN EN 520 [7.62] mit einer flächenbezogenen Masse von $m' \geq 8{,}5\,\text{kg/m}^2$; alternativ Gipsfaserplatte nach DIN EN 15283-2 [7.61] (Dicke 10 mm).
j) Federschiene 27 mm · 60 mm; Achsabstand $e \geq 415$ mm; Montage nach Anleitung mit 1 mm Luft in der Verschraubung.

Die in Tab. 7.11 angegebenen Werte der Luft- und Trittschalldämmung sind Mittelwerte aus den Prüfergebnissen, z. T. mit Abzügen für Materialschwankungen und Montageunterschiede. Angegeben wird der bewertete Norm-Trittschallpegel $L_{\text{n,w}}$ (als Laborwert) mit dem dazugehörigen Spektrum-Anpassungswert C_{I}, das bewertete Schalldämm-Maß R_{w} (als Laborwert), mit dazugehörigen Spektrum-Anpassungswerten C und C_{tr}.

Die angegebenen Kenngrößen wurden als Mittelwerte aus unabhängigen Messungen generiert. Im Rahmen der Projektarbeit wurden auch die Anzahl der ausgewerteten Messungen sowie die Standardabweichung σ angegeben [7.37]. Das Sicherheitskonzept der DIN 4109 sieht bei der Luftschalldämmung einen Abschlag von 2 dB auf den Prognosewert R'_{w} vor, beim Trittschall erfolgt ein Zuschlag von 3 dB auf $L'_{\text{n,w}}$.

Auch wenn die Bauteilsammlung in der neuen DIN 4109-33 eine deutlich größere Anzahl an Deckenvarianten beinhaltet als die Vorgängernorm, bestehen dennoch Lücken, z. B. was die Dokumentation von Brettsperrholzdecken oder Hohlkastendecken angeht. Hier gibt es Produktinformationen von Herstellern, die in [7.85] zusammengetragen wurden und exemplarisch in Tab. 7.12 dargestellt wurden.

7.3.2.3 Flankenübertragung

Für die Flankenübertragung bei Holzdecken ist in Luft- und Trittschall sowie in die Übertragungsrichtung (vertikale und horizontale Flankenübertragung) zu unterscheiden. Die vertikale Flankenübertragung ist relevant beim Nachweis der Decke als Trennbauteil. Für die Betrachtung der Trittschalldämmung ist die Trittschalleinleitung der Decke in die flankierenden Wände zu berücksichtigen. Die horizontale Flankenübertragung über Decke bzw. Boden ist beim Nachweis der Schalldämmung von Trennwänden zu berücksichtigen.

Tab. 7.12 Ausführungsbeispiele von exemplarischen Massivholzdecken aus [7.85] und zugehörigen Herstellerinformationen, die angegebenen Schalldämmwerte $L_{n,w}$ und R_w sind Laborprüfwerte (die Beschreibungen der einzelnen Komponenten sind der Legende von Tab. 7.11 zu entnehmen).

Tabelle/ Zeile	Schnittzeichnung	Konstruktionsdetails		$L_{n,w}$ ($C_{I,50\text{-}2500}$) in dB	R_w ($C_{50\text{-}5000}$; $C_{tr,50\text{-}5000}$) in dB
Brettsperrholzdecke mit Beschwerung					
11/6	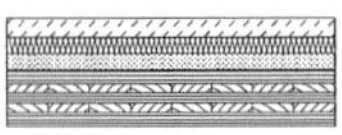	≥ 50 mm	Estrich[a)]	40 (8)	73 (–; –)
		≥ 40 mm	Mineralwolledämmplatte ($s' \leq 6\,\mathrm{MN/m^3}$; Anwendungstyp DES-sh)[b)]		
		≥ 60 mm	Schüttung[f)] ($m' \geq 98\,\mathrm{kg/m^2}$)		
		190 mm	Rieselschutz		
			Brettschichtholz[e)]		
Kastenelement mit Beschwerung					
12/2	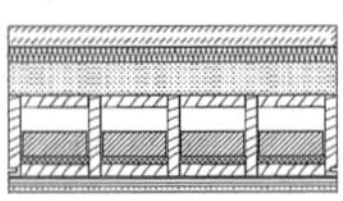	≥ 50 mm	Estrich[a)]	43 (2)	76 (−11; −26)
		≥ 40 mm	Mineralwolledämmplatte ($s' \leq 6\,\mathrm{MN/m^3}$; Anwendungstyp DES-sh)[b)]		
		≥ 80 mm	Schüttung[f)] ($m' \geq 125\,\mathrm{kg/m^2}$)		
			Rieselschutz		
		240 mm	Kastenelement „Lignatur Silence 12 (LFE 240)“ mit Betonsteinbeschwerung[e)]		
		24 mm	Lattung[h)]		
		12,5 mm	Gipsplatte[i)]		
Rippenelement mit Beschwerung:					
13/3		≥ 50 mm	Estrich[a)]	42 (3)	76 (−9; −24)
		≥ 35 mm	Mineralwolledämmplatte ($s' \leq 7\,\mathrm{MN/m^3}$; Anwendungstyp DES-sh)[b)]		
		262 mm	Rippenelement[e)] „Lignotrend Q3“ mit Splittschüttung[f)] ($m' \geq 196\,\mathrm{kg/m^2}$)		

7.3.2.3.1 Flankenübertragung bei vertikaler Trittschallübertragung

Die vertikale Trittschallübertragung lässt sich im Holzbau durch die dargestellten Übertragungswege beschreiben (Abb. 7.32). Für die vereinfachte Nachweisführung wird die Flankenübertragung durch die Korrektursummanden K_1 und K_2 nach

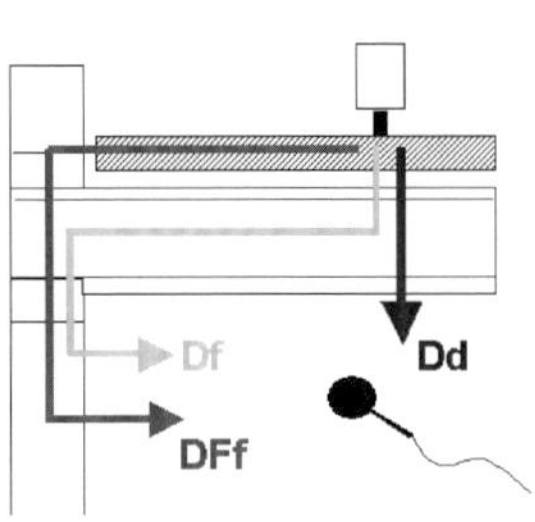

Abb. 7.32 Schematische Darstellung der Beiträge zur Trittschallübertragung im Holzbau: direkt übertragener Trittschall (Weg Dd) und Beiträge der Flankenübertragung auf den Übertragungswegen Df und DFf.

Gl. (7.6) beschrieben. Berechnung des Norm-Trittschallpegels $L'_{n;w}$.

$$L'_{n,w} = L_{n,w} + K_1 + K_2 \quad \text{dB} \tag{7.6}$$

mit

$L_{n,w}$ bewerteter Norm-Trittschallpegel ohne Flankenübertragung (Weg Dd)

K_1 Korrektursummand zur Berücksichtigung der Flankenübertragung auf dem Weg Df (durch den Estrich in die Rohdecke und von dort über die Stoßstelle in die Wand)

K_2 Korrektursummand zur Berücksichtigung der Flankenübertragung auf dem Weg DFf (vom Estrich über die Stoßstelle in die Wand im Obergeschoss und von dort in die Wand im Untergeschoss)

Die Tab. 7.13 und 7.14 zur Berücksichtigung der vertikalen Flankenübertragung bei Trittschallanregung wurden aus verschiedenen Forschungsvorhaben gewonnen [7.44]. Die Korrektursummanden für die verschiedenen Ausführungen der flankierenden Wände wurden in Gruppen zusammengefasst. Die angegebenen Korrektursummanden gelten für flankierende Innen- und Außenwände in Holzrahmen- und Holztafelbauweise mit folgenden Konstruktionsmerkmalen:

- flankierende Wände vollständig durch Holzdecke unterbrochen;
- Holzständerwände mit Wandbeplankung aus Gipsbauplatten, Holzwerkstoffplatten, mechanisch mit Ständer verbunden;
- Wandelemente aus Brettstapel-, Brettsperrholz- und Brettschichtholzelementen oder 80–100 mm starke Holzwerkstoffplatten.

Die Anwendung des Verfahrens wird in Tab. 7.15 illustriert. Darin ist ein Beispiel für das Einrechnen der Flankenübertragung zur Prognose der Trittschalldämmung einer Holzdecke im ausgeführten Bau gezeigt. Das Berechnungsergebnis wurde mit den in DIN 4109-2 und DIN 4109-33 angegebenen Bemessungswerten (als Laborprüfwerte) durchgeführt. Ein Beispiel zur Ermittlung von Luftschallübertragungen wird in den Abschnitt 7.3.3.4 und 7.3.3.5 gezeigt.

7.3.2.3.2 Horizontale Flankenübertragung von Decke und Boden

Für die horizontale Flankenschalldämmung von Holzdecken hat man im Bauteilkatalog der aktuellen DIN 4109 auf Ergebnisse eines 1978 von *Karl Gösele* durchgeführten Forschungsvorhabens [7.63] zurückgegriffen. Die dort dargestellten Ausführungsbeispiele entsprechen nicht den Anforderungen, die aus der erforderlichen Schalldämmung einer Wohnungstrennwand resultieren. Auf eine Darstellung der Konstruktionen soll an dieser Stelle verzichtet werden, es wird auf die DIN 4109-33 [7.34] verwiesen. Teilweise sind hier bereits im Rahmen von Forschungsvorhaben Messungen an Massivholzkonstruktionen durchgeführt worden, die jedoch noch keinen Eingang in die Normung gefunden haben, sodass hier auch keine Darstellung erfolgt (siehe z. B. Zusammenstellung in [7.81]).

Tab. 7.13 Korrektursummand K_1 zur Berücksichtigung der Trittschall-Flankenübertragung auf dem Weg Df.

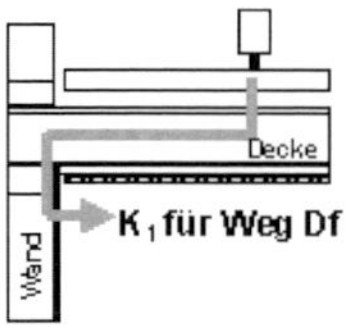			**Deckenaufbau** 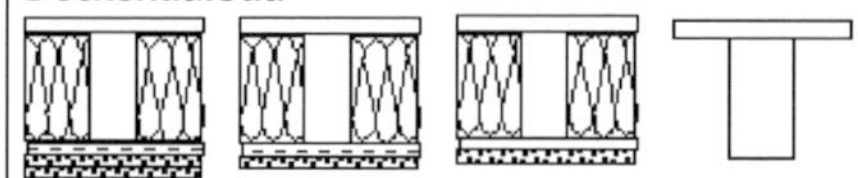 2 · GKB an FS	1 · GKB an FS	GKB Lattung oder direkt	 offene BSD oder HBD oder HKD
Wandaufbau im Empfangs-raum	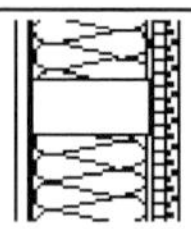	Wandbeplankung GKB + HWS	$K_1 = 6$ dB	$K_1 = 3$ dB	$K_1 = 1$ dB	
	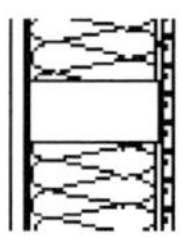	GF	$K_1 = 7$ dB	$K_1 = 4$ dB	$K_1 = 1$ dB	
	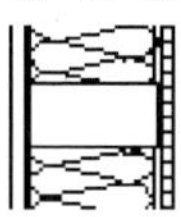	HWS	$K_1 = 9$ dB	$K_1 = 5$ dB	$K_1 = 4$ dB	
		Holz- oder HWS-Element				

GKB	9–12,5 mm Gipsplatte nach DIN 18180 [7.60]/DIN EN 520 [7.62], Rohdichte $\rho \geq 680\ \text{kg/m}^3$, mechanisch verbunden
GF	12,5–15 mm Gipsfaserplatte nach DIN EN 15283-2 [7.61], Rohdichte von $\rho \geq 1100\ \text{kg/m}^3$, mechanisch verbunden
HWS	13–22 mm Holzwerkstoffplatte, Rohdichte $\rho \geq 650\ \text{kg/m}^3$, mechanisch verbunden
HBD	Holzbalkendecke
FS	Federschiene
Holz- oder HWS-Element	Wandelemente aus Brettstapel-, Brettsperrholz- und Brettschichtholzelementen oder 80–100 mm starke Holzwerkstoffplatten, $m' \geq 50\ \text{kg/m}^2$
GKB Lattung oder direkt	HBD mit Unterdecke an Lattung oder GKB + HWS direkt montiert
offene HBD	Holzbalkendecke mit sichtbarer Balkenlage
BSD oder HKD	Brettstapel-, Brettschichtholz- oder Hohlkastendecke

Tab. 7.14 Korrektursummand K_2 zur Berücksichtigung der Trittschall-Flankenübertragung auf dem Weg DFf.

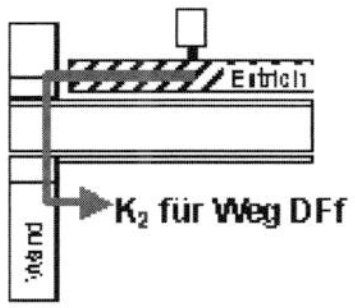

				Trittschallübertragung auf dem Weg Dd + Df: $L_{n,w} + K_1$ in dB																					
				35	36	37	38	39	40	41	42	43	44	45	46	47	48	49	50	51	52	53	54	55	> 55
Wandaufbau im Sende- und Empfangsraum	GKB + HWS / GF	Estrichaufbau	a) ZE/HWF	10	9	8	7	6	5	5	4	4	3	3	2	2	1	1	1	1	1	1	0	0	0
			b) ZE/MF	6	5	5	4	4	3	3	2	2	1	1	1	1	1	1	0	0	0	0	0	0	0
			c) TE	5	4	4	3	3	2	2	1	1	1	1	1	1	0	0	0	0	0	0	0	0	0
	HWS / Holz- oder HWS-Element	Estrichaufbau	a) ZE/HWF	11	10	10	9	8	7	6	5	5	4	4	3	3	2	2	1	1	1	1	1	1	0
			b) ZE/MF	10	10	9	8	7	6	5	5	4	4	3	3	2	2	1	1	1	1	1	1	0	0
			c) TE	8	7	6	5	5	4	4	3	3	2	2	1	1	1	1	1	1	0	0	0	0	0

GKB	9–12,5 mm Gipsplatte nach DIN 18180 [7.60]/DIN EN 520 [7.62], Rohdichte $\rho \geq 680\,\text{kg/m}^3$, mechanisch verbunden
GF	12,5–15 mm Gipsfaserplatte nach DIN EN 15283-2 [7.61], Rohdichte von $\rho \geq 1100\,\text{kg/m}^3$, mechanisch verbunden
HWS	13–22 mm Holzwerkstoffplatte, Rohdichte von $\rho \geq 650\,\text{kg/m}^3$, mechanisch verbunden
Holz- oder HWS-Element	Massivholzelemente oder 80–100 mm Holzwerkstoffplatte, $m' \geq 50\,\text{kg/m}^2$
Estrichaufbau:	
a) ZE/HWF:	mineralisch gebundener Estrich oder Gussasphalt auf Holzweichfaser-Trittschalldämmplatten Randdämmstreifen: > 5 mm Mineralfaser- oder PE-Schaum-Randstreifen
b) ZE/MF:	mineralisch gebundener Estrich oder Gussasphalt auf Mineralfaser- oder PST-Trittschalldämmplatten Randdämmstreifen: > 5 mm Mineralfaser- oder PE-Schaum-Randstreifen
c) TE:	Trockenestrich auf Mineralfaser-, PST- oder Holzweichfaser-Trittschalldämmplatten Randdämmstreifen: > 5 mm Mineralfaser- oder PE-Schaum-Randstreifen

Tab. 7.15 Berechnungsbeispiel zum Einrechnen der Flankenübertragung bei der Trittschalldämmung einer Holzbalkendecke.

Geplante Konstruktion:		
Deckenaufbau: 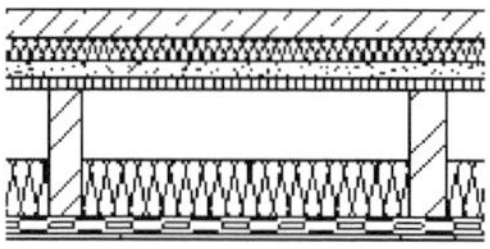	50 mm	Zementestrich
	40 mm	Mineralwolledämmplatte, ($s' \leq 6\,\mathrm{MN/m^3}$; Anwendungstyp DES-sh)
	30 mm	trockene Schüttung ($m' \geq 45\,\mathrm{kg/m^2}$) Rieselschutz
	22 mm	Holzwerkstoffplatte, geschraubt
	220 mm	Balken oder Stegträger
	100 mm	Hohlraumdämpfung
	27 mm	Federschiene
	12,5 mm	Gipskartonplatte
Flankierende Wände:	Holzständerwände mit raumseitiger Beplankung aus 12,5 mm Gipsfaserplatten, mechanisch verbunden	
Berechnung:		
bewerteter Norm-Trittschallpegel (ohne Flankenübertragung):	$L_{n,w} = 34\,\mathrm{dB}$ (aus DIN 4109-33, Abschnitt 4.3)	
Korrektursummand K_1:	$K_1 = 4\,\mathrm{dB}$ (Tab. 7.13, Zeile 2, Spalte 2)	
Zwischenrechnung:	$L_{n,w} + K_1 = 34 + 4 = 38\,\mathrm{dB}$ (Eingangswert für K_2)	
Korrektursummand K_2:	$K_2 = 4\,\mathrm{dB}$ (Tab. 7.14, Zeile 2, Spalte 4)	
Ergebnis:	$L'_{n,w} = 34 + 4 + 4 = \underline{42\,\mathrm{dB}}$	
Für DIN 4109-2:	$L'_{n,w} + u_{prog} = 42\,\mathrm{dB} + 3\,\mathrm{dB} = 45\,\mathrm{dB}$ Geeignet für Anforderung zul. $L'_{n,w} = 45\,\mathrm{dB}$	

In Tab. 7.16 werden dazu orientierende Messergebnisse für verschiedene Anschlusssituationen und Deckenaufbauten dargestellt. Zur Bezeichnung der Übertragungswege siehe auch Abschnitt 7.3.1.2.3.

Konstruktive Hinweise zur Ausführung der flankierenden Massivholzbauteile werden in Tab. 7.17 gegeben.

7.3.2.4 Genauigkeit des Prognoseverfahrens

Die Verifizierung des in den vorausgegangenen Abschnitten beschriebenen Prognoseverfahrens und der Eingangsdaten erfolgte in [7.44] durch den Abgleich der prognostizierten Norm-Trittschallpegel mit den Ergebnissen von Baumessungen. In die Prognose gingen der Norm-Trittschallpegel des Deckenaufbaus aus dem neuen Bauteilkatalog (Tab. 7.11) und die o. g. Korrektursummanden K_1 (Tab. 7.13) und K_2 (Tab. 7.14) ohne weitere Vorhaltemaße ein. Die Standardabweichung zwischen den prognostizierten Norm-Trittschallpegeln am Bau und den Messwerten betrug $\sigma = 1{,}7\,\mathrm{dB}$ (bei 23 Messungen). Die mittlere Differenz zwischen prognostiziertem und gemessenem Wert betrug 0,4 dB. Die Genauigkeit dieses holzbauspezifischen Verfahrens entspricht somit der in der DIN EN ISO 12354-2 [7.36] angegebenen Standardabweichung des vereinfachten Verfahrens für homogene Rohdecken von $\sigma = \text{ca. } 2\,\mathrm{dB}$.

Tab. 7.16 Messwerte für die Flankendämm-Maße $R_{Ff,w}$, $R_{Fd,w}$ und $R_{Df,w}$ einer flankierenden Brettsperrholzdecke.

Skizze	Decke	Wand	Messwerte für l_{lab} = 4,30 m, $S_{S,lab}$ = 11,8 m²
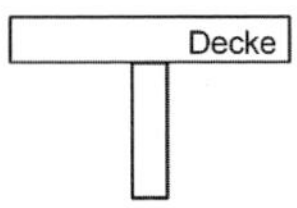	160 mm BSP	80 mm BSP	$R_{Ff,w}$ = 44 dB $R_{Fd,w}$ = 50 dB $R_{Df,w}$ = 50 dB
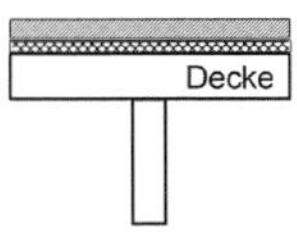	50 mm ZE 40 mm MFT 160 mm BSP	80 mm BSP	$R_{Ff,w}$ = 46 dB $R_{Fd,w}$ = 50 dB $R_{Df,w}$ = 50 dB
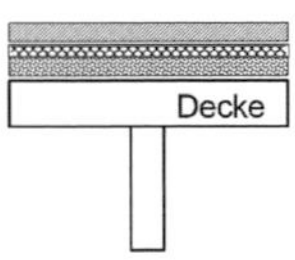	50 mm ZE 40 mm MFT 60 mm Splitt 160 mm BSP	80...140 mm BSP	$R_{Ff,w}$ = 61 dB $R_{Fd,w}$ = 55 dB $R_{Df,w}$ = 55 dB
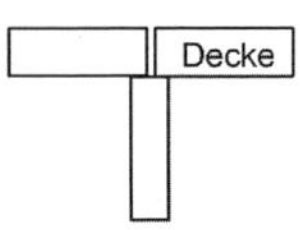	160 mm BSP getrennt	80...140 mm BSP	$R_{Ff,w}$ = 50...54 dB $R_{Fd,w}$ = 51...53 dB $R_{Df,w}$ = 51...53 dB
		2 · 18 mm GF 80...140 mm BSP 2 · 18 mm GF	$R_{Ff,w}$ = 54...58 dB $R_{Fd,w}$ = 58...60 dB $R_{Df,w}$ = 58...60 dB

Tab. 7.17 Anschlusssituationen und Ausführungshinweise für flankierende Massivholzbauteile.

Skizze	Trennbauteil	Maßgebliche Flankenbauteile
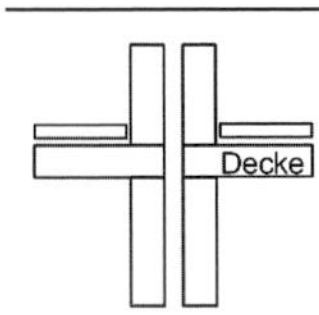	Haustrennwand	• Trennfuge im ganzen Gebäude durchgehend • im DG: $R_{Ff,w}$ des flankierenden Dachs beachten • im EG: $R_{Ff,w}$ der flankierenden Kellerdecke beachten
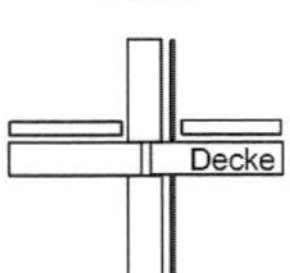	Wohnungstrennwand	• $R_{Ff,w}$ der flankierenden Decke beachten Decke auf Trennwand nach Möglichkeit trennen, Rohdeckenbeschwerung $m' \geq 120\,kg/m^2$ oder Unterdecke • im DG: $R_{Ff,w}$ des flankierenden Dachs beachten • im EG: $R_{Ff,w}$ der flankierenden Kellerdecke beachten

7.3.2.5 Schalldämmung bei tiefen Frequenzen

Die Trittschalldämmung von Holzdecken ist schon seit längerer Zeit ein Feld intensiver Forschungstätigkeit. In den meisten Fällen wurde hier der bewertete Norm-Trittschallpegel der Deckenkonstruktion untersucht und analysiert. Für das subjektive Empfinden der Bewohner ist jedoch auch der Bereich tieffrequenter Schallübertragungen zu berücksichtigen.

7.3.2.5.1 Vergleich mit Gehgeräuschen

Die Korrelation zwischen dem subjektiven Empfinden des Bewohners und dem nach DIN EN ISO 717-2 [7.35] bewerteten Norm-Trittschallpegel wurde bereits in diversen Projekten untersucht (siehe Literatur in [7.64]). Die Ergebnisse dieser Untersuchungen zeigen relativ einheitlich, dass kein brauchbarer Zusammenhang zwischen den beiden Größen existiert. Zur Veranschaulichung dieses Resultats werden in Abb. 7.33 Ergebnisse von Norm-Hammerwerks-Messungen nach DIN EN ISO 10140-3 mit den Trittschallübertragungen beim Begehen der Decken verglichen. Zur gehörrichtigen Bewertung wurde aus der Trittschallübertragung beim Begehen der Decke der A-bewertete und nachhallkorrigierte Trittschallpegel $L_{\mathrm{AFmax,n}}$ gebildet. Die einzelnen Punkte in Abb. 7.33 a, die jeweils das Ergebnis eines Deckenaufbaus darstellen, zeigen eine sehr schwache Korrelation. Die Messungen für diesen Vergleich wurden in drei unterschiedlichen Laborprüfständen nach DIN EN ISO 10140-5 mit unterschiedlichen Messteams auf Holzdecken durchgeführt. Damit konnten Unsicherheiten und Schwankungen, die auf die begrenzten Prüfstandabmessungen oder die spezielle Anregung eines Gehers zurückzuführen sind, reduziert werden. Um die Anregung bei der Begehung der Decke reproduzierbarer zu gestalten, wurden die relevanten Eckdaten für den Geher festgelegt.[5)]

Die Ursache der schwachen Korrelation wird in Abb. 7.33 b anhand der frequenzabhängigen Darstellung einer typischen Trittschallübertragung beim Begehen einer Holzdecke gezeigt. Aus den Pegeln ist deutlich zu ersehen, dass beim Begehen der Decke nahezu die gesamte Krafteinleitung und Schallübertragung unterhalb von 100 Hz erfolgt. Diese niederfrequente Trittschallübertragung wird bei der Bewertung des bewerteten Norm-Trittschallpegels $L_{\mathrm{n,w}}$ nach DIN EN ISO 717-2 nicht berücksichtigt. Der $L_{\mathrm{n,w}}$ kann deshalb den für das subjektive Empfinden relevanten Bereich unter 100 Hz nicht beschreiben. Um dem Problem der geringen Korrelation zwischen realem Geher und dem bewerteten Norm-Trittschallpegel zu begegnen, wurde in DIN EN ISO 717-2 ein Spektrum-Anpassungswert C_{I} eingeführt, der auch für den nach unten erweiterten Frequenzbereich bis 50 Hz berechnet werden kann ($C_{\mathrm{I,50\text{-}2500}}$). Durch die zusätzliche Berücksichtigung des Spektrum-Anpassungswerts ($L_{\mathrm{n,w}} + C_{\mathrm{I,50\text{-}2500}}$) wird die Korrelation deutlich verbessert.

Es konnte gezeigt werden, dass die schwache Korrelation beim $L_{\mathrm{n,w}}$ weniger durch die Art der Anregung mit dem Norm-Hammerwerk als vielmehr durch die unzutreffende Bewertung bei dieser Kenngröße verursacht wurde [7.64].

Auf dieser Basis können Zielwerte für eine gute Trittschalldämmung unter Berücksichtigung des subjektiven Empfindens festgesetzt werden. Die in einigen eu-

---

5) Geher männlich, 75–85 kg, Gehen auf Socken mit 90–100 Schritt/Min. im Kreis u. Acht.

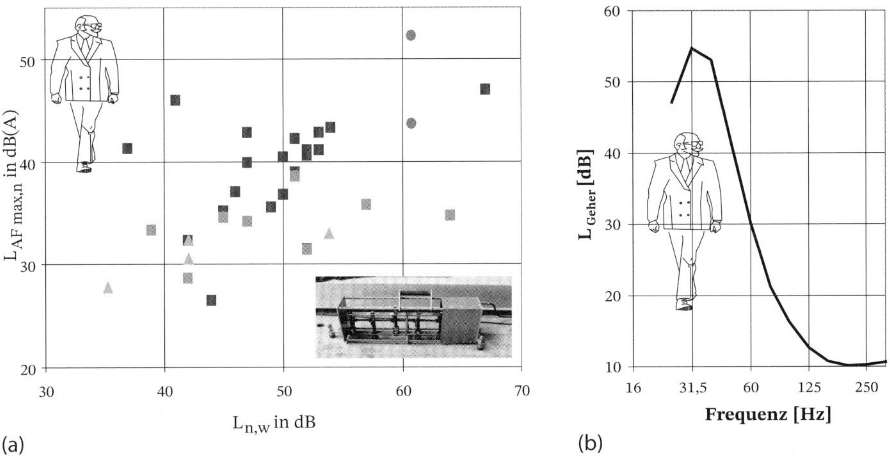

Abb. 7.33 Korrelation von $L_{n,w}$ und subjektivem Empfinden; (a) Zusammenhang zwischen dem bewerteten Norm-Trittschallpegel $L_{n,w}$ und dem A-bewerteten Trittschallpegel $L_{AFmax,n}$ beim Begehen von Holzdecken; Quadrate, Kreise und Dreiecke beschreiben Messungen in unterschiedlichen Deckenprüfständen [7.65–7.67]; (b) frequenzabhängige Darstellung der Trittschallübertragung beim Begehen einer Decke.

ropäischen Ländern bereits umgesetzte Anforderung an den $L_{n,w} + C_{I,50\text{-}2500} \leq 53$ dB entspricht in etwa einem Gehschallpegel von $L_{AFmax,n} \leq 35–37$ dB(A). Erfahrungsgemäß ist oberhalb dieser Grenze mit störenden Trittschallübertragungen zu rechnen [7.69]. Für einen $L_{n,w} + C_{I,50\text{-}2500} \leq 46$ dB beträgt der A-bewertete Trittschallpegel in etwa $L_{AFmax,n} \leq 30$ dB(A) und ist, je nach Umgebungsgeräusch, kaum noch wahrnehmbar. Es handelt sich hierbei um einen sehr guten Schallschutz, dessen Anwendung in der Baupraxis auch aus Kostengesichtspunkten zu betrachten ist.

7.3.2.5.2 Einfluss von Estrichaufbauten

Bei der Frage nach Parametern mit Einfluss auf die Schalldämmung bei tiefen Frequenzen ist auch der Einfluss des Estrichaufbaus zu prüfen, da dieser Estrich als Masse-Feder-Masse-System oft Resonanzfrequenzen in dem fraglichen Frequenzbereich hat. Eine statistische Auswertung auf Grundlage von Messungen mit dem Norm-Hammerwerk nach DIN EN ISO 10140-1 in Laborprüfständen wurde in [7.54] dargestellt. Hierbei hat sich gezeigt, dass sich die unterschiedlichen Holzdecken des gleichen Rohdeckentyps, aber auch die nominell vergleichbaren Estrichaufbauten untereinander recht ähnlich verhalten. Für die Trittschallminderung durch den Estrich ist festzustellen, dass diese erwartungsgemäß im tieffrequenten Bereich keine große Wirksamkeit entfaltet und daher als alleinige Maßnahme zur Verbesserung der tieffrequenten Trittschalldämmung nicht geeignet ist.

Für die akustischen Eigenschaften von Estrichaufbauten ist die dynamische Steifigkeit s' der Trittschalldämmplatten ein wesentlicher Einflussfaktor. Trägt man die Trittschalldämmung von Holzdecken gegen die dynamische Steifigkeit ihrer Trittschalldämmplatten auf (alle anderen Konstruktionsmerkmale bleiben unverändert), dann stellt man fest, dass die Abhängigkeit für den $L_{n,w}$ (Frequenzbereich von 100 bis 3150 Hz) wesentlich stärker ist als für $L_{n,w} + C_{I,50\text{-}2500}$ (Frequenzbereich von 50 bis 2500 Hz). Die Analysen zeigen deutlich, dass für die Berücksichtigung der tieffrequenten Trittschalldämmung in Form des $L_{n,w} + C_{I,50\text{-}2500}$ die Wahl der dynamischen Steifigkeit der Trittschalldämmplatten weniger ausschlaggebend ist (siehe [7.82]).

7.3.2.5.3 Einfluss durch Rohdeckenbeschwerung

Zur Verbesserung der Trittschalldämmung von Holzdecken ist oftmals eine Beschwerung der Rohdecke erforderlich [7.51]. In der Praxis hat sich gezeigt, dass in Abhängigkeit von der Zusatzmasse eine deutliche Verbesserung des bewerteten Norm-Trittschallpegels $L_{n,w}$ möglich ist. Um zu prüfen, wie sich diese Maßnahme auf die tieffrequente Schalldämmung auswirkt, wurden für verschiedene Holzdecken die Norm-Trittschallpegel $L_{n,w}$ und $L_{n,w} + C_{I,50\text{-}2500}$ gegen die jeweilige Zusatzbeschwerungsmasse aufgetragen. Es zeigte sich [7.82], dass die Korrelation zwischen $L_{n,w}$ und der Zusatzmasse wesentlich schlechter ist als die Korrelation zwischen $L_{n,w} + C_{I,50\text{-}2500}$ und der Zusatzmasse. Daraus lässt sich schlussfolgern, dass die Zusatzmasse der Rohdeckenbeschwerung ein entscheidender Parameter für die tieffrequente Trittschalldämmung ist.

7.3.2.6 Beispiele für Holzdecken mit verbesserter tieffrequenter Schalldämmung

Für die konstruktive Umsetzung in der Bauteilentwicklung stehen für die schalltechnische Optimierung im Wesentlichen zwei Möglichkeiten zur Verfügung. Die Erhöhung der Masse und die Verbesserung der Entkopplung.

Bei der Erarbeitung von Konstruktionshilfen für schalltechnisch optimierte Deckenaufbauten auf Basis dieser Ansätze wurde auf numerische Berechnungen der Trittschallübertragung [7.66] zurückgegriffen. Hierzu wurde an der TU München ein Berechnungsmodell auf Basis der Finite-Elemente-Methode (FEM) erarbeitet und anhand von Messergebnissen aus der Datenbank des ift Labors Bauakustik validiert. Anhand der numerischen Berechnungen des validierten Modells konnten die Wechselwirkungen der Deckenkomponenten mit geringem Aufwand untersucht und optimierte Konstruktionen erarbeitet werden. Als Beispiel für optimierte Deckenkonstruktionen zeigt Abb. 7.34 den Vergleich der Messergebnisse ei-

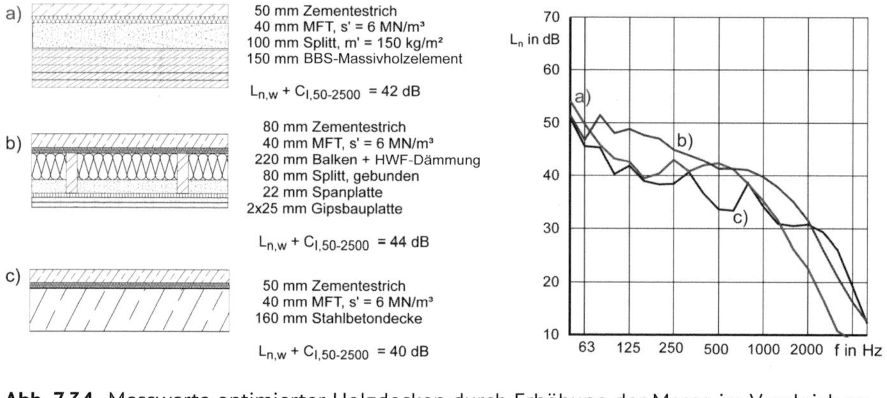

Abb. 7.34 Messwerte optimierter Holzdecken durch Erhöhung der Masse im Vergleich zu Stahlbetondecken [7.66].

ner Massivholzdecke und einer Holzbalkendecke mit den Norm-Trittschallpegeln konventioneller Stahlbetondecken. Als Optimierungsansatz wurde hier die in den Empfangsraum schallabstrahlende Ebene (Massivholzelement bzw. Unterdecke der Holzbalkendecke) beschwert.

Ein alternativer Optimierungsansatz ist die effektive Entkopplung der Unterdecke. Beispiele hierzu sowie weitere Konstruktionshilfen und Planungsbeispiele können der Literatur entnommen werden (siehe z. B. [7.64]).

7.3.2.7 Hinweise zur Bauausführung

Die Planung der Schalldämmung und die Konstruktionsbeispiele in der Bauteilsammlung der DIN 4109 gehen immer von mangelfreien Gewerken aus. In der Praxis werden in ausgeführten Bauten auch Abweichungen von den prognostizierten Schalldämmwerten festgestellt, die aus Fehlern in der Bauausführung resultieren. Nachfolgend wird auf einzelne Beispiele für Fehler in der Bauausführung hingewiesen. Die Auflistung der dargestellten Beispiele erhebt keinen Anspruch auf Vollständigkeit.

Schallbrücken im Estrich Obwohl der schallbrückenfreie Einbau von schwimmendem Estrich (mit ordnungsgemäß verlegten Randstreifen) seit langer Zeit zu den allgemein anerkannten Regeln der Technik gehört, gibt es immer wieder Beispiele, bei denen Details falsch geplant und ausgeführt werden. Jede Schallbrücke führt zu einer Minderung der Schalldämmung, insbesondere der Trittschalldämmung. Bei Schadensfällen wurden die nachfolgend dargestellten Körperschallbrücken gefunden:

- Sockelfliesen werden zu nahe an den Estrich geführt.
- Der Randstreifen wurde nicht mangelfrei verlegt oder vom nachfolgenden Handwerker entfernt. Dadurch konnte Ausgleichsmasse, Kleber o. Ä. in die Randfuge gelangen. Der Randstreifen darf erst nach dem Verlegen des Fußbodens abgeschnitten werden.
- Schallbrücken entstehen, wenn im Bereich von Fenstertüren der Zementestrich ohne Trittschalldämmplatte direkt auf das untere Rähm gegossen wird.
- Schallbrücken können auch entstehen, wenn die Dämmplatten nicht korrekt gestoßen werden und der Estrich im Stoßbereich bis auf die Verlegeplatten/Rohdecke läuft. Der Estrich ist dann zwar immer noch von den Verlegeplatten durch die Schutzfolie getrennt, aber diese Trennung ist schalltechnisch unwirksam.
- Unter der Estrichplatte verlegte Heizungsrohre oder sonstige Installationen können Schallbrücken bilden. Unsauber verlegte Installationsleitungen, die in Teilbereichen über die Trittschalldämmplatten hinausragen, werden in den Estrich eingegossen. Besonders kritisch sind Kreuzungen von Heizungsrohren. Es wird empfohlen, diese durch eine sorgfältige Planung zu vermeiden, da die ordnungsgemäße (d. h. schallbrückenfreie) Ausführung einen entsprechend höheren Estrichaufbau erfordert.
- Bei gefliesten Böden wird oftmals an den Wänden eine Reihe Randfliesen befestigt. Durch eine unsachgemäße Montage kann Fliesenkleber in die Randfuge zwi-

schen Estrich und Wand gelangen und beim Aushärten eine linien- oder punktförmige Schallbrücke ausbilden. Wird die Fuge zwischen Wand und Bodenfliesen mit normalem Ausfugmaterial geschlossen, wird systematisch eine Körperschallbrücke eingebaut. Im Schadensfall muss die gesamte umlaufende Estrichfuge gesäubert und mit dauerelastischem Dichtstoff versiegelt werden.
- Durch die Verwendung eines Nagelbretts bei der Verlegung des Estrichs kann es zu Beschädigungen der Trittschalldämmplatten und nachfolgend zu einem Eindringen der Estrichmasse in die beschädigten Dämmplatten kommen, insbesondere wenn der Estrich zu dünnflüssig ist. Hieraus resultieren dann punktweise Schallbrücken in der Fläche, die zu einer Reduzierung der Trittschalldämmung führen.

Falsches Einbringen der Rohdeckenbeschwerung Die Beschwerung von Holzdecken zur Verbesserung der Trittschalldämmung ist ein übliches Verfahren. Um hier die optimale Schalldämmung erreichen zu können, sind die Verarbeitungshinweise der Hersteller sowie die Hinweise in den verschiedenen Regelwerken [7.34] und der Literatur [7.51] zu beachten. Nachfolgend sind einige Beispiele für häufige Fehler aufgelistet:

- Rohdeckenbeschwerung aus Betonplatten: Die Platten werden nicht, wie vorgeschrieben, auf die Verlegeplatten geklebt, sondern nur aufgelegt (s. als Beispiel Tab. 7.18).
- Schüttungen aus Sand sind nicht gegen Verschieben gesichert oder zeigen Setzungserscheinungen, weil die Schüttung nicht verdichtet wurde. Hierdurch können lokale Unebenheiten entstehen.
- Wird als reine Beschwerungsmaßnahme anstelle einer elementierten Plattenbeschwerung vollflächig eine Zementestrichschicht auf die Rohdecke gegossen, so wird hiermit keine biegeweiche Beschwerung realisiert. Es werden hier höhere Norm-Trittschallpegel gemessen im Vergleich zur Ausführung mit einer elementierten Plattenbeschwerung gleicher Masse.

Tab. 7.18 Bewerteter Norm-Trittschallpegel $L_{n,w}$ und Schalldämm-Maß R_w einer Brettstapeldecke mit unterschiedlicher Ausführung der Plattenbeschwerung (aus [7.70]).

Beschwerungen: Betonplatten 40 × 300 × 300 mm	
in 8 mm Sandbett	lose aufgelegt – raue Seite unten
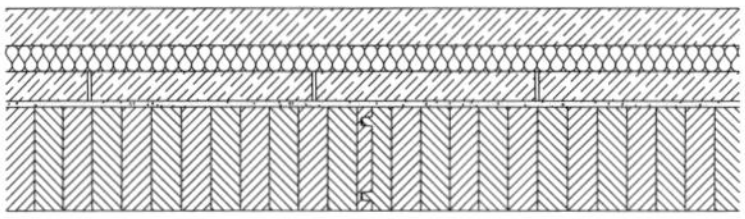	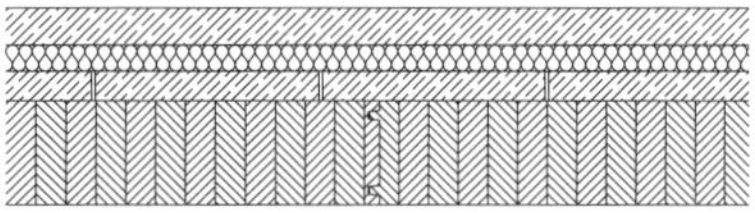
$L_{n,w}$ = 44 dB R_w = 73 dB	$L_{n,w}$ = 46 dB R_w = 71 dB

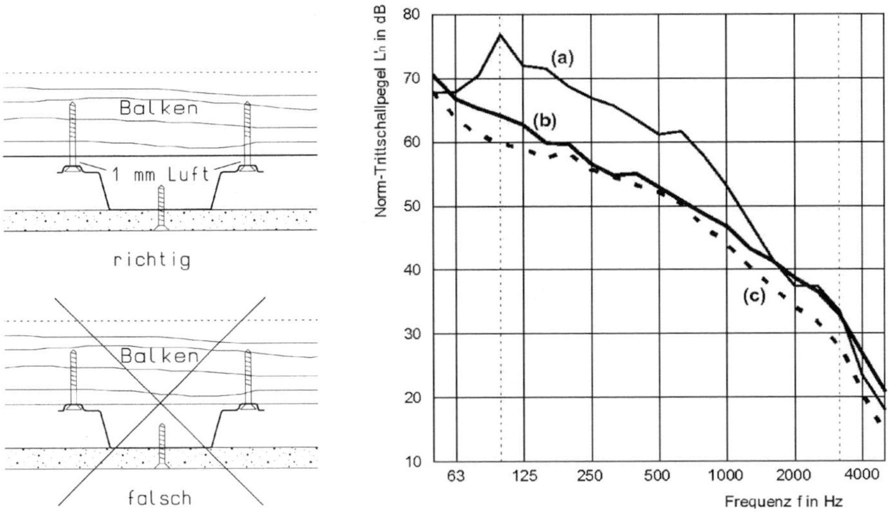

Abb. 7.35 Montage einer Federschiene an einer Holzbalkendecke: (a) Darstellung von korrekter und falscher Montage (aus [7.70]), (b) Norm-Trittschallpegel einer Holzbalkendecke mit unterschiedlich montierten Unterdecken. Messung (a): Unterdecke an Lattung montiert ($L'_{n,w}$ = 63 dB), Messung (b): Unterdecke an Federschienen montiert, Schrauben fest angezogen ($L'_{n,w}$ = 53 dB), Messung (c): Unterdecke an Federschienen montiert, Schrauben lose ($L'_{n,w}$ = 51 dB).

Unzureichende Entkopplung der Unterdecke Beim Einsatz von Federschienen zur Abhängung der Unterdecke muss eine Entkopplung der Unterdecke von der Tragkonstruktion erfolgen. Hierzu ist es notwendig, dass die Federschienen bei der Montage locker in den Schraubenköpfen hängen. Werden die Federschienen durch die Schrauben fest an die Balken gepresst, so stellt dies eine starre Kopplung dar und die Federwirkung geht z. T. verloren (Abb. 7.35). Beim Einsatz in Holzbalkendecken ist durch diesen Fehler bei der Montage mit Verlusten in der Trittschalldämmung von ca. 2–3 dB zu rechnen.

7.3.3 Wände in Holzbauweise

Im Rahmen dieser Publikation wird die Schalldämmung von Innen- und Außenwänden in Holzbauweise beschrieben. Zum Anwendungsbereich zählen vor allem Wohnungstrennwände und Gebäudetrennwände, aber auch Wände im eigenen Wohnbereich. Es wird hierbei die Schalldämmung der reinen Wandkonstruktion betrachtet. Die Schalldämmung von Einbauten wie Fenstern, Türen, Oberlichten, Lüftungselementen oder anderen Elementen soll hier außen vorgelassen werden. Einige dieser Bauteile werden in anderen Publikationen behandelt [7.83].

7.3.3.1 Konstruktive Details von Wandkonstruktionen

Die meisten Wandkonstruktionen im Holzbau lassen sich unabhängig von ihrem konkreten Einsatz auf wenige Grundkonstruktionen der Wand zurückführen.

7.3.3.1.1 Holzständerkonstruktionen

Holzständerwände als Innen- oder Außenwände bestehen aus einem Ständerwerk (Holzständer, Rähm) aus Vollholz [7.71] oder aus Stegträgern, die mindestens einseitig mit Plattenmaterialien beplankt und deren Hohlräume mit einer Hohlraumdämmung ausgefüllt sind (Abb. 7.36). Die für die Schalldämmung wesentlichen Einflussparameter sind:

a) Beplankungen
Üblich sind Beplankungen aus Holzwerkstoffen (Spanplatte, OSB, zementgebundene Spanplatte, Holzweichfaserplatte, Holzwolleleichtbauplatte) oder Gipswerkstoffen (Gipsplatte, Gipsfaserplatte). Darüber hinaus können auf den Beplankungen noch weitere Bauteilschichten wie Installationsebenen oder bei Außenwänden ein WDVS angebracht sein. Hinsichtlich der schalltechnischen Eignung sind folgende Materialeigenschaften maßgeblich:
   - flächenbezogene Masse, ergibt sich aus Rohdichte und Dicke des Plattenmaterials;
   - Biegesteifigkeit, bestimmt die Lage der Koinzidenzgrenzfrequenz (ergibt sich aus Rohdichte, Dicke und E-Modul des Plattenmaterials);
   - Biegemodul, bestimmt (zusammen mit dem Rastermaß des Ständerwerks) die Lage der Eigenfrequenzen der Plattenschwingungen der Beplankung und ergibt sich aus E-Modul und Flächenträgheitsmoment. Für eine Verbesserung der Schalldämmung einer Holzständerwand ist eine Erhöhung der Masse bei gleichzeitiger Biegeweichheit der Beplankungen (d. h. $f_g \geq$ 2500 Hz) anzustreben. Je nach Anwendungszweck (Optimierung des R_w/ Verbesserung der Schalldämmung bei tiefen Frequenzen) kann auch eine separate Betrachtung der Eigenschwingungen der Beplankungen erforderlich sein.

b) Befestigung der Beplankungen
Die Beplankungen wirken akustisch gesehen als schallaufnehmende bzw. schallabstrahlende Flächen (zu vergleichen mit den „Membranen" eines Mikrofons/ Lautsprechers). Durch eine Unterbrechung der Schallübertragung von schallaufnehmender zu schallabgebender Fläche kann die Schalldämmung der Konstruktion verbessert werden. Konstruktiv kann dies durch eine Trennung des Ständerwerks oder eine Montage der Beplankung auf Federschienen erreicht werden.[6)]

c) Hohlraumdämmung
Der schalltechnische Einfluss der Hohlraumdämmung besteht aus der schallabsorbierenden Wirkung im Hohlraum, weshalb für diesen Zweck fast ausschließlich Faserdämmstoffe eingesetzt werden. Darüber hinaus macht sich bei einigen Dämmstoffen auch die Massenerhöhung sehr positiv bemerkbar. Bei druckfesten Dämmstoffen kann durch den Kontakt zur Beplankung eine verstärkte Schallübertragung resultieren. Bei solchen Materialien sollte man darauf ach-

---

6) Es ist zu beachten, dass bei einer Montage der raumseitigen Beplankungen über Federschienen der Eindruck einer nachgiebigen Wand entstehen kann.

ten, dass sie nicht dicker als das Ständerwerk sind, damit die Dämmung keinen Druck auf die Beplankungen ausübt. Weiterhin sollten die Dämmplatten ohne seitlichen Luftspalt zwischen das Ständerwerk eingepasst werden. Beim Einsatz von Einblasdämmstoffen sollte darauf geachtet werden, dass sich keine unausgefüllten Hohlräume bilden.

d) Einfluss von Ständerwerk und Raster
Die Ständertiefe hat je nach Art der Beplankung nur einen verhältnismäßig geringen Einfluss auf die Schalldämmung. Bei umfangreichen Messreihen an Holzständerwänden wurde festgestellt, dass eine Verringerung der Ständertiefe von 160 mm auf 60 mm nur einen Verlust im bewerteten Schalldämm-Maß R_w von 0 bis 4 dB zur Folge hat. Eine Änderung im Ständerraster verschiebt die Eigenfrequenzen der Beplankungen stark [7.49, 7.50]. Hierdurch erfolgt eine deutliche Änderung im mittel- bis tieffrequenten Bereich der Schalldämmkurve. Durch die Vergrößerung des Ständerrasters wird in der Regel eine Verbesserung im R_w erzielt. In der Beispielsammlung der DIN 4109-33 [7.34] werden mit einzelnen Ausnahmen nur Wände mit einem Ständerraster von 62,5 cm gezeigt, weil dies in Deutschland der übliche Fall ist. Hiervon abweichende Konstruktionen müssen separat beurteilt oder geprüft werden. Da Ständerwerk und Rähm konstruktive Schallbrücken sind, wird bei hochschalldämmenden Konstruktionen, wie z. B. Wohnungstrennwänden, versucht, die Schallübertragung durch eine Trennung von Ständerwerk und Rähm zu reduzieren. Durch eine Trennung des Ständerwerks allein kann bereits eine deutliche Verbesserung der Schalldämmung erreicht werden, jedoch wird die vollständige Entkopplung der beiden Beplankungsschalen erst bei der zusätzlichen Trennung des gesamten Rähms erreicht.

7.3.3.1.2 Massivholzkonstruktionen

Bei Massivholzkonstruktionen besteht die Grundwand aus einer massiven Holzkonstruktion (Abb. 7.36). Diese wird beispielsweise aus Brettstapeln, mehrlagig verklebten Brettlagen, Blockbohlen, kreuzweise verklebten Holzlatten mit Hohlräumen bzw. auch durch starke OSB- oder Spanplatten realisiert. Andere Massivholzkonstruktionen sind denkbar. Die für die Schalldämmung wesentlichen Einflussparameter sind:

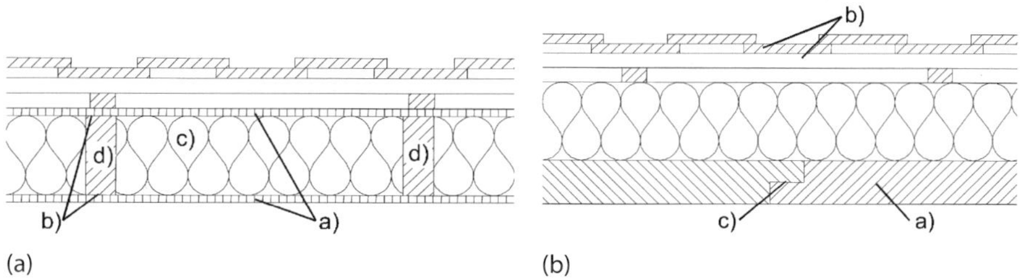

Abb. 7.36 Beispiel für (a) eine Holzständer- und (b) eine Massivholzkonstruktion als Außenwand.

a) Gesamtdicke der Grundkonstruktion
Die maximal mögliche Schalldämmung der Konstruktion wird durch deren Flächengewicht und Biegesteifigkeit bestimmt.
b) Verkleidungen
Prinzipiell kann die Schalldämmung durch Verkleidungen (z. B. Wärmedämmung) oder Beplankungen aus Plattenmaterialien (üblicherweise Gipskarton- oder Gipsfaserplatten) evtl. in Verbindung mit einer Vorsatzschale deutlich erhöht werden. Einige Systeme benötigen auch aus Gründen des Brand- bzw. Wärmeschutzes zusätzliche Beplankungen der Wandkonstruktion.
c) Fugenschall
Massivholzwände werden in der Regel als elementierte Bauteile gefertigt. Diese Elemente werden auf der Baustelle über unterschiedliche Verbindungssysteme miteinander gekoppelt. Bei kleinformatigen Elementen (40–100 cm Breite) kann der über diese Verbindungsfugen übertragene Fugenschall die Schalldämmung der Grundkonstruktion maßgebend beeinflussen. Bei wandgroßen Bauteilen spielen diese Effekte des Fugenschalls keine Rolle mehr. Die Größe des Fugenschalls hängt von den tatsächlichen Einbaubedingungen (Kopplung, Fugenbreite) ab und kann nicht pauschal angegeben werden. Durch eine Beplankung der Grundkonstruktion auf zumindest einer Seite (z. B. durch GKB-Platten, Außenwärmedämmung, Vorsatzschale) wird der Fugenschall deutlich reduziert.

7.3.3.2 Holzwände in unterschiedlichen Anwendungsbereichen

7.3.3.2.1 Innenwände

Bei Innenwänden ist zu unterscheiden zwischen Wänden, die innerhalb des eigenen Wohn- oder Arbeitsbereichs eingesetzt werden, und Wohnungstrennwänden, die fremde Wohn- und Arbeitsbereiche voneinander trennen. Innenwände innerhalb des eigenen Wohn- und Arbeitsbereichs unterliegen nicht dem Anforderungsniveau der DIN 4109 und werden daher in aller Regel als einfache Holzständerwände ohne besondere Maßnahmen zur Erhöhung der Schalldämmung ausgeführt. Für die Schalldämmung von Wohnungstrennwänden wird von der DIN 4109-1:2018-01 ein bewertetes Bau-Schalldämm-Maß $R'_w = 53$ dB vorgeschrieben. Um diesen Schalldämmwert nachzuweisen, muss neben der Schalldämmung der Wand auch die Flankenschalldämmung für alle relevanten Nebenwege bekannt sein. Die genaue Festlegung der Zielwerte für die erforderliche Schalldämmung der Wand und der Flankenschalldämmung der flankierenden Bauteile erfolgt üblicherweise durch einen Fachplaner. Aus der Erfahrung (z. B. nach einer in DIN 4109-2, Abschnitt 4.2.4, angegebenen Abschätzung) kann gesagt werden, dass für einen Anforderungswert von $R'_w = 53$ dB eine Schalldämmung der Trennwand allein von $R_w \geq 60$ dB erforderlich ist. Solche Schalldämmwerte können mit einfachen Holzständerwänden nicht erreicht werden, hier müssen optimierte Konstruktionen eingesetzt werden.

7.3.3.2.2 Außenwände

Übliche Außenwandkonstruktionen bauen auf den oben beschriebenen Grundkonstruktionen auf. Auf die Grundkonstruktion (Holzständer- oder Massivholzwand)

Tab. 7.19 Holzständeraußenwandkonstruktionen. Außenwand mit Wärmedämmung (60 mm Holzweichfaser, Konstruktion (b)) und mit zusätzlicher Vorsatzschale (Konstruktion (c)) im Vergleich zu einer Holzständerwand mit beidseitiger OSB-Beplankung (Konstruktion (a)), Schalldämmkurven siehe Abb. 7.37, die angegebenen Schalldämm-Maße R_w sind Labormesswerte, Ständerraster jeweils 62,5 cm, die Außenwandkonstruktionen (b) und (c) besitzen keine außenseitige Beplankung aus OSB (aus [7.72]).

Kurzbeschreibung	Schnitt	Gesamtdicke in mm	R_w (C; C_{tr}) in dB
a) Holzständerwand mit beidseitig OSB-Beplankung		190	37 (−2; −4)
b) Holzständeraußenwand mit 60 mm WDVS	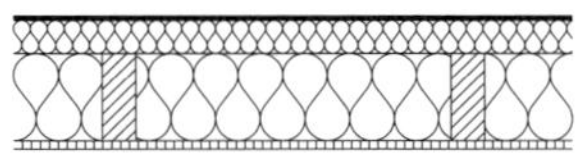	243	46 (−1; −6)
c) Holzständeraußenwand mit 60 mm WDVS und Vorsatzschale	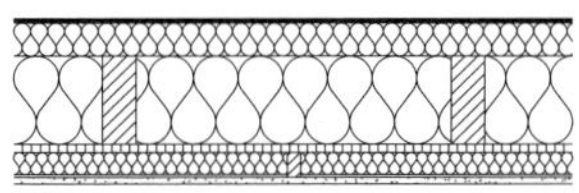	301	54 (−1; −6)

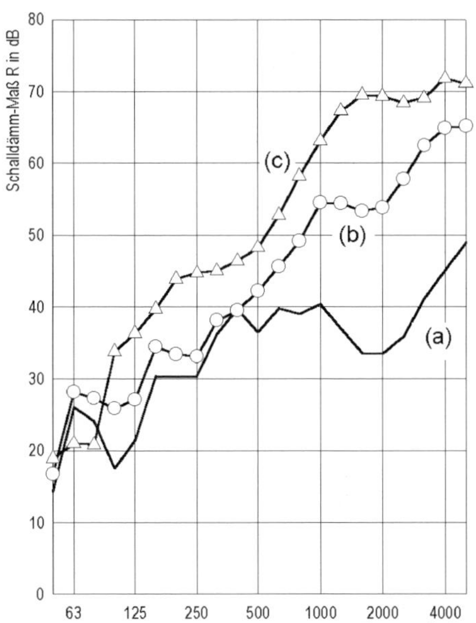

Abb. 7.37 Schalldämmung einer Holzständeraußenwandkonstruktion lt. Tab. 7.19 (aus [7.72]). (a) Holzständerwand mit beidseitiger OSB-Beplankung, R_w = 37 dB, (b) Holzständeraußenwand mit 60 mm WDVS, R_w = 46 dB, (c) Holzständeraußenwand mit 60 mm WDVS und Vorsatzschale, R_w = 54 dB.

wird eine Außenwärmedämmung aufgebracht und – falls erforderlich – noch eine innenseitige Vorsatzschale als Installationsebene. Beispiele für die Schalldämmung von Holzständeraußenwänden sind in Tab. 7.19 dargestellt. Die prinzipielle schalltechnische Wirksamkeit dieser Wandkonstruktion zeigt Abb. 7.37. Durch das Aufbringen einer außenseitigen Wärmedämmung auf die Grundwandkonstruktion wird in diesem Beispiel die Schalldämmung der Wandkonstruktion hauptsächlich bei hohen Frequenzen verbessert. Im Mittel- bis Tieftonbereich bleibt die Schalldämmung gleich oder wird nur geringfügig erhöht. Durch das zusätzliche Anbringen einer Installationsebene kann die Schalldämmung bei hohen und mittleren Frequenzen noch weiter gesteigert werden. Im Tieftonbereich werden jedoch keine Verbesserungen im Vergleich zur Konstruktion ohne Vorsatzschale festgestellt. Eine raumseitige Vorsatzschale ist daher ein geeignetes Mittel zur Erhöhung des bewerteten Schalldämm-Maßes R_w – im Beispiel aus Abb. 7.37 wird das bewertete Schalldämm-Maß R_w um 8 dB erhöht. Eine Verbesserung der Schalldämmung im Tieftonbereich ist mit einer zusätzlichen Installationsebene allein jedoch nicht zu realisieren. In Fällen mit tieffrequenten Anregungsspektren (z. B. Straßenverkehr, Discomusik) kann die Verwendung von Vorsatzschalen auch zur geringfügigen Verschlechterung der Schalldämmung im $R_w + C_{tr}$ führen. Konstruktionen mit einer verbesserten Schalldämmung bei tiefen Frequenzen werden in Abschnitt 7.3.3.6.2 beschrieben.

7.3.3.2.3 Gebäudetrennwände in Holzbauweise

Die Konstruktionsweise einer Gebäudetrennwand wird hauptsächlich durch die Anforderungen der Statik und des Brandschutzes diktiert. Üblicherweise werden in Deutschland hierzu zwei auf Abstand gesetzte Wandscheiben eingesetzt, wie beispielhaft in Abb. 7.38 dargestellt. Der Einsatz von Gipskarton- oder Gipsfaserplatten ist durch die Anforderungen des Brandschutzes begründet. Wird die konsequente Trennung der beiden Schalen der Gebäudetrennwand auch in den Anschlussbereichen durchgezogen, so können, mit Ausnahme der Schall-Längsleitung über eine Dachfläche, Nebenwegübertragungen in der Regel vernachlässigt werden. Die Schall-Längsdämmung über ein Steildach ist bei einer Gebäudetrennwand zu berücksichtigen, es sei denn, das Steildach wird auch hier konstruktiv unterbrochen (siehe Tab. 7.27, Zeile D). Die Wandkonstruktionen allein können bei mangelfreier Ausführung bereits bewertete Schalldämm-Maße von $R_w \geq 66$ dB erbringen. Die Schalldämmung bei mittleren und hohen Frequenzen ist hierbei sehr gut und,

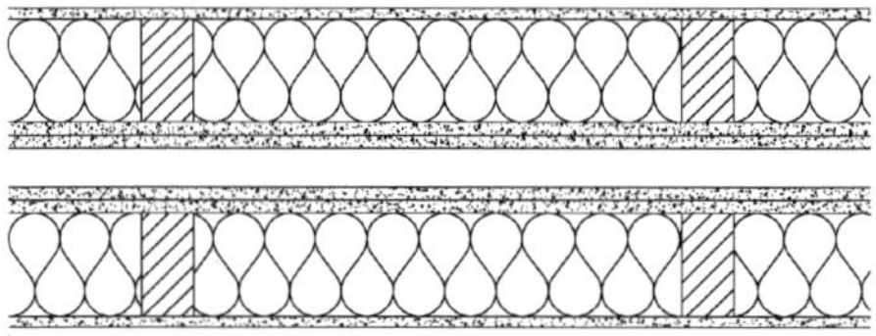

Abb. 7.38 Prinzipskizze Gebäudetrennwand aus Holzständerwänden mit Aufbau. 1 Lage Gipsbauplatte[1)], 120/60 mm Holzständer[2)] mit 120 mm Faserdämmstoff[3)], 2 Lagen Gipsbauplatten[4)], 45 mm Trennfuge ohne Dämmstoff, 2. Schale symmetrisch aufgebaut. Zusätzlich zu den hier beschriebenen Gipsbauplatten werden bei tragenden Wänden häufig auch OSB oder Spanplatten eingesetzt.

1) 12,5 mm Gipsfaserplatte mit einem Flächengewicht von mindestens 15 kg/m² oder als 12,5 mm Gipskartonplatte GKF mit einem Flächengewicht von mindestens 10 kg/m².

2) Holzständer aus konstruktivem Vollholz mit Ständerraster 62,5 cm.

3) Faserdämmstoff als Mineralfaserdämmstoff mit einer Rohdichte von 30 bis 50 kg/m³ und einem Strömungswiderstand $r \geq 5$ kN s/m⁴ oder Zellulosedämmstoff mit einer Rohdichte von 45 bis 60 kg/m³ und einem Strömungswiderstand $r \geq 5$ kN s/m⁴.

4) $2 \cdot 15$ mm Gipsfaserplatte mit einem Flächengewicht von mindestens 18 kg/m² oder als $2 \cdot 18$ mm Gipskartonplatte GKF mit einem Flächengewicht von mindestens 15 kg/m².

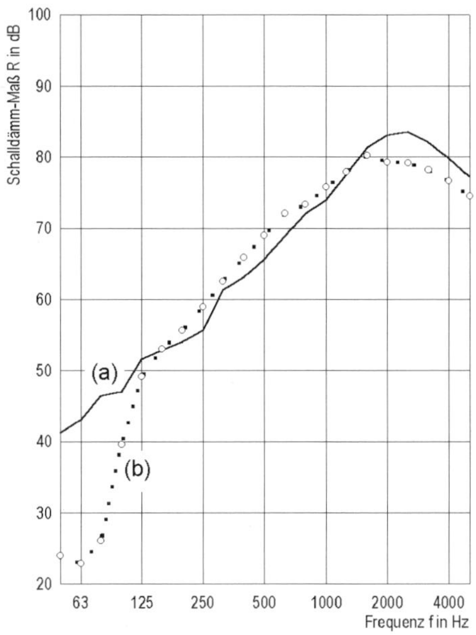

Abb. 7.39 Schalldämmung von Gebäudetrennwänden in Standardholzständerbauweise (Mittelwert – Kurve (b) verglichen mit dem Mittelwert von Gebäudetrennwänden in Mauerwerksbauweise (Kurve (a)).

wie Abb. 7.39 zeigt, vergleichbar mit den Resultaten von Mauerwerks- und Betonwänden. Unterschiede zwischen den Bauweisen zeigen sich jedoch bei tiefen Frequenzen, insbesondere unterhalb von 100 Hz. Bewohner können diese tieffrequenten Schallübertragungen als „Dröhnen" wahrnehmen. Für weitere Analysen dazu siehe auch Abschnitt 7.3.3.6.1.

7.3.3.2.4 Flankenschalldämmung von Holzständerwänden

Messungen der horizontalen Flankenschalldämmung von Holzständeraußenwänden haben gezeigt [7.42, 7.43], dass die raumseitige Beplankung der Holzständerwände wesentlich die Längsschallübertragung beeinflusst. Eine Trennung der Beplankung im Bereich des Bauteilanschlusses erhöht die Längsschalldämmung um 3–5 dB, siehe Abb. 7.40. Durch eine doppelte innere Beplankung wird die Längsschalldämmung in einer ähnlichen Größenordnung von 3 bis 4 dB erhöht. Die Rahmenkonstruktion und die Art des Dämmmaterials sind für die Beurteilung der Flankenschallübertragung weniger ausschlaggebend. Nur eine vollständige Trennung der Wände im Bereich der Stoßstelle bewirkt eine zusätzliche Verbesserung der Längsschalldämmung. Durch die Verwendung von Vorsatzschalen (auch als Installationsebene eingesetzt) kann dic Flankcnübertragung nahezu unterdrückt werden. Die Verbesserungen durch die Vorsatzschale bei der Flankenübertragung korrelieren nicht vollständig mit den Luftschall-Verbesserungsmaßen ΔR_w, die man durch die identische Vorsatzschale bei der Luftschalldämmung erzielen würde. Demnach ist das Luftschallverbesserungsmaß auf die Längsschalldämmung von Holzständerwänden nicht direkt übertragbar. Bei der Betrachtung der Flankenschalldämmung ist die Verbesserung der Schalldämmung durch Vorsatzschalen höher, verglichen mit der Betrachtung bei der direkten Dämmung (Transmissionsschalldämmung). Die Verwendung von Federschienen zur Verbesserung der schalldämmenden Wir-

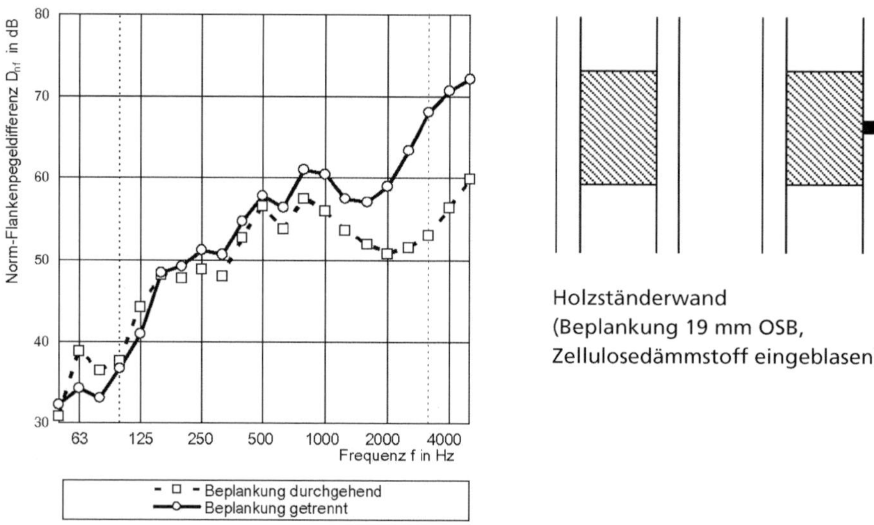

Abb. 7.40 Längsschalldämmung eine Holzständerwand mit durchgehender und getrennter Beplankung (aus [7.43]). Beplankung durchgehend: $D_{n,f,w}(C;C_{tr}) = 53(-1;-2)$ dB. Beplankung getrennt: $D_{n,f,w}(C;C_{tr}) = 58(-1;-5)$ dB.

kung der Vorsatzschale hat bei den untersuchten Wänden keinen wesentlichen Einfluss im Vergleich zu Holzleisten.

Die in [7.42, 7.43] dokumentierten Messungen der Flankenschalldämmung von Wänden haben bereits Eingang in die Bauteilsammlung der DIN 4109-33 gefunden. Zwischenzeitlich wurde festgestellt, dass bestimmte Anwendungssituationen, wie z. B. der Einsatz von solchen Außenwänden in Stahlbetonbauten in Hybridbauweise, durch diese Beispiele nicht ausreichend beschrieben werden. In einem Forschungsprojekt [7.84] wurden dazu Untersuchungen der horizontalen und vertikalen Flankenschalldämmung solcher Konstruktionen durchgeführt. Eines der Ergebnisse der Untersuchungen war, dass vorgestellte Außenwände ohne Vorsatzschalen eine vertikale Flankenschalldämmung besitzen, die nicht ausreichend für den Einsatz an einer Wohnungstrenndecke sind. Erst durch geschossweise Montage von Vorsatzschalen kann die vertikale Flankenschalldämmung soweit erhöht werden, dass sie für diesen Anwendungszweck ausreicht (s. Abb. 7.41).

7.3.3.3 Bauteilsammlung für Holzwände

Für die Erarbeitung der Beispielsammlung in der aktuellen DIN 4109 wurde von der PTB Braunschweig [7.37] ein Bauteilkatalog für den Holz- und Skelettbau erarbeitet, der auch Beispiele von Innenwänden, Außenwänden und Gebäudetrennwänden enthält, die im Folgenden dargestellt werden. Aus Platzgründen werden hier nur exemplarische Konstruktionen dargestellt. Für die vollständige Tabelle wird auf die entsprechende Norm DIN 4109-33 verwiesen.

Angegeben wird das bewertete Schalldämm-Maß R_w (als Laborwert) und für einige Konstruktionen auch die bewertete Norm-Flankenschallpegeldifferenz $D_{n,f,w}$ (als Laborwert) jeweils mit dazugehörigen Spektrum-Anpassungswerten C und C_{tr}. Die angegebenen Kenngrößen wurden als Mittelwerte aus unabhängigen Messungen

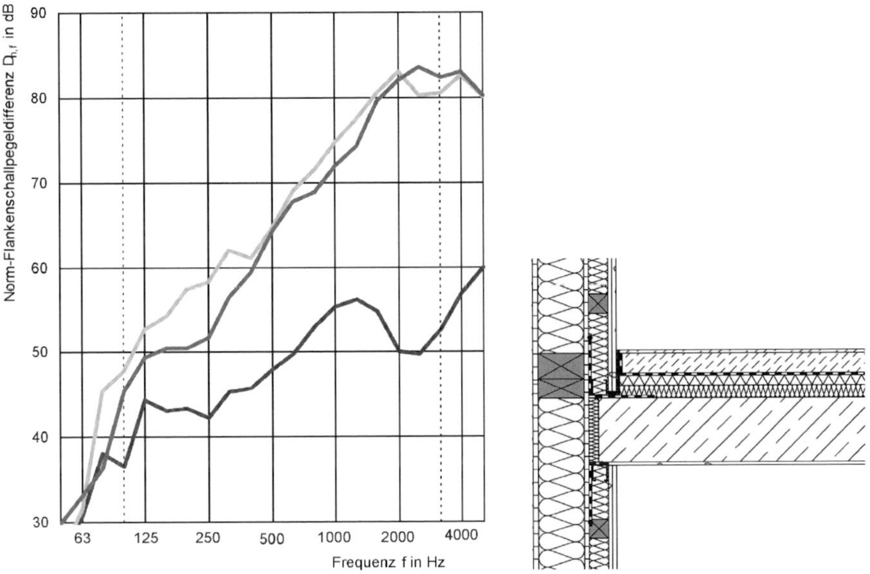

Abb. 7.41 Vertikale Längsschalldämmung einer Holzständerwand mit und ohne Vorsatzschalen, ohne Vorsatzschale $D_{n,f,w} = 51$ dB (aus [7.84]), mit Vorsatzschale direkt montiert $D_{n,f,w} = 66$ dB, mit freistehender Vorsatzschale $D_{n,f,w} = 69$ dB.

generiert. Im Rahmen der Projektarbeit wurden auch die Anzahl der ausgewerteten Messungen sowie die Standardabweichung σ angegeben [7.37]. Das Sicherheitskonzept der DIN 4109 sieht einen Sicherheitsbeiwert $u_{prog} = 2$ dB vor, wobei dieser vom Prognosewert R'_w abzuziehen ist. Daher wurde hier auf eine Angabe der einzelnen Standardabweichungen verzichtet.

Auch wenn die Bauteilsammlung in der neuen DIN 4109-33 eine deutlich größere Anzahl an Wandkonstruktionen beinhaltet als die Vorgängernorm, bestehen dennoch Lücken, z. B. was die Flankenschalldämmung von Wänden angeht. Im Rahmen eines Forschungsvorhabens [7.84] wurden hier Untersuchungen durchgeführt die exemplarisch in Tab. 7.23 und 7.24 dargestellt wurden.

Für Tab. 7.20–7.24 sind folgende allgemeine Anmerkungen zu beachten:

1. Abkürzungen
   GKB Gipsplatte nach DIN EN 520 [7.62] in Verbindung mit DIN 18180 [7.61], verarbeitet nach DIN 18181 [7.73], verspachtelt, flächenbezogene Masse $m' \geq 8{,}5\,\text{kg/m}^2$, bezogen auf 12,5 mm Plattendicke
   HW Holzwerkstoffplatte OSB nach DIN EN 300 [7.57] oder Spanplatten nach DIN EN 309 [7.74], $\rho \geq 600\,\text{kg/m}^3$, Plattendicke ≤ 16 mm
   DHF diffusionsoffene Holzfaserplatte $\rho = 625\,\text{kg/m}^3$, Plattendicke = 15 mm
   MD mitteldichte Faserplatte
   WDVS aus Holzweichfaserplatte, $\rho \geq 210\,\text{kg/m}^3$
2. Hohlraumdämmstoffe
   Dämmung aus Mineralfaserdämmstoff nach DIN EN 13162 [7.55], Holzfaserdämmstoff nach DIN EN 13171 [7.59] mit einem längenbezogenen Strömungs-

widerstand $r \geq 5\,\mathrm{kN\,s/m^4}$. Übermaß des Dämmstoffs in der Dicke ist bei schweren Materialien (Rohdichte ρ ca. $\geq 40\,\mathrm{kg/m^3}$) zu vermeiden, um eine schalltechnische Kopplung der Beplankungen zu verhindern.

3. Bauanschlussbereich
   Die Fugen im Bauanschlussbereich der Außenwandfassaden in Tab. 7.23 und 7.24 sind vollvolumig mit Mineralfaserdämmstoff ausgefüllt und werden zu beiden Räumen mindestens mit einer Bauanschlussfolie abgedeckt, Details siehe [7.84].

Tab. 7.20 Beispielsammlung Innenwände (Auszug aus DIN 4109-33 [7.34]).

Zeichnung	Beschreibung	Beplankung	$R_w(C; C_{tr})$ in dB
	Vorsatzschale auf Federschiene 27 mm mit Dämmung, Raster 625 mm Schalenabstand 140 mm Dämmstoffdicke 140 mm Raster 625 mm Holzständer 60/140	GKB 12,5 mm HW 13 mm HW 13 mm HW 13 mm GKB 12,5 mm	60 (−5; −12)

Tab. 7.21 Beispielsammlung Außenwände (Auszug aus DIN 4109-33 [7.34]).

Zeichnung	Beschreibung	Beplankung	$R_w(C; C_{tr})$ in dB
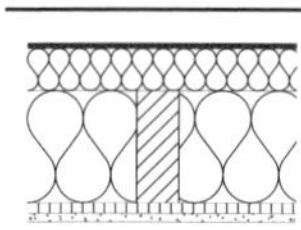	WDVS, Putz ≥ 8 mm, Dicke Dämmstoff (Holzweichfaser) ≥ 60 mm Schalenabstand ≥ 160 mm Dämmstoffdicke ≥ 140 mm Raster 625 mm Holzständer 60/160	HW 15 mm GKB 12,5 mm	50 (−1; −5)
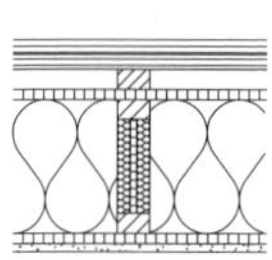	Stülpschalung 22 mm auf 30 mm Lattung, Schalenabstand ≥ 200 mm Dämmstoffdicke ≥ 200 mm Raster 625 mm Stegträger	MD 16 mm HW 15 mm GKB 12,5 mm	44 (−2; −7)
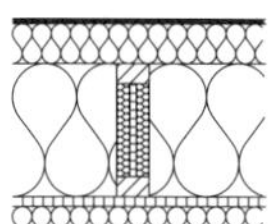	WDVS, Putz ≥ 8 mm, Dicke Dämmstoff (Holzweichfaser) ≥ 60 mm Schalenabstand ≥ 200 mm Dämmstoffdicke ≥ 200 mm Raster 625 mm Stegträger Holzlattung 60 mm mit Dämmung, Raster 625 mm	HW 15 mm GKB 12,5 mm	48 (−6; −13)

Tab. 7.22 Beispielsammlung Flankenschalldämmung Außenwände (Auszug aus DIN 4109-33 [7.34]).

Zeichnung	Beschreibung	Beplankung	$D_{n,f,w}(C; C_{tr})$ in dB bei $l_{lab} = 2,8$ m
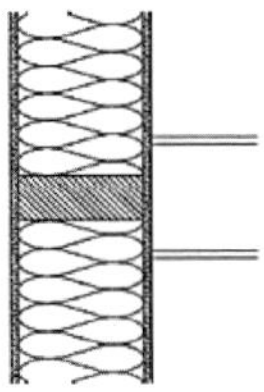	einfach beplankt, Schalenabstand ≥ 160 mm Dämmstoffdicke ≥ 160 mm Raster 625 mm Holzständer 60/160 innere Beplankung durchlaufend	außen: MD 15 mm innen: HW 13 mm	53 (−1; −2)

Tab. 7.23 Horizontale Flankenschalldämmung, Außenwände für Einsatz in Hybridbauten (Auszug aus [7.84]).

Zeichnung	Beschreibung	Beplankung	$D_{n,f,w}(C; C_{tr})$ in dB bei $l_{lab} = 2,8$ m
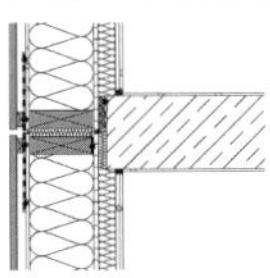	einfach beplankt, Schalenabstand ≥ 140 mm Dämmstoffdicke ≥ 140 mm Raster 625 mm Holzständer 60/140 mit Vorsatzschale (1 Lage 12,5 mm GKB auf Holzriegel 60/60) Außenwand vorgestellt, vollständige Elementtrennung in Trennwandebene	außen: DHF 15 mm innen: HW 15 mm	70 (−3; −8)

Tab. 7.24 Vertikale Flankenschalldämmung, Außenwände für Einsatz in Hybridbauten (Auszug aus [7.84]).

Zeichnung	Beschreibung	Beplankung	$D_{n,f,w}(C; C_{tr})$ in dB bei $l_{lab} = 4,5$ m
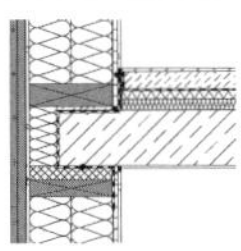	einfach beplankt, Schalenabstand ≥ 140 mm Dämmstoffdicke ≥ 140 mm Raster 625 mm Holzständer 60/140 ohne Vorsatzschale Außenwand eingestellt (Einstellgrad 50 %), durch 250 mm Geschossdecke getrennt	außen: DHF 15 mm innen: HW 15 mm	61 (−1; −4)

Tab. 7.25 Berechnungsbeispiel zum Einrechnen der Flankenübertragung bei der Luftschalldämmung einer Holzständerwand (aus [7.75]) mit Anpassung an aktuelle DIN 4109.

Geplante Konstruktion:	
Wandaufbau:	
	12,5 mm Gipsfaserplatte 10 mm Gipsfaserplatte 140 mm geteilter Holzständer 140 mm Mineralfaserdämmung 10 mm Gipsfaserplatte 12,5 mm Gipsfaserplatte
	Abmessung: Breite 3,90 m · Höhe 2,44 m
Flankierende Bauteile:	
F1	Innenwand, vollständig durch Wohnungstrennwand unterbrochen
F2	Außenwand mit 13 mm Holzwerkstoffplatte als raumseitige Beplankung, Außenwand in Sende- und Empfangsraum vollständig getrennt
F3	Fußboden mit schwimmend verlegtem Estrich (Spanplatte auf 25 mm Mineralwolle)
F4	Deckenanschluss, Unterdecke aus 2 Lagen 12,5 mm Gipsfaserplatten, vollständig durch Wohnungstrennwand unterbrochen
Berechnung:	
Schalldämmung durch die Trennwand allein bewertetes Schalldämm-Maß (ohne Flankenübertragung):	R_w = 66 dB aus DIN 4109-33, Abschnitt 4.1.2.5
Flankenschalldämmung F1	$D_{n,f,w}$ = 68 dB (aus DIN 4109-33, Abschnitt 5.1.3.2) $R_{Ff,w}$ = 68,4 dB (nach Gl. (7.2))
Flankenschalldämmung F2	$D_{n,f,w}$ = 68 dB (aus DIN 4109-33, Abschnitt 5.1.3.2) $R_{Ff,w}$ = 68,4 dB (nach Gl. (7.2))
Flankenschalldämmung F3	$D_{n,f,w}$ = 67 dB (aus DIN 4109-33, Abschnitt 5.3.1.1) $R_{Ff,w}$ = 67,4 dB (nach Gl. (7.2))
Flankenschalldämmung F4	$D_{n,f,w}$ = 67 dB (aus Prüfbericht lt. Herstellerangabe) $R_{Ff,w}$ = 67,4 dB (nach Gl. (7.2))
Ergebnis: Für DIN 4109-2:	R'_w = $\underline{60\ \text{dB}}$ (nach Gl. (7.1)) $R'_w - u_{prog}$ = 60 dB − 2 dB = 58 dB geeignet für Anforderung erf. R'_w = 58 dB

7.3.3.4 Berechnungsbeispiel

Bei der Anwendung der Bauteilsammlung in der Praxis stellt man fest, dass für einige Flankenübertragungswege noch keine zuverlässigen Bemessungswerte der Norm-Flankenschallpegeldifferenz zur Verfügung stehen. In diesen Fällen muss auf Herstellerangaben zurückgegriffen werden. Tabelle 7.25 zeigt ein Berechnungsbeispiel zur Prognose der Luftschalldämmung einer Holzwand im ausgeführten Bau. Die Berechnung wurde teilweise mit den Tabellenwerten (Laborprüfwerte) aus DIN 4109-33 durchgeführt. Für den Fall, dass hier keine Kennwerte vorlagen, wurden

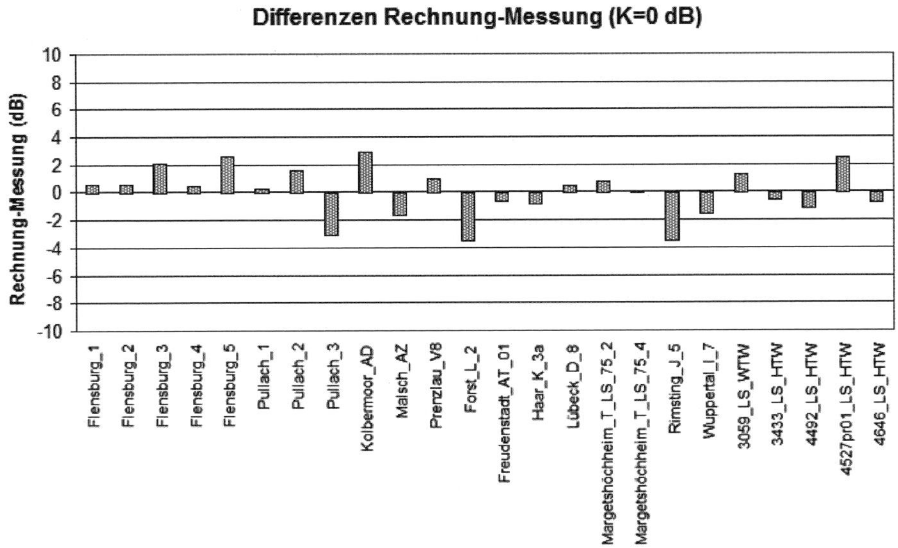

Abb. 7.42 Abweichung zwischen berechnetem und gemessenem bewerteten Schalldämm-Maß für verschiedene Bauvorhaben. Bei positiven Abweichungen lag die Prognose auf der unsicheren Seite, bei negativen Abweichungen auf der sicheren Seite.

Angaben der Hersteller herangezogen. Für den Nachweis in Deutschland ist zur Berücksichtigung von Unsicherheiten (z. B. kleinere Materialschwankungen, Messunsicherheiten) ein Sicherheitsbeiwert $u_{prog} = 2$ dB zu berücksichtigen. Dieser wird vom Endergebnis des R'_w subtrahiert.

7.3.3.5 Genauigkeit des Prognoseverfahrens

Die Verifizierung des in den Abschnitt 7.3.1.2.1 und 7.3.3.4 beschriebenen Prognoseverfahrens und der Eingangsdaten erfolgte in [7.37, 7.75] durch den Abgleich der prognostizierten Schalldämmung mit den Ergebnissen von Baumessungen. Die Standardabweichung zwischen den prognostizierten Schalldämm-Maßen am Bau und den Messwerten betrug $\sigma = 1{,}3$ dB (bei 24 Messungen, Abb. 7.42).

7.3.3.6 Schalldämmung von Holzständerwänden bei tiefen Frequenzen

7.3.3.6.1 Anwendung für Gebäudetrennwände

Die schalltechnische Planung von Doppel- und Reihenhäusern verlangt eine besondere Sorgfalt, da der Bauherr einerseits ein Haus mit einer Grundrissgestaltung eines freistehenden Einfamilienhauses bewohnt, andererseits durch die Gebäudetrennwand in unmittelbarer Nähe an seinen Nachbarn grenzt. Die einschlägigen Normen berücksichtigen dies durch höhere Anforderungen an die Gebäudetrennwand gegenüber der Schalldämmung von Wohnungstrennwänden, allerdings werden die Anforderungen an das bewertete Bau-Schalldämm-Maß R'_w gestellt [7.34], welches nur den Frequenzbereich von 100 Hz bis 3150 Hz abdeckt. Berücksichtigt man aber auch die tieffrequente Schallübertragung durch zweischalige Holzständerwände, so zeigen sich folgende Charakteristika.

Der Aufbau einer typischen Gebäudetrennwand in Holzständerbauweise ist in Abb. 7.38 dargestellt. Die Beplankungen des Holzständerwerks (i. d. R. 60/120–160 mm) bestehen (auch aus Gründen des Brandschutzes) aus Gipskarton-, Gipsfaser- und/oder Holzwerkstoffplatten. Das Ständerraster orientiert sich an den Plattenabmessungen (i. d. R. 625 mm). Die Breite der Trennfuge beträgt typischerweise 30–50 mm. In Abb. 7.39 werden die Mittelwerte der frequenzabhängigen Schalldämm-Maße von diesen typischen Gebäudetrennwänden in Holzständerbauweise mit denen in Mauerwerksbauweise verglichen.

Auf den ersten Blick werden mit den Holzständerwänden trotz des geringen Gewichts sehr gute Schalldämmwerte erzielt, da sie mit einer zweischaligen Massivwand (mit m' ca. 350 kg/m^2 je Schale) bei mittleren bis hohen Frequenzen durchaus mithalten können (R'_w ca. 68 dB).

Im tieffrequenten Bereich (50–80 Hz), der vom bewerteten Schalldämm-Maß (R'_w) nicht erfasst wird, kommt es bei diesen Holzbaukonstruktionen jedoch zu einem Einbruch der Luftschalldämmung um bis zu 20 dB (s. Abb. 7.39). Die Bewohner von Doppel- und Reihenhäusern nehmen diese Schallübertragung teilweise als Poltern oder Dröhnen wahr.

Umfangreiche Untersuchungen [7.76] zeigten, dass das Schwingungsverhalten von zwei Effekten geprägt wird (s. Abb. 7.43) – die Eigenschwingung der Beplankung sowie die Doppelwandresonanz des zweischaligen Bauteils.

Die ersten Eigenfrequenzen ($f_{1,1}$, $f_{1,2}$) der Beplankungen lagen bei ca. 60 Hz. Höhere Eigenfrequenzen und -moden konnten bis ca. 400 Hz messtechnisch beobachtet werden. Die typischen Doppelwandresonanzen von zweischaligen Haustrenn-

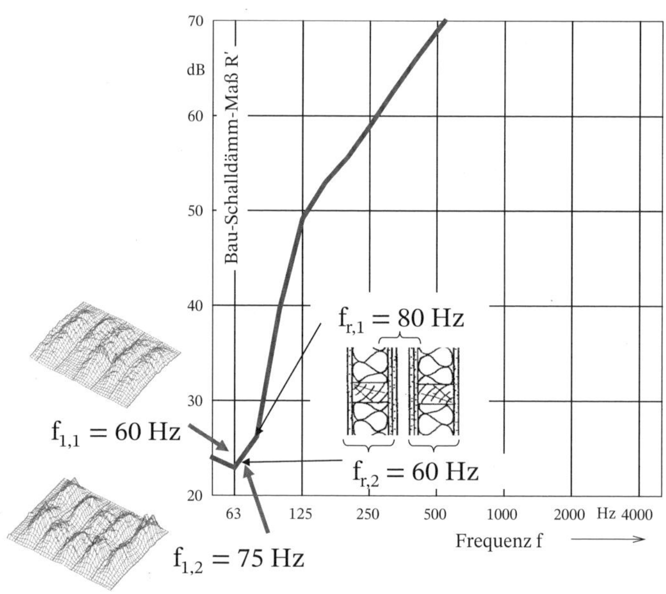

Abb. 7.43 Abgleich der Schalldämmkurve von Gebäudetrennwänden in Holzbauweise (aus Abb. 7.39) mit den Doppelwandresonanzen ($f_{r,1}$, $f_{r,2}$) und den ersten Beplankungseigenfrequenzen und -moden ($f_{1,1}$, $f_{1,2}$).

wänden ($f_{r,1}$, $f_{r,2}$) liegen im Bereich von 60 bis 80 Hz. Mithin können beide Effekte zu den kritischen Schallübertragungen im tieffrequenten Bereich beitragen.

Es wurden folgende Verbesserungsansätze getestet:

a) Verschieben der Doppelwandresonanz zu niedrigeren Frequenzen
Hierdurch wird einerseits der Resonanzeinbruch aus dem kritischen Frequenzbereich (50–80 Hz) herausgeschoben, andererseits wird der steile Anstieg der Schalldämmkurve oberhalb der Resonanzfrequenz f_r besser ausgenutzt. Konstruktiv wird dies durch eine Vergrößerung der Trennfugenbreite auf 150–170 mm gelöst. Eine zusätzliche Bedämpfung der Resonanzschwingung kann durch die Anordnung von Faserdämmstoff in der Trennfuge erreicht werden. Um die Gesamtdicke der Trennwand nicht zu erhöhen, müsste die Ständertiefe der Holzstiele reduziert werden. Dies erlaubt der zweite schalltechnisch sinnvolle Ansatz.

b) Unterdrücken der Eigenschwingungen der Beplankungen durch ein „Verstimmen" der Eigenfrequenzen
Die Eigenschwingungen der Beplankung können im zu optimierenden Frequenzbereich (50–100 Hz) durch ein Verschieben ihrer Eigenfrequenzen unterdrückt werden. Wird die Beplankung steifer, treten die ersten Beplankungseigenschwingungen bei höheren Frequenzen auf. Konstruktiv wird dieses „Verstimmen" durch eine Reduzierung des Ständerrasters auf 313 mm gelöst. Die erste Eigenschwingung wird dadurch auf ca. 230 Hz verschoben – also in einen Frequenzbereich, in dem die Holzbauwände eine fast 40 dB bessere Schalldämmung aufweisen. Dadurch tritt keine kritische Verschlechterung der Schalldämmung durch die Eigenschwingung der Beplankung mehr auf. Praktisch kann dies dadurch bewerkstelligt werden, dass für die Trennwände z. B. 80/80 mm Stiele wie bei Innenwänden eingesetzt werden.
Die beiden Maßnahmen wurden einzeln an Gebäudetrennwänden in Holzständerbauweise geprüft und die Ergebnisse in Abb. 7.44 dargestellt. Die Ergebnisse zeigen, dass allein durch die Vergrößerung der Trennfugenbreite noch keine ausreichende Verbesserung der tieffrequenten Schalldämmung erfolgt. Die zusätzliche Reduzierung des Ständerrasters auf 313 mm jedoch verschiebt die Eigenfrequenzen der Beplankungen zu höheren Frequenzen, was sich in einer verbesserten Schalldämmung bei tiefen Frequenzen äußert.

Die oben beschriebenen Maßnahmen wurden an verschiedenen Gebäudetrennwänden mit Beplankungen aus Gipskarton- oder Gipsfaserplatte unter Berücksichtigung der Aspekte von Statik und Brandschutz eingesetzt und die Schalldämmung im Labor und am Bau geprüft. Die Spektrum-Anpassungswerte für das erweiterte Frequenzspektrum (C- und C_{tr}-Werte nach DIN EN ISO 717-1) können zum Schalldämm-Maß der DIN 4109 (R_w/R'_w) einfach addiert werden und geben einen realistischen Eindruck davon, wie gut die Dämmung auch dann noch ist, wenn sehr tieffrequente Geräusche aus der Nachbarschaft (z. B. stark basshaltige Musik aus Hi-Fi-Anlagen) auf die Trennwand einwirken. Mit der verbesserten Gebäudetrennwand in Holz können auch unter Berücksichtigung des tieffrequenten Be-

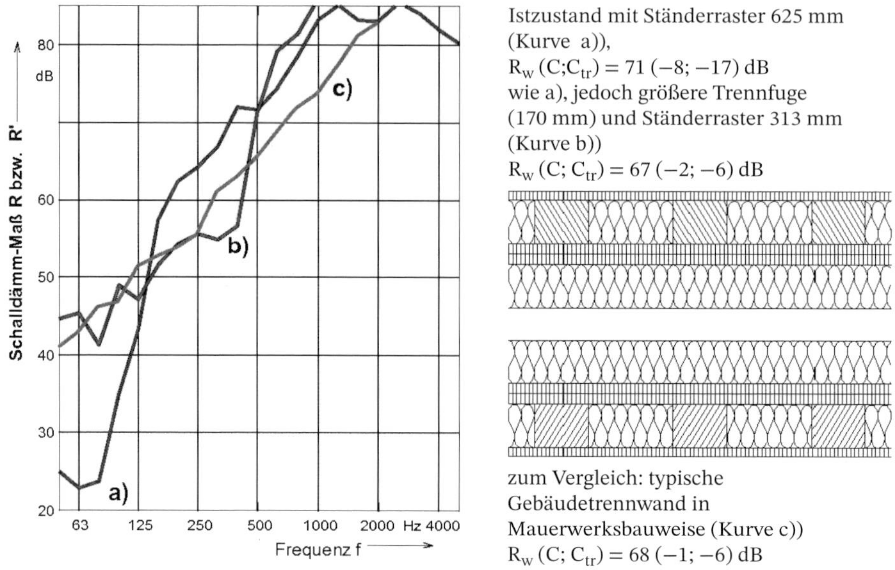

Abb. 7.44 Prüfung des Maßnahmenkatalogs zur Verbesserung der tieffrequenten Schalldämmung von Gebäudetrennwänden in Holzständerbauweise (aus [7.77]).

reichs gleichwertige Schalldämm-Maße wie mit einer durchschnittlichen Wand in Mauerwerks- und Betonbauweise erzielt werden.

Die dargestellten Verbesserungsmaßnahmen können sinngemäß auch auf Haustrennwände in Massivholzbauweise übertragen werden. Die Beplankungseigenschwingungen spielen bei diesen Konstruktionen keine Rolle, da die Beplankungen vollflächig auf den Elementen aufliegen. Eine sehr gute Schalldämmung im tieffrequenten Bereich lässt sich bei diesen Elementen bereits mit einer Trennfugenbreite von 100 mm erreichen.

7.3.3.6.2 Anwendung für Außenwände

Werden Außenwände bei Belästigungen mit Verkehrslärm mit stark tieffrequenten Beiträgen eingesetzt, so ist darauf zu achten, dass deren Schalldämmung im Frequenzbereich unterhalb 100 Hz nicht zu schlecht ist. Für diese Einsatzzwecke wurden im Rahmen eines Forschungsvorhabens [7.72] besondere Wände in Holzständerbauweise entwickelt, die eine verbesserte Schalldämmung bei tiefen Frequenzen, d. h. unterhalb von 100 Hz, besitzen. Zwei dieser Wände werden in Abb. 7.45 beschrieben. Die Schalldämmkurven dieser Wände zeigen deutlich, dass diese optimierten Konstruktionen auch bei Frequenzen unterhalb 100 Hz eine Schalldämmung aufweisen, die deutlich über vergleichbaren Außenwänden in Holzständerbauweise liegen.

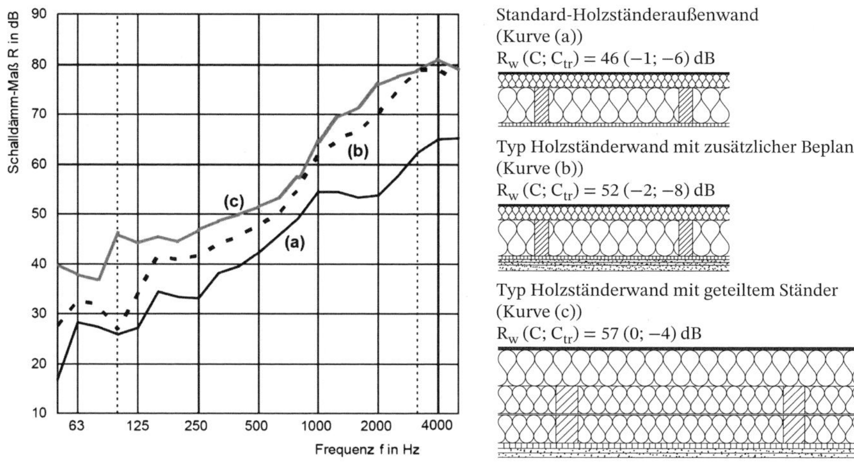

Abb. 7.45 Schalldämmung von tieffrequent optimierten Außenwänden in Holzständerbauweise verglichen mit den Angaben im Bild.

7.3.4 Steildächer

7.3.4.1 Dachkonstruktionen

In diesem Abschnitt werden übliche Steildachkonstruktionen hinsichtlich ihrer Transmissionsschalldämmung und Flankenschalldämmung behandelt. Die Beschreibung der einzelnen Bauteilschichten solcher Steildachkonstruktionen folgt [7.37] und ist in Abb. 7.46 dargestellt. Es werden Steildächer mit Zwischensparrendämmung und Aufsparrendämmsystemen diskutiert. Bei den Steildächern mit

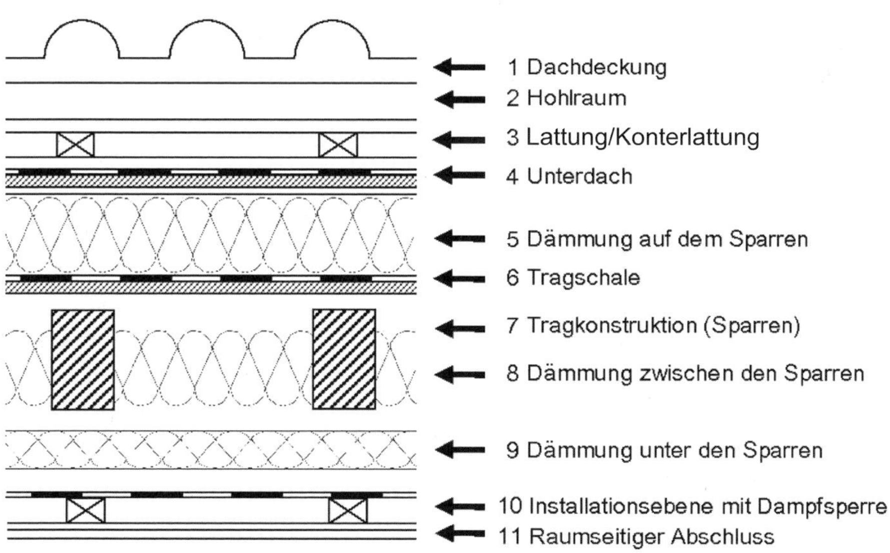

Abb. 7.46 Darstellung der möglichen Bauteilschichten eines Steildachs (aus [7.37]).

Aufsparrendämmung ist zwischen Dämmsystemen mit Hartschaumdämmplatten und Faserdämmstoffen zu unterscheiden.

7.3.4.1.1 Steildächer mit Zwischensparrendämmung

Der prinzipielle Aufbau eines Steildachs mit einer Zwischensparrendämmung ist von innen nach außen wie folgt (vgl. auch Abb. 7.46):

a) raumseitige Beplankung auf Querlattung oder Federschienen;
b) Sparren aufliegend auf Pfetten (anstelle eines Sparrens aus Konstruktionsvollholz kann auch ein Stegträger eingesetzt werden), Wärmedämmung zwischen den Sparren eingepasst;
c) Unterdach als Unterspannung (Unterspannbahn) oder Unterdeckung (Unterdachschalung, MDF-Platte oder hydrophobierte Holzweichfaserplatte);
d) Konterlattung und Traglattung mit Dacheindeckung.

Die für die Schalldämmung wesentlichen Einflussparameter sind:

a) Raumseitige Beplankungen
   Üblich sind Beplankungen aus Gipskartonplatte oder Gipsfaserplatte. Beim Einsatz einer Nut- und Federschalung ist im Vergleich zu den Gipsplatten mit Defiziten von 5 bis 7 dB zu rechnen. Diese erklären sich hauptsächlich durch undichte Fugen zwischen den Profilbrettern. Zur Vermeidung dieses Mangels können die Profilbretter als zweite Beplankung auf einer GKB-Platte montiert werden. Hinsichtlich der Befestigung der Beplankung gibt es die Möglichkeit, diese über Federschienen gegen die Sparren zu entkoppeln. Im Vergleich zur Standardbefestigung über Dachlatten ist mit einer Verbesserung im bewerteten Schalldämm-Maß R_w um ca. 2 dB zu rechnen.
b) Hohlraumdämmung/Tragkonstruktion
   Die Wärmedämmung wird passgenau zwischen die Sparren eingesetzt. Üblicherweise kommt hier ein Mineralfaserdämmfilz zum Einsatz. Alternativ können auch Zellulosedämmplatten, Baumwolle oder Holzweichfaserplatten verwendet werden. Geschlossenzellige Polystyroldämmplatten werden für diesen Einsatzzweck nicht empfohlen, da diese schlechtere schalltechnische Eigenschaften als Faserdämmstoffe haben. Im Vergleich der verschiedenen Faserdämmstoffe (Mineralfaser, Zellulosedämmstoff, Baumwolle) wurden bei vergleichbaren Kenndaten (Dichte, Strömungswiderstand) keine wesentlichen Unterschiede hinsichtlich der Schalldämmung festgestellt. Das Schalldämm-Maß der Dachkonstruktionen variiert mit der Dicke der jeweils eingebrachten Wärmedämmung aus Faserdämmstoff. Der Einfluss der Dachneigung auf R_w ist eher gering und kleiner als 2 dB anzusetzen. Bei Einsatz eines Stegträgers anstelle eines Sparrens aus Konstruktionsvollholz werden ähnliche Schalldämmwerte erreicht, wobei bei gleicher Höhe des Sparrens mit einem Stegträger tendenziell ungünstigere Werte erreicht werden.
c) Einfluss des Unterdachs
   Als Dachschalung kommen folgende Varianten in Betracht:
   - Nut- und Federschalung,

- gespundete Schalung,
- paraffinierte MDF-Platte ggf. mit Belag aus Abdeckbahnen,
- hydrophobierte Holzweichfaserplatte.

Alternativ kann auch nur eine Unterspannbahn aufgebracht werden. Eine unbeschwerte Dachschalung verhält sich hinsichtlich des bewerteten Schalldämm-Maßes R_w ungünstiger, als wenn nur eine Unterspannbahn verwendet wird. Der Einsatz einer Dachschalung ist allerdings vorteilhaft, wenn speziell die tieffrequente Schalldämmung verbessert werden soll. Wird eine äußere Dachschalung verarbeitet, so kann diese zur Verbesserung der Schalldämmung noch zusätzlich beschwert werden, hierzu eignen sich insbesondere ein- oder mehrlagige Bitumenschweißbahnen. Die Höhe der Verbesserung wird durch die Zusatzmasse bestimmt.

d) Einfluss der Dachdeckung
Als Dacheindeckung kommen üblicherweise verfalzte Ton- oder Betondachsteine zur Verwendung. Bei Tondachsteinen wurde eine um ca. 2 dB reduzierte Schalldämmung gemessen. Dieser Effekt wurde mit einer erhöhten Undichtigkeit dieser Dachsteine in Verbindung gebracht [7.78]. Verfalzte Betondachsteine und Biberschwanzziegel verhalten sich etwa gleichwertig im Hinblick auf die erreichbare Schalldämmung. Blecheindeckungen aus Trapezblech verhalten sich aufgrund der geringeren flächenbezogenen Masse wesentlich ungünstiger. Bei ungünstigen Konstellationen können auch Regengeräusche als störend empfunden werden. Zu dieser Fragestellung liegen bislang jedoch nur wenige Erkenntnisse vor.

7.3.4.1.2 Steildächer mit Aufsparrendämmung

Der prinzipielle Aufbau eines Steildachs mit einer Aufsparrendämmung ist von innen nach außen wie folgt (vgl. auch Abb. 7.47):

a) Sparren auf Pfetten aufliegend,
b) aufliegende Beplankung mit Sparren vernagelt, Sichtschalung,
c) Wärmedämmung (Hartschaum oder Faserdämmstoff) über Konterlattung mit den Sparren verschraubt,
d) Unterdeckung, Konterlattung und Traglattung mit Dacheindeckung.

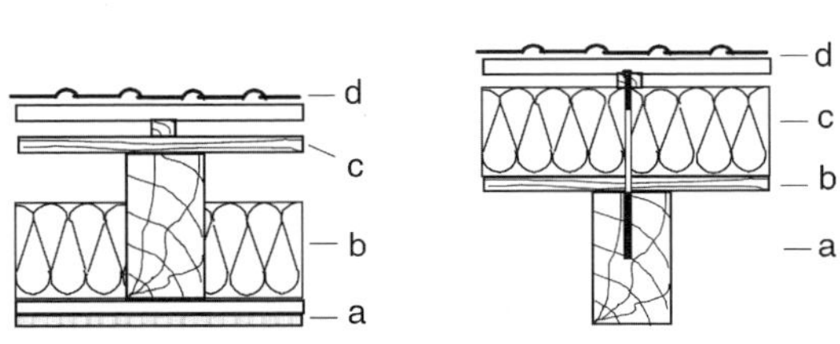

Abb. 7.47 Aufbau eines Steildachs mit Zwischensparren- bzw. Aufsparrendämmung.

Die für die Schalldämmung wesentlichen Einflussparameter sind:

a) und b). Tragschale
Üblicherweise wird eine Dachschalung aus Mehrschichtplatten oder Nut- und Federbrettern eingesetzt. Zur Verbesserung der Schalldämmung kann die Dachschalung noch beschwert werden. Zur Beschwerung eignen sich biegeweiche Materialien, wie z. B. Bitumenschweißbahnen, elementierte zementgebundene Spanplatten oder Gipsbauplatten bei werkseitiger Vorfertigung.

c). Aufsparrendämmung
Die Wärmedämmung wird außen auf die Dachschalung aufgebracht. Hinsichtlich der Schalldämmung ist zwischen Dämmplatten aus PUR-Hartschaum oder aus Faserdämmstoff (Mineralfaser oder Holzweichfaser) zu unterscheiden. Bei Dämmplatten aus Faserdämmstoff wird die Schalldämmung entscheidend durch den Anpressdruck der Dämmplatten an die Dachschalung beeinflusst. Für eine optimierte Schalldämmung ist der Anpressdruck so niedrig wie möglich zu halten. In der Praxis kann dies durch den Einsatz von Doppelgewindeschrauben realisiert werden. Zwischen Mineralfaser und Holzweichfaser wurden keine systematischen Unterschiede in der Schalldämmung R_w festgestellt. Im Vergleich mit diesen Faserdämmstoffen verhalten sich Dämmplatten aus PUR-Hartschaum schalltechnisch ungünstiger. Bei Dämmplatten aus PUR-Hartschaum kann eine Verbesserung der Schalldämmung noch durch eine Kaschierung der Dämmplatte mit Mineral- oder Holzweichfaserplatte erfolgen. Diese aufkaschierte Dämmplatte kann raum- oder außenseitig liegen.
Einfluss der Dämmstoffdicke
Das Schalldämm-Maß der Steildachkonstruktionen mit einer Aufsparrendämmung aus Faserdämmstoff variiert mit der Dicke der jeweils aufgebrachten Wärmedämmung.

d). Einfluss der Dachdeckung
Als Dacheindeckung kommen üblicherweise verfalzte Ton- oder Betondachsteine zur Verwendung. Es gelten die gleichen Anmerkungen wie bei den Steildächern mit Zwischensparrendämmung, wobei hier bei Einsatz von Tondachsteinen eine um ca. 3 dB reduzierte Schalldämmung gemessen wurde.

7.3.4.1.3 Trennwandanschluss an Steildächer

Eine mangelhafte Planung und Ausführung von Bauanschlüssen von Trennwänden an Steildächer führen immer wieder zu Beschwerden hinsichtlich einer nicht ausreichenden Schalldämmung zwischen den benachbarten Räumen. Dabei handelt es sich um eine Problemstellung des Schallschutzes im Gebäudeinneren, das durch die Schall-Längsleitung über das flankierende Bauteil „Steildach" beeinflusst wird. Im Folgenden werden Hinweise zur ordnungsgemäßen Bauausführung solcher Anschlüsse gegeben. Für den Anschluss an eine zweischalige Gebäudetrennwand ist der prinzipielle Aufbau für Steildächer mit Zwischensparren- bzw. Aufsparrendämmung in Abb. 7.48 dargestellt. Für eine ausreichende Schall-Längsdämmung sind zusätzlich folgende Einflussparameter zu berücksichtigen:

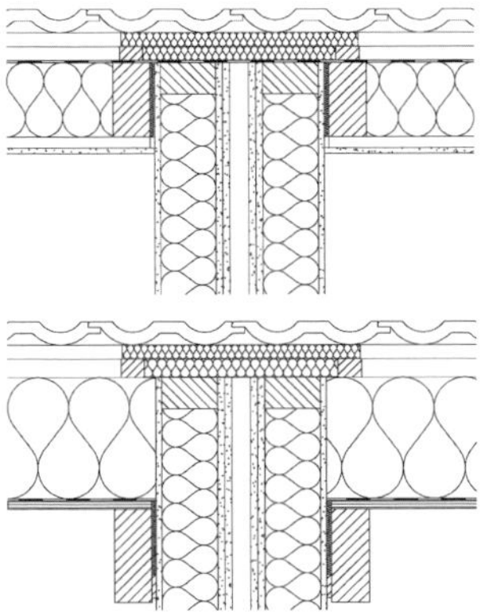

Abb. 7.48 Bauanschluss von Steildächern (Zwischensparrendämmung/Aufsparrendämmung) an Gebäudetrennwände, der erste Sparren wird jeweils mit 1–5 cm Abstand von der Trennwand montiert. Der Hohlraum wird ausgedämmt.

- Trennwand
  Die Trennwand ist unabhängig von der Bauweise bis unter die Dachlattung zu führen.
- Anschlussfugen
  Die Anschlussfugen zwischen Trennwand und Dachaufbau sind besonders sorgfältig auszuführen. Ansonsten besteht insbesondere im Mauerwerksbau die Gefahr einer Schallübertragung durch Fugenschall, Details siehe Abb. 7.56.
- Einfluss der Pfetten
  Die Pfetten in den beiden Räumen sind vollständig zu trennen. Sie dürfen nicht über die Trennwand hinweg durchlaufen. Die verbleibenden Hohlräume in den Auflagerlöchern der Pfetten sind auszufüllen und abzudichten.
- Ausführung der Traglattung
  Die Traglattung der Dachsteine darf nicht über die Trennwand hinweg durchlaufend ausgeführt werden. Hier spielen auch brandschutztechnische Anforderungen eine Rolle. Im Bereich der Trennwand sollte diese Traglattung durch zwei Metallprofile ersetzt werden.
- Ausführung des Hohlraums zwischen Dacheindeckung und Trennwand
  Bei hochschalldämmenden Dächern läuft der wesentliche Schallübertragungsweg über den Hohlraum zwischen der Dacheindeckung und der Dämmung bzw. Trennwand. Um diese Schallübertragungen zu reduzieren, sollte dieser Hohlraum bis zur Dacheindeckung mit Mineralfaser (Brandschutzanforderungen beachten) ausgefüllt werden. Falls erforderlich können auch noch die Hohlräume in den jeweils ersten Sparrenfeldern mit Mineralfaser gefüllt werden. Alternativ werden auch speziell für diese Anforderungen ausgelegte Schallschutzschotts eingesetzt.

7.3.4.2 Einfluss der Konstruktion auf die Schalldämmung

7.3.4.2.1 Transmissionsschalldämmung von Steildächern

Die Transmissionsschalldämmung R_w von Steildächern mit Zwischensparrendämmung ist in Abb. 7.49 dargestellt. Aus dieser Abbildung ist ersichtlich, dass mit zunehmender Dämmstoffdicke auch die Schalldämmung des Steildachs verbessert wird. Durch Einsatz geeigneter Beschwerungsmaßnahmen und durch Entkopplung

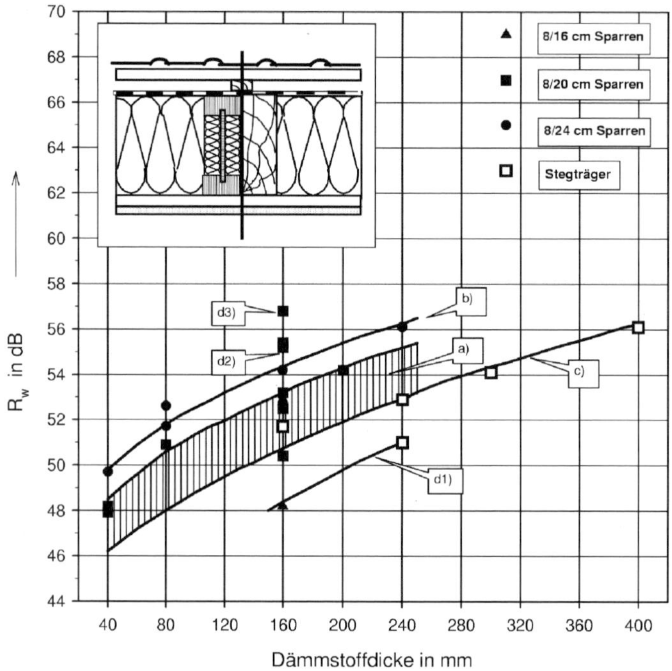

Abb. 7.49 Bewertetes Schalldämm-Maß R_w (Laborprüfwert) von Steildächern mit Zwischensparrendämmung als Funktion der Dämmstoffdicke. (a) Vollholzsparren 8/16 bis 8/20 cm (Darstellung mit Schwankungsbreite), (b) Vollholzsparren 8/24 cm, (c) Stegträger mit Voll- und Teilwärmedämmung, Höhen 240, 400 mm, (d1) Vollholzsparren oder Stegträger mit Dachschalung oder Dachbeplankung, (d2) raumseitige Beplankung aufgedoppelt und über Federschienen entkoppelt, (d3) Ausführung wie (d2) mit zusätzlicher beschwerter Dachschalung. Die angegebenen Schalldämm-Maße R_w sind Labormesswerte. Aufbauten siehe Beispielsammlung Tab. 7.26.

der raumseitigen Beplankung kann eine Verbesserung der Schalldämmung um bis zu 6 dB gegenüber der Grundkonstruktion erzielt werden.

Die Transmissionsschalldämmung R_w von Steildächern mit Aufsparrendämmung aus Faserdämmstoff ist in Abb. 7.50 dargestellt. Auch hier verbessert sich mit zunehmender Dämmstoffdicke die Schalldämmung des Steildachs. Durch eine Reduzierung des Anpressdrucks des Faserdämmstoffs durch Montage mit Doppelgewindeschrauben sowie durch Einsatz geeigneter Beschwerungsmaßnahmen kann eine deutliche Verbesserung der Schalldämmung gegenüber der Grundkonstruktion erzielt werden. Die Wirksamkeit von Beschwerungen hinsichtlich der Schalldämmung ist in Abb. 7.51 noch einmal gesondert dargestellt. Als Beschwerungen eignen sich prinzipiell biegeweiche Materialien, in der Praxis sind Bitumenbahnen gebräuchlich. Bei hohen Anforderungen können auch elementierte zementgebundene Spanplatten (Plattengrößen von ca. 30 cm · 30 cm) eingesetzt werden. Mit solch einer Beschwerungsmaßnahme konnten Labor-Schalldämm-Maße bis zu 62 dB gemessen werden (siehe [7.72]). Die Plattenbeschwerungen sind vollflächig mit der Dachschalung zu verkleben.

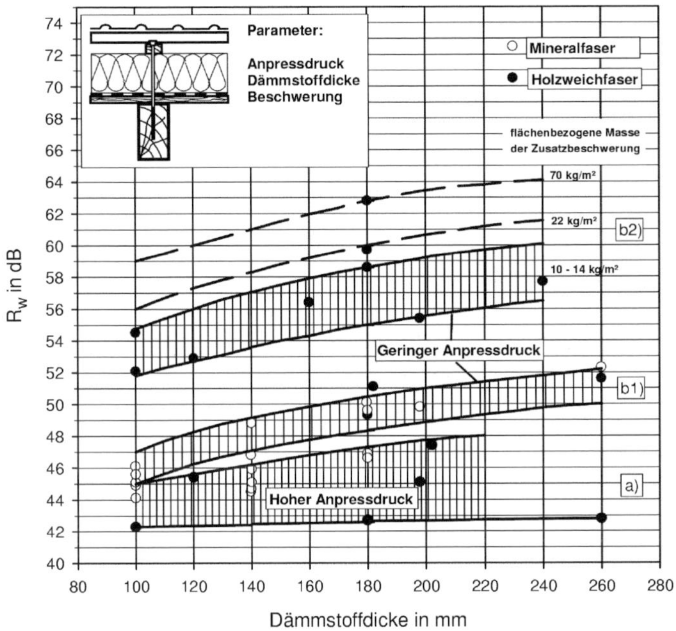

Abb. 7.50 Bewertetes Schalldämm-Maß R_w (Laborprüfwert) von Steildächern mit Aufsparrendämmung aus Faserdämmstoff als Funktion der Dämmstoffdicke. (a) hoher Anpressdruck des Faserdämmstoffs durch Verschraubung mit Einfachgewindeschraube oder Montage mit Sparrennägeln, (b1) geringer Anpressdruck des Faserdämmstoffs durch Verschraubung mit Doppelgewindeschraube, (b2) geringer Anpressdruck des Faserdämmstoffs durch Verschraubung mit Doppelgewindeschraube und zusätzlicher Beschwerung der Dachschalung. Die angegebenen Schalldämm-Maße R_w sind Labormesswerte.

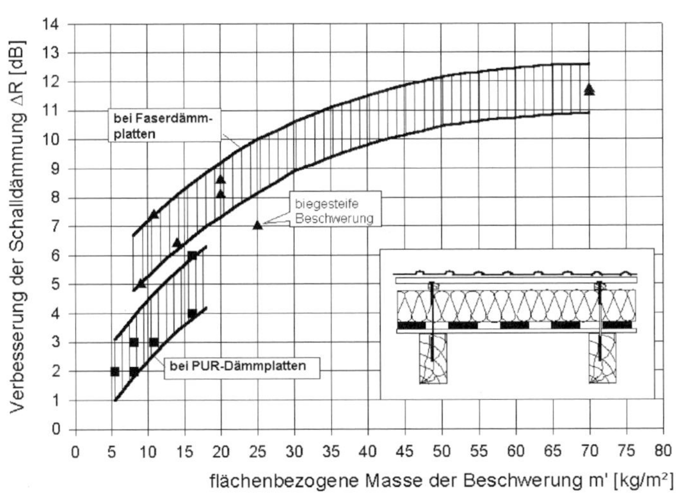

Abb. 7.51 Verbesserung der Schalldämmung R_w von Steildächern mit Aufsparrendämmung (Faserdämmplatten oder PUR-Dämmplatten) durch Einsatz biegeweicher Beschwerungen (z. B. Bitumenschweißbahnen, elementierte zementgebundene Spanplatten oder Gipsbauplatten bei werkseitiger Vorfertigung) auf der Dachschalung.

Die Transmissionsschalldämmung R_w von Steildächern mit Aufsparrendämmung aus PUR-Hartschaum ist deutlich geringer und liegt bei $R_w = 34$ dB (ohne Beschwerung), Details siehe Beispielsammlung DIN 4109-33.

Eine Verbesserung der Schalldämmung der Grundkonstruktion bei Aufsparrendämmungen kann durch den Einsatz von PUR-Dämmstoffen mit einer Kaschierung aus Faserdämmstoffen erreicht werden. Zur weiteren Verbesserung der Schalldämmung können Beschwerungen der Dachschalung verwendet werden. Die Wirksamkeit der Beschwerung ist abhängig von der aufgebrachten Zusatzmasse (s. Abb. 7.51).

7.3.4.2.2 Flankenschalldämmung von Steildächern

Für die Beurteilung der Flankenschalldämmung sind in der Bauakustik drei Schallübertragungswege zu berücksichtigen (s. Abb. 7.25):

- Weg Ff: über die Dachfläche im Senderaum und die Stoßstelle Dach-Wand-Dach in die Dachfläche im Empfangsraum, beschrieben durch die bewertete Norm-Flankenschallpegeldifferenz $D_{n,f,w}$ mit einer Bezugsabsorptionsfläche $A_0 = 10\,m^2$ und einer Bezugskantenlänge $l = 4{,}5$ m.
- Weg Fd: über die Dachfläche im Senderaum und die Stoßstelle Dach-Wand in die Trennwand.
- Weg Df: über die Trennwand und die Stoßstelle Wand-Dach in die Dachfläche im Empfangsraum.

Die Flankenschalldämmung auf dem Schallübertragungsweg Ff wird durch die Norm-Flankenschallpegeldifferenz $D_{n,f}$ bzw. $D_{n,f,w}$ beschrieben. Die gemischten Flankenschallübertragungswege Df und Fd werden in der aktuellen DIN 4109-2 beim Rechenverfahren [7.34] nicht berücksichtigt. Bei hochschalldämmenden Dach- und Wandkonstruktionen können diese Schallübertragungswege allerdings einen Einfluss auf die Schalldämmung der Trennwand nehmen. Hinweise zur Berücksichtigung gibt [7.76]. Für die Höhe des Flankendämm-Maßes spielt neben dem konkreten Dachaufbau auch die Konstruktionsart (einschalig – zweischalig) und die Konstruktionsweise (Holzbau, Mauerwerks- und Betonbauweise) der Trennwand eine Rolle. Weiterhin ist die Ausbildung der Stoßstelle zwischen Dach und Wand von entscheidender Bedeutung für die Höhe der Flankendämmung.

Steildächer mit Zwischensparrendämmung Der Laborwert der bewerteten Norm-Flankenschallpegeldifferenz $D_{n,f,w}$ von Steildächern mit Zwischensparrendämmung ist in Abb. 7.52 dargestellt. Hierbei wird die Abhängigkeit von Dämmstoffdicke und Anschluss an die Trennwand gezeigt. Die Schall-Längsdämmung einer Steildachkonstruktion, angebunden an eine zweischalige Trennwand mit vollständig getrennter Pfette, ist deutlich höher als bei Anbindung derselben Dachkonstruktion an eine einschalige Trennwand (getrennte Pfette auf Mauerwerkswand aufliegend). Für beide Situationen gilt, dass die Schall-Längsdämmung mit erhöhter Dämmstoffdicke zunimmt. Bei der Beurteilung der Schall-Längsdämmung ist auf eine konsequente Trennung durchlaufender Konstruktionen, z. B. Pfetten, zu achten. Bei einer durchlaufenden Mittel- und Fußpfette wird unabhängig von der Dämmstoffdicke ein $D_{n,f,w}$ von maximal 55 dB erreicht. Für den Einsatz im Holz-

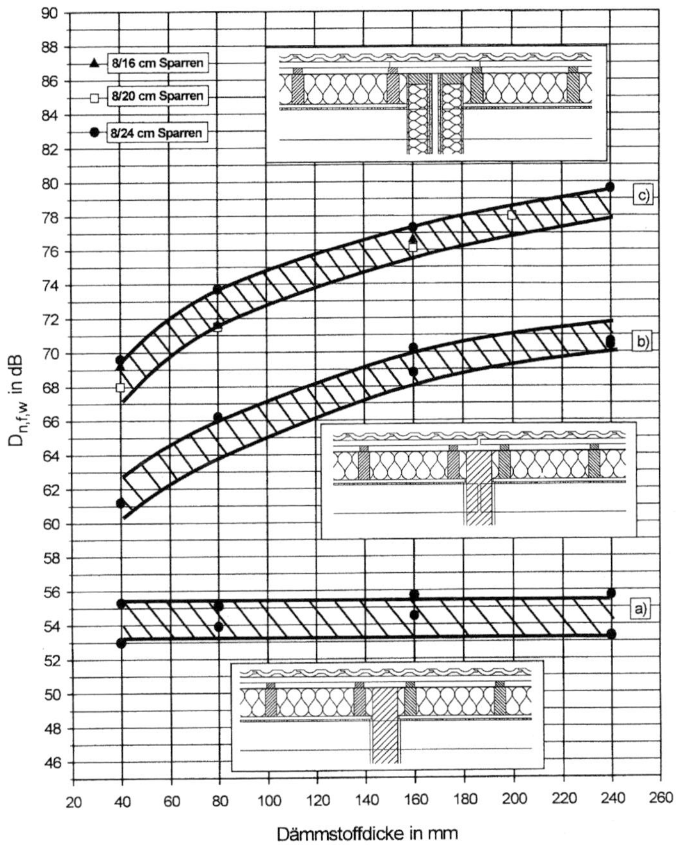

Abb. 7.52 Bewertete Norm-Flankenschallpegeldifferenz $D_{n,f,w}$ (Laborwert, Bezugsabsorptionsfläche 10 m², Bezugskantenlänge 4,5 m) von Steildächern mit Zwischensparrendämmung als Funktion der Dämmstoffdicke, Aufbauten nach Beispielsammlung Tab. 7.28. (a) Anbindung an einschalige Trennwand in Mauerwerksbauweise mit durchlaufender Pfette, (b) Anbindung an einschalige Trennwand in Mauerwerksbauweise mit getrennter Pfette, (c) Anbindung an zweischalige Trennwand mit getrennter Pfette. *Hinweis:* Die Ausführung des Bauanschlusses ohne Füllung des Hohlraums zwischen Trennwand und Dacheindeckung ist für Gebäudetrennwände brandschutztechnisch nicht korrekt, sie wird aber häufig in ausgeführten Bauten angetroffen. Anhaltswerte für die schalltechnische Verbesserung durch das Auffüllen der Hohlräume mit Mineralfaser siehe Abb. 7.54.

bau und Mauerwerksbau werden bei gleicher Dachkonstruktion auch die gleichen $D_{n,f,w}$-Werte erreicht. Die Ergebnisse aus Abb. 7.52 gelten für Dachaufbauten ohne Dachschalung als Unterdach. Vergleichsmessungen mit Steildächern mit Dachschalung haben ergeben, dass hier nur geringe Unterschiede im $D_{n,f,w}$ existieren. Die Innenbekleidung der in Abb. 7.52 beschriebenen Steildächer war als Gipskartonplatte ausgeführt. Wird anstelle dieser GKB-Platten eine Schalung aus Profilbrettern eingesetzt, so ist nach [7.79] bei üblichen Dämmstoffstärken von 160–240 mm mit einer Verschlechterung der Flankenschalldämmung um ca. 5–7 dB zu rechnen. Ursache dieser Verschlechterungen ist der Fugenschall, der durch die mehr oder weniger stark ausgeprägten Stoßfugen zwischen den Profilbrettern hindurchgeht. In diesem Fall empfiehlt es sich eine Kombination aus Gipskartonplatten und Profilbrettern als Innenbekleidung zu verwenden.

Steildächer mit Aufsparrendämmung aus Faserdämmstoff Der Laborwert der bewerteten Norm-Flankenschallpegeldifferenz $D_{n,f,w}$ von Steildächern mit Aufsparrendämmung aus Faserdämmstoff ist in Abb. 7.53 dargestellt. Hierbei wird die Abhängigkeit von der Dämmstoffdicke gezeigt. Es gilt, dass die Schall-Längsdämmung mit erhöhter Dämmstoffdicke der Aufdachdämmung zunimmt. Weiterhin spielt der Anpressdruck der Dämmung auf die Dachschalung eine große Rolle. Ähnlich wie bei der Transmissionsschalldämmung dieser Bauteile kann die Schalldämmung durch eine Reduzierung des Anpressdrucks deutlich verbessert werden. In der Praxis kann diese Reduzierung des Anpressdrucks durch den Einsatz von Doppelgewindeschrauben realisiert werden. Bei der Beurteilung der Schall-Längsdämmung ist auf eine konsequente Trennung durchlaufender Konstruktionen zu achten. Neben den oben bereits beschriebenen Effekten durchlaufender Pfettenkonstruktionen sind auch eine Trennung der Traglattung der Dacheindeckung sowie eine Trennung der Vordachschalung vorteilhaft. Die in Abb. 7.53 dargestellten Messwerte gelten sowohl für Trennwände in Holzständerbauweise als auch für Mauerwerks- und Betonbauweise. Eine Verbesserung der Flankendämmung von Steildächern mit Aufsparrendämmsystemen kann durch Auflagen von Mineralfasermatten in den Hohlräumen unterhalb der Dacheindeckung erfolgen.
Folgende Maßnahmen können hier durchgeführt werden:

- Mineralfasermatten 40 mm stark über der Trennwand (zwischen der Grundlattung),
- Mineralfasermatten 80 mm stark über der Trennwand (Hohlraum bis zur Dacheindeckung ausgefüllt),[7)]
- Mineralfasermatten 80 mm stark über der Trennwand und 40 mm stark im ersten Sparrenfeld auf beiden Seiten der Trennwand (zwischen der Grundlattung).

Die Verbesserungen in der bewerteten Norm-Flankenschallpegeldifferenz $D_{n,f,w}$ sind Abb. 7.54 zu entnehmen.

Steildächer mit Aufsparrendämmung aus PUR-Hartschaum Bei Steildächern mit Aufsparrendämmung aus PUR-Hartschaum ist die Flankenschalldämmung (bewertete Norm-Flankenschallpegeldifferenz $D_{n,f,w}$) deutlich geringer im Vergleich zu Dämmsystemen auf Basis von Faserdämmstoffen. Für die einfachste Version wird ein Wert von $D_{n,f,w} = 53$ dB erreicht. Zur Verbesserung der Flankendämmung können, analog zu den Maßnahmen bei der Transmissionsschalldämmung, Beschwerungen der Dachschalung eingesetzt werden. Die Wirksamkeit der Beschwerung ist abhängig von der aufgebrachten Zusatzmasse. Als Beschwerungen eignen sich prinzipiell biegeweiche Materialien, in der Praxis sind Bitumenbahnen oder Gipsbauplatten (bei werkseitiger Vorfertigung) oder zementgebundene

7) Aus Gründen des Brandschutzes ist diese Maßnahme generell bei Gebäudetrennwänden vorzusehen. Hierdurch wird auch die Wärmebrücke über die Trennwand wesentlich reduziert.

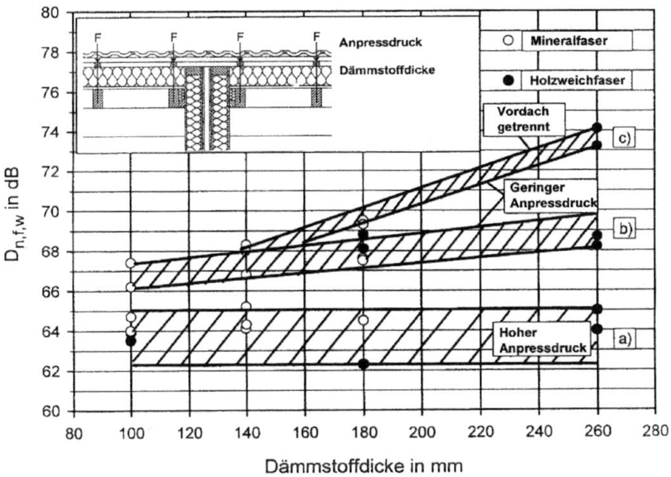

Abb. 7.53 Bewertete Norm-Flankenschallpegeldifferenz $D_{n,f,w}$ (Laborwert, Bezugsabsorptionsfläche 10 m^2, Bezugskantenlänge 4,5 m) von Steildächern mit Aufsparrendämmung aus Faserdämmstoff als Funktion der Dämmstoffdicke. (a) hoher Anpressdruck des Faserdämmstoffs durch Verschraubung mit Einfachgewindeschraube oder Montage mit Sparrennägeln, (b) geringer Anpressdruck des Faserdämmstoffs durch Verschraubung mit Doppelgewindeschraube, (c) geringer Anpressdruck des Faserdämmstoffs durch Verschraubung mit Doppelgewindeschraube und zusätzlicher Trennung der Vordachschalung. *Hinweis:* Die Ausführung des Bauanschlusses ohne Füllung des Hohlraums zwischen Trennwand und Dacheindeckung ist für Gebäudetrennwände brandschutztechnisch nicht korrekt, sie wird aber häufig in ausgeführten Bauten angetroffen. Zur schalltechnischen Verbesserung durch das Auffüllen der Hohlräume mit Mineralfaser siehe Abb. 7.54.

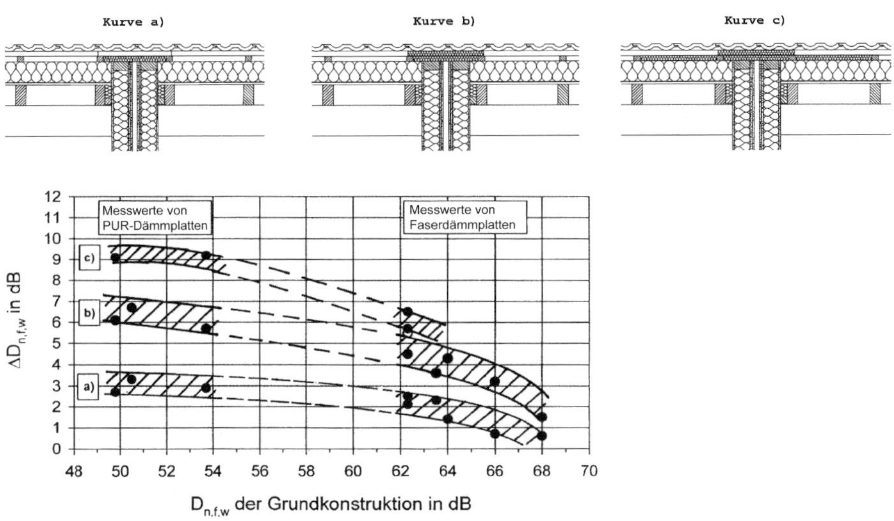

Abb. 7.54 Verbesserung der Norm-Flankenschallpegeldifferenz $D_{n,f,w}$ bei Aufdachdämmungen aus druckfesten Faserdämmplatten bzw. PUR-Dämmplatten durch Mineralfaserauflagen auf der Trennwand. a) 40 mm Mineralfasermatten über der Trennwand (zwischen Grundlattung), b) 80 mm Mineralfasermatten über der Trennwand (Hohlraum ausgefüllt), c) 80 mm Mineralfasermatten über der Trennwand und 40 mm im 1. Sparrenfeld (zwischen Grundlattung). Die Werte gelten für Trennwände in Holzbauweise und im Mauerwerksbau.

Spanplatten gebräuchlich. Zementgebundene Spanplatten mit einer Plattendicke größer als 10 mm sollten elementiert, d. h. in Plattengrößen von ca. 30 cm · 30 cm, eingesetzt werden. Plattenbeschwerungen sind vollflächig mit der Dachschalung zu verkleben.

Weiterhin empfiehlt sich der Einbau von Dämmschotts aus Mineralwolle in Kombination mit Aufmauerungen (siehe Zeilen 2–3 in Tab. 7.27). In Kombination der verschiedenen Maßnahmen können dann Anschlüsse gebaut werden, die den Anforderungen an den Mindestschallschutz nach DIN 4109 oder sogar dem erhöhten Schallschutz genügen, Details siehe DIN 4109-33.

7.3.4.3 Bauteilsammlung für Steildächer

Auch für Steildächer wurde im Zusammenhang mit der Neuerarbeitung eine Beispielsammlung zur neuen DIN 4109 [7.37] erarbeitet. Aus Platzgründen werden hier nur exemplarische Konstruktionen für einige zwischensparrengedämmte Dächer dargestellt, siehe Tab. 7.26 und 7.28. Für die vollständigen Tabellen, welche

Tab. 7.26 Beispielsammlung Steildächer mit Zwischensparrendämmung (Auszug aus DIN 4109-33 [7.34]).

Zeichnung	Konstruktion		$R_w(C; C_{tr})$ in dB
Grundkonstruktion			
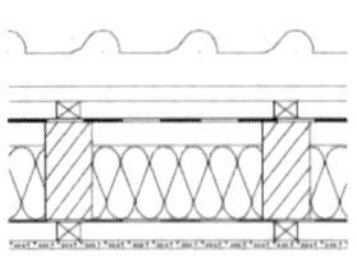	—	Dachdeckung	50[a)b)] (−3; −9)
	—	Lattung/Konterlattung	
	—	ggf. Unterspannbahn	
	—	Sparren/Stegträger	
	≥ 160 mm ≤ 180 mm	Zwischensparrendämmung	
	—	Dampfsperre	
	—	Lattung	
	≥ 12,5 mm	Gipsplatten	
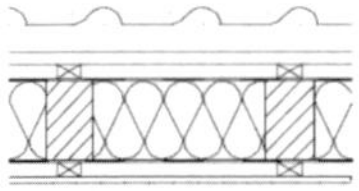	Wie Konstruktion Zeile 1, jedoch geänderte Zwischensparrendämmung > 180 mm Holzweichfaserplatten		52[b)] (−3; −10)

a) Die in Zeile 1 angegebenen Schalldämm-Maße gelten bei Einsatz von Mineralwolleplatten, Zellulose oder Holzweichfaserplatten mit Strömungswiderstand $r \geq 5\,\text{kN s/m}^4$ als Zwischensparrendämmung. Bei Einsatz der folgenden Modifikationen ändert sich die Schalldämmung wie folgt:
Zusätzlich Mineralwolle in Installationsebene (Schicht 10 in Abb. 7.46) $\Delta R_w = +4\,\text{dB}$
Dämmstoffdicken > 400 mm mit Betondachsteinen $\Delta R_w = +6\,\text{dB}$
Dämmstoffdicken > 400 mm mit Blecheindeckung $\Delta R_w = +1\,\text{dB}$
Einsatz eines Stegträgers $\Delta R_w = 0\,\text{dB}$

b) Weitere Einflussgrößen beeinflussen die Schalldämmung wie folgt:
Dachdeckung mit Betondachsteinen $\Delta R_w = 0\,\text{dB}$, mit Tondachsteinen $\Delta R_w = -2\,\text{dB}$
Installationsebene mit Federschiene $\Delta R_w = +2\,\text{dB}$
raumseitiger Abschluss mit Nut- und Federholzschalung $\Delta R_w = -5\,\text{dB}$

auch aufsparrengedämmte Konstruktionen beschreiben, wird auf die entsprechende Norm DIN 4109-33 verwiesen.

Angegeben wird das bewertete Schalldämm-Maß R_w (als Laborwert) und für einige Konstruktionen auch die bewertete Norm-Flankenschallpegeldifferenz $D_{n,f,w}$ (als Laborwert) teilweise mit dazugehörigen Spektrum-Anpassungswerten C und C_{tr}. Für die Beispielsammlung zur Flankenschalldämmung „Dächer" des neuen Bauteilkatalogs in DIN 4109 [7.37] wurden die Erkenntnisse so ausgearbeitet, dass die Flankenschalldämmung im Wesentlichen als Funktion der Dachkonstruktion und der Stoßstelle aufgetragen wurde. Bei der Beschreibung der Stoßstelle wurde zwischen vier unterschiedlichen Konstruktionsvarianten unterschieden (Tab. 7.27). Für die Beschreibung der Flankenschalldämmung wurde hier nicht zwischen ein- und zweischaligem Trennwandaufbau unterschieden. Die angegebenen Werte der Norm-Flankenschallpegeldifferenz sind auf eine Bezugskantenlänge von $l_0 = l_{lab} = 4{,}5$ m bezogen. Spektrum-Anpassungswerte C und C_{tr} wurden für diese Konstruktionen nicht mit angegeben.

Tab. 7.27 Prinzipdarstellung der Stoßstellen zwischen Dach und Wand (aus DIN 4109-33 [7.34]).

Nr.	Detailskizze	Beschreibung
A	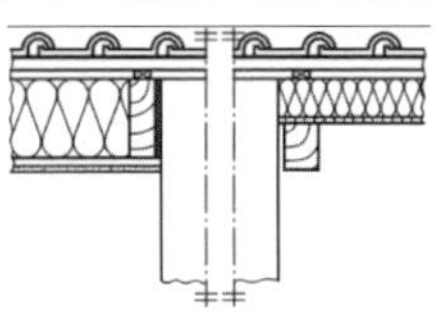	Dachkonstruktion wird durch Trennwand unterbrochen: Lattung und Wärmedämmung sind getrennt.
B	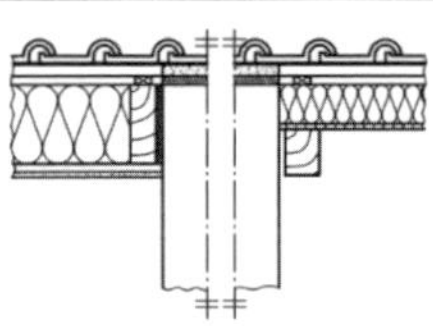	Dachkonstruktion wird durch Trennwand unterbrochen und im Bereich des Wandkopfs bedämpft: Zusätzliche Maßnahmen zur Bedämpfung des Hohlraums zwischen Dachdeckung und Trennwandkopf. Lattung und Wärmedämmung sind getrennt.
C	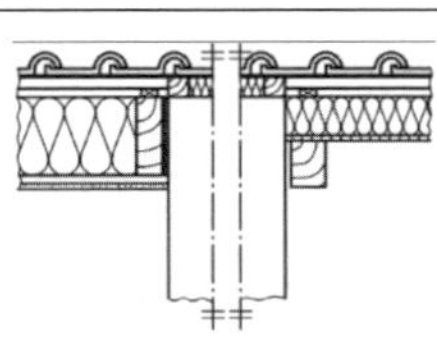	Dachkonstruktion wird durch Trennwand unterbrochen, im Bereich des Wandkopfs bedämpft und abgeschottet: Der Hohlraum zwischen Dachdeckung und Trennwandkopf ist abgeschottet (z. B. Aufmauerung mit wärmedämmenden Steinen; Dachsteine eingemörtelt; absorbierende Wärmedämmung zwischen der zweischaligen Aufmauerung; Dachlattung getrennt).
D	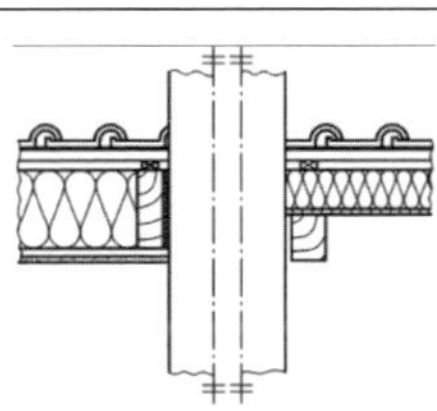	Die Dachkonstruktion ist vollständig unterbrochen: Die Trennwand (Brandwand) wird durch die Dachhaut nach außen geführt, Anwendung auch bei höhenversetzten Geschossen.

Tab. 7.28 Beispielsammlung Flankenschalldämmung – Steildächer mit Zwischensparrendämmung (aus DIN 4109-33 [7.34]).

Nr.	**Ausführung Steildach**	**$D_{n,f,w}$ in dB**		
		A 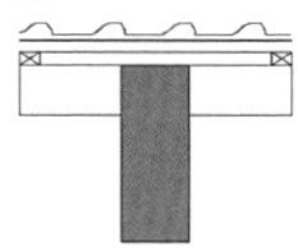	B 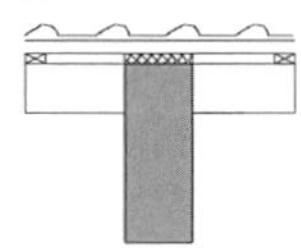	C 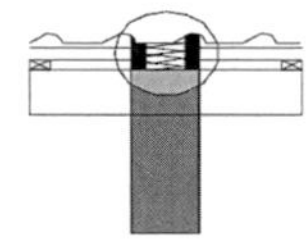
Grundkonstruktion				
1	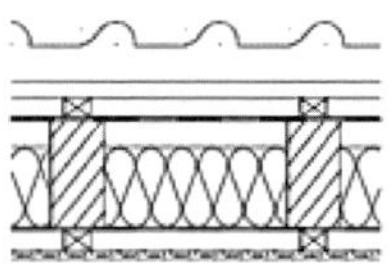 Ausführung nach Tab. 7.26, Zeile 1	75[a)]	—	—
2	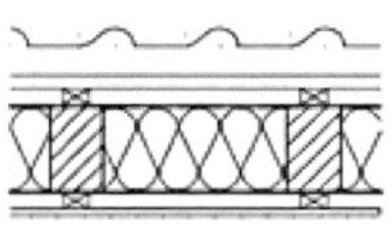 Ausführung nach Tab. 7.26, Zeile 2	79	—	—

a) Weitere Einflussgrößen beeinflussen die Flankenschalldämmung wie folgt:

einschalige Wand als Trennwand	$\Delta D_{n,f,w} = -5$ dB
durchlaufende Lattung	$\Delta D_{n,f,w} = -10$ dB
durchlaufende Pfette und Lattung	$\Delta D_{n,f,w} = -20$ dB

Die angegebenen Kenngrößen wurden als Mittelwerte aus unabhängigen Messungen generiert. Das Sicherheitskonzept der DIN 4109 sieht derzeit einen Abschlag von 2 dB vor, wobei dieser auf den Prognosewert R'_w anzuwenden ist.

7.3.4.4 Schalldämmung von Steildächern bei tiefen Frequenzen

Werden Steildächer bei Belästigungen mit Verkehrslärm mit stark tieffrequenten Beiträgen eingesetzt, so ist darauf zu achten, dass deren Schalldämmung im Frequenzbereich unterhalb 100 Hz nicht zu schlecht ist. Für diese Einsatzzwecke wurden im Rahmen eines Forschungsvorhabens [7.72] besondere Steildächer entwickelt, die eine verbesserte Schalldämmung bei tiefen Frequenzen, d. h. unterhalb von 100 Hz, besitzen. Zwei dieser Dachkonstruktionen mit Zwischensparrendämmung werden in Abb. 7.55 mit ihren Schalldämmkurven dargestellt. Man sieht, dass diese verbesserten Konstruktionen bei Frequenzen unterhalb 100 Hz eine Schalldämmung aufweisen, die deutlich über den üblichen Steildachkonstruktionen liegt. Eine detailliertere Beschreibung der hier vorgestellten Dächer ist der Literatur [7.72] zu entnehmen.

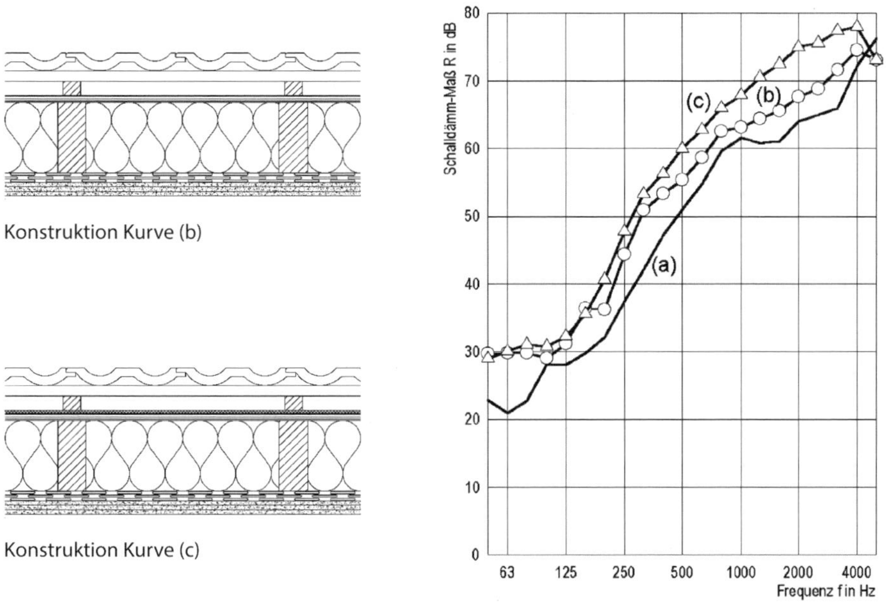

Abb. 7.55 Schalldämmung von optimierten Steildächern mit Zwischensparrendämmung verglichen mit einer Standard-Steildachkonstruktion (Kurve (a) $R_w(C; C_{tr})$ = 49 (−2; −8) dB (Beispiel aus [7.72]). Aufbau der Dächer für Konstruktion – Kurven (b) und (c): Betondachsteine auf Unterkonstruktion/10 mm Bitumenschweißbahn (nur Kurve (c))/19 mm Schalung/200 mm Sparren mit 160 mm Faserdämmstoff/27 mm Federschiene/3 · 12,5 mm Gipskartonplatte. Ergebnis Typ Entkopplung durch Federschiene – Kurve (b) $R_w(C; C_{tr})$ = 54 (−3; −9) dB; Ergebnis Typ Entkopplung durch Federschiene und Beschwerung Dachschalung – Kurve (c) $R_w(C; C_{tr})$ = 56 (−3; −9) dB.

7.3.4.5 Hinweise zur Bauausführung

Die Schalldämmung und Schall-Längsdämmung von Steildächern kann in ausgeführten Bauten von den oben angegebenen Schalldämmwerten abweichen. Diese Diskrepanzen sind oftmals auf Baufehler, aber auch auf Ausführungsschwankungen bei Montage und Fertigung der Dächer zurückzuführen. Daher werden in diesem Abschnitt die für Dachkonstruktionen typischen Baufehler, aber auch Ausführungsschwankungen beschrieben.

Offene Fugen zwischen Dachfläche und Trennwand Werden bei einem Dachanschluss an eine Trennwand die Anschlussfugen nicht ordnungsgemäß abgedichtet, so kann es zu einer Übertragung von Fugenschall kommen, welche die Schalldämmung der Trennwand drastisch reduziert. In der Praxis tritt dieser Baufehler häufig bei Steildächern mit Zwischensparrendämmung angebunden an Mauerwerks- oder Betontrennwände auf, wobei sowohl Wohnungs- als auch Gebäudetrennwände betroffen sind. Im Holzbau ist durch die vorgefertigte Bauweise der Dachanschluss meist dichter ausgeführt und führt nicht so häufig zu Beschwerden. In einem Beispiel [7.82] wurde bei offenen Fugen eine Norm-Flankenschallpegeldifferenz von gerade einmal $D_{n,f,w}$ = 51 dB gemessen. Durch Abdichtung der Fugen zwischen

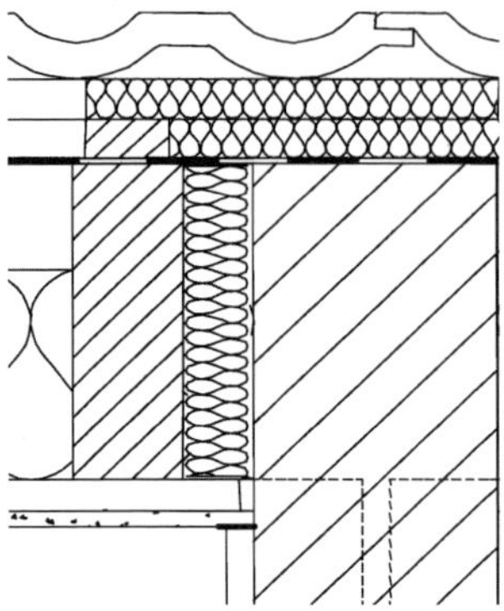

Abb. 7.56 Vorschlag für Anschlussdetail: Zwischen Sparren und Trennwand 10–50 mm Fuge mit Faserdämmstoff gedämmt. Lattenhohlraum über der Trennwand mit nichtbrennbarem Faserdämmstoff gedämmt. Anschluss Gipsbauplatte: Putz mit Trennstreifen oder dauerelastisch versiegelt.

Sparren und Trennwand konnte dieser Wert bis auf $D_{n,f,w} = 71$ dB gesteigert werden. Zur Vermeidung dieses Baufehlers kann durch die in Abb. 7.56 dargestellte Abdichtungsmaßnahme sichergestellt werden, dass über die Anschlussfugen zwischen Dach und Wand kein Fugenschall übertragen wird.

Durchlaufende Schalung bei Dach mit Aufdachdämmung Über die Trennwand durchlaufende Konstruktionen können die Schall-Längsdämmung von Steildächern sehr stark verschlechtern. Ein besonders drastischer Fall liegt vor, wenn bei einem Steildach mit einem Aufsparrendämmsystem die innere Dachschalung über die Trennwand hinweggeführt wird. In [7.76, 7.82] wird ein Schadensfall in einem Schulgebäude beschrieben. Die Schule wurde in Mischbauweise geplant, wobei das obere Stockwerk in Leicht- bzw. Holzbauweise ausgeführt wurde. Die Sichtschalung des Dachs mit einer Aufdachdämmung lief über die Klassenräume hinweg und führte zu sehr großen Defiziten in der Schalldämmung zwischen den Klassenzimmern. Es wurde ein bewertetes Bau-Schalldämm-Maß der Trennwand von $R'_w = 40$ dB ermittelt. Die Sanierung dieses Baufehlers erfolgte durch eine abgehängte Unterdecke in jedem zweiten Raum. Eine alternative Sanierung durch die Trennung der Schalung über den Trennwänden wurde aus Kostengründen abgelehnt. Durch den Einsatz der abgehängten Decke konnte die Schalldämmung der Trennwand um 7 dB auf $R'_w = 47$ dB gesteigert werden. Die durchgeführten Maßnahmen wären geeignet gewesen, eine noch höhere Schalldämmung der Trennwand zu erreichen, es waren bei dieser Messung aber noch Defizite in der Trennwand und anderen Nebenwegen vorhanden, die nicht näher analysiert wurden, die jedoch das Ergebnis in seiner Höhe beschränken.

Durchlaufende Dämmplatten bei Dach mit Aufdachdämmung Wenn bei einem Aufdachdämmsystem aus Hartschaumplatten diese Dämmplatten über die Trennwand hinweg durchlaufend montiert werden, kommt es zu einer erhöhten Schallübertragung über die Dachfläche. Ein Beispiel in einem Reihenhaus mit zweischaliger Haustrennwand in Mauerwerksbauweise wird in Abb. 7.57 dargestellt [7.76]. In der vorgefundenen Bauausführung lief die Hartschaumplatte über der Trennwand durch. Die Schalldämmung der Trennwand ist mit $R'_w = 48$ dB sehr mangelhaft. Obwohl diese Problematik bereits seit Langem bekannt ist [7.79] und diese

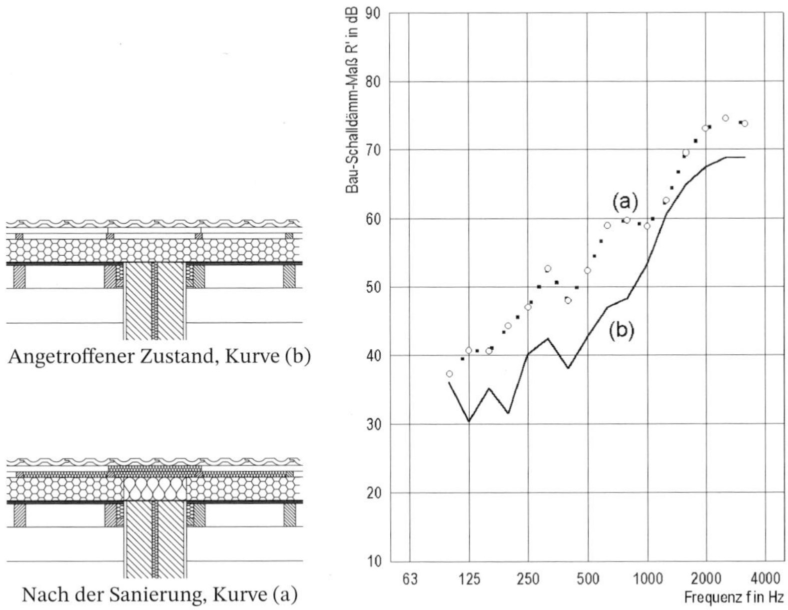

Abb. 7.57 Schalldämmung einer Gebäudetrennwand, gemessen am Bau mit einem Steildach mit Hartschaumaufdachdämmung im Mauerwerksbau (Beispiel aus [7.76]). Kurve (a) sanierter Zustand, $R'_w = 57$ dB, Kurve (b) angetroffener Zustand, $R'_w = 48$ dB.

Ausführung auch aus Sicht des Brandschutzes nicht den gültigen Landesbauordnungen entspricht, werden immer wieder Steildächer mit solchen Ausführungen angetroffen. In der Mustersanierung wurde im Trennwandbereich die Hartschaumdämmung vollständig entfernt und durch 30 cm breite Mineralfasermatten ersetzt. Außerdem wurde im jeweils ersten Sparrenfeld auf beiden Seiten der Trennwand eine Auflage aus Mineralfaserdämmstoff eingebracht. Mit diesen Maßnahmen konnte die Schalldämmung der Haustrennwand deutlich verbessert werden. Sie erfüllt nun mit $R'_w = 57$ dB zumindest die Mindestanforderungen an die Schalldämmung einer Gebäudetrennwand. Es sei darauf hingewiesen, dass für eine korrekte Ausführung aus Sicht des Brandschutzes die Trennwand bis zur Dachhaut hochzuziehen wäre. Dies war bei diesem BV nachträglich nicht mehr möglich. Um eine bessere Ausführung aus Sicht des Schallschutzes und des Brandschutzes zu gewährleisten, sollten die in der Beispielsammlung beschriebenen Konstruktionen unter Berücksichtigung der jeweils gültigen Anforderungen aus den Landesbauordnungen angewendet werden.

Durchlaufende Pfetten bei Dach mit Zwischensparrendämmung Über die Trennwand durchlaufende Pfetten sind aus Gründen der Statik vorteilhaft, da hierdurch schlankere Querschnitte eingesetzt werden können. Aus schalltechnischer Sicht stellt eine solche Bauweise jedoch einen akustischen Kurzschluss dar, durch den die Schallenergie sehr leicht von einem Raum zum anderen transportiert werden kann. Auch die Dichtigkeit in Bezug auf Fugenschallübertragung kann hierdurch nicht gewähr-

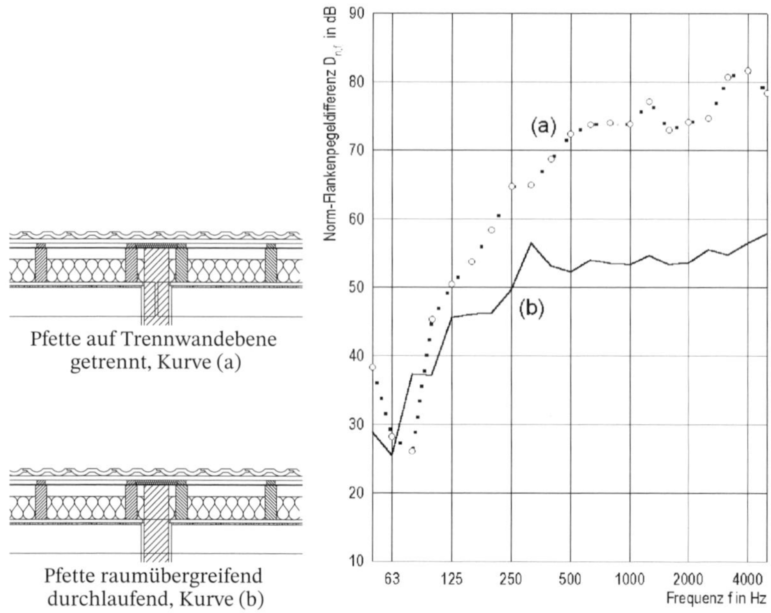

Abb. 7.58 Schalltechnischer Kurzschluss bei durchgehender Pfette, Norm-Flankenschallpegeldifferenz eines Dachaufbaus mit Zwischensparrendämmung: Kurve (a): Pfette auf Trennwand getrennt: $D_{n,f,w} = 71$ dB, Kurve (b): Pfette durchlaufend: $D_{n,f,w} = 54$ dB. Beispiel aus [7.80].

leistet werden (Abb. 7.58). Die Effekte durch eine durchlaufende Pfette wurden im Laborversuch bei einem Dachaufbau mit Zwischensparrendämmung angeschlossen an eine einschalige Wohnungstrennwand untersucht ([7.80], Abb. 7.58). Durch den Einsatz von durchlaufenden Pfetten in Steildächern mit Zwischensparrendämmung kann es zu schalltechnischen Verlusten in der Größenordnung von 17–20 dB im $D_{n,f,w}$ kommen. Der Dachaufbau mit durchlaufender Pfette ist nicht geeignet zum Einsatz bei einer Wohnungstrennwand. Daher ist bei allen Steildachaufbauten auf eine strikte Trennung der Pfettenkonstruktion im Bereich der Trennwand zu achten.

Durchlaufende Dachlattung und Vordach Eine über die Trennwand hinweg durchlaufende Dachlattung oder Vordachschalung führt insbesondere bei Aufdachdämmsystemen zu einer Verringerung der Schalldämmung. Der Einfluss ist bei erhöhtem Schallschutz ausschlaggebend. Die Verschlechterung der Flankendämmung wurde in Form der Differenz der bewerteten Norm-Flankenschallpegeldifferenz $\Delta D_{n,f,w}$ in [7.80] angegeben. Bei Haustrennwänden sollte die Dachlattung schon aufgrund des Brandschutzes nicht über die Trennwand geführt werden. Im Bereich der Trennwand sollte die Lücke zwischen den Dachlatten durch zwei Blechprofile überbrückt werden. Bei der Vordachschalung ist bereits ein einfacher Sägeschnitt ausreichend, um den Übertragungsweg zu unterbrechen.

Hoher Anpressdruck bei Aufdachdämmungen aus druckfesten Faserdämmstoffplatten
Ein zu hoher Anpressdruck der Aufdachdämmung resultiert aus der Montageweise. Werden die Dämmplatten mit Sparrennägeln vernagelt oder mit Einfachgewindeschrauben verschraubt, ist automatisch ein sehr hoher Anpressdruck gegeben. Die Montage mit Doppelgewindeschrauben garantiert bei korrekter Ausführung einen geringen Anpressdruck. Wie bei durchlaufender Dachlattung und Vordach ist dieser Einfluss bei erhöhtem Schallschutz ($D_{n,f,w} \geq 70$ dB) ausschlaggebend. Ein zu hoher Anpressdruck der Dämmplatten hat auch einen Einfluss auf die Transmissionsschalldämmung einer solchen Dachkonstruktion.

Literatur

7.1 Kehl, D. (2009). Das Maß des Wärmeschutzes. Der *U*-Wert und die Dämmdicke, *HOLZBAU – die neue quadriga* (6).

7.2 Hauser, G. und Stiegel, H. (1994). *Dokumentation der Wärmebrückenwirkung bei Häusern in Holztafelbauart gegenüber konventionell errichteten Gebäuden und Festlegung pauschaler Korrekturfaktoren*, DGFH-Forschungsbericht IBH 24/93.

7.3 Borsch-Laaks, R. (2013). Wärmeschutz praktisch optimiert, *HOLZBAU – die neue quadriga* (2).

7.4 Borsch-Laaks, R. (2016). *Brauchen wir die Perimeterdämmung am Holzbausockel?* In: Tagungsband zum 7. int. Holz[Bau]Physik-Kongress 25./26.2.2016 in Leipzig. Bezug: www.holzbauphysik\penalty\@M-\hskip\z@skipkongress.eu.

7.5 Bundesamt für Energie (Hrsg.), (2012). *Sommerliches Komfortklima von Wohngebäuden, Eigenverlag*; Forschungsbericht, Bern.

7.6 Borsch-Laaks, R. und Wagner, G. (2004). Ist das Sommerklima berechenbar? Teil 2: Eine Fallstudie zum sommerlichen Wärmeschutz mit PHPP, *HOLZBAU – die neue quadriga* (4).

7.7 Borsch-Laaks, R. (2008). Die richtige Sommerlüftung – Erkenntnisse und Empfehlungen für die natürliche Kühlung, *HOLZBAU – die neue quadriga* (3).

7.8 DIN 4108-2:2013-02 (2013). *Mindestanforderungen an den Wärmeschutz*, Berlin: Beuth.

7.9 Kehl, D., Schusser, A. und Müller, A. (2011). Sommerliches Komfortklima im Holzhaus, *HOLZBAU – die neue quadriga* (3) u. (6).

7.10 Kornadt et al. (2018). *Dynamisch thermisch-hygrisches Verhalten von Massivbaukonstruktionen: Entwicklung eines Wärmespeicherfähigkeitsindex für Gebäude aus Mauerwerk und thermisch aktivierbare Massivholzelemente*, Fraunhofer-IRB-Verlag, Stuttgart.

7.11 PHI (2002). *Klimaneutrale Passivhaussiedlung Hannover-Kronsberg. Analyse im dritten Betriebsjahr*, Darmstadt: Eigenverlag.

7.12 Wagner, H. (1989 Luftdichtigkeit und Feuchteschutz beim Steildach mit Dämmung zwischen den Sparren, *DBZ* (12).

7.13 Künzel, H.M. (1999). *Dampfdiffusionsberechnung nach Glaser – Quo vadis?* IBP Mitteilungen 355, Fraunhofer Institut für Bauphysik, Stuttgart/Holzkirchen.

7.14 Künzel, H.M. (1998). Außen dampfdicht, vollgedämmt? *bauen mit holz* (8).

7.15 Schmidt, D. und Winter, S. (2008). *Flachdächer in Holzbauweise*. Informationsdienst Holz Spezial, HAF Bonn.

7.16 AKÖH – Arbeitskreis Ökologischer Holzbau e. V. (Hrsg.) (2011). *Holzschutz und Bauphysik*. Tagungsband des 2. Internationalen Holz(Bau)-Physik-Kongresses, Leipzig 2011. Bezug über www.holzbauphysik-kongress.eu.

7.17 Borsch-Laaks, R. und Eisenblätter, A. (2011). Ohne Netz und doppelten Boden. Risiken von einlagigen Kunststoffabdichtungen bei Flachdächern in Holzbauweise, *HOLZBAU* (5).

7.18 Mohrmann, M. (2011). *Feuchteschäden beim Flachdach – Lehrreiche Beispiel aus der Gutachterpraxis*, in

7.19 Robert Borsch-Laaks, R., Radovic, B. und Schwaner, K. (2011). *Akute Einsturzgefahr – Ein Feuchteschaden bei einem flach geneigten Dach mit Begrünung*, in [7.16].

7.20 Zumoberhaus, M. (2011). *Sind Schweizer Holzdächer anders? Erfahrungen mit der feuchtetechnischen Dimensionierung unbelüfteter Flachdächer*, in [7.16].

7.21 Borsch-Laaks, R. (2011). *Verschattungsanalyse für ein Flachdach*, in [7.16].

7.22 Buxbaum, C. und Pankratz, O. (2011). *Im Schatten bleibt es kühl – Feuchteverhalten unbelüfteter Flachdächer mit teilweisen Verschattungen*, in [7.16].

7.23 Teibinger, M. und Nusser, B. (2010). *Flachgeneigte Dächer aus Holz – Planungsbroschüre*. Wien: Holzforschung Austria.

7.24 Nusser, B. und Teibinger, M. (2011). Gründach versus Foliendach, *HOLZBAU – die neue quadriga* (5).

7.25 Zirkelbach, D. und Schafaczek, B. (2011). Gründächer im Holzbau, in *Holzforschung Austria* (Hrsg.) Bauphysikforum 2011, HFA-Schriftenreihe **32**, Wien.

7.26 Borsch-Laaks, R. (2015). Außen dampfdicht – innen was tun? Was sagen die Regeln der Technik? Sind sie anerkannt? Seit wann? *HOLZBAU – die neue quadriga* (1).

7.27 Wissenschaftlich-Technische Arbeitsgemeinschaft für Bauwerkserhaltung und Denkmalpflege e. V. – WTA (Hrsg.): WTA-Merkblatt 6-1:2001, *Leitfaden für hygrothermische Simulationsberechnungen* und WTA-Merkblatt 6-2:2001, *Simulation wärme- und feuchtetechnischer Prozesse*, München: WTA-Publications, 2001. Hinweis: Das WTA MB 6-2 wurde 2014 erweitert und aktualisiert.

7.28 Wissenschaftlich-technische Arbeitsgemeinschaft für Bauwerkserhaltung und Denkmalpflege e. V. – WTA (Hrsg.): WTA-Merkblatt 6-8:2016, *Feuchtetechnische Bewertung von Holzbauteilen*. Vereinfachte Nachweise und Simulation. München, 12/2016.

7.29 Schmidt, D. und Kehl, D. (2019). Flachdächer in Holzbauweise *Informationsdienst Holz*, Holzbau Handbuch Reihe 3, Teil 2, Folge 1, 01-2019. ISSN 0466-2114.

7.30 Schulze, H. (1997). Baulicher Holzschutz, *Informationsdienst Holz*, Reihe 3, Teil 5, Folge 2, DGfH Innovations- und Service GmbH, München, 1997-09.

7.31 DIN EN ISO 10140 (2010–2016) *Akustik – Messung der Schalldämmung von Bauteilen in Prüfständen*, Berlin: Beuth. *Teil 1: Anwendungsregeln für bestimmte Produkte*, 2016-12, *Teil 2: Messung der Luftschalldämmung*, 2010-12,

Teil 3: Messung der Trittschalldämmung, 2015-11,
Teil 4: Messverfahren und Anforderungen, 2010-12,
Teil 5: Anforderungen an Prüfstände und Prüfeinrichtungen, 2014-09.

7.32 DIN EN ISO 16283 (2014–2020) *Akustik, Messung der Schalldämmung in Gebäuden und von Bauteilen am Bau*, Berlin: Beuth.
Teil 1: Luftschalldämmung, 2018-04,
Teil 2: Trittschalldämmung, 2020-11,
Teil 3: Fassadenschalldämmung, 2016-09.

7.33 DIN EN ISO 10848 (2018). *Messung der Flankenübertragung von Luftschall, Trittschall und Schall von gebäudetechnischen Anlagen zwischen benachbarten Räumen im Prüfstand und am Bau*, Berlin: Beuth.
Teil 1: Rahmendokument, 2018-02
Teil 2: Anwendung auf Typ-B-Bauteile, wenn die Verbindung einen geringen Einfluss hat, 2018-02,
Teil 3: Anwendung auf Typ-B-Bauteile, wenn die Verbindung wesentlichen Einfluss hat, 2018-02.

7.34 DIN 4109 (2018). *Schallschutz im Hochbau*, Berlin: Beuth.
Teil 1: Mindestanforderungen, 2018-01,
Teil 2: Rechnerische Nachweise der Erfüllung der Anforderungen, 2018-01,
Teil 4: Bauakustische Prüfungen, 2016-07,
Teil 33: Eingangsdaten für die rechnerischen Nachweise des Schallschutzes (Bauteilkatalog) – Holz-, Leicht- und Trockenbau, flankierende Bauteile, 2016-07,
Teil 34: Eingangsdaten für die rechnerischen Nachweise des Schallschutzes (Bauteilkatalog) – Vorsatzkonstruktionen vor massiven Bauteilen, 2016-07.

7.35 DIN EN ISO 717 (2013). *Bewertung der Schalldämmung in Gebäuden und von Bauteilen*, Berlin: Beuth.
Teil 1: Luftschalldämmung, 2013-06,
Teil 2: Trittschalldämmung, 2013-06

7.36 DIN EN ISO 12354 (2017). Berechnung der akustischen Eigenschaften von Gebäuden aus den Bauteileigenschaften, Berlin: Beuth.
Teil 1: Luftschalldämmung zwischen Räumen, 2017-11,
Teil 2: Trittschalldämmung zwischen Räumen, 2017-11
Teil 3: Luftschalldämmung von Außenbauteilen gegen Außenlärm, 2017-11.

7.37 Scholl, W. und Bietz, H. (2004). *Integration des Holz- und Skelettbaus in die neue DIN 4109*, Abschlussbericht der PTB zum Forschungsvorhaben gefördert durch DIBt und PTB.

7.38 Gerretsen, E. (2006). *Possibilities to improve the modelling in EN 12354 for lightweight elements*, euronoise
Gerretsen, E. (2007). *Some aspects to improve sound insulation prediction models for lightweight elements*, internoise
Gerretsen, E. (2008). *Prediction models for building performance – European need and world wide use*, euronoise.

7.39 Guigou-Carter, C. und Michel Villot, M. (2012). *Prediction and measurements for lightweight buildings and low frequencies*, euronoise.

7.40 Mahn, J. und Pearse, J. (2012). *The calculation of the resonant sound reduction index for use in EN 12354*, euronoise.

7.41 Schoenwald, S. (2012). *Comparison of proposed methods to include lightweight framed structures in EN 12354 prediction model*, euronoise.

7.42 Schumacher, R., Saß, B. und Pütz, M. (2001). *Grundlagenuntersuchungen zum Stoßstellendämm-Maß im*

Holzbau, Forschungsbericht des ift-Rosenheim.

7.43 Schumacher, R., Pütz, M. und Saß, B. (2002). *Schall-Längsdämmung im Mehrgeschoß-Holzbau*, AiF-Forschungsbericht des ift-Rosenheim.

7.44 Holtz, F., Rabold, A., Hessinger J. und Bacher, S. (2005). *Ergänzende Deckenmessungen zur DIN 4109*, DGfH-Forschungsbericht des Labor für Schall- und Wärmemesstechnik (gefördert durch Holzabsatzfonds, BDF und BDZ).

7.45 DIN 4109:1989-11 (1989). *Schallschutz im Hochbau, Anforderungen und Nachweise*, Berlin: Beuth. *Bbl. 1: Ausführungsbeispiele und Rechenverfahren*, 1989-11, *Bbl. 1/A1: Ausführungsbeispiele und Rechenverfahren; Änderung A1*, 2003-09, *Bbl. 2: Hinweise für die Planung und Ausführung, Vorschläge für einen erhöhten Schallschutz, Empfehlungen für den Schallschutz im eigenen Wohn- und Arbeitsbereich*, 1989-11, *Teil 11: Schallschutz im Hochbau, Güte- und Eignungsprüfungen*, 2003-09.

7.46 VDI 4100:2012-10 (2012). *Schallschutz im Hochbau, Wohnungen, Beurteilung und Vorschläge für erhöhten Schallschutz*, Berlin: Beuth.

7.47 Gösele, K., Schüle, W. und Künzel, H. (1997). *Schall – Wärme – Feuchte*, 10. Auflage, Wiesbaden: Bauverlag.

7.48 Hessinger, J., Buschbacher, H.-P., Rabold, A. und Holtz, F. (2004). *Sound insulation of solid wood constructions*, Fortschritte der Akustik, DAGA 2004, S. 739.

7.49 Hessinger, J., Buschbacher, H.P., Rabold, A., Leitgeb, M., Ramsteiner, R. und Holtz, F. (2003). *Schwingungsverhalten von Holzständerwänden*, Fortschritte der Akustik – DAGA 2003, S. 152.

7.50 Holtz, F., Rabold, A., Hessinger, J. und Buschbacher, H.P. (2004). *Schalltechnische Optimierung des Holzbaus durch Verbesserung der Wandkonstruktionen*, AiF-Forschungsbericht der LSW-Labor für Schall- und Wärmemesstechnik GmbH.

7.51 Holtz, F., Rabold, A., Buschbacher, H.P. und Hessinger, J. (1999). Informationsdienst Holz, *holzbau handbuch*, Reihe 3, Teil 3, Folge 3, Schalldämmende Holzbalken- und Brettstapeldecken, Hrsg. Entwicklungsgemeinschaft Holzbau, München.

7.52 DIN 18560 (2004–2009) *Estriche im Bauwesen*, Berlin: Beuth. *Teil 1: Allgemeine Anforderungen, Prüfung und Ausführung*, 2009-09, *Teil 2: Estriche und Heizestriche auf Dämmschichten (schwimmende Estriche)* 2009-09, *Teil 3: Verbundestriche*, 2006-03, *Teil 4: Estriche auf Trennschicht*, 2004-04, *Teil 7: Hochbeanspruchbare Estriche (Industrieestriche)* 2004-04.

7.53 DIN EN 13318:2000-12 *Estrichmörtel und Estriche – Begriffe*, Berlin: Beuth.

7.54 Hessinger, J., Rabold, A. und Holtz, F. (2007). *Akustische Wechselwirkung von Holzdecken und Deckenauflagen*, Fortschritte der Akustik – DAGA 2007, S. 259.

7.55 DIN EN 13162:2015-04 (2015). *Wärmedämmstoffe für Gebäude – Werkmäßig hergestellte Produkte aus Mineralwolle (MW) – Spezifikation*, Berlin: Beuth.

7.56 DIN EN 312:2010-12 (2010). *Spanplatten – Anforderungen*, Berlin: Beuth.

7.57 DIN EN 300:2006-09 (2006). *Platten aus langen, flachen, ausgerichteten Spänen (OSB) – Definitionen, Klassi-*

fizierung und Anforderungen, Berlin: Beuth.

7.58 DIN EN 13986:2015-06 (2015). *Holzwerkstoffe zur Verwendung im Bauwesen – Eigenschaften, Bewertung der Konformität und Kennzeichnung*, Berlin: Beuth.

7.59 DIN EN 13171:2015-04 (2015). *Wärmedämmstoffe für Gebäude – Werkmäßig hergestellte Produkte aus Holzfasern (WF) – Spezifikation*, Berlin: Beuth.

7.60 DIN 18180:2007-01 (2007). *Gipsplatten – Arten und Anforderungen*, Berlin: Beuth.

7.61 DIN EN 15283-2:2009-12 (2009). *Faserverstärkte Gipsplatten – Begriffe, Anforderungen und Prüfverfahren – Teil 2: Gipsfaserplatten*, Berlin: Beuth.

7.62 DIN EN 520:2009-12 (2009). *Gipsplatten – Begriffe, Anforderungen und Prüfverfahren*, Berlin: Beuth.

7.63 Gösele, K. und Karadi, J. (1978). *Untersuchungen über die Schall-Längsdämmung von Wänden und Decken aus Holzbauteilen*, Forschungsbericht des Institut für Bauphysik, Stuttgart, im Auftrag der Entwicklungsgemeinschaft Holzbau e. V.

7.64 Rabold, A. (2013). Schallschutz im Holzbau, in *Urbaner Holzbau, Chancen und Potentiale für die Stadt* (Hrsg. Cheret, P., Schwaner, K., Seidel, A.) Berlin: DOM publishers.

7.65 Erhardt, D. und Morkötter, D. (2010). *Gehversuche auf Holzdecken zum Vergleich mit den bewerteten Norm-Trittschallpegeln gemäß DIN EN ISO 717*, Studienarbeit, Hochschule Rosenheim.

7.66 Rabold, A. und Rank, E. (2009). *Anwendung der Finiten Elemente Methode auf die Trittschallberechnung, Teilbericht zum Kooperationsprojekt: Untersuchung der akustischen Wechselwirkungen von Holzdecke und Deckenauflage zur Entwicklung neuartiger Schallschutzmaßnahmen*, ibp Stuttgart, TU München, ift Rosenheim, DGfH.

7.67 Seidel, J. (2010). *Trittschall- und Geher-Messungen im Deckenprüfstand der Fa. Knauf Gips KG*, Iphofen.

7.68 Zwicker, E., Fastl, H., Widmann, U., Kurakata, K., Kuwano, S. und Namba, S. (1991). Program for calculating loudness according to DIN 45631 (ISO 532B), *Journal of Acoustic Society of Japan* 12:39–42.

7.69 Burkhart, C. (2003). *Tieffrequenter Trittschall – Messergebnisse, Beurteilung*, Fortschritte der Akustik – DAGA 2003, S. 124.

7.70 Holtz, F., Hessinger J.; Öchsle, O., Buschbacher, H.P. und Rabold, A. (2003). *Analyse, Lokalisierung, Sanierung und Vermeidung von schalltechnischen Mängeln im Holzbau*, DGfH-Forschungsbericht der LSW – Labor für Schall- und Wärmemesstechnik GmbH (gefördert durch Holzabsatzfonds).

7.71 Kuhweide, P., Wagner, G. und Wiegand, T. (2000). INFORMATIONSDIENST HOLZ, *holzbau handbuch*, Reihe 4, Teil 2, Folge 3, Konstruktive Vollholzprodukte, Hrsg. Arbeitsgemeinschaft Holz, Düsseldorf.

7.72 Holtz, F., Rabold, A., Buschbacher, H.P. und Hessinger J. (2003). *Hochschalldämmende Außenbauteile aus Holz*, DGfH-Forschungsbericht der LSW – Labor für Schall- und Wärmemesstechnik GmbH (gefördert durch Holzabsatzfonds).

7.73 DIN 18181:2008-10 (2008). *Gipsplatten im Hochbau – Verarbeitung*, Berlin: Beuth.

7.74 DIN EN 309:2005-04 (2005). *Spanplatten – Definition und Klassifizierung*, Berlin: Beuth.

7.75 Metzen, H.A. (2004). *Berechnungsmodelle & Berechnungsansätze im Holzbau*, Abschlussbericht zum Teilprojekt im Rahmen des Forschungsvorhabens „Integration des Holz- und Skelettbaus in die neue DIN 4109“ der PTB gefördert durch DIBt und PTB.

7.76 Holtz, F., Hessinger J., Rabold, A. und Buschbacher, H.P. (2004). INFORMATIONSDIENST HOLZ, *holzbau handbuch*, Reihe 3, Teil 3, Folge 4, Schallschutz – Wände und Dächer, Hrsg. Holzabsatzfonds und DGfH.

7.77 Rabold, A. und Hessinger, J. (2013). Die Gebäudetrennwand bei Doppel- und Reihenhäuser – Schalltechnische Planung von Trennwand und Dachanschluss, *HOLZBAU die neue quadriga* (4).

7.78 Rabold, A. und Jehl, W. (2010). Einfluss unterschiedlicher Dachdeckungen auf die Schalldämmung von Steildächern, *Bauphysik* 32(5):327–329.

7.79 Lutz, P. (1992). Schalldämmung und Schallängsleitung von Steildächern, *WKSB – Zeitschrift für Wärmeschutz, Kälteschutz, Schallschutz, Brandschutz* (31), 16–21.

7.80 Holtz, F., Rabold, A., Hessinger, J., Buschbacher, H.P., Schifflechner, K., Mederle, S. und Welsch, M. (2001). *Schall-Längsleitung von Steildächern – Analyse, Optimierung, Sanierung*, DGfH-Forschungsbericht des Labor für Schall- und Wärmemesstechnik (gefördert durch Holzabsatzfonds).

7.81 Rabold, A., Chateauvieux-Hellwig, C. und Mecking, S. (2017). *Optimierung von Holzdecken in Bezug auf die DIN 4109*, in 8. HolzBauSpezial Bauphysik HBS.

7.82 Hessinger, J., Rabold, A. und Saß, B. (2020). Schallschutz im Holzbau, in *Bauphysik-Kalender 2020* (Hrsg. Fouad, N.A.), Ernst & Sohn: Berlin.

7.83 Hessinger, J. und Saß, B. (2020). Schalldämmung von Fenstern und Türen, in *Bauphysik-Kalender 2020* (Hrsg. Fouad, N.A.), Ernst & Sohn: Berlin.

7.84 *Fassadenelemente für Hybridbauweise – Vorgefertigte, integrale Fassadenelemente in Holzbauweise zur Anwendung im Neubau hybrider Stahlbetonhochbauwerke* (2016). Forschungsbericht der Technischen Universität München (gefördert durch Stiftung bayerisches Baugewerbe).

7.85 Huissel, L. (2016). *Ausarbeitung eines aktuellen Bauteilkataloges für den Schallschutz von Holzdecken zur Verwendung in der Fachliteratur und Normung*, Bachelorarbeit Hochschule Rosenheim.

8
Mehrgeschossiger Holzbau

Stefan Winter, München
Mandy Peter, München

8.1 Allgemeine Hinweise

Seit Jahren besteht weltweit ein Trend zu mehrgeschossigem Holzbau. Von Neuseeland und Australien über Mittel- und Nordeuropa bis nach Nordamerika entstehen mehrgeschossige Wohn- und Bürogebäude bis zur Hochhausgrenze und zunehmend auch darüber hinaus. Abbildung 8.1 zeigt die aktuelle Entwicklung im Jahr 2019.

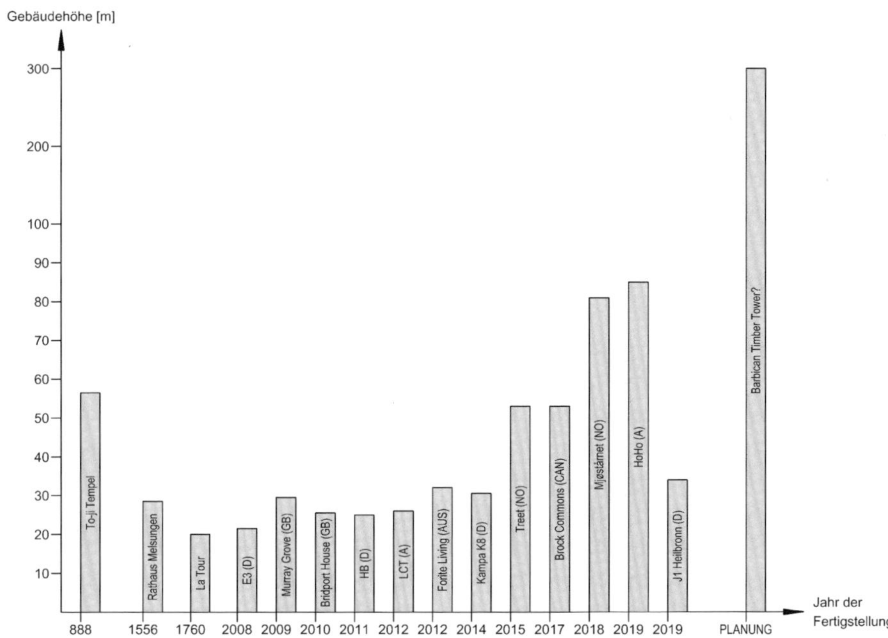

Abb. 8.1 Entwicklung des mehrgeschossigen Holzbaus, Stand 2018 (Quelle: TUM-HBB).

Holzbau-Taschenbuch, Grundlagen. 10. Auflage. Herausgegeben von Stefan Winter und Mandy Peter.

In diesem Kapitel werden ergänzend zu den allgemeinen Berechnungs- und Konstruktionsgrundsätzen des Holzbaus besondere Hinweise zur Konstruktion und zur Bauabwicklung von hohen Häusern aus Holz gegeben. Sie beziehen sich auf Gebäudetypologien, welche die Grenze der Gebäude geringer Höhe (Höhe H des Fußbodens des obersten, für den ständigen Aufenthalt von Personen geeigneten Geschosses über mittlerer, geplanter Geländehöhe $H \leq 7\,\text{m}$) überschreiten und damit im Regelfall mehr als drei Geschosse aufweisen.

Gebäude geringer Höhe können problemlos in der üblichen Holztafelbauweise errichtet werden. Bei größeren Gebäudehöhen sind jedoch einige besondere konstruktive Maßnahmen vorzunehmen. Das betrifft Aspekte des Brandschutzes – der in diesem Kapitel nicht besonders behandelt wird – und der Tragwerksplanung bezüglich der Aufnahme der vertikalen und horizontalen Beanspruchungen in den Grenzzuständen der Tragfähigkeit und der Gebrauchstauglichkeit.

Zum Brandschutz sollen an dieser Stelle nur folgende Hinweise gegeben werden: Im Jahr 2019 haben sich bereits einige Veränderungen in den Bauordnungen ergeben. Unter anderem in den Bundesländern Baden-Württemberg, Hessen, Hamburg, Berlin und Nordrhein-Westfalen wurde die geregelte Ausführung von Holzbau bis zur Hochhausgrenze ermöglicht. Eine neue Muster-Holzbau-Richtlinie (M-Holzbau-RL [2.18]) wurde vorbereitet. Es ist davon auszugehen, dass in den nächsten Jahren auch Änderungen der Musterbauordnung und der anderen Landesbauordnungen vorgenommen werden und damit das Bauen mit Holz auch in der Gebäudeklasse 5 geregelt bundesweit möglich wird. Im Fokus der damit verbundenen Diskussionen stand die Rauchdichtheit der Anschlüsse von Bauteilen untereinander (z. B. Decke/Wand) und von Bauteilfugen. Umfangreiche Untersuchungen haben jedoch gezeigt, dass bei Einhaltung der üblichen konstruktiven Maßnahmen (kraftschlüssige Verbindung) der z. B. in DIN 4102-4 [8.2] und DIN 4102-4/A1 [8.3] genormten Anschlussgrundsätze und der ohnehin aus bauphysikalischen Gründen erforderlichen luftdichten Ausführung der Anschlüsse keine erhöhten Risiken im Vergleich zu anderen Bauarten bestehen.

Eine Sonderstellung nehmen ein- oder zweigeschossige Aufstockungen ein. Bezüglich der Beanspruchungen aus Wind oder z. B. des Brandschutzes fallen sie in den Bereich der hohen Häuser. Aus statischer und konstruktiver Sicht sind sie eher wie Gebäude geringer Höhe zu behandeln und werden meist aus Gewichtsgründen mehrheitlich wie ein üblicher Holztafelbau auf lastverteilenden Trägerlagen über der obersten Geschossdecke des Bestands errichtet. Besonderheiten bestehen allenfalls bei brandabschnittsbildenden Bauteilen, wenn sie anstatt in Massivbauweise auch in Holzbauweise errichtet werden sollen. Der Sonderfall Aufstockung wird in diesem Kapitel nicht weiter betrachtet.

Interessant ist zunächst einmal die Frage, unter welchen Randbedingungen ein mehrgeschossiges Gebäude als „Holzbau“ bezeichnet werden kann. Als Holzbauten werden nachfolgend Gebäude bezeichnet, deren vertikale und horizontale Tragstrukturen zum volumenmäßig überwiegenden Anteil aus Holz bestehen. Praktisch alle diese Gebäude sind allerdings hybride Bauten, die in gewissem Umfang auch Stahl- und Stahlbetonbauteile enthalten.

Für den Tragwerksplaner eines hohen Holzhauses stehen drei Fragen im Mittelpunkt:

- Wie erfolgt die Ableitung horizontaler und vertikaler Einwirkungen?
- Wie werden ungleiche Setzungsmaße tragender Bauteile verhindert?
- Und wie ist neben dem erforderlichen Brandschutz ein hinreichender Feuchteschutz und damit Holzschutz sicherzustellen?

8.2 Vertikale Beanspruchungen – Stützen und Wände, Decken und Unterzüge

Ein Vorteil des Holzbaus ist sein verhältnismäßig geringes Gewicht, also die im Vergleich zu anderen Baustoffen geringen vertikalen Beanspruchungen aus Eigengewicht. Dennoch sollten auch im mehrgeschossigen Holzbau die Grundprinzipien einer sinnvollen Gebäudekonzeption beachtet werden. Lasten sollen nicht „spazieren geführt" werden, d. h., vertikale lastabtragende Bauteile sind übereinander anzuordnen. Das gilt ebenso für Aussteifungselemente (s. Abschnitt 8.3), die an ihren jeweiligen Enden zusätzliche vertikale Beanspruchungen hervorrufen. Und die Lasten sollten möglichst gleichmäßig auf die vertikalen Bauteile verteilt werden, was durch die Wahl der Spannrichtungen der Decken und Dächer zu beeinflussen ist. Als vertikale Tragelemente eignen sich (ggf. blockverklebte) Brettschichtholz- oder Furnierschichtholzquerschnitte. In den unteren Geschossen sind zumindest über der Hochhausgrenze die angebotenen Standardquerschnitte für Stützen nicht mehr ausreichend. Sie erreichen dort Abmessungen von z. B. 800 mm × 1600 mm (Mjøstårnet, Brumunddal, Abb. 2.22). Zur Reduktion der Abmessungen können Stützen aus Hartholz verwendet werden, mit Blick auf das sich verändernde Holzaufkommen hin zum Laubholz sicher eine sinnvolle Alternative. Bereits heute sind blockverklebte Stützen aus Buchenfurnierschichtholz verfügbar. Zukünftig werden vermehrt Holzbaustoffe aus Harthölzern wie Buche, Esche oder Eiche und als Hybridbaustoffe in Kombination mit Nadelhölzern eingesetzt werden (vgl. auch Abschnitt 8.6). Eine dringende Empfehlung aus heutiger Sicht ist die Verwendung von Furnierbaustoffen aus Hartholz oder bei Einsatz von Brettschichtholz der Einsatz möglichst dünner Laubholzlamellen. Andernfalls ist die Gefahr von Rissbildungen durch hohe Eigenspannungen der Harthölzer bei wechselnden Feuchtegefällen in den Querschnitten infolge klimatischer Veränderungen zu groß. Die bereits erwähnten Hybridbaustoffe (vgl. auch Abb. 2.3) aus Laub- und Nadelholz verhalten sich feuchtetechnisch günstiger, da z. B. technisch getrocknete Fichte deutlich langsamer Feuchte aufnimmt und die Feuchteschwankungen der innenliegenden Laubholzteile deutlich dämpft.

Vertikal lastabtragende Wandscheiben können aus Holztafeln, Brettsperrholz oder aus geklebten oder genagelten Brettstapelbauteilen hergestellt werden. Maßgebend muss der in Faserrichtung beanspruchte Anteil der Querschnitte (zur Lastweiterleitung s. Abschnitt 8.4) sein, bei höher beanspruchten Bauteilen müssen Lastübertragungen quer zur Faser unbedingt vermieden werden. Die Nachweise

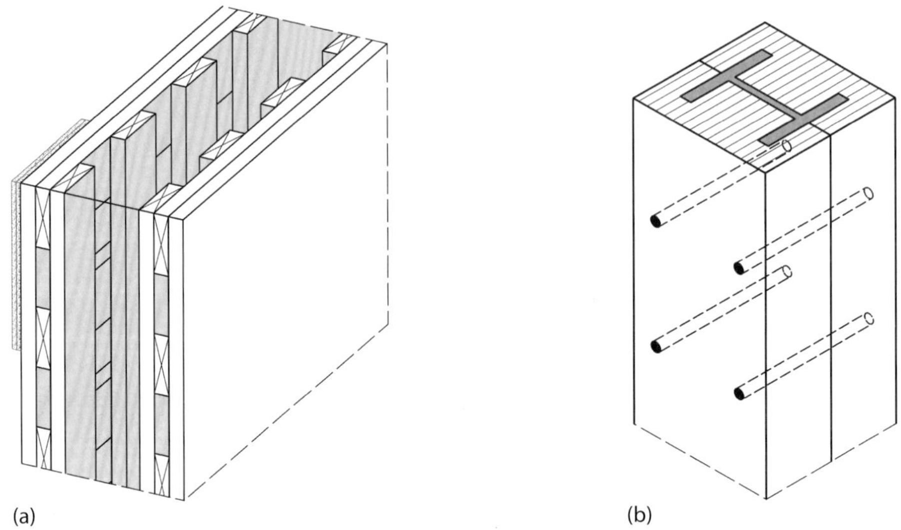

Abb. 8.2 (a) Holz-Beton-Verbundwand und (b) Stahl-Holz-Stütze (Quelle: bauart).

zur Tragfähigkeit erfolgen nach DIN EN 1995-1-1 (Eurocode 5) [8.4] oder allgemeinen bauaufsichtlichen Zulassungen. Der erforderliche Feuerwiderstand wird entweder durch Bekleidungen oder die Dimensionierung der Querschnitte unter Berücksichtigung des Abbrands sichergestellt. Die Nachweise erfolgen nach DIN 4102-4 [8.2, 8.3] oder DIN EN 1995-1-2 [8.5] mit ihren jeweiligen Anhängen oder nach anderen baurechtlichen Verwendbarkeitsnachweisen, z. B. ein allgemeines bauaufsichtliches Prüfzeugnis (abP) bzw. eine allgemeine Bauartgenehmigung (aBG) für Bauarten.

In bisher seltenen Fällen werden Holz-Beton-Verbundwände oder Holz-Stahl-Kombinationen eingesetzt. Abb. 8.2 zeigt die möglichen Aufbauten einer Holz-Beton-Verbundwand mit Brettsperrholz und ein Beispiel einer hybriden Stahl-Holz-Stütze. In beiden Fällen ist konstruktiv sicherzustellen, dass die jeweiligen Lastanteile in das zugehörige Teilbauteil auch eingeleitet werden. Brandschutztechnisch schützt bei entsprechender Dimensionierung das Holz den Beton oder Stahl.

Die Geschossdecken werden im Regelfall als Massivholz-, Stahlbeton- oder als Holz-Beton-Verbundkonstruktionen ausgebildet. In seltenen Fällen und häufiger in der Modulbauweise werden Holztafeldecken verwendet. Die Decken können direkt punkt- und liniengestützt ausführt werden, sogenannte indirekte Lagerungen werden ebenfalls verwendet (s. Abb. 8.4). Die Wahl des Deckensystems ist von statischen Randbedingungen und schalltechnischen Anforderungen ebenso abhängig wie von den Wünschen der Bauherren. Selbstverständlich werden alle Decken als Platte und als Scheibe beansprucht. Die maßgebenden Nachweise sind in aller Regel die Nachweise im Grenzzustand der Gebrauchstauglichkeit, d. h. die erforderlichen Verformungsbegrenzungen und Schwingungsnachweise in Kombination mit den bauphysikalischen und brandschutztechnischen Erfordernissen.

Als Orientierungswerte sollten im mehrgeschossigen Holzbau folgende Grenzwerte eingehalten werden:

- Deckendurchbiegung $w_{\text{net,fin}} \leq l/300$,
- bei leichten Trennwänden sollte die Differenzverformung $w_{\text{net,fin}} \leq l/500$ betragen,
- Scheibendurchbiegung $w_{\text{net,fin}} \leq l/1000$,
- Eigenfrequenz der Decken $f \geq 6\,\text{Hz}$,
- Schwingbeschleunigung $a \leq 0{,}10\,\text{m/s}^2$,
- Trittschallpegel $L'_{\text{n,w}} \leq 45\,\text{dB}$,
- Luftschalldämm-Maß $R'_{\text{w}} \geq 57\,\text{dB}$,
- Feuerwiderstand REI 90.

Die Angabe der Schallschutzwerte entspricht den Angaben der im Jahr 2020 geltenden DIN 4109-5:2020-08 [8.29] zu erhöhtem Schallschutz. Die Grenzwerte des Schallschutzes und der Deckenschwingungen sollten mit den Bauherren schriftlich vereinbart werden.

Aus den vorgenannten Anforderungen ergibt sich häufig die Wahl einer Holz-Beton-Verbunddecke, die den Wunsch der Bauherren nach einer sichtbaren Holzdecke erfüllen kann. Es werden in Abhängigkeit der statischen Systeme – also der Spannrichtung der Decken – liegendes Brettschichtholz, Brettsperrholz oder Furnierschichtholz aus Fichte oder Buche für das Holzbauteil verwendet. Im Bürobau bieten sich auch Rippenverbunddecken aus Brettschichtholz und Aufbeton an, da zwischen den Rippen Deckenfunktionselemente mit Beleuchtung, Heizung, Kühlung usw. eingebaut werden können (s. a. Abb. 8.14).

Die Kombination mit Beton wirkt sich mehrfach positiv aus: Die Ausbildung einer durchgehend nichtbrennbaren Schicht durch den Aufbeton ist brandschutztechnisch positiv und das Eigengewicht wird erhöht, was wiederum das Schwingungsverhalten und den Schallschutz verbessert und die abhebenden Kräfte aus horizontalen Beanspruchungen im Gesamtsystem reduziert. Gleichzeitig kann auf gebräuchliche Deckenanschlüsse aus dem Massivbau an die Kernbauwerke zurückgegriffen werden, z. B. Rückbiegeanschlüsse. Durch die Aufbetonschicht können indirekte Lagerungen ermöglicht werden und es entsteht bei entsprechender Bewehrung eine steife Deckenscheibe. Sinnvoll wäre zukünftig eine vermehrte Verwendung von Holz-Beton-Verbundfertigteilen für Wand und Decken, wie beispielsweise bei Errichtung des LCT-One-Gebäudes in Dornbirn [8.1]. Die breite Verwendung von Holz-Beton-Fertigteilen scheitert bisher an Verfügbarkeit und Preis, da es praktisch keine Hersteller gibt, welche die Holz- und Betontechnologie gleichermaßen beherrschen und damit in der Lage sind, entsprechende Fertigteile in einer Fabrikation herzustellen. Die somit erforderlichen Transport- und Bearbeitungsvorgänge führen zu bisher unwirtschaftlichen Lösungen. Im Regelfall wird daher nach der Errichtung separater Betonbauteile (Treppenraum etc.) zunächst die vollständige Holzkonstruktion aufgestellt und nach Installation von Haustechnik, der Bewehrung und Abspriеßung der Decke die Betonschicht eingebracht. Die Führung von Haustechnik im Betonspiegel hat sich – von einzelnen Elektrokabeln abgesehen – jedoch nicht bewährt, es wird davon dringend abgeraten. Die Leitungen der Haus-

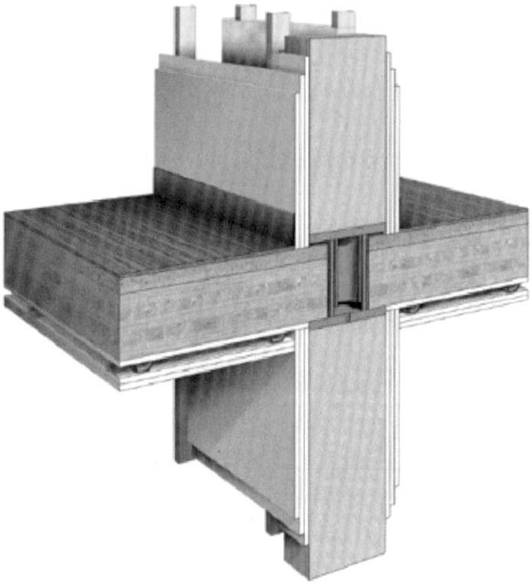

Abb. 8.3 Bekleidung der Decken im Gebäude Brooks Common, Vancouver (Quelle: Hermann Kaufmann ZT).

technik wie Lüftung und Abwasser nehmen zu viel Raum im Betonspiegel ein und führen damit zu einer zu hohen Abminderung örtlicher Tragfähigkeit oder zu einer Verringerung des Schallschutzes der Bauteile – von Koordinierungsfragen auf der Baustelle einmal ganz abgesehen. Allenfalls kann Haustechnik in der Ebene unter dem Estrich verlegt werden. Da sich aber immer wieder zeigt, dass auch diese Ebene als Installationsebene den Bauablauf erheblich hemmt und zu zusätzlichen schall- und brandschutztechnischen Herausforderungen führt, sollten Lösungen mit Installationen unter der Decke und in separaten Installationsebenen oder -kanälen der Wände bevorzugt werden.

Als Alternative zu Verbunddecken können reine Holzlösungen oder reine Stahlbetonlösungen verwendet werden. Reine Holzlösungen als Brettsperrholz- oder Brettschichtholzkonstruktionen haben dort wo sinnvoll den Vorteil der weiteren Gewichtsreduktion. Ein Teil der Gewichtsreduktion wird jedoch zumindest im europäischen Raum durch die dann häufig erforderliche schwere Schüttung, z. B. aus mit Kautschukmilch gebundenem Splitt, zur schallschutztechnischen Ertüchtigung oder die wegen der fehlenden Betonschicht erforderlichen, zusätzlichen brandschutztechnischen Bekleidungen wieder aufgebraucht. Abb. 8.3 zeigt beispielhaft die brandschutztechnische Bekleidung mit Gipsbauplatten einer reinen Holzkonstruktion.

Aus Kostengründen, aber auch zur bewussten Gewichtserhöhung können reine Stahlbetondecken eingesetzt werden. Sie werden meist als Halbfertigteile mit Aufbeton verwendet, die Montage der Halbfertigteile erfolgt mit dem Holzbau wie bei Holz-Beton-Verbunddecken. Ebenso können Spannbetonhohldielen oder schlaff bewehrte Fertigteile eingesetzt werden, es gelten die üblichen Abhängigkeiten von Spannweiten und statischem System wie im klassischen Betonbau. Der positive Einfluss sichtbarer Holzdecken auf Raumklima und Innenraumgestaltung fällt in diesen Fällen allerdings weg und es wird auf die sehr speziellen Anforderungen bei der Verwendung von Spannbetonhohldielen hingewiesen. Beispielsweise müssen die unterschiedlichen Durchbiegungen/Überhöhungen der Bauteile im Einbauzu-

Abb. 8.4 Stahlbetondecken in den oberen vier Geschossen des im Jahr 2018 höchsten Holzgebäudes der Welt, Mjøstårnet in Brumunddal, Norwegen (Quelle: Stefan Winter).

stand und die eingeschränkten Befestigungsmöglichkeiten beachtet werden. Trotz des höheren Eigengewichts der Decken ist eine Auflagerung auf Holzwänden möglich. Zur Verformungsbegrenzung ist jedoch auf Wänden die Auflagerung direkt auf Hirnholz erforderlich. Es kommen daher im Wesentlichen Brettsperrholz- oder Brettstapelwände als sinnvolle Auflagerung infrage, wenn eine Lastweiterleitung über mehrere Geschosse erfolgt. Eine Auflagerung auf massive Brettschichtholzunterzüge ist dann möglich, wenn wie in Abb. 8.4 dargestellt eine Addition der Verformungen über mehrere Geschosse nicht erfolgt. Die Lasten aus einer Decke können im Regelfall über Querpressung im Holz aufgenommen werden.

Sichtbare Holzbalkendecken oder Tafelelemente haben sich im vielgeschossigen Holzbau in den letzten Jahren nicht durchsetzen können. Der Trend bei den Deckenbauteilen geht eindeutig zu den flächigen Massivholzbauteilen mit Ausnahme von Holz-Beton-Verbundplattenbalken (Abb. 8.14).

Wie auch im Stahlbetonbau ist bei vielgeschossigen Gebäuden die Minimierung der Gesamtdeckendicke ein wesentlicher Entwurfsparameter. Da die gewünschte lichte Raumhöhe durch gesetzliche oder nutzerbedingte Vorgaben oft ebenfalls vorgegeben ist, muss gleichzeitig die Bauhöhe der Unterzüge möglichst minimiert werden. Bei Verwendung der einfachsten Lösung, also der direkten Auflage der Deckenelemente auf den Unterzügen ergibt sich eine maximale Bauhöhe. Als Unterzüge werden im Regelfall Brettschichtholzträger eingesetzt, zur Minimierung der Querschnitte zunehmend auch Buchenfurnierschichtholz. Zur weiteren Redukti-

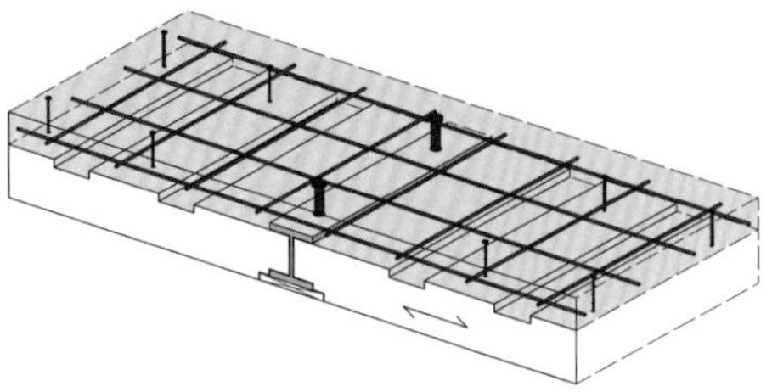

Abb. 8.5 Deckengleicher Unterzug als Stahl-Beton-Verbundträger (Quelle: bauart).

on der Bauhöhe werden deckengleiche Unterzüge, im Regelfall aus Stahlprofilen verwendet. Die Massivholz- oder Holz-Beton-Verbunddecken werden üblicherweise im Untergurt des Stahlprofils aufgelagert. Zur weiteren Verformungsbegrenzung des Gesamtsystems können die Stahlunterzüge in Verbindung mit dem Aufbeton der Verbunddecken gleichzeitig als Stahl-Beton-Verbundträger ausgebildet werden (Abb. 8.5).

8.3 Horizontale Beanspruchungen

Zur Lastableitung horizontaler Beanspruchungen werden weltweit vier unterschiedliche Prinzipien angewendet (Abb. 8.6):

- Stahlbetonkerne zur alleinigen Aufnahme horizontaler Beanspruchungen,
- Stahlbeton- oder Massivholzkerne in Kombination mit Aussteifungselementen in den Außenwänden,
- Massivholzkerne in Verbindung mit weiteren aussteifenden Massivholzwänden,
- Fachwerkstrukturen in den Außenwänden, Kerne dann meist nichttragend.

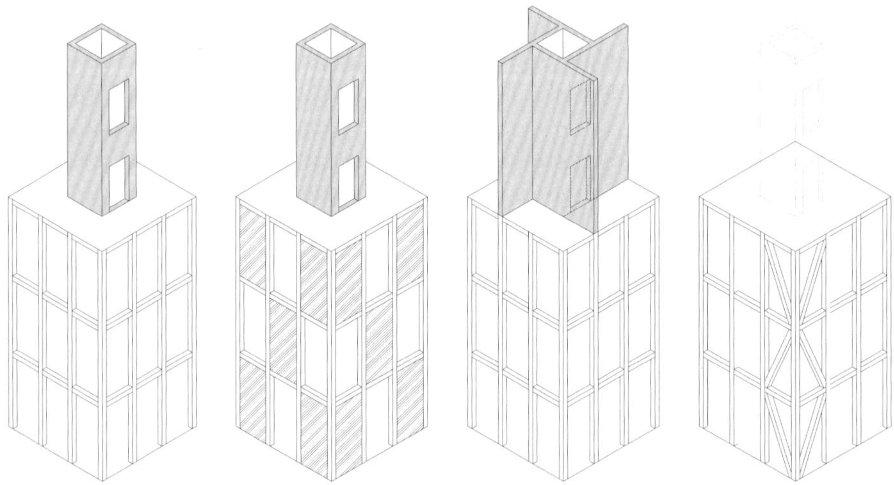

(a) (b) (c) (d)

Abb. 8.6 Aussteifungssysteme hoher Holzbauten; (a) nur Stahlbetonkern, (b) Stahlbetonkern und aussteifende Außenwände (tube-in-tube), (c) Massivholzkern mit zusätzlichen Massivholzwänden, (d) Fachwerksystem in Holzbauweise (Quelle: bauart).

(a)

(b)

Abb. 8.7 (a) Treppen- und Aufzugsschacht aus Stahlbetonfertigteilen, Gebäude H8, City of Wood, Bad Aibling (Quelle: Huber & Sohn, Bachmehring) und (b) zugehöriger Brandschutzplan eines Regelgeschosses (Quelle: bauart).

Am gebräuchlichsten ist die Aussteifung der Bauwerke mit Stahlbetonkernen für Treppenräume und Aufzugsschächte, denen teilweise noch andere Technik- oder Funktionsräume wie Sanitärräume zugeordnet werden. Abb. 8.7 zeigt einen aus Stahlbetonfertigteilen hergestellten Kern eines achtgeschossigen Gebäudes. Er enthält das Treppenhaus mit den ebenfalls aus Fertigteilen hergestellten Treppenläufen und -podesten und einen separaten Aufzugschacht. Die außenliegenden Laufflächen bilden die Laubengangerschließungen für die Wohnungen. Die Anordnung bietet einen zusätzlichen brandschutztechnischen Vorteil, da durch die Laubengangerschließung kein direkter Zugang aus Wohnungen zum Treppenraum besteht und damit keine Verrauchungsgefahr vorliegt. Der Treppenraum ist damit in der Bauart eines Sicherheitstreppenraums ausgebildet.

Die hier gewählte Ausführung in Fertigteilbauweise hat den Vorteil einer mit dem Holzbau einigermaßen korrespondierenden Maßhaltigkeit. Diese ist bei Ortbetonbauweisen schwieriger herzustellen. Der Vorlauf des Treppenturms hat zudem den Vorteil der einfachen Zugänglichkeit der Geschosse während der Montage der Holzgeschosse und die Montagevorgänge werden entzerrt. Letzteres ist ein gerade auf innerstädtischen Baustellen wichtiges Argument, da dort im Regelfall die Krankapazitäten stark beschränkt sind. Dennoch sind die Aufwendungen durch zum Teil doppelte Gerüstbauarbeiten und die Bauzeitverlängerung hoch. Alternative Lösungen aus den nordischen Ländern mit Treppenraum- und Aufzugschachtwänden aus Massivholzkonstruktionen werden nachfolgend dargestellt, sind aber in den D-A-CH-Ländern Deutschland, Österreich und der Schweiz bisher aus brandschutztechnischen Gründen kaum umsetzbar.

Abb. 8.8 Studentenwohnheim Brooke Commons, University of British Columbia, Vancouver, Kanada (Quelle: Hermann Kaufmann ZT).

Ob ergänzend auch im Sinne eines „Tube-in-tube"-Systems in den Außenwänden zusätzliche Aussteifungselemente angeordnet werden müssen (Abb. 8.6b), hängt von der Kern- und Gebäudegeometrie ab. Im Regelfall genügt die horizontale Aussteifung über die Stahlbetonkerne, die Außenwände werden als nichttragende, vorgefertigte Wandelemente eingebaut. Abb. 8.8 zeigt das Aussteifungssystem des 18-geschossigen Studentenwohnheims Brooke Commons in Vancouver.

Bei der Verwendung eines „Tube-in-tube"-Systems muss die Verteilung der Steifigkeiten zwischen Kernbauwerk und dem äußeren Aussteifungssystem aufeinander abgestimmt sein. Bauteile mit geringer horizontaler Steifigkeit, z. B. Tafelbauwände mit mechanischen Verbindungsmitteln, sind für diese Konstruktionsart daher nicht geeignet. Sinnvoller ist die schachbrettartige Anordnung von Brettsperrholzelementen oder anderen schubsteifen Massivholzbauteilen in den Außenwänden (vgl. auch Abb. 8.6b). Die Wandbauteile selbst weisen dann vergleichsweise Steifigkeiten wie die Betonbauteile auf, allerdings sind die Steifigkeiten der Verbindungen der Bauteile untereinander deutlich geringer und für das Verformungs- und Schwingungsverhalten der Struktur maßgebend. Die schachbrettartige Anordnung der aussteifenden Elemente in den Außenwänden ermöglicht bei rechtzeitiger Abstimmung mit dem architektonischen Entwurf eine ausreichende Anzahl von auch großformatigen Öffnungen in den Außenwänden. Gleichzeitig überlagern sich die Druck- und Zugbeanspruchungen an den vertikalen Rändern der Wandscheiben und führen in den mittleren Gebäudebereichen zu einer gegenseitigen Entlastung der vertikalen Beanspruchungen aus horizontalen Lasten. Abb. 8.9 zeigt das System zur in diesem Fall alleinigen Aussteifung eines 15-stöckigen Holzhochhauses durch Brettsperrholzaußenwandelemente. Der frei stehende Treppenturm aus Stahlbeton

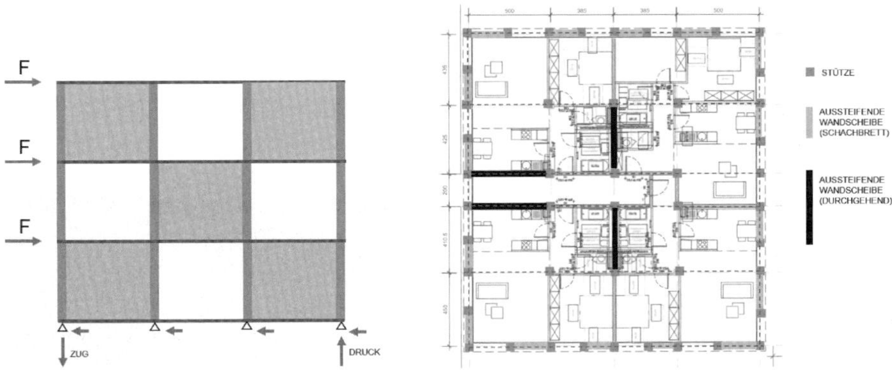

Abb. 8.9 Entwurf des Aussteifungssystems für ein 15-geschossiges Holzhochhaus (Quelle: bauart).

steift nur sich selbst aus, die Anbindung des Gebäudes über Brücken wird nicht zur horizontalen Aussteifung genutzt.

Während in Kanada und in den D-A-CH-Ländern meist aus brandschutztechnischen Gründen ohnehin Stahlbetontreppentürme mit entsprechender Steifigkeit angeordnet werden, ist dies z. B. in den nordischen Ländern nicht der Fall. Treppenhäuser und Aufzugsschächte werden aus großformatigen Brettsperrholzelementen hergestellt und dann mit nichtbrennbaren Werkstoffen bekleidet. Das Vorgehen vereinfacht den Bauprozess, da die Kerne zusammen mit der Regelkonstruktion und mit der gleichen Fertigungspräzision errichtet werden können. Die Kerne selbst weisen aber eine geringere Steifigkeit auf als Stahlbetonkerne. Ein wesentlicher Anteil der Verformungen resultiert aus den Verbindungen der massiven Holzbauteile untereinander. Die Steifigkeiten der Verbindungen liegen eine Größenordnung unter der Steifigkeit der massiven Holzbauteile selbst. Daraus resultiert die Notwendigkeit, zusätzliche oder andere primäre Aussteifungskonstruktionen anzuordnen.

Abb. 8.10 zeigt ein Bürogebäude an der Hochhausgrenze in Aalen, dass nur durch zwei Treppenräume in Brettsperrholzbauweise, zwei zusätzliche, innenliegende Brettsperrholzquerwände sowie die Giebelwände und die Rückwand aus Holztafelelementen ausgesteift ist. Das System entspricht der prinzipiellen Darstellung in Abb. 8.6c.

Um die Steifigkeit der Gesamtstruktur weiter zu erhöhen, bietet sich im Holzbau eine vertikale Fachwerkbauweise an, die mit dem Kernbauwerk zwar theoretisch zusammenwirken könnte, wegen der deutlich unterschiedlichen Steifigkeitseigenschaften aber im Regelfall als allein tragend angesetzt wird. Entsprechende Aussteifungssysteme sind z. B. bei dem im Jahr 2018 höchsten Holzgebäude der Welt Mjøstårnet (Abb. 8.11) oder dem Gebäude Treet in Norwegen umgesetzt worden. Bei der Anordnung von Fachwerken in den Außenwänden ist allerdings eine sehr intensive Abstimmung mit der Architektur und Innenarchitektur erforderlich. Bei historischen (z. B. John Hancock Center, Chicago, 1969) und aktuellen Beispielen ist diese Abstimmung leider nicht erfolgt und führt zu deutlichen Einschränkungen in der Nutzbarkeit von Fenstern.

Eine vergleichende Untersuchung [8.6] zum Schwingungsverhalten hoher Holzbauwerke hat gezeigt, dass alle genannten Varianten der Kernaussteifung im Ver-

(a)

(b)

Abb. 8.10 Bürogebäude der Kampa Fertighaus GmbH, Aalen (Quelle: Kampa GmbH).

Abb. 8.11 Das 18-geschossige und 81 m hohe Gebäude Mjøstårnet in Brumunddal, Norwegen im Endzustand, vgl. auch Abb. 2.22 (Quelle: Matthias Gerold, Harrer Ingenieure).

gleich mit Bauwerken aus anderen Baustoffen zu vergleichbaren Ergebnissen führen (Abb. 8.12).

Die Beschleunigungsgrenzwerte für windinduzierte Schwingungen nach Tab. 8.1 sind nach wie vor Stand der Technik und sollten bei der Planung hoher Holzbauwerke berücksichtigt werden.

Der tolerierbare Spitzenwert der Winkelbeschleunigung bei Torsion ist unabhängig von der Nutzung mit 1,5 [mrad/s^2] für $R = 1$ Jahr und mit 3,0 [mrad/s^2] für $R = 10$ Jahre einzuhalten.

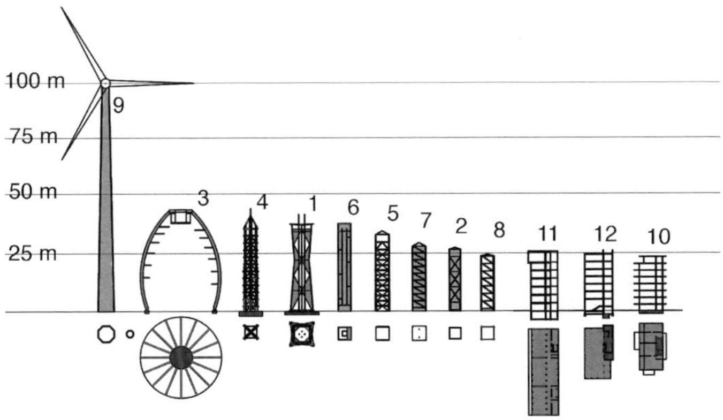

(a)

Name of Structure 1st mode	Frequency (Hz)	Damping Ratio (%)
H8	2.33/2.34	1.72/2.90
Kampa	1.60/1.60	1.29/1.77
Life Cycle Tower One	1.80/1.85	2.14/2.31
Name of Structure 2nd mode	**Frequency (Hz)**	**Damping Ratio (%)**
H8	3.31/3.41	1.50/2.53
Kampa	1.73/1.73	1.55/2.03
Life Cycle Tower One	2.71/2.78	6.34/7.55

(b)

Abb. 8.12 Ergebnisse zur Untersuchung der Eigenfrequenzen und der Dämpfung hoher Holzbauwerke [8.6].

Tab. 8.1 Empfehlung für Beschleunigungsgrenzwerte nach [8.7].

Nutzung	**Tolerierbare stündliche Spitzenwerte der resultierenden Horizontalbeschleunigung in [cm/s²]** R = 1 Jahr	R = 10 Jahre
Wohngebäude	5–7	10–15
Hotel	7–9	15–20
Büro	9–12	20–25

8.4 Begrenzung der Setzungen

Bei hohen Holzgebäuden sind die Setzungsmaße besonders eng zu begrenzen, insbesondere bei der Mischung mit nahezu setzungsstarren Stahlbetonkernen. Aus diesem Grund ist die Anordnung von Drucklast abtragenden, quer zur Faser beanspruchten Bauteilen unbedingt zu vermeiden. Und das aus zweierlei Gründen: feuchtebedingtes Schwinden und geringe mechanische Steifigkeit.

Auch wenn gerade beim Bau hoher Holzhäuser noch mehr auf die Grundregel „Einbaufeuchte ~ erwartete Ausgleichsfeuchte“ geachtet werden muss, eine temporäre Auffeuchtung allein aus den bauklimatischen Randbedingungen heraus ist selbst bei vollständigem Ausschluss direkter Beregnung nicht zu vermeiden. Es muss daher mit einer Erhöhung der Bauteilfeuchte von bspw. Brettschichtholz auf eine mittlere Feuchte von min. $u_m = 18\,\%$ gerechnet werden. Stellt sich dann im Gebrauch eine mittlere Bauteilfeuchte von ca. $u_m = 10\,\%$ ein, resultiert daraus für ein Bauteil aus Brettschichtholz (GL 24h) der Höhe h = 300 mm bereits ein mittleres Schwindmaß quer zu Faser von $\Delta h = \alpha_{t/r} \cdot \Delta u_m \cdot h = 0{,}0024 \cdot 8 \cdot 300 = 5{,}76\,\text{mm} \approx 6\,\text{mm}$ (siehe hierzu auch Kapitel 3). Dazu kommt das lastbedingte Setzungsmaß. Nimmt man eine dauerhafte Beanspruchung unter Bemessungslasten von $\sigma_{c,90,d} = 1{,}2\,\text{N/mm}^2$ an, ergibt sich unter Dauerlast ein Maß von $\Delta h = \sigma_{c,90,d} \cdot h \cdot (1 + k_{def})/E_{90,g,mean} = 1{,}2 \cdot 300 \cdot 1{,}6/300 = 1{,}92 \approx 2\,\text{mm}$. Das Gesamtsetzungsmaß je Geschoss kann also mit ca. 8 mm abgeschätzt werden. Geht man von einer Lastweiterleitung längs zur Faser aus, dann reduziert sich das feuchtebedingte Setzungsmaß auf 0,24 mm ($\alpha_l = 0{,}0001$) und das lastbedingte Setzungsmaß auf 0,05 mm, das Gesamtmaß also auf ca. 0,3 mm je Geschoss.

Die zuvor beschriebenen Verhältnisse sind auch der wesentliche Grund, warum Holztafeln als lastabtragende Bauteile im mehrgeschossigen Holzbau nur begrenzt zu verwenden sind. Eine übliche Holztafelbauwand mit Rippen aus Konstruktionsvollholz weist von der Herstellung bis zum Endbeanspruchungszustand inkl. unvermeidbarer Montageungenauigkeiten ein Setzungsmaß von ca. 6–10 mm auf. Die Gesamtsetzungsmaße führen dann beispielsweise bei einem 5-geschossigen Gebäude am Treppenabsatz eines möglichen Treppenturms aus Stahlbeton zu nicht mehr verträglichen Gesamtsetzungen in den oberen Geschossen. Will man lastabtragende Holztafelbauwände im mehrgeschossigen Holzbau verwenden, muss man also zu Sonderlösungen greifen, wie beispielsweise das partielle Durchschlitzen der Schwellen und Durchstecken der Ständer mit ca. 2/3 ihres Querschnitts oder zu Schwellenmaterialien mit einem hohen E-Modul bei Querbeanspruchung.

Die vertikale Lasten abtragenden Bauteile müssen also bei höheren Häusern mit direktem Hirnholzkontakt, ggf. mit zusätzlicher Lagesicherung durch eingeschlitzte Stahlbleche oder Dorne, verbaut werden oder die einbindenden Deckenbauteile müssen durch Stahl- oder Betonbauteile „überbrückt“ werden. In Abb. 8.3 ist diese Durchleitung der Stützenkräfte durch ein Stahlbauteil dargestellt. Die verwendeten Rohr-in-Rohr-Steckverbindungen haben sich auch mit Blick auf die Montagegeschwindigkeit und -genauigkeit bewährt, sofern der Stahl wie das Holz durch computergesteuerte Maschinen bearbeitet wird (CAM).

Eine vereinfachte Variante ist in Abb. 8.13 dargestellt. Hier werden Aussparungen in den Brettsperrholzelementen der Decke über den darunter stehenden Brettsperrholzwänden vorgesehen, die nach dem Verlegen der Deckenelemente durch quellfähigen Vergussmörtel aufgefüllt werden. Dadurch entstehen zwischen den lastabtragenden Massivholzwänden kleine, gedrungene Betonpolster, welche die direkte Lastweiterleitung von Hirnholz zu Hirnholz ermöglichen. Beim Verguss sollte das Hirnholz der Wände durch eine dünne Folie oder eine Hirnholzversiegelung geschützt werden, um eine Wasserabgabe des Vergussmörtels an das Hirnholz zu vermeiden.

Abb. 8.13 Lastweiterleitung durch Verguss mit Quellmörtel in Deckenaussparungen (Quelle: Huber & Sohn).

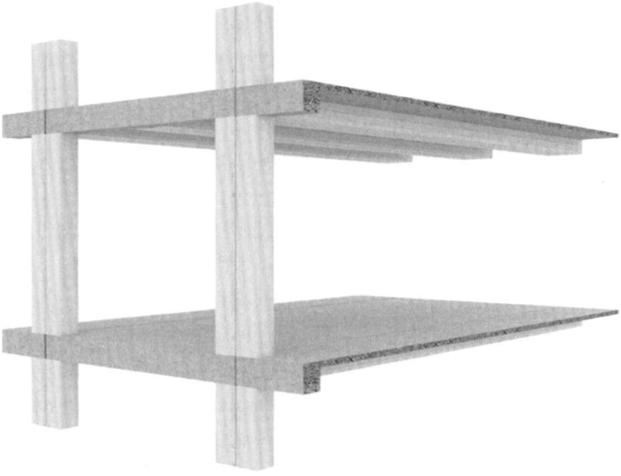

Abb. 8.14 Spiegellagerung der Betondecken im LCT One, Dornbirn (A) (Quelle: Hermann Kaufmann ZT).

Eine ebenso sinnvolle Lösung ist die Kombination der Lastdurchleitung mit den oben beschriebenen, deckengleichen Unterzügen aus Stahl.

Abb. 8.14 zeigt als weitere Variante die Spiegellagerung bei Holz-Beton-Verbunddecken, in diesem Fall von vorgefertigten Holzbalkenverbundbauteilen. Die Verbindung der Stützen untereinander und die Lagesicherung erfolgen auch hier durch Rohr-in-Rohr-Steckverbindungen aus Stahl.

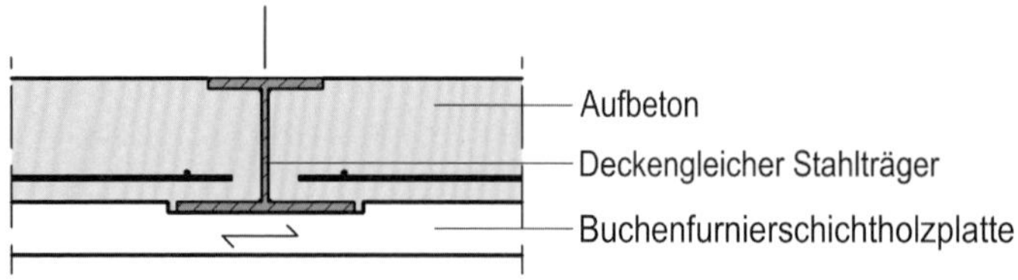

Abb. 8.15 Indirekte Lagerung einer Holz-Beton-Verbunddecke auf deckengleichem Stahlunterzug (Quelle: bauart).

Abb. 8.15 zeigt die indirekte Lagerung einer Holz-Beton-Verbunddecke mit Buchenfurnierschichtholz in einem Stahlträger. In allen Fällen der indirekten Lagerung ist die Weiterleitung der Schubkraftanteile des Holzbauteils in das Stahlbetonbauteil gesondert nachzuweisen (das sogenannte „Hochhängen") und das verbleibende Stahlbetonteil im Sinne einer Konsole zu bemessen und zu bewehren.

8.5 Hinweise zu Konstruktion und Modellierung der Tragwerke

Aus den oben beschriebenen Systemen ist abzuleiten, dass die Modellierung der richtigen Steifigkeiten der Systeme von besonderer Bedeutung ist. Sie muss der jeweils gewählten Konstruktion entsprechen. Bei der Modellierung der Aussteifungssysteme sind in allen Fällen die Verbindungsmittelsteifigkeiten aller Anschlüsse zu erfassen, um realitätsnahe Ergebnisse zu erhalten. Die Steifigkeit der häufig verwendeten Massivholzelemente aus Brettsperrholz- oder Brettschichtholz kann im Regelfall im Vergleich zu den Nachgiebigkeiten der Verbindungen als starr angenommen werden.

In allen im Abschnitt 8.3 beschriebenen Aussteifungssystemen müssen die Decken als Scheiben horizontale Beanspruchungen aus Wind, Schiefstellung und Erdbeben in die aussteifenden, vertikalen Bauteile weiterleiten. Für Holztafelelemente sind die entsprechenden Nachweise in Abschnitt 5.3 zusammengefasst. Bei der Verwendung von Holz-Beton-Verbunddecken erfolgen die Einleitung und der Anschluss der horizontalen Beanspruchungen im Regelfall über den Betonspiegel nach den Regeln der Stahlbetonbemessung (DIN EN 1991-1-1). Abb. 8.16 zeigt den Anschluss einer Holz-Beton-Verbunddecke an einen Treppenraumkern in Stahlbetonbauweise.

Bei derartigen Ausführungen ist ergänzend die Ausführungsreihenfolge zu beachten. Eine Überhöhung des Holzbauteils vor der Betonage ist bei der in Abb. 8.16 gezeigten Ausführung ohne zusätzliche Befestigung des Holzteils am Betonbauteil kaum möglich, da das Eigengewicht des Holzbauteils auch zusammen mit dem Frischbeton nicht ausreicht, um ein Ausheben des Auflagers zu verhindern. Die Herstellung der Überhöhung muss durch temporäre Sprießen erfolgen, eine Herstellung der flächigen Holzbauteile mit Überhöhung ist bedingt durch die Herstellungsprozesse nicht möglich. Die hier gezeigte Ausführung geht zudem von einer geschossweisen Ausführung von Kern und Decken aus, was wiederum aus Sicht des

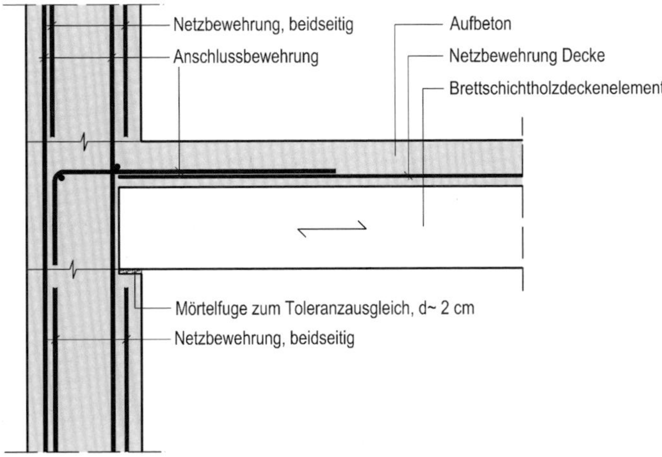

Abb. 8.16 Anschluss einer Holz-Beton-Verbunddecke an einen Stahlbetonkern mit direkter Auflagerung des Holzbauteils (Quelle: bauart).

Feuchteschutzes der Holzbauteile kritisch ist. Die in Abb. 8.17 gezeigte alternative Ausbildung mit Stahlwinkeln zur Deckenauflage am ggf. vorher gebauten Stahlbetonkern ist daher sinnvoller, wenn auch durch die notwendige Verdübelung oder Einbauteile für die Befestigung der Stahlwinkel aufwendiger. Da aber keine Stahlbetonkonsolen erforderlich sind, ist diese Konstruktion auch für die Herstellung der Stahlbetonkerne in Gleitbauweise geeignet. Und sie ermöglicht auf einfache Weise den Ausgleich von herstellungsbedingten Toleranzen. Es sind also in allen Fällen die jeweils ortsspezifischen Herstellungsbedingungen zu beachten.

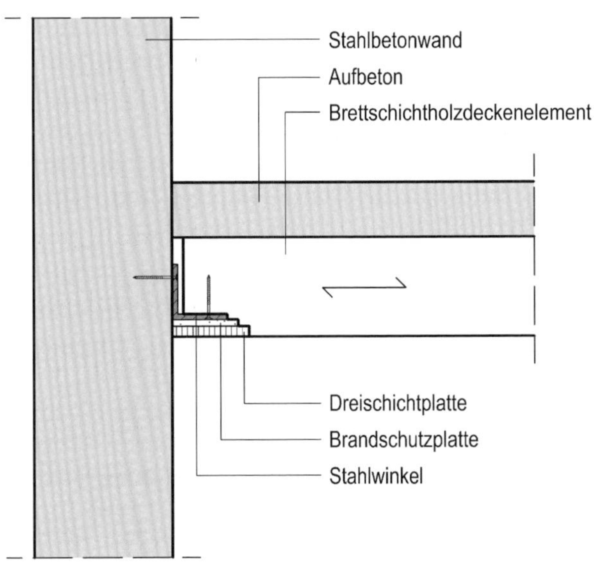

Abb. 8.17 Auflagerung der Holzbauteile der Verbunddecke mittels Stahlwinkel (Quelle: bauart).

Abb. 8.18 Auflagerung der Decken am Kernbauteil durch angeschraubte Kanthölzer (Quelle: Stefan Winter).

Soweit architektonisch verträglich, kann die Auflagerung der Decken statt auf einem Stahlwinkel auf einem mit dem Kernbauteil verschraubten Holzbauteil erfolgen. Eine Lösung, die sich insbesondere bei Kernbauteilen aus Brettsperrholz wegen der leichten Verschraubbarkeit und wegen des einfacher zu realisierenden Feuerwiderstands anbietet, Abb. 8.18 zeigt ein Beispiel aus dem in Abb. 8.11 gezeigten Hochhaus in Brumunddal.

In allen Fällen sind die Anschlusssteifigkeiten der Verbindung der Decken an die Kernbauteile zu berücksichtigen. Im Gegensatz zum Stahlbetonbau kann zwar im Regelfall von einer hohen und eindeutig bestimmbaren Schubsteifigkeit der Stahlbeton- oder Massivholzdeckenelemente ausgegangen werden, die Steifigkeiten der stiftförmigen Verbindungsmittel, die zusammen mit Winkelbefestigungen oder als direkte Verschraubungen verwendet werden, sind jedoch wesentlich geringer als die Steifigkeiten der im Stahlbetonbau üblichen Anschlüsse. Zum Vergleich kann näherungsweise von folgenden Steifigkeiten ausgegangen werden:

- üblicher Bewehrungsanschluss Stahlbetondecke – Stahlbetonkern $K_{ser} \approx \infty$,
- Anschluss Stahl-L-Winkel mit Metalldübeln M12 $e = 500\,\text{mm}$ an Stahlbetonkern und Verschraubung Stahlwinkel mit Schrauben $d = 8\,\text{mm}$, $e = 250\,\text{mm}$ an Brettsperrholz $K_{ser} \approx 7000\,\text{N/mm}^2$,
- Anschluss Kantholz an Brettsperrholzkern und Brettsperrholzdecke an Kantholz jeweils mit schräger Verschraubung mit Vollgewindeschrauben, $d = 8\,\text{mm}$, $e = 150\,\text{mm}$, Schrauben auf Abscheren beansprucht bei Scheibenbeanspruchung $K_{ser} \approx 8600\,\text{N/mm}^2$.

Entsprechend ist die Nachgiebigkeit der Bauteilverbindungen bei der Modellierung der Decken und der Verteilung der Horizontallasten zu berücksichtigen. Während im Stahlbetonbau bei Ortbetondecken, Ortbeton-Aufbeton von Verbunddecken oder Vergussfugen von Stahlbetonfertigteilen von einer monolithischen Ausführung und damit einer durchgängigen Schubsteifigkeit der Deckenscheiben ausgegangen werden kann, ist dies bei der Verwendung von Brettsperrholz- oder Brettschichtholzdecken nicht der Fall. Die Verbindung erfolgt üblicherweise durch geklammerte, genagelte oder geschraubte Streifen aus Holzwerkstoffen. Dadurch wird durch die niedrige Verschiebungssteifigkeit der Verbindungsmittel die Schubsteifigkeit der Decke insgesamt erheblich vermindert.

Zwar zeigen neuere Untersuchungen und daraus folgernd eine Zulassung für Deckenscheiben [8.8], dass im Vergleich zu den Angaben des Eurocodes ein deutlich höherer Verschiebungsmodul von Klammern von $K_{ser,quer} \approx 780\,N/mm$ bei Beanspruchung quer zur Faser und von $K_{ser,längs} \approx 2760\,N/mm$ bei Beanspruchung längs zur Faser für die Verbindung von Holzwerkstoffplatten mit Klammern auf Vollholz angesetzt werden kann (nach EN 1995-1-1:2010-12, Tabelle 7.1: $K_{ser} = 388\,N/mm$ für C24 und Spanplatte P4, $d = 1{,}5\,mm$), für andere Verbindungsmittel wie Schrauben oder Rillennägel sind genauere Untersuchungen aber nicht erfolgt. In allen Fällen ist jedoch der Verformungsbeitrag der Verbindungsmittel zur Gesamtverformung wesentlich größer als die Schubverformung der Bauteile selbst. Es ist im Einzelfall zu entscheiden, ob die vorhandene Schubsteifigkeit der Deckenscheibe im Rahmen der baupraktischen Grenzen und Genauigkeiten unberücksichtigt bleiben darf.

Daher ist es sinnvoll, andere Verbindungssysteme für Massivholzbauteile zu entwickeln. *Schmidt* [8.9] hat beispielsweise in seiner Dissertation die Verbindung von Brettsperrholzscheiben mittels quer eingebauter Kontaktverbinder aus Furnierschichtholz oder Stahlblech untersucht. Die Kontaktverbindungen aus Furnierschichtholz eignen sich wegen der sehr hohen Steifigkeiten besonders für die Ausbildung von Deckenscheiben. In Versuchen werden Mittelwerte von $K_{ser} = 25\,600\,N/mm$/Verbinder für 40 mm dicke Verbinder aus Buchenfurnierschichtholz bei insgesamt mindestens 80 mm dicken Längslagen im Brettsperrholz erreicht.

Die Verbindungen mit Stahlblechen wurden insbesondere für die vertikale Verbindung von Wandbauteilen entwickelt, da sie ein hohes Dissipationsvermögen zeigen und damit Vorteile bei der Bemessung erdbebenbeanspruchter Bauwerke haben. Für die Verbinder wurden für 6 mm dicke Stahlbleche bei mindestens 80 mm dicken Längslagen im Brettsperrholz Steifigkeiten von $K_{ser} = 34\,200\,N/mm$/ Verbinder ermittelt. Abb. 8.19 zeigt die entwickelten Kontaktverbinder.

Für die Weiterleitung der Scheibenkräfte aus Decken in Wandbauteile oder die Verbindung der Wand- und Deckenelemente untereinander, die jeweils in den Modellierungen zur Gesamtsteifigkeit der Systeme zu berücksichtigen sind, können ebenso verwendet werden:

- schräge Verschraubungen mit Vollgewindeschrauben
  $K_{ser} \approx 5000$ bis $30\,000\,N/mm$/Schraubenpaar,
- Winkelverbinder als Stahlblechformteile oder L-Profil, Verbindung üblicherweise mit Rillennägeln oder Holzschrauben,
- geschweißte Stahlbauteile bzw. Verschraubungen von Holz zu Stahlträger, üblicherweise mit Teilgewindeschrauben.

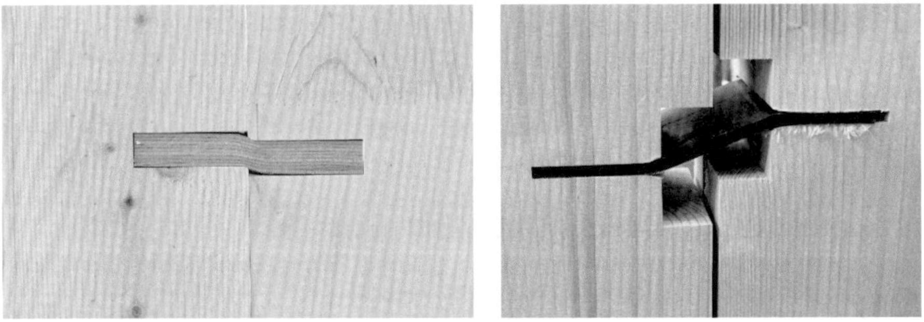

(a) (b)

Abb. 8.19 Kontaktverbinder (a) aus Furnierschichtholz für Deckenscheiben und (b) aus Stahlblechen zur vertikalen Verbindung von Wandbauteilen aus Brettsperrholz (Quelle: T. Schmidt, Karlsruhe).

Für die Modellierung der Systeme sind folgende Ansätze bei der Verwendung von Stabwerksprogrammen oder FEM zu beachten, um realitätsnahe Verteilungen der Kräfte in den aussteifenden Bauteilen zu erhalten:

- Die üblichen Programmpakete zur Berechnung der Kräfteverteilung des Stahlbetonbaus können nicht direkt verwendet werden, da sie im Regelfall mit der Biegesteifigkeit der Bauteile rechnen, die im Holzbau entweder nicht vorhanden ist (Holztafelelemente), oder die Verbindungen der Elemente untereinander berücksichtigt werden müssen.
- Bei der Kräfteverteilung bzw. bei der Ermittlung der Deckenscheibenauflagersteifigkeiten sind die Bauteilsteifigkeiten der vertikalen Aussteifungsglieder inkl. sämtlicher Bauteilverbindungen zu berücksichtigen.
- Für die Modellierung in Stabwerksprogrammen ist für die Deckenscheibe ein äquivalenter Querschnitt zu ermitteln, sofern die Annahme einer starren Deckenscheibe nicht gerechtfertigt ist, und die Lagerbedingungen in beide Hauptrichtungen sind zu berücksichtigen.
- Für die Modellierung in FEM-Programmen sind die Bauteilsteifigkeit und Steifigkeiten der Elementstöße zu berücksichtigen, sofern die Annahme einer starren Deckenscheibe nicht gerechtfertigt ist.

8.6 Vorspannung im Holzbau

Das Prinzip der Vorspannung von Bauteilen ist aus Seiltragwerken und insbesondere aus dem Stahlbetonbau bekannt. Durch Vorspannung von Bauteilen können Zugbeanspruchungen in wenig zugfesten Materialien überdrückt oder Druckbeanspruchungen in druckschlaffen Materialien ermöglicht werden. Vorspannungen können ebenso zur Sicherstellung eines Formschlusses in geometrischen Verbindungen (Versatz, Verblockung, Verzahnung) verwendet werden.

Im Holzbau wird das Prinzip der Vorspannung erst seit wenigen Jahren ernsthaft diskutiert. Ausgehend von Entwicklungen eines dem Stahlbetonbau ähnlichen

Rahmensystems in Holzbauweise mit duktilen Eigenschaften an der University of Canterbury in Christchurch, NZ (Pres-Lam; [8.10, 8.11]), und einem ersten mehrgeschossigen Pilotprojekt in Nelson, NZ, im Jahr 2010 [8.12] hat sich eine weitere Holzbauart entwickelt.

Die Grundidee der neuseeländischen Entwicklung war eine zentrische Vorspannung in den Riegeln von Rahmentragwerken, um die formschlüssige Verbindung von Riegeln und Stützen zu ermöglichen. Die Verbindungen sollen sich auch nach einer Erdbebenbeanspruchung möglichst selbst wieder zentrieren, sodass im Gegensatz zu den plastischen Verformungen im Stahl- und Stahlbetonbau die Struktur nach einem Erdbeben weiterverwendet werden kann.

Auf der Grundlage der neuseeländischen Vorschläge entstanden eine Reihe weiterer Ideen und daraus resultierend Forschungsprojekte. Denn das Prinzip der Vorspannung kann im Holzbau helfen, mehrere Herausforderungen zu lösen:

- Reduktion der Sprödbruchgefahr in zugbeanspruchten Bereichen von Bauteilen quer und längs zu Faser,
- Überdrücken von Querzugbeanspruchungen in Holztragwerken und damit Minimierung von Rissbildungen,
- Sicherstellen des Formschlusses von räumlichen Verbindungen wie Versätzen, Blättern, Verblockungen, die im Holzbau Tradition haben und die durch die heutige einfache, computergestützte, dreidimensionale Bearbeitbarkeit von Holzbauteilen wieder sinnvoll sind,
- Reduktion der Verbindungsmittel in schlanken, hohen Holzkonstruktionen zur Aufnahme der aus horizontalen Beanspruchungen resultierenden Zugbeanspruchungen und Erhöhung der horizontalen Steifigkeit dieser Bauteile,
- Verbesserung der Erdbebenbeanspruchbarkeit von Holzbauwerken, wenn möglich sogar die Herstellung „selbstzentrierender Holztragwerke“,
- Verbesserung der Beanspruchbarkeit von biegebeanspruchten Bauteilen,
- wirtschaftliche Herstellung von Rahmen- und Skeletttragwerken.

Die Verwendung von Laubholz mit seinen hohen Druck- und Schubfestigkeiten kann zusätzlich helfen, die bei der Vorspannung üblichen, hohen lokalen Beanspruchungen aufzunehmen. Die Entwicklung der Vorspannung von Holztragwerken eröffnet somit auch Wege zur erweiterten Verwendung sortenreiner oder hybrider Laubholzbauteile.

Die Untersuchungen der jüngsten Zeit umfassen daher eine große Bandbreite von der Untersuchung zentrisch vorgespannter Türme für Windkraftanlagen [8.13] über die Vorspannung von Kernbauwerken für mehrgeschossige Holzbauten [8.14], die Untersuchung von Verbindungen und vorgespannten Rahmentragwerken aus Holz [8.17–8.19 bis zu Pilotprojekten an der ETH Zürich (House of Natural Resources; [8.20]).

Abb. 8.20 zeigt den Knoten eines vorgespannten Rahmens. Die Stütze geht durch, die Anschlussbereiche sind durch Laubholz verstärkt. Es werden hybride Brettschichtholzbauteile aus Nadel- und Laubholz eingesetzt.

Abb. 8.21 zeigt das Prinzip der Vorspannung für ein Kernbauwerk aus Brettsperrholz eines mehrgeschossigen Holzgebäudes. Die Verzahnung der Deckenelemen-

Abb. 8.20 Vorgespannter Knotenanschluss aus Brettschichtholz mit lokaler Verstärkung aus Laubholz (Esche; Quelle: ETH Zürich, IBK).

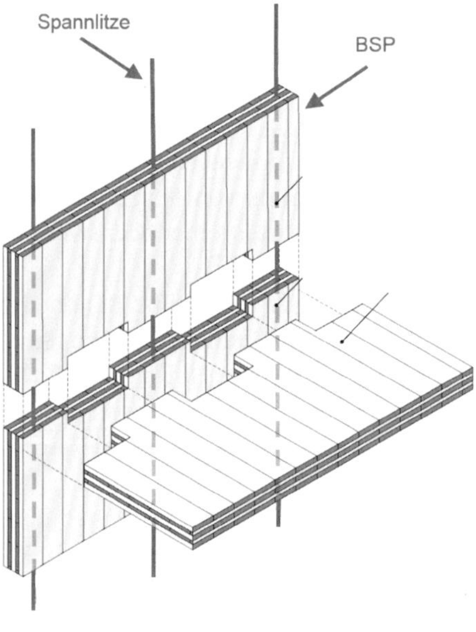

Abb. 8.21 Vorgespanntes Kernbauwerk aus BSP eines mehrgeschossigen Holzgebäudes (aus [8.14]).

te mit den Schachtwänden führt gleichzeitig zu einer sehr steifen Verbindung der Decken- und Wandbauteile.

Bei allen Diskussionen zur Vorspannung im Holzbau standen und stehen drei wesentliche Fragen im Vordergrund:

- Welche Vorspanntechnik kann verwendet werden?
- Wie ist die konzentrierte Lasteinleitung in Holzbauteile zu bemessen?
- Ist die Relaxation des Holzes in Größenordnungen, die eine sinnvolle Vorspannung und deren Erhalt überhaupt ermöglichen?

Die erste Frage ist verhältnismäßig einfach zu beantworten: Es können prinzipiell die Methoden des Spannbetonbaus und die dafür vorhandenen technischen Komponenten genutzt werden. Es handelt sich im Holzbau zumindest bisher grundsätzlich um Vorspannung ohne Verbund, die Korrosionsschutzmaßnahmen für den Spannstahl entsprechen damit dem Spannbetonbau ohne Verbund.

Zur zweiten Frage wurden bspw. in [8.14] Untersuchungen und Versuche durchgeführt. Für die zentrische Lasteinleitung in die Stirnflächen von Brettsperrholzbauteilen ergaben sich Lastausbreitungswinkel von beispielsweise $\alpha = 25°$ (Abb. 8.22) bei einem Anteil der nicht an Schmalseiten verklebten Querlagen von 30 %. Zur Lasteinleitung aus den Litzen werden übliche Stahlbauteile und Spannvorrichtungen verwendet.

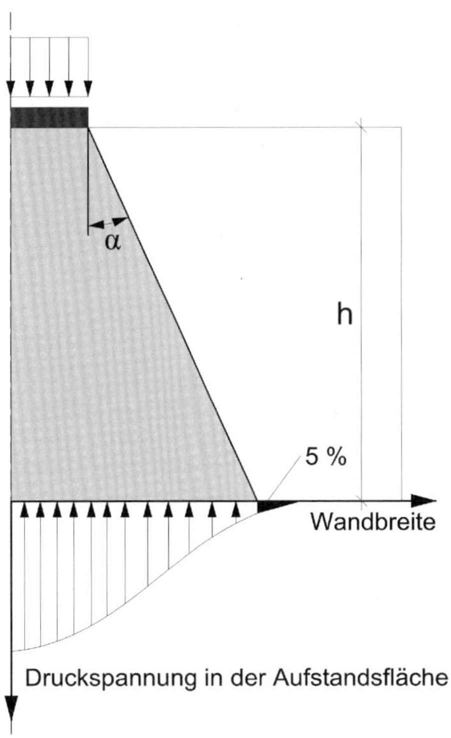

Abb. 8.22 Lasteinleitung der Vorspannung in die Schmalseite von Brettsperrholz, Definition Lastausbreitungswinkel α (aus [8.14]).

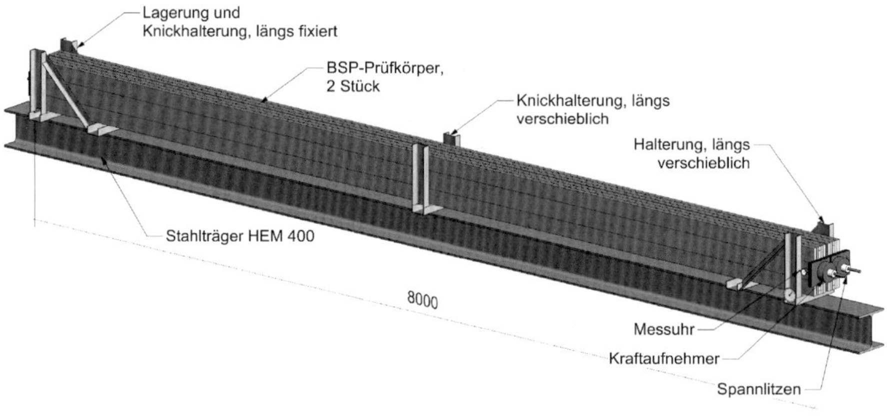

(a)

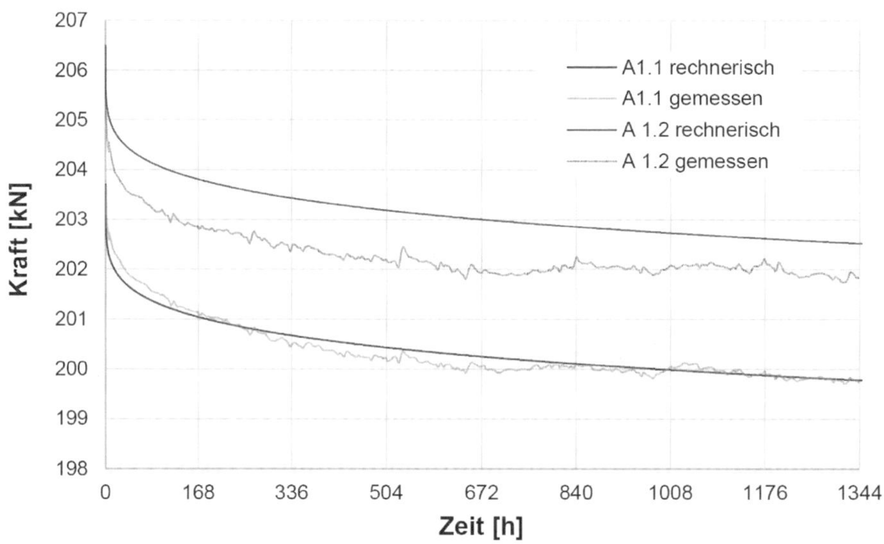

(b)

Abb. 8.23 (a) Versuchsaufbau zur Ermittlung der Spannkraftverluste in vorgespannten Holzbauteilen und (b) zugehörige Darstellung der zeitabhängigen Abnahme der Spannkraft (aus [8.14]).

Die dritte Frage erforderte umfangreiche Untersuchungen – mit überraschenden Ergebnissen. In [8.14] konnte nachgewiesen werden, dass bei einer Vorspannung längs zur Faser die auftretenden Kriechzahlen, die zur Ermittlung der Spannkraftverluste führen, sogar geringer sind als bei Beton. Abb. 8.23 zeigt einen Versuchsaufbau zur Ermittlung der Kriechzahlen und den zeitabhängigen Verlauf der Spannkraft, Tab. 8.2 enthält Angaben zu Kriechzahlen von Brettschichtholz längs zur Faser.

Die Ergebnisse korrespondieren mit den Angaben aus anderen Forschungsvorhaben, die Spannkraftverluste von 25 bis 30 % angeben [8.16].

Tab. 8.2 Kriechzahlen für Längsdruckbeanspruchung in Brettschichtholz unter Vorspannkraft in Abhängigkeit des Belastungsgrads und der Nutzungsklassen.

Belastungsgrad	NKL1	NKL2
über 30 %	0,2	0,4
15–30 %	0,15	0,3
bis 15 %	0,1	0,2

Die Herstellung der Kanäle für die Spannlitzen ist im Übrigen kein Problem, sie können z. B. bereits bei der Herstellung von Brettsperrholz integriert werden.

Anders als bei Massivholzbauweisen und insbesondere Brettsperrholz, dessen Bemessungsregeln in die kommende Generation der Eurocodes aufgenommen werden, ist das Vorspannen von Holztragwerken noch nicht als „Stand der Technik" anzusehen. Da jedoch die Vorspanntechnologie aus dem Spannbetonbau heraus geregelt ist, können auf der Grundlage der Möglichkeit, genauere Nachweise zu führen, die Ergebnisse der bereits abgeschlossenen Forschungsvorhaben durchaus genutzt werden, um erste Pilotprojekte zu bauen.

8.7 Hybride Bauweisen vielgeschossiger Holzhäuser

Auf die unterschiedlichen hybriden Bauweisen ist in diesem Buch schon an mehreren Stellen eingegangen worden, meist auf Mischbauweisen Holz-Stahlbeton, die sowohl auf Bauteilebene (Verbunddecken, Verbundwände) als auch auf Gebäudeebene realisiert werden, in vielen Fällen gemeinsam.

Eine besondere Form stellt die Kombination von Stahlbetonrohbauten in Skelett- oder Schottenbauweise mit hochgedämmten, nichttragenden Hüllelementen in Holztafelbauweise dar. Diese Bauweise ist in den nordischen Ländern, insbesondere in Schweden sehr weitverbreitet, es werden Gebäude bis über die Hochhausgrenze in dieser Bauweise errichtet. Die Vorteile sind die vorhandene und im Vergleich zum reinen Holzbau höhere Fertigungskapazität der Hersteller, der je nach Marktlage etwas geringere Preis der Stahlbetonkonstruktion, der positive Beitrag der Holzbauteile zu Ökobilanzen und die (noch) einfachere Einhaltung bauaufsichtlicher, insbesondere brandschutztechnischer Vorgaben. Die hochgedämmten Fassadenelemente lassen sich im Gegensatz zu WDVS-Bauweisen sehr gut vorfertigen, inkl. Einbau von Fenstern und Installationen, wie z. B. Lüftungsgeräten, sowie in einigen Jahrzehnten auch wieder relativ einfach austauschen (recyclinggerechtes, nachhaltiges Bauen).

In einem im Jahr 2018 abgeschlossenen Forschungsvorhaben [8.21] wurde die hier beschriebene hybride Bauart nochmals zusammenfassend untersucht, um insbesondere statische Lösungen zur Befestigung und zur Verformungsbegrenzung zu standardisieren und offene Fragen bezüglich des Schallschutzes zu klären.

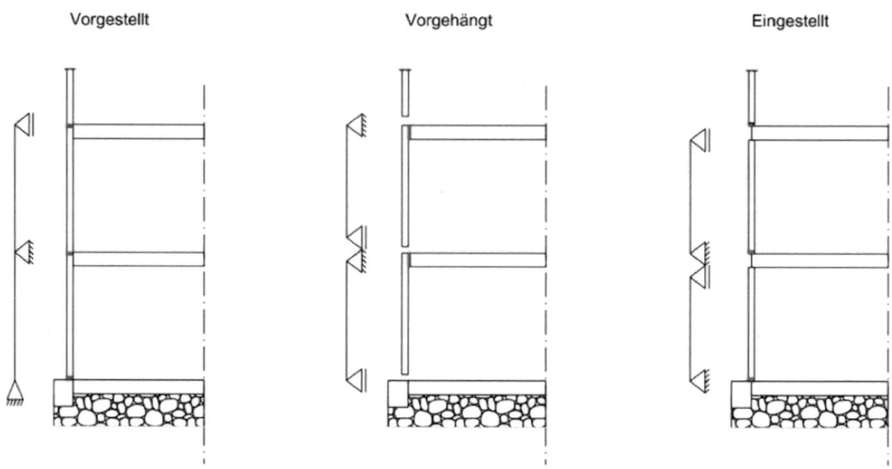

Abb. 8.24 Varianten der Fassadenausbildung mit vorgefertigten Fassadenelementen in Holztafelbauweise (aus [8.21]).

Für den Einbau der nichttragenden Holztafelbauwände in die Stahlbetonkonstruktion bestehen drei Konstruktionsvarianten, die in Abb. 8.24 dargestellt sind:

- Die Außenwandelemente werden „vorgestellt", also aufeinandergestapelt, und entweder geschossweise oder sogar geschossübergreifend vorelementiert. Sie laufen damit vor dem Deckenrand durch, werden aber meist durch örtlich montierte zusätzliche innere Vorsatzschalen ergänzt. Das „Vorstellen" erfordert eine entsprechende Dimensionierung der unteren Elemente und im Regelfall eine separate Gründung.
- In seltenen Fällen werden die Außenwandelemente je Geschoss oder durchgehend vom Dach aus „vorgehängt", z. B. in Fällen, in denen bei der Bestandssanierung keine zusätzliche Gründung mehr möglich ist. Auch in diesen Fällen laufen die Fassadenelemente vor der Fassade durch.
- Die Außenwandelemente werden je Geschoss „eingestellt", also auf die jeweilige Stahlbetongeschossdecke aufgestellt.

Insbesondere bei der erstgenannten Variante stellt sich jedoch die Frage, ob die unteren Elemente überhaupt noch als nichttragende Elemente angesehen werden können. Allgemein werden Bauteile als nichttragend bezeichnet, wenn sie nur ihr Eigengewicht und Wind- oder Konsollasten tragen. Im Fall der Variante 1 leiten die unteren Wandelemente jedoch das Eigengewicht der darüberliegenden Bauteile in die Gründung ab. Die Frage, ob tragend oder nichttragend, hat vor allen Dingen brandschutztechnische Auswirkungen. Nichttragende Außenwände müssen bis zur Gebäudeklasse 5 nur feuerhemmend ausgeführt werden (s. a. Abschnitt 8.8), also mit einem Feuerwiderstand von 30 min. Tragende Außenwände müssen den Feuerwiderstand aller tragenden Bauteile aufweisen, also bis zu REI 90. Die Konstruktionen würden wesentlich aufwendiger. Die gängige Lösung besteht daher darin, die ohnehin erforderlichen, geschossweisen Befestigungen der Wandelemente zur Aufnahme der Windlasten und zur Sicherstellung des Formschlusses so auszulegen,

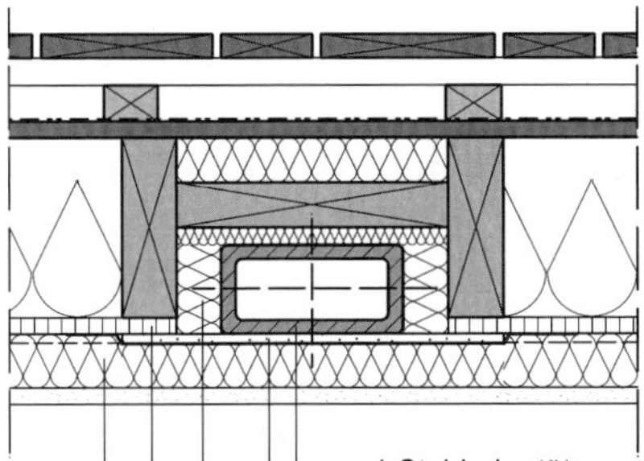

Abb. 8.25 Stahlstützen in der Außenwand (Quelle: bauart).

dass im Brandfall je Geschoss die Eigengewichte der Wände aufgenommen werden. Da es sich dann um einen außergewöhnlichen Lastfall handelt, müssen die Befestigungen nur für das 1,0-fache Eigengewicht der entfallenden Wandfläche und für deutlich reduzierte Windlasten bei gleichzeitigen Materialsicherheitsbeiwerten von $\gamma_m = 1{,}0$ nachgewiesen werden. Dadurch wird sichergestellt, dass bei brandbedingtem Versagen der Außenwand in einem der Geschosse keine weiteren Fassadenelemente herabfallen können.

Die Außenwandelemente können zusätzlich eine weitere Brandschutzfunktion übernehmen. Besonders in den nordischen Ländern ist es üblich, bei Stahlbetonskelettbauweisen die Decken an den Außenwänden auf vergleichsweise schlanken Stahlstützen punktuell aufzulagern. Die schlanken Stahlstützen (Rohre oder Doppel-T-Profile) können problemlos durch eingestellte, nichttragende Außenwände umfasst werden, die so die brandschutztechnische Bekleidung implizit liefern (Abb. 8.25).

Die genannten Regeln für nichttragende Außenwände gelten gleichermaßen für entsprechende Außenwandkonstruktionen in Holzskelett- oder Holzmassivbauweisen.

8.8 Brandschutz im mehrgeschossigen Holzbau und Hinweise zu nichttragenden Fassadenelementen

Die Tragwerke müssen selbstverständlich den für die jeweiligen Gebäudeklassen erforderlichen Feuerwiderstand von 60 bis 120 min aufweisen. Die Nachweise erfolgen bei massiven Holzbauteilen durch die übliche Berücksichtigung des Abbrands und die Nachweise der verbleibenden Restquerschnitte nach DIN EN 1995-1-2 [8.5] in Kombination mit den Brandschutzteilen der Eurocodes der anderen Werkstoffe. Für den Nachweis des Raumabschlusses muss insbesondere bei Holz-Beton-Verbundbauteilen und bei massiven Holzbauteilen bisher noch auf prüfungsbasierte baurechtliche Nachweise zurückgegriffen werden. Bei entsprechender Dicke und Ausbildung des Betonteils in Holz-Beton-Verbundbauteilen

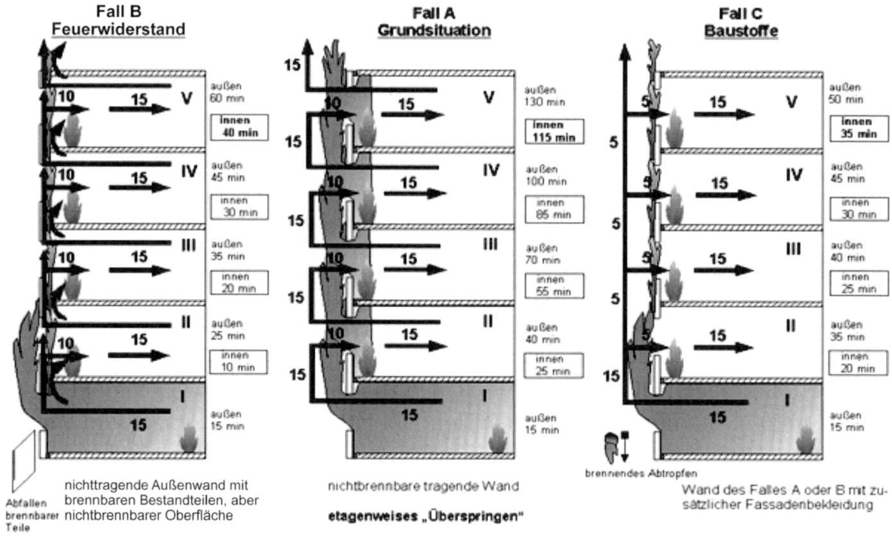

Abb. 8.26 Brandausbreitungswege an Fassaden (aus [8.22]).

kann ggf. der Raumabschluss normativ ([8.2] oder [8.5]) für den Raumabschluss nachgewiesen werden.

Durch die Verwendung der in Abschnitt 8.7 dargestellten hybriden Bauweisen und die in Kapitel 2 beschriebene Konstruktionssystematik im modernen Holzbau (vgl. z. B. Abb. 2.7) werden in großem Umfang nichttragende Außenwände in Holztafelbauweise als hochgedämmte Hüllkonstruktion verwendet. Dies hat den Vorteil der reduzierten brandschutztechnischen Anforderungen an die Bauteile, die bis zur Hochhausgrenze nur in feuerhemmender Bauweise (F30-B bzw. REI 30) ausgeführt werden müssen. Weltweit werden auch in Hochhäusern nichttragende Holztafelbauaußenwände eingesetzt, sie müssen dann einen entsprechend den jeweiligen bauaufsichtlichen Regeln höheren Feuerwiderstand aufweisen.

In Abschnitt 8.7 sind in Abb. 8.24 die unterschiedlichen Konstruktionssystematiken für nichttragende Außenwände dargestellt. Abb. 8.26 zeigt die möglichen Brandausbreitungswege.

In allen Fällen ist die Systematik des Brandschutzes an den Anschlüssen zu berücksichtigen. Die Schutzzeiten der Trennwände und Decken sind sicherzustellen und die geforderten Schutzzeiten der Fassadenelemente einzuhalten.

Da die Schutzzeiten der Fassadenelemente z. B. in einem Gebäude der Gebäudeklasse 5 niedriger sind als die der trennenden tragenden Bauteile, ist bei der Detaillierung der Anschlüsse die Einhaltung der jeweiligen Schutzzeiten zu gewährleisten. Dazu bestehen in den Bauordnungen keine präskriptiven Vorgaben. Aus brandschutztechnischer Sicht sind die nachfolgend dargestellten Prinzipien einzuhalten:

- Für die trennenden Bauteile ist die Vorderkante der Decke als Bezugskante anzusehen, Trennwände zwischen den Einheiten sind ebenfalls bis Vorderkante Decke zu führen.

- Das Hinterlaufen der Außenwände durch einen Brand vor deren Versagen ist in jedem Fall zu verhindern, da dieser Brandübertragungsweg durch die Feuerwehren nicht zu erkennen und nicht zu bekämpfen wäre (Abb. 8.26, Fall B).
- Die Fassadenbekleidung darf nicht über alle Geschosse durch einen Brand hinterlaufen werden (Abb. 8.26, Fall C).
- Die Außenwandelemente sind raumabschließend auszuführen. Die Laibungen aller Durchdringungen sind so auszuführen, dass der Feuerwiderstand der Außenwandelemente nicht verringert wird.
- Der Anschluss jedes Außenwandelements ist je Geschoss so auszuführen, dass die Versagenszeit des Anschlusses mindestens der Versagenszeit des Außenwandelements entspricht, im Fall der Gebäudeklasse 5 also mindestens 30 min beträgt.
- Theoretisch nach 30 min versagt das Außenwandelement des ursprünglichen Brandraums, der Brand kann dann von außen auf das daneben oder darüberliegende Außenwandelement einwirken. Die Anschlüsse dieser Elemente an die Rohkonstruktion müssen daher bei Brandbeanspruchung von außen wiederum für 30 min feuerwiderstandsfähig sein. Damit ist die Grundsituation wie in Abb. 8.26, Fall A, dargestellt eingehalten. Abb. 8.27 erläutert das beschriebene Prinzip im Detail.

Abschließender Hinweis: Außenwände gelten ab einer Breite von > 1 m zwischen Öffnungen als raumabschließend, woraus sich im Brandfall eine einseitige Brandeinwirkung ergibt. Daraus folgt, dass die jeweilige Konstruktion bei nichttragender Ausführung als F30-B bzw. in europäischer Klassifikation als EI30 nachzuweisen ist. Woraus wiederum die Frage resultiert, ob dann konsequenterweise alle Durchdringungen dieser Wände von z. B. Lüftungsauslässen brandschutztechnisch zu schotten sind. Es bestehen dazu zum Zeitpunkt dieser Veröffentlichung keine abschließenden bauaufsichtlichen Regelungen. Mit Blick auf die in diesen Wänden vor-

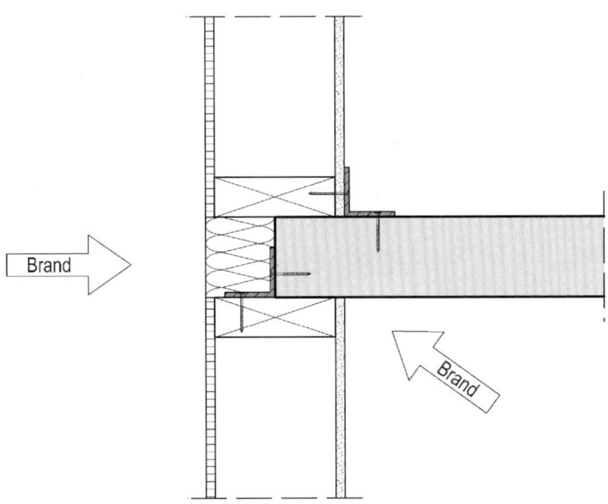

Abb. 8.27 Prinzip der erforderlichen Schutzzeiten der Anschlussdetails nichttragender Außenwände, hier teilweise eingestellte Konstruktion.

handenen Fensteröffnungen scheint dies jedoch entbehrlich. Es ist lediglich wie auch bei Fensteröffnungen durch Bekleidung der Laibungen der Durchdringungen sicherzustellen, dass ein Brand nicht über die Durchdringungen vorzeitig in die Außenwandkonstruktion eindringen kann. Dies kann dann vorausgesetzt werden, wenn die Schutzzeit der Laibungsbekleidung der Schutzzeit der Innenbekleidung entspricht. Die Schutzzeit der Brandschutzbeplankungen kann aus dem Versagenszeitpunkt der Beplankungen t_f nach EN 1995-1-2 ermittelt werden.

Ein weiterer Sonderfall ist die Verwendung von Holzfassadenbekleidungen, die üblicherweise im Rahmen von Abweichungsanträgen bis zur Hochhausgrenze verwendet werden können. In umfangreichen Forschungsvorhaben wurde nachgewiesen, dass das Schutzziel einer begrenzten Brandausbreitung über die Fassade durch die Anwendung konstruktiver Maßnahmen mit Holzbekleidungen erreicht werden kann. Durch diese Maßnahmen muss in den Gebäudeklassen 4 und 5 erreicht werden, dass sich die Bekleidung gleichwertig zu der eines schwer entflammbaren Baustoffs verhält. Das diesbezügliche Schutzziel ergibt sich aus der DIN 4102-1 [8.30], Abschnitt 6.1.1 (b). Dieser definiert, dass schwer entflammbare Bekleidungen dadurch gekennzeichnet sind, dass es zu keiner wesentlichen Brandausbreitung außerhalb des Primärbrandbereichs kommt. Wesentliche konstruktive Maßnahmen zur Umsetzung dieser Vorgabe sind die konsequente Unterbrechung der hölzernen Fassadenbekleidung in jedem Geschoss, die Ausführung von Belüftungen statt Hinterlüftungen und die ausschließliche Verwendung geschlossener Holzbekleidungen. Belüftungen sind im Übrigen aus bauphysikalischer Sicht völlig ausreichend (vergleiche DIN 68800-2 [8.23]). Die Beplankung bzw. Dämmung unter den Holzbekleidungen muss in allen Fällen nichtbrennbar sein. Detaillierte Hinweise zur Konstruktion der Bekleidungen enthalten z. B. die Veröffentlichungen [8.24] und [8.25].

8.9 Feuchteschutz im mehrgeschossigen Holzbau

Ein besonderes Augenmerk der planenden und ausführenden Ingenieure und der Unternehmen muss dem Feuchteschutz gelten. Er ist bei vielgeschossigen Gebäuden mindestens so wichtig wie der Brandschutz, da ein mangelnder Feuchteschutz zu einem erhöhten Instandsetzungsaufwand führen kann, in Ausnahmefällen aber sogar bei unbemerkten Schädigungen zu einem Tragwerksversagen und damit zu einer unmittelbaren Bedrohung von Leib und Leben. Holz ist zwar praktisch unbegrenzt haltbar, aber nur, wenn es dauerhaft trocken bleibt (Holzfeuchte $u_m \leq 20\,\%$). Für den Endzustand ist daher eine dauerhaft wind- und vor allen Dingen wasserdichte Hülle zwingend erforderlich.

In dem europäischen Forschungsvorhaben „Tall Facades“ konnte gezeigt werden, dass eine hinter- oder belüftete Fassade in Kombination mit einer dahinterliegenden, konsequent ausgebildeten zweiten wasserführenden Schicht die sinnvollste Variante zum Schutz vor Schlagregenbeanspruchungen darstellt [8.26]. Für die Nutzung eines Gebäudes müssen jedoch je nach Wahrscheinlichkeit des Auftretens von Feuchte und den zu erwartenden Folgen weitere Schutzmaßnahmen ergriffen werden. Feuchtequellen und die zu schützenden Bereiche sind beispielsweise:

- Feuchte aus Leckagen wasserführender haustechnischer Installationen und aus Sprinkleranlage oder Löschwasser → Decken sollten eine durchgehende Feuchteschutzschicht aufweisen, z. B. eine durchgehende selbstklebende Folie auf der Holzrohdecke oder eine durchgehende Betonschicht bei Verbunddecken. Zusätzliche Maßnahmen wie die gezielte Ableitung von Leckagewasser sind sinnvoll.
- Feuchte aus Nutzung in Innenräumen wie Duschen in Bädern oder Reinigungswasser in Küchen, Wäschereien oder Produktionsräumen → Es sollten immer zwei unabhängige Dichtungsebenen vorgesehen werden, z. B. die primäre Abdichtung der Duschwanne und darunter eine zusätzliche Abdichtung insbesondere von Wand-Decke-Anschlüssen durch z. B. flüssige Abdichtungssysteme.
- Feuchte aus Niederschlägen oder Gießwasser für Balkon- und Terrassenpflanzen → Insbesondere auskragende Balkonbauteile müssen wegen der möglichen Gefährdung der Standsicherheit eine mindestens zweifache Dichtungsebene erhalten. Die Dichtungsebenen müssen konstruktiv getrennt sein. Es wird empfohlen, eine konstruktive Ausbildung mit zusätzlicher Tragebene ähnlich der Ausführung von Fahrbahnabdichtungen von Holzbrücken zu verwenden, um die Verletzung der zweiten Abdichtungsebene durch mechanische oder thermische Einwirkungen auszuschließen (vgl. [2.37]).

Für die Bauzeit selbst werden weltweit durchaus unterschiedliche Strategien genutzt. Sie reichen vom Vertrauen auf die tatsächlich vorhandene Feuchteunemp-

Abb. 8.28 Bauzustand einer Brettsperrholzdecke mit Abdichtung im siebengeschossigen Verwaltungsgebäude der Kampa GmbH in Aalen, Deutschland (vgl. auch Abb. 8.10; Quelle: Kampa GmbH).

findlichkeit technisch getrockneter Holzbaustoffe bis zur Einhausung der gesamten Baustelle. Da die nordischen und englischsprachigen Länder den Holzbau eher wie einen Betonbau behandeln – Errichtung der Rohbaukonstruktion, weiterer Ausbau auf der Baustelle –, fällt hier der Feuchteschutz auf der Baustelle schwerer. In den mitteleuropäischen Ländern wird dagegen die Strategie verfolgt, durch hohe Vorfertigungsgrade der Decken und der Außenbauteile jeweils sehr kurze (Tages-) Bauzeiten bis zum Erreichen von jeweils wasserdichten Bauabschnitten zu erreichen. Abb. 8.28 zeigt einen Bauzustand eines siebengeschossigen Holzbaus. Jede Geschossdecke aus Brettsperrholz ist mit einer Dachabdichtung versehen und bildet so den Schutz für den bereits errichteten Holzbau. Die Folien können in der späteren Nutzung verbleiben und bilden damit einen zusätzlichen Feuchteschutz bei Leckagen oder partieller Löschwasserbeanspruchung. Die in der Abbildung zu erkennenden Stahlbetonfertigteile und Tronsolen wurden bei diesem Bauvorhaben in einen Treppenraum aus Brettsperrholzbauteilen eingebaut.

8.10 Qualitätssicherung und Planungshilfen

Der Holzbau, und hier insbesondere der Fertigbau, weist im Vergleich zu anderen Bauweisen schon immer sehr hohe Vorfertigungsgrade auf. Es werden nicht nur Holztafelelemente für Dach, Wand und Decken einschließlich der Außenwandbekleidungen, Fenster, malerfertiger Innenbeplankung und einem Teil der Installationen für Büro- und Wohngebäude vorgefertigt, auch im Industriebau werden großformatige Wand- und Dachelemente eingesetzt. Bei erweiterter Vorfertigung werden aus den Holztafelbauelementen Raummodule hergestellt, die bis hin zur Möblierung fertiggestellt werden.

Die im mehrgeschossigen Holzbau in großer Menge eingesetzten großformatigen Bauteile aus Brettschichtholz, Brettsperrholz oder Furnierschichtholz werden zunehmend bereits in den Herstellwerken fertig konfektioniert, d. h. auf der Grundlage digitaler Planung mittels computergesteuerter Bearbeitung millimetergenau mit Bohrungen, Ausschnitten oder Zuschnitten versehen. Diese Art der Vorkonfektionierung erspart das kostenintensive mehrfache Auf- und Abladen der Bauteile, erfordert aber durch die Just-in-time-Lieferung der Elemente auf die Baustelle eine entsprechende Planungs- und Logistikkoordination.

Die erweiterten Vorfertigungsgrade führen dazu, dass ein Teil der Bauelemente auf der Baustelle nicht mehr vollständig bezüglich ihres Aufbaus und der verwendeten Werkstoffe kontrollierbar sind. Es ist aber sicherzustellen, dass Werkstoffe und der Aufbau der Elemente einschließlich der erforderlichen Verbindungen auch dem entsprechen, was bei der Bemessung aller Leistungsanforderungen vom Wärmeschutz bis zur Standsicherheit angenommen wurde. Es ist also bei der Werksherstellung eine angemessene Produktionskontrolle in Form von Eigen- und Fremdüberwachungen zu gewährleisten. Durch die Herstellung der Bauteile im Werk – und damit bei definierten Randbedingungen – ist zwar ohnehin eine deutlich verbesserte, gesicherte Ausführungsqualität gegenüber Baustellenbedingungen möglich, aber es gilt die alte Weisheit: „Vertrauen ist gut, Kontrolle ist besser."

Damit verbunden ist der letztlich mit dem Gesamtsicherheitskonzept des Bauwesens verbundene Grundsatz, dass eine zunehmende Schwierigkeit der Überprüfbarkeit von Leistungsmerkmalen von Baustoffen und Bauteilen zu einer erhöhten Eigen- und Fremdüberwachung der Produktionsprozesse führen muss.

Zwei Beispiele aus dem Holzbau:

- Die Festigkeitsklasse von visuell sortiertem Bauholz (früher z. B. S10, heute C24) kann man auf der Baustelle durch Überprüfung der wesentlichen Sortierparameter problemlos verifizieren. Die Verklebungsqualität und die Einstufung der Festigkeitsklasse eines Brettschichtholzes (früher z. B. BS11, heute GL 24h) auf der Grundlage einer maschinellen Sortierung der Lamellen sind hingegen auf der Baustelle nicht mehr überprüfbar.
- Einseitig beplankte Holztafelelemente mit z. B. Rippen aus Furnierschichtholz und einer OSB-Beplankung sind auf der Baustelle durch die Kennzeichnung der Bauprodukte und die sichtbaren Verbindungen leicht zu prüfen. Ein beidseitig beplanktes, voll gedämmtes Holztafelelement mit malerfertiger Innenbeplankung, vorgeputztem Wärmedämmverbundsystem außen und eingebauten Fenstern ist weder hinsichtlich der verbauten Baustoffe noch der Verbindungsmittel verifizierbar.

Bei beiden Beispielen unterliegt daher der jeweils erstgenannte Fall einer deutlich geringen Qualitätssicherung. Diese unterschiedlichen Stufen der Qualitätssicherung wurden bereits über die älteren nationalen Normen gefordert. Nach der Bauregelliste A, Ausgabe 2012/1 in Verbindung mit der alten Holzbaunorm DIN 1052:2008-12 [8.31] war der Verwendbarkeitsnachweis für Schnittholz durch eine Übereinstimmungserklärung des Herstellers (ÜH) zu führen, der Verwendbarkeitsnachweis für Brettschichtholz jedoch durch ein Übereinstimmungszertifikat durch eine anerkannte Zertifizierungsstelle. Der Hersteller des Brettschichtholzes musste über eine „große Leimgenehmigung" nach DIN 1052 verfügen. Sinngemäß das gleiche Prinzip galt für die Hersteller von Holztafelelementen. Für beidseitig beplankte, geschlossene Elemente ist ebenfalls ein Übereinstimmungszertifikat (ÜZ) erforderlich.

Diese Systematik gilt prinzipiell auch heute noch für die nun nach harmonisierten europäischen Normen hergestellten Bauprodukte, die nicht mehr mit einem „Ü"-Kennzeichen, sondern mit einem „CE"-Kennzeichen versehen werden. Lediglich die Bezeichnungen und die Systematik haben sich ein wenig verändert. In den europäischen Produktnormen wird die Überprüfung der Leistungsbeständigkeit (Assessment and Verification of Constancy of Performance, AVCP) verlangt.

Auf einen großen und für die Baupraxis wichtigen Unterschied ist jedoch hinzuweisen: Während das „Ü"-Zeichen ein Verwendbarkeitszeichen war und damit auch die Vollständigkeit der erforderlichen Leistungseigenschaften signalisierte, ist das „CE"-Zeichen nur ein Freihandelszeichen. Durch die Einführung der Bauproduktenverordnung [8.27] wurde die Bedeutung des „CE"-Zeichens als Verwendbarkeitszeichen noch weiter abgeschwächt. Ein Hersteller darf nach Bauproduktenverordnung ein Bauprodukt mit dem „CE"-Zeichen versehen, wenn sein Produkt nur eines der nach der jeweiligen Produktnorm erforderlichen Leistungsmerkmale erfüllt. In der Praxis ist daher der Abgleich der Anforderungen an das Produkt mit den Angaben in der zugehörigen Leistungserklärung (Declaration of Performance, DoP) erforderlich. Die einfache Überprüfung, ob das Produkt das „CE"-Zeichen trägt, ist leider nicht mehr ausreichend. In der zukünftigen Generation der Eurocodes ab 2023 werden daher voraussichtlich in den materialspezifischen Eurocodes zur Bemessung Anhänge M enthalten sein, die Vorgaben zu den anzugebenden Leistungseigenschaften der Baustoffe enthalten, um einen Abgleich mit den Leistungserklärungen der Hersteller zu ermöglichen. Wenn ein Baumaterial für nach den Eurocodes berechnete Baukonstruktionen eingesetzt werden soll, dann muss es die für die Bemessungsmodelle vorausgesetzten Eigenschaften, ggf. in bestimmten Grenzen oder mit festgelegten Mindest- und Maximalwerten, aufweisen.

Wie dargestellt ist die Sicherstellung der Baustoffeigenschaften schon herausfordernd genug. Zusammengefügt zu Bauarten und damit zu komplexen Dach-, Wand- und Deckenbauteilen erhöht sich diese Herausforderung nochmals.

Mehr Eigenschaften, vielfältige Nachweise und eine im Holzbau (leider) nahezu unbegrenzte Vielfalt durch herstellerspezifische „Besonderheiten" machen das Angebot für ungeübte Planer und Anwender nahezu unüberschaubar. Die Datenbank dataholz.eu [8.28] stellt deshalb die gängigsten Wand-, Decken- und Dachbauteile des Holzbaus zusammen. Eine Besonderheit stellt die Sicherstellung der bauaufsichtlichen Verwendbarkeit der aufgeführten Bauteile dar. Wegen der unterschiedlichen bauaufsichtlichen Regelungen wird jedoch eine Filterung je nach Wunsch bzw. Heimatland des Nutzers vorgenommen.

Literatur

8.1 Kaufmann, H. (2012). *Der Life Cycle Tower LCT one im Bau*. Forum holzbau Beaune 12, www.forum-boisconstruction.com/conferences/fbc12_kaufmann.pdf.

8.2 DIN 4102-4:2016-05 (2016). *Brandverhalten von Baustoffen und Bauteilen – Teil 4: Zusammenstellung und Anwendung klassifizierter Baustoffe, Bauteile und Sonderbauteile*, Berlin: Beuth.

8.3 DIN 4102-4/A1:2018-11 (2018). *Brandverhalten von Baustoffen und Bauteilen – Teil 4: Zusammenstellung und Anwendung klassifizierter Baustoffe, Bauteile und Sonderbauteile*; Änderung A1, Berlin: Beuth.

8.4 DIN EN 1995-1-1:2010-12 (2010). *Eurocode 5: Bemessung und Konstruktion von Holzbauten – Teil 1-1: Allgemeines – Allgemeine Regeln und Regeln für den Hochbau* mit DIN EN 1995-1-1/NA:2010-12 *Nationaler Anhang – national festgelegte Parameter – Eurocode 5: Bemessung und Konstruktion von Holzbauten – Teil 1-1: Allgemeines – Allgemeine Regeln und Regeln für den Hochbau*, Berlin: Beuth.

8.5 DIN EN 1995-1-2:2010-12 (2010). *Eurocode 5: Bemessung und Konstruktion von Holzbauten – Teil 1-2: Allgemeine Regeln – Tragwerksbemessung für den Brandfall* mit DIN EN 1995-1-2/NA:2010-12 *Nationaler Anhang – national festgelegte Parameter – Eurocode 5: Bemessung und Konstruktion von Holzbauten – Teil 1-2: Allgemeine Regeln – Tragwerksbemessung für den Brandfall*, Berlin: Beuth.

8.6 Feldmann, A., Huang H., Chang, W.-S., Harris, R., Dietsch, P., Gräfe, M. und Hein, C. (2016). *Dynamic Properties of tall Timber Structures under wind-induced Vibration*. Wien: Proceedings WCTE 2016.

8.7 Isyumov. N. und Kilpatrick, J. (1996). Fullscape experience with windinduced motions of tall buildings, in *CTBUH: Tall Building Structures – A World View*. Proceedings of the 67th regional conference in conjunction with ASCE Structures Congress XIV, Chicago 1996. Bethlehem PA., CTBUH.

8.8 BDF (2017). *Dach- und Deckentafeln mit einseitiger statisch wirksamer Beplankung aus nicht versetzt angeordneten Platten mit freien Plattenrändern rechtwinklig zu den Rippen*. Zulassung Z-9.1-869 Deutsches Institut für Bautechnik, Berlin, 2017. Zulassungsinhaber: Bundesverband Deutscher Fertigbau e. V.

8.9 Schmidt, T. (2018). Kontaktverbindungen für zusammengesetzte Scheiben aus Brettsperrholz, *Karlsruher Berichte zum Ingenieurholzbau*, Band **33**, Karlsruhe: KIT Scientific Publishing.

8.10 Buchanan, A., Deam, B., Fragiacomo, M., Pampanin, S. und Palermo, A. (2008). Multi-storey prestressed timber buildings in New Zealand, *Structural Engineering International* 18:166–173.

8.11 Buchanan, A., Palermo, A., Carradine, D. und Pampanin, S. (2011). Post-Tensioned Timber Frame Buildings, *The Structural Engineer* 17:24–30.

8.12 Holden, T., Devereux, C., Haydon, S., Buchanan, A. und Panpanin, S. (2012). *Innovative Structural Design of the three Storey Timber Building at NMIT*. WCTE 2012, Book of Abstracts Volume II: 107–108. Auckland, NZ.

8.13 Bert, C. (2015). *Entwicklung eines vertikal vorgespannten Turmes aus Brettsperrholz als Tragkonstruktion einer Windkraftanlage*, Masterarbeit, Lehrstuhl für Holzbau und Baukonstruktion, TU München.

8.14 Gräfe, M., Dietsch, P., Hipper, A., Wild, M. und Winter, S. (2018). *Vorspannung von Brettsperrholzkonstruktionen*, Abschlussbericht zum Forschungsvorhaben. TU München, Lehrstuhl für Holzbau und Baukonstruktion, München.

8.15 Wanninger, F. und Frangi, A. (2016). Experimental and analytical analysis of a post-tensioned timber frame under horizontal loads, *Engineering Structures* 113:16–25.

8.16 Wanninger, F., Frangi, A. und Fragiacomo, M. (2015). Long-term behaviour of post-tensioned timber connections, *Journal of Structural Engineering (ASCE)* 141(6):04014155-1–13.

8.17 Wanninger, F. und Frangi, A. (2014). Experimental and analytical analysis of a post-tensioned timber connection under gravity loads, *Engineering Structures* 70:117–129.

8.18 Leyder, C., Wanninger, F., Frangi, A. und Chatzi, E. (2015). Dynamic response of an innovative hybrid structure in hardwood, *Construction Materials (ICE)* 168(3):132–143.

8.19 Frangi, A. und Wanninger, F. (2015). *Tragverhalten von vorgespannten Holzrahmen-konstruktionen*, Proceedings of 21. Internationales Holzbau-Forum IHF, Garmisch-Partenkirchen.

8.20 Frangi, A. (2014). *Decken- und Rahmensysteme aus Laubholz – ETH House of Natural Resources*, Proceedings of 20. Internationales Holzbau-Forum IHF, Garmisch-Partenkirchen.

8.21 Kleinhenz, M., Stein, R., Dotzler, C., Schneider, P., Volz, C. und Hessinger, J. (2016). *Konstruktionskatalog Fassadenelemente für Hybridbauweisen.* (Hrsg.: Winter, S., Lang, W. und Fischer, O.) Lehrstuhl für Holzbau und Baukonstruktion, TU München.

8.22 Kotthoff, I. und Winter, S. (2005). Brandverhalten von Holzfassaden – Internationales Forschungsprojekt, *Beratende Ingenieure* (5).

8.23 DIN 68000-2:2012-02 (2012). Holzschutz – Teil 2: Vorbeugende bauliche Maßnahmen im Hochbau, Berlin: Beuth.

8.24 Merk, M. et al. (2014). *Erarbeitung weiterführender Konstruktionsregeln/-details für mehrgeschossige Gebäude in Holzbauweise der Gebäudeklasse 4*, Forschungsinitiative Zukunft Bau, F2923. Stuttgart.

8.25 Bart, B., Kotthoff, I. und Wiederkehr, R. (2009). *Lignum Dokumentation Brandschutz – 7.1 Außenwände – Konstruktion und Bekleidungen*, Lignum, Schweiz.

8.26 Ott et al. (2017). *Tall Timber Facades – Identification of Cost-effective and Resilient Envelopes for Wood Constructions (TallFacades). Woodwisdom Net*, Forschungsbericht, Lehrstuhl für Holzbau und Baukonstruktion, TU München. www.tallfacades.eu.

8.27 Bauproduktenverordnung (2011). Regulation (Eu) No 305/2011 of the European Parliament and of the Council of 9 March 2011 laying down harmonised conditions for the marketing of construction products and repealing Council Directive 89/106/EEC.

8.28 www.dataholz.eu (2018). *Bauteilkatalog mit baurechtlich nachgewiesenen Eigenschaften*, Holzforschung Austria mit TU München und anderen Partnern.

8.29 DIN 4109-5:2020-08 (2020). *Schallschutz im Hochbau – Teil 5: Erhöhte Anforderungen*, Berlin: Beuth

8.30 DIN 4102-1:1998-05 (1998). *Brandverhalten von Baustoffen und Bauteilen – Teil 1: Baustoffe; Begriffe, Anforderungen und Prüfungen*, Berlin: Beuth

8.31 DIN 1052:2008-12 (2008) *Entwurf, Berechnung und Bemessung von Holzbauwerken – Allgemeine Bemessungsregeln und Bemessungsregeln für den Hochbau*, Berlin:Beuth

Stichwortverzeichnis

Holzbau-Taschenbuch, Grundlagen. 10. Auflage. Herausgegeben von Stefan Winter und Mandy Peter.

C

D

Q

R

S

T

U

V